唯美

中文版Photoshop CC淘宝美工从入门到精通

（微课视频 全彩版）

231集视频讲解+**手机扫码**看视频+不定期**作者直播**

☑配色宝典 ☑构图宝典 ☑创意宝典 ☑商业设计宝典 ☑Illustrator基础
☑CorelDRAW基础 ☑Premiere基础 ☑AE基础 ☑PPT课件 ☑素材资源库

唯美世界 编著

中国水利水电出版社
www.waterpub.com.cn
·北京·

内 容 提 要

《中文版Photoshop CC淘宝美工从入门到精通（微课视频 全彩版）》是一本系统讲述使用Photoshop软件进行淘宝美工设计的Photoshop完全自学教程、Photoshop视频教程。其内容涉及Photoshop入门必备基础知识和PS修图、抠图、调色、合成、特效等淘宝美工必备的PS核心技术。

《中文版Photoshop CC淘宝美工从入门到精通（微课视频 全彩版）》共分4部分，其中第1部分为淘宝美工基础篇，简单介绍了淘宝美工基础知识及Photoshop基本操作；第2部分为淘宝店铺图像处理篇，详细介绍了图像处理的相关操作，如图像的调整与变换、图片的瑕疵去除与修复、调色与美化、抠图与创意合成、制作特殊效果的商品图像、批量处理淘宝图片；第3部分为淘宝店铺版面设计篇，主要介绍了店铺首页及详情页的构图方式与版式设计基础知识、色彩搭配相关知识、网店页面绘图与文字添加、网页切片与输出等；第4部分为综合实战篇，通过7个不同的实战案例，进一步提高读者的综合实战能力。

《中文版Photoshop CC淘宝美工从入门到精通（微课视频 全彩版）》的各类学习资源有：

1．231集视频讲解+素材源文件+PPT课件+手机扫码看视频+作者直播。

2．赠送《配色宝典》《构图宝典》《创意宝典》《商业设计宝典》等淘宝美工必备知识电子书以及素材资源库、色谱表等教学或者设计素材。

3．赠送《Premiere基础视频》《Illustrator基础视频》《3ds Max基础视频》等。

《中文版Photoshop CC淘宝美工从入门到精通（微课视频 全彩版）》为四色印刷，图文对应，语言通俗易懂，适合各类网店美工（尤其是淘宝、天猫美工）学习，想了解淘宝美工及网店运营的读者也可以参考学习。另外，大中专院校相关专业，如电子商务、美术设计等，也可选择本书学习。本书以Photoshop CC 2018版本为基础讲解，也适用于Photoshop CS6等较低版本。

图书在版编目（CIP）数据

中文版 Photoshop CC 淘宝美工从入门到精通：微课视频 全彩版：唯美 / 唯美世界编著．— 北京：中国水利水电出版社，2019.5（2021.4 重印）

ISBN 978-7-5170-7330-7

Ⅰ．①中…　Ⅱ．①唯…　Ⅲ．①图像处理软件　Ⅳ．①TP391.413

中国版本图书馆 CIP 数据核字 (2019) 第 009668 号

丛 书 名	唯美
书　　名	中文版Photoshop CC淘宝美工从入门到精通（微课视频 全彩版） ZHONGWENBAN Photoshop CC TAOBAO MEIGONG CONG RUMEN DAO JINGTONG
作　　者	唯美世界　编著
出版发行	中国水利水电出版社 （北京市海淀区玉渊潭南路1号D座 100038） 网址：www.waterpub.com.cn E-mail：zhiboshangshu@163.com 电话：（010）62572966-2205/2266/2201（营销中心）
经　　售	北京科水图书销售中心（零售） 电话：（010）88383994、63202643、68545874 全国各地新华书店和相关出版物销售网点
排　　版	北京智博尚书文化传媒有限公司
印　　刷	河北华商印刷有限公司
规　　格	203mm×260mm　16开本　26.75印张　1018千字　4插页
版　　次	2019年5月第1版　2021年4月第3次印刷
印　　数	10001—13000册
定　　价	108.00元

本书精彩案例欣赏

FASHION

第6章　商品图片的抠图与创意合成
使用"选择并遮住"为长发模特换背景

第11章　网店页面绘图
家居产品主图

第12章　在网店页面中添加文字
清新风格服装主图

第7章　制作特殊效果的商品图像
动态商品展示图

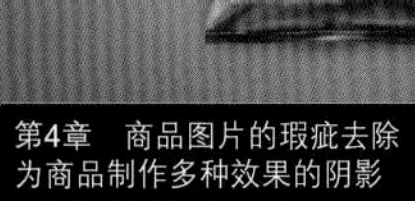

第4章　商品图片的瑕疵去除
为商品制作多种效果的阴影

本书精彩案例欣赏

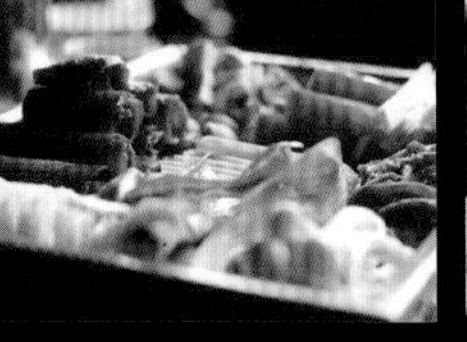

第8章　批量快速处理淘宝图片
批处理制作清新美食照片

第11章　网店页面绘图
男士运动装通栏广告

第8章　批量快速处理淘宝图片
为商品照片批量添加水印

第11章　网店页面绘图
暗红色调轮播图

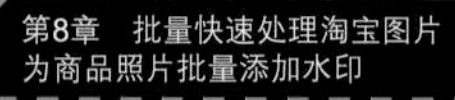

第14章　网店设计综合实战
童装网店标志设计

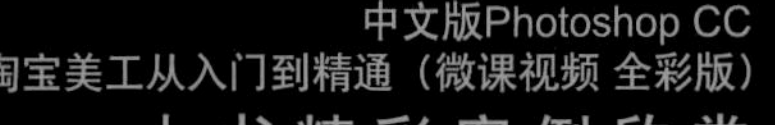

本书精彩案例欣赏

NEW
SERVICES
Comfortable and relax
FASHION
CONTEMPORARY STYLE

第14章　网店设计综合实战
清新风格女装通栏广告

Rainbow Smoothie
Green Smoothies
3
RMB 50
FRESH FEELING

第12章　在网店页面中添加文字
幼儿食品广告

第12章　在网店页面中添加文字
使用文字工具制作夏日感广告

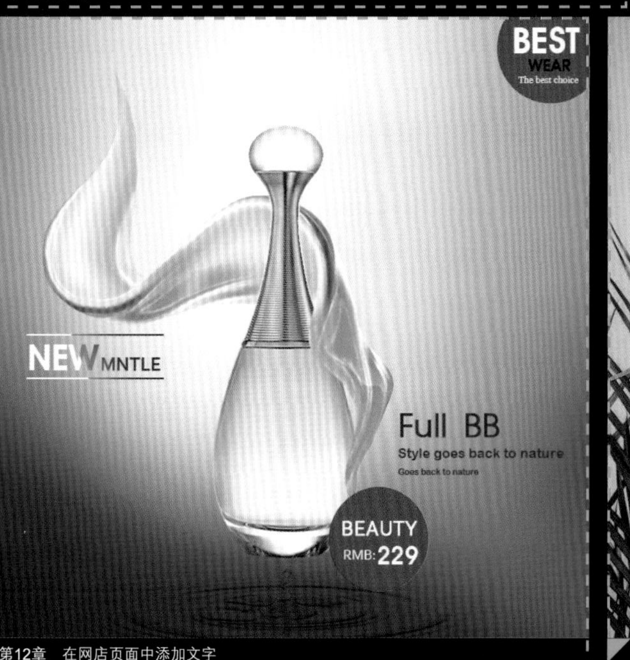

第12章　在网店页面中添加文字
制作香水主图

第3章　商品图片的基本处理
修改图像大小制作产品主图

本书精彩案例欣赏

第6章　商品图片的抠图与创意合成
使用磁性钢笔工具为人像更换背景

第6章　商品图片的抠图与创意合成
制作箱包创意广告

第5章　商品图片的调色美化
使产品图片更鲜艳

第4章　商品图片的瑕疵去除
制作纯黑背景

第6章　商品图片的抠图与创意合成
去除抠图之后的像素残留

第5章　商品图片的调色美化
美化灰蒙蒙的商品照片

第5章　商品图片的调色美化
改变裙子颜色

本书精彩案例欣赏

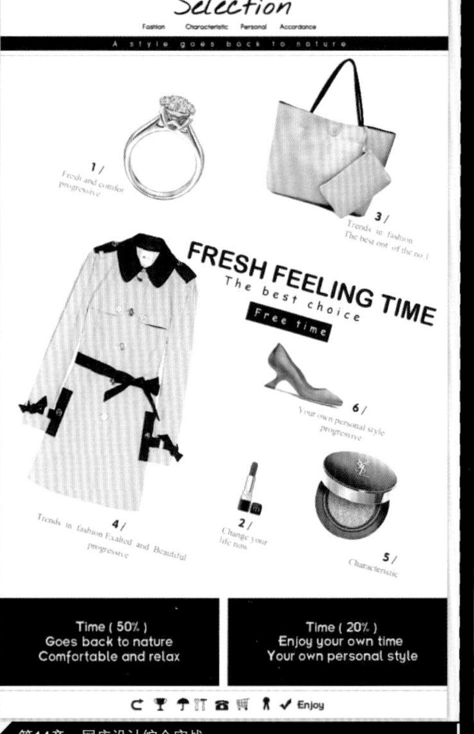

第14章　网店设计综合实战
摩登拼贴感店铺首页

第7章　制作特殊效果的商品图像
制作磨砂质感的反光

第8章　批量快速处理淘宝图片
为商品照片批量添加水印

第6章　商品图片的抠图与创意合成
制作不规则对象的倒影

第7章　制作特殊效果的商品图像
暗色调食品类目展示页面

第14章　网店设计综合实战
青春感网店首页设计

本书精彩案例欣赏

第4章　商品图片的瑕疵去除
使用画笔工具制作甜美色系冰激凌广告

第4章　商品图片的瑕疵去除
使用画笔工具绘制阴影增强画面真实感

第14章　网店设计综合实战
自然风网店首页设计

第14章　网店设计综合实战
中式风格产品广告

第6章　商品图片的抠图与创意合成
使用魔棒工具去除背景制作数码产品广告

前言 Preface

Photoshop（简称PS）软件是Adobe公司研发的世界顶级、最著名、使用最广泛的图像处理软件，广泛应用于平面设计、淘宝美工、数码照片处理、网页设计、UI设计、手绘插画、服装设计、室内设计、建筑设计、园林景观设计、创意设计等领域，本书将详细介绍Photoshop在淘宝美工方面的具体应用。

本书采用Photoshop CC 2018版本编写，建议读者安装对应版本的软件进行学习和练习。

本书显著特色

1. 配套视频讲解，手把手教您学习

本书配备了大量的同步教学视频，涵盖全书几乎所有实例，如同老师在身边手把手教您，可以让学习更轻松、更高效！

2. 二维码扫一扫，随时随地看视频

本书在章首页、重要知识点以及实例等多处设置了二维码，通过手机扫一扫，可以随时随地在手机上看视频（若个别手机不能播放，可下载后在电脑上观看）。

3. 内容极为全面，注重学习规律

本书涵盖了Photoshop淘宝美工设计所用到的几乎所有工具、命令的常用功能和使用方法，是市场上有关Photoshop淘宝美工设计内容最全面的图书之一。同时采用“知识点+理论实践+实例练习+综合实例+技巧提示”的模式编写，符合轻松易学的学习规律。

4. 实例极为丰富，强化动手能力

“动手练”便于读者动手操作，在模仿中学习。“举一反三”可以巩固知识，在练习某个功能时触类旁通。“练习实例”用来加深印象，熟悉实战流程。“综合实例”可以让读者在掌握了基本操作后，尝试独立制图，激发自主探索的能力。 大型商业案例则是为将来的设计工作奠定基础。

5. 案例效果精美，注重审美熏陶

PS只是工具，在进行淘宝美工处理时不仅要考虑到营销方面，还要有美的意识。美的东西总是令人身心愉悦，对购买行为也有一定的促进作用。本书实例案例效果精美，目的是加强对美感的熏陶和培养。

6. 配套资源完善，便于深度和广度拓展

除了提供几乎覆盖全书的配套视频和素材源文件外，本书还根据淘宝美工必学的内容赠送了大量教学与练习资源。

学习资源包括：

（1）软件学习资源：《Illustrator基础视频》《Premiere基础视频》《After Effects基础视频》《3ds Max基础视频》《Photoshop常用快捷键速查》《Photoshop工具速查》。

（2）设计理论及色彩技巧资源包括：配色宝典、构图宝典、创意宝典、商业设计宝典、色彩速查宝典、行业色彩应用宝典、Camera Raw照片处理手册、解读色彩情感密码、43个高手设计师常用网站。

（3）练习资源包括：实用设计素材、Photoshop资源库以及本书的PPT课件等。

7. 专业作者心血之作，经验技巧尽在其中

本书作者系艺术学院讲师、Adobe® 创意大学专家委员会委员、Corel中国专家委员会成员。设计、教学经验丰富，大量的经验技巧融在书中，可以提高学习效率，少走弯路。

8. 提供在线服务，随时随地可交流

提供微信公众号、QQ群等多渠道互动、答疑、下载服务。

本书服务

1. Photoshop软件获取方式

本书提供的下载文件包括教学视频和素材等，教学视频可以演示观看。要按照书中实例操作，必须安装Photoshop CC 2018软件之后，才可以进行。您可以通过如下方式获取Photoshop CC简体中文版：

（1）登录Adobe官方网站http://www.adobe.com/cn/查询。

（2）到网上咨询、搜索购买方式。

2. 本书资源下载及交流

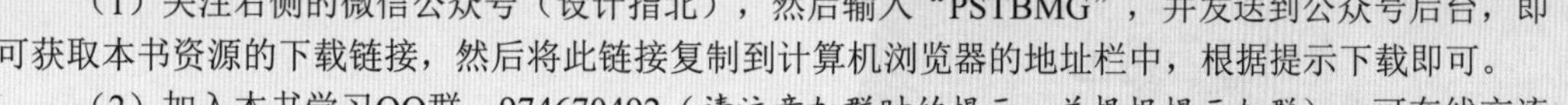

（1）关注右侧的微信公众号（设计指北），然后输入“PSTBMG”，并发送到公众号后台，即可获取本书资源的下载链接，然后将此链接复制到计算机浏览器的地址栏中，根据提示下载即可。

（2）加入本书学习QQ群：974670492（请注意加群时的提示，并根据提示加群），可在线交流学习。

说明：为了方便读者学习，本书提供了大量的素材资源供读者下载，这些资源仅限于读者个人学习使用，不可用于其他任何商业用途。否则，由此带来的一切后果由读者个人承担。

关于作者

本书由唯美世界组织编写，瞿颖健和曹茂鹏担任主要编写工作，其他参与编写的人员还有荆爽、瞿玉珍、瞿雅婷、林钰森、董辅川、王萍、孙晓军、韩雷、靳国娇、孙长继、李淑丽、孙敬敏、杨力、刘彩杰、邢军、胡立臣、刘井文、刘新苹、刘彩艳、邢芳芳、胡海侠、张书亮、曲玲香、刘彩华、石志庆、曹元俊、曹元美、孙翠莲、张吉太、张玉秀、朱于凤、张久荣、瞿君业、曹元杰、张连春、冯玉梅、张玉芬、唐玉明、闫风芝、张吉孟、瞿强业、石志兰、曹元钢、朱美娟、瞿红弟、朱美华、陈吉国、瞿云芳、张桂玲、张玉美、魏修荣、孙云霞、郗桂霞、荆延军、曹金莲、朱保亮、赵国涛、张凤辉、仲米华、瞿学统、谭香从、李兴凤、李芳、瞿学儒、李志瑞、李晓程、尹聚忠、邓霞、尹高玉、瞿秀芳、尹菊兰、杨宗香、尹玉香、邓志云、尹文斌、瞿秀英、瞿学严、马会兰、韩成孝、瞿玲、朱菊芳、韩财孝、瞿小艳、王爱花、马世英、何玉莲等。本书部分插图素材购买于摄图网，在此一并表示感谢。

最后，祝您在学习路上一帆风顺。

编 者

目录

Contents

LAST CHANCE FOR
SAMPLES

LAST CHANCE FOR
SAMPLES

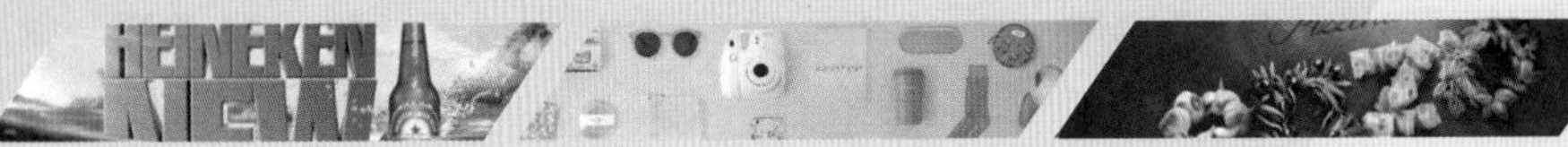

LAST CHANCE FOR
SAMPLES

第1部分

淘宝美工基础篇

扫一扫，看视频

认识淘宝美工

本章内容简介：

随着电商行业的发展，网购成为人们重要的购物方式之一。由于行业需求量的迅猛增长，淘宝美工逐渐成为近年来的热门职业之一。从“美工”这一词中便能感受到这是一份关于“美”的工作，也就是说这份工作不仅需要制图方面的技术，还需要良好的审美与艺术功底。

重点知识掌握：

- 了解淘宝美工需要做哪些工作
- 了解淘宝网店各部分的尺寸
- 了解淘宝美工常用的图片存储格式
- 掌握各类常用资源的获取方法

通过本章学习，我能做什么？

通过对本章的学习，我们能够了解什么是美工，美工都需要做哪些工作。需要注意的是，淘宝美工不仅需要制作网页广告，还需要对详情页进行排版、美化商品图片等。而且网店页面是由多个模块组成的，不同的模块有不同的尺寸，所以我们还需要了解不同模块的尺寸，才能够制作出适合网店使用的图片。在制图的过程中，要善于利用网络资源，在网络上下载图片素材、文字素材、模板等。

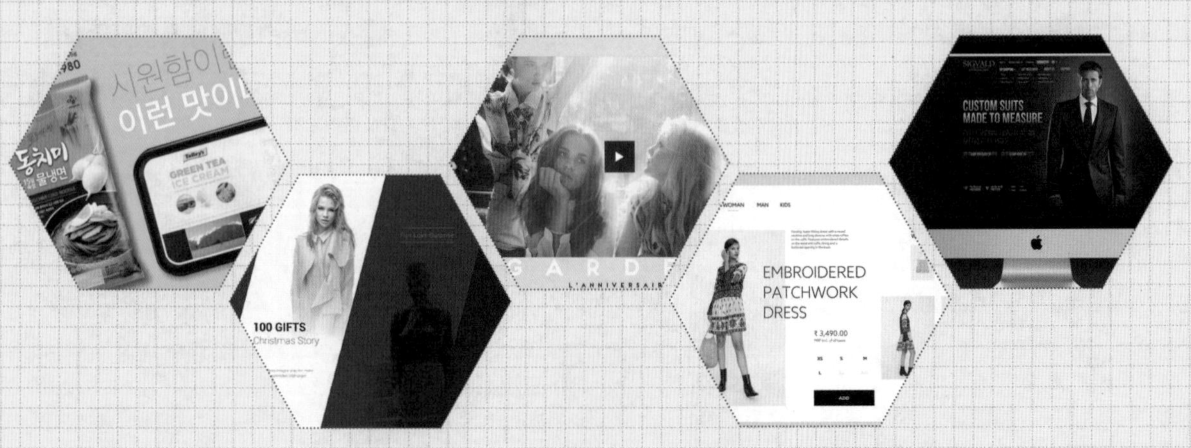

1.1 淘宝美工基础知识

当我们在线下逛商场的时候，往往会被装修风格个性化、配色得体的店铺所吸引。同理，淘宝就是一个巨大的商场，由无数间店铺组成。当消费者“逛”网店时，网店的视觉效果往往会第一时间影响到他们的判断，所以网店装修的好坏会直接影响到店铺的销量。图1-1～图1-4所示为不同风格的网店首页设计。

图 1-1

图 1-2

图 1-3

图 1-4

1.1.1 什么是淘宝美工

那么谁来为网店“装修”呢？这就到了美工人员大显身手的时刻了。“淘宝美工”是淘宝网店页面编辑、美化工作者的统称，其日常工作包括网店页面的美化设计、产品图片处理以及商品上、下线更换等内容。

互联网经济时代下，淘宝美工的就业前景比较看好，职位需求量大，而且工作时间有弹性、工作地点自由度大，甚至可以在家里办公，所以逐渐成为很多设计师青睐的职业方向。不仅如此，一些小成本网店的店主，如果自己掌握了“淘宝美工”这门技术，也可以节约一部分开销。

提示：淘宝美工是一种习惯性的称呼

其实，“淘宝美工”是一种习惯性的对电商设计人员的称呼，很多时候也会称之为网店美工、网店设计师、电商设计师。随着电商行业的发展，越来越多的电商平台不断涌现，如淘宝、天猫、京东、当当等。在这些电商平台上都聚集着数量众多的网店，而且很多品牌厂商会横跨多个平台“开店”，这就给了美工人员大显身手的用武之地。可以说，在任何一个电商平台经营店铺都少不了电商设计人员的参与。不同的平台对网店装修用图的尺寸要求可能略有区别，但是美工工作的性质是相同的。所以，针对不同平台的店铺进行“装修”时，首先要了解一下该平台对网页尺寸及内容的要求，然后进行制图。

重点 1.1.2 淘宝美工的工作有哪些

作为一名淘宝美工设计人员，都有哪些工作需要做呢？淘宝美工的工作主要分为两大方面。

一方面是商品图片处理。摄影师在完成商品拍摄后会筛选一部分比较好的作品，设计人员可从中筛选一部分作为产品主图、详情页的图片。针对这些商品图片，需要进行进一步的修饰与美化工作，例如去掉瑕疵、修补不足、矫正偏色等。图1-5～图1-8所示为商品本身的美化、模特的美化、环境的美化、画面整体的合成。

图 1-5

图 1-6

图 1-7

图 1-8

另一方是网页版面的编排，其中包括网店首页设计、产品主图设计、产品详情页设计、活动广告排版等方面的工作。这部分工作比较接近于广告设计以及版式设计，需要具备较好的版面把控能力、色彩运用能力以及字体设计、图形设计等方面的能力。图1-9和图1-10所示为网店首页设计作品。

图1-9　　图1-10

图1-11和图1-12所示为产品主图。

图1-11　　图1-12

图1-13和图1-14所示为产品详情页。

图1-13　　图1-14

图1-15和图1-16所示为网店广告设计作品。

图1-15　　图1-16

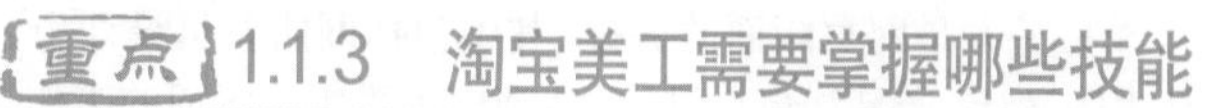

重点 1.1.3 淘宝美工需要掌握哪些技能

作为一名淘宝美工设计人员，过硬的技术和良好的审美是最基本的职业素养。一个优秀的设计作品，往往要由产品、配色、排版、文字等多种元素组成。这不仅要求设计人员具备较好的美学素养、掌握相关的绘图软件，还需要掌握一些基础的Dreamweaver操作以及一定的文字把控功底。

当然，掌握制图技能只能算得上刚刚合格，要想成为一名优秀的美工，在提高操作技能之外，还需要从运营、推广、数据分析的角度去思考，才能全面提高自己的设计水平。

1. 美学素养

制图软件只是工具，掌握了软件的使用方法并不代表会“设计”，所以美学素养仍是需要进行学习的。若要提高自身美学素养，可以先从平面构成、色彩构成和立体构成入手。这是设计理论的基石，也是艺术设计专业必学的课程。尤其是色彩构成，除了要知晓色相、明度、饱和度的基础概念，更要学会利用色彩的情绪传递，进行不同的色彩搭配，从而营造出特定的氛围。

2. 软件学习

软件是设计制图的工具，是必学的技能。首当其冲的是位图处理软件Photoshop，它不仅可以进行商品照片的处理，还可以进行版面的编排；其次，主流的矢量制图软件CorelDRAW与Illustrator，至少需要掌握其中一款；与此同时，还要掌握一些常用软件，如Dreamweaver的基础操作。设计制图常用软件如表1-1所示。

表1-1

软件名称	常用程度	软件简介
Photoshop	★★★★★	简称PS，位图处理软件，淘宝美工主要使用的软件。使用Photoshop不仅可以进行产品图片的美化处理，还可以进行网站页面的编排
Illustrator	★★★★★	简称AI，矢量图处理软件，常用于排版、字体设计等
CorelDRAW	★★★★★	简称CDR，和Illustrator同属矢量图处理软件
Dreamweaver	★★★★★	简称DW，是一款专业的HTML编辑器，主要用于对Web站点、Web页和Web应用程序进行设计、编码和开发
Premiere	★★★★★	简称Pr，是一款专业视频剪辑编辑软件，由Adobe公司推出。使用该软件能够制作动态主图、编辑视频等

(续表)

软件名称	常用程度	软件简介
After Effects	★★★★★	简称AE，是Adobe公司推出的一款专业视频处理软件，主要用于影视栏目的包装、高端视频特效的合成等
会声会影	★★★★★	"会声会影"是一款功能强大的视频编辑软件，其特点是操作简单易用，界面简洁明快
爱剪辑	★★★★★	"爱剪辑"是一款国产剪辑软件，具有强大的剪辑功能，操作简单
Cinema 4D	★★★★★	简称C4D，是一款操作相对简单的三维制图软件，常用于制作一些产品效果图或活动海报等

3. 掌握一定的Dreamweaver应用能力

使用Photoshop完成制图后，需要上传到淘宝空间中。这其中有一部工作是要在Dreamweaver中生成代码，然后在淘宝后台进行提交，即可得到崭新的淘宝页面。所以对于淘宝美工来说，需要掌握一定的Dreamweaver应用能力，学会运用在线代码生成器生成需要的交互效果。

4. 营销活动策划能力

虽说营销活动由运营部门人员负责，但美工几乎全程参与其中，所以美工具备这方面的知识和能力是相当必要的。运营与美工的配合是否默契，会在很大程度上影响营销活动的效果，左右最终的市场效益。如果运营人员懂得一些美工知识，美工也熟悉营销流程，那么这种合作就是完美的，能够大大提升团队的工作效率。美工不需要做营销，但一定要懂营销。

1.2 淘宝美工必学知识点

重点 1.2.1 淘宝网店各部分图片尺寸

淘宝店铺的美化，可以分为店铺首页的设计和详情页的设计。店铺首页是店铺品牌形象的整体展示窗口，通常包含商品海报、活动信息、热门商品等内容，但是各部分所处的位置通常是不固定的，如图1-17所示。商品详情页是展示商品详细信息的一个页面，是承载着店铺的大部分流量和订单的入口，如图1-18所示。

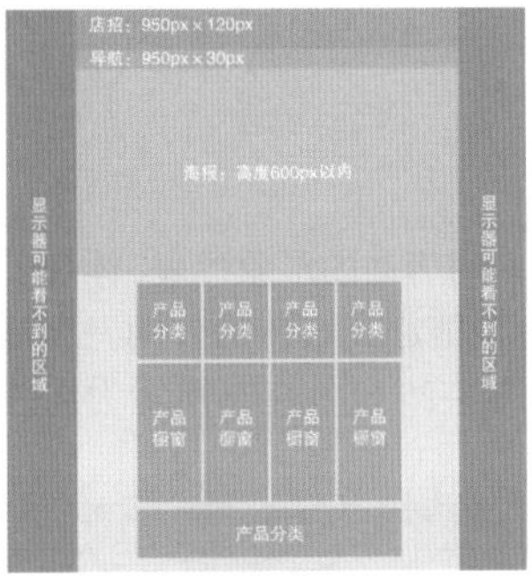

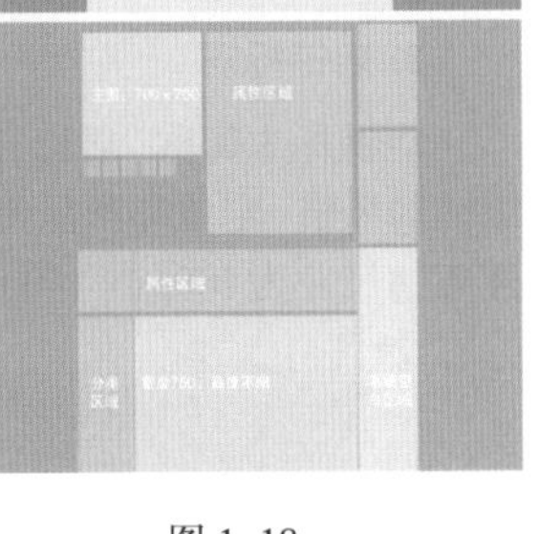

图1-17　　图1-18

1. 店招

一般实体店铺都会挂一个牌匾，目的是告诉客人这是一家销售何种商品的店铺，这家店铺的名称是什么。同理，网店首页的"店招"就是起到这样一个作用。

淘宝店招位于淘宝店铺的最上方，在该区域通常展现店铺名称、标志甚至是店铺整体格调。当客户进入宝贝详情页，通常第一眼看到的不是宝贝的销量，也不是宝贝的评价或详情，而是店招，可见淘宝店招的重要性。在设计淘宝店招时，通常可以突出自己店铺的名称，还可以添加一些广告词，放上爆款产品展示。店招的尺寸为950px×120px，小于80KB。图1-19～图1-21所示为店招设计。

图1-19

图1-20

图1-21

2. 导航栏

导航栏的作用是方便买家从导航栏中快速跳转到另一个页面，查看想要了解的商品或活动等，使店内的商品或活动能及时、准确地展现在买家面前。对于部分没有展现在首页的商品，也可以从导航栏进入并找到。导航栏的尺寸为950px×30px。图1-22～图1-24所示为导航栏设计。

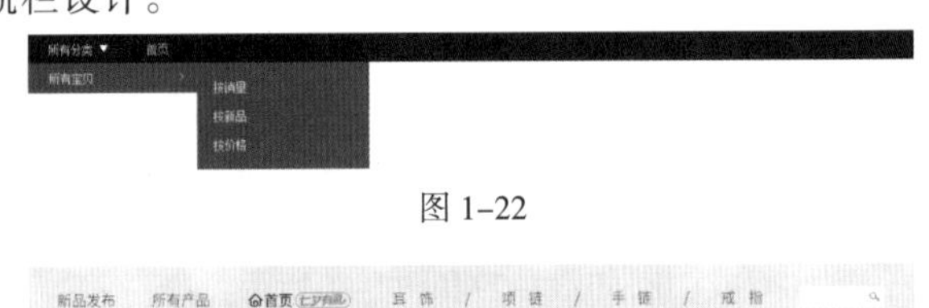

图1-22

图1-23

ALL ITEM 首页 上装 Jacket 下装 downloading 套装 suit 百搭小配件 ACC

图 1–24

3. 店铺标志

店铺标志简称“店标”，是一间店铺的形象代表，体现了店铺的风格、定位和产品特征，也能起到宣传的作用。店铺标志的尺寸为100px × 100px。图1–25和图1–26所示为店铺标志设计。

图 1–25

图 1–26

4. 宝贝主图

通过发布主图，可以吸引买家的注意，进而激发其点开链接的欲望。产品的主图不仅会展现在详情页上(如图1–27所示)，还会展现在搜索页面中，如图1–28所示。如何从众多产品主图中脱颖而出，才是设计宝贝主图首先要考虑的。

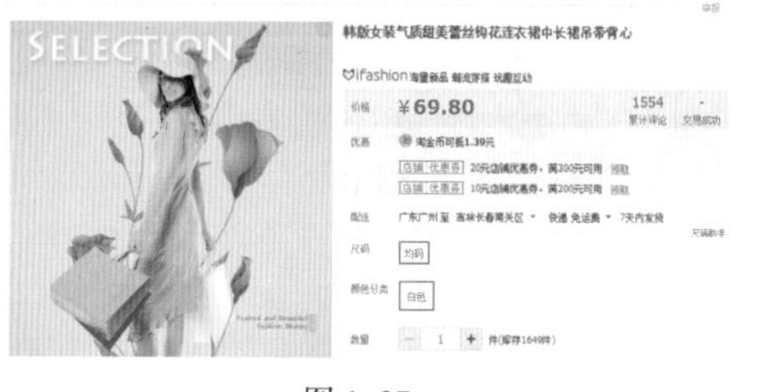

图 1–27

图 1–28

宝贝主图就好比一扇“门”，客户从你门前过，进不进来在很大程度上取决于这扇“门”的吸引力。在主图的设计上，应该在第一时间就展现给客户产品信息，言简意赅，清晰明了。当制作的宝贝图片尺寸大于700px × 700px时，上传以后宝贝图片就会自动带有放大镜的功能，将光标移动到宝贝图片各位置时会放大显示。因此，宝贝主图尺寸通常为800px × 800px，图片格式为JPG或GIF，如图1–29和图1–30所示。

图 1–29

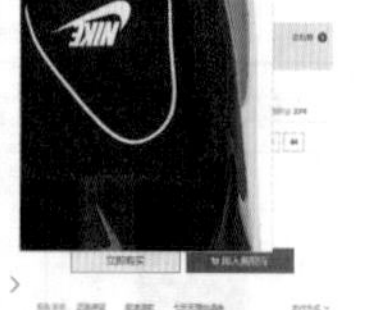

图 1–30

5. 店铺收藏标识

店铺的收藏量是一个店铺热度的衡量标准，一个醒目、美观的店铺收藏标识对收藏店铺的影响非常大。店铺收藏没有固定的尺寸限制，主要是根据淘宝店铺装修设计标准而定。例如，要将店铺收藏摆在左侧栏的位置，就按照左侧栏的宽度来定尺寸；如果想放到店铺的右侧，则按照右侧的尺寸来设计。图1–31～图1–33所示为几种不同风格的店铺收藏标识。

图 1–31

图 1–32

图 1–33

6. 店铺海报

店铺海报分为全屏海报和普通海报两种，全屏海报的尺寸为1920px × 600px，如图1–34和图1–35所示；普通海报的尺寸为950px × 600px左右，如图1–36和图1–37所示。

图 1–34

图 1–35

图 1–36

图 1–37

7. 左侧栏

左侧栏主要包含收藏本店标识、联系方式、客服中心、旺旺在线、关键字搜索栏、新品推荐、宝贝分类、宝贝排行榜、友情链接、充值中心等内容。每一块的设计都要做到协调统一，与整体店铺风格保持一致。左侧栏的宽度为190px。

重点 1.2.2 图片存储格式

在淘宝店铺装修中，图片常用的存储格式有3种，分别是JPG、PNG和GIF。

- JPG：JPG格式是平时最常用的一种图像格式。这是一个最有效、最基本的有损压缩格式，被绝大多数图形处理软件所支持。存储时选择这种格式会将文档中的所有图层合并，并进行一定的压缩。选择JPG格式并单击“保存”按钮之后，在弹出的“JPEG选项”窗口中可以进行图像品质的设置，品质数值越大，图像质量越高，文件也就越大。
- PNG：PNG格式由于可以实现无损压缩，所以PNG图像的清晰度相对较好，但其占用的存储空间要比JPG图像大。PNG格式图像还有一个特点，就是可以存储透明像素，因此常用来存储背景透明的素材。
- GIF：GIF格式是输出图像到网页最常用的格式。GIF格式采用LZW压缩，它支持透明背景和动画，被广泛应用在网络中。网页切片后常以GIF格式进行输出；除此之外，我们常见的动态图都是以GIF格式进行存储。选择这种格式，单击“保存”按钮，在弹出的“索引颜色”窗口中可以进行“调板”“颜色”等设置；如果选中“透明度”复选框，则可以保存图像中的透明部分。

1.2.3 素材资源的获取

对于新手来说，如何找到令人满意的资源可能是一件令人头疼的事情。网络是一个大的资源库，有很多免费资源，也有大量高品质的付费资源。那么如何才能“淘”到适合自己的素材呢？下面就介绍几个获取素材资源的小技巧。

1. 找图片

(1) 我们可以直接在搜索引擎里中搜索需要的素材图片，例如搜索冰块，那么就会显示相关的图片，如图1-38所示。此时图片的尺寸有大有小，通过“筛选”功能可以进行尺寸的筛选。单击“图片筛选”超链接右侧的扩展按钮，然后单击“全部尺寸”右侧的下拉按钮，在弹出的下拉列表中选择合适的尺寸，然后单击“确定”按钮，如图1-39所示。

图 1-38

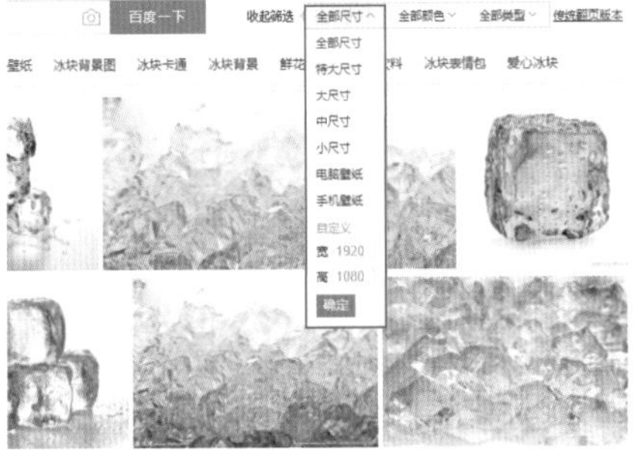

图 1-39

(2) 筛选之后将只保留符合所选尺寸的图片，如图1-40所示。从中单击选中需要的图片，然后单击鼠标右键，在弹出的快捷菜单中选择“图片另存为”命令，如图1-41所示。

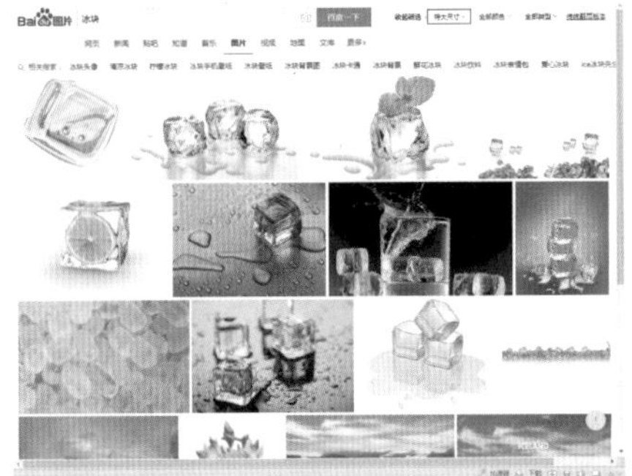

图 1-40

图 1-41

(3) 在弹出的“另存为”窗口中找到合适的存储位置，然后单击“保存”按钮，如图1-42所示。

图 1-42

(4) 需要注意的是，网络上的绝大多数图片是带有版权的，未经允许而进行商业用途的使用很可能涉及侵权问题。所以，在素材的获取方面可以搜索一些“免版权素材网站”，或者到正版素材网站购买素材使用。

2. 找免抠素材

在制作店铺广告时，经常需要为了丰富画面效果而在其中添加一些装饰元素，这时就免不了要进行抠图。为了提高工作效率，可以在网上直接下载“免抠”素材。

(1) 在搜索引擎中输入关键词，例如“冰块 免抠”，随即便会显示免抠素材的信息。我们可以从中甄别挑选出一些适合的素材并进行下载使用，如图1–43所示。需要注意的是，如果免抠素材的格式为PNG，但是当我们选好素材并“另存为”之后，发现下载到的素材是JPG格式，那么此图片必然带有背景，并非是免抠素材。如果下载到了“假的”免抠素材，那么置入文档中还是有背景的，如图1–44所示。

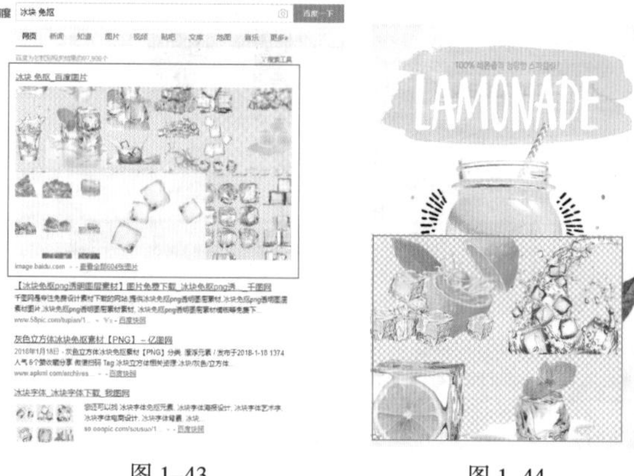

图 1–43　　图 1–44

(2) 若下载到已经抠完的素材，直接置入文档中即可使用，如图1–45所示。

图 1–45

(3) 如果要更快捷地下载到真正的免抠素材，那么需要找到一些专业的“免抠”PNG素材网站，找到带有“下载”按钮的图片进行下载，如图1–46和图1–47所示。

图 1–46

图 1–47

提示

“天下没有免费的午餐”，使用专业的免抠素材虽然节约时间，但大部分会要求付费才能下载。为了节约成本，我们可以找到一些免费的素材网站，或者自己学会抠图（在后面的学习中会学习到多种抠图方法）。

3. 找字体

想要制作出漂亮的页面效果，经常需要用到不同样式的字体，而计算机中的字体是有限的，怎么办呢？此时可以通过安装额外的字体来解决这个问题。

(1) 在安装字体之前需要下载或购买字体。首先在搜索引擎中输入关键词“字体下载”，随即便会显示相关资源的超链接，如图1–48所示。单击相应超链接，然后进行字体的下载。字体下载成功后，常见的字体文件格式为TTF，如图1–49所示。

图 1–48

（2）若安装的字体比较少，那么可以选中字体文件，单击鼠标右键，在弹出的快捷菜单中选择“安装”命令，即可进行安装，如图1–50所示。

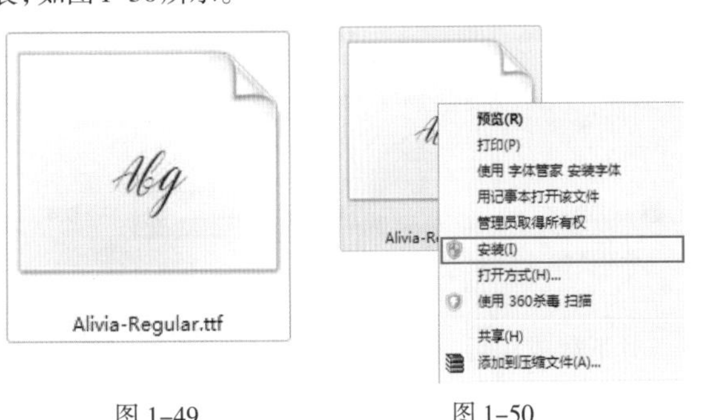

图1–49　　图1–50

（3）若安装的字体较多，逐个安装就有些麻烦了。这时可以选中所有需要安装的字体文件，按快捷键Ctrl+C进行复制，依次打开“计算机\C盘\Windows\Fonts”文件夹，按快捷键Ctrl+V进行粘贴，如图1–51所示。粘贴完成后，这些字体就成功安装了。以后在这台计算机上使用其他的制图软件时，也可以用到这些字体。

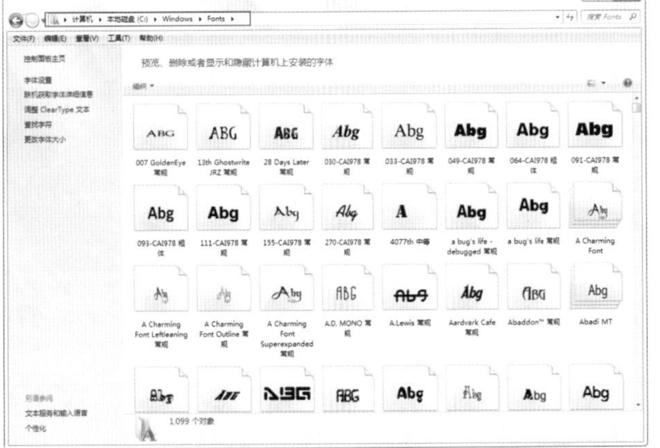

图1–51

（4）需要注意的是，网络上的很大一部分字体并非免费使用，想要进行商用需要购买字体的使用权，具体情况需要到字体官网进行查询。

4. 找模板

对于初学者而言，临摹能够快速提高制图效率，也能在学习他人作品的过程中对自己有所启发，进而逐步提升技术水平。此外，还可以找模板直接进行套用，尤其是在没有制作思路的时候，套用模板可以快速完成工作。

（1）网络上有很多提供“PSD模板”购买或下载的网站，首先在网站上下载PSD格式的文件，如图1–52所示。接着将PSD文件在Photoshop中打开，如图1–53所示。

图1–52

图1–53

（2）将原来文件中的文字和图片删除，换上自己的商品图片和相应的文字即可，效果如图1–54所示。具体更换素材图片的方式以及更换文字的方法将在后面的章节学习。

图1–54

5. 在线制作

在线制作网页店招、店标、宝贝描述等模块省时省力，非常方便。

（1）首先在搜索引擎中搜索“淘宝店招在线制作”这类关键词，随即便会显示相关资源的超链接，如图1–55所示。单击某一超链接，打开在线制作网站。首先通过浏览进行模板的选择，如图1–56所示。

图1–55

图 1-56

(2) 单击相应超链接，在打开的网页中更改相应的文字。文字更改完成后单击“开始制作”按钮，接着单击“下载图片”按钮，如图 1-57 所示。在弹出的“新建下载任务”窗口中找到合适的存储位置，然后单击“下载”按钮，如图 1-58 所示。

图 1-57

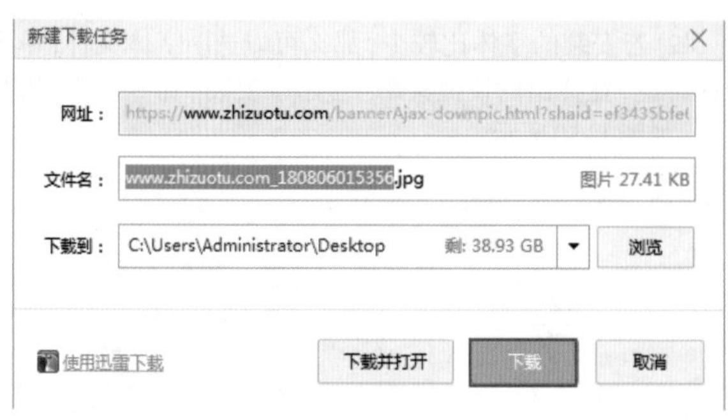

图 1-58

(3) 下载成功后，可以查看更改后的效果，如图 1-59 所示。当然，此类模板替换的网站虽然能为“新手”解燃眉之急，但是想要制作出与众不同的版面，还是需要自己学会 Photoshop。接下来，就让我们开始后面章节的学习吧。

图 1-59

读书笔记

扫一扫，看视频

熟悉淘宝美工的必备工具——Photoshop

本章内容简介：

本章主要讲解Photoshop的一些基础知识，包括认识Photoshop工作区，在Photoshop中进行新建、打开、置入、存储、打印等文件的基本操作。在此基础上学习在Photoshop中查看图像细节的方法、图层的基本操作以及简单选区的创建和使用方法。

重点知识掌握：

- 熟悉Photoshop的工作界面
- 掌握“新建、打开、置入、存储、存储为”命令的使用方法
- 掌握“缩放工具、抓手工具”的使用方法
- 熟练掌握“历史记录”面板的使用方法
- 掌握图层的基本操作方法
- 掌握创建简单选区的方法

通过本章学习，我能做什么？

通过对本章所述基础知识的学习，我们应该熟练掌握新建、打开、置入、存储文件等功能。通过这些功能，我们能够将多张图片添加到一个文档中，制作出简单的淘宝商品展示图，或者为商品主图添加一些装饰元素等。

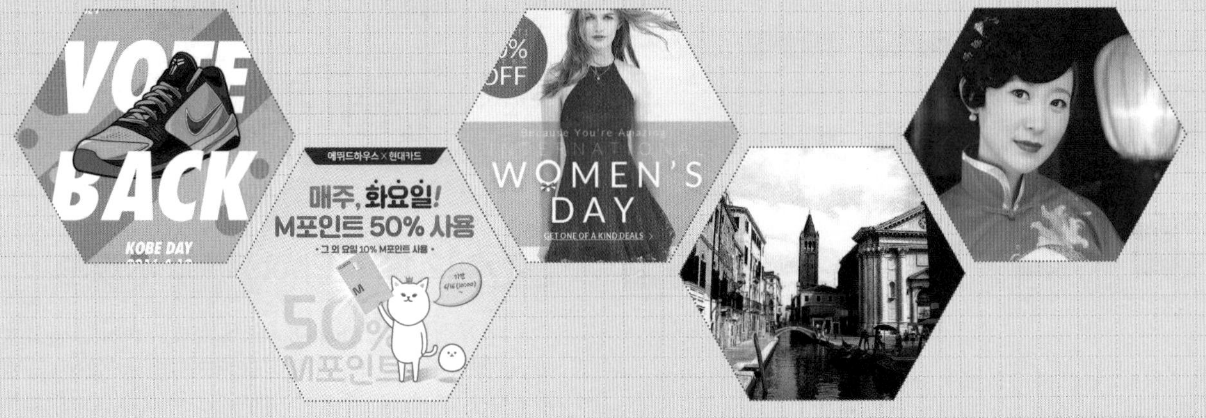

2.1 开启你的 Photoshop 之旅

正式开始学习Photoshop的具体功能之前，初学者肯定有好多问题想问。比如，Photoshop是什么？ Photoshop难学吗？如何安装Photoshop？这些问题将在本节中解答。

2.1.1 Photoshop是什么

大家口中所说的PS，也就是Photoshop，全称是Adobe Photoshop，是由Adobe Systems开发并发行的一款图像处理软件。

为了更好地理解Adobe Photoshop CC，在此将这3个词分开来解释。Adobe就是Photoshop所属公司的名称；Photoshop是软件名称，常被缩写为PS；CC是这款Photoshop的版本号，如图2–1所示。就像“腾讯QQ 2016”一样，“腾讯”是企业名称；QQ是产品的名称；2016是版本号，如图2–2所示。

Adobe Photoshop CC

图 2–1

腾讯 QQ 2016

图 2–2

随着技术的不断发展，Photoshop的技术团队也在不断对软件功能进行优化。从20世纪90年代至今，Photoshop经历了多次版本的更新。比较早期的是Photoshop 5.0、Photoshop 6.0、Photoshop 7.0，前几年的Photoshop CS4、Photoshop CS5、Photoshop CS6，时至今日的Photoshop CC、Photoshop CC 2015、Photoshop CC 2017等。图2–3所示为不同版本的Photoshop启动界面。

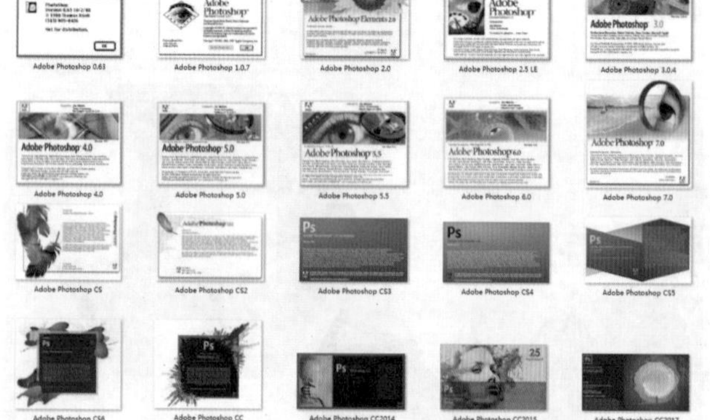

图 2–3

目前，Photoshop的多个版本拥有数量众多的用户群。每个版本的升级都会有性能的提升和功能上的改进，但是在日常工作中并不一定非要使用最新版本。这是因为，新版本虽然会有功能上的更新，但是对设备的要求也会有所提升，在软件的运行过程中就可能会消耗更多的资源。如果在使用新版本(比如Photoshop CC 2015)的时候感觉运行起来特别“卡”，操作反应非常慢，非常影响工作效率，这时就要考虑是否因为计算机配置较低，无法更好地满足Photoshop的运行要求。可以尝试使用低版本的Photoshop，比如Photoshop CS5。如果卡顿的问题得以解决，那么就安心地使用这个版本吧！虽然是较早期的版本，但是功能也非常强大，与最新版本之间并没有特别大的差别，几乎不会影响到日常工作。图2–4和图2–5所示为Photoshop CC以及Photoshop CS5的操作界面，不仔细观察很难发现两个版本的差别。因此，即使学习的是Photoshop CC 2018版本的教程，使用低版本去练习也不是完全不可以的，除去几个小功能上的差别，几乎不影响使用。

图 2–4

图 2–5

重点 2.1.2 Photoshop不难学

千万别把学习Photoshop想得太难！ Photoshop其实很简单，就像玩手机一样。手机可以用来打电话、发短信，也可以用来聊天、玩游戏、看电影。同样的，Photoshop可以用来工作赚钱，也可以给自己修美照，或者恶搞好朋友的照片……因此，在学习Photoshop之前希望大家一定要把Photoshop当成一个有趣的玩具。首先你得喜欢去“玩”，想要去“玩”，像手机一样时刻不离手，这样学习的过程将会是愉悦而快速的。

前面铺垫了很多，相信大家对Photoshop已经有一定的认识了，下面开始真正地告诉大家如何有效地学习Photoshop。

1. 基础视频教程，快入门。

如果要在最短的时间内达到能够简单使用Photoshop的程度，建议你观看一套非常简单而基础的教学视频。恰好本书配备了这样一套视频教程：《Photoshop必备知识点视频精讲》。这套视频教程选取了Photoshop中最常用的功能，每个视频讲解一个或者几个小工具，时间都非常短，短到在你感到枯燥之前就结束了讲解。视频虽短，但是建议你一定要打开Photoshop，跟着视频一起尝试去做。

由于“入门级”的视频教程时长较短，所以部分参数的解释无法完全在视频中讲解到。在练习的过程中如果遇到了问题，马上翻开书找到相应的小节，阅读这部分内容即可。

当然，一分努力一分收获，学习没有捷径。2小时与200小时的学习效果肯定是不一样的，只学习了简单视频内容是无法参透Photoshop的全部功能的。不过，到了这里你应该能够做一些简单的操作了，比如对照片进行调色，祛斑祛痘去瑕疵，做个名片、标志、简单广告等，如图2-6～图2-9所示。

图 2-6

图 2-7

图 2-8

图 2-9

2. 翻开本教材 + 打开 Photoshop= 系统学习。

经过基础视频教程的学习后，我们看上去似乎学会了Photoshop。但是实际上，之前的学习只接触到了Photoshop的皮毛而已，很多功能只是做到了“能够使用”，而不一定能够达到“了解并熟练应用”的程度。接下来，还需要系统地学习Photoshop。本书以操作为主，所以在翻开教材的同时，应打开Photoshop，边看书边练习。因为Photoshop是一门应用型技术，单纯的理论灌输很难使我们熟记功能操作，而且Photoshop的操作是“动态”的，每次鼠标的移动或点击都可能会触发指令，所以在动手练习过程中能够更直观有效地理解软件功能。

3. 勇于尝试，一试就懂。

在软件学习过程中，一定要勇于尝试。在使用Photoshop中的工具或者命令时，我们总能看到很多参数或者选项设置。面对这些参数，看书的确可以了解参数的作用，但是更好的办法是动手去尝试。比如随意勾选一个选项；把数值调到最大、最小、中档分别观察效果；移动滑块的位置，看看有什么变化。例如，Photoshop中的调色命令可以实时显示参数调整的预览效果，试一试就能看到变化，如图2-10所示；设置画笔选项后，在画面中随意绘制就能看到笔触的差异。从中不难看出，动手试试更容易，也更直观。

图 2-10

4. 别背参数，没用。

另外，在学习Photoshop的过程中，切记不要死记硬背书中的参数。同样的参数在不同的情况下得到的效果肯定各不相同。比如同样的画笔大小，在较大尺寸的文档中绘制出的笔触会显得很小，而在较小尺寸的文档中则可能显得很大。因此，在学习过程中我们需要理解参数为什么这么设置，而不是记住特定的参数。

其实，Photoshop的参数设置并不复杂。在独立制图的过程中，涉及参数设置时可以多次尝试各种不同的参数，肯定能够得到看起来很舒服的效果。图2-11和图2-12所示为同样参数在不同图片上的效果对比。

图 2-11

图 2-12

5. 抓住重点快速学。

为了能够更有效地快速学习，需要抓住学习的重点。在本书的目录中可以看到部分内容被标注为重点的章节，就需要重点学习。在时间比较充裕的情况下，可以将非重点的知识一并学习。此外，书中的练习案例非常多，针对性很强，典型，实用。案例的练习是非常重要的，通过案例的操作不仅可以练习本章节所讲内容，还能够复习之前学习过的知识。在此基础上还能够尝试使用其他章节的功能，为后面章节的学习做铺垫。

6. 在临摹中进步。

经过上述阶段的学习后，相信已经掌握了Photoshop的常用功能。接下来，我们要做的就是通过大量的制图练习提升技术。如果此时恰好你有需要完成的设计工作或者课程作业，那么这将是非常好的练习过程。如果没有这样的机会，那么建议你在各大设计网站欣赏优秀的设计作品，并选择适合自己水平的优秀作品进行“临摹”。仔细观察优秀作品的构图、配色、元素的应用以及细节的表现，尽可能一模一样地制作出来。在这个过程中并不是教大家去抄袭优秀作品的创意，而是通过对画面内容无限接近的临摹，尝试在没有教程的情况下，培养、锤炼我们独立思考、独立解决制图过程中遇到的技术问题的能力，以此来提升我们的“Photoshop功力”。图2–13和图2–14所示为难度不同的作品临摹。

图 2–13

图 2–14

7. 网上一搜，自学成才。

当然，在独立作图的时候，肯定会遇到各种各样的问题。比如，临摹的作品中出现了一个火焰燃烧的效果，这个效果可能是我们之前没有接触过的，怎么办呢？这时“百度一下”就是最便捷的方式了，如图2–15和图2–16所示。网络上有非常多的教学资源，善于利用网络自主学习是非常有效的自我提升途径。

图 2–15

图 2–16

8. 永不止步地学习。

好了，到这里Photoshop软件技术对于我们来说已经不是问题了。克服了技术障碍，接下来就可以尝试独立设计了。有了好的创意和灵感，通过Photoshop在画面中准确、有效地表达，才是我们的终极目标。要知道，在设计的道路上，软件技术学习的结束并不意味着设计学习的结束。对国内外优秀作品的学习、新鲜设计理念的吸纳以及设计理论的研究都应该是永不止步的。

想要成为一名优秀的设计师，自学能力是非常重要的。学校或者老师无法把全部知识塞进我们的脑袋，很多时候网络和书籍更能够帮助我们。

提示：快捷键背不背

为了提高作图效率，很多新手朋友执着于背诵快捷键。的确，熟练掌握快捷键后操作起来很方便，但面对快捷键速查表中列出的众多快捷键，要想全部背下来可能会花费很长时间。况且并不是所有的快捷键都适合我们使用，有的工具命令在实际操作中几乎用不到。因此，建议大家先不用急着背快捷键，可不断尝试使用Photoshop，在使用的过程中体会哪些操作是常用的，然后再看下这个命令是否有快捷键。

其实快捷键大多是很有规律的，很多命令的快捷键都是与命令的英文名称相关。例如，“打开”命令的英文是OPEN，而快捷键就选取了首字母O并配合Ctrl键使用；“新建”命令则是Ctrl+N(NEW：“新”的首字母)。这样记忆就容易多了。

2.1.3 安装Photoshop

(1) 想要使用Photoshop，首先要做的就是将其安装到计算机中。从CC版本开始，Photoshop开始了一种基于订阅的服务。首先打开Adobe的官方网站(www.adobe.com/cn)，单击右上角的“支持与下载”按钮，在弹出的下拉菜单中选择“下载和安装”，如图2–17所示。在弹出的页面中单击Photoshop按钮，如图2–18所示。

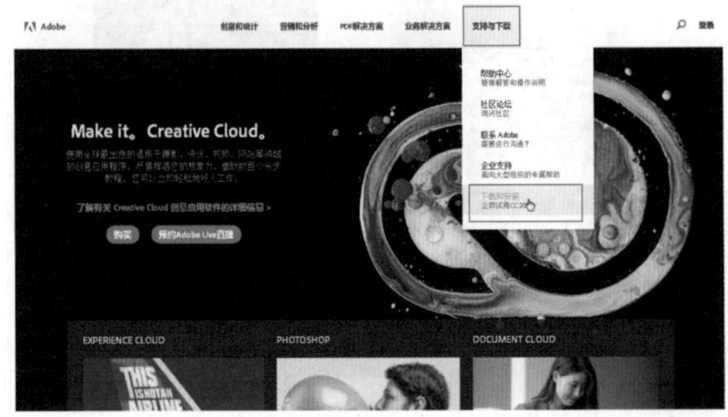

图 2–17

图 2-18

(2) 在打开的页面中单击“开始免费试用”按钮，如图 2-19 所示。在弹出的页面中可以选择“登录”或“注册”Adobe ID，如图 2-20所示。如果已有 Adobe ID，则可以单击“登录”按钮，如图 2-21所示。如果没有 Adobe ID，可以在注册页面输入基本信息，如图 2-22 所示。

图 2-19　　图 2-20

图 2-21　　图 2-22

(3) 注册完成后，登录 Adobe ID。接下来在弹出的页面中选择自己的软件操作水平，如图 2-23所示。启动 Adobe Creative Cloud 后，在出现的软件列表中找到想要安装的软件，然后单击后方的“安装”按钮，如图2-24 所示。

图 2-23　　图 2-24

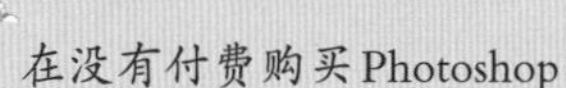

提示：试用与购买

在没有付费购买Photoshop软件之前，我们可以免费试用一小段时间；如果需要长期使用，则需要购买。

重点 2.1.4　认识Photoshop的工作界面

扫一扫，看视频

成功安装Photoshop之后，在“程序”菜单中找到并选择Adobe Photoshop CC 2018命令，或者双击桌面上的Adobe Photoshop CC 2018快捷方式，即可启动该软件，如图2-25所示。到这里，我们终于见到了Photoshop的“芳容”，如图2-26所示。如果之前在Photoshop中曾进行过一些文档的操作，在起始界面中会显示之前操作过的文档，如图2-27所示。

图 2-25

图 2-26

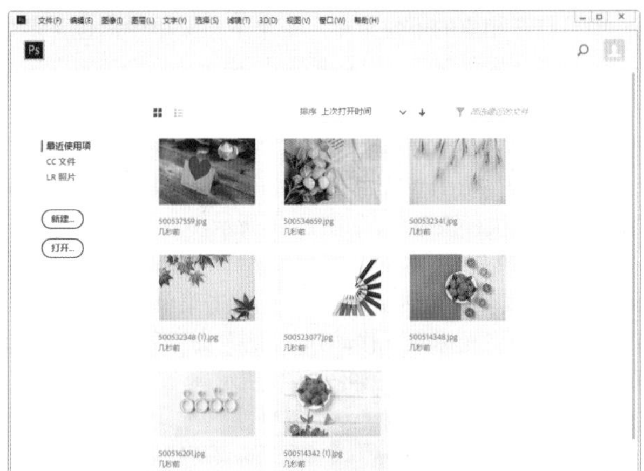

图 2-27

虽然打开了Photoshop，但是此时我们看到的并不是它的完整样貌，因为当前还没有能够操作的文档，所以很多功能没有显示出来。为了便于学习，在这里打开一张图片。单击“打开”按钮，在弹出的窗口中选择一张图片，然后单击“打开”按钮，如图2-28所示。随即文档被打开，Photoshop的全貌才得以呈现，如图2-29所示。Photoshop的工作界面由菜单栏、工具箱、状态栏、文档窗口以及多个面板组成。

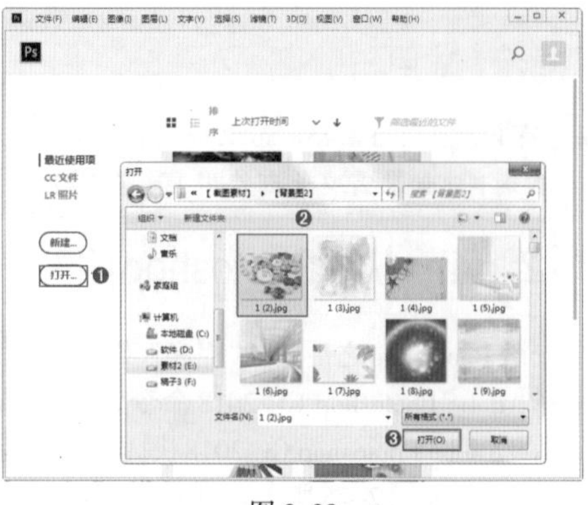

图 2-28

图 2-29

1. 菜单栏

Photoshop的菜单栏中包含多个菜单项，单击某个菜单项，即可打开相应的下拉菜单。每个下拉菜单中都包含多个命令，其中某些命令后方带有▶符号，表示该命令还包含多个子命令；某些命令后方带有一连串的“字母”，这些字母就是Photoshop的快捷键。例如，“文件”下拉菜单中的“关闭”命令后方显示了“Ctrl+W”，那么同时按下键盘上的Ctrl键和W键，即可快速执行该命令，如图2-30所示。

对于菜单命令，本书采用“执行‘图像>调整>曲线’命令的写作方式。换句话说，就是首先单击菜单栏中的“图像”菜单项，接着将光标向下移动到“调整”命令处，在弹出的子菜单中选择“曲线”命令，如图2-31所示。

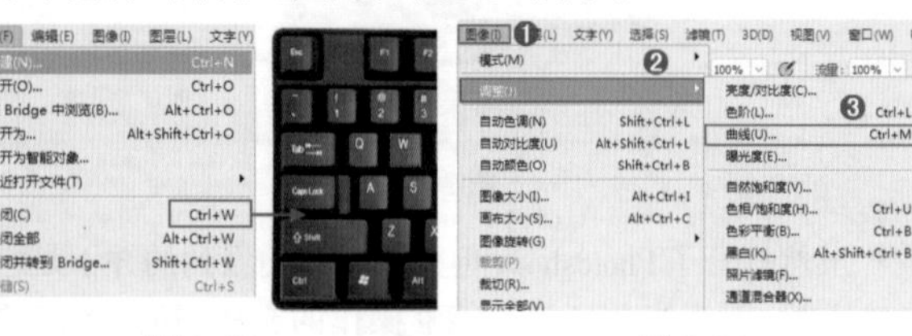

图 2-30　　图 2-31

2. 文档窗口

执行“文件>打开”命令，在弹出的“打开”窗口中随意选择一张图片，然后单击“打开”按钮，如图2-32所示。随即这张图片就会在Photoshop中被打开，在文档窗口的标题栏中就可以看到关于这个文档的相关信息了(名称、格式、窗口缩放比例以及颜色模式等)，如图2-33所示。

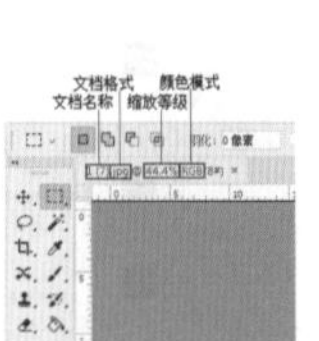

图 2-32　　图 2-33

3. 状态栏

状态栏位于文档窗口的下方，可以显示当前文档的大小、文档尺寸、当前工具和测量比例等信息。单击状态栏中的〉按钮，可以设置要显示的内容。如图2-34所示。

4. 工具箱与工具选项栏

工具箱位于Photoshop工作界面的左侧，其中以小图标的形式提供了多种实用工具。有的图标右下角带有◢标记，表示这是个工具组，其中可能包含多个工具。右键单击(简称右击)工具组图标，即可看到该工具组中的其他工具；将光标移动到某个工具上单击，即可选择该工具，如图2-35所示。

图 2-34　　图 2-35

选择了某个工具后，在其选项栏中可以对相关参数选项进行设置。不同工具的选项栏也不同，如图2-36所示。

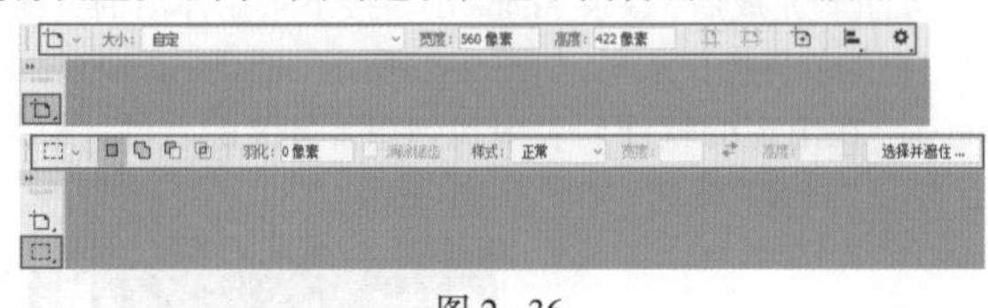

图 2- 36

提示：双排显示工具箱

当工具箱无法在Photoshop中完全显示时，可以将单排显示的工具箱折叠为双排显示。单击工具箱顶部的折叠按钮▶▶可以将其折叠为双栏，单击◀◀按钮则可还原回展开的单栏模式，如图2-37所示。

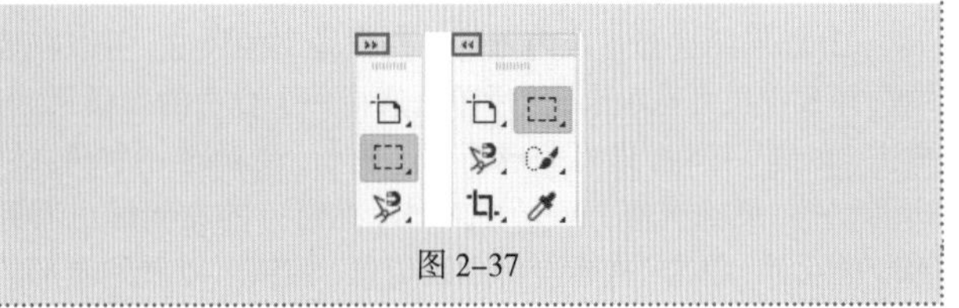
图 2-37

5. 面板

面板主要用来配合图像的编辑、对操作进行控制以及设置参数等。默认情况下，面板堆栈位于文档窗口的右侧，如图2-38所示。面板可以堆叠在一起，单击面板名称(标签)即可切换到相应的面板。将光标移动至面板名称(标签)上，按住鼠标左键拖曳即可将面板与窗口进行分离，如图2-39所示。如果要将面板堆栈在一起，可以拖曳该面板到界面上方，当出现蓝色边框后松开鼠标，即可完成堆栈操作，如图2-40所示。

图 2-38

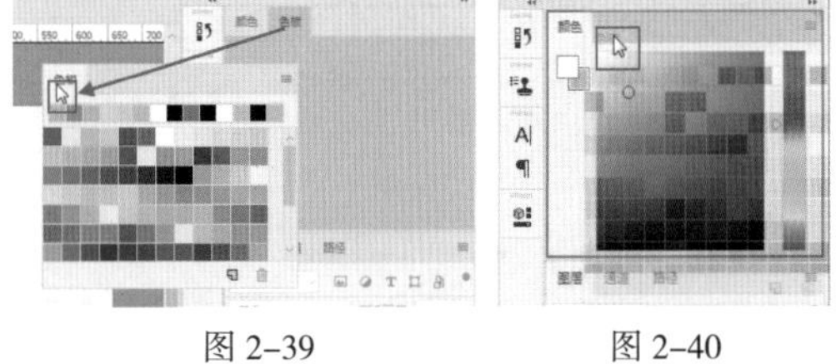
图 2-39　　图 2-40

单击面板右上角的 ◂◂ 按钮，可以将面板折叠起来；反之，单击 ▸▸ 按钮，可以展开面板，如图2-41所示。在每个面板的右上角都有一个“面板菜单”按钮 ≡，单击该按钮可以打开该面板的相关设置菜单，如图2-42所示。

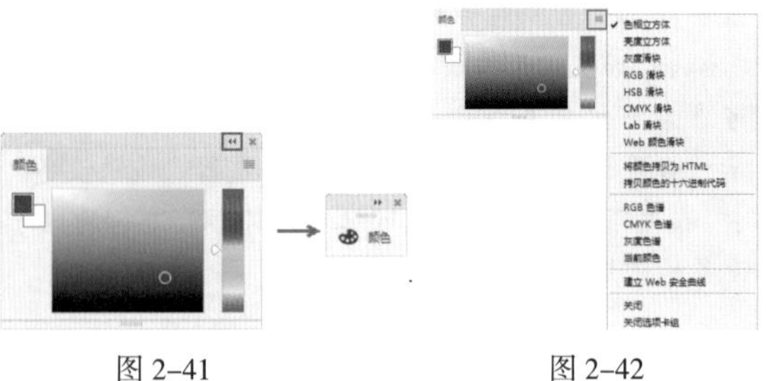
图 2-41　　图 2-42

在Photoshop中有很多面板，通过在“窗口”菜单中选择相应的命令，即可将其打开或关闭，如图2-43所示。例如，执行“窗口>信息”命令，即可打开“信息”面板，如图2-44所示。如果在命令前方带有 ✔ 标记，则说明这个面板已经打开了，再次执行该命令可将这个面板关闭。

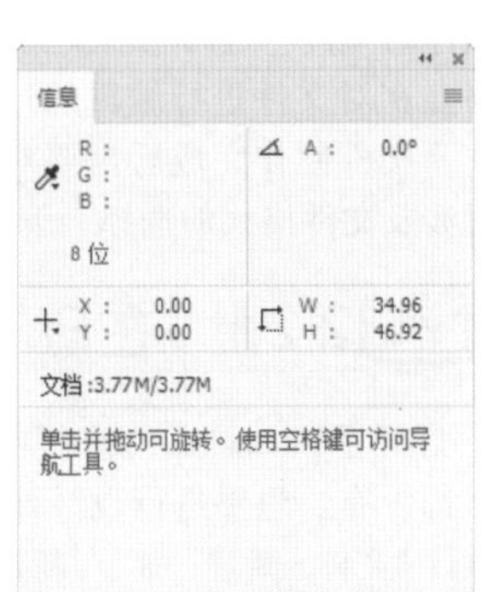
图 2-43　　图 2-44

提示：如何让工作界面恢复默认状态

完成这一节的学习后，难免打开了一些不需要的面板，或者一些面板并没有“规规矩矩”地堆栈在原来的位置，一个一个地重新拖曳调整费时又费力。这时执行“窗口>工作区>复位基本功能”命令，就可以把凌乱的界面恢复到默认状态。

2.1.5　退出Photoshop

当不需要使用Photoshop时，就可以将其关闭了。在Photoshop工作界面中单击右上角的“关闭”按钮 ✕ ，即可将其关闭；也可以执行“文件>退出”命令(快捷键：Ctrl+Q)来退出Photoshop，如图2-45所示。

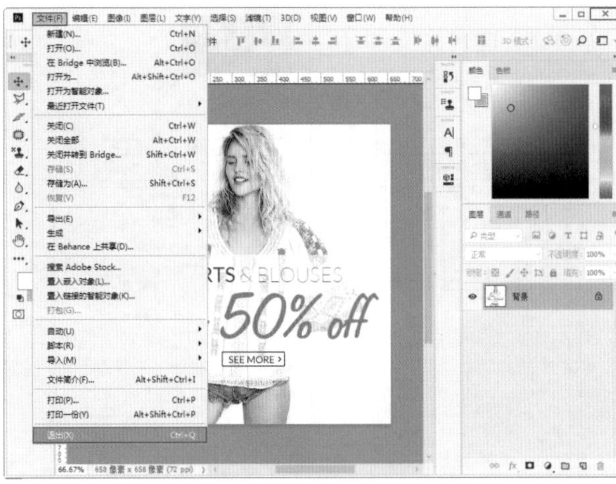
图 2-45

2.2 Photoshop 文档的基本操作

熟悉了Photoshop的工作界面后，下面就可以开始正式接触Photoshop的功能了。不过，打开Photoshop之后，我们会发现很多功能无法使用，这是因为当前的Photoshop中没有可供操作的文件。这时就需要新建文件，或者打开已有的图像文件。在对文件进行编辑的过程中，还会经常用到"置入"操作。文件制作完成后需要对文件进行"存储"，而存储文件时涉及文件格式的选择。下面就来学习一下这些知识。

重点 2.2.1 在Photoshop中新建文件

扫一扫，看视频

打开了Photoshop，此时界面中一片空白，什么都没有。想要进行设计作品的制作，首先应执行"文件>新建"命令，新建一个文档。

新建文档之前，我们要考虑几个问题：我要新建一个多大的文件？分辨率要设置为多少？颜色模式选择哪一种？这一系列问题都可以在"新建"窗口中得到解答。

(1)启动Photoshop之后，在起始界面中单击左侧的"新建"按钮，或者执行"文件>新建"命令(快捷键：Ctrl+N)，打开"新建文档"窗口，如图2-46所示。这个窗口大体可以分为3部分：顶端是预设的尺寸选项卡；左侧是预设选项或最近使用过的项目；右侧是自定义选项设置区域，如图2-47所示。

图 2-46

图 2-47

(2)如果要选择系统内置的一些预设文档尺寸，可以在顶端选择预设尺寸选项卡，然后单击选择一个合适的预设尺寸，单击"创建"按钮，即可完成新建。例如，要新建一个网页格式的文档，那么选择"Web"选项卡，在窗口的左侧即可看到相应的尺寸，单击"查看全部预设信息"按钮可以看到全部的预设尺寸，如图2-48所示。单击选中一个预设尺寸，在窗口的右侧可以看到相应的尺寸参数，接着单击"创建"按钮，如图2-49所示。

图 2-48

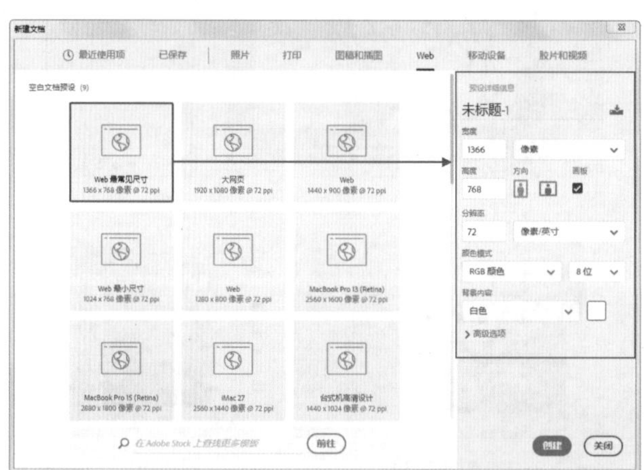

图 2-49

提示：预设中提供了哪些尺寸

根据不同行业的不同需要，Photoshop将常用的尺寸进行了分类。我们可以根据需要在预设中找到合适的尺寸。例如，如果用于排版、印刷，那么选择"打印"选项卡，即可在左下方列表框中看到常用的打印尺寸，如图2-50所示。如果你是一名UI设计师，那么选择"移动设备"选项卡，在左下方列表框中就可以看到时下最流行的电子移动设备的常用尺寸，如图2-51所示。

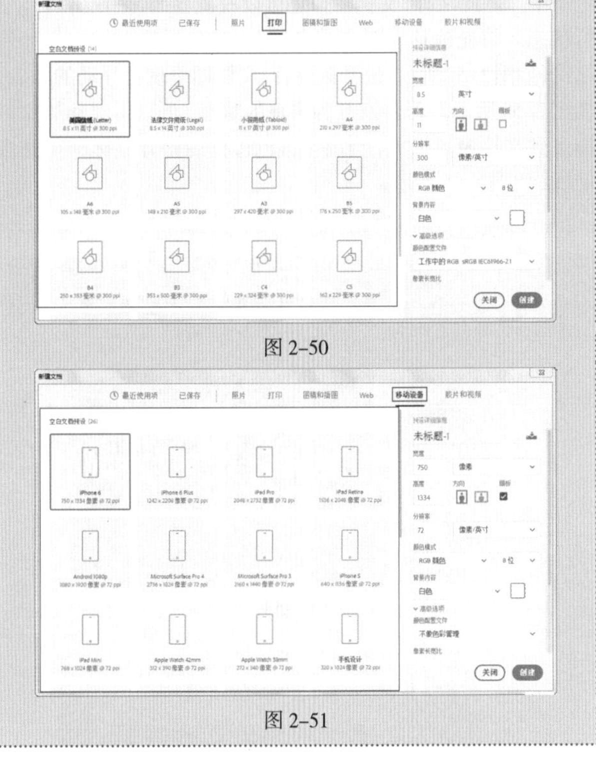

图 2-50

图 2-51

(3) 如果需要比较特殊的尺寸，则可以自定义。直接在窗口右侧进行“宽度”“高度”等参数的设置即可，如图2-52所示。

图 2-52

- 宽度/高度：首先在后方列表中选择合适的单位，然后设置文档的宽度和高度数值。在进行网页设计时，多采用像素为单位。
- 分辨率：用来设置每平方英寸/平方厘米包含的像素个数的多少，数值越多，文档的细节越多。新建文件时，其宽度与高度通常与实际印刷的尺寸相同(超大尺寸文件除外)。而在不同情况下，分辨率需要进行不同的设置。通常来说，图像的分辨率越高，印刷出来的质量就越好；但也并不是任何场合都需要将分辨率设置为较高的数值。一般印刷品分辨率为150～300dpi，高档画册分辨率为350dpi以上，网页或者其他用于在电子屏幕上显示的图像分辨率为72dpi。
- 颜色模式：用来设置构成文档的色彩模型。进行淘宝网页设计时，颜色模式需要设置为RGB。
- 背景内容：用于设置新文件的背景样式。
- 高级选项：展开该选项组，在其中可以进行“颜色配置文件”以及“像素长宽比”的设置。

重点 2.2.2 在Photoshop中打开图像文件

想要处理商品的照片，或者继续编辑之前的网页设计方案，就需要在Photoshop中打开已有的文件。执行“文件>打开”命令(快捷键：Ctrl+O)，在弹出的“打开”窗口中找到文件所在的位置，单击选择要打开的文件，接着单击“打开”按钮，如图2-53所示，即可在Photoshop中打开该文件，如图2-54所示。

扫一扫，看视频

图 2-53

图 2-54

2.2.3 多文档操作

扫一扫，看视频

1. 打开多个文档

在“打开”窗口中可以一次性选中多个文档，同时将其打开。可以按住鼠标左键拖曳框选多个文档，也可以按住Ctrl键逐个单击多个文档，然后单击“打开”按钮，如图2-55所示。接着被选中的多张图片就都被打开了，但默认情况下只能显示其中一张图片，如图2-56所示。

图 2–55

图 2–56

2. 多个文档间的切换

虽然一次性打开了多个文档，但在文档窗口中只能显示一个文档。单击标题栏中的文档名称，即可切换到相应的文档窗口，如图2–57所示。

图 2–57

3. 切换文档浮动模式

默认情况下，打开多个文档时，多个文档均合并到文档窗口中。除此之外，文档窗口还可以脱离界面，呈现出“浮动”的状态。将光标移动至文档名称上，按住鼠标左键向界面外拖曳，如图2–58所示。松开鼠标后，文档即呈现为浮动的状态，如图2–59所示。若要恢复为堆叠的状态，可以将浮动的窗口拖曳到文档窗口上方，当出现蓝色边框后松开鼠标即可完成堆栈，如图2–60所示。

图 2–58

图 2–59

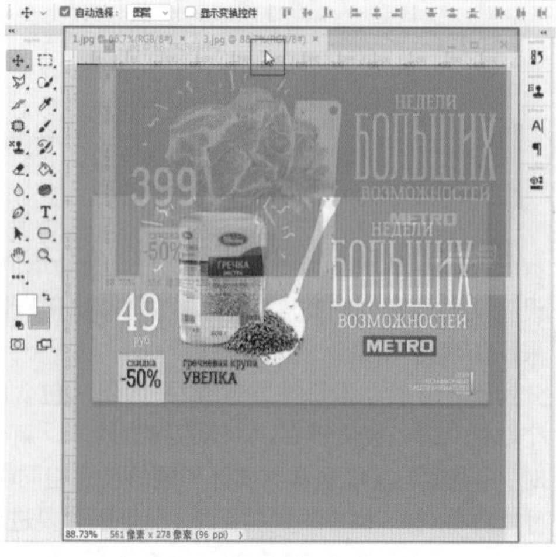

图 2–60

4. 多文档同时显示

要一次性查看多个文档，除了让窗口浮动之外还有一种办法，就是通过设置“窗口排列方式”来查看。执行“窗口 >

排列”命令，在弹出的子菜单中可以看到多种文档的显示方式，选择适合自己的方式即可，如图2–61所示。例如，打开了3张图片，想要同时看到，可以选择“三联垂直”方式，效果如图2–62所示。

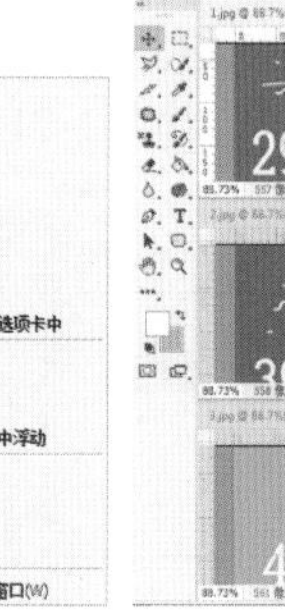

图 2–61

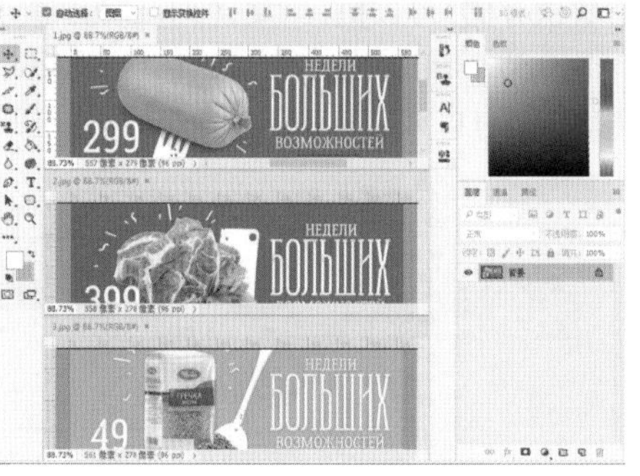

图 2–62

提示：将文件打开为智能对象

执行“文件>打开为智能对象”命令，然后在弹出的对话框中选择一个文件将其打开，此时该文件将以智能对象的形式被打开。

重点 2.2.4　置入：向文档中添加其他图片

使用Photoshop制作网站版面或者网页广告时，经常需要使用其他的图像元素来丰富画面效果。前面我们学习了“打开”命令，但“打开”命令只能将图片在Photoshop中以一个独立文件的形式打开，并不能添加到当前的文件中，而通过“置入”操作则可以将对象添加到当前文件中。

扫一扫，看视频

在已有的文件中执行“文件>置入嵌入对象”命令，然后在弹出的“置入嵌入的对象”窗口中选择要置入的文件，单击“置入”按钮，如图2–63所示。随即选择的对象就会被置入当前文档内。此时置入的对象边缘处带有定界框和控制点，如图2–64所示。

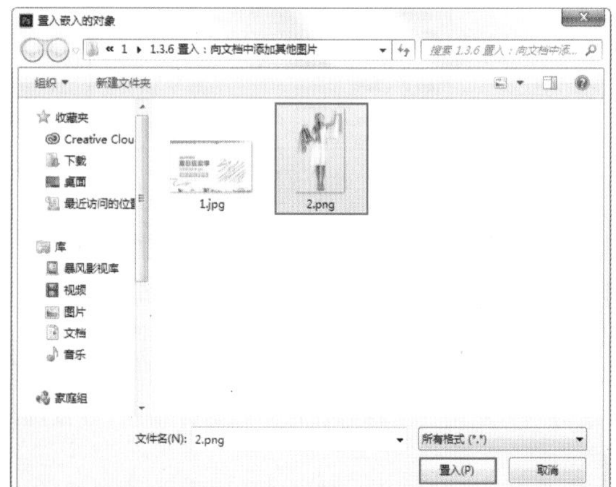

图 2–63

图 2–64

按住鼠标左键拖曳定界框上的控制点可以放大或缩小图像，还可进行旋转。按住鼠标左键拖曳图像可以调整置入对象的位置(缩放、旋转等操作与“自由变换”操作非常接近，具体操作方法参见3.3.1节)，如图2–65所示。调整完成后按Enter键，即可完成置入操作。此时定界框会消失。在“图层”面板中也可以看到新置入的智能对象图层(智能对象图层右下角带有图标)，如图2–66所示。

图 2–65

图 2–66

2.2.5　将智能对象转换为普通图层

置入后的素材对象会作为智能对象。“智能对象”有几

点好处，如可以对图像进行缩放、定位、斜切、旋转或变形等操作且不会降低图像的质量。不过要注意的是，对“智能对象”无法直接进行内容的编辑(例如删除局部、用画笔工具在上方进行绘制等)。例如，使用“橡皮擦工具”进行擦除，那么光标显示为⊘，如图2–67所示。如果继续进行擦除，则会弹出一个提示对话框。单击“确定”按钮，即可将智能图层栅格化，如图2–68所示。

图2–67

图2–68

如果想要对智能对象的内容进行编辑，需要在该图层上单击鼠标右键，在弹出的快捷菜单中执行“栅格化图层”命令，如图2–69所示。只有将智能对象转换为普通对象后，才能对其进行编辑，如图2–70所示。

图2–69

图2–70

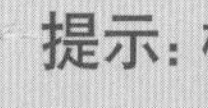

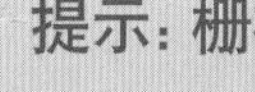

提示：栅格化

“栅格化”主要是针对智能对象的操作。所学“栅格化”图层，就是将“特殊图层”转换为“普通图层”的过程。选择需要栅格化的图层，然后执行“图层>栅格化”子菜单中的相应命令；或者在“图层”面板中选中该图层，单击鼠标右键，在弹出的快捷菜单中执行“栅格化”命令，随即可以看到“特殊图层”转换为“普通图层”了。

重点 2.2.6 存储文件

对某一文档进行编辑后，我们可能需要将当前操作保存到当前文档中。这时需要执行“文件>存储”命令(快捷键：Ctrl+S)。如果文档存储时没有弹出任何窗口，则默认以原始位置进行存储。存储时将保留所做的更改，并且会替换掉上一次保存的文件。

扫一扫，看视频

如果是第一次对文档进行存储，可能会弹出“另存为”窗口，从中可以重新选择文件存储位置，并设置文件存储格式以及文件名。

如果要将已经存储过的文档更换位置、名称或者格式后再次存储，可以执行“文件>存储为”命令(快捷键：Shift+Ctrl+S)，在弹出的“另存为”窗口中对存储位置、文件名、保存类型等进行设置，然后单击“保存”按钮，如图2–71所示。

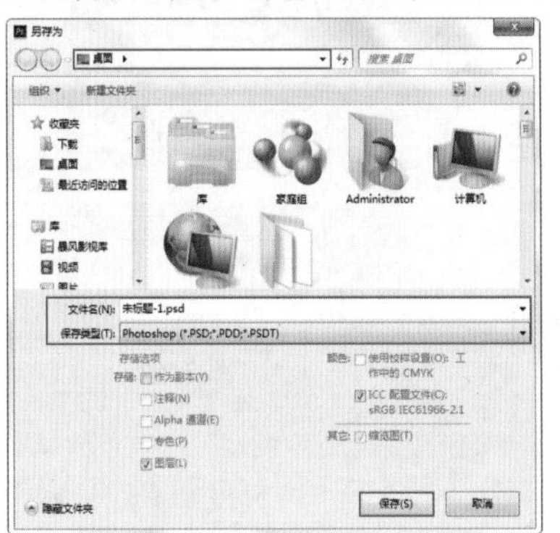

图2–71

重点 2.2.7 常见的图像存储格式

存储文件时，在弹出的“另存为”窗口的“保存类型”下拉列表中可以看到有多种格式可供选择，如图2–72所示。但并不是每种格式都经常使用，选择哪种格式才是正确的呢？下面我们来认识几种常见的图像格式。

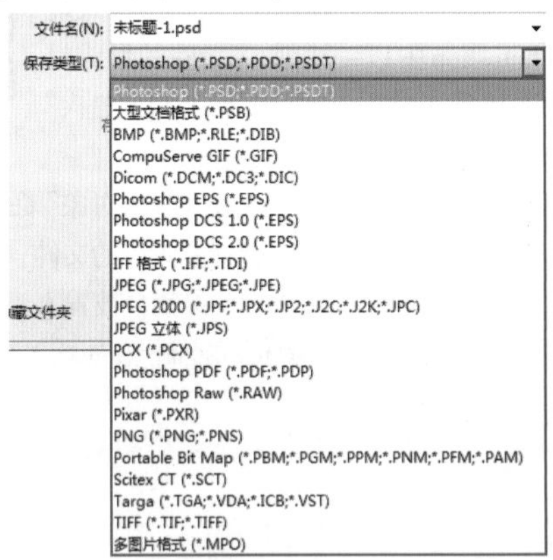

图2–72

1. PSD：Photoshop源文件格式，保存所有图层内容

在存储新建的文件时，我们会发现默认的格式为Photoshop(*.PSD;*.PDD;*.PSDT)。PSD格式是Photoshop的默认存储格式，能够保存图层、蒙版、通道、路径、未栅格化的文字、图层样式等。一般情况下保存文件采用这种格式，以便随时进行修改。

选择该格式，然后单击“保存”按钮，在弹出的“Photoshop格式选项”对话框中选中“最大兼容”复选框，可以保证在其他版本的Photoshop中能够正确打开该文档，然后单击“确定”按钮即可。也可以选中“不再显示”复选框，接着单击“确定”按钮，就可以每次都采用当前设置，并不再显示该对话框，如图2–73所示。

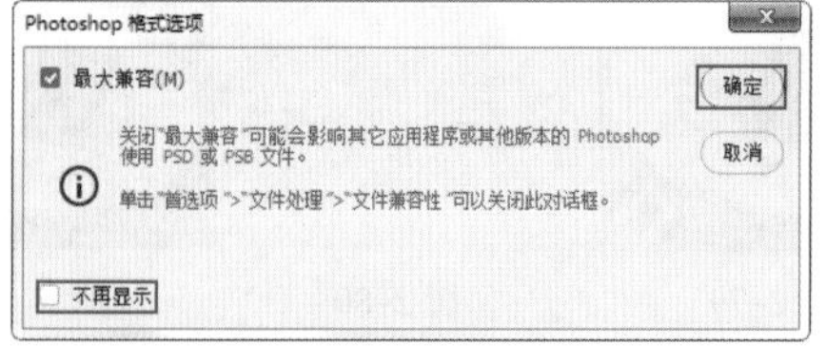

图 2–73

> **提示：非常方便的PSD格式**
>
> PSD格式文件可以应用在多款Adobe软件中，在实际操作中也经常会直接将PSD格式文件置入Illustrator、InDesign等平面设计软件中。除此之外，After Effects、Premiere等影视后期制作软件也是可以使用PSD格式文件的。

2. GIF：动态图片、网页元素

GIF格式是输出图像到网页最常用的格式。GIF格式采用LZW压缩，支持透明背景和动画，被广泛应用在网络中。网页切片后常以GIF格式进行输出。除此之外，我们常见的动态QQ表情、搞笑动图也是GIF格式的。选择这种格式，在弹出的“索引颜色”对话框中可以进行“调板”“颜色”等设置；选中“透明度”复选框；可以保存图像中的透明部分，如图2–74所示。

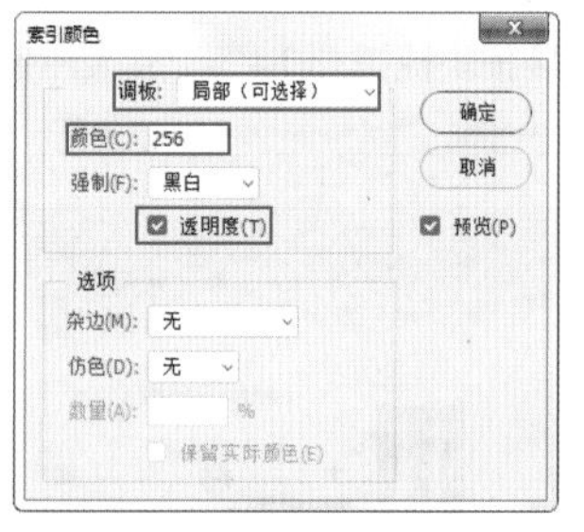

图 2–74

3. JPEG：最常用的图像格式，方便存储、浏览、上传

JPEG格式是平时最常用的一种图像格式。它是一种最有效、最基本的有损压缩格式，被绝大多数图形处理软件所支持。JPEG格式常用于对质量要求不是特别高，而且需要上传网络、传输给他人或者在计算机上随时查看的情况。例如，做了一个标志设计的作业、修了张照片等。对于有极高要求的图像输出打印，最好不使用JPEG格式，因为它是以损坏图像质量来提高压缩质量的。

存储时选择这种格式，会将文档中的所有图层合并，并进行一定的压缩，存储为一种在绝大多数计算机、手机等电子设备上可以轻松预览的图像格式。在选择格式时，可以看到保存类型显示为JPEG(*.JPG;*.JPEG;*.JPE)。JPEG是这种图像格式的名称，而这种图像格式的后缀名可以是JPG、JPEG或JPE。

选择此格式并单击“保存”按钮后，在弹出的“JPEG选项”对话框中可以进行图像品质的设置。品质数值越大图像质量越高，文件大小也就越大。如果对图像文件的大小有要求，那么可以参考右侧的文件大小数值来调整图像的品质。设置完成后单击“确定”按钮，如图2–75所示。

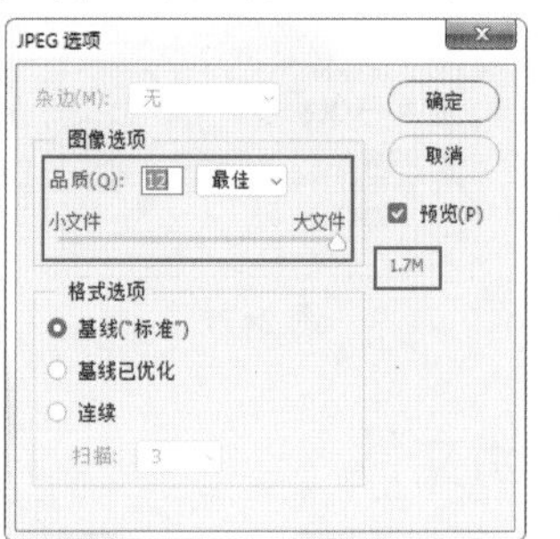

图 2–75

4. TIFF：高质量图像，保存通道和图层

TIFF格式是一种通用的图像文件格式，可以在绝大多数制图软件中打开并编辑，而且是桌面扫描仪扫描生成的图像格式。TIFF格式最大的特点就是能够最大程度地保持图像质量不受影响，而且能够保存文档中的图层信息以及Alpha通道。但TIFF并不是Photoshop特有的格式，所以有些Photoshop特有的功能(如调整图层、智能滤镜)就无法被保存下来了。这种格式常用于对图像文件质量要求较高，而且需要在没有安装Photoshop的计算机上预览或使用的情况。例如，制作了一个平面广告，需要发送到印刷厂。选择该格式后，在弹出的“TIFF选项”对话框中可以对“图像压缩”等内容进行设置。如果对图像质量要求很高，可以选中“无”单选按钮，然后单击“确定”按钮，如图2–76所示。

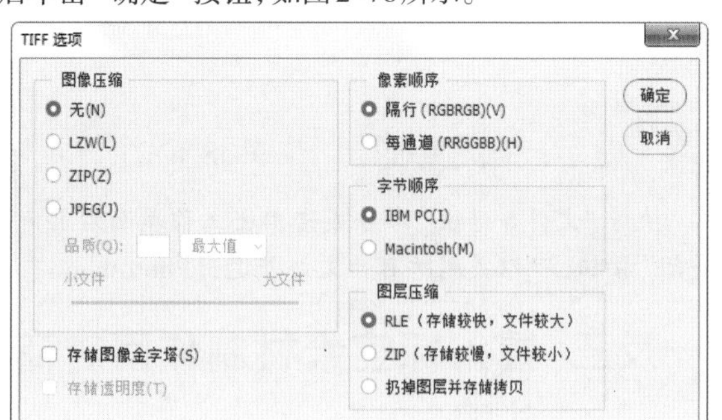

图 2–76

5. PNG：透明背景、无损压缩

当图像文件中有一部分区域是透明时，存储为JPEG格式会发现透明的部分被填充上了颜色。存储为PSD格式又不方便打开，而存储为TIFF格式文件大小又比较大。这时不要忘了“PNG格式”。PNG是一种专门为Web开发的、用于将图

像压缩到Web上的文件格式。与GIF格式不同的是，PNG格式支持244位图像并产生无锯齿状的透明背景。PNG格式由于可以实现无损压缩，并且背景部分是透明的，因此常用来存储背景透明的素材。选择该格式后，在弹出的“PNG选项”对话框中可以对压缩方式进行设置，然后单击“确定”按钮完成操作，如图2-77所示。

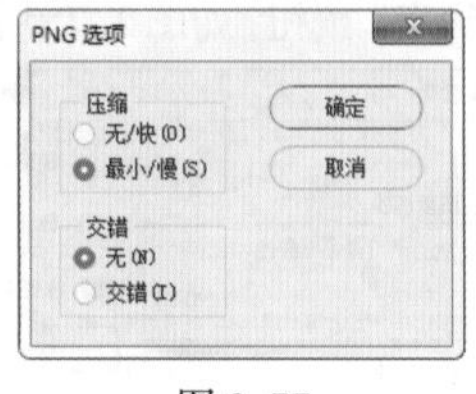

图2-77

2.2.8 关闭文件

执行“文件>关闭”命令(快捷键：Ctrl+W)，可以关闭当前所选的文件；单击文档窗口右上角的“关闭”按钮，也可关闭所选文件，如图2-78所示。执行“文件>关闭全部”命令或按Alt+Ctrl+W组合键，可以关闭所有打开的文件。

图2-78

> **提示：关闭并退出 Photoshop**
>
> 执行“文件>退出”命令或者单击工作界面右上角的“关闭”按钮，可以关闭所有的文件并退出Photoshop。

举一反三：置入标签素材制作网店商品头图

如果你是个淘宝店主或者想要尝试淘宝美工的工作，那么“置入嵌入对象”命令能够帮助你轻松打造一款“新品”。比如，在Photoshop中打开一张产品的照片，如图2-79所示。接下来，搜索标签素材(可以搜索“标签 PNG”等关键词)，找到一款适合的角标PNG素材，如图2-80所示。将其置入当前文件中，如图2-81所示。对于这些比较常用的PNG素材或者制作好的可以批量使用的PSD文件，建议大家留存起来，以备今后使用。

图2-79

图2-80

图2-81

2.3 调整图像文件的查看比例和位置

在利用Photoshop编辑图像文件的过程中，有时需要观看画面整体，有时需要放大显示画面的某个局部，这时就要用到工具箱中的“缩放工具”以及“抓手工具”。除此之外，“导航器”面板也可以帮助我们方便、快捷地定位到画面中的某个部分。

重点 2.3.1 缩放工具：放大、缩小、看细节

扫一扫，看视频

进行图像编辑时，经常需要对画面细节进行操作，这就需要将画面的显示比例放大一些。此时可以使用工具箱中的“缩放工具”来完成。单击工具箱中的“缩放工具”按钮，将光标移动到画面中，单击鼠标左键即可放大图像显示比例，如图2-82所示；如需放大多倍可以多次单击，如图2-83所示。此外，还可以直接按快捷键Ctrl +“+”放大图像显示比例。

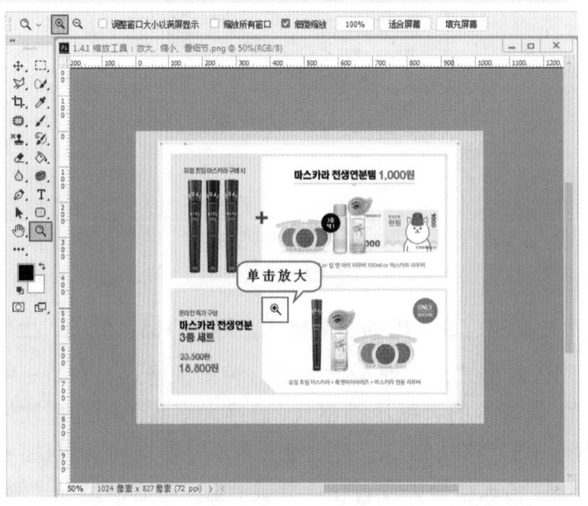

图2-82

“缩放工具”既可以放大，也可以缩小显示比例。在“缩放工具”选项栏中可以切换该工具的模式，单击“缩小”按钮可以切换到缩小模式，在画布中单击鼠标左键可以缩小图像，如图2-84所示。此外，也可以直接按快捷键Ctrl+“-”缩小图像显示比例。

图 2-83

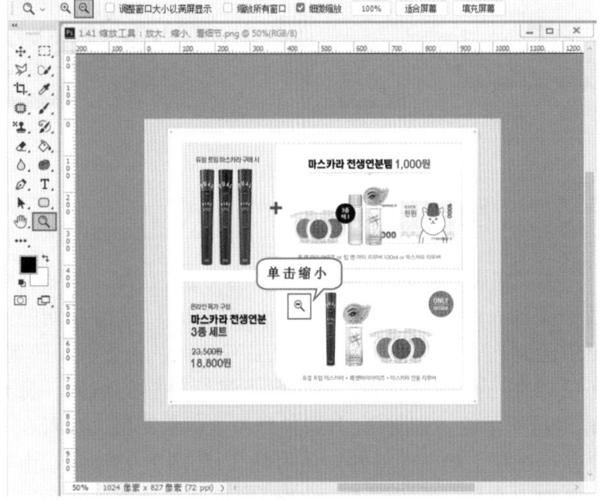

图 2-84

提示："缩放工具"不改变图像本身大小

使用"缩放工具"放大或缩小的只是图像在屏幕上显示的比例，图像的真实大小是不会随之发生改变的。

在"缩放工具"选项栏中可以看到其他一些设置选项，如图2-85所示。

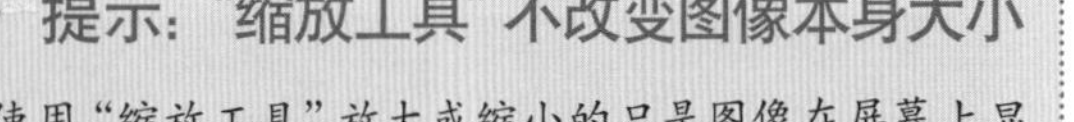

图 2-85

- 调整窗口大小以满屏显示：选中该复选框后，在缩放窗口的同时自动调整窗口的大小。
- 缩放所有窗口：如果当前打开了多个文档，选中该复选框后可以同时缩放所有打开的文档窗口。
- 细微缩放：选中该复选框后，在画面中按住鼠标左键向左侧或右侧拖曳鼠标，能够以平滑的方式快速放大或缩小窗口。
- 100% / 适合屏幕 / 填充屏幕：单击相应按钮即可切换不同的图像显示比例。

重点 2.3.2 抓手工具：平移画面

扫一扫，看视频

当画面显示比例比较大的时候，有些局部可能就无法显示了。这时可以选择工具箱中的"抓手工具"，在画面中按住鼠标左键拖动，如图2-86所示。画面中显示的图像区域随之产生了变化，如图2-87所示。

图 2-86

图 2-87

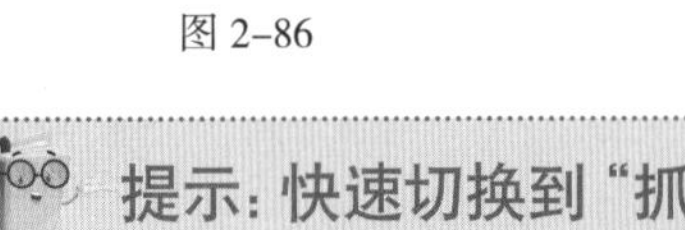

提示：快速切换到"抓手工具"

在使用其他工具时，按住Space键(即空格键)即可快速切换到"抓手工具"状态。此时在画面中按住鼠标左键拖动，即可平移画面。松开Space键时，会自动切换回之前使用的工具。

2.4 错误操作的处理

使用画笔和画布绘画时，如果画错了，需要很费力地擦掉或者盖住；在暗房中冲洗照片，一旦出现失误，照片可能就无法挽回了。相比之下，使用Photoshop等数字图像处理软件最大的便利之处就在于能够"重来"。操作出现错误，没关系，简单一个命令，就可以轻轻松松地"回到从前"。

重点 2.4.1 撤销与还原操作

扫一扫，看视频

执行"编辑>还原"命令(快捷键：Ctrl+Z)，可以撤销最近的一次操作，将其还原到上一步操作状态。如果想要取消还原操作，可以执行"编辑>重做"命令。这两个命令仅限于一个操作步骤的还原与重做，所以使用得并不多。

很多时候，在操作中需要对之前执行的多个步骤进行撤销，这时就需要用到"编辑>后退一步"命令(快捷键：Alt+Ctrl+Z)了。默认情况下，这个命令可以后退最后执行的20个步骤，多次使用该命令即可逐步后退操作；如果要取消后退的操作，可以连续执行"编辑>前进一步"命令(快捷键：

Shift+Ctrl+Z）来逐步恢复被后退的操作。后退一步与前进一步是最常用的操作，所以一定要学会使用快捷键，以便快速、高效地完成制图，如图2-88所示。

图 2-88

2.4.2 “恢复”文件

对某一文件进行了一些操作后，执行“文件>恢复”命令，可以直接将文件恢复到最后一次保存时的状态。如果一直没有进行过存储操作，则可以返回到刚打开文件时的状态。

重点 2.4.3 使用“历史记录”面板还原操作

在Photoshop中，对文档进行过的编辑操作称为“历史记录”，而“历史记录”面板就是用来记录文件操作历史的。执行“窗口>历史记录”命令，打开“历史记录”面板，如图2-89所示。当对文档进行一些编辑操作后，我们会发现“历史记录”面板中会出现刚刚进行的操作条目。单击其中某一项历史记录操作，就可以使文档返回之前的编辑状态，如图2-90所示。

扫一扫，看视频

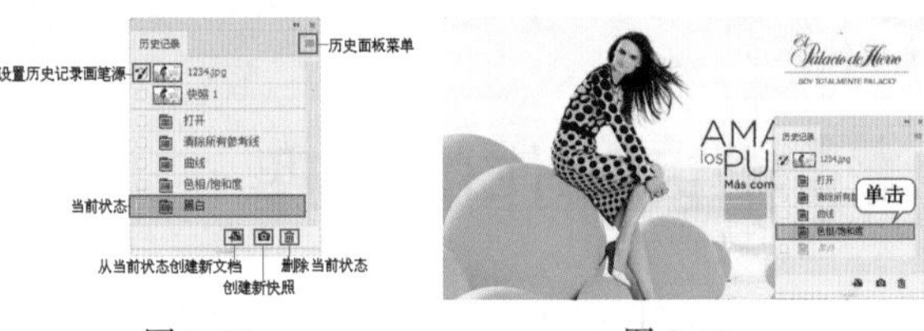

图 2-89　　图 2-90

“历史记录”面板还有一项功能，即快照。这项功能可以为某个操作状态快速“拍照”，将其作为一项“快照”，留在“历史记录”面板中，以便在多个操作步骤之后还能够返回到之前某个重要的状态。选择要创建快照的状态，然后单击“创建新快照”按钮（如图2-91所示），即可生成一个新的快照，如图2-92所示。

图 2-91　　图 2-92

如需删除快照，在“历史记录”面板中选择要删除的快照，然后单击“删除当前状态”按钮或将快照拖曳到该按钮上，在弹出的对话框中单击“是”按钮，即可将其删除。

2.5 掌握“图层”的基本操作

扫一扫，看视频

Photoshop是一款以“图层”为基础操作单位的制图软件。换句话说，“图层”是在Photoshop中进行一切操作的载体。顾名思义，图层就是图+层，图即图像，层即分层、层叠。简而言之，就是以分层的形式显示图像。来看一幅漂亮的Photoshop作品，在鲜花盛开的草地上，一只甲壳虫漫步其间，身上还背着一部老式电话机，如图2-93所示。该作品实际上就是通过将不同图层上大量不相干的元素按照顺序依次堆叠形成的。每个图层就像一块透明玻璃，最顶部的“玻璃板”上是话筒和拨盘，中间的“玻璃板”上贴着甲壳虫，最底部的“玻璃板”上有草地、花朵。将这些“玻璃板”（图层）按照顺序依次堆叠摆放在一起，就呈现出了完整的作品。

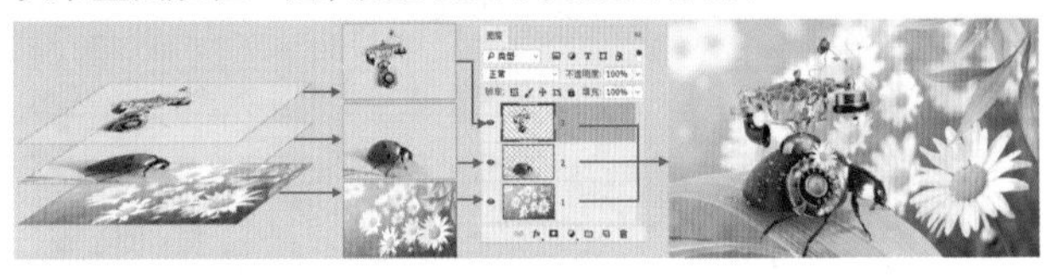

图 2-93

2.5.1 图层原理

在“图层”模式下，操作起来非常方便、快捷。如要在画面中添加一些元素，可以新建一个空白图层，然后在新的图层中绘制内容。这样新绘制的图层不仅可以随意移动位置，还可以在不影响其他图层的情况下进行内容的编辑。打开图2-94所示的一张图片，其中包含一个背景图层。接着在一个新的图层上绘制了一些白色的斑点，如图2-95所示。由于白色斑点在另一个图层上，所以可以单独移动这些白色斑点的位置，或者对其大小和颜色等进行调整，如图2-96所示。所有的这些操作都不会影响到原图内容，如图2-97所示。

图 2-94　　图 2-95

图 2-96　　图 2-97

了解图层的特性后，我们来看一下它的“大本营”——“图层”面板。执行“窗口>图层”命令，打开“图层”面板，如图2-98所示。“图层”面板常用于新建图层、删除图层、选择图层、复制图层等，还可以进行图层混合模式的设置，以及添加和编辑图层样式等。

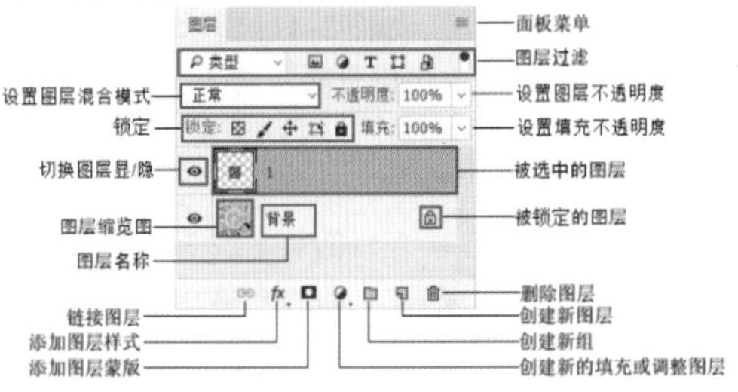

图 2-98

其中各项介绍如下。

- 图层过滤：用于筛选特定类型的图层或查找某个图层。在左侧的下拉列表框中可以选择筛选方式，在该下拉列表框的右侧可以选择特殊的筛选条件。单击最右侧的按钮，可以启用或关闭图层过滤功能。
- 锁定锁定：选中图层，单击“锁定透明像素”按钮，可以将编辑范围限制为只针对图层的不透明部分；单击“锁定图像像素”按钮，可以防止使用绘画工具修改图层的像素；单击“锁定位置”按钮，可以防止图层的像素被移动；单击按钮，可以防止在画板内外自动套嵌；单击“锁定全部”按钮，可以锁定透明像素、图像像素和位置，处于这种状态下的图层将不能进行任何操作。
- 设置图层混合模式正片叠底：用来设置当前图层的混合模式，使之与下面的图像产生混合。在该下拉列表框中提供了很多的混合模式，选择不同的混合模式，产生的图层混合效果不同。
- 设置图层不透明度不透明度：100%：降低数值可以使图层产生半透明效果，数值越小图层越透明。
- 设置填充不透明度填充：100%：用来设置图层本身内(不包含图层样式部分)的不透明度。
- 切换图层显/隐：单击此处可用于切换图层显示/隐藏状态。为图层可见，为图层隐藏。
- 链接图层：选择多个图层后，单击该按钮，所选的图层会被链接在一起。被链接的图层可以在选中其中某一图层的情况下，同时进行移动或变换等操作。当链接好多个图层以后，图层名称的右侧就会显示链接标志，如图2-99所示。

图层 1
图层 2

图 2-99

- 添加图层样式：图层样式可以为图层增添发光、阴影、光泽等的特殊效果，在列表中选择某种样式，并在弹出窗口中进行设置即可。
- 创建新的填充或调整图层：在列表中可以选择创建填充图层或调整图层，接着在弹出窗口中可进行参数设置。
- 创建新组：单击此按钮可创建新的图层组，也可以将已有图层拖动到此按钮上进行创建。
- 创建新图层：单击该按钮，即可新建图层。如果将已有图层拖动到此按钮上可以复制该图层。
- 删除图层：选中图层后，单击该按钮，可以删除该图层。

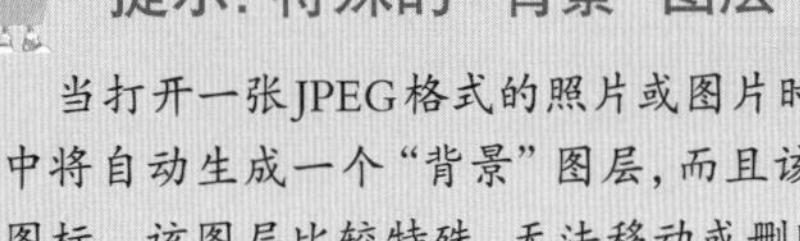

提示：特殊的“背景”图层

当打开一张JPEG格式的照片或图片时，在“图层”面板中将自动生成一个“背景”图层，而且该图层后方带有图标。该图层比较特殊，无法移动或删除部分像素，有的命令可能也无法使用(如“自由变换”“操控变形”等)。因此，如果想要对“背景”图层进行这些操作，需要按住Alt键双击“背景”图层，将其转换为普通图层，之后再进行操作，如图2-100所示。

图 2-100

重点 2.5.2 选择图层

在使用Photoshop制图的过程中，文档中经常会包含很多图层，所以选择正确的图层进行操作就非常重要了；否则可能会出现明明想要删除某个图层，却错误地删掉了其他对象的情况。

1. 选择一个图层

当打开一张JPEG格式的图片时，在“图层”面板中将自动生成一个“背景”图层，如图2-101所示。此时该图层处于被选中的状态，所有操作也都是针对这个图层进行的。如果当前文档中包含多个图层(例如，在当前的文档中执行“文件>置入嵌入对象”命令，置入一张图片)，此时“图层”面板中就会显示两个图层。在“图层”面板中单击新建的图层，即可将其选中，如图2-102所示。在“图层”面板空白处单击，即可取消选择所选图层，如图2-103所示。没有选中任何图层时，图像的编辑操作就无法进行。

图 2-101　图 2-102　图 2-103

2. 选择多个图层

想要对多个图层同时进行移动、旋转等操作，就需要同时选中多个图层。在“图层”面板中首先单击选中一个图层，然后按住Ctrl键的同时单击其他图层(单击名称部分即可，不要单击图层的缩览图部分)，即可选中多个图层，如图2–104和图2–105所示。

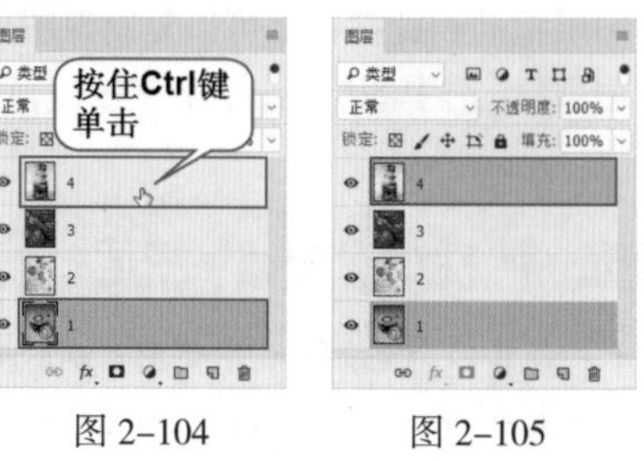

图 2–104　　图 2–105

重点 2.5.3　新建图层

如要向图像中添加一些绘制的元素，最好创建新的图层，这样可以避免绘制失误而对原图产生影响。

在“图层”面板底部单击“创建新图层”按钮，即可在当前图层的上一层新建一个图层，如图2–106所示。单击某一图层即可选中该图层，然后在其中进行绘图操作，如图2–107所示。

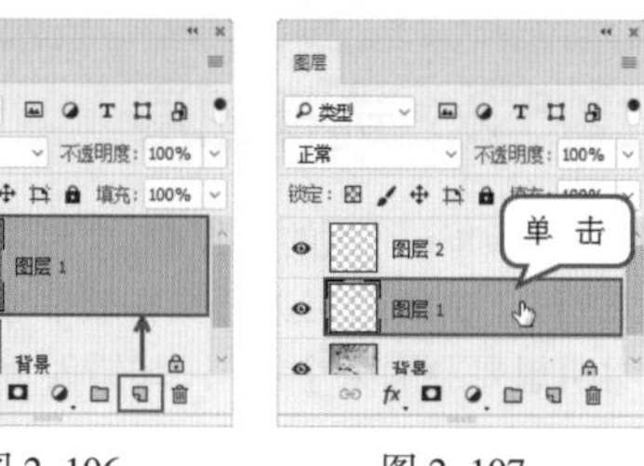

图 2–106　　图 2–107

当文档中的图层比较多时，可能很难分辨某个图层。为了便于管理，我们可以对已有的图层进行命名。将光标移动至图层名称处双击，图层名称便处于激活的状态，如图2–108所示。接着输入新的名称，按Enter键确定，如图2–109所示。

图 2–108 　　图 2–109

重点 2.5.4　删除图层

选中图层，单击“图层”面板底部的“删除图层”按钮，如图2–110所示。在弹出的提示对话框中单击“是”按钮，即可删除该图层(选中“不再显示”复选框，可以在以后删除图层时省去这一步骤)，如图2–111所示。如果画面中没有选区，直接按Delete键也可以删除所选图层。

图 2–110 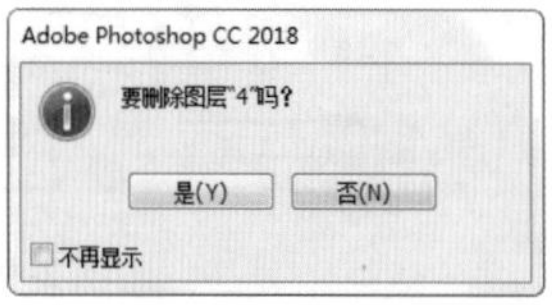　　图 2–111

提示：删除隐藏图层

执行“图层>删除图层>隐藏图层”命令，可以删除所有隐藏的图层。

重点 2.5.5　复制图层

选中图层后，按快捷键Ctrl+J可以快速复制图层。如果当前画面中包含选区，则可以快速将选区中的内容复制为独立图层。

重点 2.5.6　调整图层顺序

在“图层”面板中，位于上方的图层会遮挡住下方的图层，如图2–112所示。在制图过程中经常需要调整图层堆叠的顺序。例如，置入一个新的背景素材时，默认情况下背景素材显示在最顶部。这时就可以在“图层”面板中单击选择该图层，按住鼠标左键向下拖曳，如图2–113所示。松开鼠标后，即可完成图层顺序的调整，此时画面的效果也会发生变化。

图 2–112

图 2–113

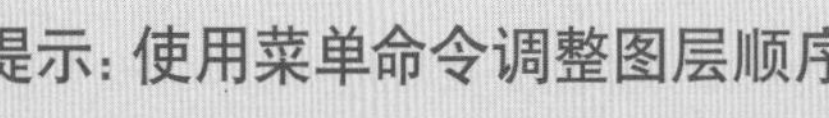

提示：使用菜单命令调整图层顺序

选中要移动的图层，然后执行“图层>排列”子菜单中的相应命令，也可以调整图层的排列顺序。

2.5.7 动手练：使用“图层组”管理图层

“图层组”就像一个“文件袋”。在办公时如果有很多文件，我们会将同类文件放在一个文件袋中，并在文件袋上标明信息。而在Photoshop中制作复杂的图像效果时也是一样的，“图层”面板中经常会出现数十个图层，把它们分门别类地“收纳”起来是个非常好的习惯，在后期操作中可以更加便捷地对画面进行处理。图2–114所示为一个设计作品中所使用的图层，图2–115所示为借助“图层组”整理后的“图层”面板。

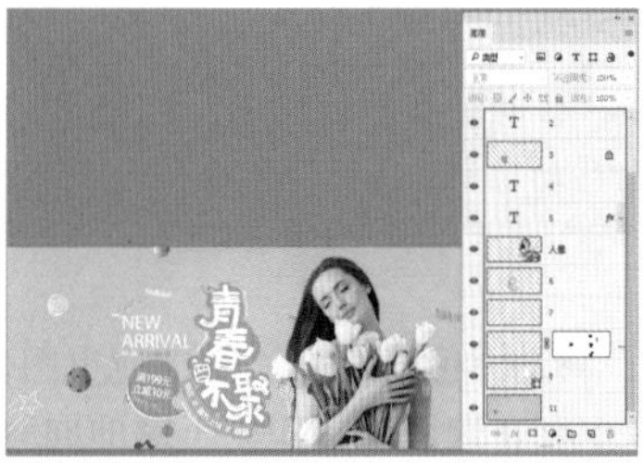

图 2–114 　　图 2–115

1. 创建“图层组”

单击“图层”面板底部的“创建新组”按钮 ，即可创建一个新的图层组，如图2–116所示。选择需要放置在组中的图层，按住鼠标左键拖曳至“创建新组”按钮上，如图2–117所示，则以所选图层创建图层组，如图2–118所示。

图 2–116 　　图 2–117 　　图 2–118

提示：尝试创建一个“组中组”

图层组中还可以套嵌其他图层组。将创建好的图层组移到其他组中，即可创建出“组中组”。

2. 将图层移入或移出图层组

选择一个或多个图层，按住鼠标左键拖曳到图层组内，如图2–119所示。松开鼠标就可以将其移入该组中，如图2–120所示。将图层组中的图层拖曳到组外，就可以将其从图层组中移出。

图 2–119　　图 2–120

3. 取消图层编组

在图层组名称上单击鼠标右键，在弹出的快捷菜单中执行“取消图层编组”命令，如图2–121所示。此时图层组将消失，而组中的图层并未被删除，如图2–122所示。

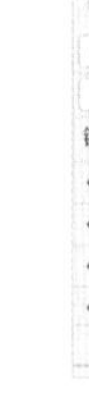

图 2–121　　图 2–122

重点 2.5.8 合并图层

合并图层是指将所有选中的图层合并成一个图层。例如，多个图层合并前如图2–123所示，将“背景”图层以外的图层进行合并后如图2–124所示。经过观察可以发现，画面的效果并没有什么变化，只是多个图层变为一个图层。

图 2–123　　图 2–124

1. 合并图层

想要将多个图层合并为一个图层，可以在“图层”面板中单击选中某一图层，然后按住Ctrl键加选需要合并的图层，执行“图层>合并图层”命令或按快捷键Ctrl+E。

2. 合并可见图层

执行“图层>合并可见图层”命令或按Ctrl+Shift+E快捷键，可以将“图层”面板中的所有可见图层合并为“背景”图层。

3. 拼合图像

拼合图像是指将文档中的全部图层全部合并到背景图

层中，执行“图层>拼合图像”命令，即可。

4. 盖印

盖印可以将多个图层的内容合并到一个新的图层中，同时保持其他图层不变。选中多个图层，然后按快捷键Ctrl+Alt+E，可以将这些图层中的图像盖印到一个新的图层中，而原始图层的内容保持不变。按快捷键Ctrl+Shift+Alt+E，可以将所有可见图层盖印到一个新的图层中。

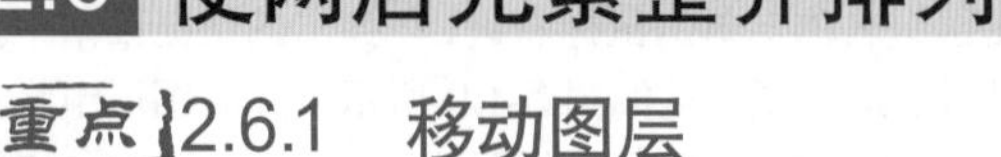

2.6 使网店元素整齐排列

重点 2.6.1 移动图层

如要调整图层的位置，可以使用工具箱中的“移动工具” 来实现。如要调整图层中部分内容的位置，可以使用选区工具绘制出特定范围，然后使用“移动工具”进行移动。

1. 使用“移动工具”

(1) 在“图层”面板中选择要移动的图层(“背景”图层无法移动)，如图2-125所示。接着选择工具箱中的“移动工具” ，如图2-126所示。然后在画面中按住鼠标左键拖曳，该图层的位置就会发生变化，如图2-127所示。

图 2-125　　图 2-126

图 2-127

(2) 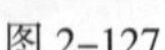：在工具选项栏中选中“自动选择”复选框时，如果文档中包含多个图层或图层组，可以在后面的下拉列表框中选择要移动的对象。如果选择“图层”选项，使用“移动工具”在画布中单击时，可以自动选择“移动工具”下面包含像素的最顶层的图层；如果选择“组”选项，在画布中单击时，可以自动选择“移动工具”下面包含像素的最顶层的图层所在的图层组。

(3) 显示变换控件：在工具选项栏中选中“显示变换控件”复选框后，选择一个图层时，就会在图层内容的周围显示定界框，如图2-128所示。通过定界框可以进行缩放、旋转、切变等操作，然后按Enter键确认，如图2-129所示。

图 2-128　　图 2-129

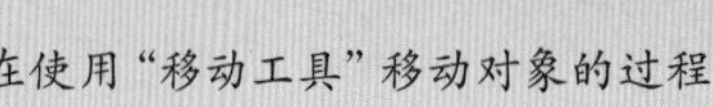
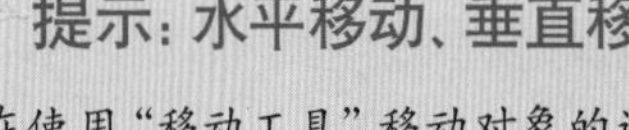
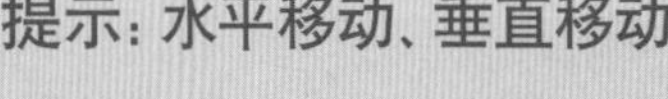

提示：水平移动、垂直移动

在使用“移动工具”移动对象的过程中，按住Shift键可以沿水平或垂直方向移动对象。

2. 移动并复制

在使用“移动工具”移动图像时，按住Alt键拖曳图像，可以复制图层。当图像中存在选区时，按住Alt键的同时拖动选区中的内容，则会在该图层内部复制选中的部分，如图2-130和图2-131所示。

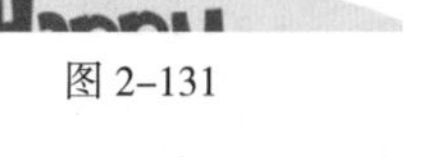

图 2-130　　图 2-131

3. 在不同的文档之间移动图层

在不同文档之间使用“移动工具”，可以将图层复制到另一个文档中。在一个文档中按住鼠标左键，将图层拖曳至另一个文档中，松开鼠标即可将该图层复制到另一个文档中，如图2-132 和图2-133所示。

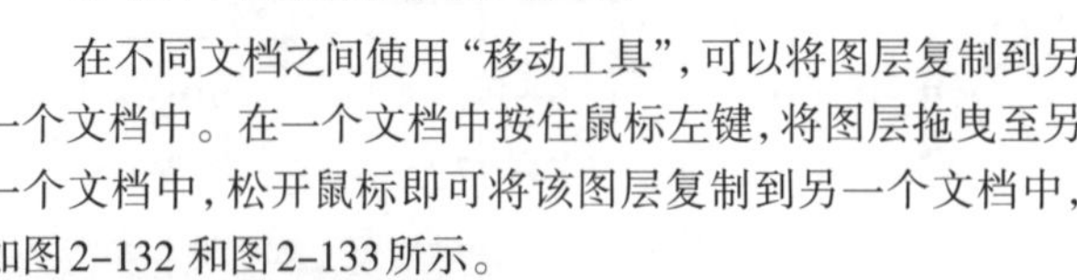
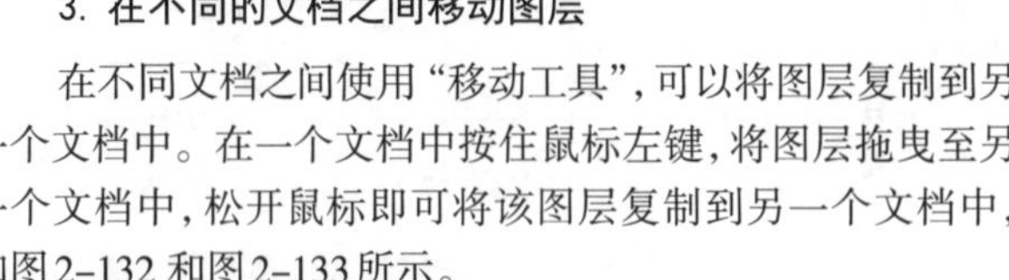
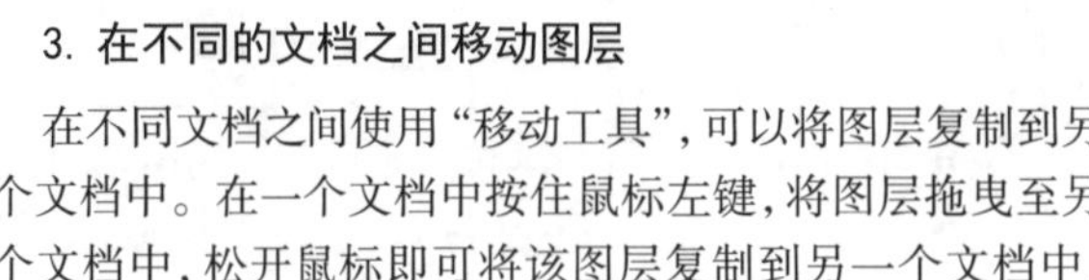
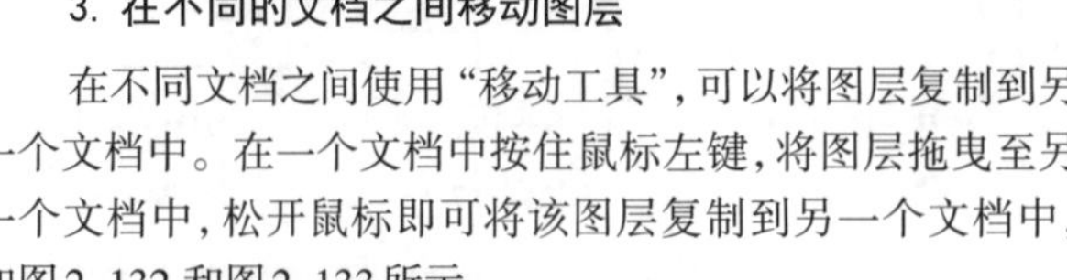

图 2-132　　图 2-133

提示：移动选区中的像素

当图像中存在选区时，选中普通图层，使用“移动工具”进行移动时，选中图层内的所有内容都会被移动，且原选区显示为透明状态。当选中的是背景图层，使用“移动工具”进行移动时，选区部分将会被移动且原选区被填充背景色。

重点 2.6.2 动手练：对齐图层

在版面的编排中，有一些元素是必须对齐的，如导航栏中的按钮、整齐排列的多个商品图片等。那么如何快速、精准地进行对齐呢？使用“对齐”功能可以将多个图层对象排列整齐。

在对图层进行操作之前，先要选中图层，在此按住Ctrl键加选多个需要对齐的图层。接着选择工具箱中的“移动工具”，在其选项栏中单击相应的对齐按钮，即可进行对齐，如图2-134所示。例如，单击“水平居中对齐”按钮，效果如图2-135所示。

图 2-134

图 2-135

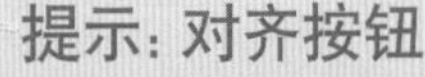
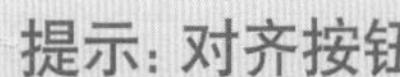
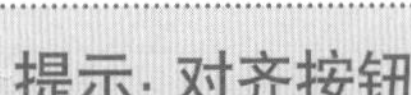

提示：对齐按钮

顶对齐：将所选图层最顶端的像素与当前图层最顶端的中心像素对齐。

垂直居中对齐：将所选图层的中心像素与当前图层垂直方向的中心像素对齐。

底对齐：将所选图层最底端的像素与当前图层最底端的中心像素对齐。

左对齐：将所选图层的中心像素与当前图层左边的中心像素对齐。

水平居中对齐：将所选图层的中心像素与当前图层水平方向的中心像素对齐。

右对齐：将所选图层的中心像素与当前图层右边的中心像素对齐。

重点 2.6.3 动手练：分布图层

多个对象已排列整齐了，那么怎么才能让每两个对象之间的距离是相等的呢？这时就可以使用“分布”功能。使用该功能可以将所选图层以上下、左右两端的对象为起点和终点，将所选图层在这个范围内进行均匀排列，得到具有相同间距的图层。在使用“分布”命令时，文档中必须包含多个图层(至少为3个图层，“背景”图层除外)。

首先加选需要进行分布的图层，然后在工具箱中选择“移动工具”，在其选项栏中单击相应的分布按钮，即可进行分布，如图2-136所示。例如，单击“垂直居中分布”按钮，效果如图2-137所示。

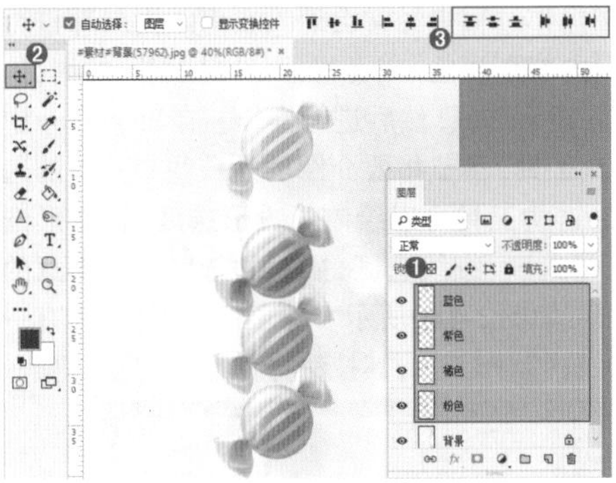

图 2-136

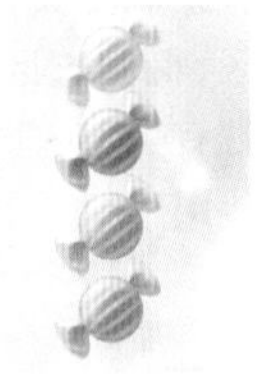

图 2-137

提示：分布按钮

垂直顶部分布：单击该按钮时，将平均每一个对象顶部基线之间的距离，调整对象的位置。

垂直居中分布：单击该按钮时，将平均每一个对象水平中心基线之间的距离，调整对象的位置。

底部分布：单击该按钮时，将平均每一个对象底部基线之间的距离，调整对象的位置。

左分布：单击该按钮时，将平均每一个对象左侧基线之间的距离，调整对象的位置。

水平居中分布：单击该按钮时，将平均每一个对象垂直中心基线之间的距离，调整对象的位置。

右分布：单击该按钮时，将平均每一个对象右侧基线之间的距离，调整对象的位置。

2.7 创建简单选区

在创建选区之前，首先我们来了解一下什么是“选区”。我们可以将“选区”理解为一个限定处理范围的“虚线框”，当画面中包含选区时，选区边缘显示为闪烁的黑白相间的虚线框，如

扫一扫，看视频

图2-138所示。进行的操作只会对选区以内的部分起作用，如图2-139所示。

图 2-138

图 2-139

选区功能的使用非常普遍，无论是商品图片修饰还是网页版面设计，在操作过程中经常会遇到要对画面局部进行处理、在特定范围内填充颜色，或者将部分区域删除的情况。这些操作都可以创建出选区，然后进行操作。在Photoshop中包含多种选区制作工具，本节将要介绍的是一些最基本的选区绘制工具，通过这些工具可以绘制长方形选区、正方形选区、椭圆选区、正圆选区、细线选区、随意的选区以及随意的带有尖角的选区等，如图2-140所示。除了这些工具，还有一些用于“抠图”的选区制作工具，其技法将在第6章进行讲解。

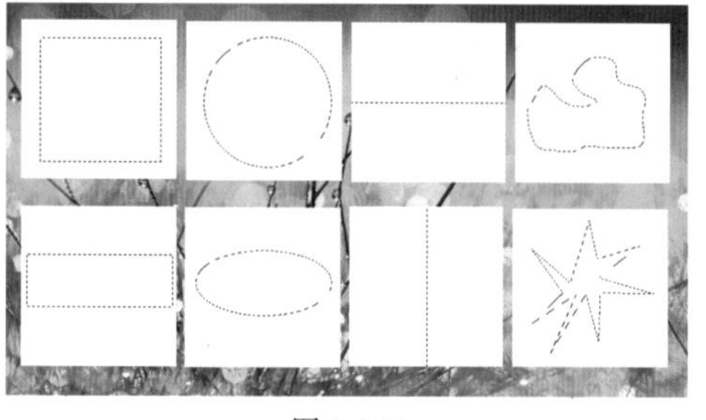
图 2-140

重点 2.7.1 动手练：矩形选框工具

使用“矩形选框工具” 可以创建矩形选区与正方形选区。

(1) 单击工具箱中的“矩形选框工具”按钮，将光标移动到画面中，按住鼠标左键拖动，松开鼠标后即完成矩形选区的绘制，如图2-141所示。在绘制过程中，按住Shift键的同时按住鼠标左键拖动可以创建正方形选区，如图2-142所示。

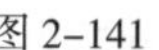
图 2-141

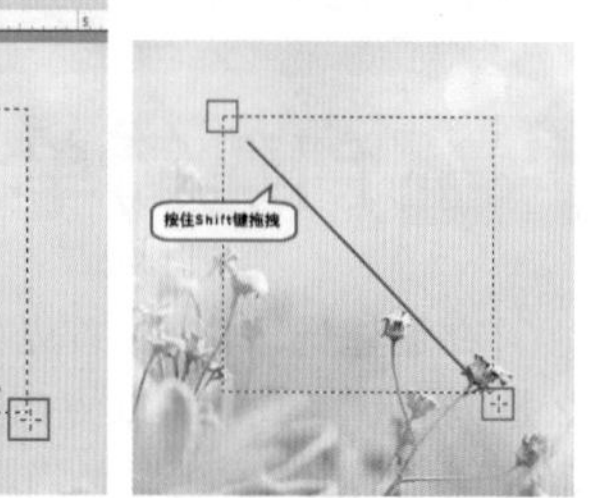

图 2-142

(2) 在“矩形选框工具”选项栏中，可以看到多个用于选区运算的按钮 。选区的运算是指选区之间的“加”和“减”。在绘制选区之前，首先要注意此处的设置。如果要创建一个新的选区，那么需要单击“新选区”按钮 ，然后绘制选区。如果已经存在选区，那么新建的选区将替代原来的选区，如图2-143所示。如果之前包含选区，单击“添加到选区”按钮 ，可以将当前新建的选区添加到原来的选区中(按住Shift键也可以实现相同的操作)，如图2-144所示；如果之前包含选区，单击“从选区减去”按钮 ，可以将当前新建的选区从原来的选区中减去(按住Alt键也可以实现相同的操作)，如图2-145所示；如果之前包含选区，单击“与选区交叉”按钮 ，接着绘制选区，则只保留原有选区与新建选区相交的部分(按住快捷键Shift+Alt也可以实现相同的操作)，如图2-146所示。

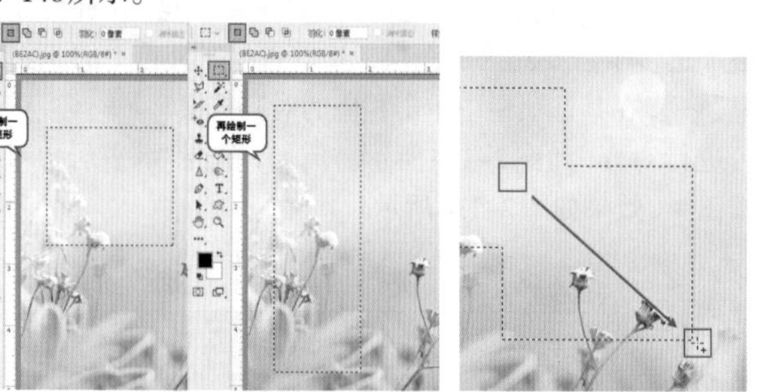

图 2-143　图 2-144

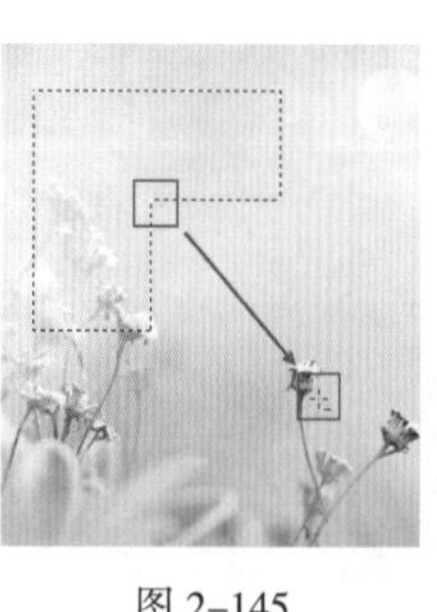
图 2-145

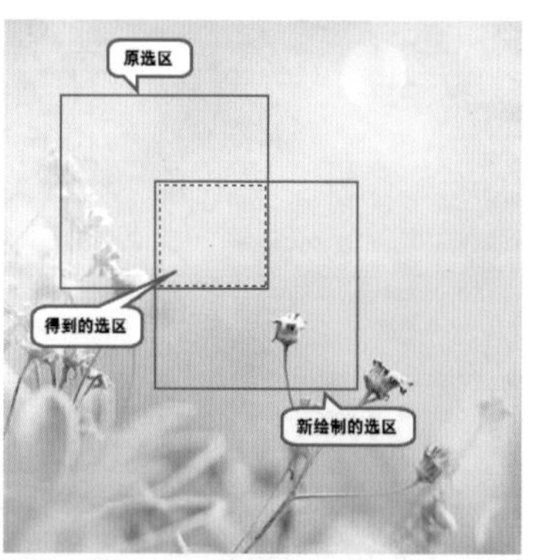

图 2-146

(3) 选项栏中的“羽化”选项主要用来设置选区边缘的虚化程度。若要绘制“羽化”的选区，需要先在控制栏中设置参数，然后按住鼠标左键拖曳进行绘制。选区绘制完成后可能看不出有什么变化，如图2-147所示。可以将前景色设置为某一彩色，然后按前景色填充快捷键Alt+Delete进行填充，按快捷键Ctrl+D取消选区的选择，此时就可以看到羽化选区填充后的效果，如图2-148所示。羽化值越大，虚化范围越宽；反之，羽化值越小，虚化范围越窄。图2-149所示为“羽化”值为30像素的羽化效果。

图 2-147

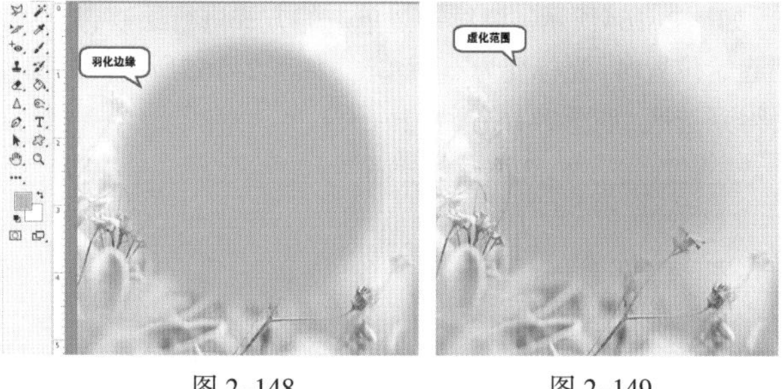

图 2-148　　图 2-149

提示：选区警告

当设置的“羽化”值过大，以至于任何像素都不大于50%选择时，Photoshop会弹出一个警告对话框，提醒用户羽化后的选区将不可见(选区仍然存在)，如图2-150所示。

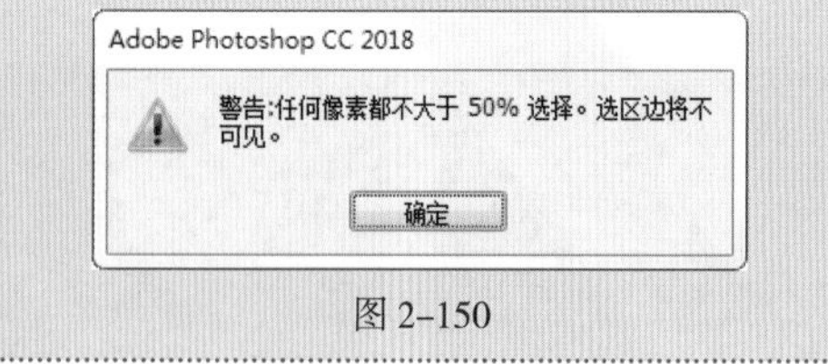

Adobe Photoshop CC 2018

警告：任何像素都不大于 50% 选择。选区边将不可见。

确定

图 2-150

(4) 选项栏中的“样式”下拉列表框主要用来设置矩形选区的创建方法。默认情况下为“正常”，此时可以随意创建任意大小、比例的选区；如果想要创建特定尺寸的选区，可以选择“固定大小”，并进行大小的设置；如果想要创建固定比例的矩形选区，可以选择“固定比例”选项，并设置比例数值。如图2-152所示。

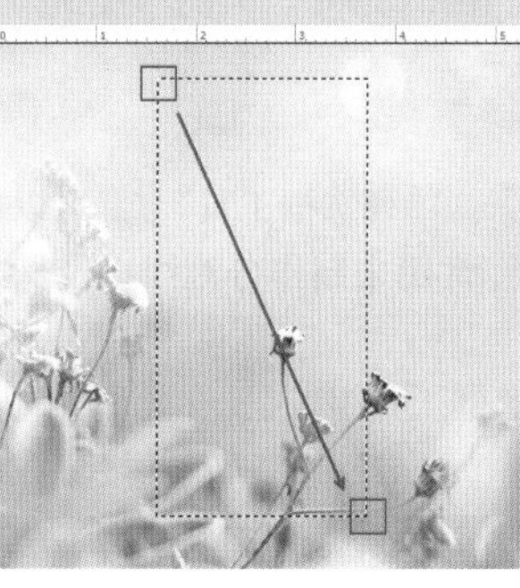

图 2-151

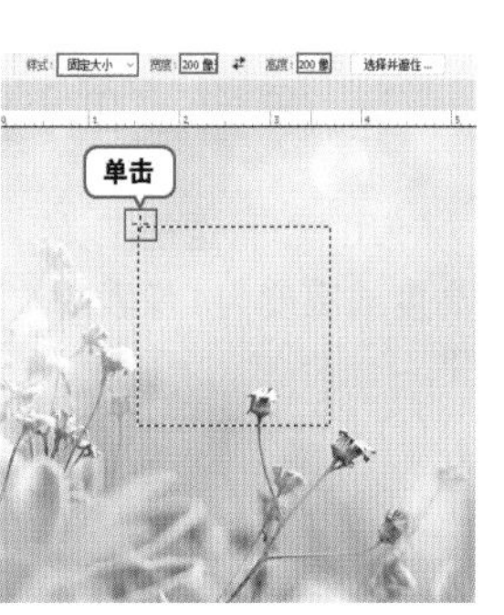

图 2-152

重点 2.7.2　动手练：椭圆选框工具

“椭圆选框工具”主要用来制作椭圆选区和正圆选区。

(1) 右键单击工具箱中的选框工具组按钮，在弹出的工具组中选择“椭圆选框工具”。将光标移动到画面中，按住鼠标左键拖动，松开光标即可完成椭圆选区的绘制，如图2-153所示。在绘制过程中按住Shift键的同时按住鼠标左键拖动，可以创建正圆选区，如图2-154所示。

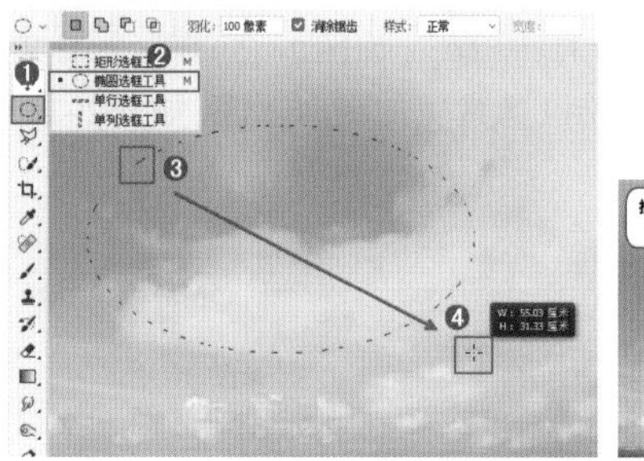

图 2-153 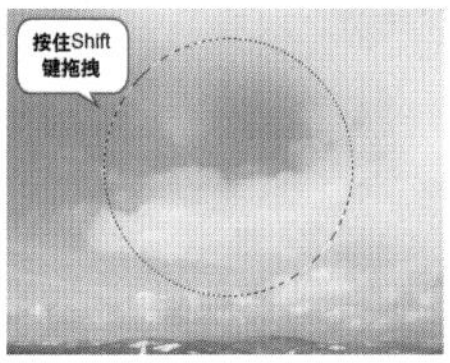　　图 2-154

(2) 通过选项栏中的“消除锯齿”复选框，可以柔化边缘像素与背景像素之间的颜色过渡效果，使选区边缘变得平滑。图2-155所示是取消选中“消除锯齿”复选框时的图像边缘效果，图2-156所示是选中了“消除锯齿”复选框时的图像边缘效果。由于“消除锯齿”只影响边缘像素，因此不会丢失细节，这在剪切、复制和粘贴选区图像时非常有用。其他选项与“矩形选框工具”相同，这里不再重复讲解。

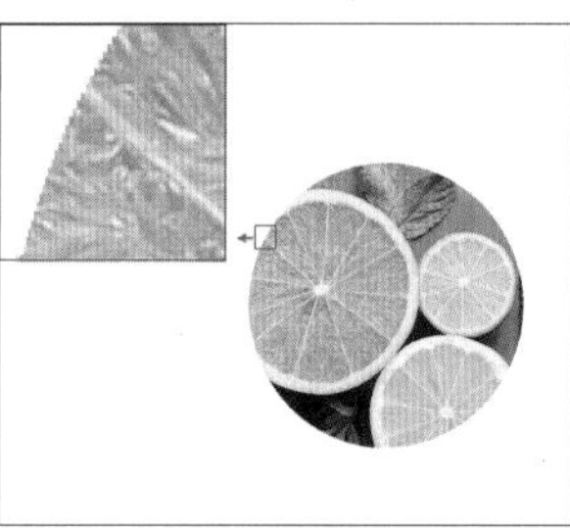

图 2-155

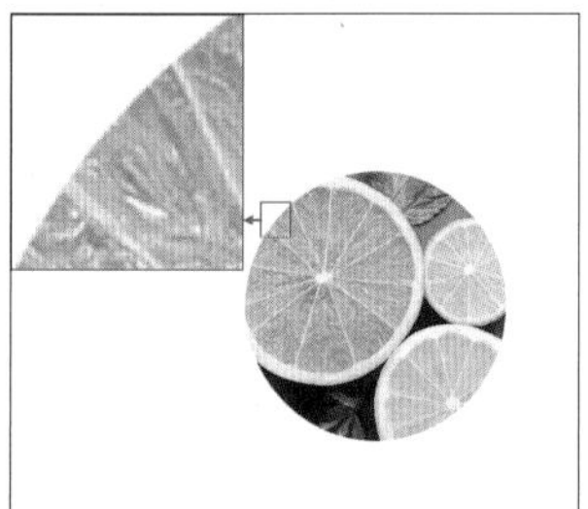

图 2-156

2.7.3 单行/单列选框工具：1像素宽/1像素高的选区

使用“单行选框工具”、“单列选框工具”可以创建高度或宽度为1像素的选区，常用来制作分割线以及网格效果。

(1)右键单击工具箱中的选框工具组按钮，在弹出的工具组中选择“单行选框工具”，如图2-157所示。接着在画面中单击，即可绘制1像素高的横向选区，如图2-158所示。

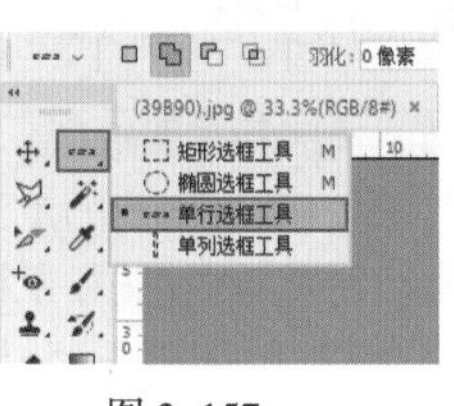

图 2-157

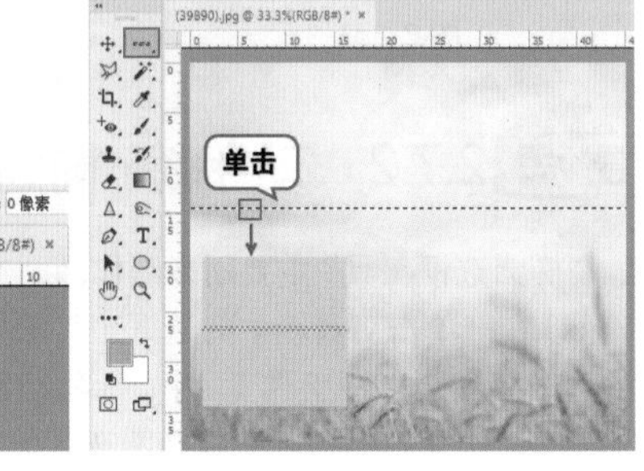

图 2-158

(2)右键单击工具箱中的选框工具组按钮，在弹出的工具组中选择“单列选框工具”，如图2-159所示。接着在画面中单击，即可绘制1像素宽的纵向选区，如图2-160所示。

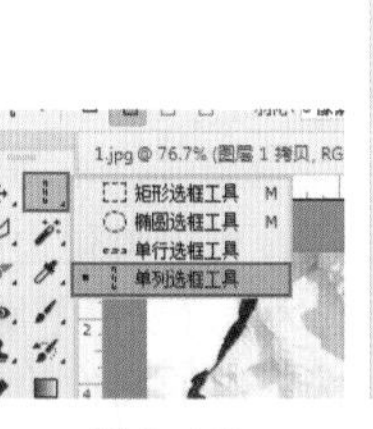

图 2-159

图 2-160

重点 2.7.4 套索工具：绘制随意的选区

使用“套索工具”可以绘制不规则形状的选区。例如，要随意选择画面中的某个部分，或者绘制一个不规则的图形，都可以使用“套索工具”来完成。

单击工具箱中的“套索工具”按钮，将光标移动至画面中，按住鼠标左键拖曳，如图2-161所示。最后将光标定位到起始位置时，松开鼠标即可得到闭合选区，如图2-162所示。如果在绘制中途松开鼠标左键，Photoshop会在该点与起点之间建立一条直线以封闭选区。

图 2-161

图 2-162

重点 2.7.5 多边形套索工具：创建带有尖角的选区

使用“多边形套索工具”能够创建转角比较强烈的选区。

选择工具箱中的“多边形套索工具”，接着在画面中单击确定起点，如图2-163所示。然后移动到第二个位置单击，如图2-164所示。继续通过单击的方式进行绘制，当绘制到起始位置时，光标变为后单击，如图2-165所示。随即便会得到选区，如图2-166所示。

图 2-163

图 2-164

图 2-165

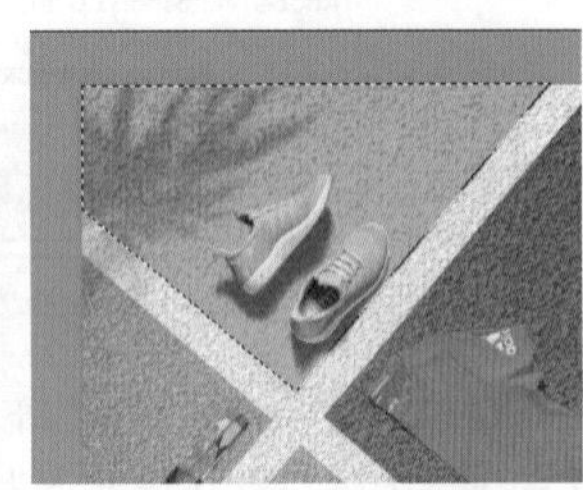

图 2-166

提示：“多边形套索工具”的使用技巧

在使用“多边形套索工具”绘制选区时，按住Shift键，可以在水平方向、垂直方向或45°方向上绘制直线。另外，按Delete键可以删除最近绘制的直线。

2.7.6　选区的基本操作

扫一扫，看视频

创建选区后，可以对其进行一些操作，如移动、全选、反选、取消选择、重新选择、存储与载入等。

1. 取消选区

当绘制了一个选区后，我们会发现操作都是针对选区内部的图像进行。如果不需要对局部进行操作了，就可以取消选区。执行“选择>取消选择”命令或按Ctrl+D组合键，即可取消选区状态。

2. 重新选择

如果刚刚错误地取消了选区，可以将选区“恢复”回来。要恢复被取消的选区，可以执行“选择>重新选择”命令。

3. 移动选区位置

创建完的选区可以进行移动，但是选区的移动不能使用“移动工具”，而要使用选区工具，否则移动的内容将是图像，而不是选区。将光标移动至选区内，当其变为状后，按住鼠标左键拖曳，如图2-167所示。拖曳到相应位置后松开鼠标，完成移动操作。在包含选区的状态下，按键盘上的→、←、↑、↓键可以以1像素的距离移动选区，如图2-168所示。

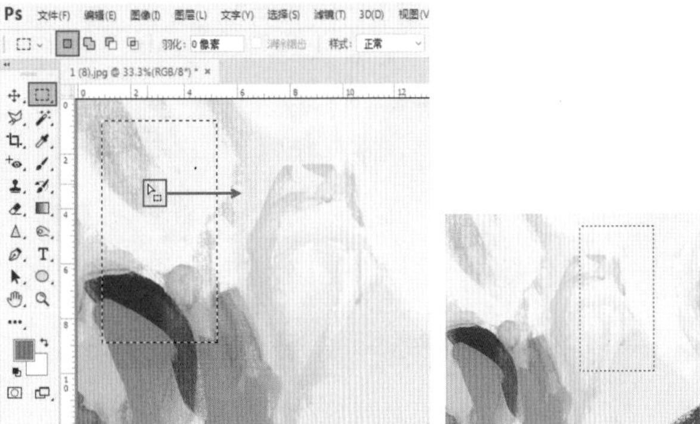

图 2-167　　图 2-168

4. 全选

“全选”能够选择当前文档边界内的全部图像。执行“选择>全部”命令或按Ctrl+A组合键，即可进行全选。

5. 反选

执行“选择>反向选择”命令(快捷键：Shift+Ctrl+I)，可以选择反向的选区，也就是原本没有被选择的部分。

6. 隐藏／显示选区

在制图过程中，有时画面中的选区边缘线可能会影响我们观察画面效果。执行“视图>显示>选区边缘”命令(快捷键：Ctrl+H)，可以切换选区的显示与隐藏。

7. 载入当前图层的选区

在“图层”面板中按住Ctrl键的同时单击某图层缩略图，即可载入该图层选区，如图2-169所示。

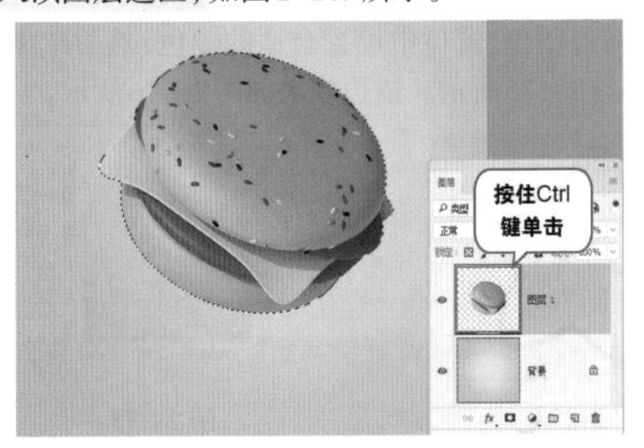

图 2-169

重点 2.7.7　动手练：描边

扫一扫，看视频

“描边”是指为图层边缘或者选区边缘添加一圈彩色边线的操作。执行“编辑>描边”命令，可以在选区、路径或图层周围创建彩色的边框效果。“描边”操作通常用于“突出”画面中某些元素，如图2-170所示；或者用于使某些元素与背景中的内容“隔离”开，如图2-171所示。

图 2-170　　图 2-171

(1) 首先绘制选区，如图2-172所示。执行“编辑>描边”命令，打开“描边”窗口，如图2-173所示。

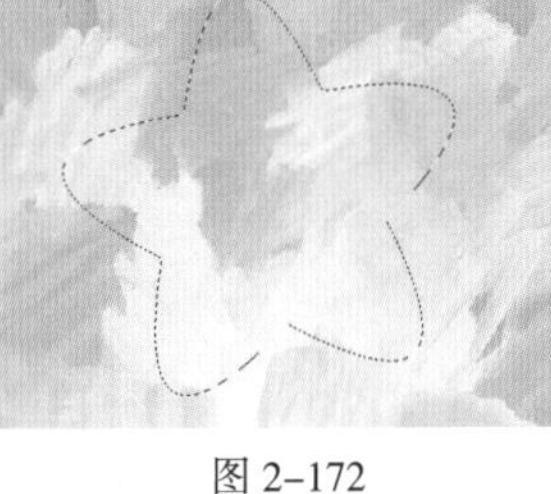
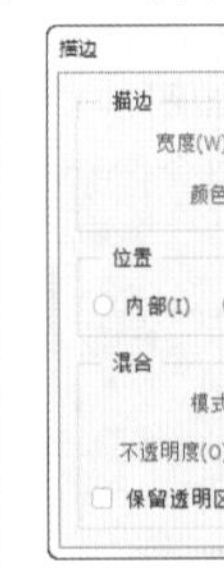

图 2-172　　图 2-173

> **提示：描边的小技巧**
>
> 在有选区的状态下，使用“描边”命令可以沿选区边缘进行描边；在没有选区的状态下，使用“描边”命令可以沿画面边缘进行描边。

(2) 设置描边参数。其中，“宽度”选项用来控制描边的粗细，图2-174所示为“宽度”为10像素的效果。“颜色”选项用来设置描边的颜色。单击“颜色”颜色条，在弹出的“拾色器”（描边颜色）窗口中设置合适的颜色，然后单击“确定”按钮，如图2-175所示。描边效果如图2-176所示。

图 2-174

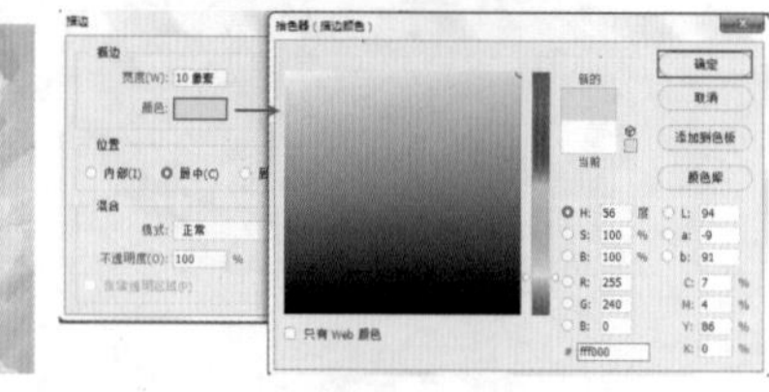

图 2-175

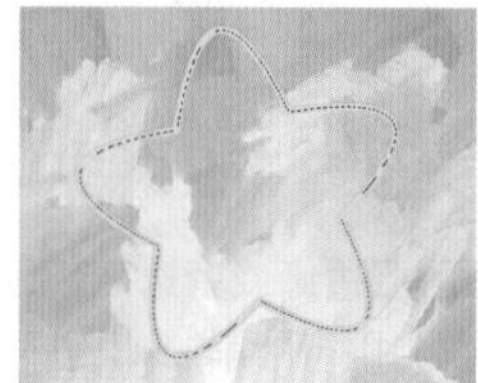

图 2-176

(3)“位置”选项组用于设置描边位于选区的位置，包括“内部”“居中”“居外”3个单选按钮，图2-177所示为不同位置的效果。

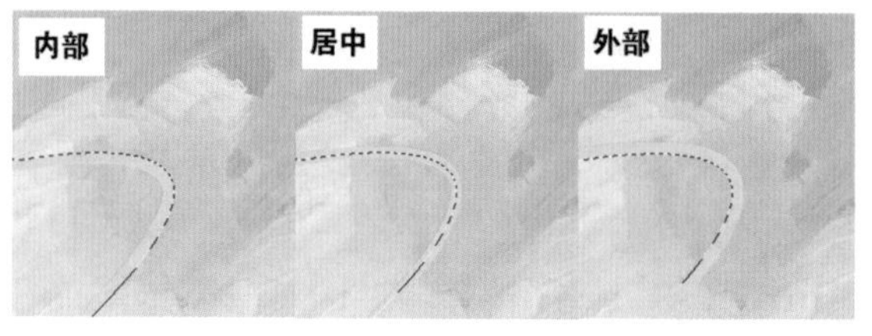

图 2-177

(4)“混合”选项组用来设置描边颜色的“混合模式”和“不透明度”。选择一个带有像素的图层，然后打开“描边”窗口，设置“模式”和“不透明度”，如图2-178所示。单击“确定”按钮，此时描边效果如图2-179所示。如果选中“保留透明区域”复选框，则只对包含像素的区域进行描边。

图 2-178

图 2-179

综合实例：使用“新建”“置入”“存储”命令制作饮品广告

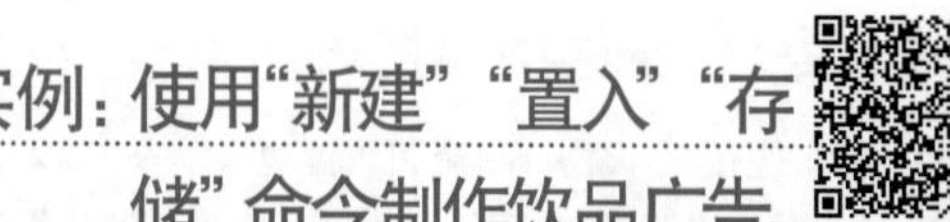

扫一扫，看视频

文件路径	资源包\第2章\使用“新建”“置入”“存储”命令制作饮品广告
难易指数	★★★★★
技术掌握	“新建”命令、“置入嵌入对象”命令、“存储”命令

案例效果

本例效果如图2-180所示。

图 2-180

操作步骤

步骤 01 执行“文件>新建”命令或按Ctrl+N组合键，在弹出的“新建文档”对话框中选择“打印”选项卡，在左下方列表框中选择A4选项，单击按钮，然后单击“创建”按钮，如图2-181所示。新建文档，如图2-182所示。

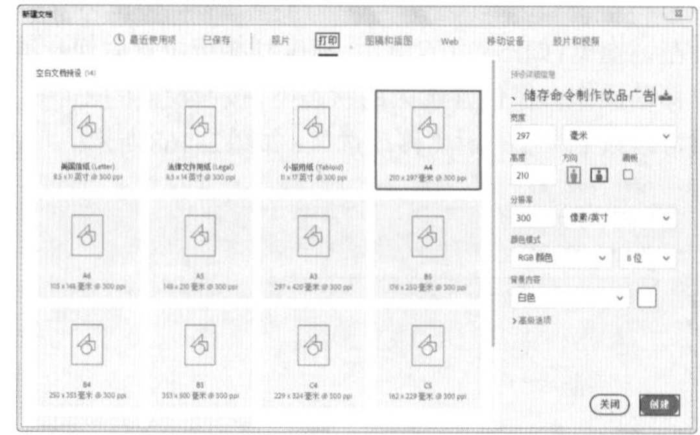

图 2-181

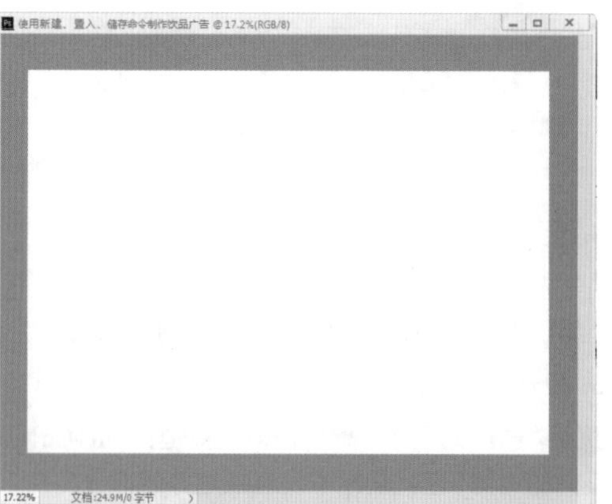

图 2-182

步骤 02 执行“文件>置入嵌入对象”命令，在弹出的“置入嵌入的对象”窗口中找到素材位置，选择素材1.jpg，单击“置入”按钮，如图2-183所示。接着将光标移动到素材右上角处，按住快捷键Shift+Alt的同时按住鼠标左键向右上角拖动，等比例扩大素材，如图2-184所示。然后双击鼠标左键或者按

Enter键，此时定界框消失，完成置入操作，如图2-185所示。

图2-183

图2-184　　图2-185

步骤 03 以同样的方式置入素材2.png，效果如图2-186所示。

图2-186

步骤 04 执行“文件>存储”命令，在弹出的“另存为”窗口中找到要保存的位置，设置合适的文件名，设置“保存类型”为Photoshop(*.PSD;*.PDD;*.PSDT)，单击“保存”按钮，如图2-187所示。在弹出的“Photoshop格式选项”对话框中单击“确定”按钮，即可完成文件的存储，如图2-188所示。

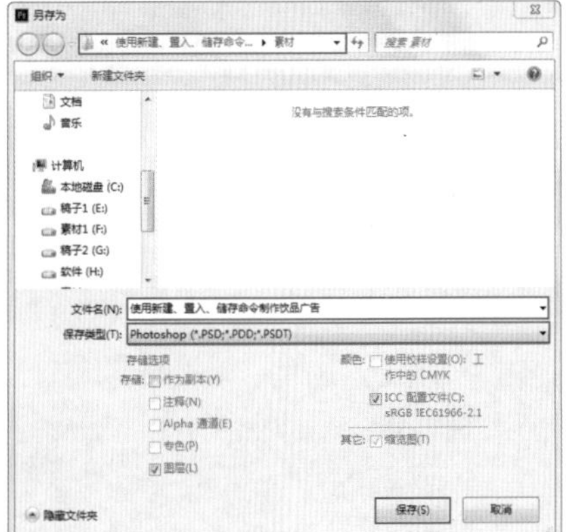

图2-187

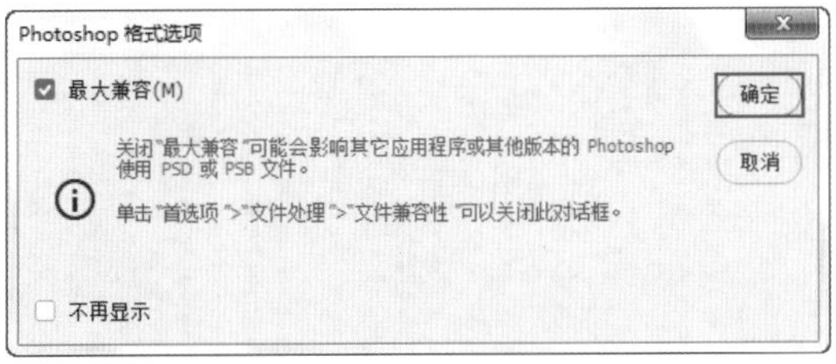

图2-188

步骤 05 在没有安装特定的看图软件和Photoshop的计算机上，PSD格式的文档可能会难以打开并预览效果。为了方便预览，在此将文档存储一份JPEG格式。执行“文件>存储为”命令，在弹出的“另存为”窗口中找到要保存的位置，设置合适的文件名，设置“保存类型”为JPEG(*.JPG;*.JPEG;*.JPE)，单击“保存”按钮，如图2-189所示。在弹出的“JPEG选项”对话框中设置“品质”为10，单击“确定”按钮完成设置，如图2-190所示。

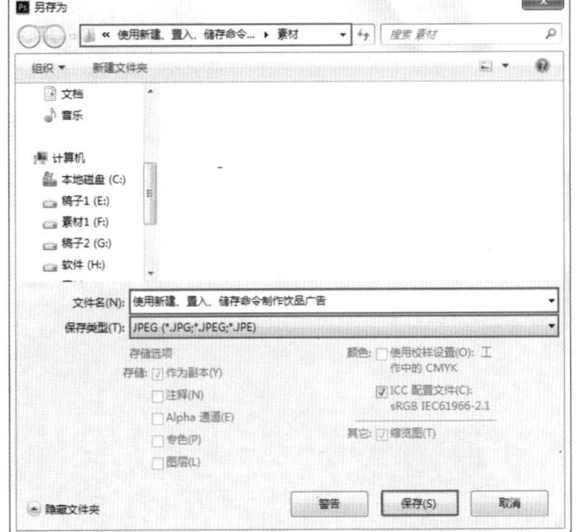

图2-189

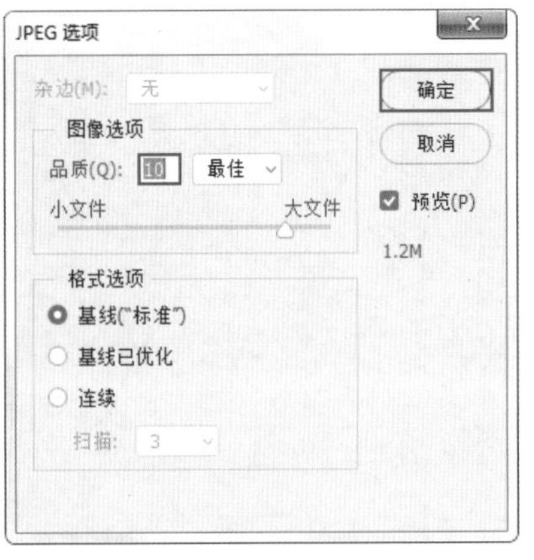

图2-190

第2部分

淘宝店铺图像处理篇

扫一扫，看视频

商品图片的基本处理

本章内容简介：

经过第2章的学习，我们对Photoshop已不再陌生，并且能进行一些基本的操作，还可向画面中添加一些小元素进行装饰。在本章中将从实际操作出发，学习商品图片的基本处理方法，如调整图像尺寸、裁切、复制与粘贴、填充颜色等。

重点知识掌握：

- 掌握图像大小的调整方法
- 熟练掌握“裁剪工具”的使用方法
- 熟练掌握复制、剪切与粘贴操作
- 熟练掌握自由变换操作
- 熟练掌握颜色的设置与填充方法

通过本章学习，我能做什么？

网店平台对于卖家所上传的商品照片以及网页图像都是有大小和尺寸要求的，超过限定大小的图片可能无法上传，而与要求长宽比例不符的图片可能会造成无法正确显示的问题，这时就需要修改图像大小或尺寸。在Photoshop中可以通过“图像大小”命令调整图像的大小，通过“画布大小”命令或“裁剪工具”进行画布大小的调整。此外，在本章中还会学习到如何对图像进行缩放、旋转、扭曲、透视、变形等操作，通过这些变换操作能够让图像形态任凭你掌控。最后还会学习如何设置颜色以及如何将设置好的颜色进行填充。

3.1 调整商品图片的尺寸及方向

在上传图片的过程中，其尺寸和大小会有一定的限制。例如，电商平台对主图的尺寸要求是800像素 ×800像素，大小在500KB内。这时就需要将图片的长度和宽度尺寸调整为800像素，而存储之后的文件大小则小于500KB，使之符合上传条件。

重点 3.1.1 调整图像尺寸

(1) 要想调整图像尺寸，可以使用“图像大小”命令来完成。选择需要调整尺寸的图像文件，执行“图像>图像大小”命令，打开“图像大小”窗口，如图3-1所示。

扫一扫，看视频

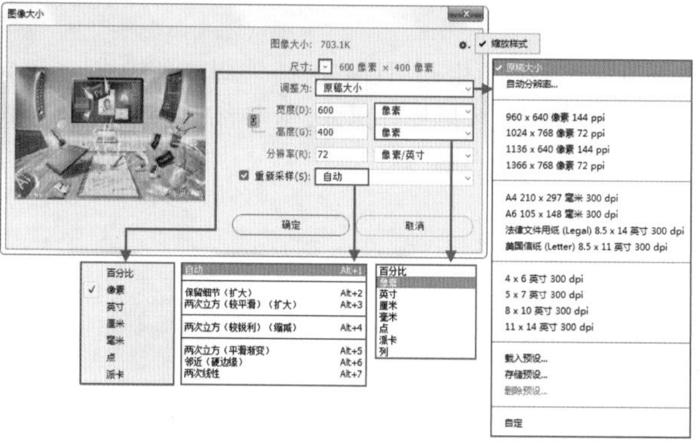

图 3-1

- 尺寸：显示当前文档的尺寸。单击下拉按钮，在弹出的下拉列表中可以选择尺寸单位。
- 调整为：在该下拉列表框中可以选择多种常用的预设图像大小。例如，想要将图像制作为适合A4大小的纸张，则可以在该下拉列表框中选择“A4 210×297毫米300dpi”。
- 宽度/高度：在文本框中输入数值，即可设置图像的宽度或高度。输入数值之前，需要在右侧的单位下拉列表框中选择合适的单位，其中包括“像素”“英寸”“厘米”等。
- 🔗：启用“约束长宽比”按钮时🔗，对图像大小进行调整后，图像还会保持之前的长宽比。未启用时 🔗，可以分别调整宽度和高度的数值。
- 分辨率：用于设置分辨率大小。输入数值之前，也需要在右侧的单位下拉列表框中选择合适的单位。需要注意的是，即使增大“分辨率”数值也不会使模糊的图像变清晰，因为原本就不存在的细节只通过增大分辨率是无法“画出”的。
- 重新采样：在该下拉列表框中可以选择重新取样的方式。
- 缩放样式：单击窗口右上角的⚙按钮，在弹出的菜单中选择“缩放样式”命令，此后对图像大小进行调整时，其原有的样式会按照比例进行缩放。

(2) 调整图像大小时，首先一定要设置好正确的单位，然后在“宽度”和“高度”文本框中输入数值。默认情况下启用“约束长宽比”🔗，修改“宽度”数值或“高度”数值时，另一个数值也会随之发生变化。该按钮适用于需要将图像尺寸限定在某个特定范围内的情况。例如，作品要求尺寸最大边长不超过1000像素。首先设置单位为“像素”；然后将“宽度”(也就是最长的边)数值改为1000像素，“高度”数值也会随之发生变化；最后单击“确定”按钮，如图3-2所示。

(3) 如果要输入的长宽比与现有图像的长宽比不同，则需要单击🔗按钮，使之处于未启用的状态 。此时可以分别调整“宽度”和“高度”的数值。但修改了数值之后，可能会造成图像比例错误的情况。

例如，要求照片尺寸为宽300像素、高500像素(宽高比为3：5)，而原始图像宽度为600像素、长度为800像素(宽高比为3：4)，那么修改了图像大小之后，照片比例会变得很奇怪，如图3-3所示。此时应该先启用“约束长宽比”🔗，按照要求输入较长的边(也就是“高度”)数值，使照片大小缩放到比较接近的尺寸，然后利用“裁剪工具”进行裁切，如图3-4所示。

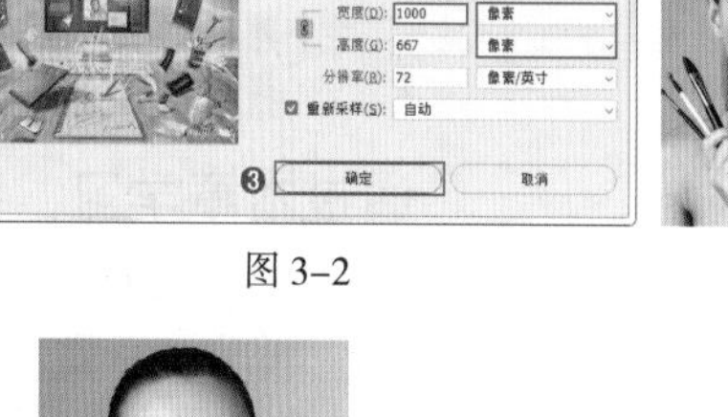

图 3-2

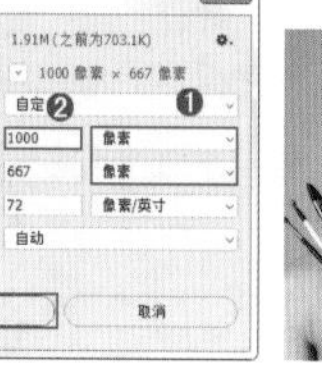

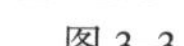

图 3-3

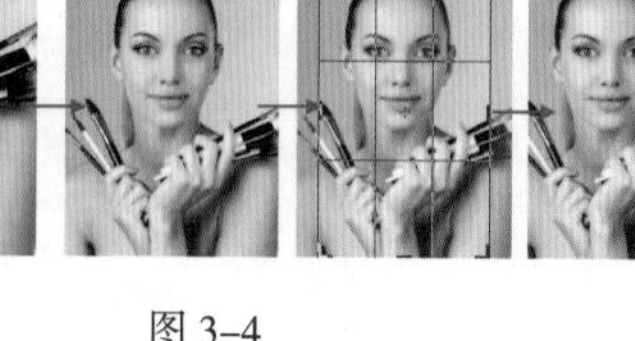

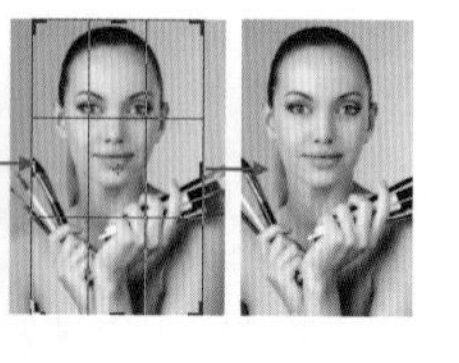

图 3-4

练习实例：修改图像大小制作产品主图

文件路径	资源包\第3章\修改图像大小制作产品主图
难易指数	★★★★★
技术掌握	“图像大小”命令

案例效果

本例效果如图3-5所示。

图 3-5

扫一扫，看视频

操作步骤

步骤 01 产品主图的长度和宽度通常都是800像素，在这里需要对产品照片的尺寸进行调整。执行“文件>打开”命令，打开素材1.jpg，如图3-6所示。执行“图像>图像大小”命令，在弹出的“图像大小”窗口中，可以看到图像的原始尺寸较大，如图3-7所示。本例需要得到一个长宽均为800像素的图像，而且大小要在200KB以下。

图 3-6

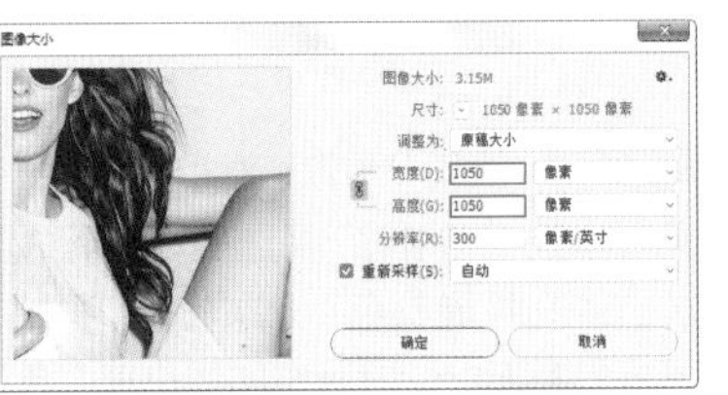

图 3-7

步骤 02 设置“宽度”为800像素，“高度”为800像素，单击“确定”按钮完成设置，如图3-8所示。接下来，执行“文件>存储为”命令，在弹出的“另存为”窗口中更改文件名和存储位置，如图3-9所示。为了减小文档的大小，便于网络传输，在“保存类型”下拉列表框中选择JPEG(*.JPG;*.JPEG;*.JPE)，单击“保存”按钮；在弹出的“JPEG选项”对话框中设置“品质”为5(此时的文档大小符合我们的要求)，单击“确定”按钮进行存储，如图3-10所示。

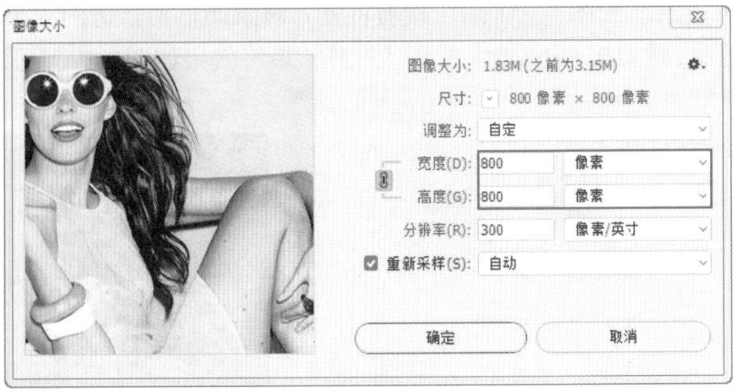

图 3-8

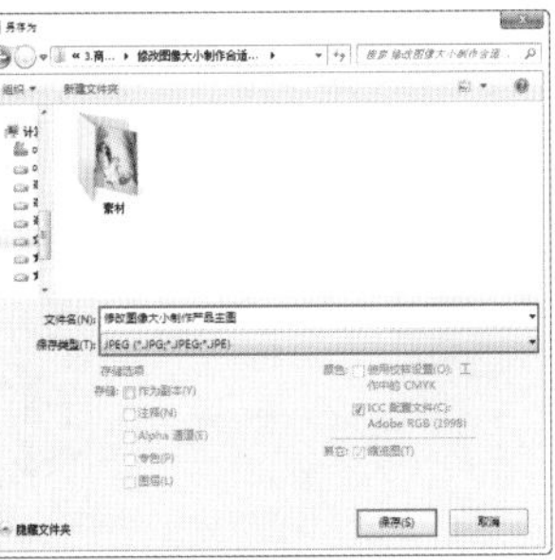

图 3-9

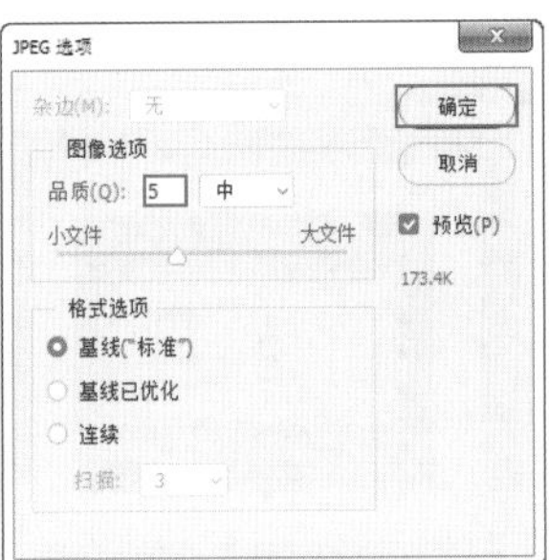

图 3-10

重点 3.1.2 动手练：修改画布大小

扫一扫，看视频

执行“图像>画布大小”命令，在弹出的“画布大小”窗口中可以调整可编辑的画面范围。在“宽度”和“高度”文本框中输入数值，可以设置修改后的画布尺寸。如果选中“相对”复选框，“宽度”和“高度”数值将代表实际增加或减少的区域的大小，而不再代表整个文档的大小。输入正值表示增加画布大小，输入负值则表示减小画布大小。图3-11所示为原始图片，图3-12所示为“画布大小”对话框。

图 3-11

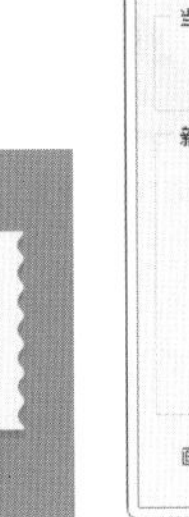

图 3-12

- 定位：画布尺寸增减时，此选项可用于设置原始图像在新画布中所处的位置。如图3-13和图3-14所示为不同定位位置的对比效果。

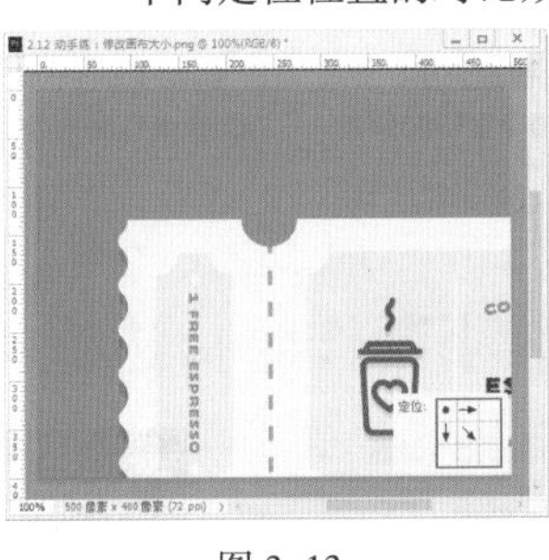

图 3-13

图 3-14

- 画布扩展颜色：当“新建大小”大于“当前大小”(即原始文档尺寸)时，在此处可以设置扩展区域的填充颜色。图3-15和图3-16所示分别为使用“前景色”与

“背景色”填充扩展颜色的效果。

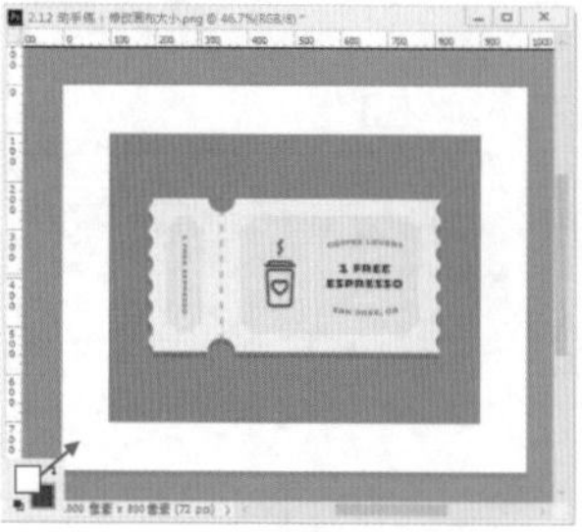

图 3-15

图 3-16

“画布大小”与“图像大小”的概念不同，“画布”指的是整个可以绘制的区域而非部分图像区域。例如，增大“图像大小”，会将画面中的内容按一定比例放大；而增大“画布大小”则在画面中增大了部分空白区域，原始图像没有变大，如图3-17所示。如果缩小“图像大小”，画面内容会按一定比例缩小；缩小“画布大小”，图像则会被裁掉一部分，如图3-18所示。

图 3-17

图 3-18

练习实例：修改画布大小制作照片边框

文件路径	资源包\第3章\修改画布大小制作照片边框
难易指数	★★★★★
技术掌握	设置画布大小

扫一扫，看视频

案例效果

本例处理前后的对比效果如图3-19和图3-20所示。

图 3-19

图 3-20

操作步骤

步骤 01 执行“文件>打开”命令，在弹出的“打开”窗口中找到素材位置，选择素材1.jpg，单击“打开”按钮，如图3-21所示。随即素材即在Photoshop中被打开，如图3-22所示。

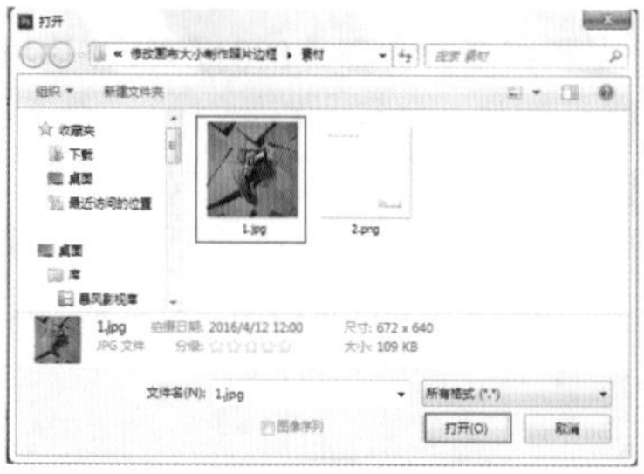

图 3-21

图 3-22

步骤 02 执行“图像>画布大小”命令，在弹出的“画布大小”窗口中选中“相对”复选框，设置“宽度”和“高度”均为20像素，“画布扩展颜色”为深灰色，单击“确定”按钮完成设置，如图3-23所示。此时画布四周出现白色边缘，效果如图3-24所示。

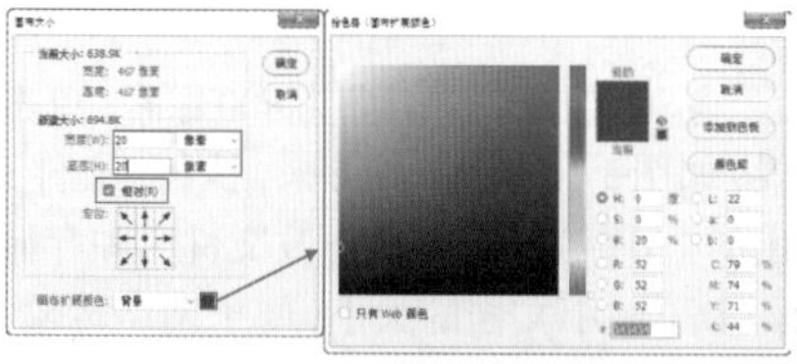

图 3-23

图 3-24

步骤 03 执行“文件>置入嵌入对象”命令，在弹出的“置入嵌入的对象”窗口中找到素材位置，选择素材2.png，单击“置入”按钮，如图3-25所示。接着将置入对象调整到合适的大小、位置，然后按Enter键完成置入操作。最终效果如图3-26所示。

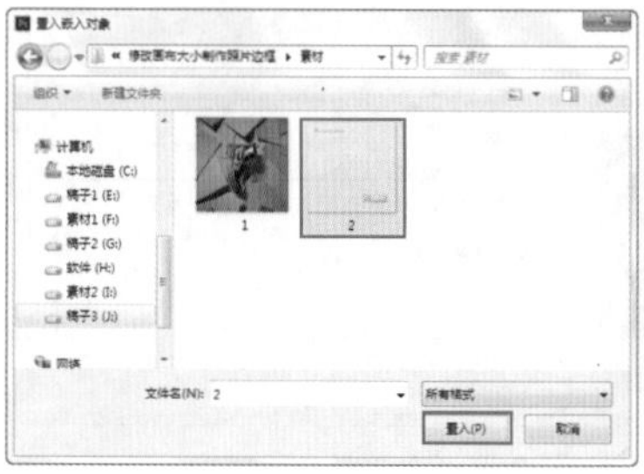

图 3-25

图 3-26

重点 3.1.3 裁剪工具：裁剪画面构图

扫一扫，看视频

想要裁剪掉画面中的部分内容，最便捷的方法就是在工具箱中选择“裁剪工具”，直接在画面中绘制出需要保留的区域即可。图3–27所示为该工具选项栏。

图 3–27

(1) 选择工具箱中的“裁剪工具”，如图3–28所示。在画面中按住鼠标左键拖动，绘制一个需要保留的区域，如图3–29所示。接下来还可以对这个区域进行调整，将光标移动到裁剪框的边缘或者四角处，按住鼠标左键拖动，即可调整裁剪框的大小，如图3–30所示。

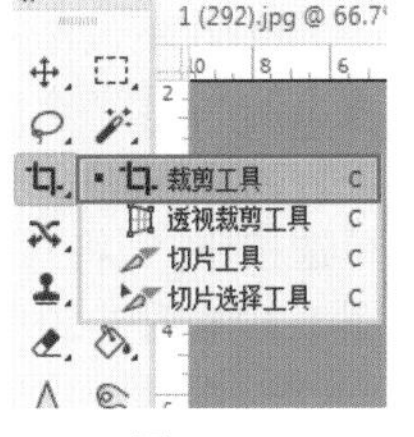

图 3–28

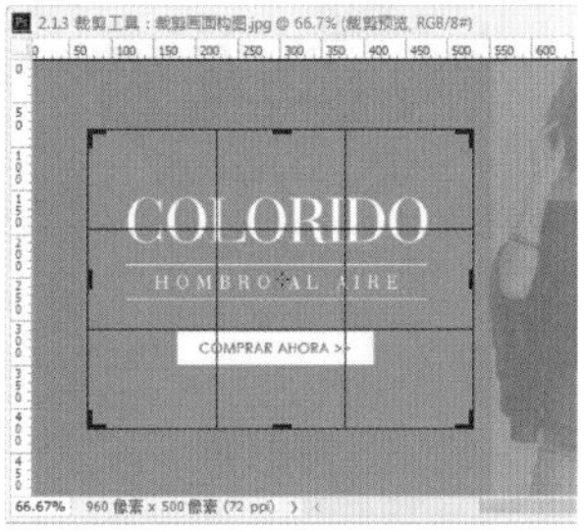

图 3–29

图 3–30

(2) 若要旋转裁剪框，可将光标放置在裁剪框外侧，当它变为带弧线的箭头形状时，按住鼠标左键拖动即可，如图3–31所示。调整完成后，按Enter键确认，如图3–32所示。

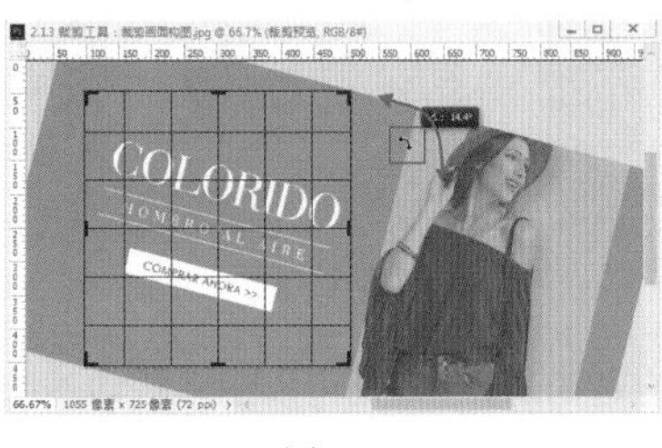

图 3–31

图 3–32

(3) “裁剪工具”也能够用于放大画布。当需要放大画布时，若在选项栏中选中“内容识别”复选框，则会自动补全由于裁剪造成的画面局部空缺，如图3–33所示；若取消选中该复选框，则以背景色进行填充，如图3–34所示。

图 3–33

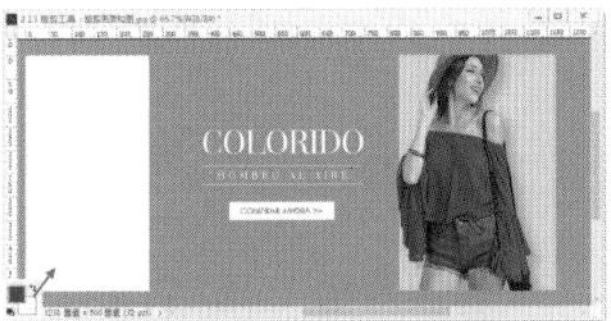

图 3–34

(4) 比例：该下拉列表框用于设置裁剪的约束方式。如果想要按照特定比例进行裁剪，可以在该下拉列表框中选择“比例”选项，然后在右侧文本框中输入比例数值即可，如图3–35所示。如果想要按照特定的尺寸进行裁剪，则可以在该下拉列表框中选择“宽 × 高 × 分辨率”选项，然后在右侧文本框中输入宽、高和分辨率的数值，如图3–36所示。想要随意裁剪的时候则需要单击“清除”按钮，清除长宽比。

图 3–35

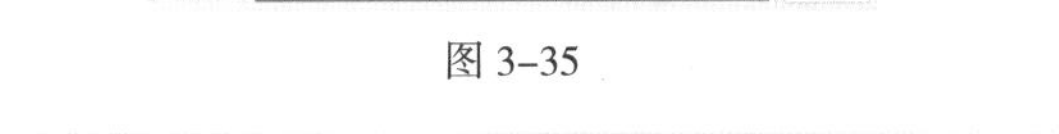

图 3–36

(5) 在工具选项栏中单击“拉直”按钮，在图像上按住鼠标左键画出一条直线，松开鼠标后，即可通过将这条线校正为直线来拉直图像，如图3–37和图3–38所示。

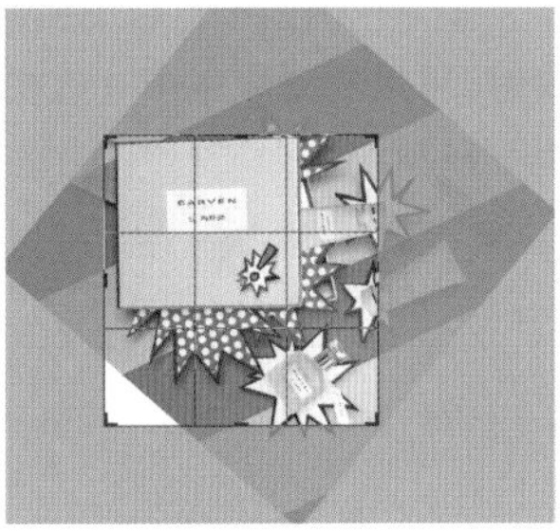

图 3–37

图 3–38

(6) 如果在工具选项栏中选中“删除裁剪的像素”复选框，裁剪之后会彻底删除裁剪框外部的像素数据，如图3–39所示。如果取消选中该复选框，多余的区域将处于隐藏状态，如图3–40所示。如果想要还原到裁剪之前的画面，只需要再次选择“裁剪工具”，然后随意操作，即可看到原文档。

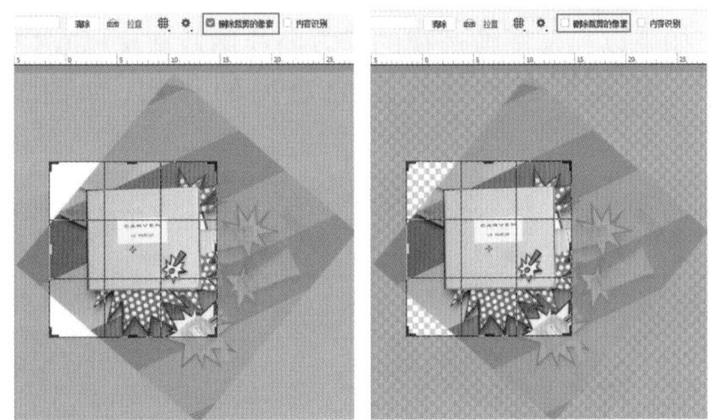

图 3–39　　图 3–40

3.1.4 透视裁剪工具：矫正商品图片的透视问题

“透视裁剪工具” 可以在对图像进行裁剪的同时调整图像的透视效果，常用于去除图像中的透视感，或者在带有透视感的图像中提取局部，还可以用来为图像添加透视感。

例如，打开一幅带有透视感的图像，右键单击工具箱中的裁切工具组按钮，在弹出的工具栏中选择“透视裁剪工具”，在图形的一角处单击鼠标左键，如图3-41所示。接着将光标依次移动到带有透视感的图形的其他点上单击，绘制4个点即可，如图3-42所示。

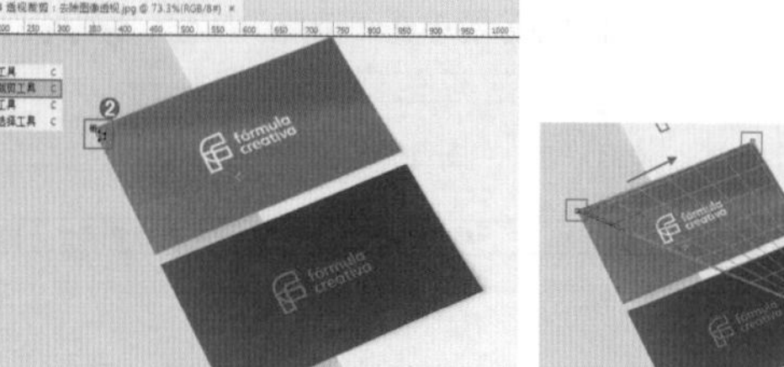

图 3-41　　图 3-42

绘制出的四个点效果如图3-43所示。按下Enter键完成裁剪，可以看到原本带有透视感的名片变为了平面效果，如图3-44所示。

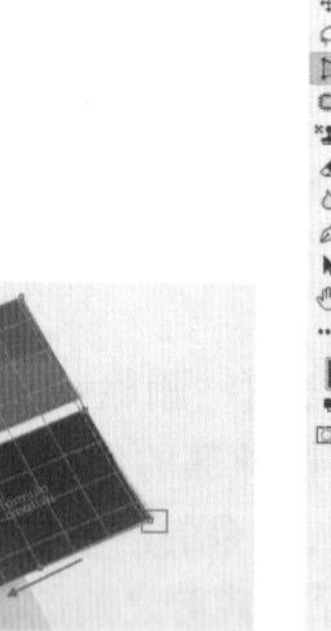

图 3-43

图 3-44

如果以当前图像透视的反方向绘制裁剪框(如图3-45所示)，则能够起到强化图像透视的作用，如图3-46所示。

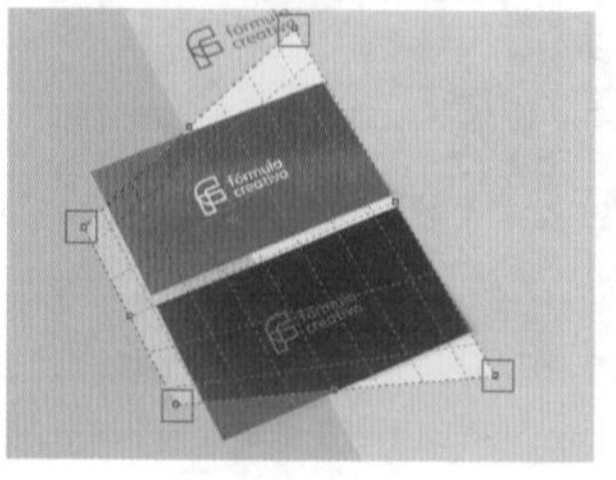

图 3-45

图 3-46

> **提示：“透视裁剪工具”的应用范围**
>
> 针对整个图像进行的透视校正，可以使用“透视裁剪工具”；如果针对单独图层添加透视或者去除透视，则需要使用“自由变换”命令，后文会进行讲解。

3.1.5 使用“裁剪”与“裁切”命令

“裁剪”命令与“裁切”命令都可以对画布大小进行一定的修整，但是两者存在很明显的不同，“裁剪”命令可以基于选区或裁剪框裁剪画布，而“裁切”命令可以根据像素颜色差别裁剪画布。

(1) 打开一幅图像，然后使用“矩形选框工具”绘制一个选区，如图3-47所示。执行“图像>裁剪”命令，此时选区以外的像素将被裁剪掉，如图3-48所示。

(2) 在不包含选区的情况下，执行“图像>裁切”命令，在弹出的“裁切”窗口中可以选择基于哪个位置的像素的颜色进行裁切，然后设置裁切的位置。若选中“左上角像素颜色”单选按钮，则将画面中与左上角颜色相同的像素裁切掉，如图3-49和图3-50所示。

图 3-47　　图 3-48

图 3-49

图 3-50

(3) “裁切”命令最有趣的地方，就是可以用来裁切透明像素。如果图像内存在如图3-51所示的透明区域(画面中灰白栅格部分代表没有像素，也就是透明)，执行“图像>裁切”命令，在弹出的如图3-52所示“裁切”窗口中选中“透明像素”单选按钮，然后单击“确定”按钮，就可以看到画面中透明像素被裁切掉，如图3-53所示。

总结一下：无论是使用“裁剪工具”“裁切”还是“裁剪”命令，裁剪后的画布都是矩形的。

图 3-51　　图 3-52

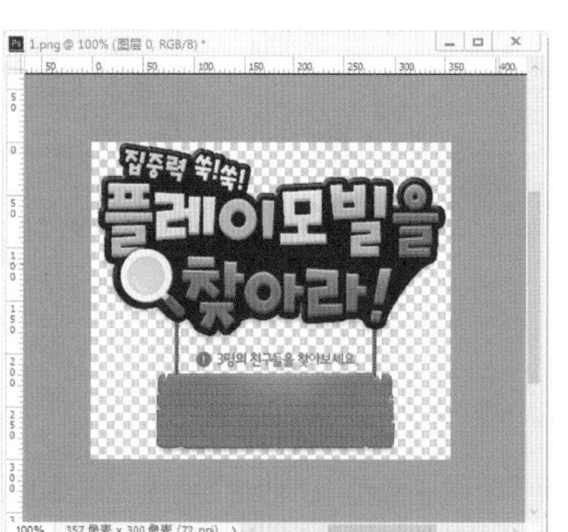

图 3-53

练习实例：使用“裁切”命令去除多余的像素

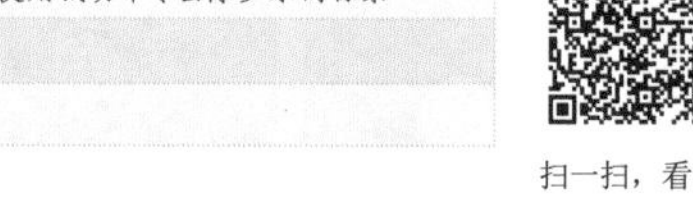

文件路径	资源包\第3章\使用裁切命令去除多余的像素
难易指数	★★★★★
技术掌握	“裁切”命令

扫一扫，看视频

案例效果

本例处理前后的对比效果如图3-54和图3-55所示。

图 3-54　　图 3-55

操作步骤

步骤 01 执行“文件>打开”命令，在弹出的“打开”窗口中找到素材位置，选择素材1.jpg，单击“打开”按钮，如图3-56所示。素材文件就被打开了，如图3-57所示。

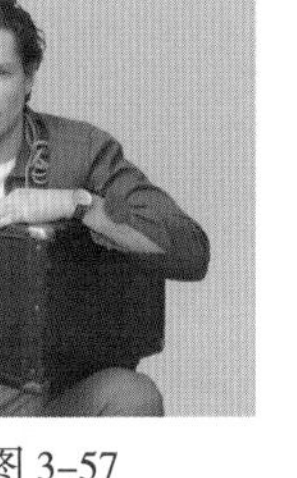

图 3-56　　图 3-57

步骤 02 执行“图像>裁切”命令，在弹出的“裁切”窗口中选中“左上角像素颜色”单选按钮，单击“确定”按钮，如图3-58所示。此时与画面左上角的黄色相同的颜色区域就被裁切掉了，如图3-59所示。

图 3-58　　图 3-59

重点 3.1.6 旋转画布到正常的角度

使用相机拍摄商品照片时，有时会由于相机朝向使照片产生横向或竖向效果。这些问题可以通过“图像>图像旋转”子菜单中的相应命令来解决，如图3-60所示。图3-61所示分别为原图、“180度”“顺时针90度”“逆时针90度”“水平翻转画布”“垂直翻转画布”的对比效果。

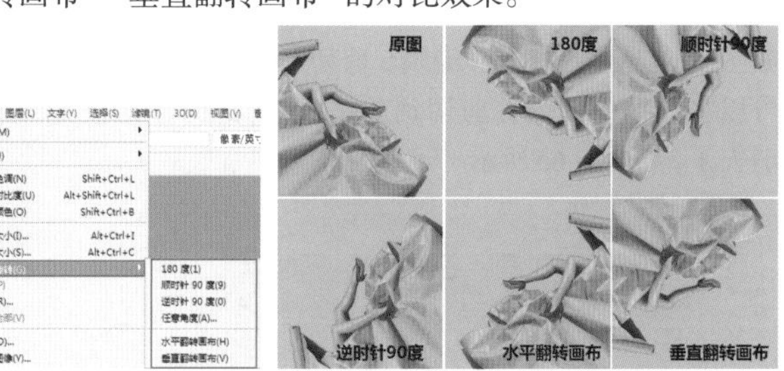

图 3-60　　图 3-61

执行“图像>图像旋转>任意角度”命令，在弹出的“旋转画布”窗口中输入特定的旋转角度，并设置旋转方向为“度顺时针”或“度逆时针”，如图3-62所示。图3-63所示为顺时针旋转60度的效果。旋转之后，画面中多余的部分被填充为当前的背景色。

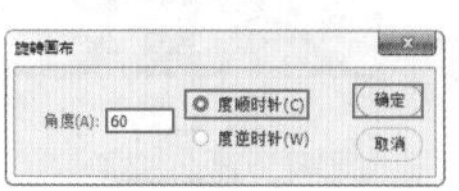

图 3-62

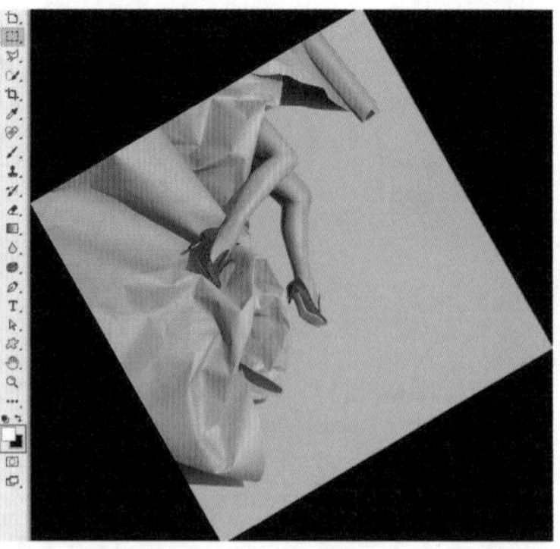

图 3-63

3.2 图像局部的剪切 / 拷贝 / 粘贴

剪切、拷贝(也称复制)、粘贴相信大家都不陌生，剪切是将某个对象暂时存储到剪贴板备用，并从原位置删除；拷贝是保留原始对象并复制到剪贴板中备用；粘贴则是将剪贴板中的对象提取到当前位置。

扫一扫，看视频

对于图像也是一样。想要使不同位置出现相同的内容，需要使用“复制”“粘贴”命令；想要将某个部分的图像从原始位置去除，并移动到其他位置，需要使用“剪切”“粘贴”命令。

重点 3.2.1 剪切与粘贴

“剪切”就是将选中的像素暂时存储到剪贴板中备用，而原始位置的像素则会消失。通常“剪切”与“粘贴”命令一同使用。

(1) 选择一个普通图层(非“背景”图层)，然后选择工具箱中的“矩形选框工具” ，按住鼠标左键拖曳绘制一个选区，如图3-64所示。执行“编辑>剪切”命令或按Ctrl+X组合键，可以将选区中的内容剪切到剪贴板中，此时原始位置的图像消失了，如图3-65所示。

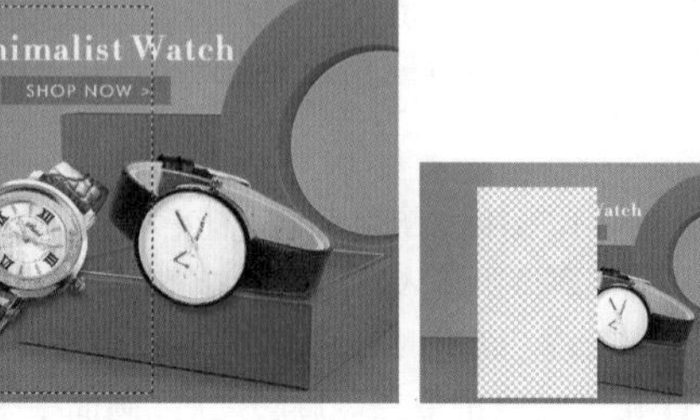

图 3-64　　图 3-65

提示：为什么剪切后的区域不是透明的

当被选中的图层为普通图层时，剪切后的区域为透明区域；如果被选中的图层为“背景”图层，那么剪切后的区域会被填充为当前背景色；如果选中的图层为智能图层、3D图层、文字图层等特殊图层，则不能进行剪切操作。

(2) 继续执行“编辑>粘贴”命令或按Ctrl+V组合键，可以将剪切的图像粘贴到画布中，并生成一个新的图层，如图3-66和图3-67所示。

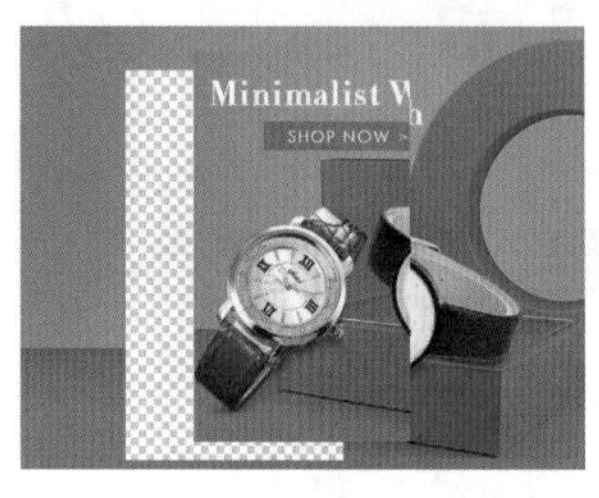

图 3-66

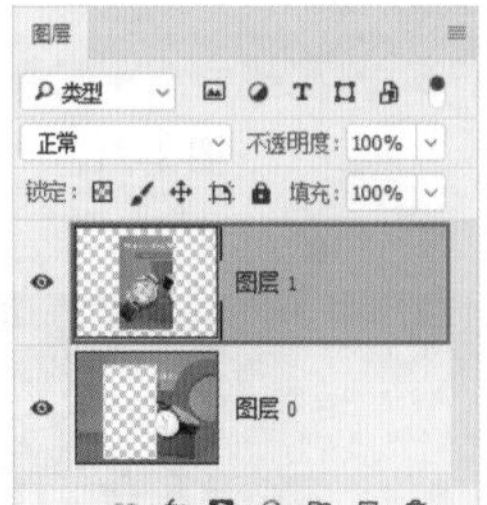

图 3-67

重点 3.2.2 拷贝

“拷贝”功能通常是与“粘贴”功能一起使用的，可以先将画面中的所选部分拷贝到剪贴板中，如图3-68所示。然后执行“编辑>粘贴”命令，即可将拷贝的图像粘贴到画面中，与此同时，粘贴出的图像会形成一个新的图层，如图3-69所示。

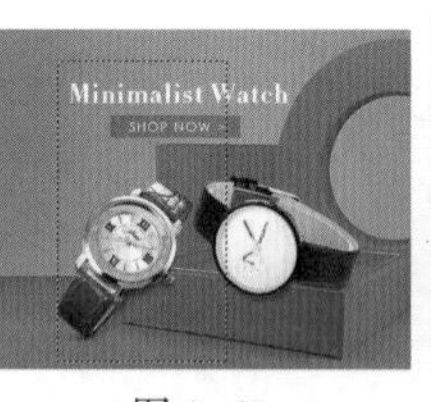

图 3-68

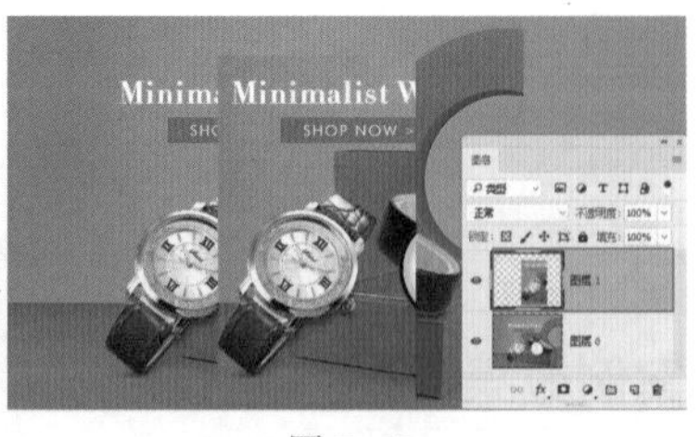

图 3-69

举一反三：使用“拷贝”“粘贴”命令制作产品细节展示

在产品详情页中经常能够看到产品细节展示的拼图，顾客从中可以清晰地了解到产品的细节。其制作方法非常简单，下面以在版面右侧黄色矩形位置添加产品细节展示效果为例进行说明。

(1) 首先打开素材1.psd与2.jpg，执行“窗口>排列>双联垂直”命令，将这两个文档并排显示，方便后面的操作。接下来，单击工具箱中的“矩形选框工具”按钮，在素材1.psd右下角的黄色矩形处绘制一个等大的矩形选区，如图3-70所示。接着在保留当前选区的情况下，继续使用“矩形选框工具”，将光标定位到之前绘制好的选区内，按住鼠标左键拖动到素材2.jpg上，移动到需要截取的细节处，如图3-71所示。

图 3-70

图 3-71

(2) 选中产品图层，然后按快捷键Ctrl+C进行复制，如图3-72所示。接着回到素材1.psd文档中，按快捷键Ctlr+V进行粘贴，如图3-73所示。如果没有摆放在合适位置上，可以使用“移动工具”进行位置的调整。

图 3-72　　图 3-73

(3) 调整完成后如图3-74所示。使用同样方法制作另外一处细节图，效果如图3-75所示。

图 3-74　　图 3-75

3.2.3 合并拷贝

合并拷贝就是将文档内所有可见图层拷贝并合并到剪贴板中。

打开一个含有多个图层的文档，执行“选择>全选”命令或按Ctrl+A组合键全选当前图像；然后执行“编辑>选择性拷贝>合并拷贝”命令或按Ctrl+Shift+C组合键，将所有可见图层拷贝并合并到剪贴板中；接着按快捷键Ctrl+V，即可将合并拷贝的图像粘贴到当前文档内，得到一个包含画面完整效果的图层。

重点 3.2.4 清除图像

使用“清除”命令可以删除选区中的图像。清除图像分为两种情况：一种是清除普通图层中的像素，另一种是清除“背景”图层中的像素，两种情况遇到的问题和结果是不同的。

(1) 打开一张图片，在“图层”面板中自动生成一个“背景”图层。使用“矩形选框工具”绘制一个矩形选区，然后执行“编辑>清除”命令或者按Delete键进行删除，如图3-76所示。在弹出的“填充”窗口中设置填充的内容，如选择“前景色”，然后单击“确定”按钮，如图3-77所示。此时可以看到选区中原有的像素消失了，而以“前景色”进行填充，如图3-78所示。

图 3-76

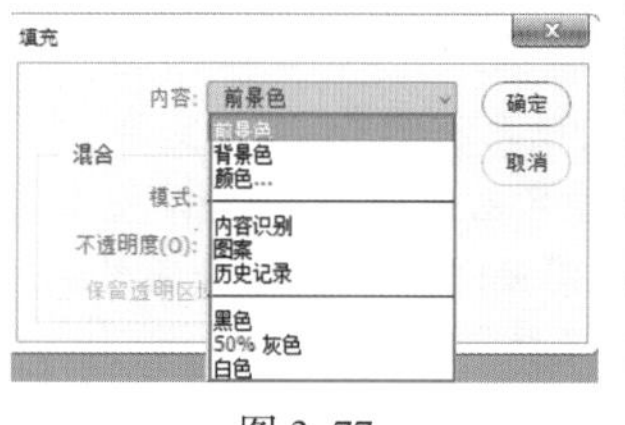

图 3-77

图 3-78

(2) 如果选择一个普通图层，然后绘制一个选区，接着按Delete键进行删除，如图3-79所示。随即可以看到选区中的像素消失了，如图3-80所示。

图 3-79

图 3-80

3.3 图像的变换

扫一扫，看视频

重点 3.3.1 自由变换：缩放、旋转、扭曲、透视、变形

在制图过程中，经常需要调整图层的大小、角度，有时也需要对图层的形态进行扭曲、变形，这些都可以通过“自由

变换”命令来实现。选中需要变换的图层，执行“编辑>自由变换”命令(快捷键为Ctrl+T)。此时对象进入自由变换状态，四周出现了定界框，4个角点处以及4条边框的中间都有控制点，如图3-81所示。完成变换后，按Enter键确认。如果要取消正在进行的变换操作，可以按Esc键。

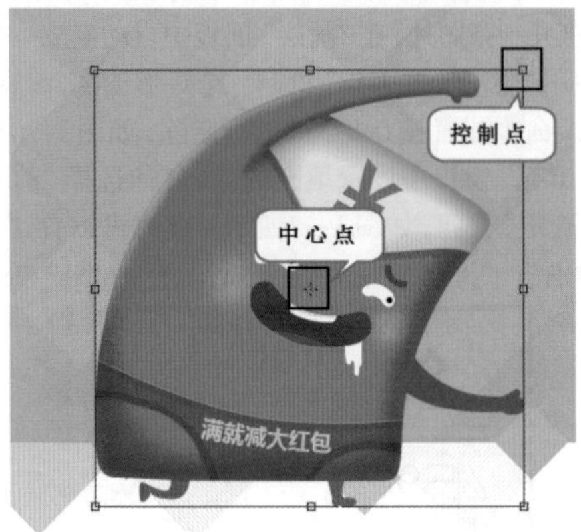

图 3-81

提示：“背景”图层无法进行变换

打开一张图片后，如果发现无法使用“自由变换”命令，这可能是因为打开的图片只包含一个“背景”图层。此时按住Alt键并双击“背景”图层，将其转换为普通图层，然后就可以使用“编辑>自由变换”命令了。

1. 放大、缩小

按住鼠标左键拖曳定界框上、下、左、右边框上的控制点，可以进行横向或纵向上的放大或缩小，如图3-82所示。按住鼠标左键拖曳角点处的控制点，可以同时对横向和纵向进行放大或缩小，如图3-83所示。

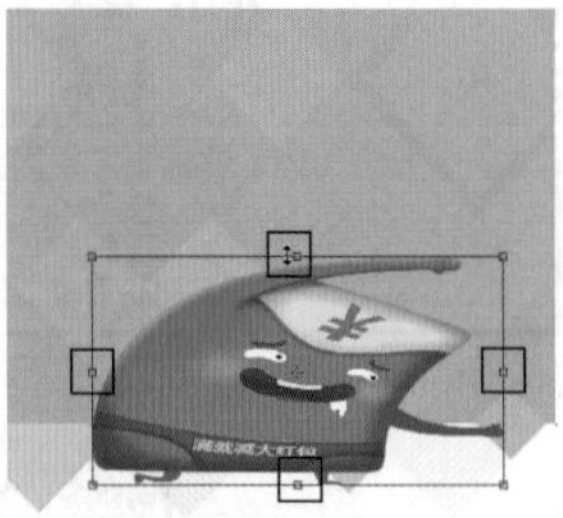

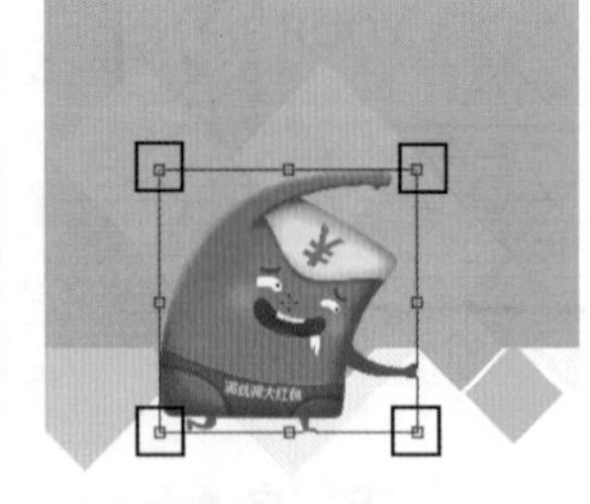

图 3-82　　图 3-83

按住Shift键的同时拖曳定界框4个角点处的控制点，可以进行等比缩放，如图3-84所示。如果按住Shift+Alt键的同时拖曳定界框4个角点处的控制点，能够以中心点作为缩放中心进行等比缩放，如图3-85所示。

图 3-84　　图 3-85

2. 旋转

将光标移动至4个角点处的任意一个控制点上，当其变为弧形的双箭头形状 ↰ 后，按住鼠标左键拖动即可进行旋转，如图3-86所示。

3. 斜切

在自由变换状态下，单击鼠标右键，在弹出的快捷菜单中选择“斜切”命令，然后按住鼠标左键拖曳控制点，即可看到变换效果，如图3-87所示。

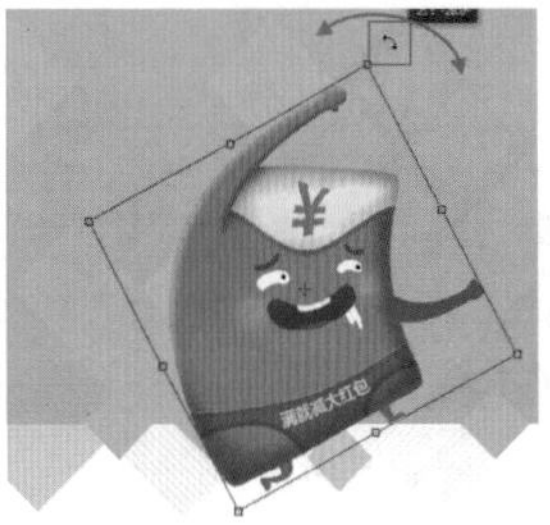

图 3-86 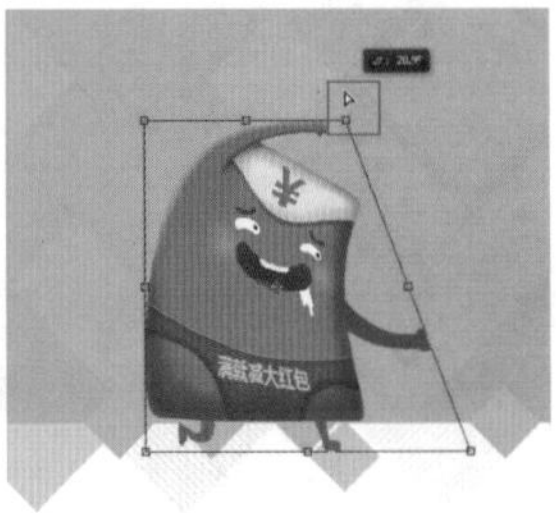　　图 3-87

4. 扭曲

在自由变换状态下，单击鼠标右键，在弹出的快捷菜单中选择“扭曲”命令，然后按住鼠标左键拖曳上、下控制点，可以进行水平方向的扭曲，如图3-88所示；按住鼠标左键拖曳左、右控制点，可以进行垂直方向的扭曲，如图3-89所示。

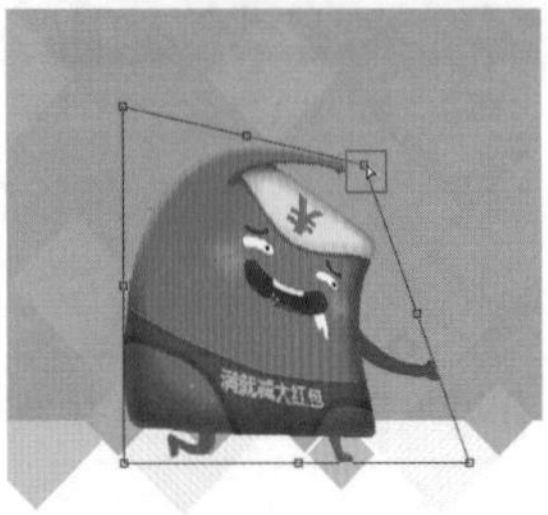

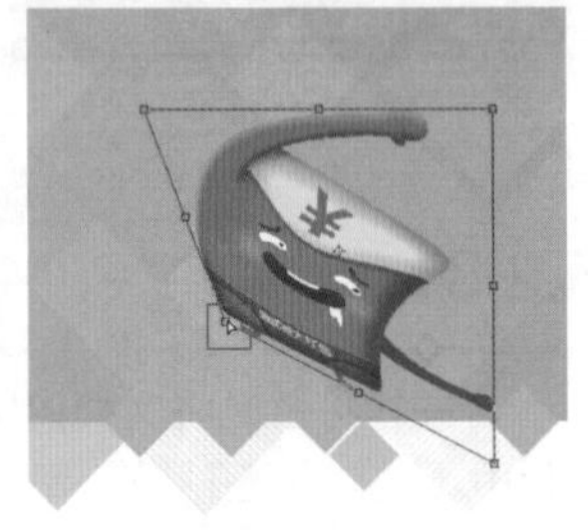

图 3-88　　图 3-89

5. 透视

在自由变换状态下，单击鼠标右键，在弹出的快捷菜单中选择“透视”命令，拖曳一个控制点即可产生透视效果，如

图3–90和图3–91所示。此外，也可以选择需要变换的图层，执行“编辑>变换>透视”命令。

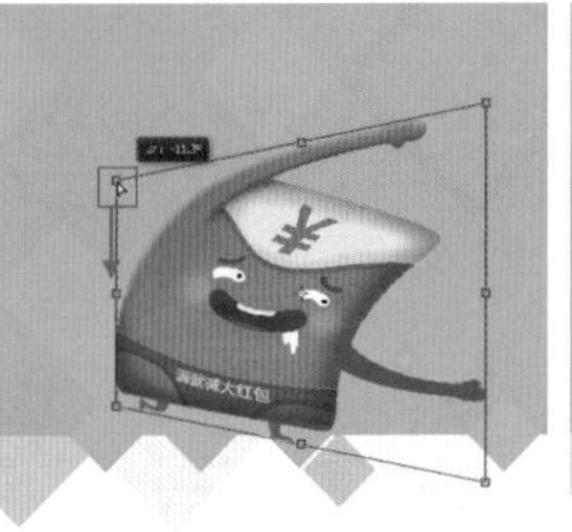

图 3–90

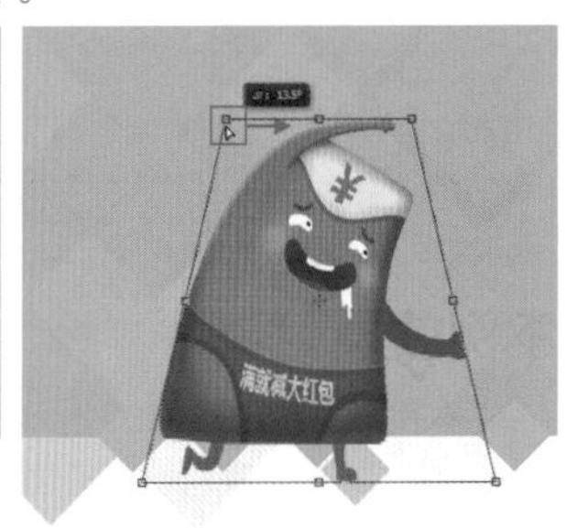

图 3–91

6. 变形

在自由变换状态下，单击鼠标右键，在弹出的快捷菜单中选择“变形”命令，拖曳网格线或控制点即可进行变形操作，如图3–92所示。此外，也可以在调出变形定界框后，在工具选项栏的“变形”下拉列表框中选择一个合适的形状，然后设置相关参数，效果如图3–93所示。

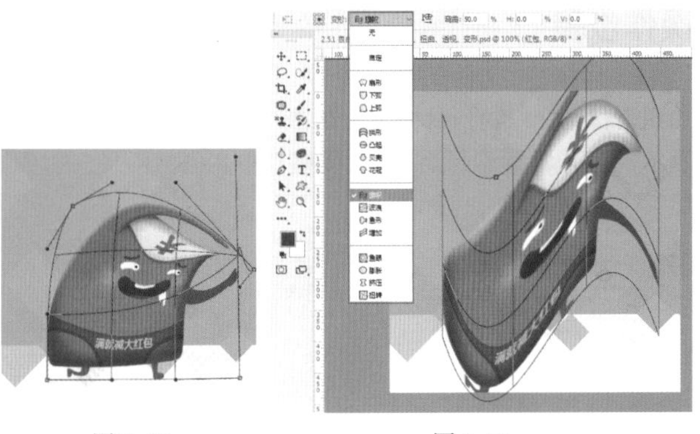

图 3–92　　图 3–93

7. 旋转 180 度、顺时针旋转 90 度、逆时针旋转 90 度、水平翻转、垂直翻转

在自由变换状态下，单击鼠标右键，在弹出的快捷菜单的底部还有5个旋转的命令，即“旋转180度”“顺时针旋转90度”“逆时针旋转90度”“水平翻转”与“垂直翻转”命令，如图3–94所示。顾名思义，根据这些命令的名字我们就能够判断出它们的用法。

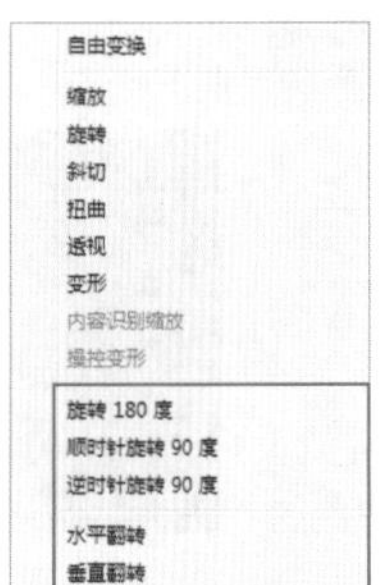

图 3–94

8. 复制并变换图像

选择一个图层，按快捷键Ctrl+Alt+T调出定界框，在“图层”面板中将自动复制出一个相同的图层，如图3–95所示。此时进入自由变换并复制的状态，接着就可以对这个图层进行变换，如图3–96所示。

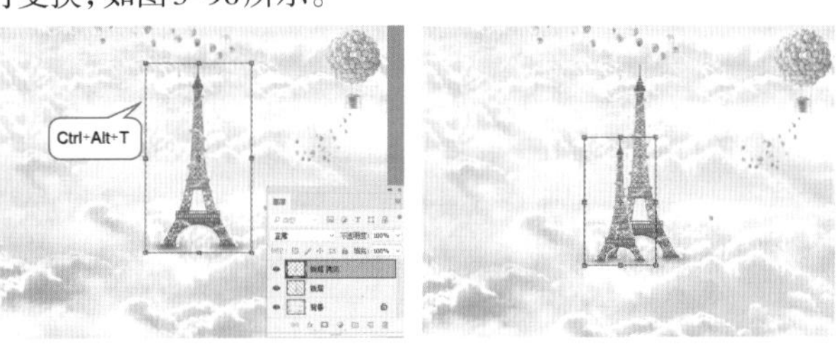

图 3–95　　图 3–96

9. 复制并重复上一次变换

如要制作一系列变换规律相似的元素，可以使用“复制并重复上一次变换”功能来完成。在使用该功能之前，需要先设定好一个变换规律。

首先确定一个变换规律；然后按快捷键Ctrl+Alt+T调出定界框，将“中心点”拖曳到定界框左下角的位置，如图3–97所示；接着对图像进行旋转和缩放，按Enter键确认，如图3–98所示；最后多次按快捷键Shift+Ctrl+Alt+T，可以得到一系列规律的变换效果，如图3–99所示。

图 3–97　　图 3–98　　图 3–99

练习实例：使用自由变换功能快速填补背景

文件路径	资源包\第3章\使用自由变换功能快速填补背景
难易指数	★★★★★
技术掌握	“矩形选框工具”“自由变换”命令

扫一扫，看视频

案例效果

本例处理前后的对比效果如图3–100和图3–101所示。

图 3–100　　图 3–101

操作步骤

步骤 01 执行“文件>打开”命令，在弹出的“打开”窗口中选择商品素材1.jpg，单击“打开”按钮，将素材打开，如图3-102所示。从画面中可以看出背景部分相对杂乱，需要进行统一化处理。

步骤 02 由于桌面部分颜色比较均匀，所以可以尝试将桌面的范围扩大，以填补背景部分。选择工具箱中的“矩形选框工具”，按住鼠标左键在桌面上方框选，如图3-103所示。

图 3-102

图 3-103

步骤 03 执行“编辑>自由变换”命令，将光标放在自由变换定界框上方中间的控制点上，按住鼠标左键往上拖动，然后按Enter键确认，如图3-104所示。此时画面上方缺失的部分就被补齐了，效果如图3-105所示。

图 3-104

图 3-105

步骤 04 选择工具箱中的“矩形选框工具”，按住鼠标左键在画面的下方框选，如图3-106所示。

图 3-106

步骤 05 选择该图层，执行“编辑>自由变换”命令，将光标放在下方中间的控制点上，按住鼠标左键往下拖动，然后按Enter键确认，如图3-107所示。此时就将画面下方不规整部分修复了，效果如图3-108所示。

图 3-107

图 3-108

练习实例：使用“复制并重复上一次变换”功能制作放射状背景

文件路径	资源包\第3章\使用“复制并重复上一次变换”功能制作放射状背景
难易指数	★★★★★
技术掌握	复制并重复变换

案例效果

本例效果如图3-109所示。

扫一扫，看视频

图 3-109

操作步骤

步骤 01 执行“文件>打开”命令，在弹出的“打开”窗口中找到素材位置，选择素材1.jpg，单击“打开”按钮，如图3-110所示。打开背景素材后，按快捷键Ctrl+R调出标尺，然后创建参考线，如图3-111所示。

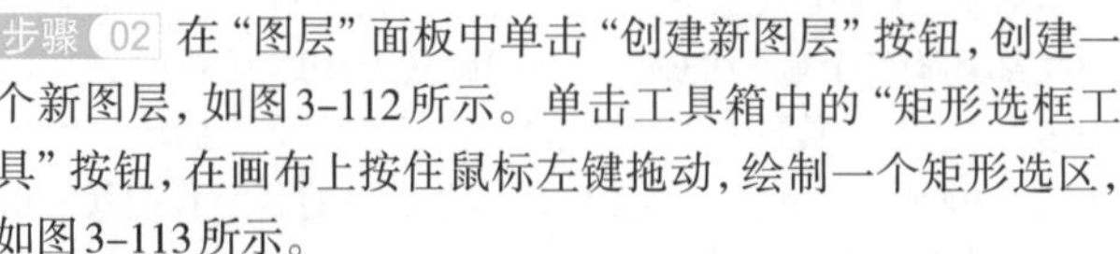

图 3-110

图 3-111

步骤 02 在“图层”面板中单击“创建新图层”按钮，创建一个新图层，如图3-112所示。单击工具箱中的“矩形选框工具”按钮，在画布上按住鼠标左键拖动，绘制一个矩形选区，如图3-113所示。

图 3-112

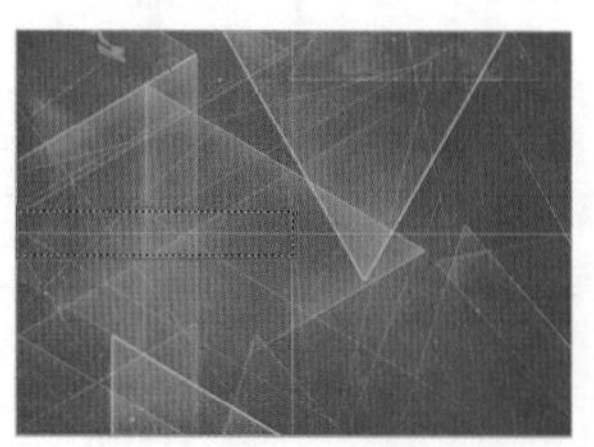

图 3-113

步骤 03 单击工具箱中的“前景色设置”按钮，在弹出的“拾色器(前景色)”窗口中设置合适的颜色，单击“确定”按钮，如图3-114所示。按快捷键Alt+Delete为矩形填充颜色；按快捷键Ctrl+D取消选区，如图3-115所示。

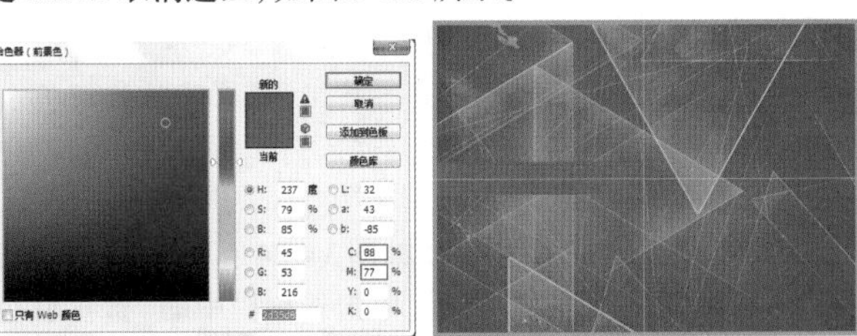

图 3-114　　图 3-115

步骤 04 选择该图层，按快捷键Ctrl+T调出定界框，然后单击鼠标右键，在弹出的快捷菜单中选择“透视”命令，如图3-116所示。将自由变换中心点移动到右侧边缘处，接着将矩形右上角的控制点向下拖曳至中心位置，按Enter键完成透视，如图3-117所示。

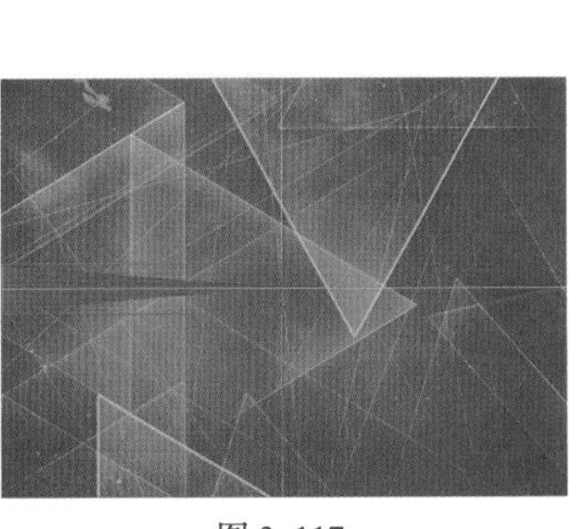

图 3-116　　图 3-117

步骤 05 在“图层”面板中单击“创建新组”按钮，新建“组1”，如图3-118所示。选择三角形图层，将其移动到新建的组中，如图3-119所示。

图 3-118　　图 3-119

步骤 06 执行“编辑>自由变换”命令，将中心点移动到最右侧中心，然后在工具选项栏中设置“旋转角度”为15度，如图3-120所示。按Enter键完成变换，效果如图3-121所示。

步骤 07 多次按快捷键Ctrl+Shift+Alt+T，旋转并复制出多个三角形，构成一个放射状背景，如图3-122所示。接着在“图层”面板中选择“组1”，单击鼠标右键，在弹出的快捷菜单中选择“合并组”命令，将“组1”变为一个普通图层，如图3-123所示。

图 3-120　　图 3-121

图 3-122　　图 3-123

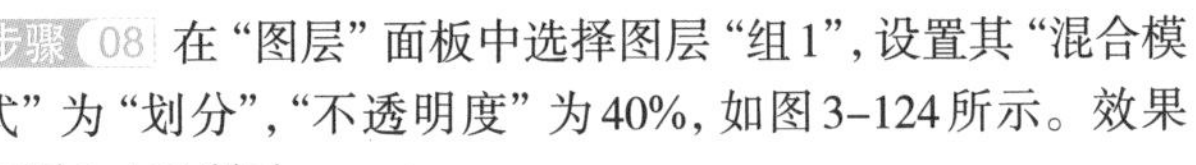

步骤 08 在“图层”面板中选择图层“组1”，设置其“混合模式”为“划分”，“不透明度”为40%，如图3-124所示。效果如图3-125所示。

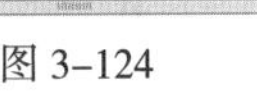

图 3-124　　图 3-125

步骤 09 继续调整放射状背景。选择该图层，按快捷键Ctrl+ T调出定界框，然后将光标放在右上角处，按住Shift+Alt键拖曳控制点，将其以中心点作为缩放中心进行等比放大，如图3-126所示。最后按Enter键确认变换操作，效果如图3-127所示。

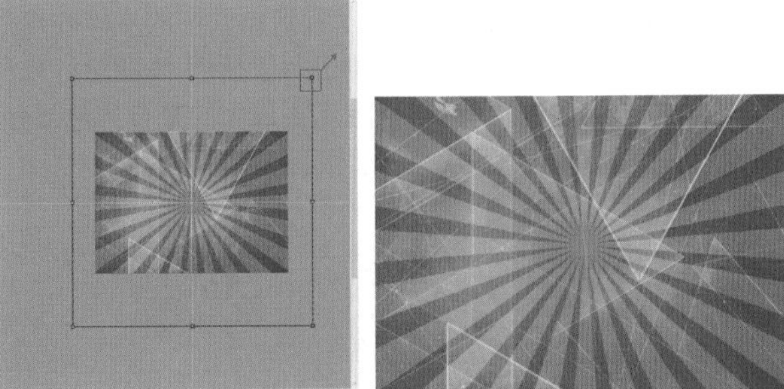

图 3-126　　图 3-127

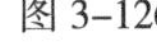

步骤 10 执行“文件>置入嵌入对象”命令，在弹出的“置入嵌入对象”窗口中找到素材位置，选择素材2.png，单击“置入”

按钮，如图3-128所示。按Enter键完成置入操作，最终效果如图3-129所示。

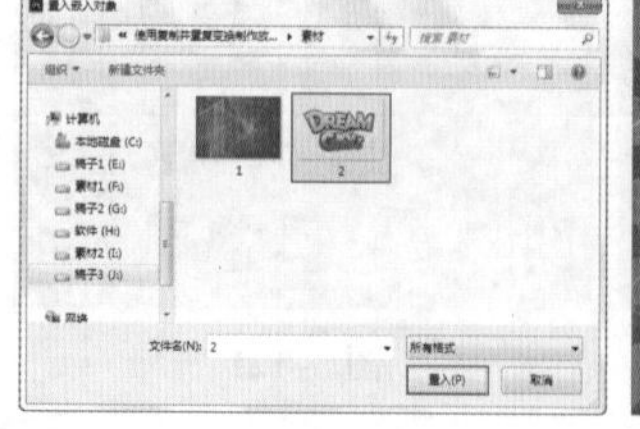

图 3-128

图 3-129

3.3.2 内容识别缩放：保留主体物并调整图片比例

在变换图像时我们经常要考虑是否等比的问题，因为很多不等比的变形是不美观、不专业、不能用的。对于一些图形，等比缩放确实能够保证画面效果不变形，但是图像尺寸可能就不尽如人意了。那有没有一种方法既能保证画面效果不变形，又能不等比地调整大小呢？答案是有的，可以使用“内容识别缩放”命令进行缩放操作。

扫一扫，看视频

（1）在图3-130中，可以看到画面非常宽，是常见的通栏广告的比例。但是如果想要将画面的宽度收缩一些，按快捷键Ctrl+T调出定界框，然后横向缩放，画面中的图形就变形了，如图3-131所示。

图 3-130

图 3-131

（2）若执行“编辑>内容识别缩放”命令调出定界框，然后进行横向的收缩，随着拖曳可以看到画面中的主体并未发生变形，而颜色较为统一的位置则进行了压缩，如图3-132所示。如果进行纵向的拉伸，可以看到被放大的是背景色部分，主体物仍然没有发生太多的变化，如图3-133所示。

图 3-132

图 3-133

提示：“内容识别缩放”命令的适用范围

“内容识别缩放”命令适用于处理图层和选区，图像可以是RGB、CMYK、Lab和灰度颜色模式以及所有位深度，但不适用于处理调整图层、图层蒙版、各个通道、智能对象、3D图层、视频图层、图层组，或者同时处理多个图层。

（3）如果要缩放人像图片（如图3-134所示），可以在执行完“内容识别缩放”命令之后，单击选项栏中的“保护肤色”按钮，然后进行缩放。这样可以最大程度地保证人物比例，如图3-135所示。

图 3-134

图 3-135

提示：选项栏中的“保护”选项的用法

选择要保护的区域的Alpha通道。如果要在缩放图像时保留特定的区域，“内容识别缩放”命令允许在调整大小的过程中使用Alpha通道来保护内容。

3.4 颜色的设置与应用

当我们想要画一幅画时，首先想到的是纸、笔、颜料。在Photoshop中，“文档”就相当于纸，“画笔工具”是笔，“颜料”则需要通过颜色的设置来得到。需要注意的是，设置好的颜色不是仅用于“画笔工具”，在“渐变工具”“填充”命令、“颜色替换画笔”甚至是滤镜中都可能涉及颜色的设置。

在Photoshop中可以从内置的色板中选择合适的颜色，也可以随意选择任何颜色，还可以从画面中选择某种颜色。本节就来学习几种颜色设置的方法。

重点 3.4.1 认识“前景色”与“背景色”

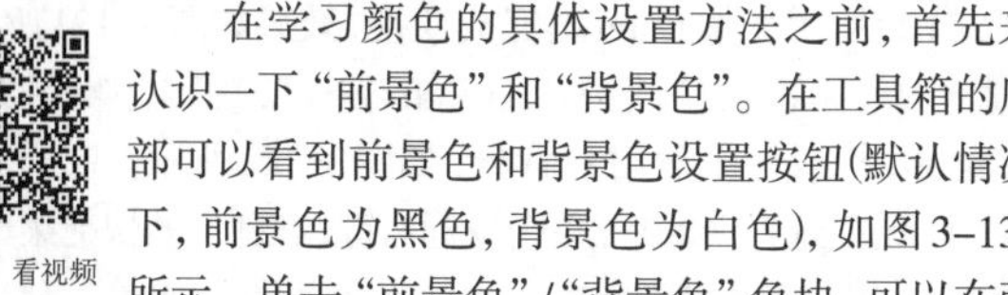

在学习颜色的具体设置方法之前，首先来认识一下“前景色”和“背景色”。在工具箱的底部可以看到前景色和背景色设置按钮（默认情况下，前景色为黑色，背景色为白色），如图3-136所示。单击“前景色”/“背景色”色块，可以在弹

扫一扫，看视频

出的“拾色器”窗口中选取一种颜色作为前景色/背景色。单击↰按钮可以切换所设置的前景色和背景色(快捷键为X)，如图3-137所示。单击■按钮可以恢复默认的前景色和背景色(快捷键为D)，如图3-138所示。

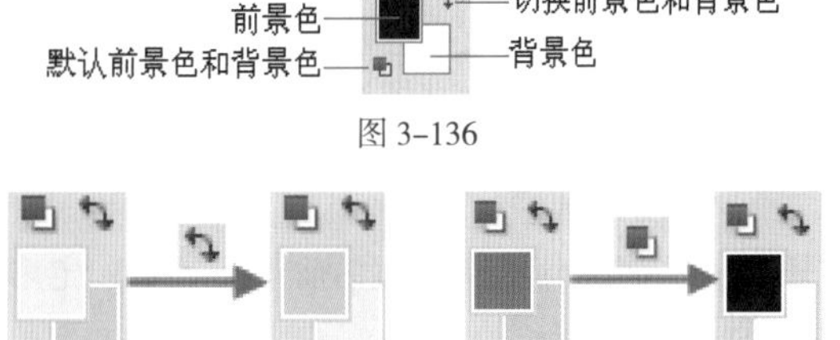

图 3-136

图 3-137　　图 3-138

通常前景色使用的情况更多些。前景色通常被用于绘制图像、填充某个区域以及描边选区等，如图3-139所示。而背景色通常起到“辅助”的作用，常用于生成渐变填充和填充图像中被删除的区域(例如，使用“橡皮擦工具”擦除“背景”图层时，被擦除的区域会呈现出背景色)。一些特殊滤镜也需要使用前景色和背景色，例如“纤维”滤镜和“云彩”滤镜等，如图3-140所示。

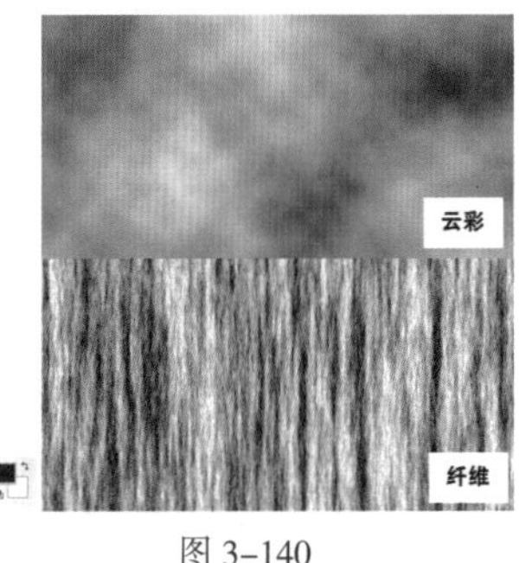

图 3-139　　图 3-140

重点 3.4.2 在“拾色器”中选取颜色

认识了前景色与背景色之后，可以尝试单击“前景色”或“背景色”色块，随即就会弹出“拾色器”。“拾色器”是Photoshop中最常用的颜色设置工具，不仅在设置前景色/背景色时要用到，很多颜色设置(如文字颜色、矢量图形颜色等)都需要使用它。以设置“前景色”为例，首先单击工具箱底部的“前景色”色块，弹出“拾色器(前景色)”窗口。拖动颜色滑块到相应的色相范围内，然后将光标放在左侧的“色域”中，单击即可选择颜色。设置完毕后单击“确定”按钮完成操作，如图3-141所示。如果想要设定精确数值的颜色，也可以在“颜色值”处输入数值。设置完毕后，前景色随之发生了变化，如图3-142所示。

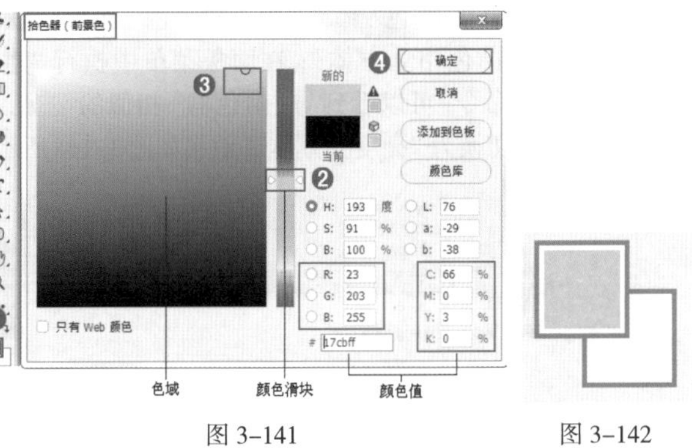

图 3-141　　图 3-142

如果出现“非Web安全色警告”图标，则表示当前所设置的颜色不能在网络上准确显示出来，如图3-143所示。单击警告图标下面的小色块，可以将颜色替换为与其最接近的Web安全色，如图3-144所示。

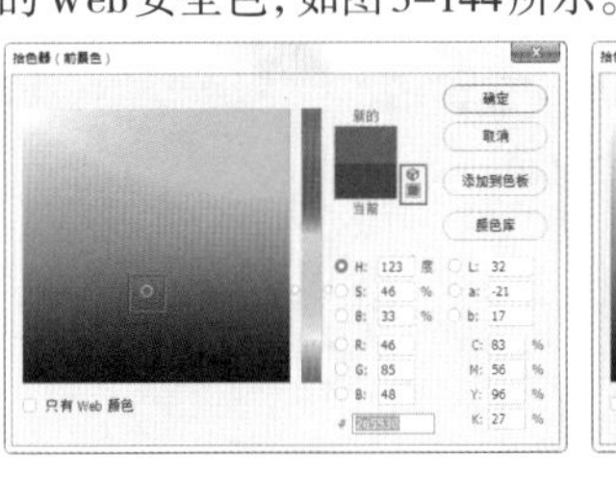

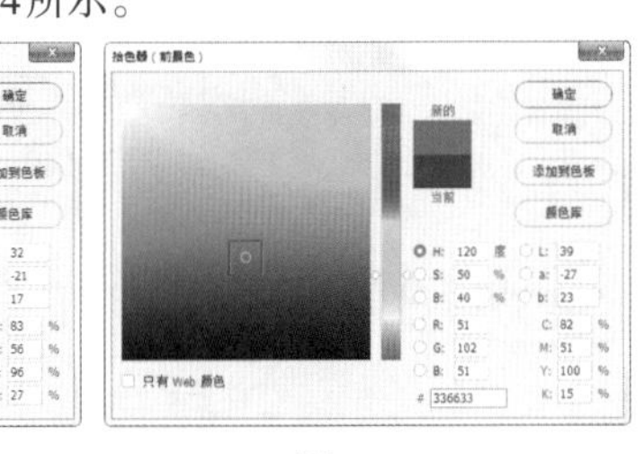

图 3-143　　图 3-144

重点 3.4.3 使用“Web安全色”

扫一扫，看视频

Web安全色是指在不同操作系统和不同浏览器中都能够正常显示的颜色。为什么在设计网页时需要使用安全色呢？这时由于网页需要在不同的操作系统下或在不同的显示器中浏览，而不同操作系统或浏览器的颜色会有一些细微的差别。确保制作出的网页颜色能够在所有的操作系统或显示器中显示相同的效果是非常重要的，这就需要我们在制作网页时使用“Web安全色”，如图3-145所示。

(1) 在“拾色器”窗口中选择颜色时，选中左下角的“只有Web颜色”复选框，可以看到色域中的颜色明显减少，此时选择的颜色皆为安全色，如图3-146所示。

Web安全色　非安全色

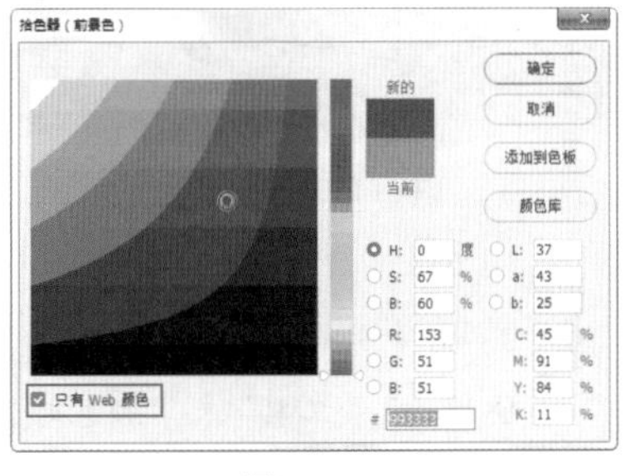

图 3-145　　图 3-146

(2) 执行“窗口>颜色”命令，打开“颜色”面板。默认情况下显示的是“色相立方体”；在面板菜单中执行“建立Web安全曲线”命令，可以看到与“拾色器”相似的情况，如图3–147所示。切换为“亮度立方体”，效果如图3–148所示。

图 3–147

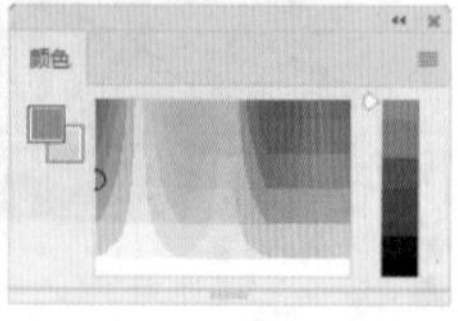

图 3–148

(3) 在“颜色”面板菜单中执行“Web颜色滑块”命令，“颜色”面板会自动切换为“Web颜色滑块”模式，并且可选颜色数量明显减少，如图3–149所示。

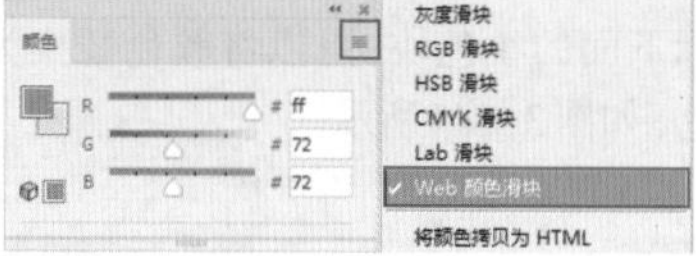

图 3–149

重点 3.4.4 吸管工具：选取画面中的颜色

扫一扫，看视频

“吸管工具” 可以用来吸取图像的颜色作为前景色或背景色。但是使用“吸管工具”只能吸取一种颜色，可以通过取样大小设置采集颜色的范围。

在工具箱中单击“吸管工具”按钮，在选项栏中设置“取样大小”为“取样点”，“样本”为“所有图层”，并勾选“显示取样环”复选框。然后使用“吸管工具”在图像中单击，此时拾取的颜色将作为前景色，如图3–150所示。按住Alt键，然后单击图像中的区域，此时拾取的颜色将作为背景色，如图3–151所示。

图 3–150　　图 3–151

提示：“吸管工具”使用技巧

使用“吸管工具”采集颜色时，按住鼠标左键并将光标拖曳出画布之外，可以采集Photoshop的界面和界面以外的颜色信息。

举一反三：从优秀作品中提取配色方案

配色在一个设计作品中的地位非常重要，这项技能是靠长期的经验积累，配合敏锐的视觉得到的。但是对于很多新手来说，自己搭配出的颜色总是不尽如人意，这时可以通过借鉴优秀设计作品的色彩进行色彩搭配。

(1) 打开一张图片，在这张图片中粉色系的色彩搭配很漂亮，可以从中拾取颜色进行借鉴。单击工具箱中的“吸管工具”按钮 ，在需要拾取颜色的位置单击，如图3–152所示。然后打开“色板”面板，将刚刚设置的前景色存储在“色板”面板中，如图3–153所示。

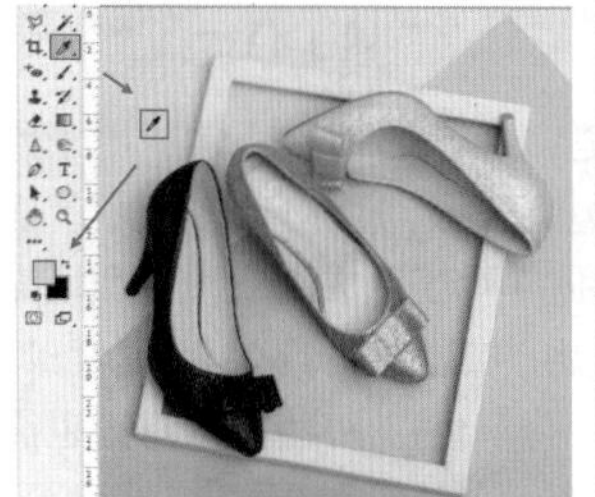

图 3–152

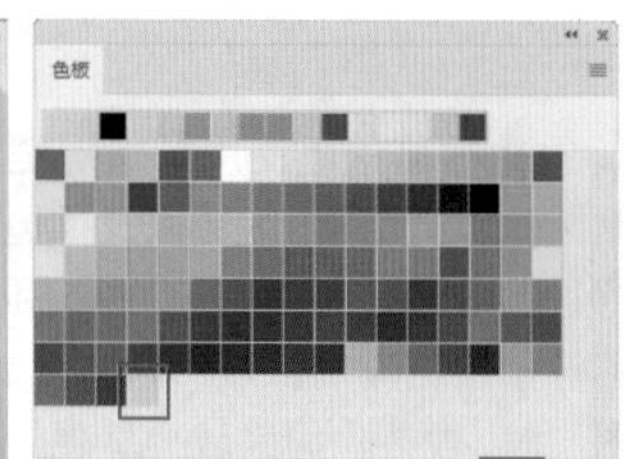

图 3–153

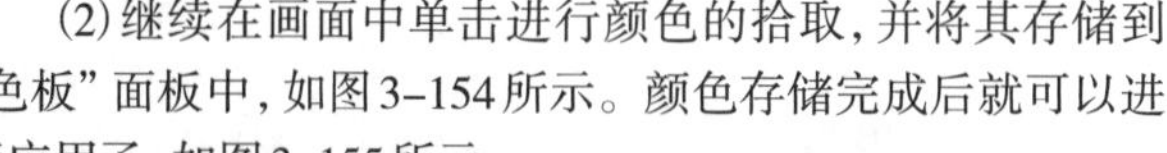

(2) 继续在画面中单击进行颜色的拾取，并将其存储到“色板”面板中，如图3–154所示。颜色存储完成后就可以进行应用了，如图3–155所示。

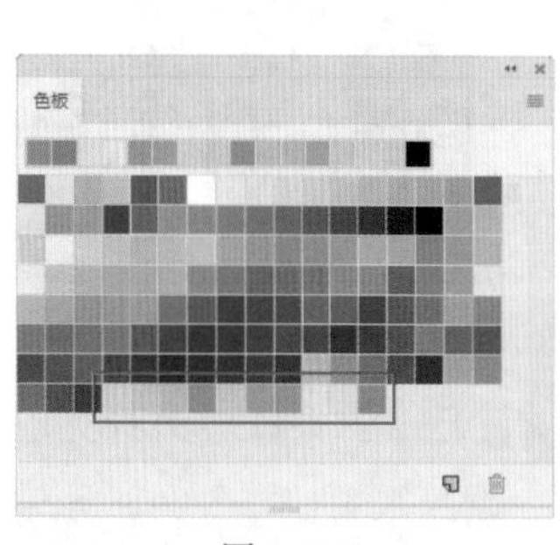

图 3–154

图 3–155

重点 3.4.5 快速填充前景色/背景色

扫一扫，看视频

前景色或背景色的填充经常会用到，所以我们通常使用快捷键进行操作。选择一个图层或者绘制一个选区，如图3–156所示；接着设置合适的前景色，按前景色填充快捷键Alt+Delete进行填充，效果如图3–157所示；然后设置合适的背景色，按背景色填充快捷键Ctrl+Delete进行填充，效果如图3–158所示。

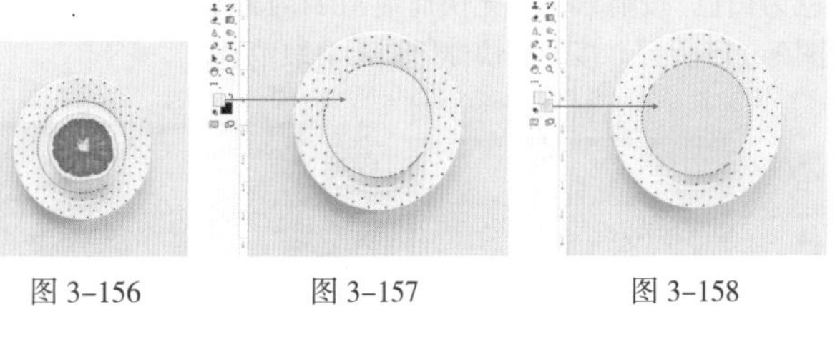

图 3-156　　图 3-157　　图 3-158

练习实例：填充合适的前景色制作运动广告

文件路径	资源包\第3章\填充合适的前景色制作运动广告
难易指数	★★★★★
技术掌握	填充前景色

扫一扫，看视频

案例效果

本例效果如3-159所示。

图 3-159

操作步骤

步骤 01 执行“文件>新建”命令，新建一个A4大小的空白文档。单击工具箱中的“前景色”色块，打开“拾色器(前景色)”窗口。在窗口中间的颜色带上选择黄色，接着在左侧的色域中单击中黄色，单击“确定”按钮完成设置，如图3-160所示。此时前景色被设置为中黄色，按下快捷键Alt+Delete为当前画面填充前景色，如图3-161所示。

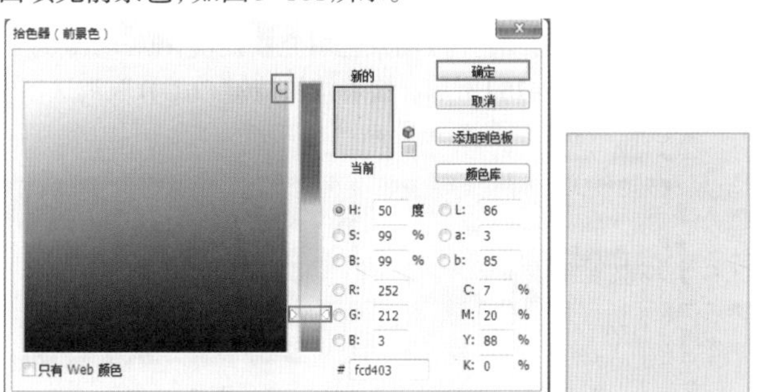

图 3-160　　图 3-161

步骤 02 执行“文件>置入嵌入对象”命令，置入素材1.jpg。接着将置入对象调整到合适的大小、位置，按Enter键完成置入操作。然后选中该图层，执行“图层>栅格化>智能对象”命令，将该图层栅格化，如图3-162所示。

步骤 03 单击工具箱中的“多边形套索工具”按钮，在画布左边缘单击确定起点，移动到右侧边缘单击，接着向下移动一些，再次在右侧边缘单击，回到左侧边缘单击，最后回到起点处单击，绘制出一个平行四边形选区，如图3-163所示。继续使用“多边形套索工具”，在选项栏中单击“添加到选区”按钮，在画布上绘制另外一个平行四边形选框，以及底部的选区，如图3-164所示。

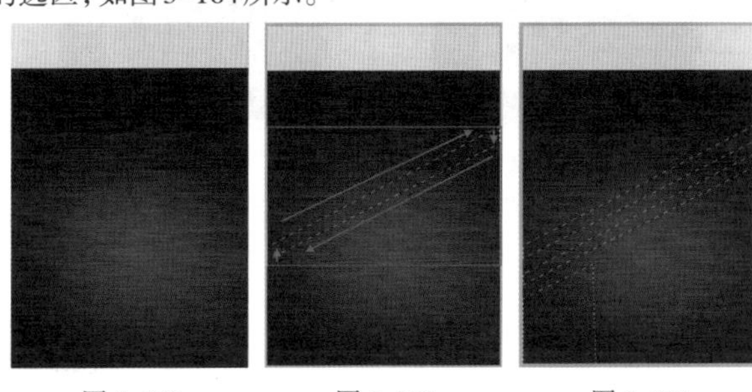

图 3-162　　图 3-163　　图 3-164

步骤 04 在“图层”面板中单击“创建新图层”按钮，创建一个新图层，如图3-165所示。选中新建的图层，按快捷键Alt+Delete填充之前设置好的前景色，随后按快捷键Ctrl+D取消选区，如图3-166所示。

图 3-165　　图 3-166

步骤 05 执行“文件>置入嵌入对象”命令，置入人像素材2.jpg，按Enter键确认。然后执行“图层>栅格化>智能对象”命令，将该图层栅格化，如图3-167所示。单击工具箱中的“多边形套索工具”按钮，在画布左上角绘制一个三角形选区，如图3-168所示。

图 3-167　　图 3-168

步骤 06 新建图层，为选区填充黄色，如图3-169所示。最后置入前景素材3.png，执行"图层>栅格化>智能对象"命令，最终效果如图3-170所示。

图3-169

图3-170

综合实例：商城折扣广告

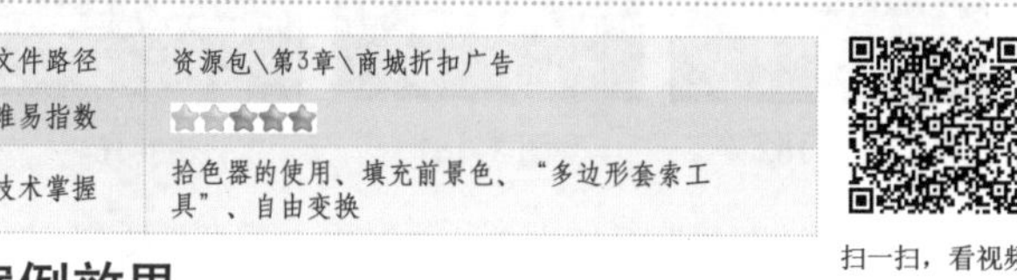

文件路径	资源包\第3章\商城折扣广告
难易指数	★★★★★
技术掌握	拾色器的使用、填充前景色、"多边形套索工具"、自由变换

扫一扫，看视频

案例效果

本例效果如图3-171所示。

图3-171

操作步骤

步骤 01 执行"文件>新建"命令，新建一个空白文档。单击工具箱底部的"前景色"色块，在弹出的"拾色器(前景色)"窗口中设置颜色为淡粉色，然后单击"确定"按钮，如图3-172所示。在"图层"面板中选择"背景"图层，按前景色填充快捷键Alt+Delete进行填充，效果如图3-173所示。

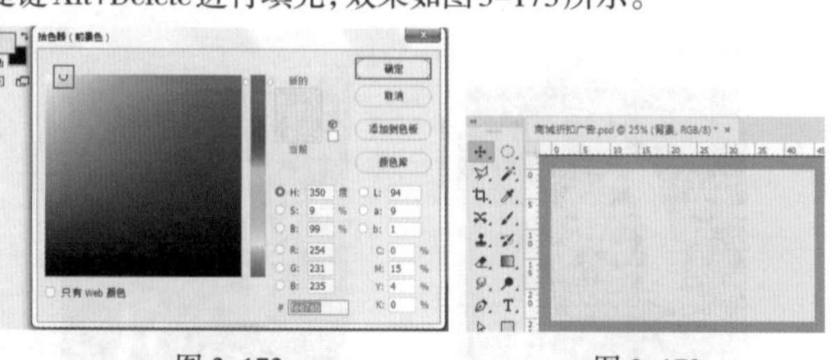

图3-172　图3-173

步骤 02 为画面制作背景图形。单击工具箱中的"多边形套索工具"按钮，在画面上方以多次单击的方式绘制一个不规则多边形选区，如图3-174所示。创建一个新图层，设置前景色为白色，按前景色填充快捷键Alt+Delete进行填充，效果如图3-175所示。接着按快捷键Ctrl+D取消选区。

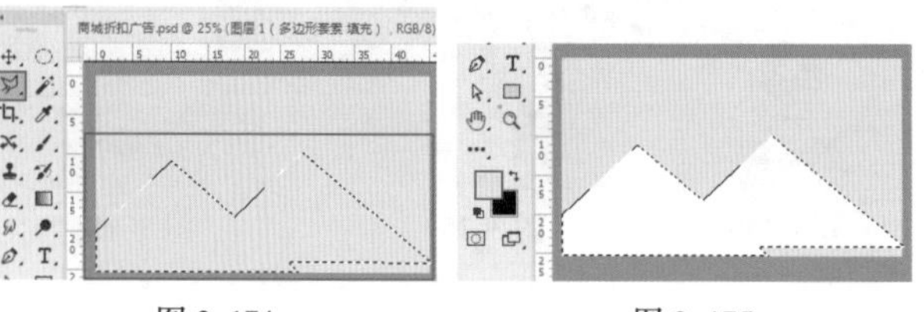

图3-174　图3-175

步骤 03 继续使用同样的方法绘制画面中另外两个粉色背景图形，如图3-176所示。

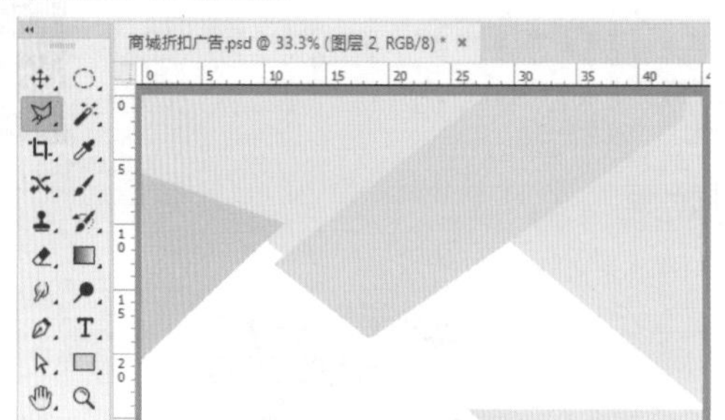

图3-176

步骤 04 制作立体图形。单击工具箱中的"多边形套索工具"，在画面中以多次单击的方式绘制一个不规则多边形选区，如图3-177所示。创建一个新图层，设置前景色为粉红色，按前景色填充快捷键Alt+Delete进行填充，效果如图3-178所示。

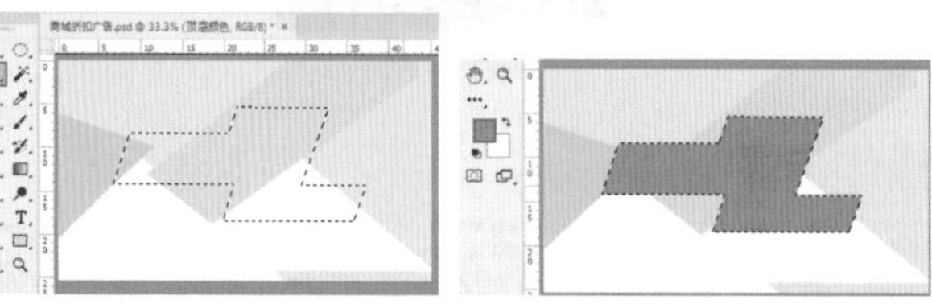

图3-177　图3-178

步骤 05 在保持选区不变的状态下，选中工具箱中的任意选框工具，在选项栏中单击"新选区"按钮，按住鼠标左键将选区向下拖动至合适的位置，如图3-179所示。创建一个新图层，设置前景色为红色，按前景色填充快捷键Alt+Delete进行填充，效果如图3-180所示。接着按快捷键Ctrl+D取消选区。

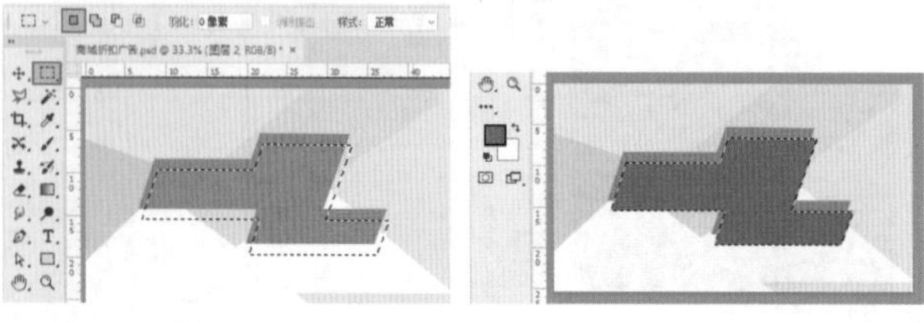

图3-179　图3-180

步骤 06 在"图层"面板中选中红色不规则多边形图层，将其移动至粉红色不规则多边形图层的下方，效果如图3-181所示。

图 3-181

步骤 07 制作厚度。单击工具箱中的“多边形套索工具”按钮，在选项栏中单击“添加到选区”按钮，然后在粉红色图形右侧绘制2个四边形选区，如图3-182所示。创建一个新图层，设置前景色为红色，按前景色填充快捷键Alt+Delete进行填充，效果如图3-183所示。接着按快捷键Ctrl+D取消选区。继续使用同样的方法绘制左侧厚度，如图3-184所示。

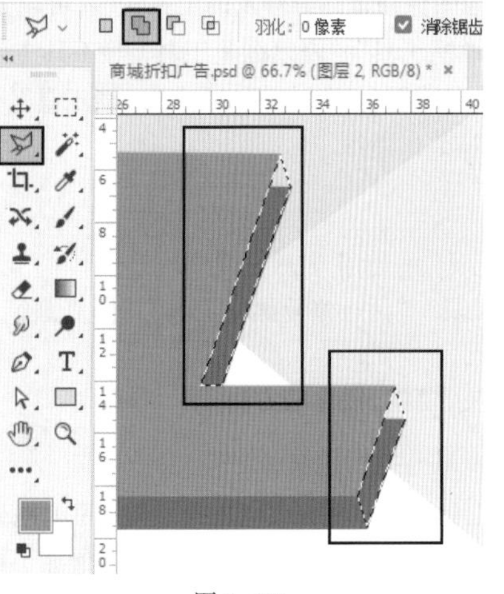

图 3-182

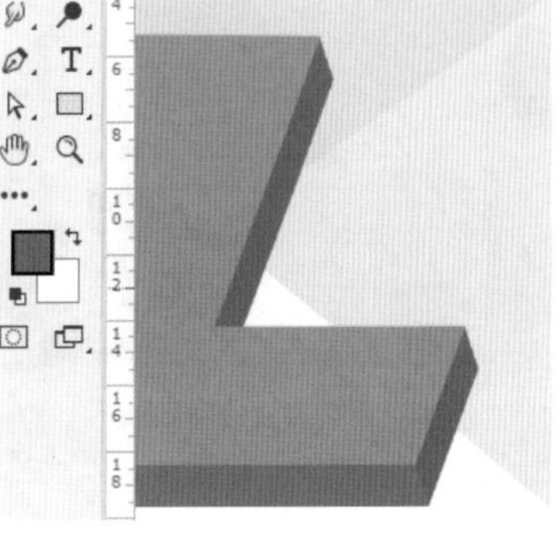

图 3-183

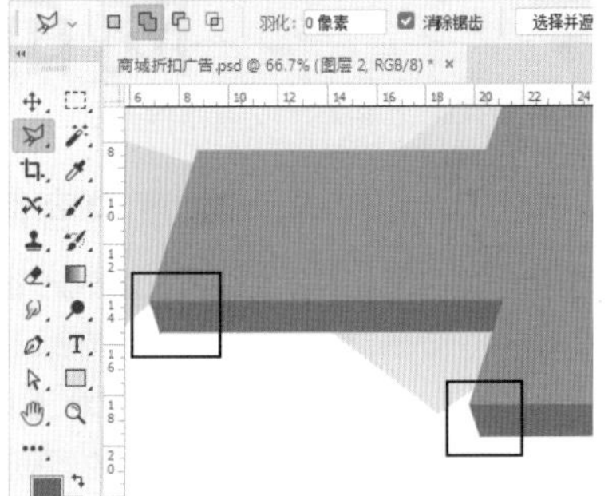

图 3-184

步骤 08 最后置入前景装饰素材1.png，摆放在合适位置上，完成本案例的制作，最终效果如图3-185所示。

图 3-185

读书笔记

Chapter 4

第4章

扫一扫，看视频

商品图片的瑕疵去除

本章内容简介：

本章内容主要为两大部分：数字绘画与图像修饰。数字绘画部分主要用到“画笔工具”“橡皮擦工具”以及“画笔设置”面板。而图像修饰部分涉及的工具较多，可以分为两大类：“仿制图章工具”“修补工具”“污点修复画笔工具”“修复画笔工具”等工具主要用于去除画面中的瑕疵，而“模糊工具”“锐化工具”“涂抹工具”“加深工具”“减淡工具”“海绵工具”则用于图像局部的模糊、锐化、加深、减淡等美化操作。

重点知识掌握：

- 熟练掌握“画笔工具”和“橡皮擦工具”的使用方法
- 熟练掌握“仿制图章工具”“修补工具”“污点修复画笔工具”“修复画笔工具”的使用方法
- 熟练掌握对画面局部进行加深、减淡、模糊、锐化的方法

通过本章学习，我能做什么？

通过本章的学习，我们可以对产品照片中不美观的瑕疵进行去除，简单地处理图片中局部明暗不合理的地方，并且能够对画面进行模糊以及锐化。例如，去除地面上的杂物或者不应入镜的人物，去除人物面部的斑斑痘痘、皱纹、眼袋、杂乱发丝、服装上多余的褶皱等；还可以对照片局部的明暗以及虚实程度进行调整，以实现突出强化主体物，弱化环境背景的目的。

4.1 在网店版面中绘画

Photoshop提供了非常强大的绘制工具以及方便的擦除工具，这些工具除了在数字绘画中能够用到，在产品照片处理或者网页版面的编排中也都有重要的用途。

重点 4.1.1 动手练：画笔工具

扫一扫，看视频

当我们想要在画面中画点什么的时候，首先想到的肯定就是要找一支“画笔”。在Photoshop的工具箱中看一下，果然有一个毛笔形状的图标 ——“画笔工具”。“画笔工具”是以“前景色”作为“颜料”在画面中进行绘制的。绘制的方法也很简单，如果在画面中单击，能够绘制出一个圆点(因为默认情况下的“画笔工具”笔尖为圆形)，如图4–1所示。在画面中按住鼠标左键拖动，即可轻松绘制出线条，如图4–2所示。

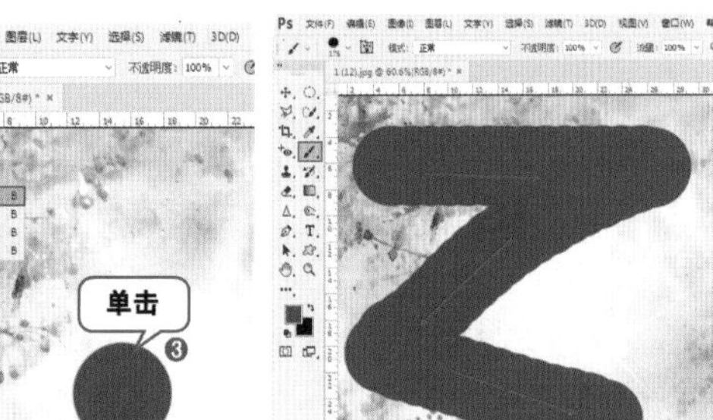

图 4–1　　图 4–2

单击 按钮，打开“画笔预设”选取器，如图4–3所示。在“画笔预设”选取器中包括多组画笔，展开其中某一个画笔组，然后单击选择一种合适的笔尖，并通过拖动滑块设置画笔的大小和硬度。使用过的画笔笔尖也会显示在“画笔预设”选取器中。

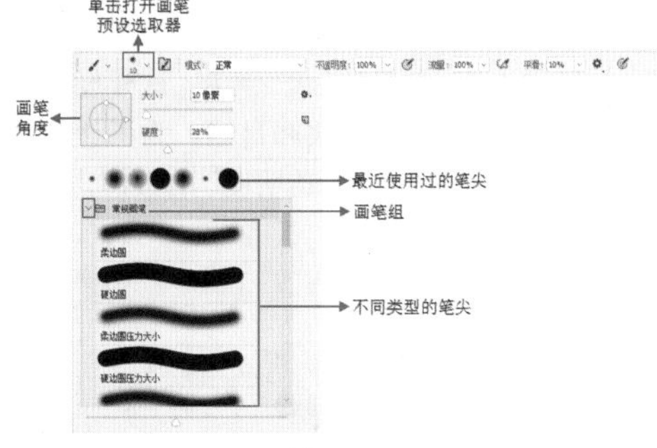

图 4–3

- 角度/圆度：画笔的角度是指画笔的长轴在水平方向旋转的角度，如图4–4所示。圆度是指画笔在Z轴(垂直于画面，向屏幕内外延伸的轴向)上的旋转效果，如图4–5所示。

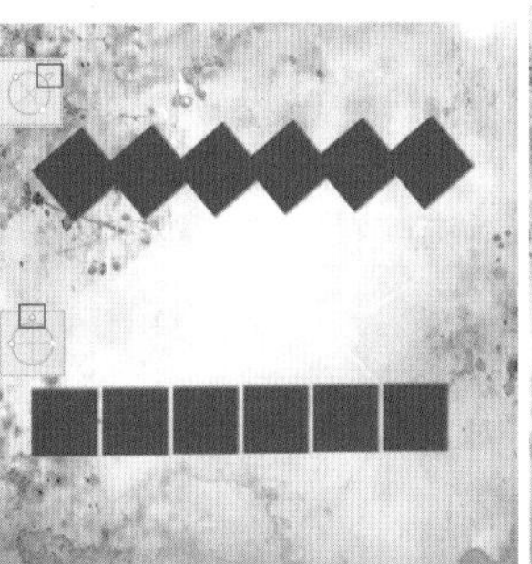

图 4–4

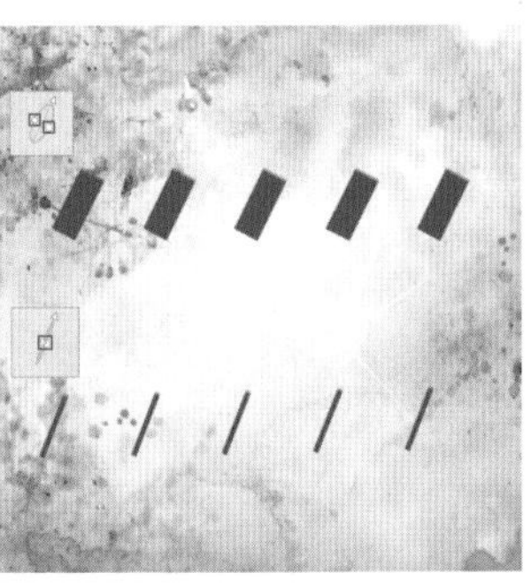

图 4–5

- 大小：通过输入数值或者拖动滑块可以调整画笔笔尖的大小。在英文输入法状态下，可以按【键和】键来减小或增大画笔笔尖的大小，如图4–6和图4–7所示。

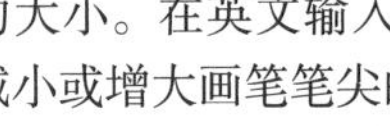

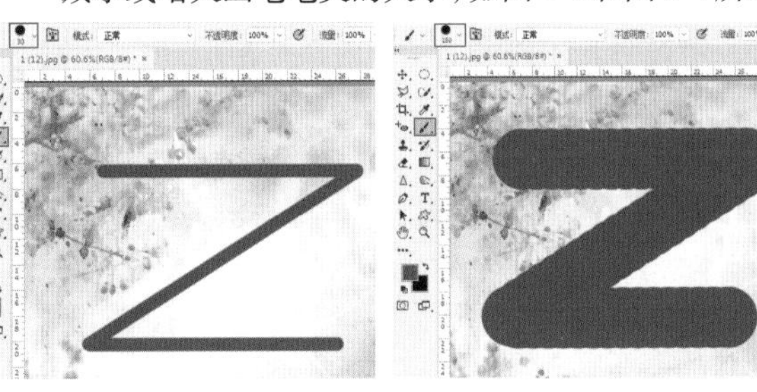

图 4–6

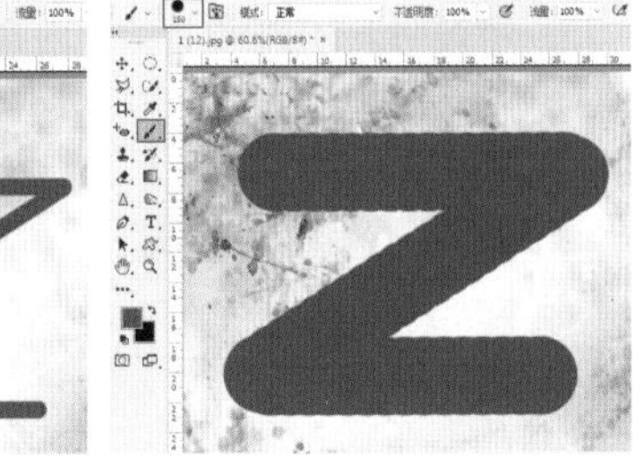

图 4–7

- 硬度：当使用圆形的画笔时硬度数值可以调整。数值越大画笔边缘越清晰，数值越小画笔边缘越模糊，如图4–8、图4–9和图4–10所示。

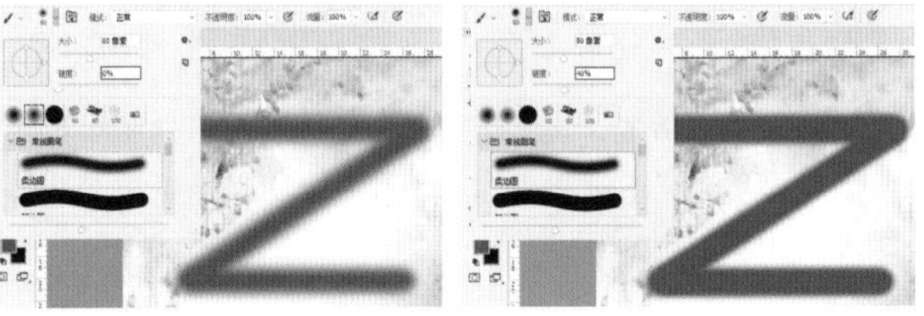

图 4–8　　图 4–9

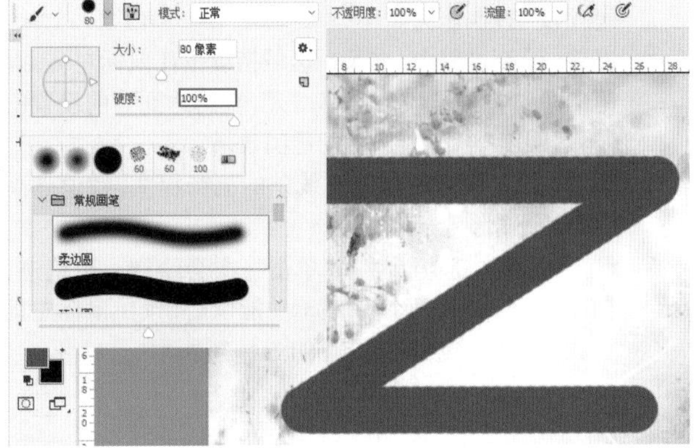

图 4–10

- 模式：与图层模式相似，该选项用于设置绘制出的内容与图层内容的混合效果，如图4-11和图4-12所示。

图 4-11

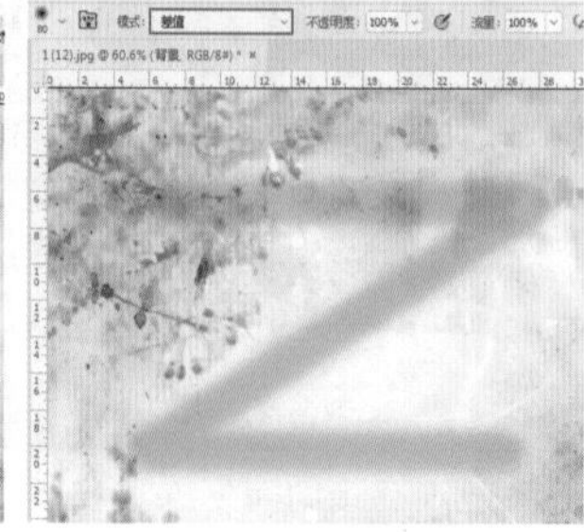

图 4-12

- "画笔设置"面板：单击该按钮，即可打开"画笔设置"面板。
- 不透明度：用于设置绘制内容的透明程度。数值越大，笔迹越清晰，如图4-13所示；数值越小，笔迹越透明，如图4-14所示。

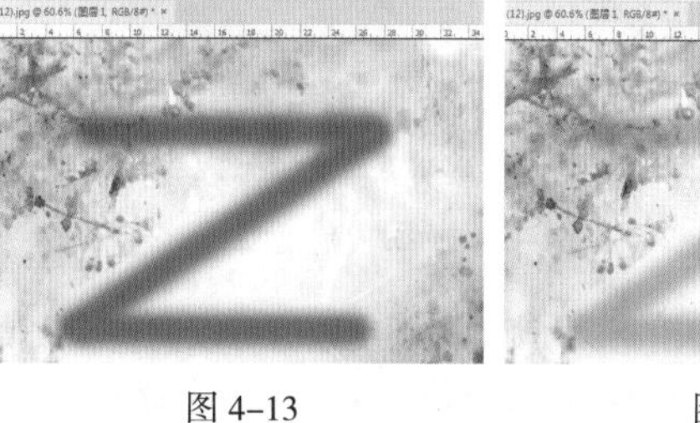

图 4-13

图 4-14

提示：设置画笔"不透明度"的快捷键

在使用"画笔工具"绘画时，可以按数字键0~9来快速调整画笔的"不透明度"，数字1代表10%……数值9代表90%，0代表100%。

- ：在使用带有压感的手绘板时，启用该功能则可以对"不透明度"应用"压力"。在关闭该功能时，由"画笔预设"控制压力。
- 流量：绘制过程中，在某一区域持续按住鼠标左键，画笔出色量将根据流动速率增大，直至达到当前设置的"不透明度"数值所产生的透明效果。
- 平滑：用于设置所绘制的线条的流畅程度，数值越高线条越平滑。
- ：关闭喷枪功能时，每单击一次会绘制一个笔迹，如图4-15所示；而启用喷枪功能以后，按住鼠标左键不放，即可持续绘制笔迹，如图4-16所示。

图 4-15

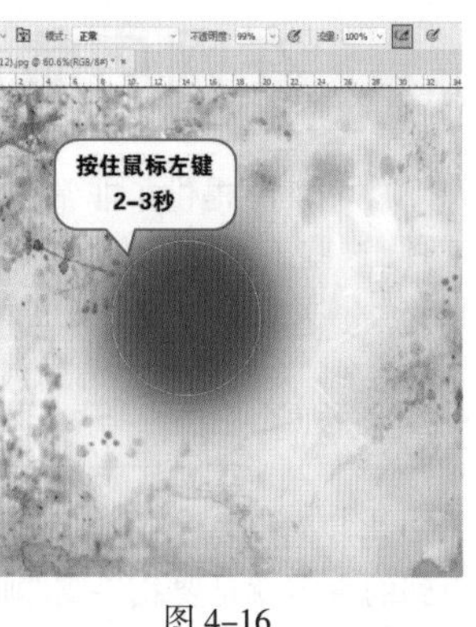

图 4-16

- ：在使用带有压感的手绘板时，启用该功能则可以对"大小"应用"压力"。在关闭该功能时，由"画笔预设"控制压力。

提示：使用"画笔工具"时，画笔的光标不见了，怎么办

在使用"画笔工具"绘画时，如果不小心按下了键盘上的Caps Lock大写锁定键，画笔光标就会由圆形○（或者其他画笔的形状）变为无论怎么调整大小都没有变化的"十字星"-¦-。这时只需要再按一下键盘上的Caps Lock大写锁定键，即可恢复成可以调整大小的带有图形的画笔效果。

举一反三：使用"画笔工具"为画面增添朦胧感

"画笔工具"的操作非常灵活，经常用来进行润色、修饰画面细节，以及为画面添加暗角效果等。

（1）打开一张素材图片，准备使用"画笔工具"对其进行润色。首先按I键，切换到"吸管工具"，在浅色花朵的位置单击拾取颜色。选择工具箱中的"画笔工具"，接着在选项栏中设置较大的笔尖大小，设置"硬度"为0。这样设置笔尖的边缘为柔角，绘制出的效果才能柔和自然。为了让绘制出的效果更加朦胧，可以适当降低"不透明度"的数值，如图4-17和图4-18所示。

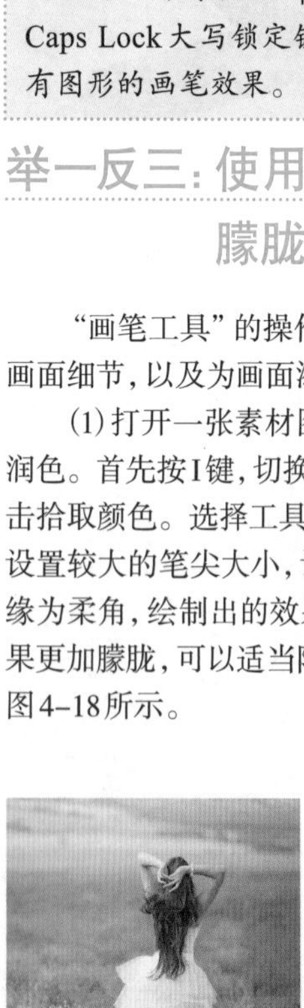

图 4-17

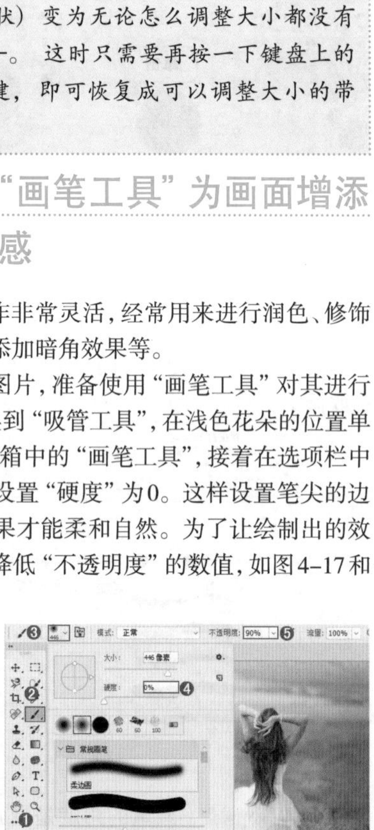

图 4-18

(2) 接着在画面中按住鼠标左键拖曳进行绘制，先绘制画面中的4个角点，然后利用柔角画笔的虚边在画面边缘进行绘制，效果如图4-19所示。最后可以为画面添加一些艺术字元素作为装饰，最终效果如图4-20所示。

图 4-19

图 4-20

练习实例：使用“画笔工具”绘制阴影增强画面真实感

扫一扫，看视频

文件路径	资源包\第4章\使用“画笔工具”绘制阴影增强画面真实感
难易指数	★★★★★
技术掌握	画笔工具

案例效果

本例处理前后的对比效果如图4-21和图4-22所示。

图 4-21　　图 4-22

操作步骤

步骤 01 执行“文件>打开”命令，打开素材1.jpg，如图4-23所示。执行“文件>置入嵌入对象”命令，置入香水素材2.png，并调整到合适位置、大小，按Enter键确认。然后执行“图层>栅格化>智能对象”命令，将该图层栅格化，如图4-24所示。

图 4-23　　图 4-24

步骤 02 作为合成作品，光影关系影响着整个画面效果，此时商品下面没有阴影，所以显得有些不够真实。接下来为商品添加阴影，以便画面效果真实、自然。在“图层”面板中选择“背景”图层，然后单击“新建图层”按钮，在“背景”图层上方新建一个图层，如图4-25所示。选择工具箱中的“画笔工具”，打开选项栏中的“画笔预设”选取器，在“常规画笔”组中选择“柔边圆”画笔；然后设置“大小”为80像素；阴影通常是半透明的，所以设置“不透明度”为80%；接着设置合适的前景色，因为木板的颜色为黄色调，阴影应该具有相同的色彩倾向，所以设置前景色为深褐色，如图4-26所示。

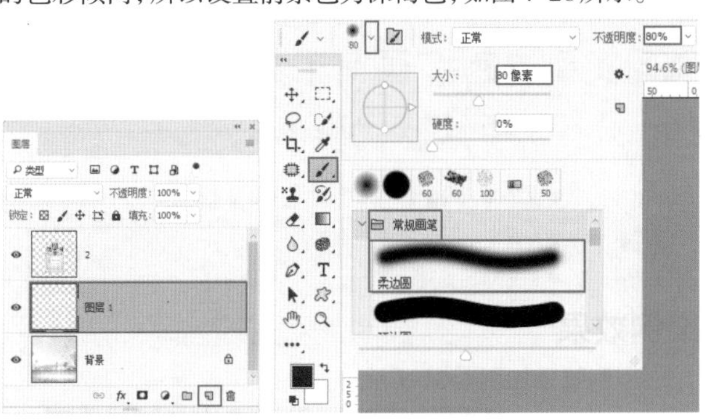

图 4-25　　图 4-26

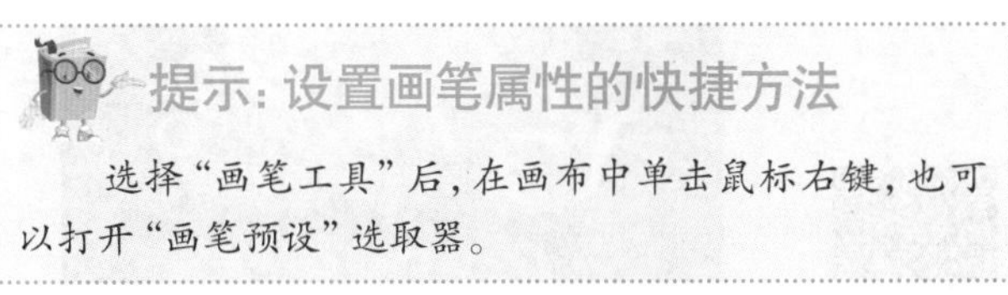

提示：设置画笔属性的快捷方法

选择“画笔工具”后，在画布中单击鼠标右键，也可以打开“画笔预设”选取器。

步骤 03 设置完成后将光标移动到商品的下方，按住鼠标左键拖动进行涂抹，利用柔边缘画笔的边缘绘制出阴影的效果，如图4-27所示。为了让阴影更有层次感，再次新建图层，然后将笔尖调小一些，在更靠近商品的位置涂抹，如图4-28所示。

图 4-27　　图 4-28

步骤 04 如果此时阴影效果比较深，显得生硬，那么可以按住Ctrl单击加选两个图层，然后降低图层的不透明度，如图4-29所示。最终效果如图4-30所示。

图4-29　　图4-30

练习实例：使用"画笔工具"绘制手绘感优惠券

文件路径	资源包\第4章\使用"画笔工具"绘制手绘感优惠券
难易指数	★★★★★
技术掌握	画笔工具

案例效果

本例效果如图4-31所示。

扫一扫，看视频

图4-31

操作步骤

步骤 01 执行"文件>新建"命令，创建一个空白文档，如图4-32所示。

图4-32

步骤 02 为背景填充颜色。单击工具箱底部的"前景色"按钮，在弹出的"拾色器(前景色)"窗口中设置颜色为暗调的灰红色，然后单击"确定"按钮，如图4-33所示。在"图层"面板中选择"背景"图层，按前景色填充快捷键Alt+Delete进行填充，效果如图4-34所示。

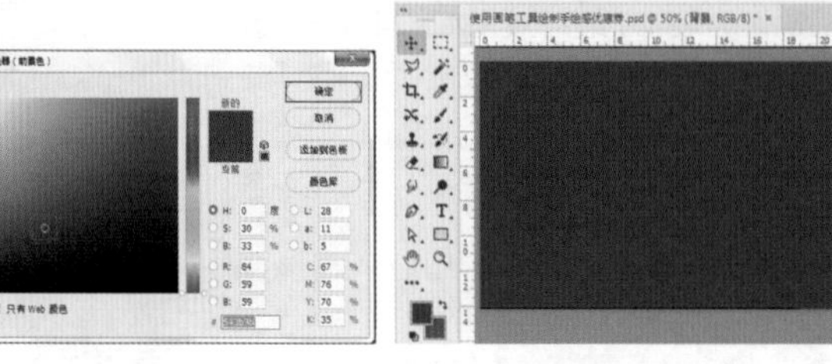

图4-33　　图4-34

步骤 03 创建一个新图层。选择工具箱中的"画笔工具"，在选项栏中单击按钮，在弹出的"画笔设置"面板中选择"雨滴散布"画笔，设置"大小"为124像素，"间距"为1%，如图4-35所示。在工具箱底部设置前景色为黄色，选择新建的空白图层，在画面中按住鼠标左键拖动进行绘制，如图4-36所示。继续在画面中合适的位置进行绘制，效果如图4-37所示。

步骤 04 执行"文件>置入嵌入对象"命令，置入素材1.png。将文字摆放在合适位置上，并适当进行变换操作，将其调整到合适大小。最终效果如图4-38所示。

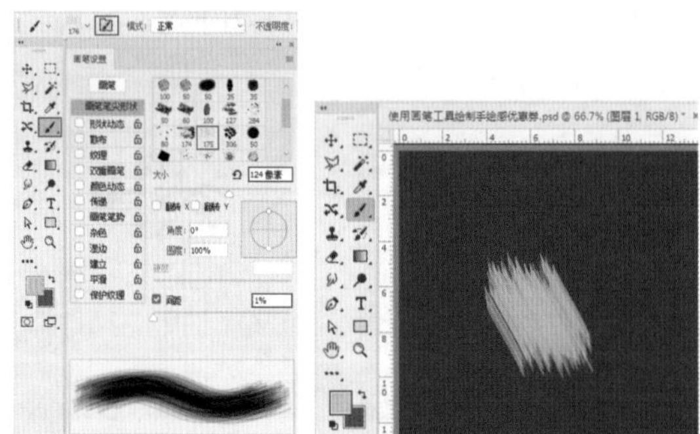

图4-35　　图4-36

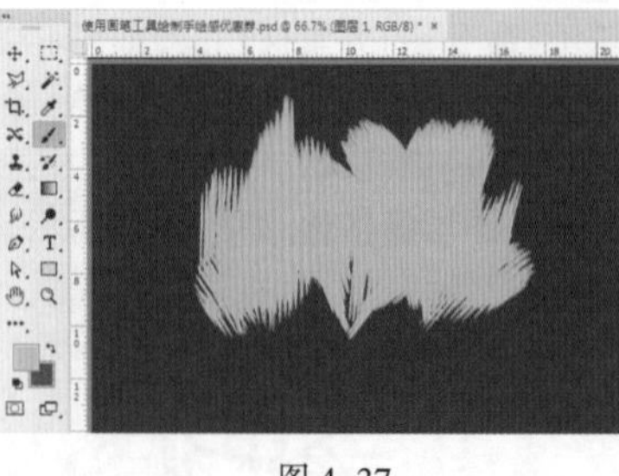

图4-37　　图4-38

重点 4.1.2　橡皮擦工具

扫一扫，看视频

既然Photoshop中有"画笔"可供绘画，那么有没有用来擦除的工具呢？当然有！Photoshop

中有3种用来擦除的工具:"橡皮擦工具""魔术橡皮擦"和"背景橡皮擦"。"橡皮擦工具"是最基础也是最常用的擦除工具,直接在画面中按住鼠标左键拖动就可以擦除对象。而"魔术橡皮擦工具"和"背景橡皮擦工具"则是基于画面中颜色的差异,擦除特定区域范围内的图像。这两个工具常用于"抠图",将在后面的章节讲解。

"橡皮擦工具"位于橡皮擦工具组中。右击橡皮擦工具组按钮,在弹出的工具组中选择"橡皮擦工具"。接着选择一个普通图层,在画面中按住鼠标左键拖动,可以看到光标经过的位置像素被擦除了,如图4-39所示。若选择了"背景"图层,使用"橡皮擦工具"进行擦除,则擦除的像素将变成背景色,如图4-40所示。

图 4-39

图 4-40

- 模式:设置橡皮擦模式为"画笔"时,可以得到柔边擦除效果;设置为"铅笔"时,擦除边缘非常生硬;设置为"块"时,擦除的效果为块状,如图4-41所示。
- 不透明度:用于擦除区域的透明效果,数值越大擦除效果越透明。图4-42所示为设置不同"不透明度"数值的对比效果。
- 流量:流量选项用于控制"橡皮擦工具"的擦除速率。图4-43所示为设置不同"流量"的对比效果。

图 4-41

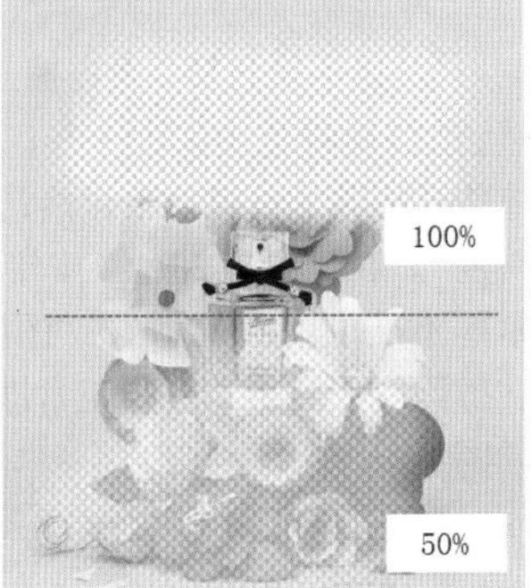

图 4-42

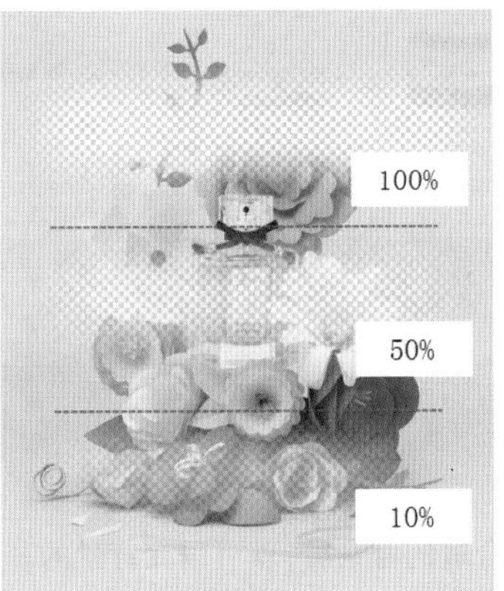

图 4-43

- 平滑:用于设置擦除时线条的流畅程度,数值越高线条越平滑。
- 抹到历史记录:选中该复选框后,"橡皮擦工具"的作用相当于"历史记录画笔工具"。

举一反三:巧用"橡皮擦工具"融合两幅图像制作背景图

通常情况下,通栏广告都是比较宽的,而适用于宽页面的背景图片并不是很多。如果找不到合适的背景就需要自己制作,而通过"橡皮擦工具"融合两幅图像,制作出特殊比例的背景图则是一种不错的方式。

(1)首先打开素材,按住Alt键双击"背景"图层,将其转换为普通图层。接着根据图片的大小将画板进行适当放大,置入另外一张风景素材图片。别忘记栅格化图层,并且这两

张图片之间要有一定的重叠区域，否则擦除交界处时很可能会出现漏出透明背景的情况，如图4-44所示。

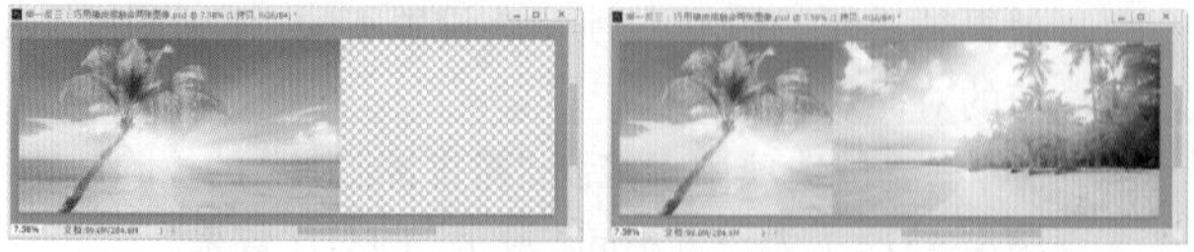

图 4-44

(2) 接下来选择“橡皮擦工具”。为了让合成效果显得自然，适当地将笔尖调大一些；“硬度”一定要设置为0%，这样才能让擦除的过渡效果自然；此外，还可以适当地降低“不透明度”。在风景素材边缘按住鼠标左键拖曳进行擦除。如果拿捏不准位置，可以先在“图层”面板中适当降低不透明度，在擦除完成后再调整为正常即可，如图4-45所示。合成效果如图4-46所示。

图 4-45

图 4-46

(3) 得到合适的背景后，就可以在背景的基础上添加广告主体元素了，效果如图4-47所示。

图 4-47

练习实例：使用“画笔工具”与“橡皮擦工具”制作优惠券

文件路径	资源包\第4章\使用“画笔工具”与“橡皮擦工具”制作优惠券
难易指数	★★★★★
技术掌握	“画笔工具”“橡皮擦工具”

案例效果

本例效果如图4-48所示。

扫一扫，看视频

图 4-48

操作步骤

步骤 01 执行“文件>新建”命令，创建一个空白文档，如图4-49所示。

步骤 02 选择工具箱中的“画笔工具”，在选项栏中设置“模式”为正常，然后单击按钮，在弹出的“画笔设置”面板中选择“喷溅”画笔，设置“大小”为90像素，“间距”为1%，如图4-50所示。

图 4-49

图 4-50

步骤 03 新建一个空白图层。单击工具箱底部的“前景色”色块，在弹出的“拾色器(前景色)”窗口中设置颜色为红色，然后单击“确定”按钮，如图4-51所示。接着在画面中合适的位置按住Shift键的同时按住鼠标左键向下拖动，绘制一条直线笔触，如图4-52所示。继续使用同样的方法将其他3条直线笔触绘制出来，如图4-53所示。

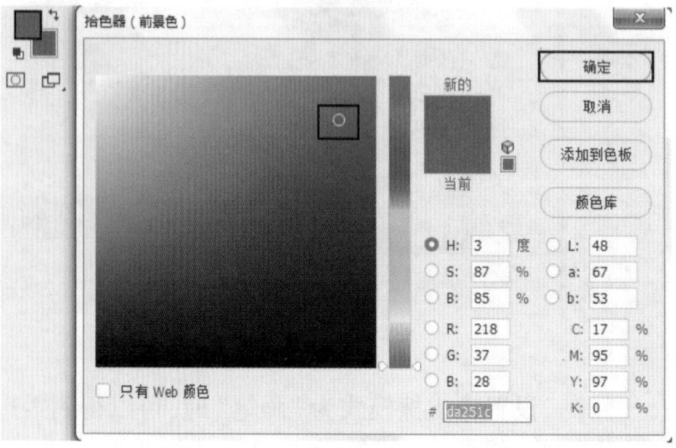

图 4-51

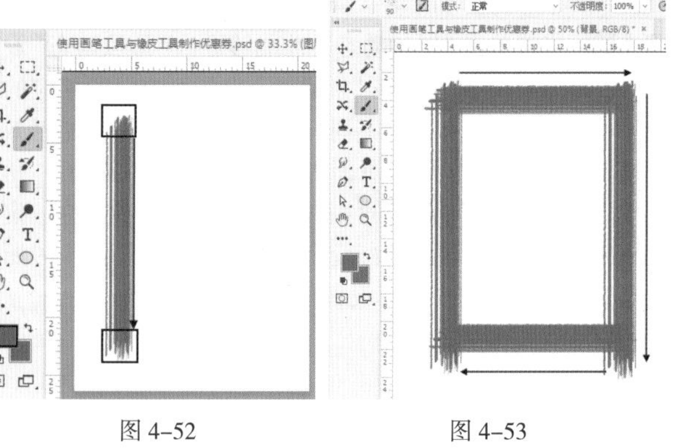

图 4-52　　图 4-53

步骤 04 单击工具箱中的“横排文字工具”按钮，在选项栏中设置合适的字体、字号，文字颜色设置为黑色。设置完毕后在画面中间位置单击鼠标，确定文字输入的起始点。输入文字，然后按快捷键Ctrl+Enter，效果如图4-54所示。在“图层”面板中选中数字图层，单击鼠标右键，在弹出的快捷菜单中执行“栅格化文字”命令，使文字图层转变为普通图层，如图4-55所示。

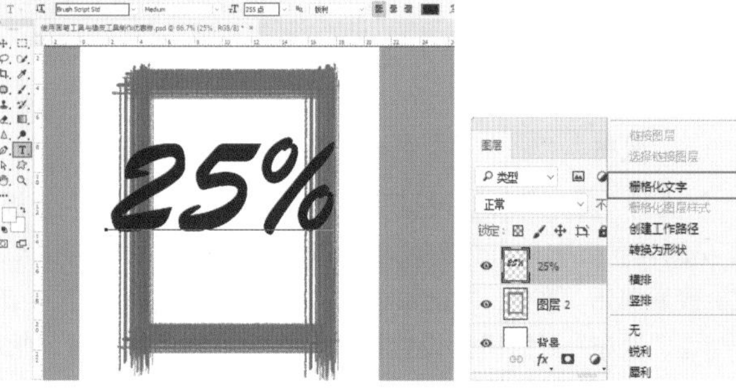

图 4-54　　图 4-55

步骤 05 为数字制作效果。选择工具箱中的“橡皮擦工具”，在选项栏中设置“模式”为“画笔”，“不透明度”为100%，然后单击按钮，在弹出的“画笔设置”面板中选择“喷溅”画笔，设置“大小”为40像素，“间距”为25%，如图4-56所示。设置完成后，在数字“2”的下方按住鼠标左键向右上方拖动，擦除部分黑色区域，如图4-57所示。

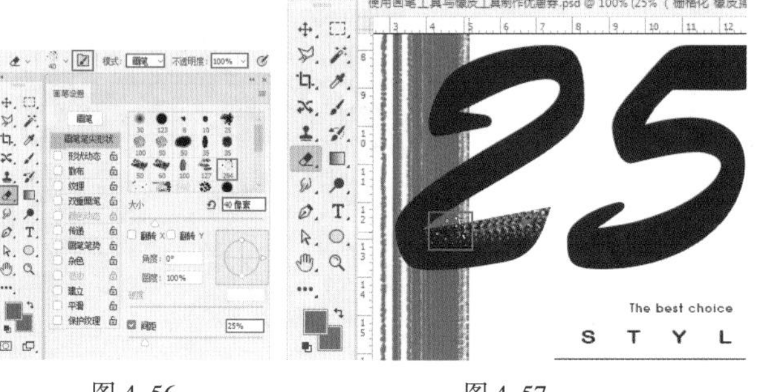

图 4-56　　图 4-57

步骤 06 继续使用同样的方法将数字中需要擦除的部位擦除，如图4-58所示。

步骤 07 执行“文件>置入嵌入对象”命令，置入素材1.png，将其摆放在合适位置上，最终效果如图4-59所示。

图 4-58　　图 4-59

4.1.3 “画笔设置”面板：设置各种不同的笔触效果

扫一扫，看视频

画笔除了可以绘制出单色的线条外，还可以绘制出虚线、同时具有多种颜色的线条、带有图案叠加效果的线条、分散的笔触、透明度不均的笔触，如图4-60所示。想要绘制出这些效果，都需要借助于“画笔设置”面板。“画笔设置”面板并不是只针对“画笔工具”属性的设置，它适用于大部分以画笔模式进行操作的工具，如“画笔工具”“铅笔工具”“仿制图章工具”“历史记录画笔工具”“橡皮擦工具”“加深工具”和“模糊工具”等。图4-61和图4-62所示为使用画板并配合“画笔设置”面板制作的作品。

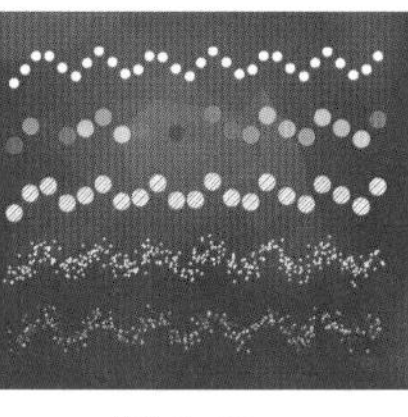

图 4-60　　图 4-61　　图 4-62

在“画笔预设”选取器中可以设置笔尖样式、画笔大小、角度以及硬度，但是各种绘制类工具的笔触形态属性可不仅仅是这些。执行“窗口>画笔设置”命令(快捷键为F5)，打开“画笔设置”面板，在其中可以看到非常多的参数设置，最底部显示了当前笔尖样式的预览效果。此时默认显示的是“画笔笔尖形状”页面，如图4-63所示。

在该面板左侧列表框中还可以启用画笔的其他各种属性，如形状动态、散布、纹理、双重画笔、颜色动态、传递、画笔笔势等。想要启用某种属性，需要在这些选项名称前单击，使之呈现出启用状态☑。接着单击选项的名称，即可进入该选项设置页面，如图4-64所示。

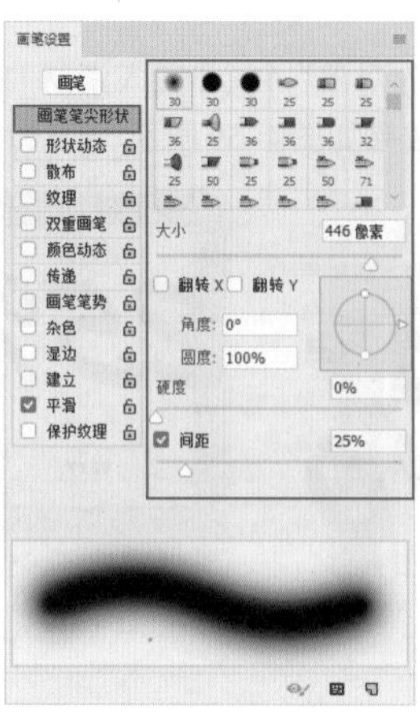

图 4-63 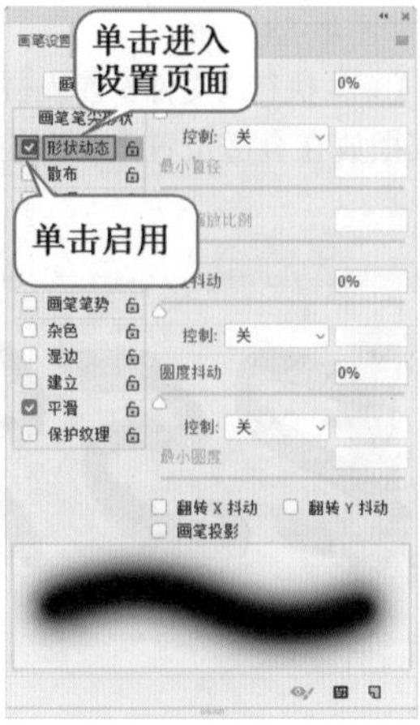　　图 4-64

提示：为什么“画笔设置”面板不可用

有的时候打开了“画笔设置”面板，却发现其中的参数都是“灰色的”，无法进行调整。这可能是因为当前所使用的工具无法通过“画笔设置”面板进行参数设置。而“画笔设置”面板又无法单独对画面进行操作，它必须通过“画笔工具”等绘制工具才能够实施操作。因此，想要使用“画笔设置”面板，首先需要选择“画笔工具”或者其他绘制工具。

1. 笔尖形状设置

默认情况下，“画笔设置”面板显示的是“画笔笔尖形状”设置页面。在此不仅可以对画笔的形状、大小、硬度这些常用的参数进行设置，还可以对画笔的角度、圆度以及间距进行设置。这些参数选项非常简单，随意调整数值，就可以在底部看到当前画笔的预览效果，如图4-65所示。通过设置当前页面的参数，可以制作如图4-66和图4-67所示的各种效果。

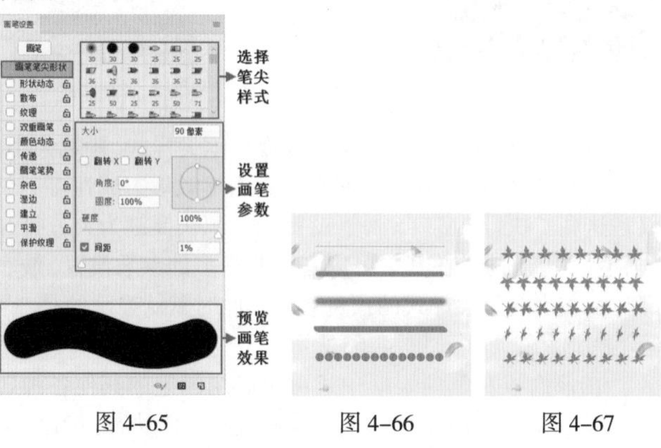

图 4-65　　图 4-66　　图 4-67

2. 形状动态

执行“窗口>画笔设置”命令，打开“画笔设置”面板。在左侧列表框中单击“形状动态”前面的方框，使之变为启用状态☑；接着单击“形状动态”，才能够进入“形状动态”设置页面，如图4-68所示。在“形状动态”页面中设置相应的参数，可以绘制出带有大小不同、角度不同、圆度不同笔触效果的线条。在“形状动态”页面中可以看到“大小抖动”“角度抖动”“圆度抖动”，此处的“抖动”就是指某项参数在一定范围内随机变换。数值越大，变化范围也就越大。图4-69所示为通过在当前页面中进行设置制作出的效果。

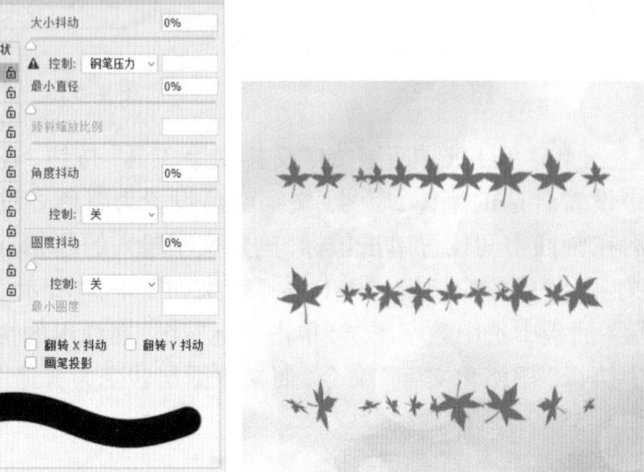

图 4-68　　图 4-69

3. 散布

执行“窗口>画笔设置”命令，打开“画笔设置”面板。在左侧列表框中单击“散步”前面的方框，使之变为启用状态☑；接着单击“散布”，才能够进入“散布”设置页面，如图4-70所示。“散布”页面用于设置描边中笔迹的数目和位置，使画笔笔迹沿着绘制的线条扩散。在“散布”页面中可以对散布的方式、数量和散布的随机性进行调整。数值越大，变化范围也就越大。在制作随机性很强的光斑、星光或树叶纷飞的效果时，“散布”属性是必须设置的，如图4-71所示是设置了“散布”属性制作的效果。

图 4-70 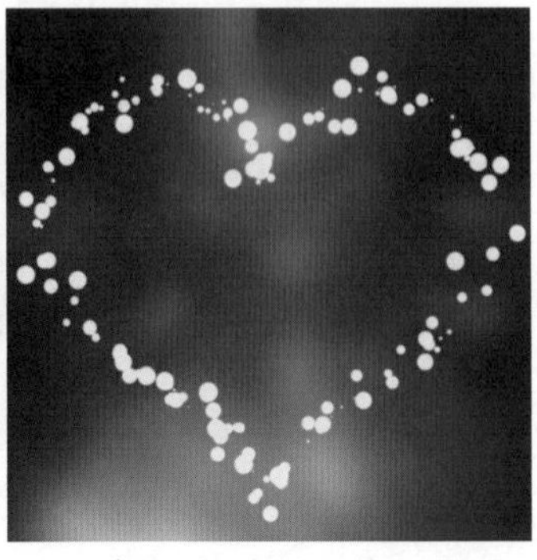　　图 4-71

4. 纹理

执行“窗口>画笔设置”命令，打开“画笔设置”面板。在左侧列表框中单击“纹理”前面的方框，使之变为启用状态☑；接着单击“纹理”，才能够进入“纹理”设置页面，如图4–72所示。“纹理”页面用于设置画笔笔触的纹理，使之可以绘制出带有纹理的笔触效果。在“纹理”页面中可以对图案的大小、亮度、对比度、混合模式等进行设置。图4–73所示为添加了不同纹理的笔触效果。

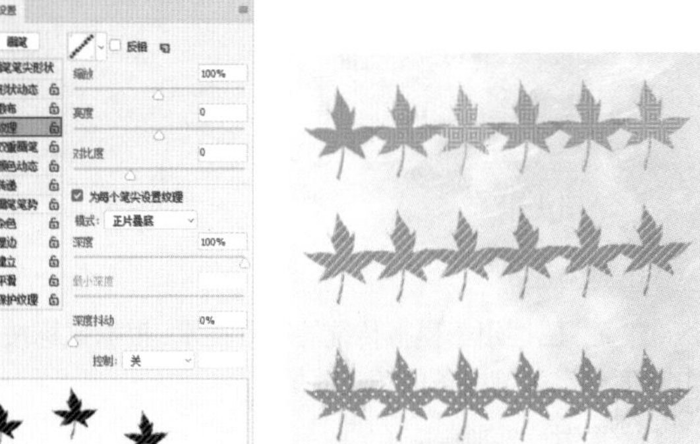

图4–72　　图4–73

5. 双重画笔

执行“窗口>画笔设置”命令，打开“画笔设置”面板。在左侧列表框中单击“双重画笔”前面的方框，使之变为启用状态☑；接着单击“双重画笔”，才能够进入“双重画笔”设置页面，如图4–74所示。在“双重画笔”页面中进行相应的参数设置，可以使绘制的线条呈现出两种画笔混合的效果。在对“双重画笔”底性进行设置前，需要先设置“画笔笔尖形状”主画笔属性，然后启用“双重画笔”属性。顶部的“模式”下拉列表框用于选择主画笔和双重画笔组合画笔笔迹时要使用的混合模式。接下来，在“双重画笔”页面中选择另外一个笔尖(即双重画笔)。其参数非常简单，大多与其他属性中的参数相同。图4–75所示为不同画笔的效果。

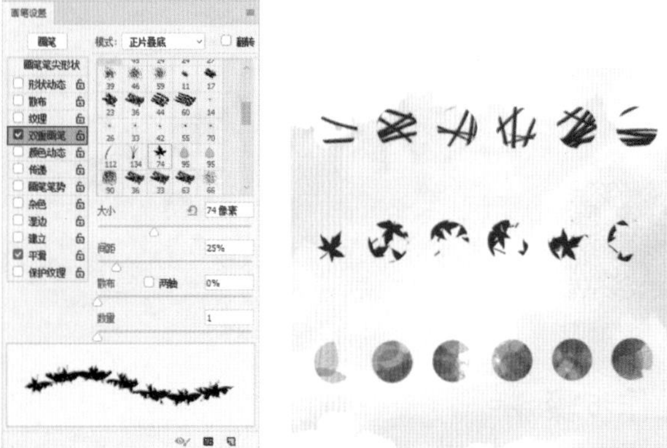

图4–74　　图4–75

6. 颜色动态

执行“窗口>画笔设置”命令，打开“画笔设置”面板。在左侧列表框中单击“颜色动态”前面的方框，使之变为启用状态☑；接着单击“颜色动态”，才能够进入“颜色动态”设置页面，如图4–76所示。“颜色动态”页面中进行相应的参数设置，可以绘制出颜色变化的效果。在设置“颜色动态”属性时，需要先设置合适的前景色与背景色，然后在“颜色动态”设置页面中进行其他参数选项的设置，如图4–77所示。

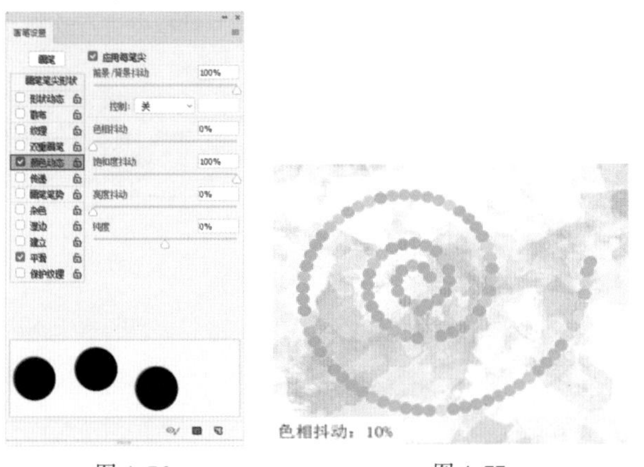

图4–76　　图4–77

7. 传递

执行“窗口>画笔设置”命令，打开“画笔设置”面板。在左侧列表框中单击“传递”前面的方框，使之变为启用状态☑；接着单击“传递”，才能够进入“传递”设置页面，如图4–78所示。在“传递”页面中可以设置笔触的不透明度、流量、湿度、混合等数值，用来控制油彩在描边路线中的变化方式。该属性常用于光效的制作。在绘制光效的时候，光斑通常带有一定的透明度，所以需要启用“传递”属性，进行相应参数的设置，以增加光斑透明度的变化，效果如图4–79所示。

图4–78　　图4–79

8. 画笔笔势

执行“窗口>画笔设置”命令，打开“画笔设置”面板。在左侧列表框中单击“画笔笔势”前面的方框，使之变为启用状态☑；接着单击“画笔笔势”，才能够进入“画笔笔势”设置页面。“画笔笔势”页面用于设置毛刷画笔笔尖、侵蚀画笔笔尖的角度。选择一个毛刷画笔，在窗口的左上角可以看到笔刷的缩览图，如图4-80所示。接着在“画笔设置”面板中启用“画笔笔势”属性，在其设置页面中进行相应参数的设置，如图4-81所示。设置完成后按住鼠标左键拖曳进行绘制，效果如图4-82所示。

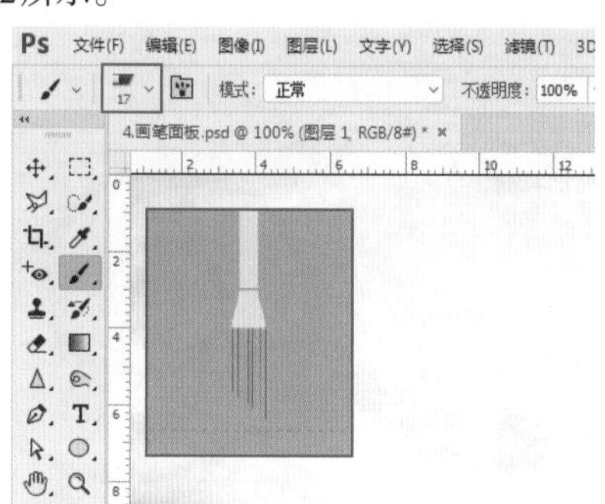
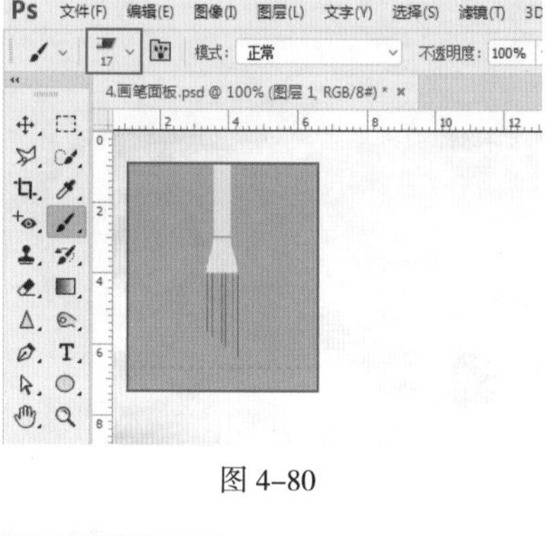
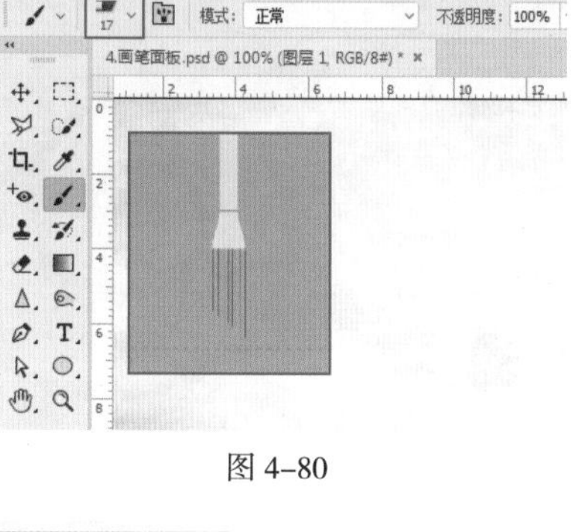

图4-80

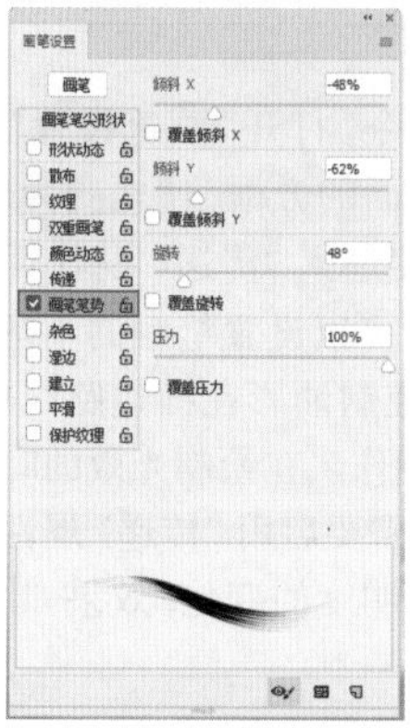

图4-81　　图4-82

9. 杂色

“杂色”属性用于为个别画笔笔尖增加额外的随机性。图4-83、图4-84所示分别是关闭与启用“杂色”属性时的笔迹效果。当使用柔边画笔时，该属性最能出效果。

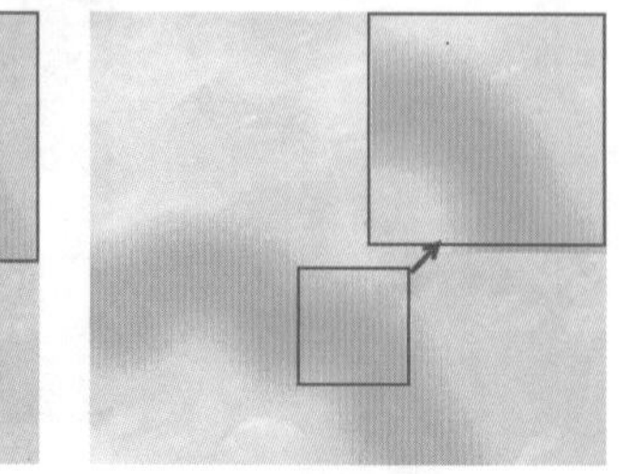
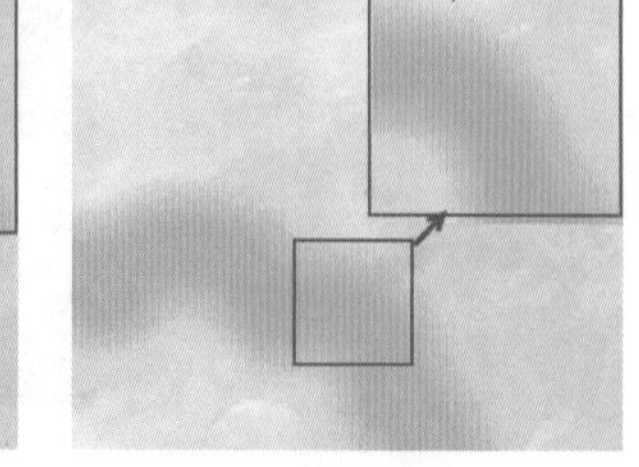

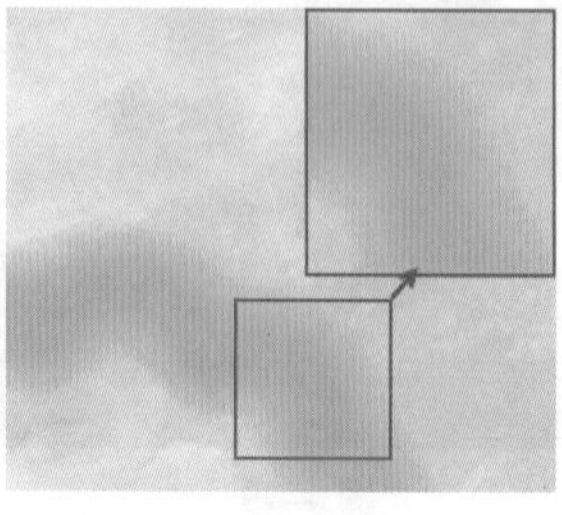

图4-83　　图4-84

10. 湿边

“湿边”属性用于沿画笔描边的边缘增大油彩量，从而创建出水彩效果。图4-85和图4-86所示分别是关闭与启用“湿边”属性时的笔迹效果。

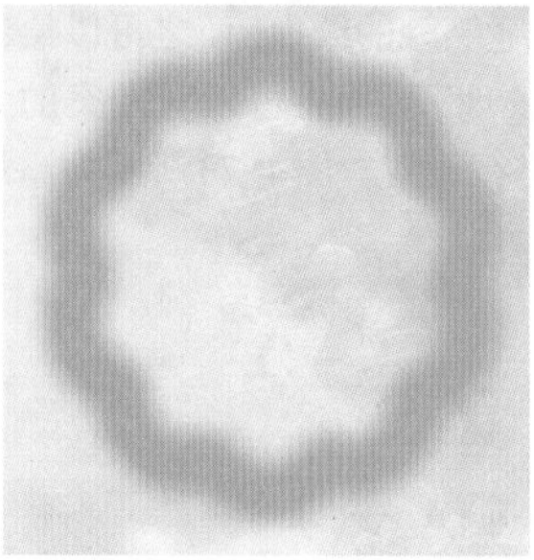

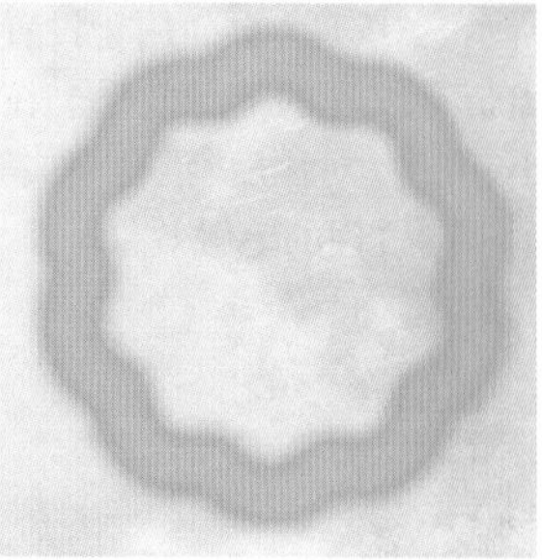

图4-85　　图4-86

11. 建立

“建立”属性用于模拟传统的喷枪技术，根据鼠标按键的单击程度确定画笔线条的填充数量。

12. 平滑

“平滑”属性用于在画笔描边中生成更加平滑的曲线。当使用压感笔进行快速绘画时，该属性最有效。

13. 保护纹理

“保护纹理”属性用于将相同图案和缩放比例应用于具有纹理的所有画笔预设。启用该属性后，在使用多个纹理画笔绘画时，可以模拟出一致的画布纹理。

练习实例：使用“画笔工具”制作甜美色系冰激凌广告

文件路径	资源包\第4章\使用“画笔工具”制作甜美色系冰激凌广告
难易指数	★★★★★
技术掌握	“画笔工具”“画笔设置”面板

案例效果

本例效果如图4-87所示。

扫一扫，看视频

图4-87

操作步骤

步骤01 执行“文件>新建”命令，新建一个空白文档。设置前景色为淡粉色，按Alt+Delete组合键进行填充，如

图4-88所示。

图 4-88

步骤 02 为背景制作柔边颜色。选择工具箱中的“画笔工具”，在选项栏中单击打开“画笔预设”选取器；展开“常规画笔”组，从中选择“柔边圆”画笔；设置“大小”为800像素，“硬度”为0%，如图4-89所示。在“图层”面板中选中背景图层，单击工具箱底部的“前景色”色块，在弹出的“拾色器(前景色)”窗口中设置颜色为浅粉色，然后单击“确定”按钮，如图4-90所示。在画面左侧按住鼠标左键拖动，效果如图4-91所示。

步骤 03 使用同样的方法绘制画面右边的颜色，如图4-92所示。

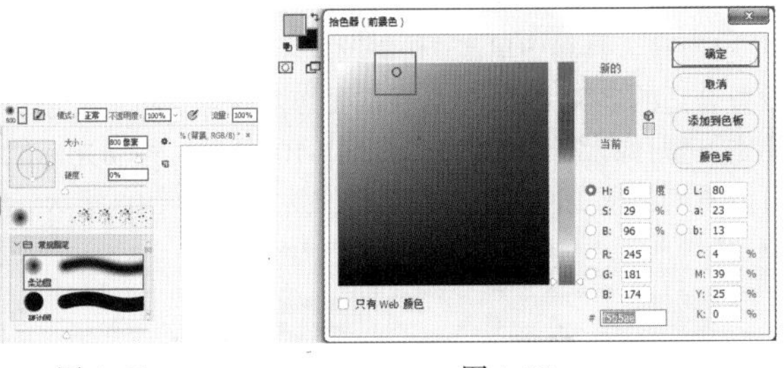

图 4-89　　图 4-90

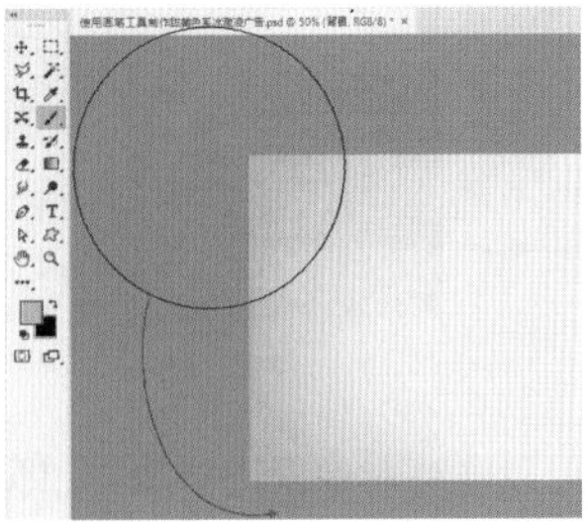

图 4-91 　　图 4-92

步骤 04 创建一个新图层。选择工具箱中的“画笔工具”，在选项栏中单击打开“画笔预设”选取器；展开“常规画笔”组，从中选择“柔边圆”画笔；设置“大小”为700像素，“硬度”为0%，如图4-93所示。选中新图层，设置前景色为稍浅粉色。在画面的右侧单击进行绘制，效果如图4-94所示。

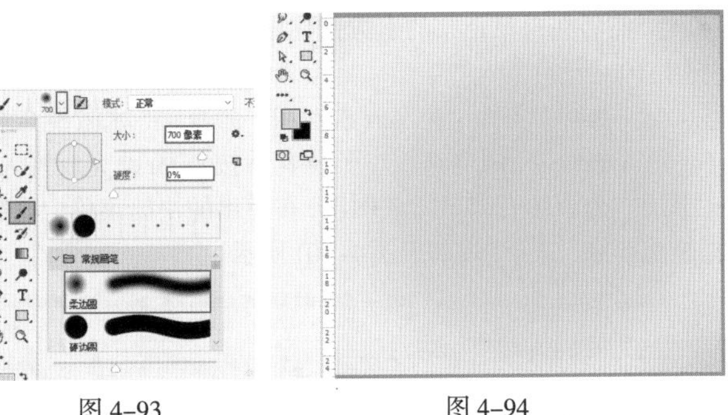

图 4-93　　图 4-94

步骤 05 创建一个新图层。选择工具箱中的“画笔工具”，在选项栏中单击打开“画笔预设”选取器；展开“常规画笔”组，从中选择“硬边圆”画笔；设置“大小”为600像素，“硬度”为100%，如图4-95所示。选中新建的图层，设置前景色为白色。在画面的右侧单击绘制一个白色正圆形，如图4-96所示。

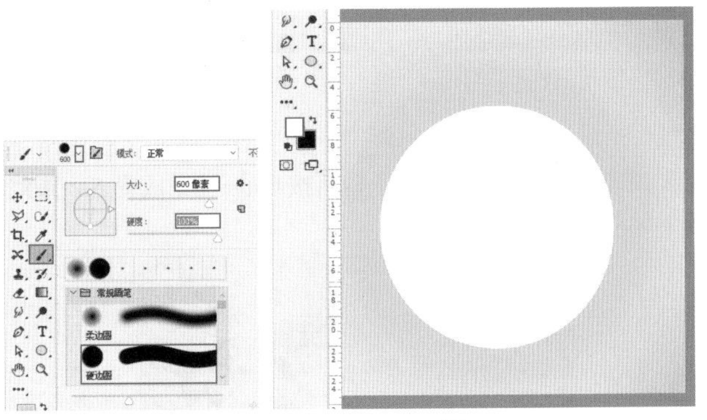

图 4-95　　图 4-96

步骤 06 接下来制作点状图案。创建一个新图层。选择工具箱中的“画笔工具”，在选项栏中单击按钮，在弹出的“画笔设置”面板中选择“尖角”的画笔，设置“大小”为5像素，“硬度”为100%，“间距”为159%，如图4-97所示。接着在“画笔设置”面板中启用“形状动态”属性，设置“大小抖动”为100%，如图4-98所示。然后在“画笔设置”面板中启用“散布”属性，设置“散布”为1000%，“数量”为1，“数量抖动”为100%，如图4-99所示。

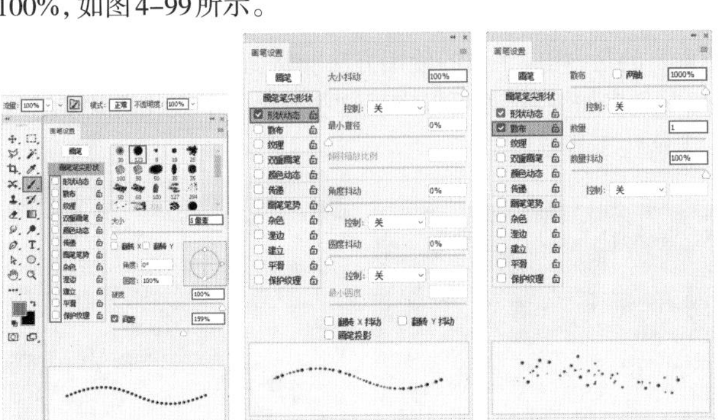

图 4-97　　图 4-98　　图 4-99

步骤 07 在“图层”面板中选中新建的图层，设置前景色为橘红色，然后在白色正圆的上方按住鼠标左键拖动进行绘制，如图4-100所示。

步骤 08 执行“文件>置入嵌入对象”命令，将冰激凌素材1.png置入画面中，调整其大小及位置后按Enter键完成置入。在“图层”面板中右键单击该图层，在弹出的快捷菜单中执行“栅格化图层”命令，效果如图4-101所示。

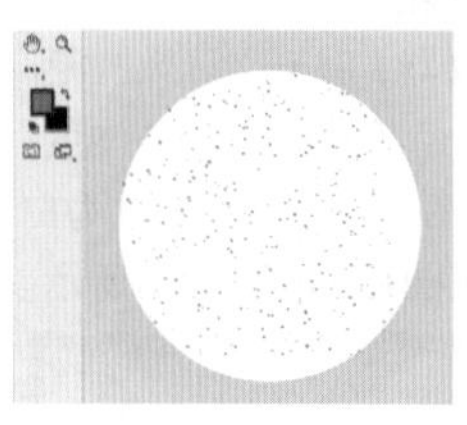

图 4-100

图 4-101

步骤 09 执行“文件>置入嵌入对象”命令，将文字素材2.png置入画面中，调整其大小及位置后按Enter键完成置入。最终效果如图4-102所示。

图 4-102

4.2 修复图像的瑕疵

“修图”一直是Photoshop最为人所熟知的功能之一，可以轻松去除人物面部的斑斑点点、环境中的杂乱物体、商品上的小瑕疵，以及图片上的水印等，如图4-103和图4-104所示。更重要的是，相应工具的使用方法非常简单，只要我们认真学习，并且多加练习，就可以实现这些效果。下面我们就来学习一下这些工具吧！

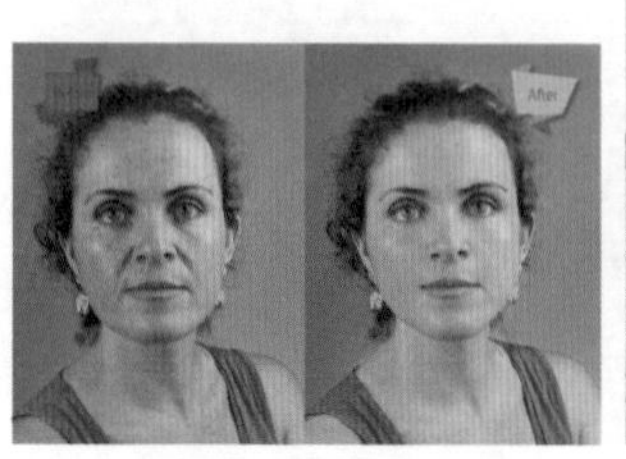

图 4-103

图 4-104

重点 4.2.1 仿制图章工具：用已有像素覆盖多余部分

扫一扫，看视频

“仿制图章工具” 可以将图像的一部分通过涂抹的方式，“复制”到图像中的另一个位置上。“仿制图章工具”常用来去除水印、消除人物脸部斑点皱纹、去除背景部分不相干的杂物、填补图片空缺等。

(1) 打开一张产品图片，可以看到其中有一定程度的瑕疵，如图4-105所示。接下来，就通过“仿制图章工具”用现有的像素覆盖住瑕疵部分。出于对原图的保护，在此选中“背景”图层，按快捷键Ctrl+J将其复制一份，然后在复制得到的图层中进行操作，如图4-106所示。

图 4-105

图 4-106

(2) 在工具箱中单击“仿制图章工具”按钮 ，在选项栏设置合适的笔尖大小，然后在需要修复的位置附近按住Alt键单击，进行像素样本的拾取，如图4-107所示。移动光标位置，可以看到拾取了刚刚单击位置的像素，如图4-108所示。

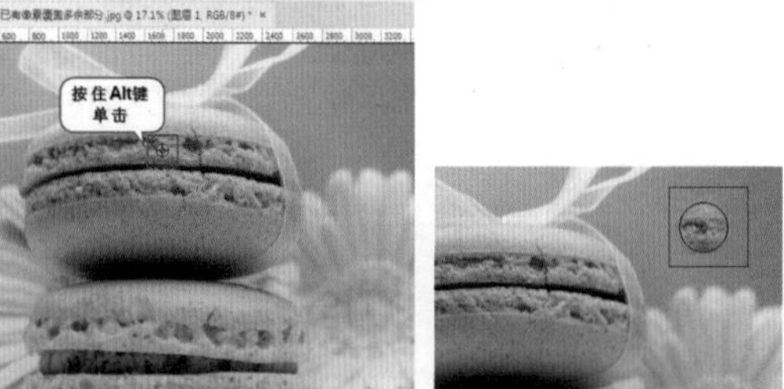

图 4-107　　图 4-108

- 对齐：选中该复选框后，可以连续对像素进行取样，即使释放鼠标以后，也不会丢失当前的取样点。
- 样本：从指定的图层中进行数据取样。

(3) 在使用“仿制图章工具”进行修复时，要考虑到瑕疵位置周围的环境。例如，这块马卡龙上几乎都是弧形的线条，所以在修复时要考虑到这一点。将光标移动至瑕疵的位置单击，用像素覆盖住瑕疵位置，如图4-109所示。要修复上部的瑕疵，可以适当降低笔尖的大小，然后重新按住Alt键单击进行取样，接着在瑕疵位置单击进行修复，如图4-110所示。

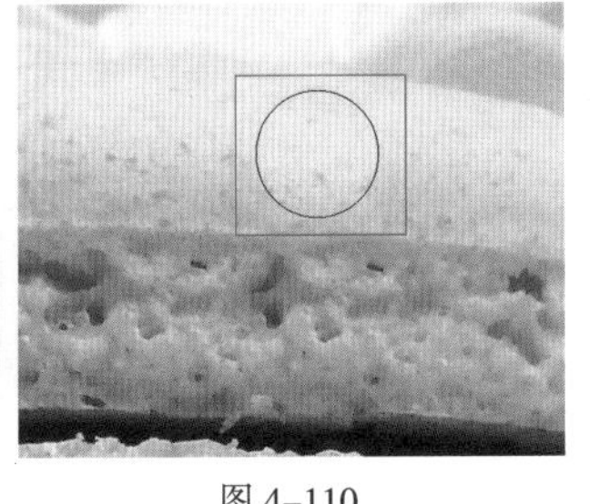

图 4-109

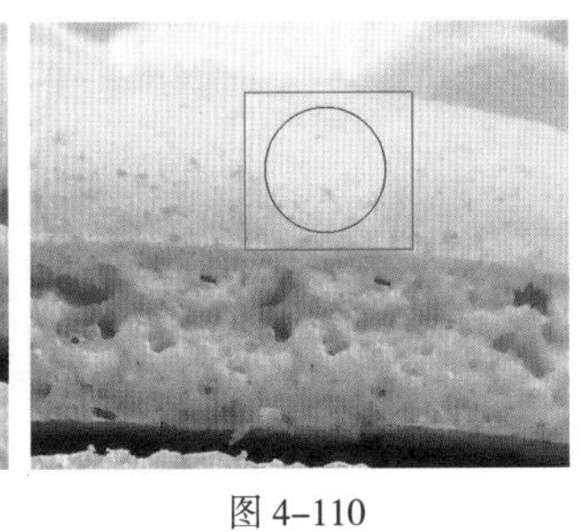

图 4-110

(4) 在修补的过程中，如果遇到细长或者成片的瑕疵，可按住鼠标左键拖动进行修复，如图4-111所示。继续使用“仿制图章工具”进行修复，最终效果如图4-112所示。

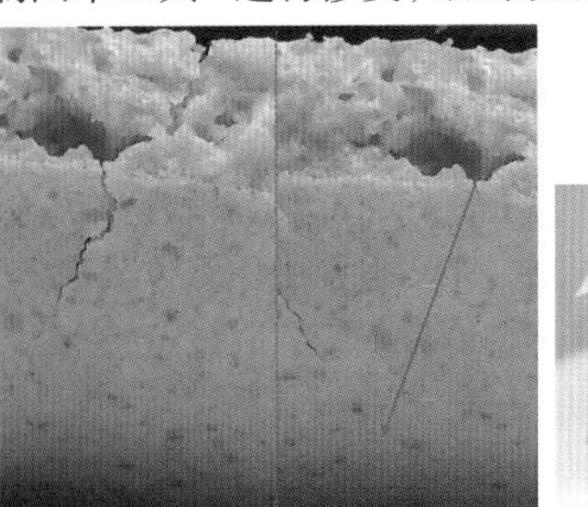

图 4-111

图 4-112

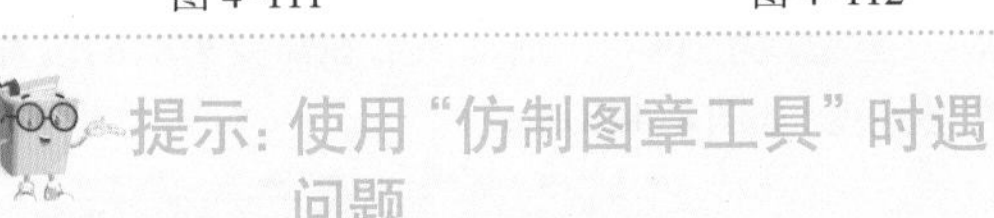

提示：使用“仿制图章工具”时遇到的问题

在使用“仿制图章工具”时，经常会出现这样的情况，即绘制出了重叠的效果，如图4-113所示。之所以出现这种情况，可能是由于取样的位置太接近需要修补的区域，此时可以重新取样并进行覆盖操作。

图 4-113

4.2.2 图案图章工具：绘制图案

使用“图案图章工具”能够以“图案”进行绘制。

打开一幅图像，如果绘制图案的区域要求非常精准，那么可以先创建选区，如图4-114所示。在仿制工具组按钮上单击鼠标右键，在弹出的工具组中选择“图案图章工具”。在选项栏中设置合适的笔尖大小，选择一个合适的图案，接着在画面中按住鼠标左键涂抹，即可看到绘制效果，如图4-115所示。

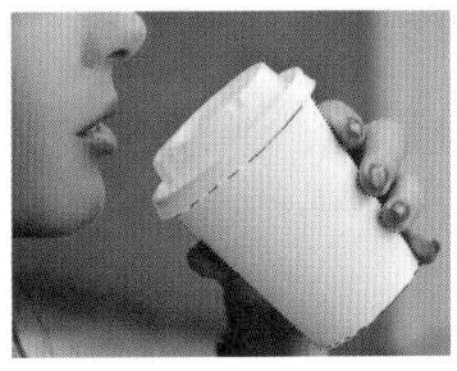

图 4-114

图 4-115

- 对齐：选中该复选框后，可以保持图案与原始起点的连续性，即使多次单击鼠标也不例外，如图4-116所示；取消选中该复选框，则每次单击鼠标都重新应用图案，如图4-117所示。

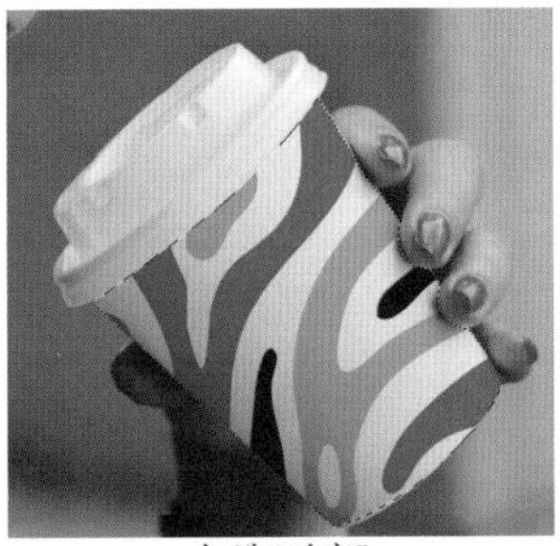

勾选“对齐”

图 4-116

未勾选“对齐”

图 4-117

- 印象派效果：选中该复选框后，可以模拟出印象派效果的图案，如图4-118所示。

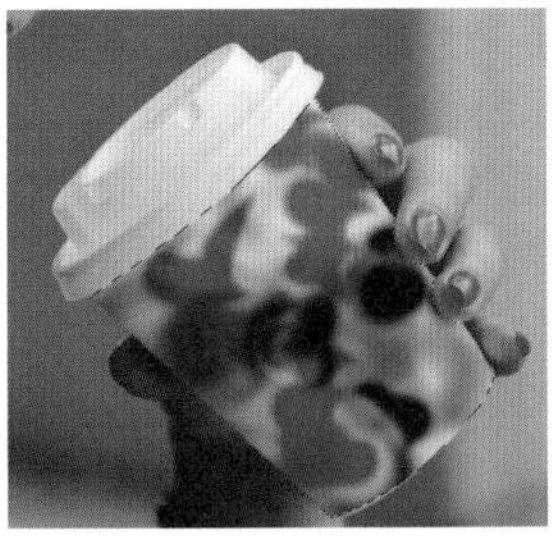

图 4-118

练习实例：使用“图案图章工具”制作服装印花

文件路径	资源包\第4章\使用“图案图章工具”制作服装印花
难易指数	★★★★★
技术掌握	图案图章工具

扫一扫，看视频

案例效果

本例处理前后的对比效果如图4–119和图4–120所示。

图 4–119

图 4–120

操作步骤

步骤 01 执行“文件>打开”命令，打开素材1.jpg，如图4–121所示。本例需要使用“图案图章工具”在左侧女孩的服装上添加漂亮的图案。执行“编辑>预设>预设管理器”命令，在弹出的“预设管理器”窗口中设置“预设类型”为“图案”，单击“载入”按钮；在弹出的“载入”窗口中找到素材位置，选中素材2.pat，单击“载入”按钮，如图4–122所示。

图 4–121

图 4–122

步骤 02 返回“预设管理器”窗口，单击“完成”按钮，完成图案载入，如图4–123所示。选择工具箱中的“图案图章工具”，在选项栏设置画笔“大小”为60像素，“硬度”为40%，“模式”为“正片叠底”（如果不设置混合模式，图案会完全覆盖在服装上而无法透出原始服装的褶皱，这样会显得非常“假”），“不透明度”为100%，接着在“图案”下拉列表框中选择新载入的粉色图案，如图4–124所示。

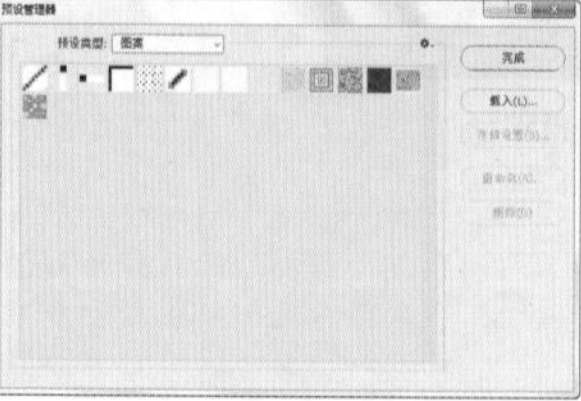
图 4–123

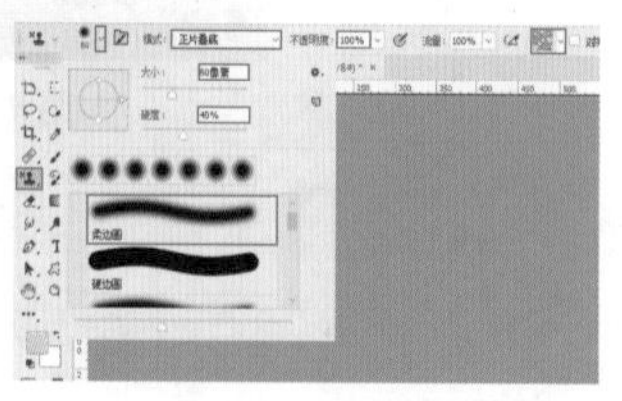
图 4–124

步骤 03 按住鼠标左键在画面中左侧女孩的白色衣服上拖动，衣服上便会出现图案，如图4–125所示。继续在衣服上绘制，直至将图案布满衣服。最终效果如图4–126所示。

图 4–125

图 4–126

重点 4.2.3 污点修复画笔工具：去除较小瑕疵

扫一扫，看视频

使用“污点修复画笔工具”可以消除图像中小面积的瑕疵，或者去除画面中看起来比较“特殊的”对象。例如，去除人物面部的斑点、皱纹、凌乱发丝，或者去除画面中细小的杂物等。“污点修复画笔工具”不需要设置取样点，因为它可以自动从所修饰区域的周围取样。

(1) 打开一张人像图片，如图4–127所示。在修补工具组按钮上单击鼠标右键，在弹出的工具组中选择“污点修复画笔工具”。在选项栏中设置合适的笔尖大小，设置“模式”为“正常”，“类型”为“内容识别”，然后在需要去除的位置按住鼠标左键拖曳，如图4–128所示。

图 4–127

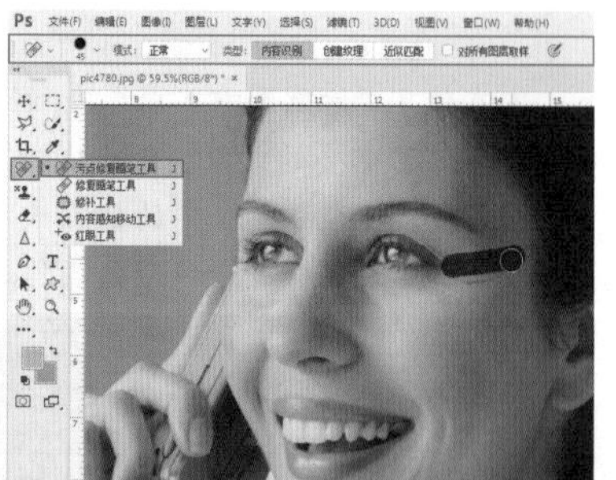
图 4–128

(2) 松开鼠标后，可以看到涂抹位置的皱纹消失了，如图4–129所示。以同样的方法，可以继续为人像去皱，以及去除周围凌乱的发丝，最终效果如图4–130所示。

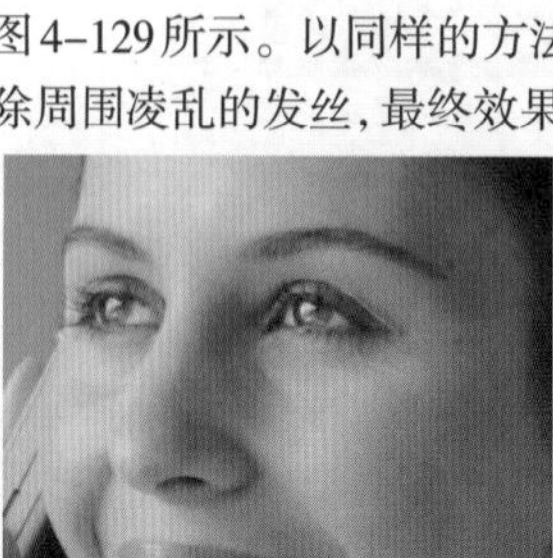
图 4–129

图 4–130

- 模式：用来设置修复图像时使用的混合模式。除“正常”“正片叠底”等常用模式以外，还有一个“替换”模式，该模式可以保留画笔描边的边缘处的杂色、胶片颗粒和纹理。

- 类型：用来设置修复的方法。选择“近似匹配”选项时，可以使用选区边缘周围的像素来查找要用作选定区域修补的图像区域；选择“创建纹理”选项时，可以使用选区中的所有像素创建一个用于修复该区域的纹理；选择“内容识别”选项时，可以使用选区周围的像素进行修复。

重点 4.2.4 修复画笔工具：自动修复图像瑕疵

扫一扫，看视频

“修复画笔工具” 可以用图像中的像素作为样本，修复画面中的瑕疵。

(1) 打开需要修复的图片，如图4-131所示。在修复工具组按钮上单击鼠标右键，在弹出的工具组中选择“修复画笔工具”；在选项栏中设置合适的笔尖大小，设置“源”为“取样”；接着在没有瑕疵的位置按住Alt键单击进行取样，如图4-132所示。

图4-131 图4-132

(2) 在缺陷位置单击或按住鼠标左键拖曳进行涂抹，松开鼠标后画面中多余的内容就被去除了，效果如图4-133所示。修复完成后进行进一步编辑，例如添加新的文字进行排版，效果如图4-134所示。

图4-133

图4-134

- 源：设置用于修复像素的源。选择“取样”选项时，可以使用当前图像的像素来修复图像；选择“图案”选项时，可以使用某个图案作为取样点。
- 对齐：选中该复选框后，可以连续对像素进行取样，即使释放鼠标也不会丢失当前的取样点；取消选中该复选框，则会在每次停止并重新开始绘制时使用初始取样点中的样本像素。
- 样本：在指定的图层中进行数据取样。选择“当前和下方图层”选项，可从当前图层以及下方的可见图层中取样；选择“当前图层”选项，仅从当前图层中取样；选择“所有图层”选项，可从可见图层中取样。

练习实例：使用“修复画笔工具”去除画面中的多余内容

文件路径	资源包\第4章\使用“修复画笔工具”去除画面中的多余内容
难易指数	★★★★★
技术掌握	修复画笔工具

扫一扫，看视频

案例效果

本例处理前后的对比效果如图4-135和图4-136所示。

图4-135

图4-136

操作步骤

步骤01 执行“文件>打开”命令，打开素材1.jpg，如图4-137所示。本例将使用“修复画笔工具”对画面右下角的文字部分进行去除。选择工具箱中的“修复画笔工具”，在选项栏中设置笔尖为70像素，“模式”为“正常”，“源”为“取样”，接着按住Alt键的同时在文字下方的区域单击，进行取样，如图4-138所示。

图4-137

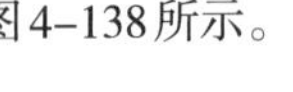

图4-138

步骤02 将光标移动到画面中的文字上，按住鼠标左键拖动进行涂抹。涂抹过的区域被覆盖上了取样的内容，松开鼠标后，文字部分被去除掉了，如图4-139所示。继续进行涂抹，直至文字全部被覆盖。最终效果如图4-140所示。

图 4-139

图 4-140

重点 4.2.5 修补工具：去除杂物

扫一扫，看视频

“修补工具” 可以用画面中的部分内容为样本，修复所选图像区域中不理想的部分。“修补工具”通常用来去除画面中的部分内容。

在修补工具组按钮上单击鼠标右键，在弹出的工具组中选择“修补工具”。修补工具的操作建立在选区的基础上，所以在选项栏中有一些关于选区运算的操作按钮。在选项栏中设置修补模式为“内容识别”，其他参数保持默认。将光标移动至缺陷的位置，按住鼠标左键沿着缺陷边缘拖曳，松开鼠标得到一个选区，如图4-141所示。将光标移至选区内，向其他位置拖曳，拖曳的位置是将选区中像素替代的位置，如图4-142所示。拖曳到目标位置后松开鼠标，稍等片刻就可以看到修补效果，如图4-143所示。

图 4-141

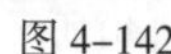

图 4-142

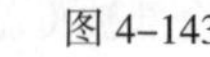

图 4-143

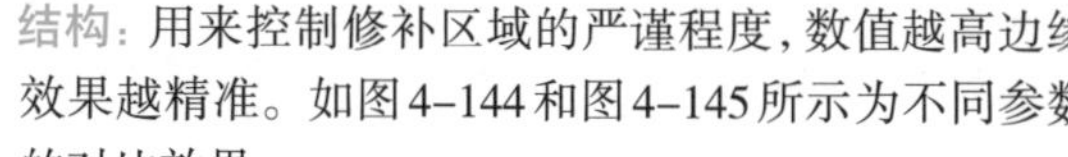

- 结构：用来控制修补区域的严谨程度，数值越高边缘效果越精准。如图4-144和图4-145所示为不同参数的对比效果。

图 4-144

图 4-145

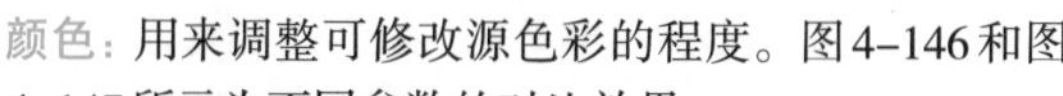

- 颜色：用来调整可修改源色彩的程度。图4-146和图4-147所示为不同参数的对比效果。

图 4-146

图 4-147

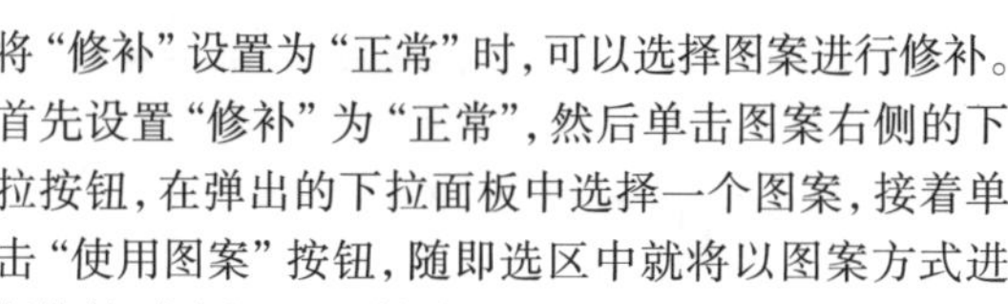

- 将“修补”设置为“正常”时，可以选择图案进行修补。首先设置“修补”为“正常”，然后单击图案右侧的下拉按钮，在弹出的下拉面板中选择一个图案，接着单击“使用图案”按钮，随即选区中就将以图案方式进行修补，如图4-148所示。

图 4-148

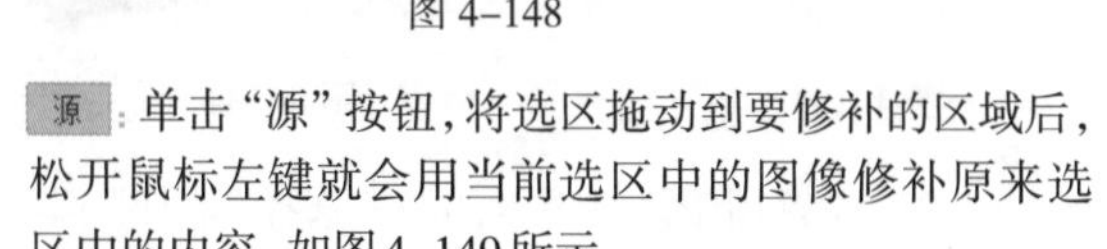

- 源：单击“源”按钮，将选区拖动到要修补的区域后，松开鼠标左键就会用当前选区中的图像修补原来选区中的内容，如图4-149所示。
- 目标：单击“目标”按钮，则会将选中的图像复制到目标区域，如图4-150所示。

图 4-149　　图 4-150

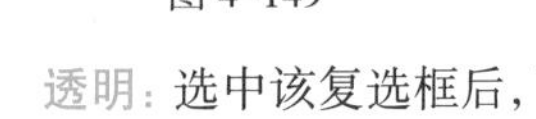

- 透明：选中该复选框后，可以使修补的图像与原始图像产生透明的叠加效果。该功能适用于修补清晰分明的纯色背景或渐变背景。

举一反三：去除复杂水印

去水印可以说是几乎每个设计师都会遇到的情况，除了使用几种常规工具去除水印，还可以通过复制、粘贴像素，以覆盖住水印的方式进行去水印。

(1)水印所在的区域位于水果和背景上，如图4-151所示。在去除时需要分为两部分：背景部分的水印比较容易去除，因为背景的颜色比较简单；而对于橙子表面的水印，如果使用“仿制图章工具”“修补工具”等工具进行修复，可能会出现修复出的像素与原始的细节角度不相符的情况。橙子表面具有很多相似的区域，所以可以考虑复制正常的橙子瓣，并进行一定的变形合成。首先框选并复制一块正常的橙子的像素，如图4-152所示。

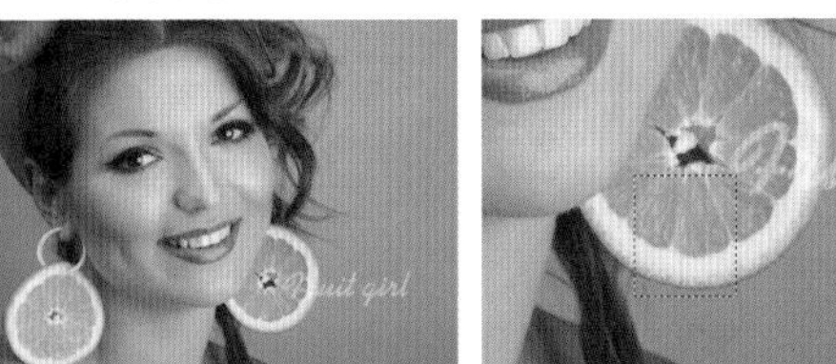

图 4-151　　图 4-152

(2)接着移动、旋转，使复制的对象覆盖住有水印的区域，如图4-153所示。因为所绘制的选区边缘比较生硬，所以使用“橡皮擦工具”将生硬的边缘擦除，使之与整体效果融合在一起，如图4-154所示。最后使用“仿制图章工具”去除背景上的水印，效果如图4-155所示。

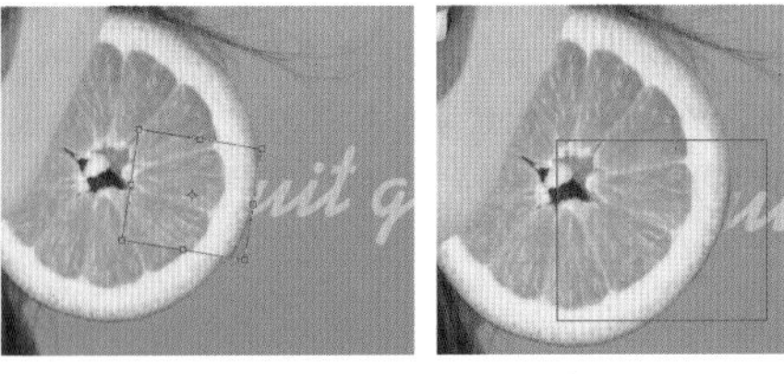

图 4-153　　图 4-154

图 4-155

4.2.6　内容感知移动工具：轻松改变画面中物体的位置

使用“内容感知移动工具” 移动选区中的对象，被移动的对象会自动将影像与四周的景物融合在一块，而对原始的区域则会进行智能填充。在需要改变画面中某一对象的位置时，可以尝试使用该工具。

扫一扫，看视频

(1) 打开图像，在修补工具组按钮上单击鼠标右键，在弹出的工具组中选择“内容感知移动工具” ，在选项栏中设置“模式”为“移动”，将光标移至要移动的对象上，按住鼠标左键拖曳绘制选区，如图4-156所示。接着将光标移动至选区内部，按住鼠标左键向目标位置拖曳，松开鼠标即可移动该对象，并带有一个定界框，如图4-157所示。最后按Enter键确定移动操作，然后按快捷键Ctrl+D取消选区，效果如图4-158所示。

(2) 如果在选项栏中设置“模式”为“扩展”，则会将选区中的内容复制一份，并融入画面中，效果如图4-159所示。

图 4-156　　图 4-157

图 4-158　　图 4-159

4.2.7　红眼工具：去除“红眼”问题

在暗光时拍摄人物、动物，瞳孔会放大以让更多的光线通过。当闪光灯照射到人眼、动物眼睛的时候，瞳孔会出现变红的现象，即“红眼”。使用“红眼工具”可以去除“红眼”现象。打开带有“红眼”问题的图片，在修复工具组按钮上单击鼠标右键，在弹出的工具组中选择“红眼工具”。在选项栏中保持默认设置，将光标移动至眼睛的上方单击，即可去除“红眼”，如图4-160所示。在另外一个眼睛上单击，完成去红眼的操作，效果如图4-161所示。

图4-160

图4-161

- 瞳孔大小：用来设置瞳孔的大小，即眼睛暗色中心的大小。
- 变暗量：用来设置瞳孔的暗度。

> **提示：“红眼工具”的使用误区**
>
> “红眼工具”只能去除“红眼”，而由于闪光灯闪烁产生的白色光点是无法使用该工具去除的。

重点 4.2.8　内容识别：自动清除杂物

内容识别，就是当我们对图像的某一区域进行覆盖填充时，由软件自动分析周围像素的特点，将像素进行拼接组合后填充在该区域并进行融合，从而达到快速无缝拼接的效果。

(1) 如果要去除图4-162中的文字，就要考虑到背景的纹理。此图中的纹理比较复杂，且没有规律，可以尝试使用“内容识别”进行去除。首先得到文字的选区，如图4-163所示。

图4-162

图4-163

(2) 执行“编辑>填充”命令或按快捷键Shift+F5，打开“填充”窗口。在该窗口中设置“内容”为“内容识别”，然后单击“确定”按钮，如图4-164所示。此时选区内的文字消失了，被填充了带有相似纹理的背景，如图4-165所示。继续绘制其他需要修饰的部分选区并进行“内容识别”填充，效果如图4-166所示。

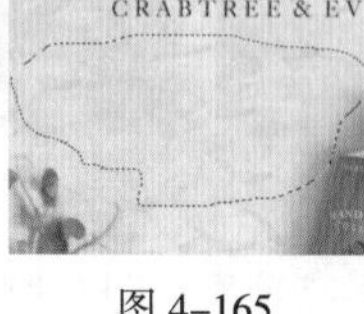

图4-164

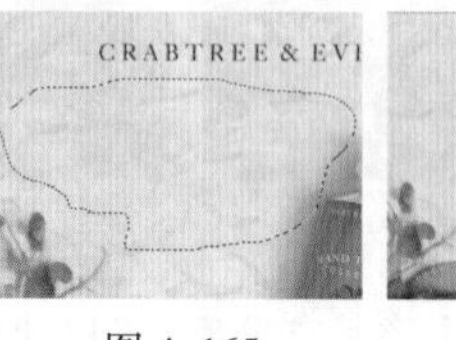

图4-165

图4-166

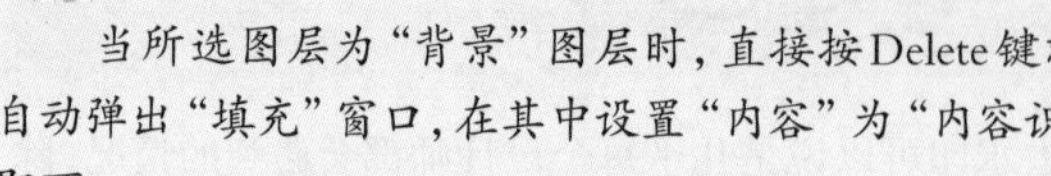

> **提示：快速使用“内容识别”的方法**
>
> 当所选图层为“背景”图层时，直接按Delete键就会自动弹出“填充”窗口，在其中设置“内容”为“内容识别”即可。

4.3 图像的简单修饰

一般商品照片拍摄完成后需要后期的修饰与调色，才能够达到令人满意的效果。这一节主要讲解如何使用一些简单、实用的工具进行图像的修饰，例如加深或减淡图像的明度使画面更有立体感，或者使用“液化”滤镜进行瘦身、调整五官或变形等。

重点 4.3.1　减淡工具：对图像局部进行减淡处理

扫一扫，看视频

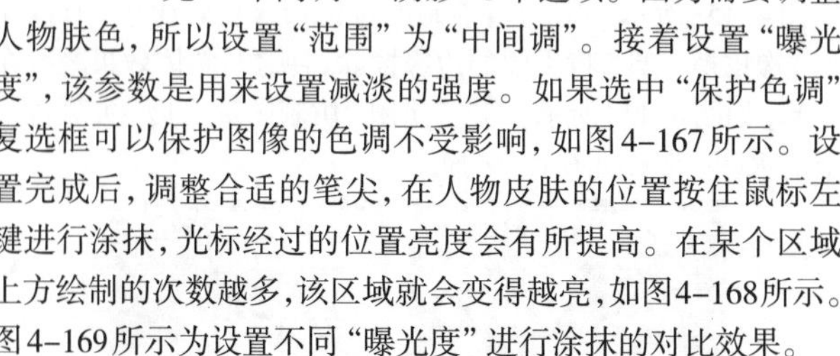

“减淡工具”可以对图像“高光”“中间调”“阴影”分别进行减淡处理。选择工具箱中的“减淡工具”，在选项栏中打开“范围”下拉列表框，从中可以选择需要减淡处理的范围，有“高光”“中间调”“阴影”3个选项。因为需要调整人物肤色，所以设置“范围”为“中间调”。接着设置“曝光度”，该参数是用来设置减淡的强度。如果选中“保护色调”复选框可以保护图像的色调不受影响，如图4-167所示。设置完成后，调整合适的笔尖，在人物皮肤的位置按住鼠标左键进行涂抹，光标经过的位置亮度会有所提高。在某个区域上方绘制的次数越多，该区域就会变得越亮，如图4-168所示。图4-169所示为设置不同“曝光度”进行涂抹的对比效果。

图 4-167

图 4-168

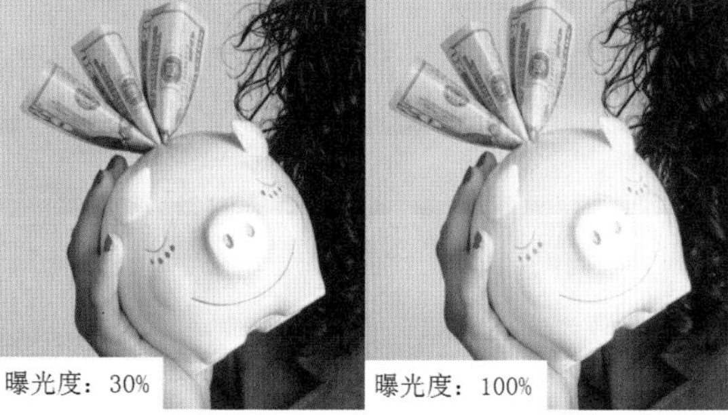

图 4-169

举一反三：制作纯白背景

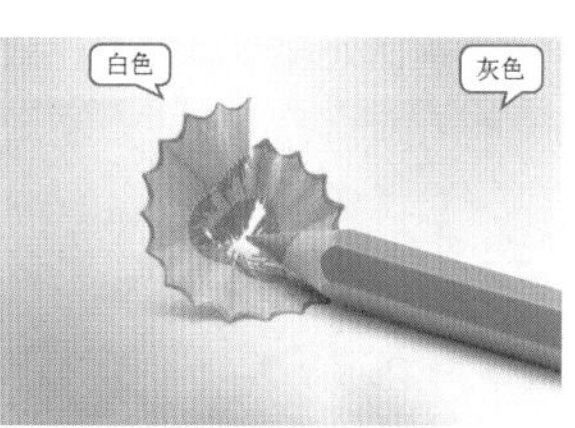

图 4-170

如果将图4-170更改为白色背景，首先要观察图片。在这张图片中可以看到主体对象边缘为白色，其他位置为浅灰色，所以使用“减淡工具”把灰色的背景经过“减淡”处理使其变为白色即可。选择工具箱中的“减淡工具”，设置一个稍大一些的笔尖，设置“硬度”为0%，这样涂抹的效果过渡自然。因为灰色在画面中为“高光”区域，所以设置“范围”为“高光”。为了快速使灰色背景变为白色背景，设置“曝光度”为100%。设置完成后在灰色背景上按住鼠标左键涂抹，如图4-171所示。继续进行涂抹，最终效果如图4-172所示。

图 4-171　　图 4-172

重点 4.3.2 加深工具：对图像局部颜色进行加深处理

扫一扫，看视频

“加深工具”与“减淡工具”的用途相反，可以对图像局部颜色进行加深处理。选择工具箱中的“加深工具”，在画面中按住鼠标左键拖动，光标绘过的区域颜色会加深。

(1) 在图4-173中，商品明暗对比不够强烈，使用“加深工具”加深阴影区域的颜色能够增强商品的对比效果。首先选择工具箱中的“加深工具”；因为要对包装中间调的位置进行处理，所以在选项栏中设置“范围”为“中间调”，然后设置“强度”为50%，如图4-173所示。接着在商品的右侧和下方边缘处按住鼠标左键拖动进行涂抹，可以看到光标经过的位置颜色变深了，如图4-174所示。

图 4-173　　图 4-174

(2) 接下来压暗商品左侧的亮度。因为光源位于左上角，所以左侧的亮度要高于右侧。在选项栏中降低“曝光度”数值，然后在商品的左侧涂抹，如图4-175所示。最后选择工具箱中的“减淡工具”，将笔尖调大一些，在包装左上方以单击的方式进行减淡，以增加商品的明暗对比，效果如图4-176所示。

图 4-175　　图 4-176

举一反三：制作纯黑背景

在图4–177中人物背景并不是纯黑色，可以使用“加深工具”在灰色的背景上涂抹，将灰色通过“加深”的方法使其变为黑色。选择工具箱中的“加深工具”，设置合适的笔尖大小。因为深灰色在画面中为暗部，所以在选项栏中设置“范围”为“阴影”。因为灰色不需要考虑色相问题，所以直接设置“曝光度”为100%。取消选中“保护色调”复选框，这样能够快速地进行去色。设置完成后在画面中背景位置按住鼠标左键涂抹，进行加深，效果如图4–178所示。

图4–177

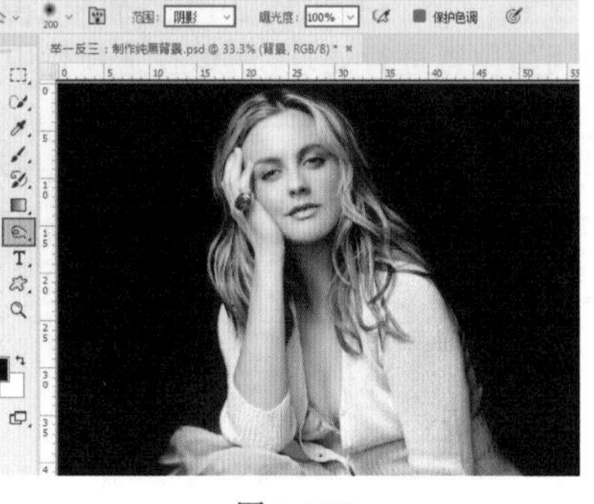

图4–178

重点 4.3.3 海绵工具：增强/减弱图像局部饱和度

扫一扫，看视频

“海绵工具”可以增强或减弱彩色图像中布局内容的饱和度。如果是灰度图像，使用该工具则可以增加或降低对比度。

右键单击修饰工具组按钮，在弹出的工具组中选择“海绵工具”。在选项栏中打开“模式”下拉列表框，有“加色”与“去色”两个选项，当要降低颜色饱和度时选择“去色”，当需要提高颜色饱和度时选择“加色”。接着设置“流量”，其数值越大加色或去色的效果越明显。然后在画面中按住鼠标左键进行涂抹，被涂抹的位置颜色饱和度就会发生变化，如图4–179所示。图4–180所示为设置“模式”为“加色”时的效果。

图4–179

图4–180

若选中“自然饱和度”复选框，可以在增强饱和度的同时防止颜色过度饱和而产生溢色现象。如果要将颜色变为黑白，那么需要取消选中该复选框。图4–181所示为选中与取消选中“自然饱和度”复选框进行去色的对比效果。

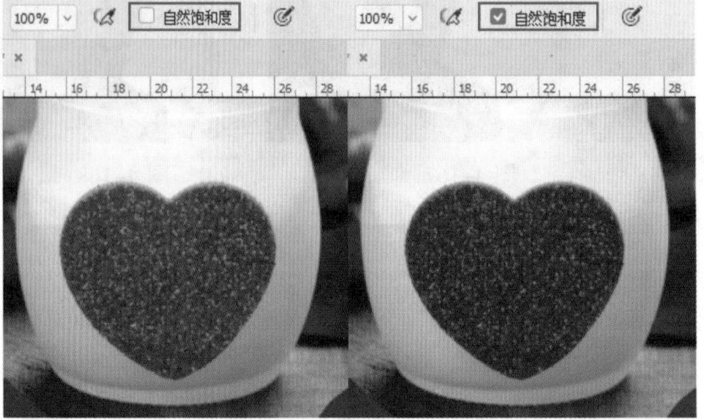

图4–181

练习实例：使用“海绵工具”进行局部去色

文件路径	资源包\第4章\使用“海绵工具”进行局部去色
难易指数	★★★★★
技术掌握	海绵工具

扫一扫，看视频

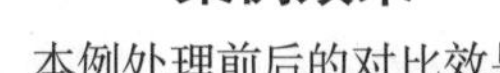

案例效果

本例处理前后的对比效果如图4–182和图4–183所示。

图4–182　图4–183

操作步骤

步骤 01 执行“文件>打开“命令，打开素材1.jpg，如图4–184所示。本例将使用“海绵工具”去除人像嘴部以外区域的饱和度。

图4–184

步骤 02 选择工具箱中的"海绵工具"，在选项栏中设置画笔"大小"为160像素，"硬度"为53%，"模式"为"去色"，"流量"为100%，如图4-185所示。接着在画面中按住鼠标左键拖动，光标经过的位置颜色变为灰色，如图4-186所示。

图4-185　　图4-186

步骤 03 继续在画面中拖动，将嘴唇以外的部分都变成黑白的，如图4-187所示。接着单击鼠标右键，在弹出的"画笔预设"选取器中设置画笔"大小"为30像素，"硬度"为53%，如图4-188所示。

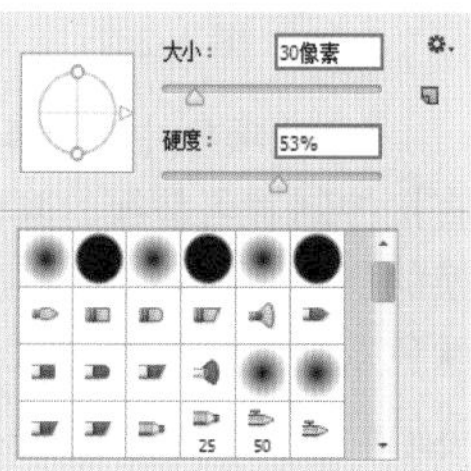

图4-187　　图4-188

步骤 04 继续沿着嘴唇外边缘涂抹，去除边缘皮肤的颜色饱和度，如图4-189所示。继续进行涂抹，使画面中口红更加突出。最终效果如图4-190所示。

图4-189　　图4-190

4.3.4　涂抹工具：图像局部柔和拉伸处理

扫一扫，看视频

"涂抹工具"可以模拟手指划过湿油漆时所产生的效果。选择工具箱中的"涂抹工具"，在选项栏中设置合适的"模式"和"强度"，接着在需要变形的位置按住鼠标左键拖曳进行涂抹，可以看到光标经过的位置图像发生了变形，如图4-191所示。图4-192和图4-193所示为不同"强度"的对比效果。若在选项栏中选中"手指绘图"复选框，可以使用前景色进行涂抹。

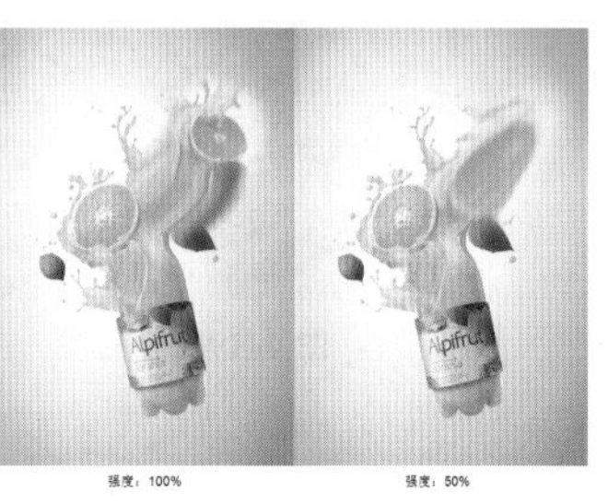

图4-191　　图4-192　　图4-193

4.3.5　颜色替换工具：更改局部颜色

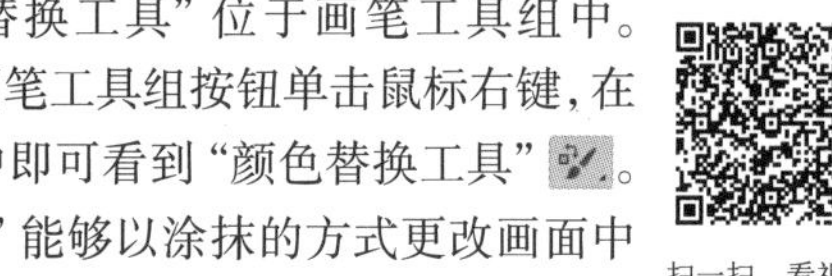

扫一扫，看视频

(1)"颜色替换工具"位于画笔工具组中。在工具箱中的画笔工具组按钮单击鼠标右键，在弹出的工具组中即可看到"颜色替换工具"。"颜色替换工具"能够以涂抹的方式更改画面中的部分颜色。更改颜色之前，首先需要设置合适的前景色。例如，想要将图像中的蓝色部分更改为紫红色，那么就需要将前景色设置为目标颜色，如图4-194所示。在不考虑选项栏中其他参数的情况下，按住鼠标左键拖曳进行涂抹，即可看到光标经过的位置颜色发生了变化，如图4-195所示。

图4-194　　图4-195

(2)选项栏中的"模式"下拉列表框用于选择前景色与原始图像的混合模式，其中包括"色相""饱和度""颜色""明度"4个选项。如果选择"颜色"选项，可以同时替换涂抹部分的色相、饱和度和明度。例如，想要使紫色与目标颜色更加接近，可以设置"模式"为"颜色"，如图4-196所示。图4-197～图4-199所示为选择其他3种模式的对比效果。

图 4-196

图 4-197

图 4-198

图 4-199

(3) 接下来，需要从 中选择合适的取样方式。单击“取样：连续”按钮，在画面中涂抹时可以随时对颜色进行取样。也就是光标移动到哪儿，就可以更改与光标十字星⊕处颜色接近的区域(这种方式便于对照片中的局部颜色进行替换，也是最常用的一种方式)，如图4-200所示；单击“取样：一次”按钮，在画面中涂抹时只替换包含第一次单击的颜色区域中的目标颜色，如图4-201所示；单击“取样：背景色板”按钮，在画面中涂抹时只替换包含当前背景色的区域，如图4-202所示。

图 4-200

图 4-201

(4) 下面需要在选项栏中的“限制”下拉列表框中进行选择。选择“不连续”选项时，可以替换出现在光标下任何位置的样本颜色，如图4-203所示；选择“连续”选项时，只替换与光标下的颜色接近的颜色，如图4-204所示；选择“查找边缘”选项时，可以替换包含样本颜色的连接区域，同时保留形状边缘的锐化程度，如图4-205所示。

图 4-202

图 4-203

图 4-204

图 4-205

(5) 选项栏中的“容差”数值对替换效果的影响非常大，直接控制着可替换的颜色区域的大小。“容差”值越大，可替换的颜色范围越大，如图4-206所示。由于要替换的部分的颜色差异不是很大，所以在此将“容差”设置为30%。设置完成后在画面中按住鼠标左键拖动，可以看到画面中的颜色发生了变化，如图4-207所示。“容差”的设置没有固定数值，同样的数值对于不同的图片产生的效果也不相同，所以可以将数值设置成中位数，然后多次尝试并修改，得到合适效果。

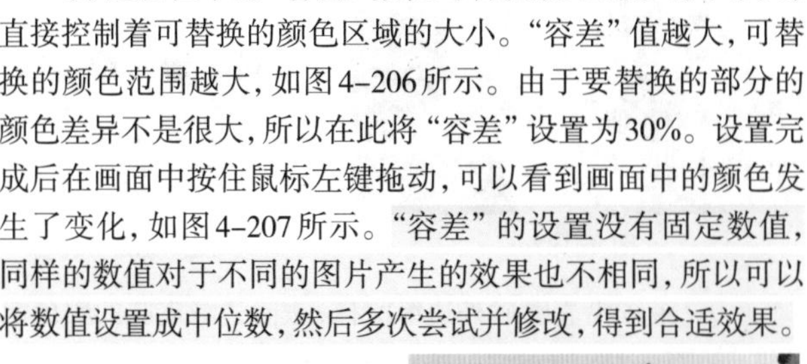

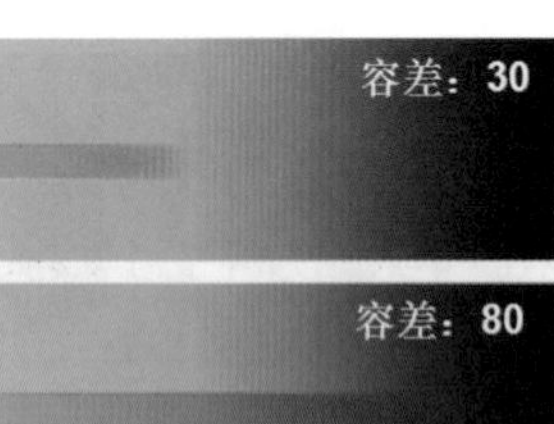

图 4-206

图 4-207

提示：方便好用的“取样：连续”方式

当“颜色替换工具”的取样方式设置为“取样：连续” 时，替换颜色非常方便。但需要注意的是，光标中央十字星⊕ 的位置是取样的位置，所以在涂抹过程中要注意光标十字星的位置不要碰触到不想替换的区域，而光标圆圈部分覆盖到其他区域则没有关系，如图4-208所示。

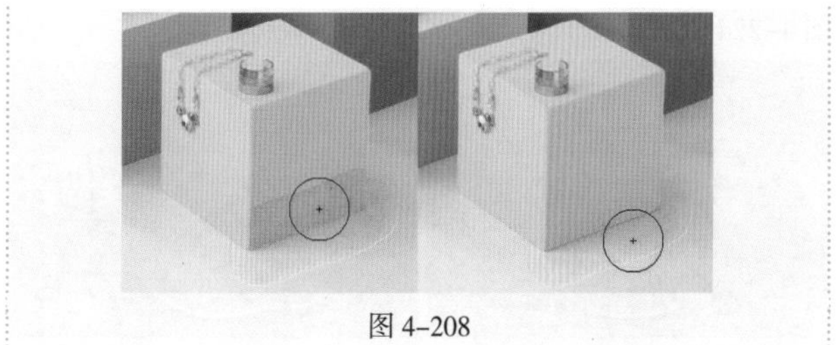

图 4-208

重点 4.3.6 液化：瘦脸瘦身随意变

扫一扫，看视频

应用“液化”滤镜，可以使图像产生变形效果。应用了“液化”滤镜的图片就如同刚画好的油画，用手指“推”一下画面中的油彩，就能使图像内容发生变形。“液化”滤镜的用途主要有两个：一个就是更改图像的形态，另一个就是修饰人像面部以及身形，如图4-209所示。

图 4-209

1. 使用“液化”滤镜制作猫咪表情

(1)打开一张图片，如图4-210所示。执行“滤镜>液化”命令，打开“液化”窗口。单击“向前变形”按钮，然后在窗口的右侧设置合适的画笔“大小”(通常我们会将笔尖调大一些，这样变形后的效果更加自然)。接着将光标移动至猫咪嘴角处，按住鼠标左键向上拖曳，如图4-211所示。

图 4-210

图 4-211

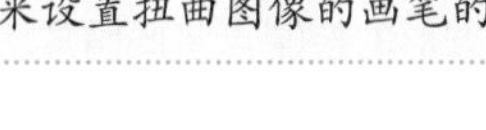

提示：“向前”变形工具的参数选项

- 画笔大小：用来设置扭曲图像的画笔的大小。

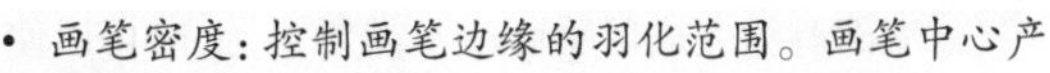

- 画笔密度：控制画笔边缘的羽化范围。画笔中心产生的效果最强，边缘处最弱。
- 画笔压力：控制画笔在图像上产生扭曲的速度。
- 画笔速率：设置工具(如“顺时针旋转扭曲工具”)在预览图像中保持静止时扭曲所应用的速度。
- 光笔压力：当计算机配有压感笔或数位板时，选中该复选框，可以通过压感笔的压力来控制工具。
- 固定边缘：选中该复选框，在对画面边缘进行变形时，不会出现透明的缝隙，如图4-212所示。

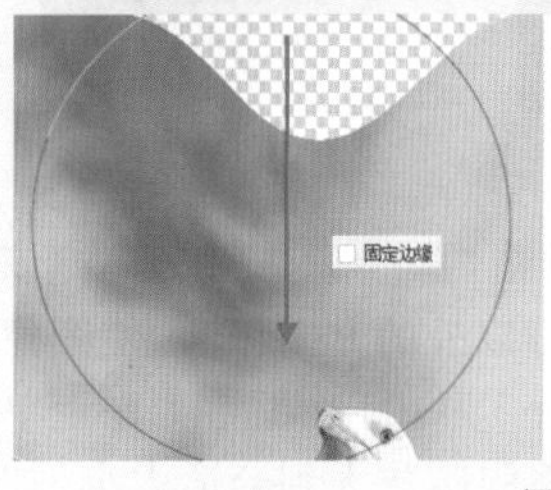

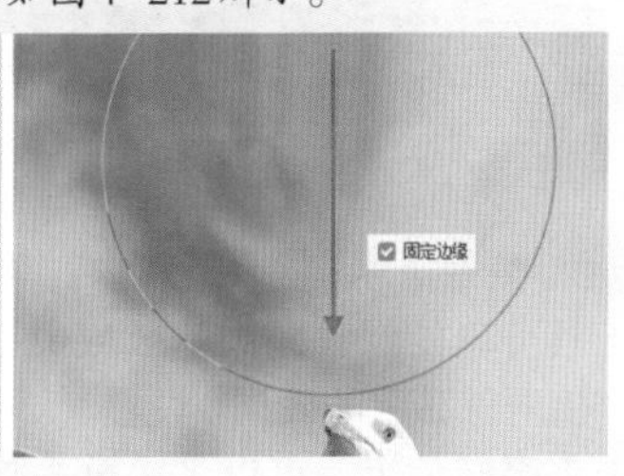

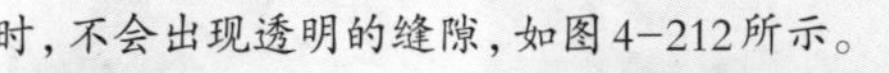

图 4-212

(2)在变形过程中难免会影响到周边的像素，我们可以使用“冻结蒙版工具”将嘴周围的像素“保护”起来以免被“破坏”。单击“冻结蒙版工具”按钮，设置合适的笔尖大小，然后在嘴周围涂抹(红色区域为被保护的区域)，如图4-213所示。继续使用“向前变形工具”进行变形，如图4-214所示。此时若有错误操作，可以使用“重建工具”在错误操作处进行涂抹，将其还原。

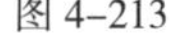

图 4-213　　图 4-214

提示：“重建工具”与恢复全部

“重建工具” 用于恢复变形的图像。在变形区域单击或拖曳鼠标进行涂抹时，可以使变形区域的图像恢复到原来的效果。在“重建选项”选项组中单击“恢复全部”按钮，可以取消所有的扭曲效果，如图4-215所示。

重建选项

重建(U)	恢复全部(A)

图 4-215

(3) 嘴部调整完成后蒙版就不需要了，此时可以使用“解冻蒙版工具” 将蒙版擦除。按住鼠标左键拖曳即可，如图4-216所示。小猫此时的表情如图4-217所示。

图 4-216

图 4-217

(4) 接下来，将眼睛放大。单击“膨胀工具”按钮 (该工具可以使像素向画笔区域中心以外的方向移动，使图像产生向外膨胀的效果)，设置“大小”为100，然后在眼睛上单击将眼睛放大。可以多次单击将眼睛放大到合适大小，如图4-218所示。设置完成后单击“确定”按钮，效果如图4-219所示。

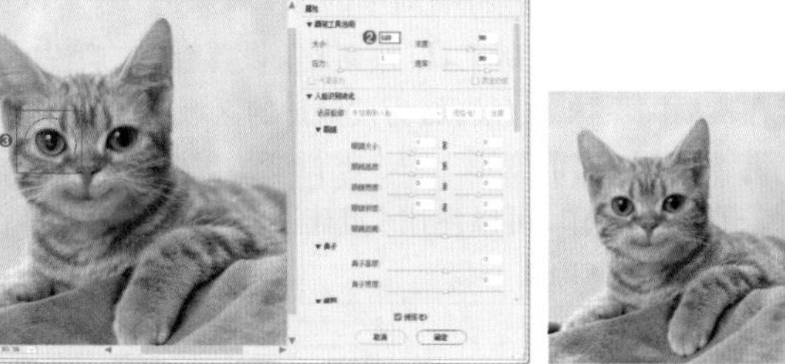
图 4-218　　图 4-219

2. 液化工具箱中的其他工具

(1) “平滑工具” ：可以对变形的像素进行平滑处理。

(2) “顺时针旋转扭曲工具” ：可以旋转像素。将光标移至画面中，按住鼠标左键拖曳，即可顺时针旋转像素，如图4-220所示。如果按住Alt键进行操作，则可以逆时针旋转像素，如图4-221所示。

(3) “褶皱工具” ：可以使像素向画笔区域的中心移动，使图像产生内缩效果，如图4-222所示。

图 4-220　　图 4-221

图 4-222

(4) “左推工具” ：按住鼠标左键从上至下拖曳时像素会向右移动，如图4-223所示；反之，像素则向左移动，如图4-224所示。

图 4-223　　图 4-224

练习实例：应用“液化”滤镜为美女瘦脸

扫一扫，看视频

文件路径	资源包\第4章\应用“液化”滤镜为美女瘦脸
难易指数	★★★★★
技术掌握	“液化”滤镜

案例效果

本例处理前后的对比效果如图4-225和图4-226所示。

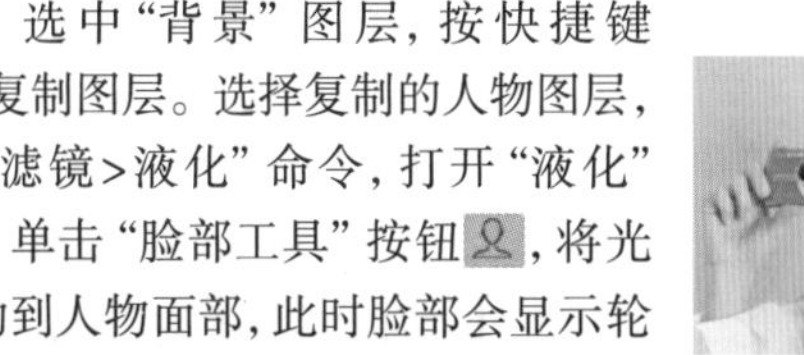
图 4-225　　图 4-226

操作步骤

步骤 01 执行“文件>打开”命令，打开素材1.jpg，如图4-227所示。选中“背景”图层，按快捷键Ctrl+J复制图层。选择复制的人物图层，执行“滤镜>液化”命令，打开“液化”窗口。单击“脸部工具”按钮 ，将光标移动到人物面部，此时脸部会显示轮廓线。接着向脸部内侧拖曳控制点为美女瘦脸，如图4-228所示。

图 4-227

图 4-228

步骤 02 拖曳脸部右侧的控制点，继续进行瘦脸操作，如图4-229所示。接着将光标移动至眼睛的位置，此时会显示控制点。拖曳方形的控制点将眼睛放大，如图4-230所示。

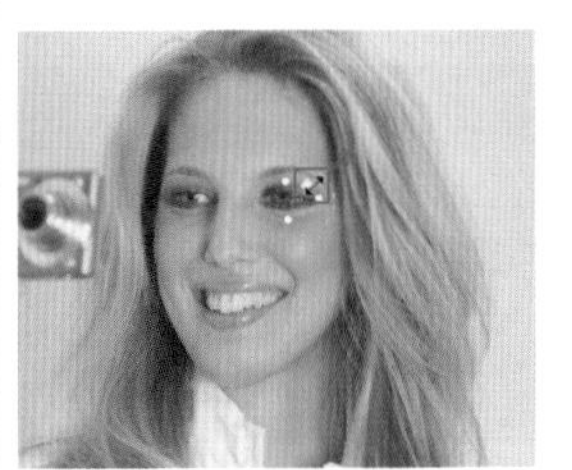

图 4-229　　图 4-230

步骤 03 使用同样的方法调整左眼，然后单击“确定”按钮，如图4-231所示。最终效果如图4-232所示。

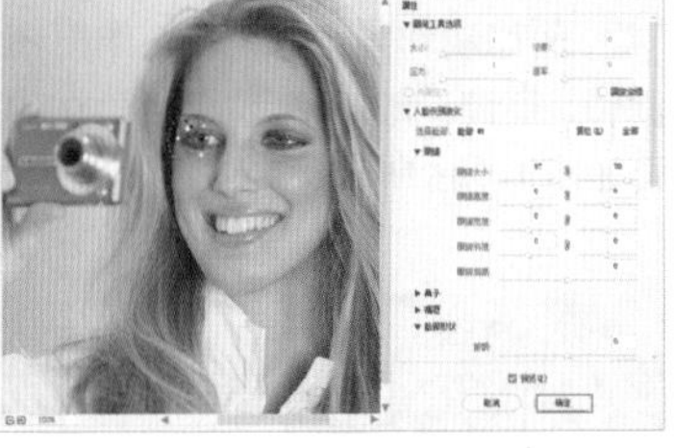

图 4-231

图 4-232

4.4 图像的模糊处理

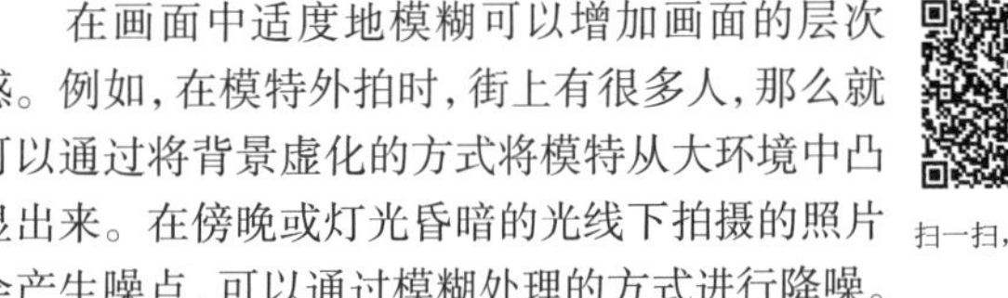

在画面中适度地模糊可以增加画面的层次感。例如，在模特外拍时，街上有很多人，那么就可以通过将背景虚化的方式将模特从大环境中凸显出来。在傍晚或灯光昏暗的光线下拍摄的照片会产生噪点，可以通过模糊处理的方式进行降噪。在本节中主要讲解一些简单的模糊处理方法。

扫一扫，看视频

重点 4.4.1 对图像局部进行模糊处理

扫一扫，看视频

使用“模糊工具”，可以轻松地对画面局部进行模糊处理。其使用方法非常简单，单击工具箱中的“模糊工具”按钮，在选项栏中设置“模式”和“强度”，如图4-233所示。“模式”包括“正常”“变暗”“变亮”“色相”“饱和度”“颜色”“明度”。如果仅需要使画面局部模糊一些，那么选择“正常”即可。选项栏中的“强度”选项比较重要，主要用来设置“模糊工具”的模糊强度。图4-234所示为不同强度下在画面中涂抹一次的效果。

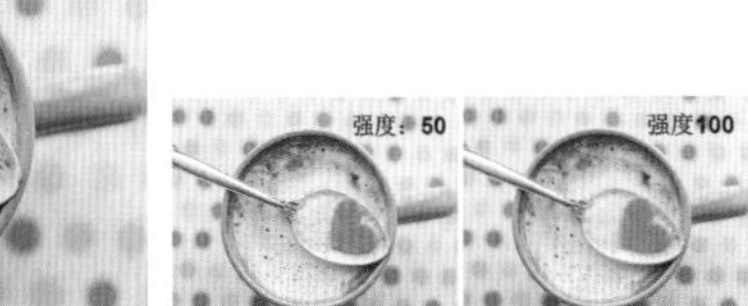

图 4-233　　图 4-234

除了设置强度外，如果想要使画面变得更模糊，也可以多次在某个区域中涂抹以加强效果，如图4-235所示。

图 4-235

举一反三：使用“模糊工具”打造柔和肌肤

光滑柔和的皮肤质感是大部分人像修图需要实现的效果。除了运用复杂的磨皮技法，“模糊工具”也能用来进行简单的“磨皮”处理，特别适合新手操作。在图4-236中，人物额头和面部有密集的雀斑，而且颜色比较淡。使用“模糊工具”对其进行模糊化处理，可以使斑点模糊，肌肤变得柔和。选择工具箱中的“模糊工具”，在选项栏中选择一种柔角画笔(这样涂抹的效果边缘会比较柔和、自然)，然后设置合适的画笔笔尖，“强度”设置为50%，接着在皮肤的位置按住鼠标左键涂抹，随着涂抹可以发现像素变得柔和，雀斑颜色也变浅了，如图4-237所示。继续涂抹，最终效果如图4-238所示。

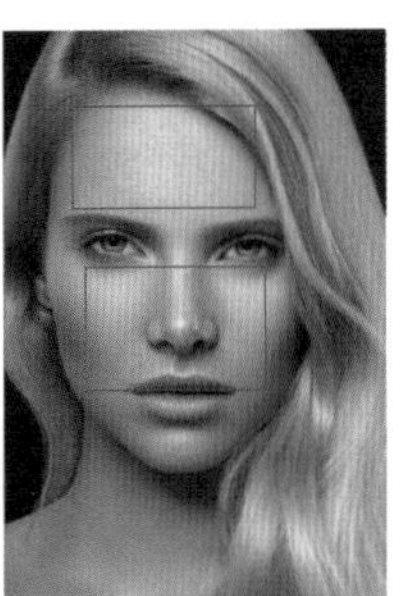

图 4-236

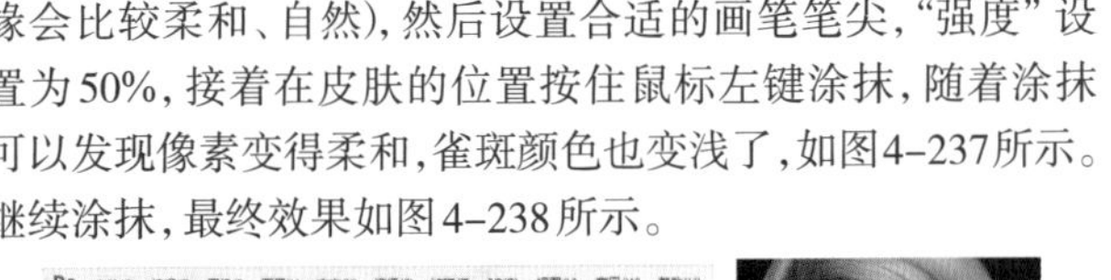

图 4-237

图 4-238

4.4.2 图像整体的轻微模糊

“模糊”滤镜比较“轻柔”，主要用于为颜色变化显著的地方消除杂色。打开一张图片，如图4-239所示。执行“滤镜>模糊>进一步模糊”命令，画面效果如图4-240所示。该滤镜没有参数设置窗口。“模糊”滤镜与“进一步模糊”滤镜都属于轻微模糊滤镜。相比于“进一步模糊”滤镜，“模糊”滤镜的模糊效果要低30%~40%。

“进一步模糊”滤镜的模糊效果比较弱，也没有参数设置窗口。打开一张图片，如图4-241所示。执行“滤镜>模糊>进一步模糊”，画面效果如图4-242所示。该滤镜可以平衡已定义的线条和遮蔽区域的清晰边缘旁边的像素，使变化显得柔和。“进一步模糊”滤镜生成的效果比“模糊”滤镜强3～4倍。

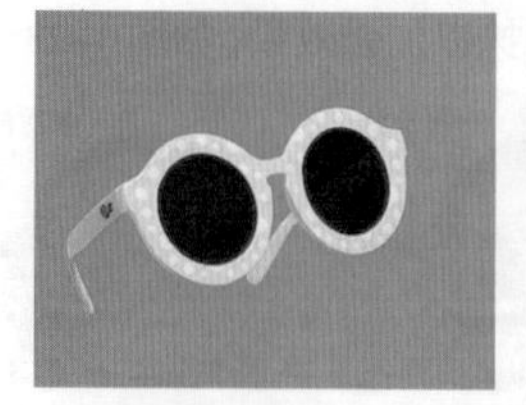
图 4-239

图 4-240

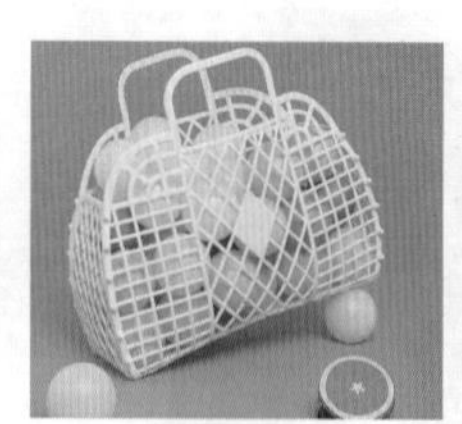
图 4-241

图 4-242

重点 4.4.3　高斯模糊：最常用的模糊滤镜

“高斯模糊”滤镜是模糊滤镜组中使用频率最高的滤镜之一。该滤镜应用范围十分广泛，例如制作景深效果、制作模糊的投影效果等。打开一张图片(也可以绘制一个选区，对选区操作)，如图4-243所示。执行“滤镜>模糊>高斯模糊”命令，在弹出的“高斯模糊”窗口中设置合适的参数，然后单击“确定”按钮，如图4-244所示。画面效果如图4-245所示。“高斯模糊”滤镜的工作原理是向图像中添加低频细节，使图像产生一种朦胧的模糊效果。

图 4-243

图 4-244

图 4-245

在“高斯模糊”窗口中，可以通过“半径”选项调整用于计算指定像素平均值的区域大小。数值越大，产生的模糊效果越强烈。图4-246和图4-247所示为半径为30像素和60像素的对比效果。

图 4-246

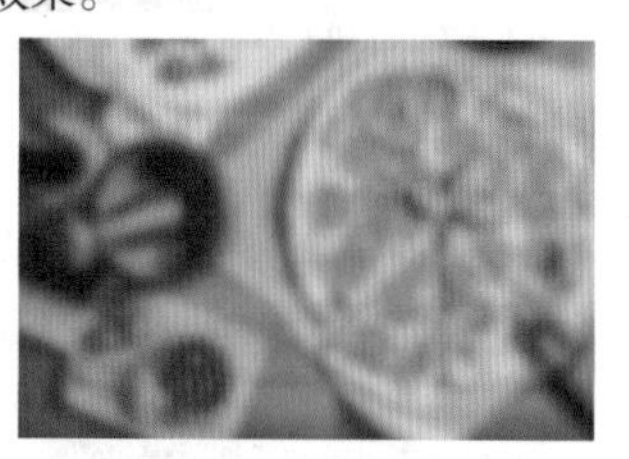
图 4-247

举一反三：制作飘浮物体的模糊阴影效果

添加阴影能够让画面效果更加真实、自然。在使用“画笔工具”或其他工具绘制阴影图形后，如果阴影显得十分生硬(如图4-248所示)，可以对其进行“高斯模糊”，如图4-249所示。然后适当调整“不透明度”，如图4-250所示。这样就能让阴影效果变得自然，如图4-251所示。

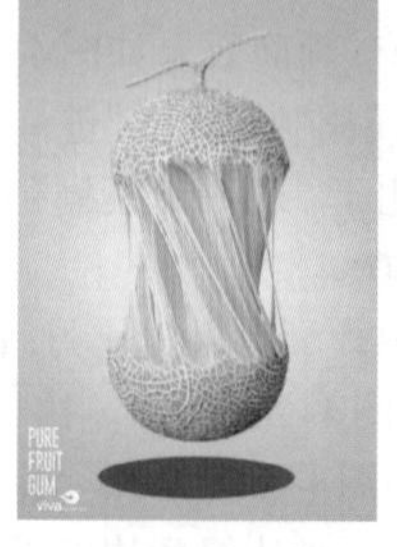
图 4-248

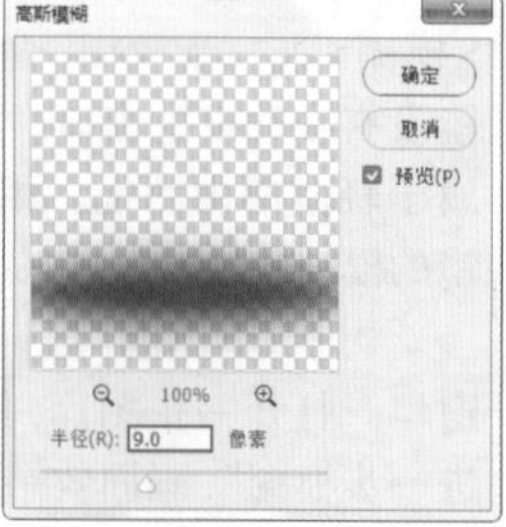

图 4-249

图 4-250

图 4-251

重点 4.4.4 减少画面噪点/细节

“表面模糊”滤镜常用于将接近的颜色融合为一种颜色，从而减少画面的细节或降噪。打开一张图片，如图4-252所示。执行“滤镜>模糊>表面模糊”命令，在弹出的“表面模糊”窗口中进行相应的设置，然后单击“确定”按钮，如图4-253所示。此时图像在保留边缘的同时变得模糊了，如图4-254所示。

图 4-252

图 4-253

图 4-254

- “半径”：用于设置模糊取样区域的大小。图4-255所示为“半径”为3像素和15像素的对比效果。
- “阈值”：用于控制相邻像素色调值与中心像素值相差多大时才能成为模糊的一部分。色调值差小于阈值的像素将被排除在模糊之外。图4-256所示为“阈值”为30色阶和100色阶的对比效果。

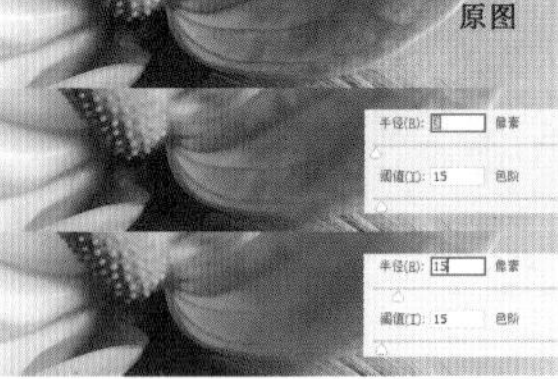

图 4-255

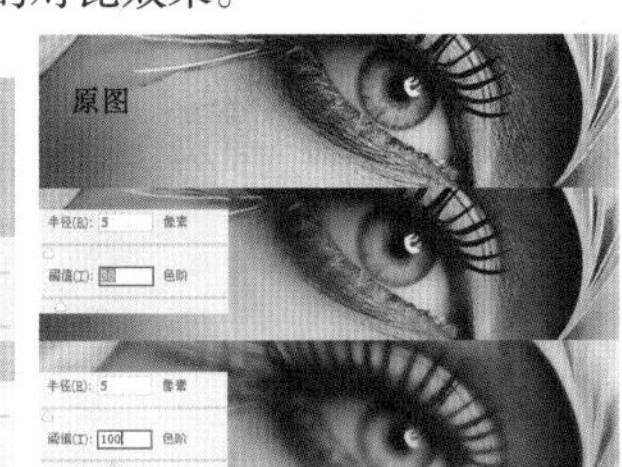

图 4-256

练习实例：快速净化背景

文件路径	资源包\第4章\快速净化背景
难易指数	★★★★★
技术掌握	智能滤镜、“表面模糊”滤镜

案例效果

扫一扫，看视频

本例处理前后的对比效果如图4-257和图4-258所示。

图 4-257

图 4-258

操作步骤

步骤 01 执行“文件>打开”命令，在弹出的“打开”窗口中选择素材1.jpg，单击“打开”按钮，将素材打开，如图4-259所示。素材背景显得比较脏乱，本例将使用“表面模糊”滤镜对背景进行处理。

步骤 02 选中人物图层，按快捷键Ctrl+J复制“背景”图层，在“图层”面板中单击鼠标右键，在弹出的快捷菜单中执行“转换为智能对象”命令，如图4-260所示。

图 4-259　　图 4-260

步骤 03 执行“滤镜>模糊>表面模糊”命令，设置半径为30像素，阈值为24色阶，然后单击“确定”按钮，如图4-261所示。此时素材中人物背景的斑点、瑕疵被处理掉了，背景显得更加干净，如图4-262所示。

图 4-261

图 4-262

步骤 04 经过“表面模糊”操作后，人物存在细节缺失的问题。选中人物图层，展开“图层”面板中的“智能滤镜”列表，在其中单击智能滤镜的蒙版，如图4-263所示。使用合适大小的黑色的软边圆画笔，在蒙版中人物部分进行涂抹，效果如图4-264所示。

步骤 05 此时人物还原回清晰的效果，如图4-265所示。

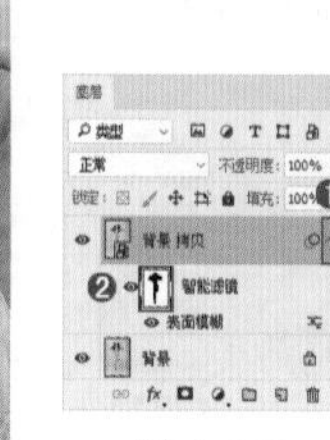

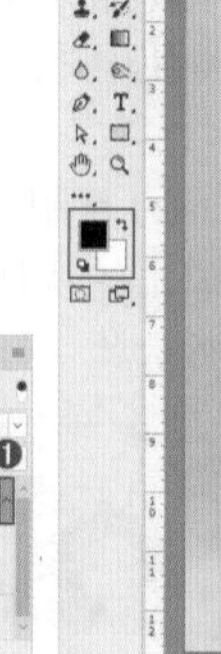

图 4-263　　图 4-264　　图 4-265

练习实例：为商品制作多种效果的阴影

文件路径	资源包\第4章\为商品制作多种效果的阴影
难易指数	★★★★★
技术要点	“画笔工具”“矩形选框工具”“渐变工具”“高斯模糊”滤镜、自由变换

扫一扫，看视频

案例效果

本例效果如图4–266、图4–267、图4–268所示。

图 4–266　　图 4–267　　图 4–268

操作步骤

步骤 01 执行“文件>打开”命令，在弹出的“打开”窗口中选择分层素材1.psd，单击“打开”按钮，将素材打开，如图4–269所示。本例需要为产品包装袋制作不同效果的投影，让物体的立体效果更加真实。

步骤 02 首先制作光源从上至下垂直照射产品，物体平放在地面上的投影效果。选择“背景”图层，执行“图层>新建>图层”命令，新建一个图层，如图4–270所示。

图 4–269　　图 4–270

步骤 03 选择工具箱中的“画笔工具”，在选项栏中选择大小合适的软边圆画笔，“不透明度”设置为61%，前景色设置为一种比背景色稍深的紫色。设置完成后，在画面中物体的左、右、下3个边缘进行涂抹，如图4–271所示。产品效果如图4–272所示。

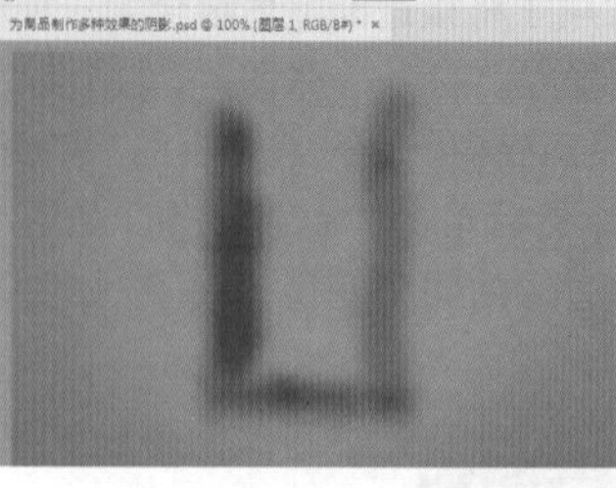

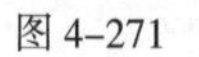

图 4–271　　图 4–272

步骤 04 为了让投影效果更加真实，继续在第一个阴影图层上方新建一个图层。仍然使用“画笔工具”，选择柔边圆画笔，画笔大小稍小一些，前景色设置为一种比之前阴影更深一些的紫色。设置完成后，在画面中物体的左、右、下3个边缘处局部位置再次进行涂抹，如图4–273所示。此时第一种投影效果制作完成，效果如图4–274所示。

步骤 05 将第一种阴影的图层放置在一个图层组中，并隐藏。接着制作产品垂直于地面放置，且光源从物体顶部照射的投影效果。在产品图层的下方新建一个图层，接着选择工具箱中的“椭圆选框工具”，在画面的下方绘制一个椭圆，并填充为深紫色，如图4–275所示。

图 4–273　　图 4–274　　图 4–275

步骤 06 选择该图层，按快捷键Ctrl+J进行复制。隐藏复制出的图层，选择刚刚绘制好的图层。执行“滤镜>模糊>高斯模糊”命令，在弹出的“高斯模糊”窗口中设置“半径”为4像素，然后单击“确定”按钮完成操作，如图4–276所示。效果如图4–277所示。

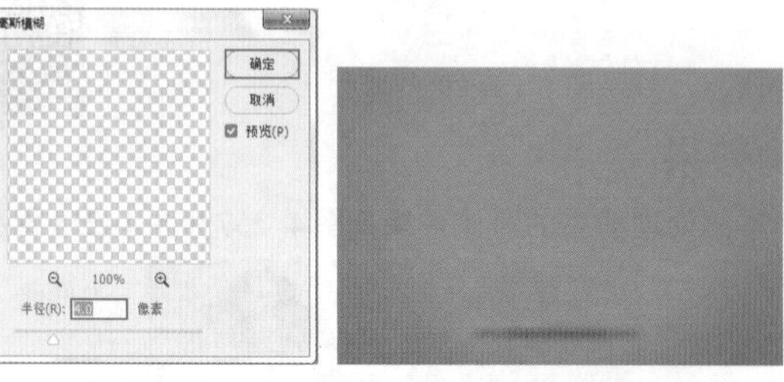

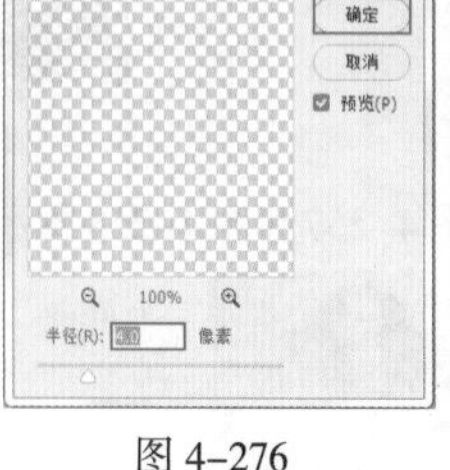

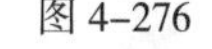

图 4–276　　图 4–277

步骤 07 为了让立体效果更加突出，将隐藏的图层显示出来。仍然执行“滤镜>模糊>高斯模糊”命令，在弹出的“高斯模糊”窗口中将“半径”设置为8像素，单击“确定”按钮，效果如图4–278所示。两层阴影叠加的效果如图4–279所示。

图 4-278

图 4-279

步骤 08 接下来，将地面颜色变深一些。在“背景”图层上方新建图层，将前景色设置为比背景稍深的紫色。选择工具箱中的“渐变工具”，在选项栏中单击打开“渐变编辑器”，从中选择“前景色到透明渐变”，单击“线性渐变”按钮。设置完成后，按住鼠标左键从画面的底部往上拖动，制造地面效果，如图4–280所示。第二种阴影效果如图4–281所示。

图 4-280　　图 4-281

步骤 09 将第二种阴影的图层放置在一个图层组中，并隐藏。接下来制作光源从左上方照射产品的投影效果。在“背景”图层上方新建一个图层，按住Ctrl键的同时按住鼠标左键单击产品图层的缩览图，得到选区，如图4–282所示。设置前景色为深紫色，按Alt+Delete组合键填充前景色，效果如图4–283所示。

步骤 10 在“图层”面板中选择阴影图层，执行“编辑>变换>扭曲”命令，将光标放在画面中间的控制点上，按住鼠标左键拖动进行扭曲变换，如图4–284所示。

图 4-282　　图 4-283

图 4-284

步骤 11 选择该图层，执行“滤镜>模糊>高斯模糊”命令，在弹出的“高斯模糊”窗口中设置“半径”为3像素，然后单击“确定”按钮，完成操作，如图4–285所示。效果如图4–286所示。

图 4-285

图 4-286

步骤 12 选择该图层，设置“不透明度”为50%，如图4–287所示。效果如图4–288所示。

图 4-287　　图 4-288

步骤 13 选择该图层，为其添加图层蒙版，如图4–289所示。设置前景色为黑色；接着选择工具箱中的“渐变工具”，在选项栏中单击打开“渐变编辑器”，从中选择“前景色到透明渐变”，单击“线性渐变”按钮。设置完成后，在该图层的蒙版中按住鼠标左键，自右上到左下进行拖动，填充出黑色渐变，如图4–290所示。此时效果如图4–291所示。

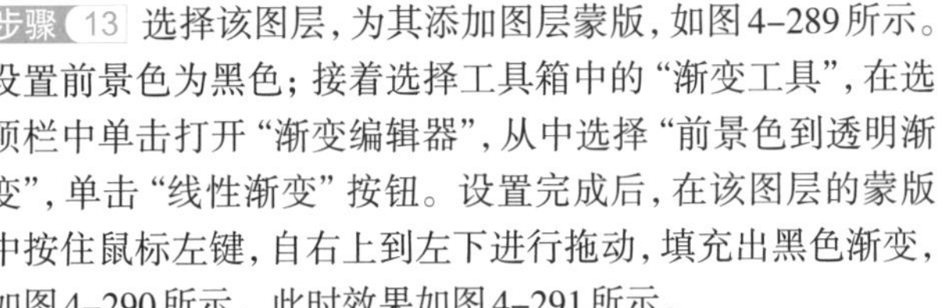

图 4-289　　图 4-290　　图 4-291

步骤 14 选择该图层，将“不透明度”调整为50%，如图4–292所示。此时产品的投影效果制作完成，效果如图4–293所示。

图 4-292　　图 4-293

步骤 15 在“背景”图层上方新建一个图层；接着选择工具箱中的“渐变工具”，编辑一种深紫色到透明的渐变；按住鼠标左键，从画面底部自下而上拖动进行填充，如图4–294所示。此时地面效果制作完成，效果如图4–295所示。

图 4-294　　图 4-295

步骤 16 因为光源是从左上方照射下来的，所以要提高画面中左上方的亮度。新建一个图层，编辑一种白色到透明的渐变，按住鼠标左键从左上方向右下方拖动，如图4-296所示。松开鼠标后，效果如图4-297所示。

图 4-296　　图 4-297

步骤 17 选中该渐变图层，将“不透明度”调整为20%，如图4-298所示。此时提高了左上方的亮度，效果如图4-299所示。

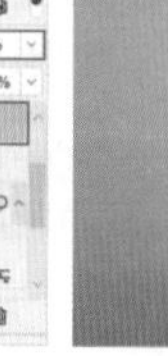

图 4-298　　图 4-299

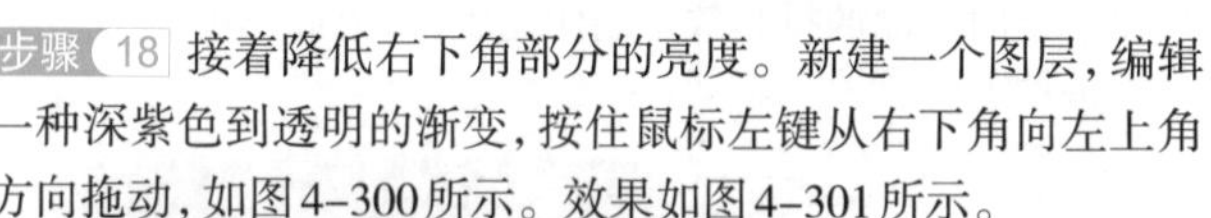

步骤 18 接着降低右下角部分的亮度。新建一个图层，编辑一种深紫色到透明的渐变，按住鼠标左键从右下角向左上角方向拖动，如图4-300所示。效果如图4-301所示。

图 4-300　　图 4-301

步骤 19 选择该渐变图层，将“不透明度”调整为45%，如图4-302所示。此时降低了右下角的亮度，第三种投影效果制作完成。效果如图4-303所示。

图 4-302　　图 4-303

4.5 增强图像清晰度

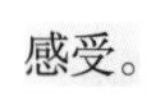
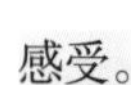

扫一扫，看视频

在Photoshop中，“锐化”与“模糊”是相反的关系。“锐化”就是使图像“看起来更清晰”，而这里所说的“看起来更清晰”并不是增加了画面的细节，而是使图像中像素与像素之间的颜色反差增大、对比增强，使人产生一种“锐利”的视觉感受。

如图4-304所示两幅图像，看起来右侧的相对“清晰”一些。放大细节观看一下：左图大面积红色区域中每个方块(像素)的颜色都比较接近，甚至红、黄两色之间带有一些橙色像素，这样柔和的过渡带来的结果就是图像会显得比较模糊；而右图中原有的像素数量没有变，原有的内容也没有增加，红色还是红色，黄色还是黄色，但是图像中原本色相、饱和度、明度都比较相近的像素，相互之间的颜色反差被增强了。比如，分割线处的暗红色变得更暗，橙红色变为红色，中黄色变成更亮的柠檬黄。从图4-305就能看出，所谓的“清晰感”并不是增加了更多的细节，而是增强了像素与像素之间的对比反差，从而产生“锐化”之感。

图 4-304　　图 4-305

“锐化”操作能够增强颜色边缘的对比，使模糊的图形变得清晰。但是过度的锐化会造成噪点、色斑的出现，所以锐化的数值要适当设置。在图4-306中，我们可以看到同一图像模糊、正常与锐化过度的3种效果。

执行“滤镜>锐化”命令，在弹出的子菜单中可以看到多种用于锐化的滤镜，如图4-307所示。这些滤镜适用的场合不同，“USM锐化”“智能锐化”是最为常用的锐化图像的滤镜，参数可调性强；“进一步锐化”“锐化”“锐化边缘”属于无参数滤镜，没有参数可供调整，适用于轻微锐化的情况；“防抖”滤镜则用于处理带有抖动的照片。

图 4-306

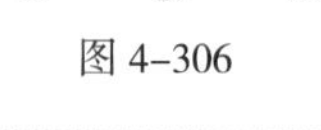

图 4-307

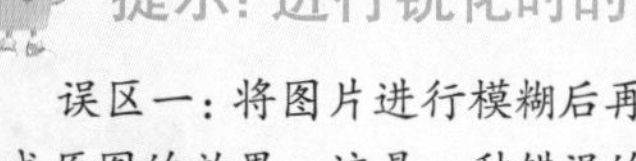

提示：进行锐化时的两个误区

误区一：将图片进行模糊后再进行锐化，能够使图像变成原图的效果。这是一种错误的观点，这两种操作是不可逆转的，画面一旦经过模糊操作，原始细节便会彻底丢失，不会因为锐化操作而被找回。

误区二：一幅特别模糊的图像，经过锐化可以变得很清晰、很真实。这也是一种很常见的错误观点。锐化操作是对模糊图像的一种"补救"措施，实属"没有办法的办法"。它只能在一定的程度上增强画面感官上的锐利度，但因为无法增加细节，所以不会使图像变得更真实。如果图像损失特别严重，是很难仅通过锐化将其变得又清晰又自然的。就像30万像素镜头的手机，无论把镜头擦得多干净，也拍不出2000万像素镜头的效果。

重点 4.5.1 对图像局部进行锐化处理

"锐化工具" 可以通过增强图像中相邻像素之间的颜色对比，来提高图像的清晰度。"锐化工具"与"模糊工具"的大部分参数选项相同，操作方法也相同。在工具箱中右键单击"模糊锐化工具组"按钮，在弹出的工具组中选择"锐化工具"。在选项栏中设置"模式"与"强度"；选中"保护细节选项"复选框后，在进行锐化处理时，将对图像的细节进行保护。接着在画面中按住鼠标左键涂抹，涂抹的次数越多，锐化效果越强烈，如图4-308所示。值得注意的是，如果反复涂抹以致锐化过度，则会产生噪点和晕影，如图4-309所示。

扫一扫，看视频

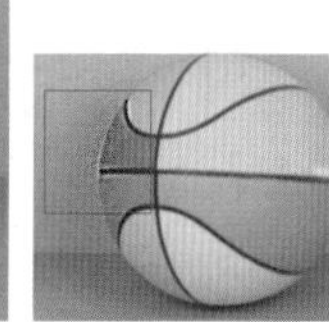

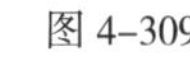

图 4-308

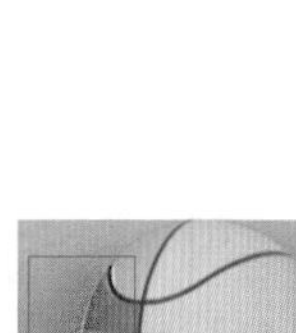

图 4-309

4.5.2 轻微的快速锐化

(1) 执行"滤镜>锐化>进一步锐化"命令，即可应用该滤镜。"锐化"滤镜没有参数设置窗口，其锐化效果比"进一步锐化"滤镜要弱一些。

(2) "进一步锐化"滤镜也没有参数设置窗口，同时它的效果也比较弱，适合那种只有轻微模糊的图片。打开一张图片，如图4-310所示。执行"滤镜>锐化>进一步锐化"命令，即可应用该滤镜。如果锐化效果不明显，那么按快捷键Ctrl+Shft+F多次进行锐化，图4-311所示为应用3次"进一步锐化"滤镜以后的效果。

图 4-310

图 4-311

(3) 对于画面内容色彩清晰、边界分明、颜色区分明显的图像，使用"锐化边缘"滤镜可以轻松地进行锐化处理。这个滤镜既简单又快捷，而且锐化效果明显，对于不太会调参数的新手来说非常实用。打开一张图片，如图4-312所示。执行"滤镜>锐化>锐化边缘"命令(该滤镜没有参数设置窗口)，即可产生锐化效果。此时在画面中可以看到颜色差异边界被锐化了，而颜色差异边界以外的区域内容仍然较为平滑，如图4-313所示。

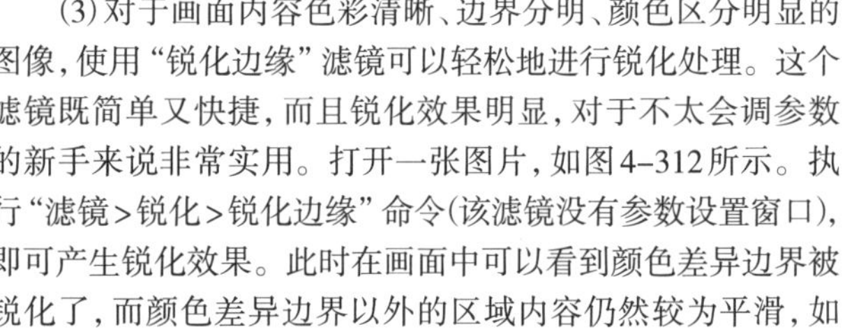

图 4-312　　图 4-313

重点 4.5.3 USM锐化：使图像变清晰

"USM锐化"滤镜可以查找图像中颜色差异明显的区域，然后将其锐化。这种锐化方式能够在锐化画面的同时，不增加过多的噪点。打开一张图片，如图4-314所示。执行"滤镜>锐化>USM锐化"命令，在弹出的"USM锐化"窗口中进行设置，如图4-315所示。单击"确定"按钮，效果如图4-316所示。

图 4-314

图 4-315

图 4-316

- 数量：用来设置锐化效果的精细程度。图4-317和图4-318所示为不同“数量”的对比效果。

图 4-317　　图 4-318

- 半径：用来设置图像锐化的半径范围大小。
- 阈值：只有相邻像素之间的差值达到所设置的“阈值”时才会被锐化。该值越高，被锐化的像素就越少。

重点 4.5.4　智能锐化：增强图像清晰度

“智能锐化”滤镜是锐化滤镜组中最为常用的滤镜之一。“智能锐化”滤镜具有“USM锐化”滤镜所没有的锐化控制功能，可以设置锐化算法，或控制在阴影和高光区域中的锐化量，而且能避免“色晕”等问题。如果想达到更好的锐化效果，那么这个滤镜必须学会！

(1) 打开一张图片，如图4-319所示。执行“滤镜>锐化>智能锐化”命令，打开“智能锐化”窗口。首先设置“数量”增加锐化强度，使效果看起来更加锐利；接着设置“半径”，该选项用来设置边缘像素受锐化影响的数量(数值无需调得太大，否则会产生白色晕影)。此时在预览图中查看一下效果，如图4-320所示。

图 4-319

图 4-320

(2) 接着设置“减少杂色”，该选项数值越高效果越强烈，画面效果越柔和(别忘了我们在锐化，所以要适度)；接下来设置“移去”，该选项用来区别影像边缘与杂色噪点，重点在于提高中间调的锐度和分辨率，如图4-321所示。设置完成后单击“确定”按钮，锐化前后的对比效果如图4-322所示。

图 4-321

图 4-322

- 数量：用来设置锐化的精细程度。数值越高，越能强化边缘之间的对比度。如图4-323与图4-324所示分别是设置“数量”为100%和500%时的锐化效果。

图 4-323　　图 4-324

- 半径：用来设置受锐化影响的边缘像素的数量。数值越高，受影响的边缘就越宽，锐化的效果也越明显。图4-325和图4-326所示分别是设置“半径”为3像素和6像素时的锐化效果。

图 4-325 　　图 4-326

- 减少杂色：用来消除锐化产生的杂色。
- 移去：选择锐化图像的算法。选择“高斯模糊”选项，可以使用“USM锐化”滤镜的方法锐化图像；选择“镜头模糊”选项，可以查找图像中的边缘和细节，并对细节进行更加精细的锐化，以减少锐化的光晕；选择“动感模糊”选项，可以激活右面的“角度”选项，通过设置“角度”值可以减少由于相机或对象移动而产生的模糊。
- 渐隐量：用于设置阴影或高光中的锐化程度。
- 色调宽度：用于设置阴影和高光中色调的修改范围。
- 半径：用于设置每个像素周围区域的大小。

练习实例：应用“智能锐化”滤镜使珠宝更精致

文件路径	资源包\第4章\应用“智能锐化”滤镜使珠宝更精致
难易指数	★★★★★
技术要点	智能锐化、曲线、自然饱和度

扫一扫，看视频

案例效果

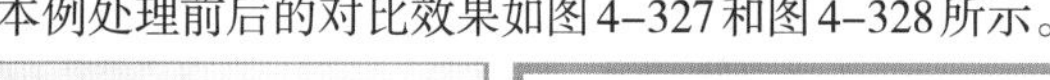

本例处理前后的对比效果如图4-327和图4-328所示。

图4-327

图4-328

操作步骤

步骤 01 执行“文件>打开”命令，在弹出的“打开”窗口中选择素材1.jpg，单击“打开”按钮，将素材打开，如图4-329所示。画面中饰物缺少光泽，颜色老旧，缺乏金属质感，背景颜色偏灰，给人一种肮脏的感觉。

图4-329

步骤 02 素材中的饰物颜色老旧，没有光泽，需要进行处理。执行“滤镜>智能锐化”命令，在弹出的窗口中设置“数量”为90%，“半径”为4像素，“减少杂色”为10%，“移去”为“高斯模糊”，然后单击“确定”按钮完成操作，如图4-330所示。通过这样操作增强了饰物的细节感，效果如图4-331所示。

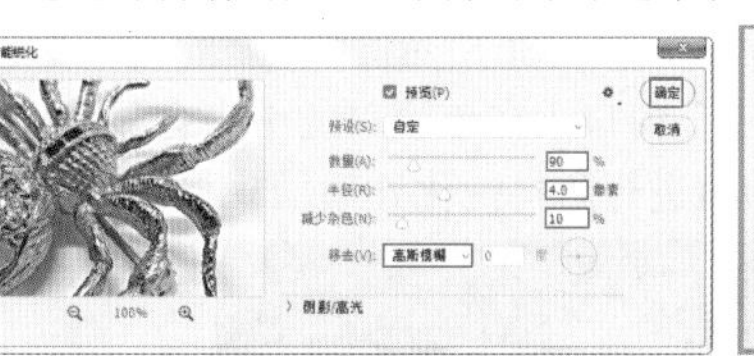

图4-330

图4-331

步骤 03 执行“图层>新建调整图层>自然饱和度”命令，在弹出的“属性”面板中设置“自然饱和度”为100，“饱和度”为0，如图4-332所示。通过这样操作增强了饰物的金属质感，提高了视觉冲击力，效果如图4-333所示。

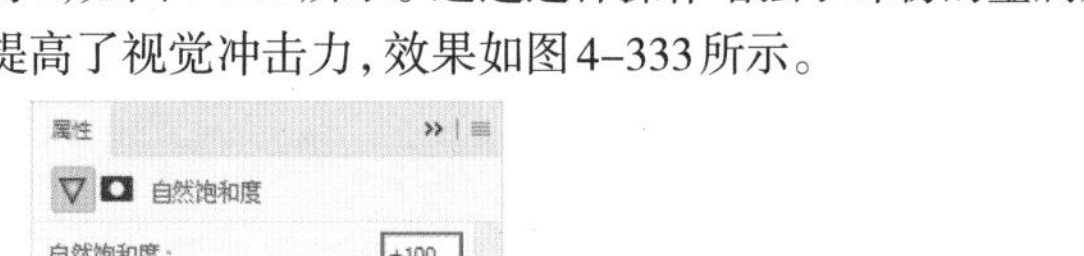

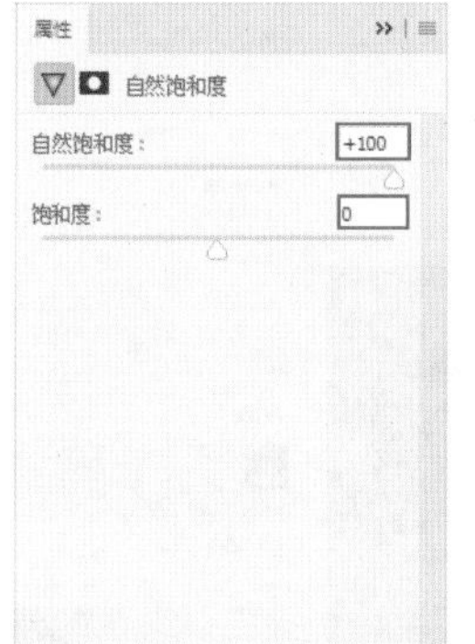

图4-332

图4-333

步骤 04 画面背景左边部分颜色偏灰，同样需要处理。执行“图层>新建调整图层>曲线”命令，在弹出的“属性”面板中单击“在图像中取样以设置白场”按钮，如图4-334所示。在画面左侧背景区域单击，让整个背景变为白色，使饰物在画面中更加突出，效果如图4-335所示。

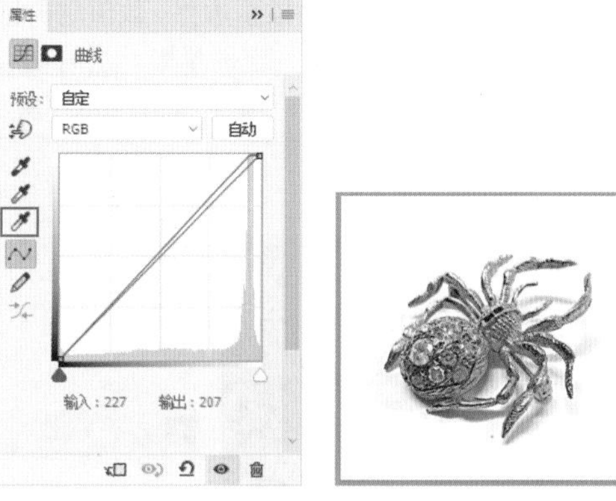

图4-334　　图4-335

重点 4.5.5　防抖：减少拍照抖动模糊

应用“防抖”滤镜，可以处理由于相机晃动而产生的拍照模糊的问题，如线性运动、弧形运动、旋转运动、Z字形运动产生的模糊。“防抖”滤镜适合处理对焦正确、曝光适度、杂

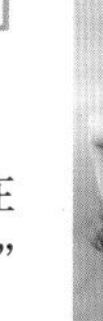

色较少的照片。

(1)打开一张图片，如图4-336所示。执行“滤镜>锐化>防抖”命令，打开“防抖”窗口。在该窗口的中央会显示模糊评估区域，并以默认数值进行防抖锐化处理，如图4-337所示。

图 4-336

图 4-337

(2)如果对锐化的处理不够满意，可以调整“模糊描摹边界”选项，该选项是用来增加锐化的强度，这是该滤镜中最基础的锐化，如图4-338所示。“模糊描摹边界”数值越高锐化效果越好，但是过高的数值会产生一定的晕影。这时就可以配合“平滑”和“伪像抑制”选项进行调整，如图4-339所示。

图 4-338

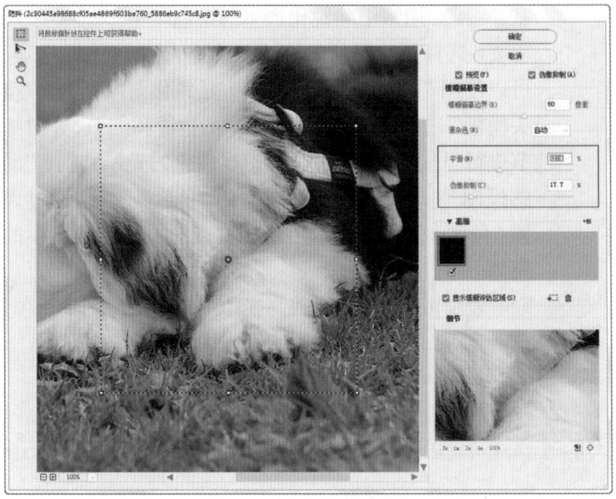

图 4-339

(3)如果对“模糊描摹边界”的位置不满意，可以拖曳控制点进行更改，如图4-340所示。调整完成后单击“确定”按钮完成操作，效果如图4-341所示。

图 4-340　　图 4-341

- 模糊评估工具：使用该工具在画面中单击，在弹出的小窗口中可以定位画面细节，如图4-342所示。按住鼠标左键拖曳可以手动定义模糊评估区域，并且在“高级”选项组中设置“模糊评估区域”的显示、隐藏与删除，如图4-343所示。

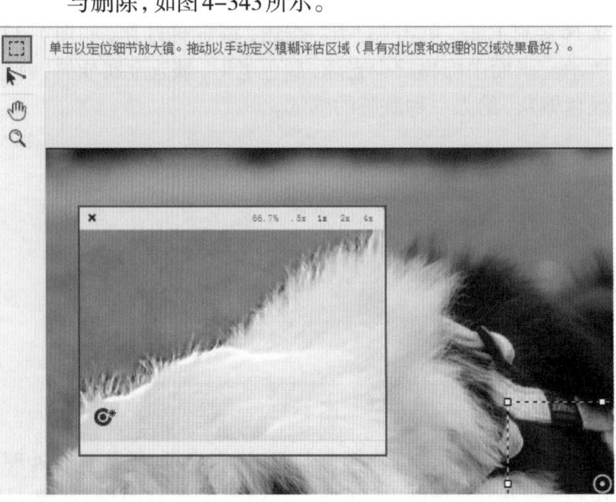

图 4-342

图 4-343

- 模糊方向工具：根据相机的震动类型，在图像上画出表示模糊的方向线，并配合“模糊描摹长度”和“模糊描摹方向”进行调整，如图4-344所示。针对该工具，可以按“[”键或“]”键微调长度；按Ctrl+]或Ctrl+[组合键可微调角度。得到满意的效果后，单击“确定”按钮完成操作。

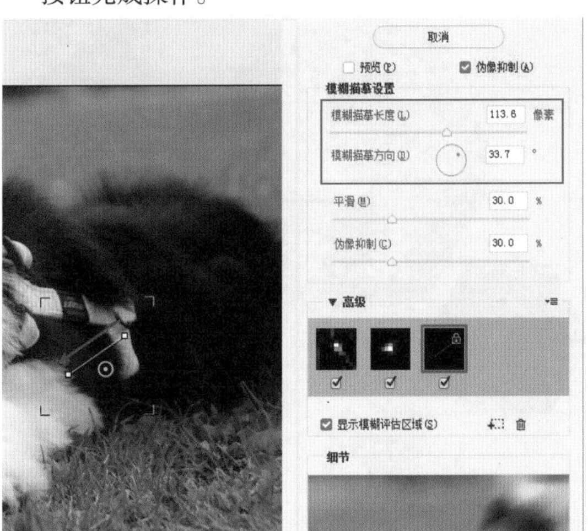

图 4-344

读书笔记

扫一扫，看视频

商品图片的调色美化

本章内容简介：

调色是商品照片处理中非常重要的一环，图像的色彩在很大程度上能够决定图像的“好坏”，与产品调性相匹配的色彩才能够正确地传达商品的内涵。对于网页版面设计也是一样的，正确地使用色彩非常重要。不同的颜色往往带有不同的情感倾向，对于消费者心理产生的影响也不相同。在本章中我们不仅可以学到如何使画面的色彩“正确”，还可以通过调色技术的使用，制作各种各样风格化的色彩。

重点知识掌握：

- 熟练掌握调色命令与调整图层的使用方法
- 能够准确分析图像色彩方面存在的问题并进行校正
- 熟练调整图像明暗、对比度问题
- 熟练掌握图像色彩倾向的调整
- 综合运用多种调色命令进行风格化色彩的制作
- 掌握图层不透明度和混合模式的设置方法

通过本章学习，我能做什么？

通过本章的学习，我们将学会十几种调色命令的使用方法。通过这些调色命令，我们可以校正商品图片的曝光以及偏色问题。例如，商品图片偏暗、偏亮，对比度过低/过高，暗部过暗导致细节缺失，画面颜色暗淡，天不蓝、草不绿，人物皮肤偏黄偏黑，图像整体偏蓝、偏绿、偏红等，这些问题都可以通过本章所学的调色命令轻松解决。此外，还可以综合运用多种调色命令以及混合模式等功能制作出一些风格化的色彩，如小清新色调、复古色调、高彩色调、电影色、胶片色、反转片色、LOMO色等。调色命令的数量虽然有限，但是通过这些命令能够制作出的效果却是无限的。还等什么？一起来试一下吧！

5.1 调色前的准备工作

调色不仅在摄影后期中占有重要的地位，在平面设计中也是不可忽视的一个重要组成部分。平面设计作品中经常用到各种各样的图片元素，而图片元素的色调与画面是否匹配直接影响到设计作品的成败。调色不仅要使元素变“漂亮”，更重要的是通过色彩的调整使元素“融合”到画面中。从图5–1和图5–2中可以看到部分元素与画面整体“格格不入”，而经过了颜色的调整，则会使元素不再显得突兀，画面整体气氛更统一。

图 5–1

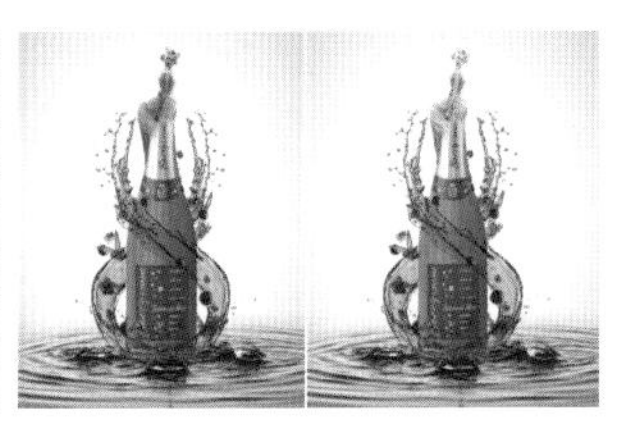

图 5–2

在Photoshop的“图像”菜单中包含多种用于调色的命令，其中大部分位于“图像>调整”子菜单中(还有3个自动调色命令位于“图像”菜单下)，这些命令可以直接作用于所选图层，如图5–3所示。执行“图层>新建调整图层”命令，在弹出的子菜单中可以看到与“图像>调整”子菜单中相同的命令，如图5–4所示。这些命令起到的调色效果是相同的，但是其使用方式略有不同，后面再进行详细讲解。

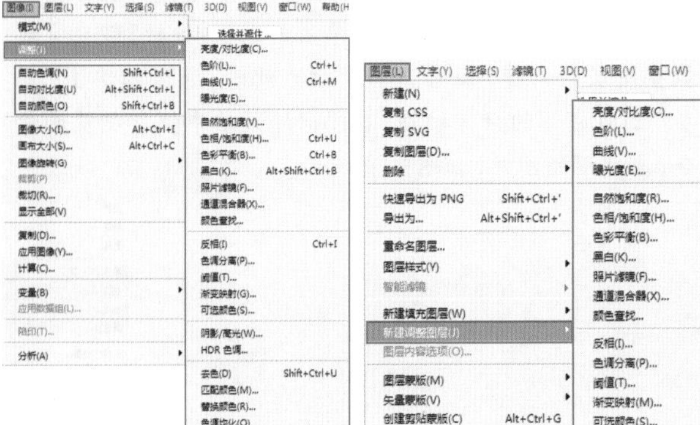

图 5–3　　图 5–4

重点 5.1.1 动手练：使用调色命令调色

(1) 调色命令的种类虽然很多，但是其使用方法比较相似。首先选中需要操作的图层，如图5–5所示。执行“图像调整”命令，在弹出的子菜单中可以看到很多调色命令，如“色相/饱和度”，如图5–6所示。

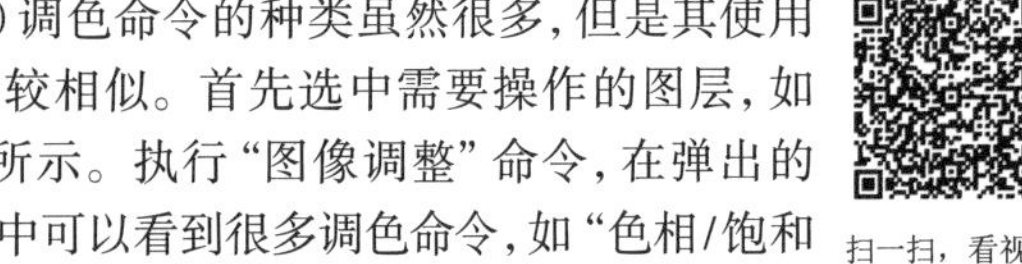

扫一扫，看视频

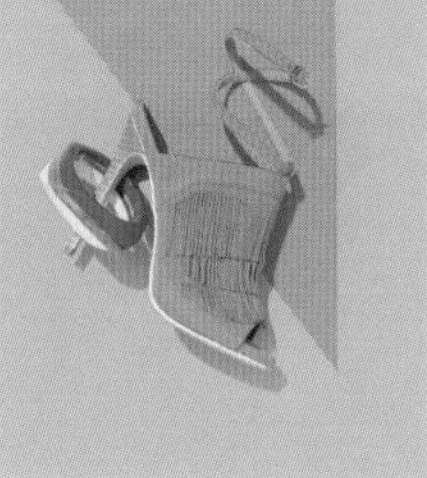

图 5–5

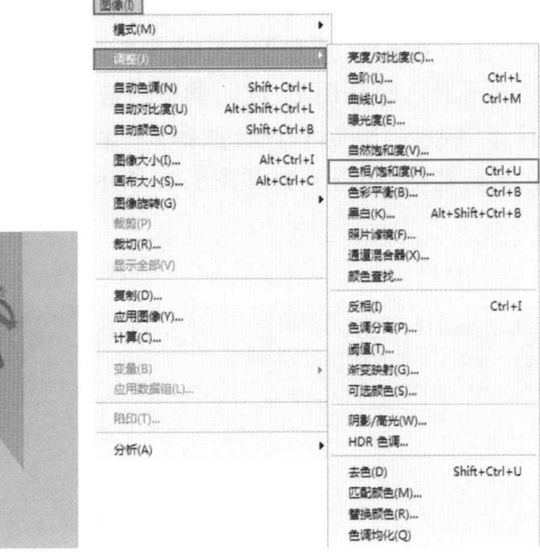

图 5–6

(2) 大部分调色命令会弹出参数设置窗口，从中可以进行相关参数选项的设置(“反相”“去色”“色调均化”命令没有参数设置窗口)。图5–7所示为“色相/饱和度”窗口。在调色的过程中，不同的图像所用的参数也是不同的，而且调色也是一个不断尝试的过程，所以在调整参数时都会先选中“预览”复选框，然后拖动滑块去调整参数。在调整的过程中就会看到图像的色彩发生了变化，如图5–8所示。

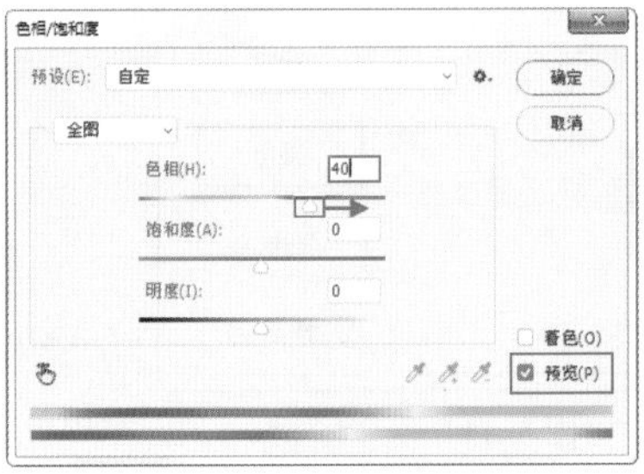

图 5–7

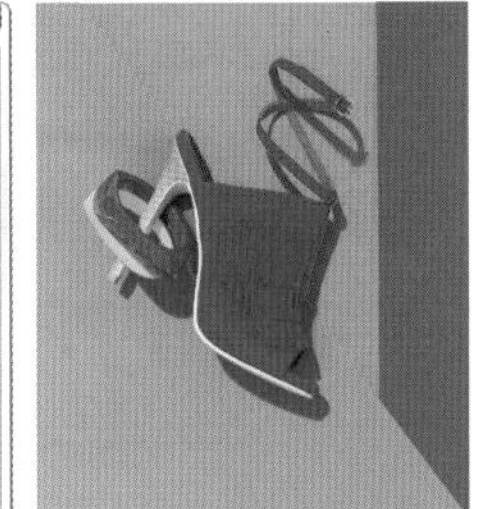

图 5–8

(3) 很多调整命令在其参数设置窗口中都提供了“预设”下拉列表框，用户可从中选择所需预设。所谓的“预设”就是软件内置的一些设置好的参数效果。我们可以通过在“预设”下拉列表框中选择某一种预设，快速为图像施加效果。例如，在“色相/饱和度”窗口中单击“预设”右侧的下拉按钮，在弹出的下拉列表框中选择某一项，即可观察到效果，如图5–9和图5–10所示。

图 5–9

图 5–10

(4) 很多调色命令在其参数设置窗口中提供了“通道/颜色”下拉列表框，用户可从中选择所需通道颜色。例如，默认情况下显示的是RGB，此时调整的是整个画面的效果。如果打开“颜色”下拉列表框，选择某一种颜色，即可针对这种颜色进行调整，如图5–11和图5–12所示。

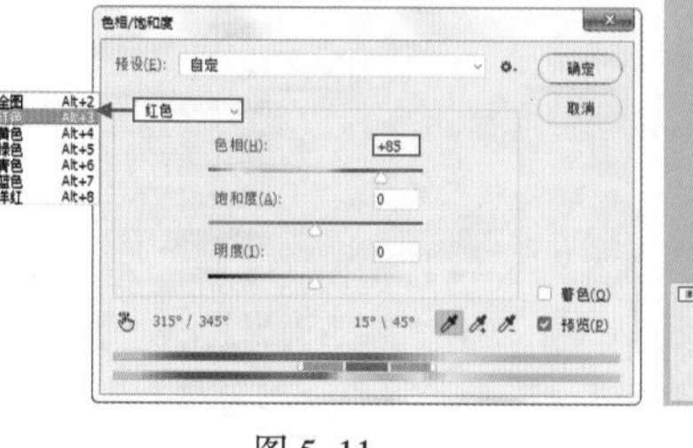

图 5–11

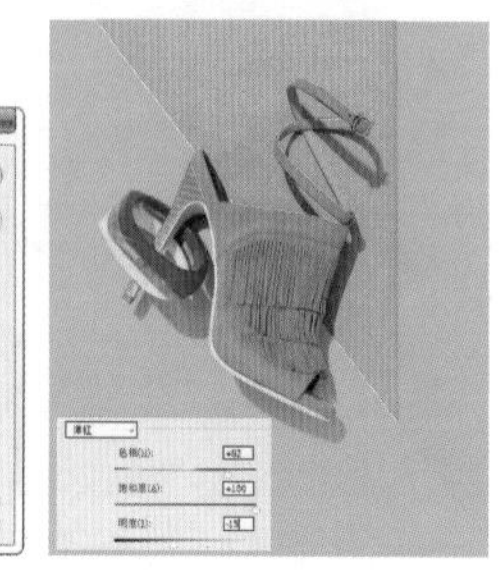

图 5–12

提示：快速还原默认参数

使用图像调整命令时，如果想要在修改参数之后，将参数还原成默认值，可以按住Alt键，则参数设置窗口中的“取消”按钮会变为“复位”按钮，单击该按钮即可还原原始参数，如图5–13所示。

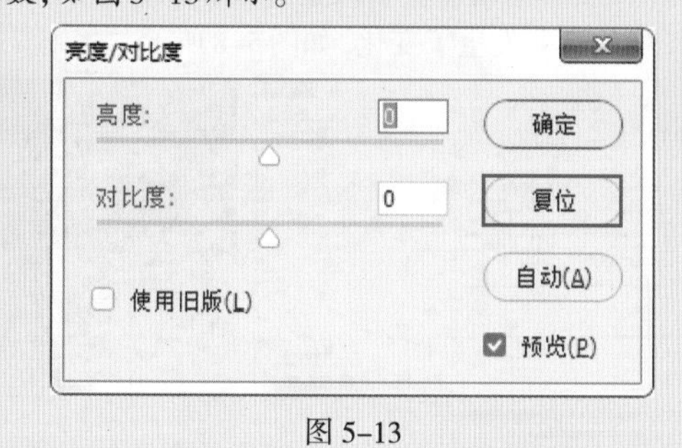

图 5–13

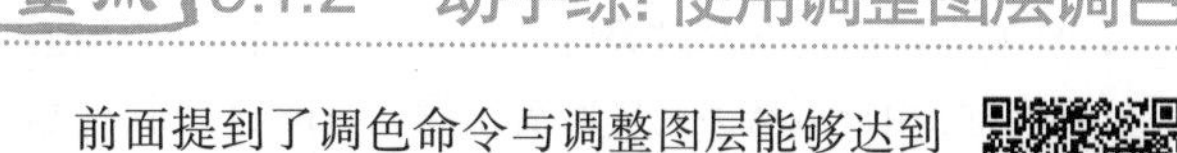

重点 5.1.2 动手练：使用调整图层调色

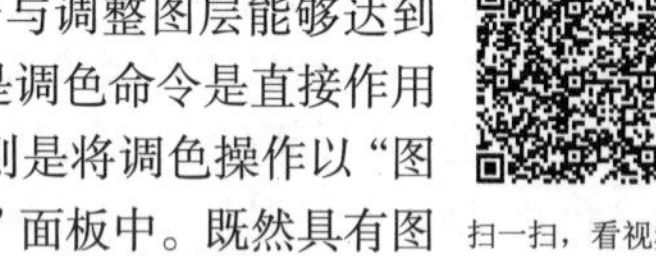

扫一扫，看视频

前面提到了调色命令与调整图层能够达到的调色效果是相同的，但是调色命令是直接作用于原图层的，而调整图层则是将调色操作以“图层”的形式，存在于“图层”面板中。既然具有图层的属性，那么调整图层就具有以下特点：可以随时隐藏或显示调色效果；可以通过蒙版控制调色影响的范围；可以创建剪贴蒙版，可以调整透明度以减弱调色效果；可以随时调整图层所处的位置；可以随时更改调色的参数。相对来说，使用调整图层进行调色，可以操作的余地更大一些。

(1) 选中一个需要调整的图层，如图5–14所示。执行“窗口>调整”命令，打开“调整”面板，如图5–15所示。在该面板中可以看到有3排按钮，“图层>新建调整图层”子菜单中的命令是一一对应的。从中单击相应的按钮，即可创建调整图层，如图5–16所示。

图 5–14

图 5–15　　图 5–16

提示：新建调整图层的其他方法

在“图层>新建调整图层”子菜单中执行相应的命令，在弹出的“新建图层”窗口中对图层名称、颜色、混合模式以及不透明度进行设置，然后单击“确定”按钮，即可完成调整图层的新建，如图5–17所示。此外，还可以单击“图层”面板底部的 按钮，在弹出的菜单中执行相应的命令，新建调整图层，如图5–18所示。

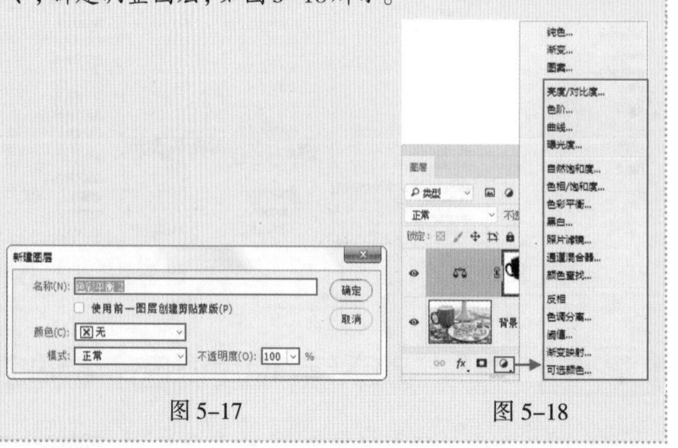

图 5–17　　图 5–18

(2) 与此同时，在“属性”面板中将会显示当前调整图层的参数设置(如果没有出现“属性”面板，双击该调整图层的缩览图，即可打开“属性”面板)，随意调整参数，如图5–19所示。此时画面颜色发生了变化，如图5–20所示。

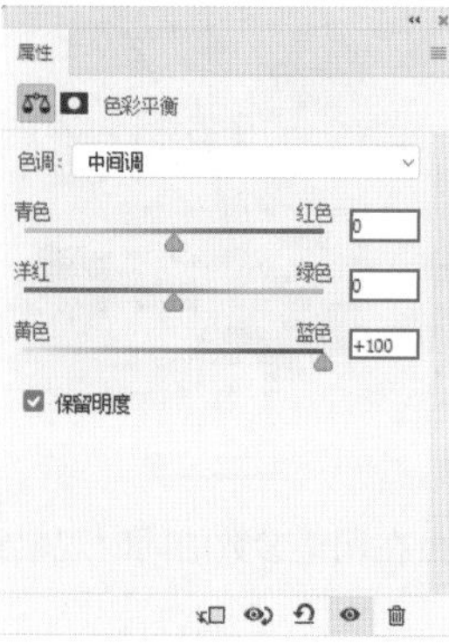

图 5-19

图 5-20

(3) 在“图层”面板中能够看到每个调整图层都自动带有一个“图层蒙版”。在调整图层蒙版中可以使用黑、白色来控制受影响的区域。白色为受影响，黑色为不受影响，灰色为受到部分影响。例如，想要使刚才创建的“色彩平衡”调整图层只对画面中桌布的部分起作用，则需要在蒙版中使用黑色画笔涂抹不想受到调色命令影响的部分。单击选中“色彩平衡”调整图层的蒙版，然后设置前景色为黑色，在工具箱中选择“画笔工具”，在选项栏中设置合适的“大小”，在瓷器的区域涂抹黑色，如图5-21所示。被涂抹的区域变为调色之前的效果，如图5-22所示。

图 5-21

图 5-22

5.2 自动矫正商品照片存在的偏色问题

在“图像”菜单下有3个用于自动调整图像颜色的命令，即“自动对比度”“自动色调”“自动颜色”，如图5-23所示。这3个命令无需进行参数设置，执行命令后，Photoshop会自动计算图像颜色和明暗中存在的问题并进行校正。这3个命令适用于处理数码照片中常见的一些偏色或者偏灰、偏暗、偏亮等问题。

图像(I) 图层(L) 文字(Y) 选择(S) 滤镜	
模式(M)	▸
调整(J)	▸
自动色调(N)	Shift+Ctrl+L
自动对比度(U)	Alt+Shift+Ctrl+L
自动颜色(O)	Shift+Ctrl+B

图 5-23

5.2.1 自动对比度

“自动对比度”命令常用于校正图像对比度过低的问题。打开一张对比度偏低的图像，画面看起来有些“灰”，如图5-24所示。执行“图像>自动对比度”命令，偏灰的图像会被自动提高对比度，效果如图5-25所示。

图 5-24

图 5-25

5.2.2 自动色调

“自动色调”命令常用于校正图像常见的偏色问题。打开一幅略微有些偏色的图像，画面看起来有些偏黄，如图5-26所示。执行“图像>自动色调”命令，过多的黄色成分被去除了，效果如图5-27所示。

图 5-26

图 5-27

5.2.3 自动颜色

“自动颜色”命令主要用于校正图像中颜色的偏差。例如，在图5-28所示的图像中，画面整体偏向于红色。执行“图像>自动颜色”命令，则可以快速减少画面中的红色，效果如图5-29所示。

图 5-28

图 5-29

5.3 调整图像的明暗

在“图像>调整”子菜单中有很多调色命令，其中一部分调色命令主要针对图像的明暗进行调整。提高图像的明度可以使画面变亮，降低图像的明度可以使画面变暗；增强亮部区域的明亮程度并降低画面暗部区域的亮度则可以增强画面对比度，反之则会降低画面对比度，如图5-30和图5-31所示。

图 5-30　　图 5-31

重点 5.3.1 亮度/对比度

“亮度/对比度”命令常用于使图像变得更亮、变暗一些、校正“偏灰”(对比度过低)的图像、增强对比度使图像更“抢眼”或弱化对比度使图像柔和。

扫一扫，看视频

打开一幅图像，如图5-32所示。执行“图像>调整>亮度/对比度”命令，打开“亮度/对比度”窗口，如图5-33所示。执行“图层>新建调整图层>亮度/对比度”命令，创建一个“亮度/对比度”调整图层。

图 5-32　　图 5-33

- 亮度：用来设置图像的整体亮度。数值为负值时，表示降低图像的亮度；数值为正值时，表示提高图像的亮度，如图5-34所示。

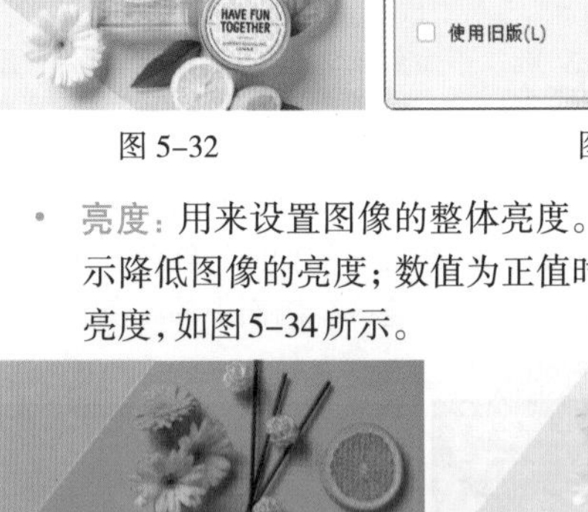

图 5-34

- 对比度：用于设置图像亮度对比的强烈程度。数值为负值时，对比度减弱；数值为正值时，图像对比度会增强，如图5-35所示。

图 5-35

- 预览：启用“预览”选项即可在调整参数的同时观察到画面变化。
- 使用旧版：选中该复选框后，可以得到与Photoshop CS3以前的版本相同的调整结果。
- 自动：单击“自动”按钮，Photoshop会自动根据画面进行调整。

重点 5.3.2 动手练：色阶

扫一扫，看视频

“色阶”命令主要用于调整画面的明暗程度以及增强或降低对比度。“色阶”命令的优势在于可以单独对画面的阴影、中间调、高光以及亮部、暗部区域进行调整，还可以对各个颜色通道进行调整，以实现色彩调整的目的。

执行“图像>调整>色阶”命令(快捷键为Ctrl+L)，打开“色阶”窗口，如图5-36所示。执行“图层>新建调整图层>色阶”命令，新建一个“色阶”调整图层，如图5-37所示。

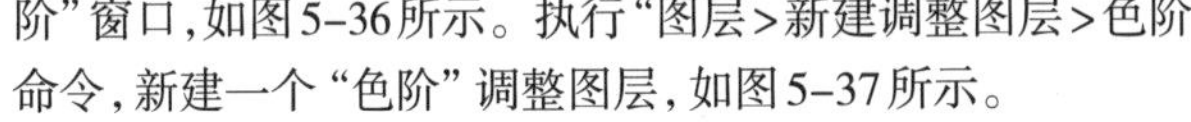

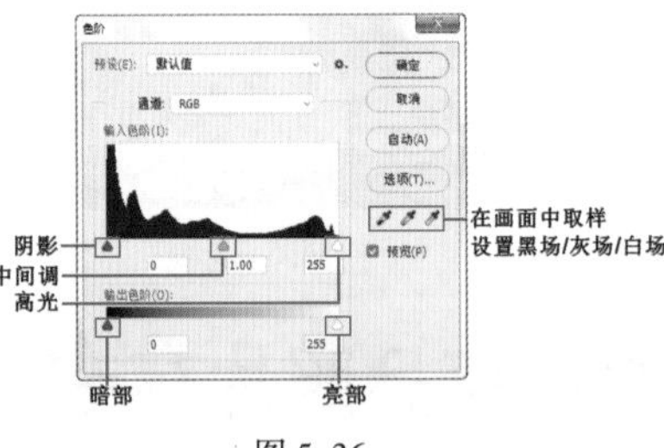

图 5-36

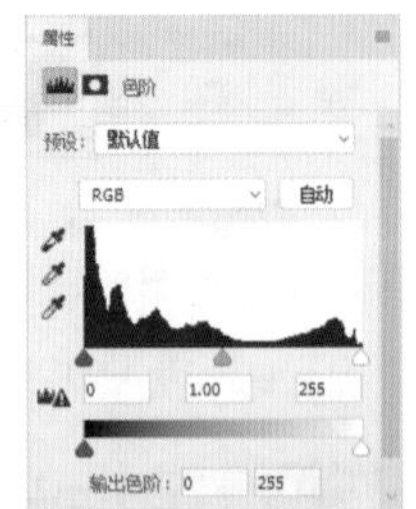

图 5-37

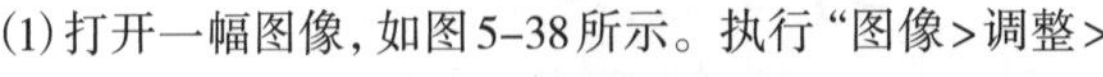

(1) 打开一幅图像，如图5-38所示。执行“图像>调整>色阶”命令，打开“色阶”窗口。在“输入色阶”选项组中可以通过拖动滑块来调整图像的阴影、中间调和高光，也可以直接在相应的文本框中输入数值。向右拖动“阴影”滑块，画面暗部区域会变暗，如图5-39和图5-40所示。

图 5-38

图 5-39　　图 5-40

(2) 尝试向左拖动“高光”滑块，画面亮部区域变亮，如图5-41和图5-42所示。

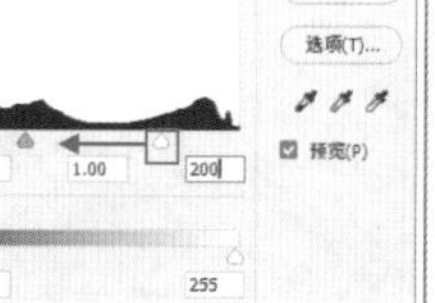

图 5-41　　图 5-42

(3) 向左移动“中间调”滑块，画面中间调区域会变亮；受之影响，画面大部分区域会变亮，如图5-43和图5-44所示。

图 5-43　　图 5-44

(4) 向右拖动“中间调”滑块，画面中间调区域会变暗；受之影响，画面大部分区域会变暗，如图5-45和图5-46所示。

图 5-45　　图 5-46

(5) 在“输出色阶”选项组中可以设置图像的亮度范围，从而降低对比度。向右拖动“暗部”滑块，画面暗部区域会变亮，画面会产生“变灰”的效果，如图5-47和图5-48所示。

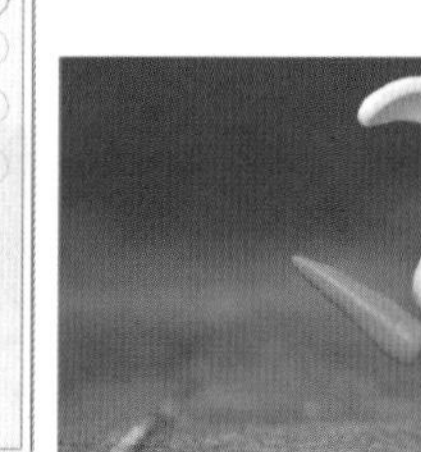

图 5-47　　图 5-48

(6) 向左拖动“亮部”滑块，画面亮部区域会变暗，画面同样会产生“变灰”的效果，如图5-49和图5-50所示。

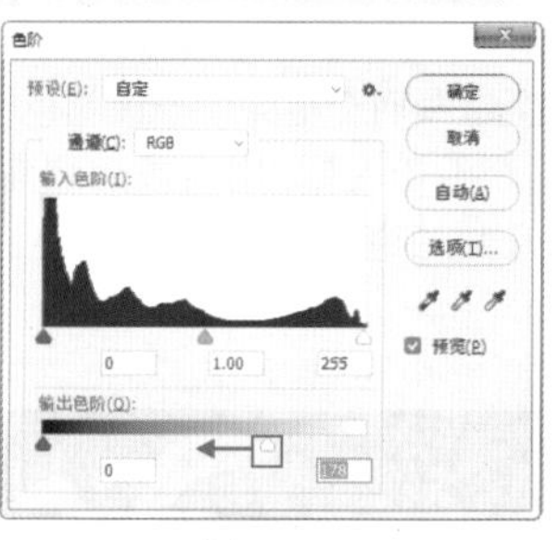

图 5-49　　图 5-50

(7) 使用“在图像中取样以设置黑场”吸管在图像中单击取样，可以将单击点处的像素调整为黑色，同时图像中比该单击点暗的像素也会变成黑色，如图5-51和图5-52所示。

图 5-51　　图 5-52

(8) 使用“在图像中取样以设置灰场”吸管在图像中单击取样，可以根据单击点像素的亮度来调整其他中间调的平均亮度，如图5-53和图5-54所示。

图 5-53　　图 5-54

(9) 使用“在图像中取样以设置白场”吸管在图像中单击取样，可以将单击点处的像素调整为白色，同时图像中比该

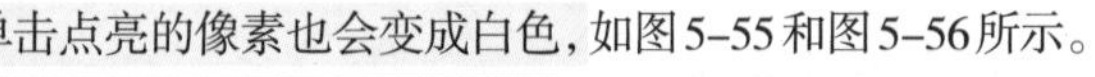

单击点亮的像素也会变成白色，如图5–55和图5–56所示。

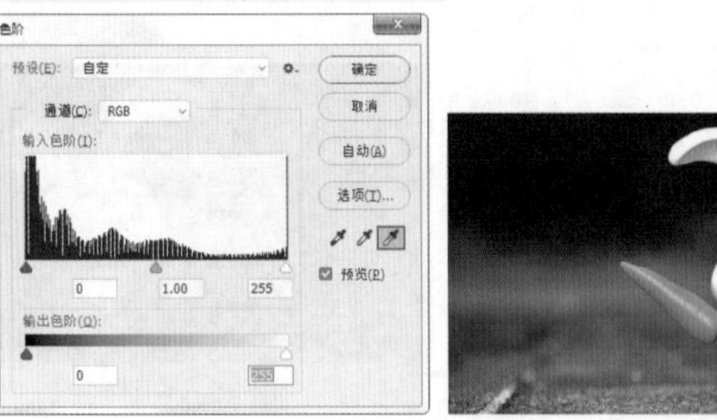

图 5–55　　　　图 5–56

(10) 如果想要使用“色阶”命令对画面颜色进行调整，则可以在“通道”下拉列表框中选择某个“通道”，然后对该通道进行明暗调整，使某个通道变亮，画面会更倾向于该颜色，如图5–57和图5–58所示。使某个通道变暗，则会减少画面中该颜色的成分，而使画面倾向于该通道的补色。

图 5–57　　　　图 5–58

重点 5.3.3　动手练：曲线

扫一扫，看视频

“曲线”命令既可用于对画面的明暗和对比度进行调整，又可用于校正画面偏色问题以及调整出独特的色调效果。

执行“图像>调整>曲线”命令(快捷键为Ctrl+ M)，打开“曲线”窗口，如图5–59所示。在“曲线”窗口中，左侧为曲线调整区域，在这里可以通过改变曲线的形态，调整画面的明暗程度。曲线上半段控制画面的亮部区域；曲线中间段控制画面中间调区域；曲线下半段控制画面暗部区域。

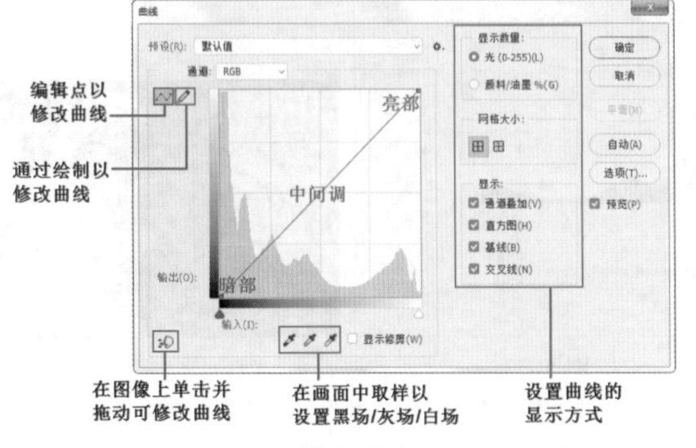

图 5–59

在曲线上单击即可创建一个点，然后通过按住鼠标左键拖动该点的位置来调整曲线形态。将曲线上的点向左上方移动则会使图像变亮，将曲线上的点向右下方移动可以使图像变暗。

执行“图层>新建调整图层>曲线”命令，新建一个“曲线”调整图层，同样能够进行相同效果的调整，如图5–60所示。

1. 使用“预设”的曲线效果

在“预设”下拉列表框中共有9种曲线预设效果。图5–61和图5–62所示分别为原图与9种预设效果。

图 5–60　　　　图 5–61

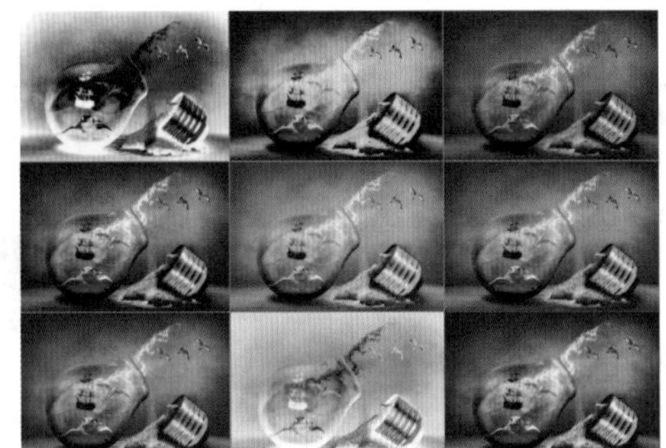

图 5–62

2. 提亮画面

预设并不一定适合所有情况，所以大部分时候需要我们自己对曲线进行调整。例如，想让画面整体变亮一些，可以选择在曲线的中间调区域按住鼠标左键向左上方拖动，如图5–63所示。此时画面就会变亮，如图5–64所示。因为通常情况下，中间调区域控制的范围较大，所以想要对画面整体进行调整时，大多会选择在曲线中间段进行调整。

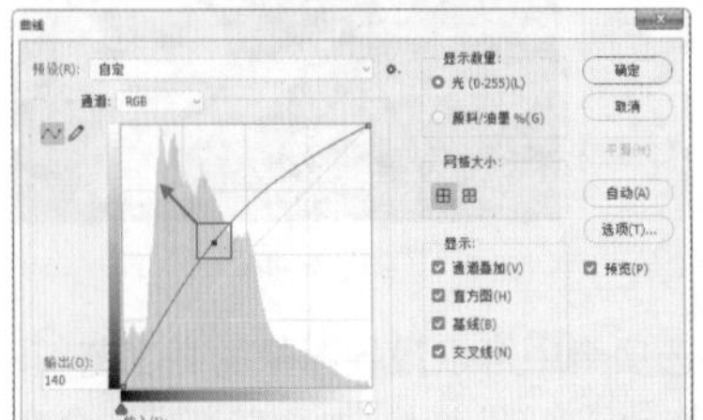

图 5–63　　　　图 5–64

3. 压暗画面

想要使画面整体变暗一些，可以在曲线中间调区域按住鼠标左键向右下方拖动，如图5-65所示。效果如图5-66所示。

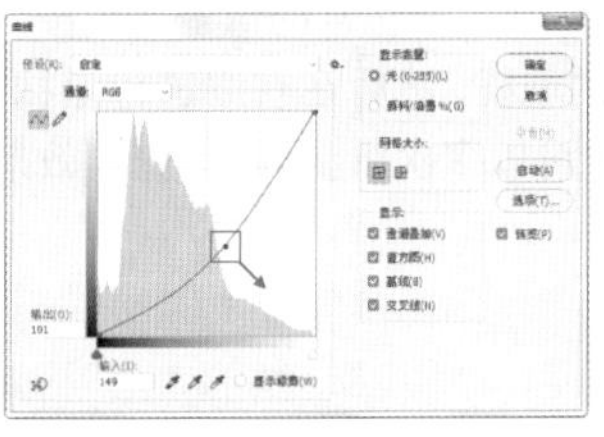

图 5-65

图 5-66

4. 调整图像对比度

想要增强画面对比度，则需要使画面亮部变得更亮，而暗部变得更暗，即将曲线调整为S形。在曲线上半段添加点向左上方移动，在曲线下半段添加点向右下方移动，如图5-67所示。反之，想要降低画面对比度，则需要将曲线调整为Z形，如图5-68所示。

图 5-67　图 5-68

5. 调整图像的颜色

使用"曲线"命令可以校正偏色问题，也可以使画面产生各种各样的颜色倾向。如图5-69所示的画面倾向于红色，那么在调色处理时，就需要减少画面中的"红"。可以在"通道"下拉列表框中选择"红"，然后调整曲线形态，将曲线向右下方调整。此时画面中的红色成分减少，画面颜色恢复正常，如图5-70所示。当然，如果想要改变图像的色调，则可以调整单独通道的明暗，来使画面颜色发生改变。

图 5-69

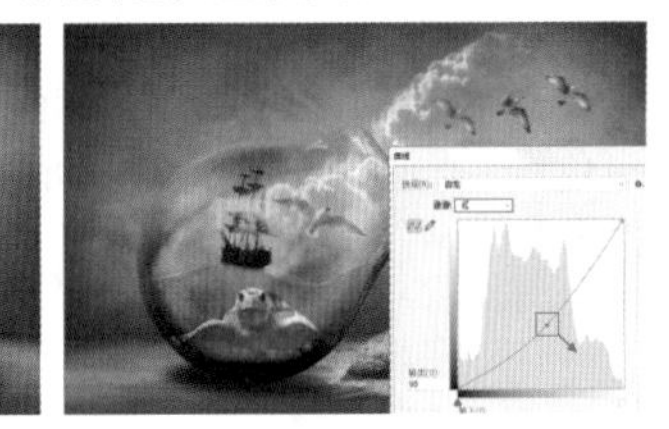

图 5-70

练习实例：使用"曲线"命令提亮画面

文件路径	资源包\第5章\使用"曲线"命令提亮画面
难易指数	★★★★★
技术掌握	"曲线"命令、"污点修复画笔工具""表面模糊"滤镜

扫一扫，看视频

案例效果

本例处理前后的对比效果如图5-71和图5-72所示。

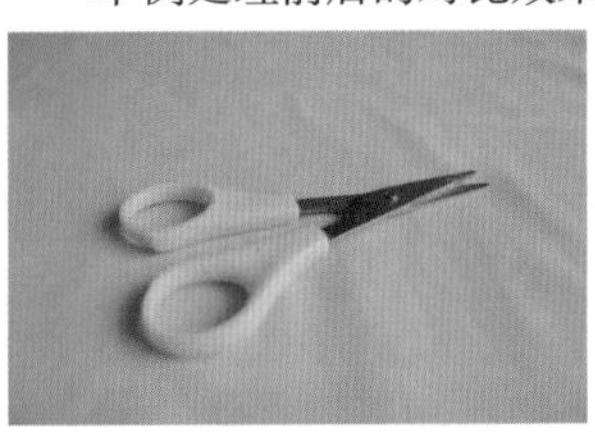

图 5-71

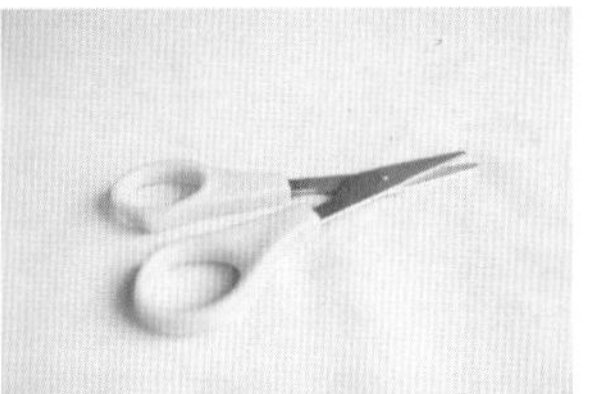

图 5-72

操作步骤

步骤 01 执行"文件>打开"命令，打开素材1.jpg，如图5-73所示。画面存在整体偏暗、颜色感不足、产品主体有污迹等问题。首先需要提高画面的亮度。执行"图层>新建调整图层>曲线"命令，在弹出的"新建图层"窗口中单击"确定"按钮。接着在"属性"面板中向上拖动阴影控制点，以提高画面整体的亮度，曲线形态如图5-74所示。此时画面效果如图5-75所示。

步骤 02 为了增强画面颜色的对比效果，可以将剪刀刀柄的颜色还原。单击选中调整图层的图层蒙版，将前景色设置为黑色；在工具箱中单击"画笔工具"按钮，选择一种柔边缘的画笔，设置合适的笔尖大小；然后在刀柄的位置涂抹，将此处的调色效果隐藏，如图5-76所示。

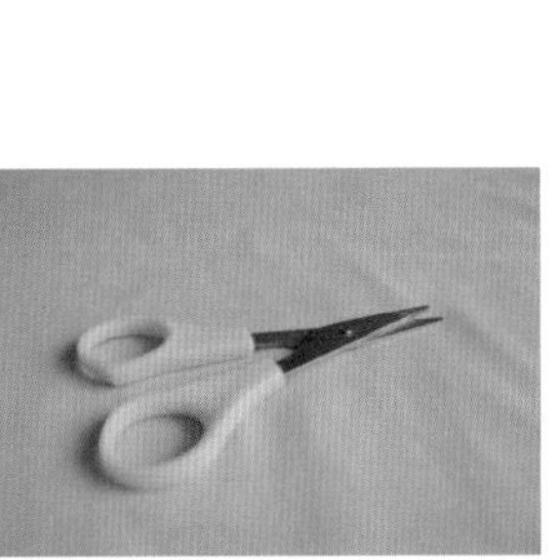

图 5-73

图 5-74

图 5-75

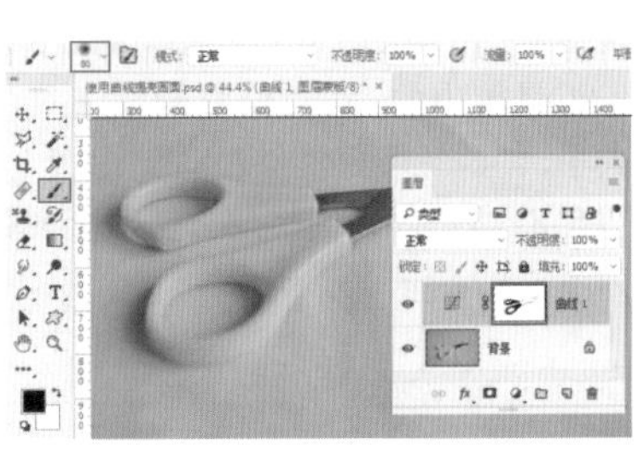

图 5-76

步骤 03 继续提高画面的亮度。再次新建一个"曲线"调整图层，在曲线的中间调区域单击添加一个控制点，然后向左上方拖动，曲线形态如图5-77所示。此时中间调部分的亮度提高了，画面效果如图5-78所示。

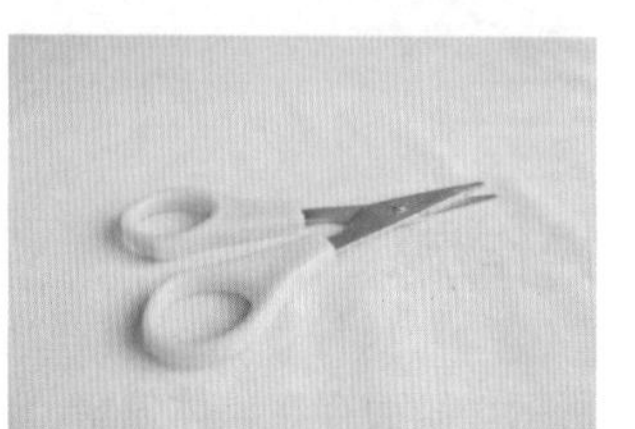
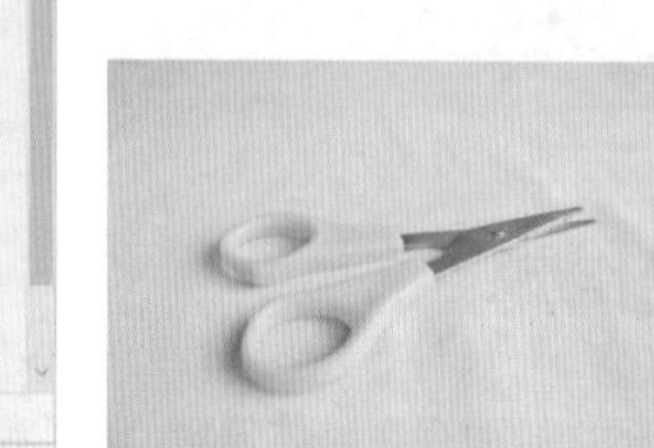

图 5-77　　图 5-78

步骤 04 为了增强画面明度的对比效果，可以在暗部单击添加一个控制点，然后向下拖动，曲线形态如图5-79所示。此时暗部的亮度降低了，画面效果如图5-80所示。

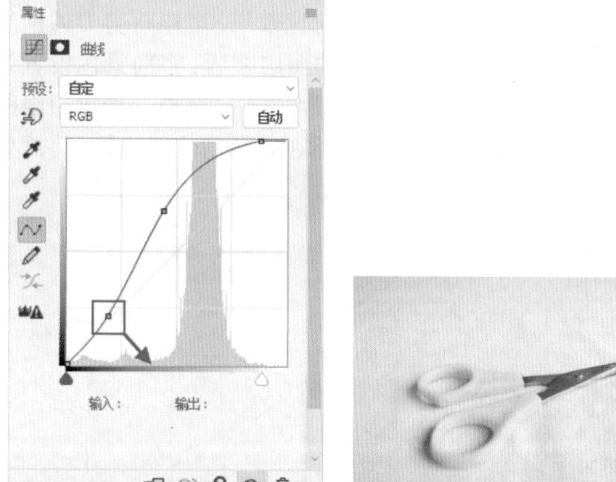

图 5-79　　图 5-80

步骤 05 接下来需要对剪刀金属部分进行一定的处理。仔细观察金属部分，可以看到表面有很多点状的污迹。按盖印快捷键Ctrl+Alt+Shift+E，将画面效果盖印为独立的图层。单击工具箱中的“污点修复画笔工具”按钮，设置合适的画笔大小，使画笔刚好能够覆盖到污点上，单击即可去除污点，如图5-81所示。以同样的方法对金属部分的小污迹进行去除，如图5-82所示。

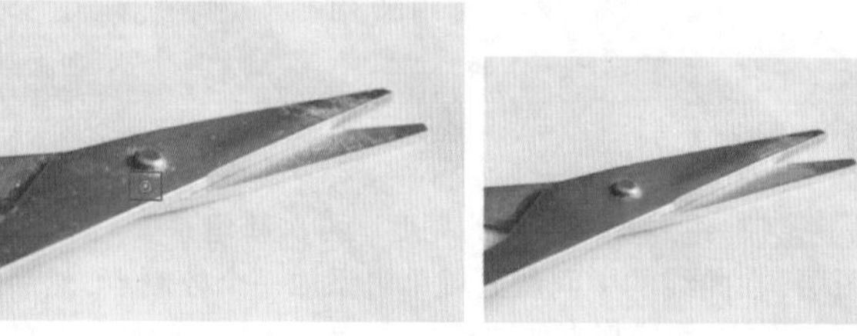

图 5-81　　图 5-82

步骤 06 接下来需要去除尖端部分的污迹。为了避免在修复过程中影响到其他区域，需要绘制出这部分的选区(此处用到了“多边形套索工具”进行选区的创建)。接下来，单击工具箱中的“仿制图章工具”按钮，在左侧正常的像素区域按住Alt键单击鼠标左键进行像素的取样，然后在右侧进行涂抹，如图5-83所示。在修复过程中可以多次重新取样，修复效果如图5-84所示。

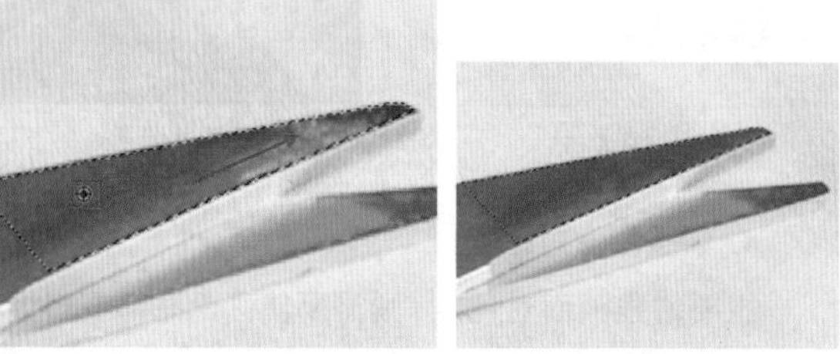

图 5-83　　图 5-84

步骤 07 修复完成后，可以看到这部分金属表面存在一定的明暗不均匀的情况。选择工具箱中的“减淡工具”，在选项栏中设置较小的画笔大小、较低的“曝光度”数值，然后仔细地在偏暗的部分进行涂抹，使金属表面的明暗更加统一。经过处理的金属表面显得更加平滑，如图5-85所示。

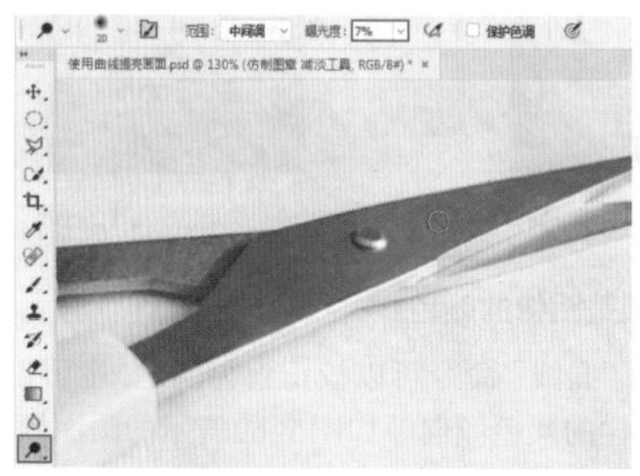

图 5-85

步骤 08 接下来处理金属的侧面部分。首先得到侧面部分的选区，然后新建图层，如图5-86所示。由于这部分存在反光不规则的情况，所以金属表面的颜色不太统一，影响美观。在得到了这部分选区后，可以使用“画笔工具”吸取附近相似的颜色，然后在选区中进行绘制，使金属侧面颜色统一，效果如图5-87所示。然后按Ctrl+D组合键取消选区。

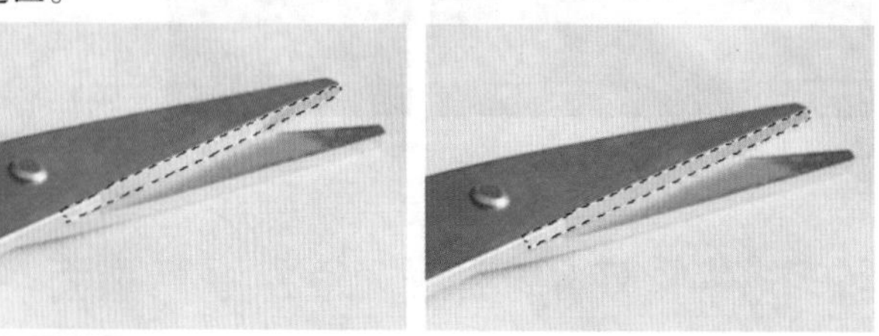

图 5-86　　图 5-87

步骤 09 下层金属同样需要创建选区，并使用“画笔工具”在这个范围内绘制接近的颜色，以得到平滑、光洁的金属表面，如图5-88和图5-89所示。

图 5-88　　图 5-89

步骤 10 到这里金属表面的污迹以及不匀的颜色基本处理完毕，但是此时金属部分的颜色存在一定的偏色问题。对此，先使用“多边形套索工具”绘制出这部分选区，如图5-90所示。

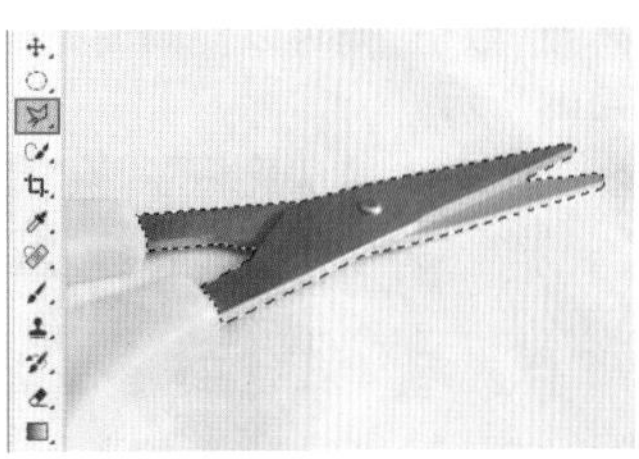

图 5-90

步骤 11 对当前选区执行“图层>新建调整图层>自然饱和度”命令，在弹出的“新建图层”窗口中单击“确定”按钮，接着在“属性”面板中设置自然饱和度为-100，此时金属变为灰色，如图5-91所示。

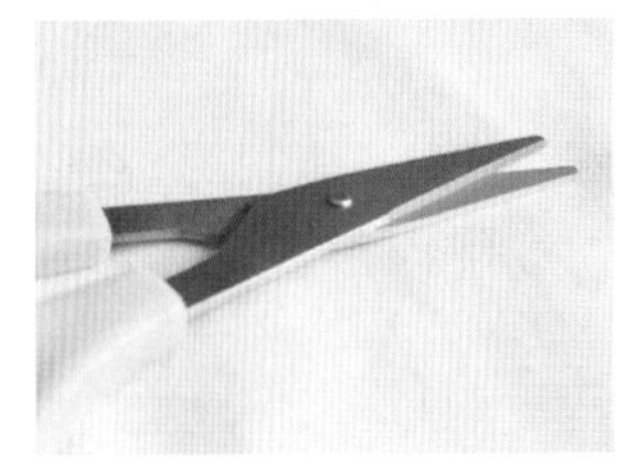

图 5-91

步骤 12 继续载入新建的选区，执行“图层>新建调整图层>亮度/对比度”命令，在弹出的“新建图层”窗口中单击“确定”按钮，接着在“属性”面板中设置“亮度”为25，“对比度”为45，效果如图5-92所示。

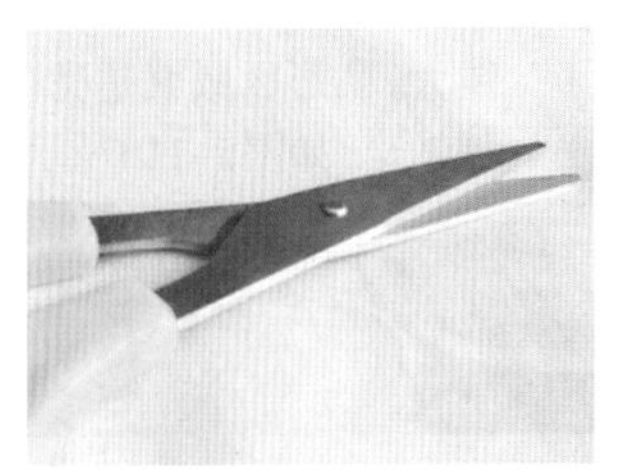

图 5-92

步骤 13 接下来对背景部分的细节进行一定的去除。按盖印快捷键Ctrl+Alt+Shift+E，将画面盖印为独立的图层。执行“滤镜>模糊>表面模糊”命令，在弹出的“表面模糊”窗口中设置“半径”为36像素，“阈值”为24色阶，如图5-93所示。此时画面整体的细节减少，背景部分变得比较平滑，如图5-94所示。

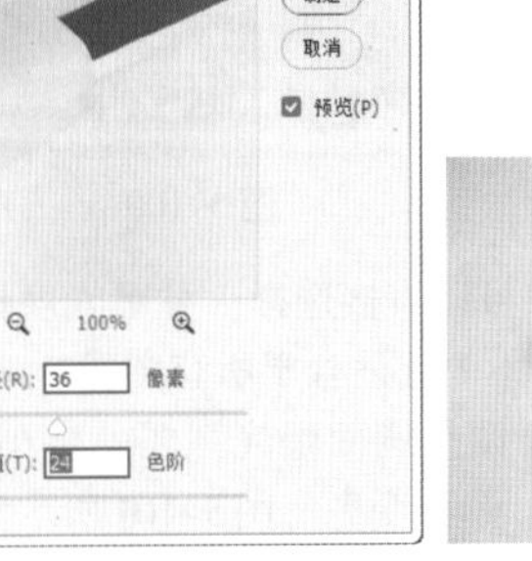

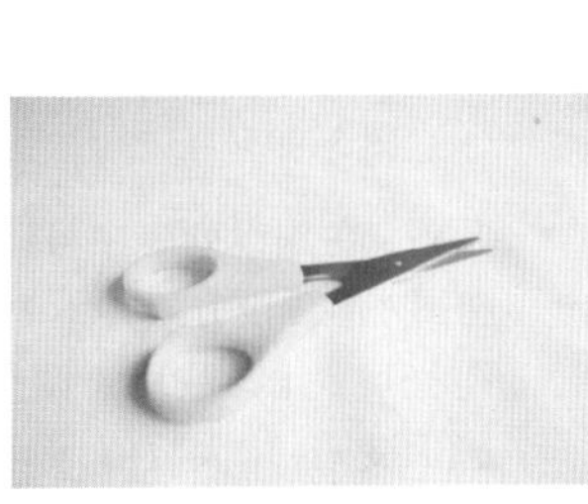

图 5-93　　图 5-94

步骤 14 为该图层添加图层蒙版。由于此图层只需要保留平滑的背景部分，所以需要在蒙版中使用黑色的“画笔工具”涂抹剪刀部分(如图5-95所示)，使剪刀还原到之前的效果，如图5-96所示。

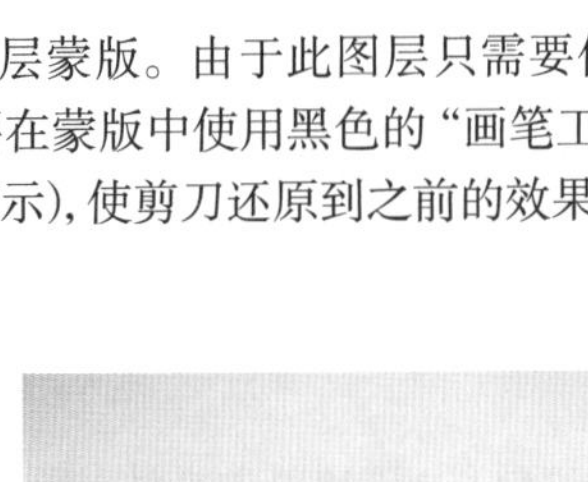

图 5-95　　图 5-96

重点 5.3.4 曝光度

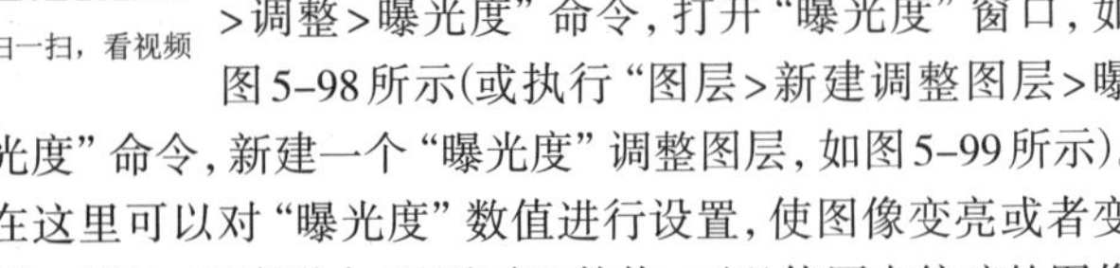

扫一扫，看视频

“曝光度”命令主要用来校正图像曝光不足、曝光过度、对比度过低或过高的问题。

打开一幅图像，如图5-97所示。执行“图像>调整>曝光度”命令，打开“曝光度”窗口，如图5-98所示(或执行“图层>新建调整图层>曝光度”命令，新建一个“曝光度”调整图层，如图5-99所示)。在这里可以对“曝光度”数值进行设置，使图像变亮或者变暗。例如，适当增大“曝光度”数值，可以使原本偏暗的图像变亮一些，如图5-100所示。

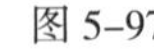

图 5-97　　图 5-98

图 5-99　　图 5-100

- 预设：在预设列表中可以直接选择一种曝光度调整的方式，但预设方式并不一定适合于所有图像。
- 曝光度：此参数用于调整画面曝光强弱。减小数值，画面变暗；增大数值，画面变亮。图5-101所示为不同"曝光度"的对比效果。

图 5-101

- 位移：该选项主要对阴影和中间调起作用。减小数值可以使图像阴影和中间调区域变暗，但对高光基本不会产生影响。图5-102所示为不同"位移"的对比效果。

图 5-102

- 灰度系数校正：该数值用于调整画面整体灰度情况。向左调整增大数值，滑块向右调整减小数值。图5-103所示为不同"灰度系数校正"的对比效果。

图 5-103

重点 5.3.5　阴影/高光

"阴影/高光"命令可以单独对画面中的阴影区域以及高光区域的明暗进行调整，常用于校正由于图像过暗造成的暗部细节缺失，以及图像过亮导致的亮部细节不明确等问题。

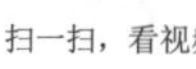

扫一扫，看视频

(1) 打开一幅图像。首先分析一下，在这幅图像中，阴影部分比较暗，细节缺失严重，但是高光部分还比较正常，如图5-104所示。执行"图像>调整>阴影/高光"命令，打开"阴影/高光"对话框，在"阴影"选项组中向右拖动"数量"滑块，如图5-105所示。选中"预览"复选框，可以看到画面阴影区域的亮度被提高了，细节也逐渐显现出来，如图5-106所示。

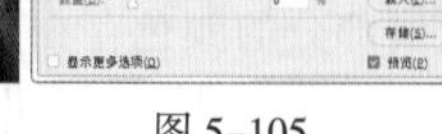

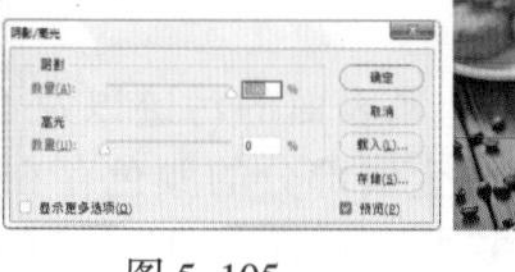

图 5-104　　图 5-105　　图 5-106

(2) 增大"高光"数值，则可以使画面亮部区域变暗，如图5-107和图5-108所示。

图 5-107　　图 5-108

(3)"阴影/高光"可设置的参数并不只是这两个，选中"显示更多选项"复选框后，可以显示"阴影/高光"的完整参数选项，如图5-109所示。

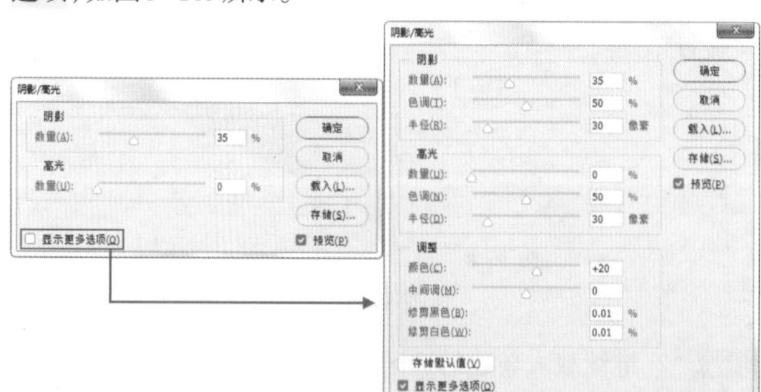

图 5-109

- 数量：用来控制阴影/高光区域的亮度。阴影的"数量"越大，阴影区域就越亮；高光的"数量"越大，亮部区域越暗，如图5-110所示。

图 5-110

- 色调：用来控制色调的修改范围，值越小，修改的范围越小。
- 半径：用于控制每个像素周围的局部相邻像素的范围

大小。相邻像素用于确定像素是在阴影还是在高光中。数值越小，范围越小。

- 颜色：用于控制画面颜色感的强弱。数值越小，画面饱和度越低；数值越大，饱和度越高，如图5-111所示。

图5-111

- 中间调：用来调整中间调的对比度，数值越大，中间调的对比度越强，如图5-112所示。

图5-112

- 修剪黑色：可以将阴影区域变为纯黑色，数值的大小用于控制变化为黑色阴影的范围。数值越大，变为黑色的区域越大，画面整体越暗。最大数值为50%，过大的数值会使图像丧失过多细节，如图5-113所示。

图5-113

- 修剪白色：可以将高光区域变为纯白色，数值的大小用于控制变化为白色高光的范围。数值越大，变为白色的区域越大，画面整体越亮。最大数值为50%，过大的数值会使图像丧失过多细节，如图5-114所示。

图5-114

- 存储默认值：如果将"阴影/高光"窗口中的参数设置存储为默认值，可以单击该按钮。存储为默认值以后，再次打开"阴影/高光"窗口时，就会显示该参数设置。

5.4 调整图像的色彩

图像"调色"，一方面是针对画面明暗的调整，另外一方面是针对画面"色彩"的调整。在"图像>调整"命令中有很多针对图像色彩进行调整的命令，通过这些命令既可以校正偏色的问题，又能够为画面打造出各具特色的色彩风格，如图5-115和图5-116所示。

图5-115

图5-116

> **提示：学习调色时要注意的问题**
>
> 调色命令虽然很多，但并不是每一个命令都会经常用到。或者说，并不是每一个命令都适合自己使用。其实在实际调色过程中，想要实现某种颜色效果，往往是既可以使用这个命令，又可以使用那个命令。这时千万不要纠结于书中或者教程中使用的某个特定命令，而去使用这个命令。我们只需要选择自己习惯使用的命令就可以了。

重点 5.4.1 自然饱和度

扫一扫，看视频

虽然"色相/饱和度"命令可以增加或降低画面的饱和度，但是与之相比，"自然饱和度"命令的调整效果更加柔和，不会因为饱和度过高而产生纯色，也不会因饱和度过低而产生完全灰度的图像。因此，"自然饱和度"非常适合于数码照片的调色。

选择一个图层，如图5-117所示。执行"图像>调整>自然饱和度"命令，打开"自然饱和度"窗口，从中可以对"自然饱和度"以及"饱和度"数值进行调整，如图5-118所示。或者执行"图层>新建调整图层>自然饱和度"命令，新建一个"自然饱和度"调整图层，如图5-119所示。

图5-117　图5-118　图5-119

- 自然饱和度：减小数值，画面饱和度降低；增大数值，画面饱和度增强，如图5-120所示。

图5-120

- 饱和度：减小数值可以降低画面中全部颜色的饱和度；增大数值可以增加画面全部颜色的饱和度。数值最低时画面变为灰度图像，如果将数值设置过大，可能会得到过于艳丽的纯色，如图5-121所示。

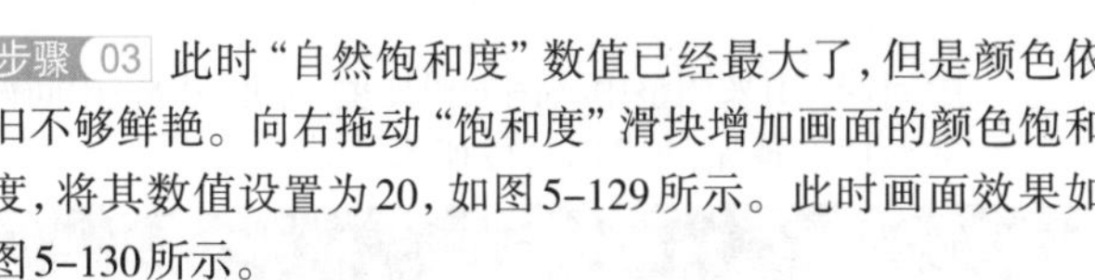

图 5-121

练习实例：使产品图片更鲜艳

文件路径	资源包\第5章\使产品图片更鲜艳
难易指数	★★★★★
技术掌握	“亮度/对比度”命令、“自然饱和度”命令

扫一扫，看视频

案例效果

本例处理前后的对比效果如图5-122和图5-123所示。

图 5-122

图 5-123

操作步骤

步骤 01 执行“文件>打开”命令，打开素材1.jpg，如图5-124所示。执行“图层>新建调整图层>亮度/对比度”命令，在弹出的“新建图层”窗口中单击“确定”按钮。在“属性”面板中设置“亮度”为60，“对比度”为70，如图5-125所示。此时画面效果如图5-126所示。

图 5-124

图 5-125

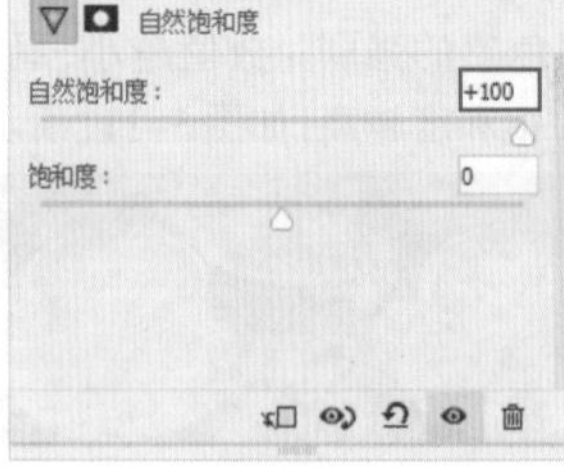
图 5-126

步骤 02 执行“图层>新建调整图层>自然饱和度”命令，在弹出的“新建图层”窗口中单击“确定”按钮。在“属性”面板中向右拖动“自然饱和度”滑块增加画面的饱和度，将其数值设置为最大，如图5-127所示。此时画面效果如图5-128所示。

图 5-127　　图 5-128

步骤 03 此时“自然饱和度”数值已经最大了，但是颜色依旧不够鲜艳。向右拖动“饱和度”滑块增加画面的颜色饱和度，将其数值设置为20，如图5-129所示。此时画面效果如图5-130所示。

图 5-129　　图 5-130

步骤 04 此时画面中商品的颜色饱和度虽然提高了，但是白色的背景因为受到环境色的影响出现些偏色的情况，可以通过调整图层的图层蒙版将白色底色的调色效果隐藏。单击选中“自然饱和度”调整图层的图层蒙版，将前景色设置为黑色；然后选择工具箱中的“画笔工具”，设置合适的笔尖大小；接着在背景的位置按住鼠标左键涂抹，将此处的调色效果隐藏，如图5-131所示。最终效果如图5-132所示。

图 5-131

图 5-132

练习实例：使用“自然饱和度”命令还原花瓶颜色

文件路径	资源包\第5章\使用“自然饱和度”命令还原花瓶颜色
难易指数	★★★★★
技术掌握	“自然饱和度”命令、“亮度/对比度”命令

扫一扫，看视频

案例效果

本例处理前后的对比效果如图5-133所示。

图5-133

操作步骤

步骤 01 白色的商品特别容易受到环境色的影响。例如，图5-134中白色的瓷瓶受到环境色的影响，有些偏黄，不够白。执行“图层>新建调整图层>自然饱和度”命令，在弹出的“新建图层”窗口中单击“确定”按钮；然后在“属性”面板中设置“自然饱和度”为-100(当瓷瓶的“自然饱和度”数值降为最低时，它就变为白色)，如图5-135所示。此时画面效果如图5-136所示。

图5-134

图5-135　图5-136

步骤 02 此时瓷瓶的颜色变为白色，但是整个画面的颜色也发生了变化，所以需要利用调整图层的图层蒙版将颜色还原。首先将前景色设置为黑色；单击“自然饱和度”调整图层的图层蒙版，按前景色填充快捷键Alt+Delete进行填充，此时调色效果将被隐藏，如图5-137所示。接着将前景色设置为白色；在工具箱中选择“画笔工具”，设置合适的笔尖大小；然后在瓷瓶的上方按住鼠标左键拖动进行涂抹，随着涂抹可以看到调色效果逐渐显示出来了，如图5-138所示。

图5-137

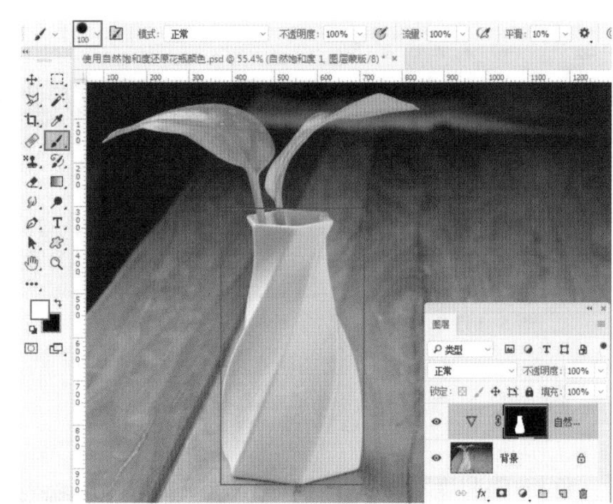

图5-138

步骤 03 增加瓷瓶的亮度。执行“图层>新建调整图层>亮度/对比度”命令，在弹出的“新建图层”窗口中单击“确定”按钮；然后在“属性”面板中向右拖动“亮度”滑块增加亮度，将其数值设置为26，如图5-139所示。此时画面效果如图5-140所示。

图5-139　图5-140

步骤 04 接下来，需要将瓷瓶以外部分的调色效果隐藏起

来，将现有的图层蒙版进行复制即可。首先选中“自然饱和度”调整图层的图层蒙版，按住Alt键向上拖动，拖动至“亮度/对比度”调整图层蒙版上方释放鼠标左键，如图5-141所示。在弹出的提示对话框中单击“是”按钮，如图5-142所示。

图5-141

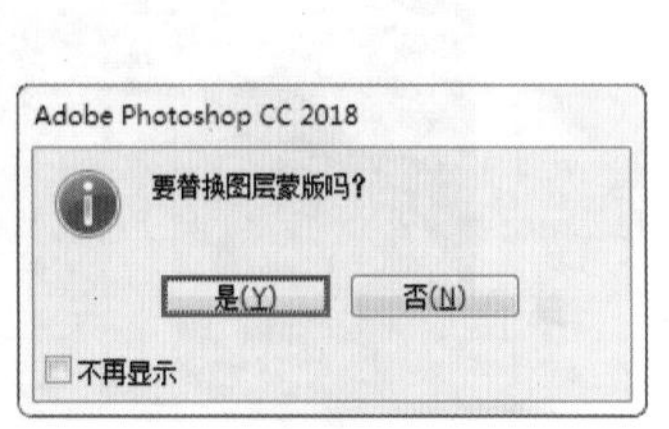

图5-142

步骤 05 此时图层蒙版如图5-143所示。最终效果如图5-144所示。

图5-143

图5-144

重点 5.4.2 色相/饱和度

“色相/饱和度”命令可以对图像整体或者局部的色相、饱和度以及明度进行调整，还可以对图像中各种颜色(红、黄、绿、青、蓝、洋红)的色相、饱和度、明度分别进行调整。“色相/饱和度”命令常用于更改画面局部的颜色，或者增强画面饱和度。

扫一扫，看视频

打开一幅图像，如图5-145所示。执行“图像>调整>色相/饱和度”命令(快捷键为Ctrl+U)，打开“色相/饱和度”窗口。默认情况下，可以对整个图像的色相、饱和度、明度进行调整。例如，调整“色相”，如图5-146所示(执行“图层>新建调整图层>色相/饱和度”命令，可以新建“色相/饱和度”调整图层，如图5-147所示)。画面的颜色发生了变化，如图5-148所示。

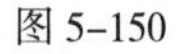

图5-145

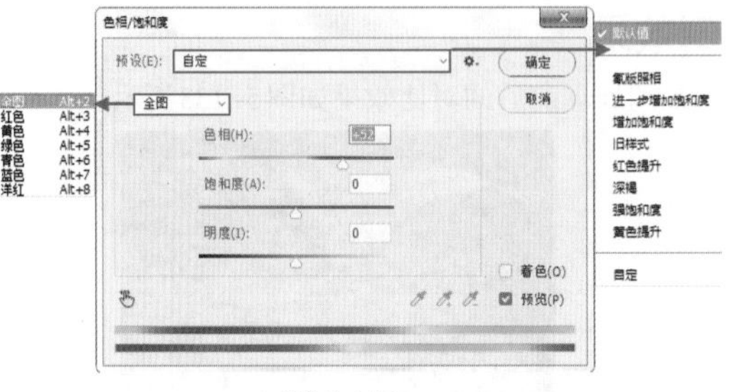

图5-146

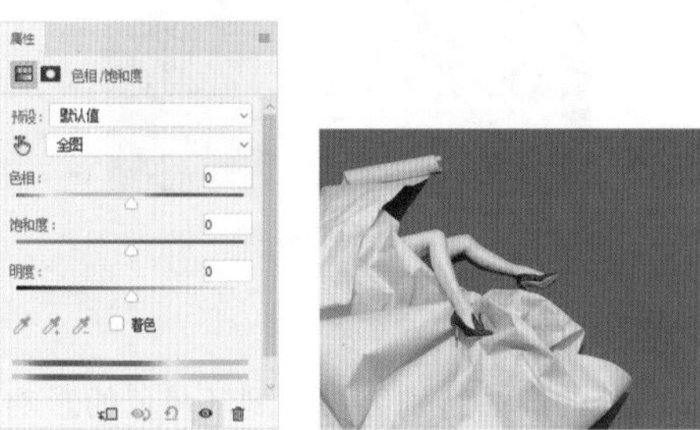

图5-147 图5-148

- 预设：在该下拉列表框中提供了8种色相/饱和度预设，如图5-149所示。

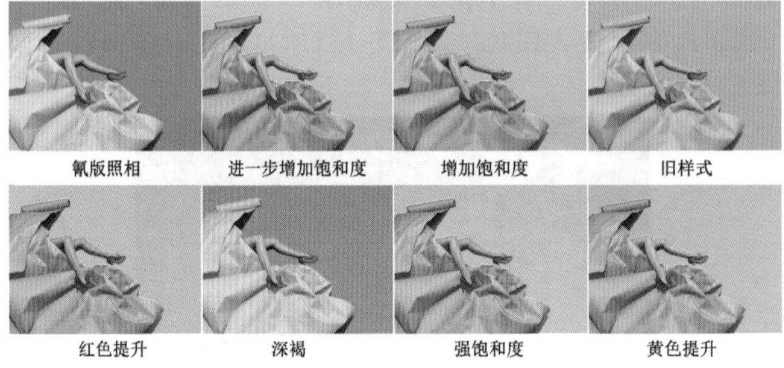

图5-149

- 全图（通道下拉列表框）：在该下拉列表框中可以选择全图、红色、黄色、绿色、青色、蓝色和洋红通道进行调整。如果想要调整画面中某一种颜色的色相、饱和度、明度，可以在该下拉列表框中选择该颜色，然后进行调整，如图5-150所示。效果如图5-151所示。

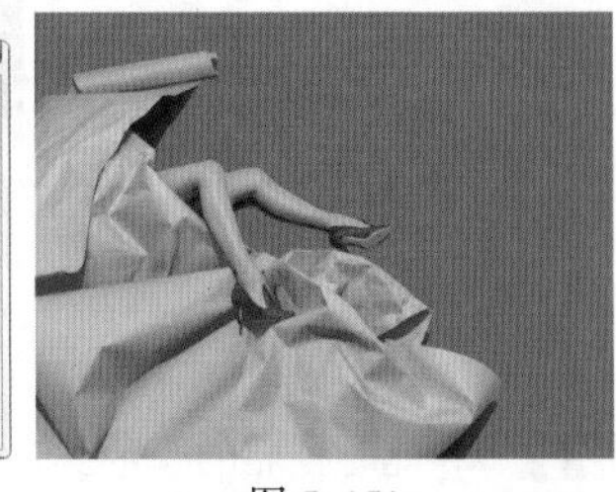

图5-150 图5-151

- 色相：调整“色相”数值可以更改画面各个部分或者某种颜色的色相。例如，将粉色更改为黄绿色，将青色更改为紫色，如图5-152所示。

色相：0　　色相：85

图 5-152

- 饱和度：调整“饱和度”数值可以增强或减弱画面整体或某种颜色的鲜艳程度。数值越大，颜色越艳丽，如图5-153所示。

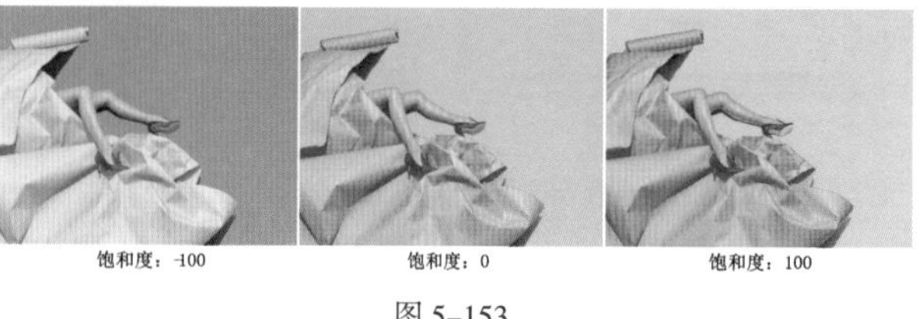

图 5-153

- 明度：调整“明度”数值可以使画面整体或某种颜色的明亮程度增加。数值越大越接近白色，数值越小越接近黑色，如图5-154所示。

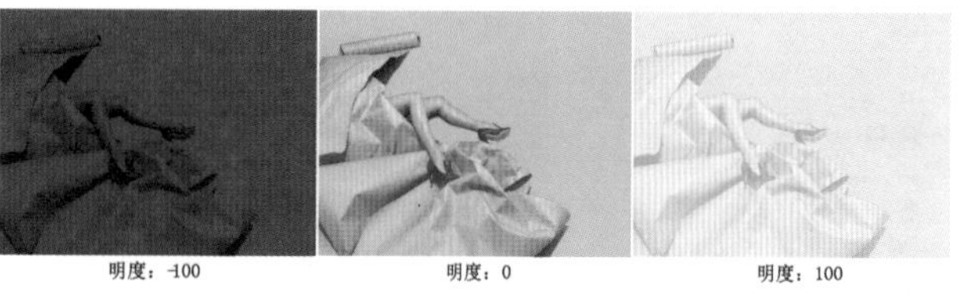

图 5-154

- (在图像上单击并拖动可修改饱和度)：使用该工具在图像上单击设置取样点，如图5-155所示。然后按住鼠标左键向左拖曳可以降低图像的饱和度，向右拖曳鼠标可以增加图像的饱和度，如图5-156所示。

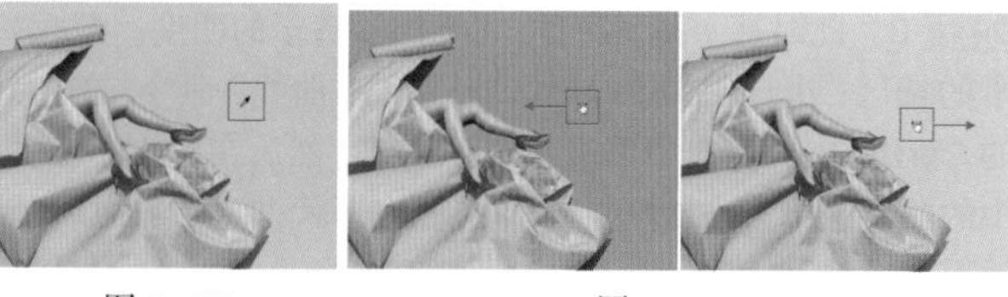

图 5-155　　图 5-156

- 着色：选中该复选框后，图像会整体偏向于单一的红色调，如图5-157所示。还可以通过拖动3个滑块来调节图像的色调，如图5-158所示。

图 5-157　　图 5-158

练习实例：改变裤子颜色

文件路径	资源包\第5章\改变裤子颜色
难易指数	★★★★★
技术掌握	“曲线”命令、“色相/饱和度”命令、“自动混合图层”命令

扫一扫，看视频

案例效果

本例效果如图5-159所示。

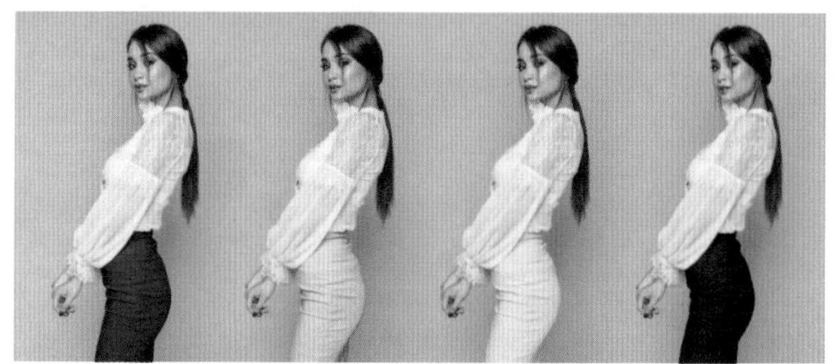

图 5-159

操作步骤

步骤 01 一款服装通常配有多种颜色，有时为了节省成本会只拍摄其中一种颜色的服装照片，然后通过后期调色的方法制作其他颜色的同款服装。执行“文件>打开”命令，打开素材1.jpg，如图5-160所示。首先制作粉色的裤子。执行“图层>新建调整图层>色相/饱和度”命令，在弹出的“新建图层”窗口中单击“确定”按钮；然后在“属性”面板中拖动“色相”滑块调整画面的颜色，在这里设置“色相”为-180，如图5-161所示。此时裤子变为粉色，但画面整体都出现了颜色的改变，效果如图5-162所示。

图 5-160　　图 5-161　　图 5-162

步骤 02 单击选中调整图层的图层蒙版，将前景色设置为黑色，然后按快捷键Alt+Delete进行填充。此时画面中调色效果将会隐藏，如图5-163所示。接着将前景色设置为白色；在工具箱中选择“画笔工具”，设置合适的笔尖大小；在裤子的位置涂抹，显示此处的调色效果。涂抹完成后粉裤子的效果就制作完成了，如图5-164所示。

图 5-163

图 5-164

步骤 03 接下来，制作白色裤子的效果。按住Ctrl键单击调整图层的图层蒙版，得到裤子的选区，如图5-165所示。执行“图层>新建调整图层>色相/饱和度”命令，在弹出的“新建图层”窗口中单击“确定”按钮。此时可以看到图层蒙版裤子的部分为白色，其他位置为黑色，如图5-166所示。

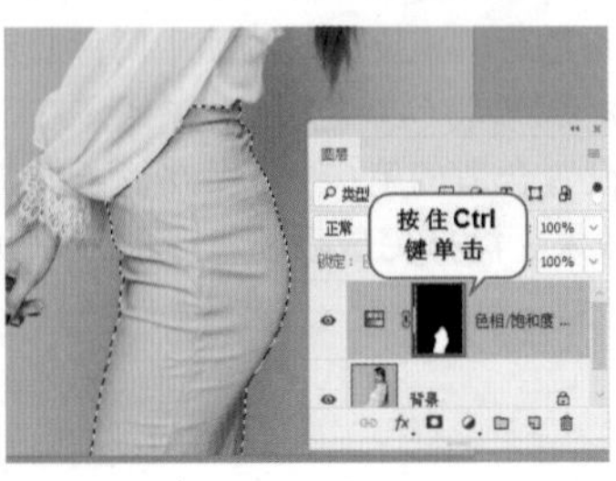

图 5-165

图 5-166

步骤 04 在“属性”面板中设置“饱和度”为-100，此时裤子变为白色；然后设置“明度”为10，这样裤子的白色明度被提高了，如图5-167所示。画面效果如图5-168所示。

图 5-167

图 5-168

步骤 05 接下来，制作黑色裤子效果。载入裤子的选区；然后再次新建一个“色相/饱和度”调整图层；接着在“属性”面板中设置“色相”为-100，“明度”为-67，如图5-169所示。此时画面效果如图5-170所示。

图 5-169

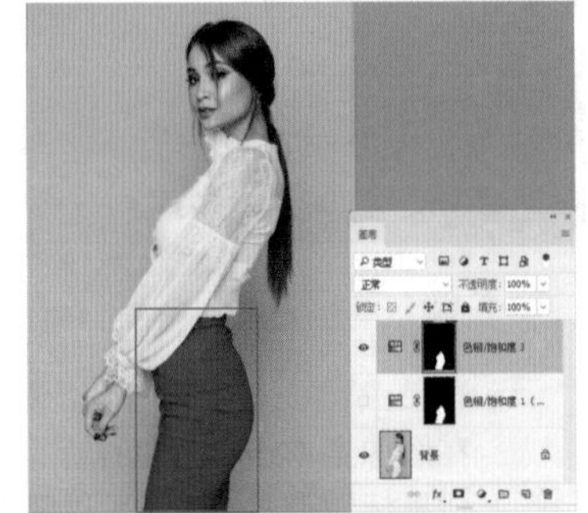

图 5-170

步骤 06 此时裤子是灰色的，需要加深裤子的明度。载入裤子的选区；执行“图层>新建调整图层>曲线”命令，在弹出的“新建图层”窗口中单击“确定”按钮；然后在“属性”面板中的曲线上单击添加控制点，调整曲线形状，如图5-171所示。效果如图5-172所示。

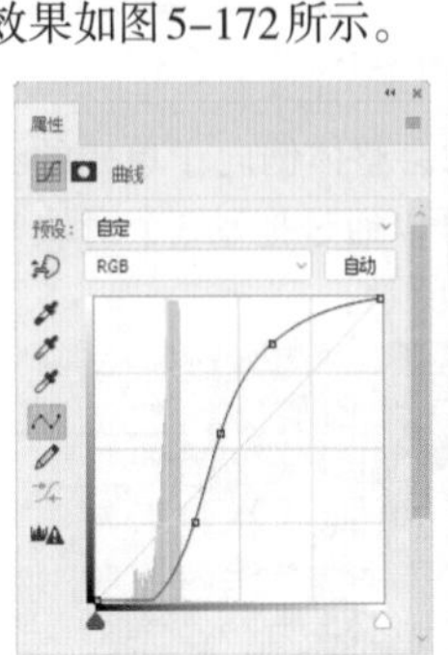

图 5-171

图 5-172

步骤 07 加选制作黑色裤子的两个调整图层，按快捷键Ctrl+G进行编组，然后将图层组更名为“黑色”，如图5-173所示。接着将除“背景”图层以外的图层隐藏，如图5-174所示。

图 5-173　　图 5-174

步骤 08 接下来，制作深蓝色裤子。载入裤子的选区；新建一个“色相/饱和度”调整图层，先设置“明度”为-60，降低裤子的明度，然后设置“色相”为65，这样裤子就有了蓝色的色彩倾向，如图5-175所示。裤子效果如图5-176所示。

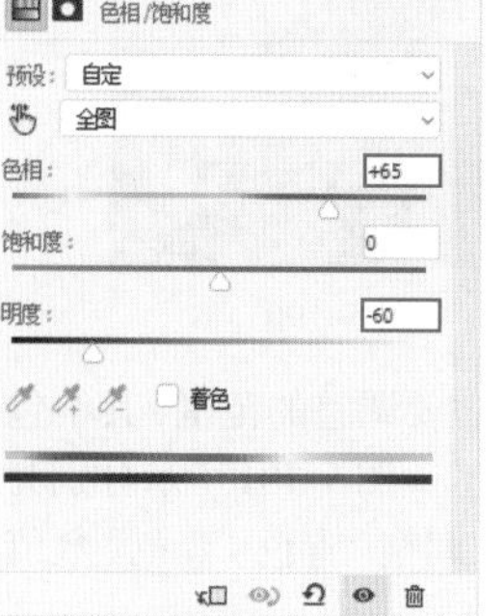

图 5-175

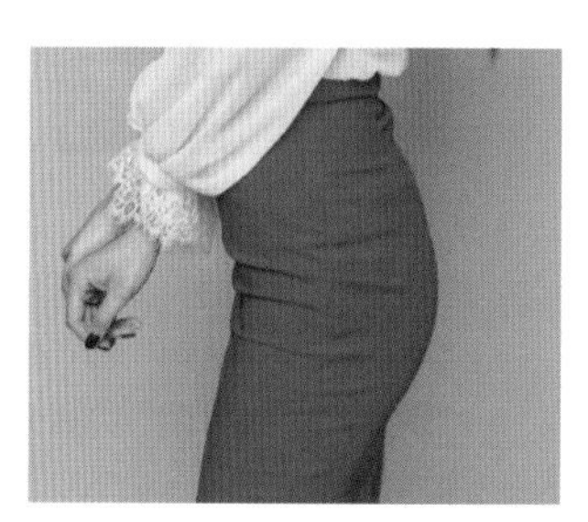

图 5-176

步骤 09 再次得到裤子的选区，然后新建一个“曲线”调整图层，在“属性”面板中调整曲线形状，如图5-177所示。此时裤子效果如图5-178所示。到这里，几种不同颜色的裤子就制作完成了。

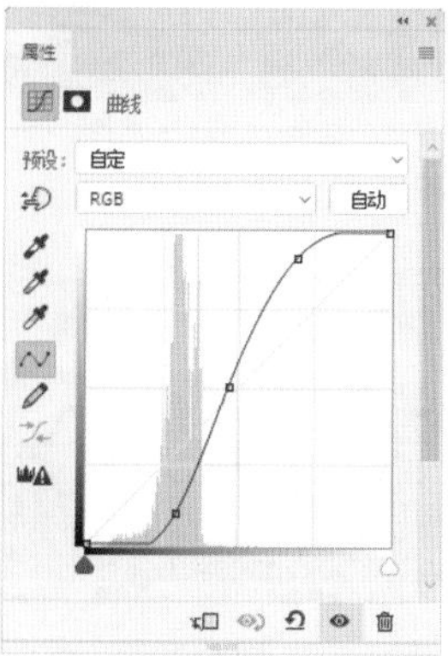

图 5-177

图 5-178

步骤 10 下面进行输出排版。首先在显示蓝裤子的状态下，执行“文件>另存为”命令，在弹出的“另存为”窗口中设置“文件名”为“蓝色”，“保存类型”为JPEG(*.JPG; *.JPEG; *.JPE)，然后单击“保存”按钮，如图5-179所示。继续将另外3种颜色的裤子保存为JPEG格式。

图 5-179

步骤 11 接下来进行排版。首先将深蓝色裤子的图片在Photoshop中打开，然后在“图层”面板中单击“背景”图层的图标，将“背景”图层转换为普通图层，如图5-180所示。接着选择工具箱中的“裁剪工具”，按住鼠标左键拖动控制点，横向增加画板的宽度，如图5-181所示。

图 5-180

图 5-181

步骤 12 接着将另外3个图片置入文档内，每个图像之间要有一小部分重叠的区域，然后将图层栅格化，如图5-182所示。按住Ctrl键单击加选4个图层，如图5-183所示。

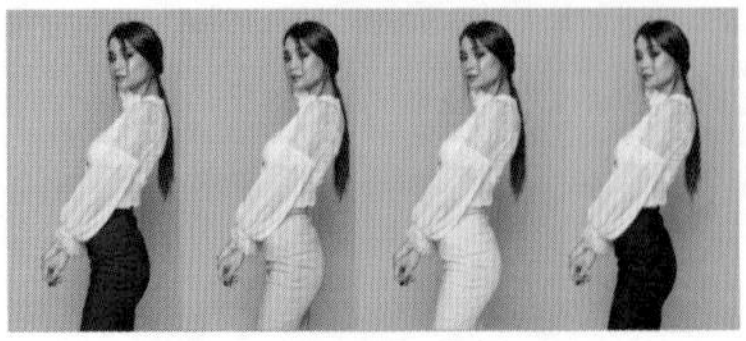

图 5-182

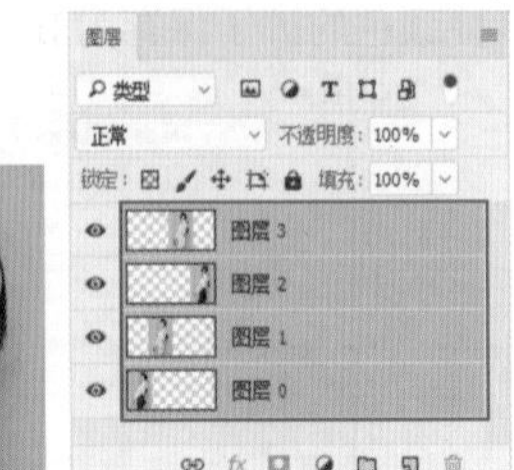

图 5-183

步骤 13 执行“编辑>自动混合图层”命令，在弹出的“自动混合图层”窗口中选中“堆叠图像”单选按钮，然后单击“确定”按钮，如图5-184所示。此时画面效果如图5-185所示。

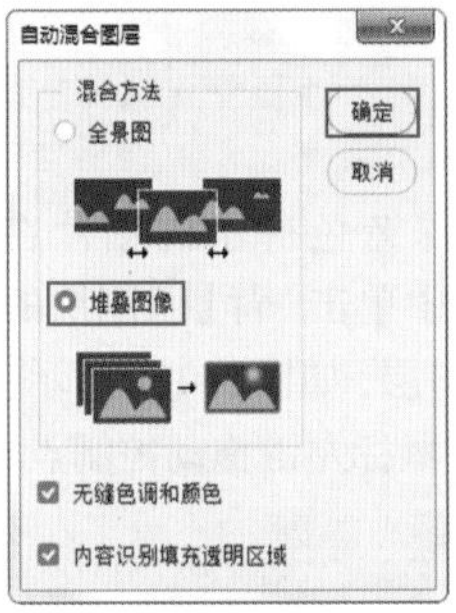

图 5-184

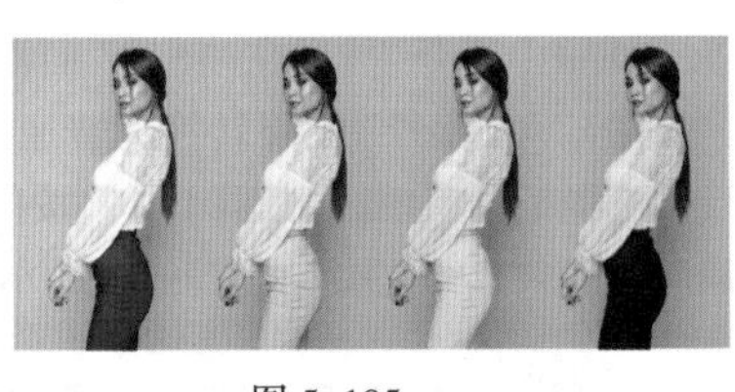

图 5-185

重点 5.4.3 色彩平衡

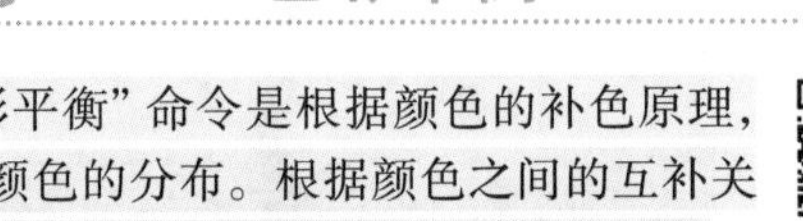

“色彩平衡”命令是根据颜色的补色原理，控制图像颜色的分布。根据颜色之间的互补关系，要减少某种颜色就增加这种颜色的补色。因此，可以利用“色彩平衡”命令进行偏色问题的校正。

扫一扫，看视频

打开一幅图像，如图5-186所示。执行“图像>调整>色彩平衡”命令(快捷键为Ctrl+B)，打开“色彩平衡”窗口。首先设置“色调平衡”，选择需要处理的部分是阴影区域，或是中间调区域，或是高光区域。接着在上方的“色彩平衡”选项组中通过拖动滑块调整各种色彩，如图5-187所示。也可以执行“图层>新建调整图层>色彩平衡”命令，新建一个“色彩平衡”调整图层，如图5-188所示。

图 5-186

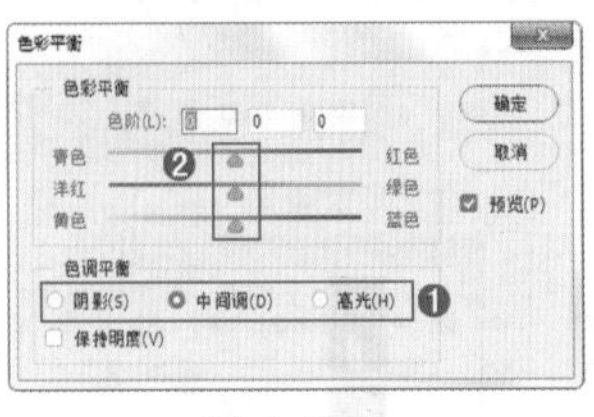

图 5-187

图 5-188

- 色彩平衡：通过调整滑块的位置改变画面颜色倾向。每组滑块对应的是两种对立的颜色，例如向左拖动“青色-红色”滑块，画面中青色的成分增加，同时青色的互补色红色的成分减少，如图5-189所示；如图5-190所示为增加红色的成分。

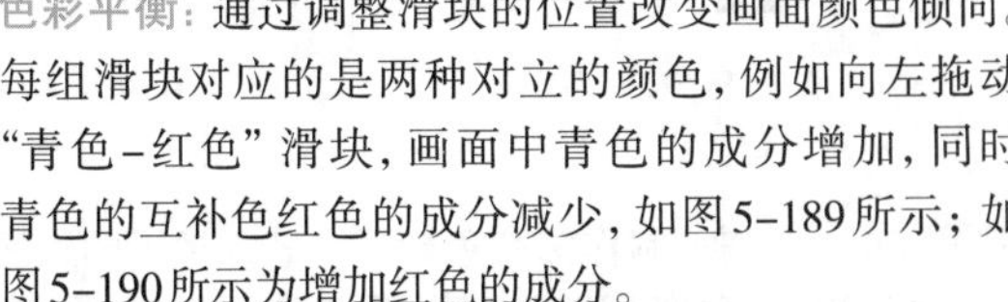

图 5-189　　图 5-190

- 色调平衡：在列表中选择需要调整的范围，其中包括“阴影”、“中间调”和“高光”。图5-191所示分别为对“阴影”、“中间调”、“高光”调整“青色-蓝色”数值后的效果。

阴影　　中间调　　高光

图 5-191

- 保持明度：选中“保持明度”复选框，可以保持图像的色调不变，以防止亮度值随着颜色的改变而改变。图5-192所示为选中与取消选中该复选框的对比效果。

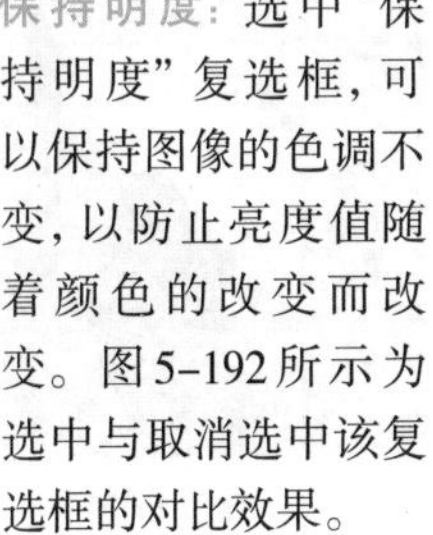

启用“保持明度”　　不启用“保持明度”

图 5-192

重点 5.4.4 黑白

扫一扫，看视频

“黑白”命令可以去除画面中的色彩，将图像转换为黑白效果；在转换为黑白效果后，还可以对画面中每种颜色的明暗程度进行调整。“黑白”命令常用于将彩色图像转换为黑白效果，也可以使用“黑白”命令制作单色图像。

(1)打开一幅图像，如图5-193所示。执行“图像>调整>黑白”命令(快捷键为Alt+Shift+Ctrl+B)，打开“黑白”窗口，如图5-194所示。选中“预览”复选框，其他参数保持默认设置，单击“确定”按钮。此时可以看到图像变为黑白色调，如图5-195所示。

图5-193

图5-194　　图5-195

(2)在“黑白”窗口中还可以对各种颜色的数值进行调整，以设置各种颜色转换为灰度后的明暗程度。例如，皮肤和壁纸黄色的位置为画面中的高光区域，那么向右拖动“黄色”和“红色”滑块增加数值，如图5-196所示。数值增加后高光区域的亮度被提高了，效果如图5-197所示。

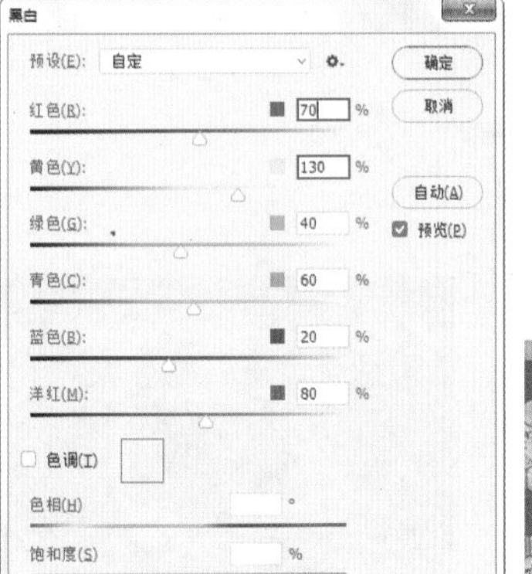

图5-196　　图5-197

(3)此时画面中阴影的位置还不够暗，画面明暗对比不够强烈。画面阴影的颜色为青色调，所以向右拖动“青色”“蓝色”“洋红”滑块降低数值(其中“青色”数值应该最小)，参数设置如图5-198所示。画面效果如图5-199所示。

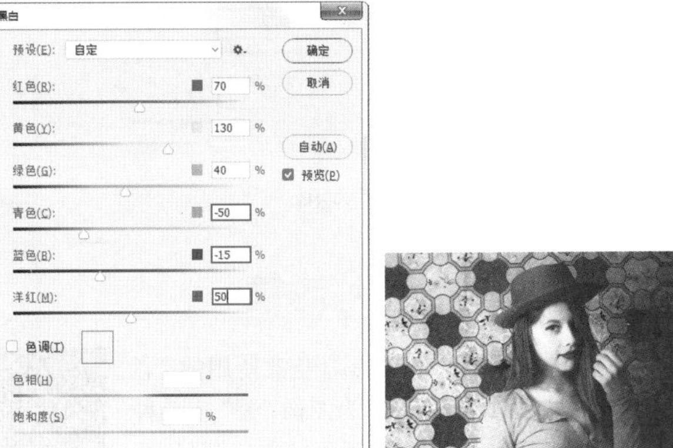

图5-198　　图5-199

(4)选中“色调”复选框，单击右侧的色块，在弹出的“拾色器(色调颜色)”窗口选择颜色，然后单击“确定”按钮，如图5-200所示。此时可以制作出单色图像的效果，如图5-201所示。

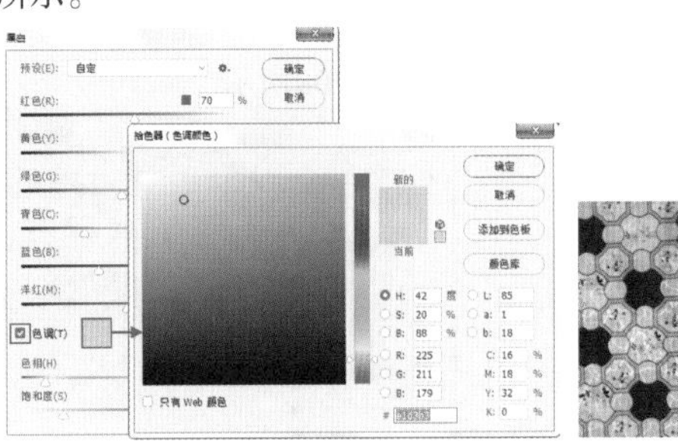
图5-200　　图5-201

- 预设：在预设列表中可以选择一种预设方式，即可快速得到相应的效果。
- 颜色：移动各个颜色滑块可以调整包含该颜色的区域转换为灰度图像后的明暗程度。向左移动滑块，包含该颜色区域变暗；反之变亮。例如，减小“青色”数值，会使包含青色的区域变深，如图5-202、图5-203所示为不同参数效果。

图5-202　　图5-203

- 色调：想要创建单色图像，可以选中“色调”复选框，然后单击右侧色块设置颜色；或者调整“色相”“饱和度”

数值来设置着色后的图像颜色，如图5-204所示。

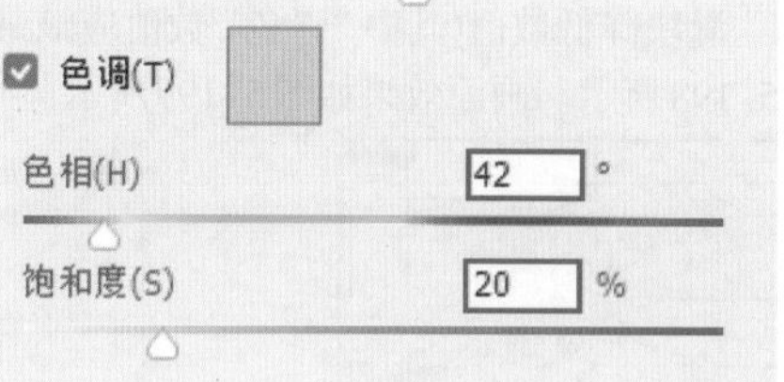

图 5-204

5.4.5 动手练：照片滤镜

“照片滤镜”命令与摄影师经常使用的“彩色滤镜”效果非常相似，可以为图像“蒙”上某种颜色，以使图像产生明显的颜色倾向。“照片滤镜”命令常用于制作冷调或暖调的图像。

扫一扫，看视频

(1) 打开一幅图像，如图5-205所示。执行“图像>调整>照片滤镜”命令，打开“照片滤镜”窗口。在“滤镜”下拉列表框中可以选择一种预设的效果应用到图像中，如选择“冷却滤镜”，如图5-206所示。此时图像变为冷调，如图5-207所示。执行“图层>新建调整图层>照片滤镜”命令，可以新建一个“照片滤镜”调整图层，如图5-208所示。

图 5-205

图 5-206

图 5-207

图 5-208

(2) 如果在“滤镜”下拉列表框中没有适合的颜色，也可以直接选中“颜色”单选按钮，自行设置合适的颜色，如图5-209所示。效果如图5-210所示。

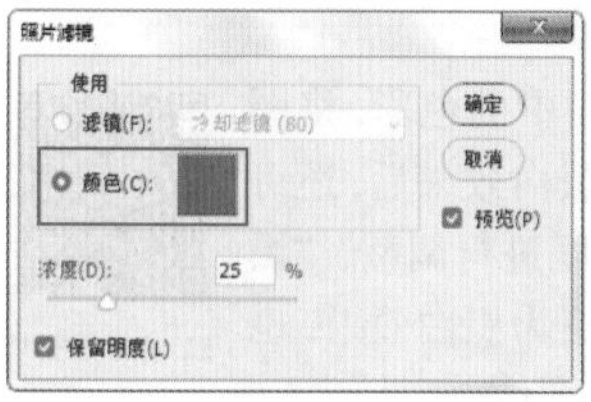

图 5-209 　　图 5-210

(3) 设置“浓度”数值可以调整滤镜颜色应用到图像中的颜色百分比。数值越高，应用到图像中的颜色浓度就越大；数值越小，应用到图像中的颜色浓度就越低。图5-211所示为不同浓度的对比效果。

图 5-211

提示：“保留明度”复选框

选中“保留明度”后，可以保留图像的明度不变。

5.4.6 通道混合器

扫一扫，看视频

使用“通道混合器”命令可以将图像中的颜色通道相互混合，对目标颜色通道进行调整和修复。该命令常用于偏色图像的校正。

打开一幅图像，如图5-212所示。执行“图像>调整>通道混合器”命令，打开“通道混和器”窗口，在“输出通道”下拉列表框中选择需要处理的通道，然后调整各个颜色滑块，如图5-213所示。效果如图5-214所示。

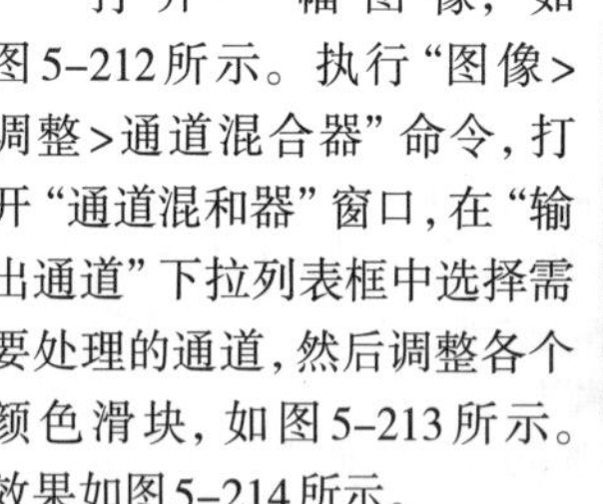

图 5-212

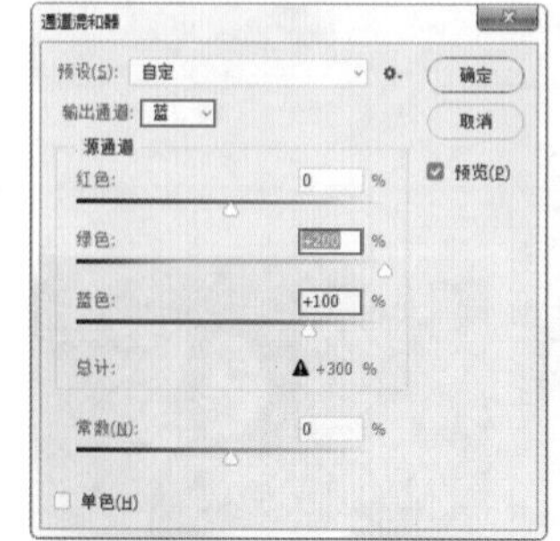

图 5-213 　　图 5-214

- **预设**：在预设列表中可以选择一种预设方式，即可快速得到相应的效果。

- 输出通道：首先在输出通道列表中选择一个需要调整的通道。
- 源通道：移动滑块调整源通道在输出通道中所占的百分比。例如，设置“输出通道”为“红”，增大“红色”数值，如图5–215所示。画面中红色的成分增加，如图5–216所示。

图 5–215

图 5–216

- 总计：显示源通道的计数值。
- 常数：该选项用于调整该通道的灰度值。负值可以在通道中增加黑色，正值可以在通道中增加白色，如图5–217所示。

图 5–217

- 单色：选中此选项可以制作灰度图像。调整通道数值可以改变画面的黑白关系，如图5–218和图5–219所示。

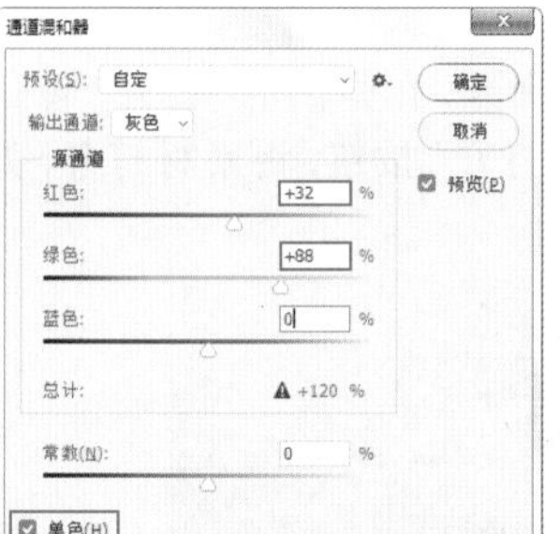

图 5–218

图 5–219

5.4.7 动手练：颜色查找

不同的数字图像输入或输出设备都有自己特定的色彩空间，这就导致了色彩在不同的设备之间传输时可能会出现不匹配的现象。“颜色查找”命令可以使画面颜色在不同的设备之间精确地传递和再现。

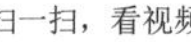

扫一扫，看视频

选择需要处理的图层，如图5–220所示。执行“图像>调整>颜色查找”命令，打开“颜色查找”窗口。在“颜色查找”选项组中可以选择颜色查找的方式——3DLUT文件、摘要、设备链接，并在每种方式的下拉列表框中选择合适的类型，如图5–221所示。完成设置后单击“确定”按钮，可以看到图像整体颜色产生了风格化的效果，如图5–222所示。

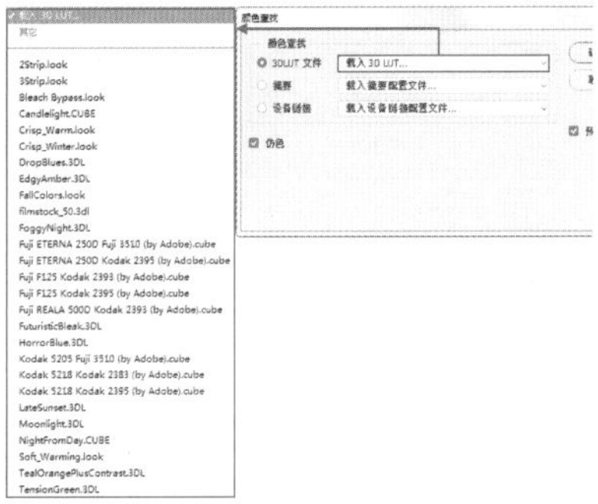

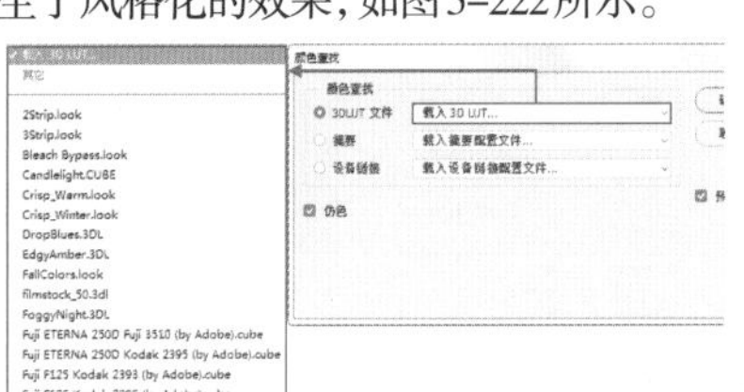

图 5–221

图 5–222

5.4.8 反相

“反相”命令可以将图像中的颜色转换为它的补色，即红变绿、黄变蓝、黑变白，呈现出负片效果。

扫一扫，看视频

执行“图层>调整>反相”命令(快捷键为Ctrl+I)，即可得到反相效果，如图5–223和图5–224所示。“反相”命令是一个可以逆向操作的命令。执行“图层>新建调整图层>反相”命令，可以新建一个“反相”调整图层。该调整图层没有参数可供设置。

图 5–223

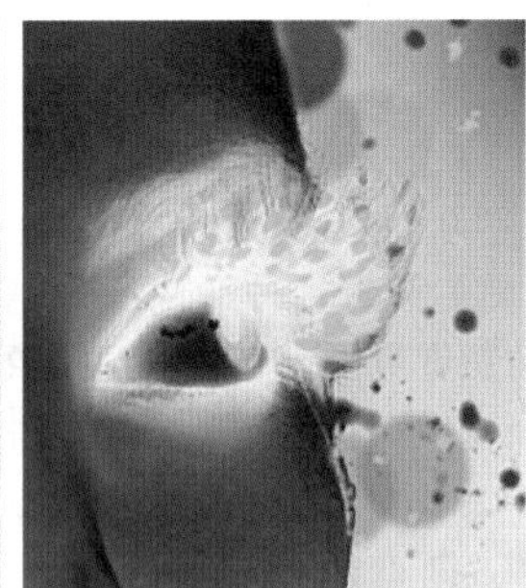

图 5–224

5.4.9 色调分离

“色调分离”命令可以通过为图像设定色调数量来减少图像的色彩数量。图像中多余的颜色会映射到最接近的匹配级别。选择需要处理的图层，如图5–225所示。执行“图像>调整>色调分离”命令，打开“色调分离”窗口，如图5–226所示。在

扫一扫，看视频

该窗口中可以对“色阶”的数量进行设置，“色阶”值越小，分离的色调越多；“色阶”值越大，保留的图像细节就越多，如图5–227所示。

图 5–225　　图 5–226　　图 5–227

5.4.10　阈值

“阈值”命令可以将图像转换为只有黑、白两色的效果。选择需要处理的图层，如图5–228所示。执行“图像>调整>阈值”命令，打开“阈值”窗口。其中“阈值色阶”选项用于指定一个色阶作为阈值，高于当前色阶的像素都将变为白色，低于当前色阶的像素都将变为黑色，如图5–229所示。画面效果如图5–230所示。

扫一扫，看视频

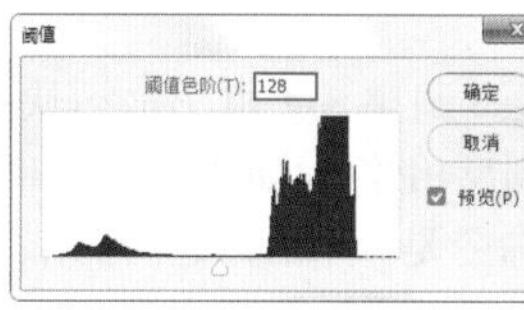

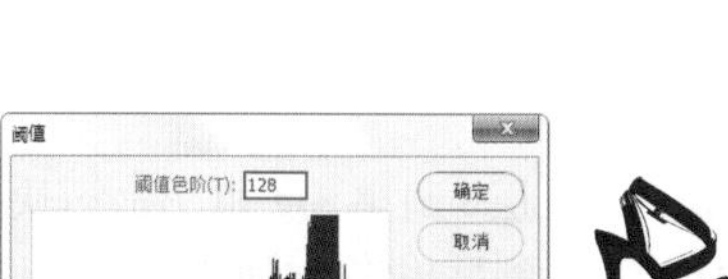

图 5–228　　图 5–229　　图 5–230

重点 5.4.11　动手练：渐变映射

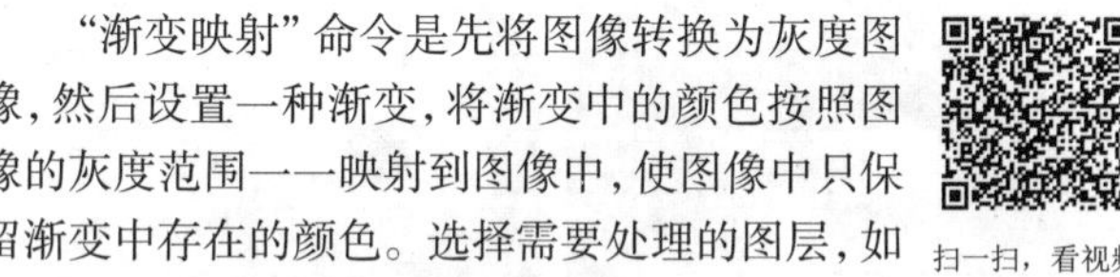

“渐变映射”命令是先将图像转换为灰度图像，然后设置一种渐变，将渐变中的颜色按照图像的灰度范围一一映射到图像中，使图像中只保留渐变中存在的颜色。选择需要处理的图层，如图5–231所示。执行“图像>调整>渐变映射”命令，打开“渐变映射”窗口。在“灰度映射所用的渐变”选项组中单击渐变颜色条，在弹出的“渐变编辑器”窗口中可以选择或重新编辑一种渐变应用到图像上，如图5–232所示。画面效果如图5–233所示。

扫一扫，看视频

图 5–231

图 5–232　　图 5–233

- 仿色：选中该复选框后，Photoshop会添加一些随机的杂色来平滑渐变效果。
- 反向：选中该复选框后，可以反转渐变的填充方向，映射出的渐变效果也会发生变化。

练习实例：使用“渐变映射”命令打造复古电影色调

扫一扫，看视频

文件路径	资源包\第5章\使用“渐变映射”命令打造复古电影色调
难易指数	★★★★★
技术掌握	“渐变映射”命令

案例效果

本例处理前后的对比效果如图5–234和图5–235所示。

图 5–234　　图 5–235

操作步骤

步骤 01　执行“文件>打开”命令，在弹出的“打开”窗口中选择背景素材1.jpg，单击“打开”按钮，将素材打开，如图5–236所示。

图 5–236

步骤 02　执行“图层>新建调整图层>渐变映射”命令，在弹出的“新建图层”窗口中单击“确定”按钮；在“属性”面板中单击渐变颜色条左侧的下拉按钮，在弹出的下拉列表中选择蓝色到红色到黄色渐变，如图5-237所示。此时画面变为蓝红黄三色效果，如图5-238所示。

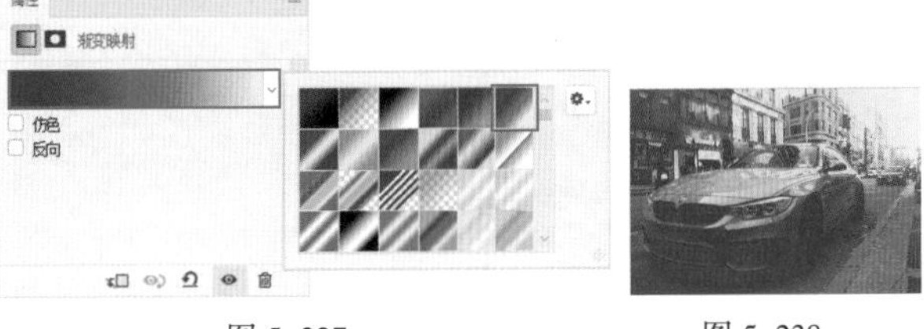

图 5-237　　　　图 5-238

步骤 03 将该调整图层的“不透明度”设置为40%，如图5-239所示。此时画面中的蓝红黄三色被弱化，画面颜色看起来也“柔和”了一些，如图5-240所示。

图 5-239　　　　图 5-240

步骤 04 接下来，制作电影画面中常见的“遮幅”（即电影画面上下的“黑色长矩形”）。单击工具箱中的“矩形选框工具”按钮，在选项栏中单击“添加到选区”按钮；接着在画面中上部按住鼠标左键拖曳绘制矩形选区，再在画面底部按住鼠标左键拖曳绘制同样的矩形选区。新建图层，设置前景色为黑色，按快捷键Alt+Delete填充选区，如图5-241所示。下面在画面中添加文字。单击工具箱中的“横排文字工具”按钮，在选项栏中设置合适的字体、字号，设置颜色为白色；在画面底部单击输入文字，然后按Ctrl+Enter键完成操作，如图5-242所示。

图 5-241

图 5-242

步骤 05 为文字添加投影。执行“图层>图层样式>投影”命令，在弹出的“图层样式”窗口中设置“混合模式”为“正片叠底”，投影颜色为黑色，“不透明度”为75%，“角度”为30度，“距离”为5像素，“扩展”为0%，“大小”为0像素，单击“确定”按钮完成设置，如图5-243所示。效果如图5-244所示。

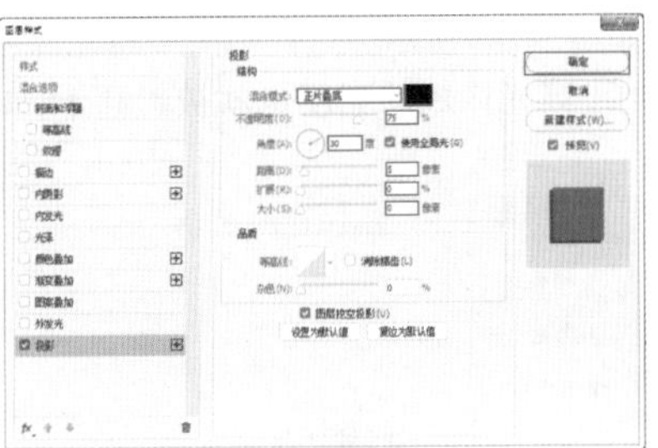

图 5-243

图 5-244

重点 5.4.12　可选颜色

“可选颜色”命令可以为图像中各个颜色通道增加或减少某种印刷色的成分含量。使用该命令可以非常方便地对画面中某种颜色的色彩倾向进行更改。

扫一扫，看视频

(1) 打开一幅图像，如图5-245所示。执行“图像>调整>可选颜色”命令，打开“可选颜色”窗口。在该窗口中首先选择需要处理的“颜色”，然后调整下方的色彩滑块，如图5-246所示。

图 5-245

图 5-246

(2) 此时图中衣服和地毯为蓝色调，可以将其调整为紫色的。要对蓝色进行调整，那么将“颜色”设置为“蓝色”，向左拖动“青色”滑块降低画面中青色的含量，然后向右拖动“洋红”滑块增加画面中的“洋红”含量，即可使衣服和地毯变为紫色的，如图5-247所示。选中“预览”复选框，画面预览效果如图5-248所示。

图 5-247

图 5-248

(3) 接下来，提高画面高光区域的亮度。画面中白色的背景和皮肤为高光区域，所以设置“颜色”为“白色”，然后向左拖动“黑色”滑块，如图5-249所示。这样画面中高光区域中的黑色含量被降低了，高光区域的亮度也就被提高了，如图5-250所示。

图 5-249

图 5-250

- 颜色：在该下拉列表框中选择要修改的颜色，然后在下面调整该颜色中青色、洋红、黄色和黑色所占的百分比。
- 方法：选择“相对”方式，可以根据占颜色总量的百分比来修改青色、洋红、黄色和黑色的数量；选择“绝对”方式，可以采用绝对值来调整颜色。

练习实例：使用“可选颜色”命令制作小清新色调

文件路径	资源包\第5章\使用“可选颜色”命令制作小清新色调
难易指数	★★★★★
技术掌握	“可选颜色”命令

扫一扫，看视频

案例效果

本例处理前后的对比效果如图5-251和图5-252所示。

图 5-251

图 5-252

操作步骤

步骤 01 执行“文件>打开”命令，打开素材1.jpg，如图5-253所示。执行“图层>新建调整图层>可选颜色”命令，在弹出的“新建图层”窗口中单击“确定”按钮。此时在“属性”面板中将显示该调整图层的默认参数设置，如图5-254所示。

图 5-253

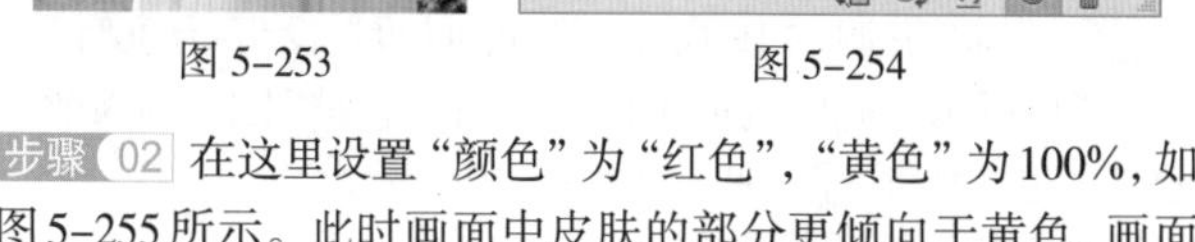

图 5-254

步骤 02 在这里设置“颜色”为“红色”，“黄色”为100%，如图5-255所示。此时画面中皮肤的部分更倾向于黄色，画面效果如图5-256所示。

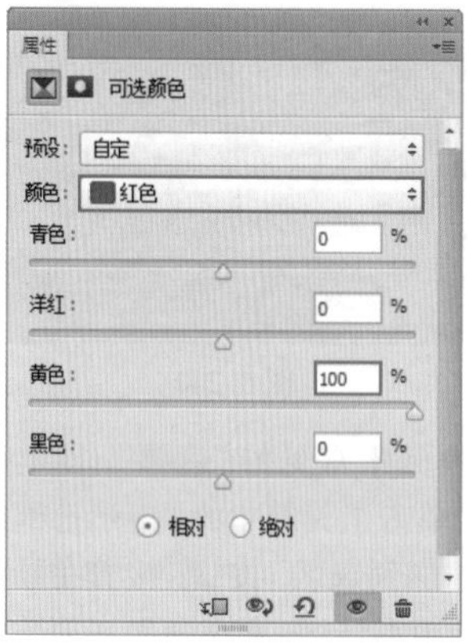

图 5-255

图 5-256

步骤 03 设置“颜色”为“黄色”，“黄色”为-100%，减少画面中的黄色成分，如图5-257所示。此时植物部分中的黄色成分减少，变为青色，画面效果如图5-258所示。

图 5-257

图 5-258

步骤 04 设置颜色为“绿色”，调整“青色”为100%，“黄色”为-100%，如图5-259所示。此时植物更倾向于青色，画面效果如图5-260所示。

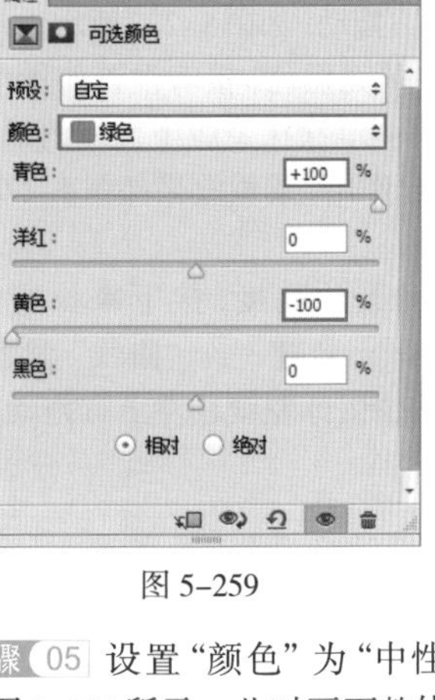

图 5-259 　　图 5-260

步骤 05 设置“颜色”为“中性色”，调整“黄色”为-50%，如图5-261所示。此时画面整体呈现出一种蓝紫色调，效果如图5-262所示。

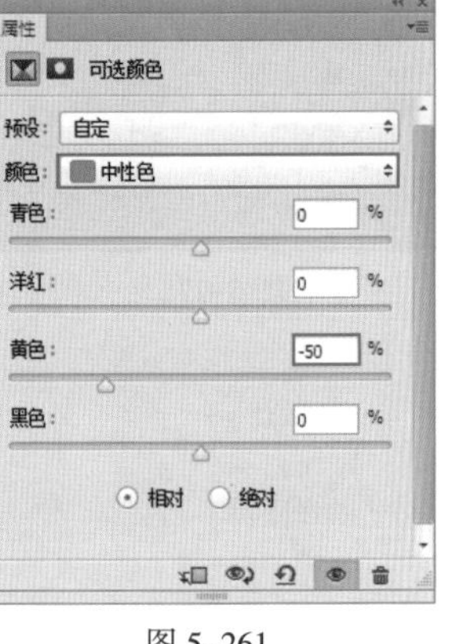

图 5-261　　图 5-262

步骤 06 设置颜色为“黑色”，调整“黄色”为-30%，如图5-263所示。此时画面的暗部区域更倾向于紫色，效果如图5-264所示。至此，本例中调色的部分就操作完成了。

图 5-263　　图 5-264

步骤 07 新建图层并填充为黑色。执行“滤镜>渲染>镜头光晕”命令，在弹出的“镜头光晕”窗口中将光晕调整到右侧，设置“亮度”为165%，“镜头类型”为“50-300毫米变焦”，如图5-265所示。参数设置完成后单击“确定”按钮，画面效果如图5-266所示。

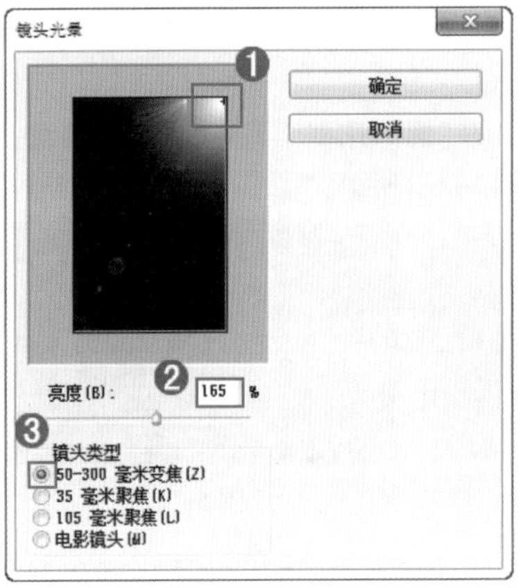

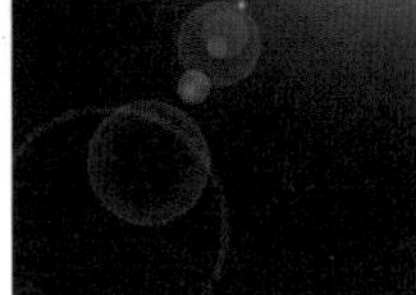

图 5-265 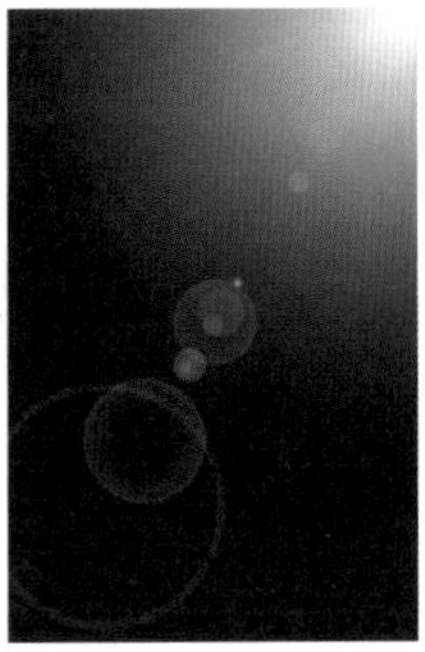　　图 5-266

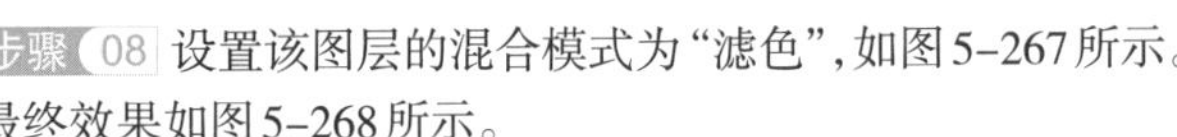

步骤 08 设置该图层的混合模式为“滤色”，如图5-267所示。最终效果如图5-268所示。

图 5-267　　图 5-268

练习实例：美化灰蒙蒙的商品照片

文件路径	资源包\第5章\美化灰蒙蒙的商品照片
难易指数	★★★★★
技术掌握	“画笔工具”“曲线”命令、“可选颜色”命令、“曝光度”命令、“自然饱和度”命令

扫一扫，看视频

案例效果

本例处理前后的对比效果如图5-269和图5-270所示。

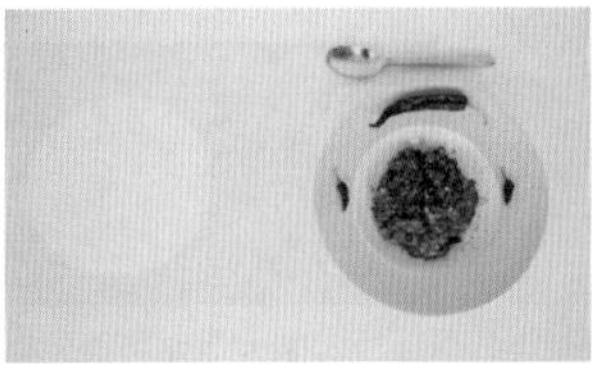

图 5-269 　　图 5-270

操作步骤

步骤 01 执行“文件>打开”命令，在弹出的“打开”窗口中选择素材1.jpg，单击“打开”按钮，将素材打开，如图5-271所示。画面整体颜色偏暗，摆放的物件没有光泽，给人一种沉闷的感觉，效果不突出。

步骤 02 单击工具箱中的“椭圆选框工具”按钮，在圆盘上绘制一个圆形选区，如图5-272所示。

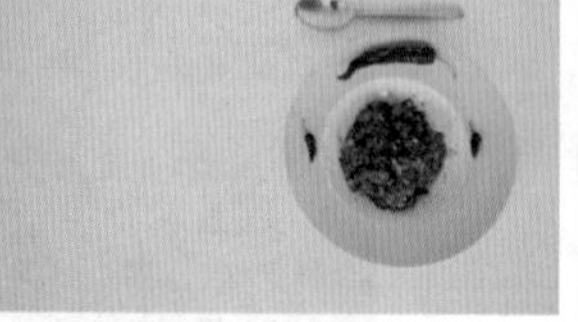

图 5-271

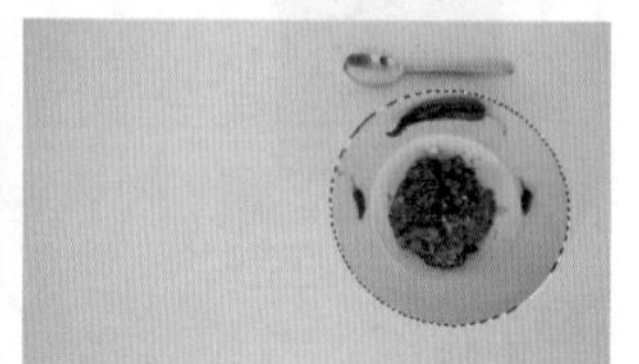

图 5-272

步骤 03 在保留当前选区的状态下，执行“图层>新建调整图层>曲线”命令，新建一个“曲线”调整图层。将鼠标放在曲线中段，按住鼠标左键往左上方拖动，然后调节顶部的控制点，如图5-273所示。此时圆盘部分变亮，如图5-274所示。

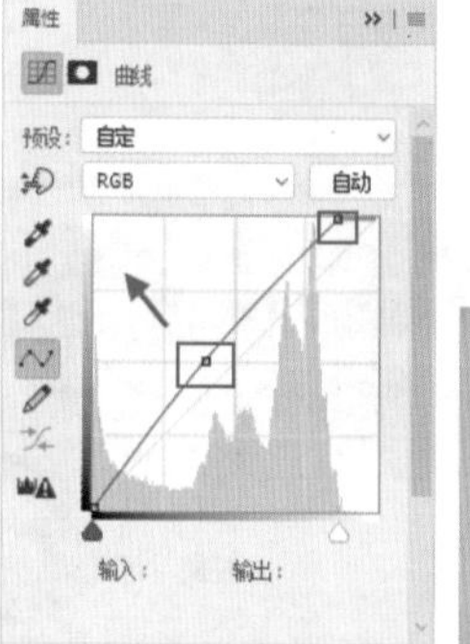

图 5-273

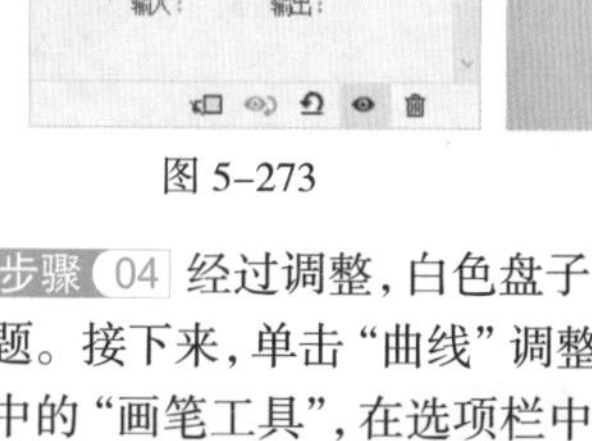

图 5-274

步骤 04 经过调整，白色盘子的上半部分出现曝光过度的问题。接下来，单击“曲线”调整图层的图层蒙版；选择工具箱中的“画笔工具”，在选项栏中设置合适的画笔“大小”，选择软边圆画笔，设置“不透明度”为30%；然后在蒙版中曝光过度的盘子部分进行涂抹，如图5-275所示。此时蒙版效果如图5-276所示。

图 5-275

图 5-276

步骤 05 接下来，提亮辣椒部分。执行“图层>新建调整图层>曲线”命令，新建一个“曲线”调整图层。将光标放在曲线中段，按住鼠标左键往左上方拖动，如图5-277所示。单击该调整图层的蒙版，在蒙版中填充黑色；接着设置前景色为白色，使用合适大小的柔边圆画笔涂抹蒙版中辣椒的部分，使该调整图层只对辣椒部分起作用，蒙版效果如图5-278所示。画面效果如图5-279所示。

步骤 06 为了提高圆盘中间菜的亮度，接下来执行“图层>新建调整图层>曲线”命令，新建一个“曲线”调整图层。将鼠标放在曲线中段，按住鼠标左键往左上方拖动，如图5-280所示。

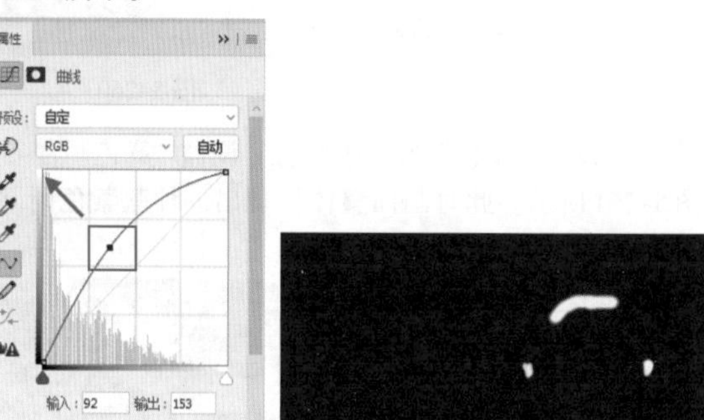

图 5-277

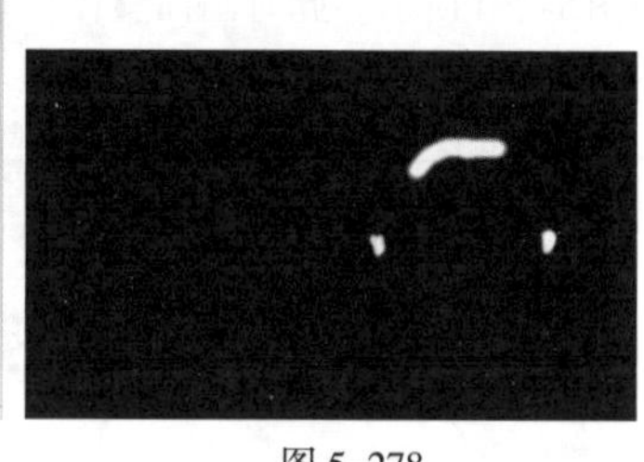

图 5-278

图 5-279

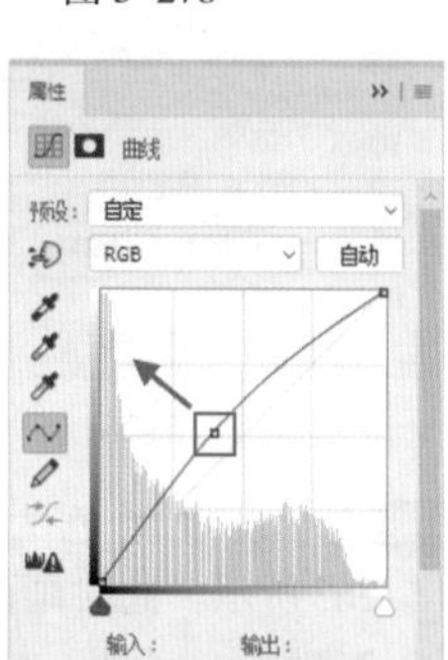

图 5-280

步骤 07 单击该调整图层的蒙版，在蒙版中填充黑色，设置前景色为白色，使用合适大小的柔边圆画笔涂抹蒙版中圆盘中间菜的部分，使该调整图层只对中间菜的部分起作用，蒙版效果如图5-281所示。这样圆盘中间菜的部分就被提亮了，画面效果如图5-282所示。

图 5-281

图 5-282

步骤 08 经过上述操作后，发现黄绿色圆盘边缘存在曝光过度问题。执行“图层>新建调整图层>曲线”命令，新建一个“曲线”调整图层。将光标放在曲线下方，按住鼠标左键往右下角拖动，然后再调节中间的控制点，如图5-283所示。

步骤 09 单击该调整图层的蒙版，在蒙版中填充黑色；接着设置前景色为白色，使用合适大小的柔边圆画笔涂抹蒙版中黄绿色圆盘的边缘部分，使该调整图层只对边缘部分起作用，蒙版效果如图5-284所示。这样就降低了圆盘边缘的亮度，画面效果如图5-285所示。

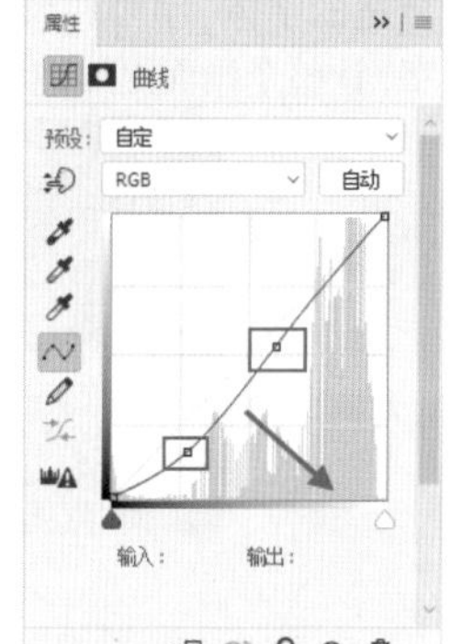
图 5-283

图 5-284

图 5-285

步骤 10 选择工具箱中的“钢笔工具”，在选项栏中设置“绘制模式”为“路径”，将画面中勺子的轮廓绘制出来，然后按快捷键Ctrl+Enter将路径转换为选区，如图5-286所示。执行“图层>新建调整图层>亮度/对比度”命令，新建一个“亮度/对比度”调整图层，在“属性”面板中设置“亮度”为20，“对比度”为60，如图5-287所示。此时勺子的亮度提高了，效果如图5-288所示。

图 5-286

图 5-287

图 5-288

步骤 11 经过上述操作后，发现画面中的勺子存在颜色偏黄、没有金属质感等问题。按住Ctrl键单击“亮度/对比度”调整图层蒙版，载入勺子选区。执行“图层>新建调整图层>自然饱和度”命令，新建一个“自然饱和度”调整图层，在“属性”面板中设置“自然饱和度”为-100，“饱和度”为0，如图5-289所示。这样就降低了勺子的自然饱和度，让勺子更具金属质感，效果如图5-290所示。

图 5-289　图 5-290

步骤 12 经过调整，画面的背景颜色显得比较暗淡。接下来，将其调整为一种鲜艳的颜色。执行“图层>新建调整图层>可选颜色”命令，新建一个“可选颜色”调整图层，在“属性”面板中设置“颜色”为中性色，调整“青色”为60%，“洋红”为0%，“黄色”为-100%，“黑色”为100%，如图5-291所示。效果如图5-292所示。

图 5-291　图 5-292

步骤 13 单击该调整图层的蒙版，使用“快速选择工具”获取勺子和盘子的选区，然后设置前景色为黑色，按Alt+Delete组合键进行填充，使该调整图层只对背景起作用，蒙版效果如图5-293所示。画面效果如图5-294所示。

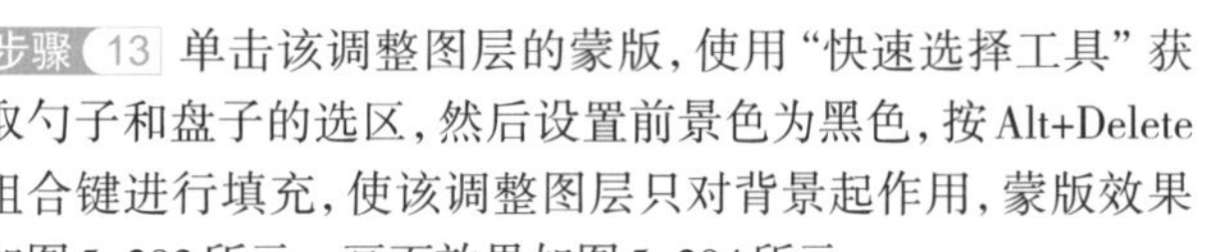
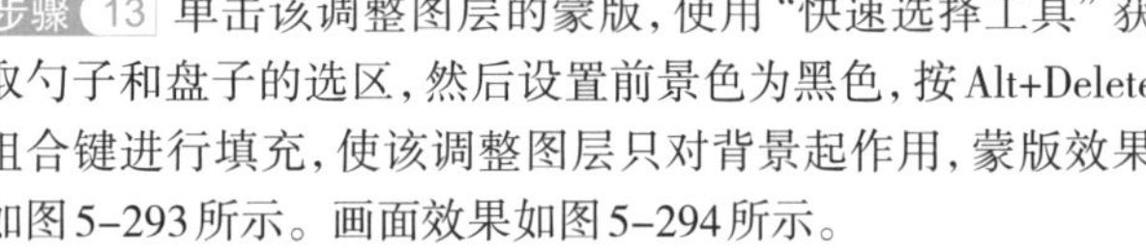
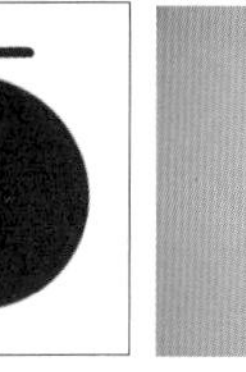
图 5-293　图 5-294

步骤 14 为了使画面主体更加突出，需要为画面添加暗角效果。执行“图层>新建调整图层>曝光度”命令，新建一个“曝光度”调整图层，在“属性”面板中设置“预设”为“自定”，“曝光度”为-3.89，“位移”为0，“灰度系数校正”为1.00，如图5-295所示。效果如图5-296所示。

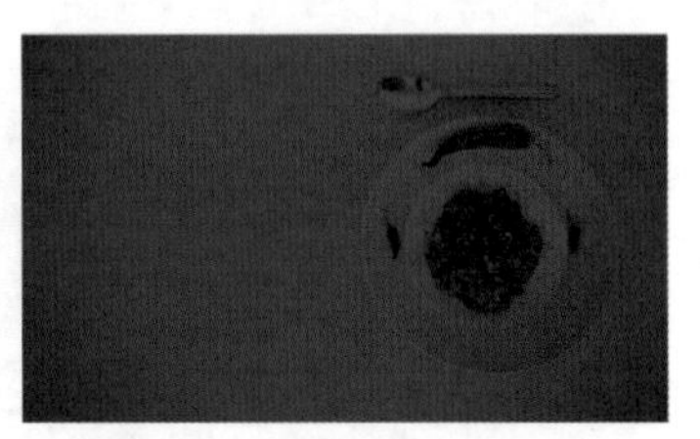

图 5-295 图 5-296

步骤 15 选择图层蒙版；接着选择工具箱中的“画笔工具”，选择较大的软边圆画笔；设置前景色为黑色，在蒙版中间进行涂抹，使该调整图层只对画面四角起作用，如图5-297所示。效果如图5-298所示。

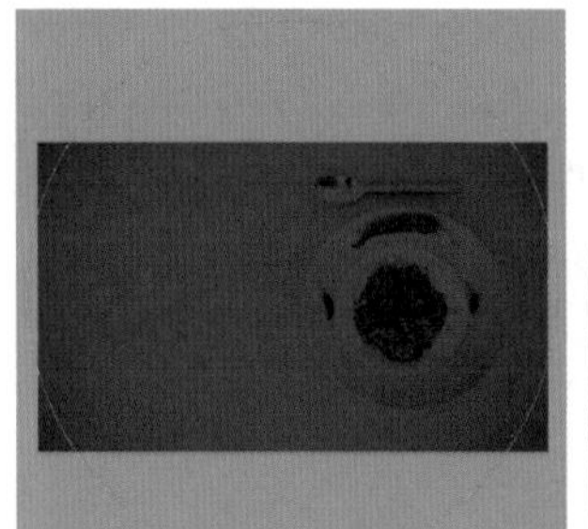

图 5-297 图 5-298

步骤 16 此时画面整体偏暗，存在颜色饱和度不够的问题。执行“图层>新建调整图层>自然饱和度”命令，新建一个“自然饱和度”调整图层，在“属性”面板中设置“自然饱和度”为+100，“饱和度”为0，如图5-299所示。这样就提高了整个画面的饱和度，效果如图5-300所示。

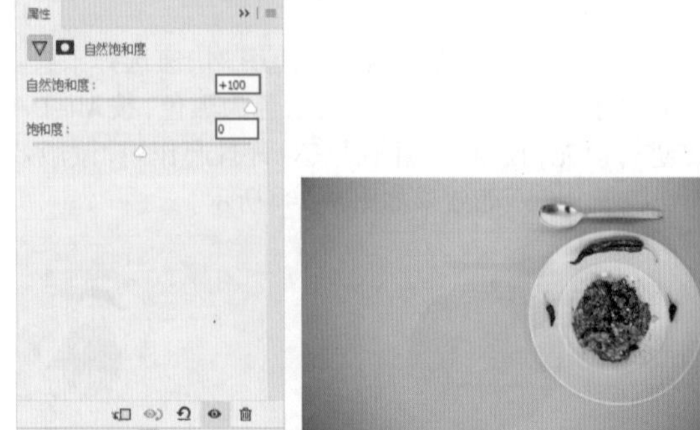

图 5-299 图 5-300

步骤 17 选择工具箱中的“横排文字工具”，在选项栏中设置合适的字体、字号和颜色，然后在画面的左边单击并添加文字，让整个画面更加饱满。最终效果如图5-301所示。

图 5-301

5.4.13 动手练：HDR色调

扫一扫，看视频

“HDR色调”命令常用于处理风景照片，可以增强画面亮部和暗部的细节和颜色感，使图像更具有视觉冲击力。

(1)选择一个图层，如图5-302所示。执行“图像>调整>HDR色调”命令，打开“HDR色调”窗口，如图5-303所示。默认的参数增强了图像的细节感和颜色感，效果如图5-304所示。

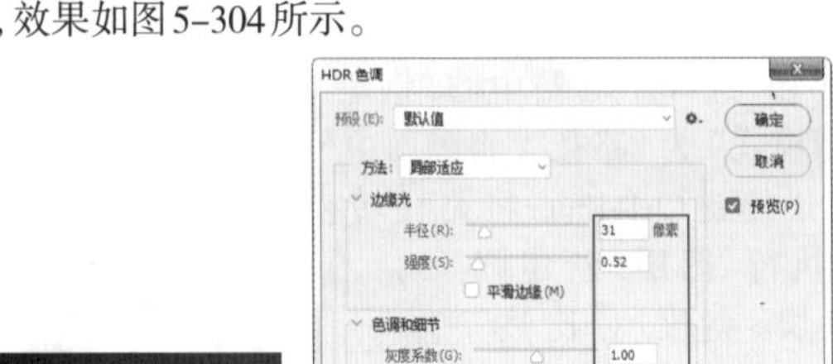

图 5-302 图 5-303

(2) 在“预设”下拉列表框中系统提供了多种“预设”效果，单击某一预设即可快速为图像赋予该效果，如图5-305所示。图5-306所示为不同的预设效果。

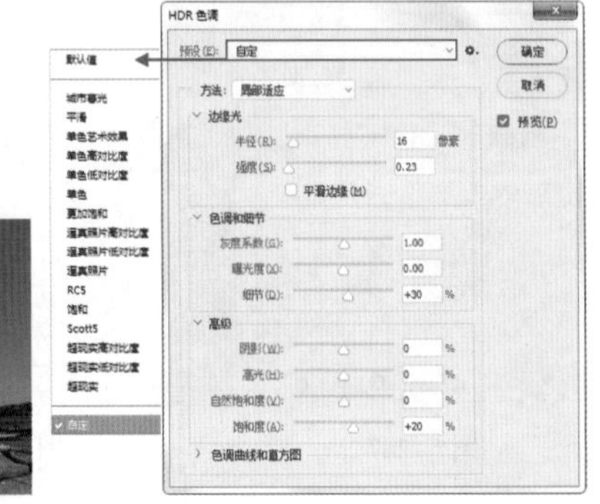

图 5-304 图 5-305

图 5-306

(3) 虽然预设效果有很多种，但有时与我们想要的效果还是存在一定的差距的。此时可以选择一种与预期较为接近的“预设”，然后适当修改下方的参数，以制作出合适的效果。

边缘光是指图像中颜色交界处产生的发光效果。

- 半径：用于控制发光区域的宽度，如图 5-307 所示。

图 5-307

- 强度：用于控制发光区域的明亮程度，如图 5-308 所示。

图 5-308

- 灰度系数：用于控制图像的明暗对比。向左拖动滑块，数值变大，对比度增强；向右拖动滑块，数值变小，对比度减弱，如图 5-309 所示。

图 5-309

- 曝光度：用于控制图像明暗。数值越小，画面越暗；数值越大，画面越亮，如图 5-310 所示。

图 5-310

- 细节：增强或减弱像素对比度以实现柔化图像或锐化图像。数值越小，画面越柔和；数值越大，画面越锐利，如图 5-311 所示。

图 5-311

- 阴影：用于控制阴影区域的明暗。数值越小，阴影区域越暗；数值越大，阴影区域越亮，如图 5-312 所示。

图 5-312

- 高光：用于控制高光区域的明暗。数值越小，高光区域越暗；数值越大，高光区域越亮，如图 5-313 所示。

图 5-313

- 自然饱和度：用于控制图像中色彩的饱和程度，增大数值可使画面颜色感增强，但不会产生灰度图像和溢色。
- 饱和度：用于增强或减弱图像颜色的饱和度，数值越大颜色纯度越高，数值为 -100% 时为灰度图像。
- 色调曲线和直方图：展开该选项组，可以进行“色调曲线”形态的调整（此选项组与“曲线”命令的使用方法基本相同），如图 5-314 和图 5-315 所示。

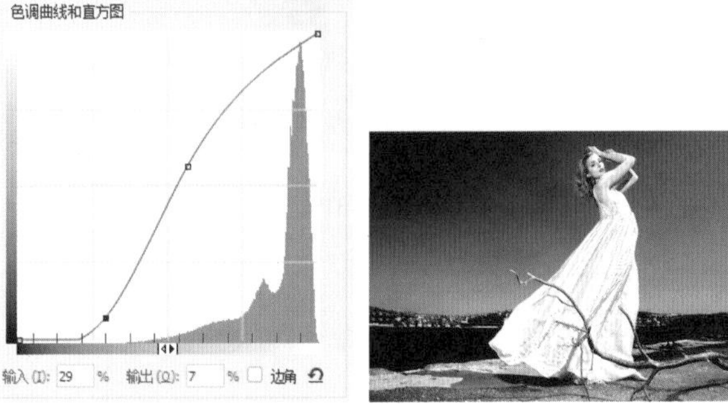

图 5-314　　图 5-315

5.4.14 去色

扫一扫，看视频

“去色”命令无需设置任何参数，可以直接将图像中的颜色去掉，使其成为灰度图像。

打开一幅图像，如图5-316所示。执行“图像>调整>去色”命令（快捷键为Shift+Ctrl+U），可以将其调整为灰度效果，如图5-317所示。

图5-316

图5-317

提示：“去色”命令与“黑白”命令不同

“去色”命令与“黑白”命令都可以制作出灰度图像，但是“去色”命令只能简单地去掉所有颜色，而“黑白”命令则可以通过参数的设置调整各种颜色在黑白图像中的亮度，以得到层次丰富的黑白照片。

练习实例：使用“去色”命令制作服饰主图

文件路径	资源包\第5章\使用“去色”命令制作服饰主图
难易指数	★★★★★
技术掌握	“去色”命令、剪贴蒙版

扫一扫，看视频

案例效果

本例效果如图5-318所示。

图5-318

操作步骤

步骤01 执行“文件>新建”命令，新建一个空白文档，如图5-319所示。

步骤02 执行“文件>置入嵌入对象”命令，将人物素材1.jpg置入画面中，调整其大小及位置后按Enter键确认，如图5-320所示。在“图层”面板中右键单击该图层，在弹出的快捷菜单中执行“栅格化图层”命令。

图5-319

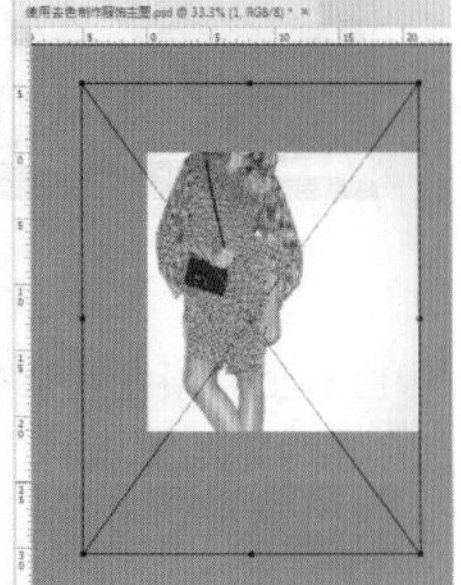

图5-320

步骤03 选中人物素材，执行“图像>调整>去色”命令，画面效果如图5-321所示。

步骤04 单击工具箱中的“矩形工具”按钮，在选项栏中设置“绘制模式”为“形状”，“填充”为浅蓝色，“描边”为白色，“描边粗细”为8点；设置完成后在画面右侧按住鼠标左键拖动，绘制出一个矩形，如图5-322所示。

图5-321

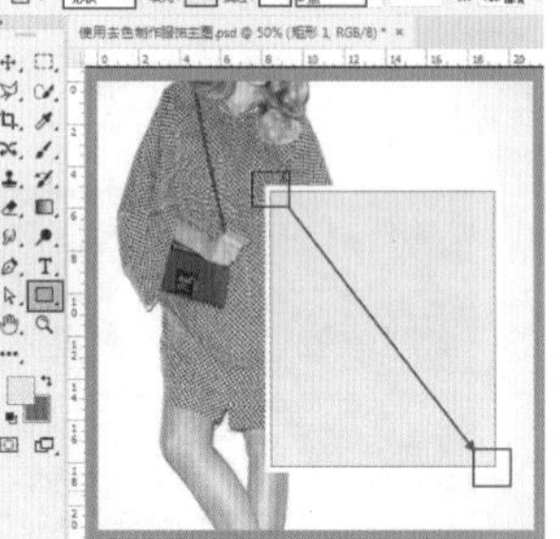

图5-322

步骤05 再次将人物素材置入文档内，将其放置在矩形上方并调整其大小，如图5-323所示。然后按下Enter键完成置入，并将其栅格化。接着执行“图层>创建剪贴蒙版”命令，画面效果如图5-324所示。

图5-323

图5-324

步骤06 执行“文件>置入嵌入对象”命令，置入素材2.png，摆放在右上角合适位置。接下来，为前方人物图片制作暗角。新建一个图层；选择工具箱中的“画笔工具”，在选项栏中单击打开“画笔预设”选取器，从中选择“柔边圆”画笔，设置画笔“大小”为500像素，“硬度”为0%，如图5-325所示。设置前景色为浅蓝色，选择新建的空白图层，在画面中合适的位置单击鼠标左键进行绘制，如图5-326所示。

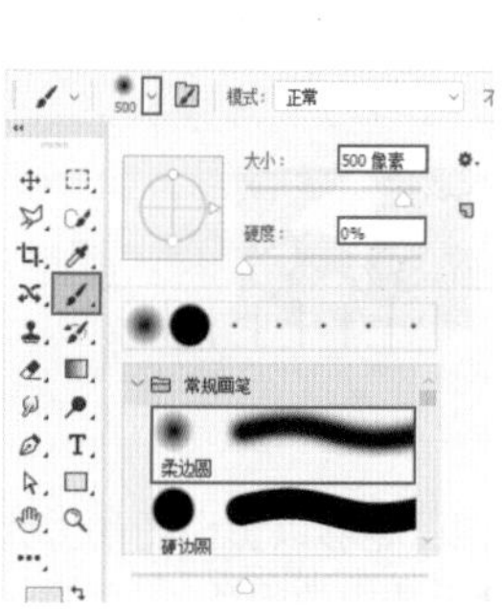

图 5-325 　　图 5-326

步骤 07 继续使用同样的方法绘制，如图5-327所示。在“图层”面板中选中刚绘制的浅蓝色图层，执行“图层>创建剪贴蒙版”命令，画面效果如图5-328所示。

图 5-327 　　图 5-328

5.4.15 动手练：匹配颜色

“匹配颜色”命令可以将图像1中的色彩关系映射到图像2中，使图像2产生与之相同的色彩。使用“匹配颜色”命令可以便捷地更改图像颜色，既可以在不同的图像文件中进行“匹配”，也可以匹配同一个文档中不同图层之间的颜色。

扫一扫，看视频

(1) 首先打开需要处理的图像，图像1为青色调，如图5-329所示。接着将用于匹配的“源”图片置入，图像2为紫色调，如图5-330所示。

图 5-329

图 5-330

(2) 选择图像1所在的图层，隐藏其他图层，如图5-331所示。执行“图像>调整>匹配颜色”命令，在弹出的“匹配颜色”窗口中设置“源”为当前的文档，“图层”为紫色调的图像2所在的图层，如图5-332所示。此时图像1变为紫色调，如图5-333所示。

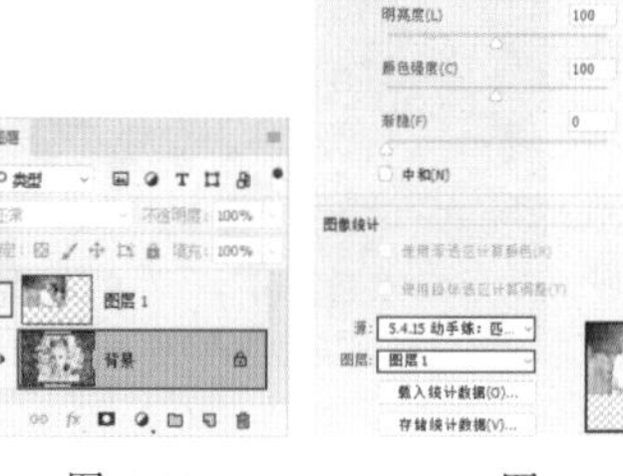
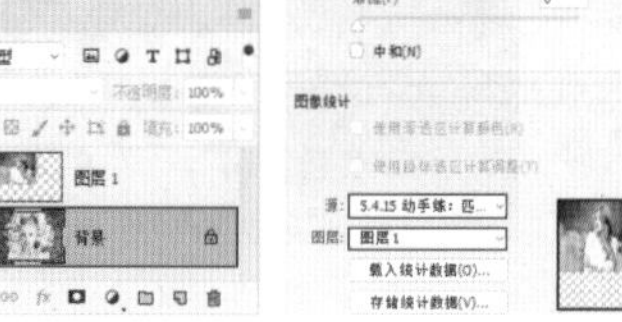
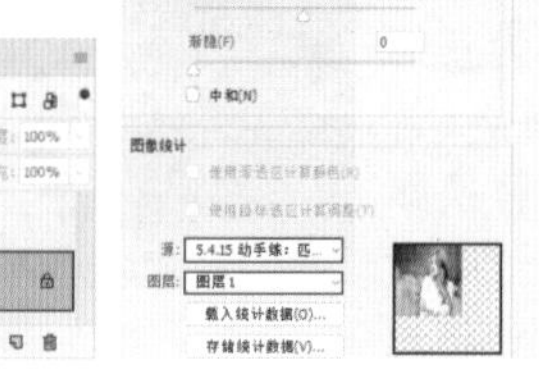

图 5-331　　图 5-332　　图 5-333

(3) 在“图像选项”选项组中还可以进行“明亮度”“颜色强度”“渐隐”等设置，设置完成后单击“确定”按钮，如图5-334所示。效果如图5-335所示。

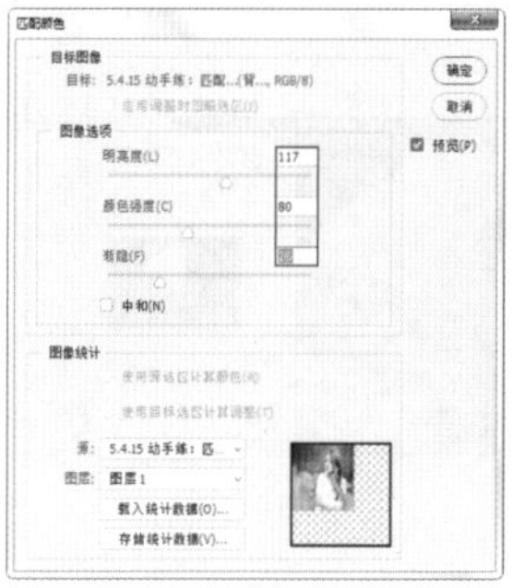

图 5-334　　图 5-335

- 明亮度：用来调整图像匹配的明亮程度。
- 颜色强度：“颜色强度”相当于图像的饱和度，因此该项用来调整图像色彩的饱和度。数值越低，画面越接近单色效果。
- 渐隐：该项决定了有多少源图像的颜色匹配到目标图像的颜色中。数值越大，匹配程度越低，越接近图像原始效果。
- 中和：可以中和匹配后与匹配前的图像效果，常用于去除图像中的偏色。
- 使用源选区计算颜色：可以使用源图像中的选区图像的颜色来计算匹配颜色。
- 使用目标选区计算调整：可以使用目标图像中的选区图像的颜色来计算匹配颜色（注意，这种情况必须选择“源”为目标图像）。

重点 5.4.16 动手练：替换颜色

“替换颜色”命令可以修改图像中选定颜色的色相、饱和度和明度，从而将选定的颜色替换为其他颜色。如果要更改画面中某个区域的颜

扫一扫，看视频

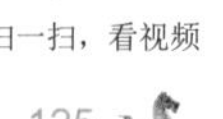

色，常规的方法是先得到选区，然后填充其他颜色；而使用"替换颜色"命令可以免去很多麻烦，可以通过在画面中单击拾取的方式，直接对图像中的指定颜色进行色相、饱和度以及明度的修改，快速实现颜色的更改。

(1) 打开一张图片，如图5-336所示。接下来，将图像中的蓝色帽子更改为其他颜色。执行"图像>调整>替换颜色"命令，打开"替换颜色"窗口。默认情况下"吸管工具"处于选中状态，将光标移动至帽子上单击鼠标左键，此时在缩览图中可以看到帽子变为灰白色，如图5-337所示。"替换颜色"是通过黑白关系确立选区的，白色区域为选区，那么此时帽子并非全白色，也就需要进行加选。单击"添加到取样"按钮，然后在帽子上单击进行加选，如图5-338所示。

图 5-336

图 5-337　　图 5-338

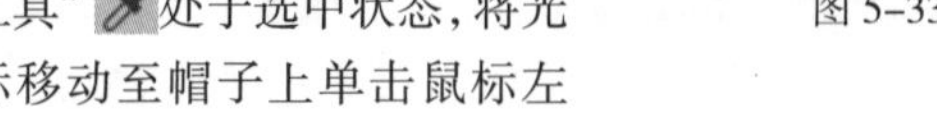

(2) 接着更改"色相""饱和度""明度"，调整替换的颜色；右侧的"结果"色块会实时显示替换后的颜色效果，如图5-339所示。设置完成后单击"确定"按钮，效果如图5-340所示。

图 5-339　　图 5-340

- 本地化颜色簇：主要用来同时在图像上选择多种颜色。
- ：这3个工具用于在画面中选择被替换的区域，使用"吸管工具"在图像上单击，可以选中单击点处的颜色，同时在"选区"缩略图中也会显示出选中的颜色区域(白色代表选中的颜色，黑色代表未选中的颜色)。使用"添加到取样"在图像上单击，可以将单击点处的颜色添加到选中的颜色中。使用"从取样中减去"在图像上单击，可以将单击点处的颜色从选定的颜色中减去。
- 颜色容差：用来控制选中颜色的范围。数值越大，选中的颜色范围越广。图5-341所示为"颜色容差"为10的效果，图5-342所示为"颜色容差"为100的效果。

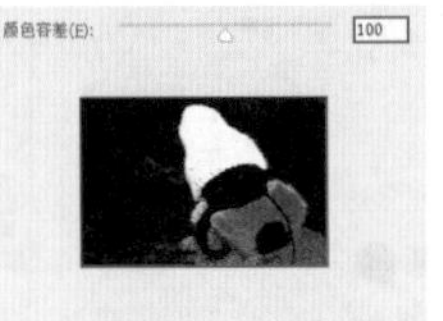

图 5-341　　图 5-342

- 选区/图像：单击"选区"选项，能够以黑白图的方式展示当前选区状态。白色表示选中的颜色，黑色表示未选中的颜色，灰色表示只选中了部分颜色；单击"图像"按钮只显示图像。
- 色相/饱和度/明度：用于设置替换后颜色的参数。

5.4.17　色调均化

扫一扫，看视频

"色调均化"命令可以将图像中全部像素的亮度值进行重新分布，使图像中最亮的像素变成白色，最暗的像素变成黑色，中间的像素均匀分布在整个灰度范围内。

1. 均化整个图像的色调

选择需要处理的图层，如图5-343所示。执行"图像>调整>色调均化"命令，使图像均匀地呈现出所有范围的亮度级，如图5-344所示。

图 5-343　　图 5-344

2. 均化选区中的色调

如果图像中存在选区，如图5-345所示，执行"色调均化"命令时会弹出一个对话框，用于设置色调均化的参数选项，如图5-346所示。

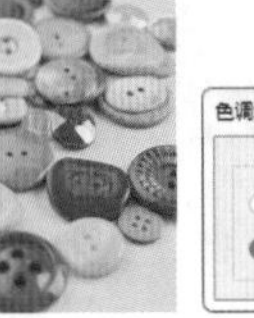

图 5-345　　图 5-346

如果想要只处理选区中的部分，则选中"仅色调均化所选区域”单选按钮，如图5-347所示。如果选中“基于所选区域色调均化整个图像”单选按钮，则可以按照选区内的像素明暗均化整个图像，如图5-348所示。

图 5-347

图 5-348

5.5 使用“图层混合”进行商品调色

本节讲解的是图层的高级功能：图层的透明效果、混合模式与图层样式。这几项功能是设计制图中经常使用的功能。“不透明度”与“混合模式”的使用方法非常简单，常用在多图层混合中。通过透明度、混合模式的学习，我们能够轻松制作出多个图层混叠的效果，如多重曝光、融图、为图像增添光效、使惨白的天空出现蓝天白云、照片做旧、增强画面色感、增强画面冲击力等。当然，想要制作出以上效果，不仅需要设置好合适的混合模式，更需要找到合适的素材。

重点 5.5.1 为图层设置透明效果

扫一扫，看视频

“不透明度”是作用于整个图层(包括图层本身的形状内容、像素内容、图层样式、智能滤镜等)的透明属性，包括图层中的形状、像素以及图层样式。

(1) 对一个带有图层样式的图层设置不透明度，如图5-349所示。在“图层”面板中单击选中该图层，单击“不透明”右侧的下拉按钮 ⌄ ，可以通过拖动滑块来调整透明效果，如图5-350所示。还可以将光标定位在“不透明度”文字上，按住鼠标左键向左右拖动，也可以调整透明效果，如图5-351所示。

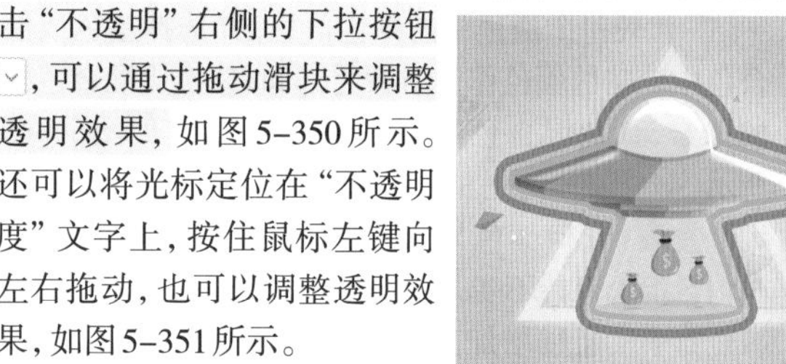
图 5-349

(2) 想要设置精确的不透明度，也可以直接输入数值，如图5-352所示。此时图层本身以及图层的描边样式等属性也都变成半透明效果，如图5-353所示。

图 5-350

图 5-351

图 5-352

图 5-353

与“不透明度”类似，“填充”也可以使图层产生透明效果，但是设置“填充”只影响图层本身内容，对附加的图层样式等效果部分没有影响。例如，将“填充”数值调整为20%，图层本身内容变透明了，而描边等图层样式还完整地显示着，如图5-354和图5-355所示。

图 5-354

图 5-355

重点 5.5.2 图层的混合效果

扫一扫，看视频

图层的“混合模式”是指当前图层中的像素与下方图层中的像素的颜色混合方式。“混合模式”不仅应用于“图层”中，在使用绘图工具、修饰工具、颜色填充等情况下都会用到“混合模式”。图层混合模式的设置主要用于多幅图像的融合、使画面同时具有多幅图像的特质、改变画面色调、制作特效等，而且不同的混合模式作用于不同的图层中往往能够产生千变万化的效果，所以对于混合模式的使用，不同的情况下并不一定

要采用某种特定模式，我们可以多次尝试，有趣的效果自然就会出现，如图5-356和～图5-359所示。

图 5-356

图 5-357

图 5-358

图 5-359

想要设置图层的混合模式，需要在“图层”面板中进行。当文档中存在两个或两个以上的图层时(只有一个图层时设置混合模式没有效果)，单击选中“图层”(背景图层以及锁定全部的图层无法设置混合模式)，如图5-360所示。然后打开“混合模式”下拉列表框，从中选择某一种模式，当前画面效果就会发生变化，如图5-361所示。

图 5-360

图 5-361

在“混合模式”下拉列表框中可以看到多种混合模式，共分为6组，如图5-362所示。在选中了某一种混合模式后，保持混合模式按钮处于“选中”状态的带有蓝色边框的状态，然后滚动鼠标中轮，即可快速查看各种混合模式的效果，如图5-363所示。这样也方便我们找到一种合适的混合模式。

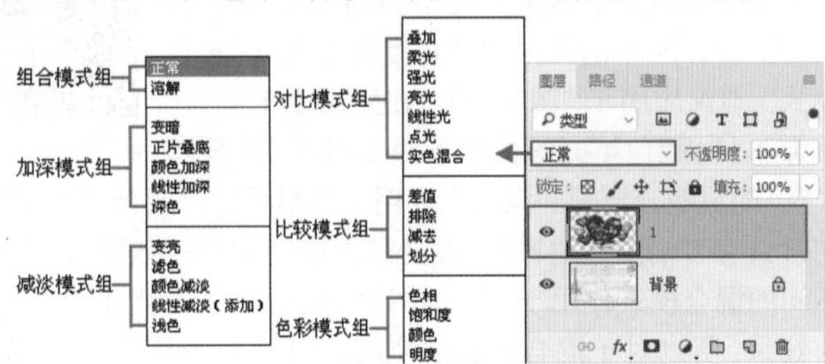

图 5-362

图 5-363

> **提示：为什么设置了混合模式却没有效果**
>
> 如果所选图层被顶部图层完全遮挡住，那么此时设置该图层混合模式是不会看到效果的，需要将顶部遮挡图层隐藏后才能观察到效果。当然也存在另一种可能性，某些特定色彩的图像与另外一些特定色彩即使设置了混合模式也不会产生效果。

- 溶解：该模式会使图像中透明度区域的像素产生离散效果。“溶解”模式只有在降低图层的“不透明度”或“填充”数值时才能起作用，这两个参数的数值越低，像素离散效果越明显，如图5-364所示。

图 5-364

- 变暗：比较每个通道中的颜色信息，并选择基色或混合色中较暗的颜色作为结果色，同时替换比混合色亮的像素，而比混合色暗的像素保持不变，如图5-365所示。
- 正片叠底：任何颜色与黑色混合产生黑色，任何颜色与白色混合保持不变，如图5-366所示。
- 颜色加深：通过增加上下层图像之间的对比度来使像素变暗，与白色混合后不产生变化，如图5-367所示。
- 线性加深：通过减小亮度使像素变暗，与白色混合不产生变化，如图5-368所示。
- 深色：比较两个图像的所有通道数值的总和，然后显示数值较小的颜色，如图5-369所示。

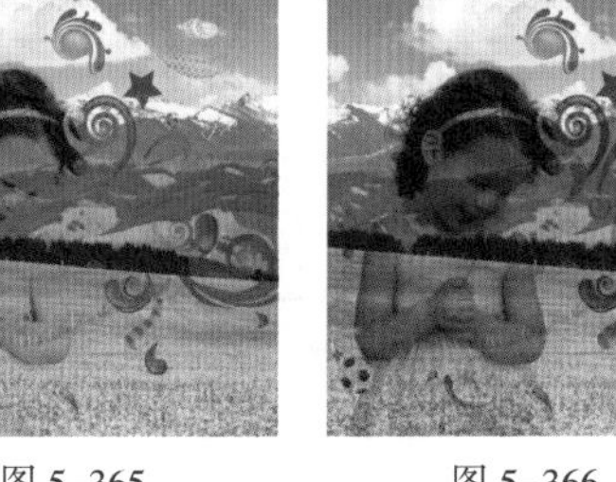

图 5-365　　图 5-366　　图 5-367　　图 5-368　　图 5-369

- 变亮：比较每个通道中的颜色信息，并选择基色或混合色中较亮的颜色作为结果色，同时替换比混合色暗的像素，而比混合色亮的像素保持不变，如图 5-370 所示。
- 滤色：与黑色混合时颜色保持不变，与白色混合时产生白色，如图 5-371 所示。
- 颜色减淡：通过减小上下层图像之间的对比度来提亮底层图像的像素，如图 5-372 所示。
- 线性减淡（添加）：与“线性加深”模式产生的效果相反，可以通过提高亮度来减淡颜色，如图 5-373 所示。
- 浅色：比较两个图像的所有通道数值的总和，然后显示数值较大的颜色，如图 5-374 所示。

图 5-370　　图 5-371　　图 5-372　　图 5-373　　图 5-374

- 叠加：对颜色进行过滤并提亮上层图像，具体取决于底层颜色，同时保留底层图像的明暗对比，如图 5-375 所示。
- 柔光：使颜色变暗或变亮，具体取决于当前图像的颜色。如果上层图像比 50% 灰色亮，则图像变亮；如果上层图像比 50% 灰色暗，则图像变暗，如图 5-376 所示。
- 强光：对颜色进行过滤，具体取决于当前图像的颜色。如果上层图像比 50% 灰色亮，则图像变亮；如果上层图像比 50% 灰色暗，则图像变暗，如图 5-377 所示。
- 亮光：通过增加或减小对比度来加深或减淡颜色，具体取决于上层图像的颜色。如果上层图像比 50% 灰色亮，则图像变亮；如果上层图像比 50% 灰色暗，则图像变暗，如图 5-378 所示。

图 5-375　　图 5-376　　图 5-377　　图 5-378

- 线性光：通过减小或增加亮度来加深或减淡颜色，具体取决于上层图像的颜色。如果上层图像比 50% 灰色亮，则图像变亮；如果上层图像比 50% 灰色暗，则图像变暗，如图 5-379 所示。
- 点光：根据上层图像的颜色来替换颜色。如果上层图像比 50% 灰色亮，则替换比较暗的像素；如果上层图像比 50% 灰色暗，则替换较亮的像素，如图 5-380 所示。
- 实色混合：将上层图像的 RGB 通道值添加到底层图像的 RGB 值。如果上层图像比 50% 灰色亮，则使底层图像变亮；如果上层图像比 50% 灰色暗，则使底层图像变暗，如图 5-381 所示。

图 5-379

图 5-380

图 5-381

- 差值：上层图像与白色混合将反转底层图像的颜色，与黑色混合则不产生变化，如图5-382所示。
- 排除：创建一种与“差值”模式相似，但对比度更低的混合效果，如图5-383所示。
- 减去：从目标通道中相应的像素上减去源通道中的像素值，如图5-384所示。
- 划分：比较每个通道中的颜色信息，然后从底层图像中划分上层图像，如图5-385所示。

图 5-382

图 5-383

图 5-384

图 5-385

- 色相：用底层图像的明亮度和饱和度以及上层图像的色相来创建结果色，如图5-386所示。
- 饱和度：用底层图像的明亮度和色相以及上层图像的饱和度来创建结果色，在饱和度为0的灰度区域应用该模式不会产生任何变化，如图5-387所示。
- 颜色：用底层图像的明亮度以及上层图像的色相和饱和度来创建结果色，这样可以保留图像中的灰阶，对于为单色图像上色或给彩色图像着色非常有用，如图5-388所示。
- 明度：用底层图像的色相和饱和度以及上层图像的明亮度来创建结果色，如图5-389所示。

图 5-386

图 5-387

图 5-388

图 5-389

举一反三：使用“强光”混合模式制作双重曝光效果

双重曝光是一种摄影中的特殊技法，通过对画面进行两次曝光，得到重叠的图像。在Photoshop中也可以尝试制作双重曝光效果。首先将两张图片放在一个文档中，如图5-390所示。选中顶部的图层，设置“混合模式”为“强光”，如图5-391所示。此时画面产生了重叠的效果，如图5-392所示。我们也可以尝试其他混合模式，观察效果。

图 5-390　　图 5-391　　图 5-392

练习实例：制作不同颜色的珍珠戒指

文件路径	资源包\第5章\制作不同颜色的珍珠戒指
难易指数	★★★★★
技术掌握	"椭圆选框工具""曲线"命令、混合模式、"色相/饱和度"命令、"可选颜色"命令

案例效果

本例效果如图5-393所示。

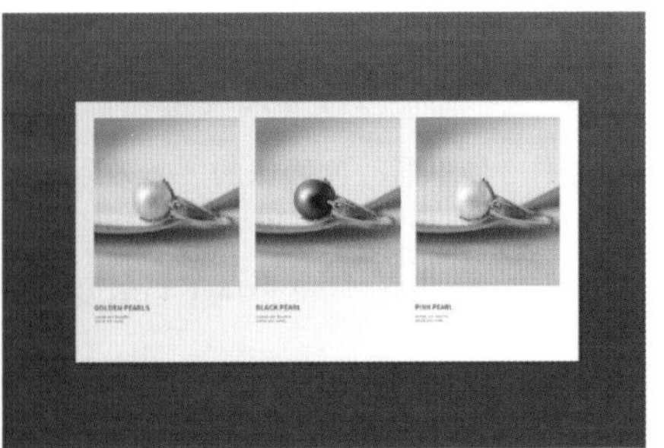

图 5-393　　扫一扫，看视频

操作步骤

步骤 01 本例通过对原有珍珠进行调整，制作其他颜色的珍珠。首先制作金色的珍珠。执行"文件>打开"命令，在弹出的"打开"窗口中选择素材1.jpg，单击"打开"按钮，将该素材打开，如图5-394所示。

图 5-394

步骤 02 选择工具箱中的"椭圆选框工具"，按住Shift键的同时按住鼠标左键在画面中框选珍珠，如图5-395所示。由于框选的范围与珍珠的边缘不太吻合，因此接着单击鼠标右键，在弹出的快捷菜单中执行"变换选区"命令，对选区进行再次调整，使其与珍珠的边缘相吻合，然后按Enter键完成操作，如图5-396所示。

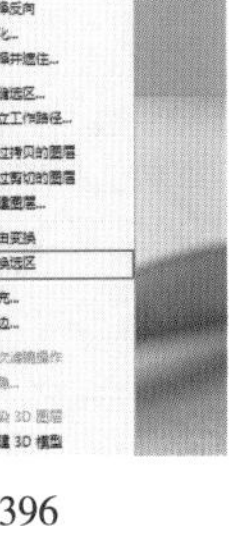

图 5-395　　图 5-396

步骤 03 经过上述操作后，可以看到珍珠选区边缘存在一些细节需要处理。选择该图层，使用"缩放工具"将画面放大一些。接着选择工具箱中的"快速选择工具"，在选项栏中单击"从选区减去"按钮，设置较小的画笔，如图5-397所示。按住鼠标左键拖动，仔细地将珍珠右边的金属部分减去，效果如图5-398所示。

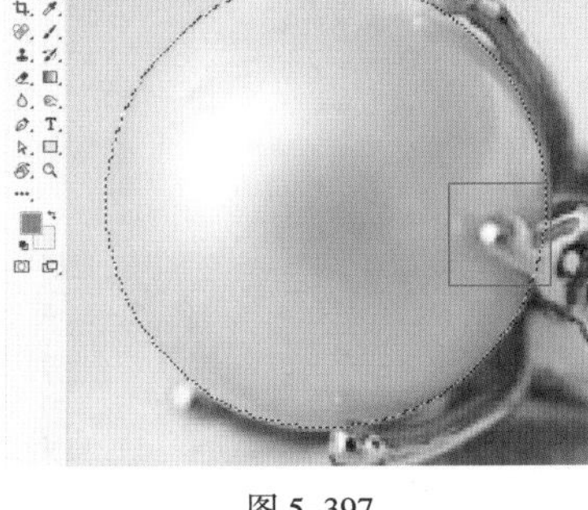

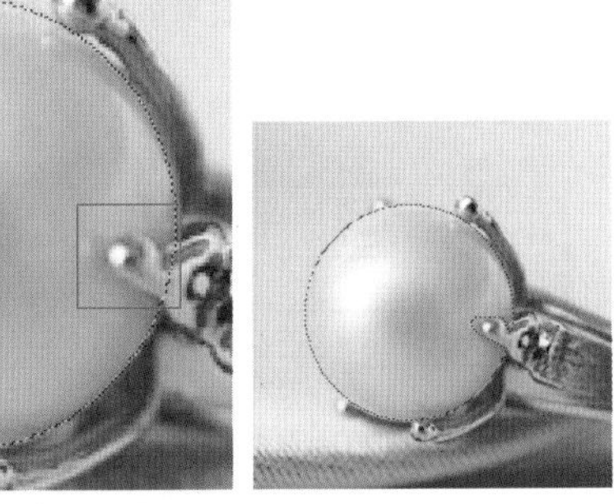

图 5-397　　图 5-398

步骤 04 执行"图层>新建>图层"命令，新建一个图层"金珠"。在当前选区的基础上，设置前景色为褐色，按快捷键Alt+Delete填充前景色；接着设置该图层"混合模式"为"叠加"，如图5-399所示。此时珍珠变为金色，效果如图5-400所示。

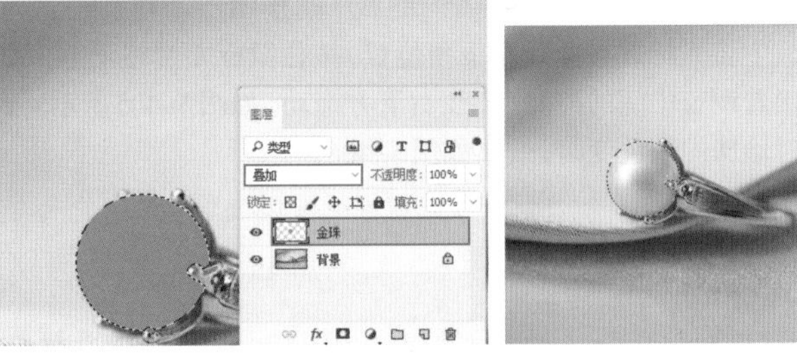

图 5-399　　图 5-400

步骤 05 此时珍珠呈现出的颜色较亮，所以在刚刚创建的珍珠选区基础上执行"图层>新建调整图层>曲线"命令，新建一个"曲线"调整图层。在"属性"面板中将光标放在曲线左下角位置，按住鼠标左键往右下方拖动；接着调节中间的控制点，往左上方拖动，如图5-401所示。此时珍珠的颜色变暗，效果如图5-402所示。

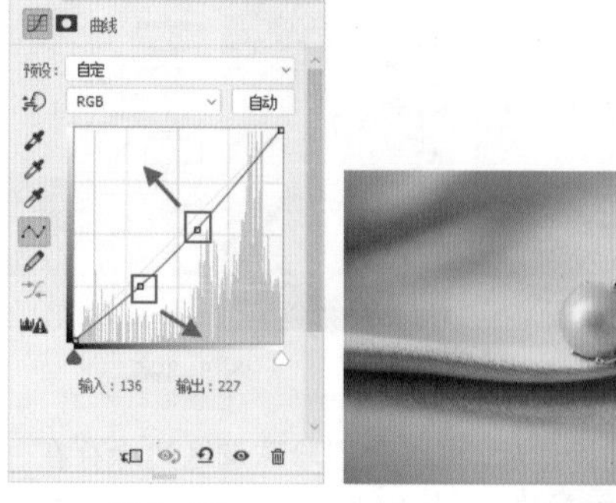

图 5-401　　图 5-402

步骤 06 将“金珠”图层放置在一个图层组中，并隐藏起来。接下来，制作粉色的珍珠。按住Ctrl键单击“金珠”图层缩览图，载入珍珠部分的选区；执行“图层>新建调整图层>色相/饱和度”命令，新建一个“色相/饱和度”调整图层。在“属性”面板中设置“色相”为-15，“饱和度”为-25，“明度”为15，如图5-403所示。粉珠效果如图5-404所示。

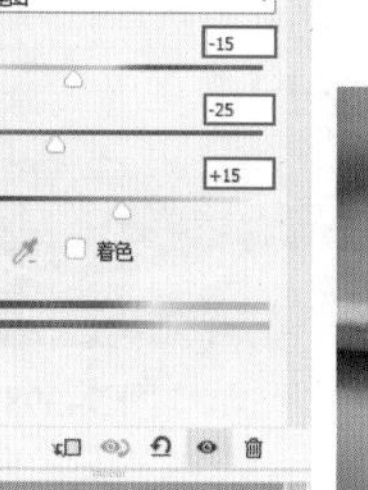

图 5-403　　图 5-404

步骤 07 将粉色珍珠的图层放置在一个图层组中，并隐藏起来。接下来，制作黑色的珍珠。再次按住Ctrl键单击“金珠”图层缩览图，载入珍珠部分的选区；执行“图层>新建调整图层>曲线”命令，新建一个“曲线”调整图层。在“属性”面板中将光标放在曲线左下角位置，按住鼠标左键往下方拖动；接着调节中间的控制点，往右下方拖动，如图5-405所示。此时珍珠的颜色变暗，效果如图5-406所示。

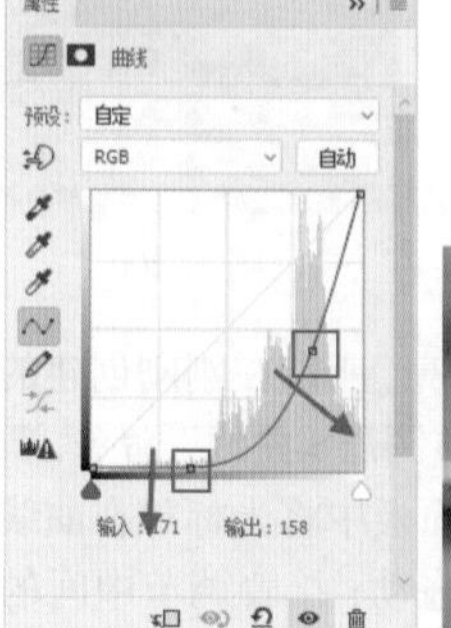

图 5-405　　图 5-406

步骤 08 经过调整，珍珠虽然变为深色，但是颜色仍倾向于红色，而在此要制作的是倾向于青色的黑珠。载入珍珠部分的选区，执行“图层>新建调整图层>可选颜色”命令，新建一个“可选颜色”调整图层。在“属性”面板中设置“颜色”为“中性色”，调整“青色”为30%，“洋红”为10%，“黄色”为-15%，“黑色”为0%，如图5-407所示。黑珠效果如图5-408所示。

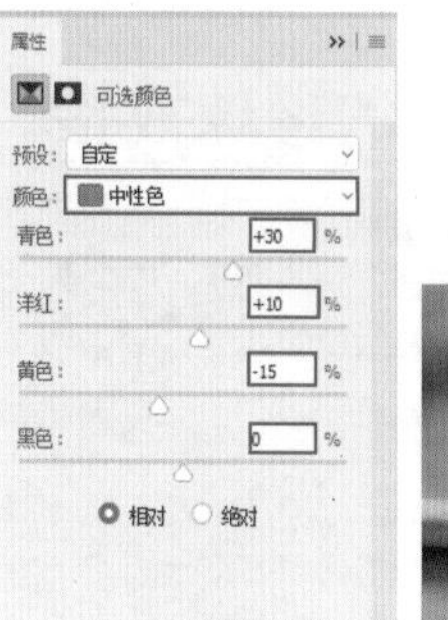

图 5-407　　图 5-408

步骤 09 接下来，制作3种不同颜色珍珠的展示效果。首先需要将3种效果分别存储为JPG格式，以备之后调用。然后执行“文件>打开”命令，打开素材3.psd(这个素材为分层素材)，如图5-409和图5-410所示。

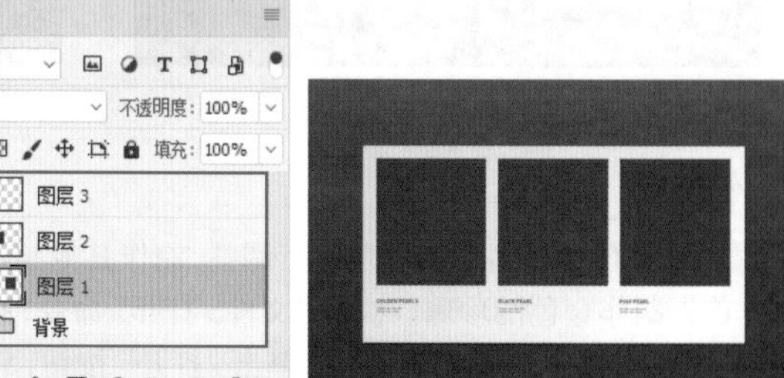

图 5-409　　图 5-410

步骤 10 向当前文件中置入之前存储好的JPG格式的珍珠照片，将该图层放置在图层3的上方，如图5-411所示。将其摆放在左侧的黑框处，并缩放到合适比例，如图5-412所示。

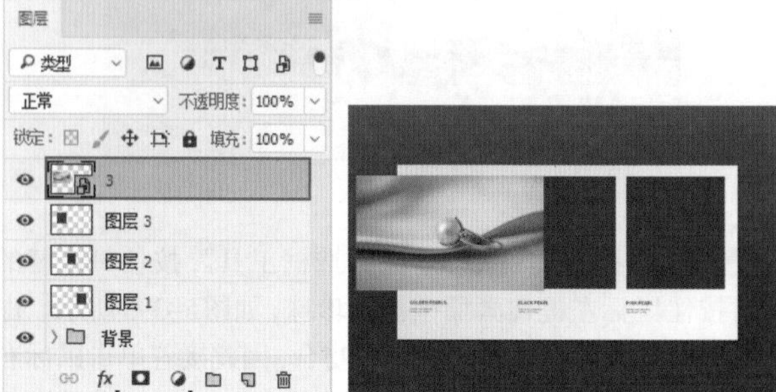

图 5-411　　图 5-412

步骤 11 选择这个珍珠图层，执行“图层>创建剪贴蒙版”

命令，效果如图5-413所示。以同样的方法处理其他的照片，最终效果如图5-414所示。

图 5-413

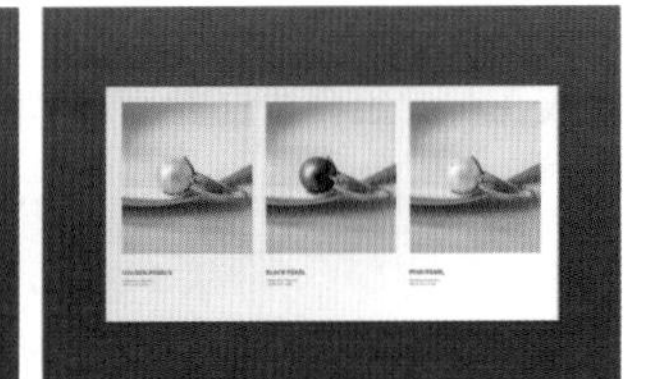

图 5-414

练习实例：设置混合模式制作朦胧感广告

文件路径	资源包\第5章\设置混合模式制作朦胧感广告
难易指数	★★★★★
技术掌握	图层蒙版、不透明度、混合模式

扫一扫，看视频

案例效果

本例效果如图5-415所示。

图 5-415

操作步骤

步骤 01 执行“文件>新建”命令，新建一个空白文档，如图5-416所示。

步骤 02 执行“文件>置入嵌入对象”命令，将人物素材1.jpg置入画面中，调整其大小及位置后按Enter键确认，如图5-417所示。在“图层”面板中右键单击该图层，在弹出的快捷菜单中执行“栅格化图层”命令。

图 5-416

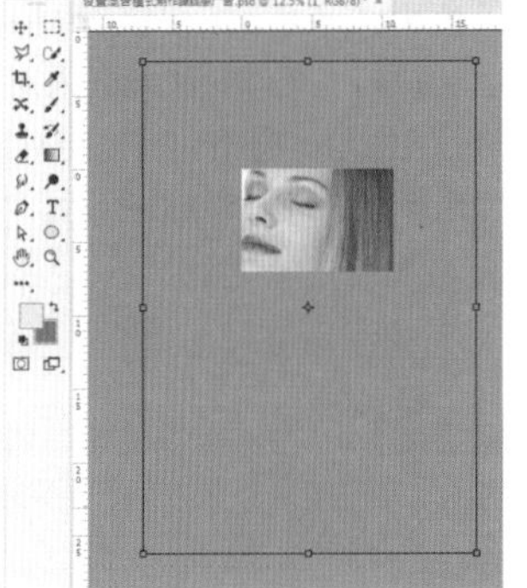

图 5-417

步骤 03 在“图层”面板中选中人物素材，设置“不透明度”为30%，如图5-418所示。

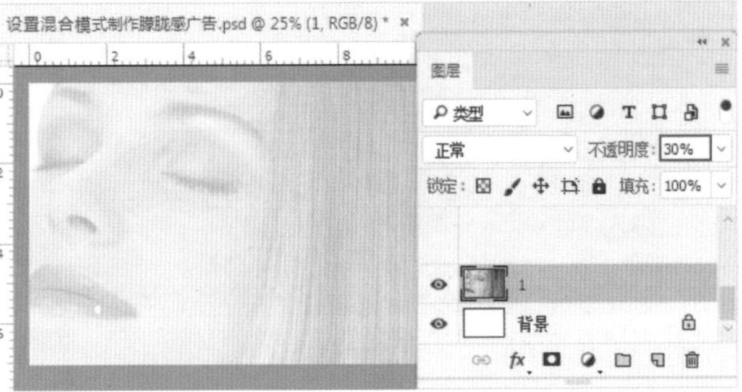

图 5-418

步骤 04 单击工具箱中的“圆角矩形工具”按钮，在选项栏中设置“绘制模式”为“形状”；单击“填充”右侧的颜色条，在弹出的下拉面板中单击“渐变”按钮，然后编辑一种从橘色到粉色的渐变颜色，设置渐变类型为“线性”，渐变角度为38；接着回到选项栏中，设置“描边”为无；然后在画面上方按住鼠标左键拖动，绘制一个矩形，如图5-419所示。

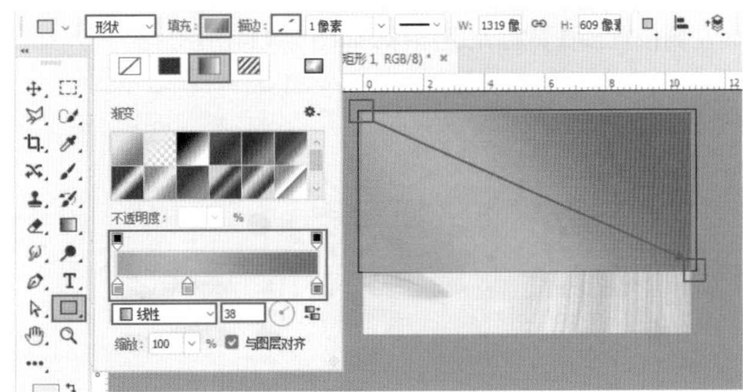

图 5-419

步骤 05 在“图层”面板中选中渐变矩形图层，单击面板底部的“添加图层蒙版”按钮；然后单击工具箱中的“渐变工具”按钮，在选项栏中设置一种黑白系的渐变颜色，单击“线性渐变”按钮；选中渐变矩形图层的图层蒙版；回到画面中，按住鼠标左键从左下方至右上方拖动，如图5-420所示。

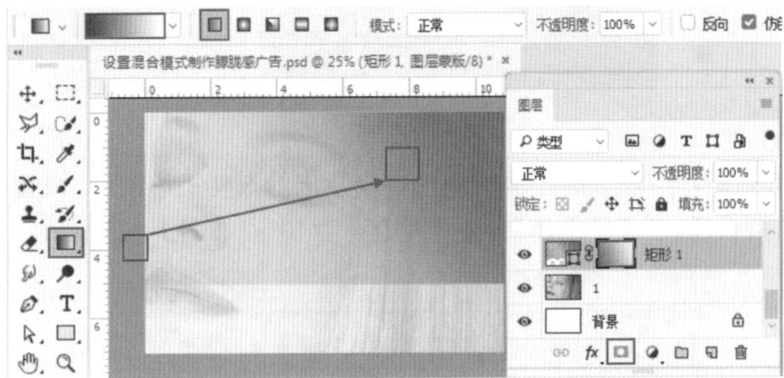

图 5-420

步骤 06 在“图层”面板中选中渐变矩形图层，设置“混合模式”为“正片叠底”，如图5-421所示。

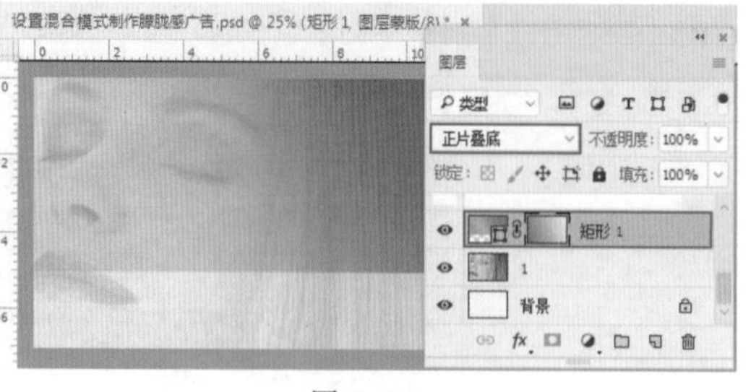

图 5-421

步骤 07 在“图层”面板中选中渐变矩形图层，按快捷键Ctrl+J，复制出一个相同的图层；设置“前景色”为白色，选中复制出的渐变矩形图层的图层蒙版，按前景色填充快捷键Alt+Delete进行填充，如图5-422所示。

步骤 08 选择工具箱中的“画笔工具”，在选项栏中单击打开“画笔预设”选取器，从中选择一种“柔边圆”画笔，设置画笔“大小”为1400像素，“硬度”为0%，如图5-423所示。设置“前景色”为黑色，选中复制出的渐变矩形图层的图层蒙版，在画面左侧位置按住鼠标左键涂抹，如图5-424所示。

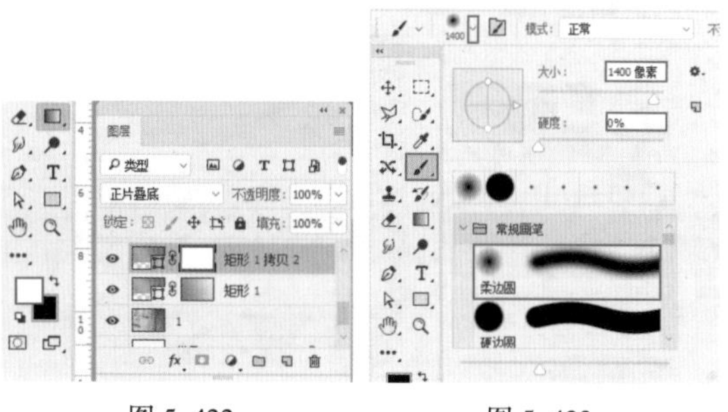

图 5-422　　图 5-423

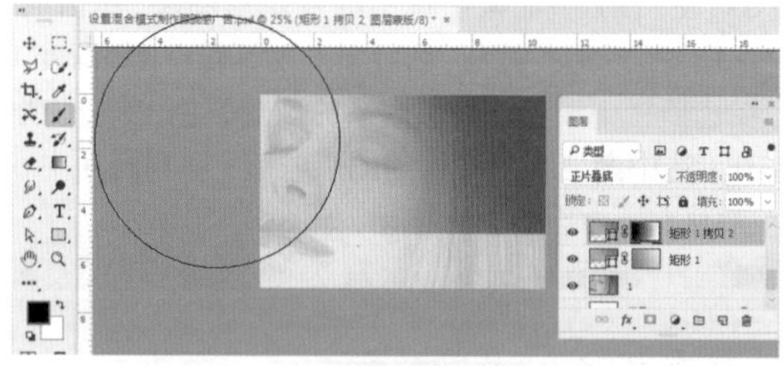

图 5-424

步骤 09 在“图层”面板中选中复制出的渐变矩形图层，设置“混合模式”为“溶解”，“不透明度”为10%，如图5-425所示。

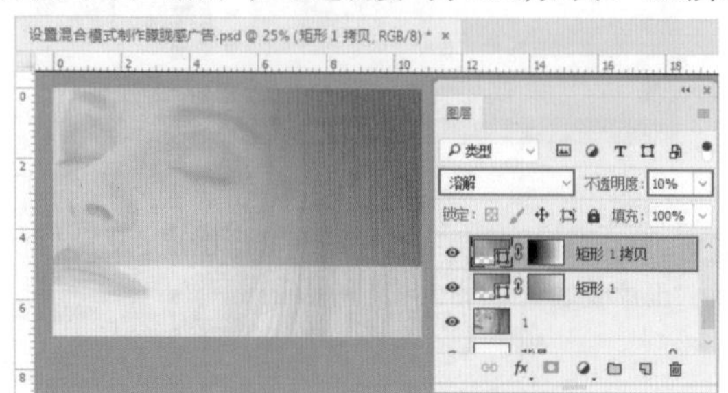

图 5-425

步骤 10 继续使用同样的方法将下方两个矩形绘制出来，如图5-426所示。

步骤 11 执行“文件>置入嵌入对象”命令，置入素材2.png，摆放在右上角合适位置，效果如图5-427所示。

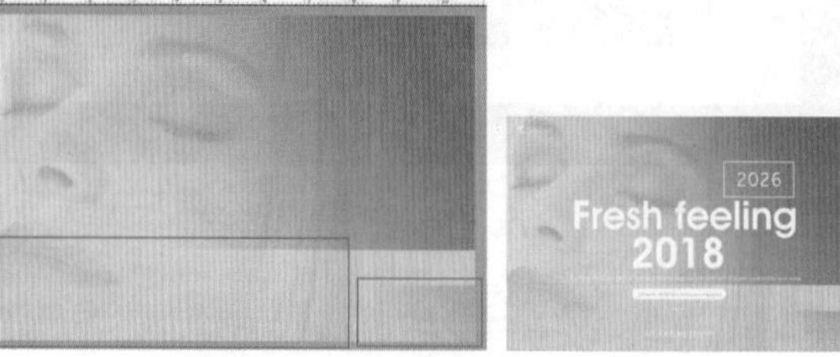

图 5-426　　图 5-427

综合实例：打造清新淡雅色调

文件路径	资源包\第5章\打造清新淡雅色调
难易指数	★★★★★
技术掌握	混合模式、“自然饱和度”命令、“曲线”命令、“可选颜色”命令、“色彩平衡”命令

扫一扫，看视频

案例效果

本例处理前后的对比效果如图5-428和图5-429所示。

图 5-428　　图 5-429

操作步骤

步骤 01 执行“文件>新建”命令，新建一个文档。设置前景色为浅米色，按快捷键Alt+Delete进行填充，如图5-430所示。执行“文件>置入嵌入对象”命令，置入人物素材1.jpg。执行“图层>栅格化>智能对象”命令，将人物图层栅格化为普通图层，如图5-431所示。

图 5-430　　图 5-431

步骤 02 将“人像”图层复制一份，得到“人像 副本”图层。

选择“人像 副本”图层，执行“图像>调整>去色”命令，得到一个灰色图层，效果如图5-432所示。设置该图层的“混合模式”为“柔光”，“不透明度”为50%，如图5-433所示。画面效果如图5-434所示。

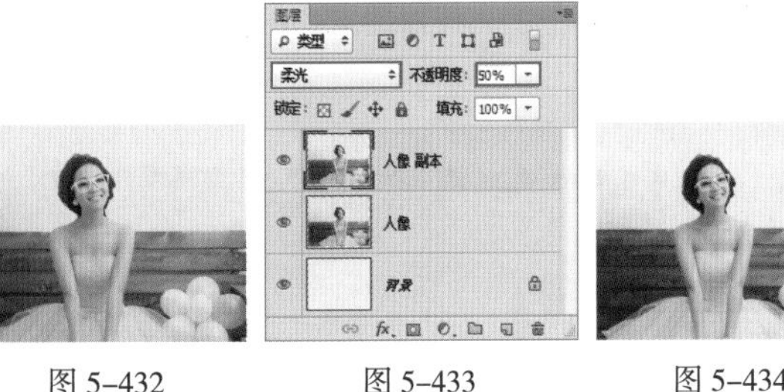

图5-432　　图5-433　　图5-434

步骤 03 新建调整图层，增加画面饱和度。执行“图层>新建调整图层>自然饱和度”命令，新建一个“自然饱和度”调整图层。在“属性”面板中设置“自然饱和度”为100，如图5-435所示。画面效果如图5-436所示。

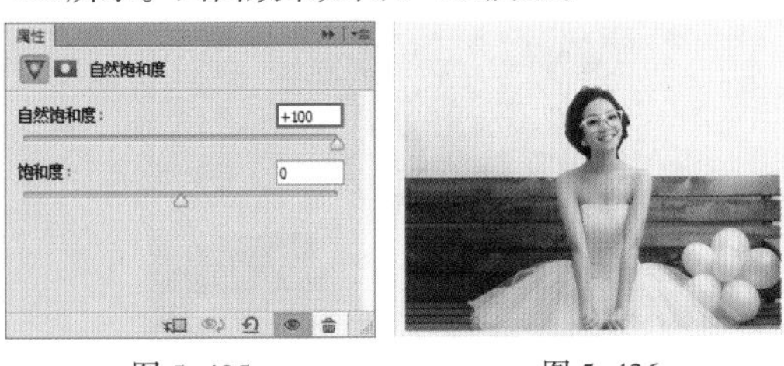

图5-435　　图5-436

步骤 04 再次新建一个“自然饱和度”调整图层，在“属性”面板中设置“自然饱和度”为70，如图5-437所示。画面效果如图5-438所示。

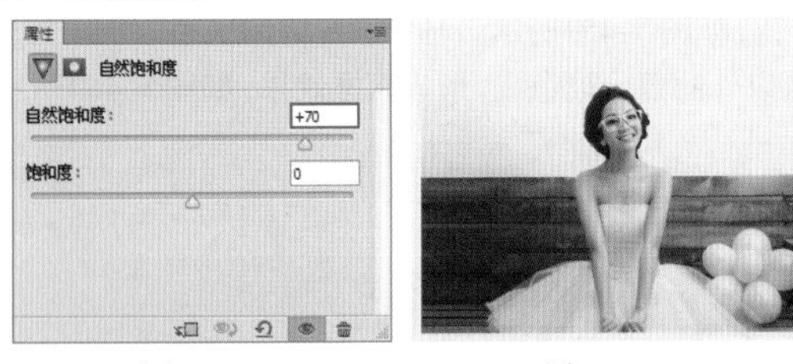

图5-437　　图5-438

步骤 05 此时的画面有些偏暗，接下来将画面调亮些。执行“图层>新建调整图层>曲线”命令，新建一个“曲线”调整图层。在“属性”面板中调整曲线形状，如图5-439所示。画面效果如图5-440所示。

图5-439　　图5-440

步骤 06 接下来将左侧暗部调亮。新建一个“曲线”调整图层，调整曲线形状，如图5-441所示。继续调整“绿”通道曲线形状，如图5-442所示。此时画面效果如图5-443所示。

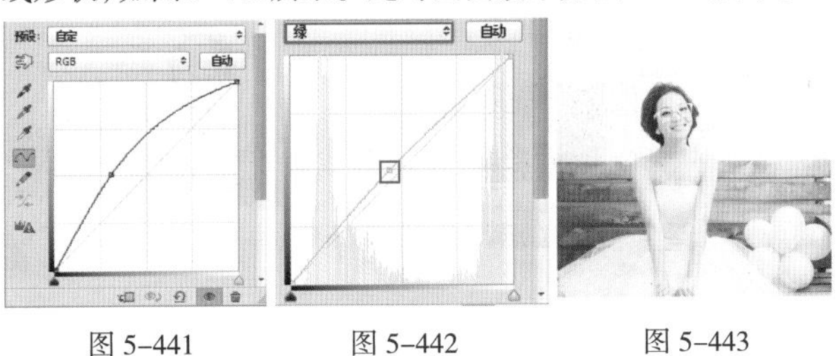

图5-441　　图5-442　　图5-443

步骤 07 此时的画面暗部被调亮了，但是亮部太亮了。下面使用“蒙版”还原亮部细节。单击调整图层蒙版缩览图，编辑一种黑白色系的渐变，在蒙版中进行填充，如图5-444所示。效果如图5-445所示。

图5-444　　图5-445

步骤 08 人物的皮肤颜色还有些偏黄，需要调整。执行“图层>新建调整图层>可选颜色”命令，新建一个“可选颜色”调整图层。在“属性”面板中，设置“颜色”为“黄色”，“黄色”为-62%，“黑色”为-20%，使皮肤偏向于粉嫩的颜色，如图5-446所示。画面效果如图5-447所示。

图5-446　　图5-447

步骤 09 此时人物的皮肤颜色变得白皙了，但是画面整体效果太亮。选择工具箱中的“画笔工具”，在蒙版中人物皮肤以外的部分使用黑色进行涂抹，还原画面原有效果，如图5-448所示。画面效果如图5-449所示。

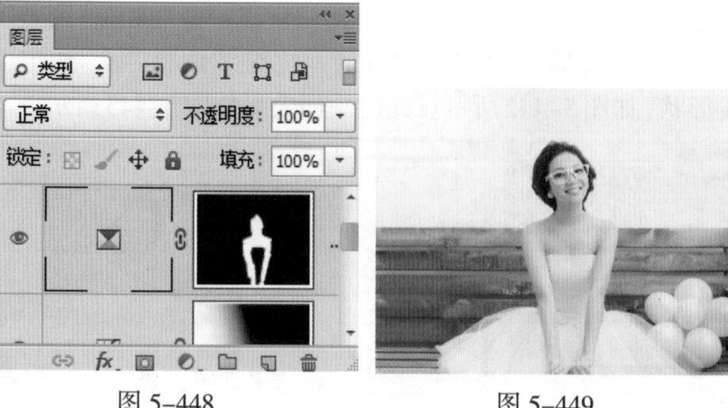

图 5-448　　图 5-449

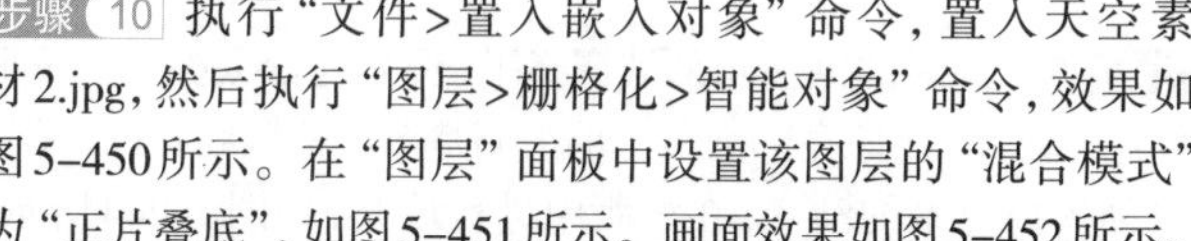

步骤 10 执行“文件>置入嵌入对象”命令，置入天空素材2.jpg，然后执行“图层>栅格化>智能对象”命令，效果如图5-450所示。在“图层”面板中设置该图层的“混合模式”为“正片叠底”，如图5-451所示。画面效果如图5-452所示。

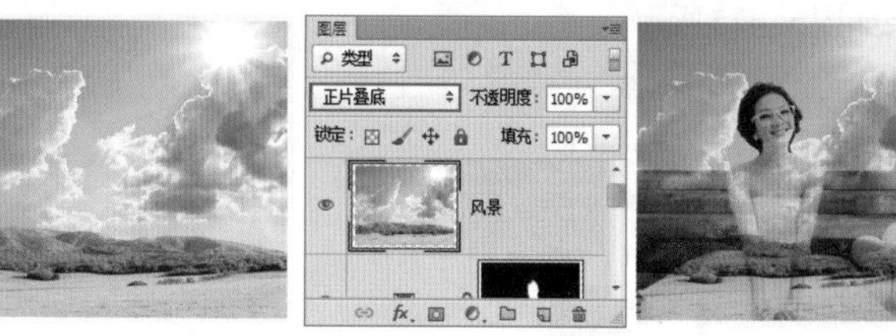

图 5-450　　图 5-451　　图 5-452

步骤 11 单击“添加图层蒙版”按钮 ，为该图层添加图层蒙版，并使用黑色柔角画笔在蒙版中进行涂抹，隐藏遮挡住人物和椅子的部分，如图5-453所示。

图 5-453

步骤 12 执行“图层>新建调整图层>色彩平衡”命令，新建一个“色彩平衡”调整图层。“属性”面板中，设置“色调”为“阴影”，调整“黄色-蓝色”数值为50，取消勾选“保留明度”复选框，如图5-454所示。画面效果如图5-455所示。

图 5-454　　图 5-455

步骤 13 新建图层组，将“背景”图层以外的图层移动至该图层组中，如图5-456所示。单击工具箱中的“圆角矩形工具”按钮，在选项栏中设置绘制模式为“路径”，设置合适的“半径”数值，在画布中按住鼠标左键拖动，绘制一条圆角矩形路径，如图5-457所示。按快捷键Ctrl+Enter得到选区，如图5-458所示。

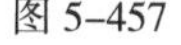

图 5-456　　图 5-457

图 5-458

步骤 14 选择图层组，单击“图层”面板底部的“添加图层蒙版”按钮，如图5-459所示。基于选区为图层组添加图层蒙版，使选区以外的部分被隐藏，形成相框效果，如图5-460所示。

图 5-459　　图 5-460

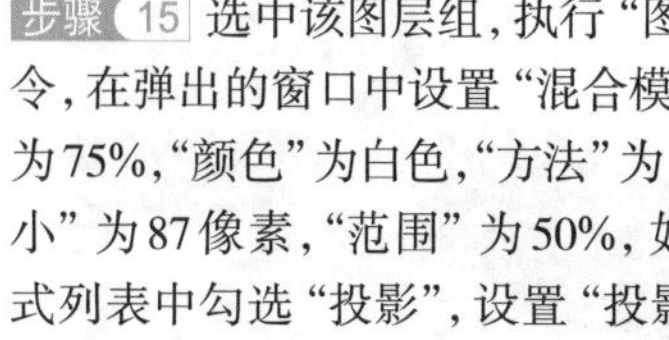

步骤 15 选中该图层组，执行“图层>图层样式>内发光”命令，在弹出的窗口中设置“混合模式”为“滤色”，“不透明度”为75%，“颜色”为白色，“方法”为“柔和”，“源”为“边缘”，“大小”为87像素，“范围”为50%，如图5-461所示。在左侧样式列表中勾选“投影”，设置“投影”的“混合模式”为“正片叠底”，选择合适的投影颜色，设置“不透明度”为75%，“角度”为120度，“距离”为8像素，“大小”为7像素，如图5-462所示。

设置完成后，单击“确定”按钮，画面效果如图5-463所示。

步骤 16 执行“文件>置入嵌入对象”命令，置入前景装饰素材3.png，然后执行“图层>栅格化>智能对象”命令，完成本例的制作，最终效果如图5-464所示。

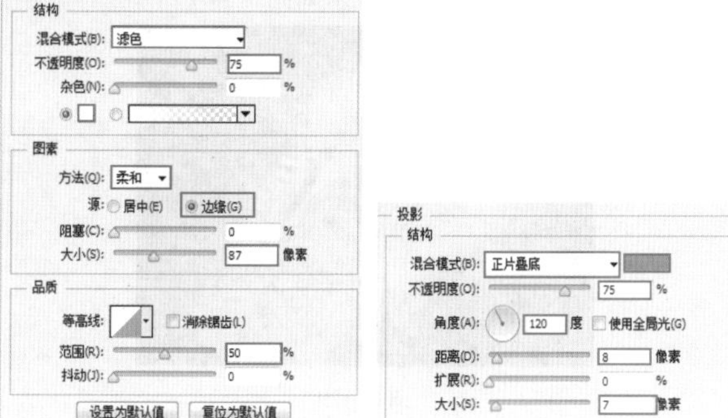

图5-461　　图5-462

图5-463 　　图5-464

综合实例：制作运动鞋创意广告

文件路径	资源包\第5章\制作运动鞋创意广告
难易指数	★★★★★
技术掌握	混合模式、不透明度

扫一扫，看视频

案例效果

本例处理前后的对比效果如图5-465和图5-466所示。

图5-465

图5-466

操作步骤

步骤 01 新建一个宽度为2500像素、高度为1800像素的文档，并将画布填充为黑色。执行“文件>置入嵌入对象”命令，置入素材1.jpg，然后执行“图层>栅格化>智能对象”命令，效果如图5-467所示。单击工具箱中的“魔术橡皮擦工具”按钮，在图片中白色处单击，将白色背景擦除，如图5-468所示。

图5-467 　　图5-468

步骤 02 下面开始制作鞋上的花纹。执行“文件>置入嵌入对象”命令，置入花朵素材2.png，并摆放在合适位置。执行“图层>栅格化>智能对象”命令，效果如图5-469所示。在“图层”面板中设置该图层的混合模式为“柔光”，如图5-470所示。效果如图5-471所示。

图5-469

图5-470

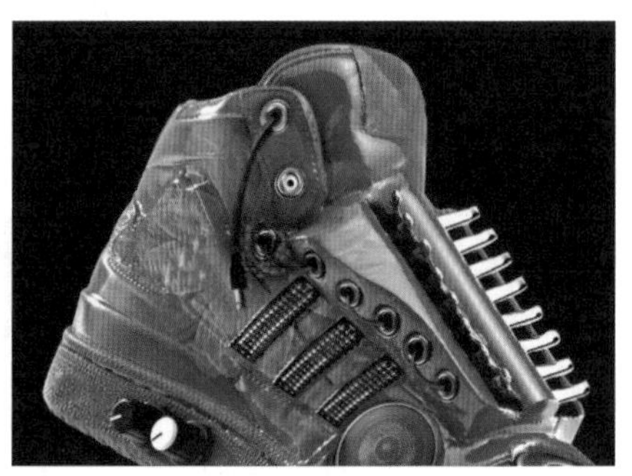

图5-471

步骤 03 选择“花”图层，按快捷键Ctrl+J将其复制到独立图层，并将该图层的混合模式设置为“明度”，进行适当缩放后摆放在鞋子上方，如图5-472所示。效果如图5-473所示。

图5-472

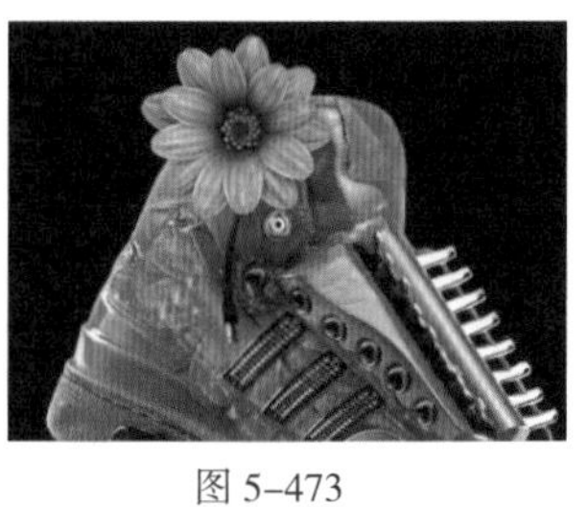

图5-473

步骤 04 使用“橡皮擦工具”将多余的花瓣擦除，效果如图5-474所示。

图 5-474

步骤 05 执行“文件>置入嵌入对象”命令，置入彩条素材3.jpg，并摆放在合适位置，然后执行“图层>栅格化>智能对象”命令。在“图层”面板中设置该图层的混合模式为“颜色减淡”，“不透明度”为37%，如图5-475所示。将多余部分擦除，效果如图5-476所示。

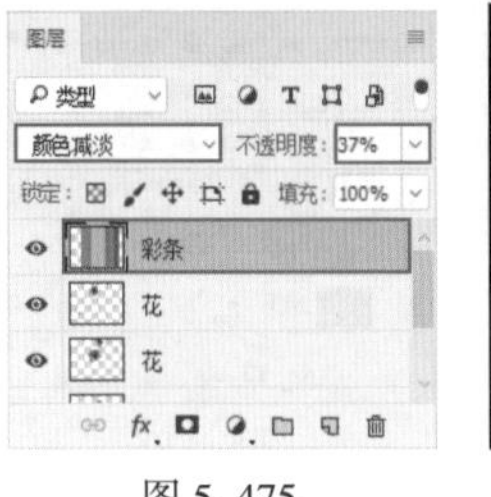

图 5-475

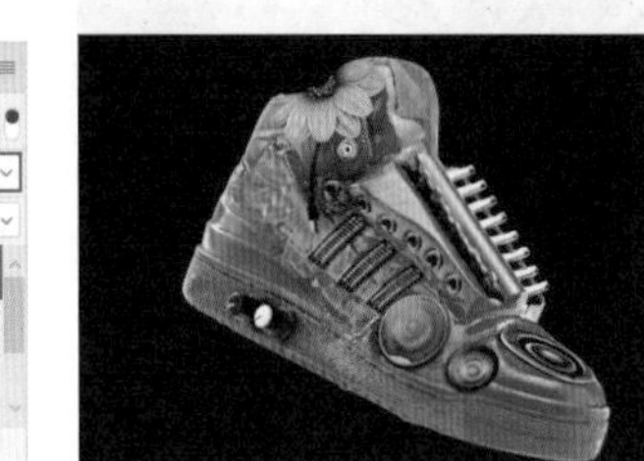

图 5-476

步骤 06 置入光效素材4.jpg，执行“图层>栅格化>智能对象”命令。在“图层”面板中设置该图层的混合模式为“滤色”，如图5-477所示。效果如图5-478所示。

图 5-477

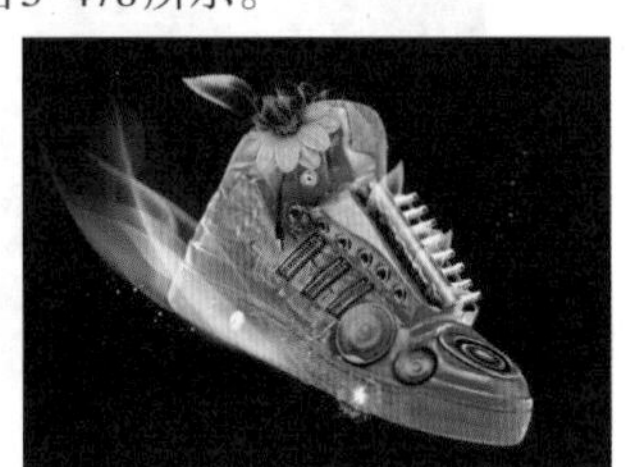

图 5-478

步骤 07 在“背景”图层上方新建图层，选择工具箱中的“画笔工具”，通过更改画笔颜色，绘制一些“光斑”，效果如图5-479所示。将“光斑”图层进行复制，将复制后的图层移动至合适位置，并设置该图层的混合模式为“溶解”，“不透明度”为6%，如图5-480所示。效果如图5-481所示。

图 5-479

图 5-480

图 5-481

步骤 08 置入背景装饰素材5.png，放置在“光斑”图层的上一层，然后执行“图层>栅格化>智能对象”命令，效果如图5-482所示。置入前景装饰素材并摆放至合适位置，完成本例的制作，最终效果如图5-483所示。

图 5-482

图 5-483

读书笔记

Chapter 6

第6章

扫一扫，看视频

商品图片的抠图与创意合成

本章内容简介：

抠图是网店装修过程中的常用操作，不仅在制作产品主图时需要用到抠图技术，在美化页面以及制作网页广告时，都需要利用抠图技术处理版面元素。本章将详细讲解几种比较常见的抠图技法，包括基于颜色差异进行抠图、使用“钢笔工具”进行精确抠图、使用通道抠出特殊对象等。不同的抠图技法适用于不同的图像，所以在进行实际抠图操作前，首先要判断使用哪种方式更适合。在制图的过程中，抠图往往不是目的，而是将所抠的图放在新的场景之中，这个过程就叫作合成。

重点知识掌握：

- 掌握“快速选择工具”、“魔棒工具”、“磁性套索工具”、“魔术橡皮擦工具”等抠图工具的使用方法
- 熟练使用“钢笔工具”绘制路径并抠图
- 熟练掌握通道抠图
- 熟练掌握图层蒙版与剪贴蒙版的使用方法

通过本章学习，我能做什么？

通过本章的学习，我们可以掌握多种抠图技法，通过这些抠图技法我们能够实现绝大部分的图像抠图操作。使用“快速选择工具”、“魔棒工具”、“磁性套索工具”、“魔术橡皮擦工具”、“背景橡皮擦工具”及“色彩范围”命令能够抠出具有明显颜色差异的图像；主体商品与背景颜色差异不明显的图像，可以使用“钢笔工具”抠出；除此之外，类似长发、长毛动物、透明物体、云雾、玻璃等特殊图像，可以通过“通道抠图”抠出。

成功抠图之后，往往需要进行合成操作。在合成图片时，并不是将抠好的人物、商品放在一个新的场景中就大功告成了，通常还要考虑环境、光效、色调等因素，通过更改各部分元素的颜色、明度实现自然、和谐的效果，这些都是需要经过多多练习、多多思考才能做到的。

6.1 认识抠图

大部分的“合成”作品以及平面设计作品都需要很多元素，这些元素有些可以利用Photoshop提供的相应功能创建出来，而有的元素则需要从其他图像中“提取”。这个提取的过程就需要用到“抠图”。

6.1.1 什么是抠图

“抠图”是数码图像处理中的常用术语，指的是将图像中主体物以外的部分去除，或者从图像中分离出部分元素。图6-1所示为通过创建主体物选区并将主体物以外的部分清除实现抠图合成的过程。

图 6-1

在Photoshop中抠图的方式有多种，如基于颜色的差异获得图像的选区、使用“钢笔工具”进行精确抠图、通过通道抠图等。

重点 6.1.2 如何选择合适的抠图方法

本章虽然会介绍多种抠图方法，但是并不意味着每次抠图都要用到所有方法。在抠图之前，首先要分析图像的特点。下面对可能遇到的情况进行分类说明。

1. 主体物边缘清晰且与背景颜色反差较大的情况

利用颜色差异进行抠图的工具有多种，其中“快速选择工具”与“磁性套索工具”最常用，如图6-2和图6-3所示。

图 6-2　　图 6-3

2. 主体物边缘清晰但与背景颜色反差小

使用“钢笔工具”抠图可以得到清晰、准确的边缘，例如人物(不含长发)、产品等，如图6-4和图6-5所示。

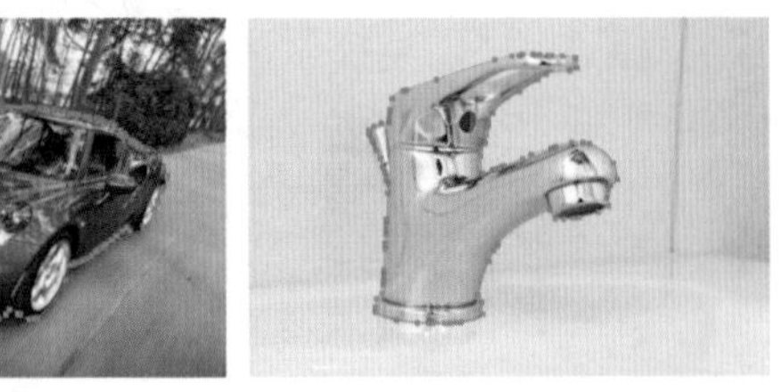

图 6-4　　图 6-5

3. 主体物边缘非常复杂且与环境有一定色差

对于头发、动物毛发、植物一类边缘非常细密的对象，可以使用“通道抠图”方式或者“选择并遮住”功能来抠图，如图6-6和图6-7所示。

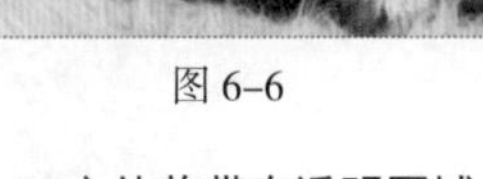

图 6-6　　图 6-7

4. 主体物带有透明区域

对于婚纱、薄纱、云朵、烟雾、玻璃制品等需要保留局部半透明的对象，需要使用“通道抠图”进行处理，如图6-8和图6-9所示。

图 6-8

图 6-9

5. 边缘复杂且在局部带有毛发 / 透明的对象

对于带有多种特征的图像，需要结合使用多种抠图方法来完成。例如，长发人像照片就是很典型的此类对象，需要将身体部分利用“钢笔工具”进行精确抠图，然后将头发部分分离为独立图层并进行通道抠图，最后将身体和头发部分进行组合完成抠图，如图6-10所示。

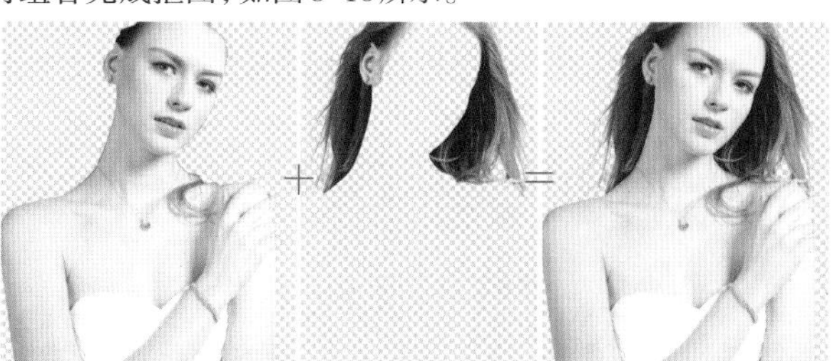

图 6-10

6.2 商品与背景存在色差的抠图

本节主要讲解基于颜色的差异进行抠图的工具，Photoshop提供了多种通过识别颜色的差异创建选区的工具，如“快速选择工具”“魔棒工具”“磁性套索工具”“魔术橡皮擦工具”“背景橡皮擦工具”以及“色彩范围”命令等。这些工具分别位于工具箱的不同工具组中以及“选择”菜单中，如图6-11和图6-12所示。

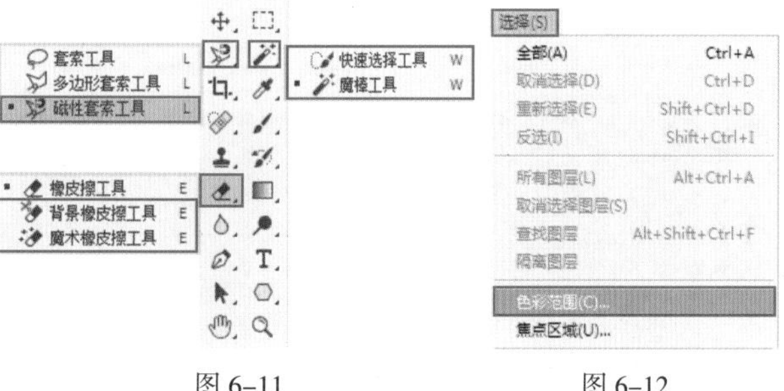

图 6-11　　图 6-12

使用“快速选择工具”“魔棒工具”“磁性套索工具”“色彩范围”命令主要用于制作主体物或背景部分的选区，抠出具有明显颜色差异的图像。例如，得到了主体物的选区(如图6-13所示)，就可以将选区中的内容复制为独立图层，如图6-14所示。或者将选区反向选择，得到主体物以外的选区，删除背景，如图6-15所示。这两种方式都可以实现抠图操作。而“魔术橡皮擦工具”和“背景橡皮擦工具”则用于擦除背景部分。

图 6-13　　图 6-14

图 6-15

重点 6.2.1 快速选择工具：通过拖动自动创建选区

扫一扫，看视频

“快速选择工具” 能够自动查找颜色接近的区域，并创建出这部分区域的选区。单击工具箱中的“快速选择工具”按钮，将光标定位在要创建选区的位置，然后在选项栏中设置合适的绘制模式以及画笔大小，在画面中按住鼠标左键拖动，即可自动创建与光标移动过的位置颜色相似的选区，如图6-16和图6-17所示。

图 6-16

图 6-17

如果当前画面中已有选区，想要创建新的选区，可以单击“新选区”按钮，然后在画面中按住鼠标左键拖动，如

图6-18所示。如果第一次绘制的选区不够，单击选项栏中的"添加到选区"按钮，即可在原有选区的基础上添加新建的选区，如图6-19所示。如果绘制的选区有多余的部分，单击"从选区减去"按钮，接着在多余的选区部分涂抹，即可在原有选区的基础上减去当前新绘制的选区，如图6-20所示。

图 6-18

图 6-19

图 6-20

- 对所有图层取样：如果选中该复选框，在创建选区时会根据所有图层显示的效果建立选取范围，而不仅仅是针对当前图层。如果只想针对当前图层创建选区，需要取消选中该复选框。
- 自动增强：降低选取范围边界的粗糙度与区块感。

6.2.2 魔棒工具：获取容差范围内颜色的选区

扫一扫，看视频

"魔棒工具"用于获取与取样点颜色相似部分的选区。使用"魔棒工具"在画面中单击，光标所处的位置就是"取样点"，而颜色是否"相似"则是由"容差"数值控制的，容差数值越大，可被选择的范围就越大。

"魔棒工具"与"快速选择工具"位于同一个工具组中。打开该工具组，从中选择"魔棒工具"；在其选项栏中设置"容差"数值，并指定"选区绘制模式"（）以及是否"连续"等；然后在画面中单击，如图6-21所示。随即便可得到与光标单击位置颜色相近区域的选区，如图6-22所示。

图 6-21　　图 6-22

如果想要选中的是画面中的绿色区域，而此时得到的选区并没有覆盖全部的绿色部分，则需要适当增大"容差"数值，然后重新制作选区，如图6-23所示。如果想要得到画面中多种颜色的选区，则需要在选项栏中单击"添加到选区"按钮，然后依次单击需要取样的颜色，便能够得到这几种颜色选区相加的结果，如图6-24所示。

图 6-23

图 6-24

- 取样大小：用来设置“魔棒工具”的取样范围。选择“取样点”，可以只对光标所在位置的像素进行取样；选择“3×3平均”，可以对光标所在位置3个像素区域内的平均颜色进行取样；其他的以此类推。
- 容差：决定所选像素之间的相似性或差异性，其取值范围为0~255。数值越低，对像素相似程度的要求越高，所选的颜色范围就越小；数值越高，对像素相似程度的要求越低，所选的颜色范围就越广，选区也就越大。图6-25所示为不同“容差”值时的选区效果。

图 6-25

- 消除锯齿：默认情况下，“消除锯齿”复选框始终处于选中状态。选中此复选框，可以消除选区边缘的锯齿。
- 连续：当选中该复选框时，只选择颜色连接的区域；当取消选中该复选框时，可以选择与所选像素颜色接近的所有区域，当然也包含没有连接的区域。其效果对比如图6-26所示。

图 6-26

- 对所有图层取样：如果文档中包含多个图层，当选中该复选框时，可以选择所有可见图层上颜色相近的区域；当取消选中该复选框时，仅选择当前图层上颜色相近的区域。

练习实例：使用“魔棒工具”去除背景制作数码产品广告

文件路径	资源包\第6章\使用“魔棒工具”去除背景制作数码产品广告
难易指数	★★★★★
技术掌握	魔棒工具

扫一扫，看视频

案例效果

本例处理前后的对比效果如图6-27和图6-28所示。

图 6-27

图 6-28

操作步骤

步骤 01 打开背景素材1.jpg，如图6-29所示。执行“文件 > 置入嵌入对象”命令，置入素材2.jpg，并摆放到合适位置，按Enter键完成置入；然后将该图层栅格化，如图6-30所示。

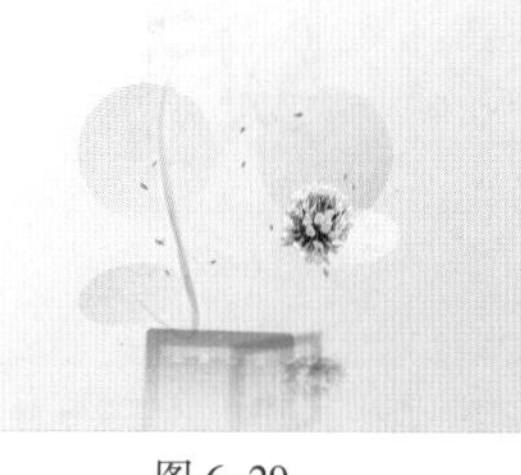

图 6-29

图 6-30

步骤 02 在“图层”面板中选择新置入的素材图层；单击工具箱中的“魔棒工具”按钮，在选项栏中单击“添加到选区”按钮，设置“容差”为40像素，选中“消除锯齿”和“连续”复选框，然后在蓝色背景上单击，如图6-31所示。继续使用“魔棒工具”在背景处其他没有被选中的部分单击，直至背景被全部选中，如图6-32所示。

步骤 03 得到背景选区后，按Delete键删除背景部分，然后按Ctrl+D组合键取消选区，如图6-33所示。最后置入前景装饰素材，将其调整到合适位置后，按Enter键完成置入。最终效果如图6-34所示。

图 6–31

图 6–32

图 6–33

图 6–34

【重点】6.2.3 磁性套索工具：自动查找差异边缘绘制选区

扫一扫，看视频

“磁性套索工具”🧲能够自动识别颜色差异，并自动描边具有颜色差异的边界，以得到某个对象的选区。“磁性套索工具”常用于快速选择与背景对比强烈且边缘复杂的对象。

“磁性套索工具”位于套索工具组中。打开该工具组，从中选择“磁性套索工具”🧲，然后将光标定位到需要制作选区的对象的边缘处，单击确定起点，如图6–35所示。沿对象边界移动光标，对象边缘处会自动创建出选区的边线，如图6–36所示。

图 6–35

图 6–36

继续移动光标到起点处单击，得到闭合的选区，如图6–37所示。将选区中的部分粘贴为独立图层，并隐藏原图层，效果如图6–38所示。

图 6–37

图 6–38

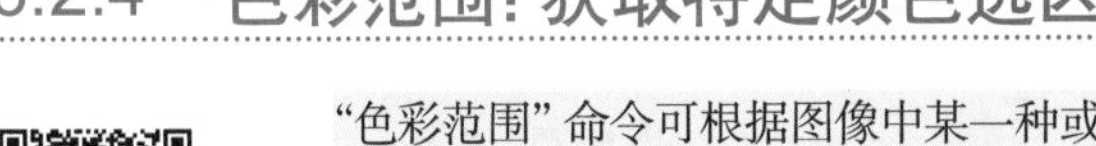

6.2.4 色彩范围：获取特定颜色选区

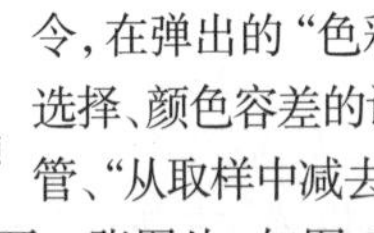

扫一扫，看视频

“色彩范围”命令可根据图像中某一种或多种颜色的范围创建选区。执行“选择>色彩范围”命令，在弹出的“色彩范围”窗口中可以进行颜色的选择、颜色容差的设置，还可使用“添加到取样”吸管、“从取样中减去”吸管对选中的区域进行调整。

(1)打开一张图片，如图6–39所示。执行“选择>色彩范围”命令，弹出“色彩范围”窗口。在这里首先需要设置“选择”(取样方式)。打开该下拉列表框，可以看到其中有多种颜色取样方式可供选择，如图6–40所示。

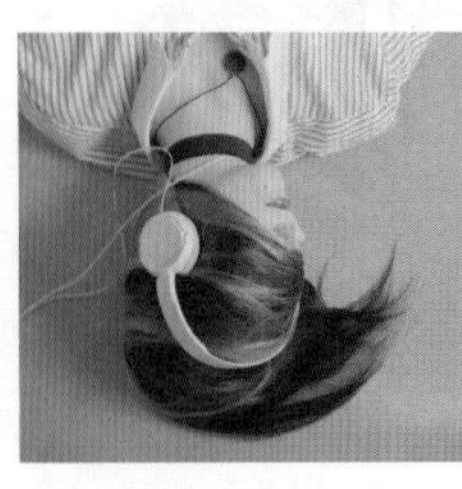

图 6–39

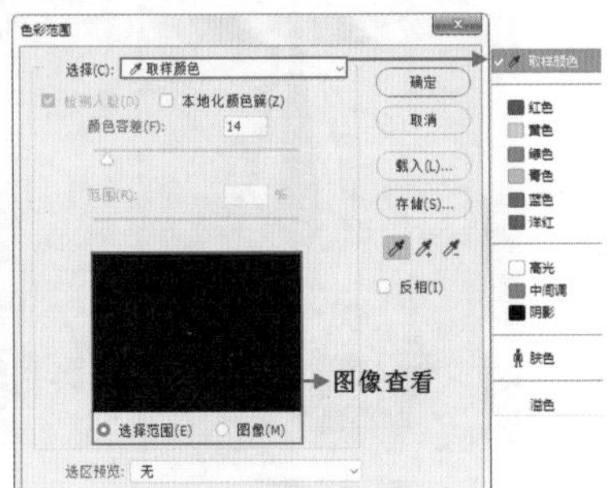

图 6–40

图像查看区域：其中包含“选择范围”和“图像”两个单选按钮。当选中“选择范围”单选按钮时，预览区中的白色代表被选择的区域，黑色代表未选择的区域，灰色代表被部分选择的区域(即有羽化效果的区域)；当选中“图像”单选按钮时，预览区内会显示彩色图像。

(2) 如果选择“红色”“黄色”“绿色”等选项，在图像查看区域中可以看到，画面中包含这种颜色的区域会以白色(选区内部)显示，不包含这种颜色的区域以黑色(选区以外)显示。如果图像中仅部分包含这种颜色，则以灰色显示。例如，图像中粉色的背景部分包含红色，皮肤和服装上也是部分包含红色，所以这部分显示为明暗不同的灰色，如图6-41所示。也可以从“高光”“中间调”“阴影”中选择一种方式，如选择“阴影”，在图像查看区域中可以看到被选中的区域变为白色，其他区域为黑色，如图6-42所示。

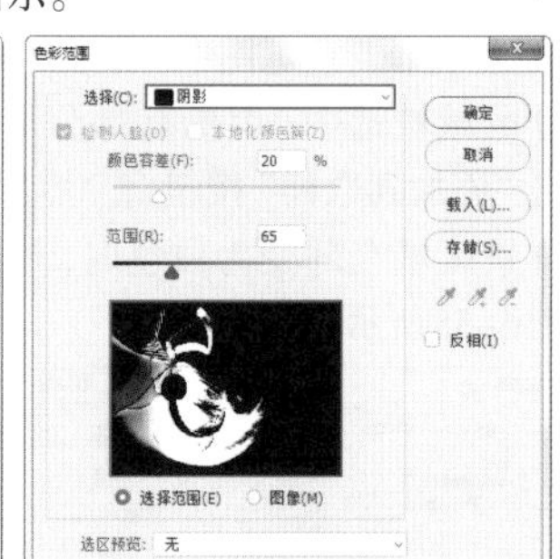

图 6-41　　图 6-42

- 选择：在列表中可以选择一种选区获取的方式。列表中包含多种颜色，选择该方式即可快速得到包含该颜色的选区。使用“取样颜色”选项时，光标会变成吸管形状，将其移至画布中的图像上，单击即可进行取样。
- 检测人脸：当“选择”被设置为“肤色”时，选中“检测人脸”复选框，可以更加准确地查找皮肤部分的选区。
- 本地化颜色簇：选中此复选框，拖动“范围”滑块可以控制要包含在蒙版中的颜色与取样点的最大和最小距离。
- 颜色容差：该选项用于控制颜色选区范围的大小。数值越高，可被选择的颜色范围越大，选区也就越大。
- 范围：当“选择”被设置为“高光”“中间调”“阴影”时，可以通过调整“范围”数值，设置“高光”“中间调”“阴影”各个部分的大小。

(3) 如果其中的颜色选项无法满足我们的需求，则可以在“选择”下拉列表框中选择“取样颜色”，光标会变成吸管形状，将其移至画布中的图像上，单击即可进行取样，如图6-43所示。在图像查看区域中可以看到与单击处颜色接近的区域变为白色，如图6-44所示。

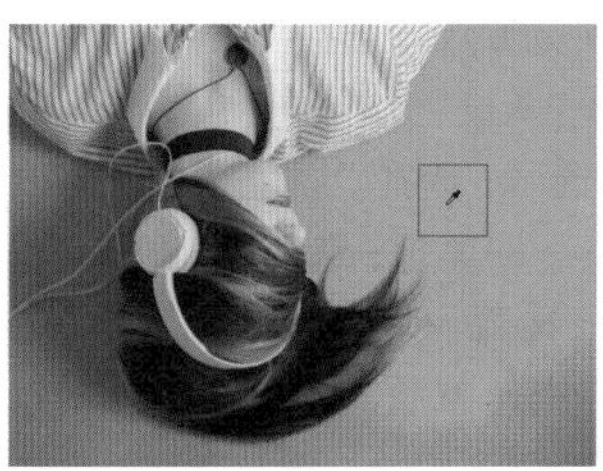

图 6-43

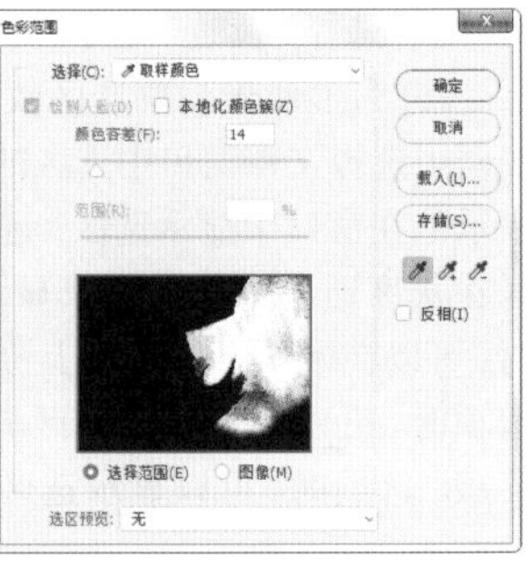

图 6-44

(4) 此时如果发现单击后被选中的区域范围有些小，原本非常接近的颜色区域并没有在图像查看区域中变为白色，可以适当增大“颜色容差”数值，使选择范围变大，如图6-45所示。

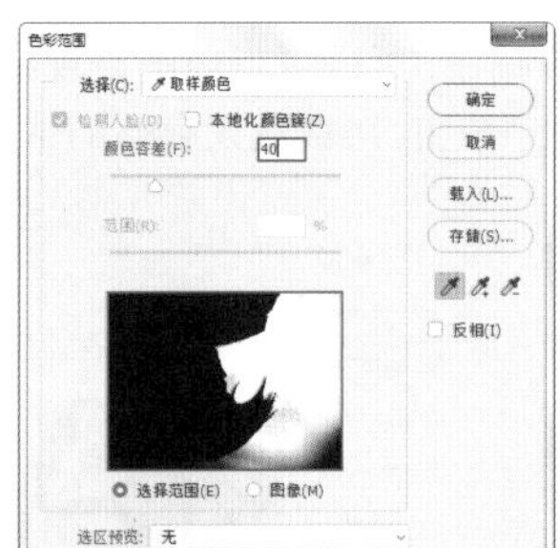

图 6-45

(5) 虽然增大“颜色容差”可以增大被选中的范围，但还是会遗漏一些区域。此时可以单击“添加到取样”按钮，在画面中多次单击需要被选中的区域，如图6-46所示。也可以在图像查看区域中单击，使需要选中的区域变白，如图6-47所示。

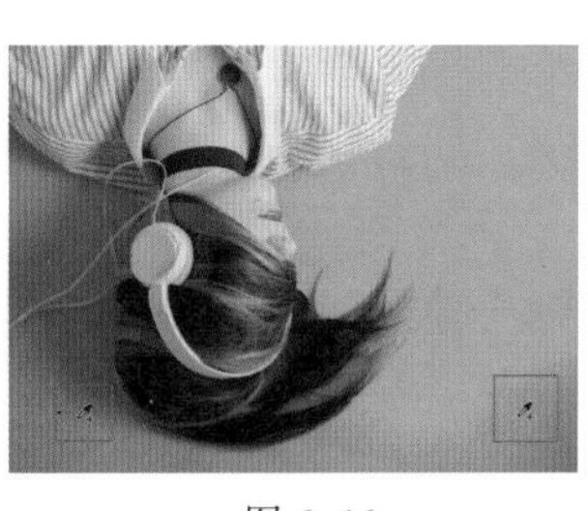

图 6-46

图 6-47

- ：在“选择”下拉列表框中选择“取样颜色”选项时，可以对取样颜色进行添加或减去。使用“吸管工具”可以直接在画面中单击进行取样。如果要添加取样颜色，可以单击“添加到取样”按钮，然后在预览图像上单击，以取样其他颜色。如果要减去多余的取样颜色，可以单击“从取样中减去”按钮，然后在预览图像上单击，以减去其他取样颜色。
- 反相：将选区进行反转，相当于创建选区后，执行了

"选择>反选"命令。

(6)为了便于观察选区效果，可以从"选区预览"下拉列表框中选择文档窗口中选区的预览方式。选择"无"选项时，表示不在窗口中显示选区；选择"灰度"选项时，可以按照选区在灰度通道中的外观来显示选区；选择"黑色杂边"选项时，可以在未选择的区域上覆盖一层黑色；选择"白色杂边"选项时，可以在未选择的区域上覆盖一层白色；选择"快速蒙版"选项时，可以显示选区在快速蒙版状态下的效果，如图6-48所示。

图 6-48

(7)最后单击"确定"按钮，即可得到选区，如图6-49所示。单击"存储"按钮，可以将当前的设置状态保存为选区预设；单击"载入"按钮，可以载入存储的选区预设文件，如图6-50所示。

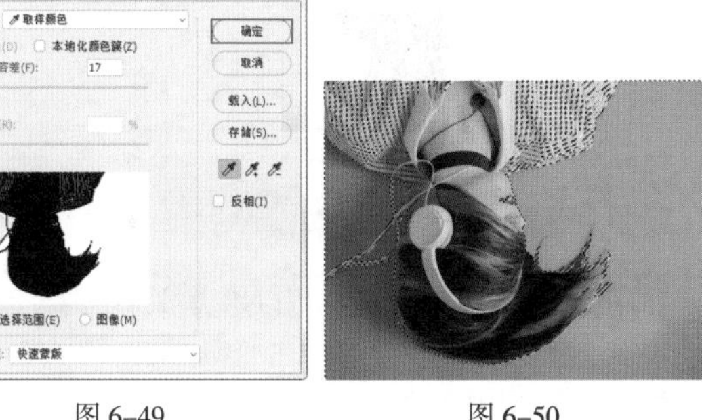

图 6-49　　图 6-50

练习实例：使用"色彩范围"命令制作中国风招贴

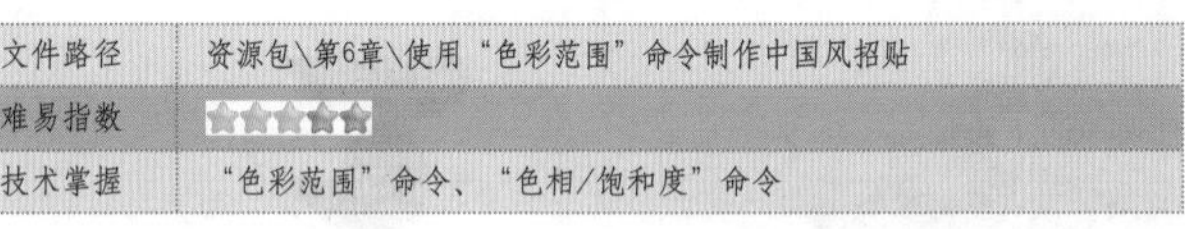

文件路径	资源包\第6章\使用"色彩范围"命令制作中国风招贴
难易指数	★★★★★
技术掌握	"色彩范围"命令、"色相/饱和度"命令

案例效果

本例效果如图6-51所示。

图 6-51

扫一扫，看视频

操作步骤

步骤 01 打开背景素材1.jpg，如图6-52所示。执行"文件>置入嵌入对象"命令，置入素材2.jpg，然后将其栅格化，效果如图6-53所示。

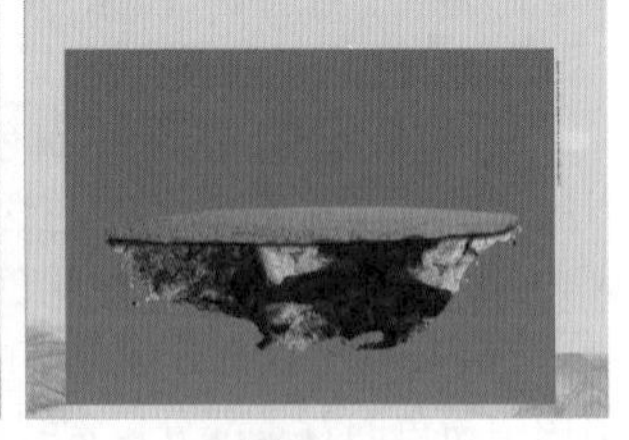

图 6-52　　图 6-53

步骤 02 在"图层"面板中选择置入的素材图层，执行"选择>色彩范围"命令，在弹出的窗口中设置"颜色容差"为80，单击"吸管工具"按钮，然后在背景中单击。此时"选择范围"预览图中，背景区域大面积呈现白色，表明这部分区域被选中；但仍有部分灰色区域，如图6-54所示。单击"添加到取样"按钮，然后单击没有被选中的地方。当背景区域全部变为白色时，单击"确定"按钮完成设置，如图6-55所示。

图 6-54　　图 6-55

步骤 03 得到背景部分选区，如图6-56所示。按下Delete键删除选区中的像素，然后按Ctrl+D组合键取消选区，如图6-57所示。

图 6-56　　图 6-57

步骤 04 置入素材3.jpg，并将其调整到合适的大小、位置，然后按Enter键完成置入，如图6-58所示。继续置入云朵素材4.jpg，并将其栅格化，如图6-59所示。

步骤 05 选择天空素材图层，执行"选择>色彩范围"命令，在弹出的窗口中设置"颜色容差"为120，然后单击素材中的云朵部分。第一次单击画面时可能会有遗漏的部分，此时单

击“添加到取样”按钮，然后单击没有被选区覆盖到的地方。单击“确定”按钮完成设置，如图6–60所示。随即得到云朵的选区，如图6–61所示。

图6–58　　图6–59

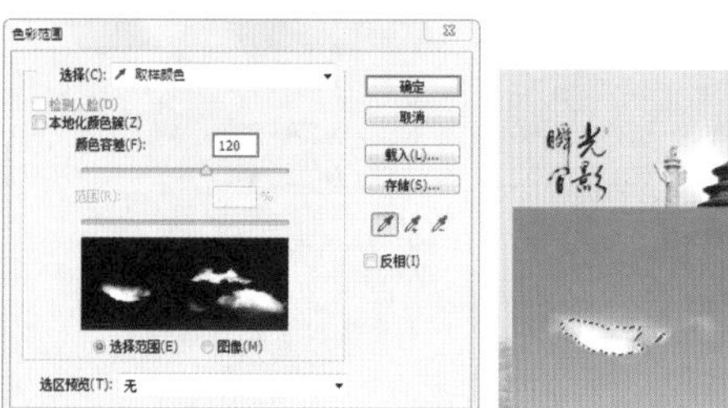

图6–60　　图6–61

步骤 06 选择该图层，单击“图层”面板底部的“添加图层蒙版”按钮，基于选区添加图层蒙版，如图6–62所示。此时画面效果如图6–63所示。

图6–62　　图6–63

步骤 07 由于此时云朵素材边缘还有蓝色痕迹，选中云朵图层，执行“图像>调整>色相/饱和度”命令，在弹出的窗口中设置“明度”为88，单击“确定”按钮，如图6–64所示。最终效果如图6–65所示。

图6–64　　图6–65

重点 6.2.5 魔术橡皮擦工具：擦除颜色相似区域

扫一扫，看视频

“魔术橡皮擦工具”可以快速擦除画面中相同的颜色，使用方法与“魔棒工具”非常相似。“魔术橡皮擦工具”位于橡皮擦工具组中，右键单击该工具组，在弹出的工具列表中选择“魔术橡皮擦”；在选项栏中设置“容差”数值以及是否“连续”；然后在画面中单击，即可擦除与单击点颜色相似的区域，如图6–66和图6–67所示。如果没有擦除干净，可以重新设置参数进行擦除，或者使用“橡皮擦工具”擦除远离主体物的部分。

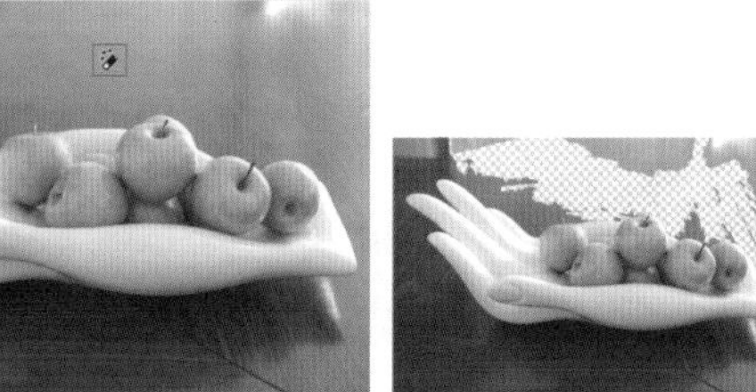

图6–66　　图6–67

- 容差：此处的“容差”与“魔棒工具”选项栏中的“容差”功能相同，都是用来限制所选像素之间的相似性或差异性。在此主要用来设置擦除的颜色范围。“容差”值越小，擦除的范围相对越小；“容差”值越大，擦除的范围相对越大。图6–68所示为设置不同“容差”值时的对比效果。

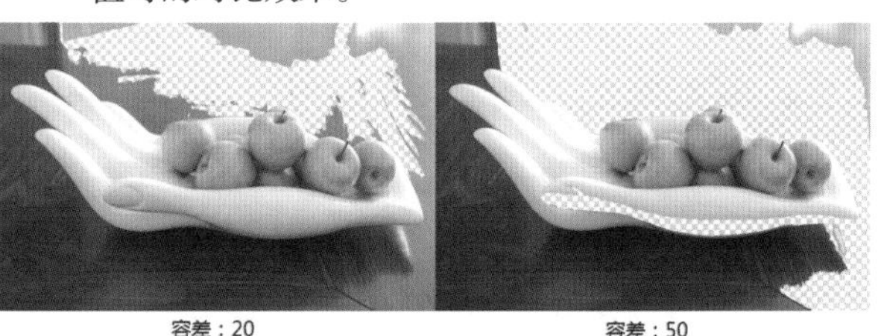

图6–68

- 消除锯齿：可以使擦除区域的边缘变得平滑。图6–69所示为选中和取消选中“消除锯齿”复选框的对比效果。

启用“消除锯齿”　　未启用“消除锯齿”

图6–69

- 连续：选中该复选框时，只擦除与单击点像素相连接的区域；取消选中该复选框时，可以擦除图像中所有与单击点像素相近似的像素区域。其对比效果如图6–70所示。

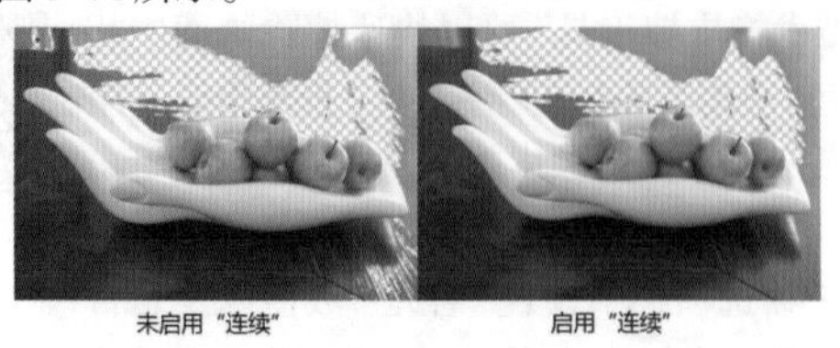

图 6–70

- 不透明度：用来设置擦除的强度。数值越大，擦除的像素越多；数值越小，擦除的像素越少。被擦除的部分变为半透明。数值为100%时，将完全擦除像素。图6–71所示为设置不同“不透明度”值时的对比效果。

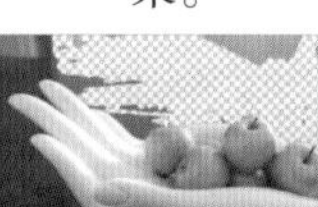

图 6–71

6.2.6 背景橡皮擦工具：智能擦除背景像素

扫一扫，看视频

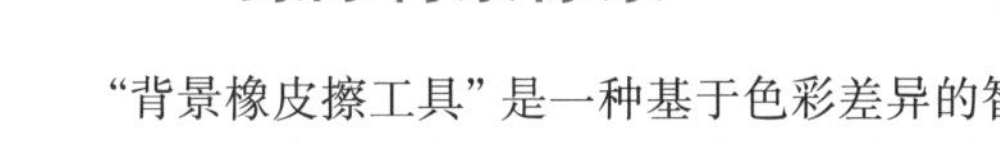

“背景橡皮擦工具”是一种基于色彩差异的智能化擦除工具，它可以自动采集画笔中心的色样，同时删除在图形画笔范围内出现的这种颜色，使擦除区域成为透明区域。

“背景橡皮擦工具”位于橡皮擦工具组中。打开该工具组，从中选择“背景橡皮擦工具”。将光标移动到画面中，光标呈现出中心带有＋的圆形效果，其中圆形表示当前工具的作用范围，而圆形中心的＋则表示在擦除过程中自动采集颜色的位置，如图6–72所示。在涂抹过程中会自动擦除圆形画笔范围内出现的相近颜色的区域，如图6–73所示。

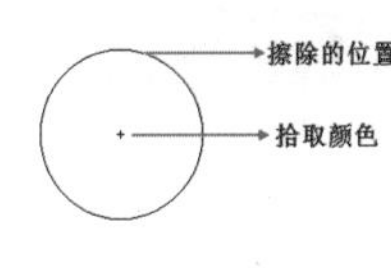

图 6–72

图 6–73

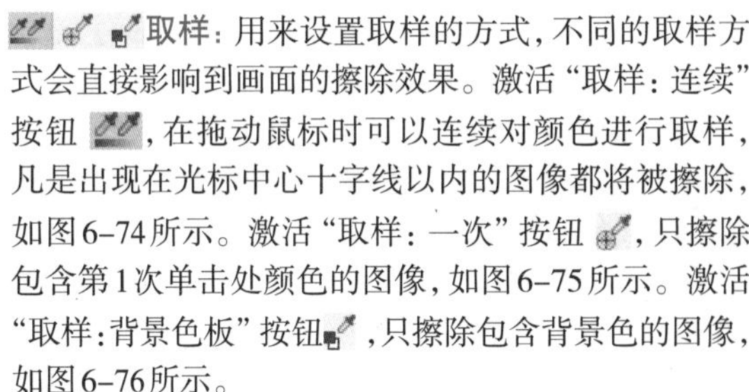

- 取样：用来设置取样的方式，不同的取样方式会直接影响到画面的擦除效果。激活“取样：连续”按钮，在拖动鼠标时可以连续对颜色进行取样，凡是出现在光标中心十字线以内的图像都将被擦除，如图6–74所示。激活“取样：一次”按钮，只擦除包含第1次单击处颜色的图像，如图6–75所示。激活“取样：背景色板”按钮，只擦除包含背景色的图像，如图6–76所示。

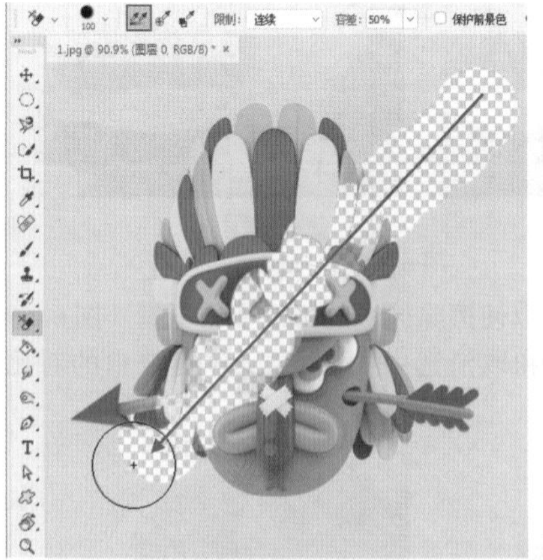

图 6–74

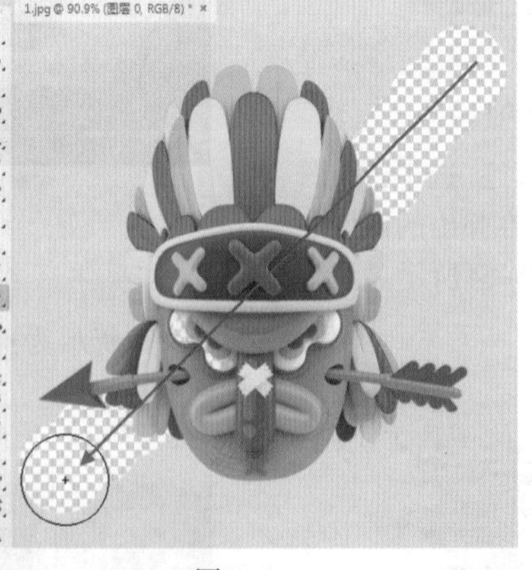

图 6–75

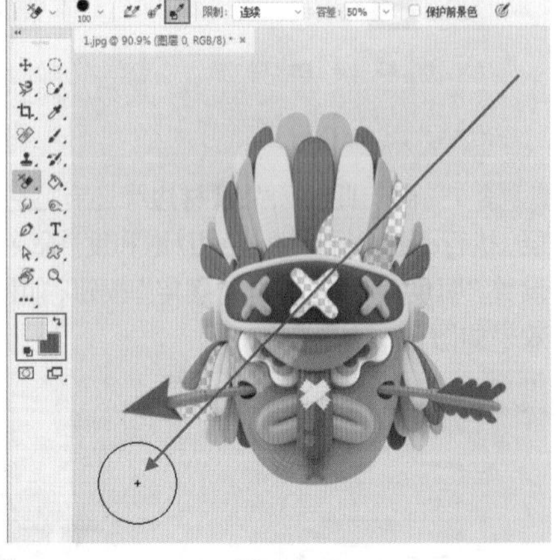

图 6–76

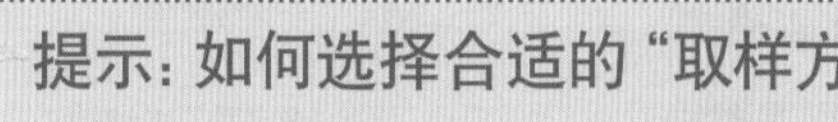

提示：如何选择合适的“取样方式”

· 连续取样：这种取样方式会随画笔圆形中心的＋位置的改变而更换取样颜色，所以适合在背景颜色差异较大时使用。

· 一次取样：这种取样方式适合背景为单色或颜色变化不大的情况。因为这种取样方式只会识别画笔圆形中心的＋第一次在画面中单击的位置，所以在擦除过程中不必特别留意＋的位置。

· 背景色板取样：由于这种取样方式可以随时更改背景色板的颜色，从而方便地擦除不同的颜色，所以非常适合背景颜色变化较大，而又不想使用擦除程度较大的"连续取样"方式的情况。

- 限制：该选项用于设置擦除画面内容时是否连续擦除。例如选择"不连续"时，可以擦除出现在光标下任何位置的样本颜色；而选择"连续"时，则只擦除包含样本颜色并且颜色连接在一起的区域；选择"查找边缘"时，可在擦除颜色连接区域的同时更好地保留形状边缘的锐化程度，如图6-77所示。
- 容差：用来设置颜色的容差范围。低容差仅限于擦除与样本颜色非常相似的区域，高容差可擦除范围更广的颜色，如图6-78所示。

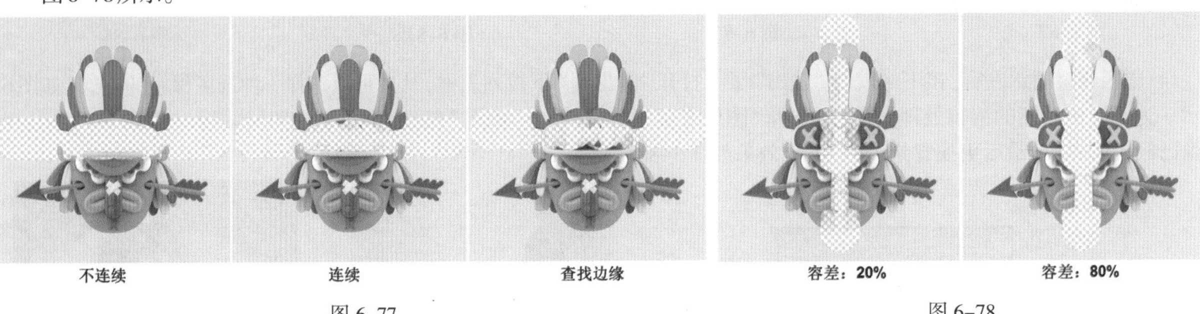

图 6-77　　图 6-78

- 保护前景色：如果画面中存在不想要被擦除的颜色，可以将该颜色设置为前景色，并选中该复选框。

6.3 智能识别商品的抠图功能

6.3.1 焦点区域：自动获取清晰部分的选区

扫一扫，看视频

"焦点区域"命令能够自动识别画面中处于拍摄焦点范围内的图像，并制作这部分的选区。使用"焦点区域"命令可以快速获取图像中清晰部分的选区，常用来进行抠图操作。

(1) 首先打开一张图片，如图6-79所示。接着执行"选择>焦点区域"命令，打开"焦点区域"窗口，如图6-80所示。此时无须设置，稍等片刻画面中即可创建出选区，如图6-81所示。

图 6-79

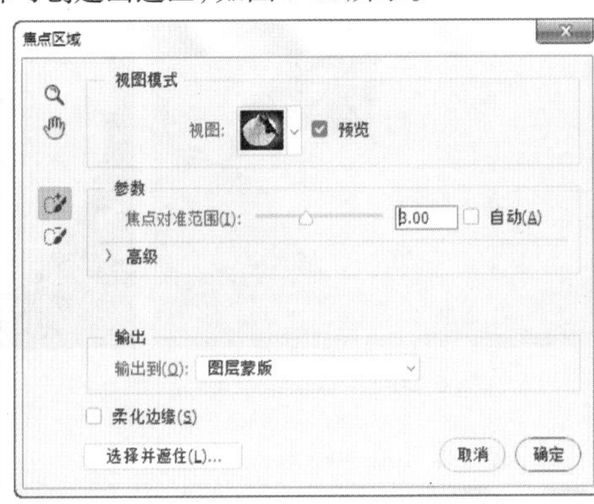

图 6-80

图 6-81

(2) 创建的选区范围可以通过"焦点对准范围"进行调整，数值越大范围越广，但是通过这种方法调整的选区有时并不能令人满意，会出现多选或者少选的情况，如图6-82所示。此时可以通过"添加选区工具"和"减去选区工具"手动调整选区的大小。首先单击"减去选区工具"按钮，在选项栏中可以设置笔尖的大小，如图6-83所示。

(3) 接着在画面中选区上方按住鼠标左键拖曳进行涂抹，即可从选区中减去这一部分，如图6-84所示。单击"添加选区工具"

按钮，在需要添加选区的位置按住鼠标左键拖曳，选中需要选择的位置。在操作的过程中可以随时调整笔尖的大小，如图6-85所示。

图 6-82

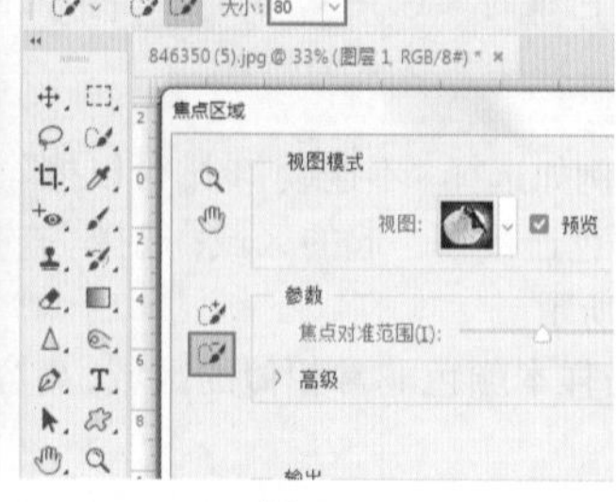

图 6-83

图 6-84

图 6-85

(4)选区调整满意以后，接下来就要“输出”了。打开“输出到”下拉列表框，从中可以选择一种选区保存的方式，如图6-86所示。为了方便后期的编辑处理，在这里选择“图层蒙版”。接着单击“确定”按钮，即可创建图层蒙版，如图6-87所示。此时图像已经抠取完成，最后更换背景进行合成，效果如图6-88所示。

图 6-86

图 6-87

图 6-88

- 视图：用来显示选择的区域，默认的视图模式为“闪烁虚线”，即选区。单击“视图”右侧的下拉按钮，在弹出的下拉列表框中可以看到有“闪烁虚线”“叠加”“黑底”“白底”“黑白”“图层”“显示图层”7种视图模式可供选择，如图6-89所示。图6-90所示为“叠加”视图模式，图6-91所示为“黑底”视图模式。

图 6-89

图 6-90

图 6-91

- 焦点对准范围：用来调整所选范围，数值越大选择范围越大。
- 图像杂色级别：在包含杂色的图像中选定过多背景时增加图像杂色级别。
- 输出到：用来设置选区范围的保存方式，包括“选区”“图层蒙版”“新建图层”“新建带有图层蒙版的图层”“新建文档”“新建带有图层蒙版的文档”6种。
- 选择并遮住：单击“选择并遮住”按钮，将打开“选择并遮住”窗口。
- 添加选区工具：按住鼠标左键拖曳，可以扩大选区。
- 减去选区工具：按住鼠标左键拖曳，可以缩小选区。

重点 6.3.2 选择并遮住：抠出边缘细密的图像

"选择并遮住"是一个既可以对已有选区进行进一步编辑，又可以重新创建选区的命令。该命令主要用于对选区进行边缘检测，调整选区的平滑度、羽化、对比度以及边缘位置。由于"选择并遮住"命令可以智能地细化选区，所以常用于长发、动物或细密的植物的抠图，如图6-92和图6-93所示。

图 6-92　　图 6-93

(1) 首先使用"快速选择工具"创建选区，如图6-94所示。然后执行"选择>选择并遮住"命令，此时Photoshop界面发生了改变，如图6-95所示。左侧为一些用于调整选区以及视图的工具，左上方为所选工具的参数选项，右侧为选区编辑选项。

图 6-94

图 6-95

- 快速选择工具：通过按住鼠标左键拖曳进行涂抹，软件会自动查找和跟随图像颜色的边缘创建选区。
- 调整半径工具：精确调整发生边缘调整的边界区域。制作头发或毛皮选区时，可以使用"调整半径工具"柔化区域以增加选区内的细节。
- 画笔工具：通过涂抹的方式添加或减去选区。单击"画笔工具"按钮，在选项栏中单击"添加到选区"按钮，然后单击按钮，在弹出的下拉面板中设置笔尖的"大小""硬度""间距"等，在画面中按住鼠标左键拖曳进行涂抹，涂抹的位置就会显示出像素，也就是在原来选区的基础上添加了选区，如图6-96所示。若单击"从选区减去"按钮，在画面中涂抹，即可对选区进行减去，如图6-97所示。

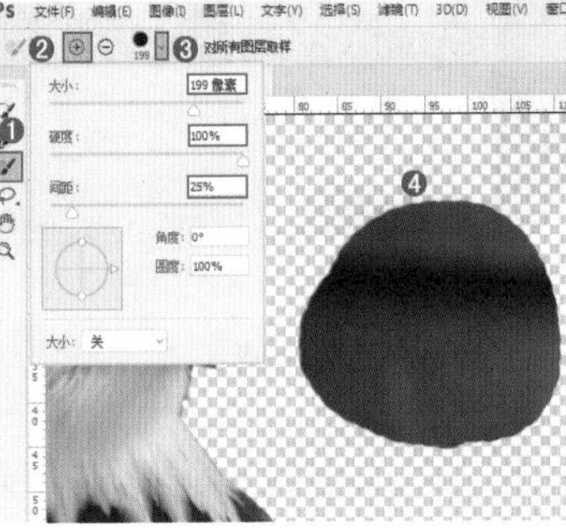

图 6-96

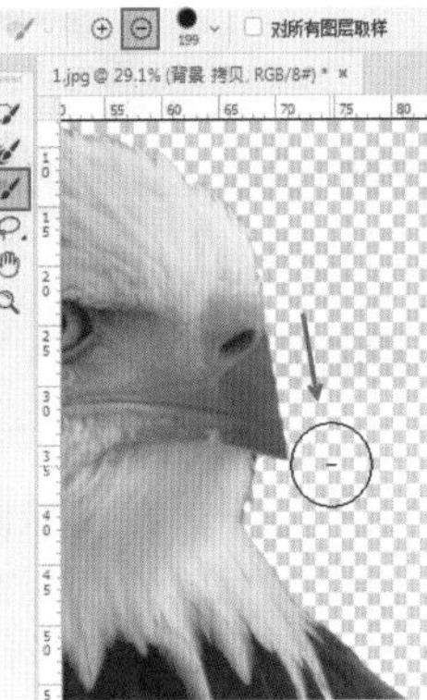

图 6-97

- 套索工具组：在该工具组中有"套索工具"和"多边形套索工具"两种工具。使用该工具组时，可以在选项栏中设置选区运算的方式，如图6-98所示。例如，选择"套索工具"，设置运算方式为"添加到选区"，然后在画面中绘制选区，效果如图6-99所示。

图 6-98　　图 6-99

(2) 在界面右侧的"属性"面板的"视图模式"选项组中，可以对视图显示方式进行设置。单击"视图"右侧的下拉按钮，在弹出的下拉列表中选择一种合适的视图模式，如图6-100所示。

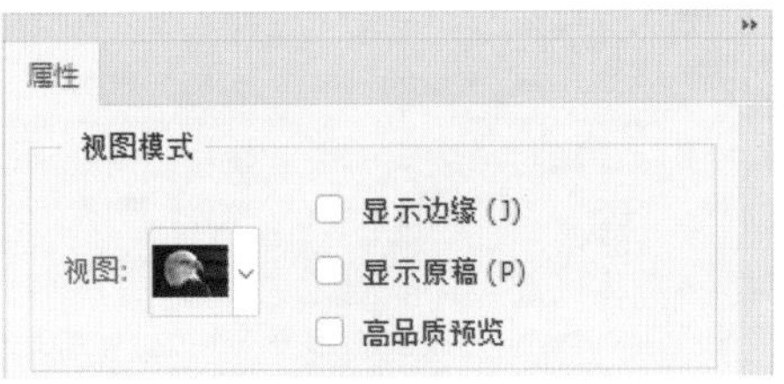

图 6-100

- 视图：在"视图"下拉列表中可以选择不同的视图模式。图6-101所示为各种视图模式的显示效果。

图 6-101

- 显示边缘：显示以半径定义的调整区域。
- 显示原稿：可以查看原始选区。
- 高品质预览：勾选该复选框，能够以更好的效果预览选区。

(3) 此时对象边缘仍然有黑色的像素，可以通过设置“边缘检测”选项组中的“半径”选项进行调整。

- 半径：用于确定发生边缘调整的选区边界的大小。对于锐边，可以使用较小的半径；对于较柔和的边缘，可以使用较大的半径。例如，将半径分别设置为3和29时的对比效果如图6-102和图6-103所示。

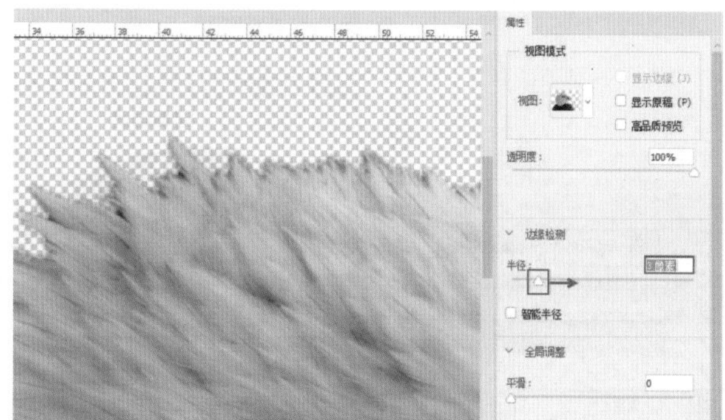

图 6-102

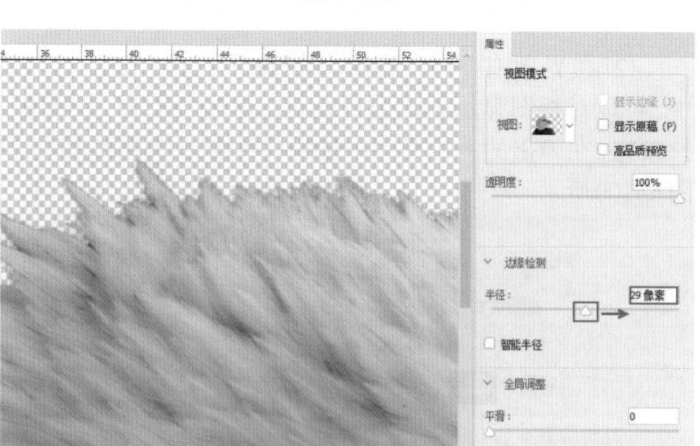

图 6-103

- 智能半径：自动调整边界区域中发现的硬边缘和柔化边缘的半径。

(4) “全局调整”选项组主要用来对选区进行平滑、羽化和扩展等处理，图6-104所示。因为羽毛边缘柔和，所以适当调整“平滑”和“羽化”选项，如图6-105所示。

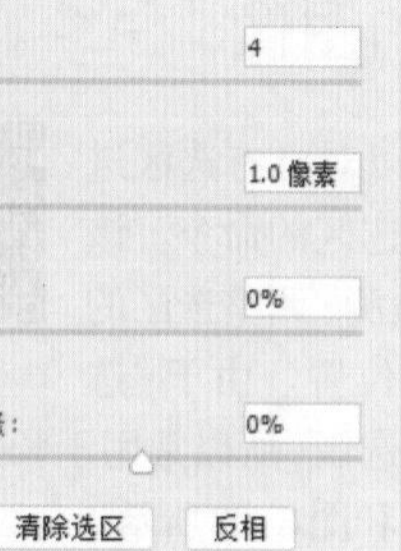

图 6-104　　图 6-105

- **平滑**：减少选区边界中的不规则区域，以创建较平滑的轮廓。图6-106和图6-107所示为不同“平滑”值时的对比效果。

图 6-106　　图 6-107

- 羽化：设置羽化数值可以使选区边缘产生模糊效果。
- 对比度：增强对比度数值可以使选区边缘更加清晰，减少对比度数值可以使选区边缘变模糊。
- 移动边缘：该选项用于设置选区边缘的位置。数值为负值时，可以向内收缩选区；数值为正值时，可向外扩展选区边界。
- 清除选区：单击该按钮，可以取消当前选区。
- 反相：单击该按钮，可以得到反向的选区。

(5) 此时选区调整完成，接下来需要进行“输出”。在“输出设置”选项组中，可以对选区边缘的杂色以及选区的输出方式进行设置。设置“输出到”为“选区”，单击“确定”按钮，如图6-108所示，即可得到选区，如图6-109所示。按快捷键Ctrl+J将选区复制到独立图层，然后为其更换背景，效果如图6-110所示。

- 净化颜色：该选项用于净化选区边缘效果，将彩色杂边替换为附近完全选中的像素颜色。
- 输出到：设置选区的输出方式。单击“输出到”右侧的下拉按钮，在弹出的下拉列表中可以选择所需的输出方式，如图6-111所示。

图 6-108

图 6-109

图 6-110　　图 6-111

- 记住设置：选中该复选框，在下次使用该命令的时候会默认显示上次使用的参数。
- 复位工作区 ↺：单击该按钮，可以使当前参数恢复默认设置。

> **提示：单击"选择并遮住"按钮打开"选择并遮住"窗口**
>
> 在画面中有选区的状态下，在选项栏中单击 选择并遮住... 按钮，即可打开"选择并遮住"窗口。

练习实例：使用"选择并遮住"命令为长发模特换背景

文件路径	资源包\第6章\使用"选择并遮住"命令为长发模特换背景
难易指数	★★★★★
技术掌握	"选择并遮住"命令、"快速选择工具"

扫一扫，看视频

案例效果

本例处理前后的效果对比如图6-112和图6-113所示。

图 6-112

图 6-113

操作步骤

步骤 01 打开背景素材1.jpg，如图6-114所示。执行"文件>置入嵌入对象"命令，将人像素材2.jpg置入文件中，调整到合适大小、位置后按Enter键完成置入操作，并将其栅格化，如图6-115所示。

图 6-114

图 6-115

步骤 02 单击工具箱中的"快速选择工具"按钮，在人像区域按住鼠标左键拖动，制作出人物部分的大致选区，然后单击选项栏中的"选择并遮住"按钮，如图6-116所示。

图 6-116

步骤 03 为了便于观察，首先设置视图模式为"黑底"，如图6-117所示。此时在画面中可以看到选区以内的部分显示，选区以外的部分被半透明的黑色遮挡，如图6-118所示。

图 6-117

图 6-118

步骤 04 单击界面左侧的“调整边缘画笔工具”按钮 ，在人物左侧头发部分按住鼠标左键涂抹，可以看到头发边缘的选区逐步变得非常精确，如图6–119所示。继续处理右侧的头发部分，效果如图6–120所示。

图 6–119　　图 6–120

步骤 05 在“属性”面板中单击右下角的“确定”按钮，得到选区，如图6–121所示。对当前选区按快捷键Ctrl+Shift+I将其反向选择，得到背景部分选区，如图6–122所示。

图 6–121　　图 6–122

步骤 06 选中人像图层，按Delete键将背景部分删除，如图6–123所示。按快捷键Ctrl+D取消选区。最后执行“文件>置入嵌入对象”命令，置入素材3.png，最终效果如图6–124所示。

图 6–123　　图 6–124

6.3.3 扩大选取

“扩大选取”命令是基于“魔棒工具” 选项栏中指定的“容差”数值来决定选区的扩展范围。

首先绘制选区，如图6–125所示。接着选择工具箱中的“魔棒工具”，在选项栏中设置“容差”数值(该数值越大所选取的范围越广)，如图6–126所示。执行“选择>扩大选取”命令(没有参数设置窗口)，Photoshop便会查找并选择那些与当前选区中像素色调相近的像素，从而扩大选择区域，如图6–127所示。图6–128所示为“容差”数值设置为5像素后的选取效果。

图 6–125

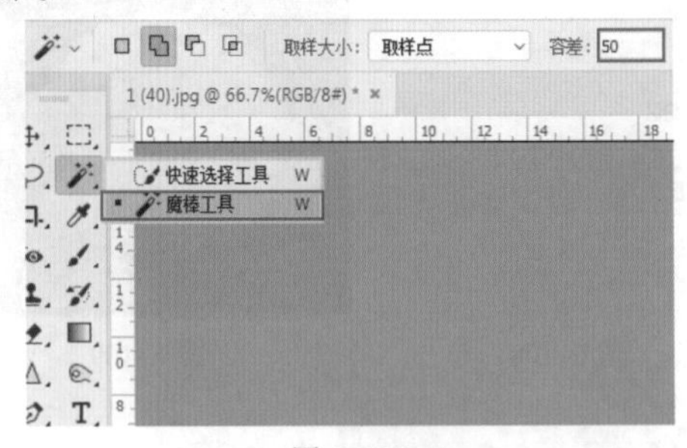

图 6–126

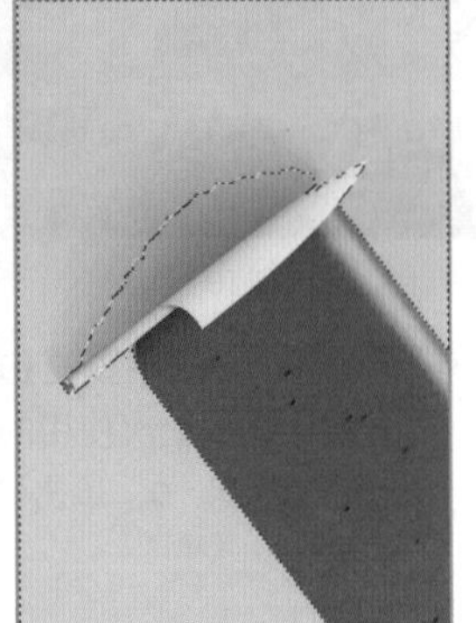

图 6–127　　图 6–128

6.3.4 选取相似

“选取相似”也是基于“魔棒工具”选项栏中指定的“容差”数值来决定选区的扩展范围。首先绘制一个选区，如图6–129所示。接着执行“选择>选取相似”命令，Photoshop同样会查找并选择那些与当前选区中像素色调相近的像素，从而扩大选择区域，如图6–130所示。

图 6–129　　图 6–130

提示：“扩大选取”与“选取相似”的区别

虽然“扩大选取”和“选取相似”这两个命令都是用于扩大选择区域，但是“扩大选取”命令只针对当前图像中连续的区域，非连续的区域不会被选择；而“选取相似”命令针对的是整幅图像，意思就是说该命令可以选择整幅图像中处于“容差”范围内的所有像素。图6–131所示为选区的位置；图6–132所示为使用“扩大选取”命令得到的选区；图6-133所示为使用“选取相似”命令得到的选区。

图6-131　　图6-132　　图6-133

6.4 选区的编辑

“选区”创建完成后，可以对其进行一定的编辑操作，如缩放选区、旋转选区、调整选区边缘、创建边界选区、平滑选区、扩展/收缩选区、羽化选区、扩大选取、选取相似等。熟练掌握这些操作，可以快速选择我们所需要的部分。

重点 6.4.1 变换选区：缩放、旋转、扭曲、透视、变形

首先绘制一个选区，如图6-134所示。执行“选择>变换选区”命令，调出定界框，如图6-135所示。拖曳控制点即可对选区进行变形。在选区变换状态下，在画布中单击鼠标右键，还可以在弹出的快捷菜单中选择其他变换方式，如图6-136所示。变换完成之后，按Enter键确认即可，如图6-137所示。

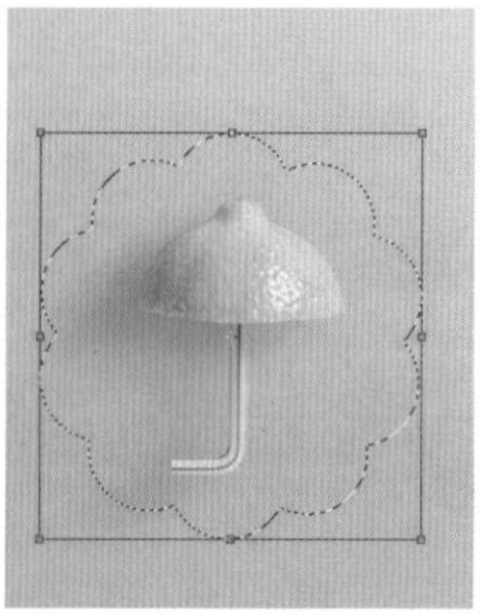

图6-134

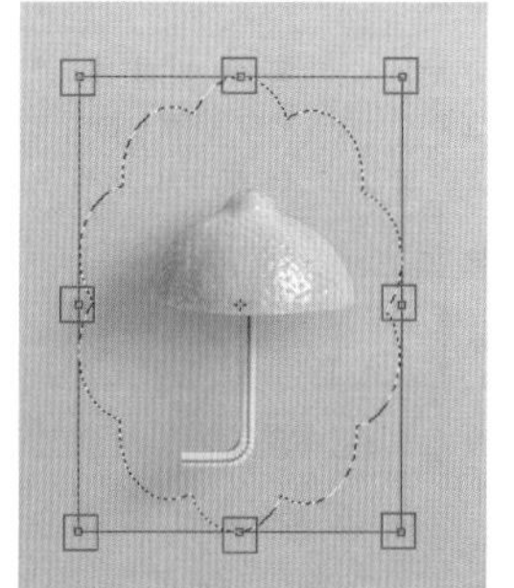

图6-135

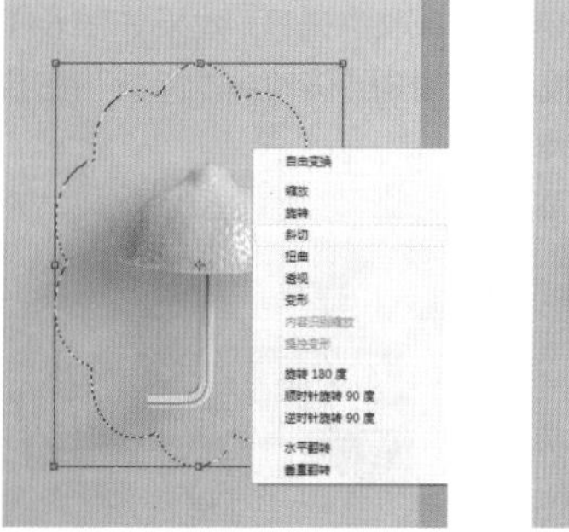

图6-136

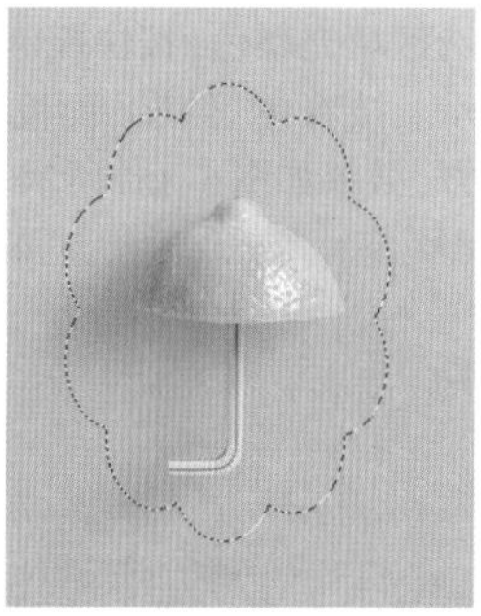

图6-137

提示：变换选区的其他方法

在选择选框工具的状态下，在选区内单击鼠标右键，在弹出的快捷菜单中执行“变换选区”命令(如图6-138所示)，即可调出变换选区定界框。

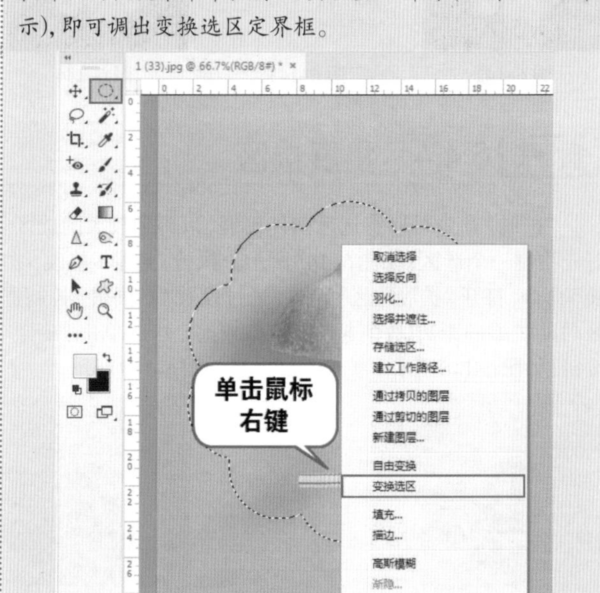

图6-138

重点 6.4.2 创建边界选区

“边界”命令作用于已有的选区，可以将选区的边界向内收缩或向外扩展，收缩或扩展后的选区边界将与原来的选区边界形成新的选区。首先创建一个选区，如图6-139所示。执行“选择>修改>边界”命令，在弹出的“边界选区”窗口中设置“宽度”(数值越大，新选区越宽)，然后单击“确定”按钮，如图6-140所示。边界选区效果如图6-141所示。

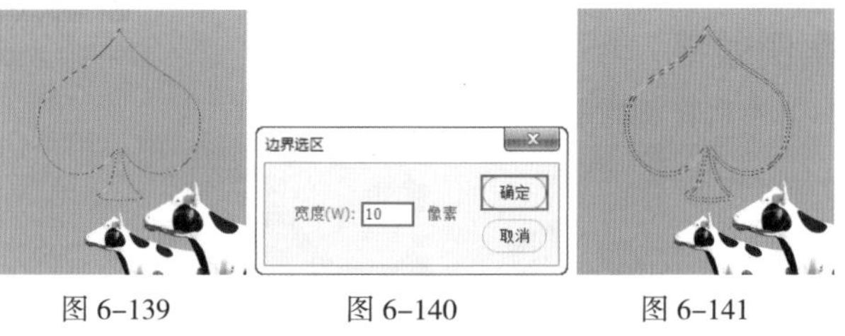

图6-139　　图6-140　　图6-141

重点 6.4.3 平滑选区

使用“平滑”命令可以将参差不齐的选区边缘平滑化。首先绘制一个选区，如图6-142所示。执行“选择>修改>平滑”命令，在弹出的“平滑选区”窗口中设置“取样半径”为15像素(数值越大，选区越平滑)，然后单击“确定”按钮，如图6-143所示。此时选区效果如图6-144所示。

图 6-142

图 6-143

图 6-144

重点 6.4.4 扩展选区

“扩展”命令可以将选区向外延展，以得到较大的选区。首先绘制一个选区，如图6-145所示。执行“选择>修改>扩展”命令，打开“扩展选区”窗口，通过设置“扩展量”控制选区向外扩展的距离(数值越大，距离越远)，然后单击“确定”按钮，如图6-146所示。扩展选区效果如图6-147所示。

图 6-145

图 6-146

图 6-147

练习实例：扩展选区制作不规则图形的底色

文件路径	资源包\第6章\扩展选区制作不规则图形的底色
难易指数	★★★★★
技术掌握	扩展选区

扫一扫，看视频

案例效果

本例效果如图6-148所示。

图 6-148

操作步骤

步骤 01 执行“文件>打开”命令，打开素材1.jpg，如图6-149所示。接着执行“文件>置入嵌入对象”命令，置入素材2.png，并将其栅格化，如图6-150所示。

图 6-149

图 6-150

步骤 02 按住Ctrl键的同时单击图层1的图层缩览图(如图6-151所示)，载入图层选区，如图6-152所示。

图 6-151

图 6-152

步骤 03 执行“选择>修改>扩展”命令，在弹出的“扩展选区”窗口中设置“扩展量”为40像素，单击“确定”按钮完成设置，如图6-153所示。此时得到一个稍大一些的选区，如图6-154和图6-155所示。

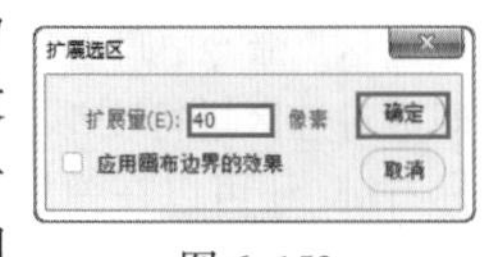

图 6-153

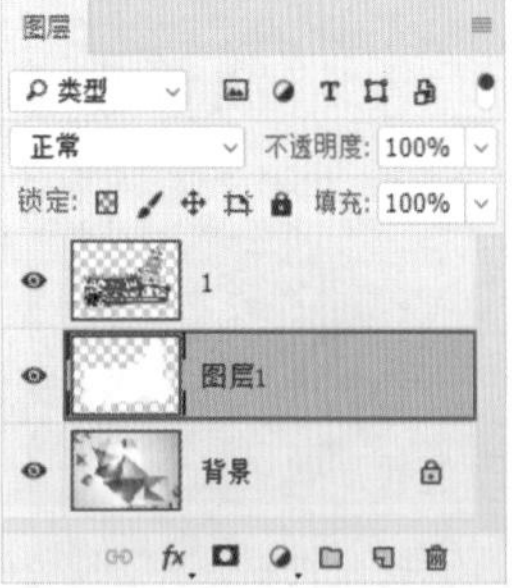

图 6-154

图 6-155

步骤 04 新建一个图层，设置前景色为白色，按快捷键Alt+Delete为选区填充颜色，按快捷键Ctrl+D取消选区，效果如图6-156所示。接着在“图层”面板中将该图层移动到“背景”图层的上方，效果如图6-157所示。

图 6-156

图 6-157

重点 6.4.5 收缩选区

“收缩”命令可以将选区向内收缩，使选区范围变小。首先绘制一个选区，如图6–158所示。执行“选择>修改>收缩”命令，在弹出的“收缩选区”窗口中，通过设置“收缩量”控制选区的收缩大小(数值越大，收缩范围越大)，然后单击“确定”按钮，如图6–159所示。选区效果如图6–160所示。

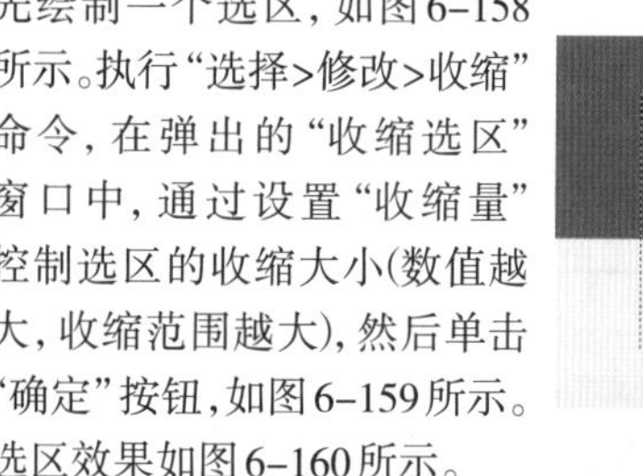

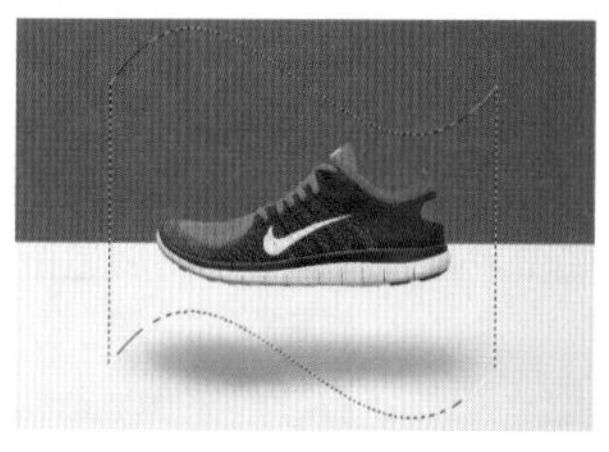

图 6–158

收缩选区
收缩量(C): 20 像素
确定
应用画布边界的效果
取消

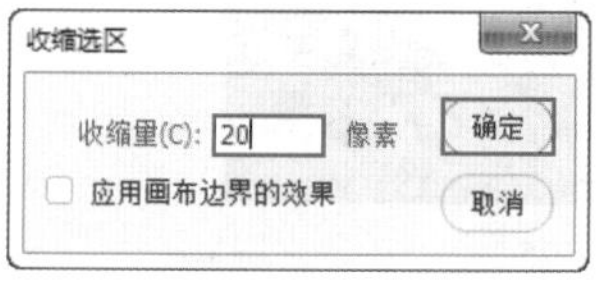

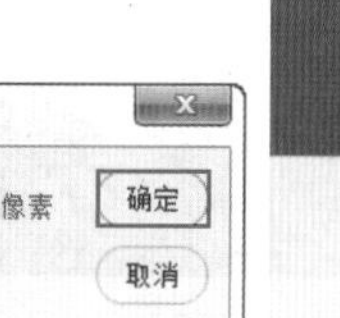

图 6–159

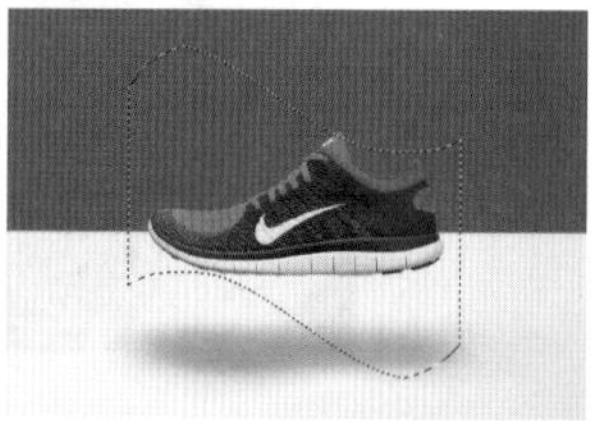

图 6–160

举一反三：去除抠图之后的像素残留

在抠图的时候会留下一些残存的像素，这时可以通过“收缩”命令将残存像素删除。

(1)白色浴缸边缘留有其他颜色的像素，如图6–161所示。先获取图像的选区，如图6–162所示。

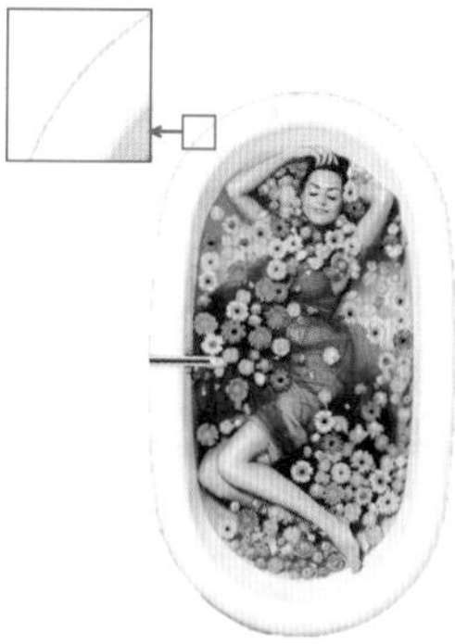

图 6–161

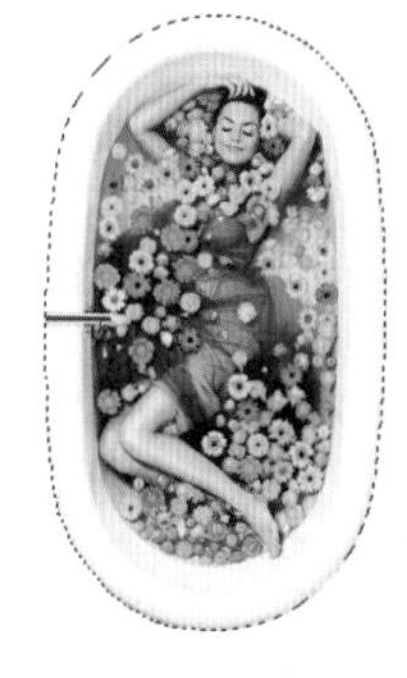

图 6–162

(2)执行“选择>修改>收缩”命令，在弹出的“收缩选区”窗口中设置合适的“收缩量”，然后单击“确定”按钮，如图6–163所示。此时选区效果如图6–164所示。

(3)按快捷键Ctrl+Shift+I将选区反选，如图6–165所示。按Delete键删除选区的像素，然后按快捷键Ctrl+D取消选区，效果如图6–166所示。

收缩选区
收缩量(C): 3 像素
确定
应用画布边界的效果
取消

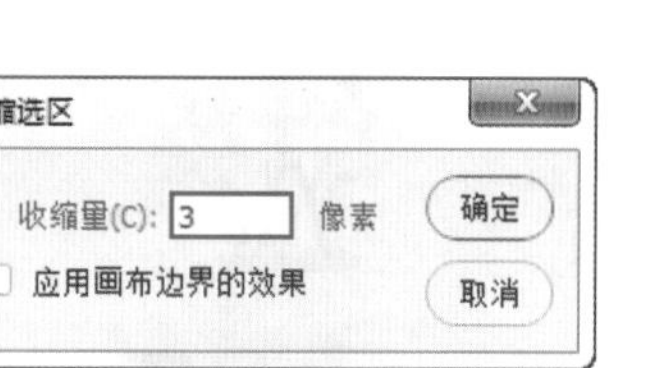

图 6–163

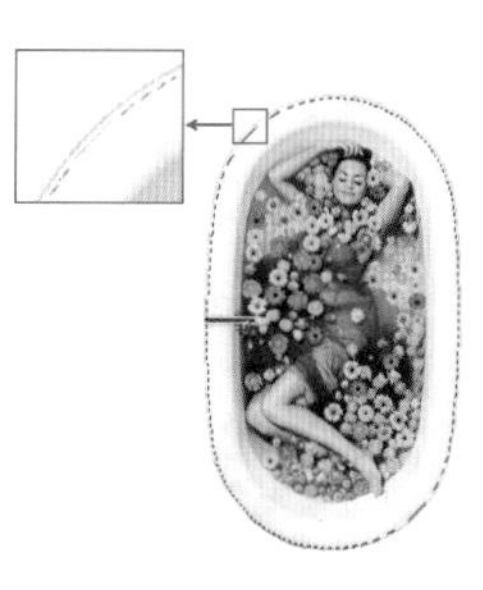

图 6–164

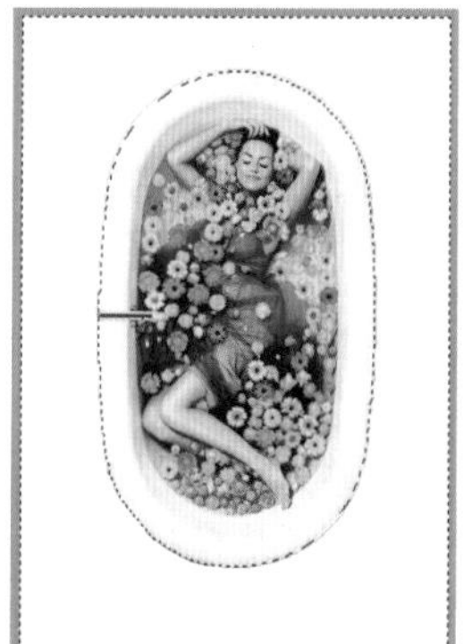

图 6–165

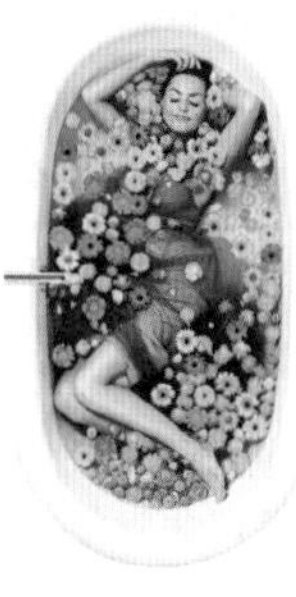

图 6–166

6.4.6 羽化选区

“羽化”命令可以将边缘较“硬”的选区变为边缘比较“柔和”的选区。羽化半径越大，选区边缘越柔和。“羽化”命令是通过建立选区和选区周围像素之间的转换边界来模糊边缘，使用这种模糊方式将丢失选区边缘的一些细节。

(1)首先绘制一个选区，如图6–167所示。接着执行“选择>修改>羽化”命令(快捷键为Shift+F6)，打开“羽化选区”窗口。在该窗口中，“羽化半径”选项用来设置边缘模糊的强度，数值越高边缘模糊范围越大。参数设置完成后单击“确定”按钮，如图6–168所示。

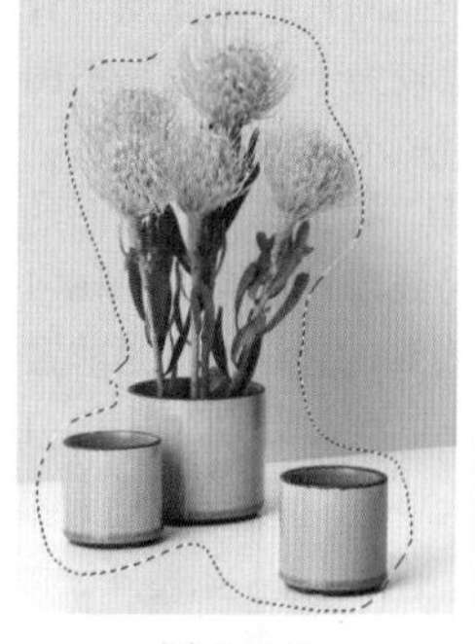

图 6–167

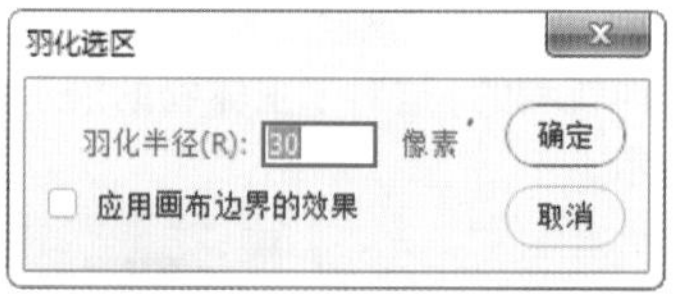

羽化选区
羽化半径(R): 30 像素
确定
应用画布边界的效果
取消

图 6–168

(2)此时选区效果如图6–169所示。按快捷键Ctrl+Shift+I将选区反选，然后按Delete键删除选区中的像素，此时商品边缘的像素呈现出柔和的过渡效果，如图6–170所示。

图 6–169

图 6–170

6.5 钢笔抠图：精确提取边缘清晰的商品

扫一扫，看视频

虽然前面讲到的几种基于颜色差异的抠图工具可以进行非常便捷的抠图操作，但还是有一些情况无法处理。例如，主体物与背景非常相似的图像、对象边缘模糊不清的图像、基于颜色抠图后对象边缘参差不齐的情况等，这些都无法利用前面学到的工具很好地完成抠图操作。这时就需要使用“钢笔工具”进行精确路径的绘制，然后将路径转换为选区，删除背景或者单独把主体物复制出来，就完成抠图了，如图6–171所示。

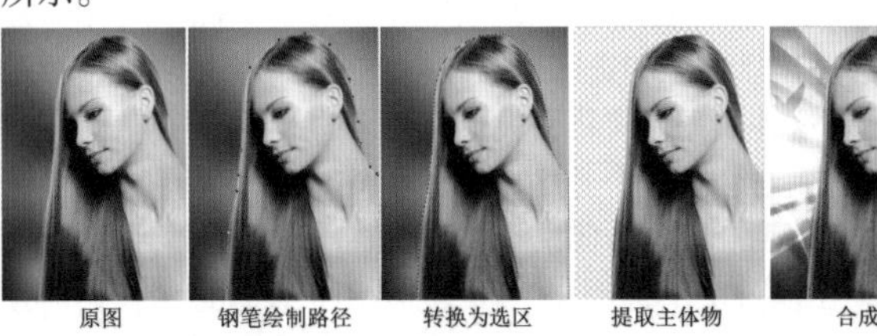

图 6–171

需要注意的是，虽然很多时候产品图片中主体物与背景颜色区别比较大，但是为了得到边缘较为干净的商品抠图效果，仍然建议使用“钢笔抠图”的方法，如图6–172所示。因为在利用“快速选择工具”“魔棒工具”等工具进行抠图的时候，通常边缘不会很平滑，而且很容易残留背景像素，图6–173所示；而利用“钢笔工具”进行抠图得到的边缘通常是非常清晰而锐利的，这对于主体物的展示是非常重要的，如图6–174所示。

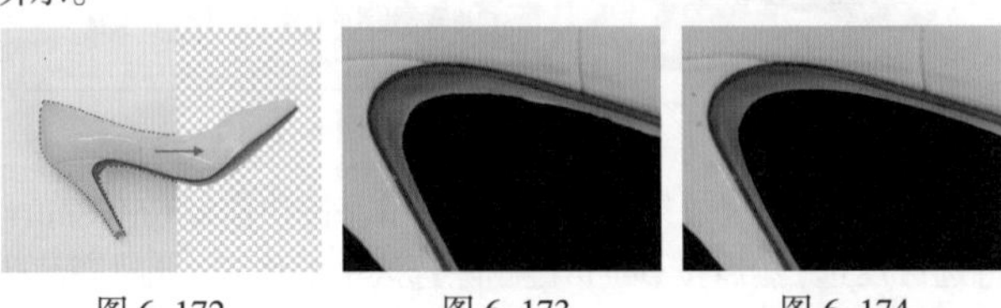

图 6–172　图 6–173　图 6–174

但在抠图的时候也需要考虑到时间成本，基于颜色进行抠图的方法通常比钢笔抠图要快一些。如果要抠图的对象是商品，需要尽可能精美，那么考虑使用“钢笔工具”进行精细抠图。如果要抠图的对象为画面辅助对象，不作为主要展示内容，则可以使用其他工具快速抠取。如果在基于颜色抠图时遇到局部边缘不清的情况，可以单独对局部进行钢笔抠图的操作。另外，在钢笔抠图时，路径的位置可以适当偏向于对象边缘的内侧，以避免抠图后遗留背景像素，如图6–175所示。

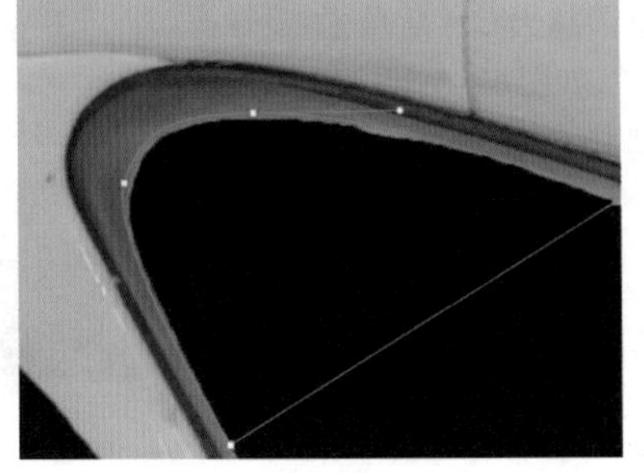

图 6–175

6.5.1 认识“钢笔工具”

“钢笔工具”是一种矢量工具，主要用于矢量绘图(关于矢量绘图的相关知识将在第11章进行讲解)。矢量绘图有3种不同的模式，其中“路径”模式允许我们使用“钢笔工具”绘制出矢量的路径。使用“钢笔工具”绘制的路径可控性极强，而且可以在绘制完毕后进行重复修改，所以非常适合绘制精细而复杂的路径。“路径”可以转换为“选区”，有了选区就可以轻松完成抠图操作。因此，使用“钢笔工具”进行抠图是一种比较精确的抠图方法。

在使用“钢笔工具”抠图之前，先来认识几个概念。使用“钢笔工具”以“路径”模式绘制出的对象是“路径”。“路径”是由一些“锚点”连接而成的线段或者曲线。当调整“锚点”位置或弧度时，路径形态也会随之发生变化，如图6–176和图6–177所示。

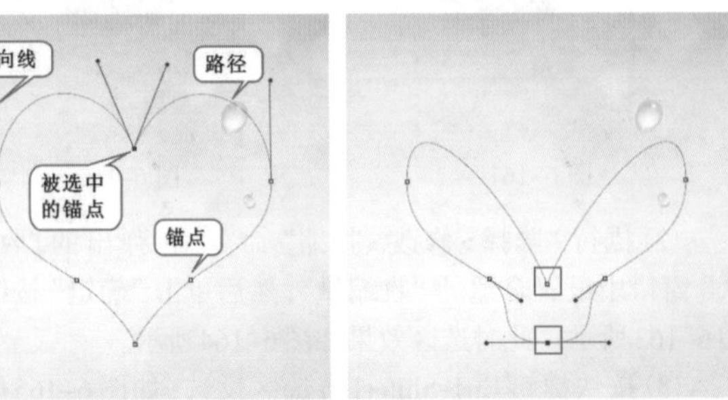

图 6–176　图 6–177

“锚点”可以决定路径的走向以及弧度。“锚点”有两种：尖角锚点和平滑锚点。图6–178所示平滑锚点上会显示一条或两条“方向线”（有时也被称为“控制棒”“控制柄”），“方

向线”两端为“方向点”，“方向线”和“方向点”的位置共同决定了这个锚点的弧度，如图6–179和图6–180所示。

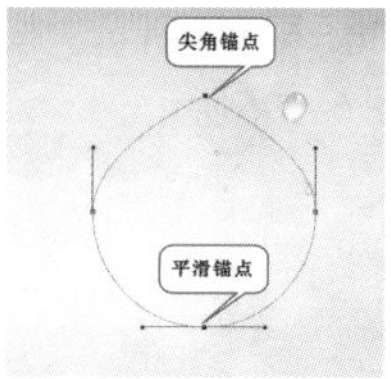

图 6–178 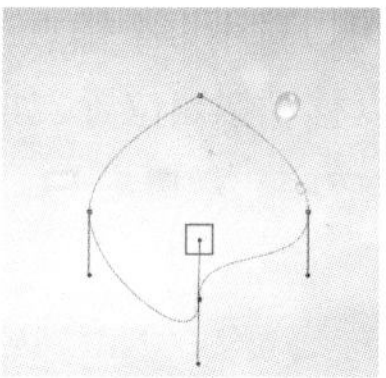　图 6–179 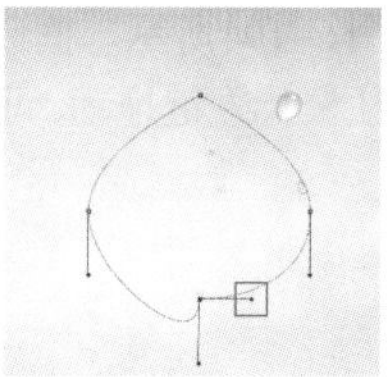　图 6–180

在使用“钢笔工具”进行精确抠图的过程中，我们要用到钢笔工具组(包括“钢笔工具”“自由钢笔工具”“添加锚点工具”“删除锚点工具”“转换点工具”)和选择工具组(包括“路径选择工具”“直接选择工具”)，如图6–181和图6–182所示。其中“钢笔工具”和“自由钢笔工具”用于绘制路径，而其他工具都是用于调整路径的形态。通常我们会使用“钢笔工具”尽可能准确地绘制出路径，然后使用其他工具进行细节形态的调整。

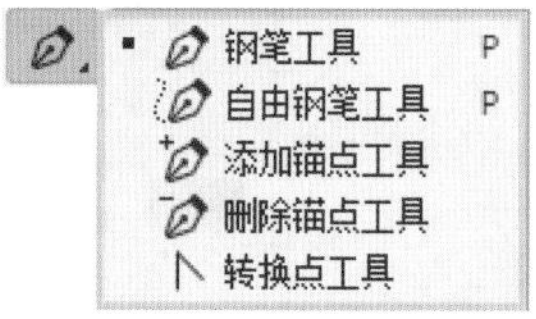

图 6–181 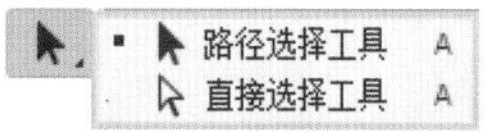　图 6–182

重点 6.5.2 动手练：使用“钢笔工具”绘制路径

1. 绘制直线 / 折线路径

单击工具箱中的“钢笔工具”按钮，在其选项栏中设置“绘制模式”为“路径”。在画面中单击，画面中出现一个锚点，这是路径的起点，如图6–183所示。接着在下一个位置单击，在两个锚点之间即可生成一段直线路径，如图6–184所示。继续以单击的方式进行绘制，可以绘制出折线路径，如图6–185所示。

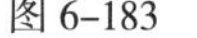

图 6–183

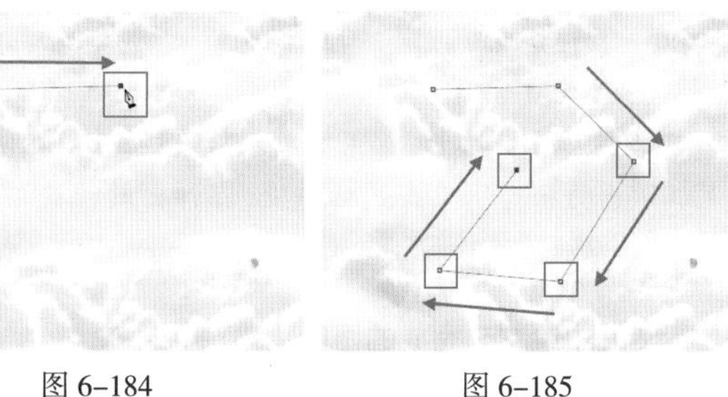

图 6–184　图 6–185

提示：终止路径的绘制

如果要终止路径的绘制，可以在使用“钢笔工具”的状态下按Esc键；单击工具箱中的其他任一工具按钮，也可以终止路径的绘制。

2. 绘制曲线路径

曲线路径由平滑的锚点组成。使用“钢笔工具”直接在画面中单击，创建出的是尖角的锚点。想要绘制平滑的锚点，需要按住鼠标左键拖动，此时可以看到按下鼠标左键的位置生成了一个锚点，而拖曳的位置显示了方向线，如图6–186所示。此时可以按住鼠标左键，同时上、下、左、右拖曳方向线，调整方向线的角度，曲线的弧度也随之发生变化，如图6–187所示。

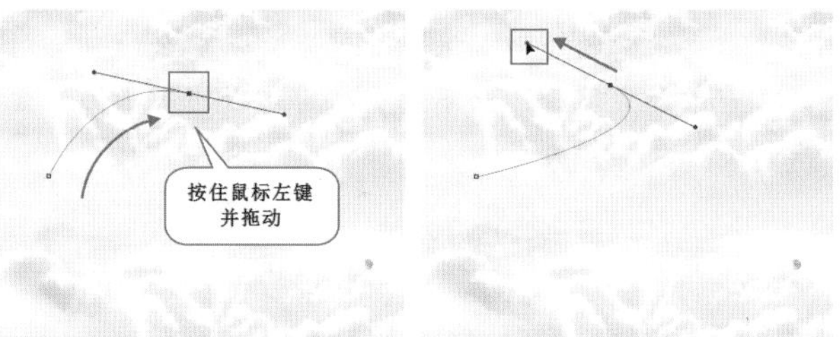

图 6–186　图 6–187

3. 绘制闭合路径

路径绘制完成后，将“钢笔工具”光标定位到路径的起点处，当它变为形状时(如图6–188所示)，单击即可闭合路径，如图6–189所示。

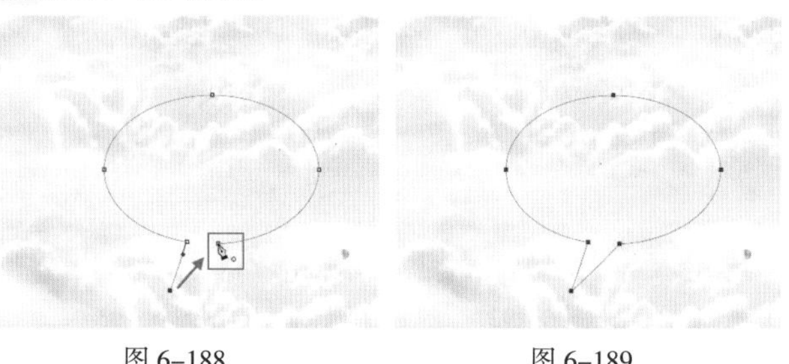

图 6–188　图 6–189

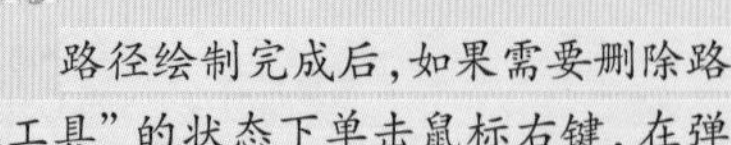

提示：如何删除路径

路径绘制完成后，如果需要删除路径，可以在使用“钢笔工具”的状态下单击鼠标右键，在弹出的快捷菜单中选择“删除路径”命令。

4. 继续绘制未完成的路径

对于未闭合的路径，如要继续绘制，可以将“钢笔工具”光标移动到路径的一个端点处，当它变为形状时，单击该端点，如图6–190所示。接着将光标移动到其他位置进行绘制，可以看到在当前路径上向外产生了延伸的路径，如图6–191所示。

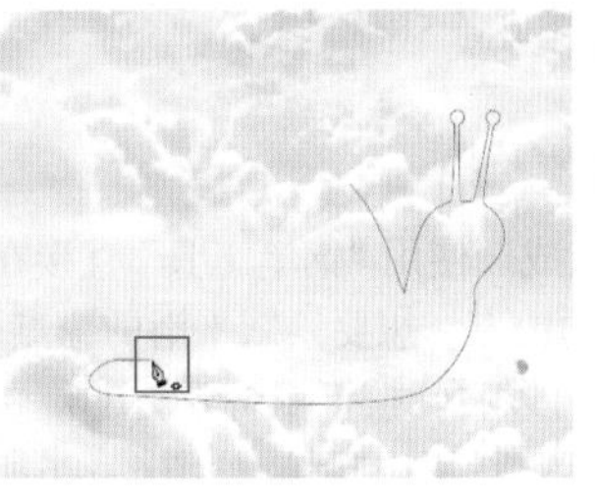

图 6–190

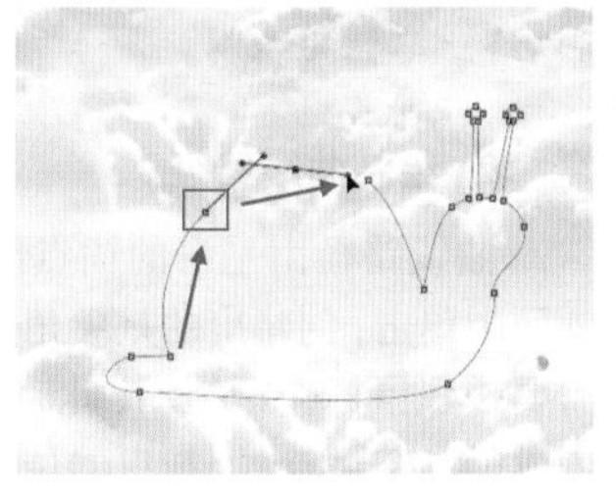

图 6–191

提示：继续绘制路径时需要注意什么

需要注意的是，如果光标变为，那么此时绘制的是一条新的路径，而不是在之前路径的基础上继续绘制了。

6.5.3 编辑路径形态

1. 选择路径、移动路径

单击工具箱中的“路径选择工具”按钮，在需要选中的路径上单击，路径上出现锚点，表明该路径处于选中状态，如图6–192所示。按住鼠标左键拖动，即可移动该路径，如图6–193所示。

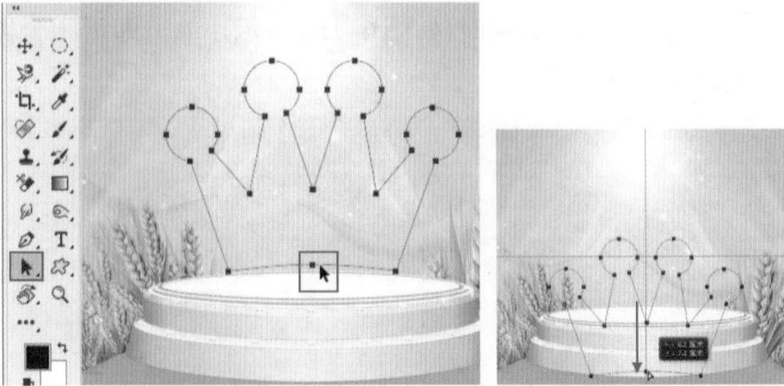

图 6–192　　图 6–193

2. 选择锚点、移动锚点

右键单击选择工具组按钮，在弹出的工具组中选择“直接选择工具”。使用“直接选择工具”可以选择路径上的锚点或者方向线，选中之后可以移动锚点、调整方向线。将光标移动到锚点位置，单击可以选中其中某一个锚点，如图6–194所示。框选可以选中多个锚点，如图6–195所示。按住鼠标左键拖动，可以移动锚点位置，如图6–196所示。

图 6–194

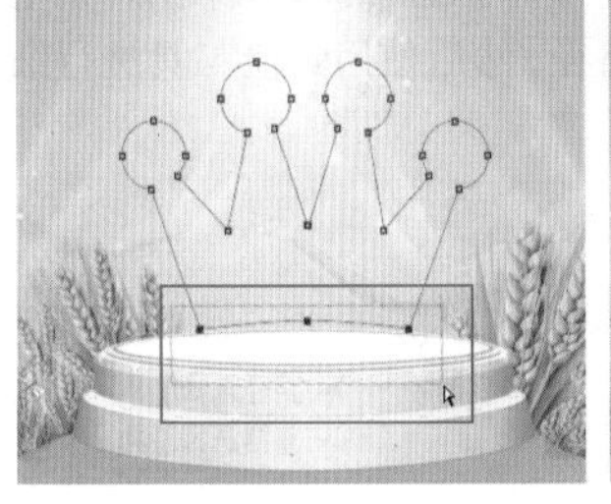

图 6–195

图 6–196

提示：快速切换“直接选择工具”

在使用“钢笔工具”状态下，按住Ctrl键可以快速切换到“直接选择工具”，松开Ctrl键则又变回“铅笔工具”。

3. 添加锚点

如果路径上的锚点较少，细节就无法精细地刻画。此时可以使用“添加锚点工具”在路径上添加锚点。

右键单击钢笔工具组按钮，在弹出的工具组中选择“添加锚点工具”。将光标移动到路径上，当它变成形状时，单击即可添加一个锚点，如图6–197所示。在使用“钢笔工具”状态下，将光标放在路径上，当它变成形状时，单击即可添加一个锚点，如图6–198所示。添加锚点后，就可以使用“直接选择工具”调整锚点位置了，如图6–199所示。

图 6–197

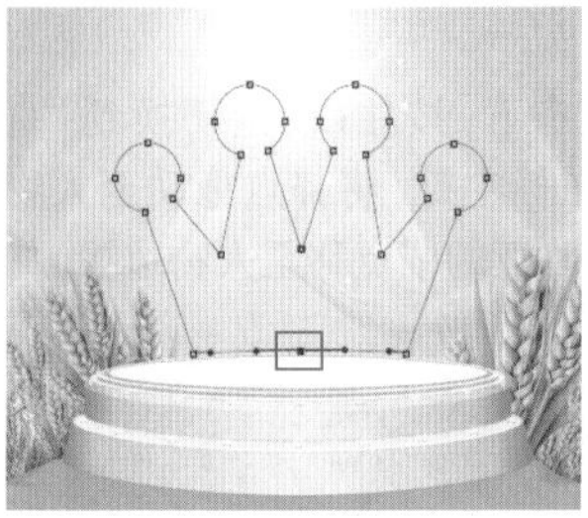

图 6-198 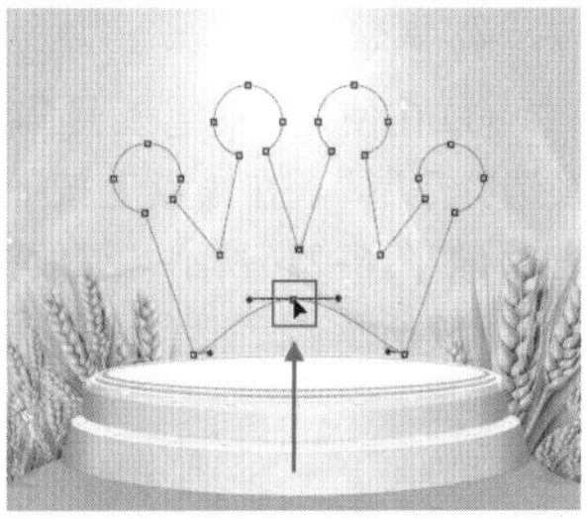　　图 6-199

4. 删除锚点

要删除多余的锚点，可以使用钢笔工具组中的“删除锚点工具” 来完成。右键单击钢笔工具组按钮，在弹出的工具组中选择“删除锚点工具” 。将光标放在锚点上单击，即可删除锚点，如图6-200所示。在使用“钢笔工具”状态下，直接将光标移动到锚点上，当它变为 形状时，单击也可以删除锚点，如图6-201所示。

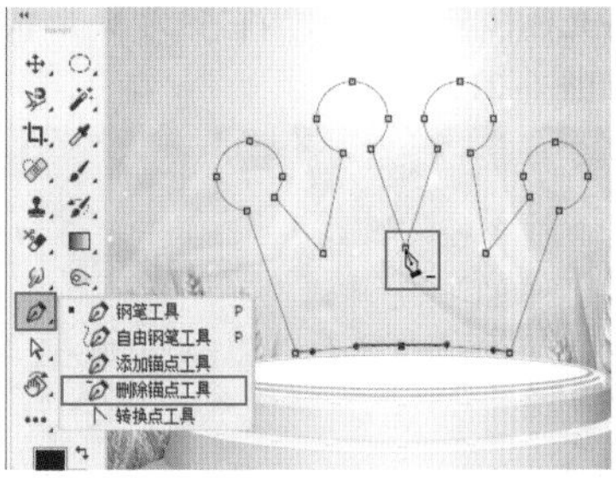

图 6-200 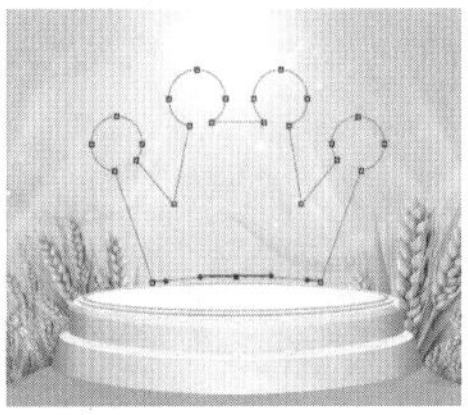　　图 6-201

5. 转换锚点类型

“转换点工具” 可以将锚点在尖角锚点与平滑锚点之间进行转换。右键单击钢笔工具组按钮，在弹出的工具组中选择“转换点工具” 。在平滑锚点上单击，可以使平滑的锚点转换为尖角的锚点，如图6-202所示。在尖角的锚点上按住鼠标左键拖动，即可调整锚点的形状，使其变得平滑，如图6-203所示。在使用“钢笔工具”状态下，按住Alt键可以切换为“转换点工具”，松开Alt键则又变回“钢笔工具”。

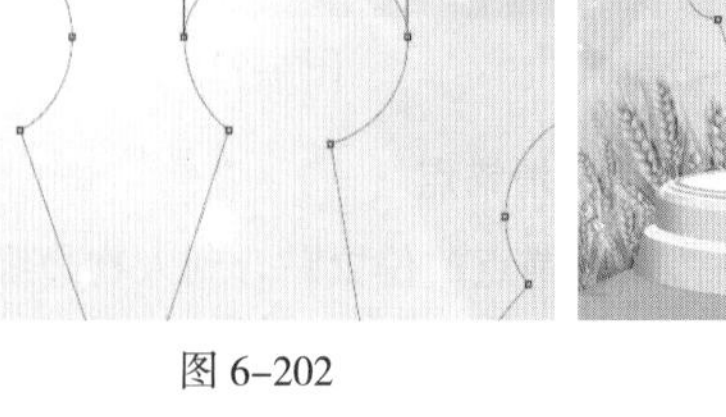

图 6-202 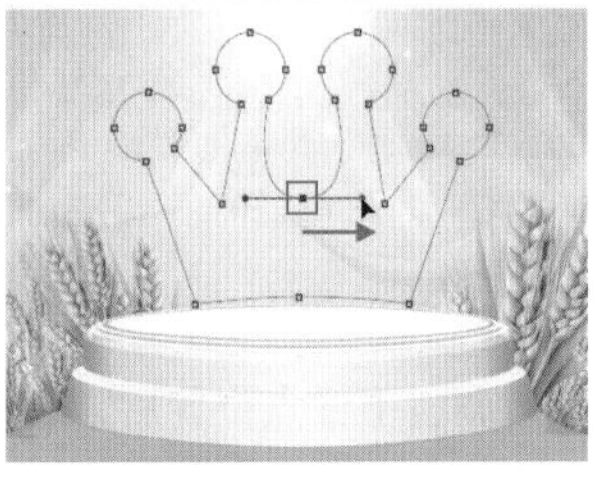　　图 6-203

重点 6.5.4 将路径转换为选区

路径已经绘制完了，想要抠图，最重要的一个步骤就是将路径转换为选区。在使用“钢笔工具”状态下，在路径上单击鼠标右键，在弹出的快捷菜单中选择“建立选区”命令，如图6-204所示。在弹出的“建立选区”窗口中可以进行“羽化半径”的设置，如图6-205所示。

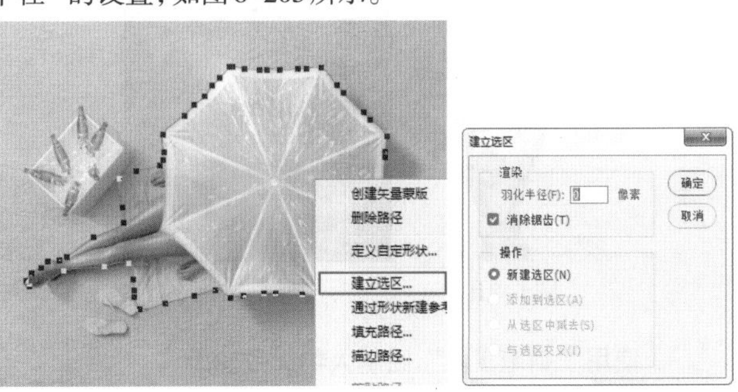

图 6-204　　图 6-205

“羽化半径”为0时，选区边缘清晰、明确；羽化半径越大，选区边缘越模糊，如图6-206所示。按Ctrl+Enter组合键，可以迅速将路径转换为选区。

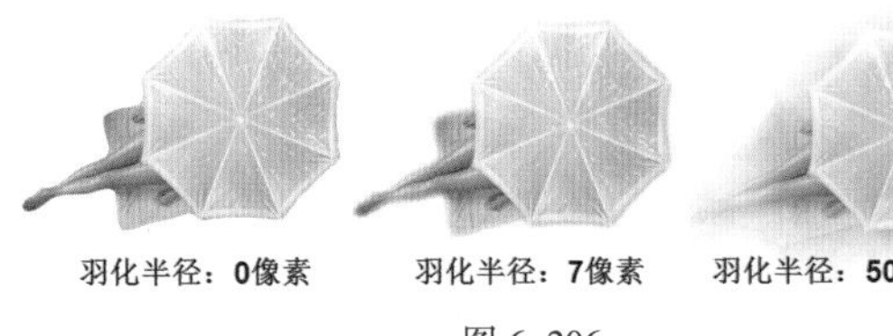

图 6-206

6.5.5 动手练：使用“钢笔工具”为人像抠图

钢笔抠图需要使用的工具已经学习过了，下面梳理一下钢笔抠图的基本思路：首先使用“钢笔工具”绘制大致轮廓（注意，绘制模式必须设置为“路径”），如图6-207所示；接着使用“直接选择工具”“转换点工具”等工具对路径形态进行进一步调整，如图6-208所示；路径准确后转换为选区（在无需设置羽化半径的情况下，可以按Ctrl+Enter组合键），如图6-209所示；得到选区后，选择反相，删除背景或者将主体物复制为独立图层，如图6-210所示；抠图完成后可以更换新背景，添加装饰元素，完成作品的制作，如图6-211所示。

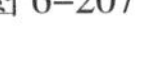
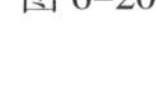

图 6-207 　　图 6-208 　　图 6-209

图 6–210　　图 6–211

1. 使用“钢笔工具”绘制人物大致轮廓

(1) 为了避免原图层被破坏，可以复制人像图层，并隐藏原图层。单击工具箱中的“钢笔工具”按钮，在其选项栏中设置“绘制模式”为“路径”，然后将光标移至人物边缘，单击生成锚点，如图 6–212 所示。将光标移至下一个转折点处，单击生成锚点，如图 6–213 所示。

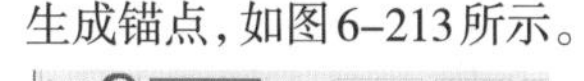

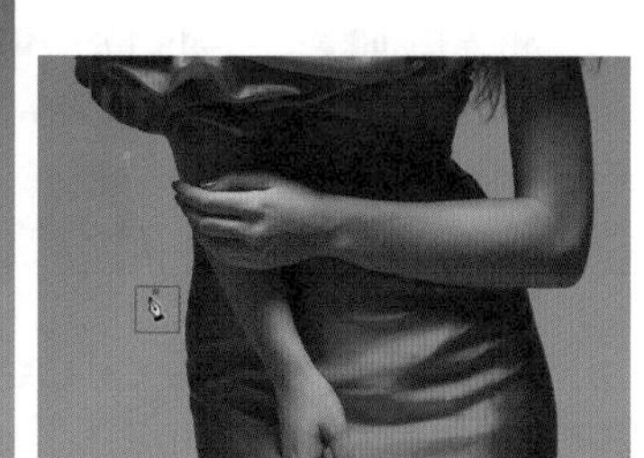

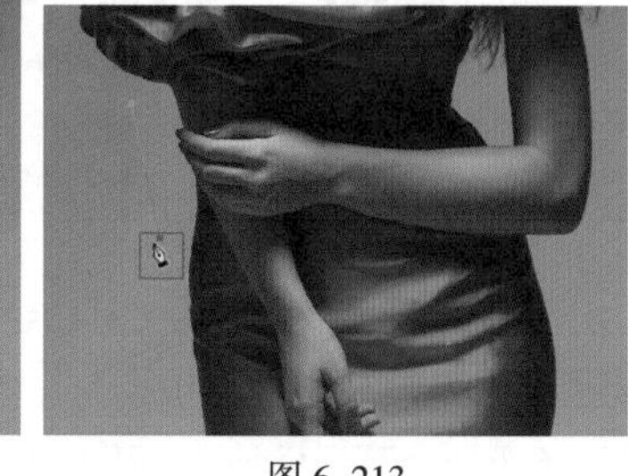

图 6–212　　图 6–213

(2) 继续沿着人物边缘绘制路径，如图 6–214 所示。当绘制至起点处光标变为 形状时，单击闭合路径，如图 6–215 所示。

图 6–214　　图 6–215

2. 调整锚点位置

(1) 在使用“钢笔工具”状态下，按住Ctrl键切换到“直接选择工具”。在锚点上按下鼠标左键，将锚点拖动至人物边缘，如图 6–216 所示。继续将临近的锚点移至人物边缘，如图 6–217 所示。

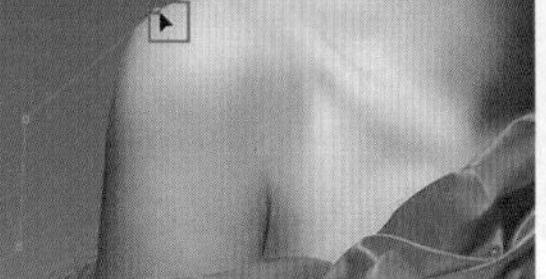

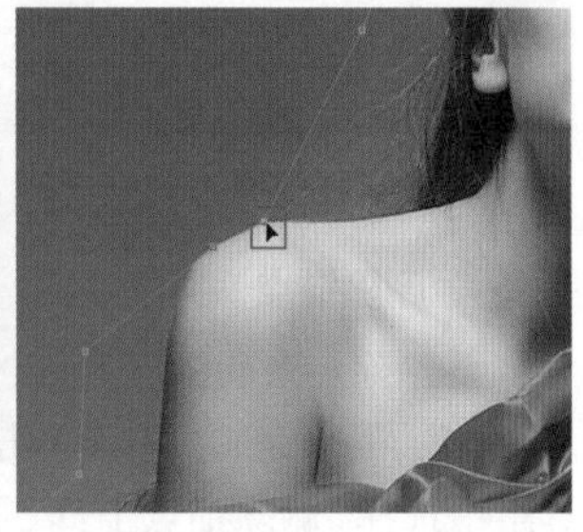

图 6–216　　图 6–217

(2) 继续调整锚点位置。若遇到锚点数量不够的情况，可以添加锚点，再继续移动锚点位置，如图 6–218 所示。在工具箱中选择“钢笔工具”，将光标移至路径处，当它变为 形状时，单击即可添加锚点，如图 6–219 所示。

图 6–218　　图 6–219

(3) 若在调整过程中锚点过于密集(如图 6–220 所示)，可以将“钢笔工具”光标移至需要删除的锚点的位置，当它变为 形状时，单击即可将锚点删除，如图 6–221 所示。

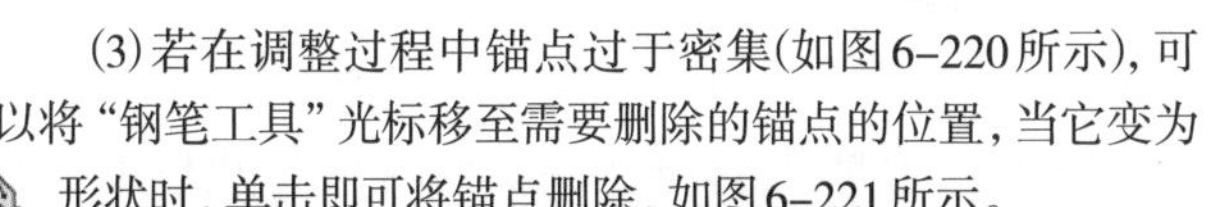

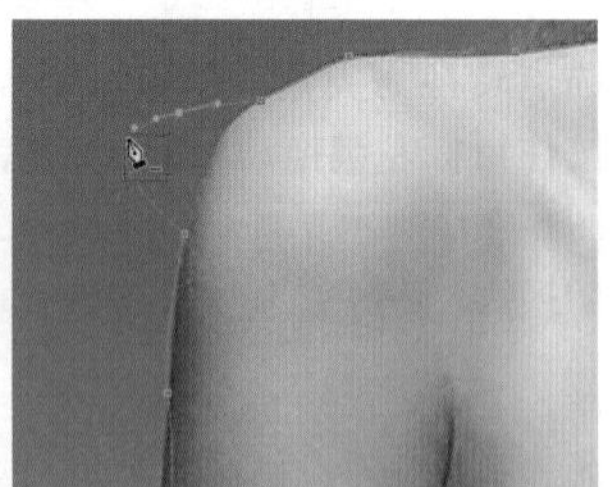

图 6–220　　图 6–221

3. 将尖角的锚点转换为平滑锚点

调整了锚点位置后，虽然锚点的位置贴合到人物边缘，但是本应是带有弧度的线条却呈现出尖角的效果，如图 6–222 所示。在工具箱中选择“转换点工具” ，在尖角的锚点上按住鼠标左键拖动，使之产生弧度，如图 6–223 所示。接着在方向线上按住鼠标左键拖动，即可调整方向线角度，使之与人物形态相吻合，如图 6–224 所示。

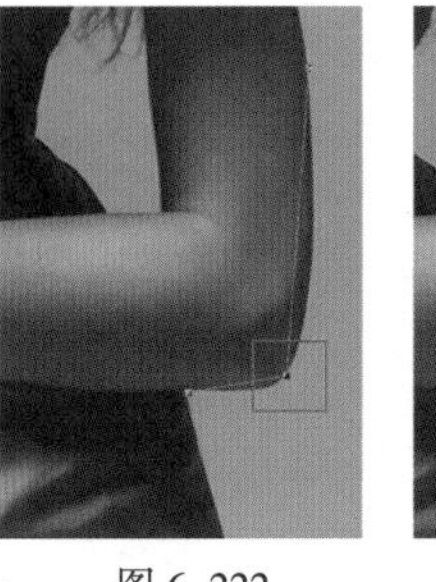

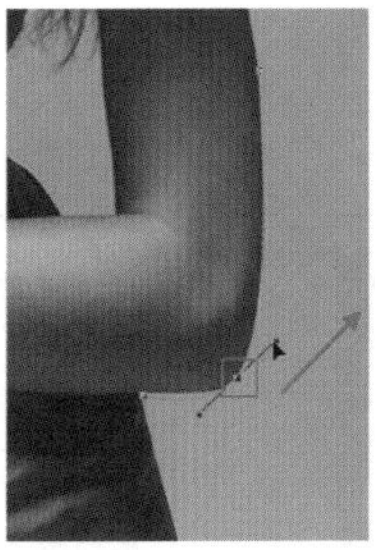

图 6-222

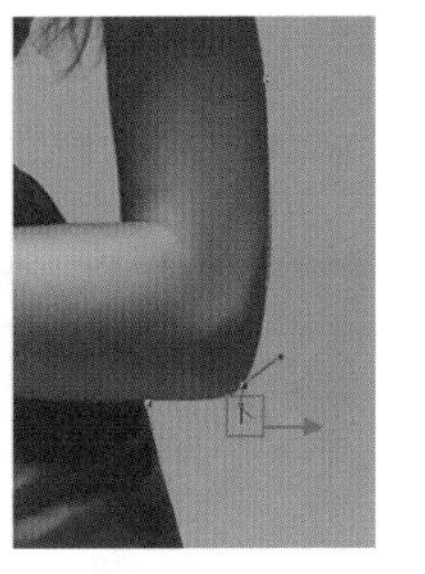

图 6-223

图 6-224

4. 将路径转换为选区

路径调整完成，效果如图6-225所示。按Ctrl+Enter组合键，将路径转换为选区，如图6-226所示。按Ctrl+Shift+I组合键将选区反向选择，然后按Delete键，将选区中的内容删除。此时可以看到手臂处还有部分背景，如图6-227所示。同样使用“钢笔工具”绘制路径，转换为选区后删除，如图6-228所示。

图 6-225

图 6-226

图 6-227

图 6-228

5. 后期装饰

最后执行“文件>置入嵌入对象”命令，为人物添加新的背景和前景，摆放在合适的位置，完成合成作品的制作，如图6-229和图6-230所示。

图 6-229

图 6-230

6.5.6 自由钢笔工具

“自由钢笔工具”也是一种绘制路径的工具，但并不适合绘制精确的路径。在使用“自由钢笔工具”状态下，在画面中按住鼠标左键随意拖动，光标经过的区域即可形成路径。

右键单击钢笔工具组按钮，在弹出的工具组中选择“自由钢笔工具”，在画面中按住鼠标左键拖动(如图6-231所示)，即可自动添加锚点，绘制出路径，如图6-232所示。

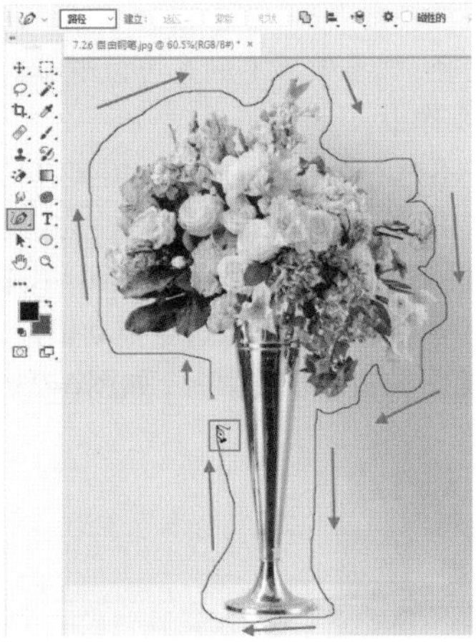

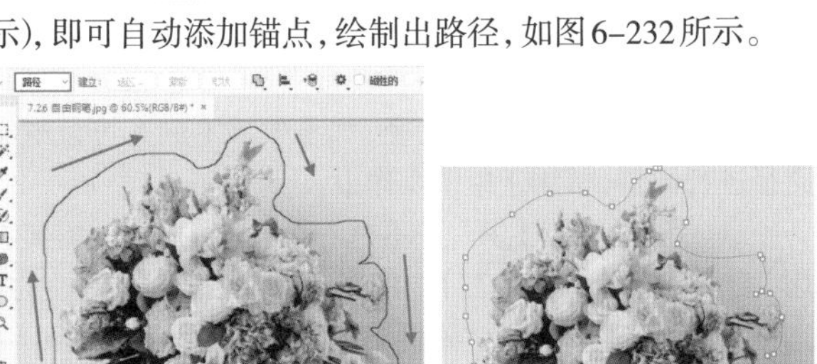

图 6-231

图 6-232

在选项栏中单击按钮，在弹出的下拉面板中可以对磁性钢笔的“曲线拟合”进行设置。该选项用于控制绘制路径的精度。数值越大，路径越精确，如图6-233所示；数值越小，路径越平滑，如图6-234所示。

图 6-233

图 6-234

6.5.7 磁性钢笔工具

“磁性钢笔工具”能够自动捕捉颜色差异的边缘以快速绘制路径，其使用方法与“磁性套索工具”非常相似，但是“磁性钢笔工具”绘制出的是路径，如果效果不满意可以继续对路径进行调整，常用于抠图操作中。

(1)“磁性钢笔工具”并不是一个独立的工具，需要在使用“自由钢笔工具”状态下，在其选项栏中勾选“磁性的”复选框，才会将其切换为“磁性钢笔工具”。在画面中主体物边缘单击，如图6-235所示。接着沿着图像边缘拖动鼠标，光标经过的位置会自动追踪图像边缘创建路径，如图6-236所示。

图 6-235　　图 6-236

(2)在创建路径的过程中，如果锚点没有定位在图像边缘，可以将光标移动到锚点上，按下Delete键删除锚点。继续沿着主体物边缘拖动鼠标创建路径，当移动至起始位置时单击鼠标左键闭合路径，如图6-237所示。在得到闭合路径后，如果对路径效果不满意，可以使用“直接选择工具”对其进行调整，如图6-238所示。

图 6-237　　图 6-238

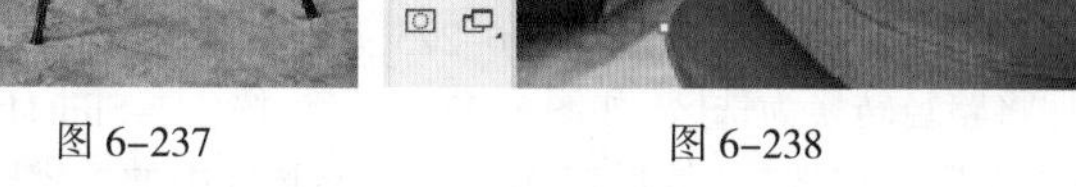

- 宽度：用于设置“磁性钢笔工具”的检测范围。数值越大，工具检测的范围越广。
- 对比：用于设置工具对图像边缘的敏感度。如果图像的边缘与背景的色调比较接近，可以将数值增大。
- 频率：用于确定锚点的密度。数值越大，锚点的密度越大。

练习实例：使用“磁性钢笔工具”为人像更换背景

文件路径	资源包\第6章\使用“磁性钢笔工具”为人像更换背景
难易指数	★★★★★
技术掌握	磁性钢笔工具

案例效果

本例效果如图6-239所示。

扫一扫，看视频

图 6-239

操作步骤

步骤 01 执行“文件>打开”命令，打开素材1.jpg，如图6-240所示。执行“文件>置入嵌入对象”命令，置入素材2.jpg，并将其栅格化，如图6-241所示。

图 6-240　　图 6-241

步骤 02 选择人物图层；单击工具箱中的“自由钢笔工具”按钮，在其选项栏中选中“磁性的”复选框；在人像的边缘单击确定起点，然后沿着人像边缘拖动绘制路径，如图6-242所示。继续沿着人物边缘拖动鼠标，当拖动到起始锚点后单击闭合路径，如图6-243所示(此处人物头发边缘比较清晰，可以直接采用钢笔工具进行抠图。如果人物头发边缘存在细密的发丝，则需要单独将头发边缘部分复制为独立图层并进行通道抠图)。

图 6-242　　图 6-243

步骤 03 按Ctrl+Enter组合键得到路径的选区，然后按Ctrl+ Shift+I组合键将选区反选，如图6-244所示。接着按Delete键删除选区中的像素，按Ctrl+D组合键取消选区，如图6-245所示。

图 6-244　　图 6-245

步骤 04 执行“文件>置入嵌入对象”命令，置入素材2.png，按Enter键完成置入。最终效果如图6-246所示。

图 6-246

6.6 利用蒙版进行非破坏性的抠图

“蒙版”这个词语对于传统摄影爱好者来说，并不陌生。“蒙版”原本是摄影术语，是指用于控制照片不同区域曝光的传统暗房技术。Photoshop中的蒙版主要是用于画面的修饰与“合成”。什么是“合成”呢？“合成”这个词的含义是：由部分组成整体。在Photoshop的世界中，就是由原本不在一幅图像上的内容，通过一系列的手段进行组合拼接，使之出现在同一画面中，呈现出一幅新的图像，如图6-247所示。看起来是不是很神奇？其实在前面的学习中，我们已经进行过一些简单的“合成”了。比如利用抠图工具将人像从原来的照片中“抠”出来，并放到新的背景中，如图6-248所示。

图 6-247　　图 6-248

在这些“合成”的过程中，经常需要将图片的某些部分隐藏，以显示出特定内容。直接擦掉或者删除多余的部分是一种“破坏性”的操作，被删除的像素将无法复原；而借助蒙版功能则能够轻松地隐藏或恢复显示部分区域。

Photoshop中共有4种蒙版：剪贴蒙版、图层蒙版、矢量蒙

版和快速蒙版。这4种蒙版的原理与操作方式各不相同，下面我们简单了解一下各种蒙版的特性。

- 剪贴蒙版：以下层图层的“形状”控制上层图层显示的“内容”。常用于合成中为某个图层赋予另外一个图层中的内容。
- 图层蒙版：通过“黑白”来控制图层内容的显示和隐藏。图层蒙版是一种很常用的功能，常用于合成中图像某部分区域的隐藏。
- 矢量蒙版：以路径的形态控制图层内容的显示和隐藏。路径以内的部分被显示，路径以外的部分被隐藏。由于以矢量路径进行控制，所以可以实现蒙版的无损缩放。
- 快速蒙版：以“绘图”的方式创建各种随意的选区。与其说是蒙版的一种，不如称之为选区工具的一种。

重点 6.6.1 图层蒙版

扫一扫，看视频

“图层蒙版”是淘宝美工制图中很常用的一种功能。该功能常用于隐藏图层的局部内容，来实现画面局部修饰或者合成作品的制作。这种隐藏而非删除的编辑方式是一种非常方便的非破坏性编辑方式。

为某个图层添加“图层蒙版”后，可以通过在图层蒙版中绘制黑色或者白色，来控制图层的显示与隐藏。图层蒙版是一种非破坏性的抠图方式。在图层蒙版中显示黑色的部分，其图层中的内容会变为透明，灰色部分为半透明，白色则是完全不透明，如图6–249所示。

图 6–249

创建图层蒙版有两种方式，在没有任何选区的情况下可以创建出空的蒙版，画面中的内容不会被隐藏；而在包含选区的情况下创建图层蒙版，选区内部的部分为显示状态，选区以外的部分会隐藏。

1. 直接创建图层蒙版

选择一个图层，单击“图层”面板底部的“创建图层蒙版”按钮，即可为该图层添加图层蒙版，如图6–250所示。该图层的缩览图右侧会出现一个图层蒙版缩览图的图标，如图6–251所示。每个图层只能有一个图层蒙版，如果已有图层蒙版，再次单击该按钮创建出的是矢量蒙版。图层组、文字图层、3D 图层、智能对象等特殊图层都可以创建图层蒙版。

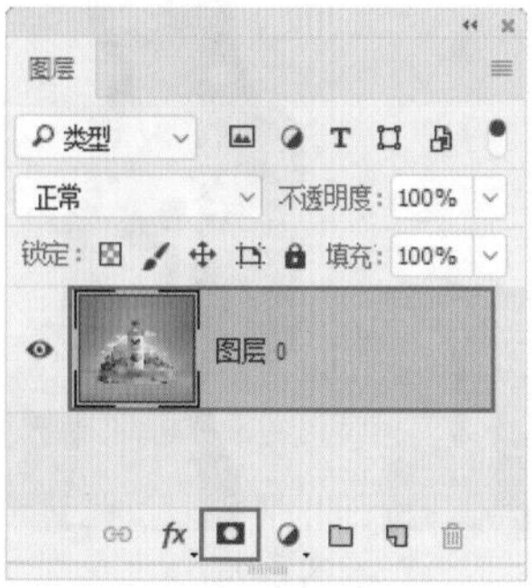

图 6–250

图 6–251

单击图层蒙版缩览图，接着可以使用“画笔工具”在蒙版中进行涂抹。在蒙版中只能使用灰度颜色进行绘制。蒙版中被绘制了黑色的区域，图像相应的部分会隐藏，如图6–252所示。蒙版中被绘制了白色的区域，图像相应的部分会显示，如图6–253所示。蒙版中被绘制了灰色的区域，图像相应的部分会以半透明的方式显示，如图6–254所示。

图 6–252

图 6–253

图 6-254

此外，还可以使用“渐变工具”或“油漆桶工具”对图层蒙版进行填充。单击图层蒙版缩览图，使用“渐变工具”在蒙版中填充从黑到白的渐变，白色部分显示，黑色部分隐藏，灰度的部分为半透明的过渡效果，如图 6-255 所示。选择“油漆桶工具”，在选项栏中设置填充类型为“图案”，然后选择一种图案，在图层蒙版中进行填充，图案内容会转换为灰度，如图 6-256 所示。

图 6-255

图 6-256

2. 基于选区添加图层蒙版

如果当前画面中包含选区，单击选中需要添加图层蒙版的图层，单击“图层”面板底部的“添加图层蒙版”按钮 ，则选区以内的部分显示，选区以外的图像将被图层蒙版隐藏，如图 6-257 和图 6-258 所示。这样既能够实现抠图的目的，又能够不删除主体物以外的部分。一旦需要重新对背景部分进行编辑，还可以停用图层蒙版，回到之前的画面效果。

图 6-257

图 6-258

提示：图层蒙版的编辑操作

- 停用图层蒙版：在图层蒙版缩览图上单击鼠标右键，在弹出的快捷菜单中选择“停用图层蒙版”命令，即可停用图层蒙版，使蒙版效果隐藏，原图层内容全部显示出来。
- 启用图层蒙版：在停用图层蒙版后，如果要重新启用图层蒙版，可以在蒙版缩览图上单击鼠标右键，在弹出的快捷菜单中选择“启用图层蒙版”命令。
- 删除图层蒙版：如果要删除图层蒙版，可以在蒙版缩览图上单击鼠标右键，在弹出的快捷菜单中选择“删除图层蒙版”命令。
- 链接图层蒙版：默认情况下，图层与图层蒙版之间带有一个链接图标，此时移动/变换原图层，蒙版也会发生变化。如果不想变换图层或蒙版时影响对方，可以单击链接图标取消链接。如果要恢复链接，可以在取消链接的地方单击鼠标左键。
- 应用图层蒙版：“应用图层蒙版”可以将蒙版效果应用于原图层，并且删除图层蒙版。图像中对应蒙版中的黑色区域删除，白色区域保留下来，而灰色区域将呈半透明效果。在图层蒙版缩览图上单击鼠标右键，在弹出的快捷菜单中选择“应用图层蒙版”命令。
- 转移图层蒙版：图层蒙版是可以在图层之间转移的。在要转移的图层蒙版缩览图上按下鼠标左键不放，拖曳到其他图层上，松开鼠标后即可将该图层的蒙版转移到其他图层上。
- 替换图层蒙版：如果将一个图层蒙版移动到另外一个带有图层蒙版的图层上，则可以替换该图层的图层蒙版。

- 复制图层蒙版：如果要将一个图层的蒙版复制到另外一个图层上，可以在按住Alt键的同时，将图层蒙版拖曳到另外一个图层上。
- 载入蒙版的选区：蒙版可以转换为选区。按住Ctrl键的同时单击图层蒙版缩览图，蒙版中白色的部分为选区内，黑色的部分为选区以外，灰色为羽化的选区。

举一反三：使用图层蒙版轻松融图制作横版广告

网页中出现的通栏广告大多是宽幅画面，而我们通常使用的素材都是比较常规的比例，在保留画面内容以及比例的情况下很难构成画面的背景。因此，通常将素材以外的区域以与素材相似的颜色进行填充，并将图像边缘部分利用图层蒙版“隐藏”。需要注意的是，想要更好地使图像素材融于背景色中，素材边缘的隐藏应该是非常柔和的过渡。可以在图层蒙版中对图像边界部分应用从黑到白的渐变，也可以使用黑色柔角画笔进行涂抹。

(1) 例如，要使用一张深蓝色的海洋素材制作一则宽幅的广告，而素材的长宽比并不满足要求，如图6–259所示。此时可以在素材中选取两种深浅不同的蓝色，为背景填充带有一些过渡感的渐变色彩，如图6–260所示。

图 6–259

图 6–260

(2) 由于当前素材直接摆放在画面左侧，而照片的边缘线非常明显，所以需要为该素材图层添加图层蒙版，并使用从黑到白的柔和渐变填充蒙版，如图6–261所示。

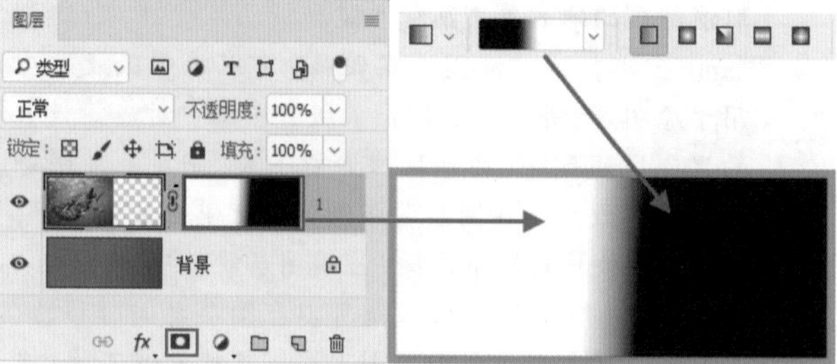

图 6–261

(3) 此时素材边缘被柔和地隐藏了一些，与渐变色背景融为一体，如图6–262所示。接着可以在广告上添加一些文字信息，如图6–263所示。

图 6–262

图 6–263

(4) 最后执行“文件>存储为”命令，将制作好的通栏广告存储为JPG格式的图片，如图6–264所示。打开一张带有平板电脑的素材，将制作好的广告置入并调整到合适位置，调整完成后按Enter键完成操作，最终如图6–265所示。

图 6–264

图 6–265

练习实例：制作不规则对象的倒影

扫一扫，看视频

文件路径	资源包\第6章\制作不规则对象的倒影
难易指数	★★★★★
技术掌握	自由变换、“快速选择工具”、图层蒙版、“画笔工具”

案例效果

本例处理前后的对比效果如图6–266和图6–267所示。

图 6–266

图 6–267

操作步骤

步骤 01 执行“文件>打开”命令，在弹出的“打开”窗口中选择素材1.jpg，单击“打开”按钮，将该素材打开，如图6–268所示。该素材鞋子摆放效果单一，本例通过为其添加倒影，增强鞋子的立体感。

步骤 02 由于两只鞋子的摆放角度和摆放方式都不相同，所以需要分别对两只鞋子进行倒影的制作。选择工具箱中的“快速选择工具”，在左边鞋子处按住鼠标左键拖动，将左边鞋子的选区绘制出来，如图6–269所示。再按快捷键Ctrl+J将其单独复制出来，效果如图6–270所示。

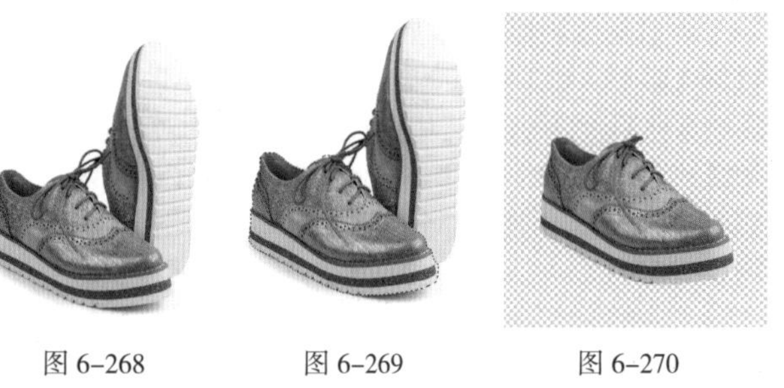

图 6-268　　图 6-269　　图 6-270

步骤 03 选择复制出来的左侧鞋子图层，按快捷键Ctrl+T，对复制出的鞋子进行自由变换。单击鼠标右键，在弹出的快捷菜单中选择“垂直翻转”命令，并将其向下移动，效果如图6-271(a)所示。接着单击鼠标右键，在弹出的快捷菜单中选择“变形”命令，多次调整变形网格的形态，对鞋子进行变形，使复制出的鞋子与原始鞋子的底面相接，效果如图6-271(b)所示。

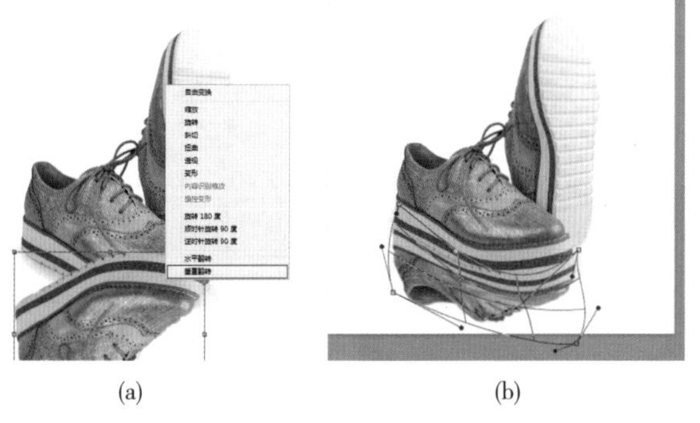

(a)　　(b)

图 6-271

步骤 04 选择左侧鞋子变形的图层，设置“不透明度”为60%，如图6-272所示。效果如图6-273所示。

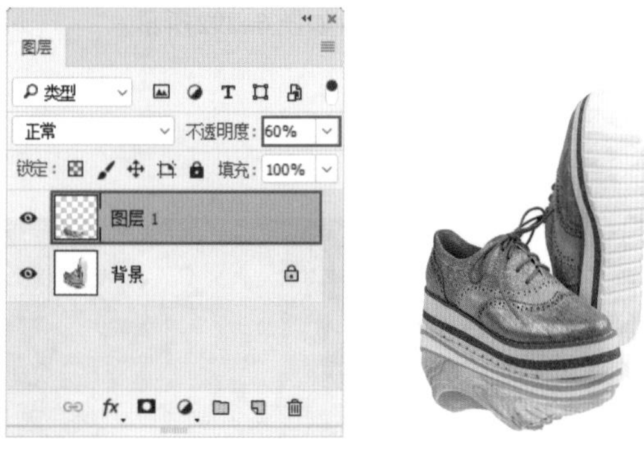

图 6-272　　图 6-273

步骤 05 选择该图层，为其添加蒙版，如图6-274所示。接着选择工具箱中的“画笔工具”，设置“前景色”为黑色，调节“不透明度”为60%，使用大小合适的柔边圆画笔在蒙版中鞋子倒影的下半部分进行涂抹。至此左边鞋子的倒影制作完成，效果如图6-275所示。

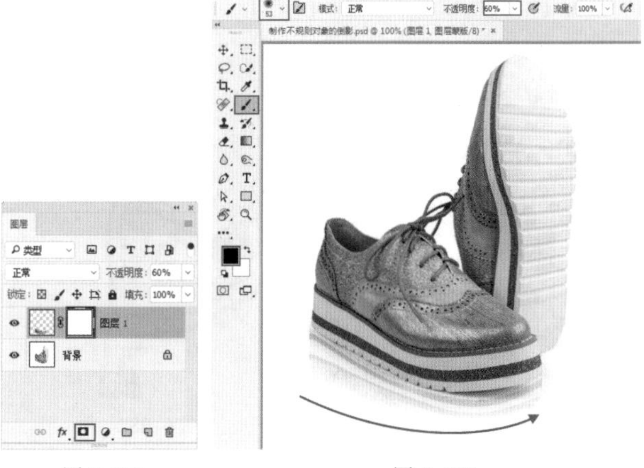

图 6-274　　图 6-275

步骤 06 继续使用同样的方法制作右侧的鞋子倒影。选择工具箱中的“快速选择工具”，在右边鞋子处按住鼠标左键拖动，将右边鞋子的选区绘制出来，如图6-276所示。再按快捷键Ctrl+J将其单独复制出来，效果如图6-277所示。

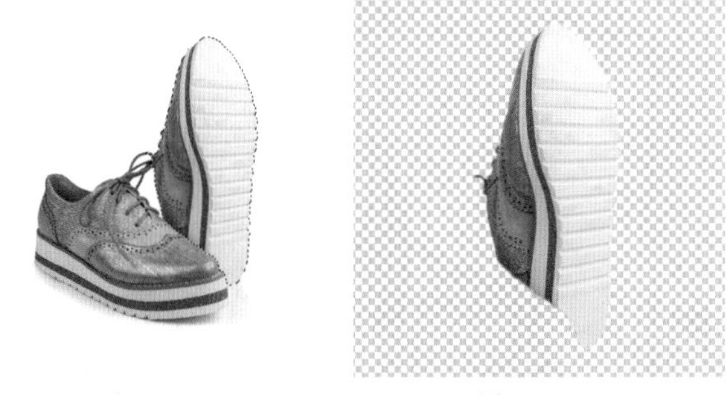

图 6-276　　图 6-277

步骤 07 选择复制出来的右边鞋子图层，按快捷键Ctrl+T，对复制出的鞋子进行自由变换。单击鼠标右键，在弹出的快捷菜单中选择“垂直翻转”命令，并将其向下移动，效果如图6-278所示。

步骤 08 将光标放置在定界框一角处，按住鼠标左键将鞋子旋转到合适的位置，如图6-279所示。操作完成后，按Enter键确认，效果如图6-280所示。

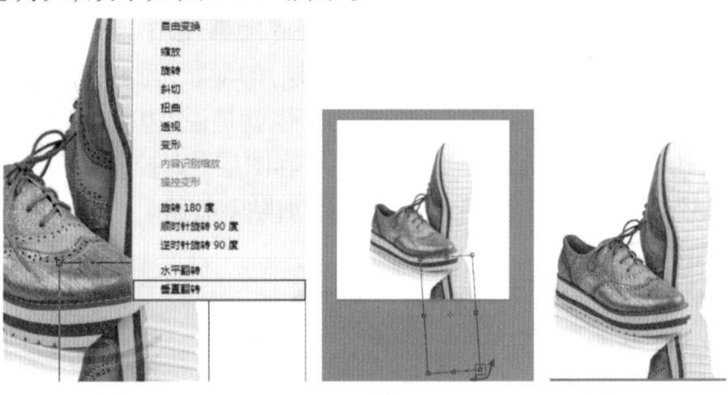

图 6-278　　图 6-279　　图 6-280

步骤 09 选择该调整图层，设置“不透明度”为80%，如图6-281所示。调整鞋子的不透明度，效果如图6-282所示。

图 6–281　　图 6–282

步骤 10 选择复制出来的右边鞋子图层，为该图层添加蒙版。选择工具箱中的“画笔工具”，设置“前景色”为黑色，调节“不透明度”为60%，使用大小合适的柔边圆画笔在蒙版中进行涂抹，如图6–283所示。至此右边鞋子的倒影制作完成，效果如图6–284所示。

图 6–283　　图 6–284

重点 6.6.2 剪贴蒙版

“剪贴蒙版”需要至少两个图层才能够使用。其原理是使用处于下方图层(基底图层)的形状，限制上方图层(内容图层)的显示内容。也就是说“基底图层”的形状决定了形状，而“内容图层”则控制显示的图案。图6–285所示为一个剪贴蒙版组。

扫一扫，看视频

图 6–285

在剪贴蒙版组中，基底图层只能有一个，而内容图层则可以有多个。如果对基底图层的位置或大小进行调整，则会影响剪贴蒙版组的形态，如图6–286所示；而对内容图层进行增减或者编辑，则只会影响显示内容。如果内容图层小于基底图层，那么露出来的部分则显示为基底图层，如图6–287和图6–288所示。

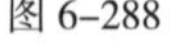

图 6–286　　图 6–287　　图 6–288

(1) 想要创建剪贴蒙版，必须有两个或两个以上的图层，一个作为基底图层，其他的图层作为内容图层。例如，打开一个包含多个图层的文档，如图6–289所示。在上方用作“内容图层”的图层上单击鼠标右键，在弹出的快捷菜单中选择“创建剪贴蒙版”命令，如图6–290所示。

图 6–289　　图 6–290

(2) 内容图层前方出现了↓符号，表明此时已经为下方的图层创建了剪贴蒙版，如图6–291所示。此时内容图层只显示了下方“文字”图层中的部分，如图6–292所示。

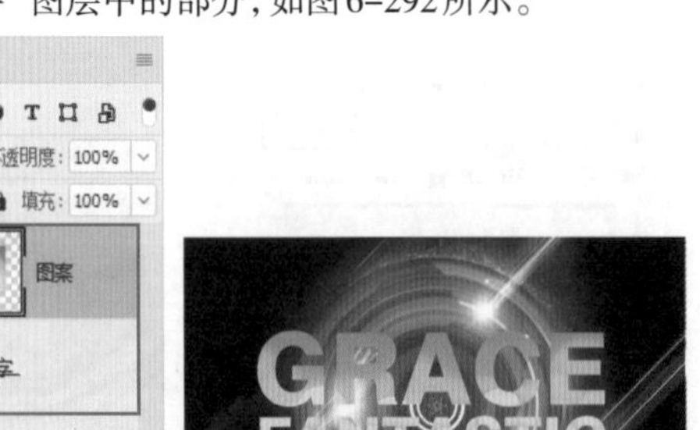

图 6–291　　图 6–292

(3) 如果有多个内容图层，可以将这些内容图层全部放在基底图层的上方，然后在“图层”面板中选中，单击鼠标右键，在弹出的快捷菜单中选择“创建剪贴蒙版”命令，如图6–293所示。效果如图6–294所示。

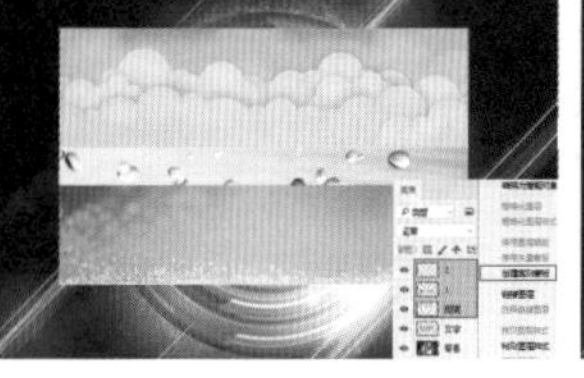

图 6-293

图 6-294

(4) 如果想要使剪贴蒙版组上出现图层样式，那么需要为“基底图层”添加图层样式，如图6-295和图6-296所示；否则附着于内容图层的图层样式可能无法显示。

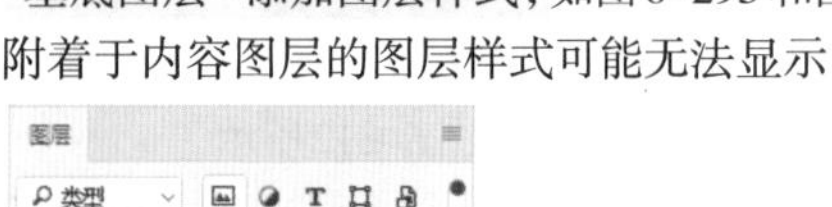

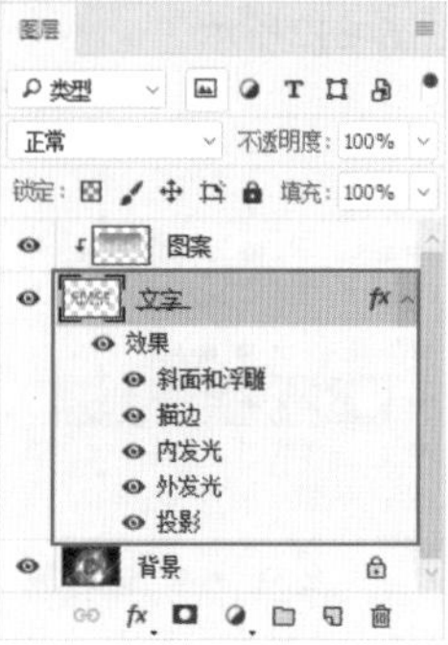

图 6-295

图 6-296

(5) 当对内容图层的“不透明度”和“混合模式”进行调整时，只有与基底图层混合效果发生变化，不会影响到剪贴蒙版中的其他图层，如图6-297所示。当对基底图层的“不透明度”和“混合模式”进行调整时，整个剪贴蒙版中的所有图层都会以设置的不透明度数值以及混合模式进行混合，如图6-298所示。

图 6-297

图 6-298

提示：调整剪贴蒙版组中的图层顺序

(1) 剪贴蒙版组中的内容图层顺序可以随意调整，而基底图层如果调整了位置，原剪贴蒙版组的效果会发生错误。

(2) 内容图层一旦移动到基底图层的下方，就相当于释放了剪贴蒙版。

(3) 在已有剪贴蒙版的情况下，将一个图层拖动到基底图层上方，即可将其加入剪贴蒙版组中。

(6) 如果想要去除剪贴蒙版，可以在剪贴蒙版组中最底部的内容图层上单击鼠标右键，在弹出的快捷菜单中选择“释放剪贴蒙版”命令(如图6-299所示)，即可释放整个剪贴蒙版组，如图6-300所示。在包含多个内容图层时，如果想要释放某一个内容图层，可以在“图层”面板中将该内容图层拖曳到基底图层的下方(如图6-301所示)，就相当于释放了剪贴蒙版，如图6-302所示。

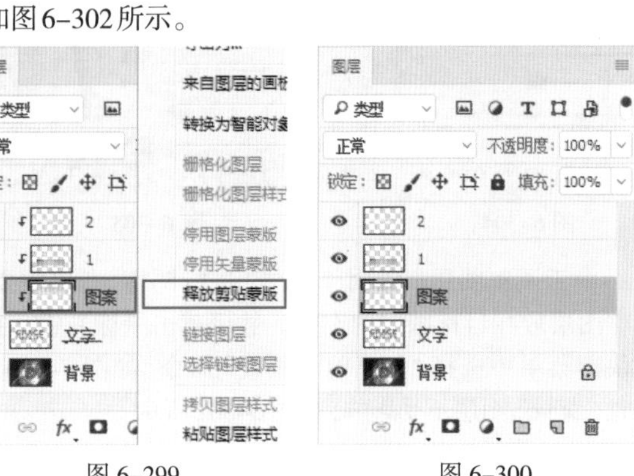

图 6-299　　图 6-300

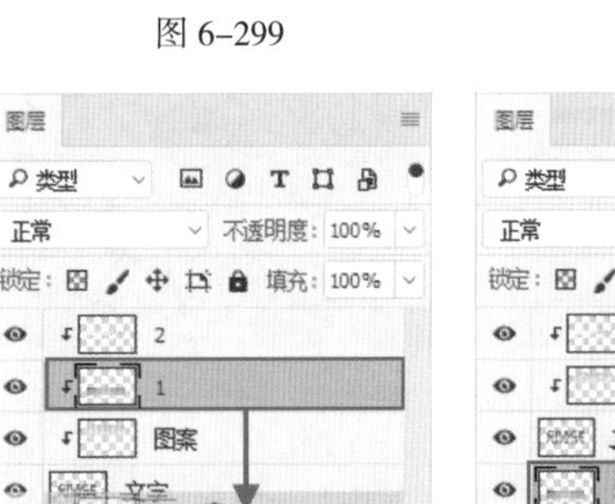

图 6-301 　　图 6-302

举一反三：使用调整图层与剪贴蒙版进行调色

调整图层可以借助剪贴蒙版功能，使调色效果只针对一个图层起作用。例如，某文档包括两个图层，如图6-303所示。在这里我们需要对图层1进行调色。创建一个“色相/饱和度”调整图层，如图6-304所示。此时画面整体颜色都产生了变化，如图6-305所示。

图 6-303

图 6-304　　图 6-305

由于调整图层只针对于图层1进行调整，所以需要将该调整图层放在目标图层的上方。然后单击鼠标右键，在弹出的快捷菜单中选择“创建剪贴蒙版”命令，如图6-306所示。此时“背景”图层不受影响，如图6-307所示。

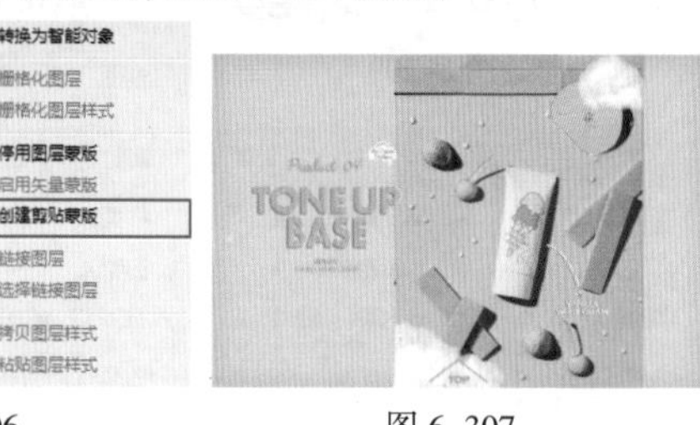

图 6-306　　图 6-307

练习实例：使用剪贴蒙版制作多彩拼贴标志

文件路径	资源包\第6章\使用剪贴蒙版制作多彩拼贴标志
难易指数	★★★★★
技术掌握	创建剪贴蒙版

扫一扫，看视频

案例效果

本例效果如图6-308所示。

图 6-308

操作步骤

步骤 01 新建一个空白文档，按快捷键Ctrl+R打开标尺，然后建立一些辅助线，如图6-309所示。单击工具箱中的“矩形工具”按钮，在选项栏中设置绘制模式为“形状”，“填充”为浅粉色，在画面上绘制一个矩形，接着在选项栏中设置运算模式为“合并形状”，如图6-310所示。

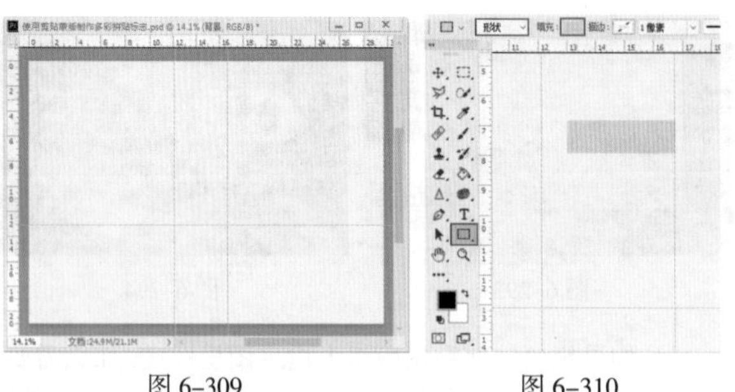

图 6-309　　图 6-310

步骤 02 继续在画面上绘制其他的矩形，如图6-311所示。绘制的这些图形位于同一图层中，如图6-312所示。

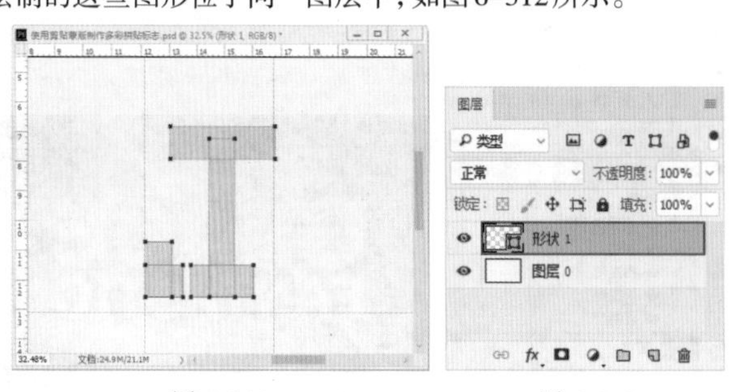

图 6-311　　图 6-312

步骤 03 新建一个图层，设置前景色为粉红色。单击工具箱中的“矩形选框工具”按钮，绘制一个矩形选区。按快捷键Alt+ Delete填充前景色，按快捷键Ctrl+D取消选区，如图6-313所示。用同样的方式绘制其他颜色的矩形，如图6-314所示。

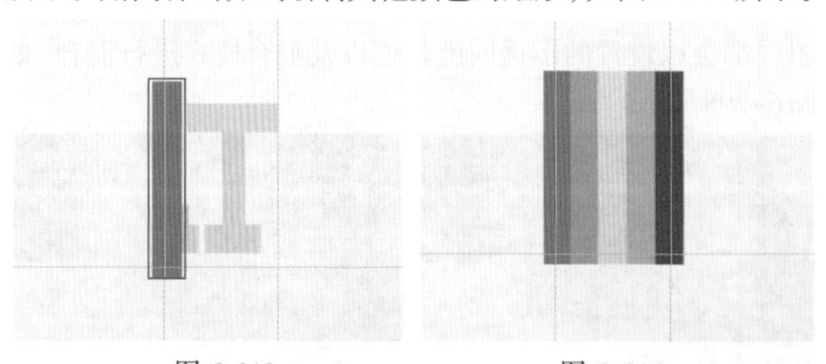

图 6-313　　图 6-314

步骤 04 按住Ctrl键单击加选彩色矩形图层，按自由变换快捷键Ctrl+T调出定界框，然后适当旋转，如图6-315所示。按Enter键，确定变换操作。接着在加选图层的状态下，执行“图层>创建剪贴蒙版”命令，超出底部图形的区域被隐藏，效果如图6-316所示。

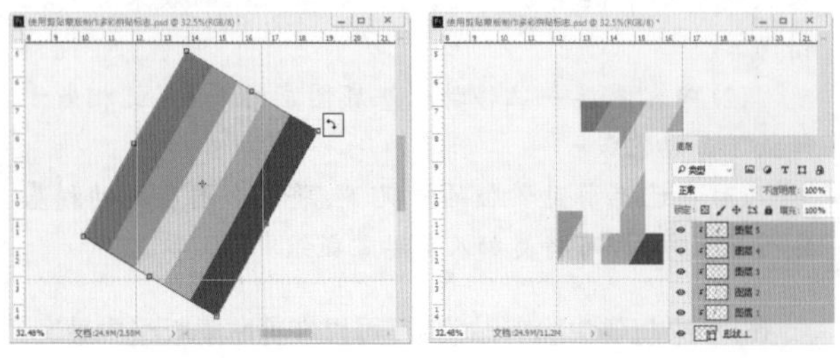

图 6-315　　图 6-316

步骤 05 单击工具箱中的“横排文字工具”按钮，在选项栏中设置合适的字体、字号，设置文本颜色为深灰色，在画面上单击输入文字，如图6-317所示。以同样的方式输入其他文字，如图6-318所示。

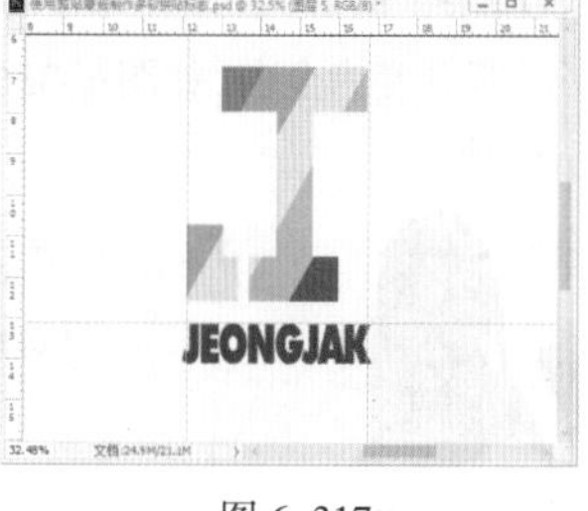

图 6-317

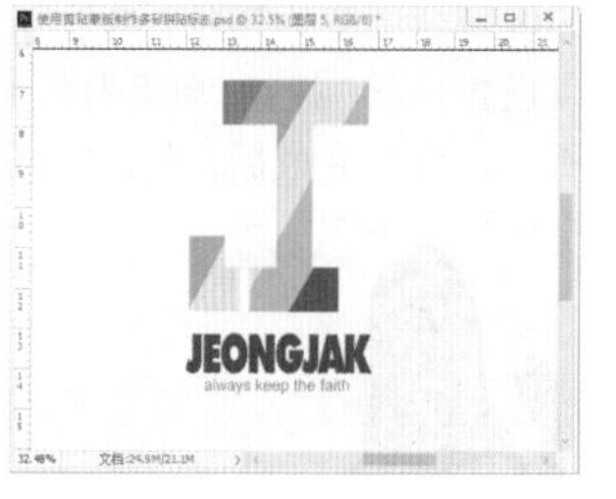

图 6-318

步骤 06 执行“文件>置入嵌入对象”命令，置入素材1.jpg，将该图层作为背景图层放置在构成标志图层的下方，最终效果如图6-319所示。

图 6-319

6.7 通道抠图：针对带有毛发、半透明的商品

扫一扫，看视频

“通道抠图”是一种比较专业的抠图技法，能够抠出其他抠图方式无法抠出的对象。对于带有毛发的小动物和人像、边缘复杂的植物、半透明的薄纱或云朵、光效等一些比较特殊的对象，我们都可以尝试使用通道抠图，如图6-320～图6-325所示。

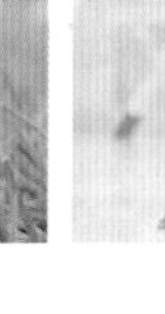

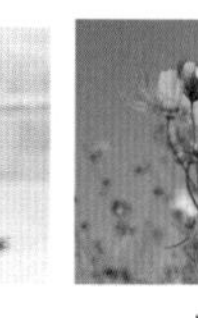

图 6-320　图 6-321　图 6-322

图 6-323　图 6-324　图 6-325

重点 6.7.1 通道与抠图

虽然通道抠图的功能非常强大，但并不难掌握，前提是要理解通道抠图的原理。首先，我们要明白以下几件事。

(1) 通道与选区可以相互转换(通道中的白色为选区内部，黑色为选区外部，灰色可得到半透明的选区)，如图6-326所示。

(2) 通道是灰度图像，排除了色彩的影响，更容易进行明暗的调整。

(3) 不同通道黑白内容不同，抠图之前找对通道很重要。

(4) 不能直接在原通道上进行操作，必须复制通道。直接在原通道上进行操作，会改变图像颜色。

图 6-326

总结来说，通道抠图的主体思路就是在各个通道中进行对比，找到一个主体物与环境黑白反差最大的通道，复制并进行操作；然后进一步强化通道黑白反差，得到合适的黑白通道；最后将通道转换为选区，回到原图中，完成抠图，如图6-327所示。

图 6-327

重点 6.7.2 通道与选区

执行“窗口>通道”命令，打开“通道”面板。在“通道”面板中，最顶部的通道为复合通道，下方的为颜色通道，除此之外还可能包括Alpha通道和专色通道。

默认情况下，颜色通道和Alpha通道显示为灰度，如图6-328所示。我们可以尝试单击选中任何一个灰度的通道，画面即变为该通道的效果。单击“通道”面板底部的“将通道作为选区载入”按钮，即可载入通道的选区，如图6-329所示。通道中白色的部分为选区内部，黑色的部分为选区外部，灰色区域为羽化选区。

图 6-328　　图 6-329

得到选区后，单击最顶部的“复合通道”，回到原始效果，如图6-330所示。接着回到“图层”面板，我们可以将选区内的部分按Delete键删除，观察一下效果。可以看到有的部分被彻底地删除，有的部分则变为半透明，如图6-331所示。

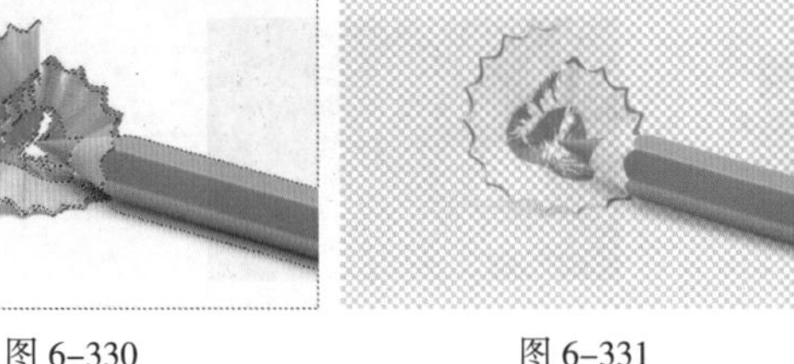

图 6-330　　图 6-331

重点 6.7.3　动手练：使用通道进行抠图

下面以一幅长发美女的照片为例进行讲解，如图6-332所示。如果想要将人像从背景中分离出来，使用“钢笔工具”抠图可以提取身体部分，而头发边缘处无法处理，因为发丝边缘非常细密。此时可以尝试使用通道抠图。

图 6-332

(1) 首先复制“背景”图层，将其他图层隐藏，这样可以避免破坏原始图像。选择需要抠图的图层，执行“窗口>通道”命令，在弹出的“通道”面板中逐一观察并选择主体物与背景黑白对比最强烈的通道。经过观察，“蓝”通道中头发与背景之间的黑白对比较为明显，因此选择“蓝”通道，单击鼠标右键，在弹出的快捷菜单中选择“复制通道”命令(如图6-333所示)，创建出“蓝 拷贝”通道，如图6-334所示。

图 6-333　　图 6-334

(2) 利用调整命令来增强复制出的通道黑白对比，使选区与背景区分开来。单击选中“蓝 拷贝”通道，按Ctrl+M组合键，在弹出的“曲线”窗口中单击“在画面中取样以设置黑场”按钮，然后在人物皮肤上单击。此时皮肤部分连同比皮肤暗的区域全部变为黑色，如图6-335所示。单击“在图像中取样以设置白场”按钮，单击背景部分，背景变为全白，如图6-336所示。设置完成后，单击“确定”按钮。

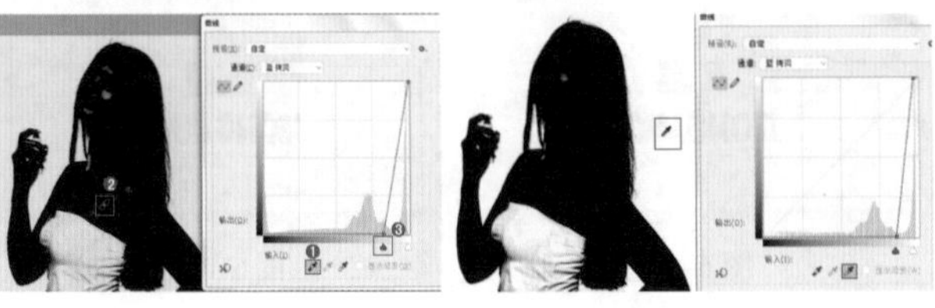

图 6-335　　图 6-336

(3) 将前景色设置为黑色，使用“画笔工具”将人物面部以及衣服部分涂抹成黑色，如图6-337所示。调整完毕后，选中该通道，单击“通道”面板下方的“将通道作为选区载入”按钮 ◌ ，得到人物的选区，如图6-338所示。

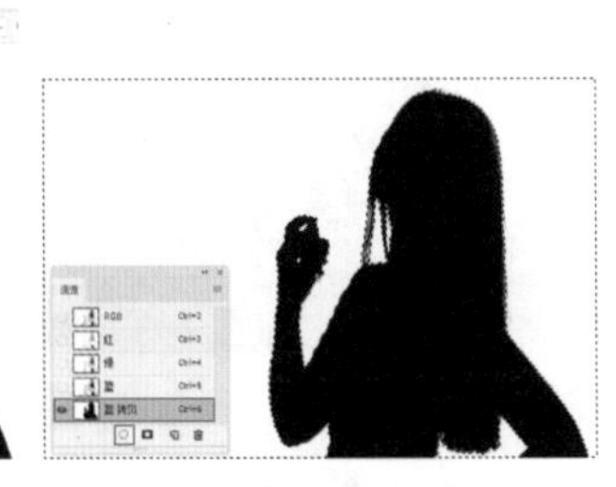

图 6-337　　图 6-338

(4) 单击RGB复合通道，如图6-339所示。回到“图层”面板，选中复制的图层，按Delete键删除背景。此时人像以外的部分被隐藏，如图6-340所示。最后为人像添加一个新的背景，如图6-341所示。

图 6-339

图 6-340　　图 6-341

重点 举一反三：通道抠图——动物皮毛

(1) 执行“文件>打开”命令，打开素材1.jpg，如图6-342所示。为了避免破坏原图像，按Ctrl+J组合键复制“背景”图层，如图6-343所示。

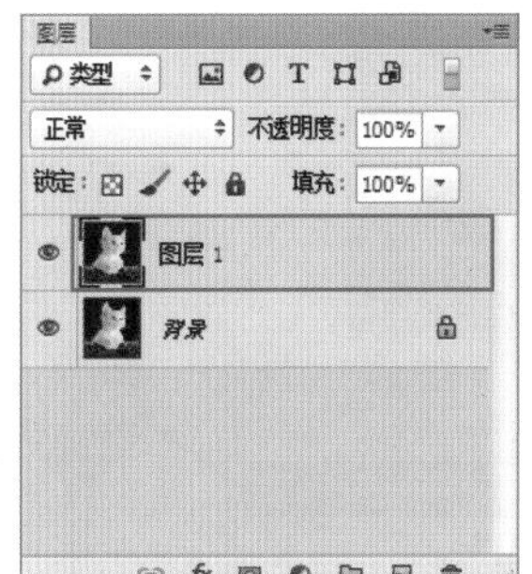

图6-342　　图6-343

(2) 将“背景”图层隐藏，选择“图层1”。进入“通道”面板，观察每个通道前景色与背景色的对比效果，发现“绿”通道的对比较为明显，如图6-344所示。因此选择“绿”通道，将其拖动到“新建通道”按钮上，创建出“绿 拷贝”通道，如图6-345所示。

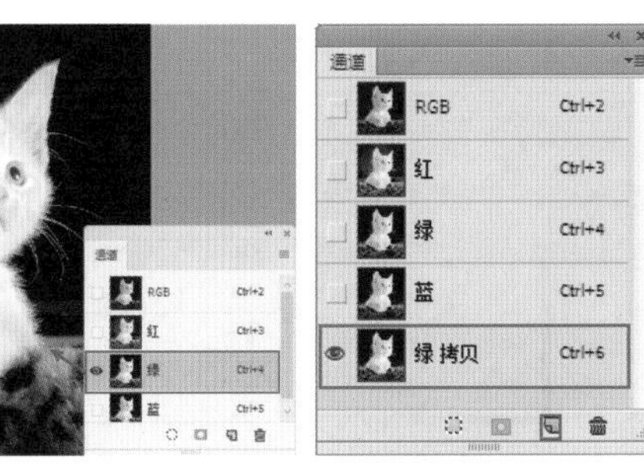

图6-344　　图6-345

(3)增强画面的黑白对比。按Ctrl+M组合键，在弹出的“曲线”窗口中单击“在画面中取样以设置白场”按钮，然后在小猫上单击，小猫变为了白色，如图6-346所示。单击“在画面中取样以设置黑场”按钮，在背景处单击，如图6-347所示。

(4) 设置完成后单击“确定”按钮，画面效果如图6-348所示。接着使用白色的画笔将小猫五官和毛毯涂抹成白色，但是需要保留毯子边缘，如图6-349所示。

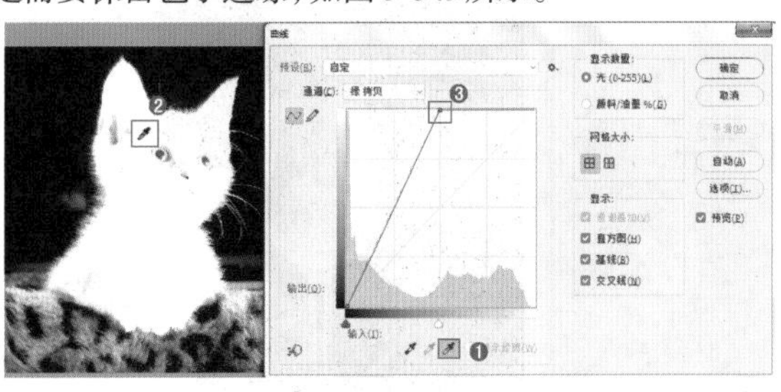

图6-346

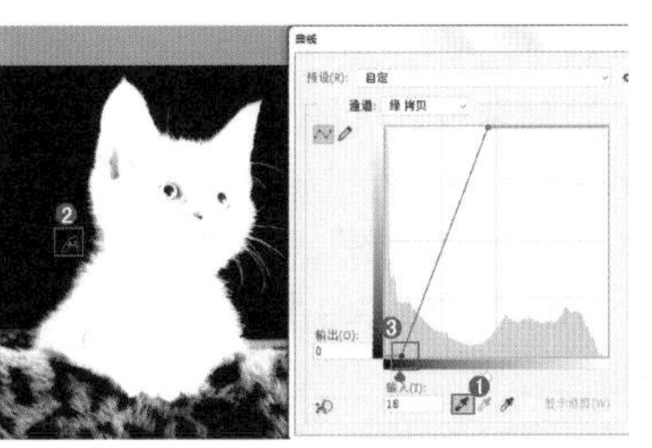

图6-347

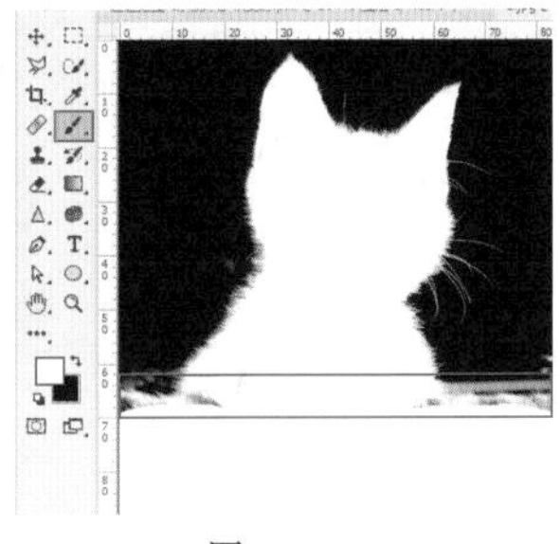

图6-348　　图6-349

(5) 在工具箱中选择“减淡工具”，设置合适的笔尖大小，设置“范围”为“中间调”，“曝光度”为80%，然后在毛毯位置按住鼠标左键拖动进行涂抹，提高亮度，如图6-350所示。单击工具箱中的“加深工具”按钮，在其选项栏中设置“范围”为“阴影”，“曝光度”为50%，然后在灰色的背景处涂抹，使其变为黑色，如图6-351所示。

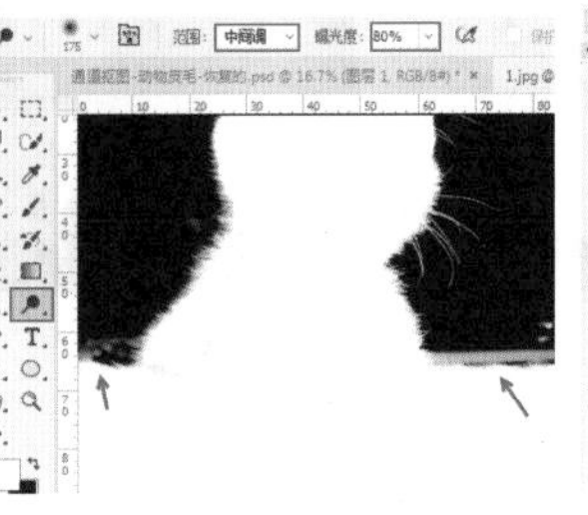

图6-350　　图6-351

(6) 在“绿 拷贝”通道中，按住Ctrl键的同时单击通道缩略图得到选区。回到“图层”面板中，选中复制的图层，单击“添加图层蒙版”按钮，基于选区添加图层蒙版，如图6-352所示。此时画面效果如图6-353所示。

图6-352　　图6-353

(7)由于小猫的皮毛边缘还残留一些黑色背景的颜色，所以需要进行一定的调色。执行“图层>新建调整图层>色相/饱和度”命令，新建一个“色相/饱和度”调整图层。在“属性”面板中设置“通道”为“全图”，“明度”为80，单击“此调整剪切到此图层”按钮，如图6-354所示。效果如图6-355所示。

图 6-354　　图 6-355

(8)选择调整图层的图层蒙版，将前景色设置为黑色，然后按Alt+Delete组合键进行填充。接着使用白色的柔角画笔在小猫边缘拖动进行涂抹，蒙版涂抹位置如图6-356所示。涂抹完成后，边缘处的皮毛变为白色，如图6-357所示。

(9)执行“文件>置入嵌入对象”命令，置入素材2.jpg，并将其移动到猫咪图层的下层。最终效果如图6-358所示。

图 6-356　　图 6-357　　图 6-358

重点 举一反三：通道抠图——透明物体

(1)执行“文件>打开”命令，打开素材1.jpg，如图6-359所示。为了避免破坏原图像，按Ctrl+J组合键复制“背景”图层，如图6-360所示。

图 6-359　　图 6-360

(2)进入“通道”面板，观察每个通道前景色与背景色的对比效果，发现“红”通道的对比较为明显，如图6-361所示。因此选择“红”通道，将其拖动到“新建通道”按钮上，创建出“红 拷贝”通道，如图6-362所示。

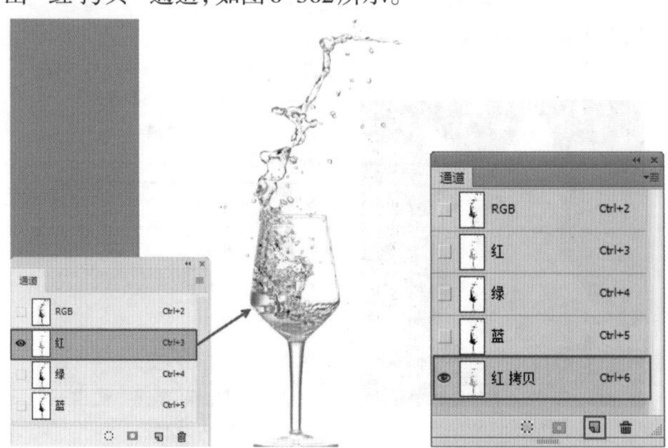

图 6-361　　图 6-362

(3)使酒杯与其背景形成强烈的黑白对比，以便得到选区。按Ctrl+M组合键，打开“曲线”窗口，在阴影部分单击添加控制点，然后按住鼠标左键拖动，压暗画面的颜色，如图6-363所示。设置完成后单击“确定”按钮，画面效果如图6-364所示。

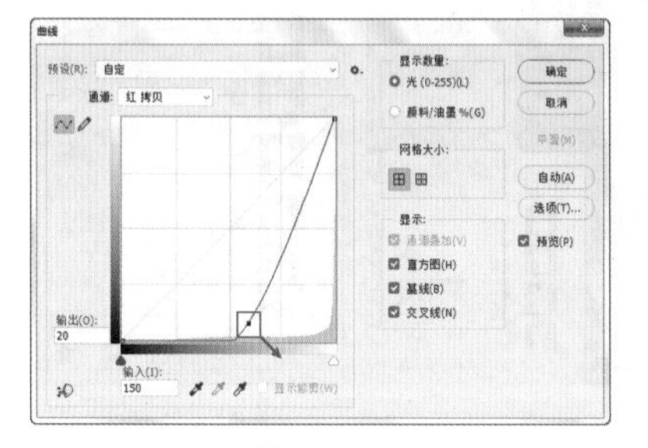

图 6-363　　图 6-364

(4)按Ctrl+I组合键将颜色反相，如图6-365所示。单击“通道”面板下方的“将通道作为选区载入”按钮 ，得到的选区如图6-366所示。

图 6-365　　图 6-366

（5）回到“图层”面板，选中复制的图层，单击“添加图层蒙版”按钮，基于选区添加图层蒙版，如图6-367所示。此时酒杯以外的部分被隐藏，如图6-368所示。

图 6-367　　图 6-368

（6）由于酒的颜色比较浅，选中复制的图层——图层1，多次按Ctrl+J组合键进行复制，如图6-369所示。此时画面效果如图6-370所示。

（7）执行“文件>置入嵌入对象”命令，置入背景素材2.jpg，并将其移动至“图层1”的下面。最终效果如图6-371所示。

图 6-369　　图 6-370　　图 6-371

重点 举一反三：通道抠图——白纱

（1）打开素材1.psd，如图6-372所示。由于人物是合成到场景中的，白纱后侧还有原来场景的内容，没有体现出半透明的效果，所以需要进行抠图。首先需要得到头纱部分的选区，如图6-373所示。接着按快捷键Ctrl+X进行剪切，然后按快捷键Ctrl+V进行粘贴，让头纱和人像分为两个图层，如图6-374所示。

图 6-372　　图 6-373　　图 6-374

（2）将“头纱”以外的图层隐藏，只显示“头纱”图层，如图6-375所示。在“通道”面板中对比头纱的黑白关系，将对比最强烈的通道进行复制，这里将“蓝”通道进行复制，得到“蓝 拷贝”通道，如图6-376所示。

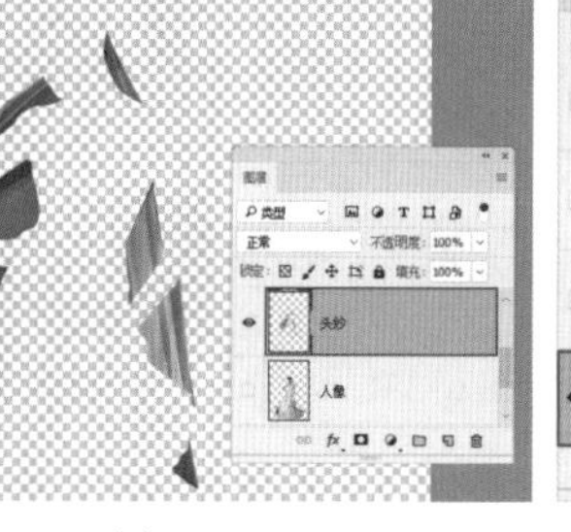

图 6-375　　图 6-376

（3）接下来，需要使头纱与其背景形成强烈的黑白对比。选择“蓝拷贝”通道，按快捷键Ctrl+M，在弹出的“曲线”窗口中单击“在画面中取样以设置黑场”按钮，将光标移至画面中深灰色区域单击，然后单击“在画面中取样以设置白场”按钮，在浅灰色位置单击，此时头纱的黑白对比将会更加强烈，如图6-377所示。

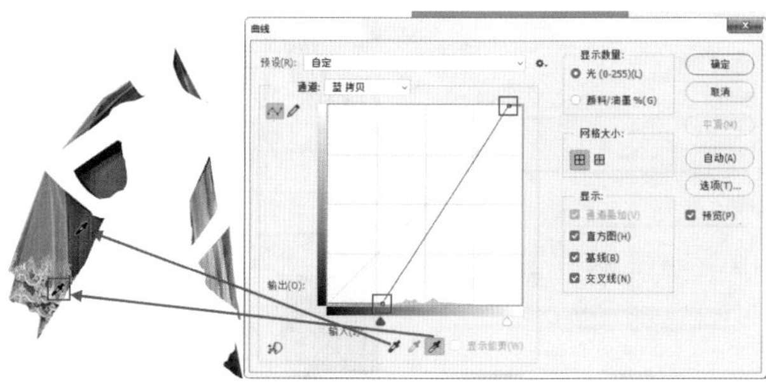

图 6-377

（4）单击“通道”面板下方的“将通道作为选区载入”按钮 ，得到的选区如图6-378所示。单击RGB复合通道，显示出完整图像效果，如图6-379所示。

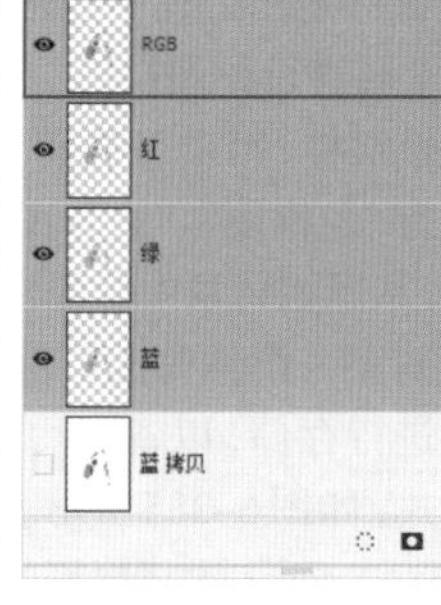

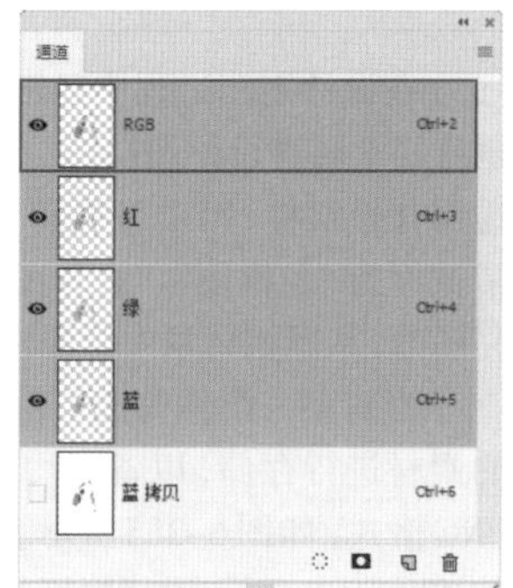

图 6-378　　图 6-379

（5）回到“图层”面板，选择“头纱”图层，单击“图层”面板底部的“添加图层蒙版”按钮，基于选区添加图层蒙版，如图6-380所示。此时画面效果如图6-381所示。接着显示文档中的其他图层，此时画面效果如图6-382所示。

图 6-380

图 6-381

图 6-382

(6)接下来，对头纱进行调色。选择头纱所在的图层，执行“图层>新建调整图层>色相/饱和度”命令，新建一个“色相/饱和度”调整图层。在“属性”面板中设置“明度”为25，单击“此调整剪切到此图层”按钮，如图6-383所示。原本偏灰的头纱变白了，效果如图6-384所示。

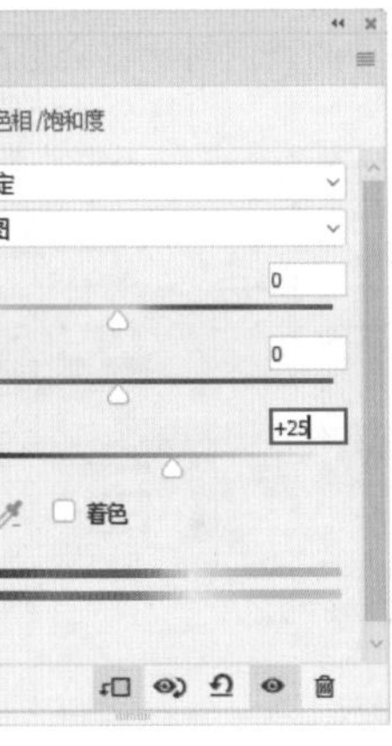

图 6-383

图 6-384

6.8 透明背景素材的获取与保存

在设计制图过程中经常需要用到很多元素来美化版面，也就经常要进行抠图操作。而一旦有了很多可以直接使用的透明背景素材，则会为我们节省很多时间。透明背景素材也常被称为“免抠图”“去背图”“退底图”，其实就是指已经抠完图的，从原始背景中分离出来的，只有主体物的图片。

当对某一图像完成了抠图操作，并且想将当前去除背景的素材进行存储，以备以后使用，那么可以将该素材存储为PNG格式，如图6-385所示。PNG格式的图片会保留图像中的透明区域，而如果将抠好的素材存储为JPG格式，则会将透明区域填充为纯色。

图 6-385

其实这种透明背景的素材也可以通过在网上搜索来获取，只要在所需素材的名称后方加上“PNG”“免抠”等关键词进行搜索，就可能会找到合适的素材，如图6-386所示。

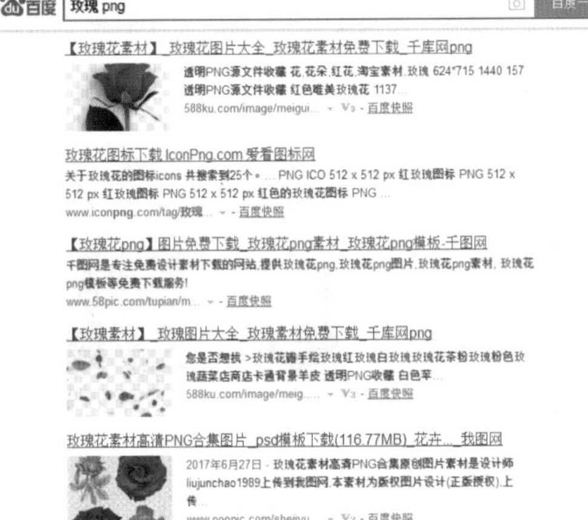

图 6-386

但也经常会遇到这种情况：看起来是背景透明的素材，但是存储到计算机上后发现图片是JPG格式的，在Photoshop中打开之后带有背景。这可能是由于此时存储的图片为素材下载网站的预览图。此时进入该素材下载网站的下载页面进行下载，即可解决问题。

另外，如果对此类PNG免抠素材需求量比较大，可以直接搜索专业提供PNG素材下载的网站，并在该网站上进行所需图片的检索。

提示：PNG与透明背景素材

需要注意的是，PNG格式可以保留画面中的透明区域，绝大多数透明背景的素材是以PNG格式存储的，但是这并不代表所有PNG格式的图片都是透明背景的素材。另外，本节只是教给大家一种获取素材的方法，具体使用时一定要注意版权问题。

综合实例：制作箱包创意广告

文件路径	资源包\第6章\制作箱包创意广告
难易指数	★★★★★
技术掌握	图层蒙版、剪贴蒙版、“快速选择工具”

扫一扫，看视频

案例效果

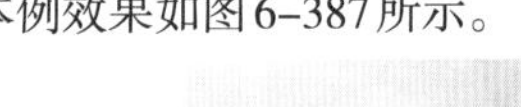

本例效果如图6-387所示。

图 6-387

操作步骤

步骤 01 执行“文件>新建”命令，新建一个A4大小的空白文档，如图6-388所示。执行“文件>置入嵌入对象”命令，置入风景素材1.jpg，如图6-389所示。

图 6-388　图 6-389

步骤 02 选择风景图层，单击“图层”面板底部的“添加图层蒙版”按钮 ◘ ，为该图层添加图层蒙版，如图6-390所示。单击工具箱中的“画笔工具”按钮，将前景色设置为黑色，选择一种柔角画笔，设置合适的画笔“大小”，“硬度”设置为0，“不透明度”设置为50%，然后在画面下方的草地上涂抹，如图6-391所示。

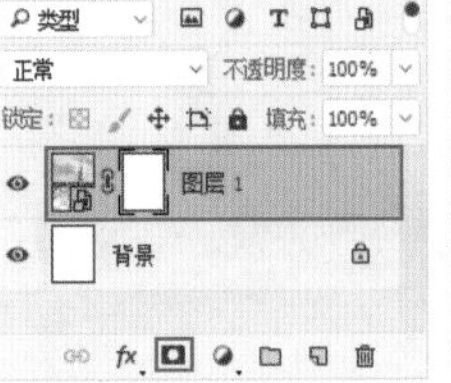

图 6-390

图 6-391

步骤 03 选中置入的素材图层，执行“滤镜>模糊>高斯模糊”命令，在弹出的窗口中设置“半径”为15像素，单击“确定”按钮完成设置，如图6-392所示。此时画面效果如图6-393所示。

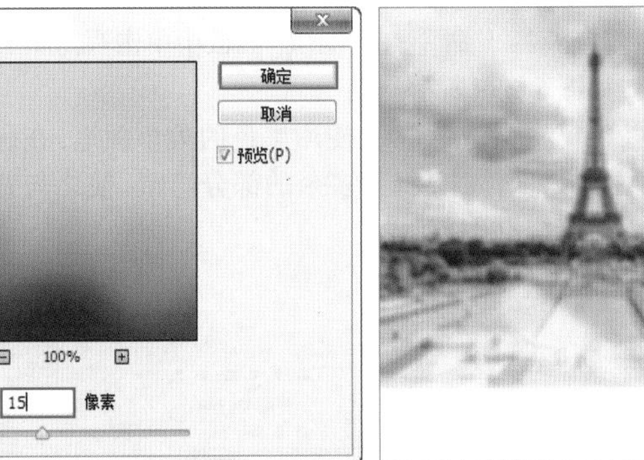

图 6-392　图 6-393

步骤 04 执行“图层>新建调整图层>色相/饱和度”命令，新建一个“色相/饱和度”调整图层。在“属性”面板中设置“通道”为全图，“色相”为139，单击“此调整剪切到此图层”按钮，如图6-394所示。此时画面效果如图6-395所示。

图 6-394　图 6-395

步骤 05 执行“图层>新建调整图层>曲线”命令，新建一个“曲线”调整图层。在“属性”面板中单击中间调部分添加控制点，并向上轻移，如图6-396所示。此时画面效果如图6-397所示。

图 6-396　　图 6-397

步骤 06 执行“文件>置入嵌入对象”命令，置入素材2.jpg，如图6-398所示。选中素材2.jpg所在的图层，执行“图层>栅格化>智能对象”命令。在“图层”面板中单击“添加图层蒙版”按钮，如图6-399所示。

步骤 07 选择图层蒙版，使用黑色的柔角画笔，在画面中的云彩上方来回涂抹，将其多余的部分隐藏，使之与背景柔和过渡，如图6-400所示。

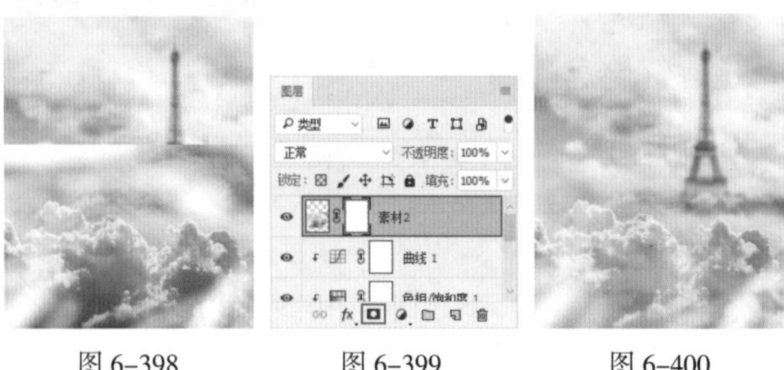

图 6-398　　图 6-399　　图 6-400

步骤 08 执行“图层>新建调整图层>曲线”命令，新建一个“曲线”调整图层。在“属性”面板中的曲线中间调部分单击添加控制点并向上轻移，然后单击“此调整剪切到此图层”按钮，如图6-401所示。此时画面效果如图6-402所示。

图 6-401　　图 6-402

步骤 09 置入素材3.jpg，并将其栅格化。单击工具箱中的“快速选择工具”按钮，在石头上按住鼠标左键拖曳得到选区，如图6-403所示。接着选择该图层，单击“图层”面板下方的“添加图层蒙版”按钮，基于选区添加图层蒙版，选区以外的部分被隐藏，如图6-404所示。

图 6-403　　图 6-404

步骤 10 执行“图层>新建调整图层>曲线”命令，新建一个“曲线”调整图层。在“属性”面板中的曲线中间调部分单击添加控制点并向上拖曳，然后在阴影部分单击添加控制点并向下轻移，如图6-405所示。此时画面效果如图6-406所示。

图 6-405　　图 6-406

步骤 11 置入素材4.png并将其栅格化，如图6-407所示。下面制作“包”的阴影部分。在包所在图层下方新建一个图层，然后单击工具箱中的“画笔工具”按钮，选择一种黑色柔角画笔，设置画笔的“不透明度”为50%，在包的下面按住鼠标左键向右拖动，如图6-408所示。

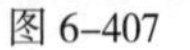

图 6-407　　图 6-408

步骤 12 置入云雾素材5.jpg并将其栅格化，如图6-409所示。接着为该图层添加图层蒙版，使用黑色柔角画笔在蒙版中进行涂抹，隐藏云的上半部分，如图6-410所示。

图 6-409　　图 6-410

步骤 13 置入前景植物素材6.png，将其调整到合适的大小、位置后按Enter键完成置入操作，然后将其栅格化，效果如图6-411所示。接下来制作高光部分。置入光效素材7.jpg并将其栅格化，如图6-412所示。

图 6-411　　图 6-412

步骤 14 设置该图层的“混合模式”为“滤色”，如图6-413所示。此时画面效果如图6-414所示。

图 6-413　　图 6-414

步骤 15 选中“光效”图层并为其添加图层蒙版，如图6-415所示。选中图层蒙版，使用黑色的柔角画笔在光效上进行涂抹，将主体光源以外的光效隐藏，效果如图6-416所示。

图 6-415　　图 6-416

步骤 16 置入鹦鹉素材8.jpg，并将该图层栅格化，如图6-417所示。单击工具箱中的“钢笔工具”按钮，设置绘制模式为“路径”，沿着鸟的边缘绘制路径，如图6-418所示。按下转换为选区快捷键Ctrl+Enter，选中鹦鹉所在图层，然后在“图层”面板中单击“添加图层蒙版”按钮，背景部分被隐藏，如图6-419所示。

图 6-417　　图 6-418　　图 6-419

步骤 17 执行“图层>新建调整图层>曲线”命令，新建一个“曲线”调整图层。在“属性”面板中单击中间调部分，按住鼠标左键向上轻移，然后单击“此调整剪切到此图层”按钮，如图6-420所示。此时画面效果如图6-421所示。

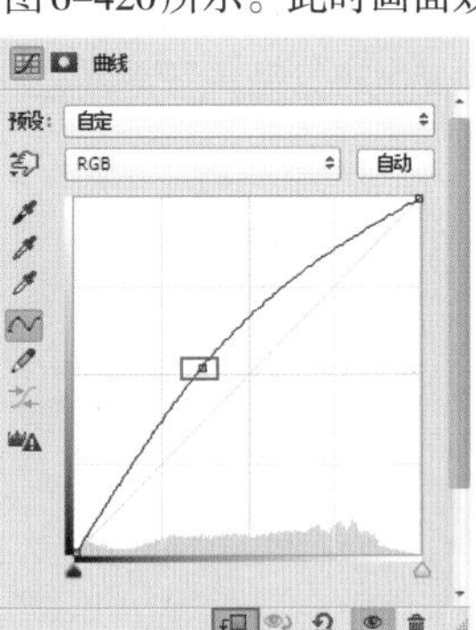

图 6-420　　图 6-421

步骤 18 在“图层”面板中加选“鸟”图层和上方的曲线调整图层，复制并合并为独立图层，如图6-422所示。选中合并的图层，将其向右上角移动，按自由变换快捷键Ctrl+T调出定界框并将其缩放，然后单击鼠标右键，在弹出的快捷菜单中选择“水平翻转”命令，按Enter键完成变换，效果如图6-423所示。

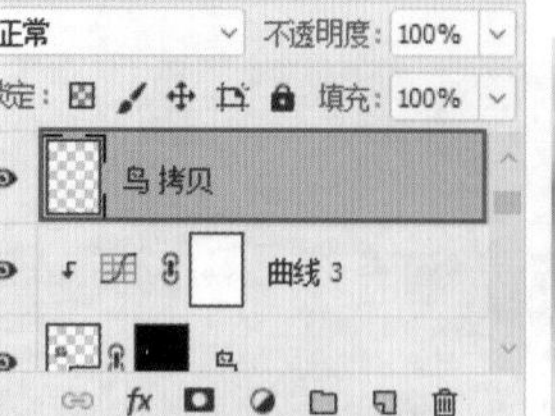

图 6-422　　图 6-423

步骤 19 制作文字部分。选择工具箱中的“直排文字工具”，在选项栏中设置合适的字体、字号，设置文本颜色为白色，在画面上单击并输入广告文字，如图6-424所示。单击“图层”面板下方的“创建新组”按钮，加选绘制的所有文字图层，移动到新建的组中，如图6-425所示。

图 6-424　　图 6-425

步骤 20 置入图案素材9.jpg并将其栅格化，如图6-426所示。选中该图层，单击鼠标右键，在弹出的快捷菜单中选择“创建剪贴蒙版”命令，使文字图层组出现图案效果，如图6-427所示。

图 6-426　　图 6-427

步骤 21 最后提亮文字的颜色。执行“图层>新建调整图层>曲线”命令，新建一个“曲线”调整图层。在“属性”面板中的曲线中间调部分单击添加控制点并向上轻移，然后单击“此调整剪切到此图层”按钮，如图6-428所示。最终效果如图6-429所示。

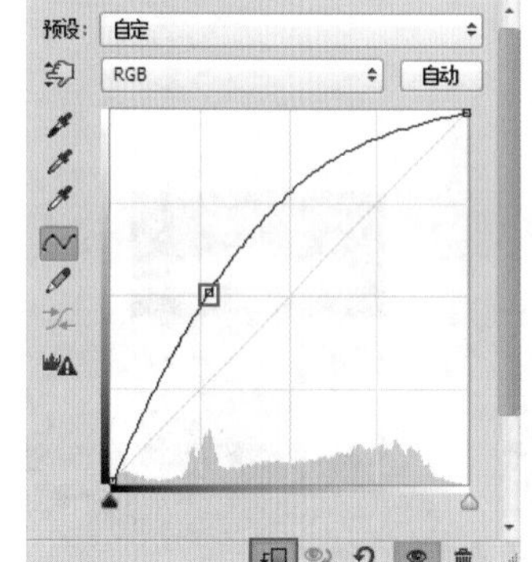
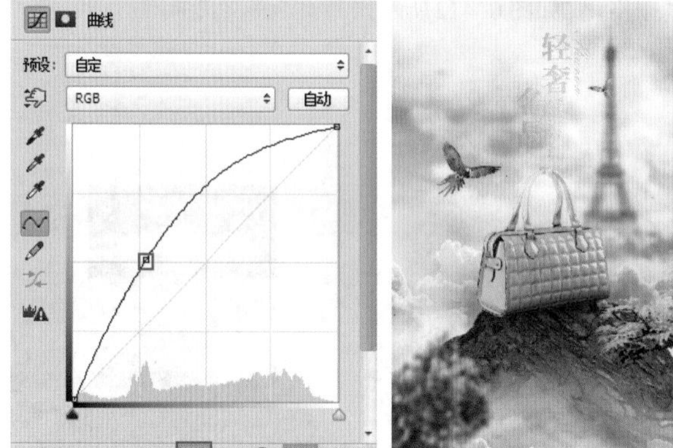

图 6-428　　图 6-429

读书笔记

Chapter 7

第7章

扫一扫，看视频

制作特殊效果的商品图像

本章内容简介：

滤镜主要是用来实现图像的各种特殊效果，例如模拟素描效果的产品手稿，制作出燃烧效果的商品，或者为网页版面添加各种特效等。在Photoshop中有数十种滤镜，有些滤镜效果通过几个参数的设置就能让图像"改头换面"，例如"油画"滤镜、"液化"滤镜；有些滤镜效果则让人摸不到头脑，例如"纤维"滤镜、"彩色半调"滤镜。这是因为在某些情况下，需要几种滤镜相结合才能制作出令人满意的滤镜效果。换句话说，只有掌握各种滤镜的特点，然后开动脑筋，将多种滤镜配合使用，才能制作出神奇的效果。除了本章所讲内容，我们还可以通过网络进行学习，在网页的搜索引擎中输入"Photoshop 滤镜 教程"关键词，相信能为我们开启一个更广阔的学习空间！

重点知识掌握：

- 滤镜库的使用方法
- 滤镜组滤镜的使用方法
- 帧动画的制作方法

通过本章学习，我能做什么？

本章讲解的滤镜种类非常多，不同类型的滤镜可制作的效果也大不相同。通过本章的学习，我们能够通过多个滤镜的协同使用制作一些常见的产品特效图片，例如素描效果、油画效果、水彩画效果、拼图效果、火焰效果、做旧效果、雾气效果等。除此之外，通过对"帧动画"功能的学习，还可以创建一些有趣的GIF动态图，例如动态商品图、动态产品使用说明、动态标签等。

7.1 使用滤镜处理商品照片

在很多手机拍照APP中都会出现“滤镜”这样的词语，我们也经常会在用手机拍完照片后为照片加一个“滤镜”，让照片变美一些。拍照APP中的“滤镜”大多是起到为照片调色的作用，而Photoshop中的“滤镜”概念则是为图像添加一些“特殊效果”，例如把照片变成木刻画效果，为图像打上马赛克，使整个照片变模糊，把照片变成“石雕”等，如图7-1和图7-2所示。

图 7-1

图 7-2

7.1.1 认识“滤镜”菜单

Photoshop中的“滤镜”与手机拍照APP中的“滤镜”概念虽然不太相同，但是有一点非常相似，那就是大部分PS滤镜使用起来都非常简单，只需要简单调整几个参数就能够实时观察到效果。Photoshop中的滤镜集中在“滤镜”菜单中，单击菜单栏中的“滤镜”菜单项，在弹出的下拉菜单列表中可以看到多种滤镜，如图7-3所示。

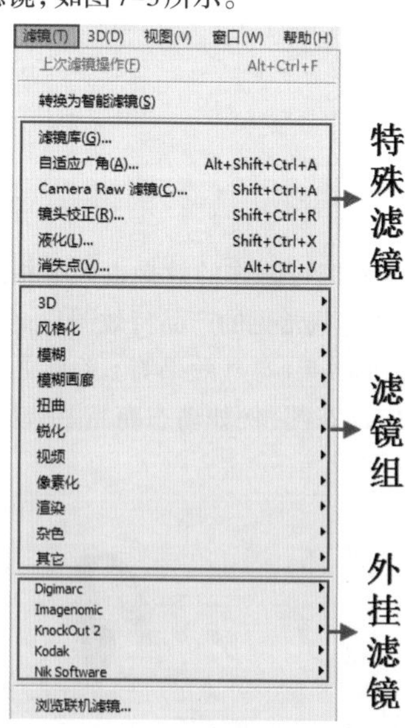

图 7-3

位于“滤镜”菜单上半部分的几个滤镜我们通常称之为“特殊滤镜”，因为这些滤镜的功能比较强大，有些像独立的软件。这几种特殊滤镜的使用方法也各不相同，在后面会逐一进行讲解。

“滤镜”菜单的第二大部分为“滤镜组”，其中每个菜单命令下都包含多种滤镜效果，这些滤镜大多数使用起来非常简单，只需要执行相应的命令并简单调整参数就能够得到有趣的效果。

滤镜菜单的第三大部分为“外挂滤镜”。Photoshop支持使用第三方开发的滤镜，这种滤镜通常被称为“外挂滤镜”。外挂滤镜的种类非常多，比如人像皮肤美化滤镜、照片调色滤镜、降噪滤镜、材质模拟滤镜等。这部分可能在菜单中并没有显示，这是因为没有安装其他外挂滤镜（也可能是没有安装成功）。

提示：关于外挂滤镜

这里所说的“皮肤美化滤镜”“照片调色滤镜”等是一类外挂滤镜的统称，并不是某一个滤镜的名称。例如，Imagenomic Portraiture就是其中一款皮肤美化滤镜。除此之外，还可能有许多其他磨皮滤镜。感兴趣的读者可以在网络上搜索这些关键词。外挂滤镜的安装方法也各不相同，具体安装方法也可以通过网络搜索得到答案。需要注意的是，有的外挂滤镜可能无法在我们当前使用的Photoshop版本中使用。

重点 7.1.2 动手练：使用滤镜组

扫一扫，看视频

Photoshop的滤镜多达几十种，一些效果相近的、工作原理相似的滤镜被集合在滤镜组中。滤镜组中的滤镜使用方法非常相似，几乎都是“选择图层”>“执行命令”>“设置参数”>“单击确定”这几个步骤。差别在于不同的滤镜，其参数选项略有不同，但是好在滤镜的参数效果大部分是可以实时预览的，所以可以随意调整参数来观察效果。

1. 滤镜组的使用方法

(1) 选择需要进行滤镜操作的图层，如图7-4所示。然后执行滤镜组子菜单中的相应命令，例如执行“滤镜>像素画>马赛克”命令，即可打开“马赛克”窗口，从中进行相关参数的设置，如图7-5所示。

图 7-4

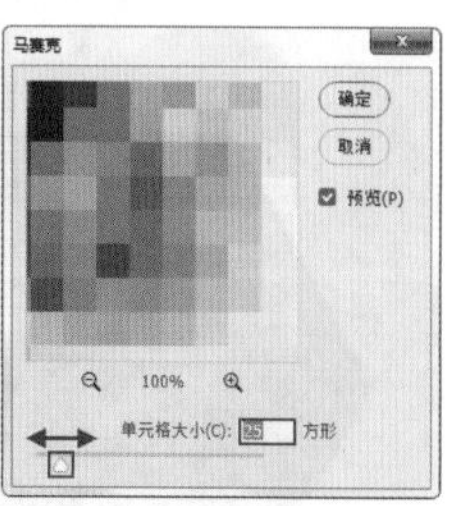

图 7-5

(2) 在左上方的预览窗口中可以预览滤镜效果，同时可以拖曳图像，以观察其他区域的效果，如图7-6所示。单击🔍

按钮和🔍按钮，可以缩放图像的显示比例。另外，在图像的某个点上单击，在预览窗口中就会显示出该区域的效果，如图7-7所示。

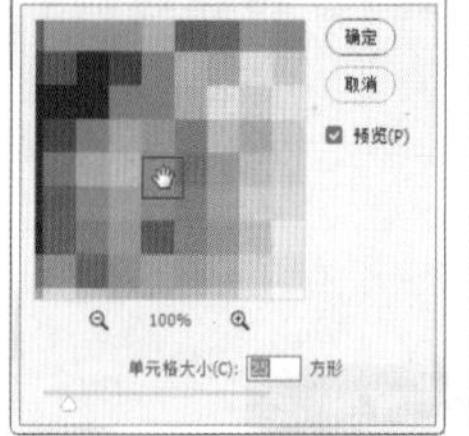

图7-6

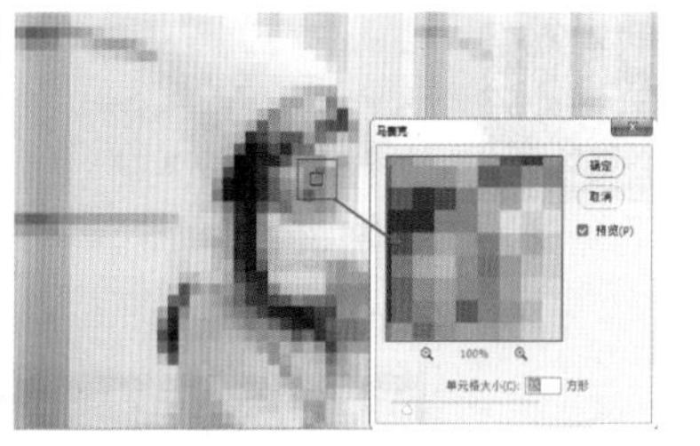

图7-7

(3)在任何一个滤镜对话框中按住Alt键，“取消”按钮都将变成“复位”按钮，如图7-8所示。单击“复位”按钮，可以将滤镜参数恢复到默认设置。继续进行参数的调整，然后单击“确定”按钮，滤镜效果如图7-9所示。

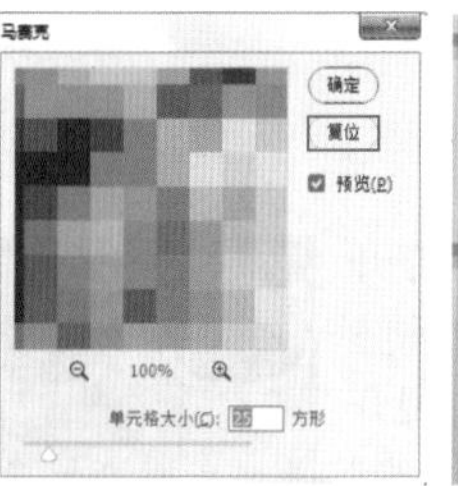

图7-8

图7-9

提示：如何终止滤镜效果

在应用滤镜的过程中，如果要终止处理，可以按Esc键。

(4)如果图像中存在选区，则滤镜效果只应用在选区之内，如图7-10和图7-11所示。

图7-10

图7-11

提示：重复应用上一次滤镜

当应用完一种滤镜以后，“滤镜”菜单下的第1行会出现该滤镜的名称。执行该命令或按Alt+Ctrl+F组合键，可以按照上一次应用该滤镜的参数配置再次对图像应用该滤镜。

2. 智能滤镜的使用方法

直接对图层进行滤镜操作时是直接应用于画面本身，是具有“破坏性”的。此时我们可以执行“滤镜>转换为智能滤镜”命令，使其变为“非破坏”可再次调整的滤镜。应用于智能对象的任何滤镜都是智能滤镜，智能滤镜属于“非破坏性滤镜”，因为可以进行参数调整、移除、隐藏等操作；而且智能滤镜还带有一个蒙版，可以调整其作用范围。

(1)选择图层，执行“滤镜>转换为智能滤镜”命令，所选图层即可变为智能图层。接着为该图层应用滤镜(例如执行“滤镜>风格化>查找边缘”命令)，此时可以看到“图层”面板中智能图层发生了变化，如图7-12和图7-13所示。

图7-12

图7-13

(2)在智能滤镜的蒙版中使用黑色画笔涂抹以隐藏部分区域的滤镜效果，如图7-14所示。还可以设置智能滤镜与图像的“混合模式”，双击滤镜名称右侧的 ≒ 图标，可以在弹出的“混合选项”窗口中调节滤镜的“模式”和“不透明度”，如图7-15所示。

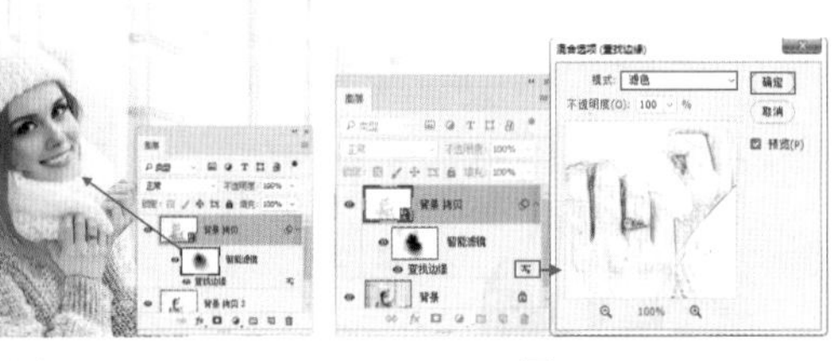

图7-14　　图7-15

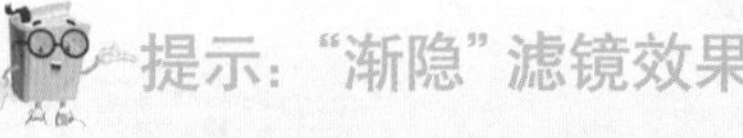

提示：“渐隐”滤镜效果

若要调整滤镜产生效果的“不透明度”和“混合模式”，可以通过“渐隐”命令来进行。首先为图片添加滤镜，然后执行“编辑>渐隐”命令，在弹出的“渐隐”窗口中设置“模式”和“不透明度”，如图7-16所示。滤镜效果就会以特定的混合模式和不透明度与原图进行混合，画面效果如图7-17所示。

图7-16　　图7-17

重点 7.1.3 滤镜库：效果滤镜大集合

扫一扫，看视频

“滤镜库”中集合了很多滤镜，虽然滤镜效果风格迥异，但是使用方法非常相似。在滤镜库中不仅能够添加一个滤镜，还可以添加多个滤镜，制作多种滤镜混合的效果。

(1) 打开一张图片，如图7–18所示。执行“滤镜>滤镜库”命令，打开“滤镜库”窗口。在中间的滤镜列表中选择一个滤镜组，单击即可展开。然后在该滤镜组中选择一个滤镜，单击即可为当前画面应用该滤镜效果。接着在右侧适当调节参数，即可在左侧预览图中观察到滤镜效果。滤镜设置完成后单击“确定”按钮完成操作，如图7–19所示。

图 7–18

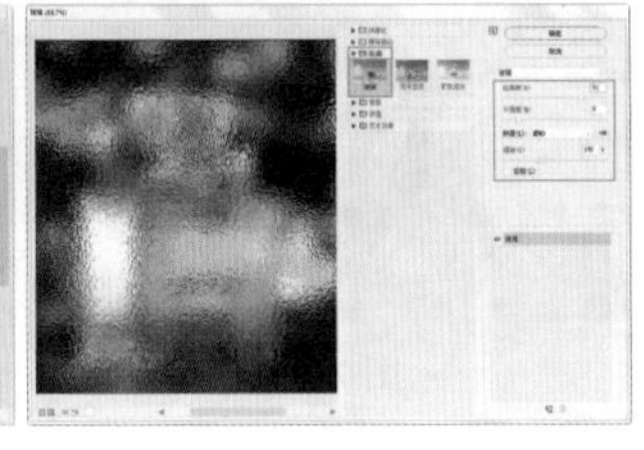

图 7–19

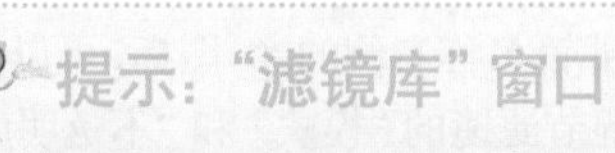

提示：“滤镜库”窗口

执行“滤镜>滤镜库”命令，即可打开“滤镜库”窗口。图7–20所示为“滤镜库”窗口中各个位置的名称。

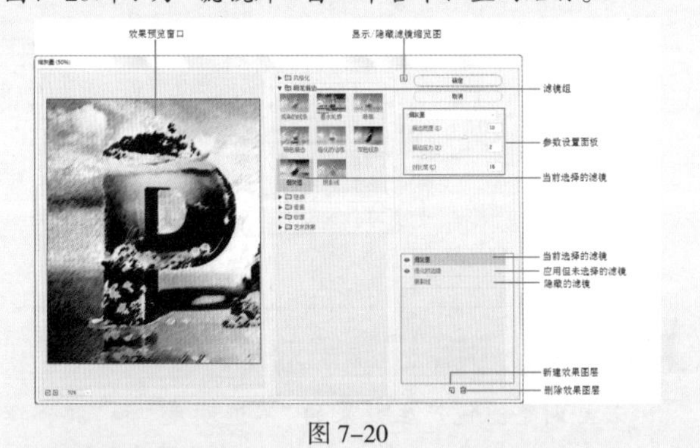

图 7–20

(2) 如果要制作两个滤镜叠加一起的效果，可以单击窗口右下角的“新建效果图层”按钮，然后选择合适的滤镜并进行参数设置，如图7–21所示。设置完成后单击“确定”按钮，效果如图7–22所示。

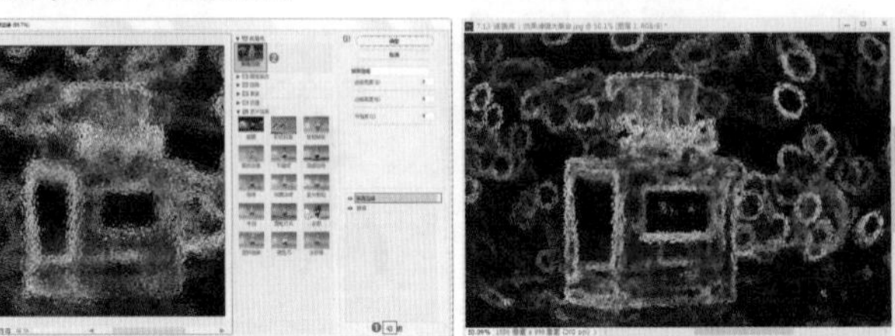

图 7–21　图 7–22

练习实例：使用“海报边缘”滤镜制作涂鸦感绘画

扫一扫，看视频

文件路径	资源包\第7章\使用“海报边缘”滤镜制作涂鸦感绘画
难易指数	★★★★★
技术掌握	“海报边缘”滤镜

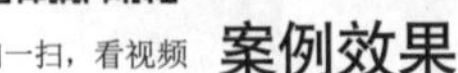

案例效果

本例效果如图7–23所示。

图 7–23

操作步骤

步骤 01 执行“文件>打开”命令，打开素材1.jpg，如图7–24所示。执行“滤镜>滤镜库”命令，在弹出的窗口中单击展开“艺术效果”滤镜组，从中选择“海报边缘”滤镜，设置“边缘厚度”为10，“边缘强度”为1，单击“确定”按钮完成设置，如图7–25所示。

图 7–24

图 7–25

步骤 02 此时画面效果如图7–26所示。执行“文件>置入嵌入对象”命令，置入素材2.png，然后将置入对象调整到合适的大小、位置，按Enter键完成置入操作。最终效果如图7–27所示。

图 7–26　图 7–27

练习实例：使用“照亮边缘”滤镜模拟设计手稿

文件路径	资源包\第7章\使用“照亮边缘”滤镜模拟设计手稿
难易指数	★★★★★
技术掌握	照亮边缘滤镜

扫一扫，看视频

案例效果

本例处理前后的对比效果如图7–28和图7–29所示。

图 7–28

图 7–29

操作步骤

步骤 01 执行“文件>新建”命令，新建一个空白文档，然入置入素材1.jpg，如图7–30所示。

图 7–30

步骤 02 选中该图层，执行“滤镜>滤镜库”命令，在弹出的窗口中单击展开“风格化”滤镜组，从中选中“照亮边缘”滤镜，设置“边缘宽度”为1，“边缘亮度”为13，“平滑度”为4，单击“确定”按钮完成设置，如图7–31所示。此时画面效果如图7–32所示。

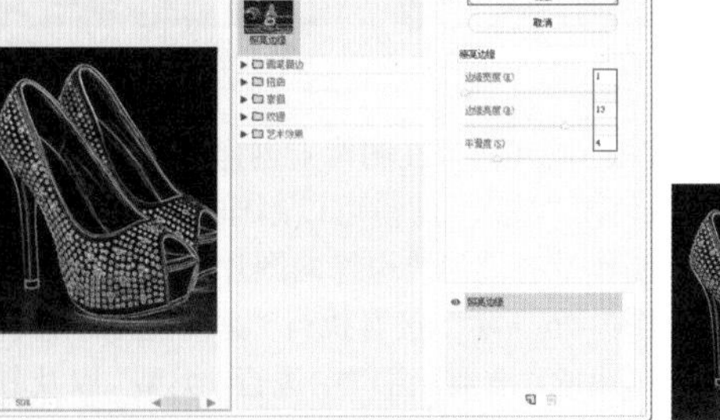

图 7–31

图 7–32

步骤 03 选中复制的图层，执行“图层>新建调整图层>反相”命令，在弹出的“新建图层”窗口中单击“确定”按钮完成设置，如图7–33所示。此时画面效果如图7–34所示。

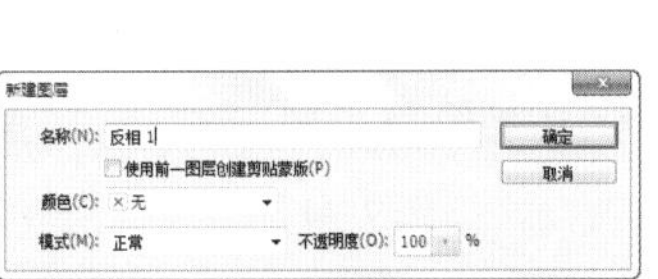

图 7–33

图 7–34

步骤 04 继续执行“图层>新建调整图层>黑白”命令，在弹出的“新建图层”窗口中单击“确定”按钮；同时在“属性”面板中设置“预设”为“默认值”，如图7–35所示。此时画面效果如图7–36所示。

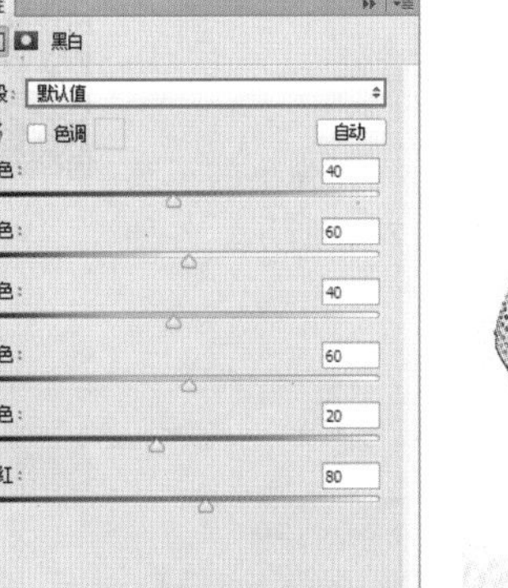

图 7–35

图 7–36

步骤 05 如果想要制作出旧纸张上的素描效果，那么可以执行“文件>置入嵌入对象”命令，置入旧纸张素材2.jpg，并将该图层栅格化，如图7–37所示。接着设置该图层的“混合模式”为“正片叠底”，如图7–38所示。此时可以看到鞋子照片的右侧有一部分不协调的区域，如图7–39所示。

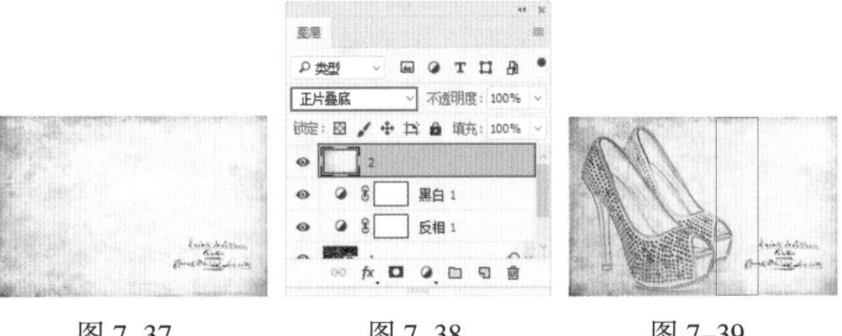

图 7–37　　图 7–38　　图 7–39

步骤 06 将构成鞋子的图层放置在一个图层组中，为该图层组添加图层蒙版，然后在蒙版中使用黑色柔边圆画笔涂抹这部分区域，如图7–40所示。这样就使背景部分更加协调，效果如图7–41所示。

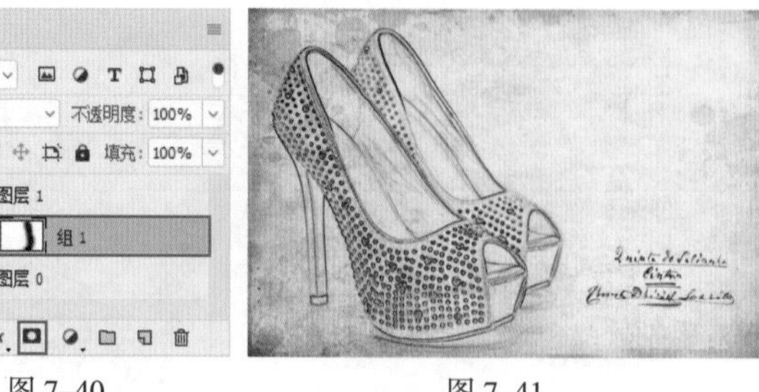
图 7-40　　图 7-41

7.2 为商品添加特殊滤镜效果

“滤镜”菜单中包括多个滤镜组，每个滤镜组中又都包含多种滤镜。这些滤镜的使用方法我们已经掌握了，接下来再简单了解一下这些滤镜所能实现的效果。

7.2.1 “风格化”滤镜组

扫一扫，看视频

执行“滤镜>风格化”命令，在弹出的子菜单中可以看到多种滤镜，如图7-42所示。各种滤镜效果如图7-43所示。

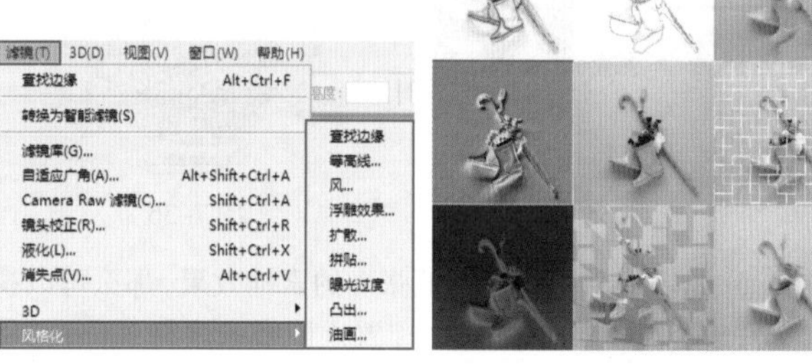
图 7-42　　图 7-43

- 查找边缘：使用“查找边缘”滤镜可以制作出线条感的画面效果。执行“滤镜>风格化>查找边缘”命令，无须设置任何参数。该滤镜会将图像的高反差区变亮，低反差区变暗，而其他区域则介于两者之间。同时硬边会变成线条，柔边会变粗，从而形成一个清晰的轮廓。
- 等高线：“等高线”滤镜常用于将图像转换为线条感的等高线图。执行“滤镜>风格化>等高线”命令，在弹出的“等高线”窗口中设置“色阶”数值、边缘类型后，单击“确定”按钮。“等高线”滤镜会以某个特定的色阶值查找主要亮度区域，并为每个颜色通道勾勒主要亮度区域。
- 风：使用“风”滤镜可以制作火苗效果、羽毛效果等。执行“滤镜>风格化>风”命令，在弹出的“风”窗口中进行参数的设置。“风”滤镜能够将像素朝着指定的方向进行虚化，通过产生一些细小的水平线条来模拟风吹效果。
- 浮雕效果：使用“浮雕效果”滤镜可以模拟金属雕刻的效果，常用于制作硬币、金牌等。该滤镜的工作原理是通过勾勒图像或选区的轮廓和降低周围颜色值来生成凹陷或凸起的浮雕效果。
- 扩散：使用“扩散”滤镜可以制作类似于透过磨砂玻璃观察物体时的分离模糊效果。该滤镜的工作原理是将图像中相邻的像素按指定的方式有机移动。
- 拼贴：“拼贴”滤镜常用于制作拼图效果。“拼贴”滤镜可以将图像分解为一系列块状，并使其偏离原来的位置，以产生不规则拼砖的图像效果。
- 曝光过度：使用“曝光过度”滤镜可以模拟出传统摄影术中，暗房显影过程中短暂增加光线强度而产生的过度曝光效果。
- 凸出：“凸出”滤镜常用于制作立方体向画面外“飞溅”的3D效果，如创意海报、新锐设计等。该滤镜可以将图像分解成一系列大小相同且有机重叠放置的立方体或锥体，以生成特殊的3D效果。
- 油画：“油画”滤镜主要用于将照片快速地转换为“油画”，产生笔触鲜明、厚重，质感强烈的画面效果。

7.2.2 “扭曲”滤镜组

扫一扫，看视频

执行“滤镜>扭曲”命令，在弹出的子菜单中可以看到多种滤镜，如图7-44所示。各种滤镜效果如图7-45所示。

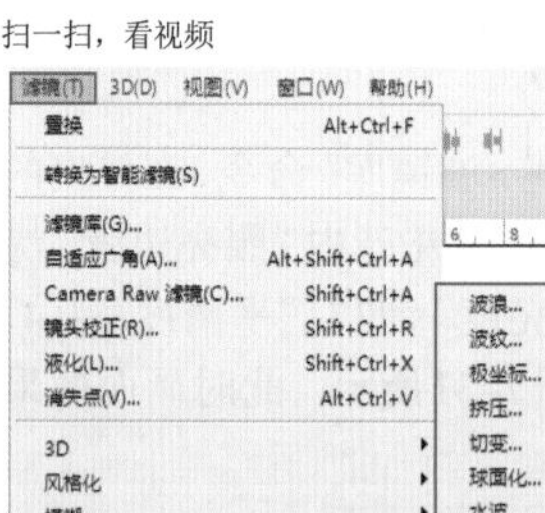
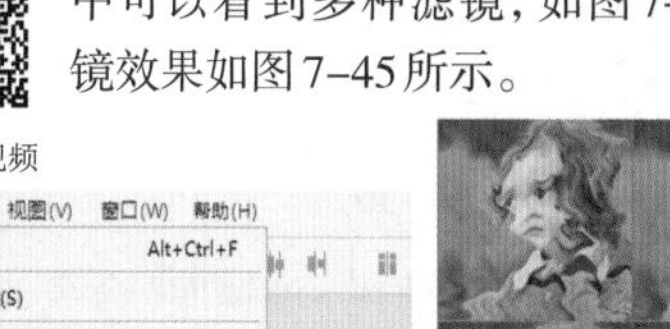
图 7-44　　图 7-45

- 波浪：“波浪”滤镜可以在图像上创建类似于波浪起伏的效果。使用“波浪”滤镜可以制作带有波浪纹理的效果，或制作带有波浪线边缘的图片。首先绘制一个矩形，如图7-46所示。接着执行“滤镜>扭曲>波浪”命令，在弹出的“波浪”窗口中进行“类型”以及其他相关参数的设置，如图7-47所示。设置完成后单击“确定”按钮，效果如图7-48所示。这种图形应用非常广泛，例如包装边缘的撕口、平面设计中的元素、服装设计中的元素等。

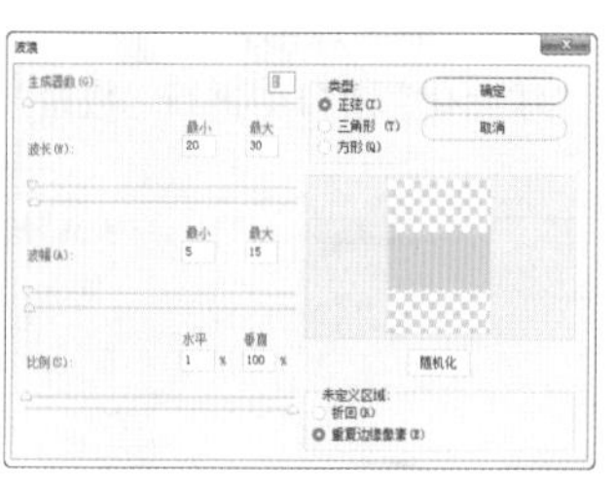

图 7-46　　图 7-47

- 波纹："波纹" 滤镜可以通过控制波纹的数量和大小制作出类似水面的波纹效果。打开一张素材图片，如图7-49 所示。执行 "滤镜 > 扭曲 > 波纹" 命令，在弹出的 "波纹" 窗口进行参数设置，如图 7-50 所示。设置完成后单击 "确定" 按钮，效果如图 7-51 所示。

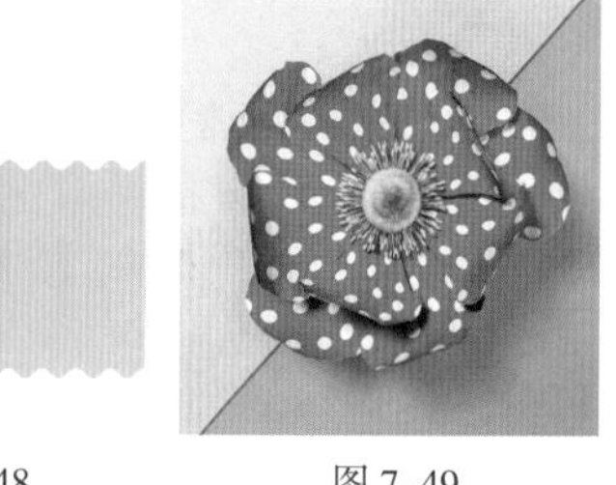

图 7-48　　图 7-49

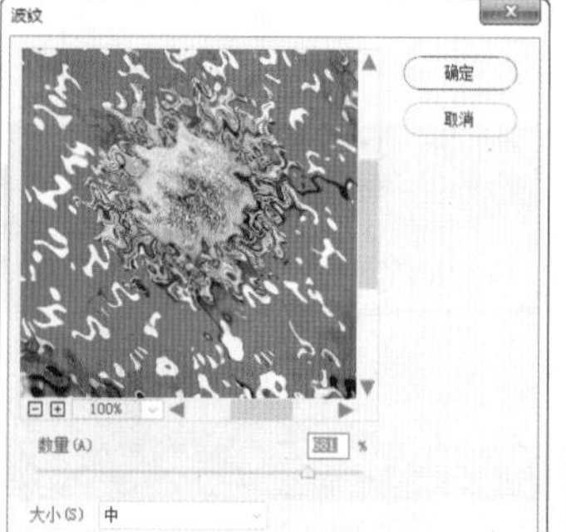

图 7-50　　图 7-51

- 极坐标："极坐标" 滤镜可以将图像从平面坐标转换到极坐标，或从极坐标转换到平面坐标。打开一张图片，如图 7-52 所示。简单来说，该滤镜的两种方式分别可以实现以下两种效果：第一种是将水平排列的图像以图像左右两侧作为边界，首尾相连，中间的像素将会被挤压，四周的像素被拉伸，从而形成一个 "圆形"，如图 7-53 所示；第二种则相反，将原本环形内容的图像从中 "切开"，并 "拉" 成平面，如图 7-54 所示。"极坐标" 滤镜常用于制作 "鱼眼镜头" 特效。

图 7-52

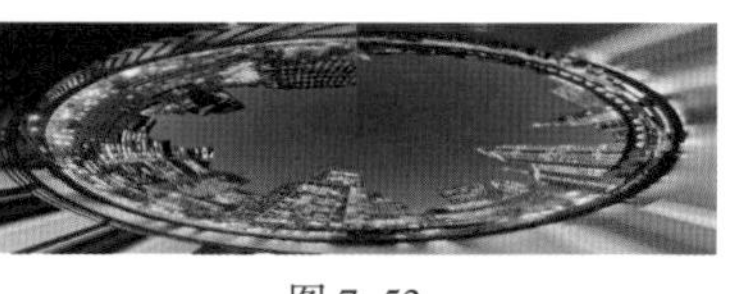

图 7-53

图 7-54

- 挤压："挤压" 滤镜可以将选区内的图像或整个图像向外或向内挤压，与 "液化" 滤镜中的 "膨胀工具" 与 "收缩工具" 类似。打开一张图片，如图 7-55 所示。执行 "滤镜 > 扭曲 > 挤压" 命令，在弹出的 "挤压" 窗口进行相关参数的设置，如图 7-56 所示。单击 "确定" 按钮完成挤压变形操作，效果如图 7-57 所示。

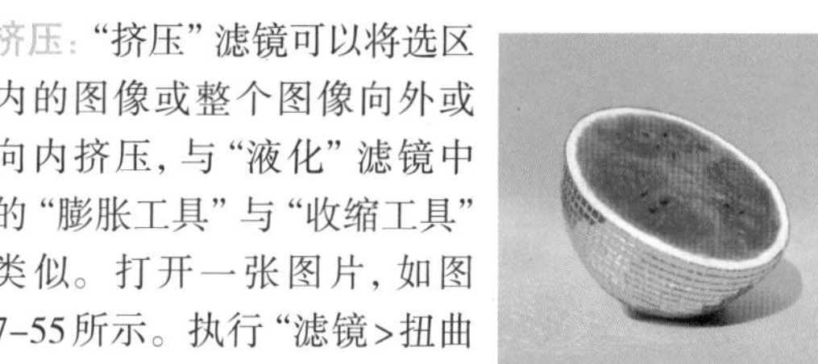

图 7-55

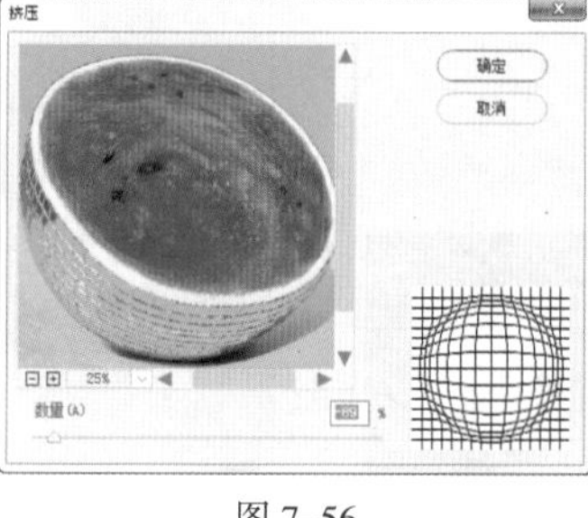

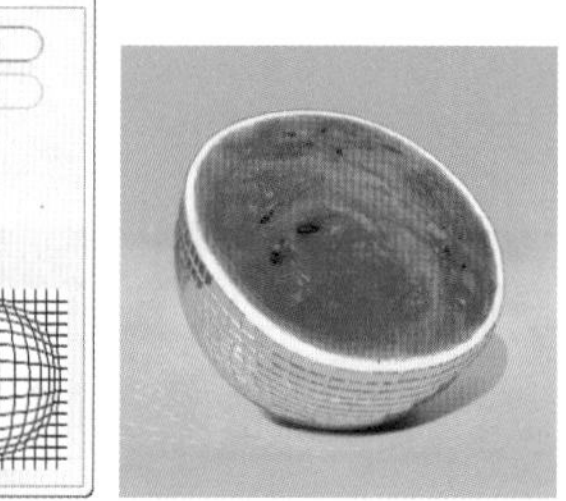

图 7-56　　图 7-57

- 切变："切变" 滤镜可以将图像按照设定好的 "路径" 进行左右移动，图像一侧被移出画面的部分会出现在画面的另外一侧。该滤镜可以用来制作飘动的彩旗。打开一张图片，如图 7-58 所示。执行 "滤镜 > 扭曲 > 切变" 命令，在弹出的 "切变" 窗口中拖曳曲线，此时可以沿着这条曲线进行图像的扭曲，如图 7-59 所示。设置完成后单击 "确定" 按钮，效果如图 7-60 所示。

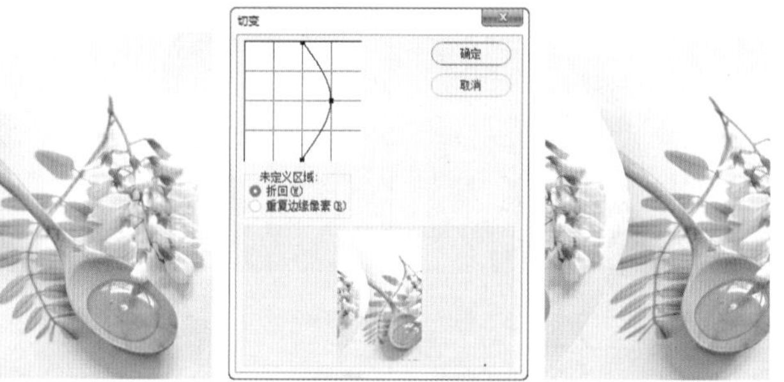

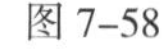

图 7-58　　图 7-59　　图 7-60

- 球面化："球面化" 滤镜可以将选区内的图像或整个图像向外"膨胀" 成为球形。打开一幅图像，在画面中绘制一个选区，如图7-61所示。执行"滤镜>扭曲>球面化"命令，在弹出的"球面化"窗口中进行"数量"和"模式"的设置，如图7-62所示。单击"确定"按钮，效果如图7-63所示。

图 7-61

图 7-62

图 7-63

- 水波："水波" 滤镜可以模拟石子落入平静水面而形成的涟漪效果。例如，绿茶广告中常见的茶叶掉落在水面上形成的波纹，就可以使用"水波"滤镜制作。选择一个图层或者绘制一个选区，如图7-64所示。执行"滤镜>扭曲>水波"命令，在弹出的"水波"窗口中进行相关参数的设置，如图7-65所示。设置完成后单击"确定"按钮，效果如图7-66所示。

图 7-64

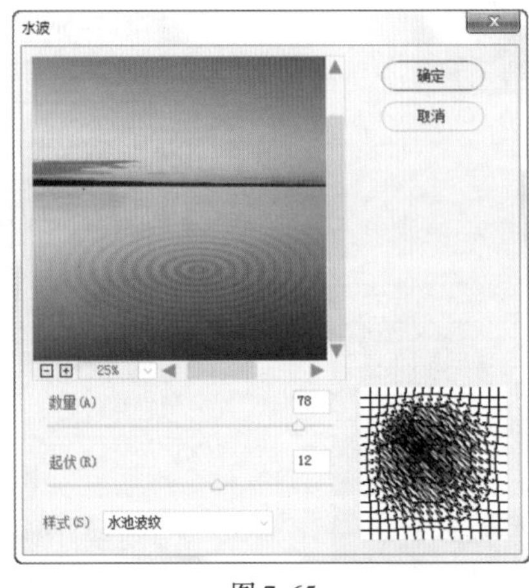

图 7-65

图 7-66

- 旋转扭曲："旋转扭曲" 滤镜可以围绕图像的中心进行顺时针或逆时针旋转。打开一张图片，如图7-67所示。执行"滤镜>扭曲>旋转扭曲"命令，打开"旋转扭曲"窗口，如图7-68所示。调整"角度"选项，当设置为正值时，会沿顺时针方向扭曲，如图7-69所示；当设置为负值时，会沿逆时针方向扭曲，如图7-70所示。

图 7-67

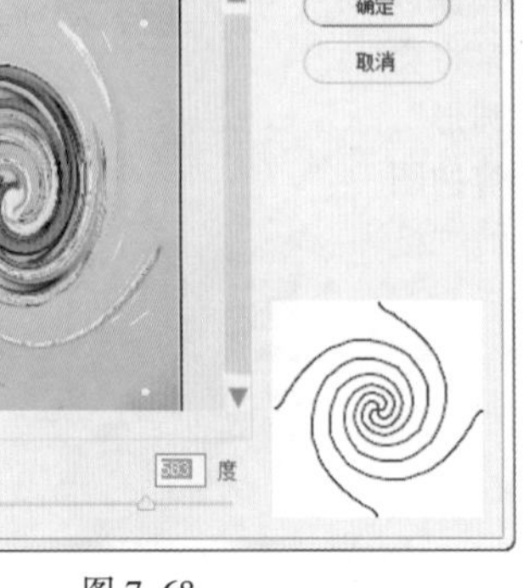

图 7-68

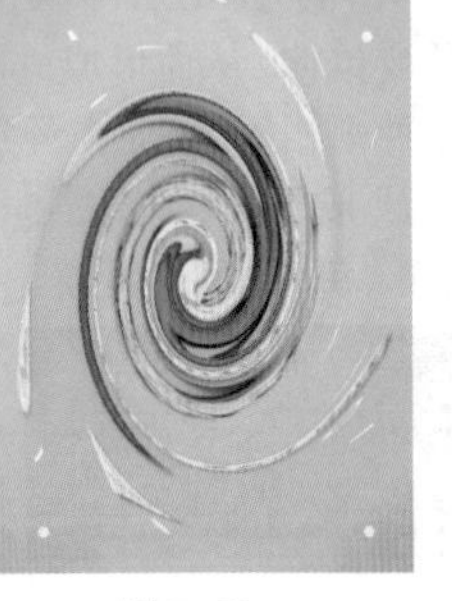

图 7-69

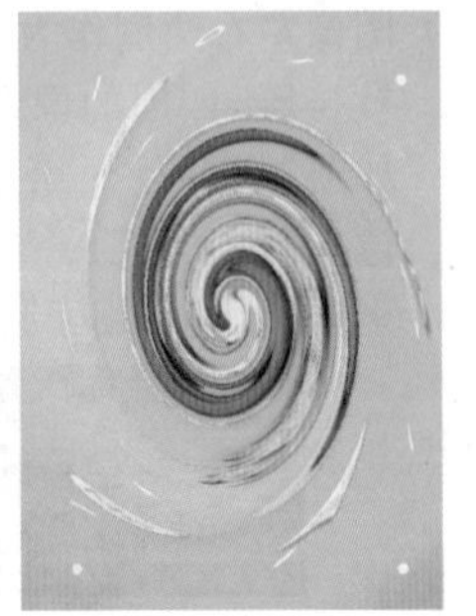

图 7-70

- 置换："置换"滤镜是利用一个图像文档(必须为PSD格式文件)的亮度值来置换另外一个图像像素的排列位置。打开一张图片，如图7-71所示。接着准备一个PSD格式的文档(无打开该PSD文件)，如图7-72所示。选择图片的图层，执行"滤镜>扭曲>置换"命令，在弹出的"置换"窗口中进行相关参数的设置，单击"确定"按钮，如图7-73所示。在弹出的"选取一个置换图"窗口中选择之前准备的PSD格式文件，单击"打开"按钮，如图7-74所示。此时画面效果如图7-75所示。

图 7-71

图 7-72

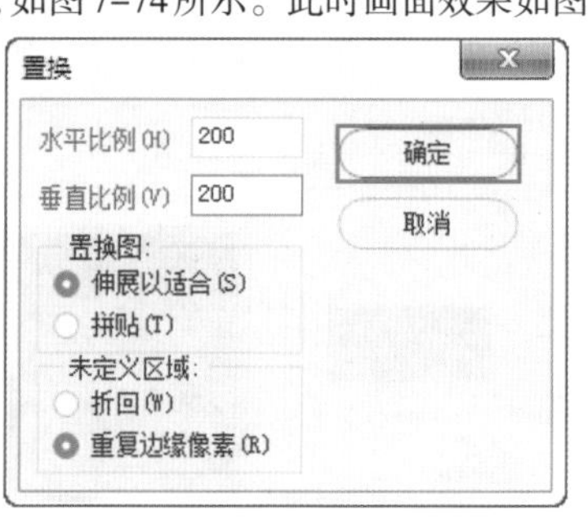

图 7-73

图 7-74

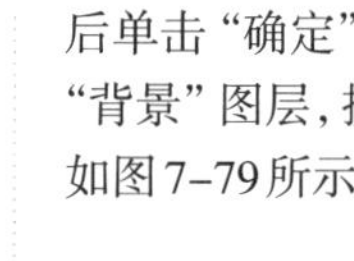

图 7-75

练习实例：拼贴画效果详情页

文件路径	资源包\第7章\拼贴画效果详情页
难易指数	★★★★★
技术掌握	"波浪"滤镜、图层样式

扫一扫，看视频

案例效果

本例效果如图7-76所示。

图 7-76

操作步骤

步骤 01 执行"文件>新建"命令，新建一个空白文档，如图7-77所示。

步骤 02 为背景填充颜色。单击工具箱底部的"前景色"色块，在弹出的"拾色器(前景色)"窗口中设置颜色为黑色，然后单击"确定"按钮，如图7-78所示。在"图层"面板中选择"背景"图层，按前景色填充快捷键Alt+Delete进行填充，效果如图7-79所示。

图 7-77

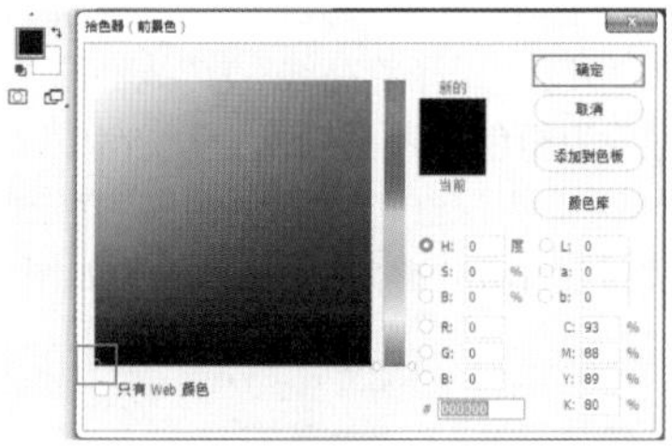

图 7-78

图 7-79

步骤 03 制作背景图形。创建一个新图层，选择工具箱中的"矩形选框工具"，在画面下方绘制一个矩形选区，如图7-80所示。设置前景色为暗红色，按快捷键Alt+Delete键进行填充，效果如图7-81所示。接着按快捷键Ctrl+D取消选区。

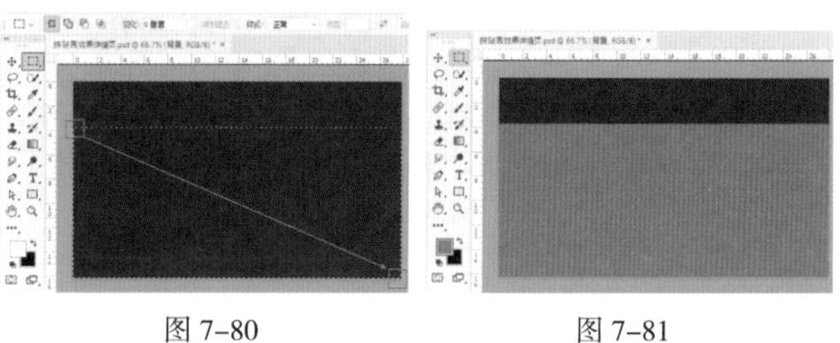

图 7-80　　图 7-81

步骤 04 选中矩形，执行“滤镜>扭曲>波浪”命令，在弹出的“波浪”窗口中设置“生成器数”为5，波长“最小”为20、“最大”为21，波幅“最小”为5、“最大”为6，比例“水平”为100%，“垂直”为100%，勾选“正弦”单选按钮，选中“重复边缘像素”单选按钮，然后单击“确定”按钮，如图7–82所示。效果如图7–83所示。

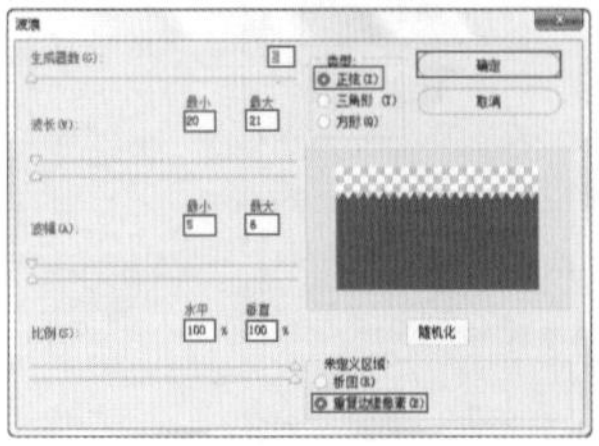

图 7–82

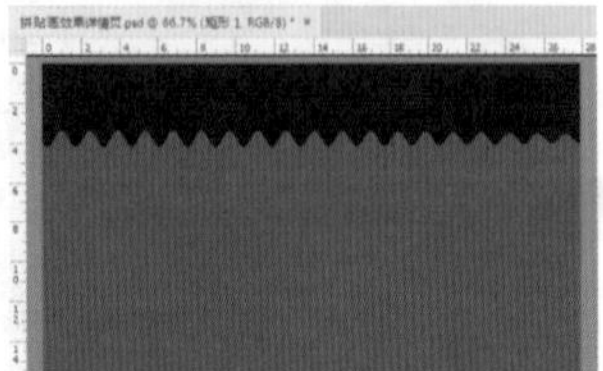

图 7–83

步骤 05 在“图层”面板中选中暗红色图层，执行“图层>图层样式>斜面和浮雕”命令，在弹出的“图层样式”窗口中设置“样式”为“内斜面”，“方法”为“平滑”，“深度”为100%，“方向”为“上”，“大小”为5像素，“角度”为120度，“高度”为30度，“光泽等高线”为“线性”，“高光模式”为“正常”，“颜色”为粉色，“不透明度”为75%，“阴影模式”为“正片叠底”，“颜色”为深红色，“不透明度”为75%，如图7–84所示。设置完成后单击“确定”按钮，效果如图7–85所示。

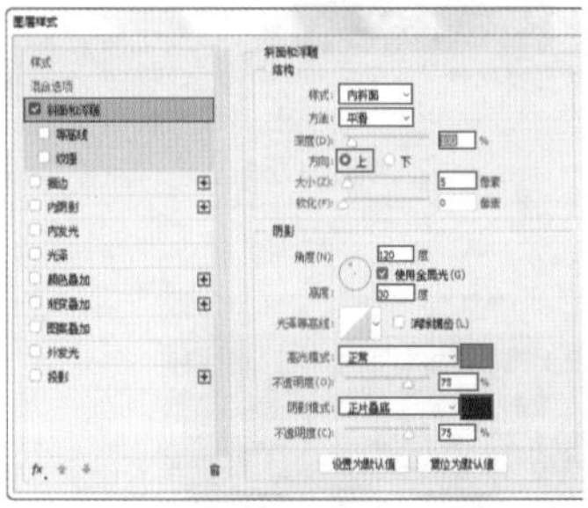

图 7–84

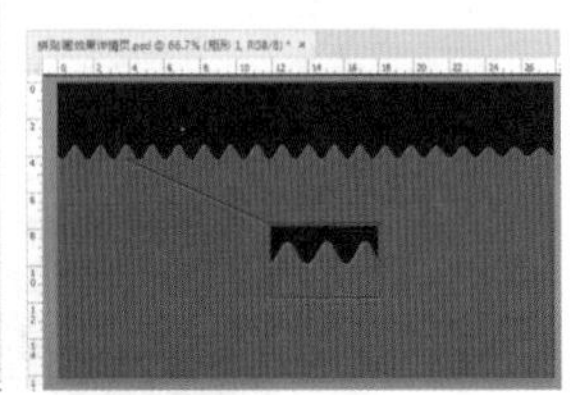

图 7–85

步骤 06 单击工具箱中的“横排文字工具”按钮，在选项栏中设置合适的字体、字号，文字颜色设置为白色；设置完毕后在画面左上角位置单击鼠标，建立文字输入的起始点；接着输入文字，文字输入完毕后按快捷键Ctrl+Enter，如图7–86所示。

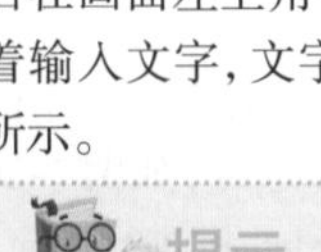

提示：

本例在制作过程中多次用到“横排文字工具”以及“自定形状工具”，相关内容将在第11章、第12章中进行详细的讲解。在本例的制作过程中涉及文字及形状的部分，可以打开素材5.psd，将其中的相关图层添加到当前文档中即可。

图 7–86

步骤 07 创建一个新图层，选择工具箱中的“画笔工具”，在选项栏中单击按钮，在弹出的“画笔设置”面板中选择“画笔笔尖形状”，设置“大小”为35像素，“角度”为50°，“间距”为1%，如图7–87所示。设置前景色为灰色，选择新建的空白图层，在文字下方按住Shift键的同时按住鼠标左键拖动，如图7–88所示。

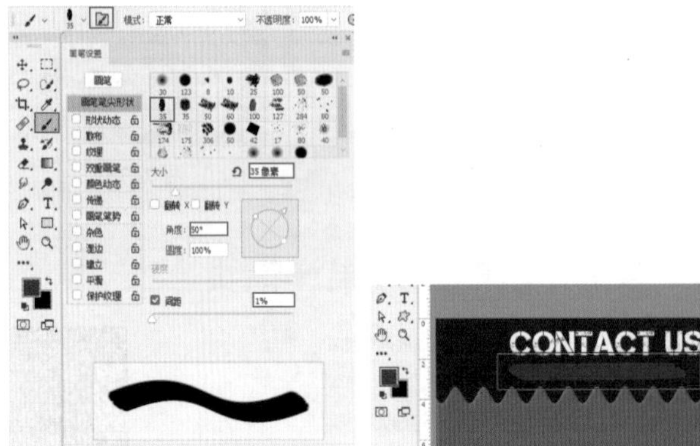

图 7–87　　图 7–88

步骤 08 继续使用制作文字的方法输入下方文字，如图7–89所示。

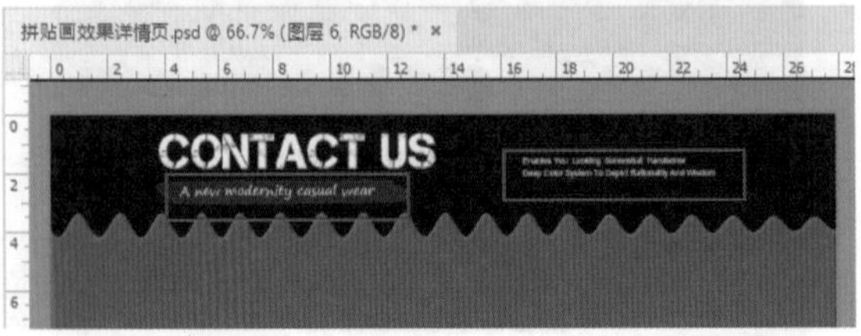

图 7–89

步骤 09 在工具箱中选择“自定形状工具”，在选项栏中设置“绘制模式”为“形状”，“填充”为白色，“描边”为无，选择合适的形状。设置完成后，在右侧文字前方按住Shift键的同时按住鼠标左键拖动，绘制一个对号图形，如图7–90所示。在“图层”面板中选中对号图层，按快捷键Ctrl+J复制出一个相同的图层，然后将对号图形向下移动，如图7–91所示。

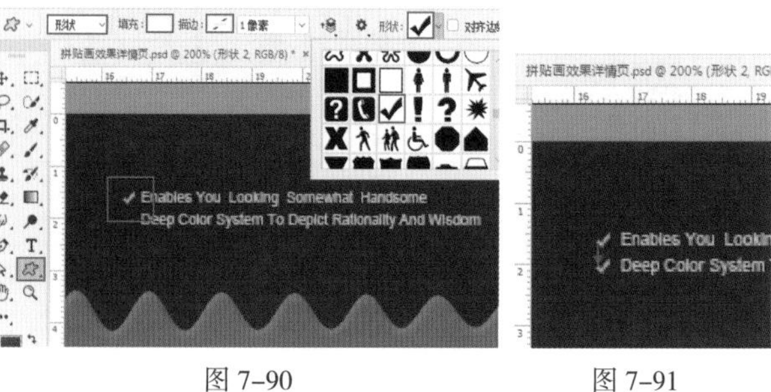

图 7-90　　图 7-91

步骤 10 单击工具箱中的“钢笔工具”按钮，在选项栏中设置“绘制模式”为“形状”，“填充”为白色，“描边”为无，然后在画面中合适的位置绘制图形，如图7-92所示。

步骤 11 单击工具箱中的“横排文字工具”按钮，在选项栏中设置合适的字体、字号，文字颜色设置为暗红色。设置完成后，在刚才绘制的图形上方单击鼠标，建立文字输入的起始点；接着输入文字，文字输入完毕后按快捷键Ctrl+Enter，如图7-93所示。接着按自由变换快捷键Ctrl+T调出定界框，将其旋转至合适的角度，如图7-94所示。

步骤 12 继续使用同样的方法输入下方小号文字，如图7-95所示。

图 7-92　　图 7-93

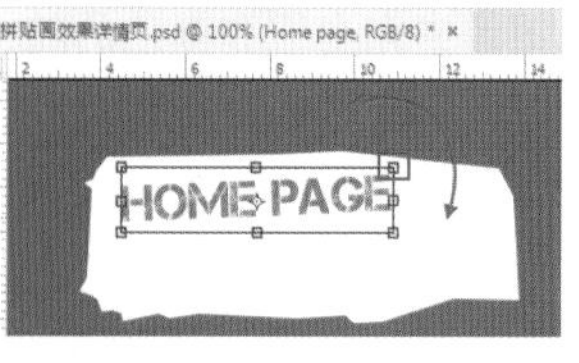

图 7-94　　图 7-95

步骤 13 在工具箱中选择“自定形状工具”，在选项栏中设置“绘制模式”为“形状”，“填充”为暗红色，“描边”为无，选择合适的形状。设置完成后，在画面中按住Shift键的同时按住鼠标左键拖动，绘制一个狗爪图形，如图7-96所示。选中狗爪图形，执行“编辑>变换>水平翻转”命令，效果如图7-97所示。

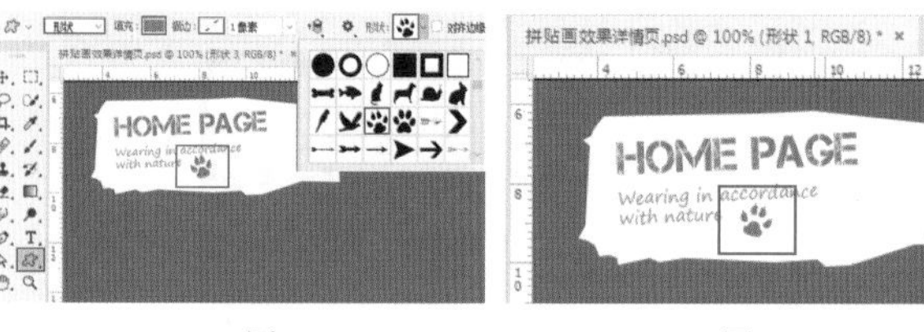

图 7-96　　图 7-97

步骤 14 执行“文件>置入嵌入对象”命令，将犀牛素材1.jpg置入画面中，调整其大小及位置后按Enter键完成置入。在“图层”面板中右键单击该图层，在弹出的快捷菜单中执行“栅格化图层”命令，效果如图7-98所示。

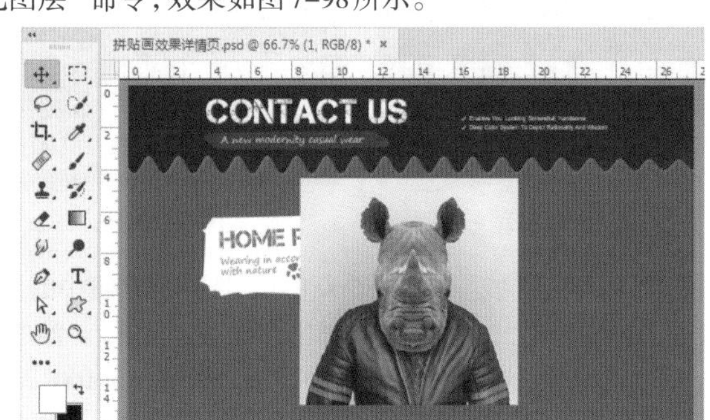

图 7-98

步骤 15 单击工具箱中的“魔棒工具”按钮，在选项栏中单击“添加到选区”按钮，设置“取样大小”为取样点，“容差”为25，勾选“消除锯齿”及“连续”复选框，然后选中犀牛素材，依次单击其上方蓝色部分载入选区，如图7-99所示。接着执行“图层>图层蒙版>隐藏选区”命令，效果如图7-100所示。

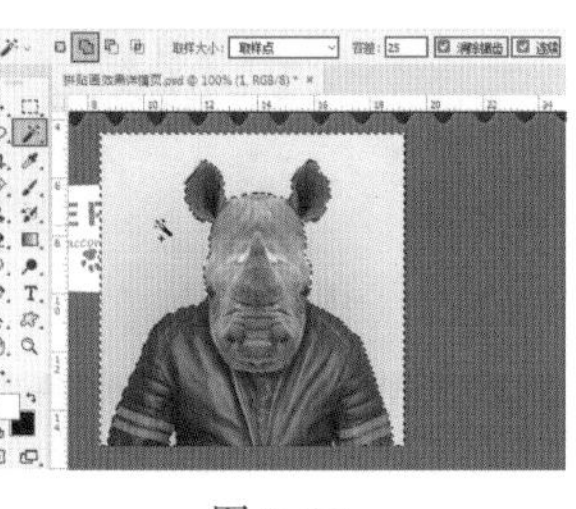

图 7-99　　图 7-100

步骤 16 在犀牛图层下方创建新图层，然后单击工具箱中的“多边形套索工具”按钮，沿着犀牛的外形绘制选区，如图7-101所示。设置前景色为白色，选中新建的图层，按快捷键Alt+Delete为选区填充白色，接着按快捷键Ctrl+D取消选区，如图7-102所示。

图 7-101　　图 7-102

步骤 17 继续使用同样的方法将画面中的衣服、裤子及鞋子素材置入并进行抠图处理，放置在合适的位置，如图7-103所示。

步骤 18 继续使用制作文字的方法输入素材下方文字，如图7-104所示。

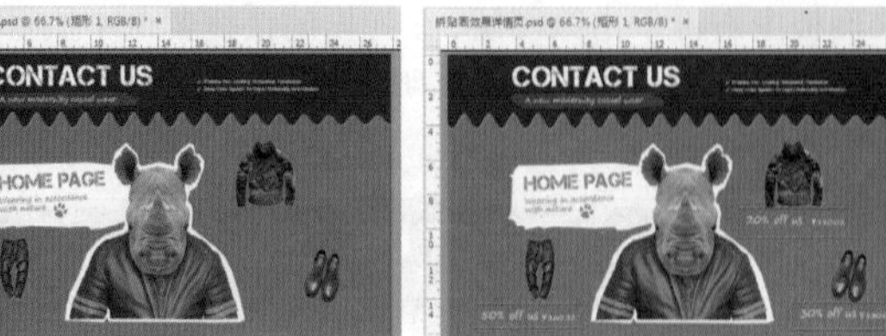

图7-103　　图7-104

步骤 19 制作装饰线。创建一个新图层，选择工具箱中的“画笔工具”，在选项栏中单击打开“画笔预设”选取器，设置画笔“大小”为1像素，然后在选项栏中设置“平滑”为100%，如图7-105所示。设置前景色为白色，选择新建的空白图层，在画面中合适的位置按住鼠标左键拖动，绘制线条，如图7-106所示。继续使用同样的方法将箭头完成，如图7-107所示。

步骤 20 继续使用同样的方法再绘制出右侧两个线条，最终效果如图7-108所示。

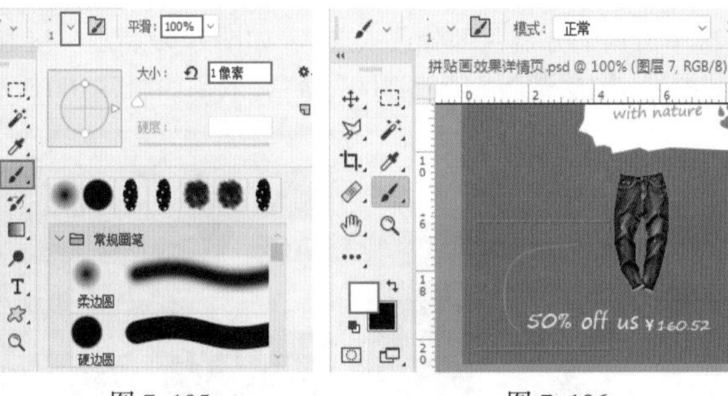

图7-105　　图7-106

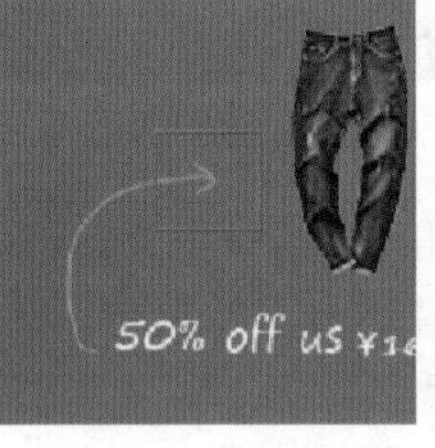

图7-107　　图7-108

7.2.3 “像素化”滤镜组

“像素化”滤镜组中的滤镜可以将图像进行分块或平面化处理。执行“滤镜>像素化”命令，在弹出的子菜单中可以看到7种滤镜，即“彩块化”滤镜、“彩色半调”滤镜、“点状化”滤镜、“晶格化”滤镜、“马赛克”滤镜、“碎片”滤镜、“铜版雕刻”滤镜，如图7-109所示。各种滤镜效果如图7-110所示。

扫一扫，看视频

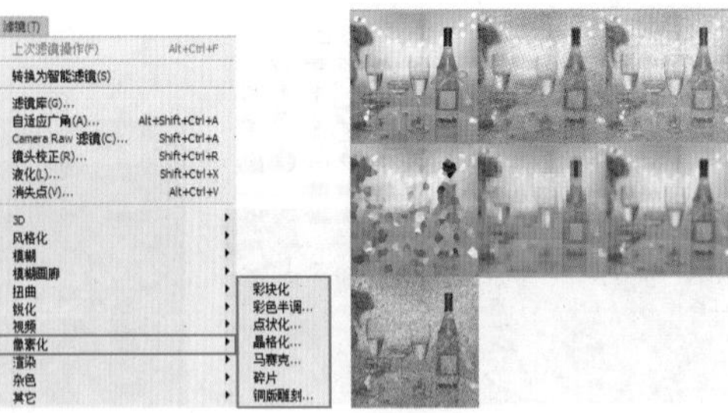

图7-109　　图7-110

- 彩块化：“彩块化”滤镜常用来制作手绘图像、抽象派绘画等艺术效果。该滤镜可以将纯色或相近色的像素结合成相近颜色的像素块效果。
- 彩色半调：“彩色半调”滤镜可以模拟在图像的每个通道上使用放大的半调网屏的效果。
- 点状化：“点状化”滤镜可以从图像中提取颜色，并以彩色斑点的形式将画面内容重新呈现出来。该滤镜常用来模拟制作“点彩绘画”效果。
- 晶格化：“晶格化”滤镜可以使图像中相近的像素集中到多边形色块中，产生类似结晶颗粒的效果。
- 马赛克：“马赛克”滤镜常用于隐藏画面的局部信息，也可以用来制作一些特殊的图案效果。打开一张图片，执行“滤镜>像素化>马赛克”命令，在弹出的“马赛克”窗口中进行相关参数的设置，然后单击“确定”按钮，即可使像素结合为方形色块。
- 碎片：“碎片”滤镜可以将图像中的像素复制4次，然后将复制的像素平均分布，并使其相互偏移。
- 铜版雕刻：“铜版雕刻”滤镜可以将图像转换为黑白区域的随机图案或彩色图像中完全饱和颜色的随机图案。

7.2.4 “渲染”滤镜组

“渲染”滤镜组在滤镜中算是“另类”，该滤镜组中的滤镜的特点是其自身可以生成图像。比较典型的就是“云彩”滤镜和“纤维”滤镜，这两种滤镜可以利用前景色与背景色直接产生效果。执行“滤镜>渲染”命令，即可看到该滤镜组中的滤镜，如图7-111所示。各种滤镜效果如图7-112所示。

扫一扫，看视频

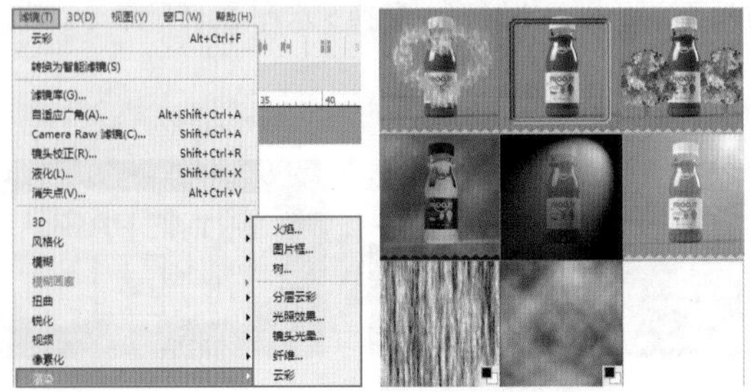

图7-111　　图7-112

- 火焰：“火焰”滤镜可以轻松打造出沿路径排列的火焰。在执行“火焰”命令前，首先需要在画面中绘制一条路径，选择一个图层(可以是空图层)，如图7–113所示。执行“滤镜>渲染>火焰”命令，弹出“火焰”窗口。在“基本”选项卡中，首先选择火焰类型，设置火焰的“长度”“宽度”“角度”以及“时间间隔”，如图7–114所示。在此保持默认设置，单击“确定”按钮，图层中就出现了火焰效果，如图7–115所示。接下来按Delete键删除路径，如果火焰应用于透明的空图层，则可以继续对火焰进行移动、编辑等操作。

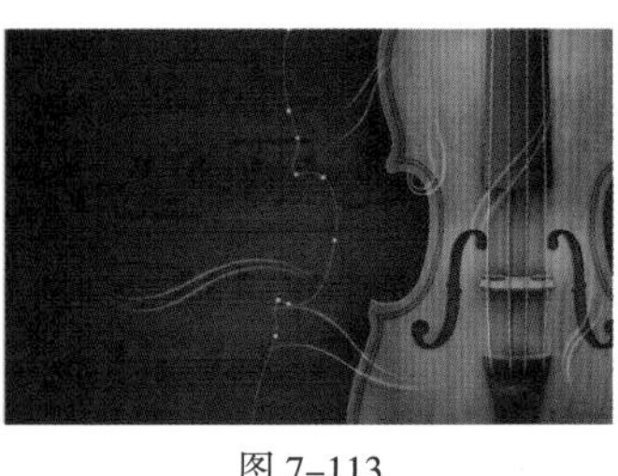

图 7–113

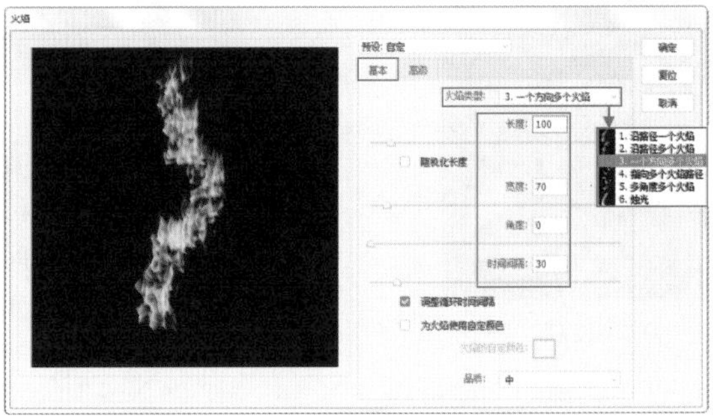

图 7–114

图 7–115

- 图片框：“图片框”滤镜可以在图像边缘处添加各种风格的花纹相框。其使用方法非常简单，打开一张图片，如图7–116所示。新建图层，执行“滤镜>渲染>图片框”命令，在弹出的“图案”窗口的“图案”下拉列表框中选择一种合适的图案样式，接着在下方进行图案上的颜色以及细节参数的设置，如图7–117所示。设置完成后单击“确定”按钮，效果如图7–118所示。选择“高级”选项，还可以对图片框的其他参数进行设置，如图7–119所示。

图 7–116

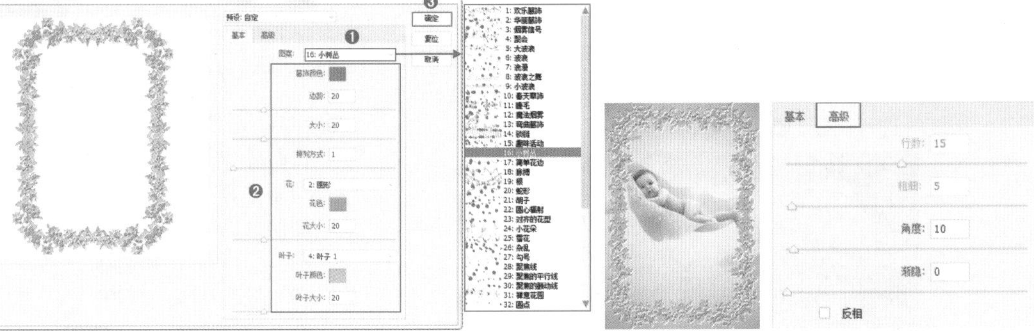

图 7–117

图 7–118

图 7–119

- 树：使用“树”滤镜可以轻松创建出多种类型的树。首先仍需要在画面中绘制一条路径，新建一个图层(在新建图层中进行操作，主要是为了方便后期调整树的位置和形态)，如图7–120所示。接着执行“滤镜>渲染>树”命令，在弹出的“树”窗口中打开“基本树类型”下拉列表框，从中选择一种合适的树型，接着在下方进行其他参数设置(参数设置效果非常直观，只需尝试调整并观察效果即可)，如图7–121所示。调整完成后单击“确定”按钮，完成操作，效果如图7–122所示。

图 7–120

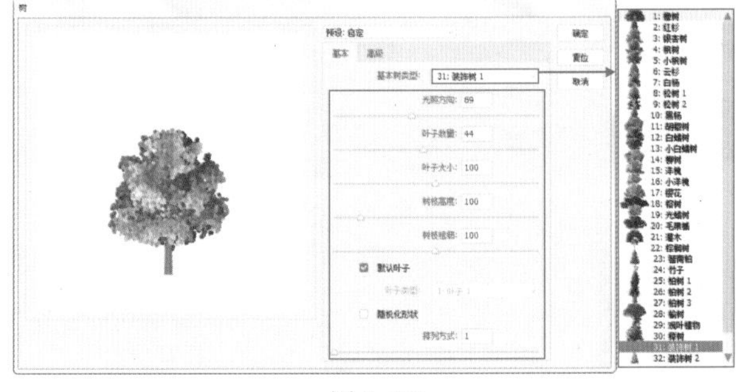

图 7–121

图 7–122

- 分层云彩：使用“分层云彩”滤镜，结合其他技术，可以制作火焰、闪电等特效。该滤镜是通过将云彩数据与现有像素以“差

值”的方式进行混合。打开一张图片，如图7–123所示。执行“滤镜>渲染>分层云彩”命令(该滤镜没有参数设置窗口)(首次应用该滤镜时，图像的某些部分会被反相成云彩图案)，效果如图7–124所示。

图 7–123　　图 7–124

- 光照效果：“光照效果”滤镜可以在二维的平面世界中添加灯光，并且通过参数的设置制作出不同效果的光照。除此之外，还可以使用灰度文件作为凹凸纹理图，制作出类似 3D 的效果。选择需要添加滤镜的图层，如图7–125所示。执行“滤镜>渲染>光照效果”命令，打开“光照效果”窗口。默认情况下，在文档窗口中会显示一个“聚光灯”光源的控制框，如图7–126所示。以这一盏灯的操作为例，按住鼠标左键拖曳控制点可以更改光源的位置、形状，如图7–127所示。配合右侧的“属性”面板，可以对光源的颜色、强度等进行调整，如图7–128所示。

图 7–125

图 7–126

图 7–127

图 7–128

- 镜头光晕：“镜头光晕”滤镜常用于模拟由于光照射到相机镜头产生折射，在画面中出现眩光的效果。虽然在拍摄照片时经常需要避免这种眩光的出现，但是很多时候眩光的应用能使画面效果更加丰富，如图7–129和图7–130所示。

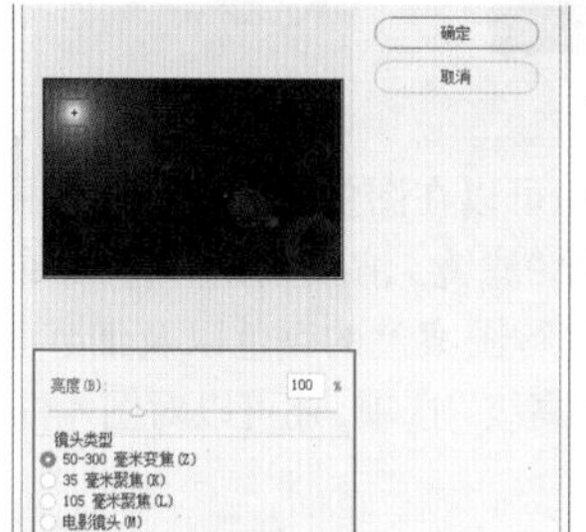

图 7–129

图 7–130

- 纤维：“纤维”滤镜可以在空白图层上根据前景色和背景色创建出纤维感的双色图案。首先设置合适的前景色与背景色，如图7–131所示。接着执行“滤镜>渲染>纤维”命令，在弹出的“纤维”窗口中进行相关参数的设置，如图7–132所示。单击“确定”按钮，效果如图7–133所示。

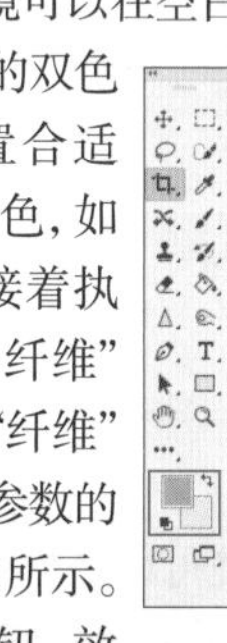

图 7–131

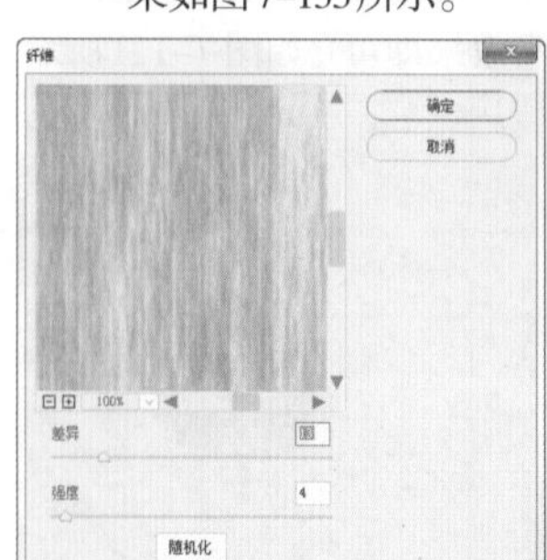

图 7–132　　图 7–133

- 云彩：“云彩”滤镜常用于制作云彩、薄雾的效果。该滤镜可以根据前景色和背景色随机生成云彩图案。设

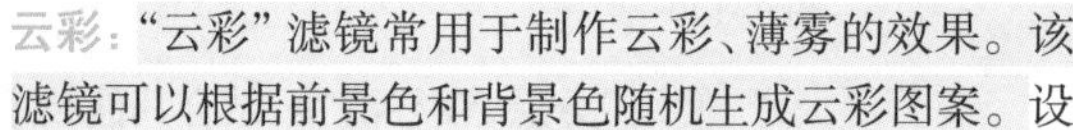

置好合适的前景色与背景色，接着执行“滤镜>渲染>云彩”命令，即可得到以前景色和背景色形成的云朵。

举一反三：打造燃烧的火焰文字

有了“火焰”滤镜，我们可以轻松制作出各种形态的火焰效果。火焰文字是一类比较常见的文字样式。如果要制作火焰文字，首先需要有文字的路径。直接使用“钢笔工具”绘制比较麻烦，可以在画面中输入合适的文字，如图7-134所示。在文字图层上单击鼠标右键，在弹出的快捷菜单执行“创建工作路径”命令，如图7-135所示。得到文字的路径，隐藏文字图层，如图7-136所示。

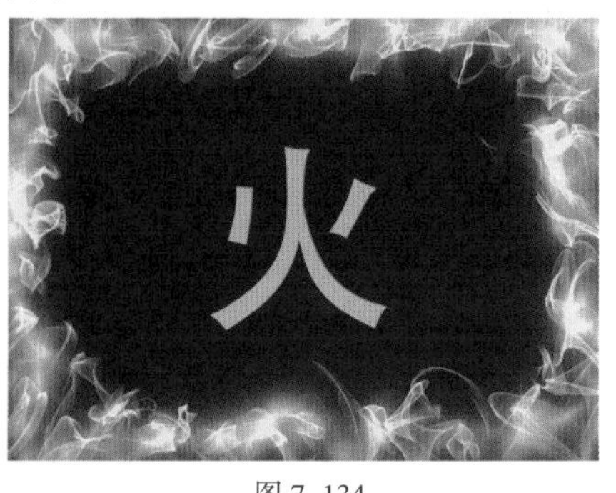

图 7-134

图 7-135

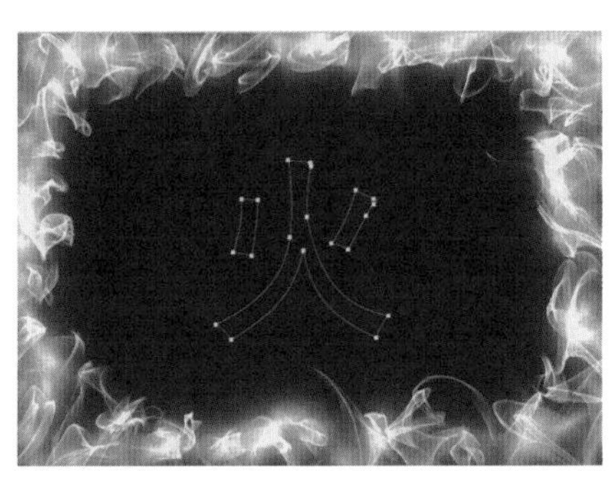

图 7-136

新建一个空白图层，执行“滤镜>渲染>火焰”命令，在弹出的“火焰”窗口中保持默认设置，此时可以看到文字路径上出现了火焰，如图7-137所示。可以在“火焰类型”下拉列表框中选择一种合适的样式，如图7-138所示。

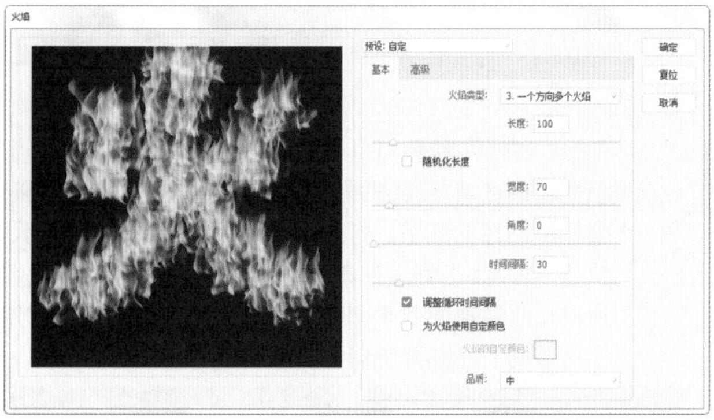

图 7-137

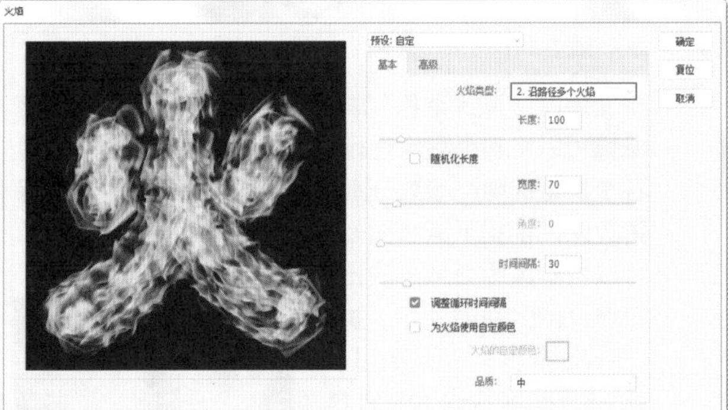

图 7-138

也可以进行一定的参数设置，如图7-139所示。设置完成后单击“确定”按钮，最终效果如图7-140所示。

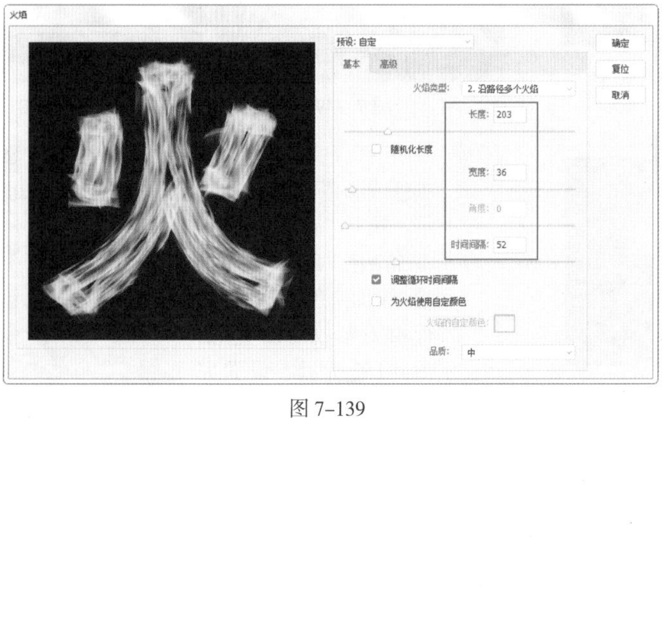

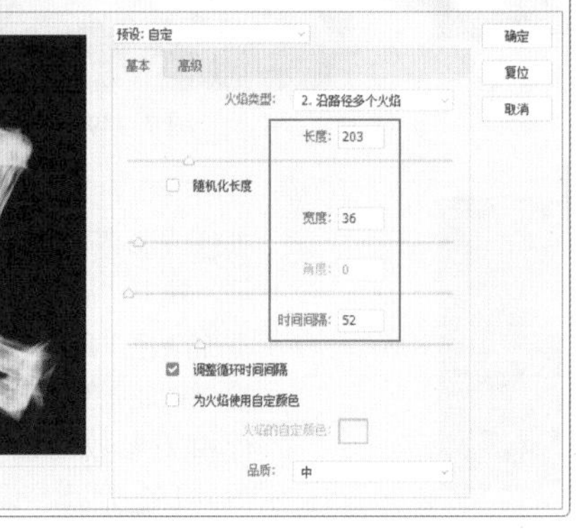

图 7-139

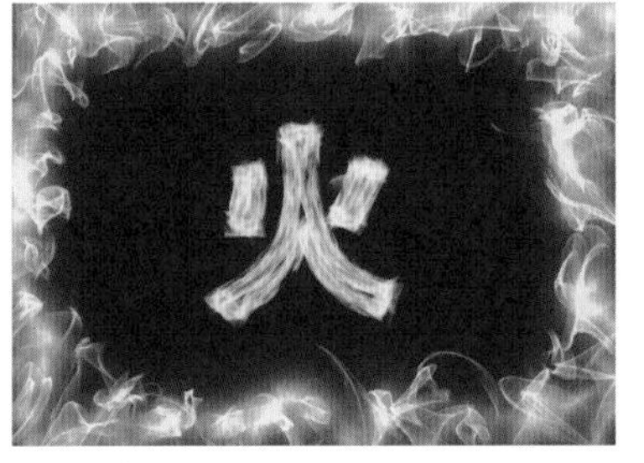

图 7-140

7.2.5 “杂色”滤镜组

“杂色”滤镜组可以添加或移去图像中的杂色，这样有助于将选择的像素混合到周围的像素中。“杂色”或者说是“噪点”，一直都是很多产品摄影师最为头疼的问题。暗环境下拍照，好好的照片放大一看全是细小的噪点；有时想要得到一张颗粒感的照片，却怎么也弄不出合适的杂点。这些问题都可以在“杂色”滤镜组中寻找答案。

扫一扫，看视频

“杂色”滤镜组包含5种滤镜：“减少杂色”滤镜、“蒙尘与划痕”滤镜、“去斑”滤镜、“添加杂色”滤镜和“中间值”滤镜，如图7-141所示。“添加杂色”滤镜常用于画面中杂点的添加，而另外4种滤镜都是用于降噪，也就是去除画面的杂点，效果如图7-142所示。

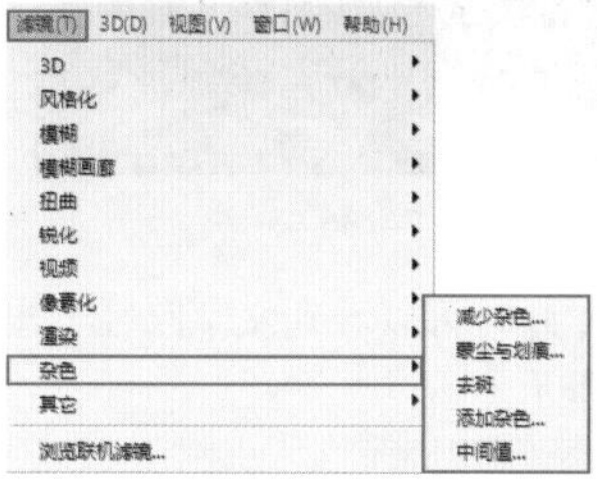

图 7-141

图 7-142

- 减少杂色：“减少杂色”滤镜主要用于降噪和磨皮。该滤镜可以对整个图像进行统一的参数设置，也可以对各个通道的降噪参数分别进行设置，尽可能多地在保留边缘的前提下减少图像中的杂色。打开一张照片，可以看到人物面部皮肤比较粗糙，如图7-143所示。执行“滤镜>杂色>减少杂色”命令，打开“减少杂色”窗口。在该窗口选中“基本”，可以设置“减少杂色”滤镜的基本参数。可以反复进行参数的调整，直到皮肤表面变得光滑，如图7-144所示。图7-145所示为对比效果。

图 7-143

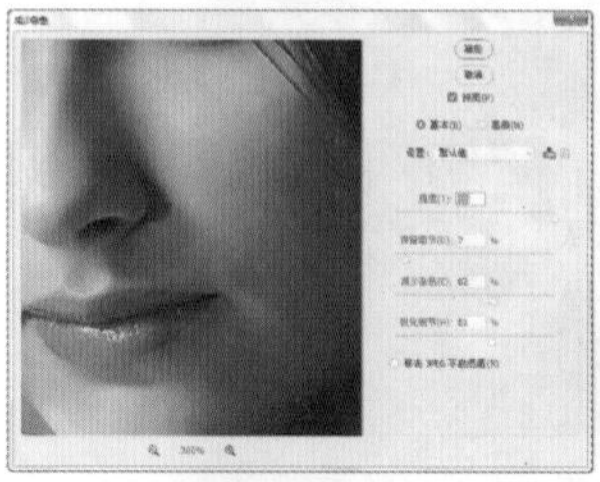

图 7-144

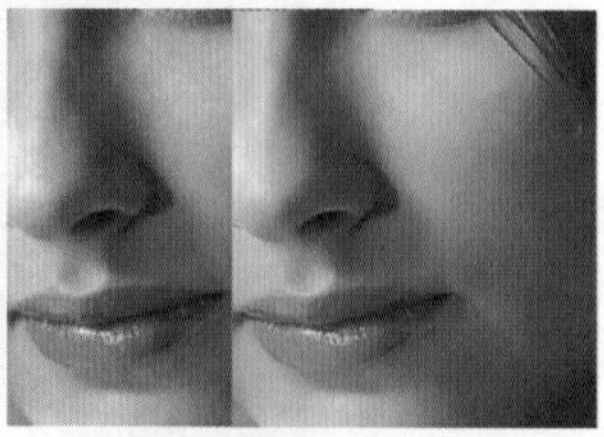

图 7-145

- 蒙尘与划痕：“蒙尘与划痕”滤镜常用于照片的降噪或者“磨皮”（磨皮是指肌肤质感的修饰，使肌肤变得光滑柔和），也能够制作照片转手绘的效果。打开一张图片，如图7-146所示。执行“滤镜>杂色>蒙尘与划痕”命令，在弹出的“蒙尘与划痕”窗口进行相关参数的设置，如图7-147所示。随着参数的调整，我们会发现画面中的细节在不断减少，画面中大部分接近的颜色都被合并为一种颜色。设置完成后单击“确定”按钮，效果如图7-148所示。通过这样的操作，可以将噪点与周围正常的颜色融合，以达到降噪的目的，也能够实现较少照片细节，使其更接近绘画作品。

图 7-146

图 7-147

图 7-148

- 去斑：“去斑”滤镜可以检测图像的边缘（发生显著颜色变化的区域），并模糊那些边缘外的所有区域，同时会保留图像的细节。打开一张图片，如图7-149所示。执行“滤镜>杂色>去斑”命令（该滤镜没有参数设置窗口），此时画面效果如图7-150所示。此滤镜也常用于细节的去除和降噪操作。

图 7-149

图 7-150

- 添加杂色：“添加杂色”滤镜可以在图像中添加随机的单色或彩色的像素点。打开一张图片，如图7-151所示。执行“滤镜>杂色>添加杂色”命令，在弹出的“添加杂色”窗口中进行相关参数的设置，如图7-152所示。设置完成后单击“确定”按钮，此时画面效果如图7-153所示。“添加杂

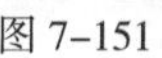

图 7-151

色”滤镜也可以用来修缮图像中经过重大编辑过的区域。图像在经过较大程度的变形或者绘制涂抹后，表面细节会缺失，使用“添加杂色”滤镜能够在一定程度上为该区域增添一些略有差异的像素点，以增强细节感。

图 7-152　　图 7-153

- 中间值：“中间值”滤镜可以混合选区中像素的亮度来减少图像的杂色。打开一张图片，如图7-154所示。执行“滤镜>杂色>中间值”命令，在弹出的“中间值”窗口中进行相关参数的设置，如图7-155所示。设置完成后单击“确定”按钮，此时画面效果如图7-156所示。该滤镜会搜索像素选区的半径范围以查找亮度相近的像素，并且会扔掉与相邻像素差异太大的像素，然后用搜索到的像素的中间亮度值来替换中心像素。

图 7-154

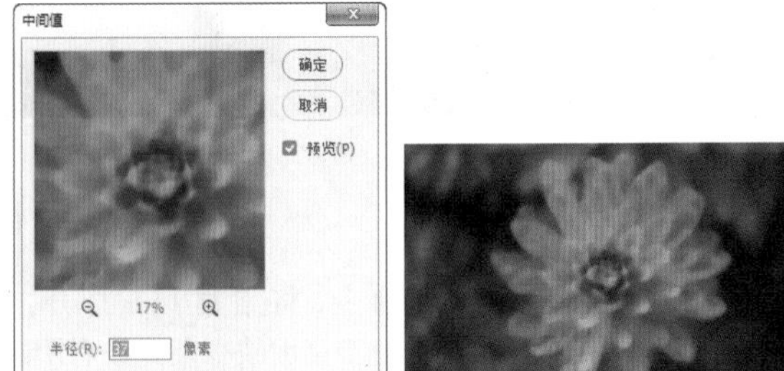

图 7-155　　图 7-156

练习实例：使用“添加杂色”滤镜制作雪景

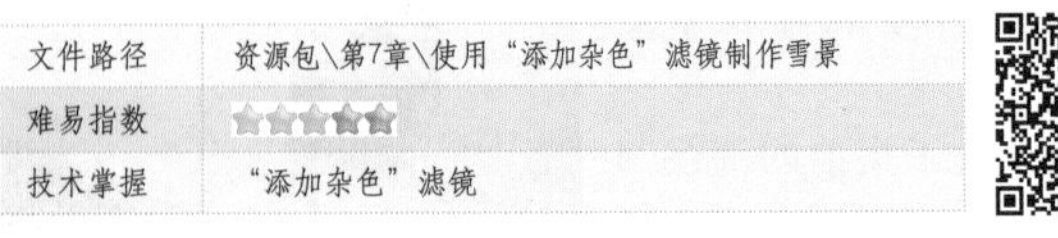

文件路径	资源包\第7章\使用“添加杂色”滤镜制作雪景
难易指数	★★★★★
技术掌握	“添加杂色”滤镜

扫一扫，看视频

案例效果

本例处理前后的对比效果如图7-157和图7-158所示。

图 7-157　　图 7-158

操作步骤

步骤 01 执行“文件>打开”命令，打开素材1.jpg，如图7-159所示。新建一个图层，设置前景色为黑色，按快捷键Alt+Delete填充颜色为黑色，如图7-160所示。

图 7-159　　图 7-160

步骤 02 选中“图层1”，执行“滤镜>杂色>添加杂色”命令，在弹出的“添加杂色”窗口中设置“数量”为25%，选中“高斯分布”单选按钮，勾选“单色”复选框，然后单击“确定”按钮完成设置，如图7-161所示。效果如图7-162所示。

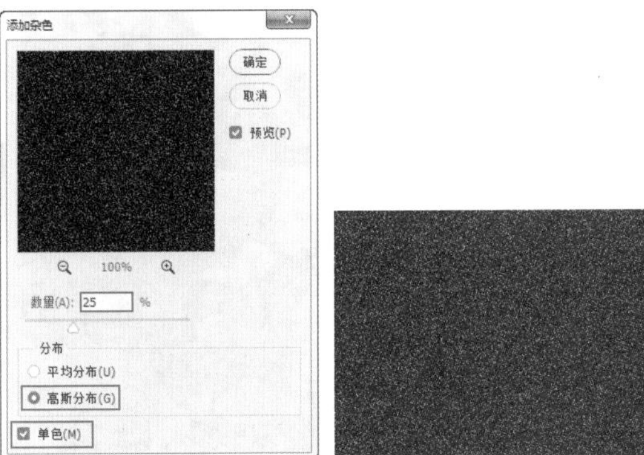

图 7-161　　图 7-162

步骤 03 选中“图层1”，使用“矩形选框工具”绘制一个小一些的矩形选区，如图7-163所示。按快捷键Ctrl+Shift+I将选区反选，按Delete键删除。然后按快捷键Ctrl+D取消选区，此时只保留一小部分图形，如图7-164所示。

图 7-163

图 7-164

步骤 04 按快捷键Ctrl+T调出定界框，然后将图形放大到与画布等大，如图7-165所示。选择该图层，执行“滤镜>模糊>动感模糊”命令，在弹出的“动感模糊”窗口中设置“角度”为-40度，“距离”为30像素，然后单击“确定”按钮，如图7-166所示。

图 7-165

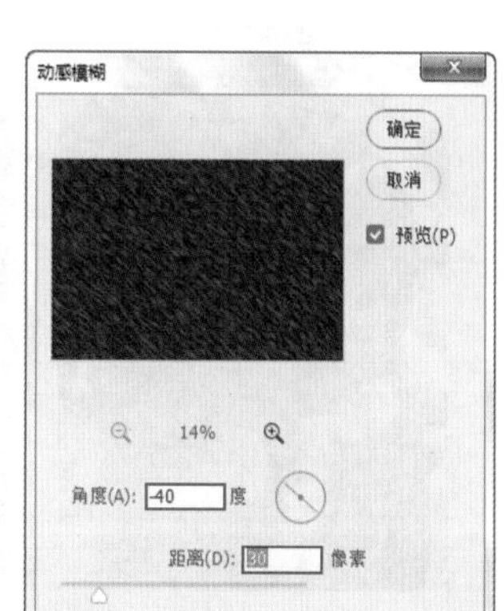

图 7-166

步骤 05 选择该图层，在“图层”面板中设置“混合模式”为“滤色”，“不透明度”为75%，如图7-167所示。画面效果如图7-168所示。

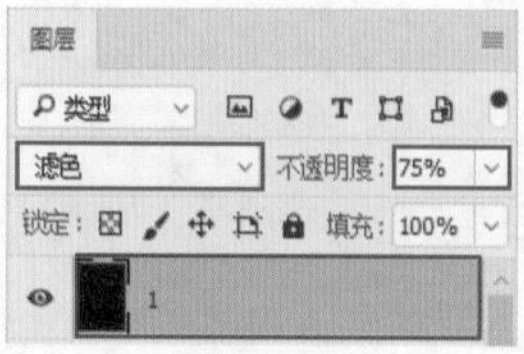

图 7-167

图 7-168

步骤 06 丰富雪的层次。选择此图层，按快捷键Ctrl+J将图层进行复制，然后按快捷键Ctrl+T，按住Shift键等比例扩大，按Enter键完成操作，并设置该图层“不透明度”为100%，如图7-169所示。最终效果如图7-170所示。

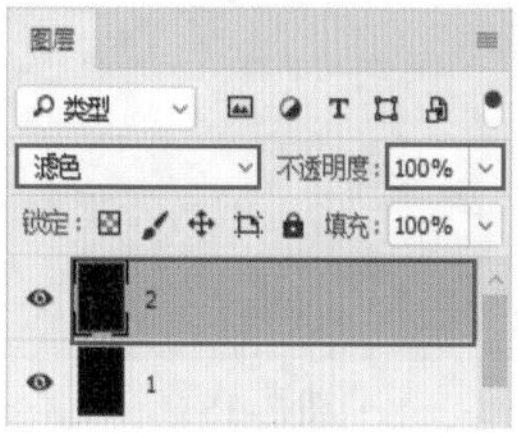

图 7-169

图 7-170

练习实例：制作磨砂质感的反光

文件路径	资源包\第7章\制作磨砂质感的反光
难易指数	★★★★★
技术掌握	“添加杂色”滤镜、“高斯模糊”滤镜

扫一扫，看视频

案例效果

本例处理前后的对比效果如图7-171和图7-172所示。

图 7-171

图 7-172

操作步骤

步骤 01 执行“文件>打开”命令，将素材1.jpg打开，如图7-173所示。在当前环境下，由于桌面缺少反光或者阴影，所以看起来不是很协调。本例需要制作商品的倒影，增强真实感。由于当前的照片中桌面具有一定的磨砂质感，所以制作出的反光部分需要添加一些“杂点”才能看起来更真实。

步骤 02 由于当前的商品显示出了正面和侧面，且两个面

图 7-173

的透视感不同，所以倒影部分需要分别进行制作。首先制作商品正面部分的倒影。在工具箱中选择“多边形套索工具”通过拖曳得到商品正面的选区，如图7–174所示。按快捷键Ctrl+J将选区中的像素复制到独立图层，这个图层将用来制作倒影。然后执行“编辑>变换>垂直翻转”命令，此时画面效果如图7–175所示。

图7–174

图7–175

提示：为什么要将商品正面和侧面分开制作倒影效果

因为商品是立体的，若采用传统的将商品抠出来，然后垂直翻转的方法，那么会有一个面是无法与底部重合的，如图7–176所示。

图7–176

步骤03 将复制的图层向下移动到商品的底部，如图7–177所示。按快捷键Ctrl+T调出定界框，然后按住Ctrl键拖动控制点，对倒影图形进行扭曲调整，使这部分与瓶子的底边相贴合，如图7–178所示。调整结束后，按Enter键确定变换。

图7–177

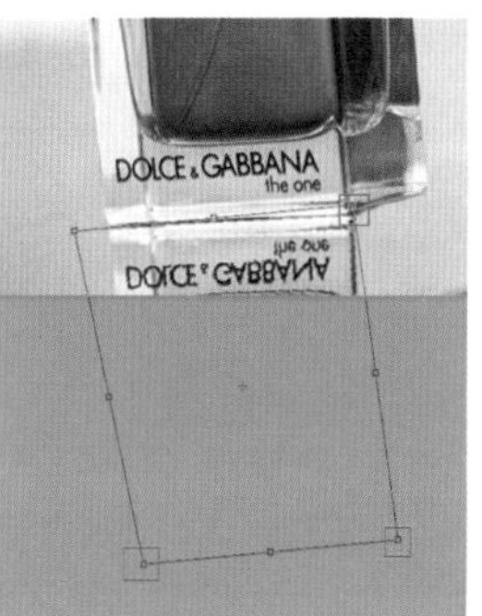

图7–178

步骤04 扭曲完成后选中该图层，在“图层”面板中设置“不透明度”为80%，如图7–179所示。此时画面效果如图7–180所示。

图7–179

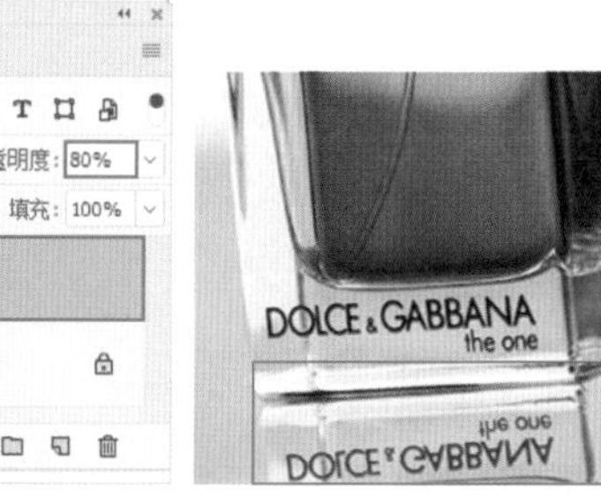

图7–180

步骤05 单击“图层”面板底部的“添加图层蒙版”按钮，为该图层添加图层蒙版，如图7–181所示。单击选中图层蒙版，将前景色设置为黑色；然后选择工具箱中的“画笔工具”，在选项栏中选择一种柔边缘的画笔，将笔尖大小设置为125像素；接着在画面中倒影底部进行涂抹，制作出倒影半透明的效果，如图7–182所示。

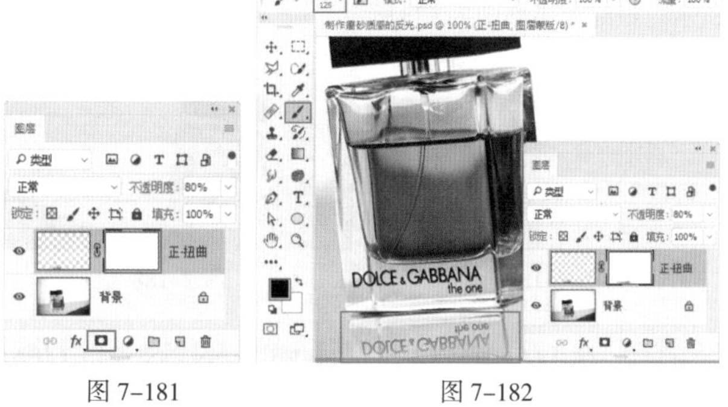

图7–181　　图7–182

步骤06 因为桌子材质的关系，倒影应该是模糊不清的，而此时倒影的效果太过清晰，就需要进行高斯模糊。选择该图层，执行“滤镜>模糊>高斯模糊”命令，在弹出的“高斯模糊”窗口中设置“半径”为5像素，单击“确定”按钮，如图7–183所示。此时倒影效果如图7–184所示。

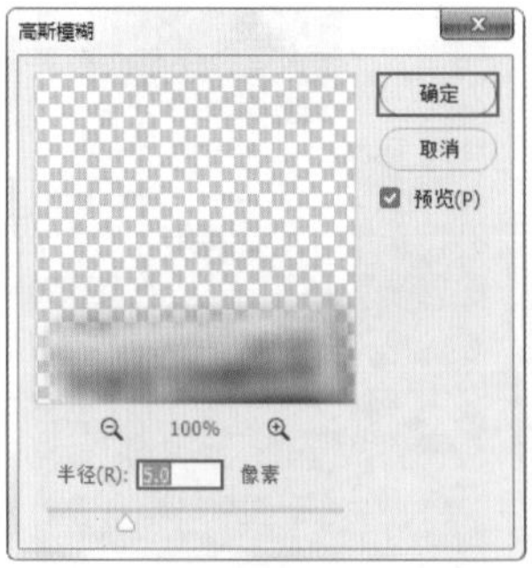

图 7-183

图 7-184

步骤 07 因为画面中噪点比较多，所以也需要为倒影添加噪点。选择该图层，执行“滤镜>杂色>添加杂色”命令，在弹出的“添加杂色”窗口中设置“数量”为5%，选中“高斯分布”单选按钮，然后单击“确定”按钮，如图7-185所示。此时画面效果如图7-186所示。

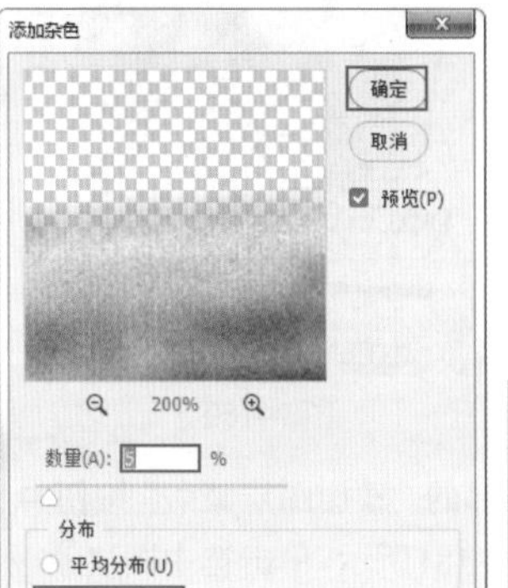

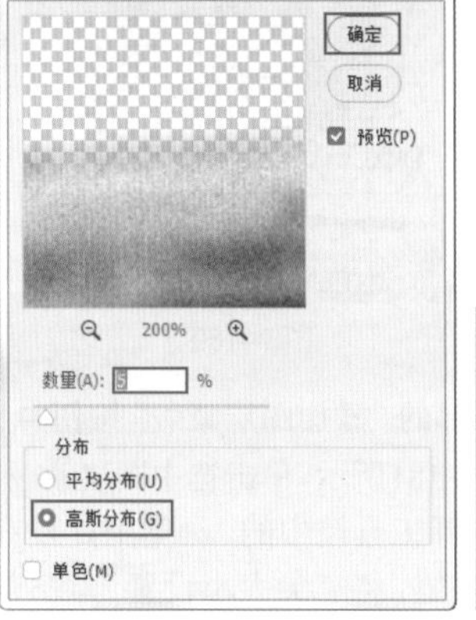

图 7-185

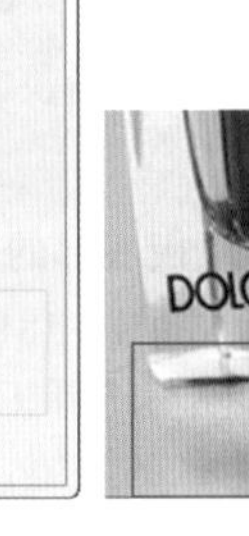

图 7-186

步骤 08 使用同样的方法制作商品侧面的倒影，如图7-187所示。最终效果如图7-188所示。

图 7-187

图 7-188

7.3 制作带有运动感的模糊图像

执行“滤镜>模糊”命令，在弹出的子菜单中可以看到多种用于模糊图像的滤镜，如图7-189所示。这些滤镜适用的场合不同：“高斯模糊”滤镜是最常用的图像模糊滤镜；“模糊”滤镜、“进一步模糊”滤镜属于无参数滤镜，没有参数可供调整，适合于轻微模糊的情况；“表面模糊”滤镜、“特殊模糊”滤镜常用于图像降噪；“动感模糊”滤镜、“径向模糊”滤镜会沿一定方向进行模糊；“方框模糊”滤镜、“形状模糊”滤镜是以特定的形状进行模糊；“镜头模糊”滤镜常用于模拟大光圈摄影效果；“平均”滤镜用于获取整个图像的平均颜色值。

“模糊画廊”滤镜组中的滤镜同样是对图像进行模糊处理的，但这些滤镜主要用于为数码照片制作特殊的模糊效果，比如模拟景深、旋转模糊、移轴摄影、微距摄影等特殊效果。这些简单、有效的滤镜非常适合摄影工作者使用。图7-190所示为该滤镜组中不同滤镜的效果。

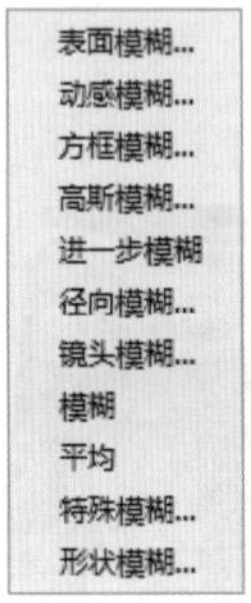

图 7-189

图 7-190

重点 7.3.1 动感模糊：制作运动模糊效果

“动感模糊”滤镜可以模拟出高速跟拍而产生的带有运动方向的模糊效果。打开一张图片，如图7-191所示。执行“滤镜>模糊>动感模糊”命令，在弹出的“动感模糊”窗口中进行相关参数的设置，如图7-192所示。单击“确定”按钮，动感模糊效果如图7-193所示。

“动感模糊”滤镜可以沿指定的方向（-360°～360°），以指定的距离（1～999）进行模糊，所产生的效果类似于在固定的曝光时间拍摄一个高速运动的对象。

图 7-191

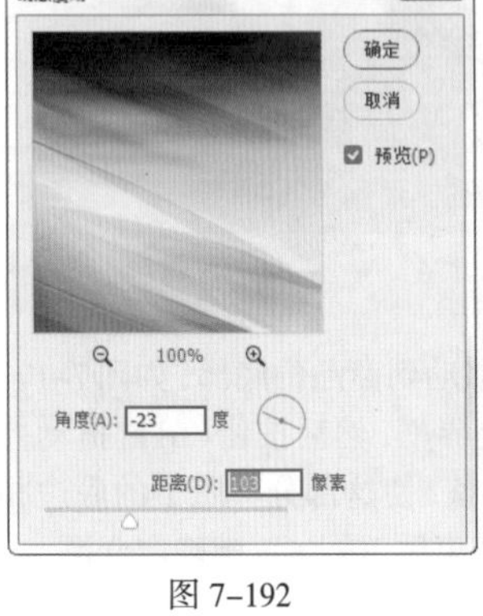

图 7-192

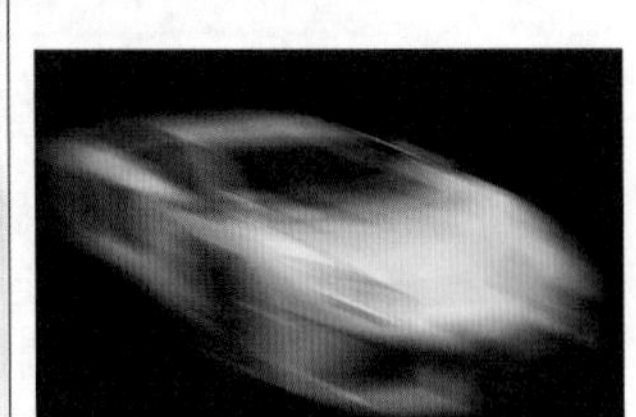

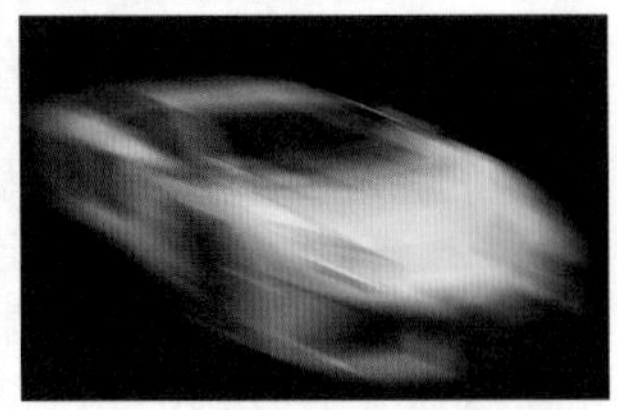

图 7-193

- 角度：用来设置模糊的方向。图7-194所示为不同“角度”的对比效果。

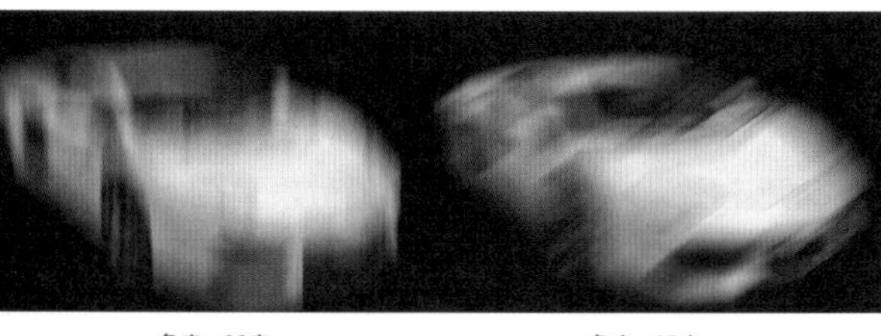

图 7-194

- 距离：用来设置像素模糊的程度。图7-195所示为不同“距离”的对比效果。

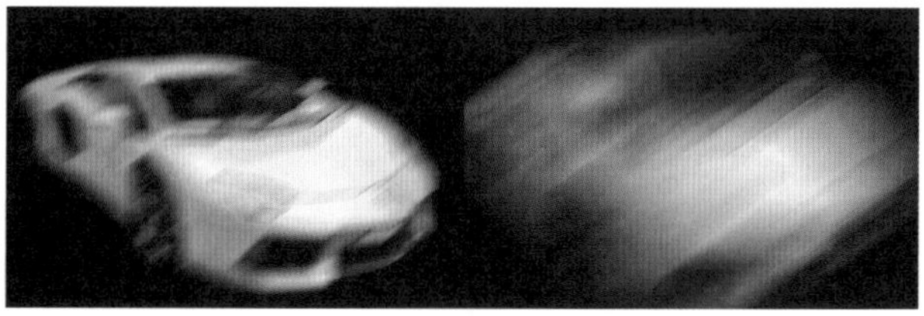

距离：50像素　　距离：250像素

图 7-195

练习实例：使用“动感模糊”滤镜制作运动画面

文件路径	第7章\使用“动感模糊”滤镜制作运动画面
难易指数	★★★★★
技术掌握	智能滤镜、“动感模糊”滤镜

扫一扫，看视频

案例效果

本例效果如图7-196所示。

图 7-196

操作步骤

步骤 01 执行“文件>打开”命令，打开素材1.jpg，如图7-197所示。选择“背景”图层，按快捷键Ctrl+J进行复制。选择复制的图层，执行“滤镜>转换为智能滤镜”命令，效果如图7-198所示。

图 7-197 　　图 7-198

步骤 02 执行“滤镜>模糊>动感模糊”命令，在弹出的“动感模糊”窗口中设置“角度”为30度，“距离”为298像素，单击“确定”按钮完成设置，如图7-199所示。此时画面效果如图7-200所示。

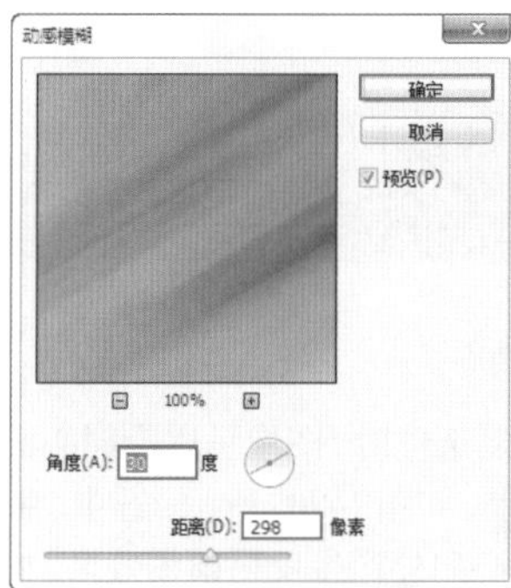

图 7-199　　图 7-200

步骤 03 接着将人像显现出来。在“图层”面板中选中“智能滤镜”的图层蒙版；单击工具箱中的“画笔工具”按钮，在选项栏中设置画笔“大小”为150像素，硬度为0%；将前景色设置为黑色；然后在人像的位置进行涂抹，此时人像就会显现出来，如图7-201所示。继续进行涂抹，最终效果如图7-202所示。

图 7-201　　图 7-202

7.3.2 径向模糊

“径向模糊”滤镜用于模拟缩放或旋转相机时所产生的模糊。打开一张图片，如图7-203所示。执行“滤镜>模糊>径向模糊”命令，在弹出的“径向模糊”窗口中设置模糊的方

法、品质以及数量，然后单击“确定”按钮，如图7-204所示。画面效果如图7-205所示。

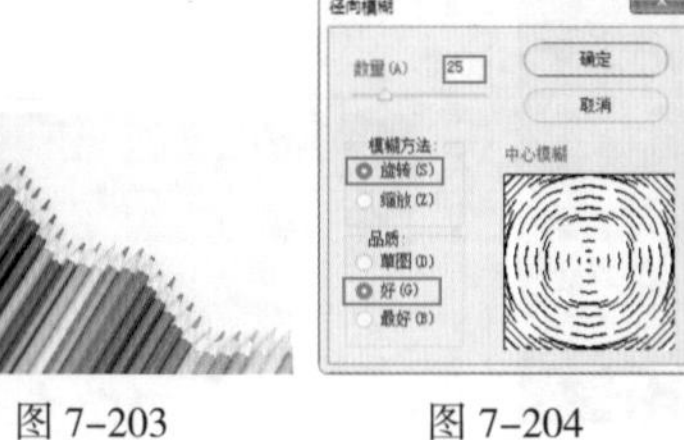

图7-203

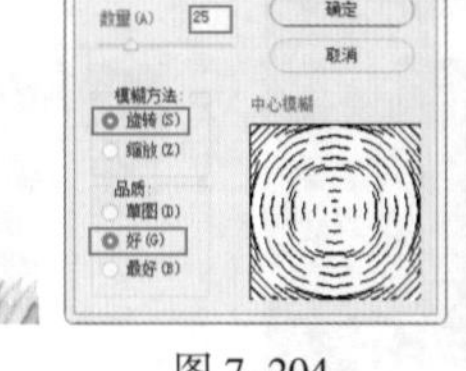

图7-204

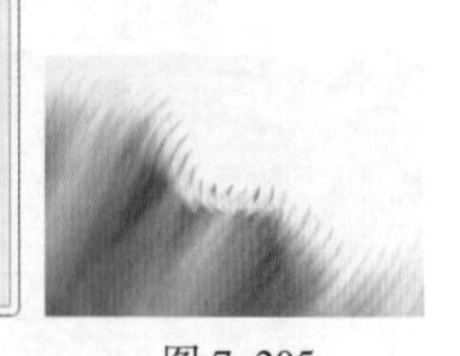

图7-205

- 数量：用于设置模糊的强度。数值越高，模糊效果越明显。图7-206所示为“数量”为10和50的对比效果。

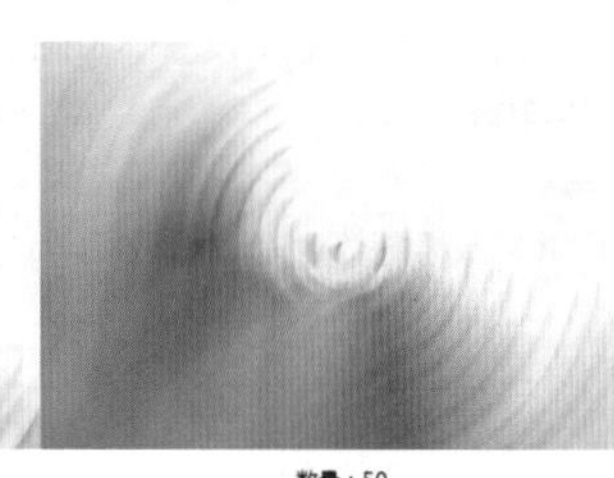

数量：10　　数量：50

图7-206

- 模糊方法：选中“旋转”复选框时，图像可以沿同心圆环线产生旋转的模糊效果，如图7-207所示；选中“缩放”复选框时，可以从中心向外产生反射模糊效果，如图7-208所示。

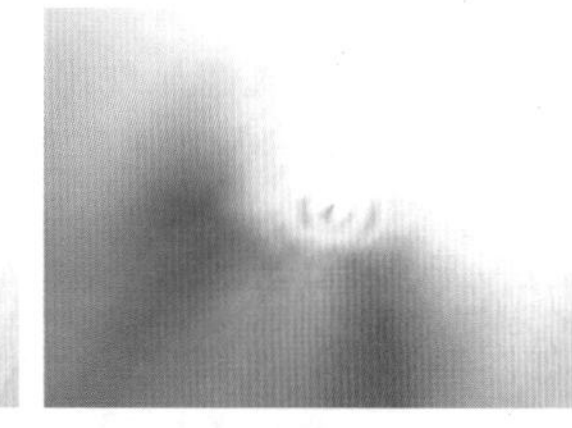

图7-207　　图7-208

- 中心模糊：将光标放置在设置框中，按住鼠标左键拖曳可以定位模糊的原点。原点位置不同，模糊中心也不同，图7-209和图7-210所示分别为不同原点的旋转模糊效果。

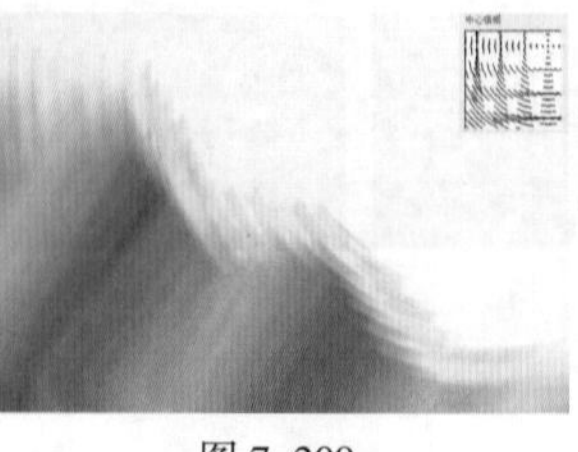

图7-209

图7-210

- 品质：用来设置模糊效果的质量。“草图”的处理速度较快，但会产生颗粒效果；“好”和“最好”的处理速度较慢，但是生成的效果比较平滑。

7.3.3 动手练：路径模糊

“路径模糊”滤镜可以沿着一定方向进行画面模糊。使用该滤镜可以在画面中创建任意角度的直线或者弧线的控制杆，像素沿着控制杆的走向进行模糊。“路径模糊”滤镜可以制作动态的模糊效果，并且能够制作出多角度、多层次的模糊效果。

(1) 打开一张图片或者选定一个需要模糊的区域(此处选择了背景部分)，如图7-211所示。执行“滤镜>模糊画廊>路径模糊”命令，打开模糊画廊窗口。在默认情况下，画面中央有一个箭头形的控制杆。在窗口右侧进行参数的设置，可以看到画面中所选的部分发生了横向的带有运动感的模糊，如图7-212所示。

图7-211

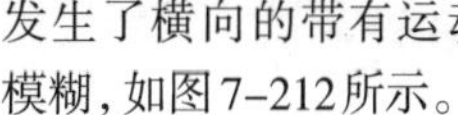

图7-212

(2) 拖曳控制点可以改变控制杆的形状，同时会影响模糊的效果，如图7-213所示。也可以在控制杆上单击添加控制点，并调整箭头的形状，如图7-214所示。

图7-213

图7-214

(3) 在画面中按住鼠标左键拖曳即可添加控制杆，如图7-215所示。勾选“编辑模糊形状”复选框，会显示红色的控制线，拖曳控制点也可以改变模糊效果，如图7-216所示。若要删除控制杆，可以按Delete键。

图 7-215　　图 7-216

（4）在窗口右侧可以通过调整“速度”参数调整模糊的强度，调整“锥度”参数调整模糊边缘的渐隐强度，如图 7-217 所示。调整完成后单击“确定”按钮，效果如图 7-218 所示。

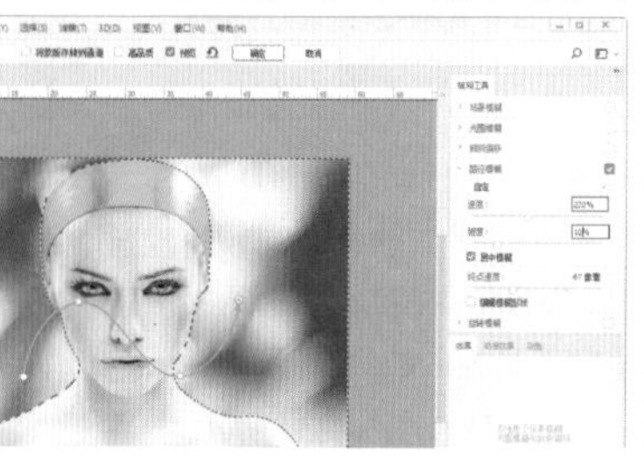

图 7-217

图 7-218

7.3.4　动手练：旋转模糊

“旋转模糊”滤镜与“径向模糊”较为相似，但是“旋转模糊”比“径向模糊”滤镜功能更加强大。“旋转模糊”滤镜可以一次性在画面中添加多个模糊点，还能够随意控制每个模糊点模糊的范围、形状与强度。“径向模糊”滤镜常用于模拟拍照时旋转相机所产生的模糊效果，以及旋转的物体产生的模糊效果。比如模拟运动中的车轮，或者模拟旋转的视角，如图 7-219 和图 7-220 所示。

图 7-219　　图 7-220

（1）打开一张图片，如图 7-221 所示。执行“滤镜 > 模糊画廊 > 旋转模糊”命令，打开模糊画廊窗口。在该窗口中，画面中央位置有一个“控制点”用来控制模糊的位置，在窗口的右侧调整“模糊角度”数值来调整模糊的强度，如图 7-222 所示。

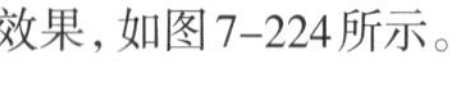

（2）拖曳外侧圆形控制点即可调整控制框的形状、大小，如图 7-223 所示。拖曳内侧圆形控制点可以调整模糊的过渡效果，如图 7-224 所示。

图 7-221

图 7-222

图 7-223

图 7-224

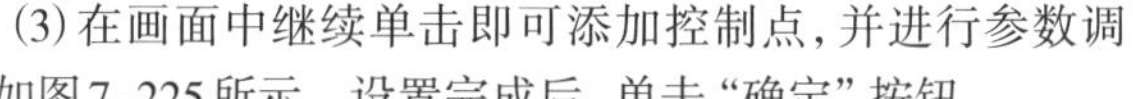

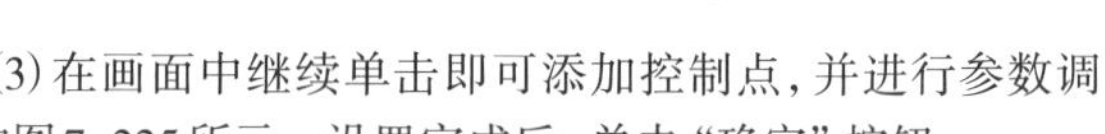

（3）在画面中继续单击即可添加控制点，并进行参数调整，如图 7-225 所示。设置完成后，单击“确定”按钮。

图 7-225

举一反三：让静止的车“动”起来

首先我们来观察一下图 7-226 所示的汽车。从清晰的轮胎上看来，这辆汽车可能是静止的，至少看起来像是静止的。那么如何使汽车看起来在“动”呢？我们可以想象一下飞驰而过的汽车，车轮轮毂细节几乎是看不清楚的，如图 7-227 所示。

图 7-226

图 7-227

那么使用“高斯模糊”滤镜将其处理成模糊的可以吗？答案是不可以。因为车轮是围绕一个圆点进行旋转，所以产生的模糊感应该是带有向心旋转的模糊。那么最适合的就是

“旋转模糊”滤镜了。选择该图层，执行“滤镜>模糊画廊>旋转模糊”命令，调整模糊控制点的位置，使范围覆盖在汽车轮胎上，如图7-228所示。接着在另一个轮胎上单击添加控制点，并同样调整其模糊范围，如图7-229所示。最后单击“确定”按钮，即可产生轮胎在转动的感觉，这样汽车也就“跑”起来了，如图7-230所示。如果照片中还带有背景，那么可以单独对背景部分进行一定的“运动模糊”处理。

图 7-228

图 7-229　　图 7-230

7.4 特殊的模糊效果

扫一扫，看视频

重点 7.4.1 镜头模糊：模拟大光圈/浅景深效果

摄影爱好者对“大光圈”这个词肯定不陌生，使用大光圈镜头可以拍摄出主体物清晰、背景虚化柔和(也就是专业术语中所说的“浅景深”)的效果。这种“浅景深”效果在拍摄人像或者景物时非常常用。而在Photoshop中，使用“镜头模糊”滤镜能模仿出非常逼真的浅景深效果。这里所说的“逼真”是因为“镜头模糊”滤镜可以通过“通道”或“蒙版”中的黑白信息为图像中的不同部分施以不同程度的模糊，而“通道”和“蒙版”中的信息则是我们可以轻松控制的。

(1)打开一张图片，然后制作出需要进行模糊的选区，如图7-231所示。打开“通道”面板，新建Alpha 1通道。由于需要模糊的部分为铁轨以外的部分，所以可以将铁轨部分在通道中填充为黑色，而铁轨以外的部分则按照远近关系进行填充(因为真实世界中的景物存在“近实远虚”的视觉效果，越近的部分应该越清晰，越远的部分应该越模糊)。此处为铁轨以外的部分按照远近填充由白色到黑色的渐变，如图7-232所示。在通道中白色的区域为被模糊的区域，所以天空位置为白色，地平线的位置为灰色，而且前景为黑色。

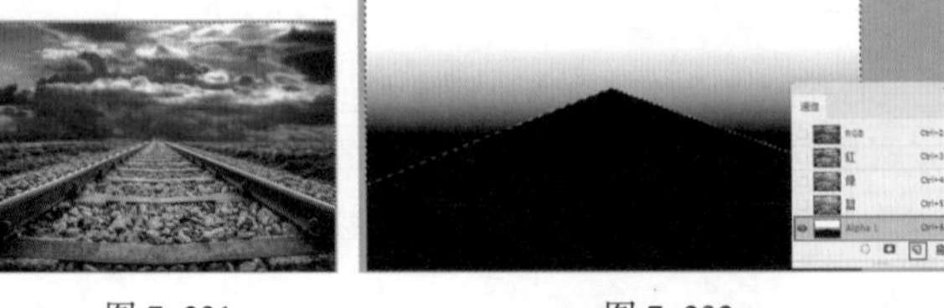

图 7-231

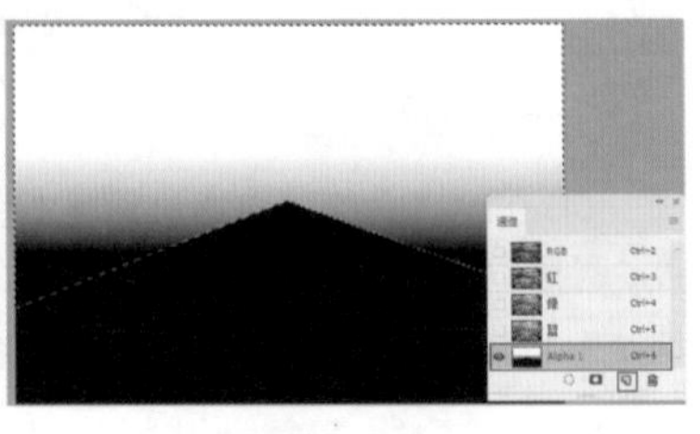

图 7-232

(2)单击RGB复合通道，按快捷键Ctrl+D取消选区。回到“图层”面板中，选择风景图层。执行“滤镜>模糊>镜头模糊”命令，在弹出的“镜头模糊”窗口中设置“源”为Alpha 1，“模糊焦距”为20，“半径”为50，如图7-233所示。设置完成后单击“确定”按钮，景深效果如图7-234所示。

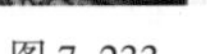

图 7-233

图 7-234

- 预览：用来设置预览模糊效果的方式。选中“更快”单选按钮，可以提高预览速度；选中“更加准确”单选按钮，可以查看模糊的最终效果，但生成的预览时间更长。
- 深度映射：在“源”下拉列表框中可以选择使用Alpha通道或图层蒙版来创建景深效果（前提是图像中存在Alpha通道或图层蒙版），其中通道或蒙版中的白色区域将被模糊，而黑色区域则保持原样；“模糊焦距”选项用来设置位于焦点内的像素的深度；“反相”选项用来反转Alpha通道或图层蒙版。
- 光圈：该选项组用来设置模糊的显示方式。“形状”下拉列表框用来选择光圈的形状；“半径”选项用来设置模糊的数量；“叶片弯度”选项用来设置对光圈边缘进行平滑处理的程度；“旋转”选项用来旋转光圈。
- 镜面高光：该选项组用来设置镜面高光的范围。“亮度”选项用来设置高光的亮度；“阈值”选项用来设置亮度的停止点，比停止点值亮的所有像素都被视为镜面高光。
- 杂色：“数量”选项用来在图像中添加或减少杂色；“分

布”选项组用来设置杂色的分布方式，包含“平均分布”和“高斯分布”两种；如果选中“单色”单选按钮，则添加的杂色为单一颜色。

举一反三：多层次模糊使产品更突出

一张好的商品照片首先要做到主次分明。如果画面中不仅包括商品本身，还包括一些装饰元素，在拍摄时经常会运用较大的光圈，使主体物处于焦点范围内，显得清晰而锐利；将装饰物置于焦点外，使其模糊。这种大光圈带来的景深感会随着物体的远近而产生不同的模糊效果，既突出了主体物，又能够通过不同的模糊程度呈现出一定的空间感。因此，很多商品照片在进行后期处理时，经常会运用模糊滤镜来模拟这样的景深感。

(1) 打开一张摄影作品，如图7-235所示。如果对主体物以外的画面进行统一的“高斯模糊”处理，可能会使画面失去层次感，如图7-236所示。而借助“镜头模糊”滤镜，则可以有针对性地按照距离的远近对画面进行不同程度的模糊。想要实现不同程度的模糊，就需要创建一个为不同区域填充不同明度黑白颜色的通道。要保持清晰的部分需要在通道中将该区域填充为白色，需要适当模糊的部分填充为浅灰色，模糊程度越大的部分需要使用越深的颜色。

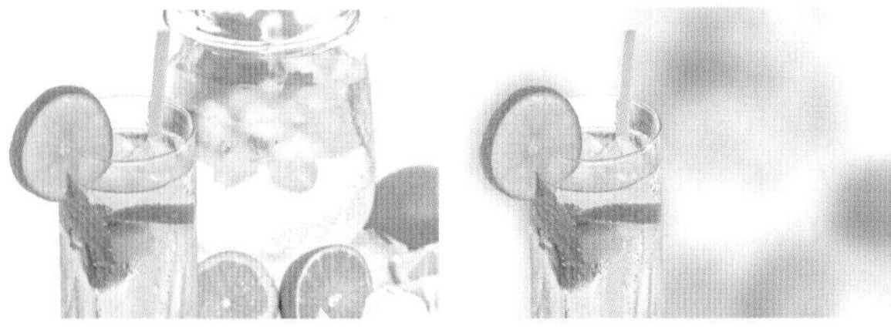

图7-235　　图7-236

(2) 首先需要分析画面的主次关系。在这张图片中，前面的杯子应该是最清晰的，最后侧的玻璃罐子应该是最模糊的，底部的水果应该是轻微模糊的。首先使用“快速选择工具”得到杯子的选区，如图7-237所示。接着在“通道”面板中新建Alpha 1通道，因为杯子是最清晰的，所以将选区填充为白色，如图7-238所示。

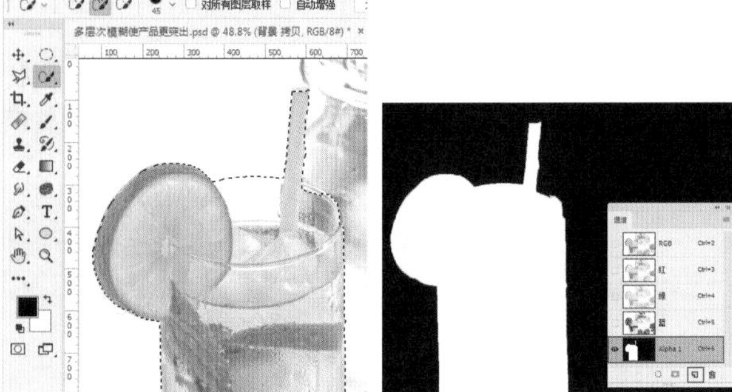

图7-237　　图7-238

(3) 接下来，使用同样的方法分别得到后侧玻璃罐子和水果的选区，并在Alpha 1通道中填充不同明度的灰色。因为玻璃罐子是最模糊的，所以填充深灰色；前方的水果是轻微模糊的，所以填充浅灰色；后侧的水果为比较模糊的，所以填充为中明度灰色，如图7-239所示。

图7-239

(4) 在“图层”面板中选择“背景”图层，执行“滤镜>模糊>镜头模糊”命令，在弹出的“镜头模糊”窗口中设置“源”为Alpha 1通道，接着向右拖动“模糊焦距”滑块将数值设置到最大，然后设置“半径”为100，如图7-240所示。设置完成后单击“确定”按钮，此时画面中的物体产生不同程度的模糊，效果如图7-241所示。

图7-240　　图7-241

7.4.2 场景模糊：定点模糊

以往的模糊滤镜几乎是以同一个参数对整个画面进行模糊，而“场景模糊”滤镜则可以在画面中不同的位置添加多个控制点，并对每个控制点设置不同的模糊数值，这样就能使画面中不同的部分产生不同的模糊效果。

(1) 打开一张图片，如图7-242所示。执行“滤镜>模糊画廊>场景模糊”命令，打开模糊画廊窗口。默认情况下，在画面的中央位置有一个“控制点”，这个控制点是用来控制模糊位置的；在窗口的右侧通过设置“模糊”数值控制模糊的强度，如图7-243所示。

图7-242　　图7-243

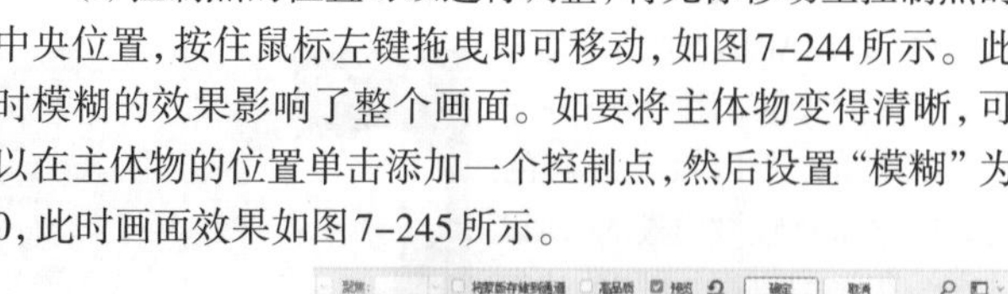

(2) 控制点的位置可以进行调整，将光标移动至控制点的中央位置，按住鼠标左键拖曳即可移动，如图7–244所示。此时模糊的效果影响了整个画面。如要将主体物变得清晰，可以在主体物的位置单击添加一个控制点，然后设置“模糊”为0，此时画面效果如图7–245所示。

图7–244　　图7–245

(3) 如果要让模糊呈现出层次感，可以添加多个控制点，并根据层次关系调整不同的“模糊”数值，如图7–246所示。设置完成后单击“确定”按钮，效果如图7–247所示。

图7–246　　图7–247

- **光源散景**：用于控制光照亮度，数值越大高光区域的亮度就越高。
- **散景颜色**：通过调整数值控制散景区域颜色的程度。
- **光照范围**：通过调整滑块用色阶来控制散景的范围。

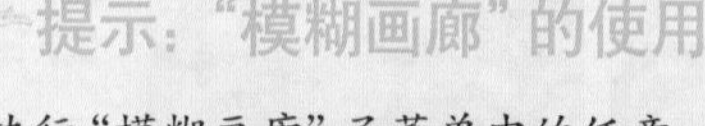

提示：“模糊画廊”的使用

执行“模糊画廊”子菜单中的任意一个命令，都会打开模糊画廊窗口。在该窗口右侧的面板中可以看到其他的模糊画廊滤镜，勾选其后方的复选框即可启用，可以同时启用多个模糊画廊滤镜，如图7–248所示。

图7–248

重点 7.4.3　动手练：光圈模糊

“光圈模糊”滤镜是一个单点模糊滤镜，可以根据不同的要求对焦点(也就是画面中清晰的部分)的大小与形状、图像其余部分的模糊数量以及清晰区域与模糊区域之间的过渡效果进行相应的设置。

(1) 打开一张图片，如图7–249所示。执行“滤镜>模糊画廊>光圈模糊”命令，打开模糊画廊窗口。在该窗口中可以看到画面中有一个控制点并且带有控制框，该控制框以外的区域为被模糊的区域。在右侧的面板可以设置“模糊”选项控制模糊的程度，如图7–250所示。

图7–249　　图7–250

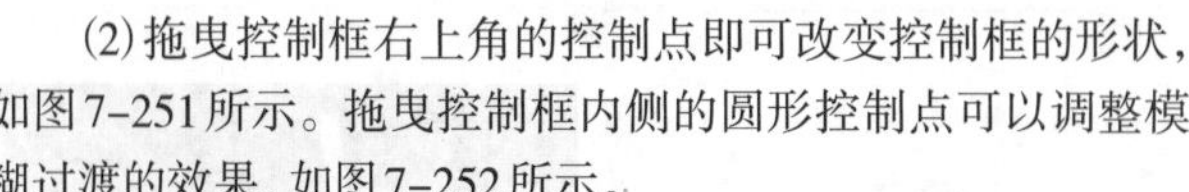

(2) 拖曳控制框右上角的控制点即可改变控制框的形状，如图7–251所示。拖曳控制框内侧的圆形控制点可以调整模糊过渡的效果，如图7–252所示。

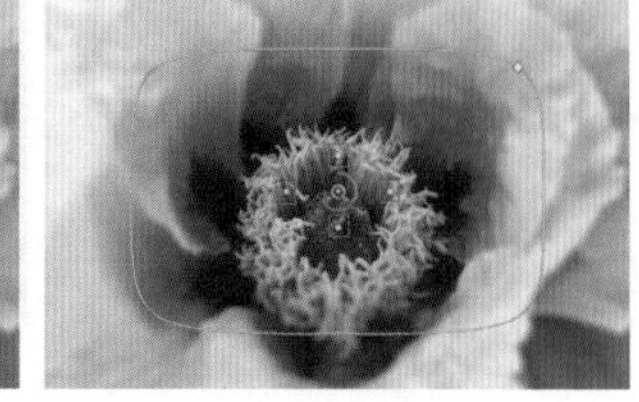

图7–251　　图7–252

（3）拖曳控制框上的控制点可以将控制框进行旋转，如图7-253所示。拖曳“中心点”可以调整模糊的位置，如图7-254所示。

（4）设置完成后单击“确定”按钮，效果如图7-255所示。

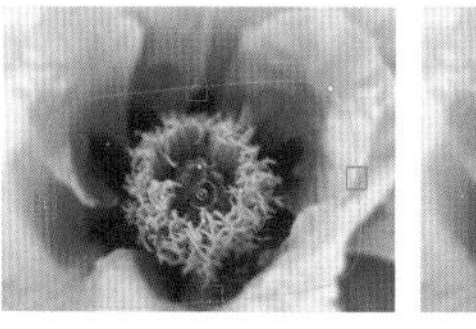
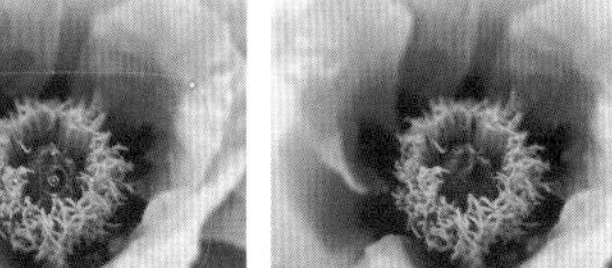

图7-253　　图7-254　　图7-255

重点 7.4.4 移轴模糊：轻松打造移轴摄影

所谓移轴摄影，即移轴镜摄影，泛指利用移轴镜头创作的作品。这是一种特殊的摄影类型，从画面上看所拍摄的照片效果就像是缩微模型一样，非常特别。图7-256和图7-257所示为移轴摄影作品。如果没有移轴镜头，想要制作移轴摄影效果，怎么办？答案当然是通过Photoshop进行后期调整。在Photoshop中使用“移轴模糊”滤镜可以轻松地模拟移轴摄影效果。

图7-256　　图7-257

（1）打开一张图片，如图7-258所示。执行“滤镜>模糊画廊>移轴模糊”命令，打开模糊画廊窗口，在右侧的面板中调整模糊的强度，如图7-259所示。

图7-258　　图7-259

（2）如果想要调整画面中清晰区域的范围，可以按住鼠标左键拖曳“中心点”的位置，如图7-260所示。拖曳上下两端的“虚线”可以调整清晰和模糊范围的过渡效果，如图7-261所示。

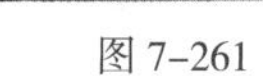

图7-260　　图7-261

（3）按住鼠标左键拖曳实线上圆形的控制点可以旋转控制框，如图7-262所示。参数调整完成后单击“确定”按钮，效果如图7-263所示。

图7-262　　图7-263

7.5 其他模糊效果

7.5.1 方框模糊

“方框模糊”滤镜能够以“方块”的形式对图像进行模糊处理。打开一张图片，如图7-264所示。执行“滤镜>模糊>方框模糊”命令，打开“方框模糊”窗口，如图7-265所示。此时软件基于相邻像素的平均颜色值来模糊图像，生成的模糊效果类似于方块的模糊感，如图7-266所示。“半径”选项用于调整计算指定像素平均值的区域大小，数值越大，产生的模糊效果越强，效果如图7-267所示。

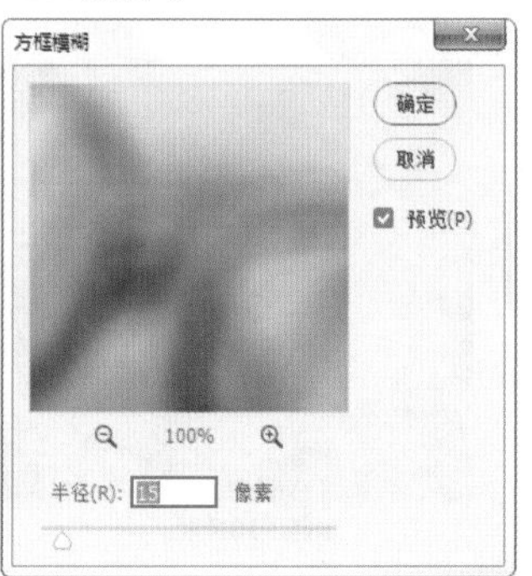

图7-264　　图7-265

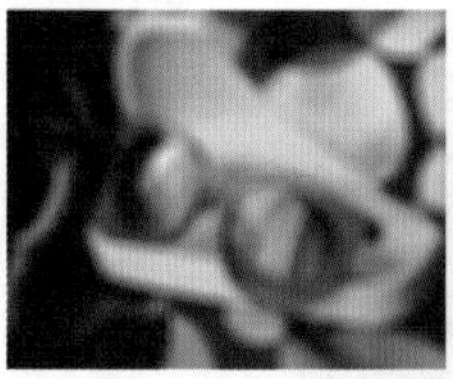

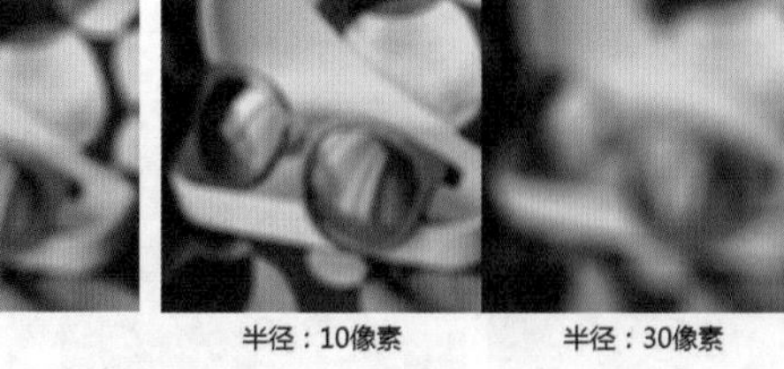
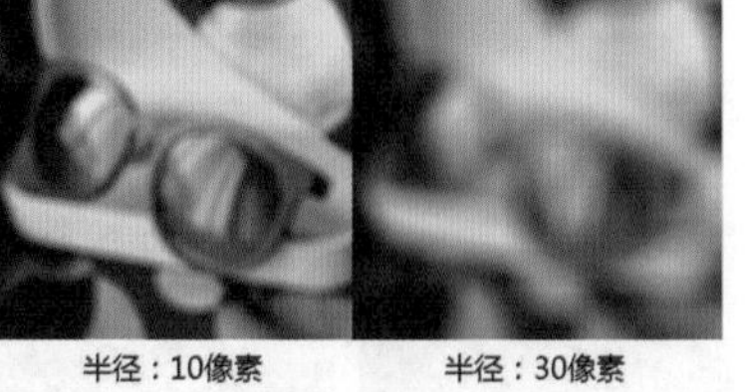
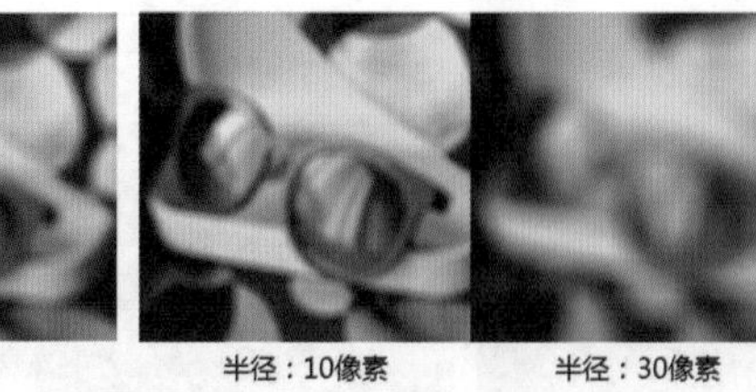

图 7-266　　图 7-267

7.5.2 形状模糊

“形状模糊”滤镜能够以特定的“图形”对画面进行模糊化处理。选择一张需要模糊的图片，如图7-268所示。执行“滤镜>模糊>形状模糊”命令，在弹出的“形状模糊”窗口中选择一个合适的形状，设置“半径”数值，然后单击“确定”按钮，如图7-269和图7-270所示。

图 7-268

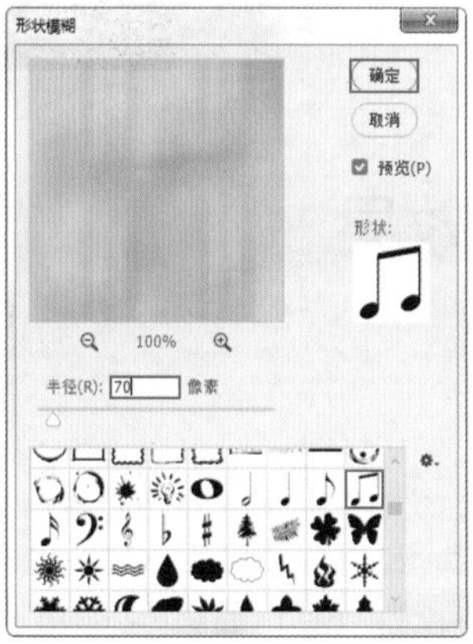

图 7-269 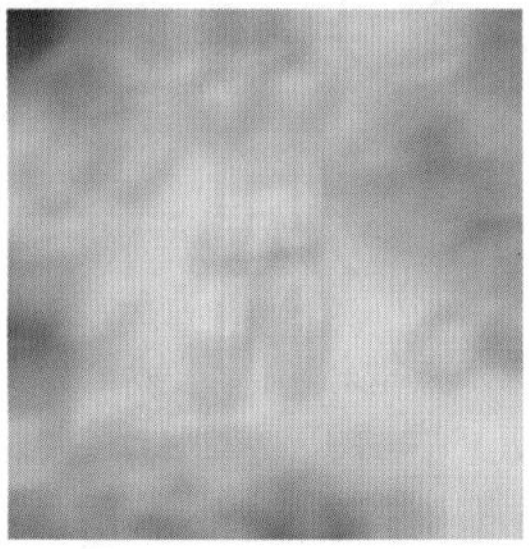　　图 7-270

- 半径：用来调整形状的大小。数值越大，模糊效果越好。图7-271所示为“半径”为10像素和70像素的对比效果。

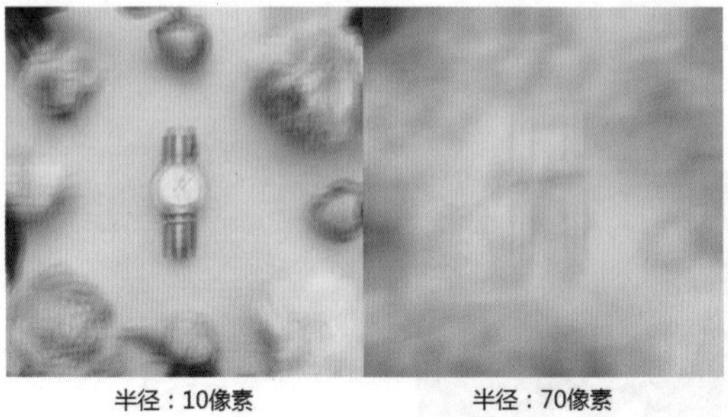

图 7-271

- 形状列表框：在形状列表框中选择一个形状，可以使用该形状来模糊图像。单击形状列表框右侧的 按钮，可以载入预设的形状或外部的形状。图7-272和图7-273所示为不同形状的对比效果。

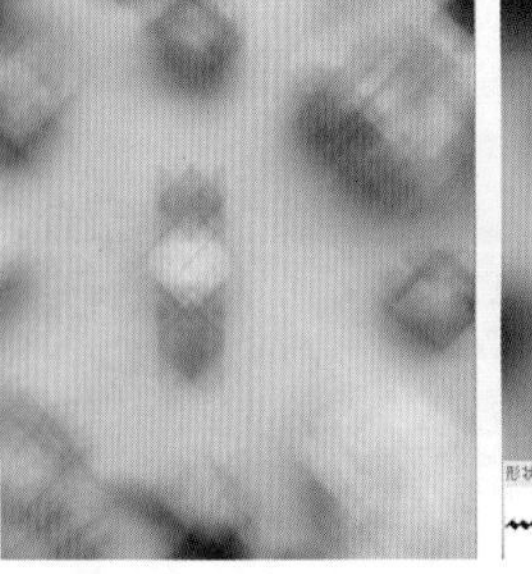
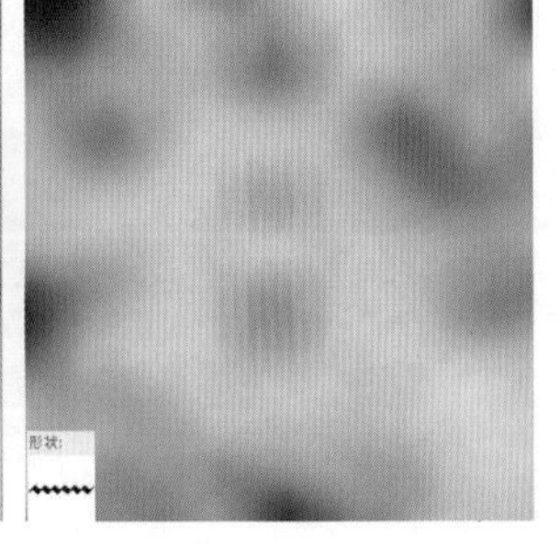

图 7-272　　图 7-273

7.5.3 特殊模糊

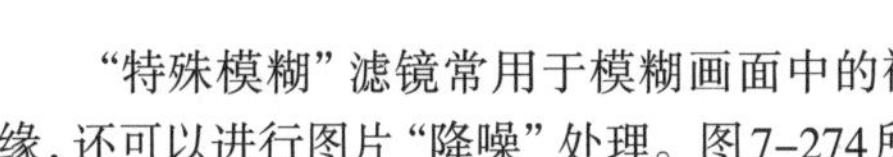
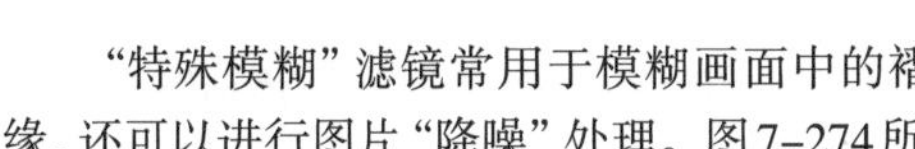
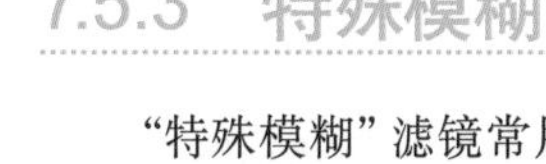

“特殊模糊”滤镜常用于模糊画面中的褶皱、重叠的边缘，还可以进行图片“降噪”处理。图7-274所示为一张图片的细节图，我们可以看到有轻微噪点。执行“滤镜>模糊>特殊模糊”命令，在弹出的“特殊模糊”窗口中进行参数设置，如图7-275所示。设置完成后单击“确定”按钮，效果如图7-276所示。“特殊模糊”滤镜只对有微弱颜色变化的区域进行模糊，模糊效果细腻。添加该滤镜后既能够最大程度上保留画面内容的真实形态，又能够使小的细节变得柔和。

图 7-274

图 7-275 　　图 7-276

7.5.4 平均：得到画面平均颜色

“平均”滤镜常用于提取出画面中颜色的“平均值”。打开一张图片或者在图像上绘制一个选区，如图7-277所示。执行“滤镜>模糊>平均”命令，该区域变为平均色效果，如图7-278所示。“平均”滤镜可以查找图像或选区的平均颜色，并使用该颜色填充图像或选区，以创建平滑的外观效果。

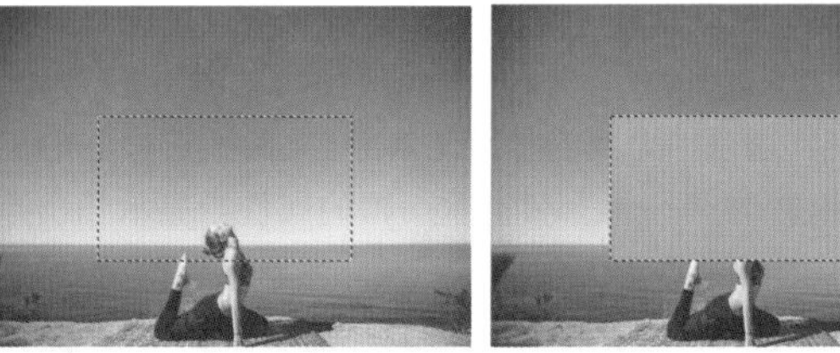

图 7-277　　图 7-278

使用该滤镜得到的颜色与画面整体色感非常统一，所以该颜色可以作为与原图相搭配的其他元素的颜色，如图7-279和图7-280所示。

图 7-279

图 7-280

7.6 制作简单的商品动态图

扫一扫，看视频

使用Photoshop可以创建多图连续切换显示的动态图像效果，即通常所说的“帧动画”。这种动画形式是通过将多个图形快速播放，从而形成动态的画面效果。“帧动画”与电影胶片、动画片的播放模式非常接近，都是在“连续的关键帧”中分解动画动作，然后连续播放形成动画，如图7-281和图7-282所示。

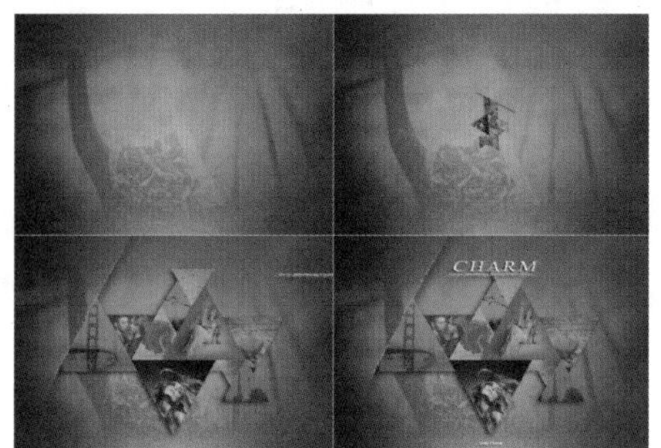

图 7-281

图 7-282

7.6.1 认识帧动画“时间轴”面板

执行“窗口>时间轴”命令，打开“时间轴”面板。单击创建模式下拉列表框右侧的▼按钮，在弹出的下拉列表框中选择“创建帧动画”选项，如图7-283所示。

此时“时间轴”面板显示为“帧动画”模式。在该模式下，“时间轴”面板中将显示动画中的每个帧的缩览图；面板底部的各按钮分别用于浏览各个帧、设置循环选项、添加和删除帧，以及预览动画等，如图7-284所示。

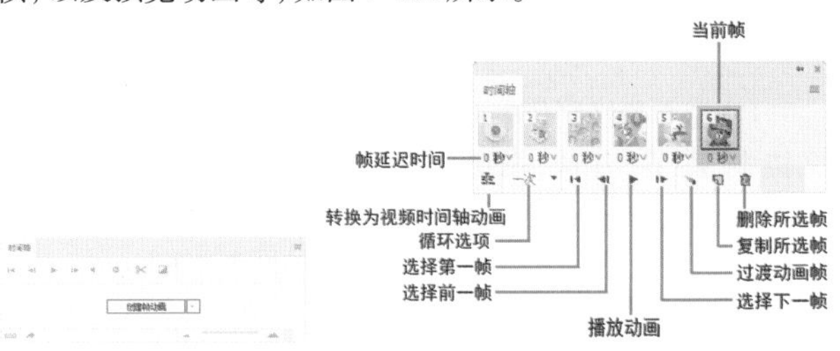

图 7-283　　图 7-284

- 帧延迟时间：设置单个帧在播放时持续的时间。
- “转换为视频时间轴动画”按钮：单击该按钮，即可将面板切换到“视频时间轴”模式。
- 循环选项：动画的循环播放方式，选择“一次”则播放一次后停止，选择“永远”则循环播放动画效果。
- “选择第一帧”按钮：单击该按钮，即可快速切换到第一帧。
- “选择前一帧”按钮：单击该按钮，即可快速选中前一帧。
- “播放动画”按钮：单击该按钮，可以开始或停止动画的播放。
- “选择下一帧”按钮：单击该按钮，即可快速选中后一帧。
- “过渡动画帧”按钮：在两个现有帧之间添加一系列帧，使这两帧之间产生过渡效果。单击“过渡动画帧”按钮，在弹出的“过渡”窗口中可以对过渡方式、过渡的帧数等选项进行设置，如图7-285所示。设置完成后在“时间轴”面板中会添加过渡帧，如图7-286所示。接着单击“播放”按钮即可查看过渡的效果，如图7-287所示。

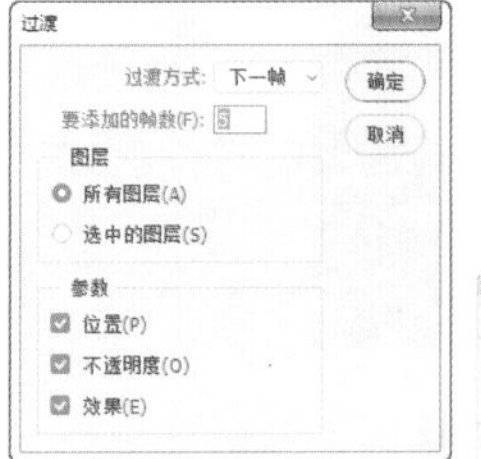

图 7-285　　图 7-286

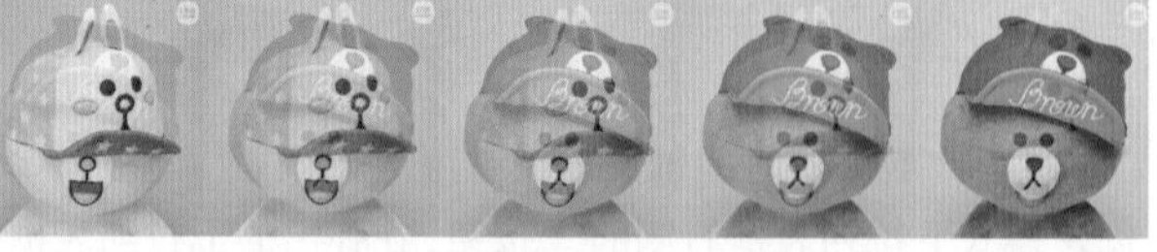

图 7-287

- “复制所选帧”按钮：单击该按钮，即可复制出当前所选的帧，以此创建新的帧。
- “删除所选帧”按钮：单击该按钮，即可删除所选帧。

7.6.2 动手练：创建帧动画

(1)先准备好制作帧动画的文件，如图7-288所示。在该文档中，除了“背景”图层外还有6个图层，每个图层中有一个图形。接下来，通过“帧动画”让图形依次显示出来。首先隐藏除了“背景”图层外的所有图层，如图7-289所示。

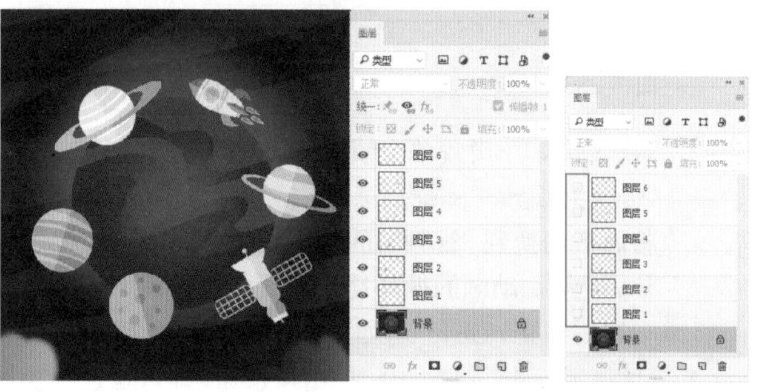

图 7-288　　图 7-289

(2)执行“窗口>时间轴”命令，打开“时间轴”面板。在中间的创建模式下拉列表框中选择“创建帧动画”选项，如图7-290所示。设置“帧延迟时间”为0.5秒，如图7-291所示。

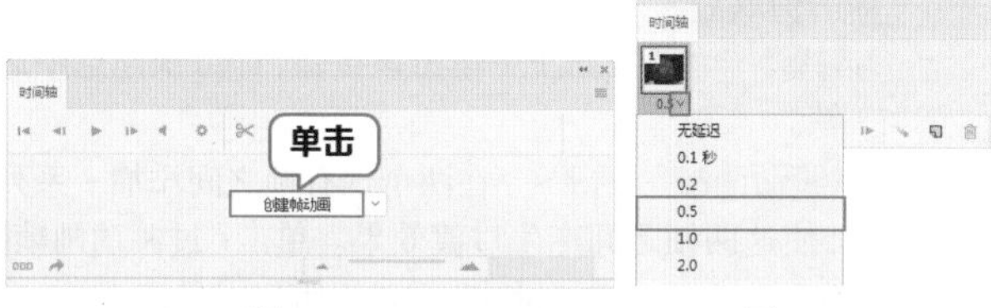

图 7-290　　图 7-291

(3)单击6次“复制所选帧”按钮，新建6帧，如图7-292示。接着单击选择第二帧，然后在“图层”面板中显示“图层1”，如图7-293所示。

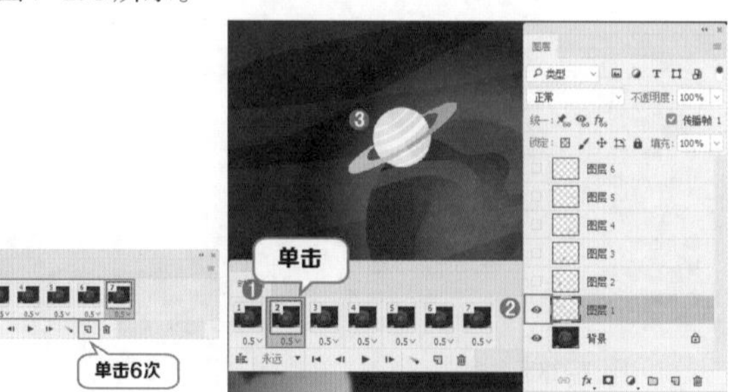

图 7-292　　图 7-293

(4)接下来设置第三帧。单击第三帧，可以发现画面中只有背景，如图7-294所示。刚才分明显示了“图层1”，为什么没有了呢？这是因为我们是通过单击“复制所选帧”按钮新建的帧，所以每一帧都带有第一帧的属性。显示“图层1”与“图层2”，如图7-295所示。

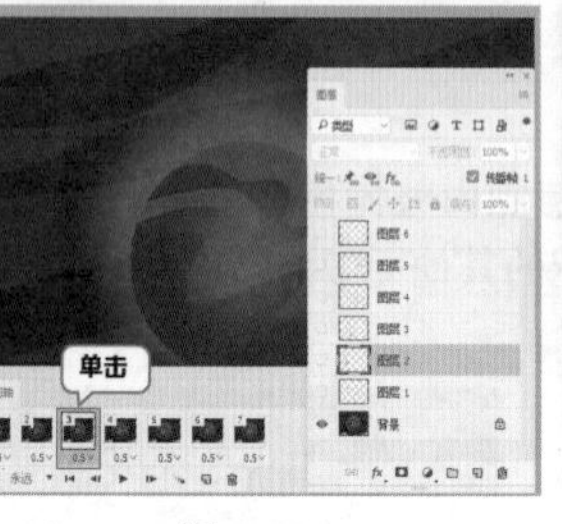

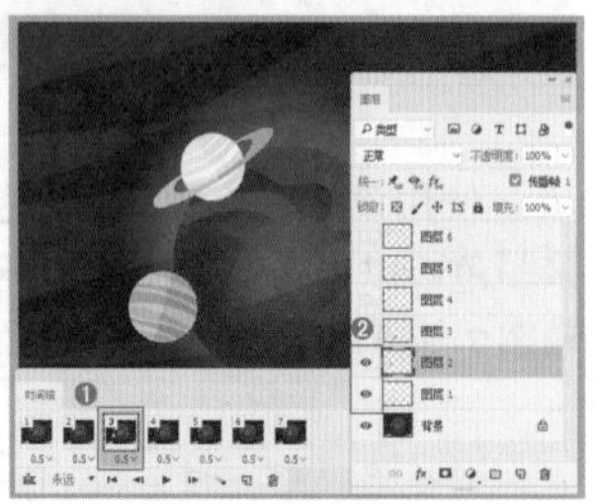

图 7-294　　图 7-295

(5)同理依次将各个帧的显示内容分别调整为不同的图案，然后设置循环选项为“永远”，如图7-296所示。

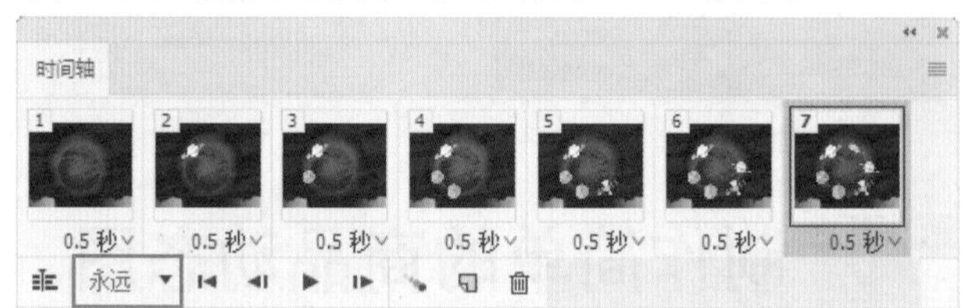

图 7-296

(6)单击“播放”按钮，即可查看播放效果，如图7-297所示。

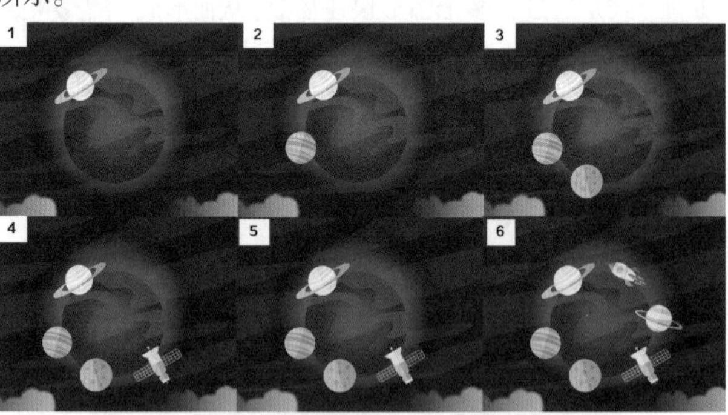

图 7-297

(7)编辑完视频图层后，可以将动画存储为GIF文件，以便在Web上观看。执行“文件>导出>存储为Web和设备所用格式(旧版)”命令，将制作的动态图像进行输出。在弹出的“存储为Web所用格式”窗口中设置格式为GIF，“颜色”为256。在左下角单击“预览”按钮，可以在Web浏览器中预览该动画在这里的图像查看区域(可以更准确地查看为Web创建的预览效果)。单击底部的“存储”按钮，并选择输出路径，即可将文档储存为GIF格式的动态图像，如图7-298所示。

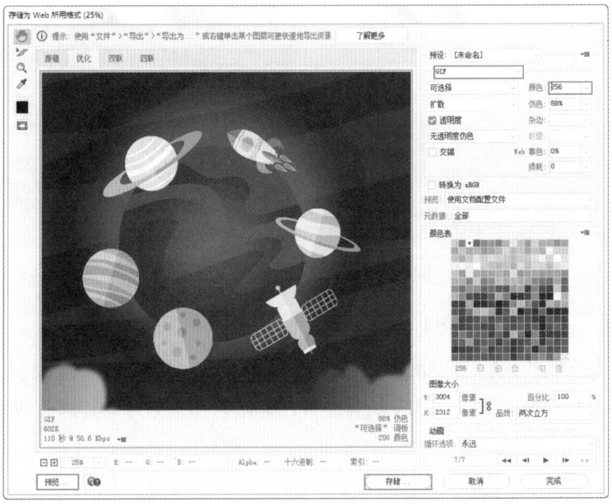

图 7-298

练习实例：动态商品展示图

文件路径	资源包\第7章\动态商品展示图
难易指数	★★★★★
技术掌握	帧动画的制作方法

扫一扫，看视频

案例效果

本例效果如图 7-299 所示。

图 7-299

操作步骤

步骤 01 执行“文件>打开”命令，打开包含多个图层的素材 1.psd，如图 7-300 所示。本例需要制作出不同颜色的商品快速切换展示的动态图，所以首先需要制作不同颜色的商品。

图 7-300

步骤 02 首先制作紫色的皮箱。选择皮箱所在图层，单击工具箱中的“快速选择工具”按钮，设置合适的笔尖大小，在皮箱外壳上按住鼠标左键拖动得到其选区，如图 7-301 所示。接着新建一个图层，将前景色设置为紫色，按快捷键 Alt+Delete 键进行填充，填充完成后按 Ctrl+D 组合键取消选区，如图 7-302 所示。

图 7-301 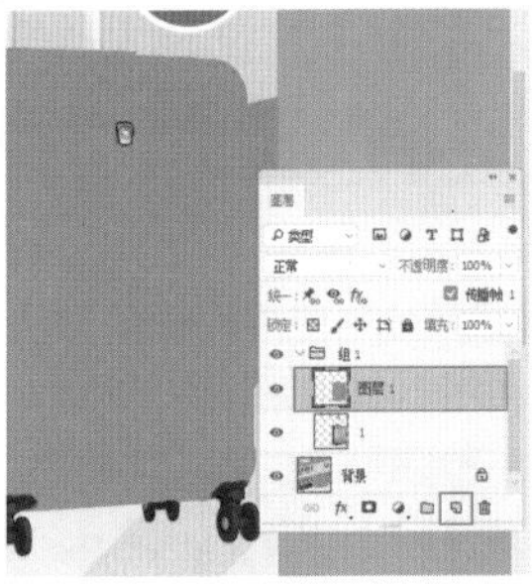　　图 7-302

步骤 03 选择该图层，设置“混合模式”为“叠加”，如图 7-303 所示。此时得到了紫色的皮箱，效果如图 7-304 所示。

图 7-303 　　图 7-304

步骤 04 选择“组 1”，按快捷键 Ctrl+J 进行复制，然后命名为“组 2”，如图 7-305 所示。

步骤 05 打开“组 2”，按住 Ctrl 键单击“图层 1”的缩览图得到其选区，然后将选区填充为蓝灰色，如图 7-306 所示。接着设置该图层的混合模式为“叠加”，如图 7-307 所示。

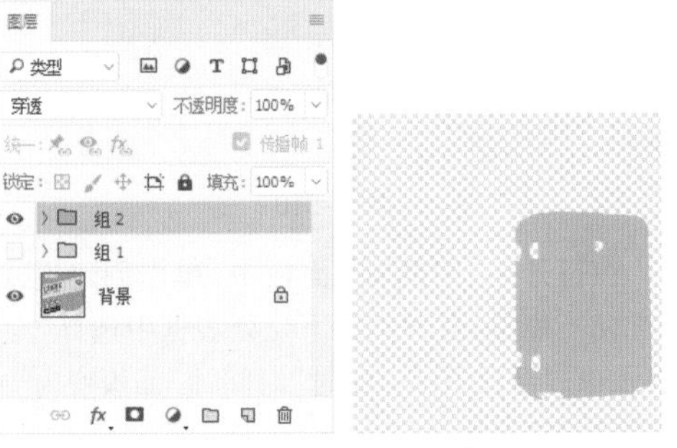

图 7-305　　图 7-306

图 7-307

步骤 06 使用同样的方法制作红色和黄色的皮箱，图7-308和图7-309所示。

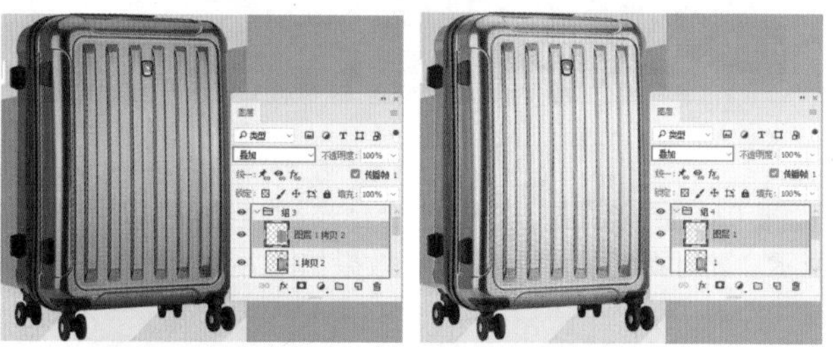

图 7-308　　图 7-309

步骤 07 执行“窗口>时间轴”命令，打开“时间轴”面板，如图7-310所示。

图 7-310

步骤 08 在打开的“时间轴”面板中，单击创建模式下拉列表框右侧的按钮，在弹出的下拉列表框中选择“创建帧动画”选项，如图7-311所示。此时“时间轴”面板变为“帧动画”模式，如图7-312所示。

图 7-311　　图 7-312

步骤 09 在“时间轴”面板中设置第一帧的帧延迟时间为0.2秒，如图7-313所示。设置循环次数为“永远”，如图7-314所示。

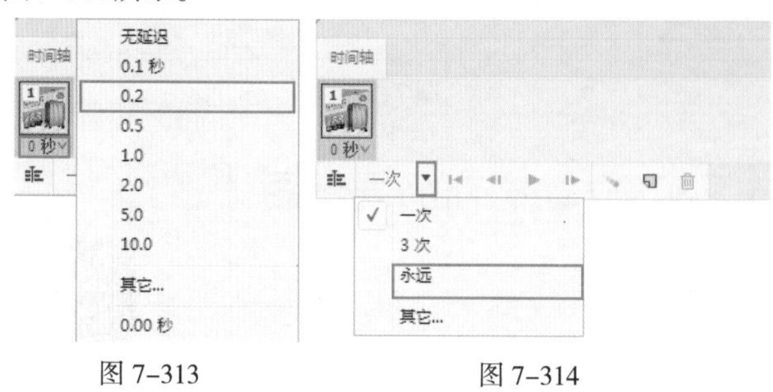

图 7-313　　图 7-314

步骤 10 单击3次“复制所选帧”按钮，新建区帧如图7-315所示。

图 7-315

步骤 11 在“时间轴”面板中直击第一帧，然后在“图层”面板中显示“背景”图层和“组1”图层组，其他图层组隐藏，如图7-316所示。接着在“时间轴”面板中单击选择第二帧，然后在“图层”面板中隐藏“组1”，显示“组2”，如图7-317所示。

图 7-316　　图 7-317

步骤 12 在“时间轴”面板中单击选择第三帧，然后在“图层”面板中隐藏“组2”，显示“组3”，如图7-318所示。接着在“时间轴”面板中单击选择第四帧，然后在“图层”面板中隐藏“组3”，显示“组4”，如图7-319所示。

图 7-318　　图 7-319

步骤 13 在"时间轴"面板中单击"播放"按钮(如图7-320所示),即可进行播放,效果如图7-321所示。

图 7-320

图 7-321

步骤 14 执行"文件>导出>储存为Web所用格式(旧版)"命令,在弹出的"存储为Web所用格式"窗口中设置格式为"GIF",单击"存储"按钮,完成文件的存储,如图7-322所示。

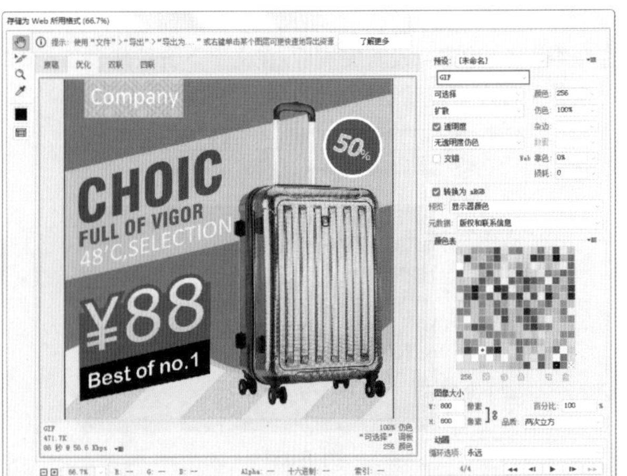

图 7-322

综合实例:暗色调食品类目展示页面

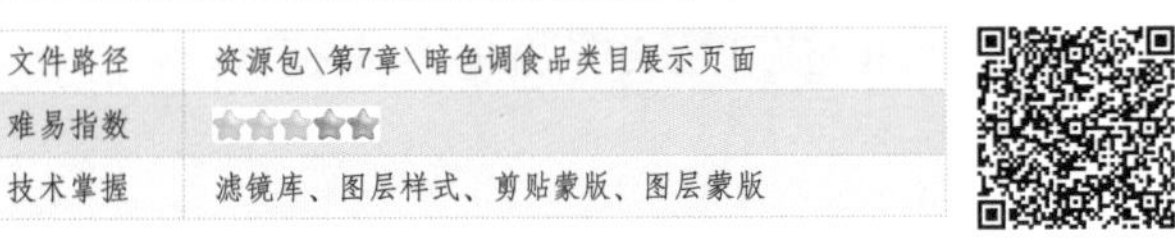

文件路径	资源包\第7章\暗色调食品类目展示页面
难易指数	★★★★★
技术掌握	滤镜库、图层样式、剪贴蒙版、图层蒙版

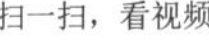

扫一扫,看视频

案例效果

本例效果如图7-323所示。

图 7-323

操作步骤

步骤 01 执行"文件>新建"命令,新建一个空白文档,如图7-324所示。

步骤 02 执行"文件>置入嵌入对象"命令,将背景素材1.jpg置入画面中,调整其大小及位置后按Enter键完成置入,如图7-325所示。在"图层"面板中右键单击该图层,在弹出的快捷菜单中执行"栅格化图层"命令,将该图层栅格化。

图 7-324　　图 7-325

步骤 03 选中背景素材图层,执行"滤镜>滤镜库"命令,在弹出的"滤镜库"窗口中单击打开"艺术效果"滤镜组,选择"粗糙蜡笔"滤镜,在右侧设置"描边长度"为6,"描边细节"为4,"纹理"为"画布","缩放"为100%,"凸现"为20,"光照"为"下",然后单击"确定"按钮,如图7-326所示。效果如图7-327所示。

图 7-326

步骤 04 单击工具箱中的“矩形工具”按钮，在选项栏中设置“绘制模式”为“形状”，“填充”为蓝灰色，“描边”为无。设置完成后，在画面中间位置按住鼠标左键拖动绘制出一个矩形，如图7-328所示。

图7-327

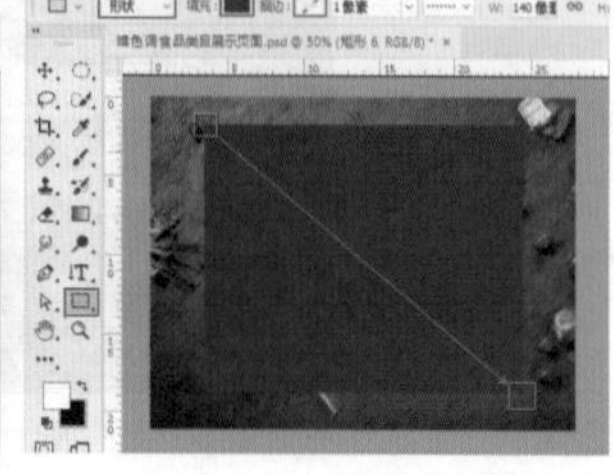

图7-328

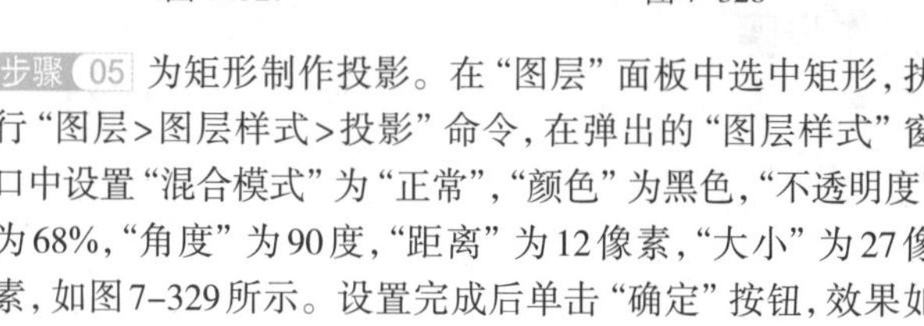

步骤 05 为矩形制作投影。在“图层”面板中选中矩形，执行“图层>图层样式>投影”命令，在弹出的“图层样式”窗口中设置“混合模式”为“正常”，“颜色”为黑色，“不透明度”为68%，“角度”为90度，“距离”为12像素，“大小”为27像素，如图7-329所示。设置完成后单击“确定”按钮，效果如图7-330所示。

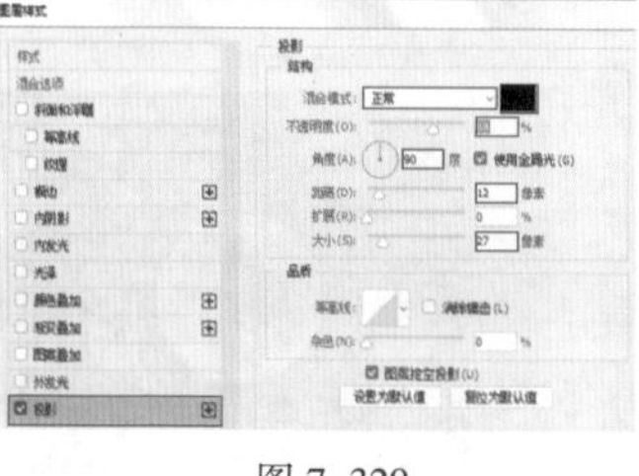

图7-329

图7-330

步骤 06 使用同样的方法将蓝灰色矩形上方的黑色矩形绘制出来，如图7-331所示。

步骤 07 将食物素材2.jpg置入文档内，调整大小及位置后将其栅格化，如图7-332所示。

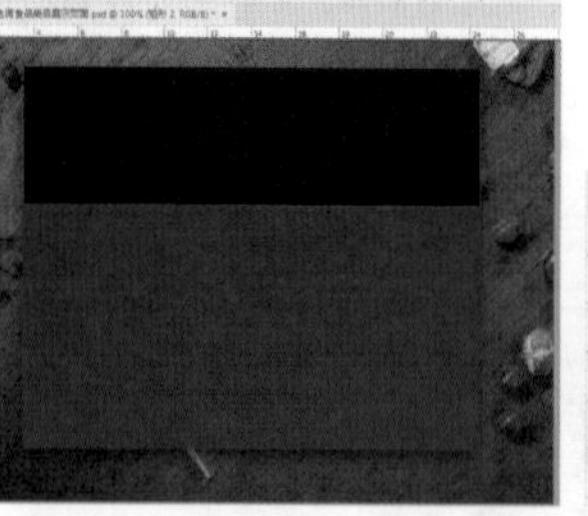

图7-331

图7-332

步骤 08 在“图层”面板中选中食物素材图层，单击“添加图层蒙版”按钮；然后单击工具箱中的“渐变工具”按钮，在选项栏中设置一种黑白系的渐变颜色，单击“线性渐变”按钮；选中食物素材图层的图层蒙版，回到画面中按住鼠标左键从右至左拖动，画面效果如图7-333所示。执行“图层>创建剪贴蒙版”命令，画面效果如图7-334所示。

图7-333

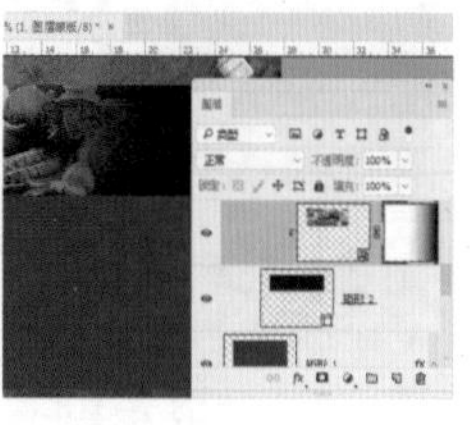

图7-334

步骤 09 单击工具箱中的“横排文字工具”按钮，在选项栏中设置合适的字体、字号，文字颜色设置为白色；设置完毕后在画面中合适的位置单击鼠标左键，建立文字输入的起始点。接着输入文字，文字输入完毕后按快捷键Ctrl+Enter，如图7-335所示。继续使用同样的方法输入下方文字，如图7-336所示(本例在制作过程中会多次用到“横排文字工具”，相关内容将在第12章中进行详细讲解。在本例的制作过程中涉及文字部分，可以打开素材7.psd，将其中的相关图层添加到当前文档中即可)。

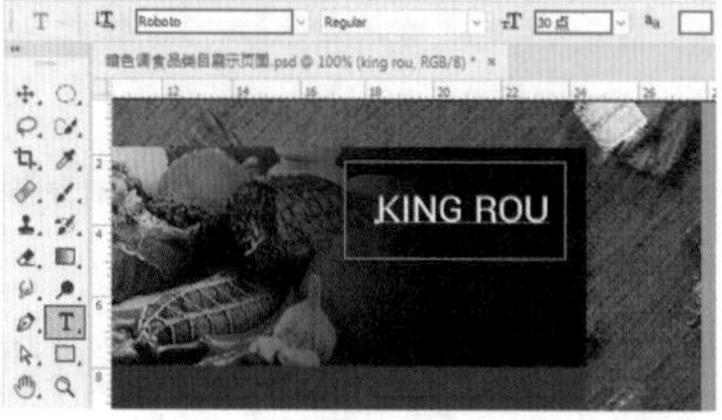

图7-335

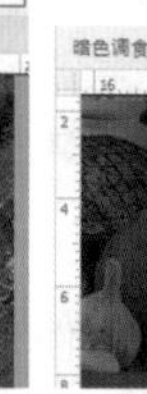

图7-336

步骤 10 单击工具箱中的“钢笔工具”按钮，在选项栏中设置“绘制模式”为“形状”，“填充”为无，“描边”为白色，“描边粗细”为1像素。设置完成后，在文字下方按住Shift键的同时按住鼠标左键拖动绘制直线，如图7-337所示。

图7-337

步骤 11 单击工具箱中的“圆角矩形工具”按钮，在选项栏中设置“绘制模式”为“形状”，“填充”为白色，“描边”为无，“半径”为2像素。设置完成后，在直线下方按住鼠标左键拖动，绘制一个圆角矩形，如图7-338所示。继续使用制作文字的方法输入圆角矩形上方文字，如图7-339所示。

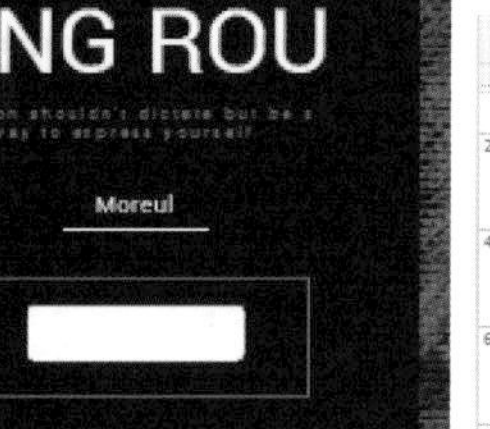

图 7-338

图 7-339

步骤 12 使用同样的方法将下方4个美食区绘制出来，如图7-340所示。

图 7-340

步骤 13 在工具箱中选择“自定形状工具”，在选项栏中设置“绘制模式”为“形状”，“填充”为白色，“描边”为无，选择合适的形状。设置完成后，在第三个美食区文字后方按住Shift键的同时按住鼠标左键拖动，绘制一个®图形，如图7-341所示。在“图层”面板中选中®图形图层，按快捷键Ctrl+J复制出一个相同的图层，然后将其移动到第四个美食区文字前方，如图7-342所示。

图 7-341

图 7-342

步骤 14 继续使用同样的方法将®图形复制并放置在第五个美食区文字的上方，最终效果如图7-343所示。

图 7-343

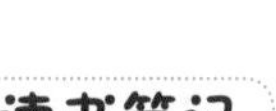

读书笔记

Chapter 8

第8章

扫一扫，看视频

批量快速处理淘宝图片

本章内容简介：

本章主要讲解几种能够在工作中提高效率、减少工作量的快捷功能。例如，“动作”就是一种能够将在一幅图像上进行的操作，“复制”到另外一个文件上的功能；“批处理”功能能够快速地对大量的商品图片进行相同的操作(例如调色、裁切等)；而“图像处理器”功能则能够帮助我们快速将大量的图片尺寸限定在一定范围内。熟练掌握这些功能的使用方法，能够大大减轻工作负担。

重点知识掌握：

- 记录动作与播放动作
- 载入动作库文件
- 使用批处理快速处理大量文件

通过本章学习，我能做什么？

对淘宝商品照片进行处理时，同一批拍摄的商品照片往往存在相同的问题，或者需要进行相同的处理。通过本章的学习，我们可以轻松应对大量重复的工作。例如，为一批商品照片进行批量的风格化调色，将大量图片转换为特定尺寸、特定格式，为大量的商品图片添加水印或促销信息等。

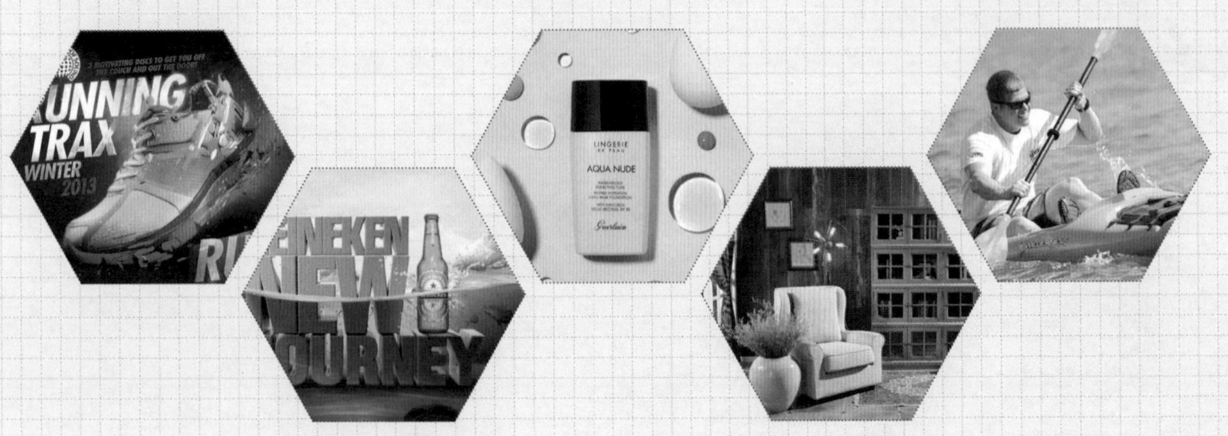

8.1 动作：自动处理商品照片

“动作”是一个非常方便的功能，可以快速对不同的图片进行相同的操作。例如处理一组婚纱照，想要使这些照片以相同的色调出现，此时使用“动作”功能最合适不过了。“录制”其中一张照片的处理流程，然后对其他照片进行“播放”，快速又准确，如图8-1所示。

图 8-1

8.1.1 认识“动作”面板

在Photoshop中可以存储多个动作或动作组，这些动作可以在“动作”面板中找到。“动作”面板是进行文件自动化处理的核心工具之一，在其中可以进行“动作”的记录、播放、编辑、删除、管理等操作。执行“窗口>动作”命令(快捷键为Alt+F9)，打开“动作”面板，如图8-2所示。在“动作”面板中罗列的动作也可以进行排列顺序的调整、名称的设置或者是删除等，这些操作与图层操作非常相似。

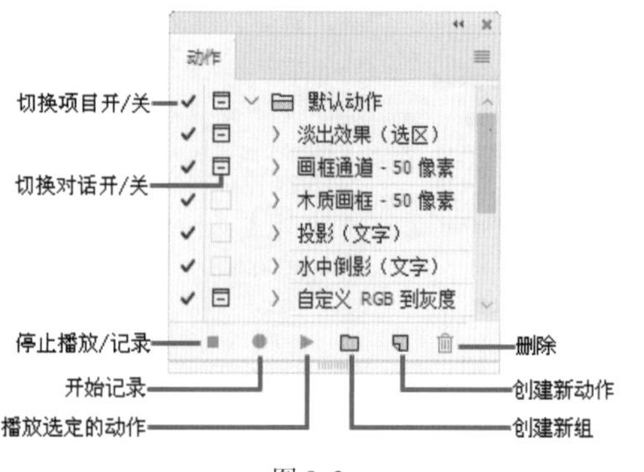

图 8-2

- 切换项目开/关✔：如果动作组、动作和命令前显示有该图标，代表该动作组、动作和命令可以执行；如果没有该图标，代表不可以被执行。
- 切换对话开/关▣：如果命令前显示该图标，表示动作执行到该命令时会暂停，并打开相应命令的对话框，此时可以修改命令的参数，单击“确定”按钮可以继续执行后面的动作。
- 停止播放/记录■：用来停止播放/记录动作。
- 开始记录●：单击该按钮，可以开始录制动作。
- 播放选定的动作▶：选择一个动作后，单击该按钮可以播放该动作。
- 创建新组▭：单击该按钮，可以创建一个新的动作组，以保存新建的动作。
- 创建新动作▢：单击该按钮，可以创建一个新的动作。
- 删除🗑：选择动作组、动作和命令后单击该按钮，可以将其删除。

重点 8.1.2 记录与使用“动作”

扫一扫，看视频

默认情况下，Photoshop的“动作”面板中带有一些预设“动作”，但是这些动作并不一定适合我们日常对图像进行的各种处理。这就需要我们重新制作适合操作的“动作”，这个过程也经常被称为“记录动作”或“录制动作”。

“录制动作”的过程很简单，只需要单击“开始记录”按钮，然后对图像进行一系列操作，这些操作就会被记录下来。在Photoshop中能够被记录的内容很多，例如绝大多数图像调整命令、部分工具(选框工具、套索工具、魔棒工具、裁剪、切片、魔术橡皮擦、渐变、油漆桶、文字、形状、注释、吸管和颜色取样器)，以及部分面板操作(历史记录、色板、颜色、路径、通道、图层和样式)都可以被记录。

(1) 执行“窗口>动作”命令或按下快捷键Alt+F9，打开“动作”面板。在“动作”面板中单击“创建新动作”按钮▢，如图8-3所示。在弹出的“新建动作”对话框中设置“名称”，为了便于查找，也可以设置“颜色”，然后单击“记录”按钮，开始记录操作，如图8-4所示。

图 8-3

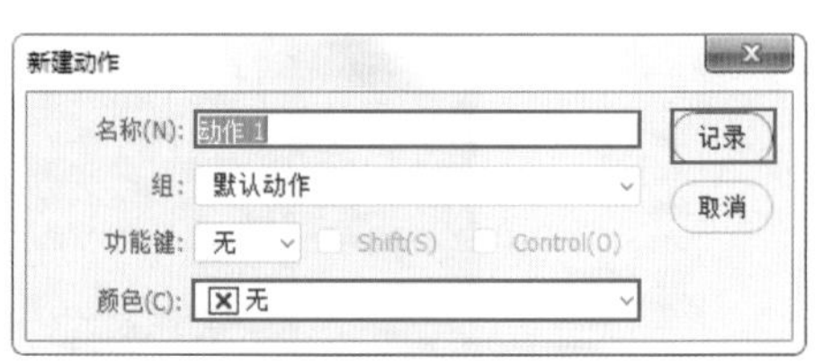

图 8-4

(2) 接下来可以进行一些操作，“动作”面板中会自动记录当前进行的一系列操作，如图8–5所示。操作完成后，可以在“动作”面板中单击“停止播放/记录”按钮 ■，停止记录。此时可以看到当前记录的动作，如图8–6所示。

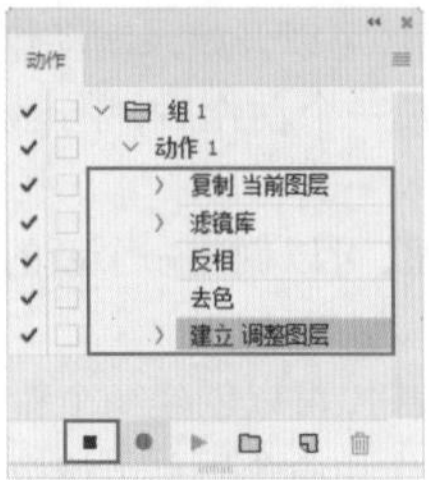

图 8–5 　　图 8–6

(3)“动作”新建并记录完成后，就可以对其他文件播放“动作”了。“播放动作”可以对图像应用所选动作或者动作中的一部分。打开一幅图像，如图8–7所示。在“动作”面板中选择一个动作，然后单击“播放选定的动作”按钮 ▸，如图8–8所示。随即进行动作的播放，画面效果如图8–9所示。

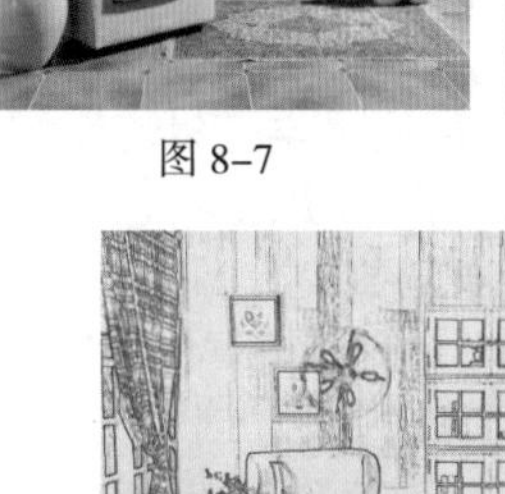

图 8–7

图 8–8

图 8–9

(4) 也可以只播放动作中的某一个命令。单击动作前方的 › 按钮，在展开的动作列表中选择一个条目，然后单击“播放选定的动作”按钮 ▸，如图8–10所示。此时就会从选定条目进行动作的播放，如图8–11所示。

图 8–10　　图 8–11

提示：将已有“动作”存储为可随时调用的“动作库”

当动作录制完成后，如果要经常使用这个动作，我们可以将其保存为可随时调用的动作库文件。在“动作”面板中选择动作组，然后单击面板菜单按钮，执行“存储动作”命令，如图8–12所示。在弹出的“另存为”窗口中找到合适的存储位置，然后单击“保存”按钮，如图8–13所示。动作的格式是“.atn”，如图8–14所示。如果要载入动作，可以在“动作”面板中单击面板菜单按钮，执行“载入动作”命令，在弹出的“载入”窗口中找到动作文档，单击“载入”按钮即可完成载入操作。

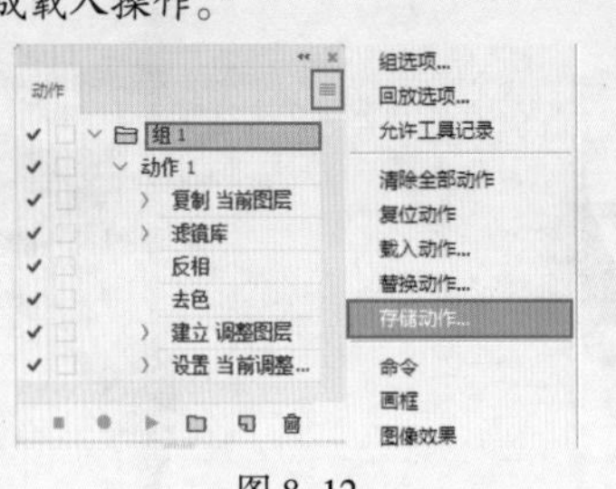

图 8–12

图 8–13

图 8–14

练习实例：使用动作自动处理

文件路径	资源包\第8章\使用动作自动处理
难易指数	★★★★★
技术掌握	使用动作自动处理

扫一扫，看视频

案例效果

本例处理前后的对比效果如图8-15~图8-18所示。

图 8-15

图 8-16

图 8-17

图 8-18

操作步骤

步骤 01 执行“文件>打开”命令，打开素材1.jpg，如图8-19所示。将“背景”图层复制3份。执行“窗口>动作”命令，在弹出的“动作”面板中单击面板菜单按钮，执行“载入动作”命令，如图8-20所示。

图 8-19

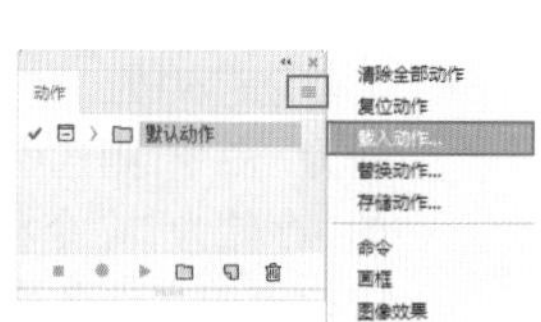

图 8-20

提示：使用精彩的调色“动作”

将“动作”以独立的文件形式存储后，可以方便地在不同计算机上载入并使用，从而快速地制作出各种漂亮的画面效果。网络上有很多关于调色方面的“动作库”，可以在网络上尝试搜索“Photoshop 调色 动作”等关键词，下载.atn格式的动作库，然后在Photoshop中载入并使用，如图8-21所示。

图 8-21

步骤 02 在弹出的“载入”窗口中选择已有的动作素材文件，单击“载入”按钮，如图8-22所示。此时“动作”面板如图8-23所示。

图 8-22

图 8-23

步骤 03 选择复制的图层，在“动作”面板中选中“反转片”动作，然后单击下方的“播放选定的动作”按钮▶播放动作，如图8-24所示。此时画面效果如图8-25所示。

图 8-24

图 8-25

步骤 04 选择复制的另外一个图层，在“动作”面板中选中“单色图像”动作，然后单击“播放选定的动作”按钮▶，如图8-26所示。画面效果如图8-27所示。

图 8-26

图 8-27

步骤 05 选中最后一个复制的图层，在“动作”面板中选中“高彩”动作，然后单击“播放选定的动作”按钮▶，如图8-28所示。画面效果如图8-29所示。

图 8-28　　图 8-29

重点 8.2 自动处理大量商品图片

扫一扫，看视频

在工作中经常会遇到将多张商品照片调整到统一尺寸、调整到统一色调等情况。一张一张地处理，非常耗费时间与精力。使用“批处理”命令可以快速、轻松地处理大量的文件。

(1) 首先录制好一个要使用的动作（也可以载入要使用的动作库文件），如图8-30所示。接着将需要进行批处理的图片放置在一个文件夹中，如图8-31所示。

图 8-30　　图 8-31

(2) 执行“文件>自动>批处理”命令，打开“批处理”窗口。因为批处理需要使用动作，而上一步我们已准备了动作，所以首先设置需要播放的“组”和“动作”，如图8-32所示。接着需要设置批处理的“源”，因为我们把图片都放在了一个文件夹中，所以设置“源”为“文件夹”，接着单击“选择”按钮，在弹出的“浏览文件夹”窗口中选择相应的文件夹，然后单击“确定”按钮，如图8-33所示。

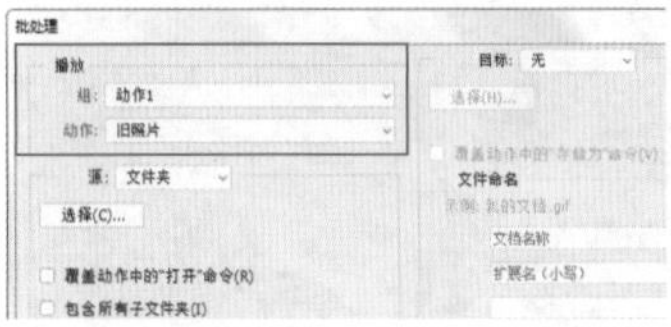

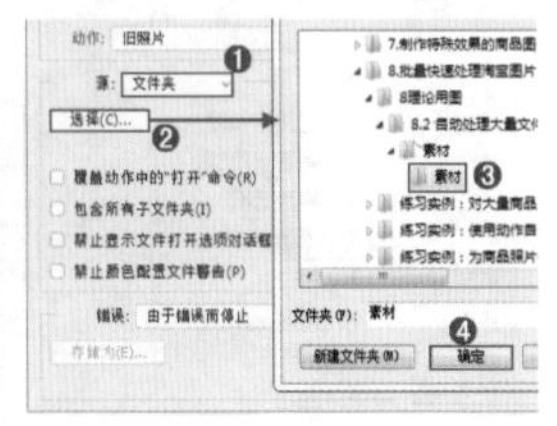

图 8-32　　图 8-33

- 选择“文件夹”选项并单击下面的“选择”按钮时，可以在弹出的窗口中选择一个文件夹。
- 选择“导入”选项时，可以处理来自扫描仪、数码相机、PDF文档的图像。
- 选择“打开的文件”选项时，可以处理当前所有打开的文件。
- 选择Bridge选项时，可以处理Adobe Bridge中选定的文件。
- 选中“覆盖动作中的‘打开’命令”复选框时，在批处理时可以忽略动作中记录的“打开”命令。
- 选中“包含所有子文件夹”复选框时，可以将批处理应用到所选文件夹中的子文件夹。
- 选中“禁止显示文件打开选项对话框”复选框时，在批处理时不会打开文件选项对话框。
- 选中“禁止颜色配置文件警告”复选框时，在批处理时会关闭颜色方案信息的显示。

(3) 设置“目标”选项。因为需要将处理后的图片放置在一个文件夹中，所以设置“目标”为“文件夹”，单击“选择”按钮，在弹出的“浏览文件夹”窗口中选择或新建一个文件夹，然后单击“确定”按钮。选中“覆盖动作中的‘存储为’命令”，复选框如图8-34所示。设置完成后，单击“确定”按钮。接下来就可以进行批处理操作了。处理完成后，效果如图8-35所示。

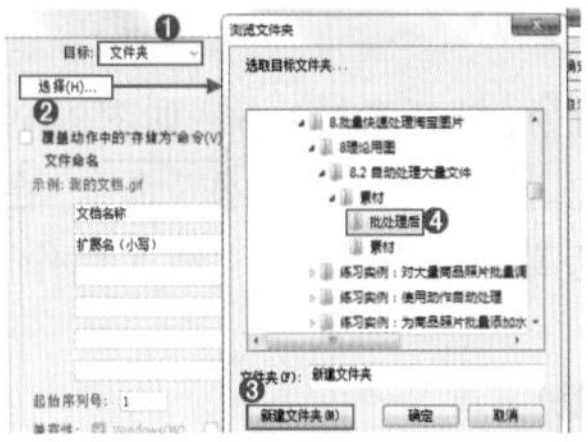

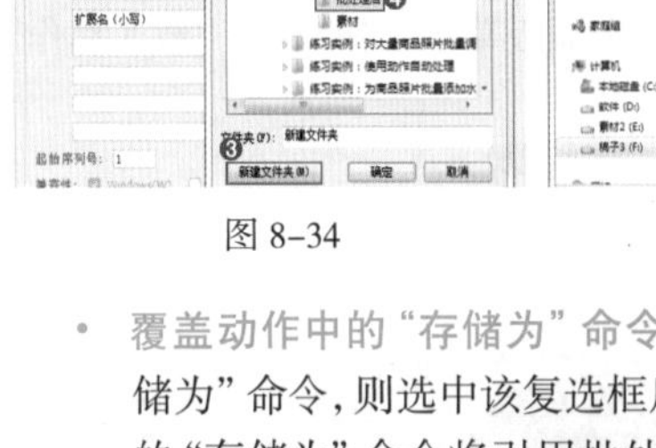

图 8-34 　　图 8-35

- 覆盖动作中的“存储为”命令：如果动作中包含“存储为”命令，则选中该复选框后，在批处理时，动作中的“存储为”命令将引用批处理的文件，而不是动作中指定的文件名称和位置。当选中“覆盖动作中的‘存储为’命令”复选框后，会弹出“批处理”窗口，如图8-36所示。

批处理

如果启用此选项，则只有通过该动作中的“存储为”步骤，才能将文件存储到目标文件夹。如果没有“存储”或“存储为”步骤，则不存储任何文件。

确定

不再显示

图 8-36

- 文件命名：将“目标”选项设置为“文件夹”后，可以在该选项组的6个选项中设置文件的名称规范，指定文件的兼容性，包括Windows（W）、Mac OS（M）和Unix（U）。

练习实例：为商品照片批量添加水印

文件路径	资源包\第8章\为商品照片批量添加水印
难易指数	★★★★★
技术掌握	使用动作自动处理

扫一扫，看视频

案例效果

本例效果如图8-37~图8-41所示。

图8-37

图8-38

图8-39

图8-40

图8-41

操作步骤

步骤 01 本例需要为5张图片添加相同的水印，图8-42所示为原始图片，图8-43所示为制作好的水印素材。此处的水印素材已调整好摆放位置(位于画面的右下角)，背景透明，并存储为PNG格式。如果想要使水印处于其他的特定位置，可以在与画面等大的画布中调整水印位置及大小(水印具体的制作方法可以参考后面几章中关于文字与形状工具的使用)。

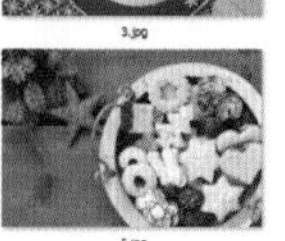

图8-42　　图8-43

步骤 02 想要进行批量处理，首先需要录制一个为图片添加水印的“动作”。在这里可以复制其中一张照片素材，并以这张照片进行动作的录制(如果不复制出该照片，会造成一张照片进行了两次水印置入操作，水印效果可能与其他照片不同)。将复制的照片在Photoshop中打开，如图8-44所示。接着执行“窗口>动作”命令，在弹出的“动作”面板中单击底部的“创建新动作”按钮，如图8-45所示。

图8-44

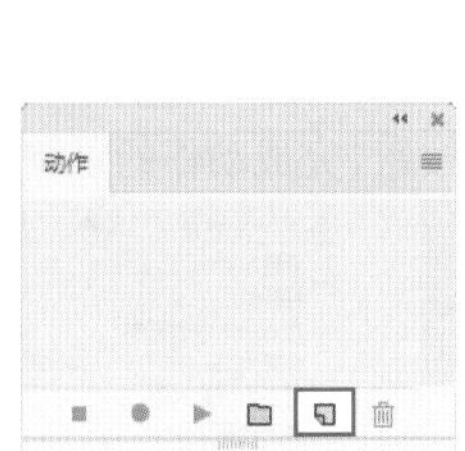

图8-45

步骤 03 在弹出的“新建动作”窗口中单击“记录”按钮，如图8-46所示。此时“动作”面板中出现了新增的“动作1”条目，并且底部出现了一个红色圆形按钮，表示当前正处于动作的记录过程中，在Photoshop中进行的操作都会被记录下来，所以不要进行多余的操作，如图8-47所示。

图8-46

图8-47

步骤 04 执行“文件>置入嵌入对象”命令，在弹出的窗口中选择素材1.png，然后单击“置入”按钮，如图8-48所示。接着将水印素材移动到画面的右下角，如图8-49所示。

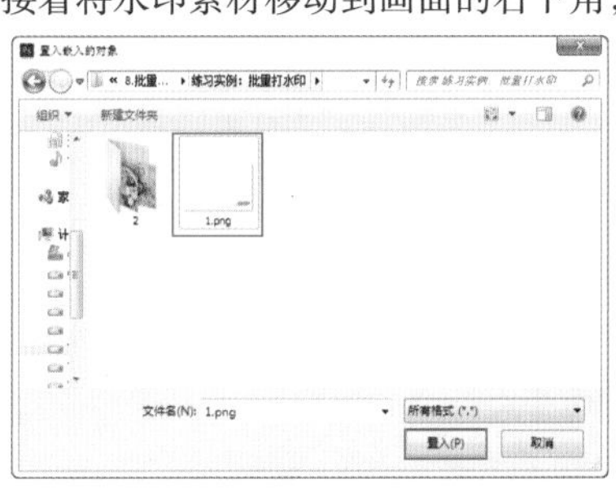

图8-48

图8-49

步骤 05 按下Enter键确定置入操作，效果如图8-50所示。选择素材1图层，单击鼠标右键，在弹出的快捷菜单中选择“向下合并”命令，如图8-51所示。

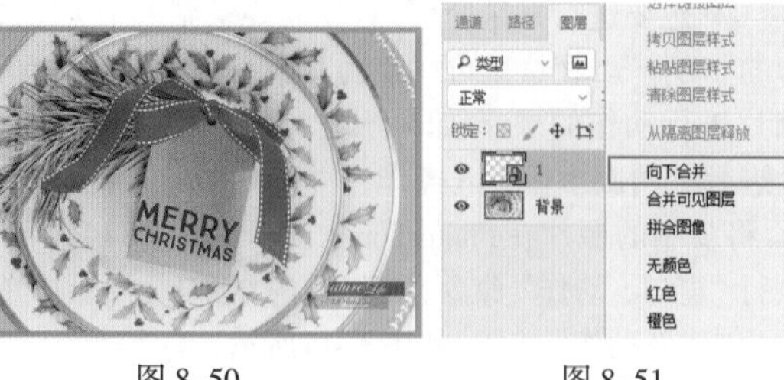

图 8-50　　图 8-51

步骤 06 执行“文件>存储”命令或者按快捷键Ctrl+S进行保存，如图8-52所示。在“动作”面板中单击“停止播放/记录”按钮，完成动作的录制，如图8-53所示。

图 8-52

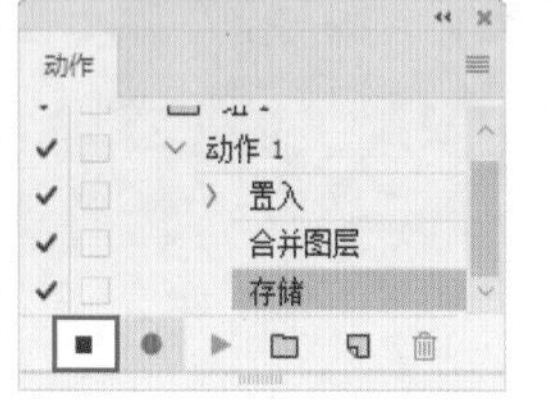

图 8-53

步骤 07 执行“文件>关闭”命令将文档关闭，如图8-54所示。

步骤 08 动作录制完成后，接下来就需要进行批处理了。首先执行“文件>自动>批处理”命令，在弹出的“批处理”窗口中设置“组”为“组1”，“动作”为“动作1”，“源”为“文件夹”，然后单击“选择”按钮，在弹出的窗口中选择素材文件夹，接着设置“目标”为“存储并关闭”，单击“确定”按钮，如图8-55所示。在此需要注意的是，即将要置入的素材位置不要改变，否则可能无法进行批处理操作。

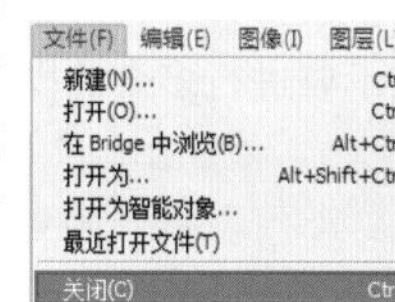

图 8-54

图 8-55

步骤 09 操作完成后素材文件夹中的图像都被添加了水印，效果如图8-56～图8-60所示。

图 8-56

图 8-57

图 8-58

图 8-59

图 8-60

练习实例：对大量商品照片批量调色

文件路径	资源包\第8章\对大量商品照片批量调色
难易指数	★★★★★
技术掌握	使用动作自动处理

扫一扫，看视频

案例效果

本例效果如图8-61～图8-64所示。

图 8-61 　　图 8-62 　　图 8-63

图 8-64

操作步骤

步骤 01 在素材文件夹“1”中可以看到这些商品照片的明度偏低，颜色不够鲜艳，如图8-65所示。因为是在一个场景

下拍摄的，所以适合通过批处理进行统一调色。在素材文件夹中选择一张图片并将其进行复制，然后将复制的图片在Photoshop中打开，如图8-66所示。

图 8-65　　图 8-66

步骤 02 执行“窗口>动作”命令，打开“动作”面板，单击底部的“创建新动作”按钮，如图8-67所示。

步骤 03 在弹出的“新建动作”窗口中单击“记录”按钮，如图8-68所示。此时“动作”面板中出现了新增的“动作1”条目，并且底部出现了一个红色圆形按钮，表示当前正处于动作的记录过程中，在Photoshop中进行的操作都会被记录下来，所以不要进行多余的操作，如图8-69所示。

图 8-67

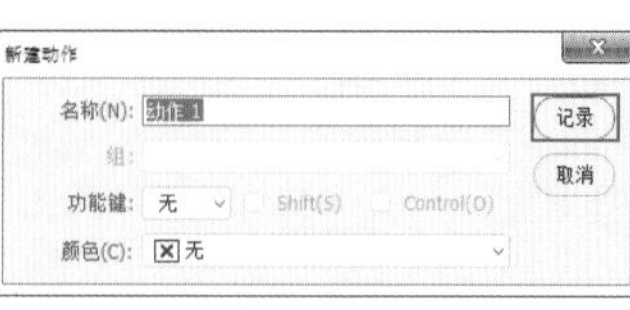
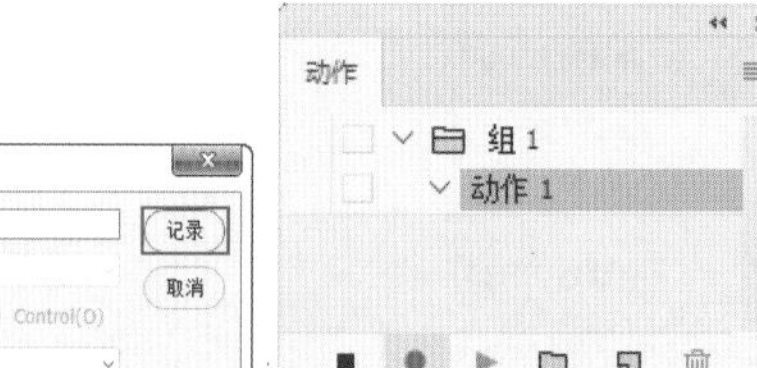

图 8-68　　图 8-69

步骤 04 执行“图像>调整>亮度/对比度”命令，在弹出的“亮度/对比度”窗口中设置“亮度”为30，“对比度”为30，然后单击“确定”按钮，如图8-70所示。

步骤 05 执行“文件>存储”命令或者按快捷键Ctrl+S进行保存，如图8-71所示。在“动作”面板中单击“停止播放/记录”按钮，完成动作的录制，如图8-72所示。

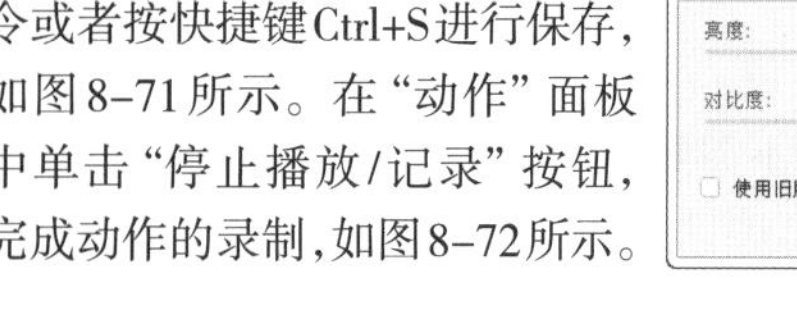

图 8-70

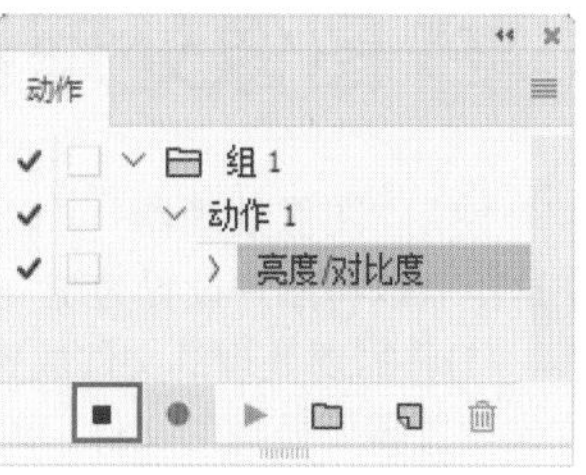

图 8-71　　图 8-72

步骤 06 执行“文件>关闭”命令将文档关闭，如图8-73所示。

步骤 07 动作录制完成后，接下来就需要进行批处理了。首先执行“文件>自动>批处理”命令，在弹出的“批处理”窗口中设置“组”为“组1”，“动作”为“动作1”，“源”为“文件夹”，然后单击“选择”按钮，在弹出的窗口中选择素材文件夹，接着设置“目标”为“存储并关闭”，单击“确定”按钮，如图8-74所示。

图 8-73

图 8-74

步骤 08 批处理完成后图像效果如图8-75～图8-78所示。

图 8-75　　图 8-76　　图 8-77

图 8-78

8.3 图像处理器：批量限制商品图片尺寸

使用“图像处理器”可以快速、统一地对选定的产品照片或者网页图片进行格式、大小等修改，极大地提高了工作效率。在这里就以将图片设置为统一尺寸为例进行讲解。

(1)将需要处理的文件放置在一个文件夹内，如图8-79所示。执行“文件>脚本>图像处理器”命令，打开“图像处理器”窗口。首先设置需要处理的文件，单击“选择文件夹”按钮，在弹出的“选择文件夹”窗口中选择需要处理的文件所在的文件夹，单击“确定”按钮，如图8-80所示。

图 8-79

图 8-80

(2)选择一个存储处理的图像的位置。单击“选择文件夹”按钮，在弹出的“选择文件夹”窗口中选择一个文件夹，单击“确定”按钮，如图8-81所示。设置“文件类型”，其中有“存储为JPEG”“存储为PSD”“存储为TIFF”3种。在这里选中“存储为JPEG”复选框，设置图像的“品质”为5；因为需要调整图像的尺寸，所以选中“调整大小以适合”复选框，然后设置相应的尺寸，如图8-82所示。

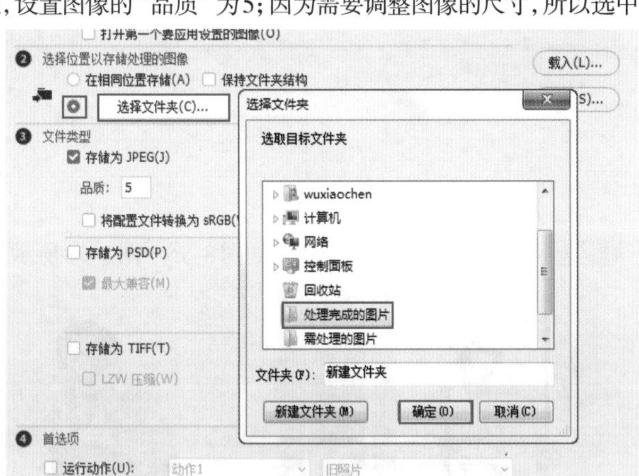

图 8-81

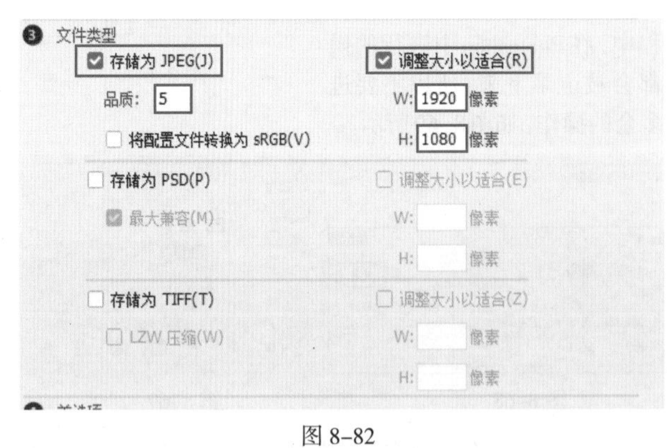

图 8-82

提示：图片处理的尺寸

在“图像处理器”窗口中进行尺寸的设置，如果原图尺寸小于设置的尺寸，那么该尺寸不会改变。也就是说，在图片调整尺寸后是按照比例进行缩放，不是进行剪裁或不等比缩放。

(3)如果需要使用动作进行图像的处理，可以选中“运行动作”复选框(因为本例不需要，所以无须选中)，如图8-83所示。设置完成后，在“图像处理器”窗口中单击“确定”按钮。处理完成后打开存储的文件夹，即可看到处理后的图片，如图8-84所示。

图 8-83

图 8-84

提示：将“图形处理器”窗口中所做配置进行存储

设置好参数配置后，可以单击“存储”按钮，将当前配置存储起来。在下次需要用到这个配置时，就可以单击“载入”按钮来载入保存的参数配置。

综合实例：批处理制作清新美食照片

文件路径	资源包\第8章\批处理制作清新美食照片
难易指数	★★★★★
技术掌握	批处理

扫一扫，看视频

案例效果

本例效果如图8-85~图8-89所示。

图 8-85

图 8-86

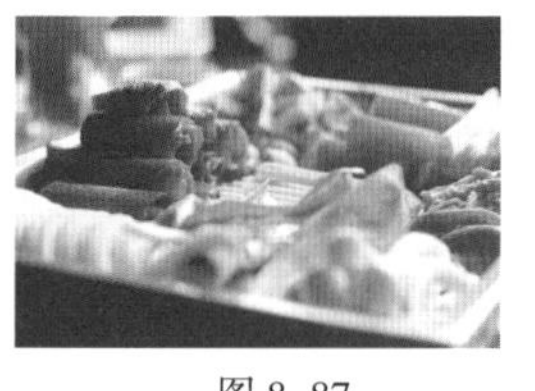

图 8-87

图 8-88

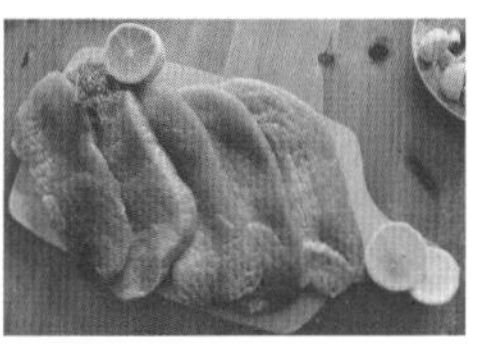

图 8-89

操作步骤

步骤 01 图8-90所示为需要处理的原图。无需打开素材图像，但是需要载入已有的动作素材。执行“窗口>动作”命令，打开“动作”面板。单击面板菜单按钮，执行“载入动作”命令，如图8-91所示。在弹出的“载入”窗口中选择已有的动作素材文件，如图8-92所示。此时“动作”面板如图8-93所示。

1.jpg

2.jpg

3.jpg

4.jpg

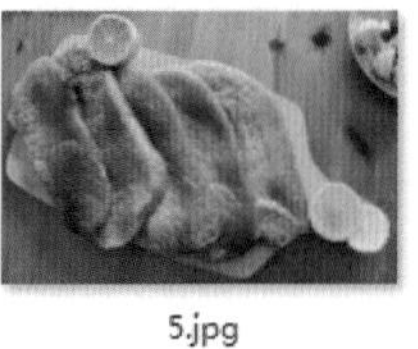

5.jpg

图 8-90

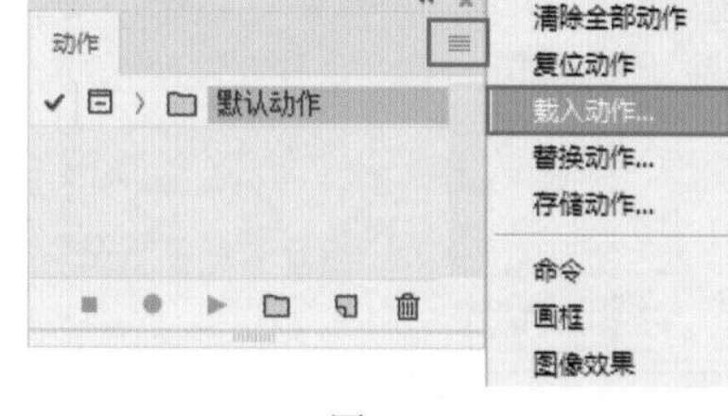

图 8-91

图 8-92

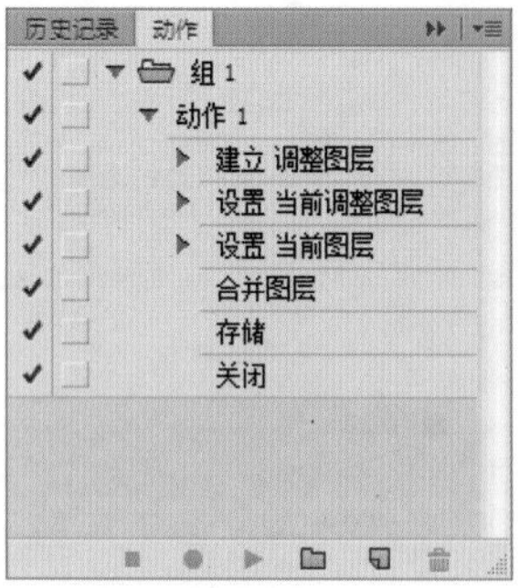

图 8-93

步骤 02 执行“文件>自动>批处理”命令，打开“批处理”窗口。先设置“组”为“组1”，“动作”为“动作1”，“源”为“文件夹”，然后单击“选择”按钮，在弹出的窗口中选择该文件所在文件夹，单击“确定”按钮，如图8-94所示。在“批处理”窗口中设置“目标”为“文件夹”，单击“选择”按钮，在弹出的窗口中选择一个文件夹，单击“确定”按钮完成设置，如图8-95所示。

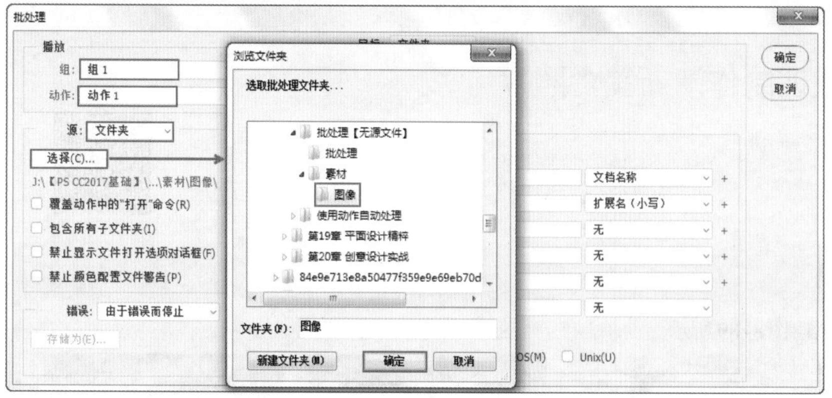

图 8-94

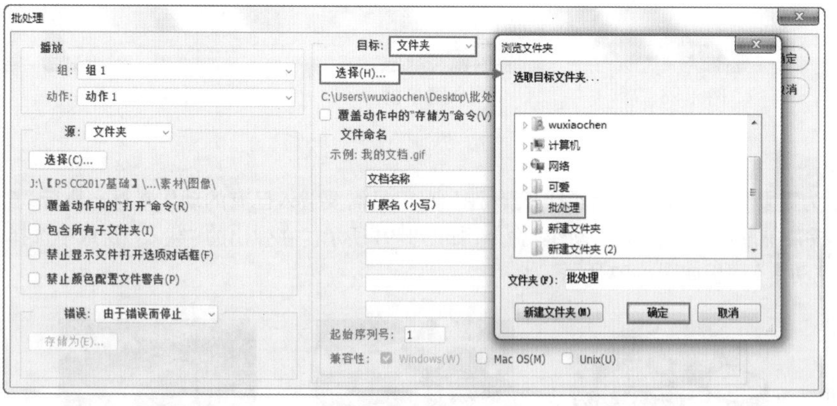

图 8-95

步骤 03 设置完成后，单击“批处理”窗口中的“确定”按钮。此时被批量处理的照片如图8-96～图8-100所示。

图 8-96

图 8-97

图 8-98

图 8-99

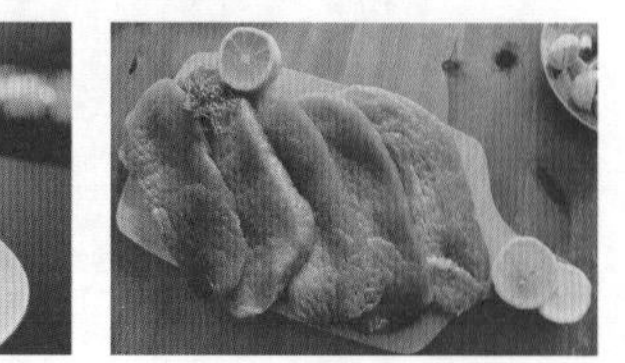

图 8-100

第3部分
淘宝店铺版面设计篇

Chapter 9

第9章

扫一扫，看视频

淘宝美工必学的版式设计基础知识

本章内容简介：

排版是设计人员必备的技能，良好的排版会让观者感觉到舒适，并在享受美的同时带着愉悦的心情接受信息。大到整个网店的装修，小到店铺广告的设计、主图的编排，这些都离不开排版。

重点知识掌握：

- 掌握版式设计的基础知识
- 了解店铺首页、详情页的构成
- 掌握店铺广告的构图方法
- 了解商品主图的构成

通过本章学习，我能做什么？

通过对本章的学习，我们能够对排版的基础知识有一定的了解，并且能够利用版式设计知识对网店进行系统的版面设计。在本章中，我们将首先学习排版的基础知识，了解什么是排版，都有哪些视觉流程，以及整个店铺装修的设计原则。接下来，针对首页、详情页、店铺广告和主图这4个需要重点掌握的部分，详细介绍如何根据不同的应用范围选择不同的排版方式及其具体操作方法。在本章的最后还讲解了一些辅助工具的使用方法，使用这些辅助工具能够在排版的过程中更加规范、精准。

9.1 版式设计基础知识

版式设计是指在有限的、特定的版面空间中，根据设计的内容、目的、要求，把文字、图形、颜色等元素进行合理的组合排列。这种视觉传达方式能够体现出鲜明的个人风格和艺术特色，它不仅应用于淘宝店铺的美工设计中，也广泛应用于其他领域，例如网页设计、图书排版、广告设计、包装设计中。

9.1.1 版式设计的构成

纵观各种类型的设计作品，版式设计无非都是由图形/图像、色彩、文字三大元素组成。通过这三种元素的有机结合，能够让观者在享受美的同时，了解版面中的信息。

1. 图形 / 图像

图形/图像在版式设计中占有非常大的比重，其视觉冲击力比文字强85%，而且电商平台做的就是“视觉营销”，所以在排版时更要注重图片的表现。在网店美工中，图形/图像大致可以分为产品展示、模特展示、特效字体、创意合成、手绘插画等形式，如图9–1和图9–2所示。

图 9–1

图 9–2

2. 色彩

色彩较之图文对人的心理影响更为直接，具有更强的识别性。现代商业设计对色彩的应用更是上升至“色彩营销”的高度，如图9–3和图9–4所示。本书将在第10章中讲解色彩的相关知识，在这里不再赘述。

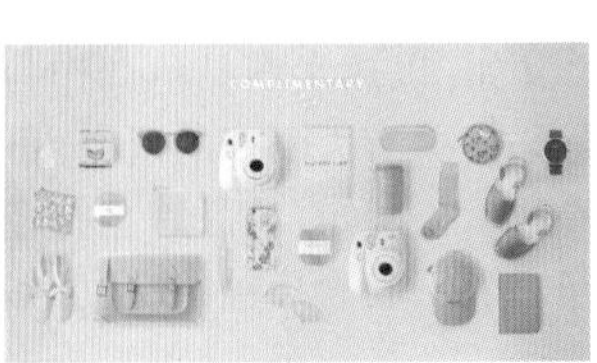

图 9–3

图 9–4

3. 文字

文字是传递信息的重要手段，在店铺版面中标题、宝贝描述等都离不开文字。文字不仅能够传递信息，也是一种图形符号。不同的字体给人的视觉感受是不同的，与主体相匹配的字体不仅能够使观者感到愉悦，也能够帮助阅读与理解。通常文字与图片之间是相辅相成的关系，通过图片引起观者的注意，并借助图片来增强文字的说服力，提高阅读兴趣，如图9–5和图9–6所示。

图 9–5

图 9–6

重点 9.1.2 视觉流程与网店版面编排

视觉流程是一种视觉空间的“运动”，是指视觉随各元素在版面中运动的过程。通常情况下，店铺的页面较长，内容较多，可以根据店铺自身的定位，选择合适的视觉流程。具体来说，在店铺装修中有倾斜形视觉流程、Z形视觉流程、曲线形视觉流程和垂直形视觉流程4种。

1. 倾斜形视觉流程

倾斜形视觉流程是指将版面中的视觉元素按斜向或者对角进行排列。这种视觉流程能够以不稳定的动态视觉吸引观者的目光，给人以飞跃、冲刺、速度、前进、力量感，如图9–7和图9–8所示。

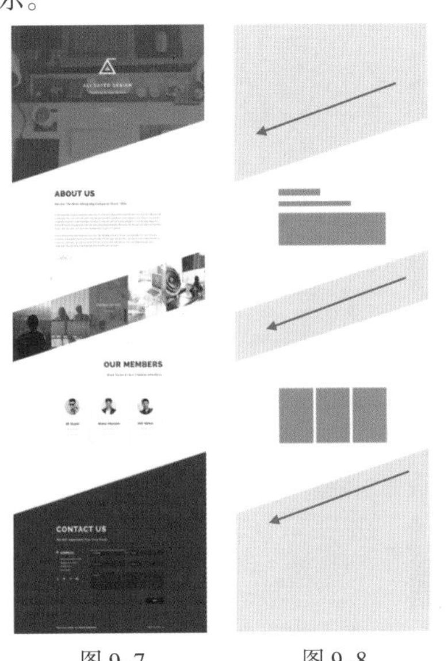

图 9–7　　图 9–8

2. Z 形视觉流程

Z形视觉流程是将版面中的视觉元素按字母Z的形状进行排列，形成相互错落的效果。Z形视觉流程能够给人一种活力、跳跃、节奏欢快的感觉，如图9-9和图9-10所示。

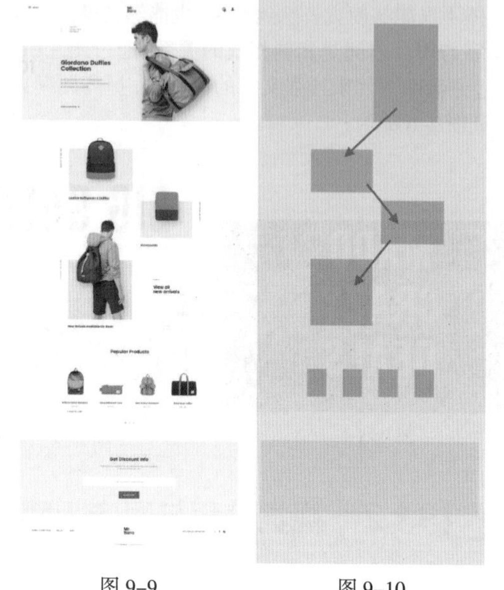

图 9-9　　图 9-10

3. 曲线形视觉流程

曲线形视觉流程是指将版面中的视觉元素按曲线形状进行排列。这种视觉流程与Z形视觉流程相似，通常会以某些视觉元素进行引导，例如曲曲折折的线段、带有曲线的箭头，这些元素能够起到辅助的作用。这种视觉流程给人一种柔美、优雅的视觉感受，能够让版面更具韵味、节奏和动态美，如图9-11～图9-14所示。

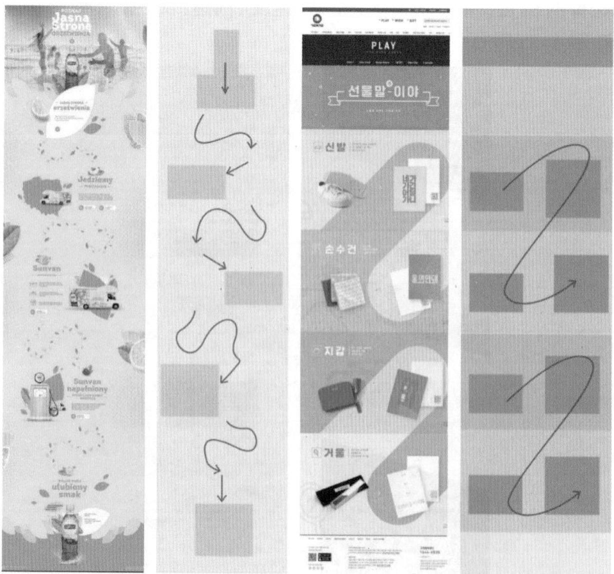

图 9-11　　图 9-12　　图 9-13　　图 9-14

4. 垂直形视觉流程

垂直形视觉流程是访客在浏览网页时视线自上而下垂直进行移动。版面不同，视觉的重心位置也是不同的。通常根据版面所要表达的含义来决定视觉重心的位置，从而鲜明地突出设计主题。垂直形视觉流程给人直观、坚定之感，如图9-15和图9-16所示。

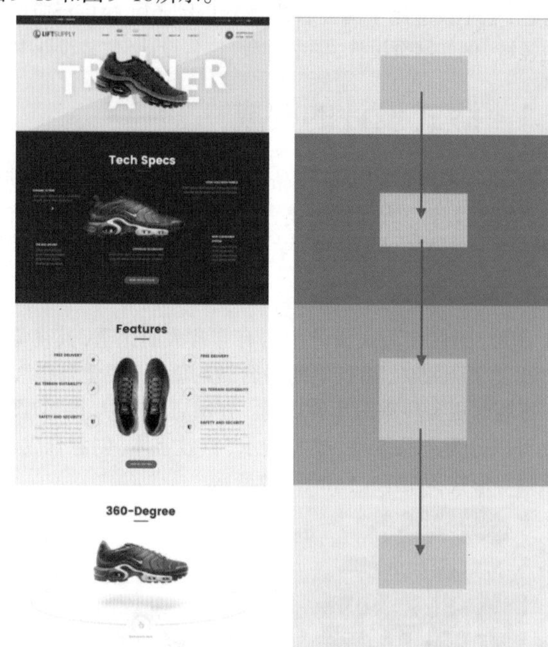

图 9-15　　图 9-16

9.1.3 网店版式的设计原则

精致的店铺装修能够为店铺带来可观的流量和销量。在店铺装修设计环节中，优秀的网店通常具有一些相似的特质，比如店铺风格与自身产品定位相符、店铺风格统一、图文配合、高度适合、适当留白等。

1. 店铺风格要与自身产品定位相符

每一家店铺都对自己的商品有所定位，可以根据商品的定位去定位店铺的风格，然后去分析消费人群以及消费者的心理，根据这些信息去迎合消费者的喜好进行店铺的装修。例如，店铺销售的是淑女风格女装，消费人群集中18～28岁，这一消费群体大多年轻、美丽、充满活力，而且大部分受过高中以上教育，有一定的经济实力，购买力旺盛，那么整个网店便可以清新、优雅风格为主。又如，以热卖商品色调作为店铺的主色调，配以简约的布局形式，并有大面积的留白，可使得商品更具吸引力，如图9-17所示。再如，某品牌主打轻松、舒适，所以整个画面颜色干净、清新，符合店铺的定位，如图9-18所示。

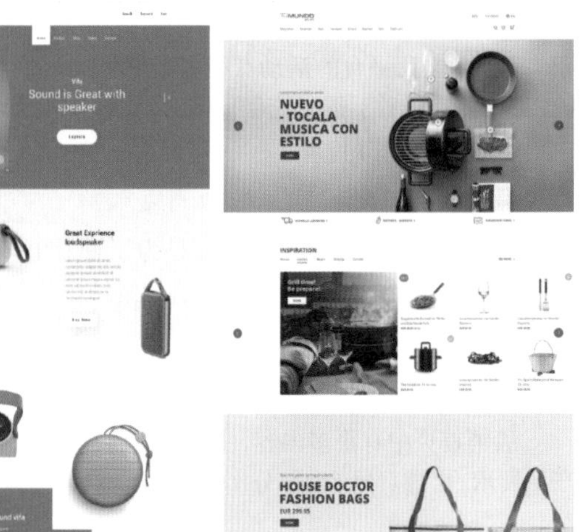

图 9–17　　图 9–18

2. 店铺的风格要统一

一间店铺的装修工作主要涉及店铺主页和产品详情页两大部分，每个页面虽然职能不同，但是它们同属于一间店铺，装修风格统一才能够让客户感觉到店铺的专业，从而提高好感度。 要做到网店的整体装修风格统一，需要从店招、店标、主页、宝贝详情页等出发进行设计。在店铺色彩方面，可以采用相同或类似的颜色对店铺进行装修，这样看起来既整洁大方，又条理分明，给人一种舒服的感觉。

图 9–19 和图 9–20 所示是同一间网店的两件商品，虽然商品不同，但是版式布局特别相似，这使得客户在浏览页面时能够找到统一感。

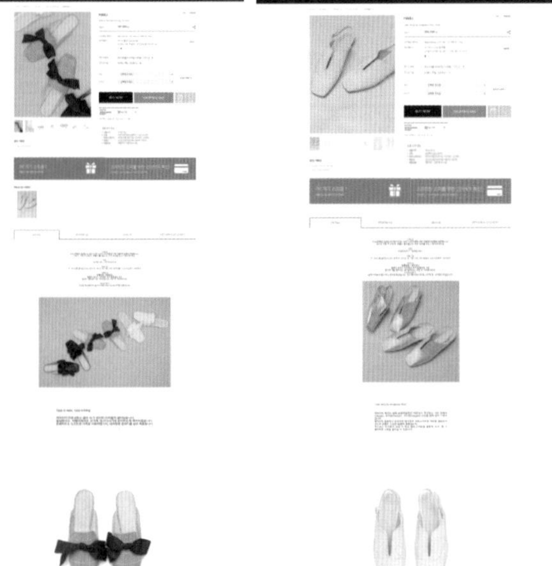

图 9–19　　图 9–20

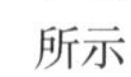

3. 图文配合

在视觉营销中，美观的图片是必不可少的元素之一，通过图片客户能够了解产品的属性、效果，排除心中的疑虑。不过，光有图片是行不通的，通常要以文字进行解说。这就需要做到图文配合。优秀的文案能够取悦客户，使客户产生好感，如图 9–21 和图 9–22 所示。

图 9–21

图 9–22

4. 高度适合

虽然在淘宝网中，无论是首页还是详情页，对页面的高度都没有要求，但这并不代表页面越长越好，太长的页面会使客户失去耐心，从而产生离开网页的不良后果。适合高度的优秀作品如图 9–23 和图 9–24 所示。

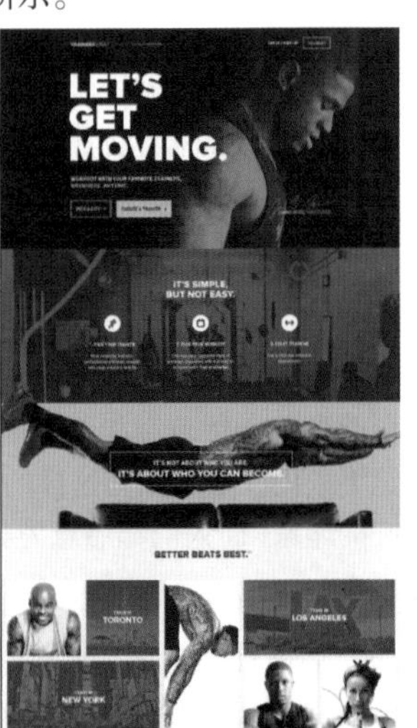

图 9–23

图 9–24

5. 注意留白

店铺页面中的图片并不是越丰富越好，如果页面空间没有适度的留白，很容易让人产生拥挤、憋闷的感觉，还会使页面失去重点，让客户产生找不到方向的感受。不仅如此，店铺内的图片太多还会影响网店打开的速度，使客户失去耐心而离开店铺。适当留白的优秀作品如图 9–25 和图 9–26 所示。

图 9-25　　　　图 9-26

9.2 店铺首页

店铺首页是网店的门面，能够让客户了解到店铺的环境，以及产品的定位，是吸引他们的注意力，使之产生兴趣的关键。由此店铺首页成为店铺流量聚集、点击转化较高的位置，其设计的重要性不言而喻。

9.2.1 店铺首页的作用

客户通常是从详情页跳转到首页中，一个设计精美、神形兼备的店铺首页相对更能够留住客户，让客户产生继续浏览下去的兴趣。因为这样的店铺首页能够给他们留下一个美好的印象，而人们都愿意为美好的事物买单。

1. 塑造店铺形象

店铺首页应该展现出店铺商品的特性、理念与定位，让访客全方位地感受商品，加深对产品的印象，并形成潜在利润。

2. 展示主推产品

每一家店铺都有自己主推的产品，在首页中着重体现主推产品能够更加容易地促成点击跳转。但并不是所有产品都需要作为主推产品，过多的主推商品会导致失去重点，让客户感到迷茫。

提示：如何选定主推产品

- 新品：快速消费品较为显著，产品更新快，跟随季节变化大。
- 爆品：店铺销售火爆、销量较大的产品。
- 公司主营重点产品：既然是公司主营主打产品，就无须思考，直接主推即可。
- 产品数据较好产品：主要看"生意经"后台数据，通过观察产品的点击率、成交率数据进行选择。

3. 展示店铺促销活动

通常，电商平台的活动有很多，活动本身的目的就是促销，那么在店铺首页展示店铺促销活动，能够提高展示机会，达到促进销售的作用。

4. 分类导航设计

客户从详情页跳转到首页就是为了查看更多的产品信息，条理清晰的分类导航能够引导客户继续浏览其他商品。

9.2.2 店铺首页的构成

店铺首页中有很多内容，主要分为店铺页头、活动促销、产品展示、店铺页尾4个部分。

1. 店铺页头

店铺页头包括店招和导航。在设计店招时，需要体现店铺的名称、店铺广告标语、店铺标志等主要信息，还需考虑是否着重表现热卖商品、收藏店铺、优惠券等信息。在设计导航时需要考虑到与店招之间的连贯性，尤其是在颜色上，既要与整个页面颜色协调，又能够突出显示。不仅如此，还要考虑导航总共需要分为几个导航分类。其中，"所有宝贝""首页""店铺动态"是少不了的几个选项，卖家还需要根据自己店铺的实际情况添加合适的导航链接。例如，店铺上新一批新款服饰，那么可以添加一个"店铺新品"链接；为了彰显实力，可以设置"品牌故事"链接。图9-27和图9-28所示为店铺页头设计。

图 9-27

图 9-28

2. 活动促销

在首页中的第一屏中会展示店铺的活动广告、折扣信息、轮播广告等内容。这些内容主要用于推广产品，吸引买家注意，如图9-29和图9-30所示。

图 9-29　　　　图 9-30

3. 产品展示

产品展示区域大致可以分为两类：产品分类和主推产

品。主推产品是整个店铺的主要卖点，选择多个主推产品，然后进行定位，通过广告的形式体现产品的核心卖点、价格和折扣信息等内容。产品分类则是将产品进行分类展示。例如一家女装店，可以将裙装集中在一起展示，裤装集中在一起展示。这样将产品分为几大类别，方便客户的选择，如图9-31和图9-32所示。

图 9-31　　图 9-32

4. 店铺页尾

店铺页尾模块在设计上一定要符合店铺的设计风格与主题，色彩要统一，还需要做到人性化(如放置一个回到顶部的按钮)。店铺页尾可以添加客服中心、购物保障、发货须知等内容，如图9-33和图9-34所示。

图 9-33

图 9-34

重点 9.2.3 常见的首页构图方式

网店首页在整个网店中有着非常重要的意义。通常客户是带着某种目的而来：了解店铺中的其他产品、查看店铺的活动、在店铺首页领取优惠券等。这时，店铺首页便扮演了极其重要的角色——传递商品信息，满足客户的各种需要。店铺首页需要表达的信息非常多，一个枯燥无味的页面会影响信息的传递，只有进行合理的版式布局才能让信息更快、更好、更多地传递给客户。

店铺首页通常会采用长网页的布局方式，不会限制版面的高度，用户可以通过滚动鼠标中轮来浏览网页。这种长网页能够容纳更多的信息，但同时也会因为网页过长，容易让访客在浏览过程中失去耐心。常见的版面构图分为全部为商品广告、全部为商品展示、商品广告与商品展示相互穿插3种构图方式。

1. 全部为商品广告

整个首页版面都以展示产品广告、活动信息为主，由多个广告组成，而每个广告都会形成一个视觉重点，使得整个版面效果非常丰富，如图9-35和图9-36所示。在此需要注意的是，在体现商品特点、丰富版面效果的同时，也要保证整个版面的整体性，保持广告风格的统一性。

图 9-35　　图 9-36

2. 全部为商品展示

全部为商品展示的版面是指除首屏轮播广告外均为商品展示，这种构图方式比较适合产品较多的网店。在商品展示的排版中要注意排版的统一性，分类要清晰，产品的相互展示最好是相关的、相互补充的，让客户在浏览的过程中能够清晰了解商品的属性，如图9-37和图9-38所示。

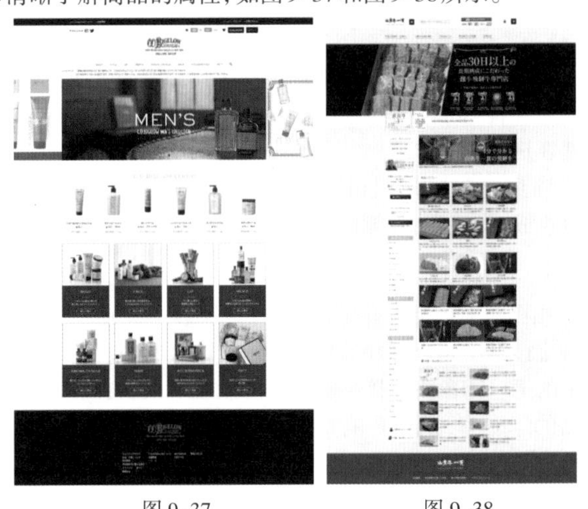

图 9-37　　图 9-38

3. 商品广告与商品展示相互穿插

商品广告与商品展示相互穿插是最常用的构图方式，通常会将爆款制作成广告，然后下方排列同类产品。这种构图方式变换丰富、主次分明，既能突出重点，又能带动其他产品的销售，如图9-39和图9-40所示。

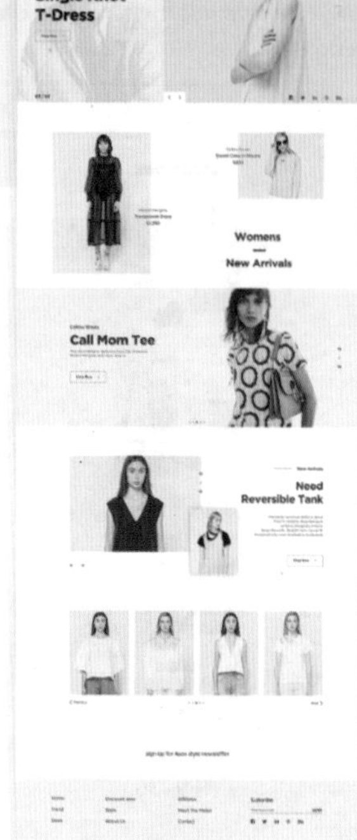

图 9-39

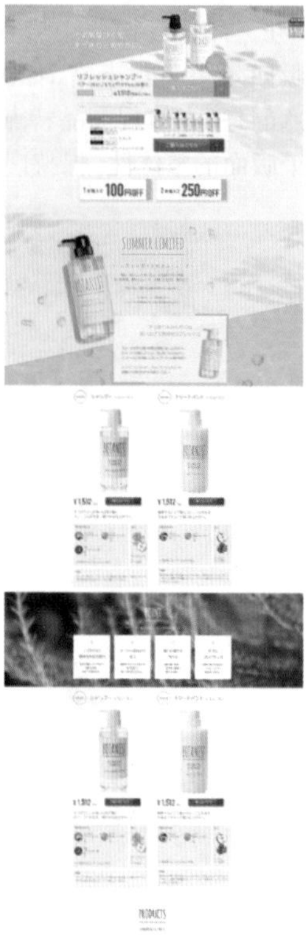

图 9-40

9.3 详情页的构成

9.3.1 宝贝详情页的构成

宝贝详情页是对某一商品单独进行介绍的页面，通过浏览此页面能够起到激发客户的消费欲望、打消客户的顾虑、促使客户下单的作用。

除页面页头(店招和导航)外，宝贝详情页一般是由4个部分组成，即主图、左侧模块、宝贝详情内容、页面尾部。

1. 主图

主图是对商品的介绍，是给客户的第一印象。因为宝贝在淘宝搜索中是以图片的形式展示给顾客看的，宝贝给客户留下的第一印象将直接影响客户的点击率，也会间接地影响产品的曝光率，从而影响整个产品的销量(在后文中会专门讲解主图设计的相关知识)，如图9-41～图9-43所示。

图 9-41

图 9-42

图 9-43

2. 左侧模块

左侧模块主要包括客服中心、宝贝分类、自定义版块。客服中心主要向客户传递店铺客服时间、售前和售后客服人员等信息；图9-44和图9-45所示为不同风格的宝贝分类。自定义版块也可以是销量的排行榜，便于客户更快捷地选择。

图 9-44

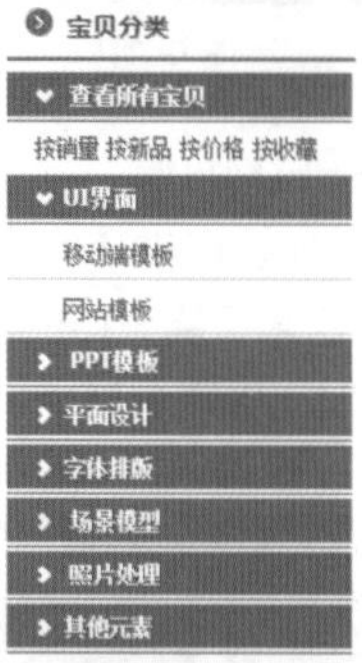

图 9-45

3. 宝贝详情内容

宝贝详情内容是整个详情页的设计重点，用户通过浏览宝贝详情内容可以了解商品属性、打消疑虑、对店铺产生好感。在宝贝详情内容中需要进行产品的展示、尺寸选择、颜色选择、场景展示、细节展示、搭配推荐、好评截图、包装展示等，内容比较多，需要注意主次关系，因为这是客户是否购买此商品的关键。图9-46～图9-49图所示为一个产品的详情页。

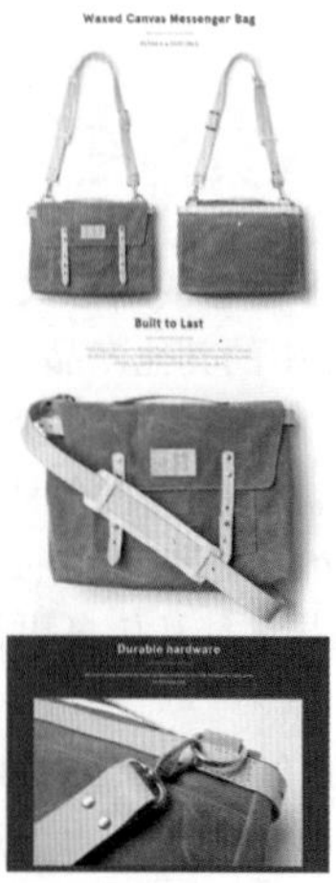

图 9-46

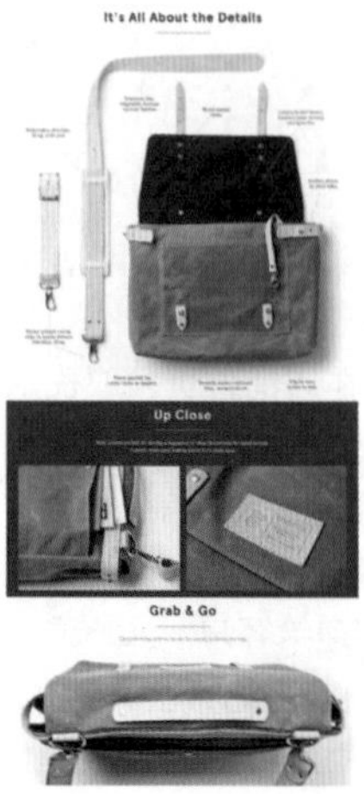

图 9-47

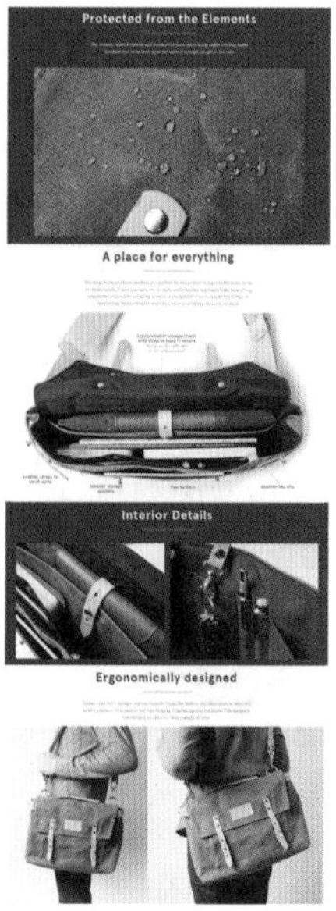

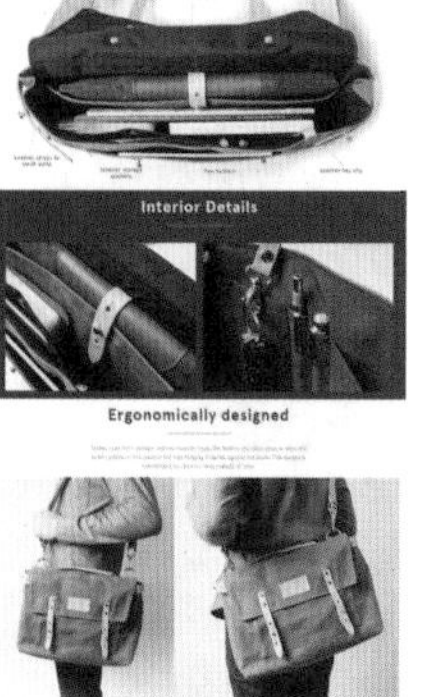

图 9–48

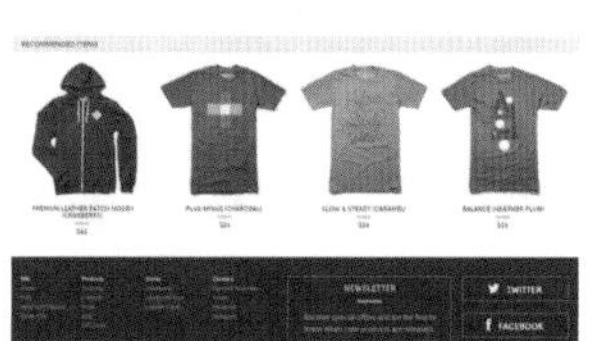

图 9–49

4. 页面尾部

最后是页面的尾部，可以列出购物须知、注意事项、售后保障问题/物流等信息。在制作时，需要做到和整体相对应。

9.3.2　宝贝详情页的内容安排

宝贝详情页就如同一个推销员一样，负责向客户推销产品、打消顾客的疑虑，那么我们应该在宝贝详情页中安排一些什么内容，才能引起客户的注意并产生购买欲望呢？

1. 头图一定要吸引人

当客户打开详情页并向下浏览时，详情内容的头图一定要能够吸引客户的注意。这个图片可以是产品的广告，可以是产品的照片，还可以是短视频……总之，要能够引起客户的注意，并产生继续浏览下去的兴趣，如图9–50和图9–51所示。

图 9–50

图 9–51

2. 体现宝贝卖点 / 特性

成功吸引客户的注意后，就需要向客户进一步展示产品了。将客户需求作为卖点更容易促成交易。例如一款耳麦，客户一般比较关注音质、降噪、舒适度等几方面的问题，那么就可以将产品特点和顾客需求相结合，将“4D音效”“极致降噪”这两大特点着重展示，并在副标题中展示其他特点，以迎合用户的需求，如图9–52所示。

3. 体现产品属性

通过主图将客户引导到详情页中，目的就是让客户进一步了解商品。每种商品的属性都不同，例如衣服有不同的尺码、材质、版型等属性，这些都需要体现出(在排版时通常会以表格的形式体现出来)，如图9–53和图9–54所示。

图 9–52

尺寸	肩宽	胸围	袖长	袖口围	腰围	衣长
S	/	118cm	88cm	/	/	72cm
M	/	122cm	69.5cm	/	/	73cm
L	/	126cm	71cm	/	/	74cm

图 9–53

图 9–54

4. 全方位展示商品

通过图片全方位地展示商品，可以让客户全面了解商品的特点；同时添加细节图，使客户不仅可以了解商品的主体，对局部细节也有一个直观的认识；甚至可以添加一些买家秀，以拉近与客户之间的距离，增加客户的好感度。例如一件衣服的详情页，通常会通过模特展示不同场景、不同搭配效果，还会单独展示产品以及产品细节，如图9–55和图9–56所示。

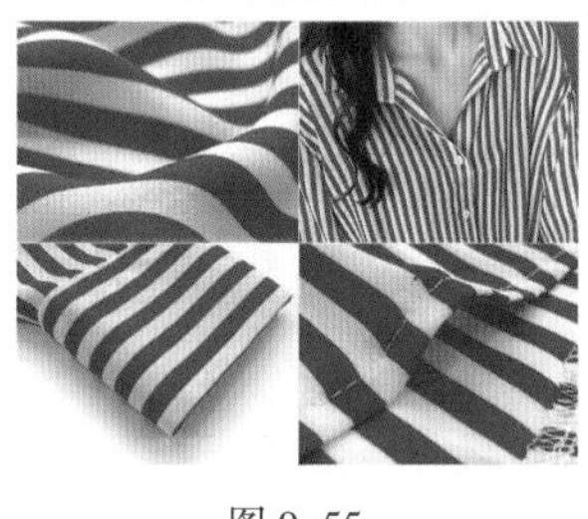

图 9–55

图 9–56

5. 产品实力展示

对于一些特殊的产品，可以将店铺的资历证书以及生产车间方面展示出来，这样可以烘托出品牌和实力，取得客户的信任。

6. 推荐其他产品

在详情页中推荐店铺中的其他热销产品，能够让客户在浏览页面的同时注意到店铺中其他的产品，如果感兴趣就会打开链接，但是这些推荐产品不宜过多，如果分散了客户大量的注意力，会起到适得其反的作用，如图9–57所示。

图 9-57

7. 售后保障问题 / 物流

售后就是解决顾客已知和未知的各种问题，例如是否支持7天无理由退换货，发什么快递，快递大概几天可以到、产品有质量问题怎么解决等。添加这些信息可以解决客户一部分的疑虑，还可减轻客服的工作压力，如图9-58所示。

图 9-58

重点 9.4 常见的店铺广告构图方式

店铺广告应用非常广泛，它不仅会出现在首页中，还有可能出现在详情页的首图中。设计广告可以说是网店美工设计人员必备的技能。店铺广告的构图就如同房屋的框架，如果没有框架的支撑，房屋是无法搭建起来的，所以构图在广告设计中有着不可替代的重要作用。

通常店铺广告有两种尺寸：通栏广告的宽度为1920像素，高度自定；非通栏广告的宽度是950像素，高度自定。常见的网店广告的构图方式有很多种，如黄金分割式、三栏分布、垂直构图、居中式构图、满版型构图和包围式构图等。

1. 黄金分割式

黄金分割式是最为经典的构图方式，通常商品/模特和文字位于黄金分割线的左右两侧。这种布局方式能够有效地把握画面的平衡感，同时还可以突出主题，画面效果干净、舒适，符合人们的审美。由于整个画面中的视觉元素较少，所以每个元素都需要精益求精，特别是对细节的刻画，这样才能避免呆板、庸俗，如图9-59和图9-60所示。

图 9-59

图 9-60

2. 三栏分布

三栏分布构图是将版面垂直分为3份，通常会将文案放在画面的中央，左右两侧放置商品或模特；或者将商品或模特摆放在画面中央，左右两侧排列文案。这种构图方式既能展示商品，又能传递信息，如图9-61和图9-62所示。

图 9-61

图 9-62

3. 垂直构图

垂直构图是文字在上、主图在下，一般会通过文字或商品先锁定视线，然后让视线以垂直方向流动。这种构图方式给人以稳健、踏实的视觉感受，往往能为主体添加几分庄重感，如图9-63和图9-64所示。

图 9-63

图 9-64

4. 居中式构图

居中式构图是将信息集中在版面的中心位置，在短时间内将信息表达清楚。这种构图方式通常以文字为视觉重心，这就要求文字主次分明，并且带有设计感，如图9-65和

图9-66所示。

图 9-65

图 9-66

5. 满版型构图

满版型构图是将整个版面填满，比较适合于店铺促销或者网站活动的广告。这种构图方式视觉效果饱满，富有活力，顾客会觉得店铺的商品非常丰富，活动促销的力度很大，如图9-67和图9-68所示。

图 9-67

图 9-68

6. 包围式构图

包围式构图是用商品或者图形将主体信息围住，将主要的信息摆放在画面的中心位置，通过视觉导向将客户的视觉集中在主要信息上，图9-69和图9-70所示。

图 9-69

图 9-70

9.5 商品主图的构成

9.5.1 商品主图的构成

在第1章的学习中，我们对主图有了一个简单的认识。淘宝做的就是视觉营销，主图的好坏直接影响点击率。主图大致分为“商品展示”和“商品+信息展示”两大类。

1. 商品展示

商品展示就是直接拿商品照片作为主图，这种主图更能体现商品的真实性。主图会选择最有卖点的那一张照片，如图9-71所示。

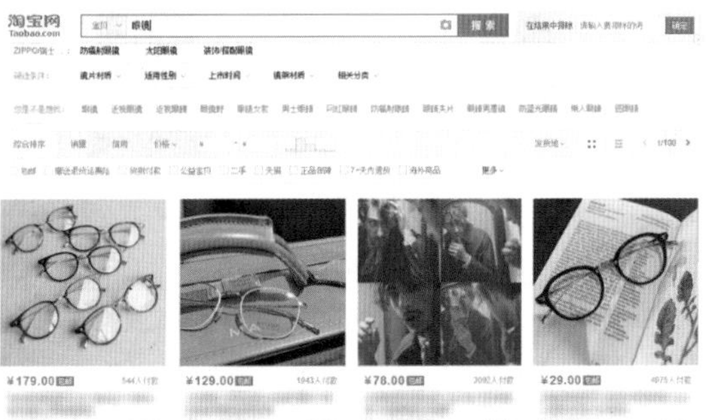

图 9-71

2. 商品+信息展示

商品+信息展示的主图相当于一个商品广告，会显示商品的基础信息、店铺活动信息等内容，这种主图能够让客户对商品的基本信息做出了解和判断，增加同类产品之间的区别，如图9-72和图9-73所示。

图 9-72

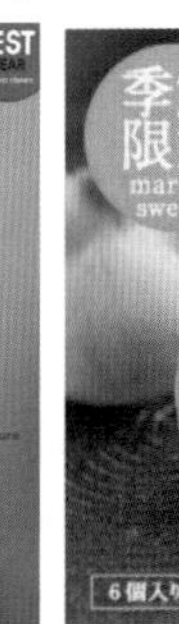

图 9-73

9.5.2 商品主图设计技巧

每一张好的主图，其实都凝聚了设计师实践的经验与积累的智慧。在主图设计上，可以通过以下几点让主图在同质化产品中脱颖而出。

1. 主图应该饱满

主图展示区为正方形，所以图是正方形才能充分利用展示区。宝贝主图的尺寸一般为700px × 700px或以上，当尺寸大于700px × 700px时带有放大功能。有了放大功能，客户就能够通过放大查看商品的细节，提升对网页的好感度，如图9-74所示。

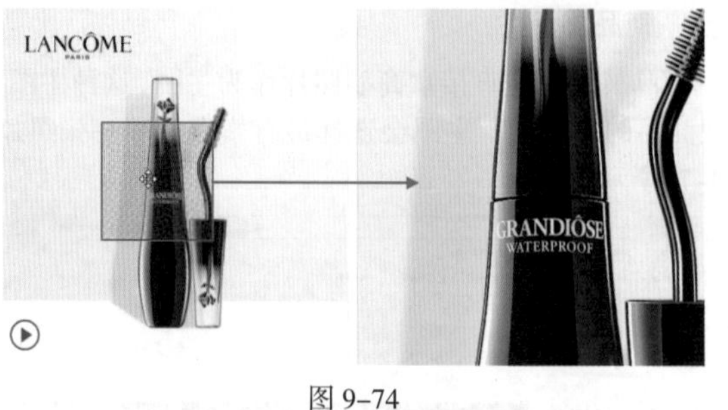

图 9-74

2. 一定要把亮点展示在主图上

通过主图体现商品和店铺的亮点。例如一条连衣裙，后背比较有设计感，那么完全可以将模特的背影作为主图，如图9-75所示。还有在主图上添加一些活动信息，例如年终大促、满减活动等，可以使客户面对众多的同质化商品，通过这些信息迅速判断出店铺的卖点，从而点开链接进到店铺中看一看，如图9-76所示。虽然通过这些促销信息能够传递店铺的亮点，但是在设计中要尽量简洁明了、思路清晰，不要有喧宾夺主的感觉。

图 9-75

图 9-76

3. 千万不要和大卖家主图重复

在购买商品时，顾客都会选择销量好、评价好、价格低的商品。如果是相同的产品，价格也相近，那么很少有顾客会冒风险去买小卖家店铺里的商品。这时就需要在主图上与大卖家有所区别，凸显自己的宝贝，尽量让淘宝显示只有一家店铺在销售此款产品，这样客户便会认为你这款宝贝在淘宝里面是独一无二的。

4. 带上自己店铺的 Logo 或者商品的品牌

在主图上体现店铺的Logo或者商品的品牌，既能够提高商品的辨识度，也能够突出商品的实力，从而达到提高商品辨识度的目的。

重点 9.5.3 商品主图的常见构图方式

商品主图的常见构图方式包括对角线构图法、均衡构图法、紧凑式构图法、九宫格构图法和中心型构图法5种。

1. 对角线构图法

先来学习一下对角线构图法。这个相信大家不难理解，对角线就是正方形或者长方形不相邻的两个顶点的连线。我们在一些宝贝的拍摄中就可以利用这种方法，如图9-77、图9-78和图9-79所示。

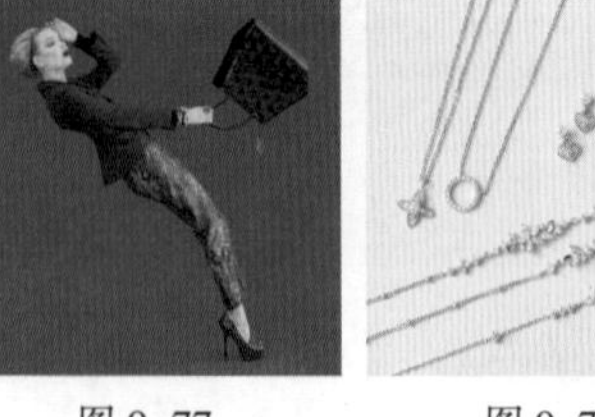
图 9-77

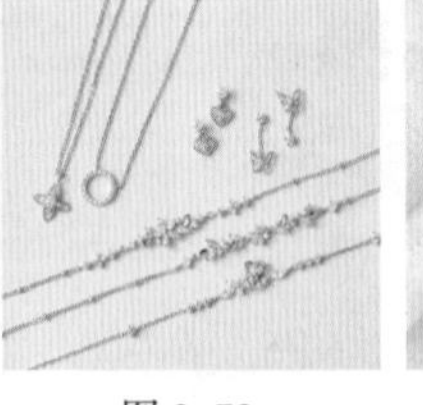
图 9-78

图 9-79

2. 均衡构图法

均衡构图法是将版面分为左、右两个部分，通过两张图展现商品，通常用于服装、鞋靴等产品。一般会展示产品的正面和侧面，或者同款产品的不同颜色。这种构图方式能够在有限的空间中尽可能多地展示产品，吸引客户的注意，如图9-80所示。

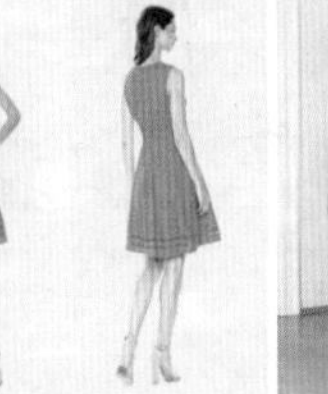
图 9-80

3. 紧凑式构图法

紧凑式构图法在布局上比较紧凑，信息内容比较丰富，留白空间较小，如图9-81和图9-82所示。这种构图方式比较适合店铺有促销活动，或者同质化明显的商品，例如电器、化妆品、鞋子等商品，因为卖同一品牌商品的店铺肯定不止一家，要区别于其他店铺，就需要通过活动、卖点等信息进行区分。

图 9-81

图 9-82

4. 九宫格构图法

九宫格构图法是构图法中最常见、最基本的方法之一，也被称为"井"字构图法。这种构图法是通过分格的形式，把画面的上、下、左、右4个边3等分，然后用直线把对应的点连接起来，使得画面当中形成一个"井"字，而"井"字所产生的交叉点就是表现主体产品最合理的位置，如图9-83和

图9-84所示。

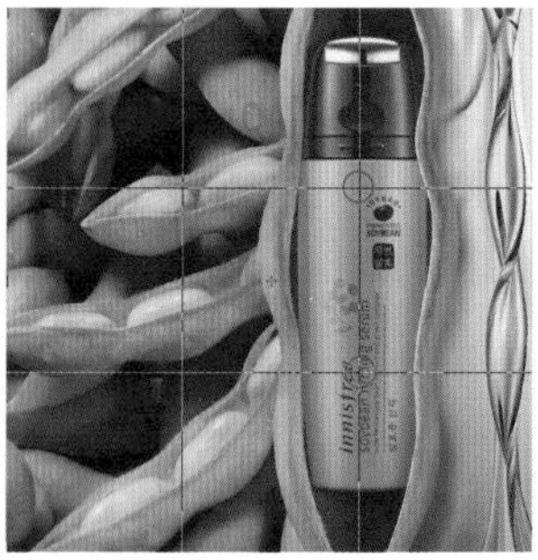

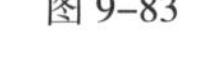

图 9-83　　图 9-84

5. 中心型构图法

中心型构图法是将商品放在画面的中心位置，使客户的视线集中在商品上。这种构图方式比较适合较小的商品，能够起到特写的作用，通过主图将商品全面表现出来，如图9-85和图9-86所示。

图 9-85　　图 9-86

9.6 使用辅助工具辅助制图

Photoshop提供了多种非常方便的“辅助工具”：标尺、参考线、智能参考线、网格、对齐等，通过使用这些工具可以帮助我们轻松制作出尺度精准的对象和排列整齐的版面。

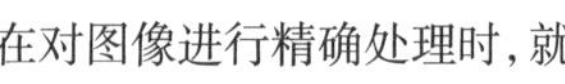

重点 9.6.1 标尺

扫一扫，看视频

在对图像进行精确处理时，就需要用到标尺工具了。

1. 开启标尺

执行“文件>打开”命令，打开一张图片。执行“视图>标尺”命令(快捷键为Ctrl+R)，此时可以看到窗口顶部和左侧出现了标尺，如图9-87所示。

图 9-87

2. 调整标尺原点

虽然标尺只能在窗口的左侧和上方，但是可以更改原点(也就是零刻度线)的位置，以满足使用需要。默认情况下，标尺的原点位于窗口的左上方。将光标放置在原点上，然后按住鼠标左键拖曳原点，画面中会显示出十字线，释放鼠标左键以后，释放处便成了原点的新位置，并且此时的原点数字也会发生变化，如图9-88和图9-89所示。想要使标尺原点恢复默认状态，在左上角两条标尺交界处双击即可。

图 9-88

图 9-89

3. 设置标尺单位

在标尺上单击鼠标右键，在弹出的快捷菜单中选择相应的单位，即可设置标尺的单位，如图9-90所示。

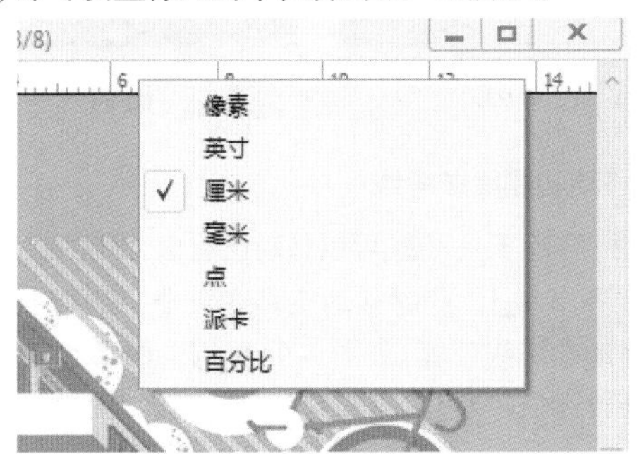

图 9-90

重点 9.6.2 参考线

扫一扫，看视频

“参考线”是一种常用的辅助工具，在平面设计中尤为适用。当我们想要制作排列整齐的元素时，徒手移动很难保证元素整齐排列。如果有了“参考线”，则可以在我们移动对象时将其自动“吸附”到参考线上，从而使版面更加整齐，如图9-91所示。除此之外，在制作一个完整的版面时，也可以先使用“参考线”将版面进行分割，之后再进行元素的添加，如图9-92所示。

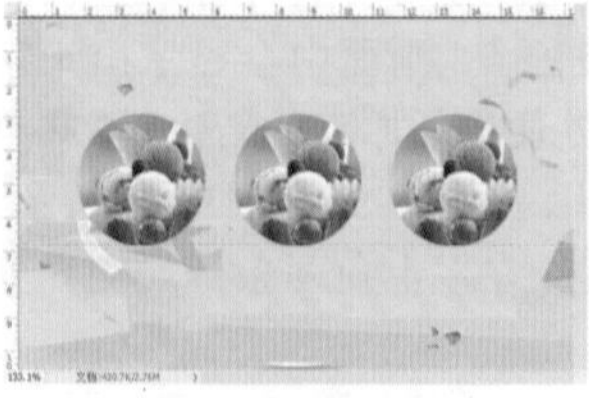

图 9-91

图 9-92

“参考线”是一种显示在图像上方的虚拟对象(打印和输出时不会显示)，用于辅助移动、变换过程中的精确定位。执行“视图>显示>参考线”命令，可以切换参考线的显示和隐藏。

1. 创建参考线

首先按快捷键Ctrl+R，打开标尺。将光标放置在水平标尺上，然后按住鼠标左键向下拖曳，即可拖出水平参考线，如图9-93所示。将光标放置在左侧的垂直标尺上，然后按住鼠标左键向右拖曳，即可拖出垂直参考线，如图9-94所示。

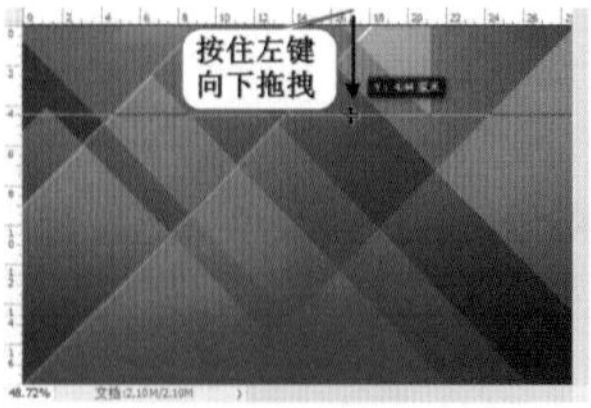

图 9-93

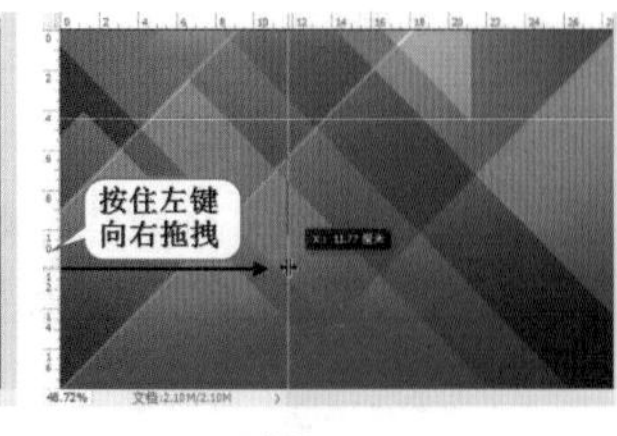

图 9-94

2. 移动和删除参考线

使用“移动工具”可以移动已有参考线的位置。将光标放置在参考线上，此时移动工具变成，按住鼠标左键拖曳即可移动参考线位置，如图9-95所示。如果参考线移动到了画布外较远处，则可以删除这条参考线，如图9-96所示。

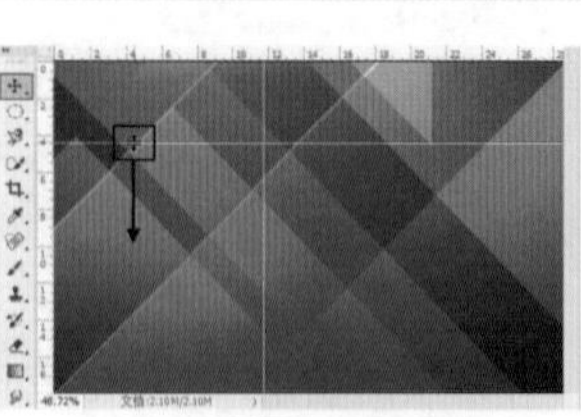
图 9-95

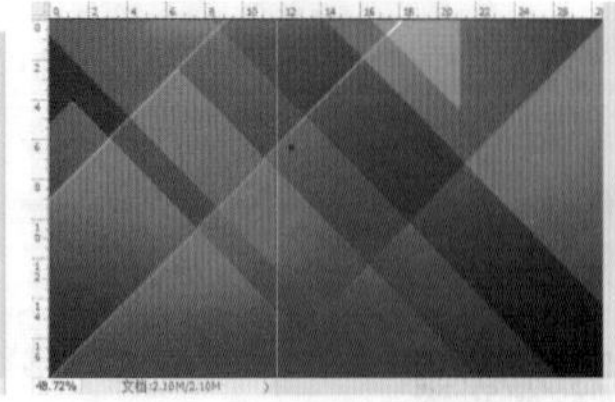
图 9-96

当文档中包含参考线时，绘制选区、图形或移动图层到参考线附近时，会自动“吸附”到参考线的位置上，如图9-97和图9-98所示。

图 9-97

图 9-98

提示：

在创建、移动参考线时，按住Shift键可以使参考线与标尺刻度进行对齐；按住Ctrl键可以将参考线放置在画布中的任意位置，并且可以让参考线不与标尺刻度进行对齐。

3. 删除所有参考线

执行“视图>清除参考线”命令可以删除画面中全部参考线。

9.6.3 智能参考线

“智能参考线”是一种会在绘制、移动、变换等情况下自动出现的参考线，可以帮助我们对齐特定对象。例如，使用“移动工具”移动某个图层(如图9-99所示)，移动过程中与其他图层对齐时就会显示出洋红色的智能参考线，而且还会提示图层之间的间距，如图9-100所示。

图 9-99

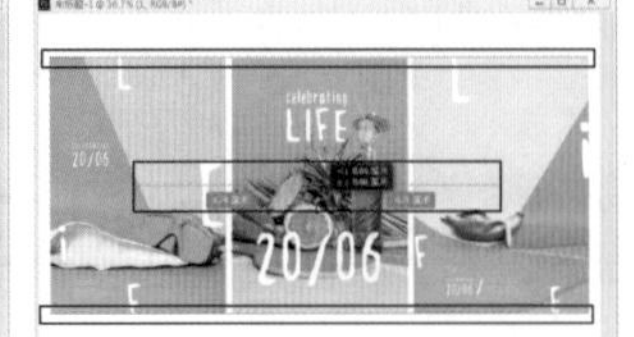
图 9-100

同样，缩放图层到某个图层一半尺寸时也会出现智能参考线，如图9-101所示。绘制图形时也会出现，如图9-102所示。

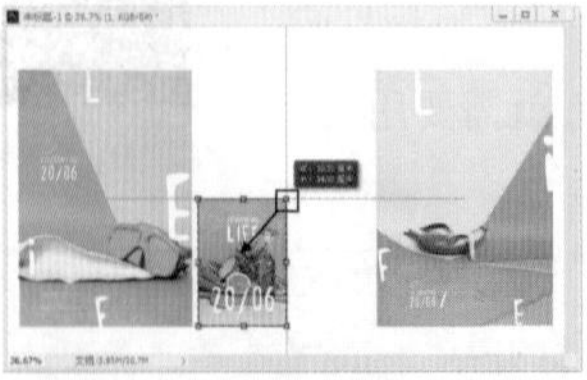

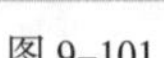
图 9-101

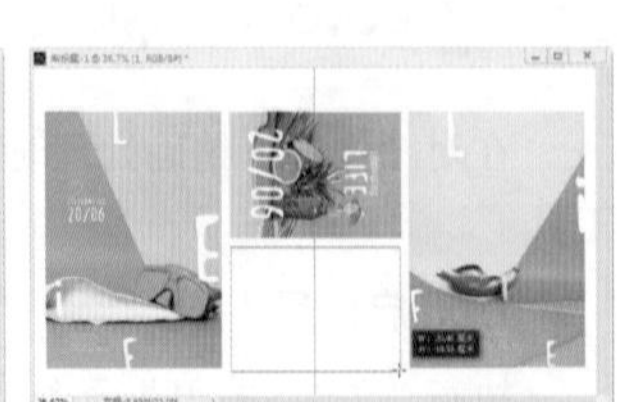

图 9-102

提示：不同版本的智能参考线

在Photoshop CC 2017版本中，智能参考线默认情况下一直处于显示状态，但是在早期版本中可能不会自动开启，需要执行“视图>显示>智能参考线”命令来开启。

9.6.4 网格

网格主要用来对齐对象，借助网格可以更精准地确定绘制对象的位置，尤其是在制作标志、绘制像素画时，网格更是必不可少的辅助工具。在默认情况下，网格显示为不打印出来的线条。打开一张图片，如图9-103所示。接着执行“视图>显示>网格”命令，就可以在画布中显示出网格，如图9-104所示。

图 9-103

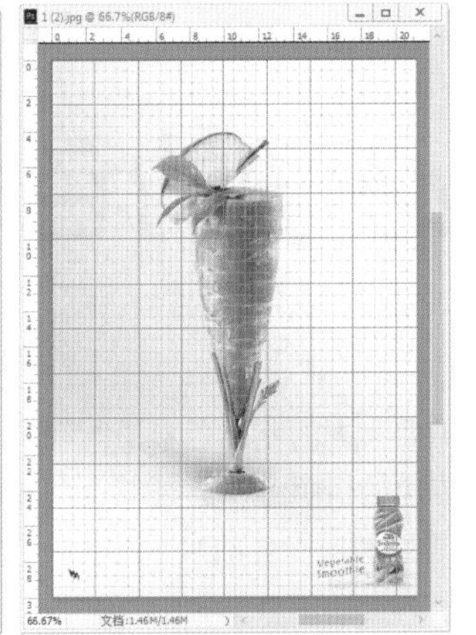

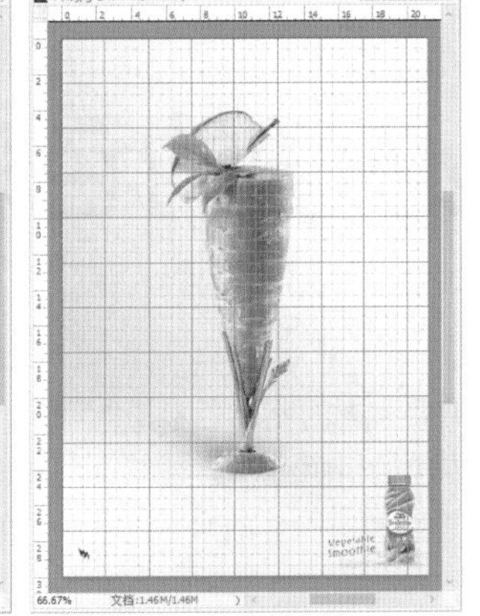

图 9-104

提示：设置不同颜色的参考线和网格

默认情况下参考线为青色，智能参考线为洋红色，网格为灰色。如果正在编辑的对象与这些辅助对象的颜色非常相似，则可以更改参考线、网格的颜色。执行“编辑>首选项>参考线、网格和切片”命令，在弹出的“首选项”窗口中可以选择合适的颜色以及线条类型，如图9-105所示。

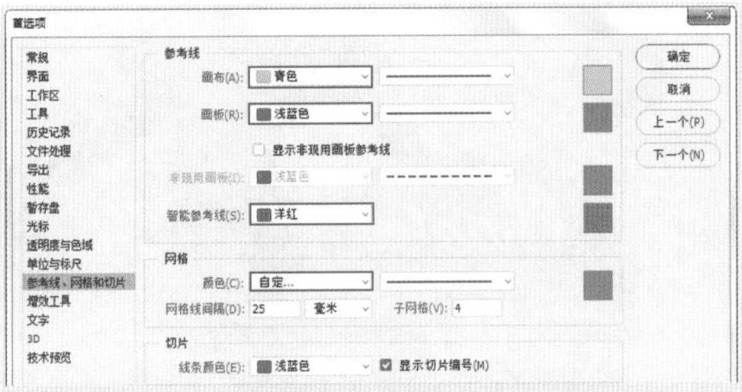

图 9-105

9.6.5 对齐

在进行移动、变换或者创建新图形时，我们经常会感觉到对象被自动“吸附”到另一个对象的边缘或者某些特定位置，这是因为开启了“对齐”功能。这一功能有助于精确地放置选区、裁剪选框、切片，调整形状和路径等。执行“视图>对齐”命令，可以切换“对齐”功能的开启与关闭。在“视图>对齐到”菜单下可以设置可对齐的对象，如图9-106所示。

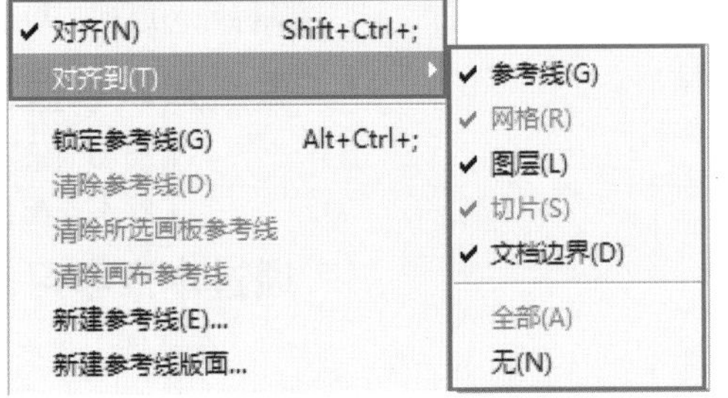

图 9-106

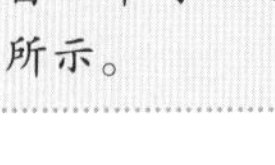

读书笔记

扫一扫，看视频

淘宝美工必学的色彩搭配

本章内容简介：

本章主要讲解淘宝美工所需要掌握的基本色彩搭配知识，包括色彩的属性、搭配技巧、颜色对比以及不同色调为人们传递的情感等。通过对这些知识的学习，可帮助读者分析和掌握配色原理，从而以更清晰的思路和更专业的水平进行颜色的选择与搭配。

重点知识掌握：

- 掌握如何选择合适的颜色去搭配
- 了解不同配色方案向人们传递的情感

通过本章学习，我能做什么？

在掌握了色彩的基本知识、懂得了不同方式的色彩对比、了解了不同色彩搭配方式可以传递的情感之后，我们可以在淘宝版面的用色方面以更加清晰的思路进行颜色的选择与搭配。

10.1 色彩的基本知识

在生活中，色彩的力量无穷无尽，它刺激着我们的感官，影响着我们的情感。在淘宝网店或网页中，颜色同样占据着重要的地位。接下来我们共同学习色彩的基本常识，了解色彩搭配的技巧，从而激发创作灵感，提升对色彩的理解。

10.1.1 色彩的三大属性

在视觉的世界里，“色彩”被分为两类，即无彩色和有彩色，如图10–1所示。无彩色为黑、白、灰，有彩色则是除黑、白、灰以外的其他颜色，如图10–2所示。每种有彩色都有三大属性，即色相、明度、纯度(饱和度)，而无彩色则只有明度这一个属性。

无彩色

有彩色

图 10–1

色相:红	色相:绿
明度较低	明度较高
纯度较高	纯度较低

图 10–2

1. 色相

任何有彩色都有属于自己的色相。色相是指颜色的基本相貌，它是颜色彼此区别的最主要、最基本的特征。为应用方便，就以光谱色序为色相的基本排序，即红、橙、黄、绿、青、蓝、紫为基础色，加上几种间色构建出色环，如图10–3所示。

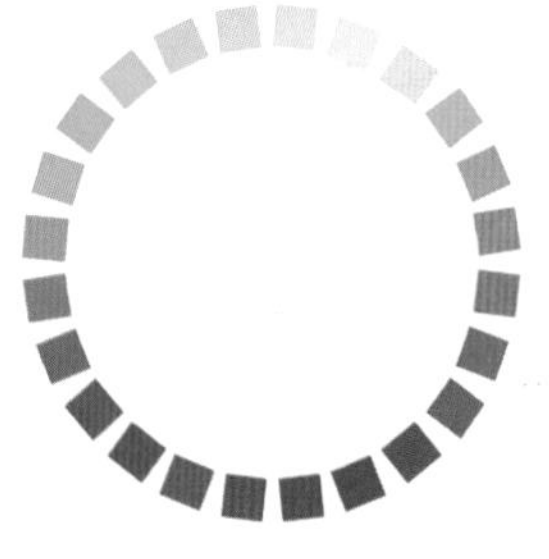

图 10–3

2. 明度

明度是指色彩的明亮程度。明度不仅表于物体明暗程度，还表现在反射程度的系数。

例如，蓝色里不断加黑色，明度就会越来越低，而低明度的暗色调，会给人一种沉着、厚重、忠实的感觉；蓝色里不断加白色，明度就会越来越高，而高明度的亮色调，会给人一种清新、明快、华美的感觉；在加色的过程中，中间的颜色明度是比较适中的，而这种中明度色调会给人一种安逸、柔和、高雅的感觉，如图10–4所示。

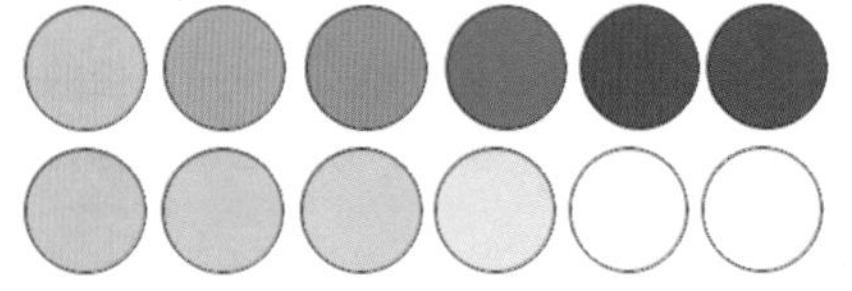

图 10–4

3. 纯度

纯度又叫饱和度、彩度，是指色彩的鲜艳程度，表示颜色中所含有成分的比例，比例越大则色彩越纯，比例越低则色彩的纯度就越低，如图10–5所示。

- 一般高纯度的颜色会产生强烈、鲜明、生动的感觉。
- 中纯度的颜色会产生适当、温和的平静感觉。
- 低纯度的颜色会产生一种细腻、雅致、朦胧的感觉。

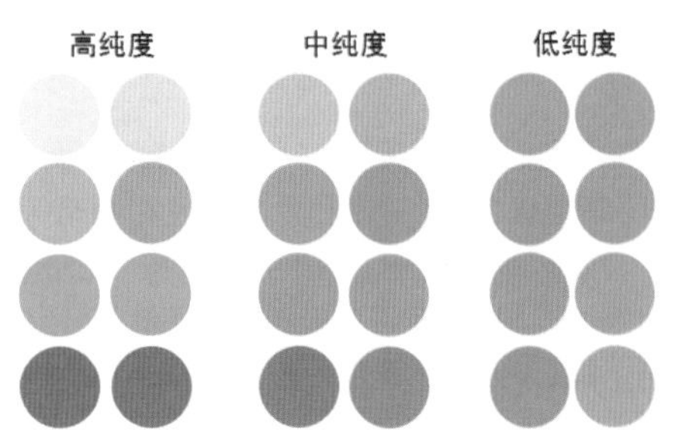

图 10–5

10.1.2 关于色彩的一些关键词

图像通常是由多种颜色构成的，不同色相的颜色合理搭配在一起，可刺激人们的视觉感官，形成不同的感受。对于图像而言，除了色相、明度和纯度这三大属性外，还有一些其他的重要属性，如色温、色调、影调等。这些属性能有效地加深人们对某类事物的印象。

1. 色温（色性）

颜色除了色相、明度、纯度这三大属性外，还具有“温度”。色彩的“温度”也称为色温、色性，指色彩的冷暖倾向。越倾向于蓝色的颜色或画面为冷色调，图10–6所示；越倾向于橘色的为暖色调，图10–7所示。

图 10–6

图 10–7

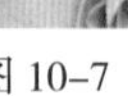

2. 色调

“色调”也是我们经常提到的一个词语，指的是画面整体的颜色倾向。例如，图 10–8 所示为绿色调图像，图 10–9 所示为紫色调图像。

图 10–8

图 10–9

3. 影调

对摄影作品而言，“影调”又称为照片的基调或调子，是指画面的明暗层次、虚实对比和色彩的色相明暗等之间的关系。由于影调的亮暗和反差的不同，通常按“亮暗”将图像分为“亮调”“暗调”和“中间调”，或者按“反差”将图像分为“硬调”“软调”和“中间调”等多种形式。图 10–10 所示为亮调图像，图 10–11 所示为暗调图像。

图 10–10

图 10–11

4. 颜色模式

“颜色模式”是指千千万万的颜色表现为数字形式的模型。简单来说，可以将图像的“颜色模式”理解为记录颜色的方式。在Photoshop中有多种“颜色模式”。执行“图像>模式”命令，我们可以将当前的图像更改为其他颜色模式——RGB颜色模式、CMYK颜色模式、Lab颜色模式、位图模式、灰度模式、索引颜色模式、双色调模式和多通道模式，如图 10–12 所示。在“拾色器”窗口可以选择不同的颜色模式进行颜色的设置，如图 10–13 所示。

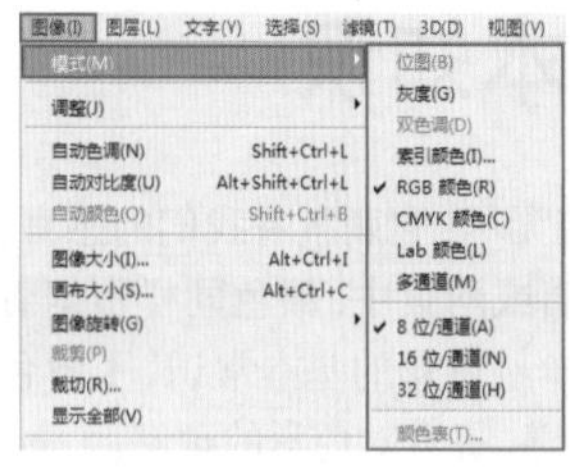
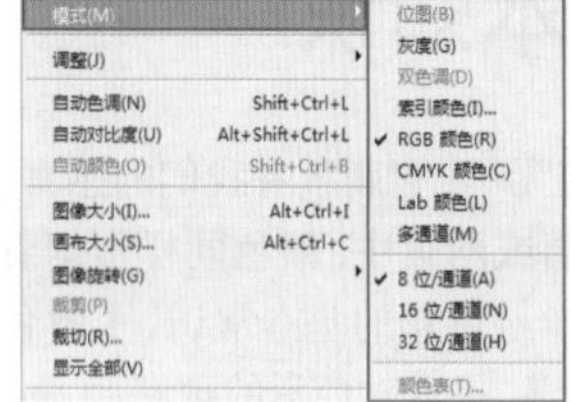

图 10–12

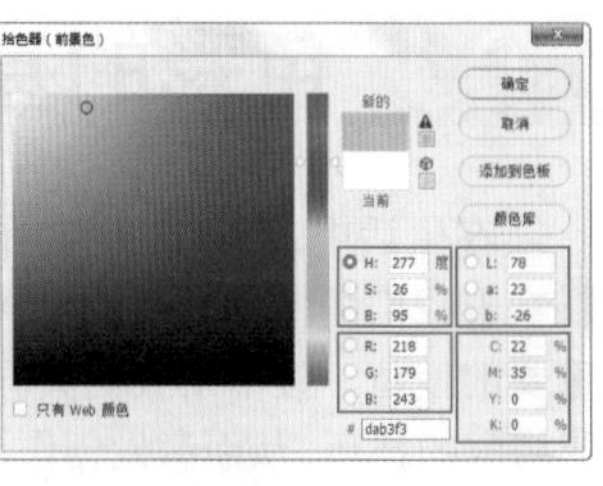

图 10–13

虽然图像可以有多种颜色模式，但并不是所有的颜色模式都经常使用。通常情况下，制作用于显示在电子设备上的图像文档时使用RGB颜色模式，涉及需要印刷的产品时需要使用CMYK颜色模式，在进行淘宝网店装修时需要用到RGB颜色模式，在制作需要打印的作品(产品优惠卡、宣传单等)时则需要创建CMYK颜色模式的文档；而Lab颜色模式是色域最宽的色彩模式，也是最接近真实世界颜色的一种色彩模式。通常在将RGB颜色模式转换为CMYK颜色模式的过程中，可以先将RGB颜色模式转换为Lab颜色模式，然后再转换为CMYK颜色模式。

提示：认识一下各种颜色模式

- 位图模式：使用黑色、白色两个颜色值中的一个来表示图像中的像素。将一幅彩色图像转换为位图模式时，需要先将其转换为灰度模式，删除像素中的色相和饱和度信息之后才能执行“图像>模式>位图”命令，将其转换为位图。
- 灰度模式：灰度模式是用单一色调来表现图像，将彩色图像转换为灰度模式后，会扔掉图像的颜色信息。
- 双色调模式：双色调模式不是指由两种颜色构成图像，而是通过1~4种自定油墨创建单色调、双色调、三色调和四色调的灰度图像。想要将图像转换为双色调模式，首先需要将图像转换为灰度模式。
- 索引颜色模式：索引颜色是位图的一种编码方法，可以通过限制图像中的颜色总数来实现有损压缩。索引颜色模式的位图较其他模式的位图占用更少的空间，所以索引颜色模式位图广泛应用于网络图形、游戏制作中。常见的格式有GIF、PNG–8等。
- RGB颜色模式：RGB颜色模式是进行图像处理时最常用的一种模式，这是一种“加光”模式。RGB分别代表Red(红色)、Green(绿色)、Blue(蓝)。RGB颜色模式下的图像只有在发光体上才能显示出来，例如显示器、电视等。该模式所包括的颜色信息(色域)有1670多万种，是一种真色彩颜色模式。
- CMYK颜色模式：CMYK颜色模式是一种印刷模式，也叫“减光”模式，该模式下的图像只有在印刷品上才可以观察到。CMY是3种印刷油墨名称的首字母，C代表Cyan(青色)、M代表Magenta(洋红)、Y代表

Yellow(黄色),而K代表Black(黑色)。CMYK颜色模式包含的颜色总数比RGB颜色模式少很多,所以在显示器上观察到的图像要比印刷出来的图像亮丽一些。

- Lab颜色模式:Lab颜色模式是由照度(L)和有关色彩的a、b这3个要素组成,L表示Luminosity(照度),相当于亮度,a表示从红色到绿色的范围,b表示从黄色到蓝色的范围。
- 多通道模式:多通道模式图像在每个通道中都包含256个灰阶,这对于特殊打印非常有用。将一张RGB颜色模式的图像转换为多通道模式的图像后,之前的红、绿、蓝3个通道将变成青色、洋红、黄色3个通道。多通道模式图像可以存储为PSD、PSB、EPS和RAW格式。

重点 10.1.3 主色、辅助色、点缀色

在一幅设计作品中,颜色通常由主色、辅助色和点缀色组成,三者相辅相成。

1. 主色

主色在广义上是指占据画面最多的颜色,影响整个作品的色彩基调。若将其进行标准化,可占据画面的50%~60%。主色决定着画面的主题和风格,辅助色和点缀色都需围绕它进行选择和搭配,如图10–14和图10–15所示。

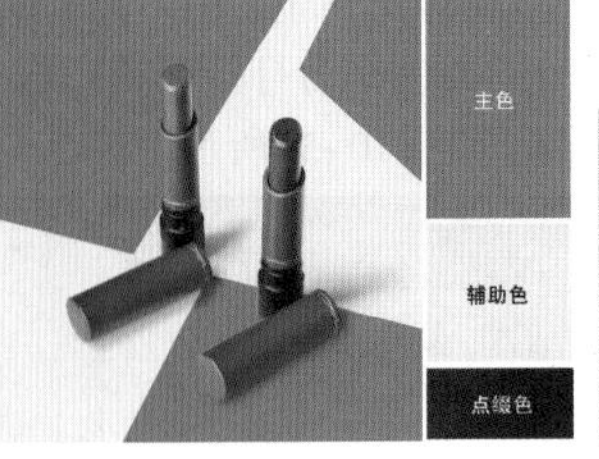

图10–14

图10–15

2. 辅助色

辅助色顾名思义是用来辅助主色的,会占据画面的30%~40%。通常情况下,辅助色比主色颜色略浅,不会让人感觉喧宾夺主。当辅助色与主色调为同色系时,画面效果和谐、稳重,如图10–16所示。当辅助色为主色的对比色或互补色时,画面效果活泼、激情,如图10–17所示。

图10–16

图10–17

3. 点缀色

点缀色是占据面积最小的颜色,会占据画面的5%~15%。点缀色通常视觉效果醒目,对整体画面而言,可以理解为点睛之笔,通常较画面其他颜色相比鲜艳饱和,是整个作品的亮点所在,如图10–18和图10–19所示。

图10–18

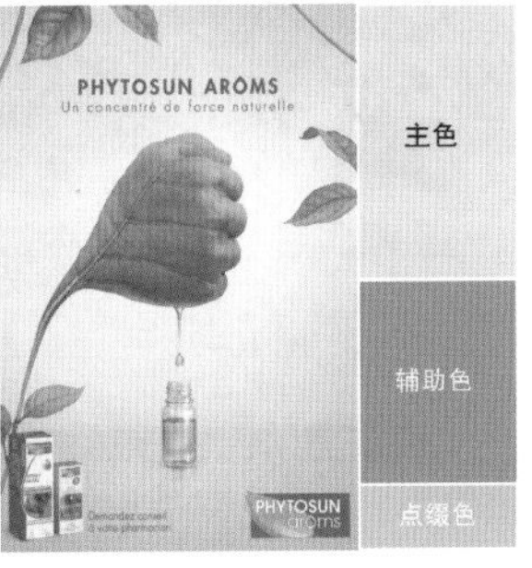

图10–19

重点 10.1.4 如何进行颜色的选择

在进行淘宝店铺装修时,面对五彩缤纷的颜色,若选择的颜色与所销售的产品不符,往往会事与愿违。那么如何选择合适的颜色呢?

首先要考虑所销售产品的消费人群和主要基调,确定整体色调和偏向的色系,以此选择一种主色。例如,服装类型偏向清新风格,抒发一种俏皮可爱的理念,那么我们会将销售的服装定位为暖色的亮调,可选择黄色、粉色等明度较高的颜色作为服装主要颜色。因为黄色会给人一种阳光、积极的感受,而粉色会呈现出一种淑女、温柔的感觉。禁忌选择深棕、深灰、黑色等偏暗的颜色,此类颜色情感偏凝重、严肃,在炎热的夏天会带来一种压抑、闷热的视觉感受,与所销售的产品理念背道而驰。图10–20和图10–21所示为不同风格的配色方案。

图10–20

图10–21

在确定好色调和产品主色后,我们会根据基调选择服装的辅助色是对比色还是同类色。选择对比色可给人一种活跃、热情的感觉,如图10–22所示,但如果对比色调搭配不当,则

会在更大程度上产生一种俗气、刺眼的效果。若辅助色为同类色，给人第一感觉为含蓄雅致、宁静温和，好感度剧增，如图10–23所示。但如果同类色面积过大，可产生单调平淡之感，常被人所忽略。

图 10–22

图 10–23

确定辅助色后，最后选择产品的点缀色。点缀色通常面积较小，与主色调是相对的，通常占据画面或商品的主要位置，视觉效果较为突出，如图10–24和图10–25所示。

图 10–24

图 10–25

重点 10.1.5　色彩搭配的小技巧

从色彩心理学分析，版面主要颜色不宜超过3种(不包括黑色、白色)。同一版面中颜色过多会使人头昏眼花，产生焦虑、烦躁，并很难找到画面重点，如图10–26所示。画面颜色为2～3种，则会让人感觉轻松舒适，并且能快速找到诉求的主题，如图10–27所示。

图 10–26

图 10–27

很多设计师认为画面饱和度高或颜色偏纯更易引起消费者注意，将主题呈现得更加鲜明，其实不然，画面色彩对比太强烈反而会使人产生刺眼、烦乱的感觉。比如在淘宝详情页中，颜色较纯的红色与蓝色搭配在一起，这种撞色搭配观看时间过长会产生一种视觉疲劳感，如图10–28所示。相反，选择颜色相对温和的色调作为主色，给人的印象既温和又和谐，如图10–29所示。

图 10–28

图 10–29

在为版面进行配色时，画面中的每种颜色为互相依存的关系，纯色过多，会超出画面承受范围，难以驾驭，如图10–30所示；相反，画面纯度低一些，色调简洁更容易被消费者接受，如图10–31所示。

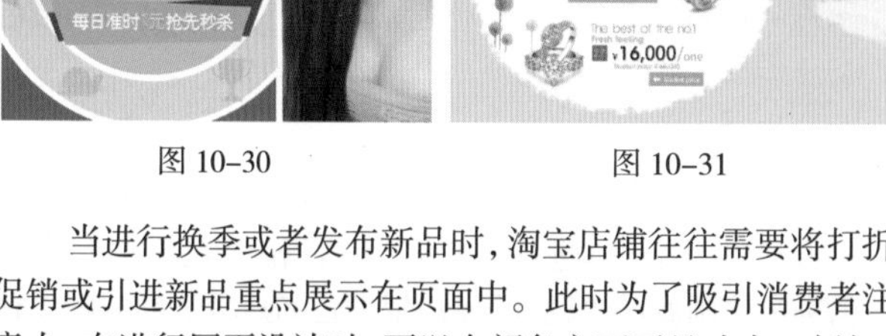

图 10–30

图 10–31

当进行换季或者发布新品时，淘宝店铺往往需要将打折促销或引进新品重点展示在页面中。此时为了吸引消费者注意力，在进行网页设计时，可以在颜色方面下足功夫。例如，用反差大的颜色将文字与画面形成对比，如图10–32所示。不要选择反差小或文字与画面为同类色作为打折促销广告，否则很容易使画面显得平淡、乏味，如图10–33所示。

图 10–32

图 10–33

10.2　色彩对比

在淘宝店铺装修中，将两种或两种以上的颜色放在一起，由于颜色之间的相互影响，会使颜色产生一定的差别，这种现象称为色彩的对比。换句话说，各种色彩之间由色相、明度、纯度等产生的生理及心理的差别就构成了色彩之间的对比。色彩之间的差异越大，对比效果就越明显；色彩之间的差异越小，对比效果就越微弱。

色彩的对比分为色相对比、明度对比、纯度对比、面积对

比和冷暖对比。色相对比是两种或两种以上色相之间的差别，其中包括同类色对比、邻近色对比、类似色对比、对比色对比、互补色对比。

10.2.1　同类色对比

同类色对比就是同一色相中不同明度与纯度色彩的对比。在24色色环中，两种颜色相隔15°为同类色，如图10–34所示。同类色对比较弱，给人的感觉是单纯、柔和的，无论总的色相倾向是否鲜明，整体的色彩基调容易统一协调。

如图10–35所示，两种颜色是相邻15°的颜色，属于同类色。二者搭配和谐，更显活力。

鞋子、墙壁与手包的颜色相近，使用的是同类色。用棕色作为鞋底主色，与黄色相呼应；同时在画面中使用了少量白色和绿色作为点缀色，使整体色感更加舒畅、含蓄，形成一种和谐统一的风格。

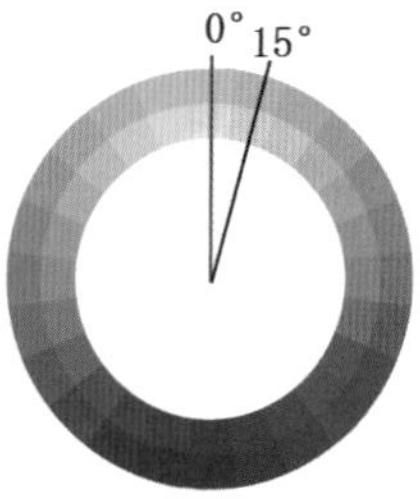

0°　15°

图 10–34 　　图 10–35

10.2.2　邻近色对比

邻近色是在色环内相隔30°左右的两种颜色，如红、橙、黄以及蓝、绿、紫都属于邻近色的范畴，如图10–36所示。两种邻近色组合搭配在一起，可使整体画面达到协调统一的效果。

如图10–37所示，淡粉与红色搭配在一起，俏皮可爱，具有十足的生命力。

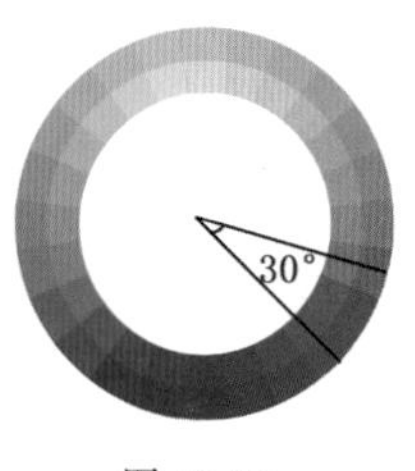

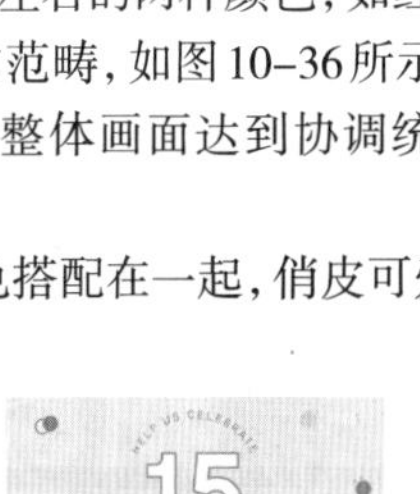

图 10–36　　图 10–37

画面中两种颜色为相邻30°的邻近色。该颜色性格强烈，使用在文字上，更易引人注目。

使用不同的粉色与白色搭配，提升了画面层次感，常用于产品详情页设计等。

10.2.3　类似色对比

在色环中相隔60°左右的颜色为类似色。例如红和橙、黄和绿、青和蓝等均为类似色，如图10–38所示。在类似色中，各色之间含有共同的色素。类似色由于色相比较平和，通常会给人一种平稳、协调的感觉。

如图10–39所示，苹果绿与蓝色进行搭配，使画面更加充实、饱满，两种颜色相互衬托，使画面更趋均衡。

画面中的绿色和蓝色相邻60°，展现了广告产品的清爽性，同时绿色也暗指该产品安全、健康。

使用低明度黄色作为文字点缀，给人一种活泼、光明的感觉。

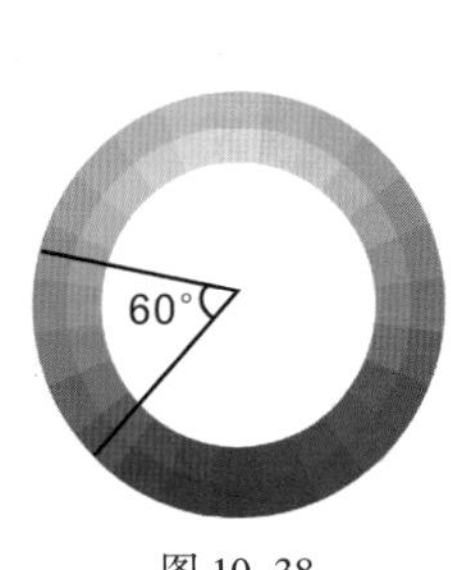

图 10–38　　图 10–39

10.2.4　对比色对比

在色环中相隔120°左右，甚至小于150°的颜色为对比色，如橙与紫、黄与蓝等，如图10–40所示。对比色给人一种强烈、明快、醒目、具有冲击力的感觉，但搭配不当容易引起视觉疲劳和炫目感。

如图10–41所示，整个版面简洁、大方，通过颜色的搭配吸引访客的注意。

黄色与红色、红色与青色同属于对比色，这样的配色给人以活泼、鲜活的刺激感，能够吸引人的注意，并产生点击的欲望。

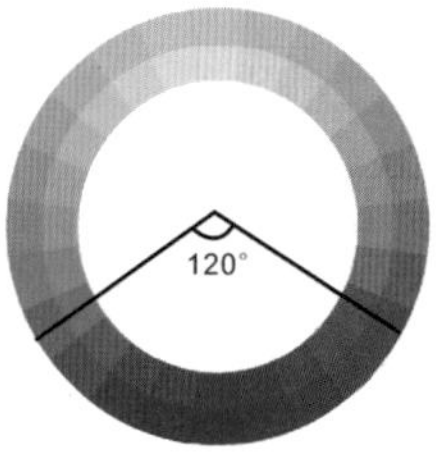

120°

BONE DRY
일상이 즐거워진다
12,000　14,000

图 10–40 　　图 10–41

10.2.5 互补色对比

在色环中相隔180° 左右的颜色为互补色，如红与绿、黄与紫、蓝与橙等，如图10-42所示。这些色彩搭配在一起，可以产生一种强烈的刺激作用，对人的视觉具有最强的吸引力。在淘宝美工中，互补色对比多用于打折促销活动，目的是增强产品的诱惑性。

如图10-43所示，红色和绿色是互补色，两者搭配在一起，在视觉上呈现出红色更红、绿色更绿，对比十分强烈。

在旅行产品宣传页面中，使用绿色作为背景，展现大自然的清新；使用红色作为文字颜色，具有吸引消费者眼球的用意；使用柠檬黄作为点缀色，使两种鲜艳的色彩搭配更协调。

图 10-42

图 10-43

10.2.6 明度对比

明度对比是指色彩明暗程度的对比，也称为色彩的黑白对比。按照明度顺序可将颜色分为低明度、中明度和高明度3个等级。在有彩色中，柠檬黄为高明度，蓝紫色为低明度。

在明度对比中，画面的主基调取决于黑、白、灰的量和相互对比产生的其他色调。

同色不同背景的明度对比效果如图10-44所示，在不同明度的背景下，同样的粉色在明度较低的背景中显得更加醒目。

图 10-44

色彩间明度差别的大小决定明度对比的强弱，如图10-45所示。

- 3°差以内的对比又称为短调对比，短调对比给人舒适、平缓的感觉。
- 3°～6°差的对比称为明度中对比，又称为中调对比，中调对比给人朴素、老实的感觉。
- 6°差以上的对比称为明度强对比，又称为长调对比，长调对比给人鲜明、刺激的感觉。

在图10-46所示网站首页中，人物肤色较亮，明度较高。在明度偏低的紫色背景对比下，更好地展现出华丽、高贵之感。

在选择店铺页面颜色时，一般将明度高的色调与明度低的色调进行搭配，不仅可以实现画面的稳重性，还能在极大程度上增强画面的视觉冲击力。

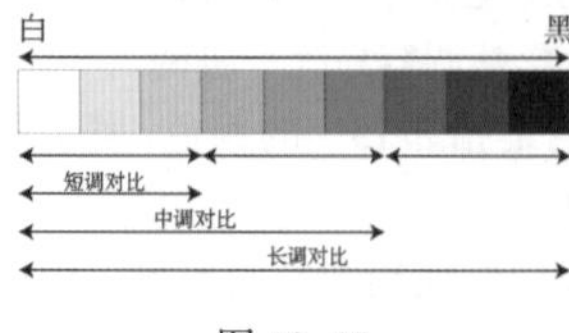
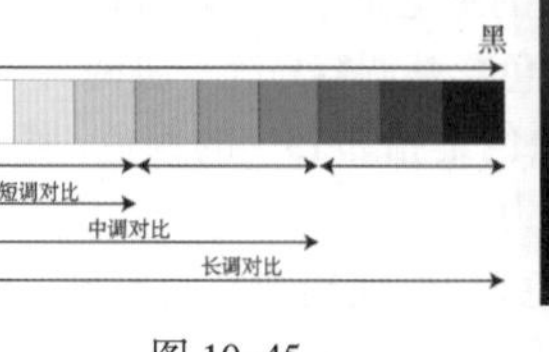

图 10-45

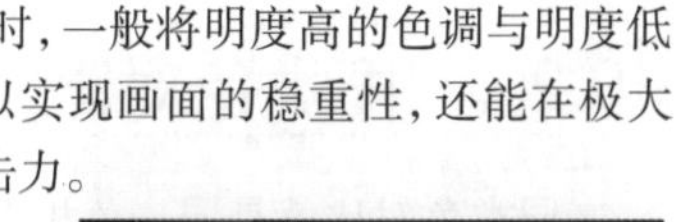

图 10-46

10.2.7 纯度对比

纯度对比是指因为颜色纯度差异产生的颜色对比效果。纯度对比既可以体现在单一色相的对比中，也可以体现在不同色相的对比中。

通常将纯度划分为3个等级：高纯度、中纯度和低纯度，如图10-47所示。

而纯度的对比又可分为强对比、中对比、弱对比。

不同纯度的对比效果如图10-48所示。相同的背景色上不同纯度的蓝色，传递给人的视觉感受不同。

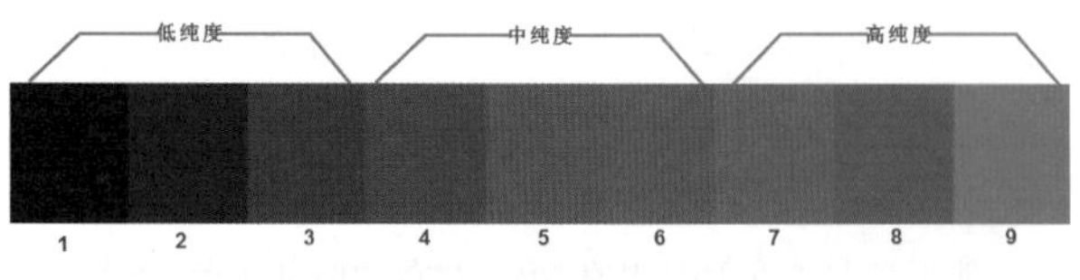

图 10-47

图 10-48

纯度变化的基调：

- 低纯度的色彩基调(灰调)会给人一种简朴、暗淡、消极、陈旧的视觉感受。
- 中纯度的色彩基调(中调)会给人一种稳定、文雅、中庸、朦胧的视觉感受。
- 高纯度的色彩基调(鲜调)会给人一种积极、强烈、亮眼、冲动的视觉感受。

在图10-49所示网页作品中，可以看出背景色与前景矩

形广告颜色纯度较高，使视觉被直接吸引到彩色矩形的产品。

同时为了使画面更加均衡且不抢主题内容，将模特纯度降低，观者可以更好地阅读画面中的文字信息。

高纯度色彩通常会使商品更加清晰、明亮，但面积过大则会使画面繁乱，缺少重心性。

图 10-49

10.2.8 面积对比

面积对比是指在同一画面中因颜色所占面积大小不同产生的色相、明度、纯度等对比效果。当强弱不同的色彩并置在一起的时候，若想得到看起来较为均衡的画面效果，可以通过调整色彩的面积大小来达到目的。

不同面积的相同颜色在同背景下的面积对比效果如图 10-50 所示，橙色在蓝色背景中所占面积不同，画面的冷暖对比感受也不同。

图 10-50

图 10-51 所示为圣诞主题的店铺详情页局部图，以大面积红色作为背景，与主体文字相呼应。同时使用金色作为辅助色，展现节日的喜庆与欢乐，给人以灿烂、温馨的感受。

红色与金色之间添加了白色，起到了调和的作用，同时提高了主体文字的可见性。

若画面中红色与金色等比出现，则会感觉平淡、俗艳。巧妙利用颜色所占比例进行店铺装修，可使店铺整体进一步得到升华。

图 10-51

10.2.9 冷暖对比

冷色和暖色是一种典型的“色彩感觉”，而冷色和暖色并置在一起的时候，形成的差异效果即为冷暖对比。

画面中冷色和暖色的画面占据比例，决定了整体画面的色彩倾向，也就是暖色调或冷色调。不同的色调能表达出不同的意境和情绪。

调整冷色与暖色所占比例，直接影响到画面的冷暖感受。如图 10-52 所示，蓝色面积更大的画面给人以凉爽感，黄色面积更大的画面给人以温暖感。

图 10-52

在图 10-53 所示网页广告中，前景人物、文字呈暖色调，而背景为冷色，给人一种清爽、明亮的感觉。

在冷暖对比下形成了强烈的视觉冲击，营造出一种欢乐、朝气蓬勃的气氛。

暖色调的人物与文字在冷色的背景衬托下更为突出。

图 10-53

10.3 传达不同情感的配色方式

暖调常会让人感到温暖，而冷调通常带给人们一种宁静、凉爽之感。不同颜色的互相搭配给人的感受也是大不相同的。接下来根据颜色的色彩特点，介绍不同情感表达的主题中常用的配色方案，将配色与实例结合，帮助读者分析和掌握配色技巧。

10.3.1 健康

(1) 适用主题：有机食品、保健品、药品、空气净化产品、个人护理产品、装修材料等。

(2) 延伸表达：环保、生态、生机、活力、长寿、力量、清新、植物、自然等。

(3)常用配色方案如图 10-54 所示。

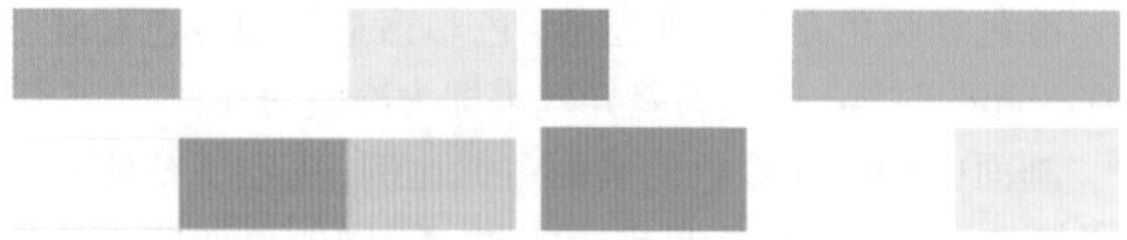

图 10-54

(4)典型案例分析如图 10-55 所示。

图 10-55

- 本作品为健康食品的展示页面,整体给人一种萌芽新生的感受,象征此产品绿色、健康。
- 选取类似色的配色方式,以草绿为主色,嫩绿为辅助色,颜色协调且与主题呼应。
- 采用高明度的橙色作为点缀色,给人欢乐、轻快之感。

(5)优秀作品欣赏如图 10-56～图 10-59 所示。

图 10-56 　　图 10-57

图 10-58　　图 10-59

10.3.2 洁净

(1)适用主题:清洁产品、洁具、医用器械、生物制药、浴室用品等。

(2)延伸表达:纯洁、清新、透彻、干净、空灵、圣洁等。

(3)常用配色方案如图 10-60 所示。

图 10-60

(4)典型案例分析如图 10-61 所示。

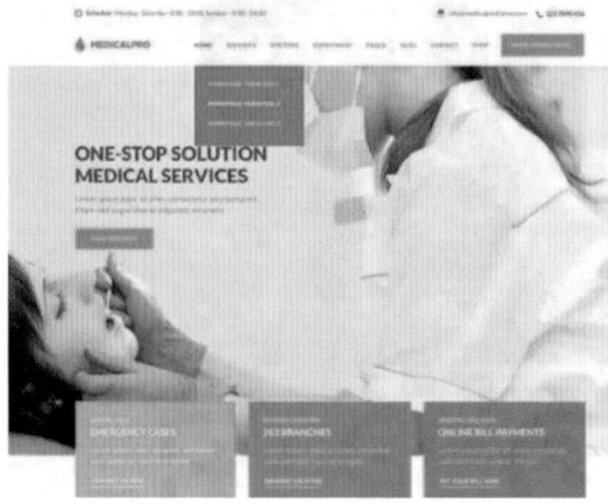

图 10-61

- 医疗相关行业的页面通常更期望表达出清洁、卫生的感受,以口腔健康为主题的行业尤为如此。
- 页面整体采用高明度的调子,通过不同明度的清爽蓝色搭配蓝紫色,既表达出清洁、卫生之感,又不失活力。
- 点缀以暖调的橙色,有效调和了画面中过多冷色带来的距离感。

(5)优秀作品欣赏如图 10-62～图 10-65 所示。

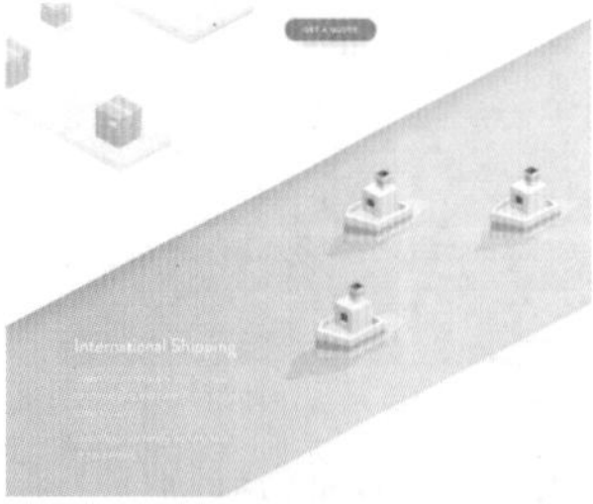

图 10-62 　　图 10-63

图 10-64 　　图 10-65

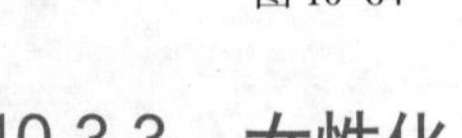

10.3.3 女性化

(1)适用主题:化妆品、饰品、服饰、医美、家居等。

(2)延伸表达:娇艳、靓丽、温柔、时尚等。

(3) 常用配色方案如图10-66所示。

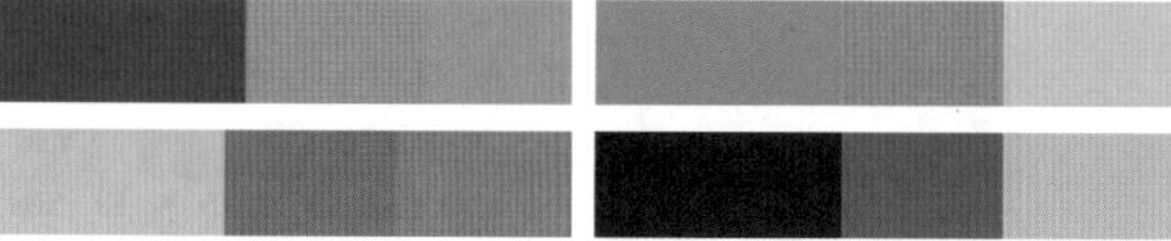

图 10-66

(4) 典型案例分析如图10-67所示。

图 10-67

- 本作品为女士服饰产品的主图，服装产品整体明度较高，颜色倾向于淡紫色。背景采用了高明度的粉紫色作为主色，画面整体柔美而梦幻。
- 搭配些许的橙色，在柔美中增添了些许俏皮之感。
- 文案部分以较为稀松的排列方式覆盖在人物上，突出主题的同时又不会过多地遮挡产品本身。

(5) 优秀作品欣赏如图10-68～图10-71所示。

图 10-68

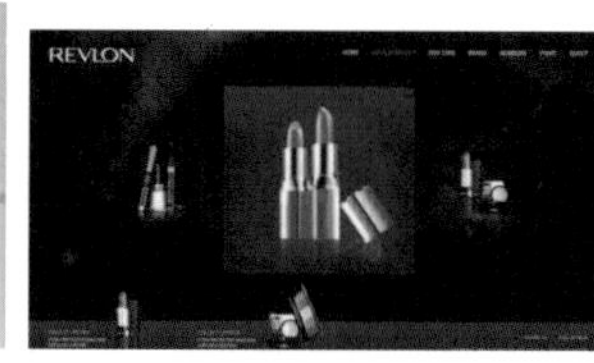

图 10-69

图 10-70　图 10-71

10.3.4 男性化

(1) 适用主题：汽车用品、西装品牌、运动商品、酒类、电子产品、户外用品等。

(2) 延伸表达：强劲、强势、稳重、成功、品位、体面、理性等。

(3) 常用配色方案如图10-72所示。

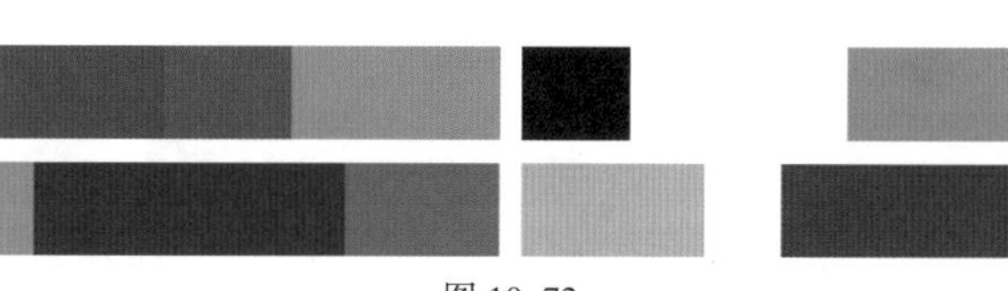

图 10-72

(4) 典型案例分析如图10-73所示。

图 10-73

- 本作品为汽车产品的详情页面，一种男性化的力量感贯穿始终。
- 红色在视觉上会使人产生一种扩张感，而蓝灰色通常给人留下沉重、严肃的印象，画面以这两种颜色进行搭配，具有较强的力量感以及视觉冲击力。
- 画面使用白色作为文字的主色，视觉效果极为突出，且文字与图片错落摆放，既不妨碍产品展示，又利用文字起到了很好的说明作用。

(5) 优秀作品欣赏如图10-74～图10-77所示。

图 10-74

图 10-75

图 10-76

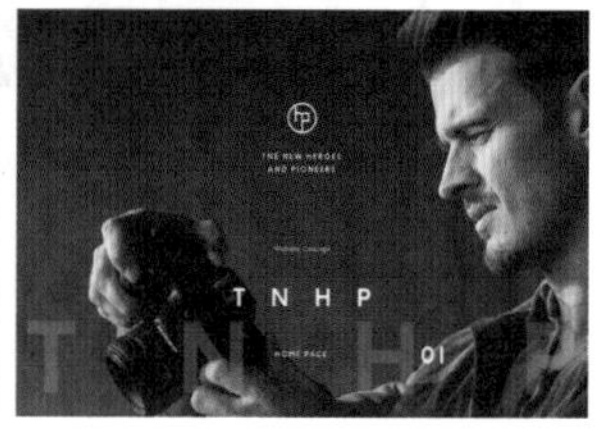

图 10-77

10.3.5 温暖

(1) 适用主题：保暖产品、母婴产品、照明产品、节能产业、保险等。

(2) 延伸表达：阳光、祥和、体贴、和善等。

（3）常用配色方案如图 10–78 所示。

图 10–78

（4）典型案例分析如图 10–79 所示。

图 10–79

- 红色、橙色、黄色都是典型的暖色，这 3 种颜色搭在一起无法不给人以温暖之感。
- 画面主体颜色为大面积的暖色，显得人物肤色更加透亮。
- 文字部分采用白色进行展示，有效地调和了暖色过多带来的燥热感。

（5）优秀作品欣赏如图 10–80～图 10–83 所示。

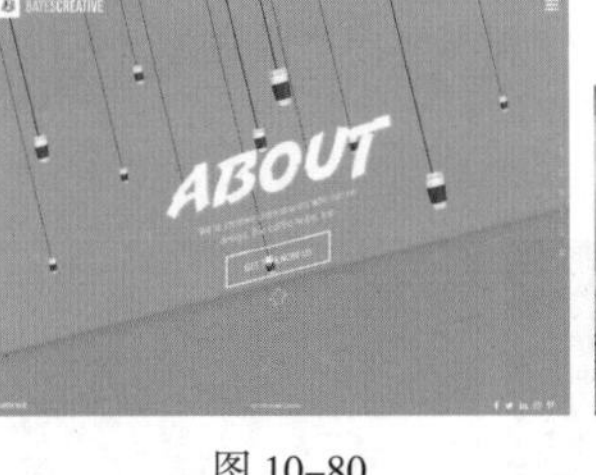

图 10–80

图 10–81

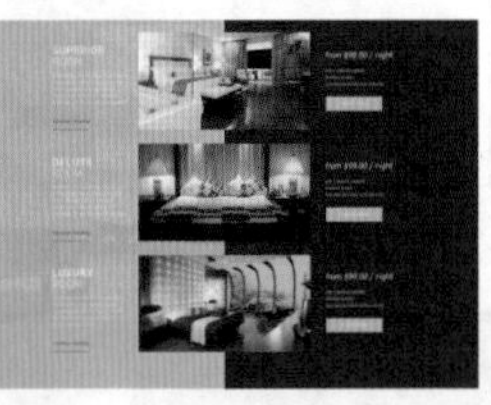

图 10–82

图 10–83

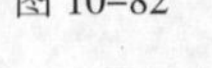

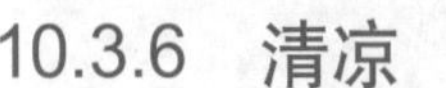

10.3.6　清凉

（1）适用主题：冷饮、制冷电器、泳装、夏装等。

（2）延伸表达：凉爽、阴凉、清新、冰凉、冷酷等。

（3）常用配色方案如图 10–84 所示。

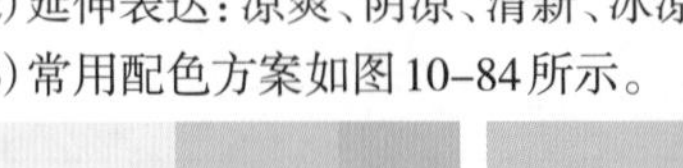

图 10–84

（4）典型案例分析如图 10–85 所示。

图 10–85

- 本作品以皑皑雪山作为背景，画面整体色调非常统一。作为背景图的雪山素材饱和度稍低，不会影响到主体部分的展示。
- 以深浅不同的蓝色作为主色，红色作为点缀色，冰爽、清凉的同时富有强劲生命力，带给消费者一种积极乐观的心理感受。

（5）优秀作品欣赏如图 10–86～图 10–89 所示。

图 10–86

图 10–87

图 10–88

图 10–89

10.3.7　欢快

（1）适用主题：童装、游乐设施、儿童用品、节日礼品、节目展演等。

（2）延伸表达：积极、向上、快乐、踊跃、乐观、愉悦等。

（3）常用配色方案如图 10–90 所示。

图 10–90

(4) 典型案例分析如图 10–91 所示。

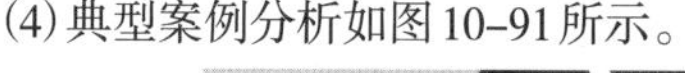

图 10–91

- 本作品为夏季女士服饰的促销广告，整体给人一种青春、欢快、跃动的感觉，视觉冲击力较强。
- 背景选取互补色对比的配色方式，以低明度的、大面积的蓝紫色作为主色，饱和度较高的小面积黄色作为辅助色，画面整体稳定而不呆板。点缀以洋红色，加上前景模特穿着的服装，使画面具有较强的色彩层次感。
- 使用橙色正圆及白色文字填充画面，缓解了因版面过于传统而产生的单调、呆板。

(5) 优秀作品欣赏如图 10–92～图 10–95 所示。

图 10–92

图 10–93

图 10–94

图 10–95

10.3.8 冷静

(1) 适用主题：办公设备、电器、电子产品、男装、消毒用品等。

(2) 延伸表达：理性、谨慎、镇定等。

(3) 常用配色方案如图 10–96 所示。

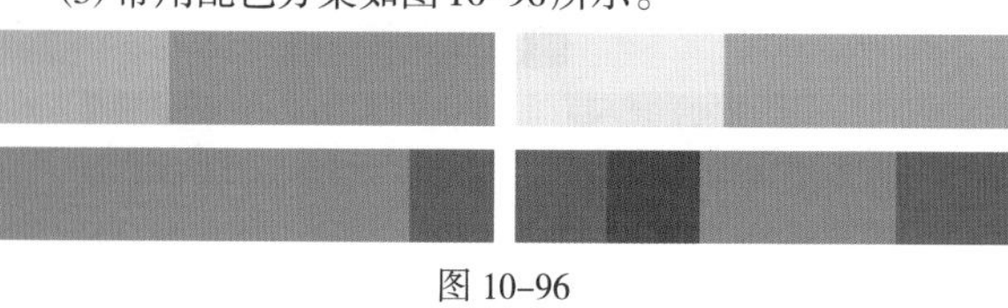

图 10–96

(4) 典型案例分析如图 10–97 所示。

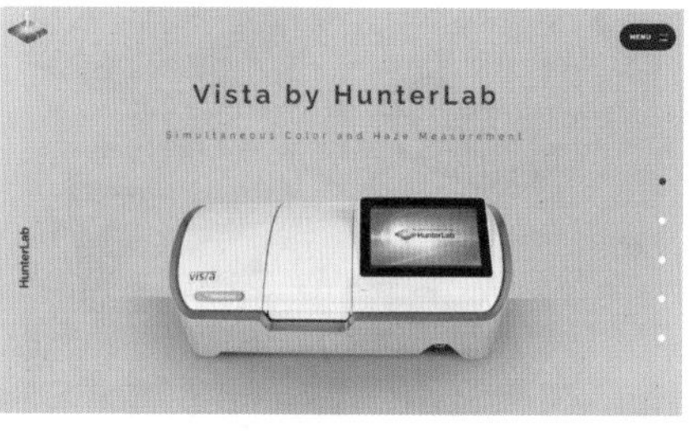

图 10–97

- 青色、蓝色等冷色系颜色最适合作为表现“冷静”这一主题的主色，本例画面选择了青色与蓝色这两种临近的颜色进行搭配，画面协调而稳定。
- 在此类颜色中融入高明度的灰色，降低了此类冷色的饱和度，在冷静中透露出些许的理性之感。

(5) 优秀作品欣赏如图 10–98～图 10–101 所示。

图 10–98　　图 10–99

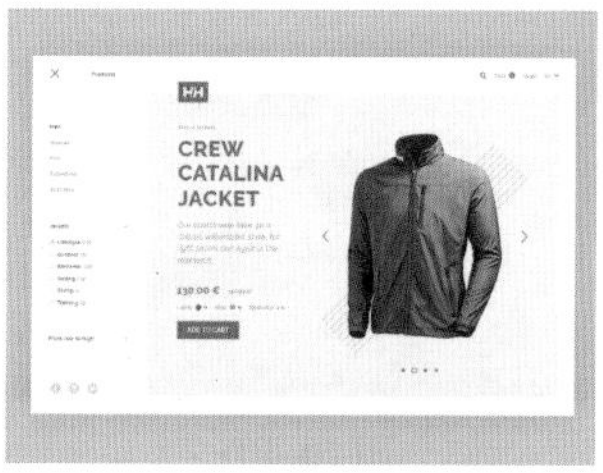

图 10–100

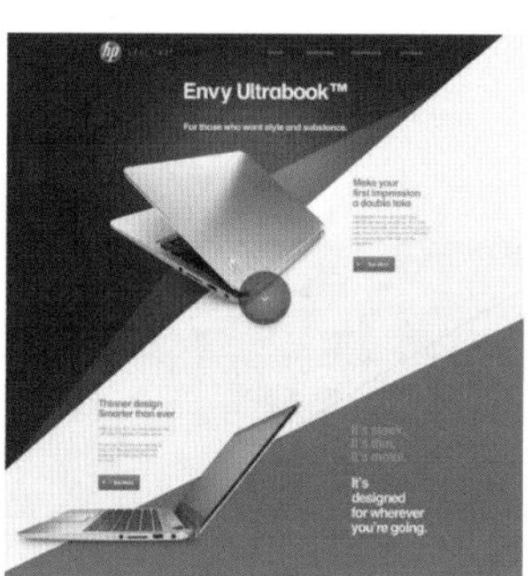

图 10–101

10.3.9 商务

(1) 适用主题：男士用品、电子产业、互联网与数码产品、办公用品等。

(2) 延伸表达：正式、理性、稳重、严谨等。

(3) 常用配色方案如图 10–102 所示。

图 10–102

(4) 典型案例分析如图 10–103 所示。

图 10–103

- 这是一款家居用品的广告，主体产品为香皂托盘以及垃圾桶。产品本身采用了灰色为主色调，搭配高反光的金属材质，与一般家居用品相比，更加具备高端、商务的质感。
- 广告整体也沿用了产品本身的风格定位，整体采用曝光不足的灰调进行展示。以灰色为主色，通常给人的存在感较弱，但正因如此，才使广告中的白色文字更加显眼。

(5) 优秀作品欣赏如图 10–104～图 10–107 所示。

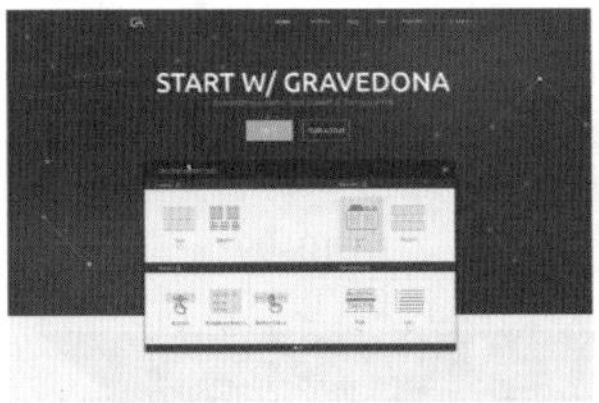

图 10–104

图 10–105

图 10–106

图 10–107

10.3.10 闲适

(1) 适用主题：休闲装、户外产品、家纺、旅游业等。

(2) 延伸表达：休闲、舒适、恬淡、自在等。

(3) 常用配色方案如图 10–108 所示。

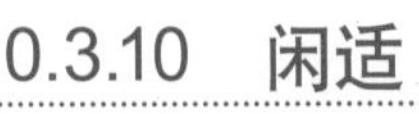

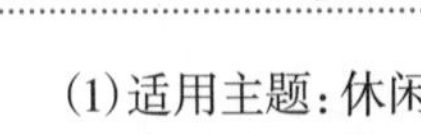

图 10–108

(4) 典型案例分析如图 10–109 所示。

图 10–109

- 这是一家休闲服饰网店的打折促销页面，整体基调淡雅、简约而舒适。
- 选取对比色对比的配色方式，页面背景以蓝色为主，主体产品和装饰物中的粉色与背景中的淡蓝色形成对比，使人感到清透、舒缓。
- 将文字摆放在黄金分割点位置，可使客户在第一时间注意到打折促销的文字信息。

(5) 优秀作品欣赏如图 10–110～图 10–113 所示。

图 10–110

图 10–111

图 10–112

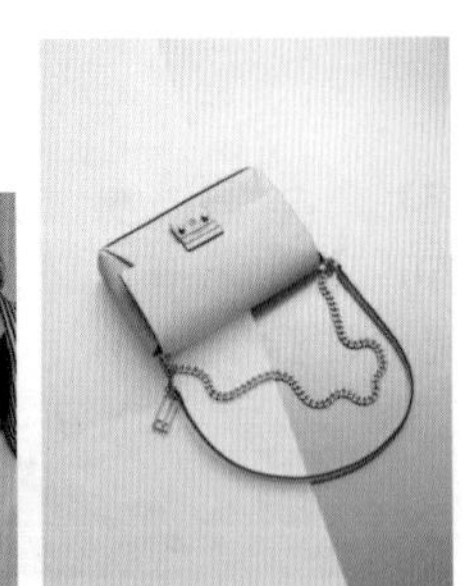

图 10–113

10.3.11 朴实

(1) 适用主题：手工艺品、土特产、手工食品等。

(2) 延伸表达：诚恳、质朴、淳厚、诚实等。

(3) 常用配色方案如图 10–114 所示。

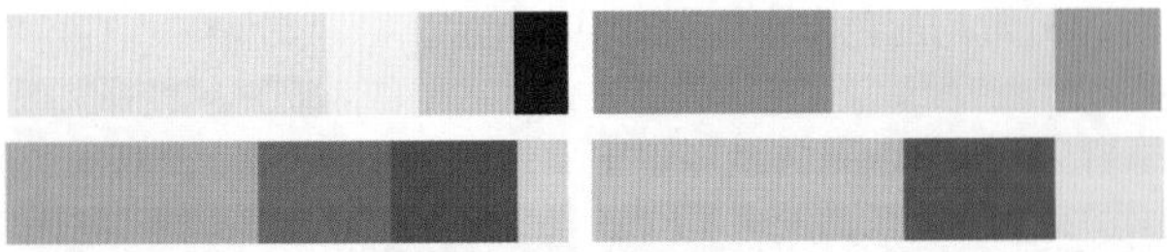

图 10–114

(4) 典型案例分析如图10–115所示。

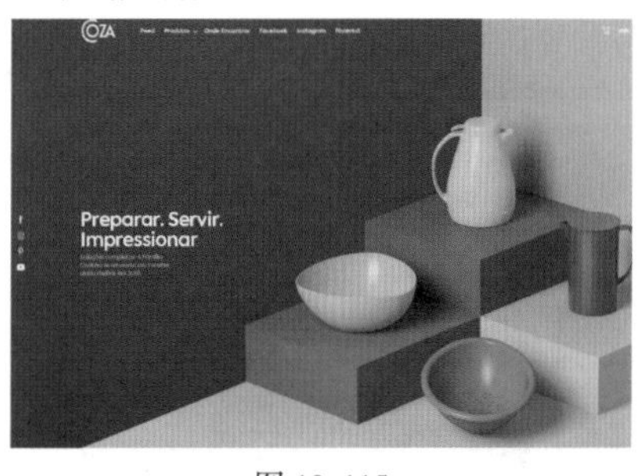

图 10–115

- 这是一款简约风格的日用品宣传广告，画面采用了大量的高级灰颜色，以棕色调的高级灰作为主色，搭配肉粉色系的高级灰，点缀以与之接近的灰紫色。
- 明度偏低的画面给人以不张扬、不造作的质朴之感，加之产品本身形态的展示，低调也无法掩盖产品的细腻品质。
- 页面简单而具有条理性，左边文字，右边图解，符合视觉流程。

(5) 优秀作品欣赏如图10–116～图10–119所示。

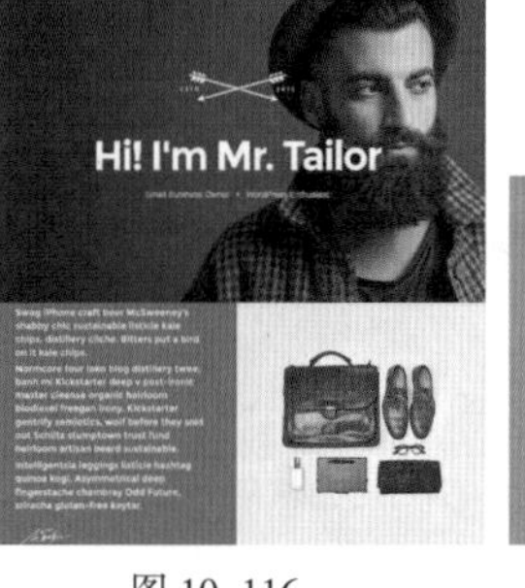

图 10–116

图 10–117

图 10–118

图 10–119

10.3.12 奢华

(1) 适用主题：奢侈品、珠宝、皮具、汽车、高档酒店等。

(2) 延伸表达：高端、华丽等。

(3) 常用配色方案如图10–120所示。

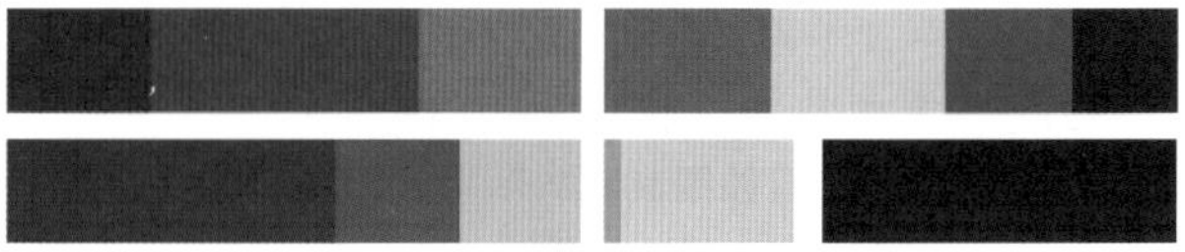

图 10–120

(4) 典型案例分析如图10–121所示。

图 10–121

- 这是一款奢侈品牌腕表的广告，画面整体简洁大方，着重突出产品，文字部分则重点展现品牌名称。
- 画面整体以暗调为主，产品部分明度稍高，更易吸引消费者眼球。
- 暗红色与金色的搭配是表现奢华品质的常见搭配方式，常用于珠宝、箱包等奢侈产品的展示中。

(5) 优秀作品欣赏如图10–122～图10–125所示。

图 10–122

图 10–123

图 10–124

图 10–125

10.3.13 温柔

(1) 适用主题：护肤品、婴幼儿产品、内衣产品、甜品、家纺、个人护理产品等。

(2) 延伸表达：温情、轻柔、和顺、体贴等。

(3) 常用配色方案如图10–126所示。

图 10–126

(4) 典型案例分析如图 10–127 所示。

图 10–127

- 本作品以淡粉色调贯穿整体，使紧张的工作氛围得到几分缓解，获得心灵上的轻松感。
- 网页结构本身没有过多的颜色，版面中的颜色主要来源于广告图片以及下方的产品图片。广告图片的色调几乎主导画面整体的配色方式，以浅粉色作为主色，绿色和蓝色作为辅助色，使整体页面以高明度基调呈现在消费者眼中，使其仿佛置身于花草般的世界中。
- 在明度较高的页面中，巧妙地运用黑色作为商品文字的颜色，避免了版面产生过分“轻飘飘”的感觉。

(5) 优秀作品欣赏如图 10–128～图 10–131 所示。

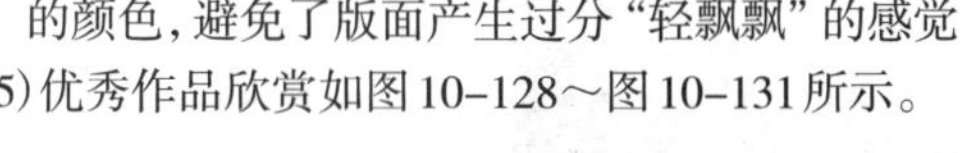

图 10–128　　图 10–129

图 10–130　　图 10–131

10.3.14 冷峻

(1) 适用主题：男装、电子产品、电器行业、安保产品、汽车、手表等。

(2) 延伸表达：严格、执着、严谨、理智、冷酷等。

(3) 常用配色方案如图 10–132 所示。

图 10–132

(4) 典型案例分析如图 10–133 所示。

图 10–133

- 这是一款汽车细节的展示图，锋利的线条、细节处尖锐的明度对比，展现出一种冷峻之美。
- 选取面积对比的方式，以大面积的黑色作为主色，冷酷的暗蓝色作为辅助色，给人一种冷酷、严肃的感觉，同时用银色装饰画面，在较暗的环境中丝毫不显压抑、沉闷。

(5) 优秀作品欣赏如图 10–134～图 10–137 所示。

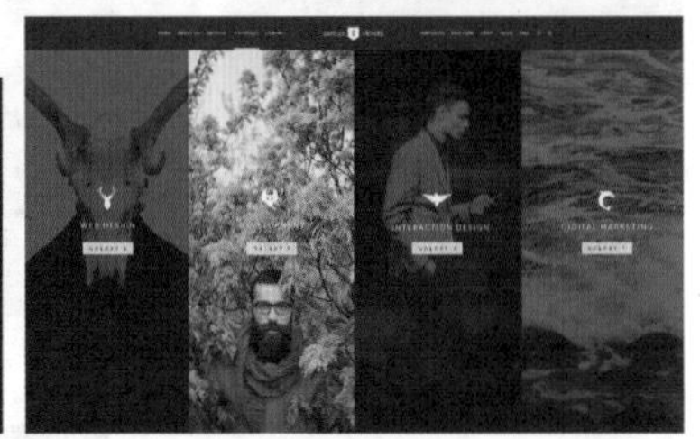

图 10–134　　图 10–135

图 10–136 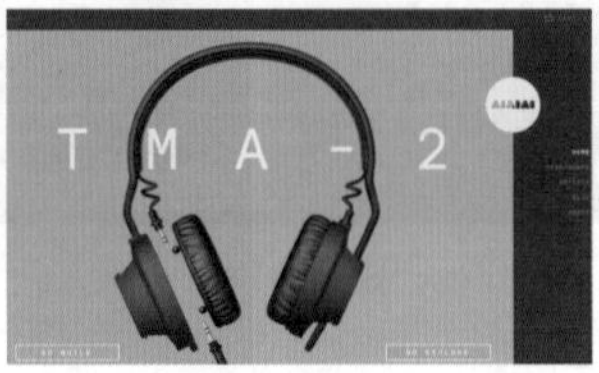　　图 10–137

10.3.15 年轻

(1) 适用主题：运动产品、休闲服装、潮流饰品、文具、玩具等。

(2) 延伸表达：活力、朝气、激情、阳光等。

(3) 常用配色方案如图 10–138 所示。

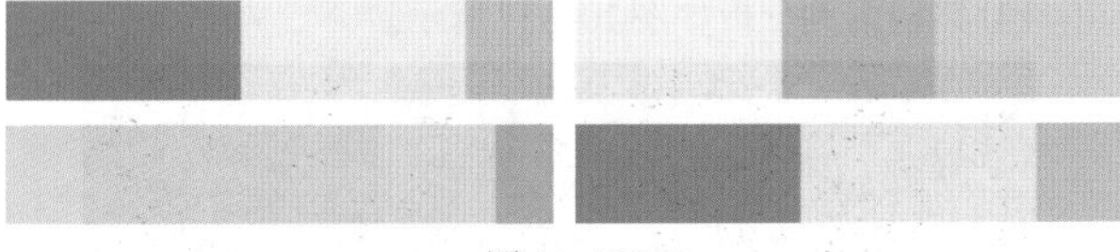

图 10-138

(4) 典型案例分析如图 10-139 所示。

图 10-139

- 这是一款手表商品的首页广告图，画面内容简洁，直奔主题，且创新性强，突出了新一代产品的特点。
- 选取对比色对比的配色方式，以浅蓝色为主色，蜜桃粉为辅助色，并以模特夸张的动势为主要元素，抓住消费者诉求心理，突出产品具有年轻、活力、激情的特质。

(5) 优秀作品欣赏如图 10-140～图 10-143 所示。

图 10-140

图 10-141

图 10-142

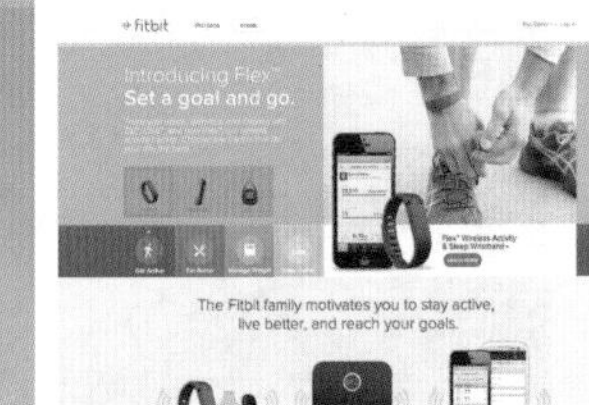

图 10-143

10.3.16 成熟

(1) 适用主题：酒类、茶类、汽车行业等。

(2) 延伸表达：老练、稳重、从容、沉稳等。

(3) 常用配色方案如图 10-144 所示。

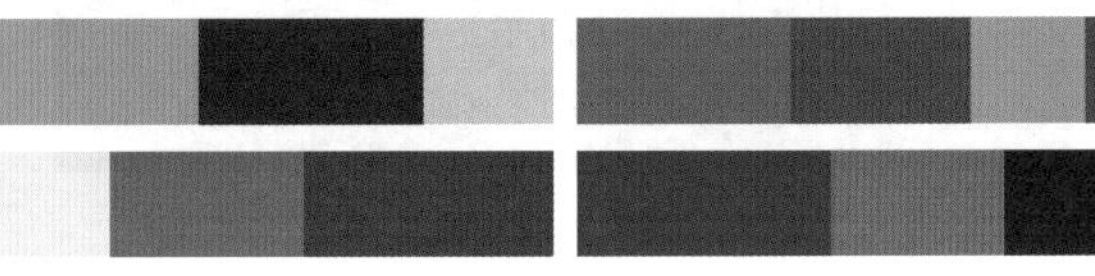

图 10-144

(4) 典型案例分析如图 10-145 所示。

图 10-145

- 高端酒类产品广告多以展示产品的历史悠久、定位高端为主题，主要面向具有一定消费能力的高端收入群体。
- 画面整体以深沉的蓝紫色调为主，这种颜色成熟而不显老态。暗调的蓝色与紫色搭配在一起非常和谐，加之紫红色的调节，成熟、优雅之间透出一丝神秘之感。

(5) 优秀作品欣赏如图 10-146～图 10-149 所示。

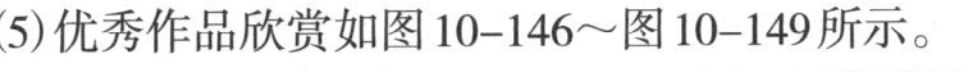

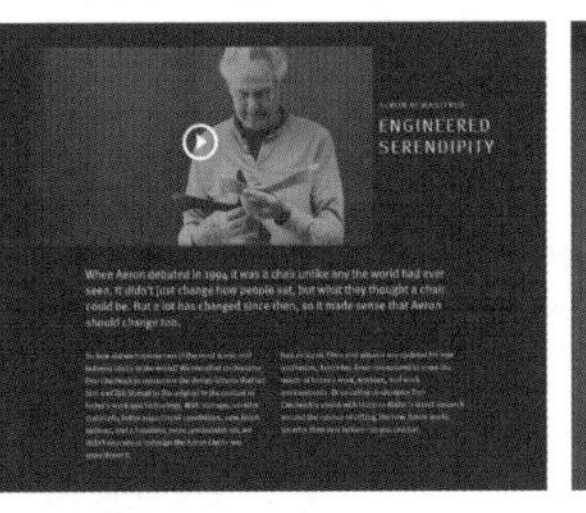

图 10-146

图 10-147

图 10-148

图 10-149

10.3.17 柔软

(1) 适用主题：婴幼儿产品、少女服饰、休闲食品、家居产品、洗护用品等。

(2) 延伸表达：松软、柔韧、软和、绵软等。

(3) 常用配色方案如图 10-150 所示。

图 10-150

(4) 典型案例分析如图 10-151 所示。

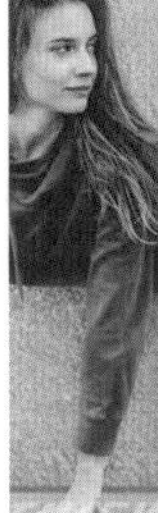

图 10-151

- 画面选取类似色的配色方式，以粉色为主色，红色为辅助色，给人一种柔和、绵软的感觉，非常适合女性化的家居产品。
- 虽然画面整体粉色居多，但是由于不同明度的粉色的使用，加之白色的调节，很好地避免了画面的甜腻之感。

(5)优秀作品欣赏如图 10-152～图 10-155 所示。

图 10-152

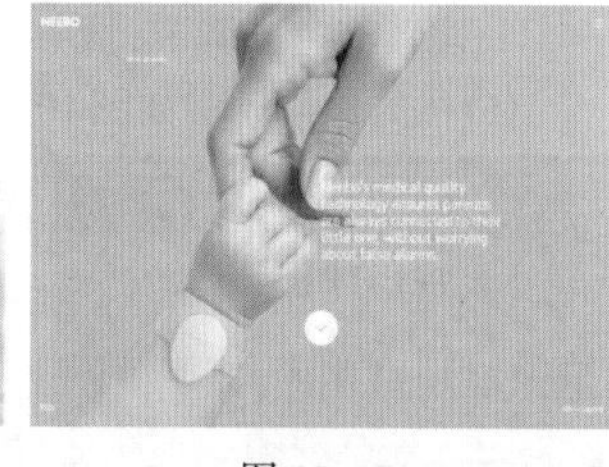
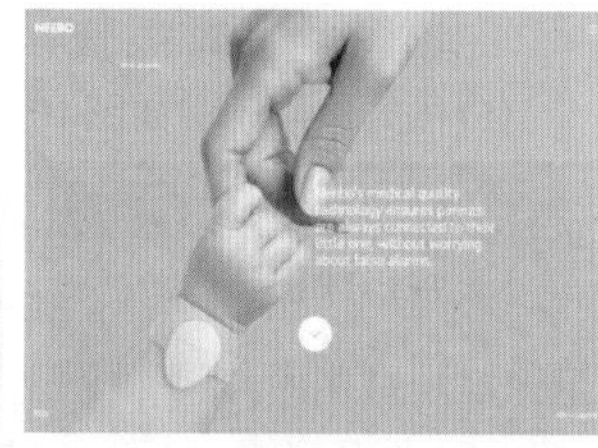
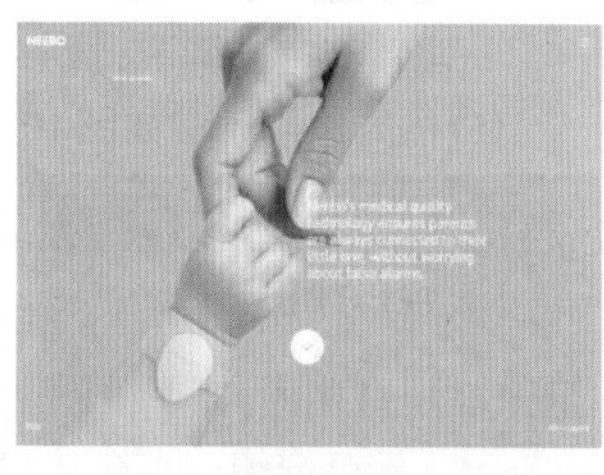
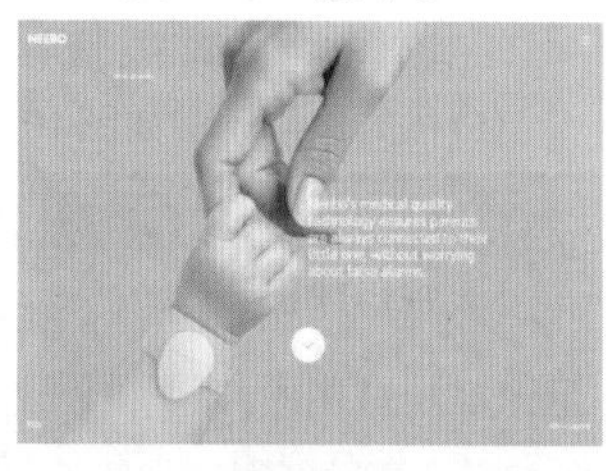
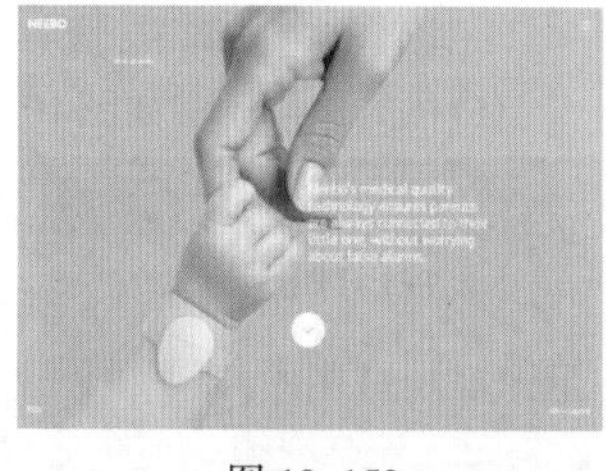
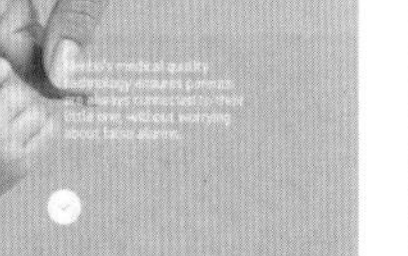

图 10-153

图 10-154

图 10-155

10.3.18 坚硬

(1)适用主题：健身器材、男性服装、工具类产品等。

(2)延伸表达：牢固、强劲、坚实、结实、力量等。

(3)常用配色方案如图 10-156 所示。

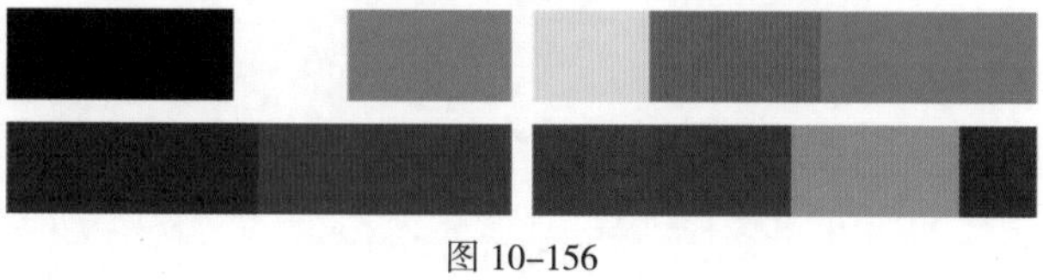

图 10-156

(4)典型案例分析如图 10-157 所示。

图 10-157

- 健美、力量、坚硬是健身类行业及产品广告常用的情感元素，而适合表现坚硬感、力量感的颜色莫过于红与黑的搭配。
- 在色彩的心理感受中，浅色通常给人以轻、薄、透之感，而深色则给人以沉重、坚硬之感，所以黑色可以说是最沉重、最坚硬的颜色了。而画面中如果只有黑色，可能会给人以过于沉闷的感受。添加一些与之能够产生强烈对比的红色，既能够打破沉闷，又营造出一种红黑交融所产生的力量感。

(5)优秀作品欣赏如图 10-158～图 10-161 所示。

图 10-158

图 10-159

图 10-160

图 10-161

Chapter 11

第11章

扫一扫，看视频

网店页面绘图

本章内容简介：

在进行网店页面的设计时，图形是必不可少的元素。无论是作为背景中的装饰元素，还是作为主体物，画面中都会用到形态各异、颜色不同的图形。在Photoshop中有多种方法可以进行图形的创建，可以通过创建选区并填充的方式得到图形，也可以使用矢量绘图工具绘制出可进行重复编辑的矢量图形。矢量图形是一种风格独特的插画，画面内容通常由颜色不同的图形构成，图形边缘锐利，形态简洁明了，画面颜色鲜艳动人。

重点知识掌握：

- 掌握图案填充以及渐变填充的方式
- 熟练掌握使用形状工具绘制图形
- 熟练掌握路径的移动、变换、对齐、分布等操作

通过本章学习，我能做什么？

通过本章的学习，我们能够熟练掌握多种填充方式以及形状工具的使用方法，通过这些工具可以绘制出各种各样的图形，比如店铺标志、宝贝主图中的促销图形、详情页中的装饰图形等。

11.1 为网店版面填充图案 / 渐变

在Photoshop中有多种方法可以进行图形的创建。例如，通过之前章节的学习，我们掌握了创建选区的方法，有了选区就可以为选区进行颜色的填充，当然也可以为整个画面进行填充。之前学习了单一颜色的填充，在本节中将学习图案以及渐变颜色的填充方式。

重点 11.1.1 动手练：使用“填充”命令

“填充”是指使画面整体或者部分区域被覆盖上某种颜色或者图案，如图11-1和图11-2所示。在Photoshop中有多种填充的方式，例如使用“填充”命令或“油漆桶工具”等。

扫一扫，看视频

图 11-1　　图 11-2

使用“填充”命令可以为整个图层或选区内的部分填充颜色、图案、历史记录等，在填充的过程中还可以使填充的内容与原始内容产生混合效果。

执行“编辑>填充”命令(快捷键为Shift+F5)，打开“填充”窗口，如图11-3所示。在这里首先需要设置填充的内容，接着进行混合的设置，然后单击“确定”按钮进行填充。需要注意的是，对文字图层、智能对象等特殊图层以及被隐藏的图层不能使用“填充”命令。

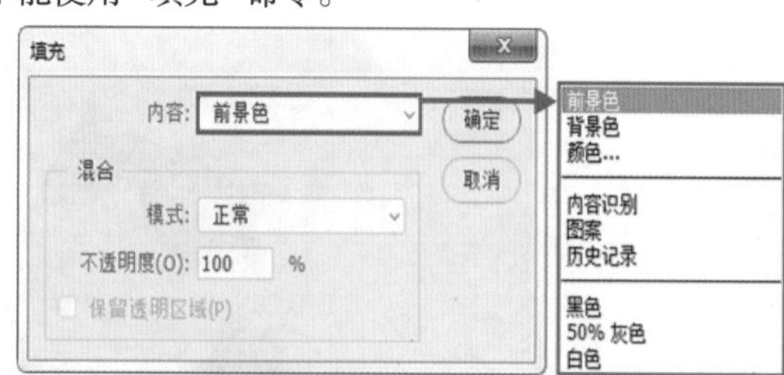

图 11-3

- 内容：在下拉列表中选择一种用于填充的内容。
- 模式：用来设置填充内容的混合模式。混合模式就是此处的填充内容与原始图层中的内容的色彩叠加方式，其效果与“图层”混合模式相同，具体参见第5章。图11-4所示为“变暗”模式效果；图11-5所示为“叠加”模式效果。

图 11-4

图 11-5

- 不透明度：用来设置填充内容的不透明度。数值为100%时为完全不透明，如图11-6所示；数值为50%时为半透明，如图11-7所示；数值为0%时为完全透明，如图11-8所示。

图 11-6

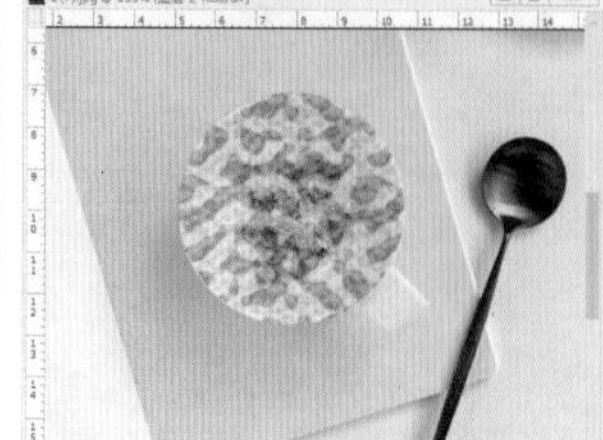

图 11-7

图 11-8

- 保留透明区域：勾选该复选框后，只填充图层中包含像素的区域，而透明区域不会被填充。

11.1.2 油漆桶工具：为颜色相近范围进行填充

“油漆桶工具” 可以用于填充前景色或图案。如果创建了选区，填充的区域为当前选区；如果没有创建选区，填充的就是与鼠标单击处颜色相近的区域。

1. 使用“油漆桶工具”填充前景色

右键单击工具箱中的渐变工具组按钮，在弹出的工具组中选择“油漆桶工具”。在选项栏中设置填充模式为“前景色”，“容差”为120，其他参数使用默认值即可，如图11-9所示。更改前景色，然后在需要填充的位置单击即可填充颜色，如图11-10所示。由此可见，使用“油漆桶工具”进行填充，无须先绘制选区，而是通过“容差”数值控制填充区域的大小。容差值越大，填充范围越大；容差值越小，填充范围也就越小。如果是空白图层，则会完全填充到整个图层中。

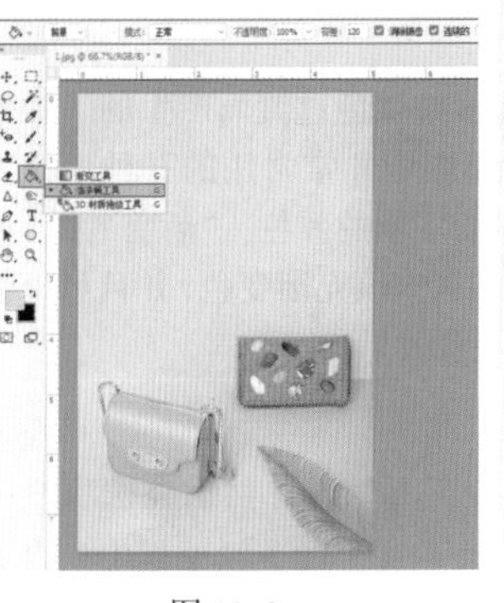

图 11-9

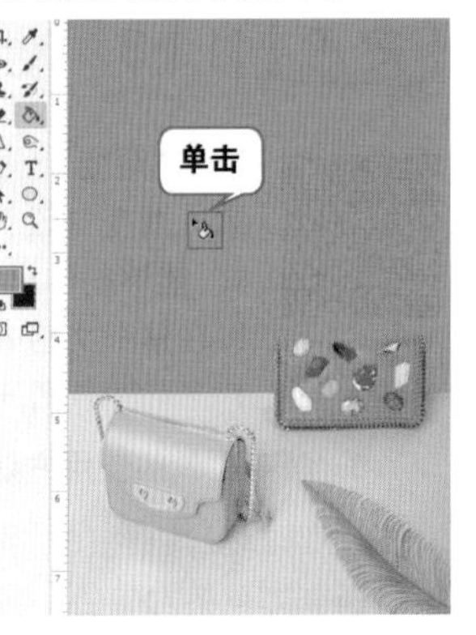

图 11-10

- 模式：在列表中可以选择一种填充内容与底部图像混合的模式。
- 不透明度：调整不透明度使填充内容产生半透明效果。
- 容差：用来定义必须填充的像素的颜色的相似程度与选取颜色的差值。例如调到32，会以单击处颜色为基准，把范围上下浮动32以内的颜色都填充。设置较低的“容差”值会填充颜色范围内与鼠标单击处像素非常相似的像素；设置较高的“容差”值会填充更大范围的像素。图11-11和图11-12所示为“容差”为5与“容差”为20的对比效果。

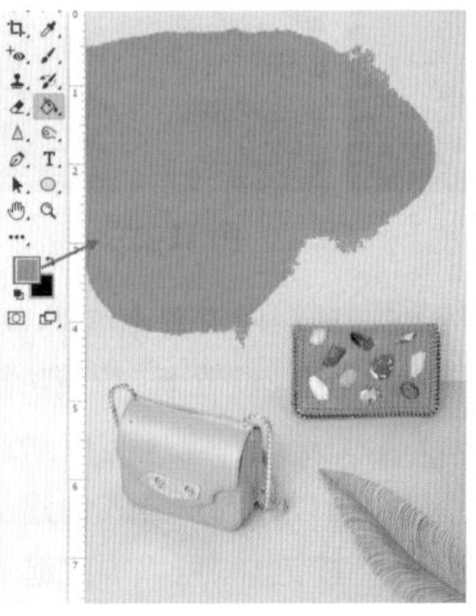

图 11-11

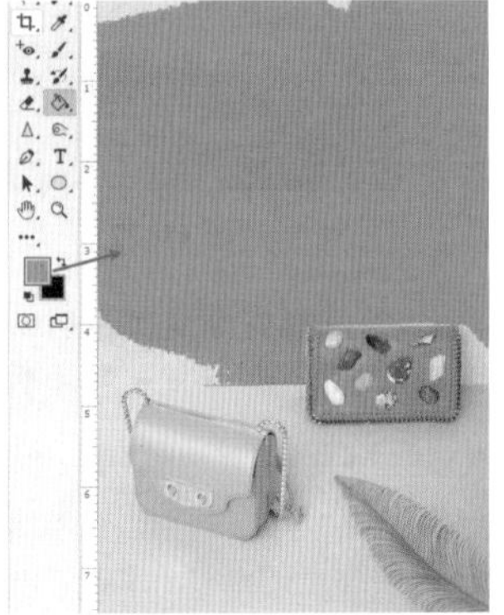

图 11-12

- 消除锯齿：平滑填充选区的边缘。
- 连续的：启用该选项，即可只填充色彩连续范围内的区域；如果取消该选项，颜色相似但不连续的区域也会被填充。
- 所有图层：启用该选项后，工具识别的是整个画面合并后的颜色数据；不启用该选择则只填充所选图层。

2. 使用“油漆桶工具”填充图案

在工具箱中选择“油漆桶工具”，在选项栏中设置填充模式为“图案”，单击“图案”右侧的按钮，在弹出的下拉面板中单击选择一个图案，如图11-13所示。在画面中单击进行填充，效果如图11-14所示。

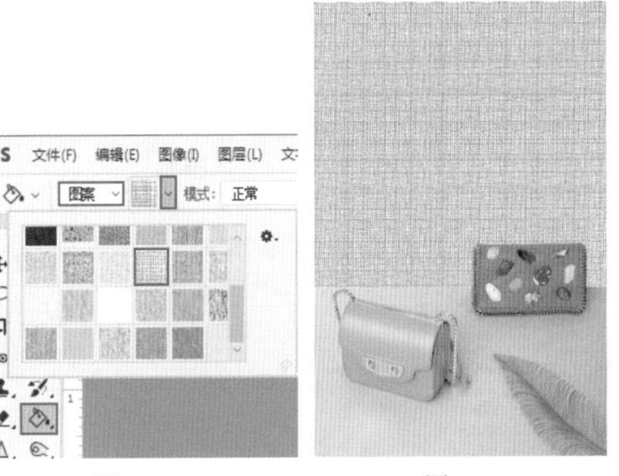

图 11-13　　图 11-14

练习实例：使用“油漆桶工具”为背景填充图案

文件路径	资源包\第11章\使用“油漆桶工具”为背景填充图案
难易指数	★★★★★
技术掌握	油漆桶工具

扫一扫，看视频

案例效果

本例效果如图11-15所示。

图 11-15

操作步骤

步骤 01　执行“文件>打开”命令，打开素材1.jpg，如图11-16所示。

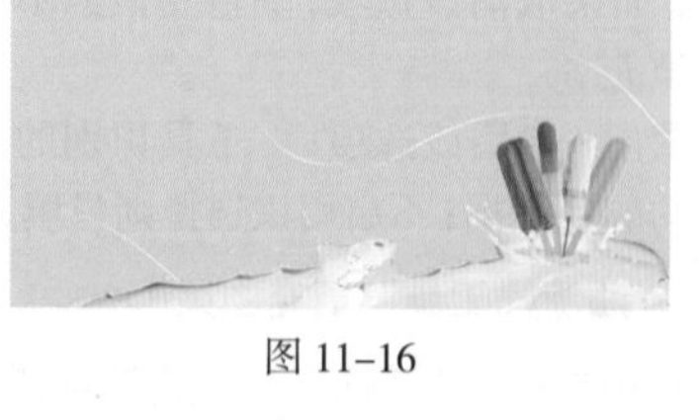

图 11-16

步骤 02 执行“编辑>预设>预设管理器”命令，在弹出的窗口中设置“预设类型”为“图案”，单击“载入”按钮，在弹出的窗口中找到素材位置，选中素材2.pat，单击“载入”按钮完成设置，如图11-17所示。在“预设管理器”窗口中单击“完成”按钮，如图11-18所示。

图 11-17

图 11-18

步骤 03 选择工具箱中的“油漆桶工具”，在选项栏中设置填充内容为“图案”，选择刚刚载入的图案，设置“模式”为“正常”，“不透明度”为100%，“容差”为20，如图11-19所示。然后在素材图层中的绿色背景上单击，此时绿色背景上出现了新置入的黄色图案，如图11-20所示。

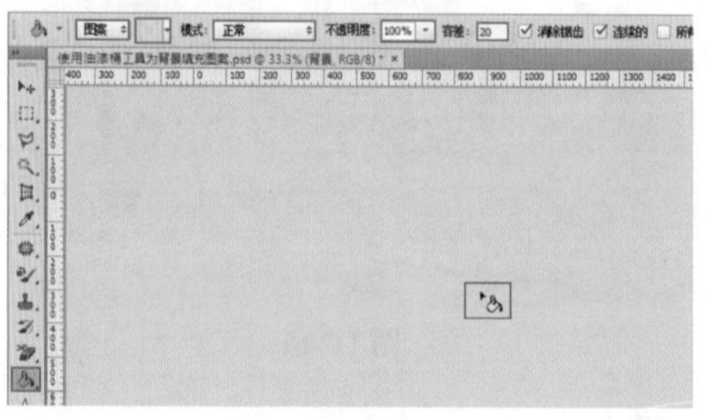

图 11-19

步骤 04 执行“文件>置入嵌入对象”命令，置入素材3.png，并将其调整到合适的大小、位置，然后按Enter键完成置入操作。执行“图层>栅格化>智能对象”命令，进行栅格化。最终效果如图11-21所示。

图 11-20

图 11-21

重点 11.1.3 动手练：渐变工具

扫一扫，看视频

“渐变”是指多种颜色过渡而产生的一种效果。渐变是设计制图中非常常用的一种填充方式，能够制作出缤纷多彩的颜色。“渐变工具”可以在整个文档或选区内填充渐变色，并且可以创建多种颜色间的混合效果。

1. 渐变工具的使用方法

(1) 选择工具箱中的“渐变工具”，然后在选项栏中单击渐变颜色条右侧的按钮，在弹出的下拉面板中列出了一些预设的渐变颜色，单击即可选中所需渐变色。单击选中后，渐变颜色条变为选择的颜色。在不考虑选项栏中其他选项的情况下，此时就可以进行填充了。选择一个图层或者绘制一个选区，按住鼠标左键拖曳，如图11-22所示。松开鼠标完成填充操作，效果如图11-23所示。

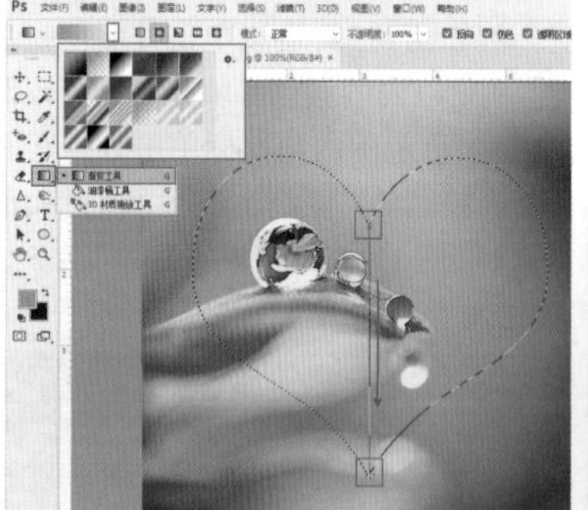

图 11-22　　图 11-23

(2) 选择好渐变颜色后，需要在选项栏中设置渐变类型。选项栏中的这5个按钮就是用来设置渐变类型的。单击“线性渐变”按钮，可以以直线方式创建从起点到终点的渐变；单击“径向渐变”按钮，可以以圆形方式创建从起点到终点的渐变；单击“角度渐变”按钮，可以围绕起点以逆时针扫描方式创建渐变；单击“对称渐变”按钮，可以使用均衡的线性渐变在起点的任意一侧创建渐变；单击“菱形渐变”按钮，可以以菱形方式从起点向外产生渐变，终点定义菱形的一个角，如图11-24所示。

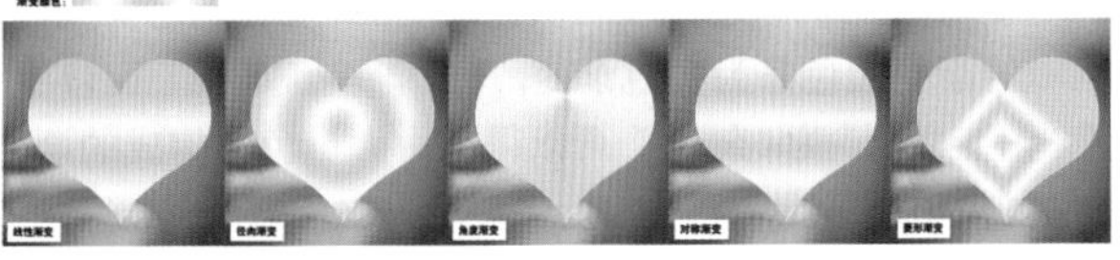

图 11-24

(3) 选项栏中的“模式”下拉列表框是用来设置应用渐变时的混合模式；“不透明度”下拉列表框用来设置渐变色的不透明度。选择一个带有像素的图层，在选项栏中设置“模式”和“不透明度”，然后拖曳进行填充，就可以看到相应的效果。图 11-25 所示为设置“模式”为“正片叠底”的效果；图 11-26 所示为设置“不透明度”为 50% 的效果。

图 11-25

图 11-26

(4) “反向”复选框用于转换渐变中的颜色顺序，以得到反方向的渐变结果，图 11-27 和图 11-28 所示分别是正常渐变和反向渐变效果。选中“仿色”复选框时，可以使渐变效果更加平滑。此复选框主要用于防止打印时出现条带化现象，但在计算机屏幕上并不能明显地体现出来。

图 11-27

图 11-28

2. 编辑合适的渐变颜色

预设中的渐变颜色是远远不够用的，大多数时候我们需要通过“渐变编辑器”窗口自定义适合自己的渐变颜色。

(1) 单击选项栏中的渐变颜色条 ，打开“渐变编辑器”窗口，如图 11-29 所示。在该窗口的“预设”列表框中可以看到很多预设渐变颜色，单击即可选择某一种渐变颜色，如图 11-30 所示。

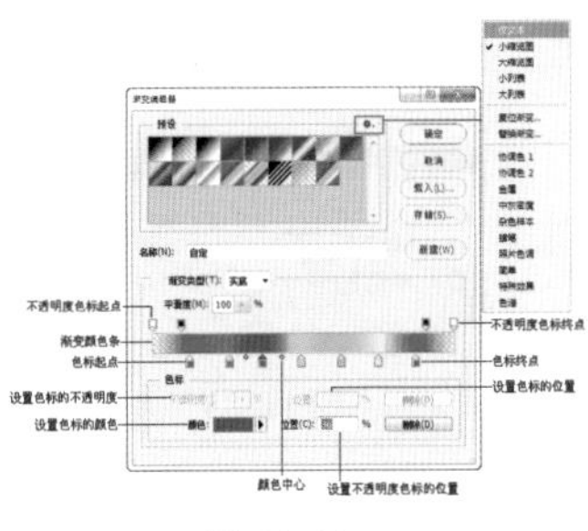

图 11-29

图 11-30

提示：预设渐变的使用方法

先设置合适的前景色与背景色，然后打开“渐变编辑器”窗口，单击“预设”列表框中的第一种渐变颜色，即可快速编辑一种由前景色到背景色的渐变颜色，如图 11-31 所示；单击第二种渐变颜色，即可快速编辑由前景色到透明的渐变颜色，如图 11-32 所示；单击 ✿ 按钮，在弹出菜单的底部有多种预设渐变，如图 11-33 所示。

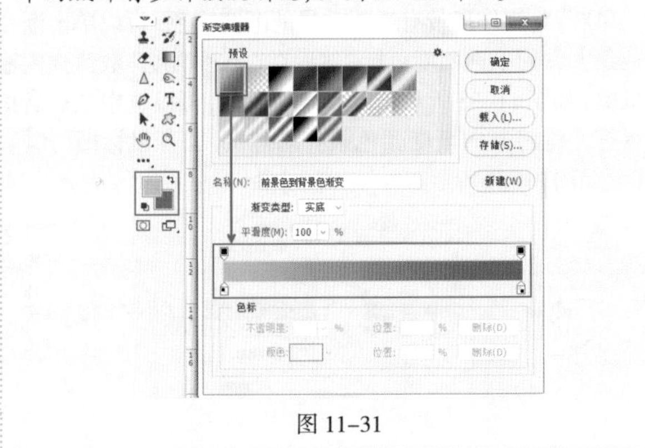

图 11-31

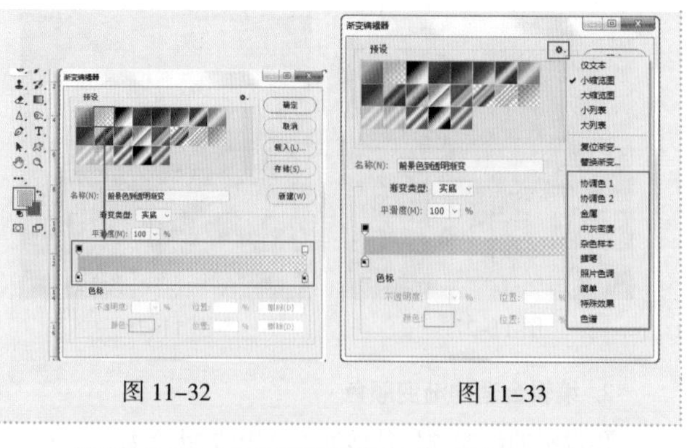

图 11-32　　图 11-33

(2) 如果没有适合的渐变颜色，可以在下方的渐变颜色条中编辑合适的渐变颜色。双击渐变颜色条底部的色标 ，在弹出的“拾色器(色标颜色)”窗口中可以设置色标颜色，如图11-34所示。如果色标不够，可以在渐变颜色条下方单击，添加更多的色标，如图11-35所示。

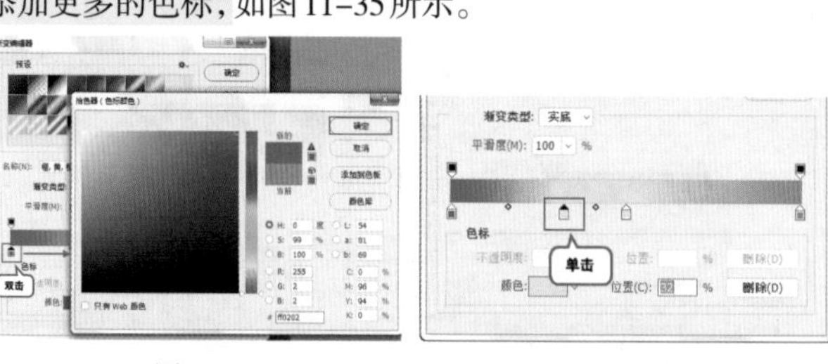
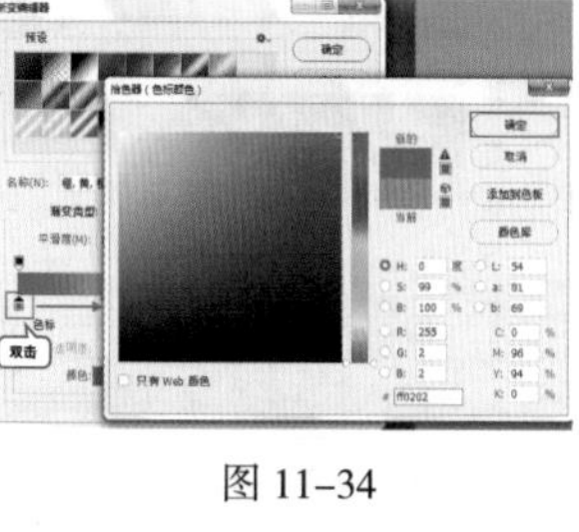

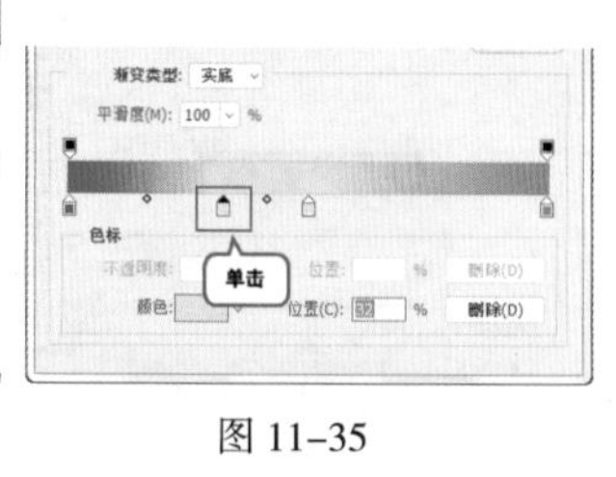
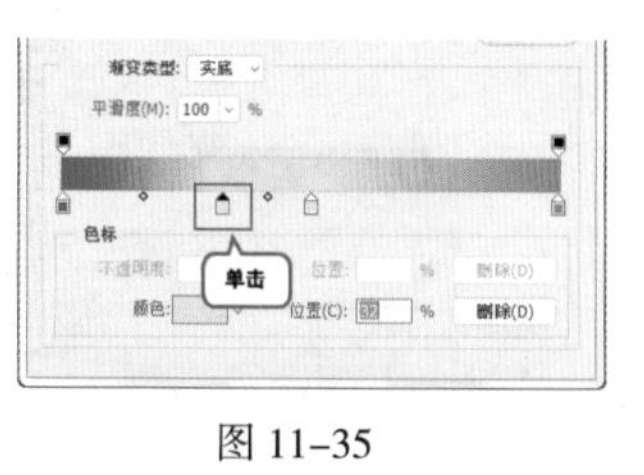

图 11-34　　图 11-35

(3) 按住色标并左右拖动可以改变调色色标的位置，如图11-36所示。拖曳“颜色中心”滑块，可以调整两种颜色的过渡效果，如图11-37所示。

图 11-36　　图 11-37

(4) 若要制作出带有透明效果的渐变颜色，可以单击渐变颜色条上方的不透明度色标，然后在“不透明度”数值框内输入数值，如图11-38所示。若要删除色标，可以选中色标后按住鼠标左键将其向渐变颜色条外侧拖曳，松开鼠标即可删除色标，如图11-39所示。

图 11-38　　图 11-39

(5) 渐变分为杂色渐变与实色渐变两种，在此之前我们所编辑的渐变颜色都为实色渐变。在“渐变编辑器”窗口中设置“渐变类型”为“杂色”，可以得到由大量色彩构成的渐变，如图11-40所示。

- 粗糙度：用来设置渐变的平滑程度，数值越高颜色层次越丰富，颜色之间的过渡效果越鲜明。图11-41所示为不同“粗糙度”的对比效果。

图 11-40　　图 11-41

- 颜色模型：在该下拉列表中选择一种颜色模型来设置渐变，包括RGB、HSB和Lab。接着拖曳滑块，可以调整渐变颜色，如图11-42所示。
- 限制颜色：将颜色限制在可以打印的范围内，以免颜色过于饱和。
- 增加透明度：可以向渐变中添加透明度像素，如图11-43所示。

图 11-42　　图 11-43

- 随机化：单击该按钮，可以生成一种新的渐变颜色。

练习实例：制作带有倒影的手机展示效果

文件路径	资源包\第11章\制作带有倒影的手机展示效果
难易指数	★★★★★
技术掌握	“渐变工具”“画笔工具”“套索工具”、图层蒙版、自由变换

案例效果

本例效果如图11-44所示。

扫一扫，看视频

图 11-44

操作步骤

步骤 01 本例要制作的是手机立于地面并且稍微倾斜放置，光源从左上角照射的手机展示效果。执行“文件>新建”命令，在弹出的“新建”窗口中设置“宽度”为960像素，“高度”为663像素，“分辨率”为72像素，“颜色模式”为“RGB颜色”，然后单击“创建”按钮，如图11–45所示。

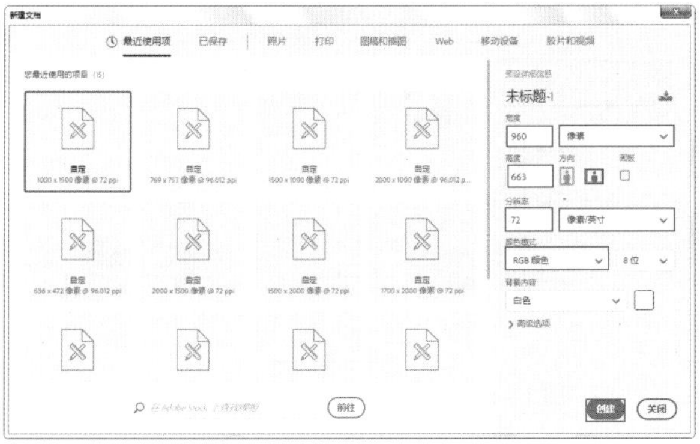

图 11–45

步骤 02 首先为背景添加渐变。选择工具箱中的“渐变工具”，在选项栏中单击渐变颜色条，打开“渐变编辑器”窗口。多次在渐变颜色条上单击添加多个“色标”，然后双击每个色标，设置为不同明度的灰色，设置完成后单击“确定”按钮，如图11–46所示。单击选项栏中的“线性渐变”按钮，按住鼠标左键自画面顶部往下拖动，制造出带有一定空间感的背景效果，如图11–47所示。

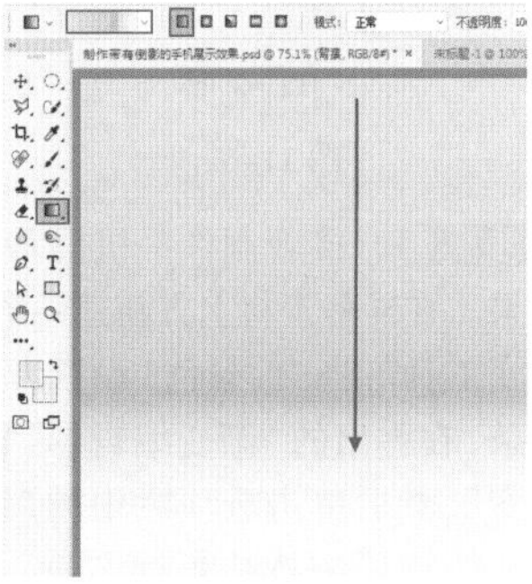

图 11–46　　图 11–47

步骤 03 因为光源从左上角照射，所以要提高左上角的亮度。执行“图层>新建>图层”命令，新建一个图层，如图11–48所示。

图 11–48

步骤 04 选择工具箱中的“渐变工具”，设置“前景色”为白色，在选项栏中单击渐变颜色条，在弹出的“渐变编辑器”窗口中选择“前景色到透明渐变”，然后单击选项栏中的“线性渐变”按钮。设置完成后，在该图层中按住鼠标左键，自左上向右下进行拖动，填充出白色渐变，如图11–49所示。此时效果如图11–50所示。

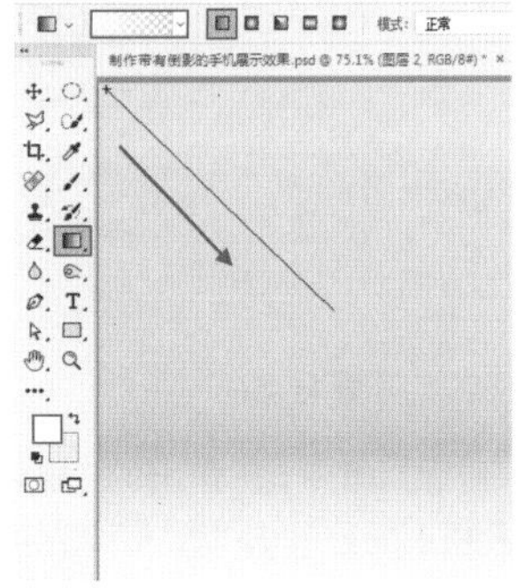

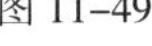

图 11–49　　图 11–50

步骤 05 选择该图层，设置“不透明度”为50%，如图11–51所示。效果如图11–52所示。

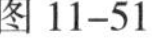

图 11–51　　图 11–52

步骤 06 接着降低右边的亮度。在“图层”面板顶部新建一个图层；接着选择工具箱中的“渐变工具”，将“前景色”设置为深灰色，在选项栏中单击渐变颜色条，在弹出的“渐变编辑器”窗口中选择“前景色到透明渐变”，然后单击选项栏中的“线性渐变”按钮。设置完成后，在该图层中按住鼠标左键，自右下到左上进行拖动，填充出灰色渐变，如图11–53所示。此时效果如图11–54所示。

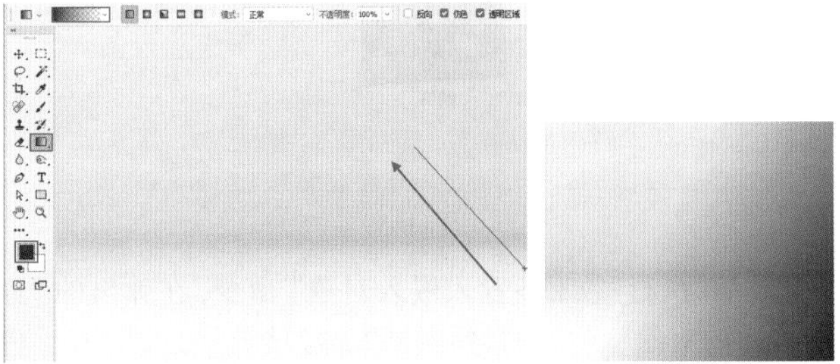

图 11–53　　图 11–54

步骤 07 选择该图层，设置“不透明度”为10%，如图11–55

所示。此时右边的暗部制作完成，效果如图11–56所示。

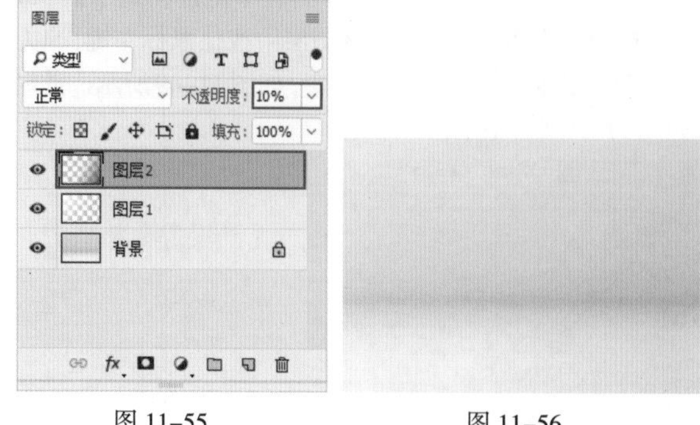

图 11–55　　图 11–56

步骤 08 执行“文件>置入嵌入对象”命令，在弹出的“置入嵌入的对象”窗口中选中手机素材1.png，单击“置入”按钮，如图11–57所示。将光标放在素材的一角，按住Shift键的同时按住鼠标左键等比例拖放该素材，然后按Enter键完成置入，如图11–58所示。

图 11–57　　图 11–58

步骤 09 选择手机素材所在图层，单击鼠标右键，在弹出的快捷菜单中选择“栅格化图层”命令，将图层栅格化，如图11–59所示。

图 11–59

步骤 10 执行“文件>置入嵌入对象”命令，在弹出的“置入嵌入的对象”窗口中选择素材2.jpg，单击“置入”按钮，将该素材置入。在置入状态下单击鼠标右键，在弹出的快捷菜单中选择“扭曲”命令，然后调整控制点位置，使该素材的透视角度与手机相匹配，如图11–60所示。将图片放置在画面中合适的位置，并将该图层栅格化。选择工具箱中的“多边形套索工具”，将手机屏幕的轮廓绘制出来，得到选区，如图11–61所示。

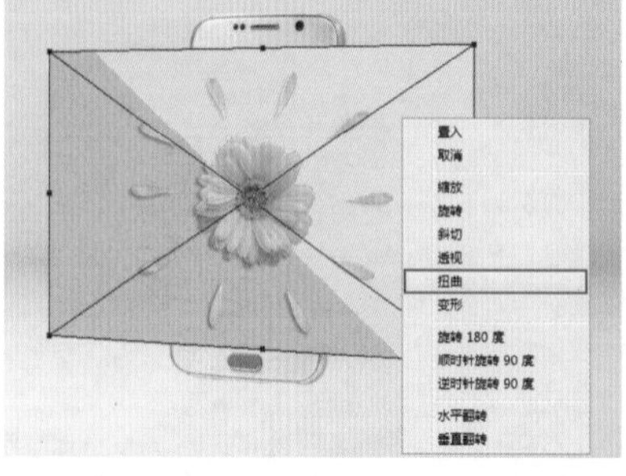

图 11–60　　图 11–61

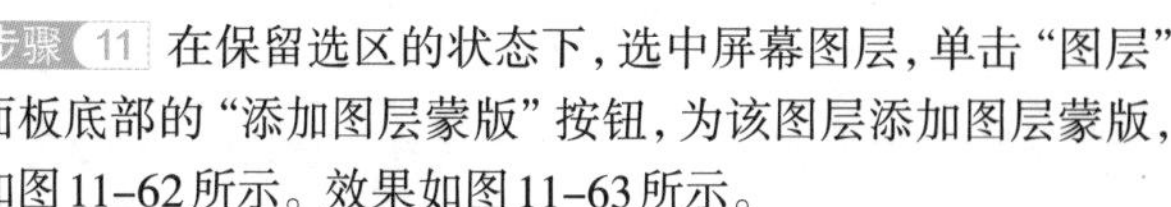

步骤 11 在保留选区的状态下，选中屏幕图层，单击“图层”面板底部的“添加图层蒙版”按钮，为该图层添加图层蒙版，如图11–62所示。效果如图11–63所示。

图 11–62　　图 11–63

步骤 12 接着制作手机屏幕在光的照射下呈现出的反光效果。在屏幕素材上方新建一个图层；接着选择工具箱中的“渐变工具”，将“前景色”设置为白色，在选项栏中单击渐变颜色条，在弹出的“渐变编辑器”窗口中选择“前景色到透明渐变”，然后单击选项栏中的“线性渐变”按钮。设置完成后，在该图层中按住鼠标左键，自右下到左上进行拖动，填充出白色渐变，如图11–64所示。此时效果如图11–65所示。

图 11–64　　图 11–65

步骤 13 选择该图层，设置“不透明度”为60%，如图11–66所示。效果如图11–67所示。

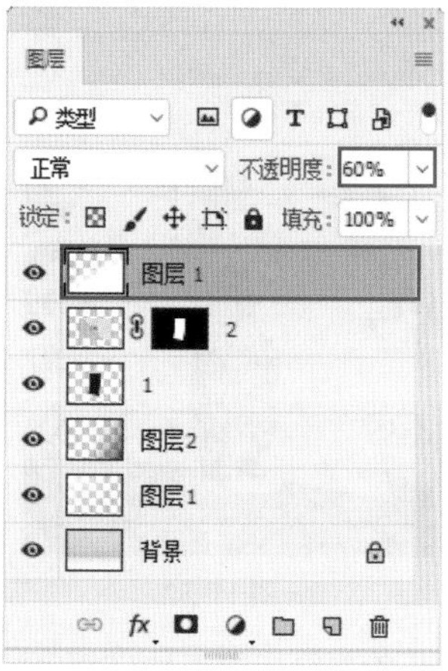

图 11-66

图 11-67

步骤 14 选择该渐变图层，然后选择工具箱中的“多边形套索工具”，在画面中手机的左上角进行绘制，效果如图11-68所示。在当前选区的状态下，选择该图层，单击“图层”面板底部的“添加图层蒙版”按钮，将选区以外的部分隐藏，效果如图11-69所示。

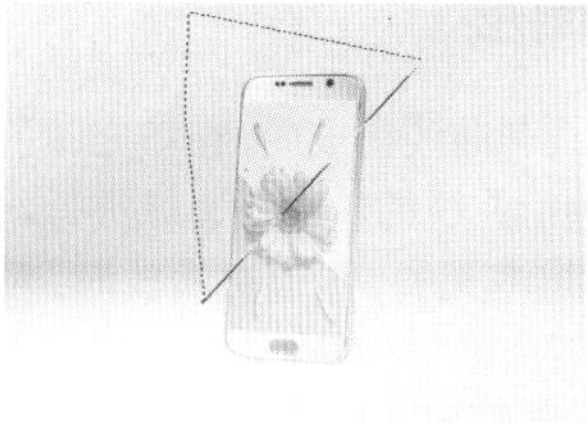

图 11-68

图 11-69

步骤 15 选择该图层，单击鼠标右键，在弹出的快捷菜单中选择“创建剪贴蒙版”命令，为下方的手机屏幕所在图层创建剪贴蒙版，如图11-70所示。此时多余的反光部分被隐藏，效果如图11-71所示。

图 11-70

图 11-71

步骤 16 接下来，制作手机整体的倒影效果。按住Ctrl键依次加选构成手机的3个图层，按快捷键Ctrl+J进行复制，如图11-72所示。接着按快捷键Ctrl+E将这3个复制的图层进行合并，并命名为“合并”，放置在“图层”面板的最上方，如图11-73所示。

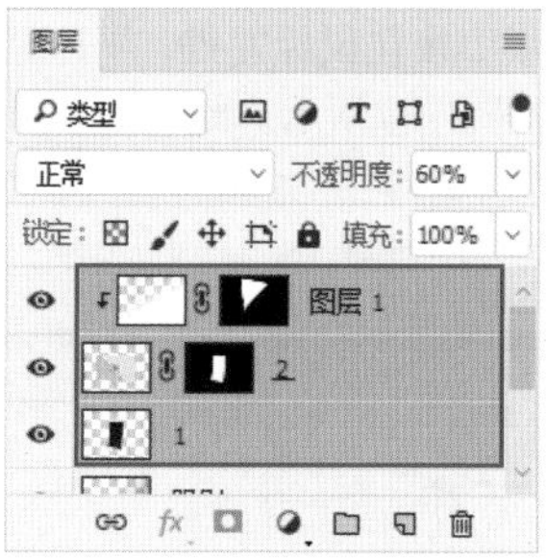

图 11-72

图 11-73

步骤 17 选择“合并”图层，按自由变换快捷键Ctrl+T，对复制出的手机进行自由变换。单击鼠标右键，在弹出的快捷菜单中选择“垂直翻转”命令，并将其向下移动，效果如图11-74所示。

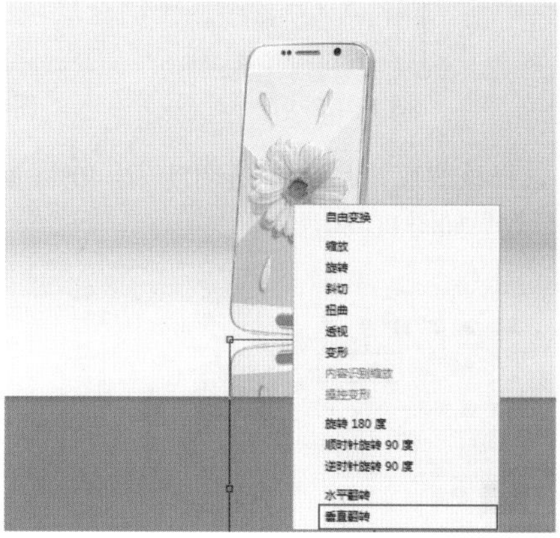

图 11-74

步骤 18 接着单击鼠标右键，在弹出的快捷菜单中选择“扭曲”命令，选中定界框左上角的控制点，按住鼠标左键进行拖动，使复制出来的手机与原始手机的底部相接，调整完成后按下Enter键完成操作，如图11-75所示。效果如图11-76所示。

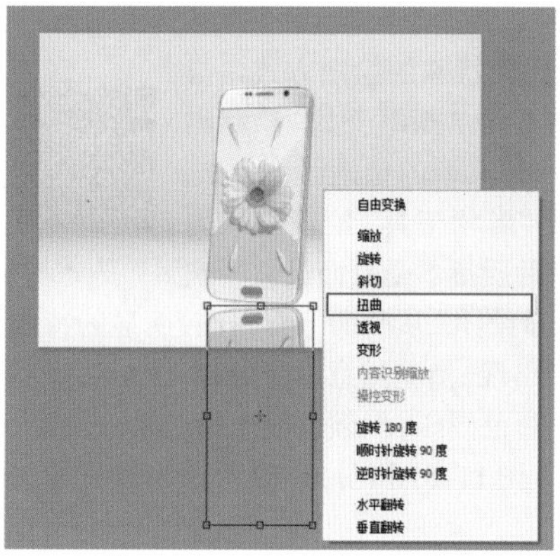

图 11-75

图 11-76

步骤 19 选择“合并”图层，为该图层添加一个图层蒙版。选择工具箱中的“渐变工具”，设置“前景色”为黑色，在选项栏中单击渐变颜色条，在弹出的“渐变编辑器”窗口中选择“前景色到透明渐变”，然后单击选项栏中的“线性渐变”按钮。设置完成后，在该图层蒙版中按住鼠标左键，自下到上进行拖动，填充出黑色渐变，如图11-77所示。此时倒影产生逐渐隐藏的效果，如图11-78所示。

图 11-77

图 11-78

步骤 20 选择该图层，设置“不透明度”为40%，如图11-79所示。倒影效果如图11-80所示。

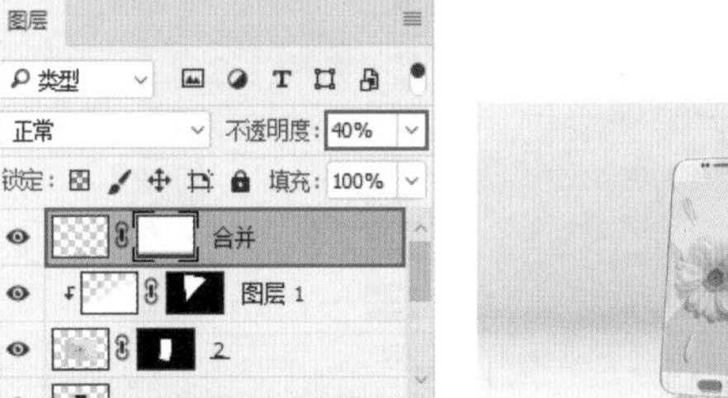

图 11-79

图 11-80

11.2 认识矢量绘图

扫一扫，看视频

矢量绘图是一种比较特殊的绘图方式。与使用“画笔工具”绘图不同，“画笔工具”绘制出的内容为“像素”，是一种典型的位图绘图方式；而使用“钢笔工具”或“形状工具”绘制出的内容为路径和填色，是一种质量不受画面尺寸影响的矢量绘图方式。“矢量绘图”从画面上看，比较明显的特点有：画面内容多以图形出现，造型随意不受限制，图形边缘清晰锐利，可供选择的色彩范围广，但颜色使用相对单一，放大缩小图像不会变模糊。图11-81和图11-82所示为典型的矢量绘图效果。

图 11-81

图 11-82

在Photoshop中有两大类用于矢量绘图的工具：“钢笔工具”和“形状工具”。“钢笔工具”用于绘制不规则的形态，而“形状工具”则用于绘制规则的几何图形，例如椭圆形、矩形、多边形等。“形状工具”的使用方法非常简单，而使用“钢笔工具”绘制路径并抠图的方法在前面的章节中已做过讲解，本章主要针对使用“形状”模式进行钢笔绘图进行练习。

11.2.1 什么是矢量图形

矢量图形是由一条条的直线和曲线构成的，在填充颜色时，系统将按照用户指定的颜色沿曲线的轮廓线边缘进行着色处理。矢量图形的颜色与分辨率无关，图形被缩放时，对象能够维持原有的清晰度以及弯曲度，颜色和外形也都不会发生偏差和变形。因此，矢量图经常用于户外大型喷绘或巨幅海报等印刷尺寸较大的项目中，如图11-83所示。

与矢量图相对应的是“位图”。位图是由一个一个的像素点构成的，将画面放大到一定比例，就可以看到这些“小方块”，每个“小方块”都是一个“像素”。通常所说的图片尺寸为500像素 ×500像素，就表明画面的长度和宽度上均有500个这样的“小方块”。位图的清晰度与尺寸和分辨率有关，如果强行将位图尺寸增大，会使图像变模糊，影响质量，如图11-84所示。

图 11-83

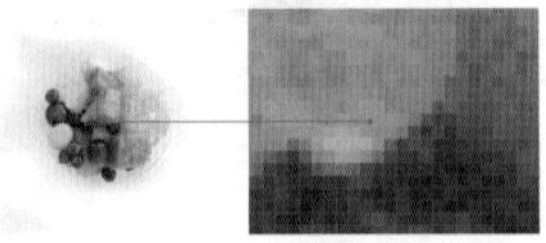

图 11-84

重点 11.2.2 矢量绘图的几种模式

在使用“钢笔工具”或“形状工具”绘图前，首先要在选项栏中选择绘图模式——“形状”“路径”和“像素”，如图11-85所示。3种绘图模式如图11-86所示。注意，“像素”模式无法在“钢笔工具”状态下启用。

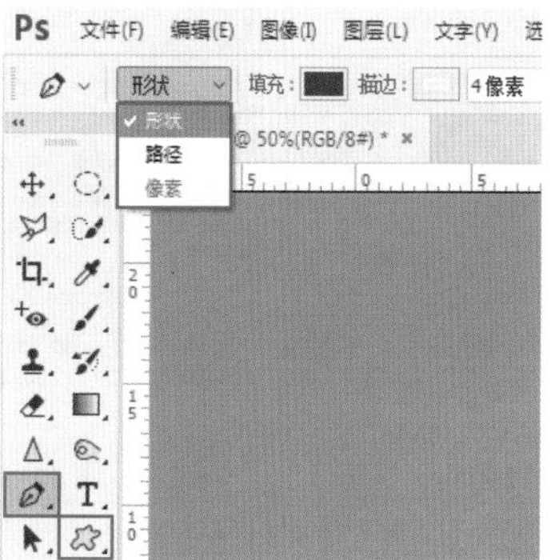

图 11-85

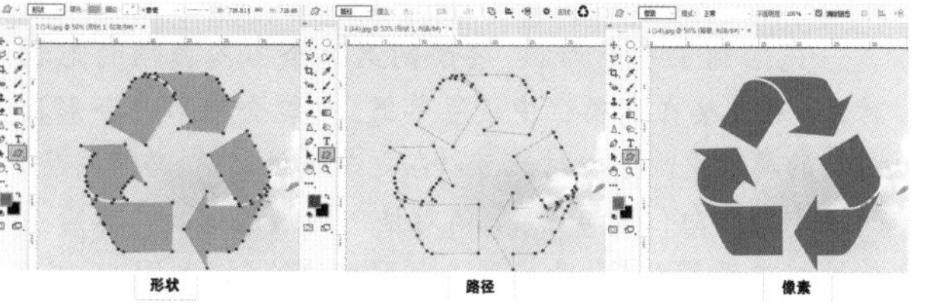

图 11-86

矢量绘图时经常使用“形状模式”进行绘制，因为可以方便、快捷地在选项栏中设置填充与描边属性；“路径”模式常用来创建路径后转换为选区，在前面章节进行过讲解；而“像素”模式则用于快速绘制常见的几何图形。

总结几种绘图模式的特点如下。

- 形状：带有路径，可以设置填充与描边。绘制时自动新建“形状图层”，绘制出的是矢量对象。“钢笔工具”与“形状工具”皆可使用此模式。该模式常用于淘宝页面中图形的绘制，不仅方便绘制完毕后更改颜色，还可以轻松调整形态。
- 路径：只能绘制路径，不具有颜色填充属性。无须选中图层，绘制出的是矢量路径，无实体，打印输出不可见，可以转换为选区后填充。“钢笔工具”与“形状工具”皆可使用此模式。此模式常用于抠图。
- 像素：没有路径，以前景色填充绘制的区域。需要选中图层，绘制出的对象为位图对象。“形状工具”可用此模式，“钢笔工具”不可用。

重点 11.2.3 动手练：使用“形状”模式绘图

在使用形状工具组中的工具或“钢笔工具”时，都可将绘制模式设置为“形状”。在“形状”绘制模式下，可以设置形状的填充，将其填充为“纯色”“渐变”“图案”或者无填充；同样可以设置描边的颜色、粗细以及描边样式，如图11-87所示。

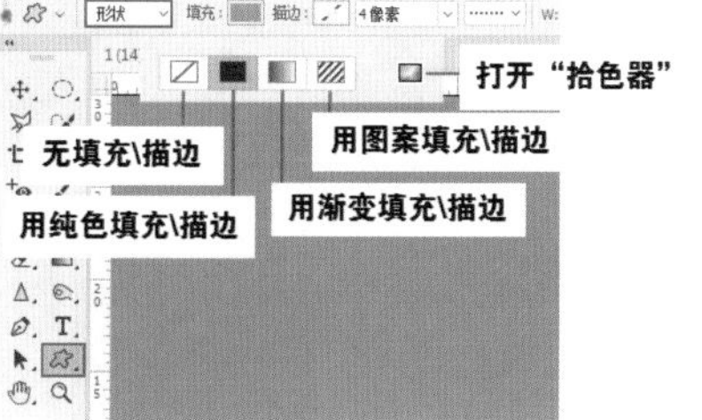

图 11-87

(1) 选择工具箱中的“矩形工具”，在选项栏中设置绘制模式为“形状”，然后单击“填充”按钮，在弹出的下拉面板中单击“无”按钮，同样设置“描边”为无。“描边”下拉面板与“填充”下拉面板是相同的，如图11-88所示。接着按住鼠标左键拖曳图形，效果如图11-89所示。

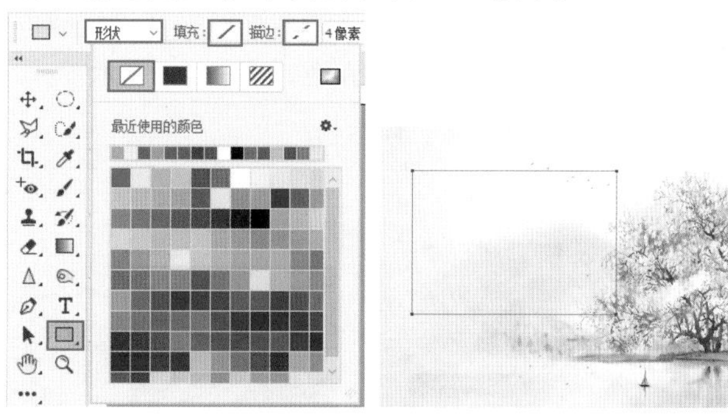

图 11-88　　图 11-89

(2) 按快捷键Ctrl+Z进行撤销。单击“填充”按钮，在弹出的下拉面板中单击“纯色”按钮，在下方的列表框中可以看到多种颜色，单击即可选中相应的颜色，如图11-90所示。接着绘制图形，该图形就会被填充该颜色，如图11-91所示。

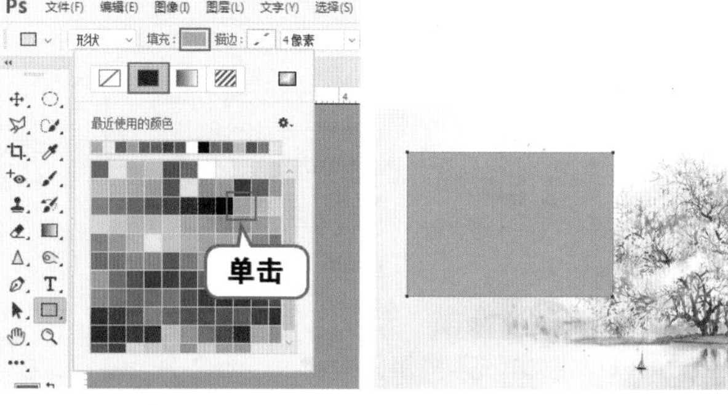

图 11-90　　图 11-91

(3) 若单击“拾色器”按钮，可以打开“拾色器”窗口，自定义颜色，如图11-92所示。图形绘制完成后，还可以双击形状图层的缩览图，在弹出的“拾色器”窗口中定义颜色，如图11-93所示。

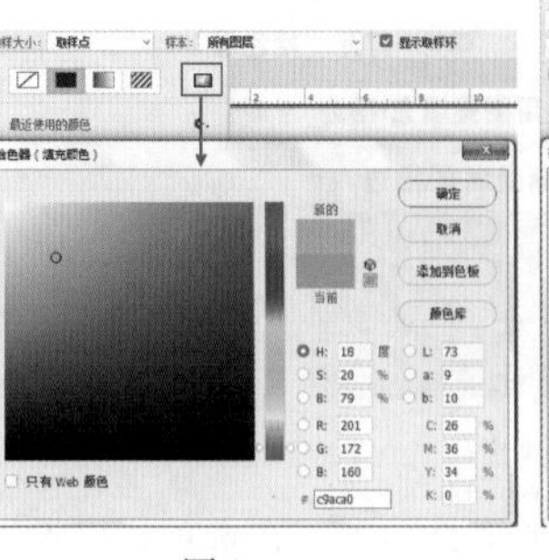

图 11-92

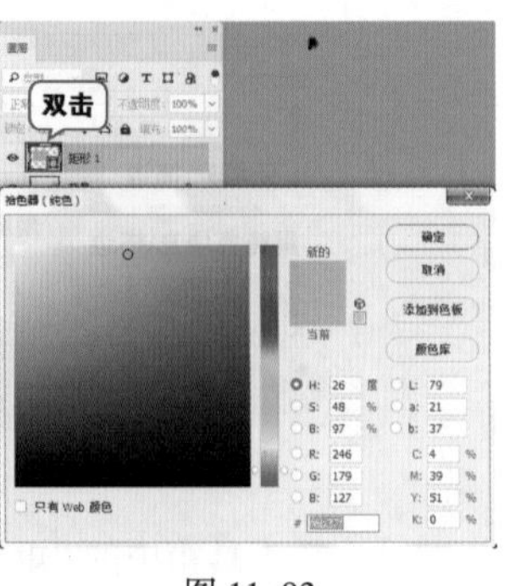

图 11-93

(4) 如果想要设置“填充”为渐变,可以单击“填充”按钮,在弹出的下拉面板中单击“渐变”按钮,然后在下方编辑渐变颜色,如图11-94所示。渐变编辑完成后绘制图形,效果如图11-95所示。此时双击形状图层缩览图,在弹出的“渐变填充”窗口中可以重新定义渐变颜色,如图11-96所示。

图 11-94

图 11-95

图 11-96

(5) 如果要设置“填充”为图案,可以单击“填充”按钮,在弹出的下拉面板中单击“图案”按钮,然后在方的列表框中单击选择一个图案,如图11-97所示。接着绘制图形,效果如图11-98所示。双击形状图层缩览图,在弹出的“图案填充”窗口中可以重新选择图案,如图11-99所示。

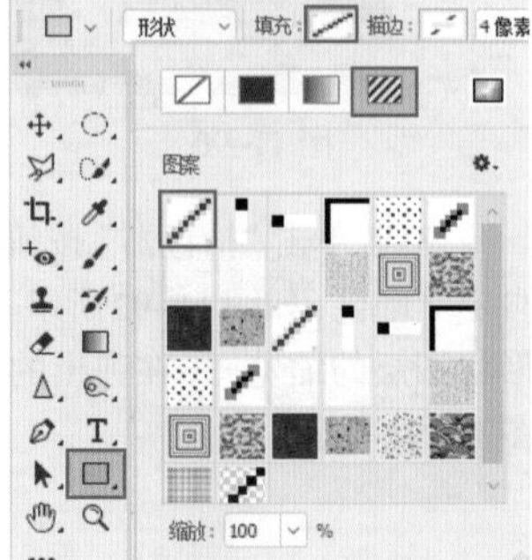

图 11-97

图 11-98

图 11-99

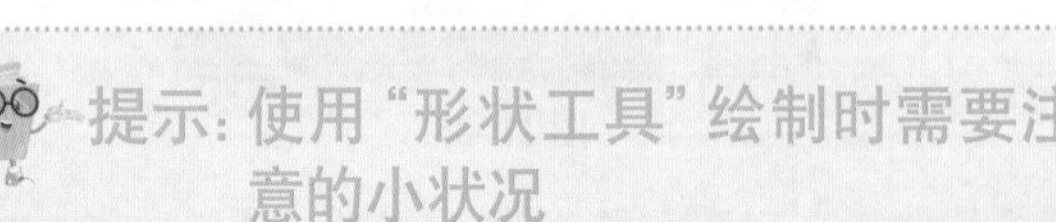

提示:使用“形状工具”绘制时需要注意的小状况

先绘制了一个形状,要绘制第二个不同属性的形状时,如果直接在选项栏中设置参数,可能会把第一个形状图层的属性更改了。对此可以在更改属性之前,在“图层”面板中的空白位置单击,取消对任何图层的选择。然后在属性栏中设置参数,进行第二个图形的绘制,如图11-100所示。

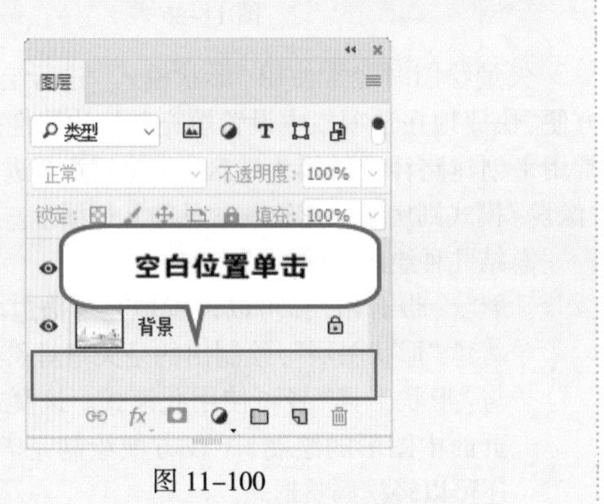

图 11-100

(6) 接着设置描边颜色,然后调整描边粗细,如图11-101所示。单击“描边类型”右侧的下拉按钮,在弹出的下拉面板中可以选择一种描边线条的样式,如图11-102所示。

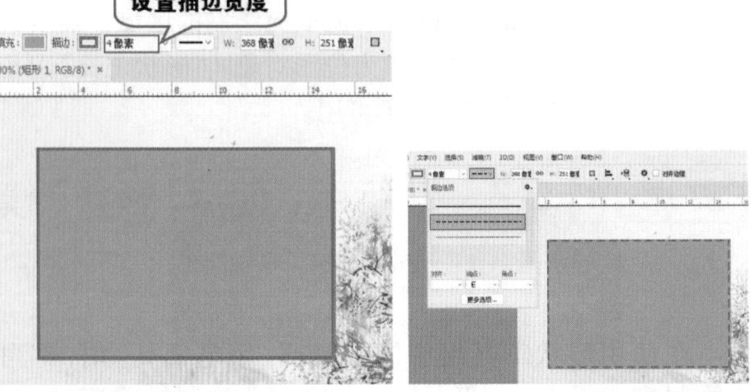

图 11-101　图 11-102

(7) 在“对齐”下拉列表框中可以选择描边的位置,包括“内部”、“居中”和“外部”3个选项,如图11-103所示。“端点”下拉列表框用来设置开放路径描边端点位置的类型，有“端面” 、“圆形” 和“方形” 3种，如图11–104所示。“角点”下拉列表框用来设置路径转角处的转折样式，有“斜接” 、“圆形” 和“斜面” 3种，如图11–105所示。

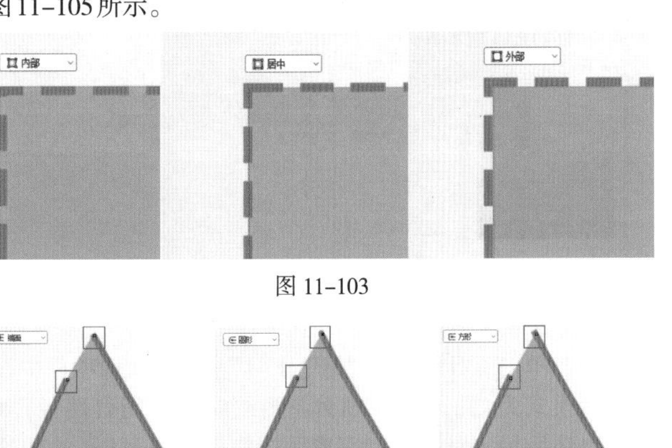

图 11–103

图 11–104

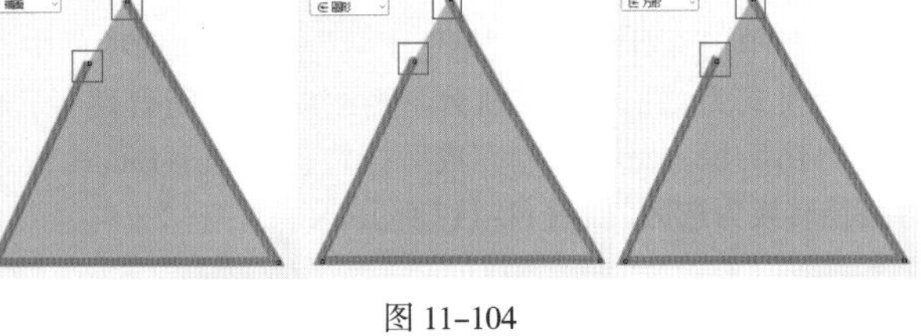

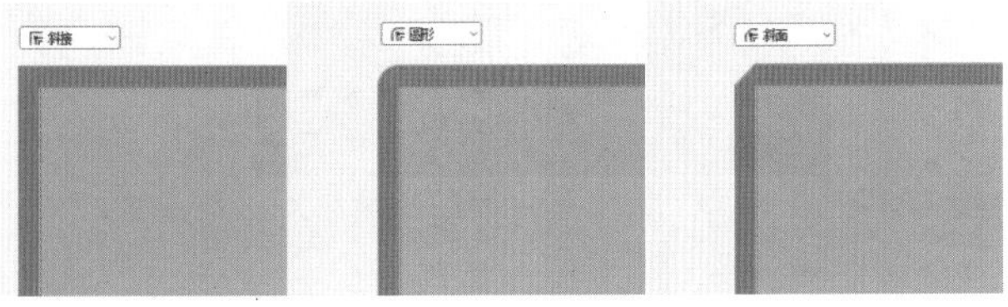

图 11–105

(8) 单击“更多选项”按钮，在弹出的“描边”窗口中可以对“描边”属性进行设置。还可以选中“虚线”复选框，然后在“虚线”与“间隙”数值框内设置虚线的间距，如图11–106所示。效果如图11–107所示。

图 11–106

图 11–107

提示：编辑形状图层。

形状图层带有标志，它具有填充、描边等属性。在形状绘制完成后，还可以进行修改。选择形状图层，在工具箱中选择“直接选择工具”、“路径选择工具”、“钢笔工具”或者形状工具组中的工具，随即会在选项栏中显示当前形状的属性，如图11–108所示。接着在选项栏中进行修改即可，如图11–109所示。

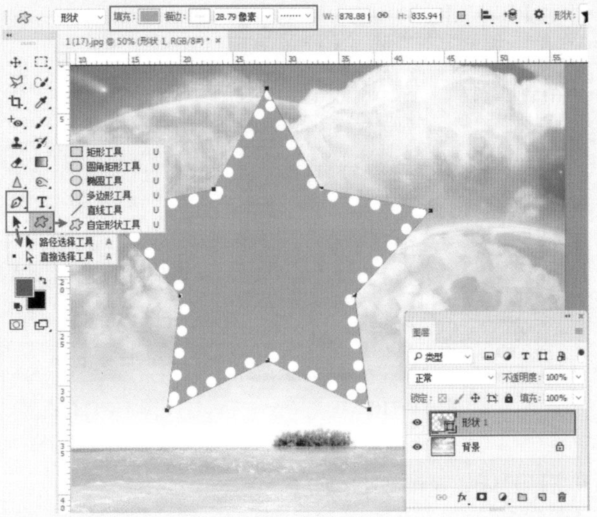

图 11–108

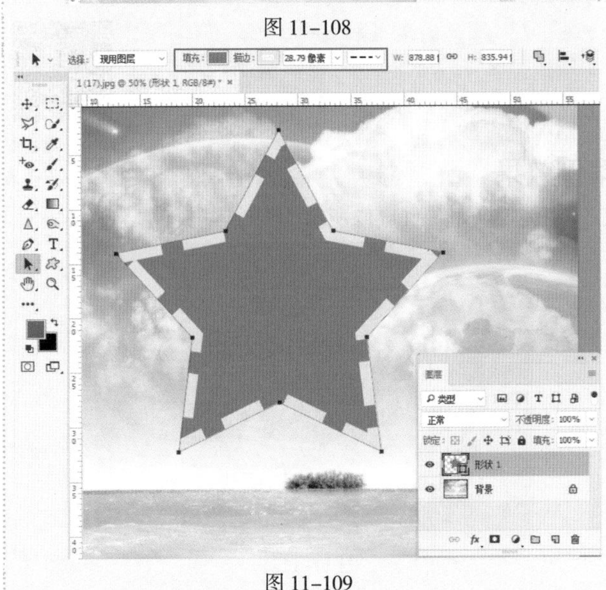

图 11–109

11.2.4 使用“像素”模式绘图

在“像素”模式下绘制的图形是以当前的前景色进行填充，并且是在当前所选的图层中绘制。首先设置一种合适的前景色，然后选择形状工具组中的任一工具，在选项栏中设置绘制模式为“像素”，设置合适的混合模式与“不透明度”；接着选择一个图层，按住鼠标左键拖曳进行绘制，如图11–110所示。绘制完成后只有一个纯色的图形，没有路径，也没有新出现的图层，如图11–111所示。

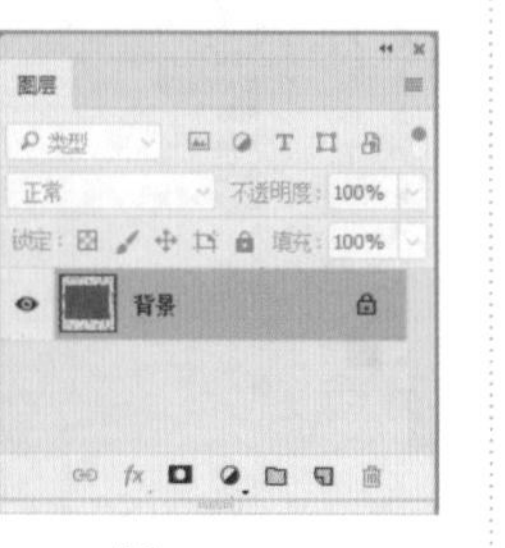

图 11-110

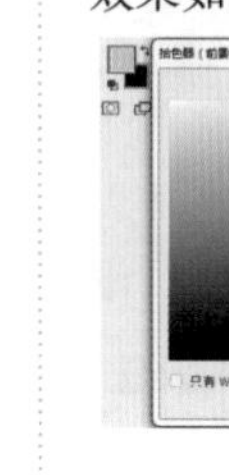

图 11-111

练习实例：动感色彩广告

文件路径	资源包\第11章\动感色彩广告
难易指数	★★★★★
技术掌握	“钢笔工具”“圆角矩形工具”“椭圆工具”“横排文字工具”

扫一扫，看视频

案例效果

本例效果如图 11-112所示。

图 11-112

操作步骤

步骤 01 执行“文件>新建”命令，创建一个空白文档，如图 11-113所示。

图 11-113

步骤 02 为背景填充颜色。单击工具箱底部的“前景色”按钮，在弹出的“拾色器(前景色)”窗口中设置颜色为黄绿色，然后单击“确定”按钮，如图 11-114所示。在“图层”面板中选择“背景”图层，按前景色填充快捷键 Alt+Delete进行填充，效果如图 11-115所示。

图 11-114

图 11-115

步骤 03 单击工具箱中的“钢笔工具”按钮，在选项栏中设置绘制模式为“路径”，在画面左侧绘制一条闭合路径，如图 11-116所示。路径绘制完成后按快捷键 Ctrl+Enter，快速将路径转换为选区，如图 11-117所示。

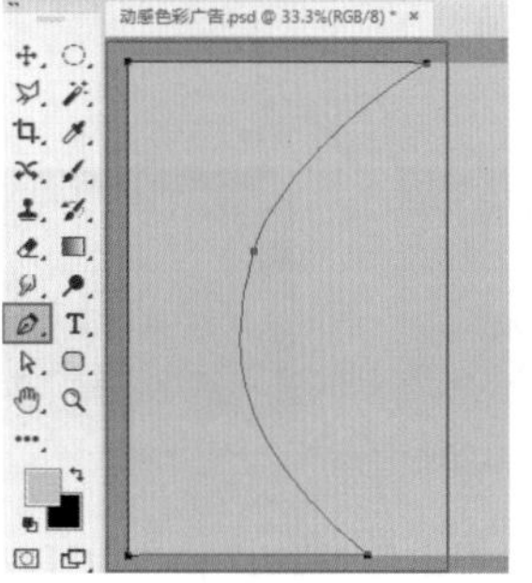

图 11-116

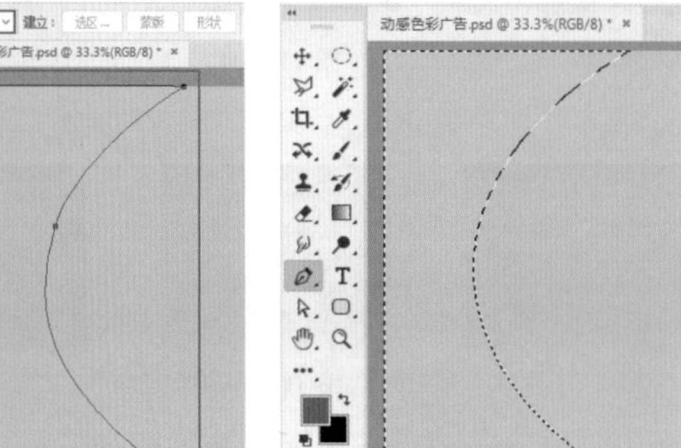

图 11-117

步骤 04 在“图层”面板底部单击“创建新图层”按钮，创建一个新图层。单击工具箱底部的“前景色”按钮，在弹出的“拾色器(前景色)”窗口中设置颜色为粉红色，然后单击“确定”按钮，如图 11-118所示。在“图层”面板中选择新建的图层，按前景色填充快捷键 Alt+Delete进行填充，接着按快捷键 Ctrl+D取消选区，效果如图 11-119所示。

图 11-118

图 11-119

步骤 05 继续使用同样的方法制作前方浅粉色图形，如图 11-120所示。

步骤 06 执行“文件>置入嵌入对象”命令，将飘带素材 1.jpg 置入画面中，调整其大小及位置后将其旋转至合适的角度，如图11-121所示。调整完成后按下Enter键完成置入。在“图层”面板中右键单击该图层，在弹出的快捷菜单中选择“栅格化图层”命令。

图 11-120

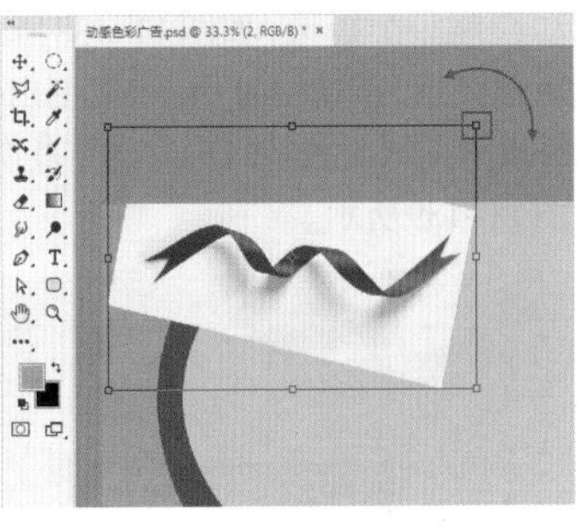

图 11-121

步骤 07 使用“钢笔工具”抠图。单击工具箱中的“钢笔工具”按钮，在选项栏中设置绘制模式为“路径”，在飘带上沿着飘带的外形绘制闭合路径，绘制完成按快捷键Ctrl+Enter，快速将路径转换为选区，如图11-122所示。在“图层”面板中选中飘带图层，单击“添加图层蒙版”按钮，此时选区外所有像素被隐藏，如图11-123所示。

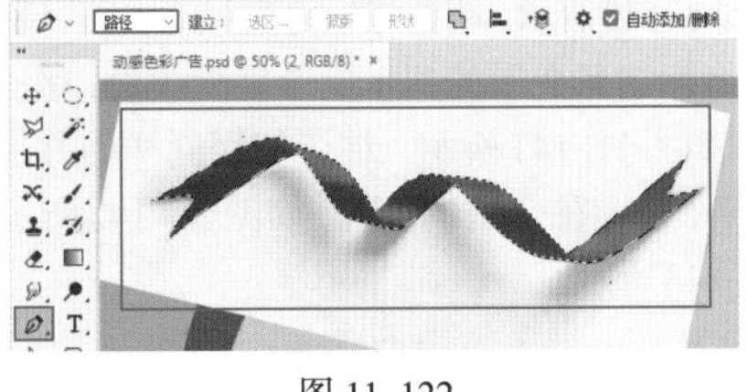

图 11-122

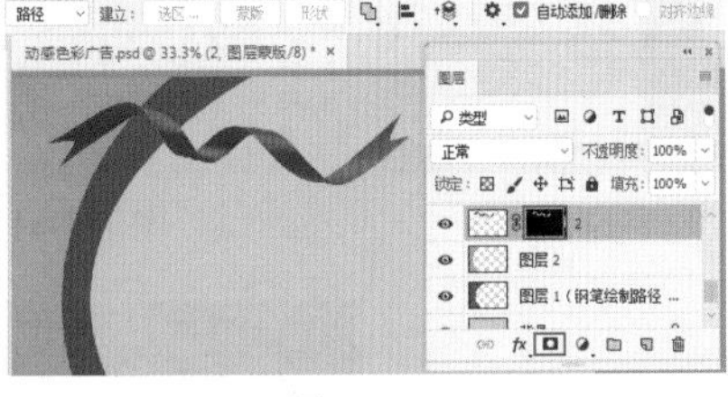

图 11-123

步骤 08 在“图层”面板中选中飘带图层，设置混合模式为“正片叠底”，“不透明度”为60%，如图11-124所示。

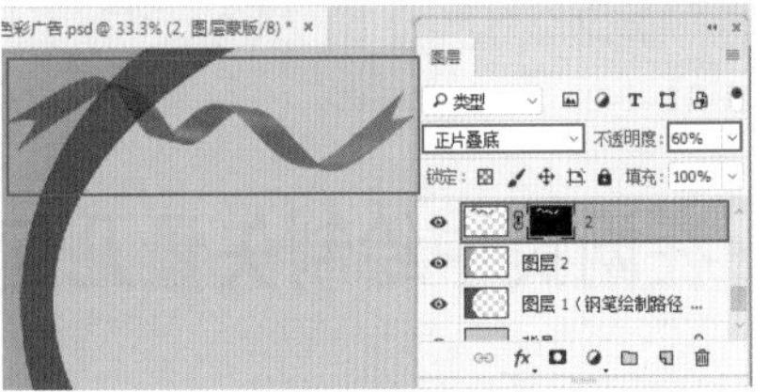

图 11-124

步骤 09 执行“文件>置入嵌入对象”命令，将人物素材2.jpg置入画面中，调整其大小及位置后按下Enter键完成置入，然后将该图层栅格化，如图11-125所示。继续使用“钢笔工具”抠图的方法将人物抠出来，效果如图11-126所示。

图 11-125

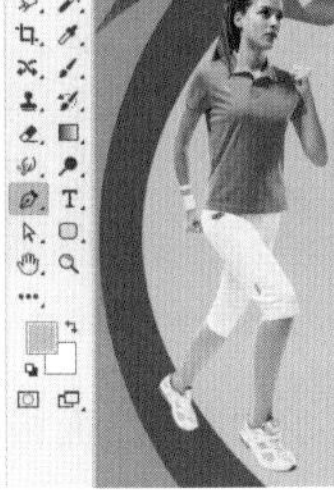

图 11-126

步骤 10 单击工具箱中的“横排文字工具”按钮，在选项栏中设置合适的字体、字号，文字颜色设置为白色，设置完毕后在画面中合适的位置单击鼠标建立文字输入的起始点，接着输入文字，文字输入完毕后按快捷键Ctrl+Enter，如图11-127所示。继续使用同样的方法将右侧文字制作出来，如图11-128所示。

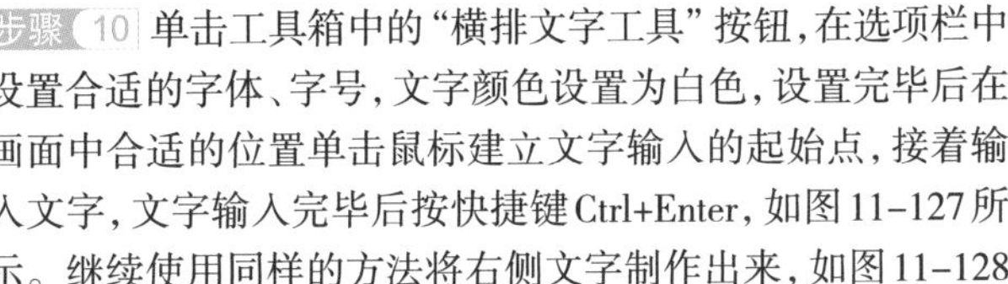

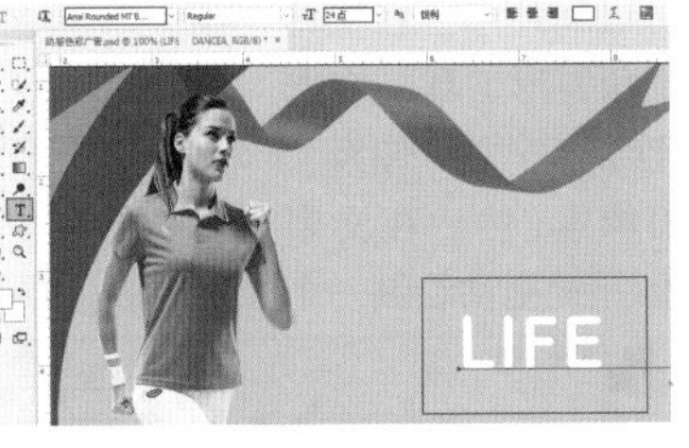

图 11-127

图 11-128

步骤 11 为画面添加装饰圆形。在工具箱中选择“椭圆选框工具”，在文字中间位置按住Shift+Alt键的同时按住鼠标左键拖动，绘制一个正圆形选区，如图11-129所示。创建一个新图层，在工具箱中设置“前景色”为白色，按前景色填充快捷键Alt+Delete进行填充，效果如图11-130所示。然后按快捷键Ctrl+D取消选区。

图 11-129　　图 11-130

步骤 12 继续使用同样的方法在画面的右上角绘制一个大一些的白色正圆形，如图11-131所示。

步骤 13 接下来，使用制作文字的方法制作两个正圆上的黄绿色文字，如图11-132所示。

图 11-131

图 11-132

步骤 14 在“图层”面板中按住Ctrl键依次单击加选大正圆上的两组文字；回到画面中，按自由变换快捷键Ctrl+T，此时文字进入自由变换状态，将文字旋转至合适的角度，如图11-133所示。调整完毕之后按下Enter键结束变换。

步骤 15 制作画面中的说明条。创建一个新图层，单击工具箱底部的“前景色”按钮，在弹出的“拾色器(前景色)”窗口中设置颜色为粉红色，然后单击“确定”按钮，如图11-134所示。在工具箱中选择“圆角矩形工具”，在选项栏中设置绘制模式为“像素”，“半径”为10像素，然后在文字下方按住鼠标左键拖动绘制一个圆角矩形，如图11-135所示。

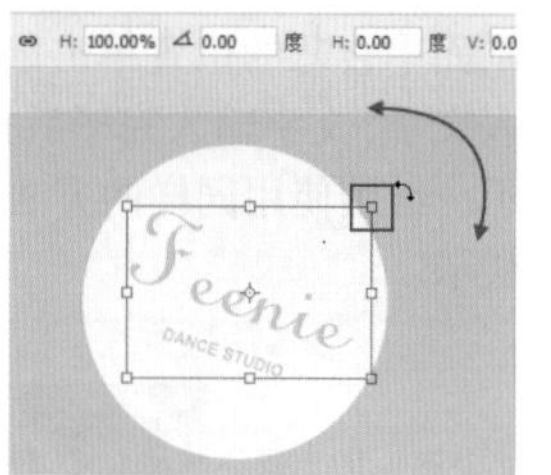
图 11-133

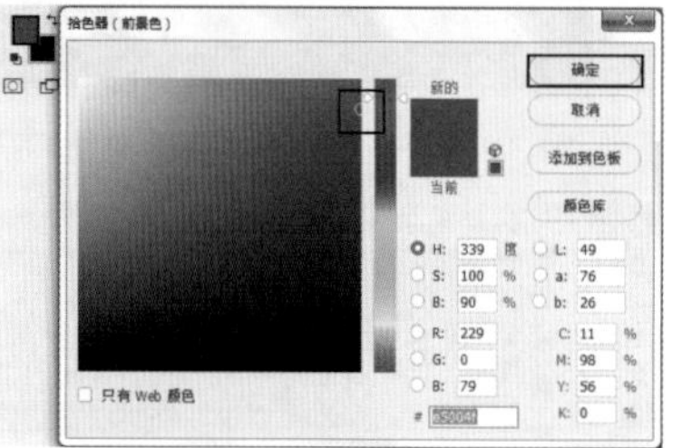
图 11-134

图 11-135

步骤 16 继续使用同样的方法绘制下方不同颜色的说明条，如图11-136所示。

步骤 17 使用之前制作文字的方法制作说明条上的文字，如图11-137所示。

图 11-136

图 11-137

步骤 18 制作说明条上的装饰图形。创建一个新图层；在工具箱底部设置“前景色”为白色；然后选择“矩形工具”，在选项栏中设置绘制模式为“像素”，在文字左侧按住鼠标左键拖动绘制一个矩形，如图11-138所示。在“图层”面板中选中矩形图层，按快捷键Ctrl+J复制出一个相同的图层，然后按住Shift键的同时按住鼠标左键将其向右拖动，进行水平移动，如图11-139所示。

图 11-138

图 11-139

步骤 19 在“图层”面板中按住Ctrl键依次单击加选刚绘制的两个矩形图层，接着执行“编辑>变换>斜切”命令调出定界框，将光标定位在上方控制点上，按住鼠标左键将其向右拖动，如图11-140所示。调整完毕之后按下Enter键结束变换。

步骤 20 将加选且变形的两个矩形复制一份，移动至蓝色说明条前方，如图11-141所示。继续使用同样的方法将另外两个复制出来，放置在合适的位置，如图11-142所示。最终效果如图11-143所示。

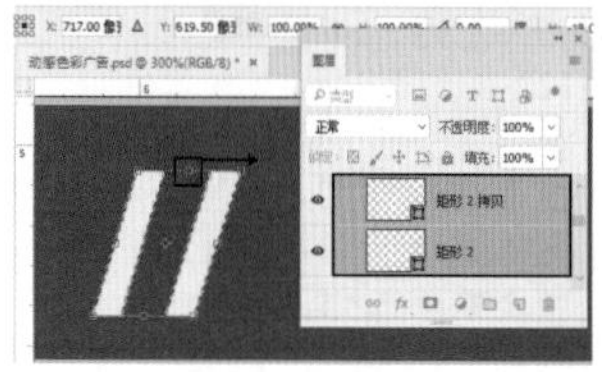
图 11-140

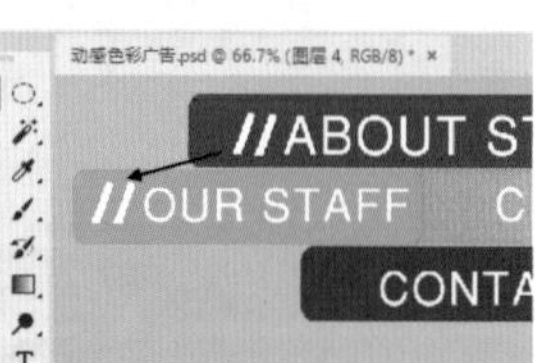
图 11-141

图 11-142

图 11-143

11.3 在网页中绘制矢量几何图形

扫一扫，看视频

右键单击工具箱中的形状工具组按钮，在弹出的工具组中可以看到6种形状工具，如图11-144所示。使用这些形状工具可以绘制出各种各样的常见形状，如图11-145所示。

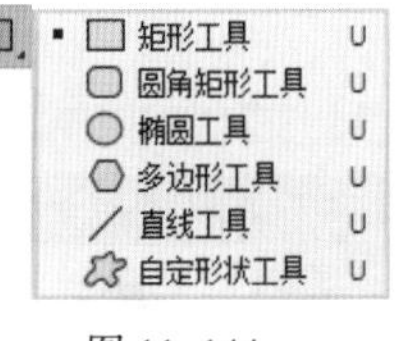

图 11-144

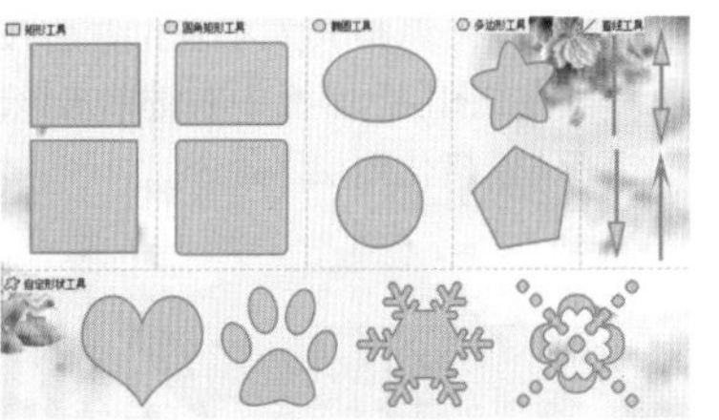

图 11-145

1. 使用绘图工具绘制简单图形

使用这些绘图工具虽然绘制出的是不同类型的图形，但是其使用方法是比较接近的。在此以使用“矩形工具”为例进行说明。右键单击工具箱中的形状工具组按钮，在弹出的工具组中单击“矩形工具”按钮，在选项栏中设置绘制模式以及描边、填充等属性，然后在画面中按住鼠标左键拖动，即可看到画面中出现了一个矩形，如图 11-146 所示。

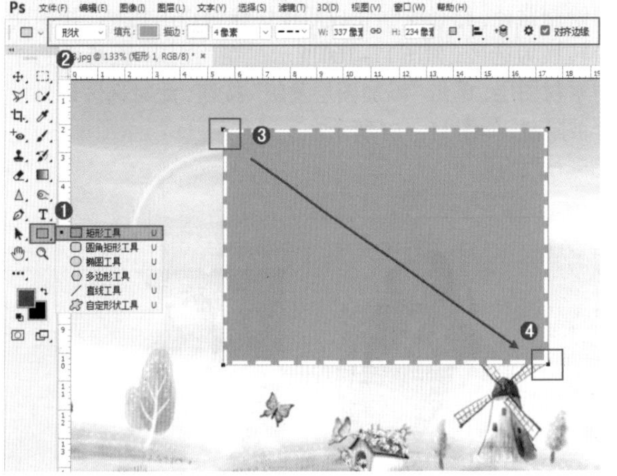

图 11-146

2. 绘制精确尺寸的图形

上面学习的绘制方法比较“随意”，如果想要得到精确尺寸的图形，那么可以使用绘图工具在画面中单击，在弹出的如图 11-147 所示窗口中进行详细的参数设置，然后单击“确定”按钮，即可得到一个精确尺寸的图形，如图 11-148 所示。

图 11-147　　图 11-148

3. 绘制“正”的图形

在绘制的过程中，按住 Shift 键拖曳鼠标，可以绘制正方形、正圆形等图形，如图 11-149 所示。按住 Alt 键拖曳鼠标，可以绘制以鼠标落点为中心向四周延伸的矩形，如图 11-150 所示。同时按住 Shift 和 Alt 键拖曳鼠标，可以绘制以鼠标落点为中心的正方形，如图 11-151 所示。

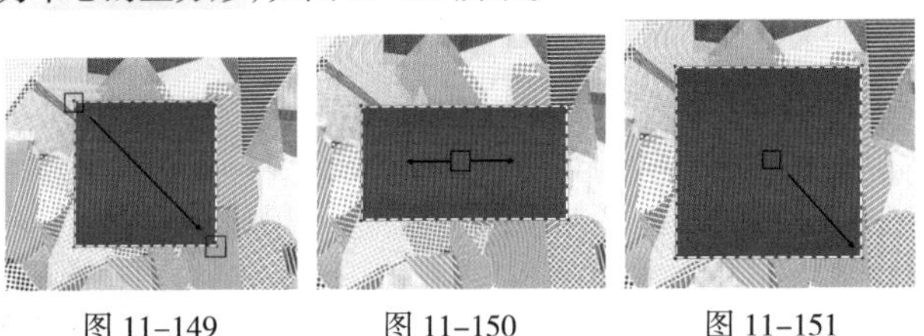

图 11-149　　图 11-150　　图 11-151

重点 11.3.1 使用“矩形工具”

使用“矩形工具” 可以绘制出标准的矩形对象和正方形对象。单击工具箱中的“矩形工具” 按钮，在画面中按住鼠标左键拖曳，释放鼠标后即可完成一个矩形对象的绘制，如图 11-152 和图 11-153 所示。在选项栏中单击 按钮，打开“矩形工具”的设置选项，如图 11-154 所示。

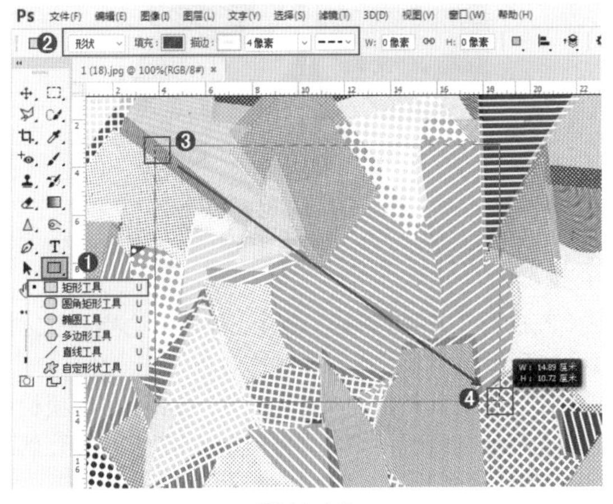

图 11-152

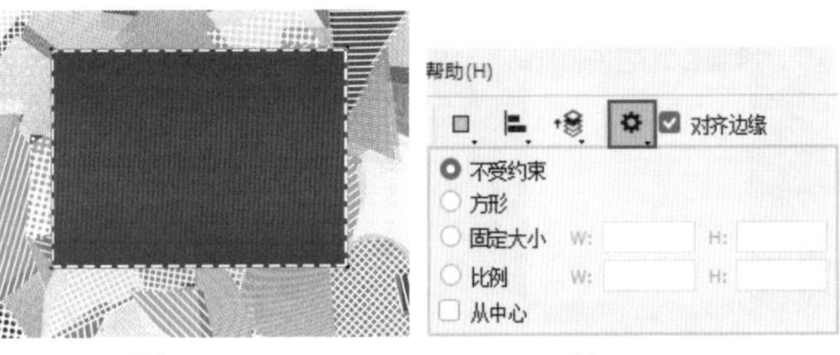

图 11-153　　图 11-154

- 不受约束：选中此单选按钮，可以绘制出任意大小的矩形。
- 方形：选中此单选按钮，可以绘制出任意大小的正方形。
- 固定大小：选中此单选按钮，可以在其后面的数值框中输入宽度(W)和高度(H)，然后在图像上单击，即可

创建出矩形。

- 比例：选中此单选按钮，可以在其后面的数值框中输入宽度(W)和高度(H)比例，此后创建的矩形始终保持这个比例。
- 从中心：以任何方式创建矩形时，选中该复选框，鼠标单击点即为矩形的中心。

练习实例：家居产品主图

文件路径	资源包\第11章\家居产品主图
难易指数	★★★★★
技术掌握	“直线工具” “钢笔工具” “矩形工具”

扫一扫，看视频

案例效果

本例效果如图11-155所示。

图11-155

操作步骤

步骤 01 执行“文件>新建”命令，新建一个空白文档，如图11-156所示。

步骤 02 单击工具箱中的“钢笔工具”按钮，在选项栏中设置绘制模式为“形状”，“填充”为粉色，“描边”为无，然后在画面中合适的位置绘制一个四边形，如图11-157所示。

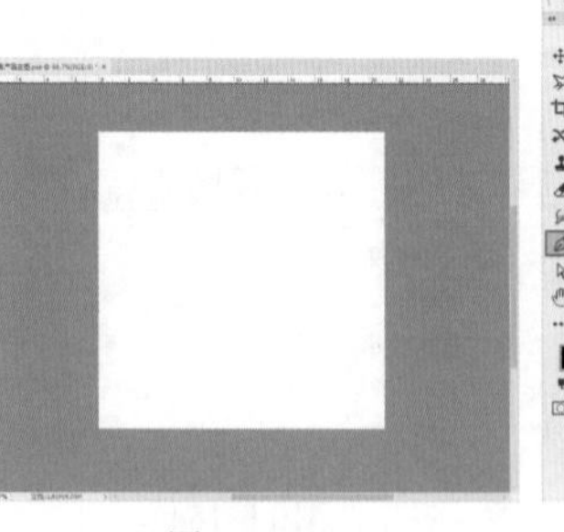

图11-156

图11-157

步骤 03 单击工具箱中的“直线工具”按钮，在选项栏中设置绘制模式为“形状”，“填充”为粉色，“描边”为无，“粗细”为1.5像素，然后在画面中合适的位置绘制一条直线，如图11-158所示。

步骤 04 执行“文件>置入嵌入对象”命令，将人物素材1.jpg置入画面中，调整其大小及位置后按Enter确认，如图11-159所示。在“图层”面板中右键单击该图层，在弹出的快捷菜单中执行“栅格化图层”命令。

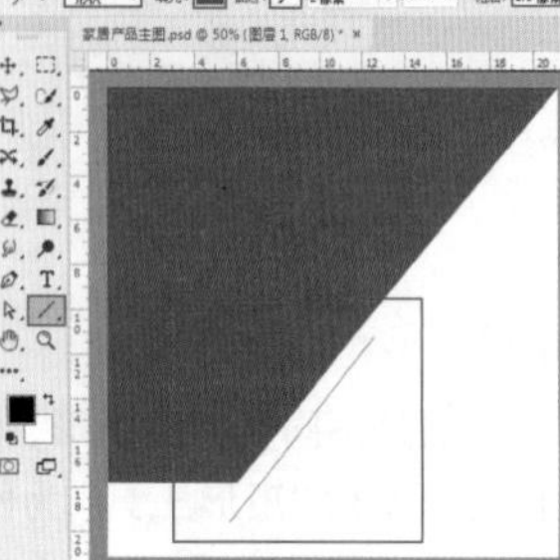

图11-158

图11-159

步骤 05 使用“钢笔工具”抠图。单击工具箱中的“钢笔工具”按钮，在选项栏中设置绘制模式为“路径”；接着沿人物外轮廓绘制路径，路径绘制完成后按快捷键Ctrl+Enter，快速将路径转换为选区，如图11-160所示。在“图层”面板中选中人物素材图层，单击“添加图层蒙版”按钮，此时选区以外的部分被隐藏，如图11-161所示。

图11-160

图11-161

步骤 06 制作主体文字。单击工具箱中的“横排文字工具”按钮，在选项栏中设置合适的字体、字号，文字颜色设置为白色，设置完毕后在画面中合适的位置单击鼠标建立文字输入的起始点，接着输入文字，文字输入完毕后按快捷键Ctrl+Enter，效果如图11-162所示。继续使用同样的方法在主体文字上方输入文字，如图11-163所示。

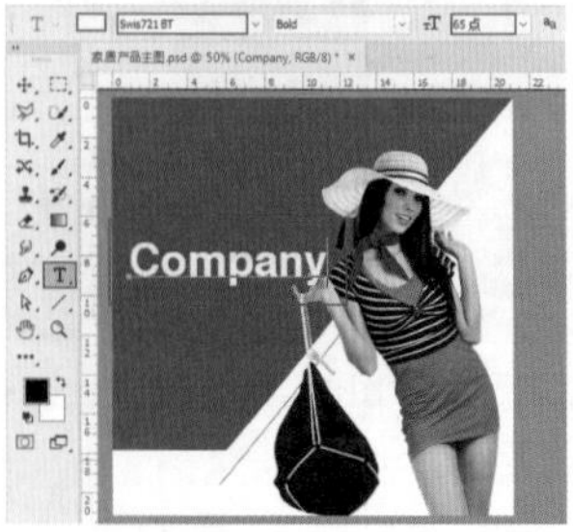

图11-162

图11-163

步骤 07 选中中间文字，执行“窗口>字符”命令，在弹出的“字符”面板中单击“下划线”按钮，画面效果如图11-164所示。

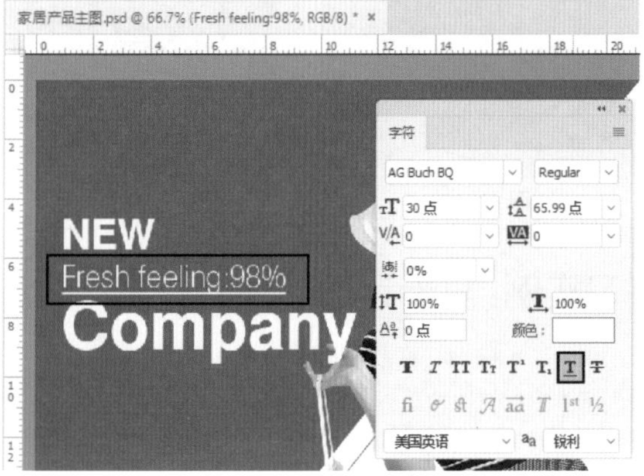

图 11-164

步骤 08 继续使用之前制作主体文字的方法输入画面下方文字，如图11-165所示。选中最下方文字，执行“窗口>字符”命令，在弹出的“字符”面板中单击“删除线”按钮，画面效果如图11-166所示。

图 11-165

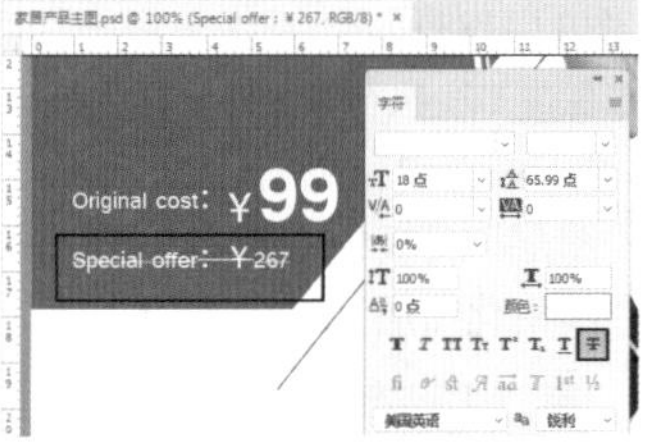

图 11-166

步骤 09 单击工具箱中的“矩形工具”按钮，在选项栏中设置绘制模式为“形状”，“填充”为白色，“描边”为无。设置完成后在主体文字下方按住鼠标左键拖动，绘制出一个矩形，如图11-167所示。继续使用制作文字的方法在白色矩形上输入文字，如图11-168所示。

图 11-167

图 11-168

步骤 10 制作画面中的装饰图形。单击工具箱中的“矩形工具”按钮，在选项栏中设置绘制模式为“形状”，“填充”为粉色，“描边”为无。设置完成后在画面中合适的位置按住Shift+Alt键的同时按住鼠标左键拖动，绘制出一个正方形，如图11-169所示。

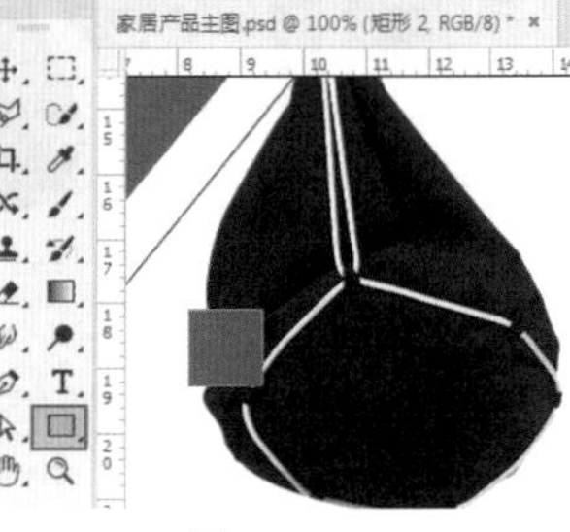
图 11-169

步骤 11 在“图层”面板中选中正方形图层，按快捷键Ctrl+J，复制出一个相同的图层，然后将其移动至画面的右上方，如图11-170所示。在选项栏中设置“填充”为红色，如图11-171所示。

图 11-170

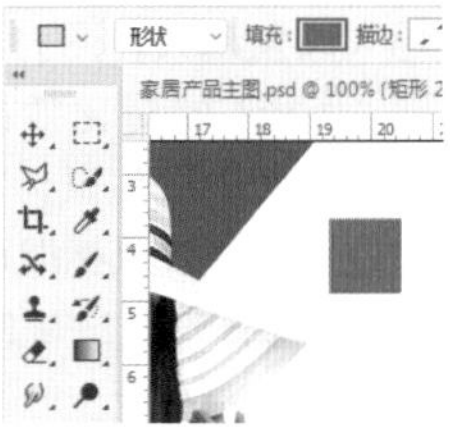

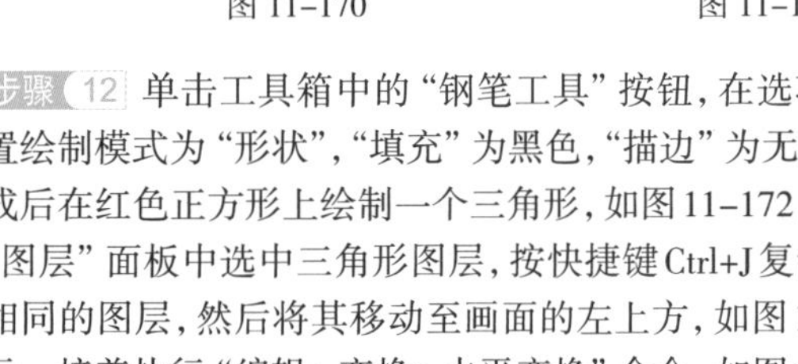
图 11-171

步骤 12 单击工具箱中的“钢笔工具”按钮，在选项栏中设置绘制模式为“形状”，“填充”为黑色，“描边”为无。设置完成后在红色正方形上绘制一个三角形，如图11-172所示。在“图层”面板中选中三角形图层，按快捷键Ctrl+J复制出一个相同的图层，然后将其移动至画面的左上方，如图11-173所示。接着执行“编辑>变换>水平变换”命令，如图11-174所示。最终效果如图11-175所示。

图 11-172　　图 11-173

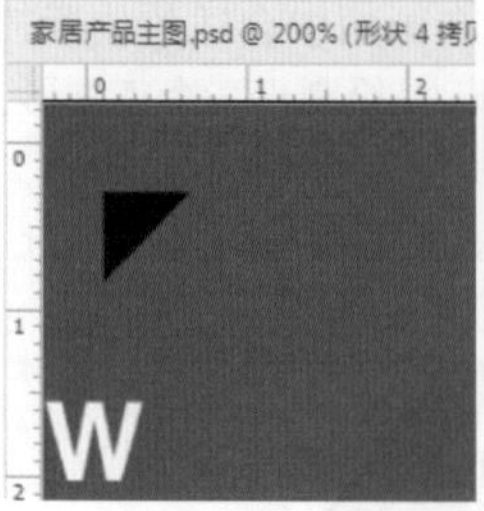

图 11-174

图 11-175

重点 11.3.2 使用“圆角矩形工具”

圆角矩形在设计中应用非常广泛，它不似矩形那样锐利、棱角分明，而是给人一种圆润、光滑的感觉，富有亲和力。使用“圆角矩形工具”可以绘制出标准的圆角矩形对象和圆角正方形对象。

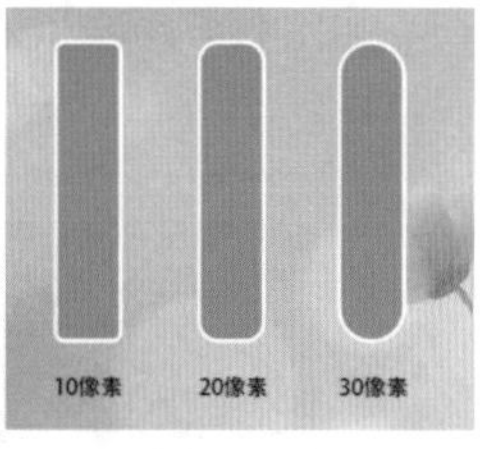

“圆角矩形工具”的使用方法与“矩形工具”一样，右键单击形状工具组按钮，在弹出的工具组中选择“圆角矩形工具”。在选项栏中可以对“半径”进行设置，数值越大圆角越大。图11-176所示为不同“半径”的对比效果。设置完成后在画面中按住鼠标左键拖曳，如图11-177所示。拖曳到理想位置后释放鼠标即可，如图11-178所示。

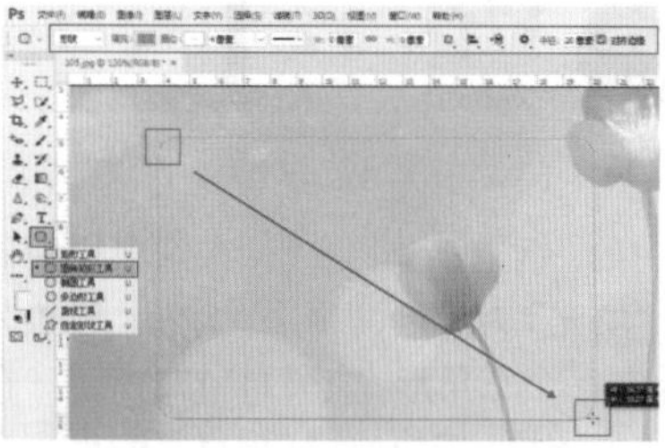

图 11-176

图 11-177

图 11-178

在圆角矩形绘制完成后会弹出“属性”面板，在其中可以对图形的大小、位置、填充、描边、半径等选项进行设置，如图11-179所示。当处于“链接”状态时，“链接”按钮为深灰色。此时在任一半径文本框内输入数值，按Enter键确认后，4个圆角半径都将改变，如图11-180所示。单击“链接”按钮取消链接状态，此时可以更改单个圆角的半径，如图11-181所示。

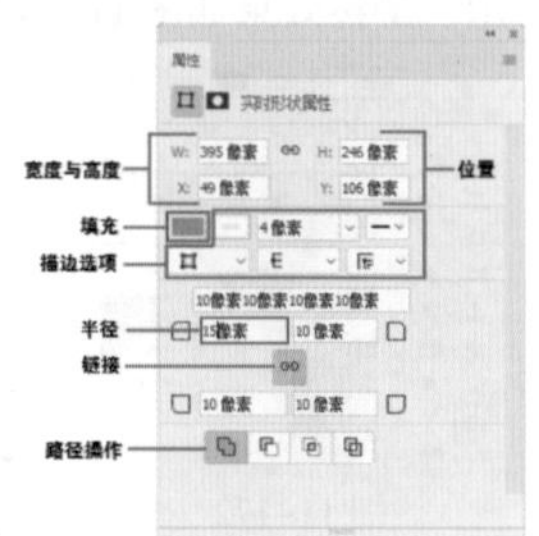

图 11-179

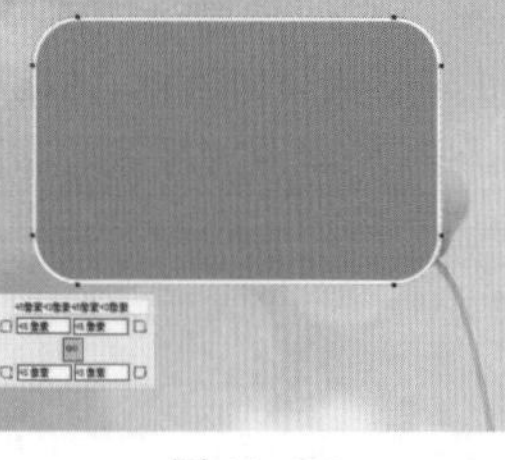
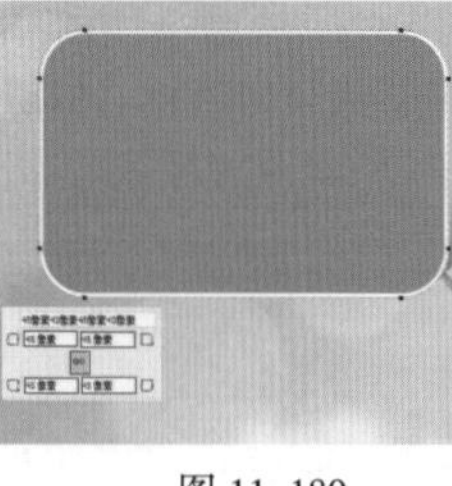

图 11-180

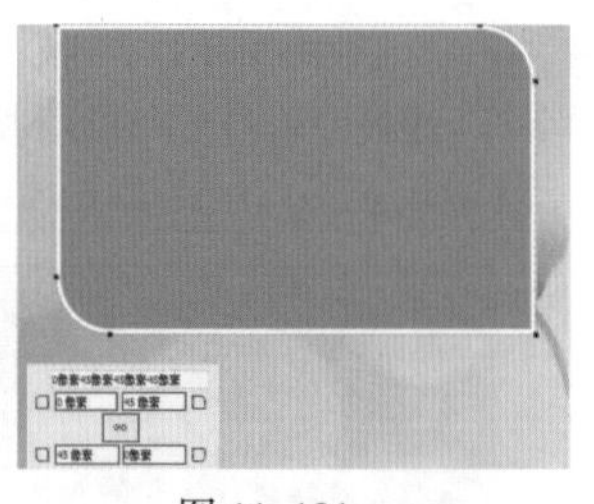

图 11-181

练习实例：男士运动装通栏广告

文件路径	资源包\第11章\男士运动装通栏广告
难易指数	★★★★★
技术掌握	“圆角矩形工具” “横排文字工具” “画笔工具”

案例效果

本例效果如图11-182所示。

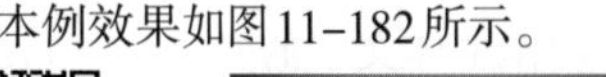

扫一扫，看视频

图 11-182

操作步骤

步骤 01 执行“文件>新建”命令，创建一个空白文档，如图11-183所示。

步骤 02 执行“文件>置入嵌入对象”命令，将背景素材1.jpg置入画面中，调整其大小及位置后按下Enter键完成置入。在“图层”面板中右键单击该图层，在弹出的快捷菜单中执行“栅格化图层”命令，效果如图11-184所示。

图 11-183

图 11-184

步骤 03 为背景图片调色。执行“图层>新建调整图层>自然饱和度”命令，在弹出的“新建图层”窗口中单击“确定”按钮。接着在“属性”面板中设置“自然饱和度”为80，“饱和度”为30，单击按钮使调色效果只针对下方图层，如图11-185所示。画面效果如图11-186所示。

图 11-185

图 11-186

步骤 04 为画面制作暗角。创建一个新图层，选择工具箱中的“画笔工具”，在选项栏中单击打开“画笔预设”选取器，从中选择一种“柔边圆”画笔，设置“画笔大小”为1000像素，“硬度”为0%，如图11-187所示。在工具箱底部设置“前景色”为深蓝色，选择刚创建的空白图层，在画面左上角单击鼠标左键并进行拖动，如图11-188所示。

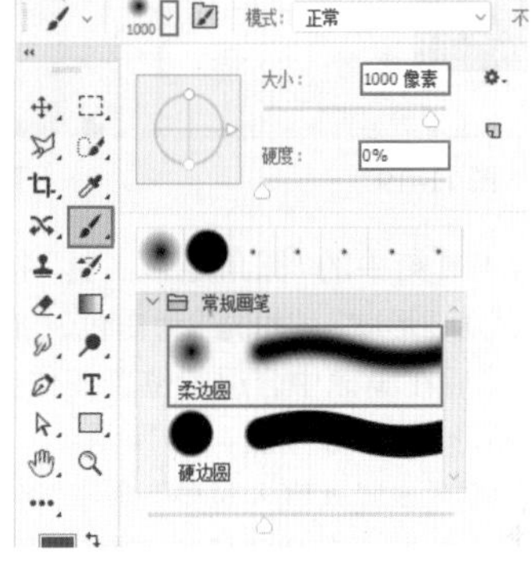

图 11-187

图 11-188

步骤 05 继续按住鼠标左键拖动，将右侧暗角绘制出来，效果如图11-189所示。

图 11-189

步骤 06 设置“前景色”为暗红色，使用制作暗角的方法分别在画面中合适的位置按住鼠标左键进行拖动，画面效果如图11-190所示。

图 11-190

步骤 07 单击工具箱中的“横排文字工具”按钮，在选项栏中设置合适的字体、字号，文字颜色设置为白色，设置完毕后在画面中间位置单击鼠标建立文字输入的起始点，接着输入文字，文字输入完毕后按快捷键Ctrl+Enter，效果如图11-191所示。继续使用同样的方法输入主体文字上方及下方的文字，如图11-192所示。

图 11-191

图 11-192

步骤 08 单击工具箱中的“圆角矩形工具”按钮，在选项栏中设置绘制模式为“形状”，“填充”为白色，“描边”为无，“半径”为32.5像素，然后在画面下方位置按住鼠标左键拖动，绘制一个圆角矩形，如图11-193所示。

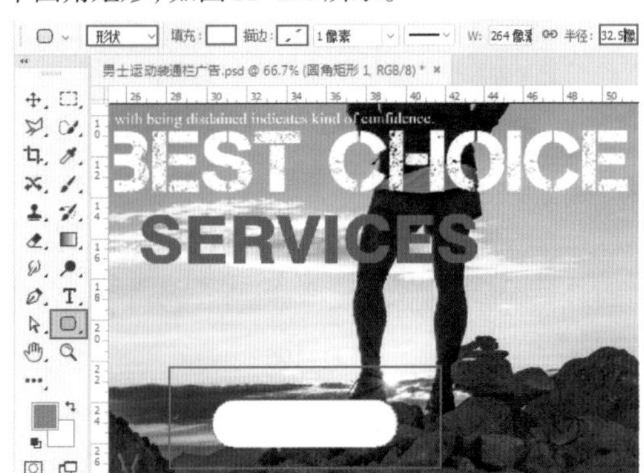

图 11-193

步骤 09 继续使用制作文字的方法在圆角矩形上输入文字，最终效果如图11–194所示。

图 11–194

练习实例：使用“圆角矩形工具”和“矩形工具”制作产品展示模块

文件路径	资源包\第11章\使用“圆角矩形工具”和“矩形工具”制作产品展示模块
难易指数	★★★★★
技术掌握	“矩形工具”“圆角矩形工具”“添加锚点工具”“转换点工具”“直接选择工具”

扫一扫，看视频

案例效果

本例效果如图11–195所示。

图 11–195

操作步骤

步骤 01 执行“文件>新建”命令，新建一个空白文档，如图11–196所示。

图 11–196

步骤 02 为背景填充颜色。单击工具箱底部的“前景色”按钮，在弹出的“拾色器(前景色)”窗口中设置颜色为粉色，然后单击“确定”按钮，如图11–197所示。在“图层”面板中选择“背景”图层，按前景色填充快捷键Alt+Delete进行填充，效果如图11–198所示。

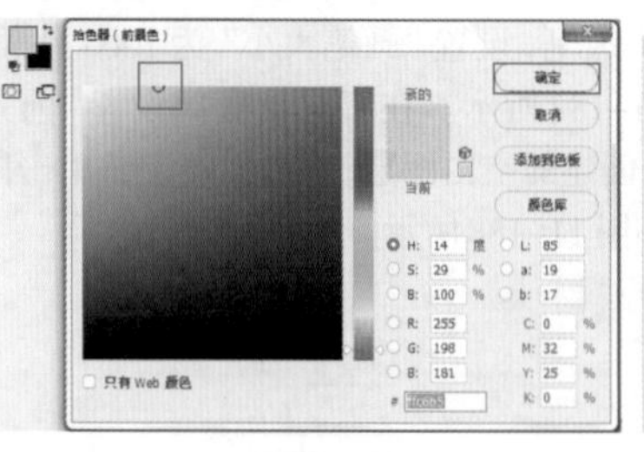

图 11–197

图 11–198

步骤 03 单击工具箱中的“圆角矩形工具”按钮，在选项栏中设置绘制模式为“形状”，“填充”为白色，“描边”为无，“半径”为5像素，然后在画面中合适的位置按住鼠标左键拖动，绘制一个圆角矩形，效果如图11–199所示。

步骤 04 执行“文件>置入嵌入对象”命令，将戒指素材1.png置入画面中，调整其大小及位置后按下Enter键完成置入。在“图层”面板中右键单击该图层，在弹出的快捷菜单中选择“栅格化图层”命令，效果如图11–200所示。

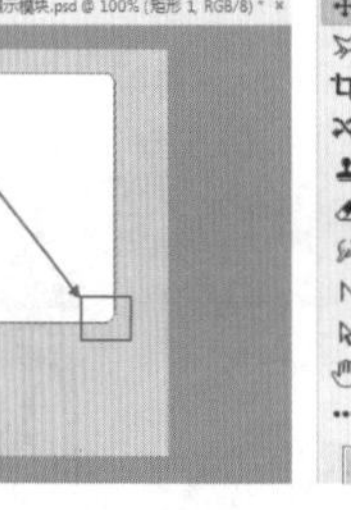

图 11–199

图 11–200

步骤 05 制作主体文字。单击工具箱中的“横排文字工具”按钮，在选项栏中设置合适的字体、字号，文字颜色设置为白色，设置完毕后在画面中合适的位置单击鼠标建立文字输入的起始点，接着输入文字，文字输入完毕后按快捷键Ctrl+Enter，效果如图11–201所示。继续使用同样的方法将另一组文字制作出来，如图11–202所示。

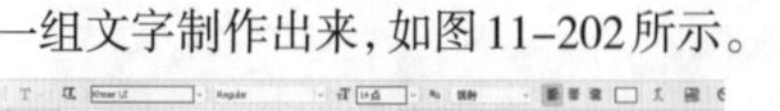

图 11–201

图 11–202

步骤 06 单击工具箱中的“矩形工具”按钮，在选项栏中设置绘制模式为“形状”，“填充”为稍深一些的粉色，“描边”为无。设置完成后，在文字下方按住鼠标左键拖动，绘制出一个矩形，如图11–203所示。

图 11-203

步骤 07 在选中矩形的状态下，在工具箱中单击“添加锚点工具”按钮，然后在矩形的右侧单击添加锚点，如图 11-204 所示。在工具箱中单击“转换点工具”按钮，然后单击刚才添加的锚点，将平滑点转换为角点，如图 11-205 所示。在工具箱中选择“直接选择工具”，选中刚添加的锚点，按住鼠标左键将此锚点向左拖动，如图 11-206 所示。

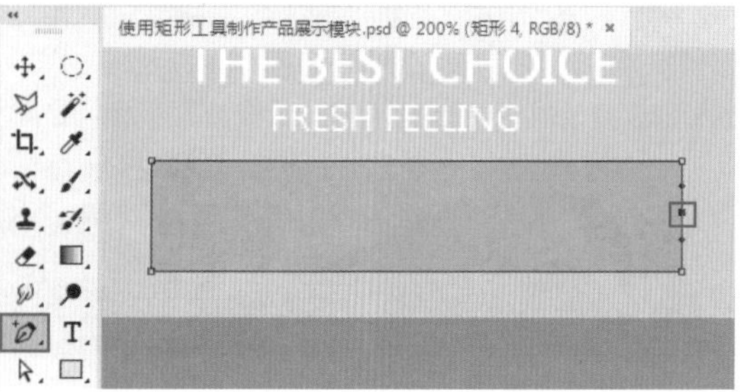

图 11-204

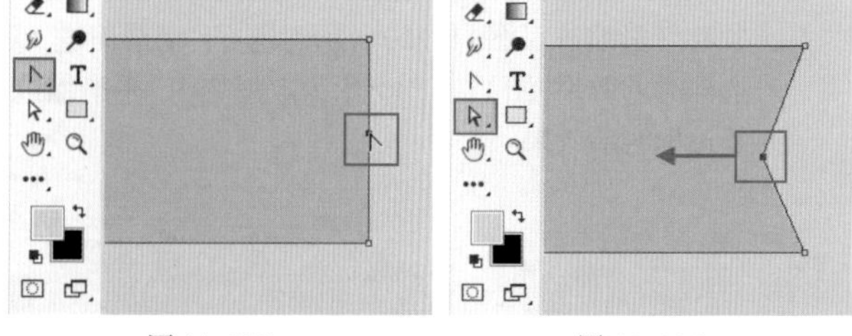

图 11-205　　图 11-206

步骤 08 单击工具箱中的“圆角矩形工具”按钮，在选项栏中设置绘制模式为“形状”，“填充”为黄色，“描边”为无，“半径”为 10.5 像素。设置完成后，在合适的位置按住鼠标左键拖动，绘制一个圆角矩形，效果如图 11-207 所示。

图 11-207

步骤 09 单击工具箱中的“横排文字工具”按钮，在选项栏中设置合适的字体、字号，文字颜色设置为白色，设置完毕后在画面中合适的位置单击鼠标建立文字输入的起始点，接着输入文字，文字输入完毕后按快捷键 Ctrl+Enter，效果如图 11-208 所示。继续使用同样的方法将画面中其他文字制作出来，最终效果如图 11-209 所示。

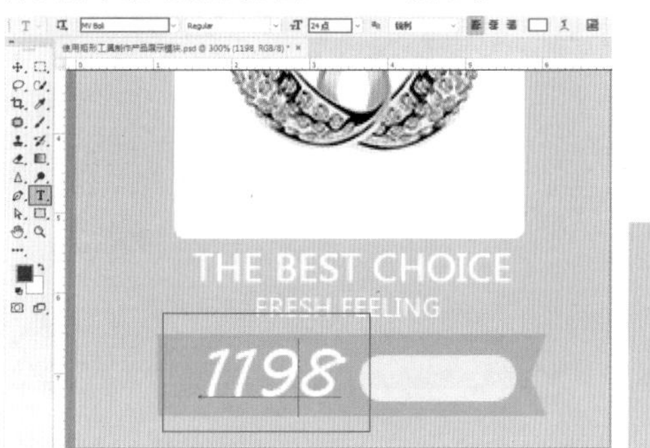

图 11-208　　图 11-209

重点 11.3.3 使用“椭圆工具”

使用“椭圆工具”可以绘制出椭圆形和正圆形。在形状工具组按钮上单击鼠标右键，在弹出的工具组中选择“椭圆工具”。如果要创建椭圆形，可以在画面中按住鼠标左键拖动，如图 11-210 所示。松开鼠标即可创建出椭圆形，如图 11-211 所示。如果要创建正圆形，可以在按住 Shift 键或 Shift+Alt(以鼠标单击点为中心)键的同时按住鼠标左键拖动进行绘制。

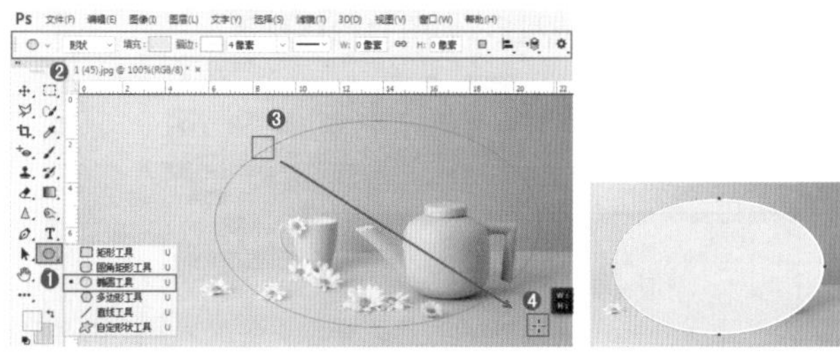

图 11-210　　图 11-211

11.3.4 使用“多边形工具”

使用“多边形工具”可以创建出各种边数的多边形(最少为 3 条边)以及星形。在形状工具组按钮上单击鼠标右键，在弹出的工具组中选择“多边形工具”。在选项栏中可以设置“边”数，还可以在多边形工具选项中设置“半径”“平滑拐点”“星形”等参数，如图 11-212 所示。设置完毕后在画面中按住鼠标左键拖曳，松开鼠标完成绘制，如图 11-213 所示。

- 边：设置多边形的边数。边数设置为 3 时，可以创建出正三角形；设置为 5 时，可以绘制出正五边形；设置为

8时，可以绘制出正八边形，如图11-214所示。

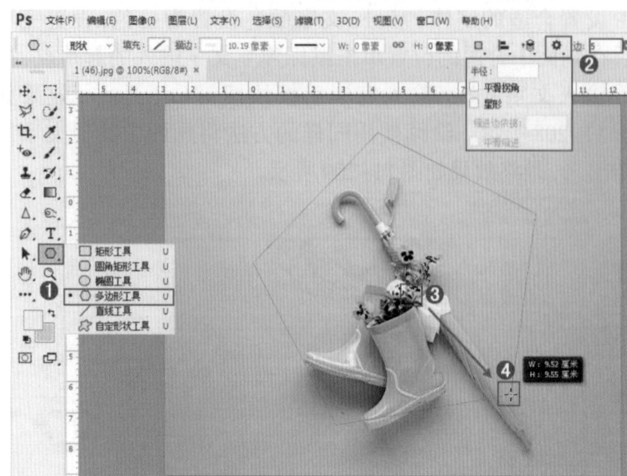
图 11-212

图 11-213

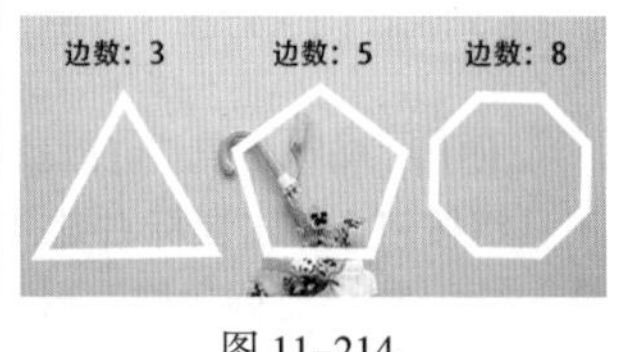

图 11-214

- 半径：用于设置多边形或星形的半径。设置好半径以后，在画面中按住鼠标左键拖动，即可创建出相应半径的多边形或星形，如图11-215所示。

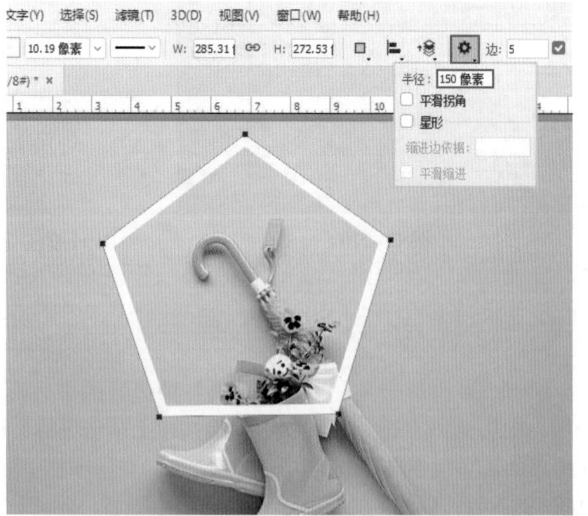
图 11-215

- 平滑拐角：选中该复选框后，可以创建出具有平滑拐角效果的多边形或星形，如图11-216和图11-217所示。

图 11-216

图 11-217

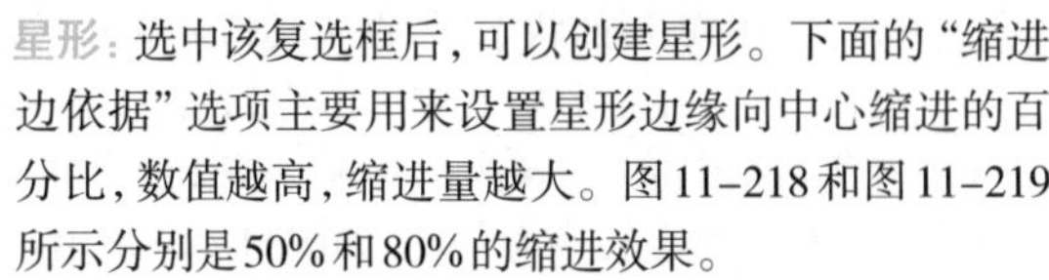
- 星形：选中该复选框后，可以创建星形。下面的“缩进边依据”选项主要用来设置星形边缘向中心缩进的百分比，数值越高，缩进量越大。图11-218和图11-219所示分别是50%和80%的缩进效果。

图 11-218

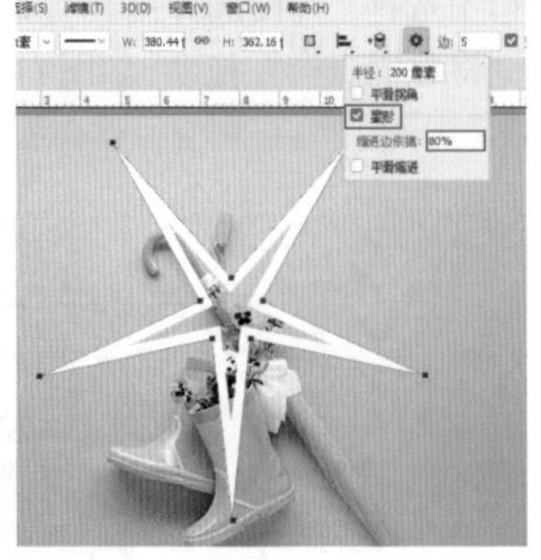
图 11-219

- 平滑缩进：选中该复选框后，可以使星形的每条边向中心平滑缩进。图11-220所示为选中“平滑缩进”复选框时的效果，图11-221所示为取消选中“平滑缩进”复选框时的效果。

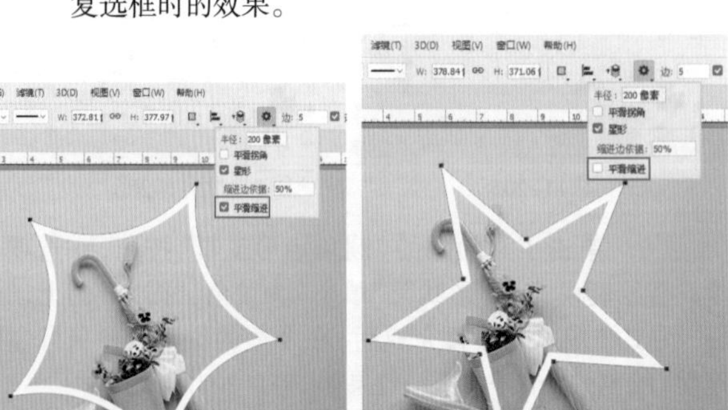
图 11-220　　图 11-221

11.3.5　使用“直线工具”

使用“直线工具” 可以创建出直线和带有箭头的形状，如图11-222所示。右键单击形状工具组按钮，在弹出的工具组中选择“直线工具”；在选项栏中设置合适的填充、描边，调整“粗细”数值，设置合适的直线宽度；接着按住鼠标左键拖曳进行绘制，如图11-223所示。“直线工具”还能够绘制箭头。单击⚙按钮，在弹出的下拉面板中能够设置箭头的起点、终点、宽度、长度和凹度等参数。设置完成后按住鼠标左键拖曳，即可绘制箭头形状，如图11-224所示。

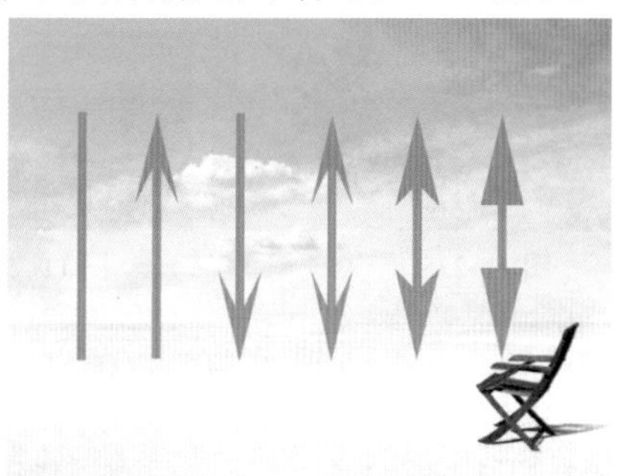

图 11-222

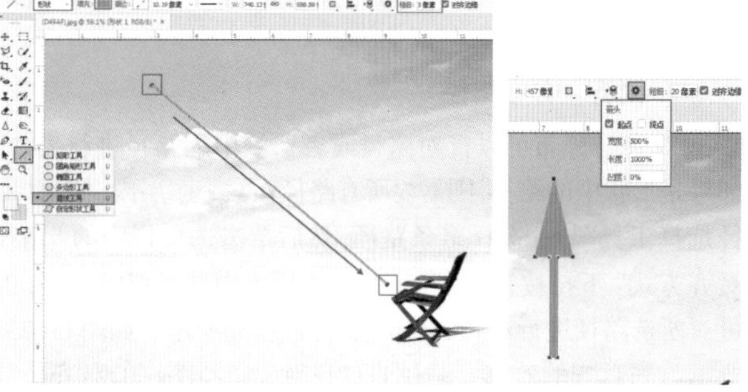

图 11-223　　图 11-224

- 起点/终点：此选项可以为直线两端添加箭头效果。如图11-225所示。
- 宽度：此选项用于设置箭头宽度相对于直线宽度的百分比数值。如图11-226所示分别为使用“宽度”200%、300%和500%创建的箭头。

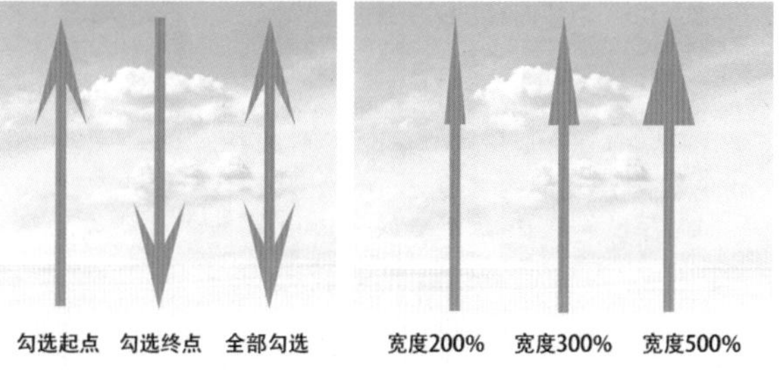
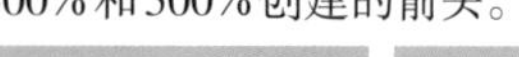

图 11-225　　图 11-226

- 长度：此选项用于设置箭头长度。如图11-227所示分别为使用“长度”100%、300%和500%创建的箭头。
- 凹度：用来设置箭头的凹陷程度。如图11-228所示。

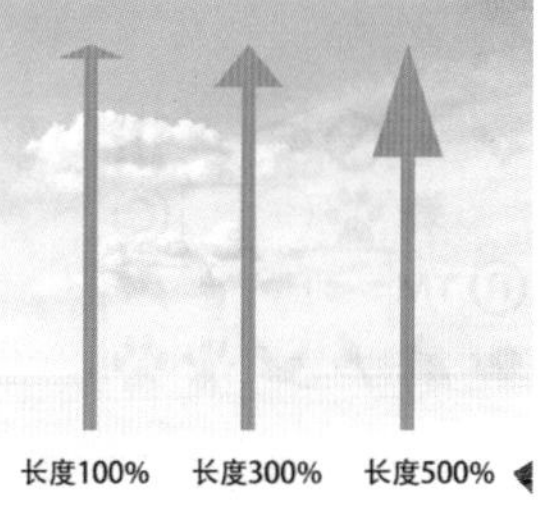

图 11-227

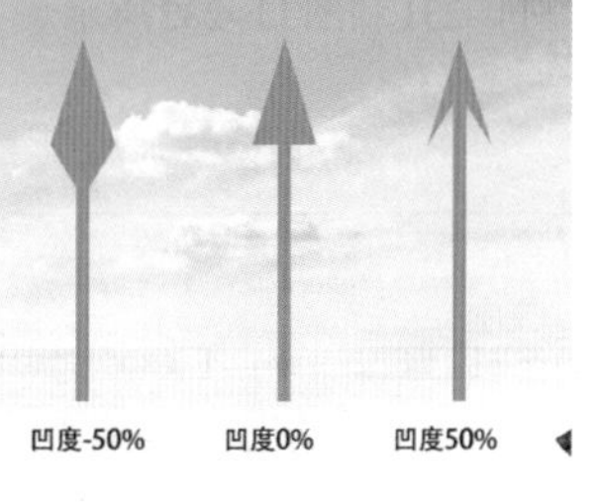

图 11-228

11.3.6　动手练：使用“自定形状工具”

(1) 使用“自定形状工具”可以创建出非常多的形状。右键单击工具箱中的形状工具组按钮，在弹出的工具组中选择“自定形状工具”。在选项栏中单击“形状”右侧的按钮，在弹出的下拉面板中单击选择一种形状，然后在画面中按住鼠标左键拖曳进行绘制，如图11-229所示。在Photoshop中有很多预设的形状，单击下拉面板右上角的⚙按钮，在弹出的菜单中可以看到很多预设形状组，如图11-230所示。

图 11-229

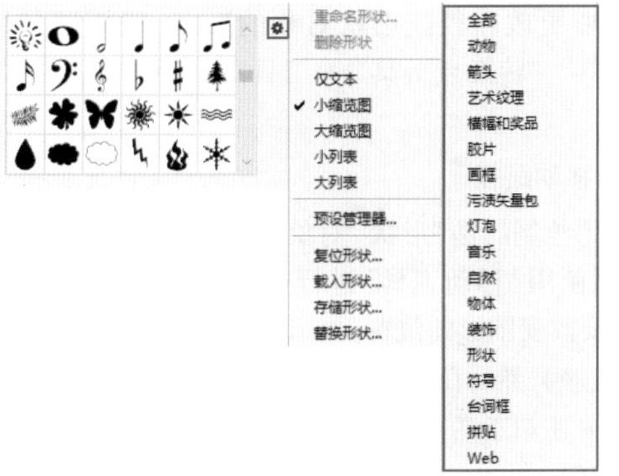

图 11-230

(2) 单击选择一个形状组，在弹出的对话框中单击“确定”或“追加”按钮，即可将形状组中的形状载入下拉面板中，如

图11-231和图11-232所示。

图 11-231　　　　图 11-232

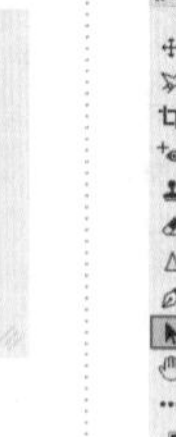

(3) 如果有外挂动作，还可以通过“载入形状”命令进行载入。单击 按钮，在弹出菜单中选择“载入形状”命令，在弹出的“载入”窗口单击形状文件(格式为.csh)，然后单击“载入”按钮完成载入操作，如图11-233和图11-234所示。

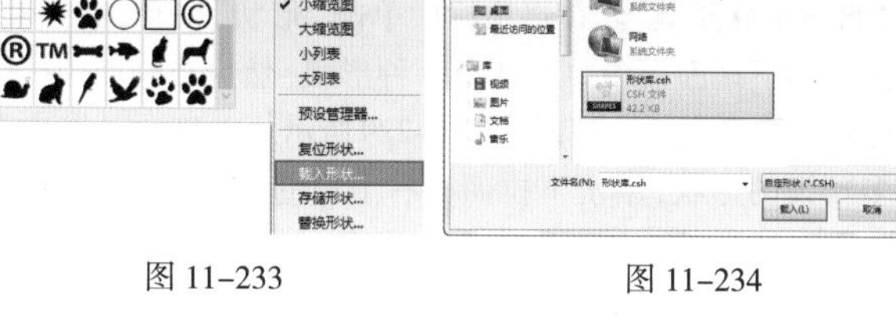

图 11-233　　　　图 11-234

11.3.7　矢量对象的编辑操作

扫一扫，看视频

在矢量绘图时，最常用到的就是“路径”以及“形状”这两种矢量对象。“形状”对象由于是单独的图层，可以进行一些如复制图层、移动图层等基本操作，但如果想要调整形状对象的外形，则需要对其上的路径进行调整。

“路径”对象由于是一种“非实体”对象，不依附于图层，也不具有填色、描边等属性，只能通过转换为选区后进行其他操作。因此，路径对象的操作方法与其他对象有所不同，想要调整路径位置，对路径进行对齐、分布等操作，都需要使用特殊的工具。

想要更改路径或形状对象的形态，则需要使用“直接选择工具”“转换点工具”等工具对路径上锚点的位置进行移动。

1. 移动路径

如果绘制的是“形状”对象或“像素”，那么只需选中该图层，然后使用“移动工具”进行移动即可。如果绘制的是“路径”，想要改变图形的位置，可以单击工具箱中的“路径选择工具”按钮 ，然后在路径上单击，即可选中该路径，如图11-235所示。按住鼠标左键拖动，可以移动路径所处的位置，如图11-236所示。

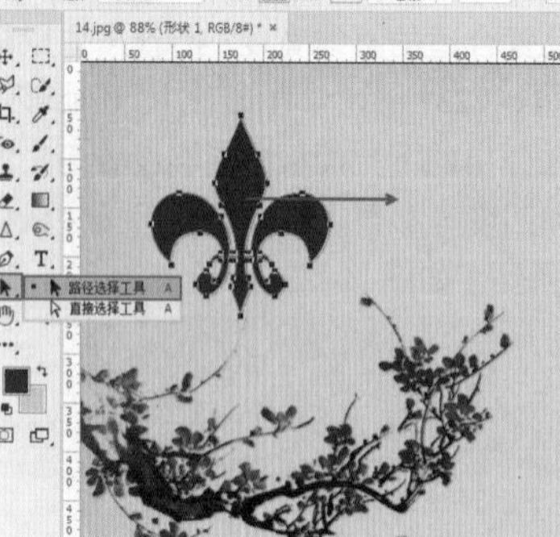

图 11-235

图 11-236

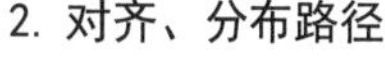

提示：“路径选择工具”使用技巧

如果要移动形状对象中的一条路径，也需要使用“路径选择工具” 。按住Shift键单击可以选择多条路径。按住Ctrl键单击可以将当前工具转换为“直接选择工具” 。

2. 对齐、分布路径

对齐与分布可以针对路径或者形状中的路径进行操作。如果是形状中的路径，则需要所有路径在一个图层内。使用“路径选择工具” 选择多条路径，然后单击选项栏中的“路径对齐方式”下拉按钮，在弹出的下拉列表中选择相应选项，即可对所选路径进行对齐、分布，如图11-237所示。如图11-238所示为底对齐的效果。路径的对齐与分布与图层的对齐与分布的方法是一样的。

图 11-237

提示：删除路径

在进行路径描边之后，经常需要删除路径。使用“路径选择工具” 单击选择需要删除的路径，接着按Delete键进行删除；或者在使用矢量工具状态下单击鼠标右键，在弹出的快捷菜单中选择“删除路径”命令。

3. 调整路径排列方式

当文档中包含多条路径，或者一个形状图层中包括多条路径时，可以调整这些路径的上下排列顺序，不同的排列顺序会影响路径运算的结果。选择路径，单击选项栏中的“路径排列方法”下拉按钮，在弹出的下拉列表中选择相关选项，可以将所选路径的层级关系进行相应排列，如图11–239所示。

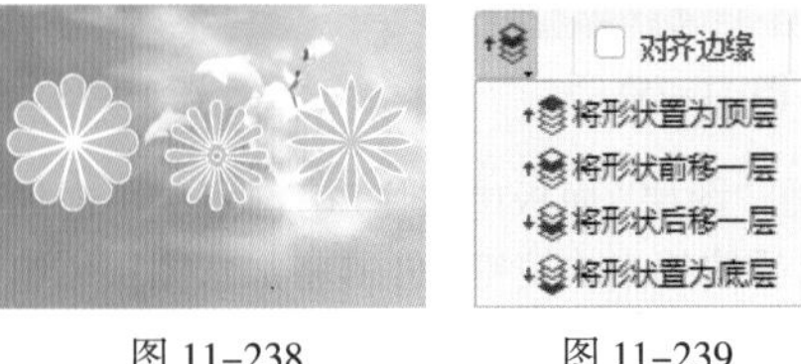

图 11–238　　图 11–239

> **提示：变换路径**
>
> 选择路径或形状对象，按快捷键Ctrl+T调出定界框，接着便可进行变换。也可以单击鼠标右键，在弹出的快捷菜单中选择相应的变换命令。变换路径与变换图像的方法是相同的。

练习实例：使用矢量工具制作宝贝列表

文件路径	资源包\第11章\使用矢量工具制作宝贝列表
难易指数	★★★★★
技术掌握	“椭圆工具”“矩形工具”“自由变换”“钢笔工具”“自定形状工具”

扫一扫，看视频

案例效果

本例效果如图11–240所示。

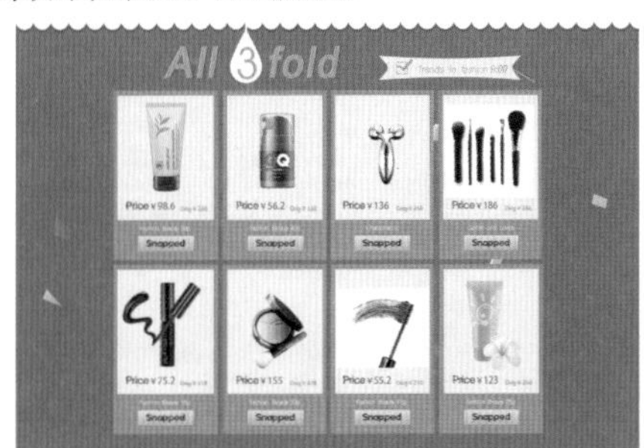

图 11–240

操作步骤

步骤 01 执行“文件>新建”命令，新建一个空白文档，如图11–241所示。

步骤 02 为背景填充颜色。单击工具箱底部的“前景色”按钮，在弹出的“拾色器(前景色)”窗口中设置颜色为粉色，然后单击“确定”按钮，如图11–242所示。在“图层”面板中选择“背景”图层，按前景色填充快捷键Alt+Delete进行填充，效果如图11–243所示。

图 11–241

图 11–242

图 11–243

步骤 03 制作背景装饰图形。单击工具箱中的“钢笔工具”，在选项栏中设置绘制模式为“形状”，单击“填充”按钮，在弹出的下拉面板中单击“渐变”按钮，然后编辑一种青绿色系的渐变颜色，设置“渐变类型”为“线性”，“渐变角度”为40。接着回到选项栏中，设置“描边”为无。设置完成后，在画面中单击鼠标左键，绘制一个四边形，如图11–244所示。

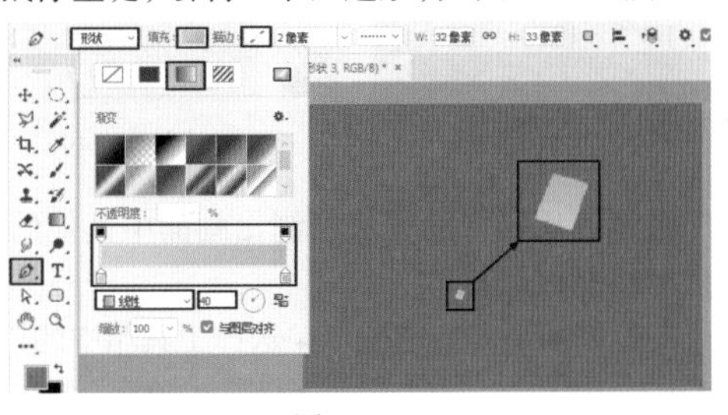

图 11–244

步骤 04 在“图层”面板中选中青色四边形图层，按快捷键Ctrl+J，复制出一个相同的图层，然后将其向左下方移动，如图11–245所示。选中复制出的四边形，在选项栏中设置“填充”为白色，如图11–246所示。在“图层”面板中选中白色四边形图层，将其移动至青色四边形图层的下方，画面效果如图11–247所示。

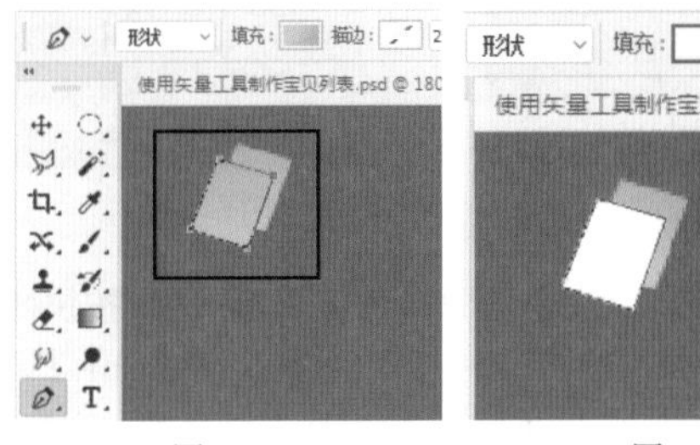

图 11–245　　图 11–246

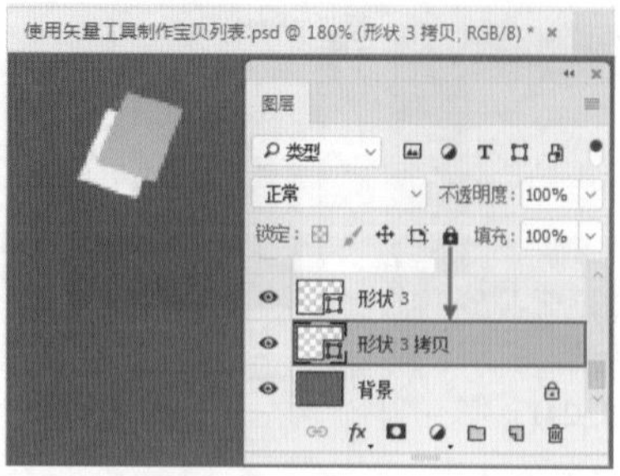

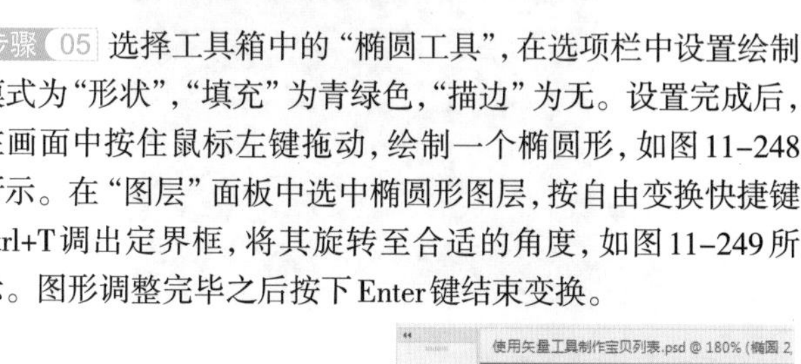

图 11-247

步骤 05 选择工具箱中的"椭圆工具"，在选项栏中设置绘制模式为"形状"，"填充"为青绿色，"描边"为无。设置完成后，在画面中按住鼠标左键拖动，绘制一个椭圆形，如图11-248所示。在"图层"面板中选中椭圆形图层，按自由变换快捷键Ctrl+T调出定界框，将其旋转至合适的角度，如图11-249所示。图形调整完毕之后按下Enter键结束变换。

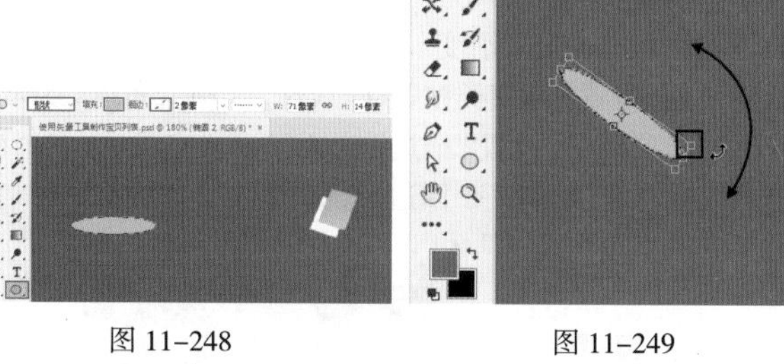

图 11-248　　图 11-249

步骤 06 继续使用同样的方法绘制出画面中其他的装饰图形，如图11-250所示。

步骤 07 制作画面上方装饰圆形。选择工具箱中的"椭圆工具"，在选项栏中设置绘制模式为"形状"，"填充"为白色，"描边"为无。设置完成后，在画面左上角按住Shift+Alt键的同时按住鼠标左键拖动，绘制一个正圆形，如图11-251所示。

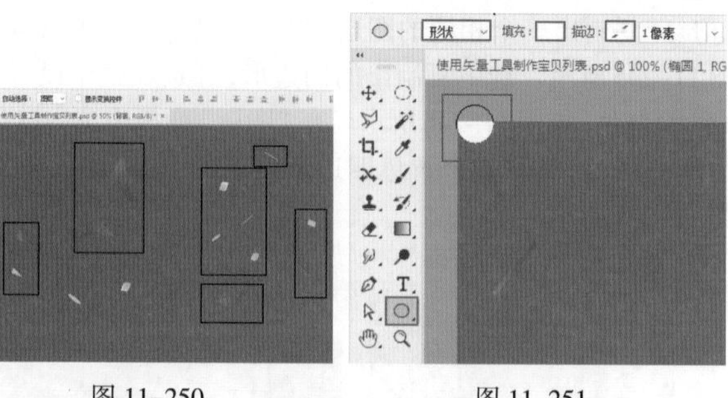

图 11-250　　图 11-251

步骤 08 在"图层"面板中选中白色正圆形图层，按快捷键Ctrl+J复制出一个相同的图层，按自由变换快捷键Ctrl+T调出定界框，然后按住Shift键的同时按住鼠标左键将其向右拖动，放置在原正圆的右侧，如图11-252所示。接着按下Enter键结束变换。多次按快捷键Ctrl+Shift+Alt+T，将后方的正圆形复制出来，如图11-253所示。

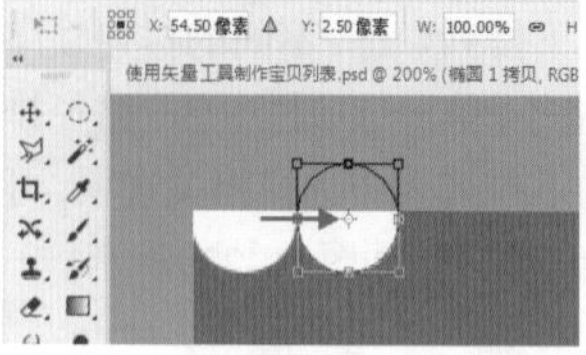

图 11-252 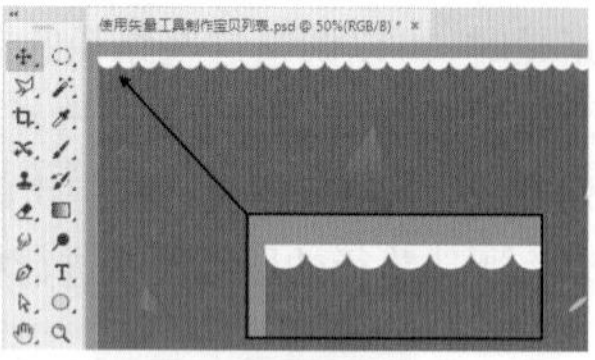　　图 11-253

步骤 09 在"图层"面板中按住Ctrl键依次单击加选所有正圆图层，然后按编组快捷键Ctrl+G将加选图层编组并命名为"圆圈"，如图11-254所示。

图 11-254

步骤 10 为"圆圈"图层组制作投影。在"图层"面板中选中"圆圈"图层组，执行"图层>图层样式>投影"命令，在弹出的"图层样式"窗口中设置"混合模式"为"正片叠底"，"颜色"为深粉色，"不透明度"为75%，"角度"为90度，"距离"为5像素，"大小"为5像素，如图11-255所示。设置完成后单击"确定"按钮，效果如图11-256所示。

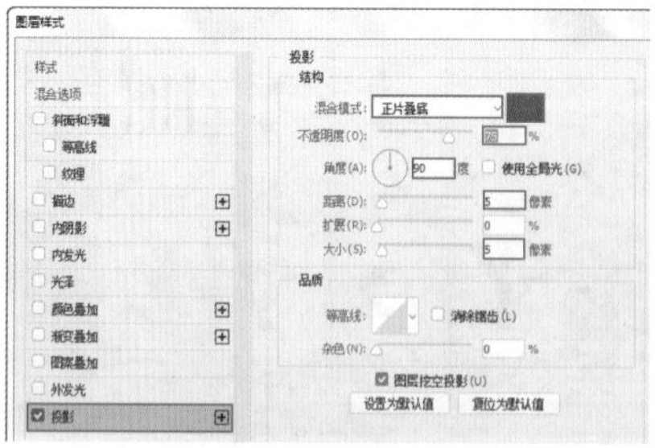

图 11-255

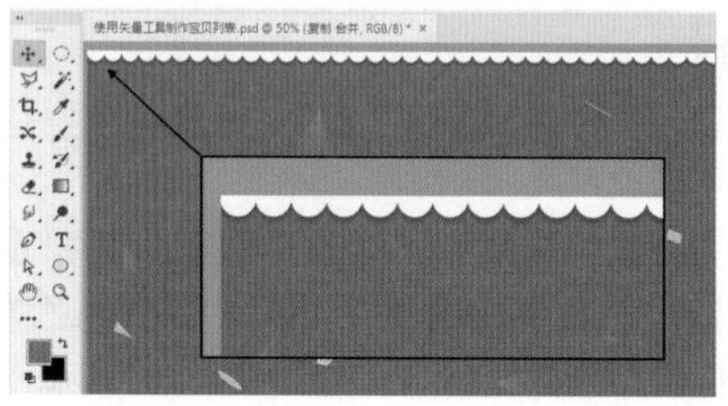
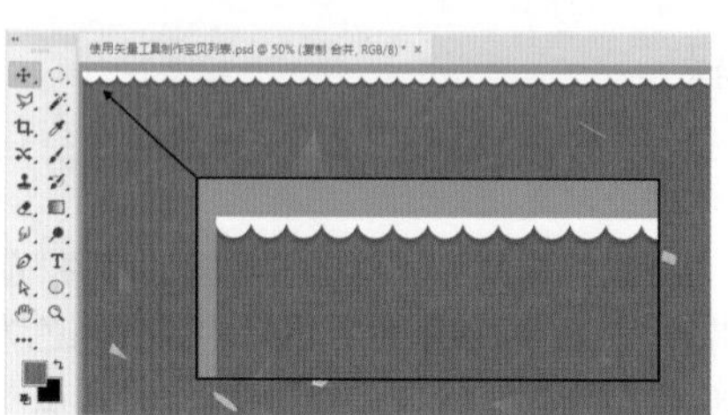
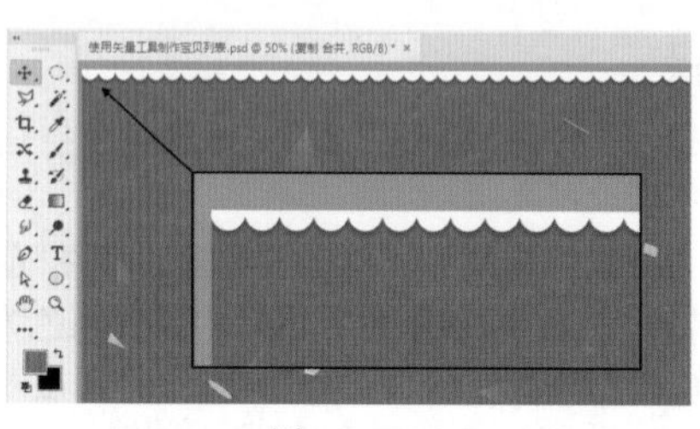

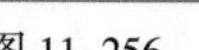

图 11-256

步骤 11 制作画面上方装饰图形。单击工具箱中的"矩形工具"按钮，在选项栏中设置绘制模式为"形状"，"填充"为白

色，“描边”为无。设置完成后，在画面中合适的位置按住鼠标左键拖动，绘制出一个小矩形，如图11-257所示。

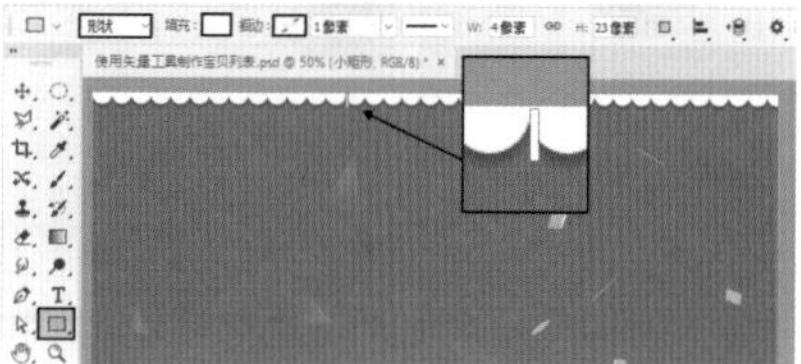

图 11-257

步骤 12 在工具箱中选择“自定形状工具”，在选项栏中设置绘制模式为“形状”，“填充”为白色，“描边”为无，选择合适的形状。设置完成后，在画面中按住Shift键的同时按住鼠标左键拖动，绘制一个水滴形状，如图11-258所示。

步骤 13 继续使用同样的方法绘制右侧两个图形，如图11-259所示。

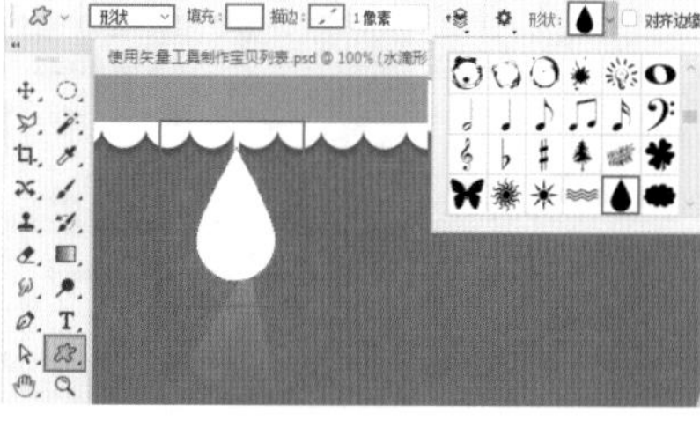

图 11-258

图 11-259

步骤 14 制作主体文字。单击工具箱中的“横排文字工具”按钮，在选项栏中设置合适的字体、字号，文字颜色设置为蓝色，设置完毕后在水滴形状左侧单击鼠标建立文字输入的起始点，接着输入文字，文字输入完毕后按快捷键Ctrl+Enter，如图11-260所示。执行“窗口>字符”命令，在弹出的“字符”面板中单击“仿斜体”按钮，画面中文字的效果如图11-261所示。

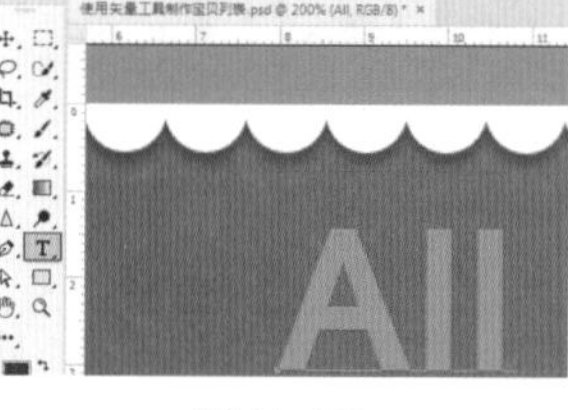

图 11-260

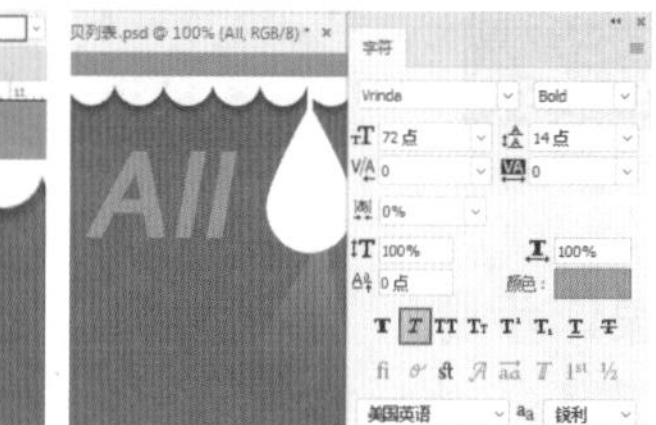

图 11-261

步骤 15 继续使用同样的方法制作画面上方其他文字，如图11-262所示。

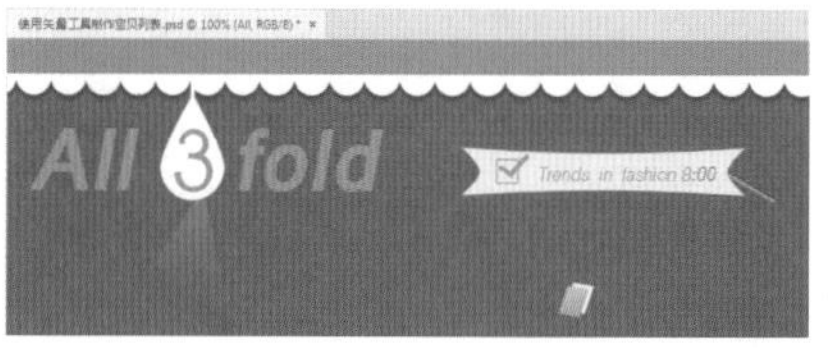

图 11-262

步骤 16 制作商品展示模块。单击工具箱中的“矩形工具”按钮，在选项栏中设置绘制模式为“形状”，“填充”为粉色，“描边”为无。设置完成后，在画面左侧按住鼠标左键拖动，绘制出一个矩形，如图11-263所示。继续使用同样的方法制作粉色矩形上的白色矩形，如图11-264所示。

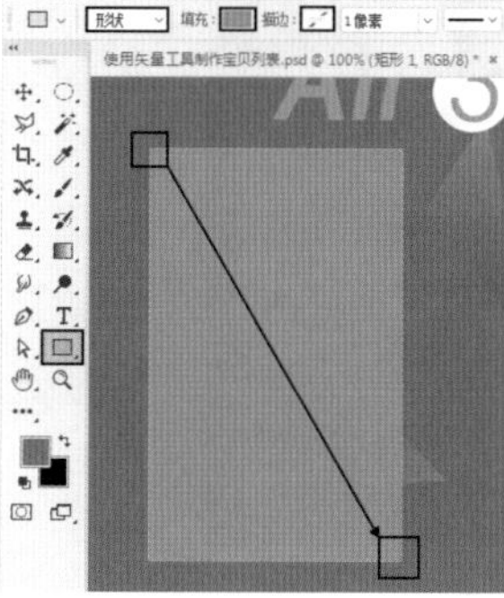

图 11-263

图 11-264

步骤 17 制作下方按钮。单击工具箱中的“矩形工具”按钮，在选项栏中设置绘制模式为“形状”，单击“填充”按钮，在弹出的下拉面板中单击“渐变”按钮，然后编辑一种金色系的渐变颜色，设置“渐变类型”为“线性”，“渐变角度”为90。接着回到选项栏中，设置“描边”为无。设置完成后，在画面中合适的位置按住鼠标左键拖动，绘制出一个矩形，如图11-265所示。

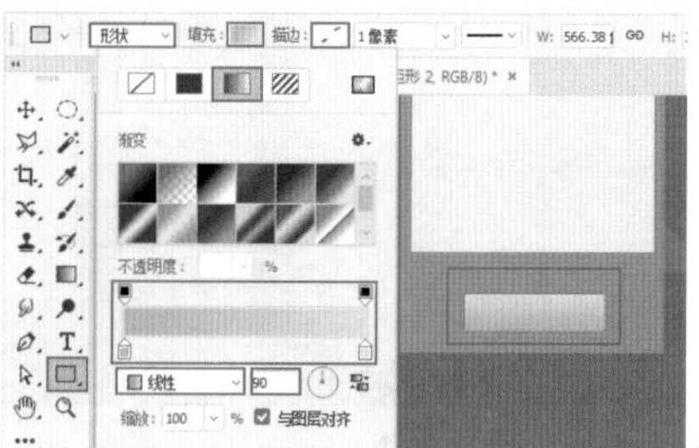

图 11-265

步骤 18 在“图层”面板中按住Ctrl键的同时依次单击加选刚绘制的粉色矩形、白色矩形和金色渐变矩形，按编组快捷键Ctrl+G将加选图层编组并命名为“1”，如图11-266所示。选中1图层组，按快捷键Ctrl+J复制出一个相同的图层组，命名为“2”，如图11-267所示。接着选中2图层组，回到画面中，按住Shift键的同时按住鼠标左键将其向右移动，如图11-268所示。

图 11-266　　图 11-267

图 11-268

步骤 19 继续使用同样的方法将画面中其他模块复制出来，如图11-269所示。

步骤 20 执行“文件>置入嵌入对象”命令，将化妆品素材1.png置入画面中，调整其大小及位置后按下Enter键完成置入。在“图层”面板中右键单击该图层，在弹出的快捷菜单中选择“栅格化图层”命令，效果如图11-270所示。

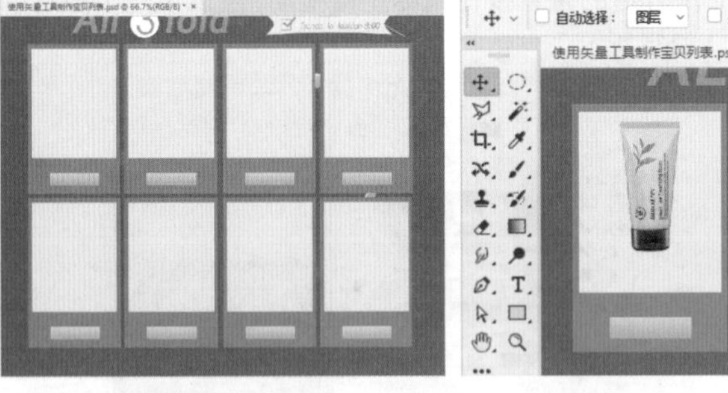

图 11-269　　图 11-270

步骤 21 制作第一个模块上的文字。单击工具箱中的“横排文字工具”按钮，在选项栏中设置合适的字体、字号，文字颜色设置为灰色，设置完毕后在画面中合适的位置单击鼠标建立文字输入的起始点，接着输入文字，文字输入完毕后按快捷键Ctrl+Enter，如图11-271所示。接着执行“窗口>字符”命令，在弹出的“字符”面板中单击“删除线”按钮，画面中文字的效果如图11-272所示。

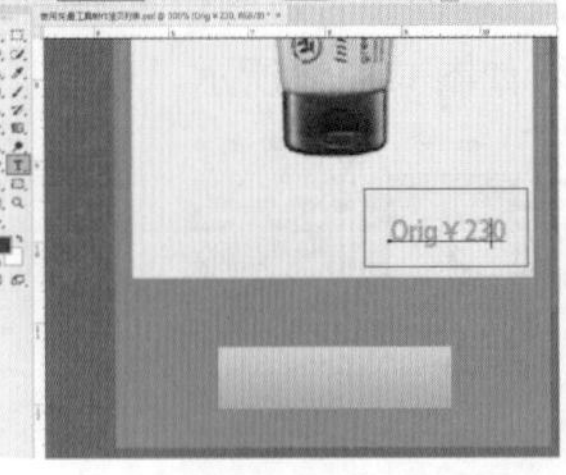

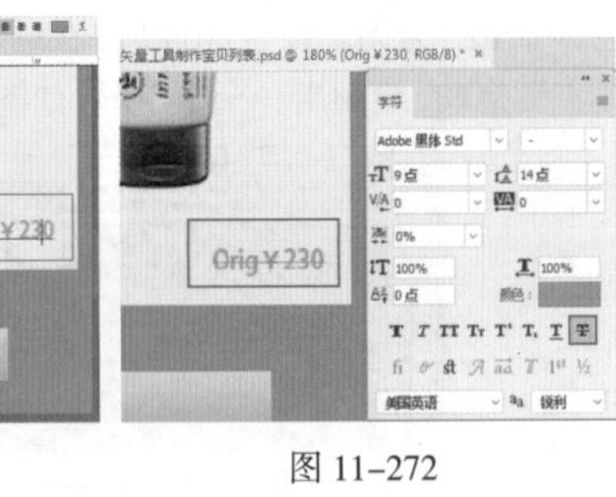

图 11-271　　图 11-272

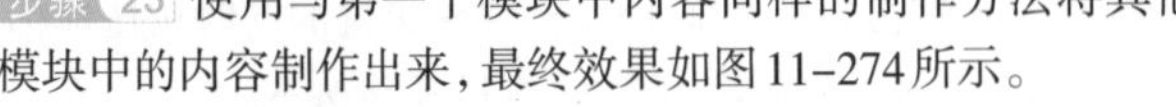

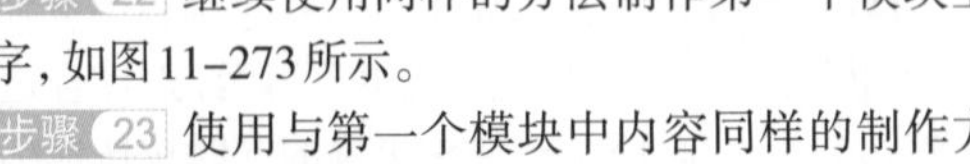

步骤 22 继续使用同样的方法制作第一个模块上的其他文字，如图11-273所示。

步骤 23 使用与第一个模块中内容同样的制作方法将其他模块中的内容制作出来，最终效果如图11-274所示。

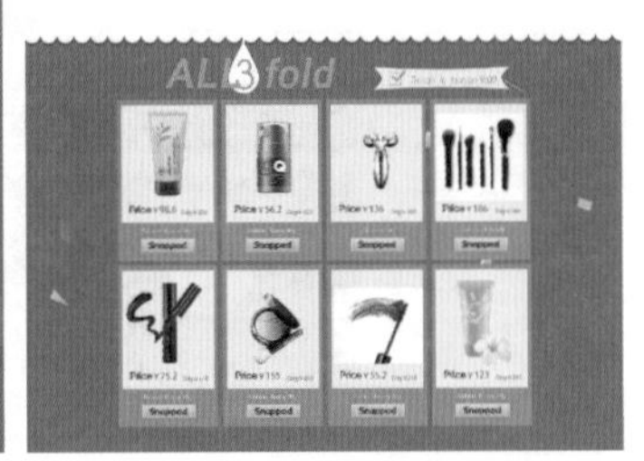

图 11-273　　图 11-274

练习实例：商务感网站宣传图

文件路径	资源包\第11章\商务感网站宣传图
难易指数	★★★★★
技术掌握	“钢笔工具”“形状工具”

案例效果

本例效果如图11-275所示。

扫一扫，看视频

图 11-275

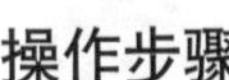

操作步骤

步骤 01 执行“文件>新建”命令，新建一个空白文档，如图11-276所示。单击工具箱底部的“前景色”按钮，在弹出的“拾色器(前景色)”窗口中设置颜色为深蓝色，单击“确定”按钮，如图11-277所示。按前景色填充快捷键Alt+Delete进行填充，效果如图11-278所示。

图 11-276

图 11-277　　图 11-278

步骤 02 选择工具箱中的“矩形工具”，在选项栏中设置绘制模式为“形状”，单击“填充”按钮，在弹出的下拉面板中单击“渐变”按钮，然后编辑一种深灰色的渐变，设置“渐变类型”为“径向”。在画面中按住鼠标左键向右下角拖曳，绘制一个矩形，如图 11-279 所示。

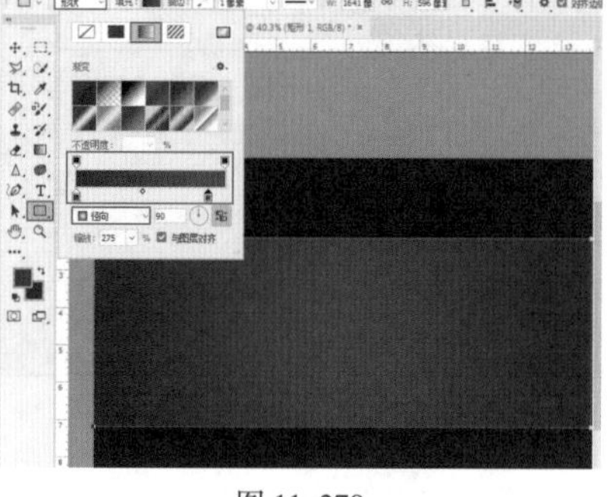

图 11-279

步骤 03 执行“文件>置入嵌入对象”命令，置入素材 1.jpg，接着将该图层栅格化，效果如图 11-280 所示。单击工具箱中的“钢笔工具”按钮，在选项栏中设置绘制模式为“路径”，在人像的边缘上单击确定起点，然后沿着人物边缘绘制大致轮廓，如图 11-281 所示。

图 11-280　　图 11-281

步骤 04 下面进行路径形状的进一步编辑。单击工具箱中的“直接选择工具”按钮，将锚点移动到人物的边缘，如图 11-282 所示。接下来，继续进行调整。此时我们绘制的锚点都是尖角，如果需要将尖角调整出平滑的弧度，可以选择工具箱中的“转换角点工具”按钮，在锚点上按住鼠标左键拖曳，将角点转换为平滑点。然后拖曳控制棒调整曲线的走向，如图 11-283 所示。

步骤 05 继续进行调整，完成效果如图 11-284 所示。

图 11-282

图 11-283　　图 11-284

步骤 06 按快捷键 Ctrl+Enter 将路径转换为选区，按快捷键 Ctrl+Shift+I 将选区反选，将人像以外的部分选中，如图 11-285 所示。接着按下 Delete 键删除人像以外部分的像素，按快捷键 Ctrl+D 取消选区，效果如图 11-286 所示。

图 11-285　　图 11-286

步骤 07 选择工具箱中的“圆角矩形工具”，在选项栏中设置绘制模式为“形状”，“填充”为蓝色，“半径”为 20 像素，然后在画面中按住鼠标左键拖曳，绘制一个圆角矩形，如图 11-287 所示。接着按住 Alt+Shift 键的同时按住鼠标左键向下拖曳，进行垂直移动并复制，如图 11-288 所示。

步骤 08 将圆角矩形复制 4 份，如图 11-289 所示。选择最下方圆角矩形所在图层，双击图层缩览图，在弹出的“拾色器”窗口中设置颜色为橘黄色，然后单击“确定”按钮，如图 11-290 所示。

图 11-287

图 11-288　　图 11-289

图 11-290

步骤 09 单击工具箱中的“横排文字工具”按钮，在选项栏中设置合适的字体、字号，文字颜色设置为白色。在画面上单击，输入文字，如图 11-291 所示。以同样的方式输入其他文字，如图 11-292 所示。

图 11-291　　图 11-292

步骤 10 继续输入其他文字，如图 11-293 所示。加选右侧圆角矩形上的文字图层，在选项栏中单击“水平居中对齐”按钮和“垂直居中分布”按钮，效果如图 11-294 所示。

图 11-293　　图 11-294

步骤 11 新建图层。单击工具箱中的“矩形工具”按钮，在选项栏中设置绘制模式为“像素”，将“前景色”设置为深灰色，然后在画面中按住鼠标左键拖动，绘制出一个灰色矩形，如图 11-295 所示。将这个矩形图层移动到“图层”面板中背景色图层的上方，显露出其他图层，最终效果如图 11-296 所示。

图 11-295

图 11-296

重点 11.3.8 动手练：路径的加减运算

当我们想要制作一些中心镂空的对象、由几个形状组合在一起的形状或路径，或是想要从一个图形中去除一部分图形时，都可以使用“路径操作”功能来完成。

在使用“钢笔工具”或“形状工具”以“形状”模式或“路径”模式进行绘制时，在其选项栏中单击“路径操作”下拉按钮，在弹出的下拉列表中可以看到多种路径的操作方式。想要使路径进行“相加”“相减”，需要在绘制之前就在选项栏中设置好路径操作的方式，然后进行绘制。

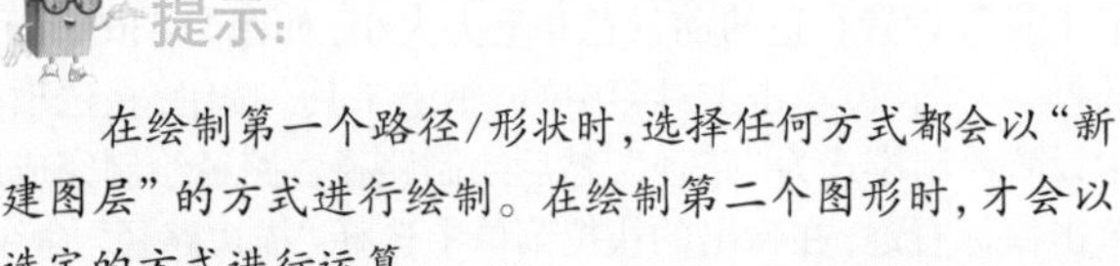

提示：

在绘制第一个路径/形状时，选择任何方式都会以“新建图层”的方式进行绘制。在绘制第二个图形时，才会以选定的方式进行运算。

(1) 首先单击选项栏中的“路径操作”下拉按钮，在弹出的下拉列表中选择“新建图层” ，然后绘制一个图形，如图11-297所示。在“新建图层”状态下绘制下一个图形，生成一个新图层，如图11-298所示。

图 11-297

图 11-298

(2) 若设置“路径操作”为“合并形状” ，然后绘制图形，新绘制的图形将被添加到原有的图形中，如图11-299所示。若设置“路径操作”为“减去顶层形状” ，然后绘制图形，可以从原有的图形中减去新绘制的图形，如图11-300所示。

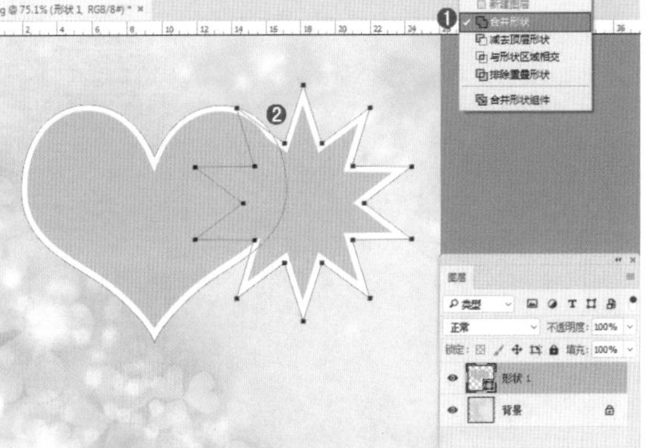

图 11-299

图 11-300

(3) 若设置“路径操作”为“与形状区域相交” ，然后绘制图形，可以得到新图形与原有图形的交叉区域，如图11-301所示。若设置“路径操作”为“排除重叠形状” ，然后绘制图形，可以得到新图形与原有图形重叠部分以外的区域，如图11-302所示。

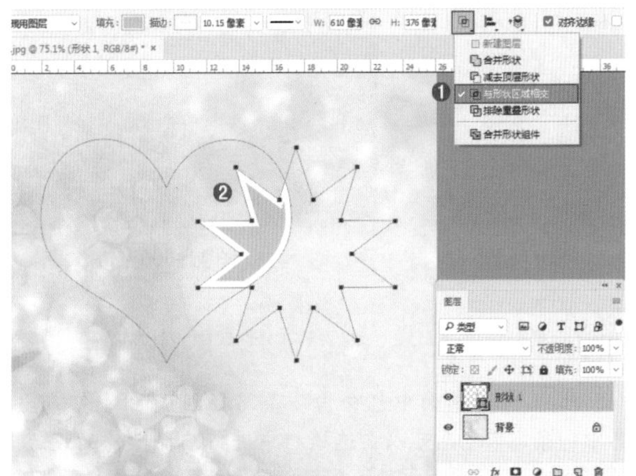

图 11-301

图 11-302

(4) 选中多条路径，如图11-303所示。接着选择“合并形状组件”，即可将多条路径合并为一条路径，如图11-304所示。

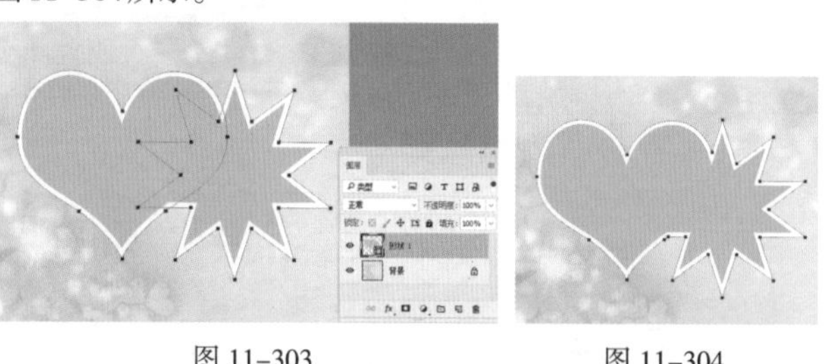

图 11-303　　图 11-304

(5) 如果已经绘制了一个对象，然后设置“路径操作”，可能会直接产生路径运算效果。例如，先绘制了一个图形，如图11-305所示。然后设置“路径操作”为“减去顶层形状”，即可得到反方向的内容，如图11-306所示。

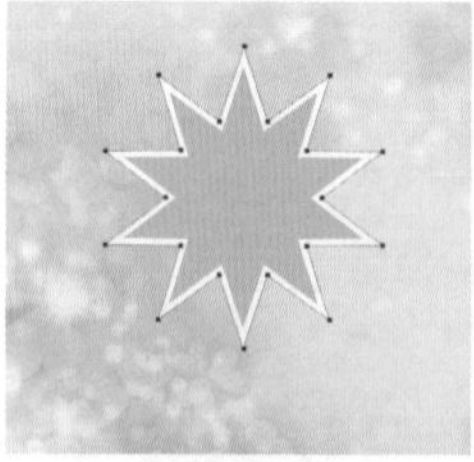

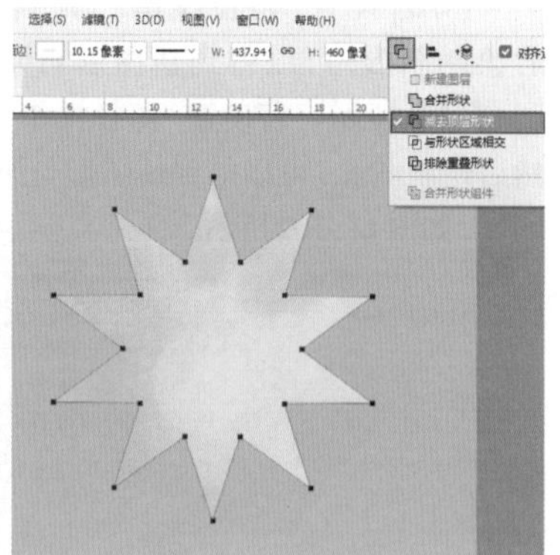

图 11-305　　图 11-306

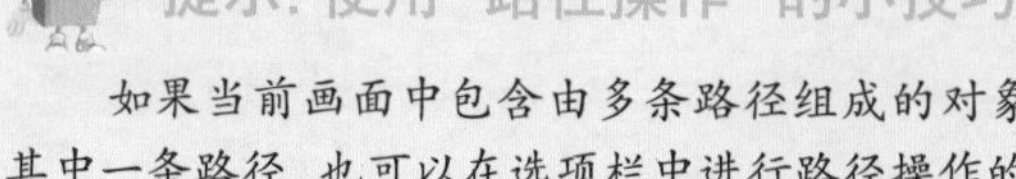

提示：使用“路径操作”的小技巧

如果当前画面中包含由多条路径组成的对象，选中其中一条路径，也可以在选项栏中进行路径操作的设置。

11.3.9　动手练：描边路径

“描边路径”命令能够以设置好的绘画工具沿路径的边缘创建描边，如使用“画笔工具”“铅笔工具”“橡皮擦工具”“仿制图章工具”等进行路径描边。

(1) 首先我们需要设置绘图工具。选择工具箱中的“画笔工具”，设置合适的前景色和笔尖大小，如图11-307所示。选择一个图层，单击工具箱中的“钢笔工具”按钮，在选项栏中设置绘制模式为“路径”，然后绘制路径。路径绘制完成后单击鼠标右键，在弹出的快捷菜单中选择“描边路径”命令，如图11-308所示。

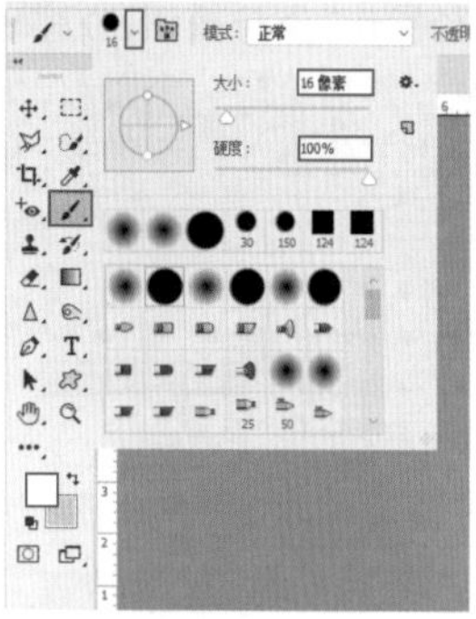

图 11-307 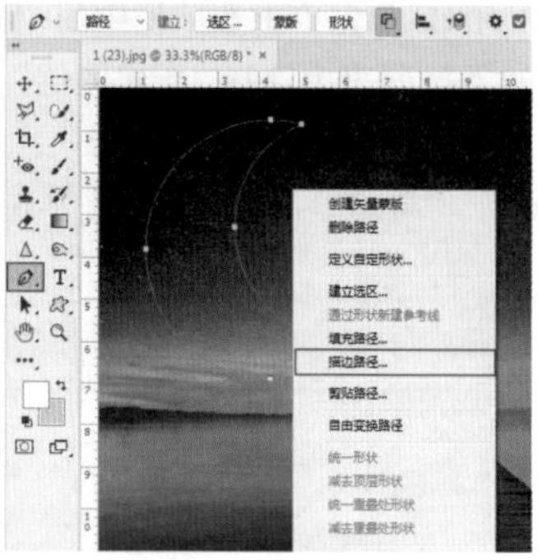　　图 11-308

(2) 在弹出的“描边路径”窗口中，打开“工具”下拉列表框，从中可以看到多种绘图工具。在这里选择“画笔”，如图11-309所示。单击“确定”按钮，描边效果如图11-310所示。

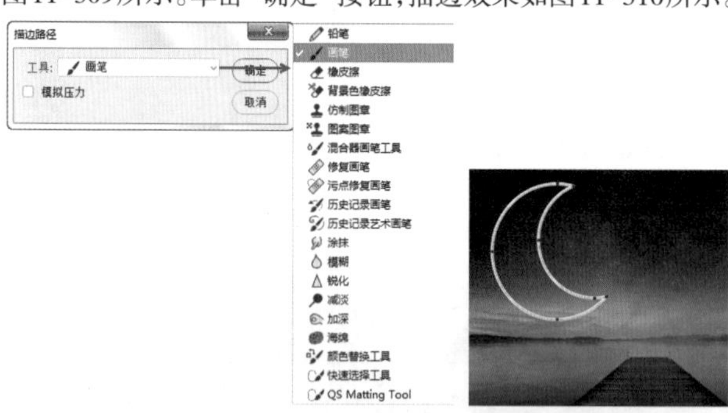

图 11-309　　图 11-310

(3) “模拟压力”用来控制描边路径的渐隐效果。若取消选中该复选框，描边为线性、均匀的效果。若选中该复选框，可以模拟手绘描边效果。要启用“模拟压力”功能，需要在设置“画笔工具”时，在“画板”面板中选中“形状动态”复选框，并设置“控制”为“钢笔压力”，如图11-311所示；接着在“描边路径”窗口中设置“工具”为“画笔”，选中“模拟压力”复选框，效果如图11-312所示。

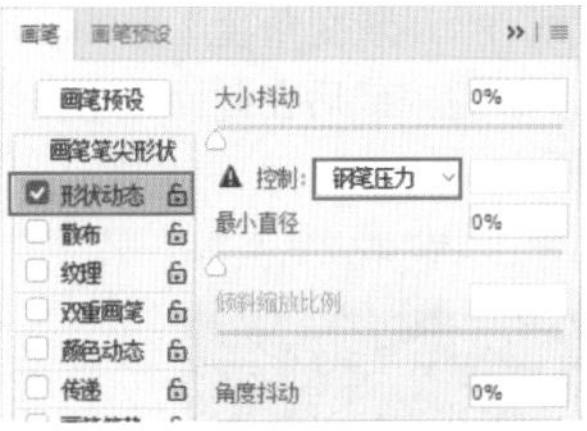

图 11-311　　图 11-312

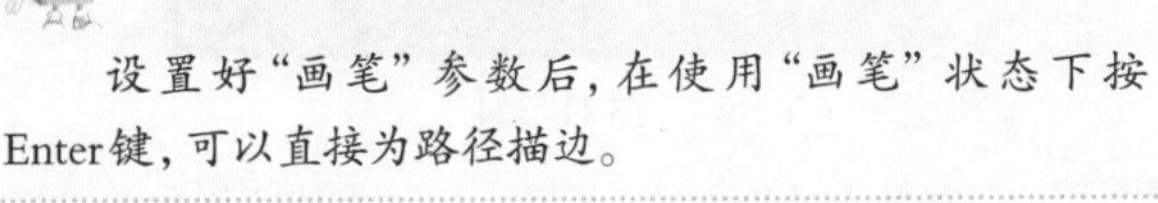

提示：快速描边路径

设置好“画笔”参数后，在使用“画笔”状态下按Enter键，可以直接为路径描边。

综合实例：暗红色调轮播图

文件路径	资源包\第11章\暗红色调轮播图
难易指数	★★★★★
技术掌握	“矩形工具”“钢笔工具”“画笔工具”“渐变工具”

扫一扫，看视频

案例效果

本例效果如图11-313所示。

图 11-313

操作步骤

步骤 01 执行“文件>新建”命令，新建一个空白文档，如图11-314所示。

步骤 02 为背景填充颜色。单击工具箱底部的“前景色”按钮，在弹出的“拾色器(前景色)”窗口中设置颜色为暗红色，然后单击“确定”按钮，如图11-315所示。在“图层”面板中选择“背景”图层，按前景色填充快捷键Alt+Delete进行填充，效果如图11-316所示。

图 11-314

步骤 03 单击工具箱中的“矩形工具”按钮，在选项栏中设置绘制模式为“形状”，单击“填充”按钮，在弹出的下拉面板中单击“渐变”按钮，然后编辑一种红色系的渐变颜色，设置“渐变类型”为“线性”，“渐变角度”为40。在选项栏中设置“描边”为无，然后在画面中间位置按住鼠标拖动，绘制一个矩形，效果如图11-317所示。

图 11-315

图 11-316

图 11-317

步骤 04 通过预设管理器载入图案。执行“编辑>预设>预设管理器”命令，在弹出的“预设管理器”窗口中设置“预设类型”为“图案”，单击“载入”按钮；在弹出的“载入”窗口中选择需要载入的图案文件，然后单击“载入”按钮；回到“预设管理器”窗口，单击“完成”按钮，完成图案载入，如图11-318所示。

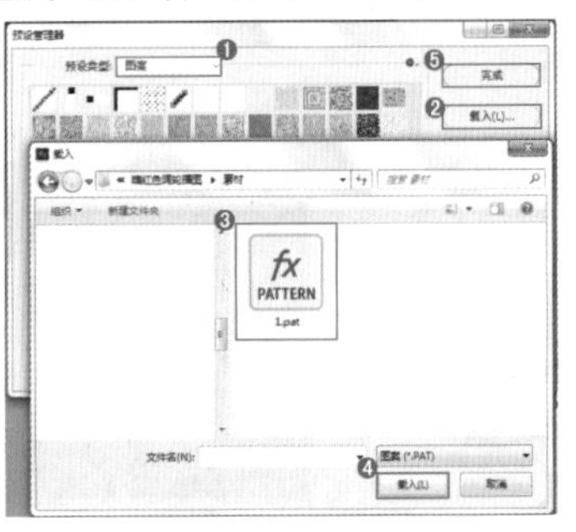

图 11-318

步骤 05 在“图层”面板中选中红色矩形图层，执行“图层>图层样式>图案叠加”命令，在弹出的“图层样式”窗口中设置“混合模式”为“正片叠底”，“不透明度”为100%，选择刚

载入的图案，设置“缩放”为369%，如图11-319所示。设置完成后单击“确定”按钮，效果如图11-320所示。

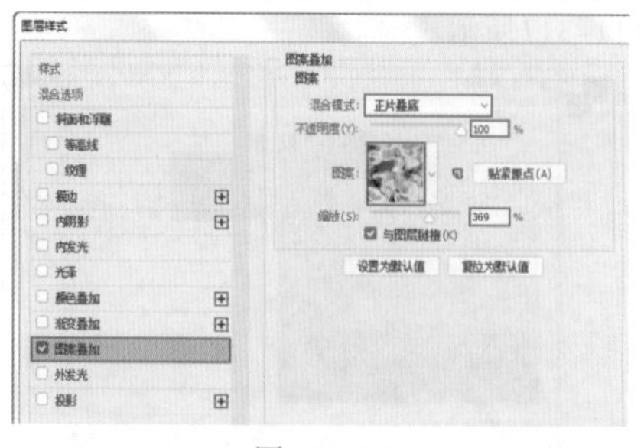

图 11-319

图 11-320

步骤 06 在“图层”面板中选中红色矩形图层，设置“填充”为0%，如图11-321所示。

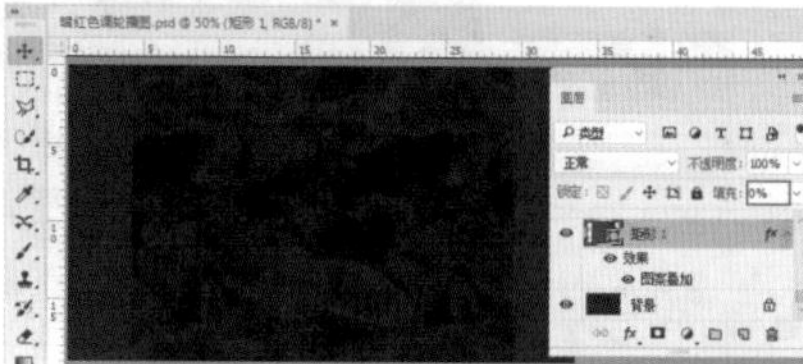

图 11-321

步骤 07 为画面制作背景亮光。创建一个新图层；选择工具箱中的“画笔工具”，在选项栏中单击打开“画笔预设”选取器，从中选择一种“柔边圆”画笔，设置“画笔大小”为500像素，“硬度”为0%，如图11-322所示。设置“前景色”为红色，选择刚创建的空白图层，在画面中合适的位置单击鼠标左键，如图11-323所示。

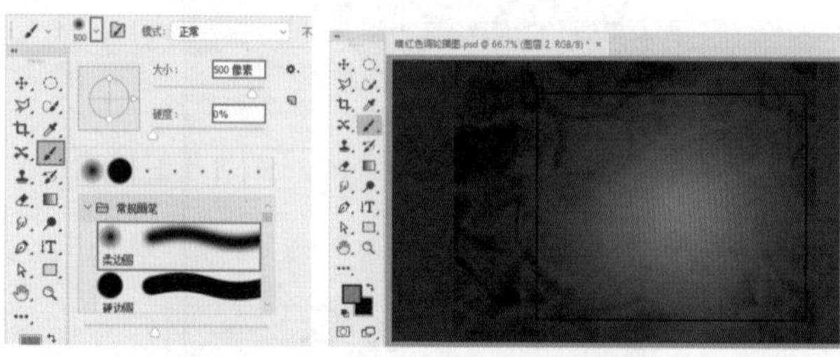

图 11-322　　图 11-323

步骤 08 制作背景图形。单击工具箱中的“钢笔工具”按钮，在选项栏中设置绘制模式为“形状”，单击“填充”按钮，在弹出的下拉面板中单击“渐变”按钮，然后编辑一种红色系的渐变颜色，设置“渐变类型”为“线性”，“渐变角度”为90。回到选项栏中，设置“描边”为无。设置完成后在画面左下角绘制出一个四边形，如图11-324所示。

图 11-324

步骤 09 选择工具箱中的“画笔工具”，在选项栏中单击打开“画笔预设”选取器，从中选择一种“柔边圆”画笔，设置“画笔大小”为300像素，“硬度”为31%，如图11-325所示。设置“前景色”为黑色；在“图层”面板中选中刚绘制的红色四边形图层，单击“添加图层蒙版”按钮；然后在四边形上按住鼠标左键从右上方至左下方拖动，效果如图11-326所示。

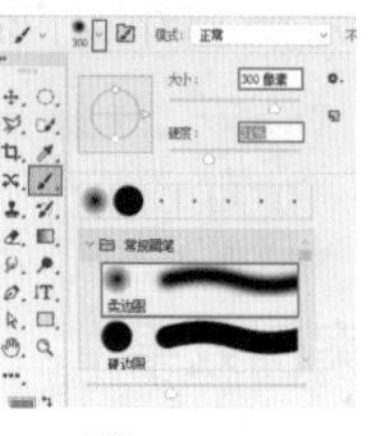

图 11-325

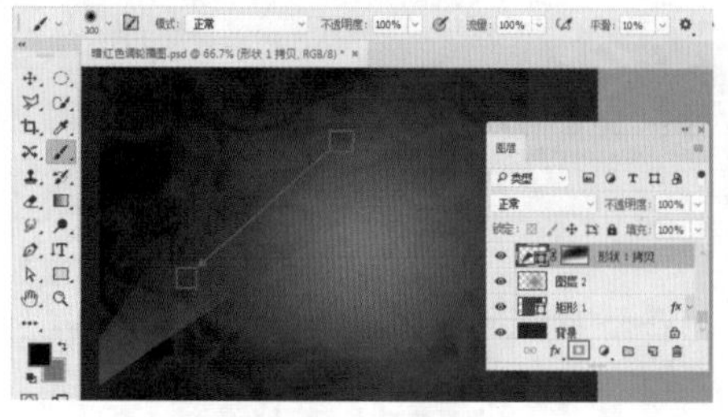

图 11-326

步骤 10 继续使用同样的方法将画面中其他背景图形绘制出来，如图11-327所示。

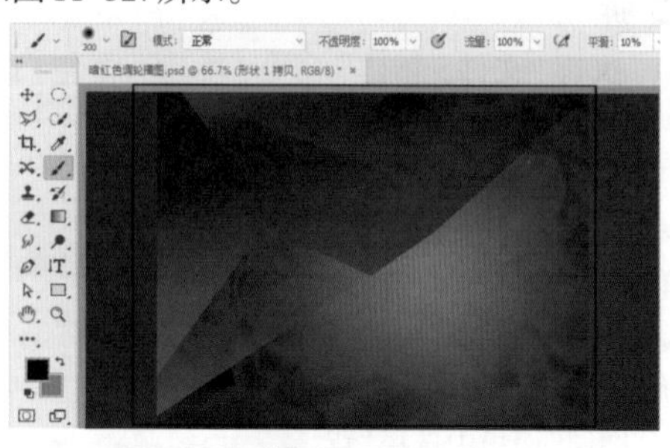

图 11-327

步骤 11 制作光线。创建一个新图层；选择工具箱中的“画笔工具”，在选项栏中单击打开“画笔预设”选取器，从中选择一种“柔边圆”画笔，设置“画笔大小”为500像素，“硬度”0%，如图11-328所示。设置“前景色”为白色，选择刚创建的空白图层，在画面中间位置单击鼠标左键，如图11-329所示。

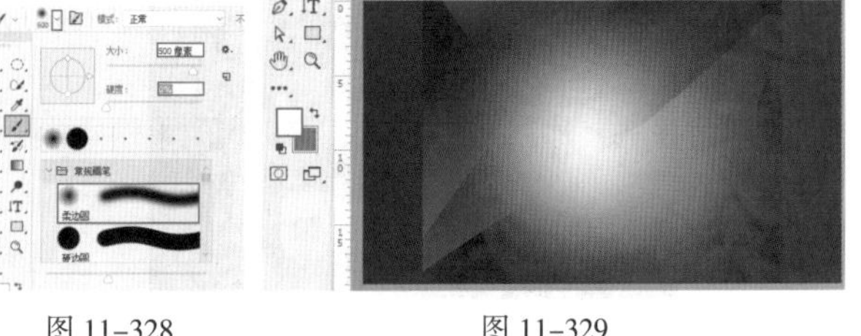

图 11-328　　图 11-329

步骤 12　选择该图层，按自由变换快捷键Ctrl+T调出定界框，将光标定位在上方控制点上，按住鼠标左键向下拖动，如图11-330所示。变形完毕将其向上移动至合适的位置，如图11-331所示。接着将其旋转至合适的角度，如图11-332所示。图形调整完毕之后按下Enter键结束变换。

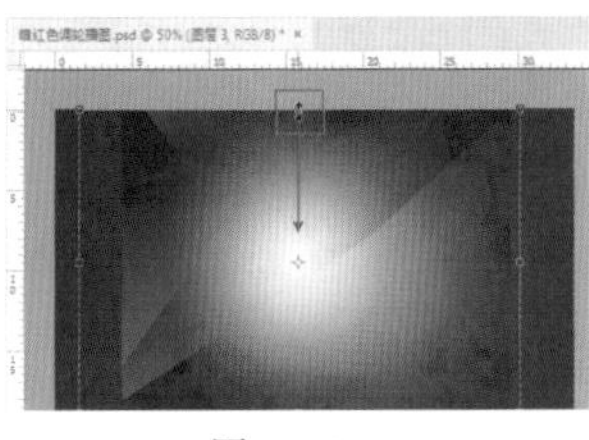

图 11-330

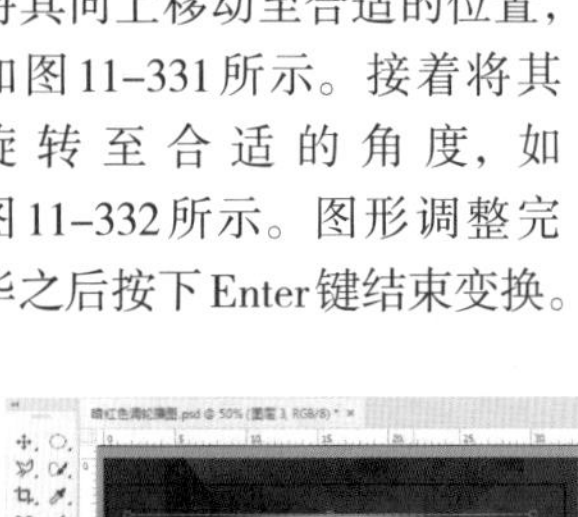

图 11-331　　图 11-332

步骤 13　在“图层”面板中选中刚绘制的光线图层，按快捷键Ctrl+J，复制出一个相同的图层，然后将其移动至画面的右上方，如图11-333所示。按自由变换快捷键Ctrl+T调出定界框，将其旋转至合适的角度后，按住Shift键的同时按住鼠标左键将右上方控制点向内拖动，如图11-334所示。图形调整完毕之后按下Enter键结束变换。

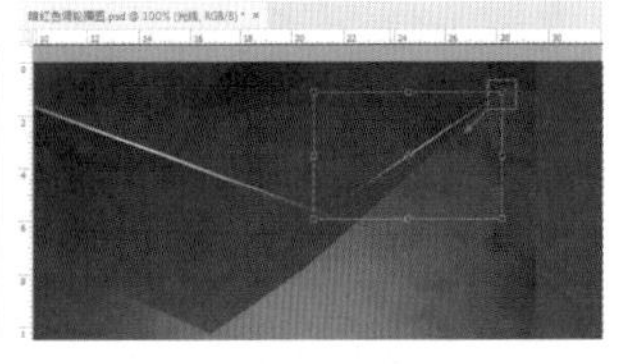

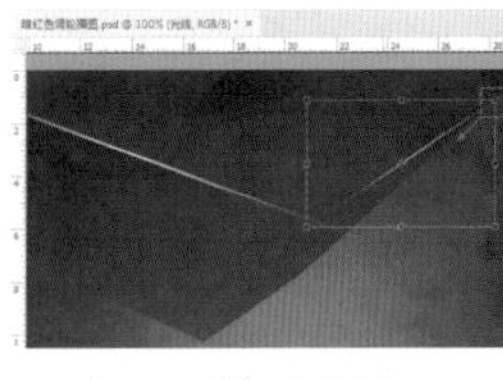

图 11-333　　图 11-334

步骤 14　继续使用同样的方法将画面中其他光线制作出来并摆放在合适的位置，如图11-335所示。

步骤 15　创建一个新图层，选择工具箱中的“画笔工具”，在选项栏中单击打开“画笔预设”选取器，从中选择一种“柔边圆”画笔，设置“画笔大小”为300像素，“硬

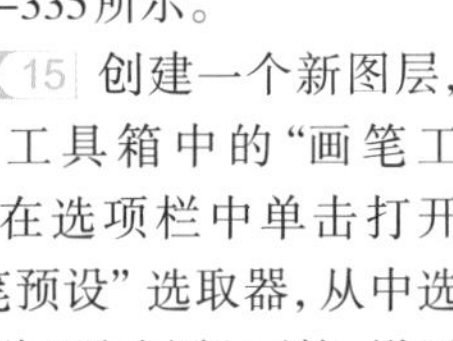

图 11-335

度”为0%，如图11-336所示。设置“前景色”为深红色，选择刚创建的空白图层，在画面的右下方按住鼠标左键进行涂抹，如图11-337所示。

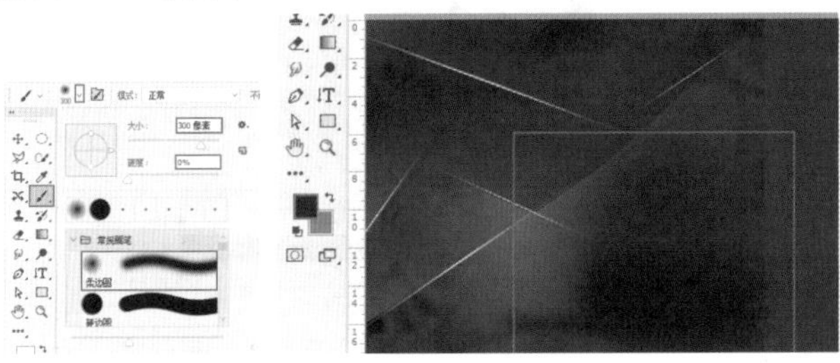

图 11-336　　图 11-337

步骤 16　继续使用同样的方法制作上方黄色的亮光，如图11-338所示。继续制作上方白色的亮光，如图11-339所示。

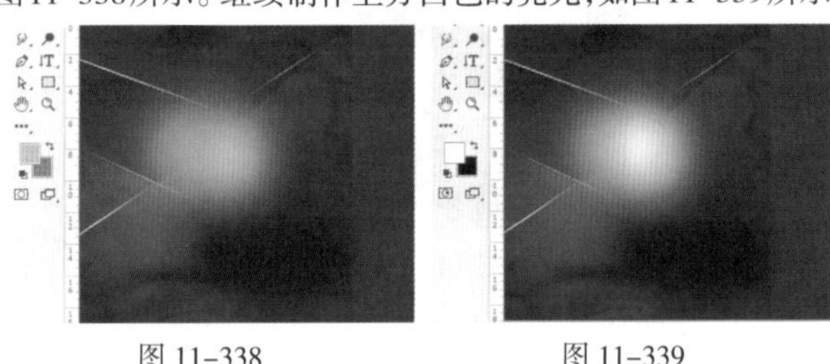

图 11-338　　图 11-339

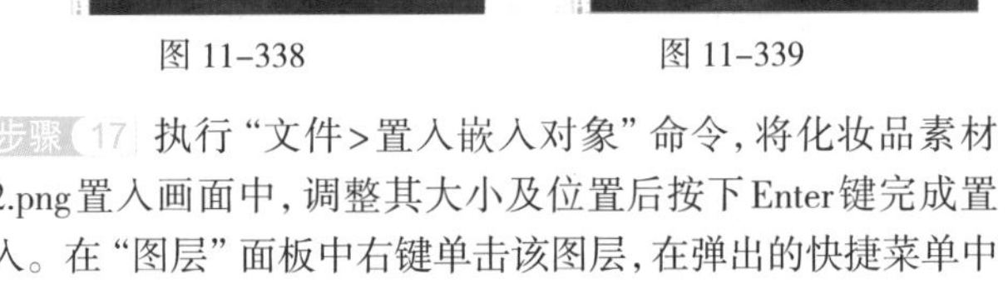

步骤 17　执行“文件>置入嵌入对象”命令，将化妆品素材2.png置入画面中，调整其大小及位置后按下Enter键完成置入。在“图层”面板中右键单击该图层，在弹出的快捷菜单中选择“栅格化图层”命令，效果如图11-340所示。

步骤 18　为化妆品制作倒影。在“图层”面板中选中化妆品图层，按快捷键Ctrl+J，复制出一个相同的图层；接着按自由变换快捷键Ctrl+T，此时素材进入自由变换状态；单击鼠标右键，在弹出的快捷菜单中执行“垂直翻转”命令；然后按住Shift键的同时按住鼠标左键将其向下拖动，进行垂直移动操作，如图11-341所示。调整完毕之后按下Enter键结束变换。

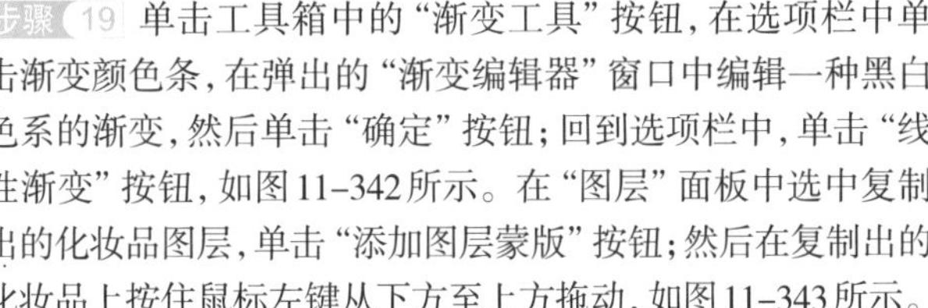

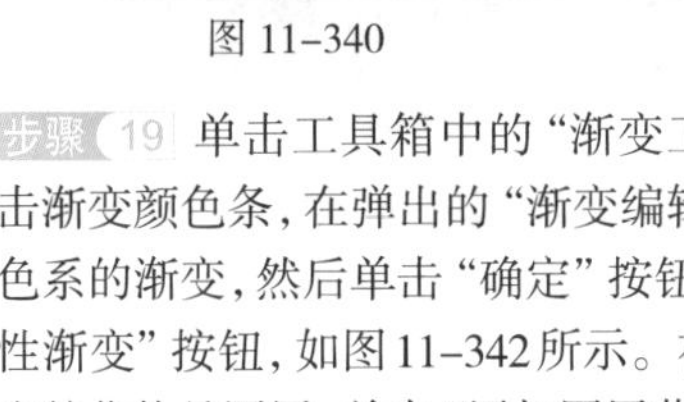

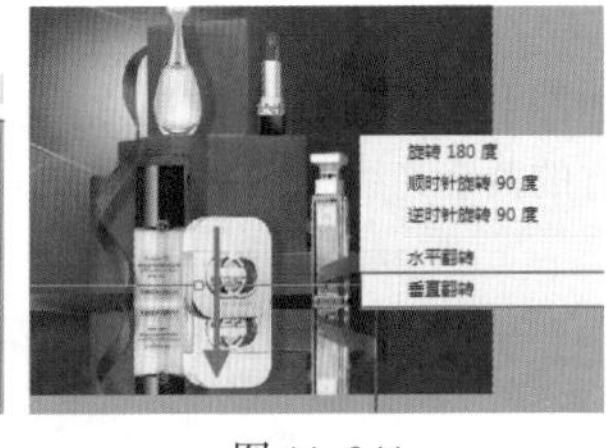

图 11-340　　图 11-341

步骤 19　单击工具箱中的“渐变工具”按钮，在选项栏中单击渐变颜色条，在弹出的“渐变编辑器”窗口中编辑一种黑白色系的渐变，然后单击“确定”按钮；回到选项栏中，单击“线性渐变”按钮，如图11-342所示。在“图层”面板中选中复制出的化妆品图层，单击“添加图层蒙版”按钮；然后在复制出的化妆品上按住鼠标左键从下方至上方拖动，如图11-343所示。

图 11-342

图 11-343

步骤 20 在“图层”面板中选中复制出的化妆品图层，设置“不透明度”为40%，画面效果如图11-344所示。

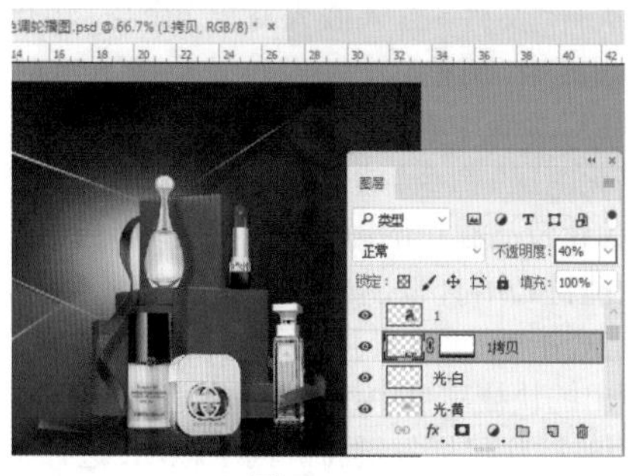

图 11-344

步骤 21 继续使用“画笔工具”在合适的位置制作一个光斑，如图11-345所示。使用之前制作背景光线的方法将光斑上方的两个光线制作完成，如图11-346所示。

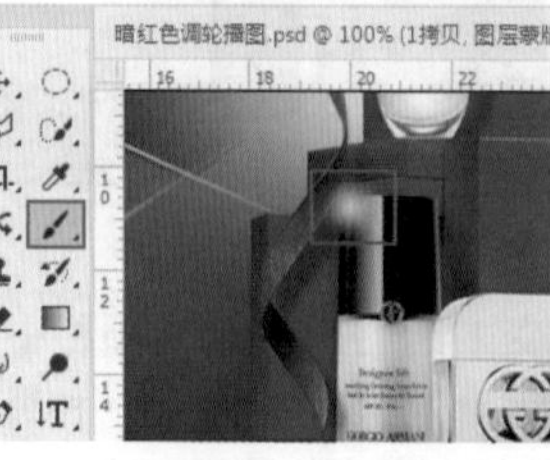

图 11-354

图 11-346

步骤 22 执行“文件>置入嵌入对象”命令，置入文字素材3.png，摆放在画面左侧，最终效果如图11-347所示。

图 11-347

综合实例：使用矢量工具制作网页广告

文件路径	资源包\第11章\使用矢量工具制作网页广告
难易指数	★★★★★
技术掌握	“椭圆工具”、剪贴蒙版、图层样式、“钢笔工具”

案例效果

本例效果如图11-348所示。

扫一扫，看视频

图 11-348

操作步骤

步骤 01 执行“文件>新建”命令，新建一个空白文档，如图11-349所示。设置前景色为青色，按快捷键Alt+Delete为背景填充前景色，如图11-350所示。

图 11-349

图 11-350

步骤 02 选择工具箱中的“椭圆工具”，在选项栏中设置绘制模式为“形状”，“填充”为白色，然后在画面的右上方绘制一个圆形，如图11-351所示。在选项栏中设置“路径操作”为“合并形状”，接着继续绘制其他椭圆形，如图11-352所示。

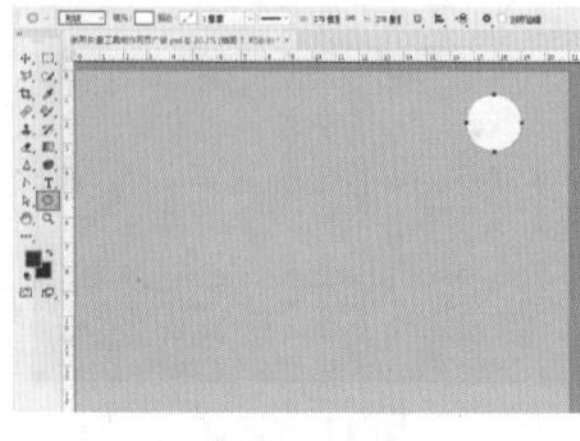

图 11-351

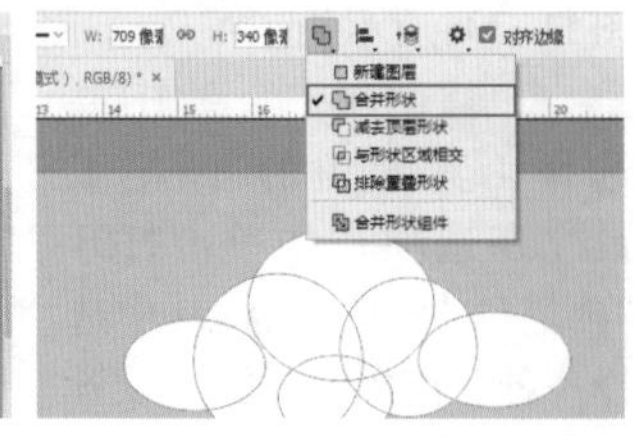

图 11-352

步骤 03 在“图层面板”中选择该图层，设置“不透明度”为50%，如图11-353所示。此时画面效果如图11-354所示。

图 11-353

图 11-354

步骤 04 用同样的方式绘制其他的云朵图形，如图11-355所示。

图 11-355

步骤 05 新建一个图层，设置前景色为深青色。单击工具箱中的“椭圆工具”按钮，在选项栏中设置绘制模式为“像素”，在画面上绘制一个圆形，如图11-356所示。新建一个图层，用同样的方式绘制另外两个圆形，如图11-357所示。

图 11-356

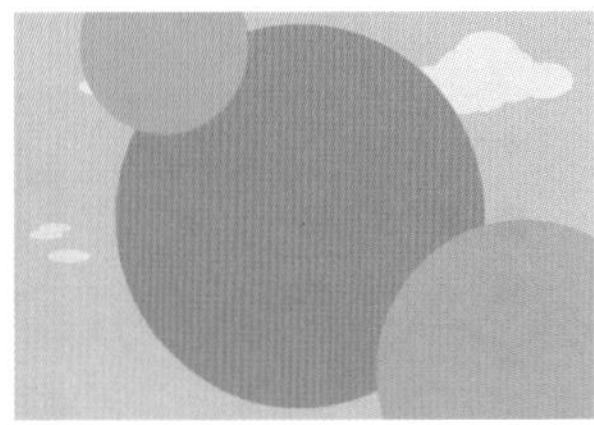

图 11-357

步骤 06 在“图层”面板中加选两个小圆的图层，单击鼠标右键，在弹出的快捷菜单中选择“创建剪切蒙版”命令，效果如图11-358所示。

图 11-358

步骤 07 新建一个图层，设置前景色为黄色。单击工具箱中的“钢笔工具”按钮，在选项栏中设置绘制模式为“路径”，在画面上多次单击，绘制一条闭合路径，然后按快捷键Ctrl+Enter将路径转换为选区，如图11-359所示。按下快捷键Alt+Delete以前景色进行填充，接着按下快捷键Ctrl+D取消选区，结果如图11-360所示。

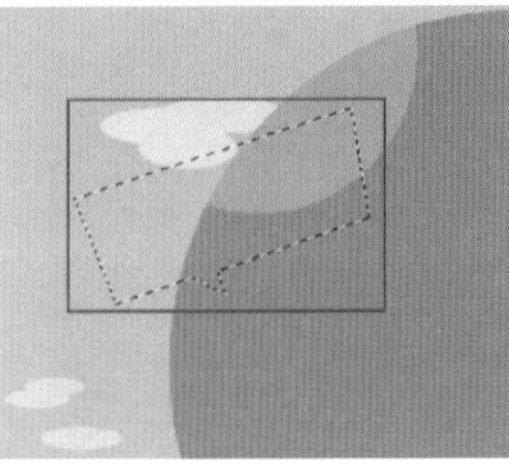

图 11-359

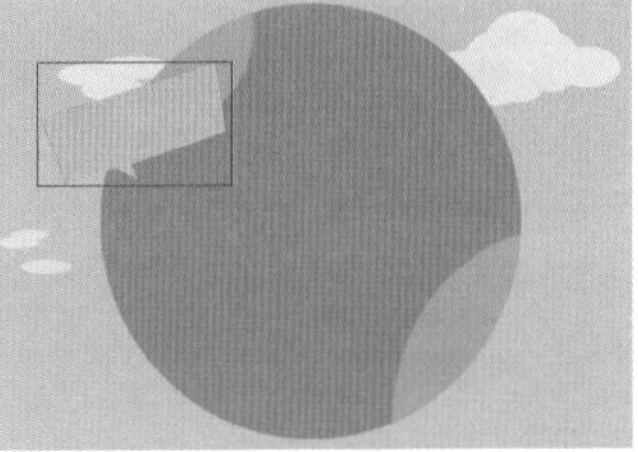

图 11-360

步骤 08 执行“文件>置入嵌入对象”命令，将素材2.png置入到画面中，将其调整到合适的大小、位置后按Enter键，完成置入操作。选择该图层，执行“图层>栅格化>智能对象”命令，效果如图11-361所示。

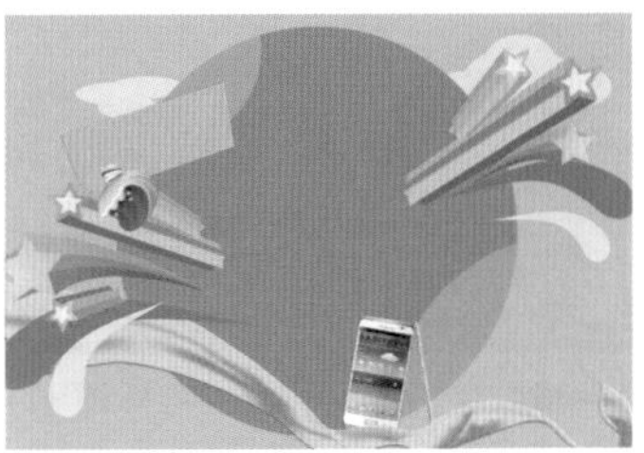

图 11-361

步骤 09 单击工具箱中的“横排文字工具”按钮，在选项栏中设置合适的字体、字号，文字颜色设置为黄色，然后输入文字，如图11-362所示。选中文字，单击选项栏中的“创建文字变形”按钮，在弹出的“变形文字”窗口中设置“样式”为“上弧”，选中“水平”单选按钮，设置“弯曲”为-30%，“水平扭曲”为-5%，“垂直扭曲”为-65%，单击“确定”按钮完成设置，如图11-363所示。文字效果如图11-364所示。

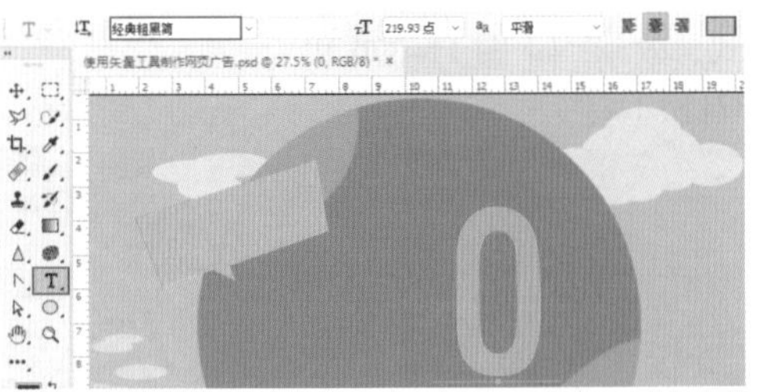

图 11-362

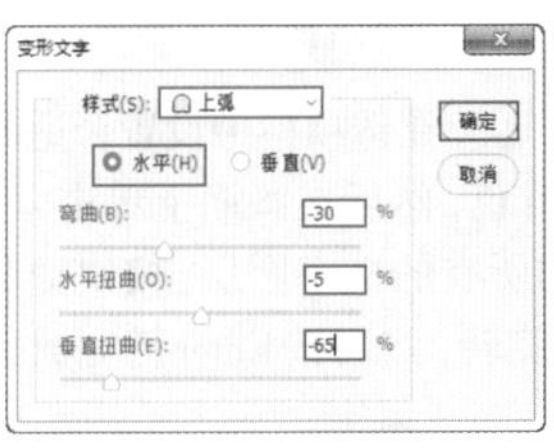

图 11-363

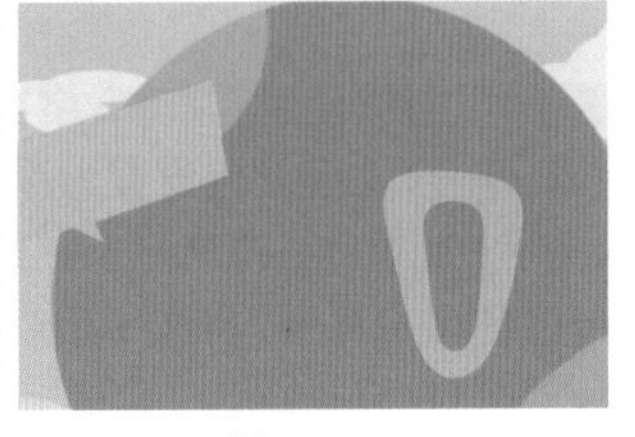

图 11-364

步骤 10 选择该文字图层，执行“图层>图层样式>描边”命令，在弹出的“图层样式”窗口中设置“大小”为20像素，“位置”为“外部”，“不透明度”为100%，“颜色”为深青色，单击“确定”按钮完成设置，如图11-365和图11-366所示。

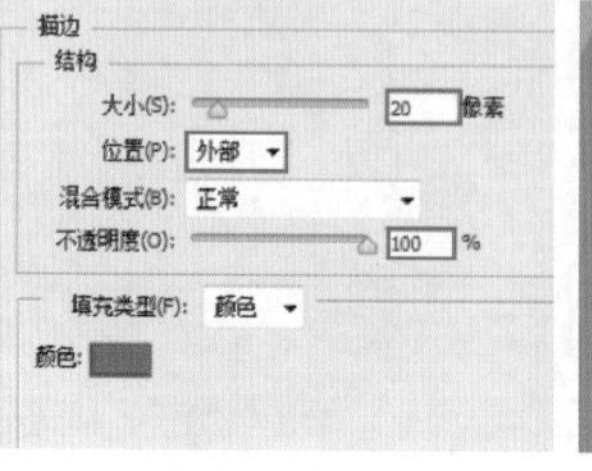

图 11-365

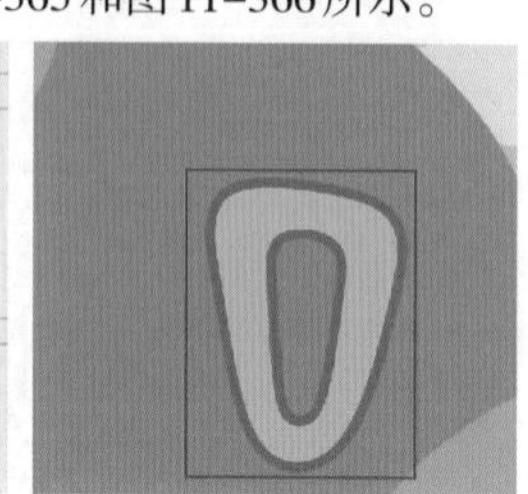

图 11-366

步骤 11 继续使用“横排文字工具”，以同样的方式输入其他文字，如图11-367所示。单击工具箱中的“横排文字工具”按钮，在选项栏中设置合适的字体、字号，文字颜色设置为白色，然后在画面上单击，输入文字，如图11-368所示。

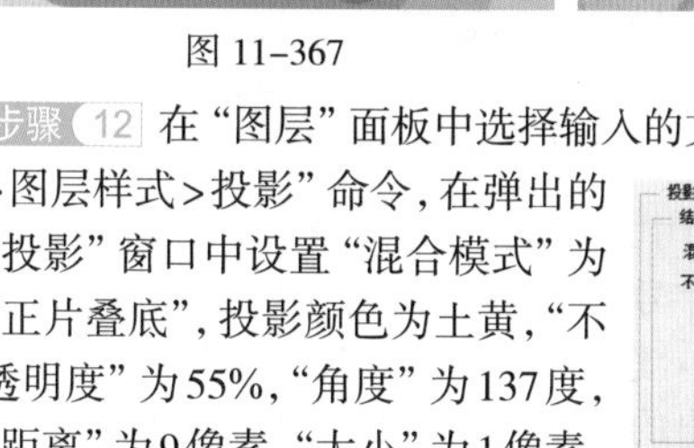

图 11-367　　图 11-368

步骤 12 在“图层”面板中选择输入的文字图层，执行“图层>图层样式>投影”命令，在弹出的“投影”窗口中设置“混合模式”为“正片叠底”，投影颜色为土黄，“不透明度”为55%，“角度”为137度，“距离”为9像素，“大小”为1像素，单击“确定”按钮完成设置，如图11-369所示。用同样的方式输入另一段文字，并为其复制投影图层样式，效果如图11-370和图11-371所示。

图 11-369

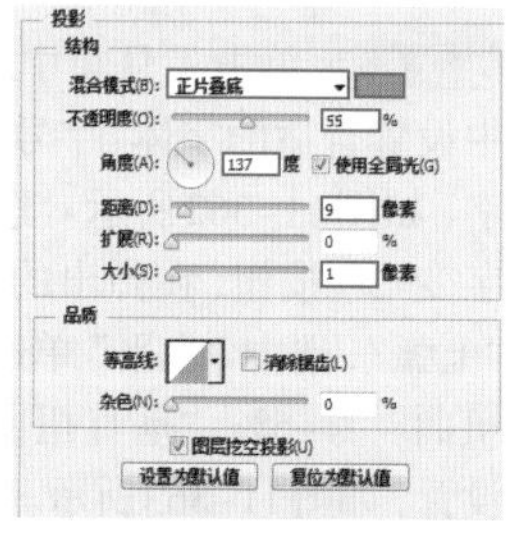

图 11-370　　图 11-371

步骤 13 继续使用“横排文字工具”，在选项栏中设置合适的字体、字号，文字颜色设置为深青色，然后在画面上单击，输入文字，如图11-372所示。加选所有的文字图层，按快捷键Ctrl+T调出定界框，将文字适当旋转，然后按Enter键完成变换，如图11-373所示。

图 11-372

图 11-373

步骤 14 下面为文字对象添加图层样式。执行“编辑>预设>预设管理器”命令，在弹出的“预设管理器”窗口中设置“预设类型”为“样式”，单击“载入”按钮，载入样式库素材4.asl，如图11-374所示。执行“窗口>样式”命令，打开“样式”面板。选择一个文字图层，单击“样式”面板中新载入的样式，如图11-375所示。效果如图11-376所示。

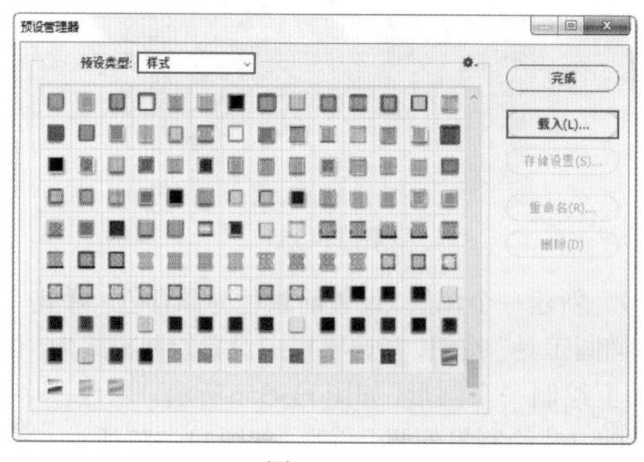

图 11-374

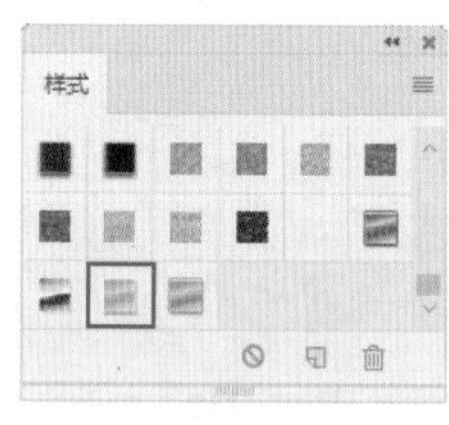

图 11-375

图 11-376

步骤 15 为数字“0”赋予另外一种图层样式，为最后一个文字赋予第一种图层样式，效果如图11-377所示。

步骤 16 复制主体文字图层，按快捷键Ctrl+E进行合并。然后载入合并后图层的选区，如图11-378所示。执行“选择>修改>扩展”命令，在弹出的“扩展选区”窗口中设置“扩展量”为20像素，单击“确定”按钮，如图11-379所示。此时得到边缘选区，如图11-380所示。

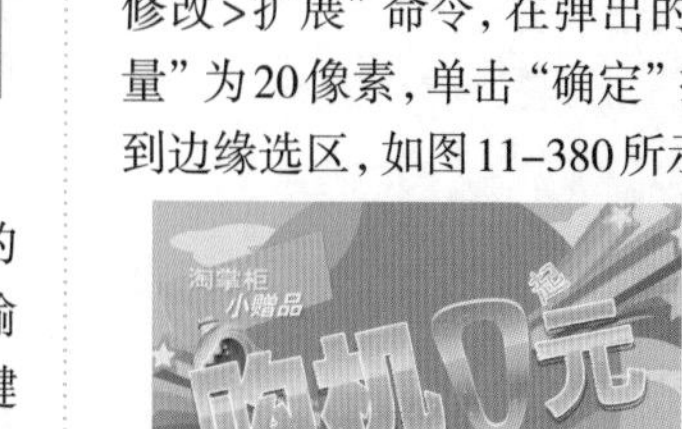

图 11-377　　图 11-378

图 11-379

图 11-380

步骤 17 在文字图层下方新建图层，设置前景色为白色，按快捷键Alt+Delete进行填充，如图11-381所示。选择该图层，执行“图层>图层样式>描边”命令，在弹出的“描边”窗口中设置“大小”为8像素，“颜色”为白色，如图11-382所示。

图 11-381

图 11-382

步骤 18 执行“文件>置入嵌入对象”命令，置入素材3.jpg。将该图层适当旋转，摆放在白色文字边框图层的上方，如图11-383所示。在该图层上单击鼠标右键，在弹出的快捷菜单中选择“创建剪贴蒙版”命令，如图11-384所示。此时该图层只显示出白色文字边框的部分，如图11-385所示。

图 11-383

图 11-384　　图 11-385

步骤 19 接下来置入背景花纹素材1.png，将该素材摆放在圆形图层下方，如图11-386所示。继续置入前景素材5.png，摆放在“图层”面板顶部，最终效果如图11-387所示。

图 11-386

图 11-387

综合实例：甜美风格女装广告

文件路径	资源包\第11章\甜美风格女装广告
难易指数	★★★★★
技术掌握	矢量工具的使用

案例效果

本例效果如图11-388所示。

扫一扫，看视频

图 11-388

步骤 01 新建一个A4大小的文件，将背景填充为“粉色”，效果如图11-389所示。

图 11-389

步骤 02 选择工具箱中的“椭圆工具”，在选项栏中设置绘制模式为“形状”，“填充”为粉色，在画面中绘制出一个正圆，如图11-390所示。用同样的方法再绘制出第二个正圆，在“图层”面板中调整“不透明度”为90%，然后将两个圆相交放置，效果如图11-391所示。

图 11-390

图 11-391

步骤 03 制作放射效果背景。选择工具箱中的“钢笔工具”，在选项栏中设置绘制模式为“形状”，“填充”为浅粉色，绘制一个三角形，效果如图11-392所示。执行“编辑>自由变换”命令，将中心点移动到图形中心位置，在选项栏中设置旋转角度为5度，旋转后按Enter键确认，如图11-393所示。多次按快捷键Ctrl+Alt+T复制多个图形，效果如图11-394所示。

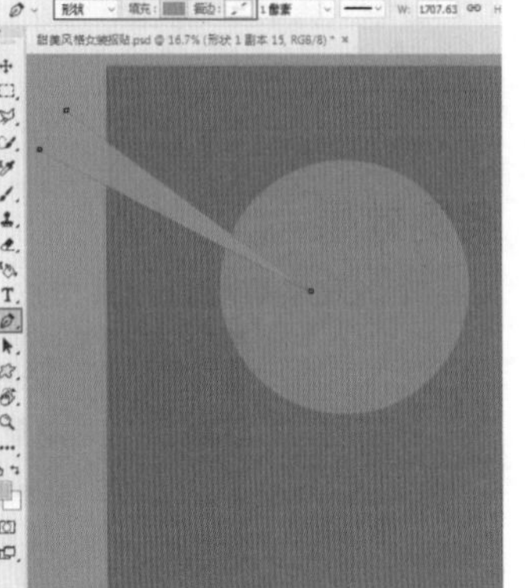
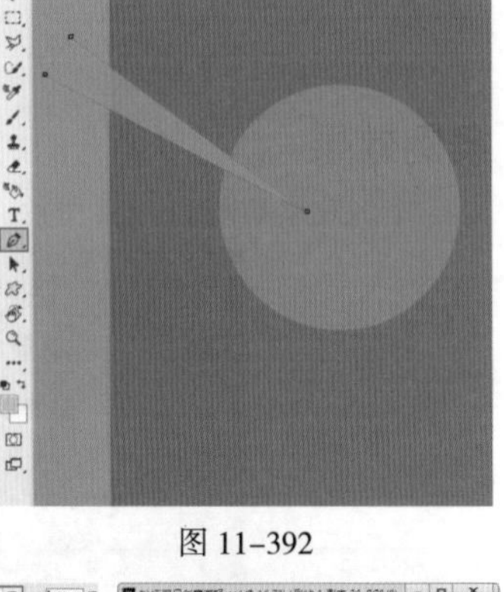

图 11-392

图 11-393

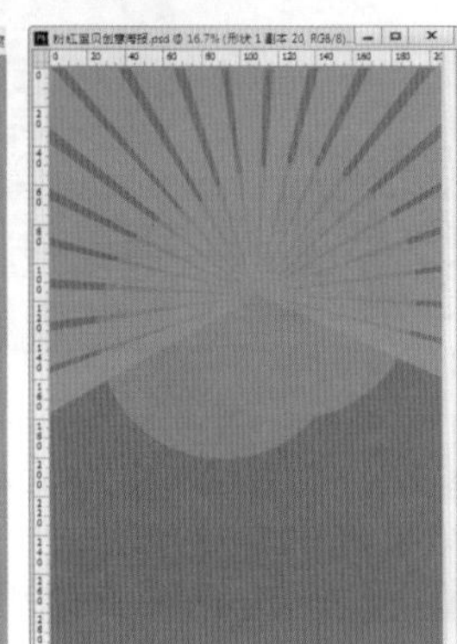

图 11-394

步骤 04 先将这些形状编组，然后选择该图层组，单击“添加图层蒙版”按钮。在蒙版中使用黑色画笔涂抹顶部和底部，使放射状图形呈现出逐渐隐藏的效果，如图11-395所示。效果如图11-396所示。

图 11-395

图 11-396

步骤 05 制作阴影效果。选择工具箱中的“画笔工具”，在选项栏中单击打开“画笔预设”选取器，从中选择一种柔角画笔，设置“不透明度”为20%，然后在画面中涂抹绘制出阴影部分，效果如图11-397所示。执行“文件>置入嵌入对象”命令，将素材1.png置入画面中，然后执行“图层>栅格化>智能对象”命令，效果如图11-398所示。

图 11-397

图 11-398

步骤 06 为素材1.png进行颜色的更改。在素材图层上新建图层，填充为“粉色”，如图11-399所示。然后执行“图层>创建剪贴蒙版”命令，如图11-400所示。

图 11-399

图 11-400

步骤 07 在“图层”面板中设置该图层的“混合模式”为“滤色”，“不透明度”为40%，如图11-401所示。效果如图11-402所示。

图 11-401

图 11-402

步骤 08 置入素材2.jpg到画面中，执行“图层>栅格化>智能对象”命令。使用工具箱中的“快速选择工具” 得到人物部分的选区，如图11-403所示。然后单击“添加图层蒙版”按钮 ，基于选区为该图层添加蒙版，此时背景部分被隐藏，效果如图11-404所示。

图 11-403

图 11-404

步骤 09 执行“图层>新建调整图层>可选颜色”命令，新建一个“可选颜色”调整图层。在“属性”面板中设置“青色”为-10%，“洋红”为+40%，“黄色”为+10%，如图11-405所示。选择该调整图层，执行“图层>创建剪贴蒙版”命令，效果如图11-406所示。

图 11-405

图 11-406

步骤 10 执行“文件>置入嵌入对象”命令，置入素材3.png，最终效果如图11-407所示。

图 11-407

读书笔记

Chapter 12

第12章

扫一扫，看视频

在网店页面中添加文字

本章内容简介：

文字是美化网店店铺过程中必不可少的元素。文字不仅用于传达网店产品的信息，很多时候也起到美化版面的作用。Photoshop有着非常强大的文字创建与编辑功能，不仅有多种文字工具可供使用，更有多个参数设置面板可以用来修改文字的效果。本章主要讲解多种类型文字的创建、编辑以及为文字添加丰富的图层样式的方法。

重点知识掌握：

- 熟练掌握文字工具的使用方法
- 熟练使用“字符”面板与“段落”面板更改文字属性
- 熟练掌握图层样式美化文字的方法

通过本章学习，我能做什么？

通过本章的学习，结合文字工具以及图层样式功能，我们可以在产品图片上添加文字信息，制作带有创意文字的网店广告，还可以制作包含大量文字信息的产品详情页。同时，我们还可以结合前面所学的矢量工具以及绘图工具，制作出有趣的艺术字效果。

12.1 创建网店页面必不可少的文字

在Photoshop的工具箱中右键单击“横排文字工具”按钮 T，打开文字工具组。其中包括4种工具，即“横排文字工具” T 、“直排文字工具” ↓T、“横排文字蒙版工具” T 和“直排文字蒙版工具” ↓T，如图12-1所示。“横排文字工具”和“直排文字工具”主要用来创建实体文字，如点文字、段落文字、路径文字、区域文字，如图12-2所示；而“直排文字蒙版工具” T 和“横排文字蒙版工具” ↓T 则是用来创建文字形状的选区，如图12-3所示。

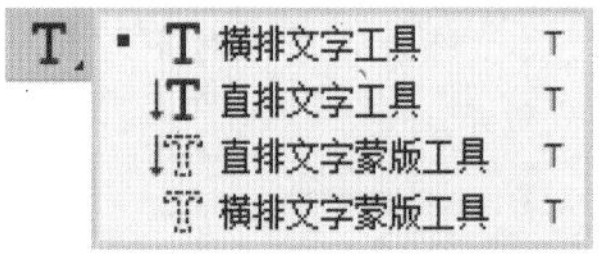

横排文字工具 T
直排文字工具 T
直排文字蒙版工具 T
横排文字蒙版工具 T

图 12-1

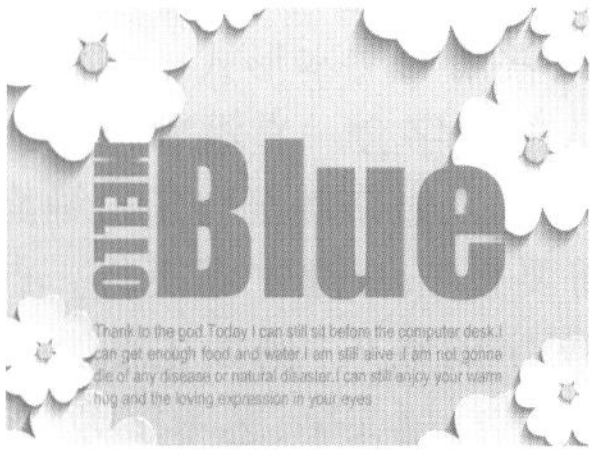

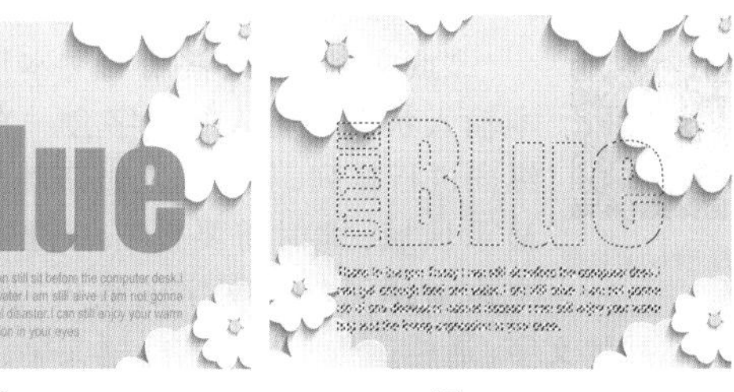

HELLO
Blue

图 12-2

HELLO
Blue

图 12-3

重点 12.1.1 认识文字工具

“横排文字工具” T 和“直排文字工具” ↓T 的使用方法相同，区别在于输入文字的排列方式不同。“横排文字工具”输入的文字是横向排列的，是目前最为常用的文字排列方式，如图12-4所示；而“直排文字工具”输入的文字是纵向排列的，常用于古典感文字以及日文版面的编排，如图12-5所示。

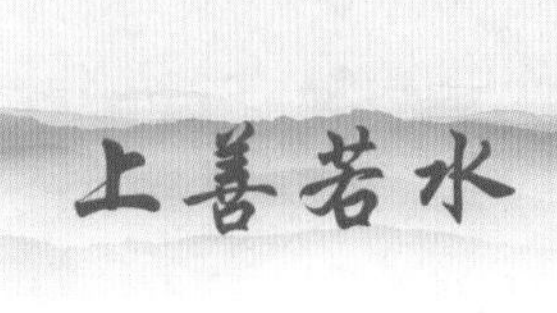

上善若水

图 12-4

相见欢
微云一抹遥峰，
冷溶溶，
恰与个人清晓画眉同。
红蜡泪，青绫被，
水沉浓，
却与黄茅野店听西风。

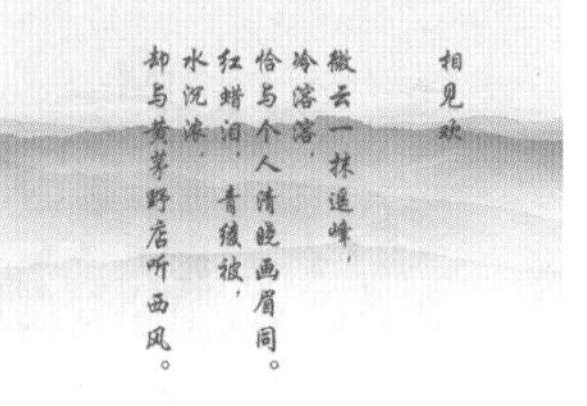

图 12-5

在输入文字前，需要对文字的字体、大小、颜色等属性进行设置。这些设置都可以在文字工具的选项栏中进行。单击工具箱中的“横排文字工具”按钮，其选项栏如图12-6所示。

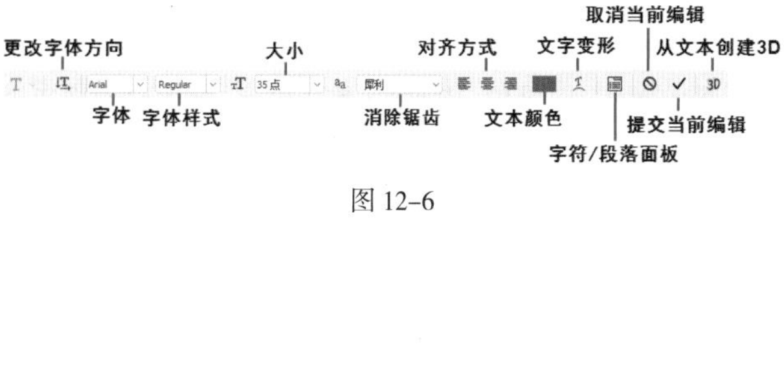

更改字体方向
大小
对齐方式
文字变形
取消当前编辑
从文本创建3D
字体
字体样式
消除锯齿
文本颜色
提交当前编辑
字符/段落面板

图 12-6

> **提示：设置文字属性**
>
> 想要设置文字属性，可以先在选项栏中设置好合适的参数，再进行文字的输入。也可以在文字制作完成后，选中文字对象，然后在选项栏中更改参数。

- 更改字体方向 ↓T：单击该按钮，横向排列的文字将变为直排，直排文字将变为横排。其功能与执行“文字>取向>水平/垂直”命令相同。图12-7所示为对比效果。

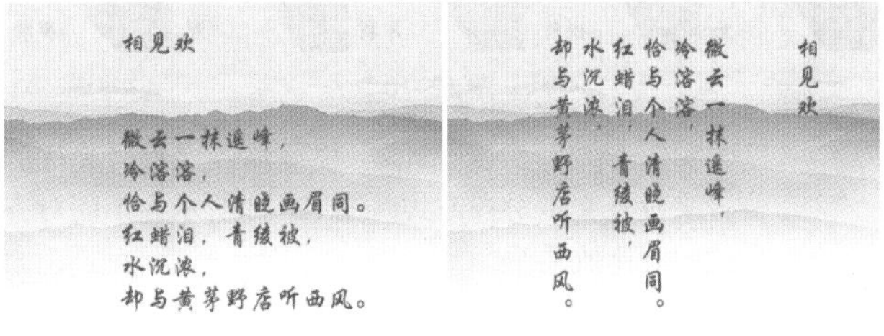

相见欢
微云一抹遥峰，
冷溶溶，
恰与个人清晓画眉同。
红蜡泪，青绫被，
水沉浓，
却与黄茅野店听西风。

图 12-7

- 设置字体系列 Arial：在选项栏中单击“设置字体”下拉箭头，并在下拉列表中单击可选择合适的字体。图12-8所示为不同字体的效果。

相见欢
微云一抹遥峰，
冷溶溶，
恰与个人清晓画眉同。
红蜡泪，青绫被，
水沉浓，
却与黄茅野店听西风。

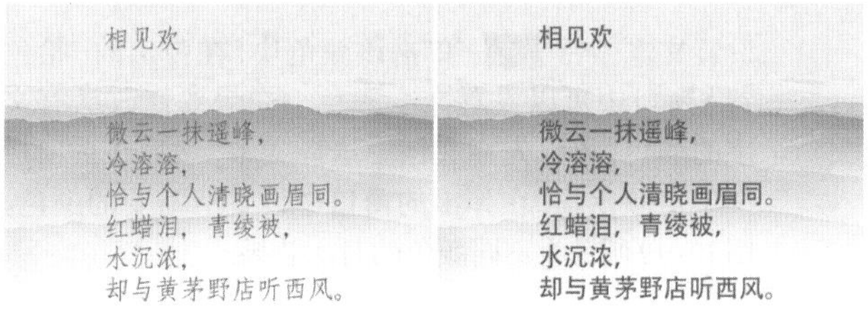

图 12-8

- 设置字体样式 Regular：字体样式只针对部分英文字体有效。输入字符后，可以在该下拉列表框中选择需要的字体样式，包含Regular（规则）、Italic（斜体）、Bold（粗体）和Bold Italic（粗斜体）。
- 设置字体大小 T 12点：如要设置文字的大小，可以直接输入数值，也可以在下拉列表框中选择预设的字体大小。图12-9所示为不同大小的对比效果。若要改变部分字符的大小，则需要选中需要更改的字符后进行设置。

相见欢
相见欢

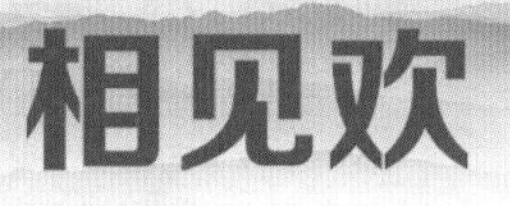

80点　150点

图 12-9

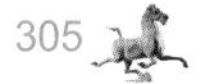

- 设置消除锯齿的方法 ：输入文字后，可以在该下拉列表框中为文字指定一种消除锯齿的方法。选择“无”时，Photoshop不会消除锯齿，文字边缘会呈现出不平滑的效果；选择“锐利”时，文字的边缘最为锐利；选择“犀利”时，文字的边缘比较锐利；选择“浑厚”时，文字的边缘会变粗一些；选择“平滑”时，文字的边缘会非常平滑。图12-10所示为不同方式的对比效果。

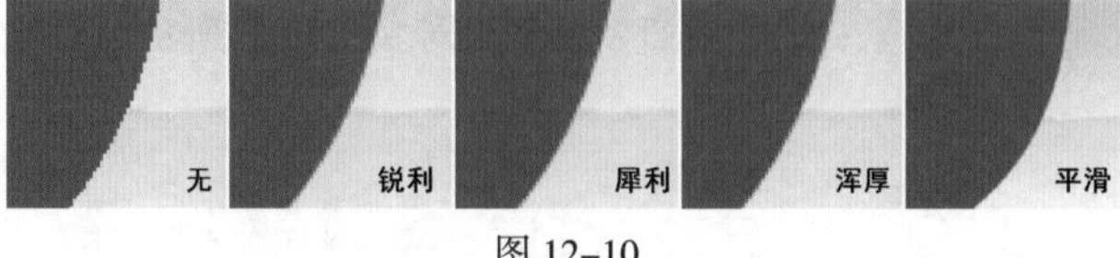

图 12-10

- 设置文本对齐方式 ：根据输入字符时光标的位置来设置文本对齐方式。图12-11所示为不同对齐方式的对比效果。

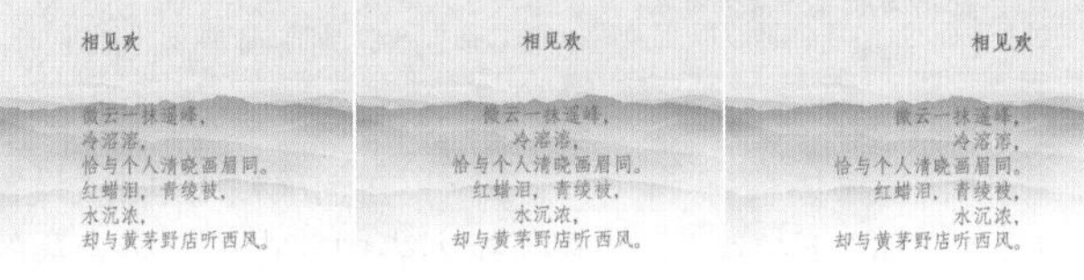
图 12-11

- 设置文本颜色 ：单击该颜色块，在弹出的“拾色器”窗口中可以设置文字颜色。如果要修改已有文字的颜色，可以先在文档中选择文本，然后在选项栏中单击颜色块，在弹出的窗口中设置所需要的颜色。图12-12所示为不同颜色的对比效果。

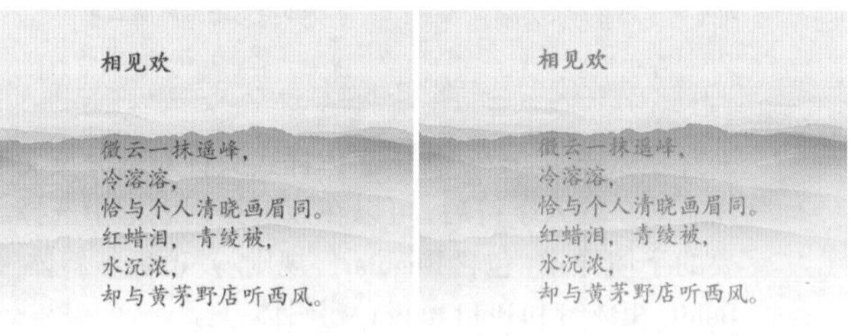

图 12-12

- 创建文字变形 ：选中文本，单击该按钮，在弹出的窗口中可以为文本设置变形效果。具体使用方法详见12.1.6节。
- 切换字符和段落面板 ：单击该按钮，可在“字符”面板或“段落”面板之间进行切换。
- 取消所有当前编辑 ：在文本输入或编辑状态下显示该按钮，单击即可取消当前的编辑操作。
- 提交所有当前编辑 ：在文本输入或编辑状态下显示该按钮，单击即可确定并完成当前的文字输入或编辑操作。文本输入或编辑完成后，需要单击该按钮，或者按Ctrl+Enter键完成操作。
- 从文本创建3D ：单击该按钮，可将文本对象转换为带有立体感的3D对象。

提示：“直排文字工具”选项栏

“直排文字工具”与“横排文字工具”的选项栏参数基本相同，区别在于“对齐方式”。其中，表示顶对齐文本，表示居中对齐文本，表示底对齐文本，如图12-13所示。

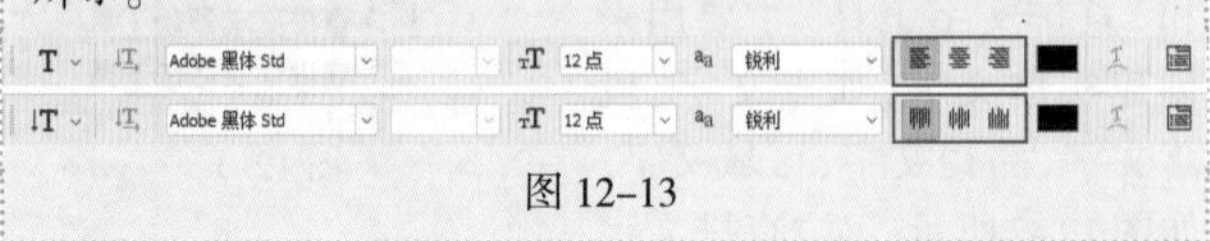
图 12-13

重点 12.1.2 动手练：创建点文字

扫一扫，看视频

“点文本”是最常用的文本形式。在点文本输入状态下输入的文字会一直沿着横向或纵向进行排列，如果输入过多甚至会超出画面显示区域，此时需要按Enter键才能换行。点文本常用于较短文字的输入，例如主图上的商品品牌文字、通栏广告上少量的标题文字、艺术字等，如图12-14～图12-17所示。

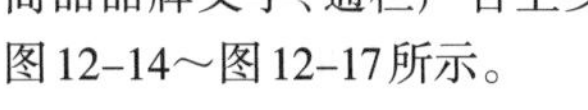

图 12-14

图 12-15

图 12-16　图 12-17

(1) 点文本的创建方法非常简单。单击工具箱中的“横排文字工具”按钮 ，在其选项栏中设置字体、字号、颜色等文字属性。然后在画面中单击(单击处为文字的起点)，出现闪烁的光标，如图12-18所示；输入文字，文字会沿横向进行排列；最后单击选项栏中的 按钮(或按Ctrl+Enter组合键)完成文字的输入，如图12-19所示。

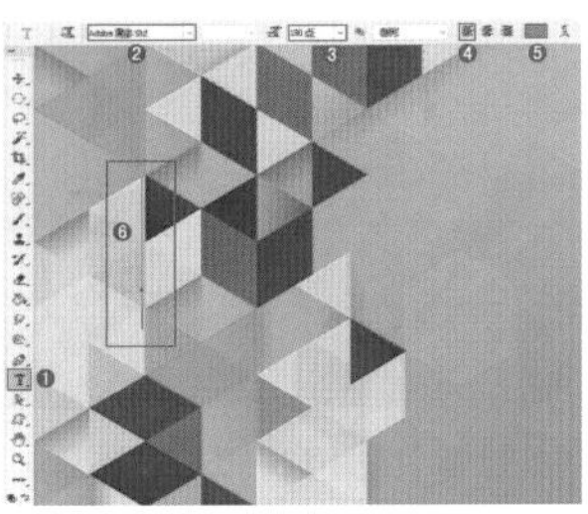

图 12-18　　图 12-19

(2) 此时在“图层”面板中出现了一个新的文字图层。如果要修改整个文字图层的字体、字号等属性，可以在“图层”面板中单击选中该文字图层，如图12-20所示，然后在选项栏或“字符”面板、“段落”面板中更改文字属性，如图12-21所示。

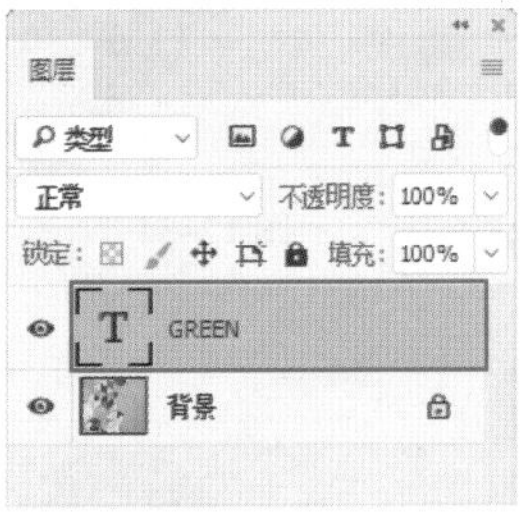

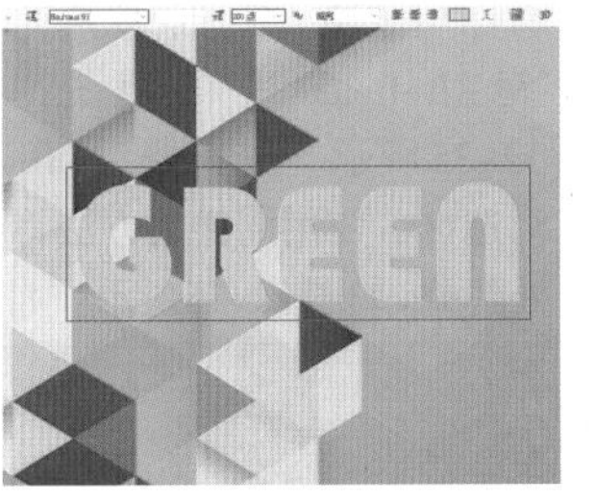

图 12-20　　图 12-21

(3) 如果要修改部分字符的属性，可以在文本上按住鼠标左键拖动，选择要修改属性的字符，如图12-22所示，然后在选项栏或“字符”面板中修改相应的属性(如字号、颜色等)。完成属性修改后，可以看到只有选中的文字发生了变化，如图12-23所示。

图 12-22　　图 12-23

> **提示：方便的字符选择方式**
>
> 在文字输入状态下，单击3次可以选择一行文字；单击4次可以选择整个段落的文字；按Ctrl+A组合键可以选择所有的文字。

(4) 如果要修改文本内容，可以将光标放置在要修改的内容的前面，按住鼠标左键向后拖动，如图12-24所示；选中需要更改的字符，如图12-25所示；然后输入新的字符即可，如图12-26所示。

图 12-24

图 12-25

图 12-26

> **提示：如何使用其他字体**
>
> 制作网店首页或者产品详情页时经常需要根据产品或广告的调性切换各种风格的字体，而计算机自带的字体样式可能无法满足实际需求，这时就需要安装额外的字体。由于Photoshop中所使用的字体其实是调用操作系统中的系统字体，所以用户只需要把字体文件安装在操作系统的字体文件夹下即可。市面上常见的字体安装文件有多种形式，安装方式也略有区别。安装好字体以后，重新启动Photoshop，就可以在文字工具选项栏中的“设置字体”下拉列表框中查找到新安装的字体。
>
> 下面列举几种比较常见的字体安装方法。
>
> 很多时候我们使用到的字体文件是EXE格式的可执行文件，这种字体文件安装比较简单，双击运行并按照提示进行操作即可。
>
> 当遇到后缀名为“.ttf”、“.fon”等没有自动安装程序的字体文件时，需要打开“控制面板”(单击计算机桌面左下角的“开始”按钮，在其中单击“控制面板”)，然后在控制面板中打开“字体”窗口，接着将“.ttf”、“.fon”格式的字体文件复制到打开的“字体”窗口中即可。

练习实例：使用文字工具制作夏日感广告

文件路径	资源包\第12章\使用文字工具制作夏日感广告
难易指数	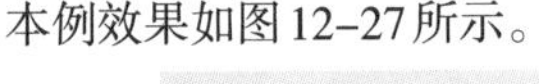
技术掌握	横排文字工具、形状工具

案例效果

本例效果如图12-27所示。

图 12-27

扫一扫，看视频

操作步骤

步骤 01 执行“文件>新建”命令，新建一个空白文档，如图12-28所示。

图 12-28

步骤 02 为背景填充颜色。单击工具箱底部的“前景色”按钮，在弹出的“拾色器”窗口中设置颜色为浅蓝色，然后单击“确定”按钮，如图12-29所示。在“图层”面板中选择背景图层，按前景色填充快捷键Alt+Delete进行填充，效果如图12-30所示。

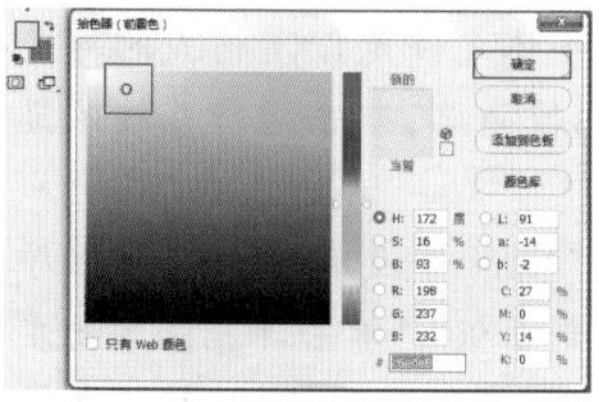

图 12-29

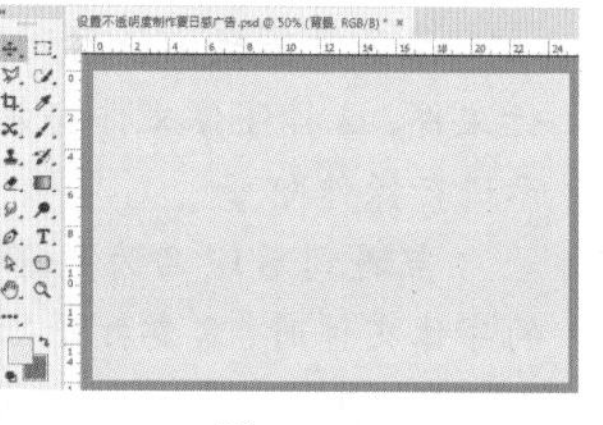

图 12-30

步骤 03 执行“文件>置入嵌入对象”命令，将人物素材1.jpg置入画面中，调整其大小及位置，如图12-31所示。然后按Enter键完成置入操作。在“图层”面板中右键单击该图层，在弹出的快捷菜单中执行“栅格化图层”命令。

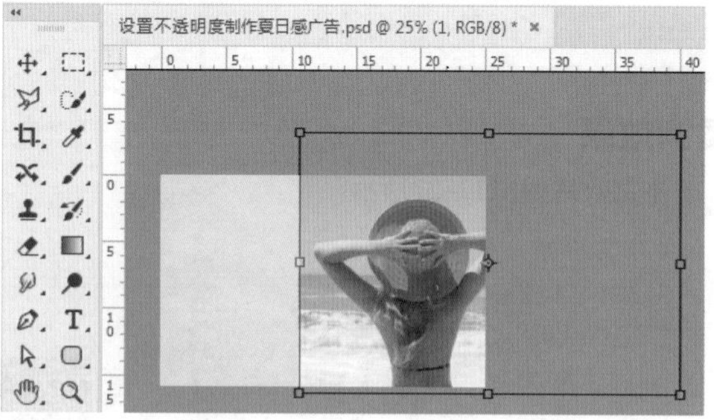

图 12-31

步骤 04 单击工具箱中的“钢笔工具”按钮，在选项栏中设置“绘制模式”为“路径”，沿人物外轮廓绘制路径，完成后按快捷键Ctrl+Enter，将路径转换为选区，如图12-32所示。在“图层”面板中选中人物素材，单击面板下方的“添加图层蒙版”按钮，此时选区以外的部分被隐藏，如图12-33所示。

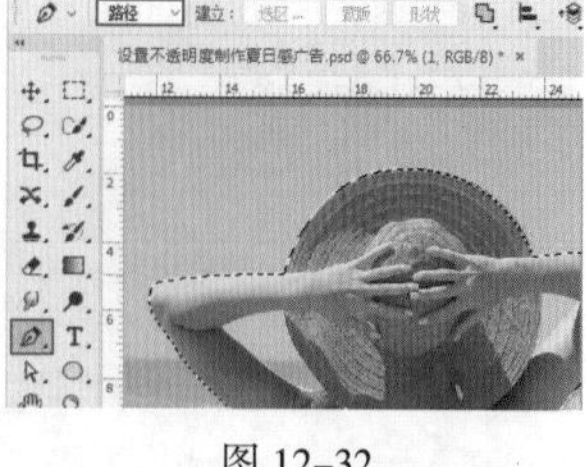

图 12-32

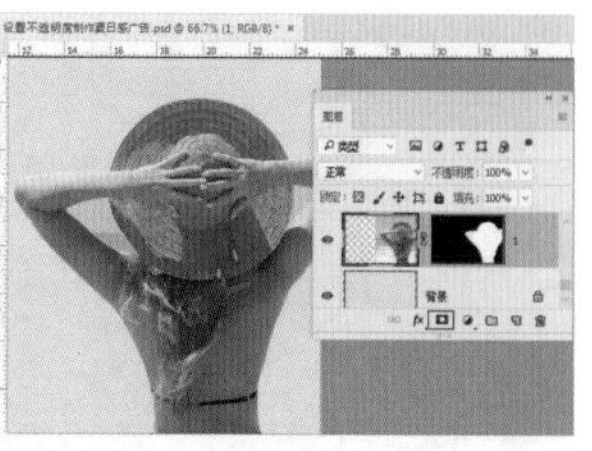

图 12-33

步骤 05 此时人物胳膊附近有两处没有隐藏，继续使用“钢笔工具”在合适的位置绘制闭合路径，然后按快捷键Ctrl+Enter，快速将路径转换为选区，如图12-34所示。设置“前景色”为黑色，在“图层”面板中选中人物素材图层蒙版，按前景色填充快捷键Alt+Delete进行填充，如图12-35所示。按快捷键Ctrl+D取消选区。使用同样的方法将另一处隐藏，如图12-36所示。

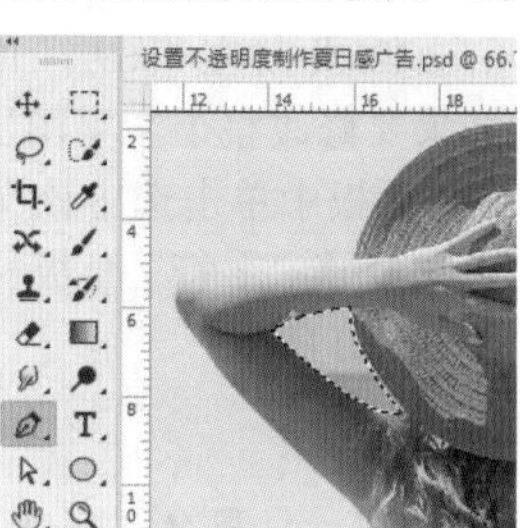

图 12-34

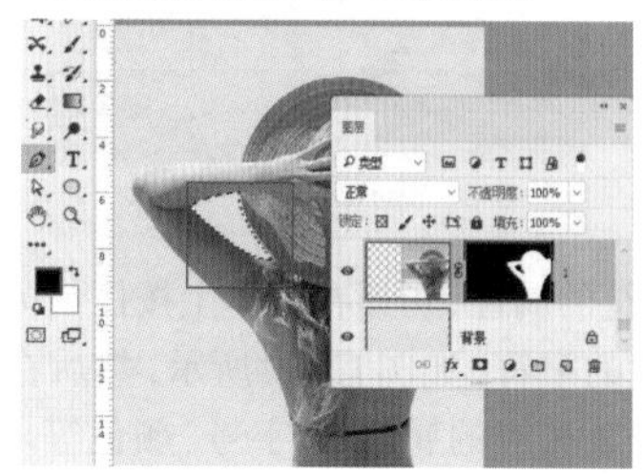

图 12-35

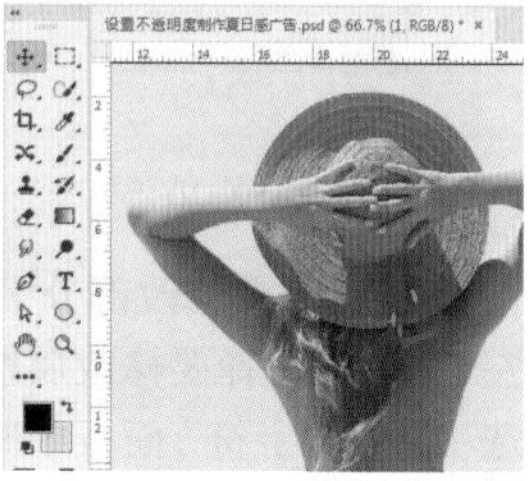

图 12-36

步骤 06 提高人物亮度。执行“图层>新建调整图层>曲线”命令，在弹出的“新建图层”窗口中单击“确定”按钮。在“属性”面板中，在曲线中间调的位置单击添加控制点，然后将其向左上方拖动，提高画面的亮度。单击按钮使调色效果只针对下方图层，如图12-37所示。画面效果如图12-38所示。

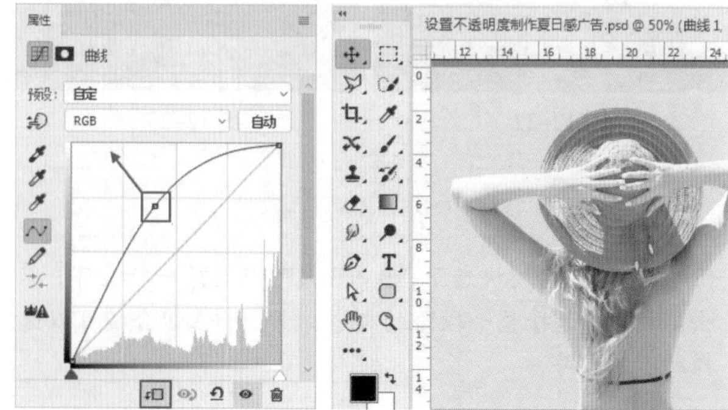

图 12-37

图 12-38

步骤 07 单击工具箱中的“矩形工具”按钮，在选项栏中设置“绘制模式”为“形状”，“填充”为蓝色，“描边”为无。设

置完成后在画面中合适的位置按住鼠标左键拖动，绘制出一个矩形，如图12–39所示。

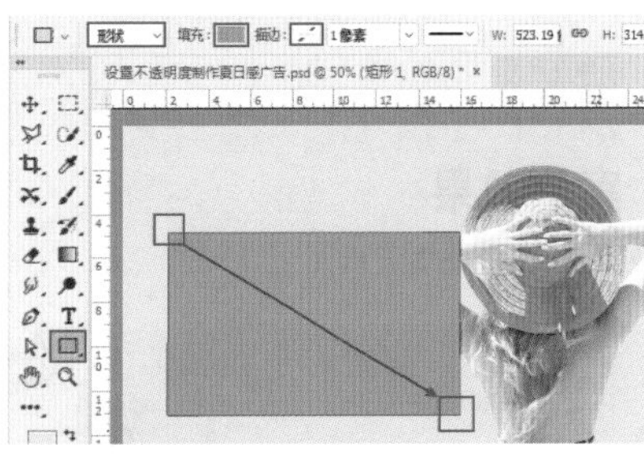

图 12–39

步骤 08 在“图层”面板中选中蓝色矩形图层，设置“不透明度”为20%，如图12–40所示。使用自由变换快捷键Ctrl+T，将矩形旋转至合适的角度，效果如图12–41所示。调整完毕之后按Enter键结束变换。

图 12–40

步骤 09 在“图层”面板中选中矩形图层，按快捷键Ctrl+J复制出一个相同的图层，接着按自由变换快捷键Ctrl+T，将复制出的矩形旋转至合适的角度，效果如图12–42所示。调整完毕之后按Enter键结束变换。

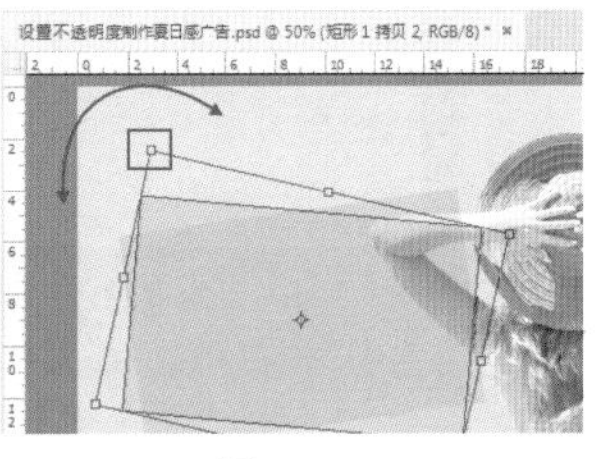

图 12–41　　图 12–42

步骤 10 单击工具箱中的“钢笔工具”按钮，在选项栏中设置“绘制模式”为“形状”，“填充”为无，“描边”为无，设置完成后在矩形的上方按住Shift键的同时单击鼠标左键，绘制出一个“凹”形形状，如图12–43所示。绘制完成后，在选项栏中设置“填充”为白色，如图12–44所示。

图 12–43　　图 12–44

步骤 11 选中“凹”形形状，按自由变换快捷键Ctrl+T，将其旋转至合适的角度，效果如图12–45所示。调整完毕之后按Enter键结束变换。

步骤 12 制作文字。单击工具箱中的“横排文字工具”按钮，在选项栏中设置合适的字体、字号，文字颜色设置为白色，设置完成后在画面中合适的位置单击鼠标建立文字输入的起始点，接着输入文字，输入完后按快捷键Ctrl+Enter，如图12–46所示。按自由变换快捷键Ctrl+T，将其旋转至合适的角度，效果如图12–47所示。调整完毕之后按Enter键结束变换。

图 12–45　　图 12–46

步骤 13 继续用同样的方法为画面添加下方其他文字，并进行旋转，如图12–48所示。

图 12–47　　图 12–48

步骤 14 在工具箱中选择“自定形状工具”，在选项栏中设置“绘制模式”为“形状”，“填充”为深蓝色，“描边”为无，选择合适的形状，设置完成后在画面中按住鼠标左键拖动，绘制一个波浪图形，如图12–49所示。按自由变换快捷键Ctrl+T，将其旋转至合适的角度，效果如图12–50所示。调整完毕之后按Enter键结束变换。

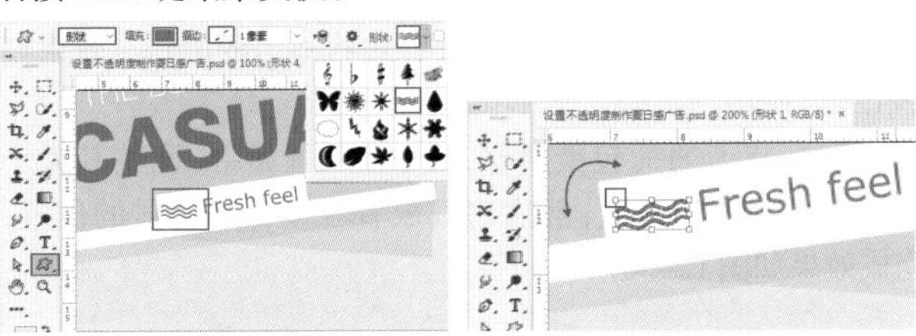

图 12–49　　图 12–50

步骤 15 制作对话框效果。使用工具箱中的“椭圆工具”，在选项栏中设置“绘制模式”为“形状”，“填充”为白色，“描边”为无，设置完成后在画面中合适的位置按住Shift+Alt键的同时按住鼠标左键拖动，绘制一个正圆形，如图12–51所示。

步骤 16 单击工具箱中的“钢笔工具”按钮，在选项栏中设置“绘制模式”为“形状”，“填充”为白色，“描边”为无，单击“路径操作”按钮，在下拉菜单中选择“合并形状”，设置完成后在正圆左下方绘制出一个三角形，如图12-52所示。

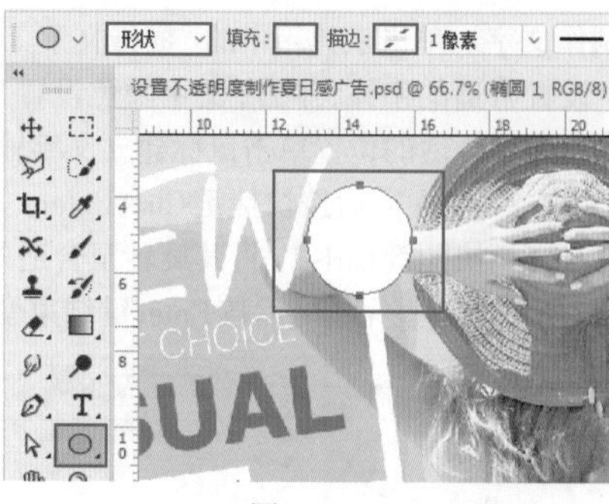

图 12-51

图 12-52

步骤 17 在“图层”面板中选中刚制作的图形图层，设置“不透明度”为50%，如图12-53所示。效果如图12-54所示。

图 12-53　　图 12-54

步骤 18 在对话框内添加文字，并进行适当的旋转。效果如图12-55所示。

步骤 19 将卡通荷包蛋素材2.png置入画面中，调整其大小并旋转至合适的角度，然后将其放置在画面中合适的位置，完成效果如图12-56所示。

图 12-55　　图 12-56

练习实例：幼儿食品广告

文件路径	资源包\第12章\幼儿食品广告
难易指数	★★★★★
技术掌握	亮度/对比度、曲线、圆角矩形工具、滤镜

扫一扫，看视频

案例效果

本例效果如图12-57所示。

图 12-57

操作步骤

步骤 01 执行“文件>新建”命令，新建一个空白文档，如图12-58所示。

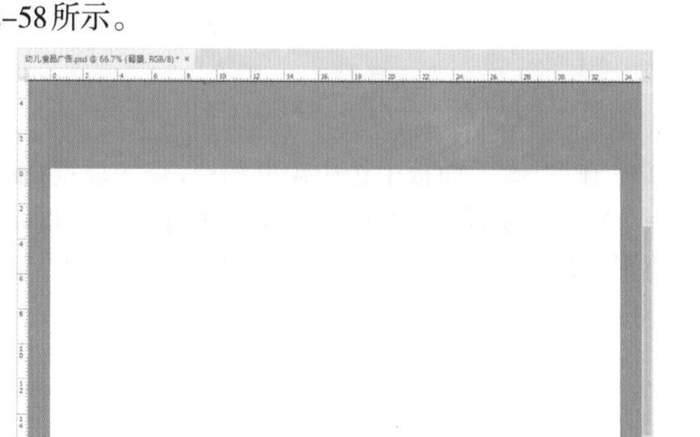

图 12-58

步骤 02 为背景填充颜色。单击工具箱底部的“前景色”按钮，在弹出的“拾色器”窗口中设置颜色为浅蓝色，单击“确定”按钮，如图12-59所示。在“图层”面板中选择背景图层，按前景色填充快捷键Alt+Delete进行填充，效果如图12-60所示。

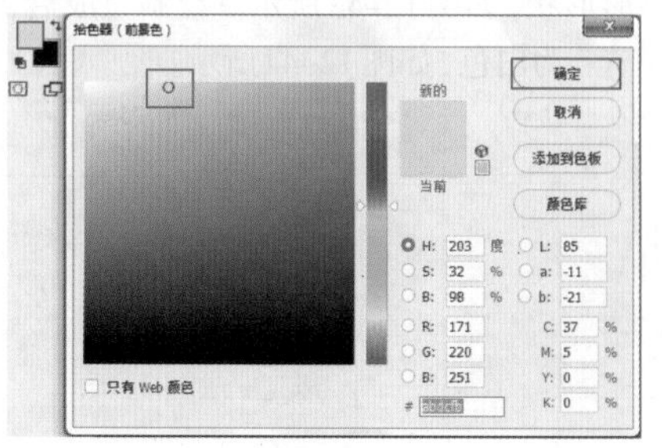

图 12-59

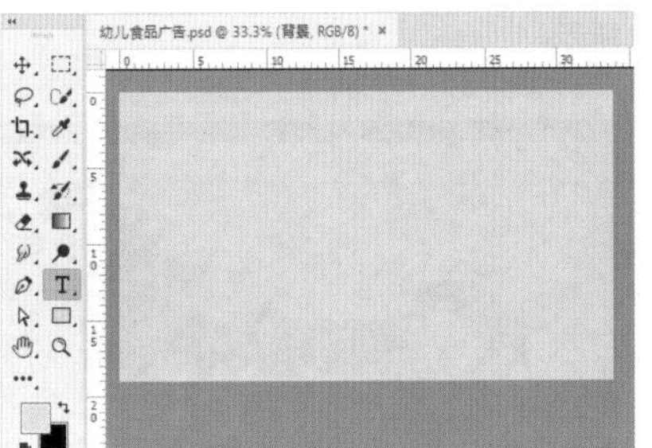

图 12-60

步骤 03 执行“文件>置入嵌入对象”命令，将背景素材1.png置入画面中，调整其大小及位置，如图12-61所示。按Enter键完成置入操作。在“图层”面板中右键单击该图层，在弹出的快捷菜单中执行“栅格化图层”命令。在“图层”面板中选中背景素材图层，设置“混合模式”为“柔光”，“不透明度”为50%，如图12-62所示。

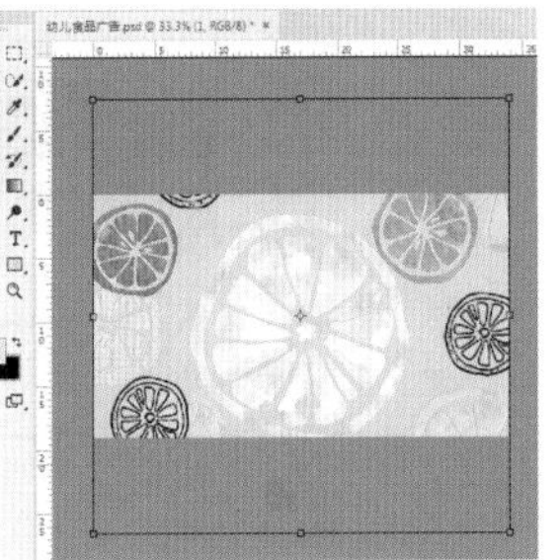

图 12-61

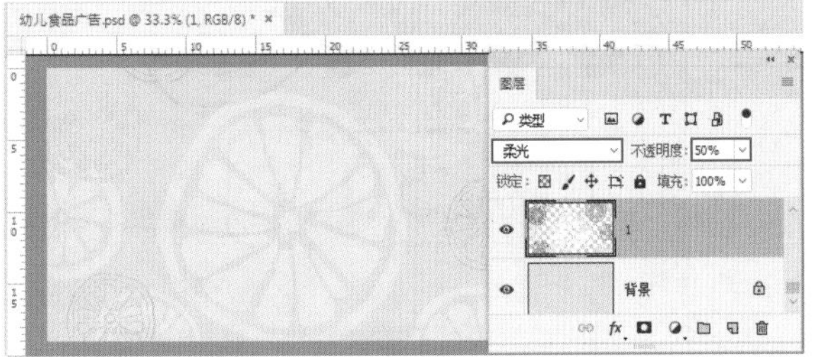

图 12-62

步骤 04 调亮背景。执行“图层>新建调整图层>亮度/对比度”命令，在弹出的“新建图层”窗口中单击“确定”按钮。在“属性”面板中设置“亮度”为2，“对比度”为25，如图12-63所示。画面效果如图12-64所示。

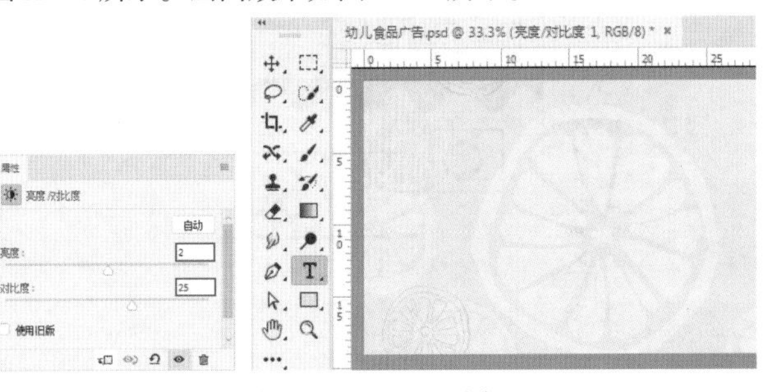

图 12-63　　图 12-64

步骤 05 单击工具箱中的“横排文字工具”按钮，在选项栏中设置合适的字体、字号，文字颜色设置为白色，设置完成后在画面中间位置单击鼠标建立文字输入的起始点，接着输入文字，输入完后按快捷键Ctrl+Enter，如图12-65所示。

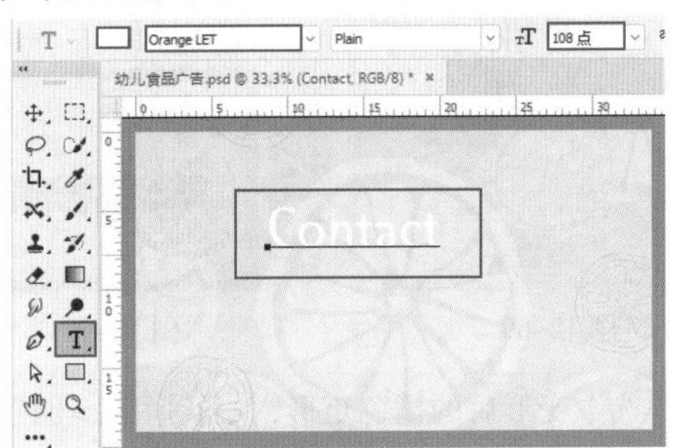

图 12-65

步骤 06 单击工具箱中的“圆角矩形工具”按钮，在选项栏中设置“绘制模式”为“形状”，“填充”为无，“描边”为白色，“描边粗细”为3点，“半径”为20像素，设置完成后在文字上方按住鼠标左键拖动，绘制一个圆角矩形，如图12-66所示。继续使用同样的方法在下方绘制一个“半径”为15像素的白色圆角矩形，如图12-67所示。

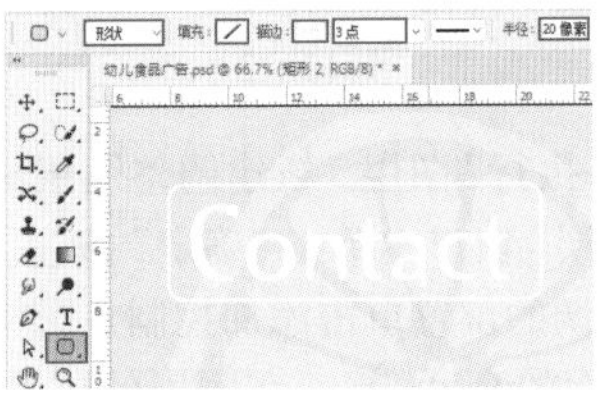

图 12-66

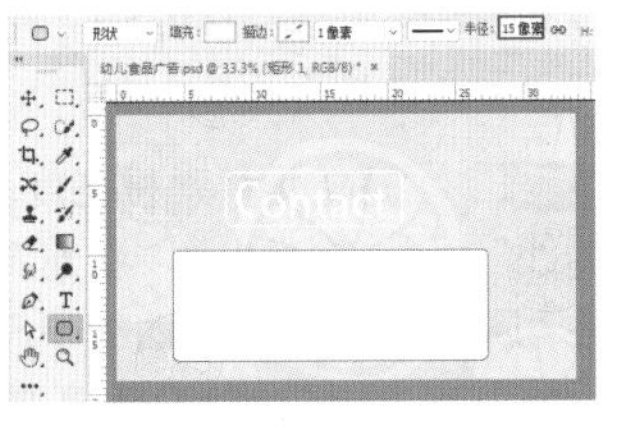

图 12-67

步骤 07 单击工具箱中的“矩形工具”按钮，在选项栏中设置“绘制模式”为“形状”，“填充”为橘色，“描边”为无。设置完成后在白色圆角矩形上方按住鼠标左键拖动，绘制出一个矩形，如图12-68所示。

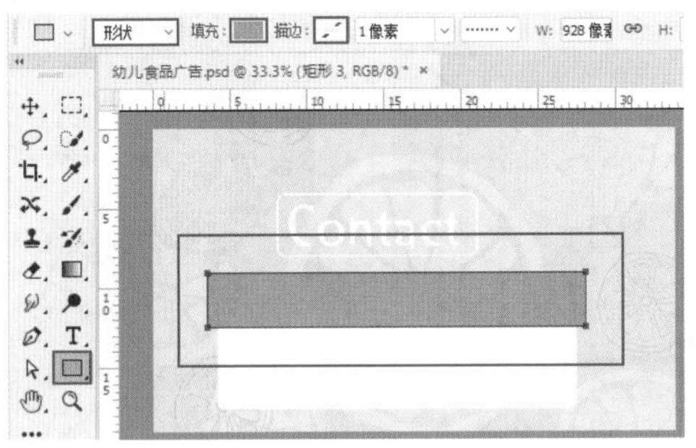

图 12-68

步骤 08 在“图层”面板中选中橘色矩形，单击右键在弹出的快捷菜单中执行“转换为智能对象”命令，然后执行“滤镜>扭曲>波浪”命令，在弹出的“波浪”窗口中设置“生成器数”为15，波长的“最小”值为32，“最大”值为33，波幅的“最小”值为182，“最大”值为183，比例的“水平”只为1%，“垂直”数值为1%，勾选“正弦”单选按钮，勾选“重复边缘像素”单选按钮，单击“确定”按钮，如图12-69所示。效果如图12-70所示。

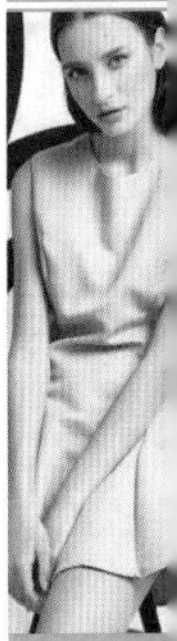

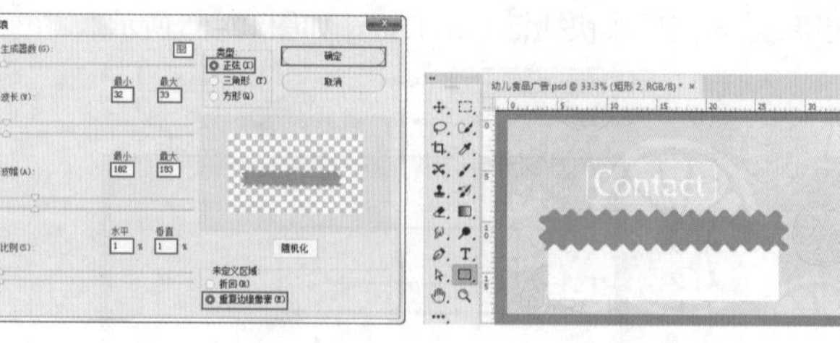

图 12-69　　图 12-70

步骤 09 选中变形后的橘色矩形，执行“图层>创建剪贴蒙版”命令，画面效果如图12-71所示。

步骤 10 置入儿童素材，调整其大小并放置在合适的位置，然后按Enter键完成置入操作并将其栅格化，如图12-72所示。

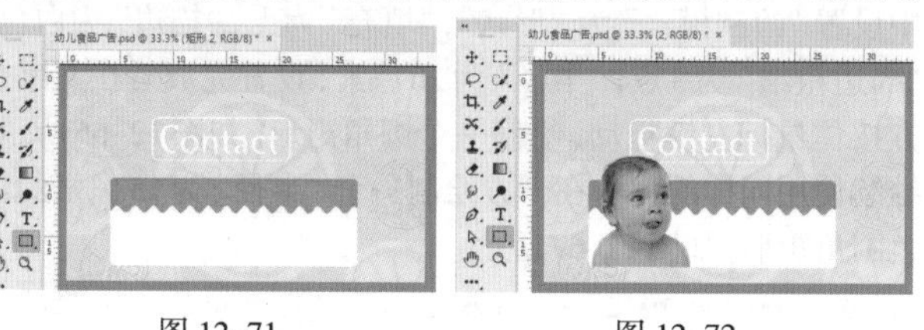

图 12-71　　图 12-72

步骤 11 提高儿童素材亮度。执行“图层>新建调整图层>曲线”命令，在弹出的“新建图层”窗口中单击“确定”按钮。在“属性”面板中，在曲线中间调的位置单击添加控制点，然后将其向左上方拖动，提高画面的亮度，接着在阴影的位置单击添加一个控制点并将其向下拖动。单击 按钮使调色效果只针对下方图层，如图12-73所示。此时画面的颜色对比效果被加强了，画面效果如图12-74所示。

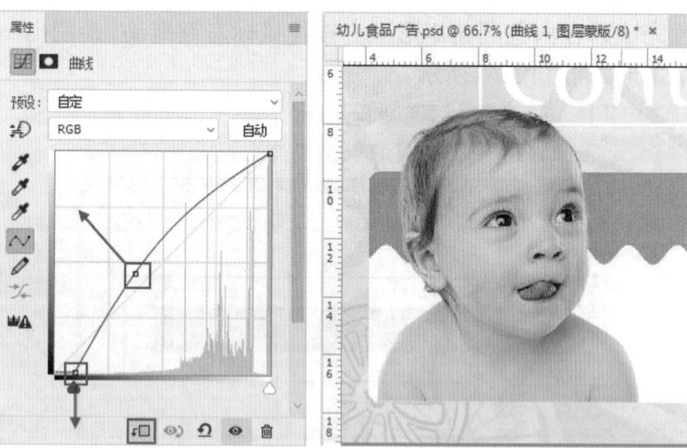

图 12-73　　图 12-74

步骤 12 置入冷饮皇冠素材，调整其大小并放置在合适的位置，然后按Enter键完成置入操作并将其栅格化，如图12-75所示。

步骤 13 制作价格栏。单击工具箱中的“圆角矩形工具”按钮，在选项栏中设置“绘制模式”为“形状”，“填充”为无，“描边”为蓝色，“描边粗细”为3点，“半径”为20像素，设置完成后在画面中合适的位置按住鼠标左键拖动，绘制一个圆角矩形，如图12-76所示。使用“横排文字工具”输入价格文字，如图12-77所示。

图 12-75

图 12-76

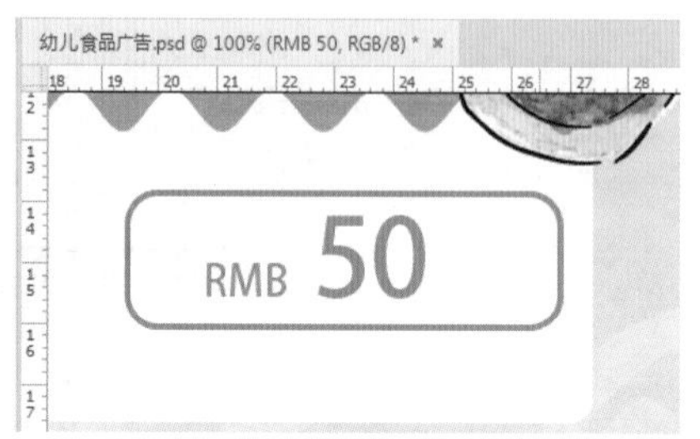

图 12-77

步骤 14 使用工具箱中的“椭圆工具”，在选项栏中设置“绘制模式”为“形状”，“填充”为深蓝色，“描边”为无，设置完成后在蓝色圆角矩形左上方按住Shift+Alt键的同时按住鼠标左键拖动，绘制一个正圆形，如图12-78所示。

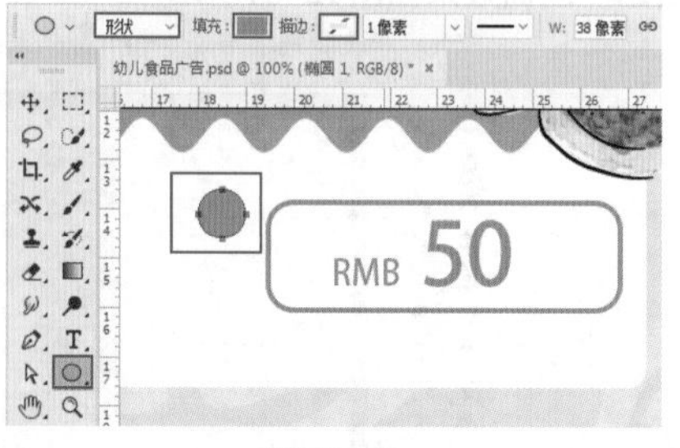

图 12-78

步骤 15 单击工具箱中的“横排文字工具”按钮，在选项栏中设置合适的字体、字号，文字颜色设置为蓝色，设置完成后在蓝色正圆上方单击鼠标建立文字输入的起始点，接着输入文字，输入完后按快捷键Ctrl+Enter，如图12-79所示。继续使用同样的方法输入下方其他文字，完成效果如图12-80所示。

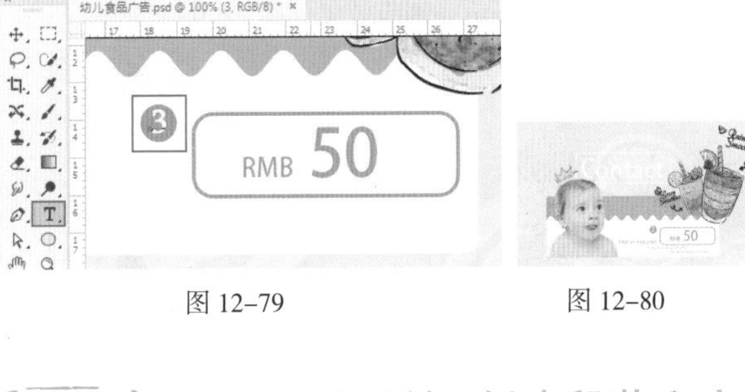

图 12-79　　图 12-80

重点 12.1.3　动手练：创建段落文字

扫一扫，看视频

顾名思义，“段落文字”是一种用来制作大段文字的常用方式。“段落文字”可以使文字限定在一个矩形范围内，在这个矩形区域中文字会自动换行，而且文字区域的大小还可以方便地进行调整。配合对齐方式的设置，可以制作出整齐排列的效果。因此，“段落文字”常用于产品详情页中包含大量文字信息的版面设计。

(1) 单击工具箱中的“横排文字工具”按钮，在其选项栏中设置合适的字体、字号、文字颜色、对齐方式，然后在画布中按住鼠标左键拖动，绘制出一个矩形的文本框，如图12-81所示。在其中输入文字，文字会自动排列在文本框中，如图12-82所示。

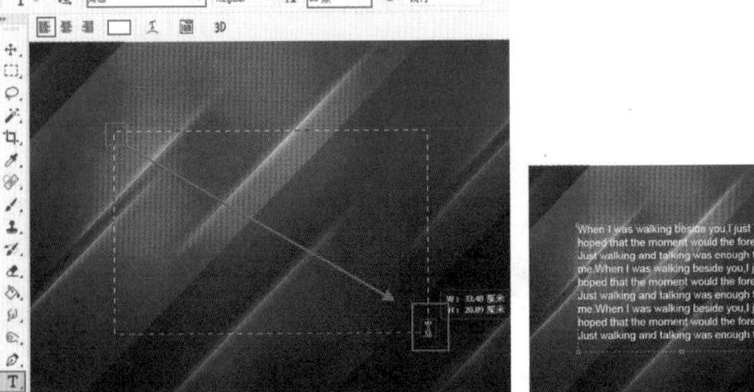

图 12-81　　图 12-82

(2) 如果要调整文本框的大小，可以将光标移动到文本框边缘处，按住鼠标左键拖动即可，如图12-83所示。随着文本框大小的改变，文字也会重新排列。当定界框较小而不能显示全部文字时，其右下角的控制点会变为 形状，如图12-84所示。

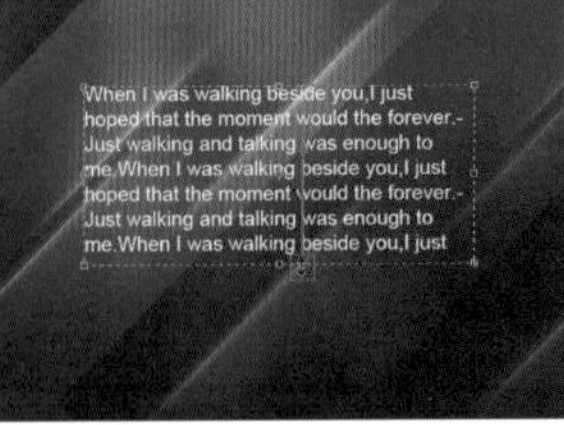

图 12-83

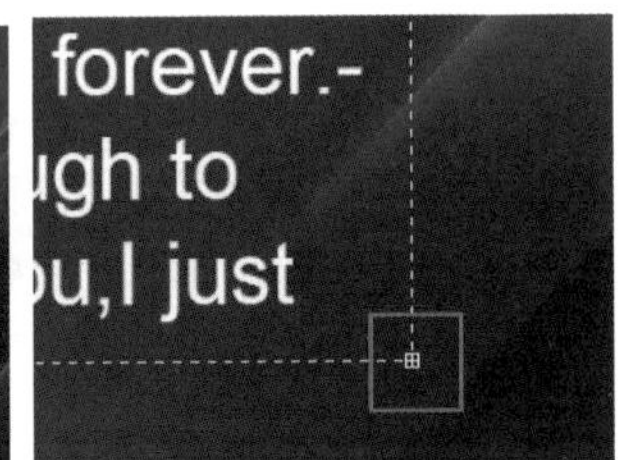

图 12-84

(3) 文本框还可以进行旋转。将光标放在文本框一角处，当其变为弯曲的双向箭头时，按住鼠标左键拖动，即可旋转文本框，文本框中的文字也会随之旋转(在旋转过程中如果按住Shift键，能够以15°角为增量进行旋转)，如图12-85所示。单击工具选项栏中的✓按钮或者按Ctrl+Enter组合键完成文本编辑。如果要放弃对文本的修改，可以单击工具选项栏中的⊘按钮或者按Esc键。

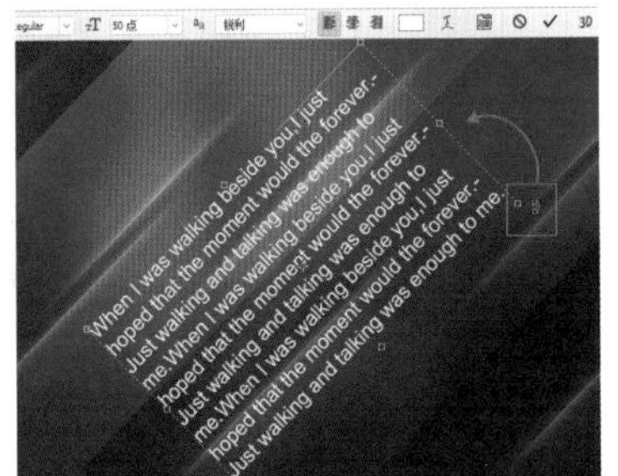

图 12-85

提示：点文本和段落文本的转换

如果当前选择的是点文本，执行“文字>转换为段落文本”命令，可以将点文本转换为段落文本；如果当前选择的是段落文本，执行“文字>转换为点文本”命令，可以将段落文本转换为点文本。

练习实例：为商品照片添加水印

文件路径	资源包\第12章\为商品照片添加水印
难易指数	★★★★★
技术掌握	横排文字工具、段落文本的创建方法

扫一扫，看视频

案例效果

本例效果如图12-86所示。

操作步骤

步骤 01　执行“文件>打开”命令，打开素材1.jpg，如图12-87所示。为了防止产品照片被他人盗用，在处理好的产品照片上添加“防盗”的品牌或店铺名称的文字信息是很有必要的。如果水印比较小或者数量较少，则很容易被他人去除；而水印过大则容易影响画面效果。本案例介绍一种容易制作且又不影响产品展示的水印制作方法。

图 12-86

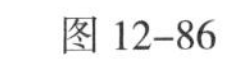

步骤 02　单击工具箱中的“横排文字工具”按钮，在画面中按住鼠标左键拖动绘制一个文

本框，如图12-88所示。在选项栏中先设置合适的字体、字号，将文字颜色设置为白色。接着在文本框中输入文字，在文字的后方可以接着按几下空格键，如图12-89所示。

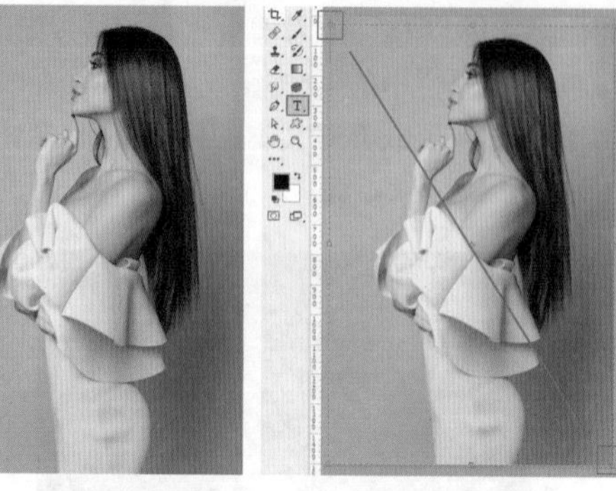

图 12-87　　图 12-88

图 12-89

步骤 03 按住鼠标左键拖动将文字选中，然后按快捷键Ctrl+C进行复制，如图12-90所示。接着多次按快捷键Ctrl+V进行粘贴，如图12-91所示。

图 12-90

图 12-91

步骤 04 为了保证文字的数量足够多，需要拖动控制点将文本框放大，继续复制文字，如图12-92所示。为了更加快捷地将文字填充整个画面，可以在复制出几行文字之后，按快捷键Ctrl+A全选文字，然后按快捷键Ctrl+C进行复制，接着多次按下快捷键Ctrl+V进行粘贴，可以快捷地复制大面积的文字，如图12-93所示。

图 12-92

图 12-93

步骤 05 选中文字图层，在"图层"面板中设置"不透明度"为25%，如图12-94所示。画面效果如图12-95所示。

图 12-94

图 12-95

步骤 06 按快捷键Ctrl+T调出定界框，然后将其进行旋转，如图12-96所示。旋转完成后按Enter键确定变换。

图 12-96

步骤 07 处理挡住人物部分的文字。选择工具箱中的"钢笔工具"，设置绘制模式为"路径"，然后沿着人物边缘绘制路径，如图12-97所示。接着按快捷键Ctrl+Enter将路径转换为选区，如图12-98所示。

图 12-97　　图 12-98

步骤 08 执行"选择>反向"命令，得到背景部分的选区。选择文字图层，单击"图层"面板底部的"添加图层蒙版"按钮，为该图层添加图层蒙版，如图12-99所示。此时水印文字只遮挡了背景，而不影响人物和服装。完成效果如图12-100所示。

图 12-99

图 12-100

练习实例：创建段落文字制作男装宣传页

文件路径	资源包\第12章\创建段落文字制作男装宣传页
难易指数	★★★★★
技术掌握	创建段落文字、段落面板

扫一扫，看视频

案例效果

本例效果如图 12-101 所示。

图 12-101

操作步骤

步骤 01 新建一个空白文档。设置“前景色”为蓝灰色，如图 12-102 所示。按快捷键 Alt+Delete 为背景填充颜色，如图 12-103 所示。

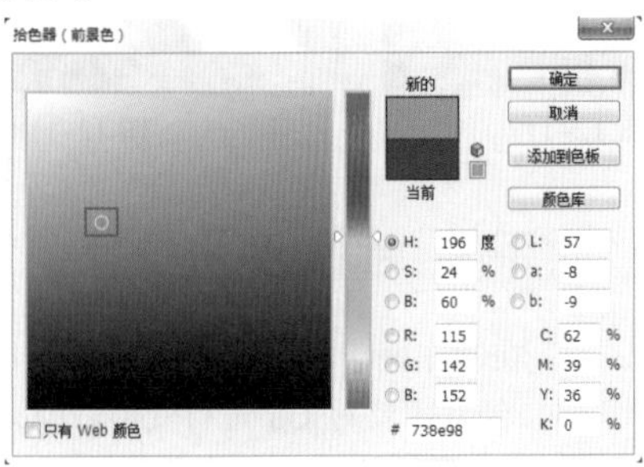

图 12-102

步骤 02 执行“文件>置入嵌入对象”命令，置入素材 1.png。将置入对象调整到合适的大小、位置，然后按 Enter 键完成置入操作。执行“图层>栅格化>智能对象”命令，如图 12-104 所示。

图 12-103

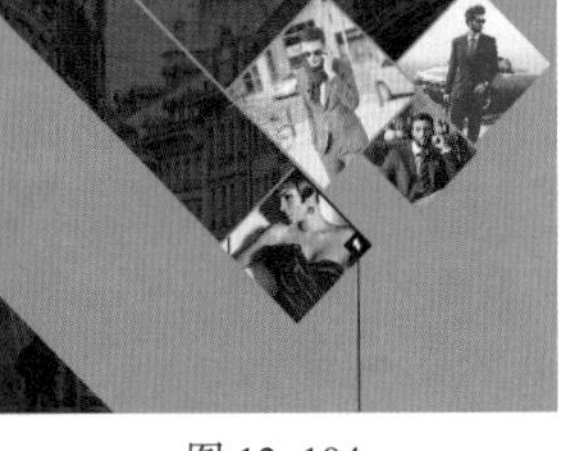

图 12-104

步骤 03 单击工具箱中的“横排文字工具”按钮，在其选项栏中设置合适的字体、字号，设置“文本颜色”为白色，在画面右下角单击并输入标题文字，然后单击选项栏中的“提交所有当前编辑”按钮，如图 12-105 所示。用同样的方法输入其他标题文字，如图 12-106 所示。

步骤 04 继续使用“横排文字工具”，在标题文字下方，按住鼠标左键向右下角拖动，绘制一个段落文本框，如图 12-107 所示。在选项栏中设置合适的字体、字号，设置“文本颜色”为白色，在文本框中输入文字，如图 12-108 所示。

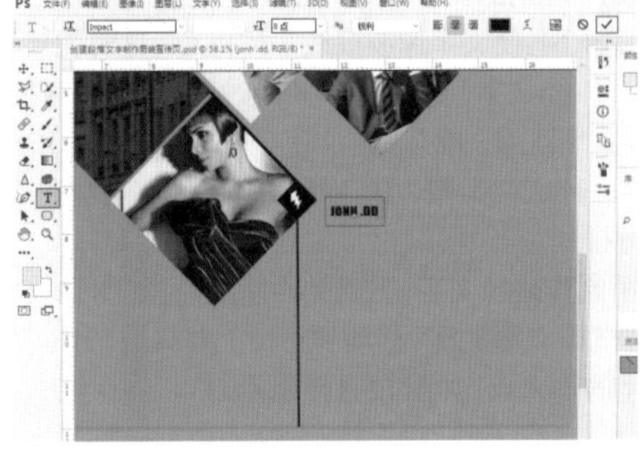

图 12-105

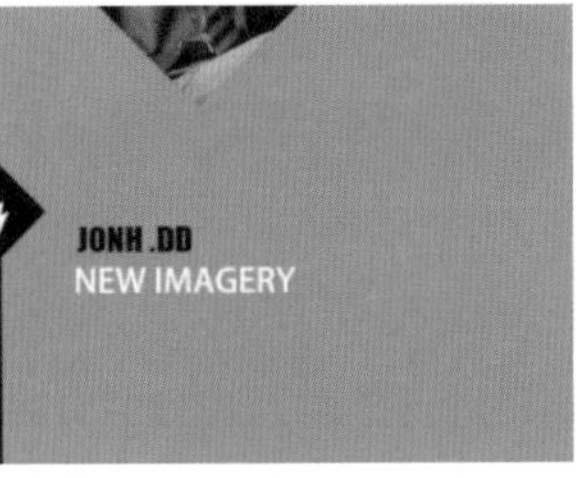

图 12-106

图 12-107

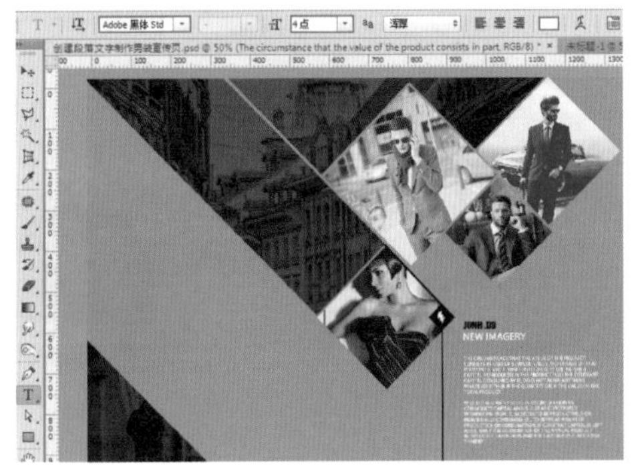

图 12-108

步骤 05 选择段落文本，执行“窗口>段落”命令，在弹出的“段落”面板中单击“最后一行左对齐”按钮，如图12-109所示。最终效果如图12-110所示。

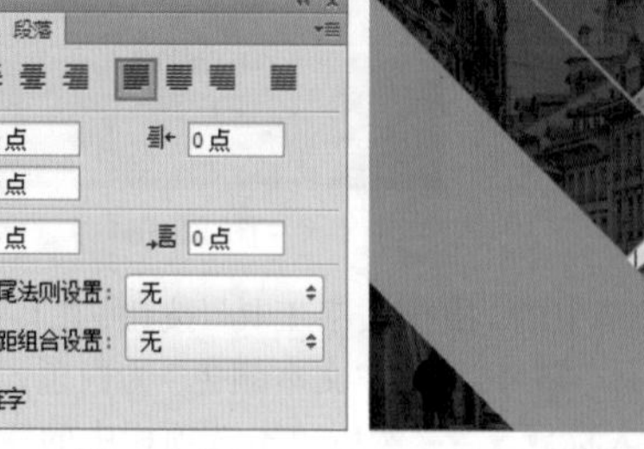

图 12-109

图 12-110

重点 12.1.4 动手练：创建路径文字

扫一扫，看视频

前面介绍的两种文字都是排列比较规则的，但是有的时候我们可能需要一些排列得不那么规则的文字效果，比如使文字围绕在某个图形周围、使文字像波浪线一样排布。这时就要用到“路径文字”功能了。“路径文字”比较特殊，它是使用“横排文字工具”或“直排文字工具”创建出的依附于“路径”上的一种文字类型。依附于路径上的文字会按照路径的形态进行排列。

为了制作路径文字，需要先绘制路径，如图12-111所示。然后将“横排文字工具”移动到路径上并单击，此时路径上出现了文字的输入点，如图12-112所示。

图 12-111

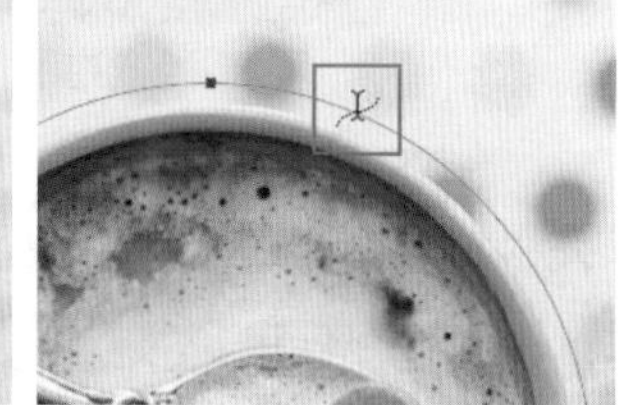

图 12-112

输入文字后，文字会沿着路径进行排列，如图12-113所示。改变路径形状时，文字的排列方式也会随之发生改变，如图12-114所示。

图 12-113

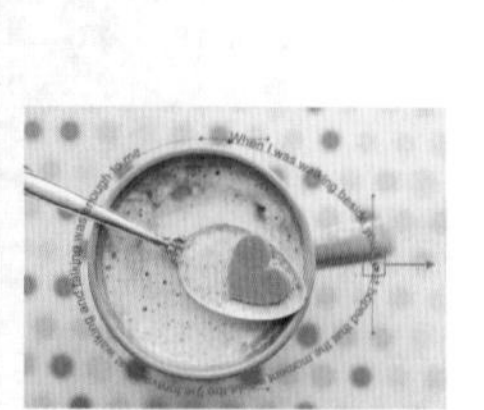

图 12-114

12.1.5 动手练：创建区域文字

扫一扫，看视频

“区域文字”与“段落文字”较为相似，都是被限定在某个特定的区域内。“段落文字”处于一个矩形的文本框内，而“区域文字”的外框则可以是任何图形。

(1) 首先绘制一条闭合路径。单击工具箱中的“横排文字工具”按钮，在其选项栏中设置合适的字体、字号及文本颜色，将光标移动至路径内，当它变为Ⓘ形状时，如图12-115所示，单击即可插入光标，如图12-116所示。

图 12-115

图 12-116

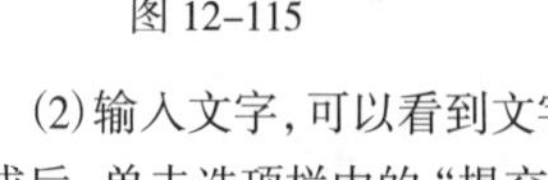

(2) 输入文字，可以看到文字只在路径内排列。文字输入完成后，单击选项栏中的“提交所有当前操作”按钮 ✓，完成区域文本的制作，如图12-117所示。单击其他图层即可隐藏路径，如图12-118所示。

图 12-117

图 12-118

12.1.6 动手练：制作变形文字

扫一扫，看视频

在制作网店标志或者网页广告上的主题文字时，经常需要对文字进行变形。Photoshop提供了对文字进行变形的功能。

选中需要变形的文字图层；在使用文字工具的状态下，在选项栏中单击“创建文字变形”按钮 工，打开“变形文字”对话框；在该对话框中，从“样式”下拉列表框中选择变形文字的方式，然后分别设置文本扭曲的方向、“弯曲”“水平扭曲”“垂直扭曲”等参数，单击“确定”按钮，即可完成文字的变形，如图12-119所示。图12-120所

示为选择不同变形方式产生的文字效果。

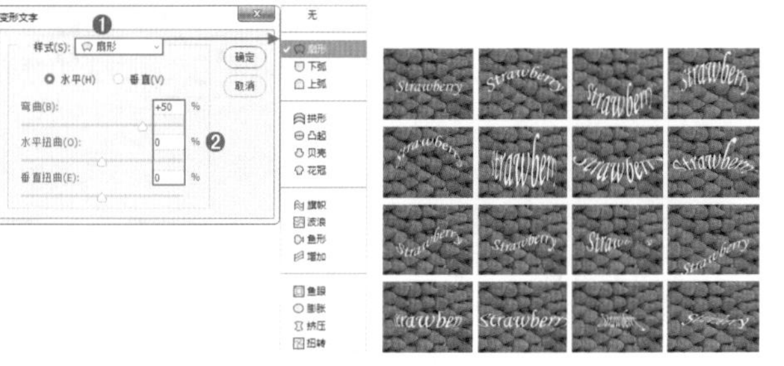

图 12-119　　图 12-120

- 水平/垂直：用于设置文字扭曲变形的方向，如图12-121和图12-122所示分别为选中“水平”与选中“垂直”的对比效果。

图 12-121　　图 12-122

- 弯曲：用于设置变形文本的程度。如图12-123为数值为负数与正数的对比效果，变形的方向有所不同。

图 12-123

- 水平扭曲：用于设置扭曲变形时，文字在水平方向的变形程度。图12-124所示为不同参数对比效果。

图 12-124

- 垂直扭曲：用于设置扭曲变形时，文字在垂直方向的变形程度。图12-125所示为不同参数对比效果。

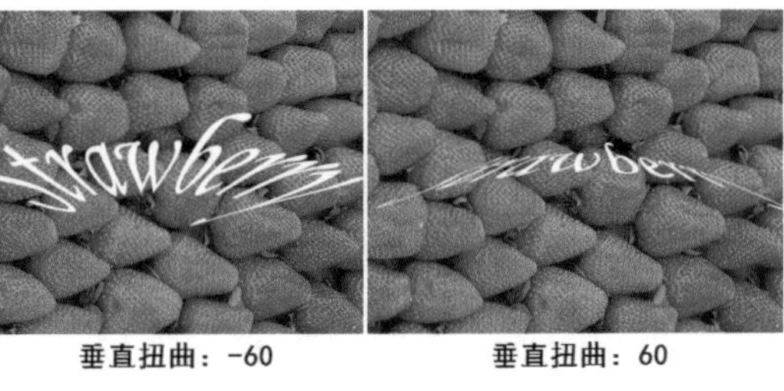

图 12-125

提示：为什么“变形文字”不可用

如果所选的文字对象被添加了“仿粗体”样式 T，那么在使用“变形文字”功能时可能会出现不可用的提示，如图12-126所示。此时只需单击“确定”按钮，即可去除“仿粗体”样式，并继续使用“变形文字”功能。

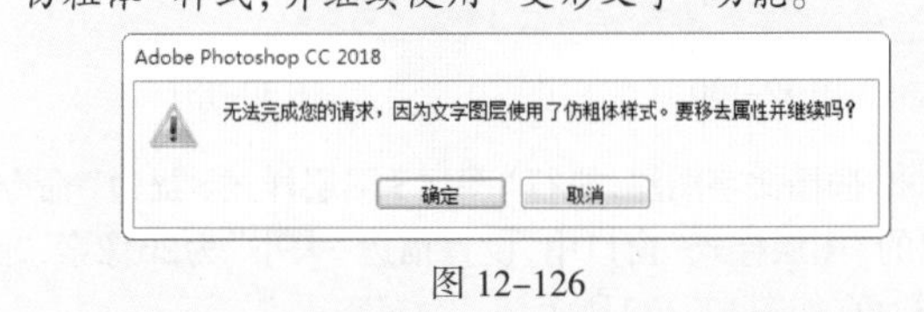

图 12-126

练习实例：变形艺术字

文件路径	资源包\第12章\变形艺术字
难易指数	★★★★★
技术掌握	变形文字、图层样式

案例效果

本例效果如图12-127所示。

扫一扫，看视频

图 12-127

操作步骤

步骤 01 执行“文件>打开”命令，打开素材1.jpg，如图12-128所示。

步骤 02 单击工具箱中的“横排文字工具”按钮，在其选项栏中设置合适的字体、字号，设置“文本颜色”为白色。在画面中单击插入光标，然后输入文字，如图12-129所示。在“图层”面板中选中输入的文字图层，在选项栏中单击“创建变形文字”按钮 ，在弹出的“变形文字”窗口中设置“样式”为“扇形”，“弯曲”为20%，单击“确定”按钮，如图12-130所示。效果如图12-131所示。

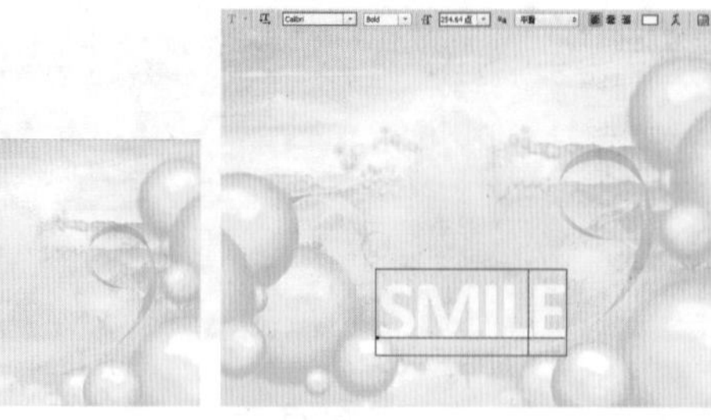

图 12-128　　图 12-129

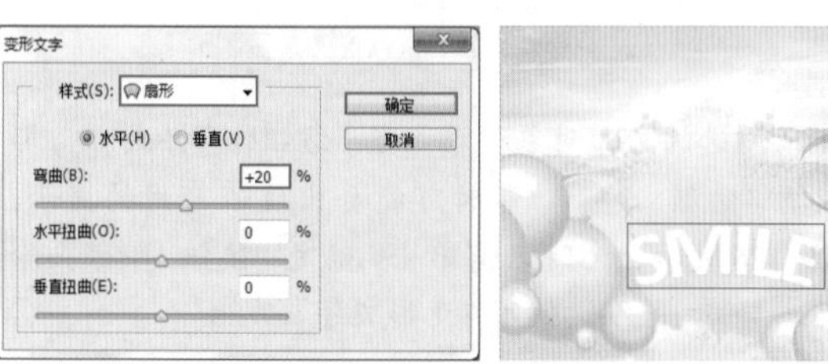

图 12-130　　图 12-131

步骤 03 选择文字图层，执行“图层 > 图层样式 > 描边”命令，在弹出的“图层样式”窗口中，设置描边“大小”为20像素，“颜色”为粉色，如图12-132所示。接着在“样式”列表框中选中“投影”复选框，设置“阴影颜色”为黑色，“不透明度”为75%，“角度”为30度，“距离”为20像素，“扩展”为35%，“大小”为20像素，单击“确定”按钮，如图12-133所示。文字效果如图12-134所示。

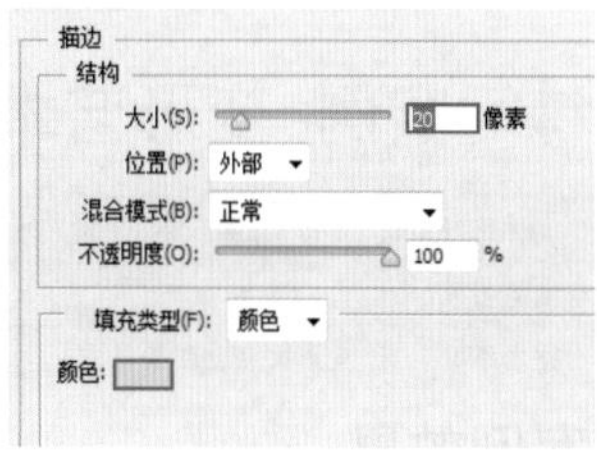

图 12-132

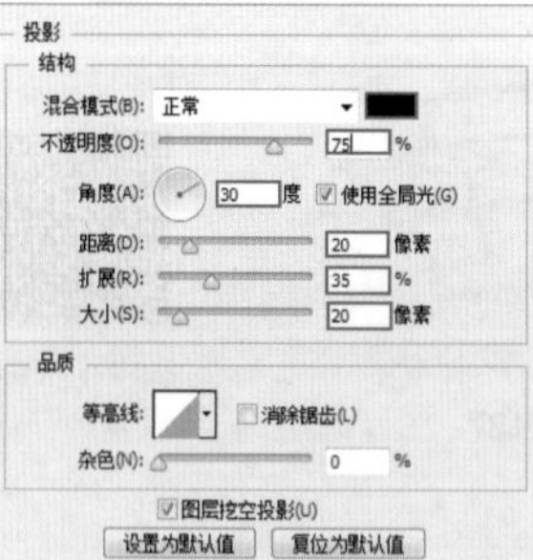

图 12-133　　图 12-134

步骤 04 使用“横排文字工具”输入文字，如图12-135所示。选中输入的文字，在选项栏中单击“创建变形文字”按钮，在弹出的“变形文字”窗口中设置“样式”为“扇形”，“弯曲”为22%，单击“确定”按钮，如图12-136所示。效果如图12-137所示。

步骤 05 同样的方式制作其他变形的文字，如图12-138所示。

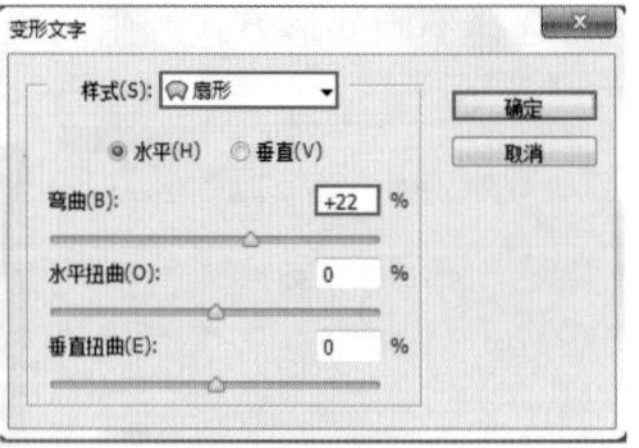

图 12-135　　图 12-136

图 12-137　　图 12-138

步骤 06 在“图层”面板中选中第一个输入文字的图层，单击鼠标右键，在弹出的快捷菜单中执行“拷贝图层样式”命令，如图12-139所示。选择另外一个没有图层样式的文字图层，单击鼠标右键，在弹出的快捷菜单中执行“粘贴图层样式”命令，如图12-140所示。

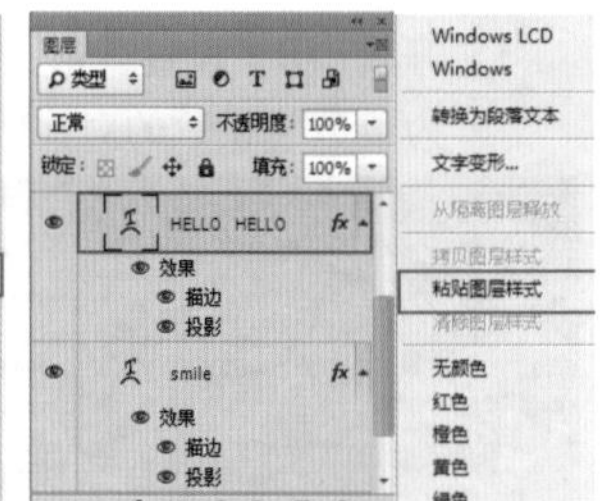

图 12-139　　图 12-140

步骤 07 此时该文本具有了同样的图层样式，如图12-141所示。使用同样的方法为其他文字添加图层样式，如图12-142所示。

图 12-141　　图 12-142

步骤 08 在“图层”面板中单击“创建新组”按钮，新建一个名为“文字”的图层组；然后选中所有文字图层，如图12-143所示。按住鼠标左键拖动，将所选图层移到图层组“文字”中，如图12-144所示。

图 12-143

图 12-144

步骤 09 选择整个组，如图12-145所示。执行“图层>图层样式>描边”命令，在弹出的“图层样式”窗口中设置“大小”为30像素，“颜色”为深粉色，如图12-146所示。

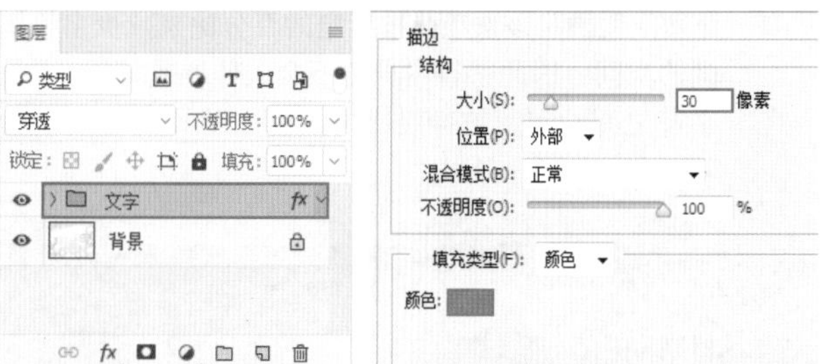

图 12-145　　图 12-146

步骤 10 在左侧“样式”列表框中选中“投影”复选框，设置“阴影颜色”为黑色，“角度”为30度，“距离”为40像素，“扩展”为5%，“大小”为40像素，单击“确定”按钮，如图12-147所示。效果如图12-148所示。

图 12-147　　图 12-148

步骤 11 执行“文件>置入嵌入对象”命令，置入素材2.png。将置入对象调整到合适的大小、位置，然后按Enter键完成置入操作。执行“图层>栅格化>智能对象”命令，最终效果如图12-149所示。

图 12-149

12.1.7 文字蒙版工具：创建文字选区

“文字蒙版工具”与其被称为“文字工具”，不如称之为“选区工具”。“文字蒙版工具”主要用于创建文字的选区，而不是实体文字。使用“文字蒙版工具”创建文字选区的方法与使用文字工具创建文字对象的方法基本相同，而且设置字体、字号等属性的方式也是相同的。Photoshop中包含两种文字蒙版工具：“横排文字蒙版工具”和“直排文字蒙版工具”。这两种工具的区别在于创建出的文字选区方向不同。

扫一扫，看视频

(1) 下面以使用“横排文字蒙版工具”为例进行说明。单击工具箱中的“横排文字蒙版工具”按钮，在其选项栏中进行字体、字号、对齐方式等设置，然后在画面中单击，画面被半透明的蒙版所覆盖，如图12-150所示。输入文字，文字部分显现出原始图像内容，如图12-151所示。文字输入完成后，在选项栏中单击“提交所有当前编辑”按钮✓，文字将以选区的形式出现，如图12-152所示。

图 12-150

图 12-151

图 12-152

(2) 在文字选区中，可以进行填充(前景色、背景色、渐变色、图案等)，如图12-153所示。也可以对选区中的图案内容进行编辑，如图12-154所示。

图12-153　　图12-154

重点 12.1.8 “字符”面板

扫一扫，看视频

虽然在文字工具的选项栏中可以进行一些文字属性的设置，但并未包括所有的文字属性。执行“窗口>字符”命令，打开“字符”面板。该面板是专门用来定义页面中字符的属性的。在“字符”面板中，除了能对常见的字体系列、字体样式、字体大小、文本颜色和消除锯齿的方法等进行设置，也可以对行距、字距等字符属性进行设置，如图12-155所示。

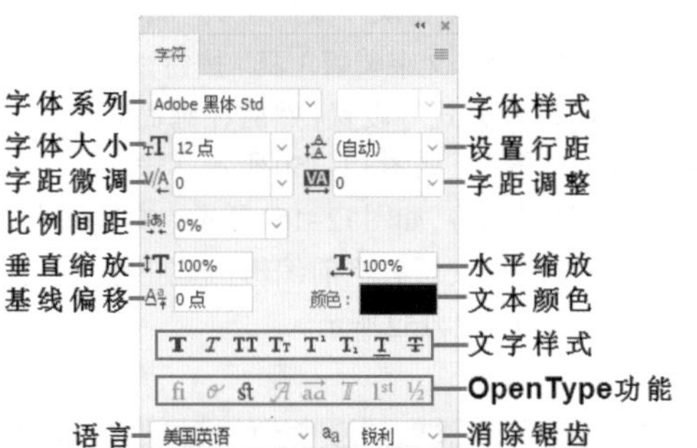

图12-155

- 设置行距：用于调整多行文字的行与行之间的距离。图12-156所示为不同参数的对比效果。

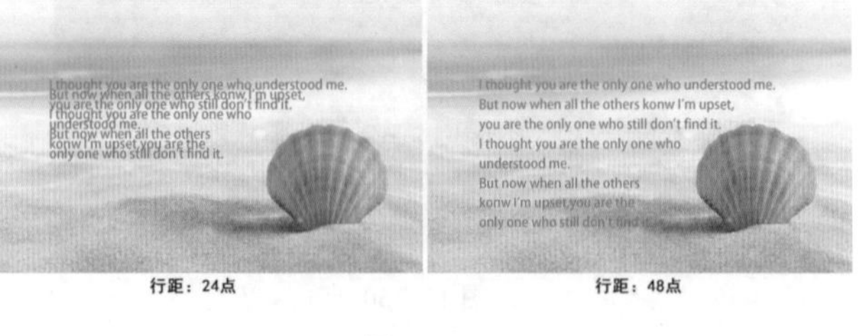

图12-156

- 字距微调：该选项可用于微调两个字符之间的距离。设置参数之前需要将光标定位到要处理的两个文字之间。图12-157所示为不同参数的对比效果。

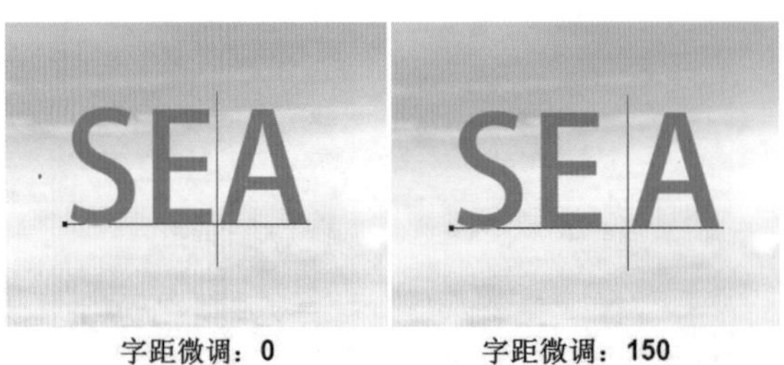

图12-157

- 字距调整：用于设置每行文字中字符与字符之间的距离。增大数值，字符之间距离增大，图12-158所示为不同参数的对比效果。

图12-158

- 比例间距：该选项是按指定的百分比来减少字符周围的空间。因此字符本身并不会被伸展或挤压，而是字符之间的间距被伸展或挤压了。图12-159所示为不同参数的对比效果。

图12-159

- 垂直缩放/水平缩放：该选项可在垂直方向或水平方向对文字进行拉伸或压缩。图12-160所示为不同参数的对比效果。

图12-160

- 基线偏移：用于设置文字与文字基线之间的距离。增大数值文字上移；减小数值文字下移。图12-161所示为不同参数的对比效果。

图12-161

- 文字样式 T *T* TT Tт T¹ T₁ T̲ T̶：用于设置文字的特殊效果，仿粗体T、仿斜体*T*、全部大写字母TT、小型大写字母Tт、上标T¹、下标T₁、下划线T̲、删除线T̶，如图12-162所示。

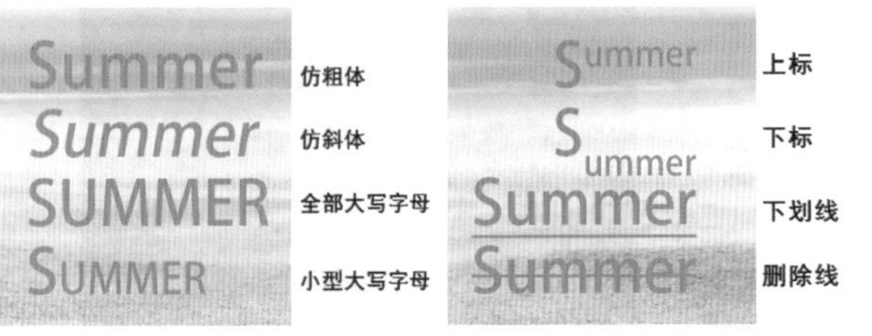

图 12-162

- Open Type功能 fi ℴ st 𝒜 aa T 1st ½：包括标准连字fi、上下文替代字ℴ、自由连字st、花饰字𝒜、替代样式aa、标题替代字T、序数字1st、分数字½。
- 语言设置：用于设置文字的语言类型。
- 消除锯齿方法：在下拉列表中可以选择一种文字消除锯齿的方法，如果设置为无，文字边缘将会较为粗糙生硬。

练习实例：使用文字工具制作运动器材宣传图

文件路径	资源包\第12章\使用文字工具制作运动器材宣传图
难易指数	★★★★★
技术掌握	横排文字工具、"字符"面板

扫一扫，看视频

案例效果

本例效果如图12-163所示。

图 12-163

操作步骤

步骤 01 执行"文件>新建"命令，新建一个空白文档，如图12-164所示。

步骤 02 执行"文件>置入嵌入对象"命令，将背景素材1.jpg置入到画面中，调整其大小及位置后按Enter键完成置入操作。在"图层"面板中右键单击该图层，在弹出的快捷菜单中执行"栅格化图层"命令，如图12-165所示。

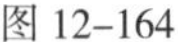

图 12-164

图 12-165

步骤 03 创建新图层，单击工具箱底部的"前景色"按钮，在弹出的"拾色器"窗口中设置颜色为黑色，然后单击"确定"按钮，如图12-166所示。在"图层"面板中选择刚创建的图层，按前景色填充快捷键Alt+Delete进行填充，效果如图12-167所示。

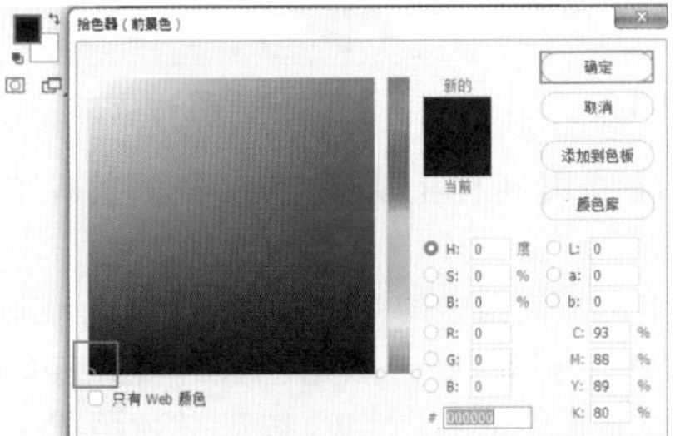

图 12-166

图 12-167

步骤 04 在"图层"面板中选中黑色图层，设置"不透明度"为40%，如图12-168所示。

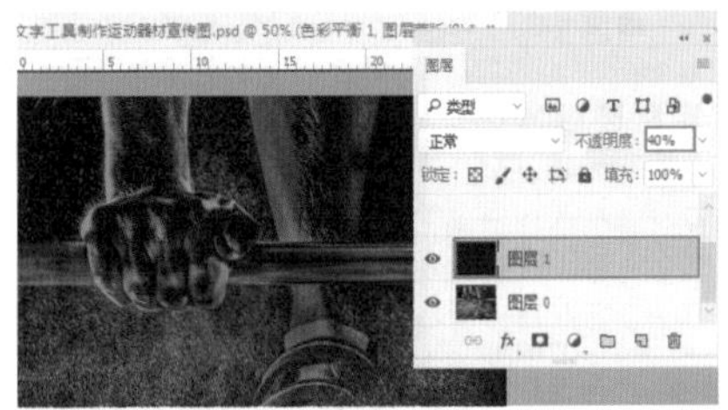

图 12-168

步骤 05 为画面制作暗角。创建一个新图层，选择工具箱中的"画笔工具"，在选项栏中单击打开"画笔预设"选取器，在下拉面板中选择一个"柔边圆"画笔，设置画笔"大小"为500像素，设"硬度"为0%，如图12-169所示。在工具箱底部设置“前景色”为黑色，选择刚创建的空白图层，在画面左上方按住鼠标左键拖动进行绘制，如图12-170所示。

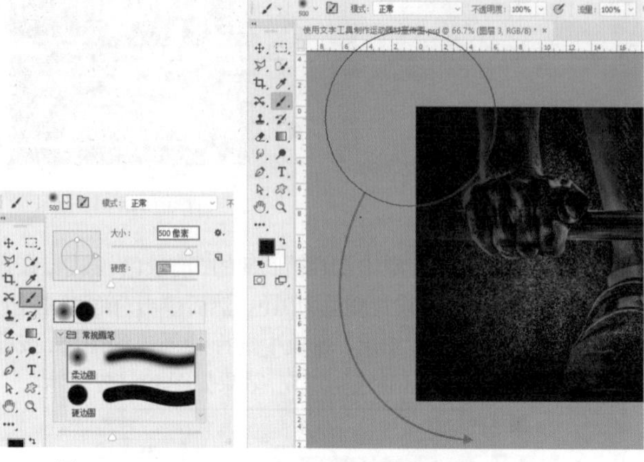

图 12-169　　图 12-170

步骤 06 继续用同样的方法制作右侧的暗角效果，如图12-171所示。

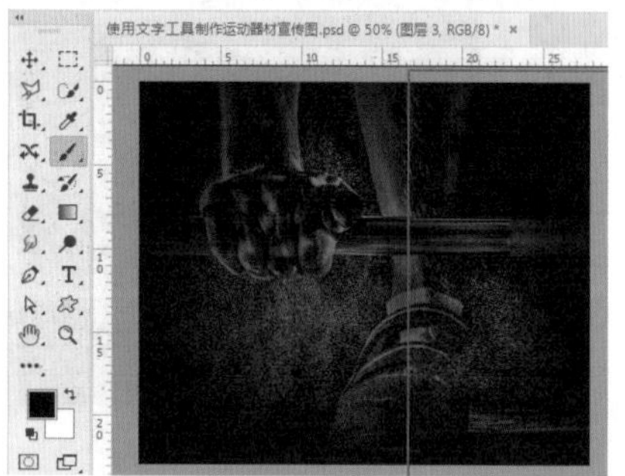

图 12-171

步骤 07 单击工具箱中的“钢笔工具”按钮，在选项栏中设置“绘制模式”为“形状”，“填充”为无，单击选项栏中的“描边”，在下拉面板中单击“渐变”按钮，然后编辑一个黄色系的渐变颜色，设置“渐变类型”为“线性”，设置“渐变角度”为-108。接着回到选项栏中设置“描边”为5点，在画面中间绘制出一个三角形，画面效果如图12-172所示。

图 12-172

步骤 08 绘制画面中的装饰图形。单击工具箱中的“钢笔工具”按钮，在选项栏中设置“绘制模式”为“形状”，“填充”为黄色，“描边”为无，设置完成后在画面合适的位置绘制出一个三角形，如图12-173所示。继续使用同样的方法将下方两个三角形绘制出来，如图12-174所示。

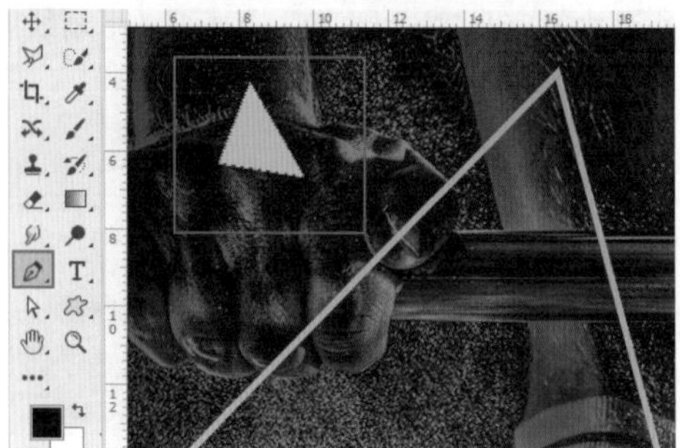

图 12-173

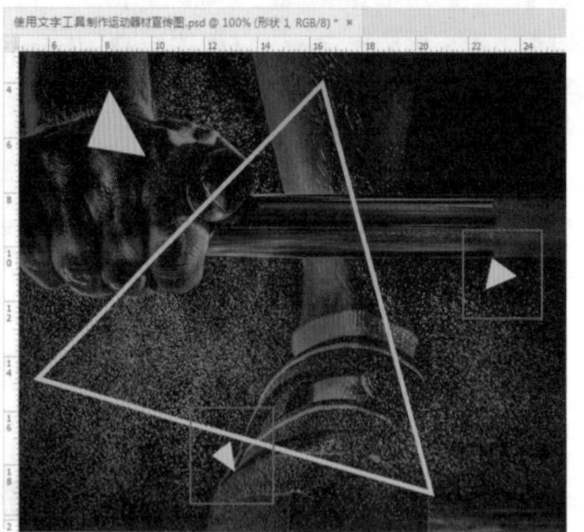

图 12-174

步骤 09 单击工具箱中的“钢笔工具”按钮，在选项栏中设置“绘制模式”为“形状”，“填充”为无，“描边”为稍深黄色，“描边粗细”为2点，设置完成后在画面中沿着大三角形的外轮廓绘制一条直线，如图12-175所示。继续使用同样的方法将下方直线绘制出来，如图12-176所示。

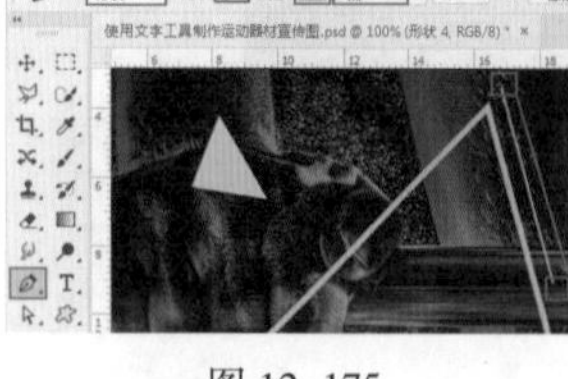

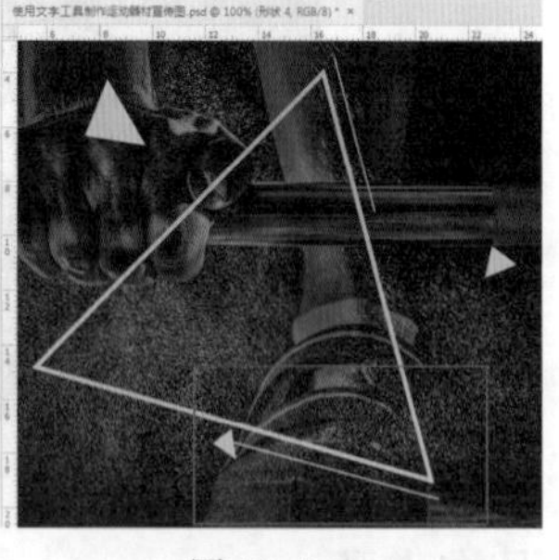

图 12-175　　图 12-176

步骤 10 制作主体文字。单击工具箱中的“横排文字工具”按钮，在选项栏中设置合适的字体、字号，文字颜色设置为白色，设置完成后在画面中间位置单击鼠标建立文字输入的起始点，接着输入文字，输入完后按快捷键Ctrl+Enter，如图12-177所示。选中文字，执行“窗口>字符”命令，在弹出的“字符”面板中单击“仿斜体”按钮，如图12-178所示。

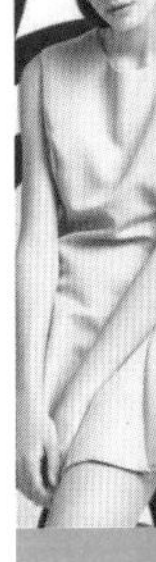

图 12-177

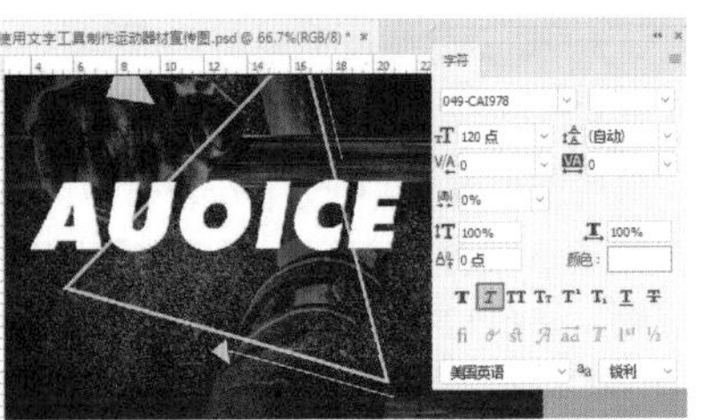

图 12-178

步骤 11 继续使用同样的方法输入上方文字，如图12-179所示。

步骤 12 单击工具箱中的"矩形工具"按钮，在选项栏中设置"绘制模式"为"形状"，"填充"为黄色，"描边"为无，设置完成后在画面中合适的位置按住鼠标左键拖动，绘制出一个矩形，如图12-180所示。

图 12-179

图 12-180

步骤 13 选中黄色矩形，按自由变换快捷键Ctrl+T调出定界框，单击鼠标右键，在弹出的快捷菜单中执行"倾斜"命令，然后按住上方控制点向右拖动，如图12-181所示。图形调整完毕之后按Enter键结束变换。

步骤 14 继续使用同样的方法将下方三个黑色矩形绘制出来，如图12-182所示。

图 12-181

图 12-182

步骤 15 单击工具箱中的"横排文字工具"按钮，在选项栏中设置合适的字体、字号，文字颜色设置为黑色，设置完成后在黄色四边形上方单击鼠标建立文字输入的起始点，接着输入文字，输入完后按快捷键Ctrl+Enter，如图12-183所示。选中文字，执行"窗口>字符"命令，在弹出的"字符"面板中单击"仿斜体"按钮，如图12-184所示。

图 12-183

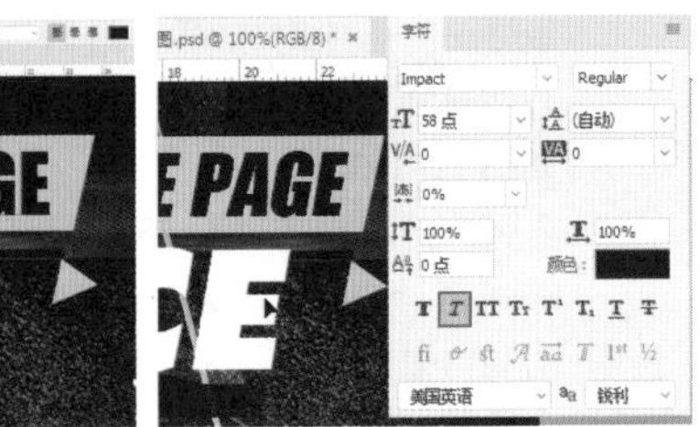

图 12-184

步骤 16 继续使用同样的方法添加三个黑色矩形上方的文字，完成效果如图12-185所示。

图 12-185

重点 12.1.9 "段落"面板

"段落"面板用于设置文字段落的属性，如文本的对齐方式、缩进方式、避头尾法则设置、间距组合设置、连字等。在文字工具选项栏中单击"切换字符"和"段落"面板按钮或执行"窗口>段落"命令，打开"段落"面板，如图12-186所示。

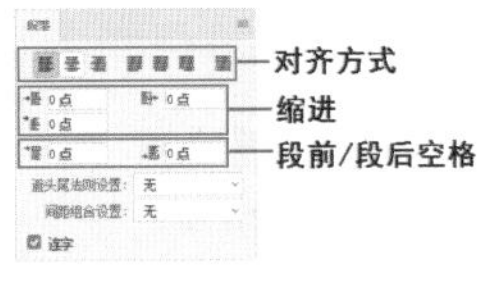

图 12-186

- 左对齐文本：默认的文本对齐方式，全部文字行沿左侧边缘对齐，段落右端参差不齐，如图12-187所示。
- 居中对齐文本：全部文字行居中对齐，段落两端参差不齐，如图12-188所示。
- 右对齐文本：全部文字行沿右侧边缘对齐，段落左端参差不齐，如图12-189所示。

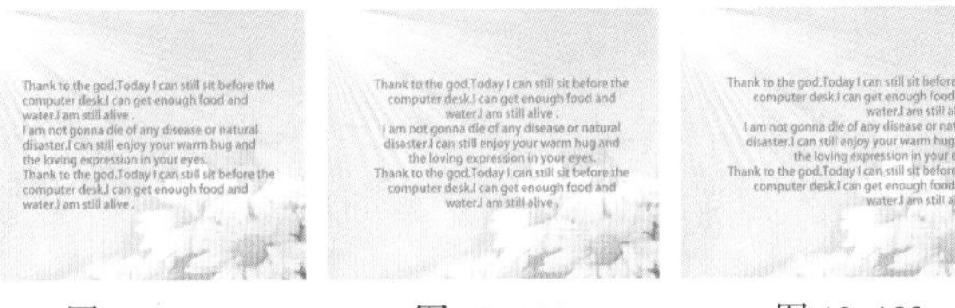

图 12-187　图 12-188　图 12-189

- **最后一行左对齐** ：大段文字排版时常用的一种对齐方式。最后一行左对齐，其他行左右两端强制对齐。仅针对于段落文本、区域文字可用，如图12-190所示。
- **最后一行居中对齐** ：最后一行居中对齐，其他行左右两端强制对齐。仅针对于段落文本、区域文字可用，如图12-191所示。
- **最后一行右对齐** ：最后一行右对齐，其他行左右两端强制对齐。仅针对于段落文本、区域文字可用，如图12-192所示。
- **全部对齐** ：全部文字行的左右两端均强制对齐。仅针对于段落文本、区域文字可用，如图12-193所示。

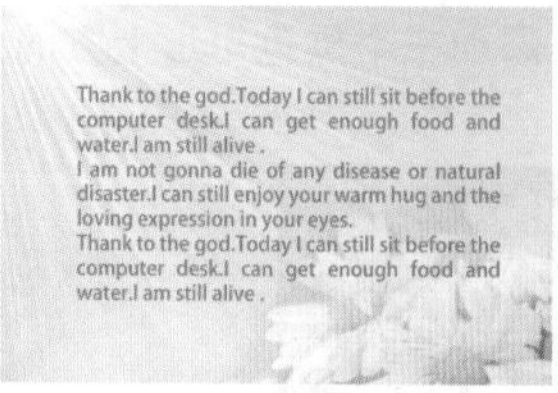

图 12-190

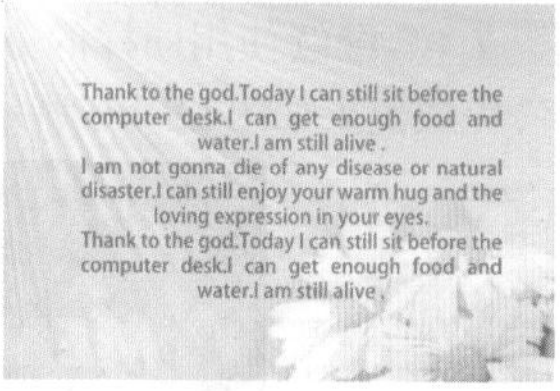

图 12-191

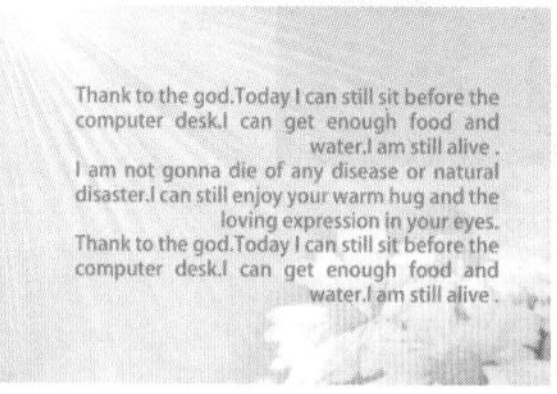

图 12-192

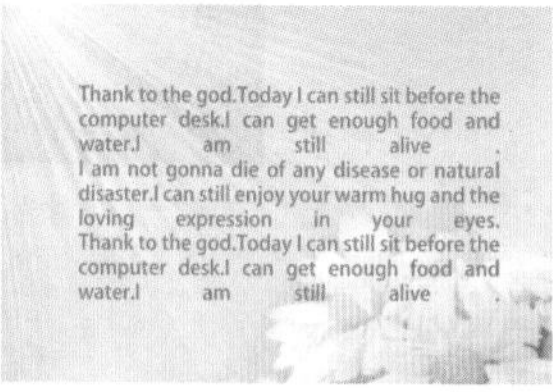

图 12-193

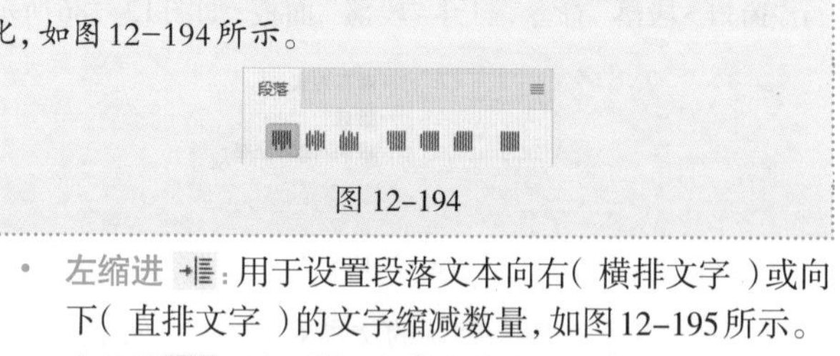

提示：直排文字的对齐方式

当文字纵向排列（即直排）时，对齐按钮会发生一些变化，如图12-194所示。

图 12-194

- **左缩进** ：用于设置段落文本向右（横排文字）或向下（直排文字）的文字缩减数量，如图12-195所示。
- **右缩进** ：用于设置段落文本向左（横排文字）或向上（直排文字）的文字缩减数量，如图12-196所示。
- **首行缩进** ：常用于正文首行空格的制作。调整数值可以设置段落文本中每个段落的第1行向右（横排文字）或第1列文字向下（直排文字）的缩进量，如图12-197所示。

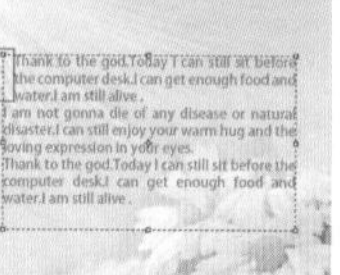

图 12-195

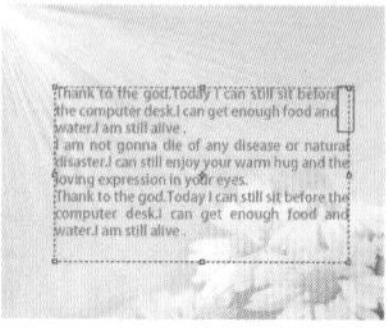

图 12-196

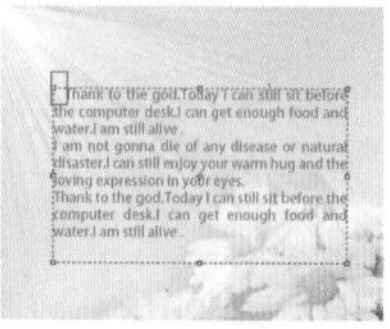

图 12-197

- **段前添加空格** ：用于在段落之前添加一行空格，以便于区分段落。如图12-198所示。
- **段后添加空格** ：用于在段落之后添加一行空格，以便于区分段落。如图12-199所示。

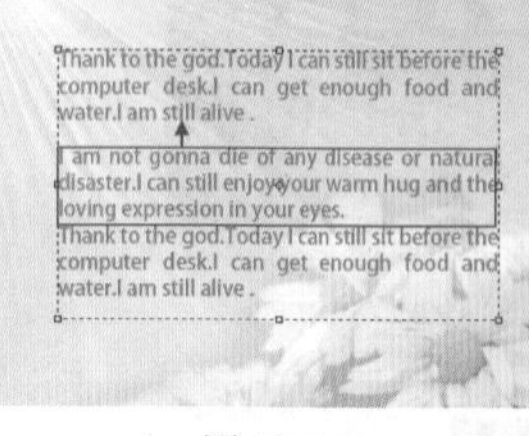

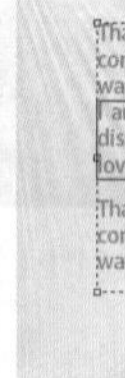

图 12-198

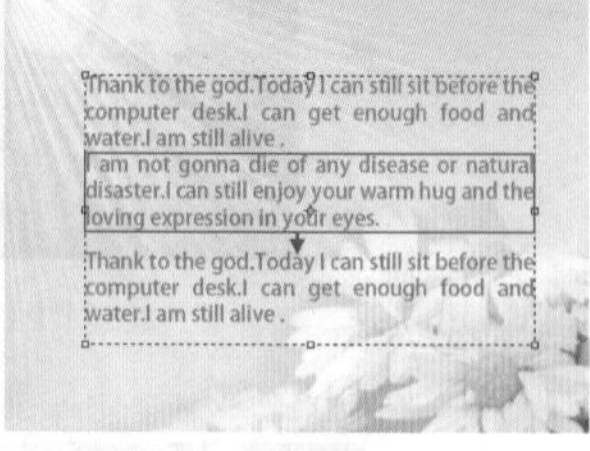

图 12-199

- **避头尾法则设置**：在中文书写习惯中，标点符号通常不会位于每行文字的第一位（日文的书写也遵循相同的规则），如图12-200所示。在Photoshop中可以通过使用“避头尾法则设置”来设定不允许出现在行首或行尾的字符。“避头尾”功能只对段落文本或区域文字起作用。默认情况下“避头尾法则设置”为“无”；单击右侧的下拉按钮，在弹出的下拉列表框中选择“JIS严格”或者“JIS宽松”，即可使位于行首的标点符号位置发生改变，如图12-201所示。

图 12-200

图 12-201

- **间距组合设置**：该选项主要用于日语字符、罗马字符、标点、特殊字符、行开头、行结尾和数字排版时的间距设置，可以从列表中选择一种合适方法。
- **连字**：当英文单词较长时，勾选中“连字”复选框后，在输入英文单词时，如果段落文本框的宽度不够，英文单词将自动换行，并在单词之间用连字符连接起来，如图12-202所示。

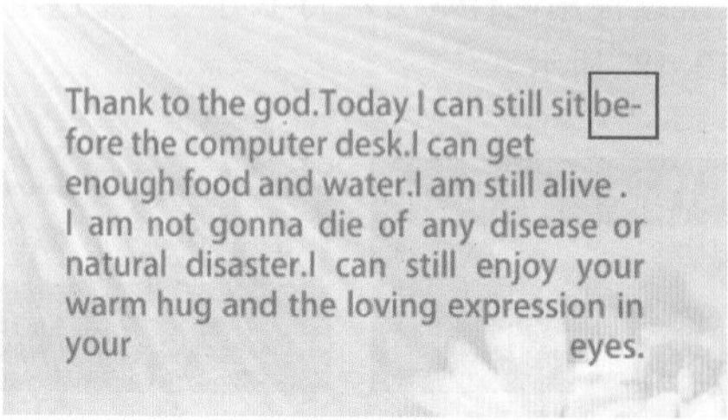

Thank to the god.Today I can still sit be-
fore the computer desk.I can get
enough food and water.I am still alive .
I am not gonna die of any disease or
natural disaster.I can still enjoy your
warm hug and the loving expression in
your eyes.

图 12-202

重点 12.1.10 栅格化：文字对象变为普通图层

“栅格化”在Photoshop中经常会遇到，例如栅格化智能对象、栅格化图层样式、栅格化3D对象等，这些操作通常都是指将特殊对象变为普通对象的过程。文字对象也是比较特殊的对象，无法直接进行形状或者内部像素的更改。想要进行这些操作就需要将文字对象转换为普通的图层，“栅格化文字”命令就派上用场了。

扫一扫，看视频

在“图层”面板中选择文字图层，在图层名称上单击鼠标右键，在弹出的快捷菜单中执行“栅格化文字”命令，如图12-203所示。这样就可以将文字图层转换为普通图层，图12-204所示。

图 12-203　　图 12-204

练习实例：网店粉笔字公告

文件路径	资源包\第12章\网店粉笔字公告
难易指数	★★★★★
技术掌握	文字工具的使用、栅格化文字、图层蒙版

扫一扫，看视频

案例效果

本例效果如图12-205所示。

图 12-205

操作步骤

步骤 01 执行“文件>打开”命令，打开黑板素材1.jpg，如图12-206所示。在工具箱中选择“横排文字工具”，在其选项栏中设置合适的字体、字号及颜色，然后在画面中输入文字，如图12-207所示。

图 12-206　　图 12-207

步骤 02 更改部分字符为其他颜色，如图12-208所示。在文字图层上单击鼠标右键，在弹出的快捷菜单中执行“栅格化文字”命令，使文字图层转换为普通图层，如图12-209所示。

图 12-208　　图 12-209

步骤 03 按住Ctrl键单击文字图层缩略图，载入文字选区。选择文字图层，单击“图层”面板底部的“添加图层蒙版”按钮，为文字图层添加蒙版。单击选中图层蒙版，执行“滤镜>像素化>铜版雕刻”命令，选择“类型”为“中长描边”，此时蒙版中白色文字部分出现了黑色的纹理，如图12-210所示。单击“确定”按钮，文字内容上也产生了局部隐藏的效果，如图12-211所示。

图 12-210　　图 12-211

步骤 04 继续执行“滤镜>像素化>铜版雕刻”命令，在弹出的窗口中选择“类型”为“粗网点”，如图12-212所示。如需加深效果，按Ctrl+Alt+F组合键，再次执行“铜版雕刻”命令，效果如图12-213所示。

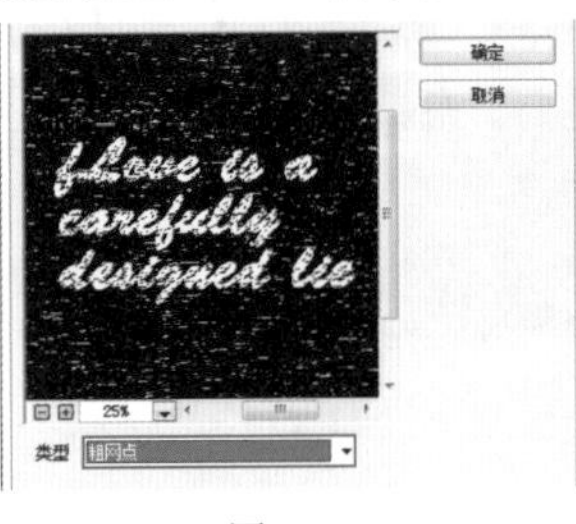

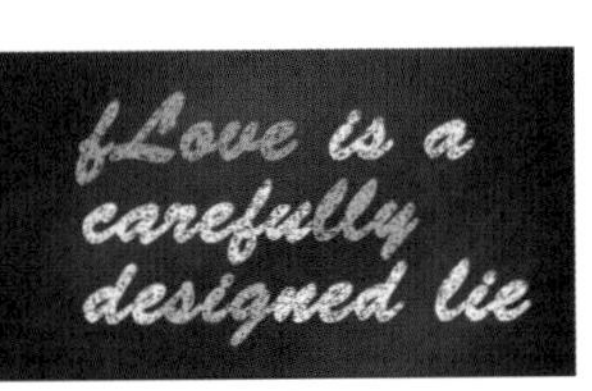

图 12-212　　图 12-213

步骤 05 在工具箱中选择“画笔工具”，在其选项栏中设置不规则的画笔笔刷并适当调整橡皮“不透明度”，然后在文字蒙版上进行涂抹，使文字产生若隐若现的效果，如图12-214所示。

图 12-214

12.1.11 动手练：文字对象转换为形状图层

“转换为形状”命令可以将文字对象转换为矢量的“形状图层”。转换为形状图层后，就可以使用钢笔工具组和选择工具组中的工具对文字的外形进行编辑。由于文字对象变为矢量对象，所以在变形的过程中，文字是不会变模糊的。通常在制作一些变形艺术字的时候，需要将文字对象转换为形状图层。

(1) 选择文字图层，在图层名称上单击鼠标右键，在弹出的快捷菜单中执行“转换为形状”命令，如图12-215所示，文字图层就变为形状图层，如图12-216所示。

图 12-215

图 12-216

(2)使用“直接选择工具”调整锚点位置，或者使用钢笔工具组中的工具在形状上添加锚点并调整锚点形态(与矢量制图的方法相同)，制作出形态各异的艺术字效果，如图12-217和图12-218所示。

图 12-217

12-218

练习实例：制作香水主图

文件路径	资源包\第12章\制作香水主图
难易指数	★★★★★
技术掌握	横排文字工具、魔棒工具、图层蒙版、剪贴蒙版

案例效果

本例效果如图12-219所示。

扫一扫，看视频

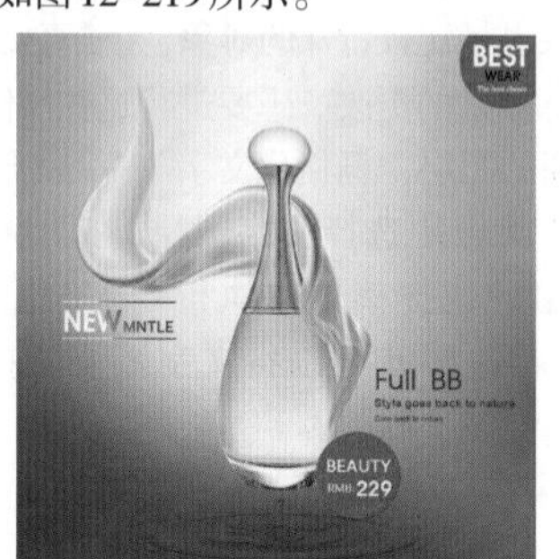

图 12-219

操作步骤

步骤 01 执行“文件>新建”命令，新建一个空白文档，如图12-220所示。

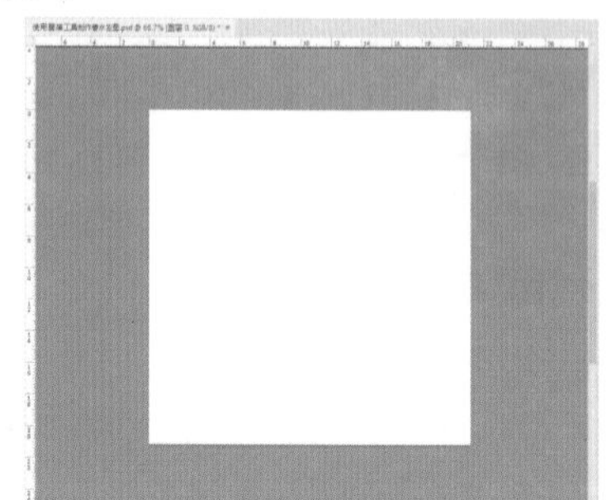
图 12-220

步骤 02 单击工具箱中的“渐变工具”按钮，单击选项栏中的渐变色条，在弹出的“渐变编辑器”中编辑一个蓝色系的渐变，颜色编辑完成后单击“确定”按钮，接着在选项栏中单击“线性渐变”按钮，如图12-221所示。在“图层”面板中选中背景图层，回到画面中按住鼠标左键从左下至右上拖动填充渐变，释放鼠标后完成渐变填充操作，如图12-222所示。

图 12-221

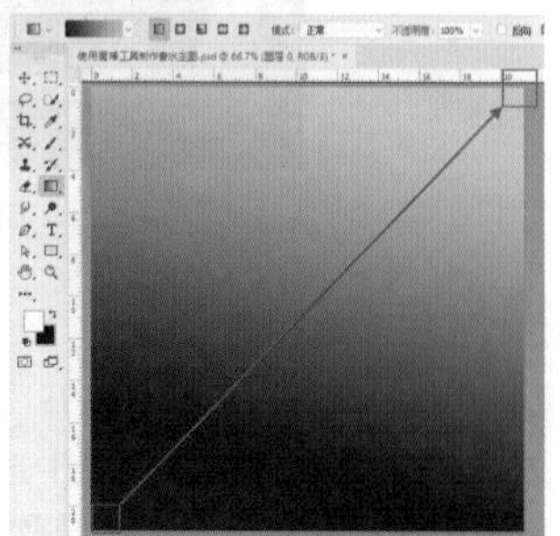
图 12-222

步骤 03 制作背景光感效果。创建一个新图层，选择工具箱中的“画笔工具”，在选项栏中单击打开“画笔预设”选取器，在下拉面板中选择一个“柔边圆”画笔，设置画笔“大小”为300像素，“硬度”为0%，“前景色”为白色，选择刚创建的空白图层，在画面上方按住鼠标左键拖动进行绘制，如图12–223所示。

步骤 04 使用同样的方法，设置“前景色”为稍深蓝色，在画面的两侧按住鼠标左键拖动进行绘制，压暗画面两边的强光效果，如图12–224所示。

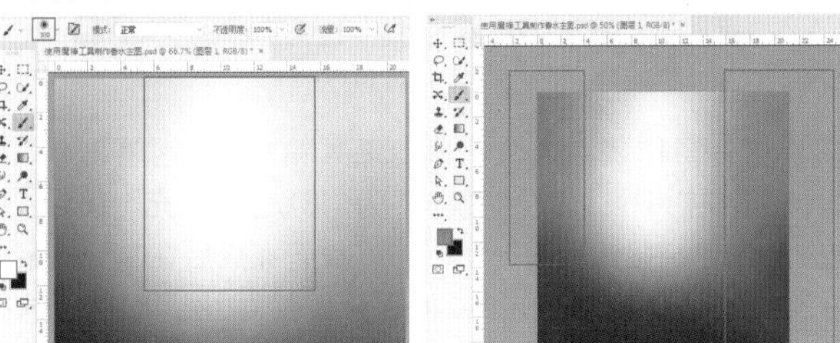

图 12–223　　图 12–224

步骤 05 执行“文件>置入嵌入对象”命令，将水纹素材1.png置入到画面中调整其大小及位置，如图12–225所示。按Enter键完成置入操作。在“图层”面板中右键单击该图层，在弹出的快捷菜单中执行“栅格化图层”命令。

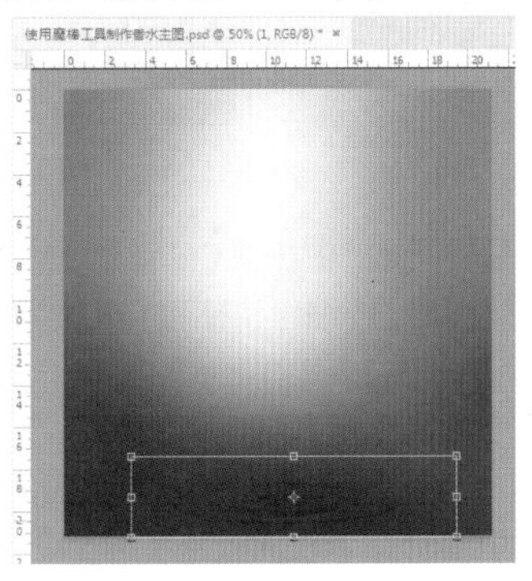

图 12–225

步骤 06 调整画面整体亮度。执行“图层>新建调整图层>曲线”命令，在弹出的“新建图层”窗口中单击“确定”按钮。在“属性”面板中，在曲线中间调的位置分别单击添加两个控制点，然后将两个控制点向左上方拖动，提高画面的亮度，如图12–226所示。画面效果如图12–227所示。

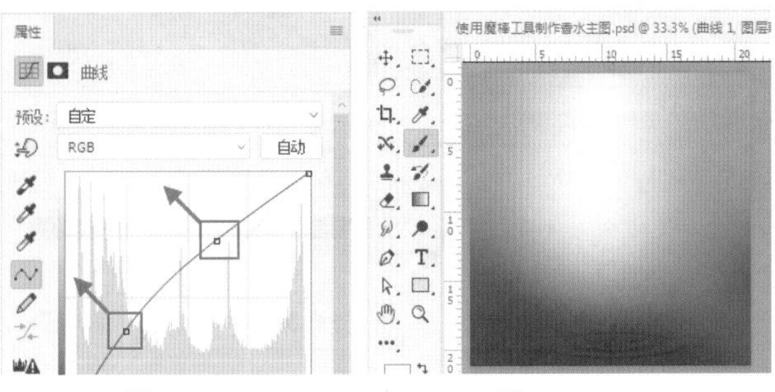

图 12–226　　图 12–227

步骤 07 执行“图层>新建调整图层>亮度/对比度”命令，在弹出的“新建图层”窗口中单击“确定”按钮。在“属性”面板中设置“亮度”为50，“对比度”为–7，如图12–228所示。画面效果如图12–229所示。

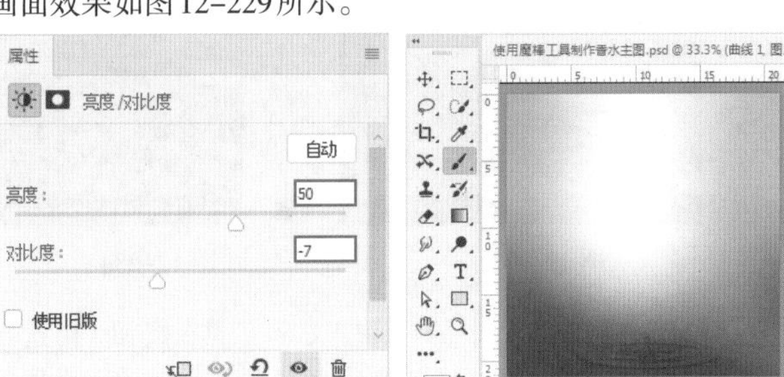

图 12–228　　图 12–229

步骤 08 选择工具箱中的“画笔工具”，在选项栏中单击打开“画笔预设”选取器，在下拉面板中选择一个“柔边圆”画笔，设置画笔“大小”为500像素，“硬度”为0%，“前景色”为黑色，在“图层”面板中选中“亮度/对比度”的图层蒙版，在画面上方及两侧边缘按住鼠标左键拖动进行绘制，如图12–230所示。

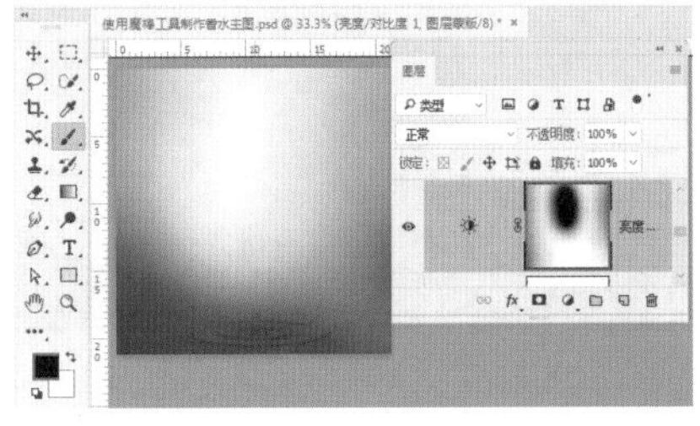

图 12–230

步骤 09 使用“魔棒工具”抠图。将香水素材置入到画面中合适的位置，调整大小后按Enter键并将其栅格化。单击工具箱中的“魔棒工具”按钮，在选项栏中单击“添加到选区”按钮，设置“容差”为25，勾选“消除锯齿”和“连续”，设置完成后，在红色位置依次单击得到红色的选区，如图12–231所示。接着执行“图层>图层蒙版>隐藏选区”命令，画面效果如图12–232所示。

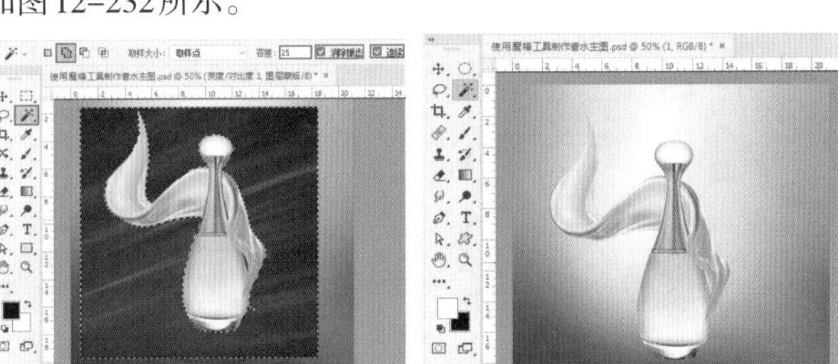

图 12–231　　图 12–232

步骤 10 制作圆形标签。创建一个新图层，单击工具箱中的“椭圆选框工具”按钮，在香水右下方按住Shift键的同时按住鼠标左键拖动，绘制一个正圆形选区，如图12–233所示。设置“前景色”为粉色，按快捷键Alt+Delete为选区添加颜色，

如图12-234所示。接着按快捷键Ctrl+D取消选区。

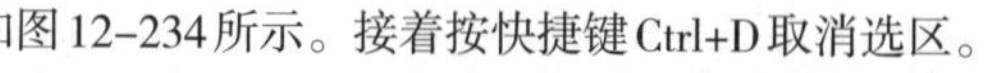

图 12-233

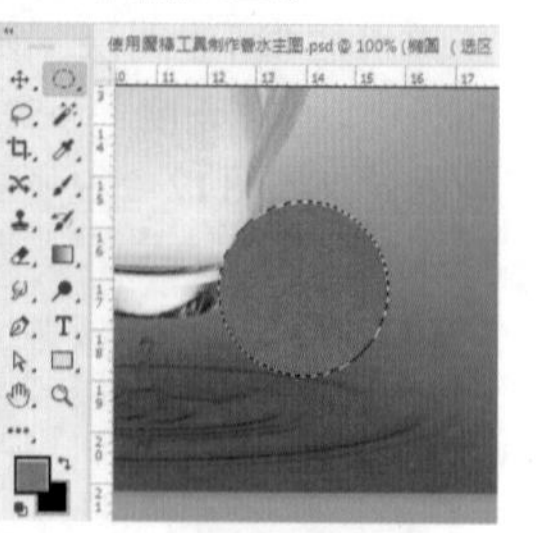

图 12-234

步骤 11 单击工具箱中的“横排文字工具”按钮，在选项栏中设置合适的字体、字号，文字颜色设置为白色，设置完成后在粉色正圆上方单击鼠标建立文字输入的起始点，接着输入文字，输入完后按快捷键Ctrl+Enter，如图12-235所示。继续使用同样的方法输入粉色正圆上方的其他文字，如图12-236所示。

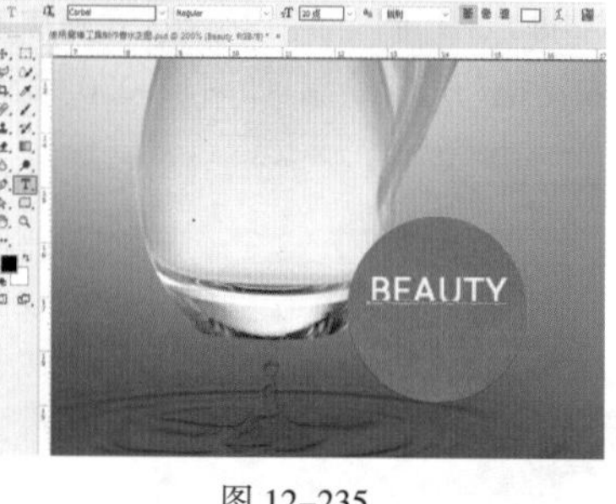

图 12-235

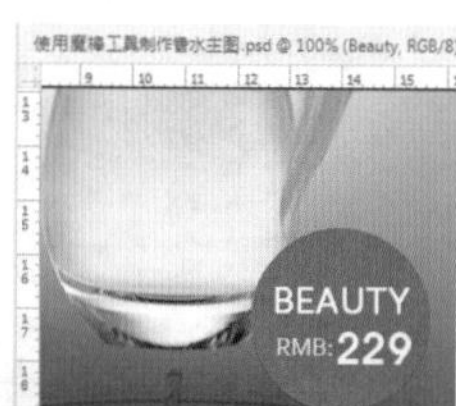

图 12-236

步骤 12 在“图层”面板中选中粉色正圆图层，按快捷键Ctrl+J复制出一个相同的图层，然后将其移动至画面的右上角，如图12-237所示。继续使用制作文字的方法输入右上方的文字，如图12-238所示。

图 12-237　　图 12-238

步骤 13 继续使用同样的方法输入画面两侧的文字，如图12-239所示。

图 12-239

步骤 14 制作装饰横线。单击工具箱中的“钢笔工具”按钮，在选项栏中设置“绘制模式”为“形状”，“填充”为无，“描边”为白色，“描边粗细”为1.5点。设置完成后在左侧文字上方绘制一条直线，如图12-240所示。在“图层”面板中选中直线图层，按快捷键Ctrl+J复制出一个相同的图层，然后按住Shift键的同时按住鼠标左键将其向下拖动，进行垂直移动的操作，如图12-241所示。

图 12-240

图 12-241

步骤 15 在“图层”面板中按住Ctrl键依次单击加选左侧的文字图层和直线图层，按编组快捷键Ctrl+G将加选图层编组并命名为“文字”，如图12-242所示。

步骤 16 为文字添加纹理。创建一个新图层，单击工具箱中的“渐变工具”按钮，单击选项栏中的“渐变色条”，在弹出的“渐变编辑器”中编辑一个较深蓝色系的渐变，编辑完成后单击“确定”按钮，接着在选项栏中单击“线性渐变”按钮，如图12-243所示。在“图层”面板中选中新建图层，回到画面中按住鼠标左键从左至右拖动填充渐变，释放鼠标后完成渐变填充操作，如图12-244所示。

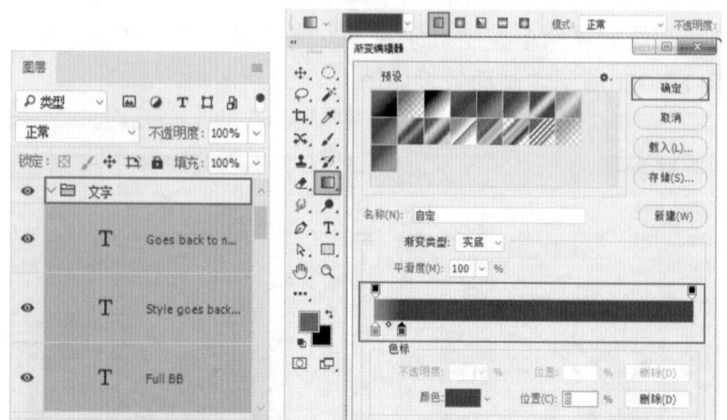

图 12-242　　图 12-243

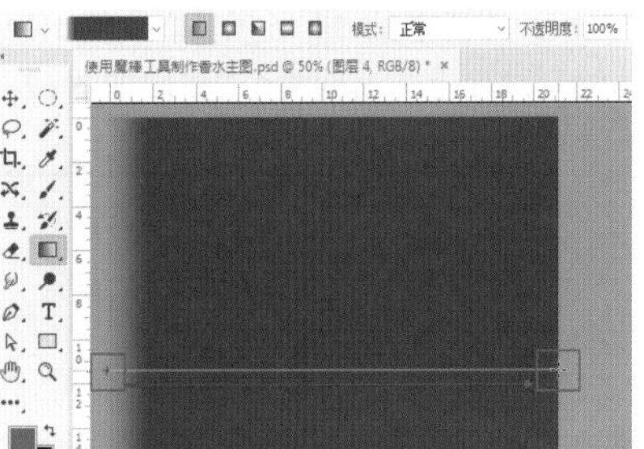

图 12-244

步骤 17 在“图层”面板选中刚制作的渐变图层，按自由变换快捷键Ctrl+T，将其旋转至合适的角度，效果如图12-245所示。调整完毕之后按Enter键结束变换。将该图层放在刚刚制作好的左下角文字的图层组上方，接着执行“图层>创建剪贴蒙版”命令，使刚制作的渐变图层作用于“文字”图层组，如图12-246所示。

步骤 18 本例完成效果如图12-247所示。

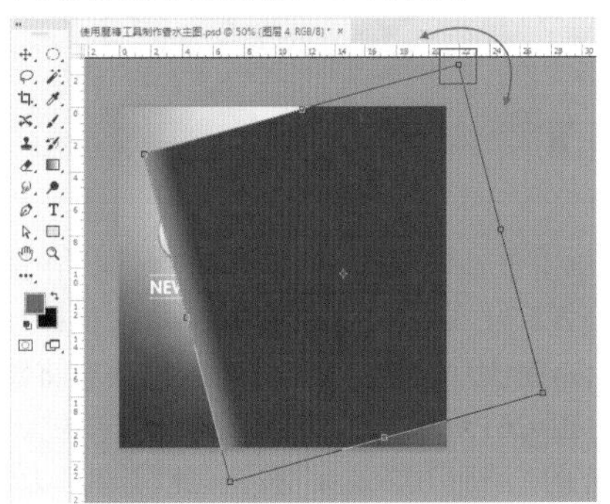

图 12-245

图 12-246

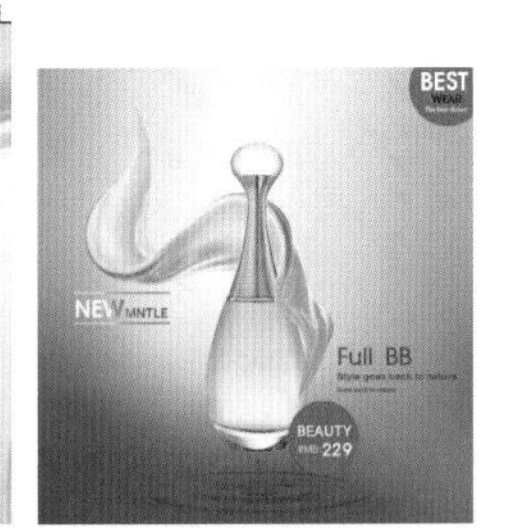

图 12-247

练习实例：护肤品主题广告

文件路径	资源包\第12章\护肤品主题广告
难易指数	★★★★★
技术掌握	横排文字工具、圆角矩形工具、矩形工具、剪贴蒙版、钢笔工具

扫一扫，看视频

案例效果

本例效果如图12-248所示。

图 12-248

操作步骤

步骤 01 执行“文件>新建”命令，新建一个空白文档，如图12-249所示。

图 12-249

步骤 02 为背景填充颜色。单击工具箱底部的“前景色”按钮，在弹出的“拾色器”窗口中设置颜色为蓝色，然后单击“确定”按钮，如图12-250所示。在“图层”面板中选择背景图层，按前景色填充快捷键Alt+Delete进行填充，效果如图12-251所示。

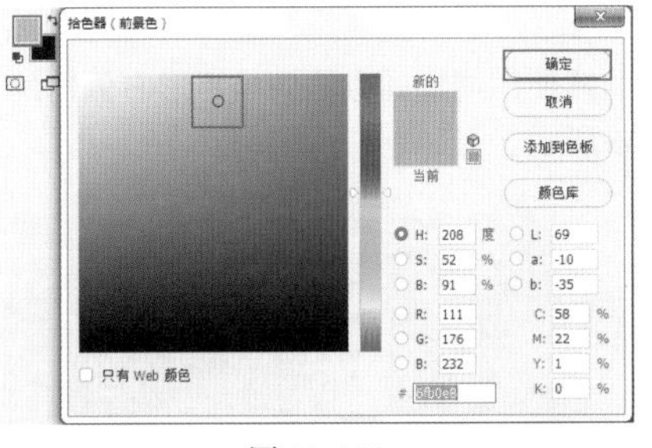

图 12-250

图 12-251

步骤 03 制作背景图形。单击工具箱中的“矩形工具”按钮，在选项栏中设置“绘制模式”为“形状”，单击选项栏中的“填

充”，在下拉面板中单击“纯色”按钮，在弹出的“拾色器”窗口中设置颜色为红色，然后单击“确定”按钮，接着设置选项栏中的“描边”为无，如图12–252所示。设置完成后在画面中间位置按住鼠标左键拖动绘制出一个矩形，如图12–253所示。

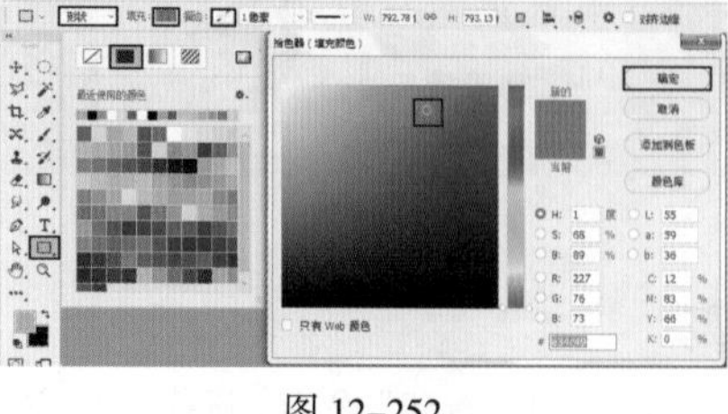

图 12–252

步骤 04 在“图层”面板中选中红色矩形图层，按自由变换快捷键Ctrl+T调出定界框，将其选中至合适的角度，如图12–254所示。图形调整完毕之后按Enter键结束变换。

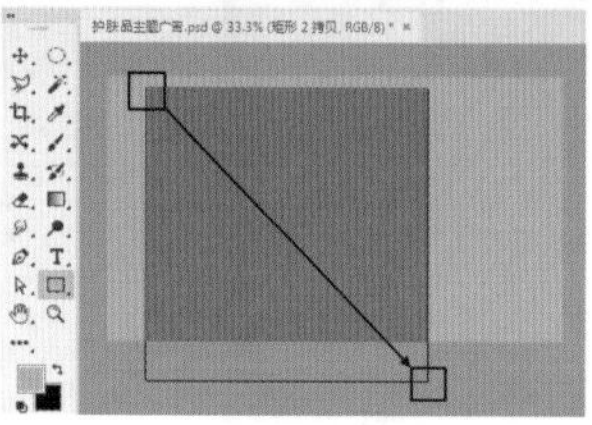

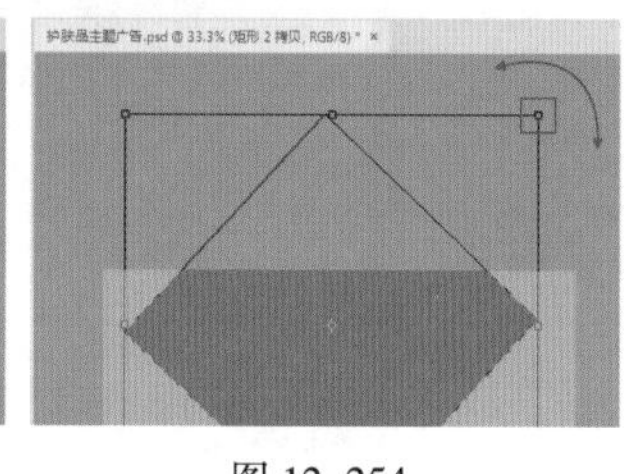

图 12–253　　图 12–254

步骤 05 选中红色矩形，单击工具箱中“添加锚点工具”按钮，在矩形左侧边缘位置单击添加锚点，如图12–255所示。在工具箱中单击“直接选择工具”按钮，选中刚添加的锚点，鼠标左键按住此锚点向左上方拖动，将矩形变形，如图12–256所示。继续使用同样的方法调整矩形左侧角的形态，效果如图12–257所示。

步骤 06 继续使用同样的方法调整矩形右侧角的形态，效果如图12–258所示。

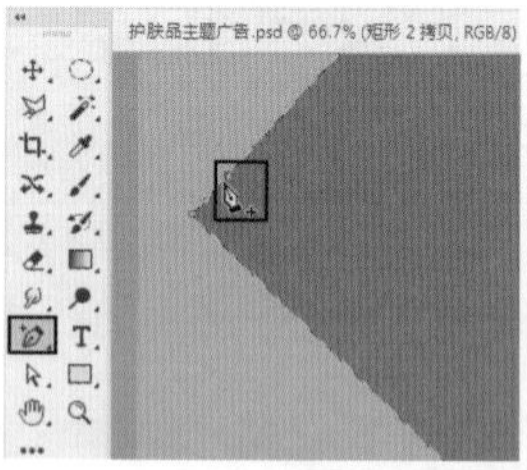

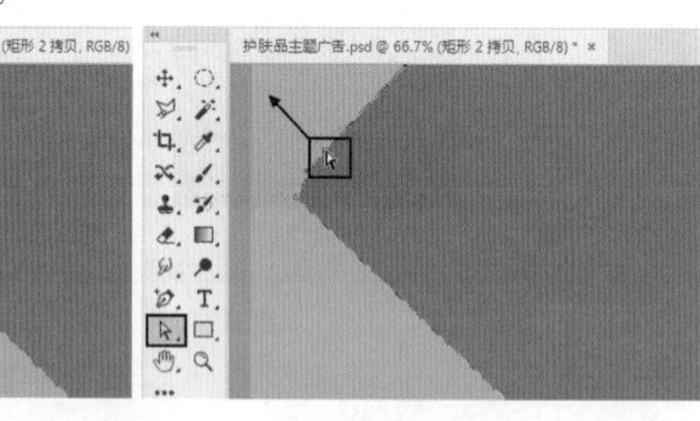

图 12–255　　图 12–256

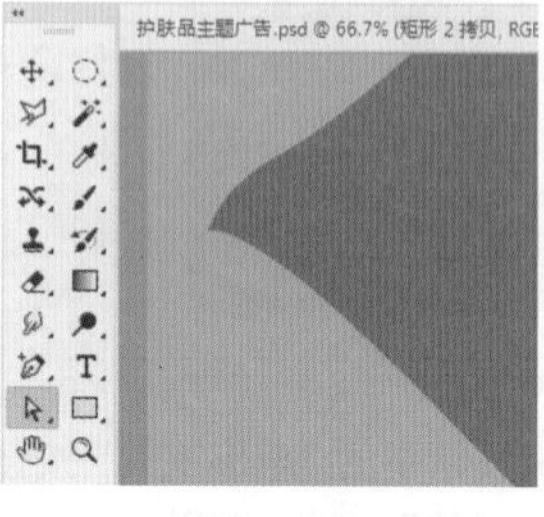

图 12–257 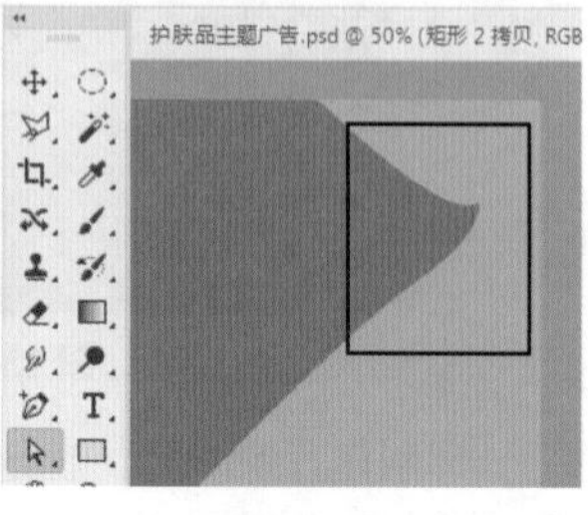　　图 12–258

步骤 07 单击工具箱中的“矩形工具”按钮，使用之前绘制矩形的方法绘制画面上方其他两个矩形，如图12–259所示。

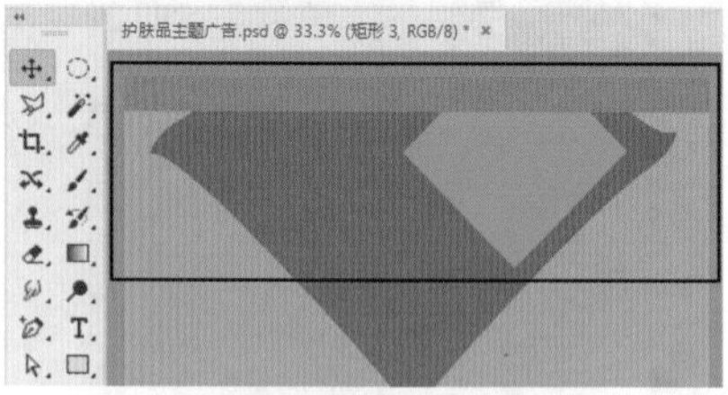

图 12–259

步骤 08 执行“文件>置入嵌入对象”命令，将人物素材1.jpg置入画面中，调整其大小及位置后按Enter键完成置入操作。在“图层”面板中右键单击该图层，在弹出的快捷菜单中执行“栅格化图层”命令，如图12–260所示。

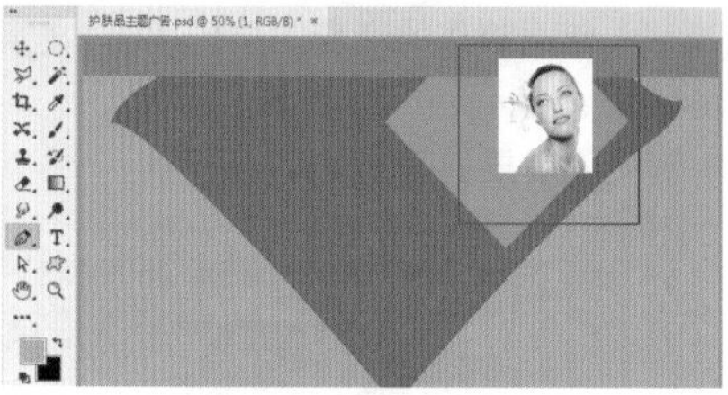

图 12–260

步骤 09 单击工具箱中的“钢笔工具”按钮，在选项栏中设置“绘制模式”为“路径”，沿人物轮廓单击鼠标左键绘制闭合路径，绘制完成后按快捷键Ctrl+Enter，快速将路径转换为选区，如图12–261所示。在“图层”面板中选中人物素材，单击面板下方的“添加图层蒙版”按钮，此时选区以外的部分被隐藏，如图12–262所示。

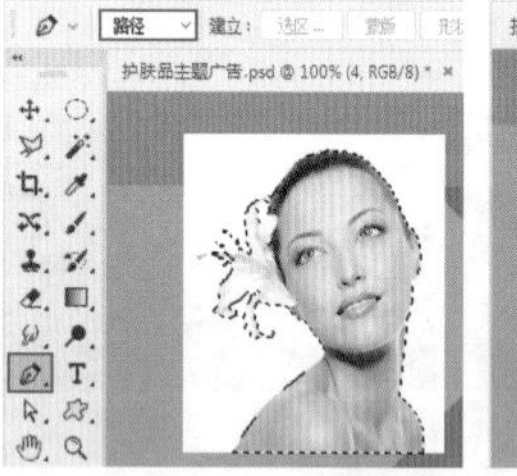

图 12–261 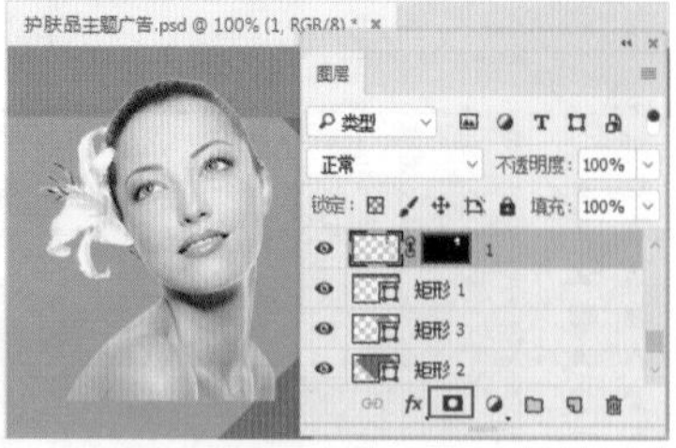　　图 12–262

步骤 10 继续使用同样的方法将画面左侧糖果素材“置入”文档内，调整其大小和位置并将其栅格化，如图12–263所示。在“图层”面板中选中转圈图层，将其移动至长条矩形图层的下方，画面效果如图12–264所示。

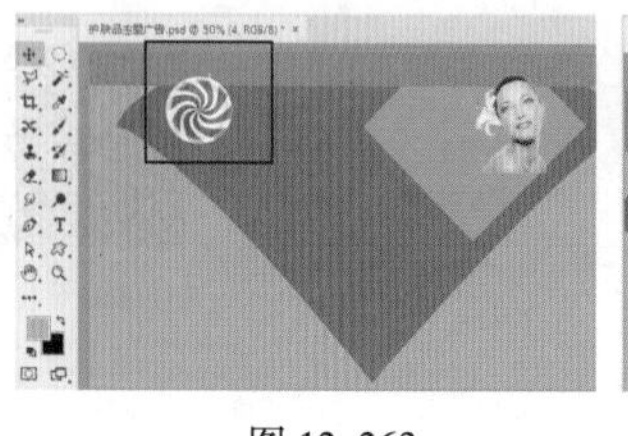

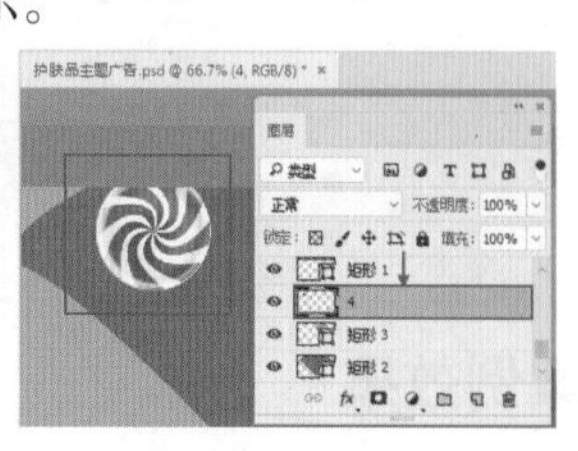

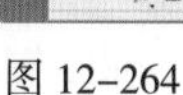

图 12–263　　图 12–264

步骤 11 制作主体文字。单击工具箱中的“横排文字工具”按钮，在选项栏中设置合适的字体、字号，文字颜色设置为白色，设置完毕后在画面中合适的位置单击鼠标建立文字输入的起始点，接着输入文字，输入完后按快捷键Ctrl+Enter，如图12-265所示。继续使用同样的方法制作下方小一些的文字，如图12-266所示。

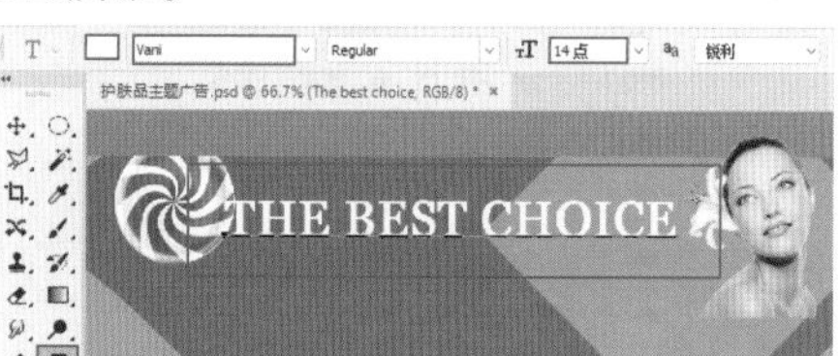

图 12-265

图 12-266

步骤 12 选中小一些的文字，执行“窗口>字符”命令，在弹出的“字符”面板中单击“仿粗体”按钮，设置“字距调整”为800，如图12-267所示。

图 12-267

步骤 13 单击工具箱中的“矩形工具”按钮，在选项栏中设置“绘制模式”为“形状”，“填充”为白色，“描边”为无。设置完成后在画面左侧位置按住Shift+Alt键的同时按住鼠标左键拖动绘制出一个正方形，如图12-268所示。

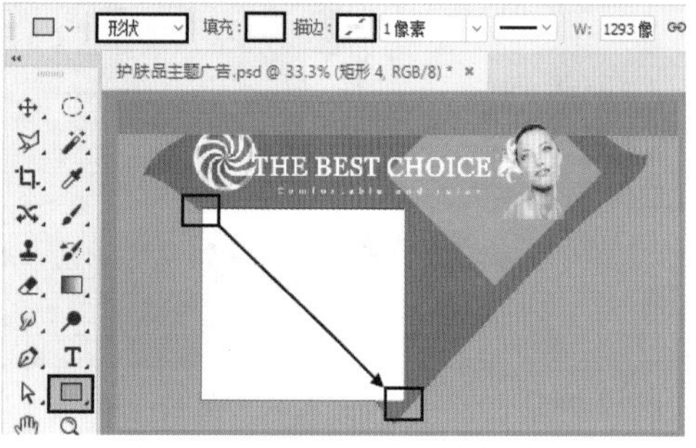

图 12-268

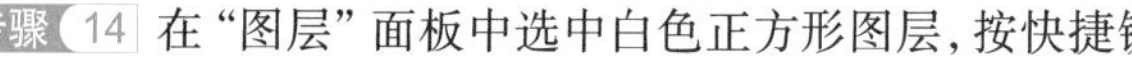

步骤 14 在“图层”面板中选中白色正方形图层，按快捷键Ctrl+J复制出一个相同的图层，然后回到画面中将其拖动至右下方，如图12-269所示。选中复制出的白色正方形图层，按自由变换快捷键Ctrl+T调出定界框，将光标放置在右侧控制点上按住鼠标左键向左拖动进行缩放，如图12-270所示。图形调整完毕之后按Enter键结束变换。

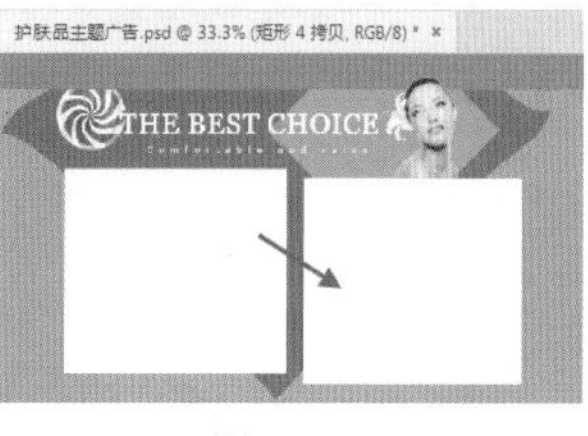
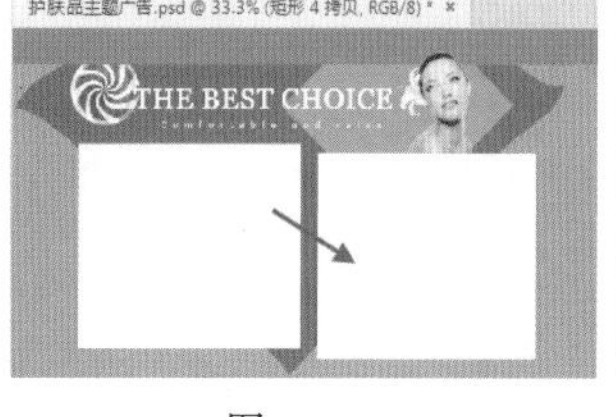

图 12-269

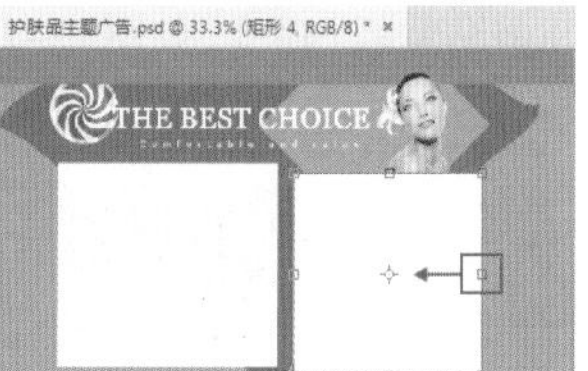

图 12-270

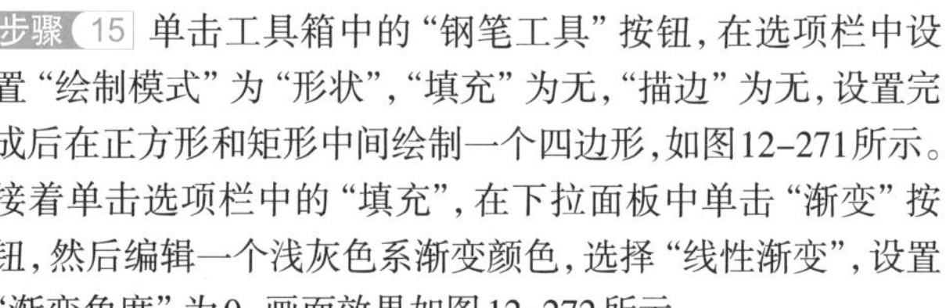

步骤 15 单击工具箱中的“钢笔工具”按钮，在选项栏中设置“绘制模式”为“形状”，“填充”为无，“描边”为无，设置完成后在正方形和矩形中间绘制一个四边形，如图12-271所示。接着单击选项栏中的“填充”，在下拉面板中单击“渐变”按钮，然后编辑一个浅灰色系渐变颜色，选择“线性渐变”，设置“渐变角度”为0，画面效果如图12-272所示。

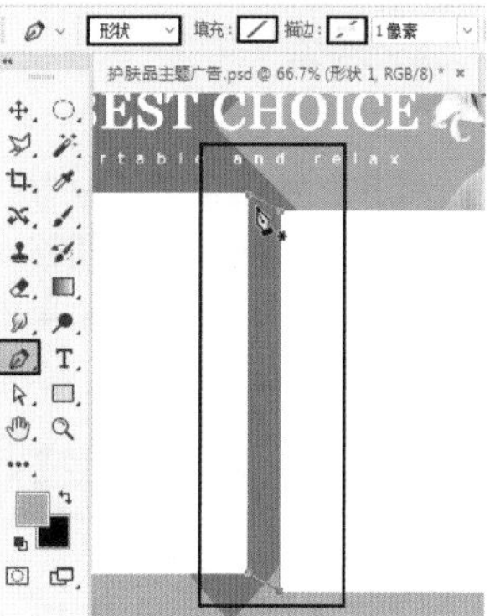

图 12-271

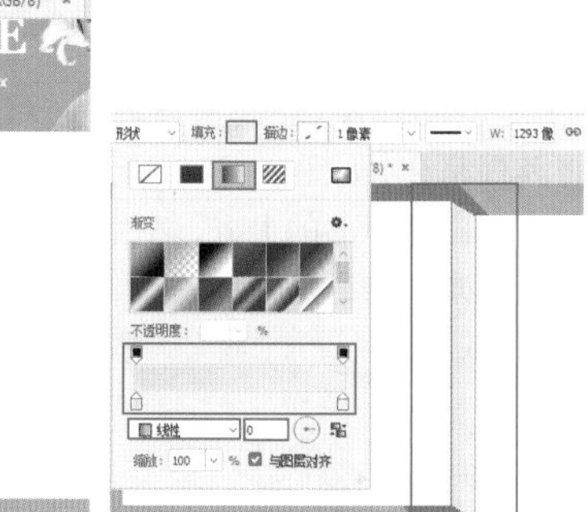

图 12-272

步骤 16 单击工具箱中的“圆角矩形工具”按钮，在选项栏中设置“绘制模式”为“形状”，“填充”为红色，“描边”为无，“半径”为10像素，设置完成后在画面中间合适的位置按住鼠标左键拖动，绘制一个圆角矩形，效果如图12-273所示。

步骤 17 选中圆角矩形，在工具箱中单击“添加锚点工具”按钮，在圆角矩形的下方边缘处单击添加锚点，如图12-274所示。在工具箱中单击“直接选择工具”按钮，选中刚添加的锚点，鼠标左键按住此锚点向上方拖动，如图12-275所示。

图 12-273　　图 12-274

步骤 18 “置入”牛奶素材3.png，将其放置在合适的位置并将其栅格化，如图12-276所示。在“图层”面板中将牛奶素材图层和变形后的圆角矩形图层移动至白色正方形图层的上方，按住Ctrl键的同时依次单击加选牛奶素材图层和变形后的圆角矩形图层，然后单击右键在弹出的快捷菜单中执行“创建剪贴蒙版”命令，如图12-277所示。

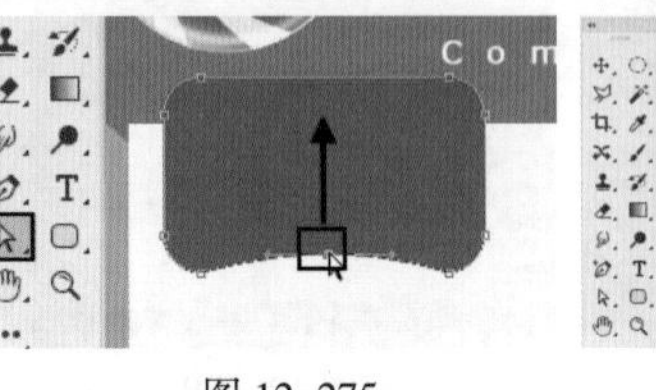

图 12-275

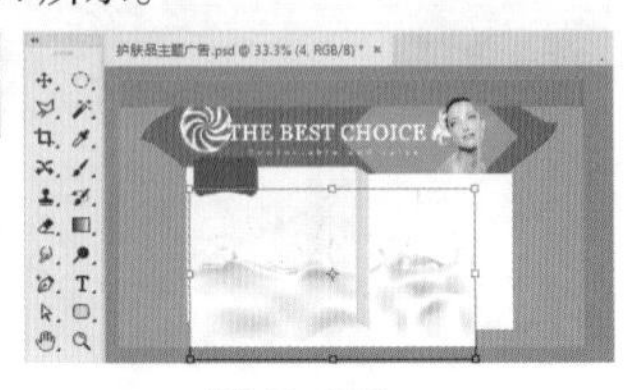

图 12-276

图 12-277

步骤 19 “置入”粉底素材4.png，将其放置在合适的位置并将其栅格化，如图12-278所示。在“图层”面板中将其移动至右侧白色矩形的上方，然后单击右键在弹出的快捷菜单中执行“创建剪贴蒙版”命令，如图12-279所示。

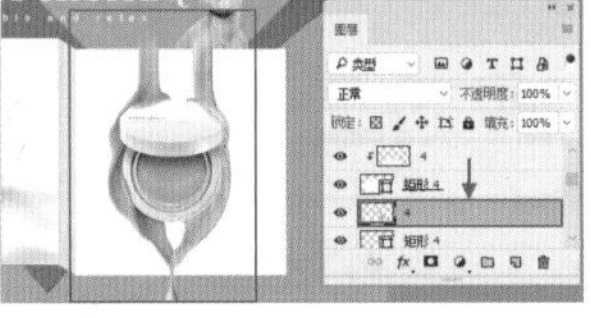

图 12-278

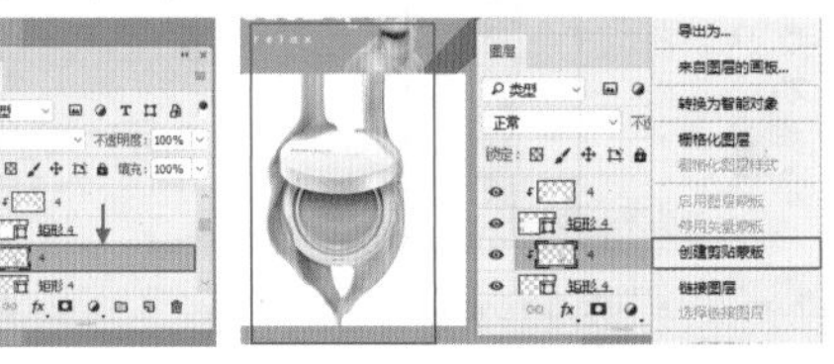

图 12-279

步骤 20 单击工具箱中的“横排文字工具”按钮，在选项栏中设置合适的字体、字号，设置完毕后在画面中合适的位置单击鼠标建立文字输入的起始点，接着输入文字，输入完后按快捷键Ctrl+Enter，如图12-280所示。继续使用同样的方法制作上方文字，如图12-281所示。

图 12-280

图 12-281

步骤 21 在“图层”面板中按住Ctrl键的同时依次单击加选刚制作的两个文字图层，按编组快捷键Ctrl+G，将加选文字编组命名为“文字”，如图12-282所示。

图 12-282

步骤 22 为文字制作渐变效果。单击工具箱中的“矩形工具”按钮，在选项栏中设置“绘制模式”为“形状”，单击选项栏中的“填充”，在下拉面板中单击“渐变”按钮，编辑一个红色系的渐变颜色，设置渐变类型为“线性”，设置“渐变角度”为0。接着回到选项栏中设置“描边”为无，设置完成后在文字上方按住鼠标左键拖动绘制出一个矩形，图12-283所示。接着在“图层”面板中选中红色渐变矩形，单击右键在弹出的快捷菜单中执行“转换为智能对象”命令，如图12-284所示。

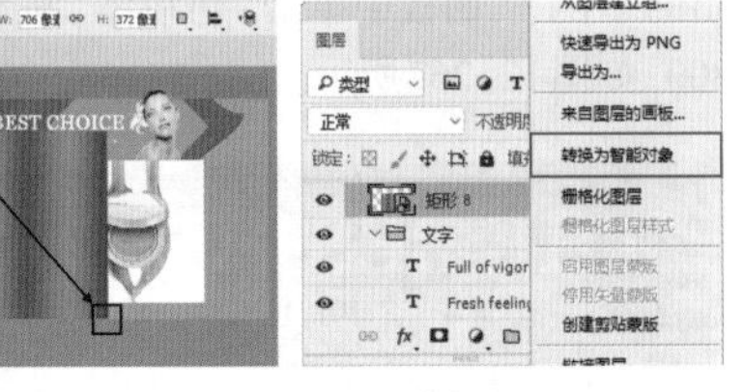

图 12-283　　图 12-284

步骤 23 选中红色渐变矩形，执行“滤镜>杂色>添加杂色”命令，在弹出的“添加杂色”窗口中设置“数量”为3%，勾选“高斯分布”，单击“确定”按钮，如图12-285所示。效果如图12-286所示。

图 12-285　　图 12-286

步骤 24 选中红色渐变矩形，执行“图层>创建剪贴蒙版”命令，画面效果如图12-287所示。

图 12-287

步骤 25 制作装饰线条。单击工具箱中的“直线工具”按钮，在选项栏中设置“绘制模式”为“形状”，“填充”为粉色，“描边”为无，“粗细”为2.5像素，然后按住Shift键的同时按住鼠标左键拖动绘制一条直线，如图12-288所示。在“图层”面板中选中直线图层，按快捷键Ctrl+J复制出一个相同的图层，然后按住Shift键的同时按住鼠标左键将其向下拖动，进行垂直移动的操作，如图12-289所示。

图 12-288　　图 12-289

步骤 26 单击工具箱中的“矩形工具”按钮，在选项栏中设置“绘制模式”为“形状”，“填充”为红色，“描边”为无，设置完成后在画面中合适的位置按住鼠标左键拖动，绘制出一个矩形，如图12-290所示。

步骤 27 在选中红色矩形的状态下，单击工具箱中“添加锚点工具”按钮，在矩形的右侧单击添加锚点，如图12-291所示。在工具箱中单击“转换点工具”按钮，鼠标左键单击刚才添加的锚点，将平滑点转换为角点，如图12-292所示。继续在工具箱中单击“直接选择工具”按钮，选中刚添加的锚点，鼠标左键按住此锚点向左侧拖动，如图12-293所示，变形完毕。

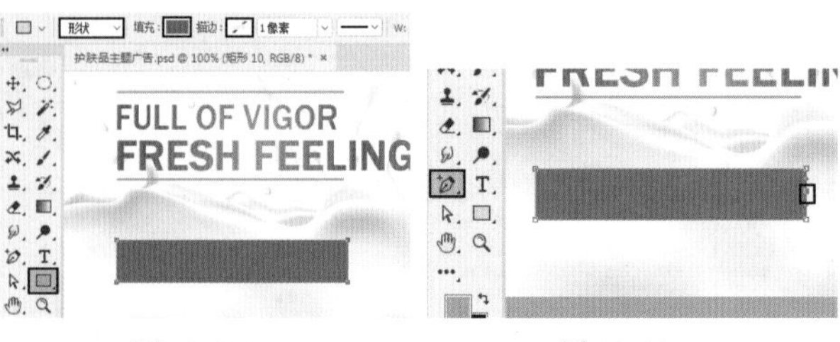

图 12-290　　图 12-291

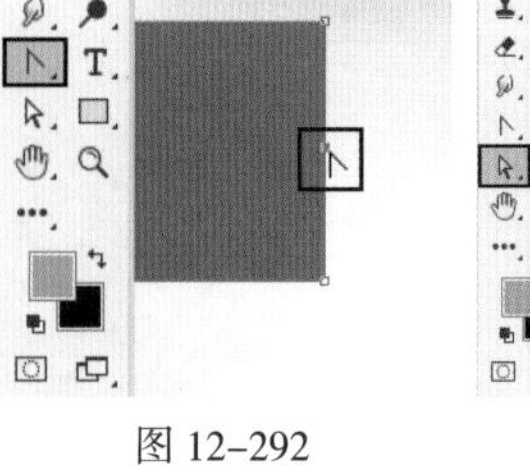

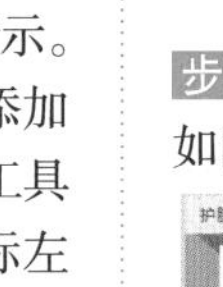

图 12-292　　图 12-293

步骤 28 单击工具箱中的“圆角矩形工具”按钮，在选项栏中设置“绘制模式”为“形状”，“填充”为浅黄色，“描边”为无，“半径”为3像素，设置完成后在变形后的矩形上方按住鼠标左键拖动，绘制一个圆角矩形，如图12-294所示。

步骤 29 单击工具箱中的“横排文字工具”按钮，在选项栏中设置合适的字体、字号，文字颜色设置为白色，设置完成后在画面中合适的位置单击鼠标建立文字输入的起始点，接着输入文字，输入完后按快捷键Ctrl+Enter，如图12-295所示。选中文字，执行“窗口>字符”命令，在弹出的“字符”面板中单击“仿斜体”按钮，如图12-296所示。

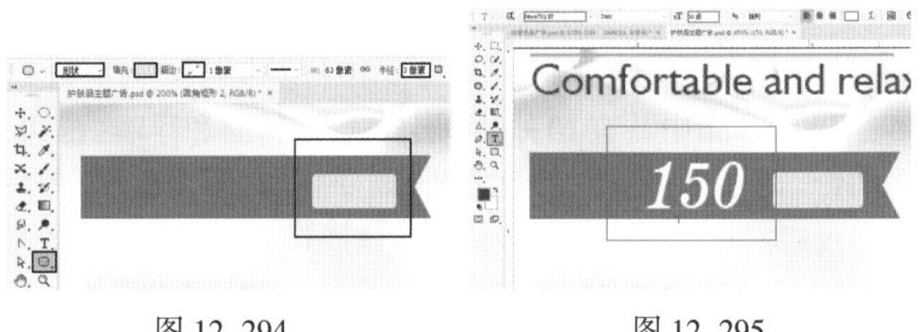

图 12-294　　图 12-295

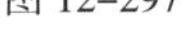

图 12-296

步骤 30 继续使用同样的方法将画面中其他文字制作出来，如图12-297所示。完成效果如图12-298所示。

图 12-297　　图 12-298

12.2 图层样式：为文字增添奇妙效果

“图层样式”是一种附加在图层上的“特殊效果”，比如浮雕、描边、光泽、发光、投影等。这些样式可以单独使用，也可以多种样式共同使用。

“图层样式”在网店美工设计制图中应用非常广泛，“图层样式”不仅可以用于文字效果的增强，也可以针对图形、产

品等的对象进行操作。例如制作带有凸起感的艺术字、为商品添加描边使其更突出、为商品添加投影效果增强其立体感、制作水晶质感的按钮、模拟向内凹陷的效果、制作闪闪发光的效果等，如图12-299和图12-300所示。

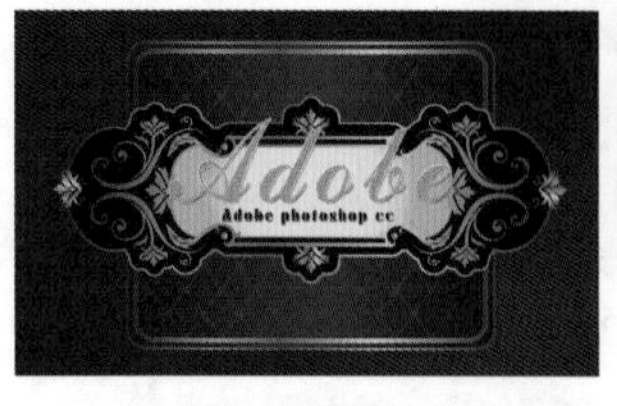

图 12-299

图 12-300

Photoshop中共有10种“图层样式”：斜面和浮雕、描边、内阴影、内发光、光泽、颜色叠加、渐变叠加、图案叠加、外发光与投影。从名称中就能够猜到这些样式是用来做什么效果的。图12-301所示为未添加样式的图层。图12-302所示为这些图层样式单独使用的效果。

图 12-301

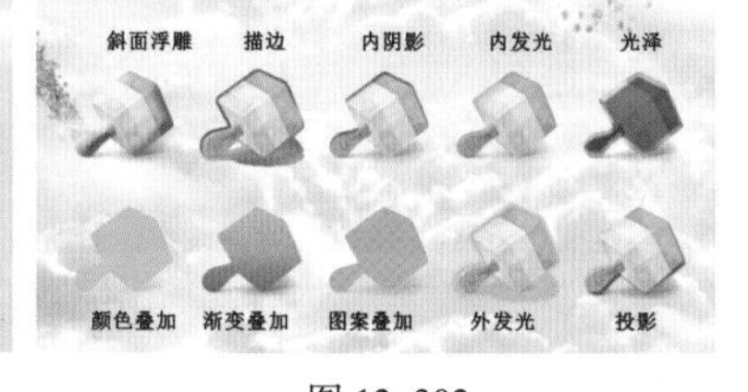

图 12-302

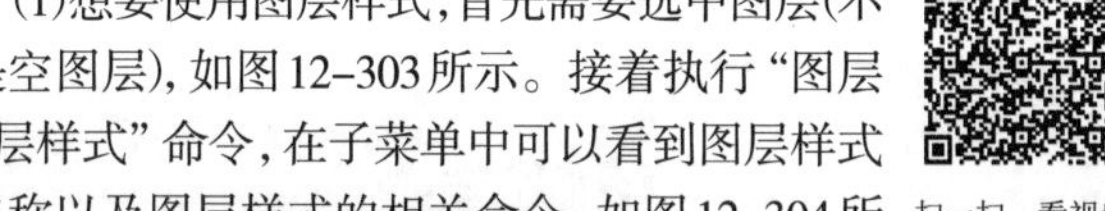

重点 12.2.1 动手练：使用图层样式

1. 添加图层样式

(1)想要使用图层样式，首先需要选中图层(不能是空图层)，如图12-303所示。接着执行“图层>图层样式”命令，在子菜单中可以看到图层样式的名称以及图层样式的相关命令，如图12-304所示。单击某一项图层样式命令，即可弹出“图层样式”对话框。

扫一扫，看视频

图 12-303

图 12-304

(2)窗口左侧区域为图层样式列表，在某一项样式前单击，样式名称前面的复选框内有☑标记，表示在图层中添加了该样式。接着单击样式的名称，才能进入该样式的参数设置页面。调整好相应的设置以后单击“确定”按钮，如图12-305所示，即可为当前图层添加该样式，如图12-306所示。

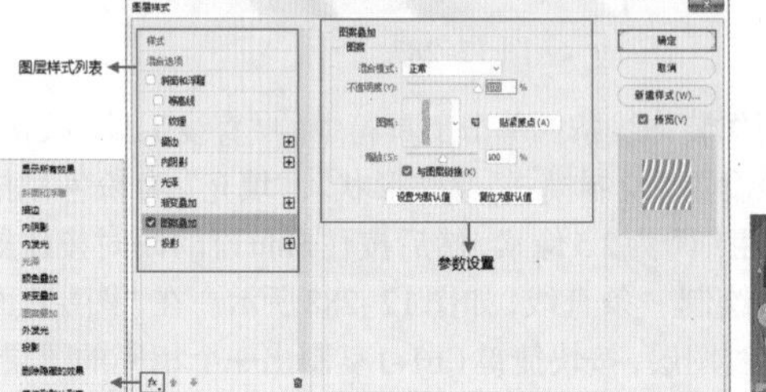

图 12-305

图 12-306

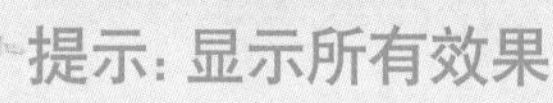

提示：显示所有效果

如果“图层样式”窗口左侧的列表中只显示了部分样式，那么可以单击左下角的 fx. 按钮，执行“显示所有效果”命令，如图12-307所示，即可显示其他未启用的命令，如图12-308所示。

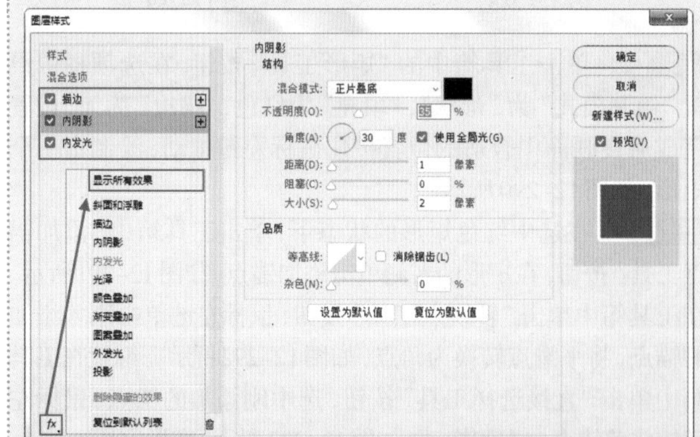

图 12-307

图 12-308

(3) 对同一个图层可以添加多个图层样式，在左侧图层列表中可以单击多个图层样式的名称，即可启用该图层样式，如图 12-309 和图 12-310 所示。

图 12-309　　图 12-310

(4) 有的图层样式名称后方带有一个[+]，表明该样式可以被多次添加，例如单击“描边”样式后方的[+]，在图层样式列表中出现了另一个“描边”样式，设置不同的描边大小和颜色，如图 12-311 所示。此时该图层出现了两层描边，如图 12-312 所示。

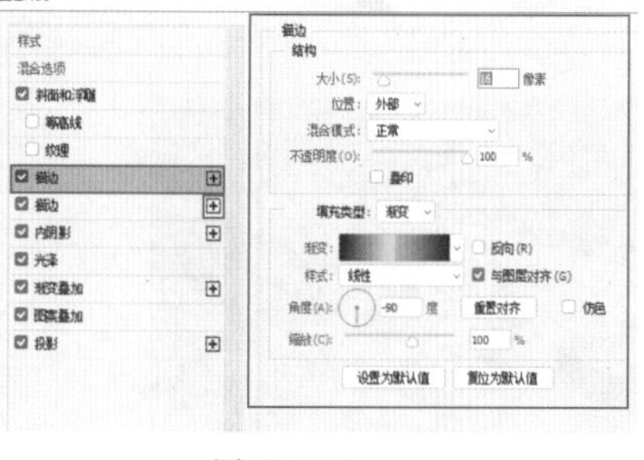

图 12-311

图 12-312

(5) 图层样式也会按照上下堆叠的顺序显示，上方的样式会遮挡下方的样式。在图层样式列表中可以对多个相同样式的上下排列顺序进行调整。例如选中该图层 3 个描边样式中的一个，单击底部的“向上移动效果” ⬆ 可以将该样式向上移动一层，单击“向下移动效果” ⬇ 按钮可以将该样式向下移动一层，如图 12-313 所示。

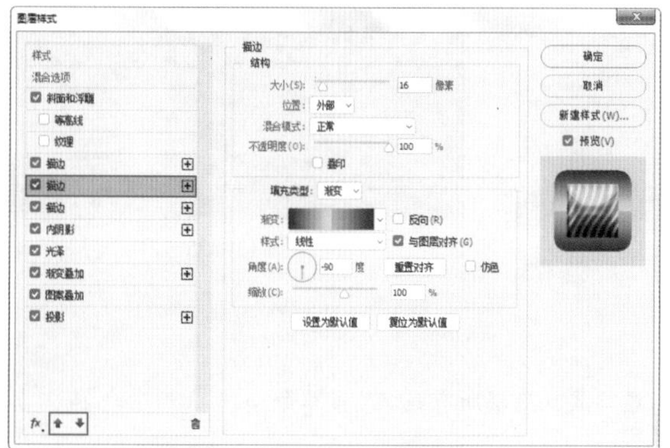

图 12-313

提示：为图层添加样式的其他方法

也可以在选中图层后，单击图层面板底部的“添加图层样式”按钮 fx，接着在弹出的菜单中可以选择合适的样式，如图 12-314 所示。或在“图层”面板中双击需要添加样式的图层缩览图，也可以打开“图层样式”对话框。

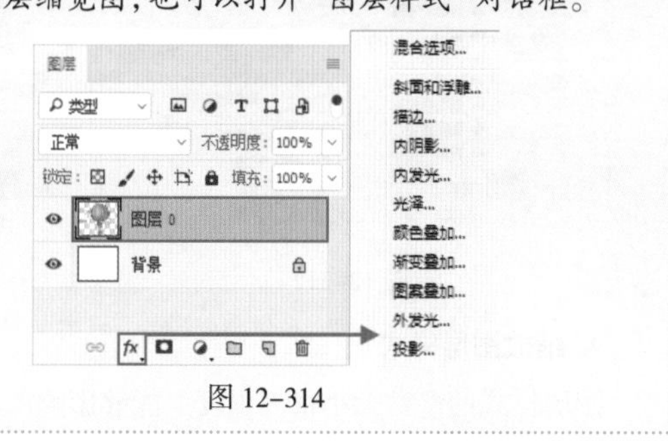

图 12-314

2. 编辑已添加的图层样式

为图层添加了图层样式后，在“图层”面板中该图层上会出现已添加的样式列表，单击向下的小箭头 即可展开图层样式堆栈，如图 12-315 所示。在“图层”面板中双击该样式的名称，弹出“图层样式”面板，进行参数的修改即可，如图 12-316 所示。

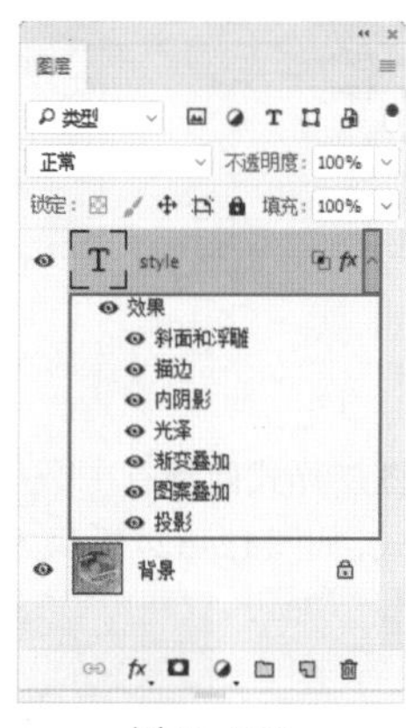

图 12-315

图 12-316

3. 拷贝和粘贴图层样式

当我们已经制作好了一个图层的样式，而其他图层或者其他文件中的图层也需要使用相同的样式，我们可以使用“拷贝图层样式”功能快速赋予该图层相同的样式。选择需要复制图层样式的图层，在图层名称上单击鼠标右键，执行快捷菜单中“拷贝图层样式”命令，如图 12-317 所示。接着选择目标图层，单击鼠标右键，执行快捷菜单中“粘贴图层样式”命令，如图 12-318 所示。此时另外一个图层也出现了相同的样式，如图 12-319 所示。

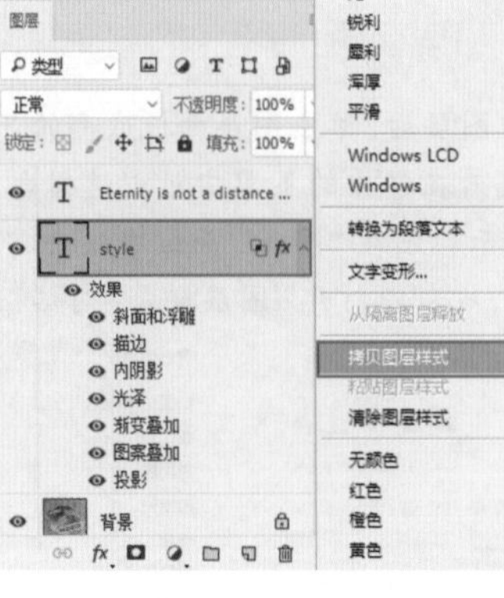

图 12-317

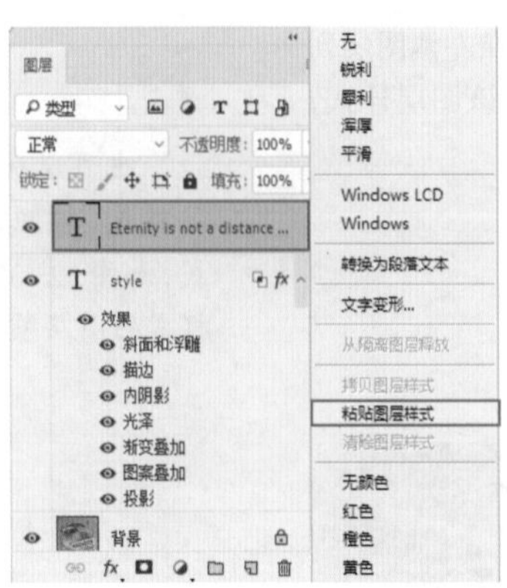

图 12-318

图 12-319

4. 缩放图层样式

图层样式的参数大小很大程度上能够影响图层的显示效果。有时为一个图层赋予了某个图层样式后，可能会发现该样式的尺寸与本图层的尺寸不成比例，那么此时就可以对该图层样式进行“缩放”。展开图层样式列表，在图层样式上单击右键，执行快捷菜单中“缩放效果”命令，如图 12-320 所示。然后可以在弹出的窗口中设置缩放数值，如图 12-321 所示。经过缩放的图层样式尺寸会产生相应的放大或缩小，如图 12-322 所示。

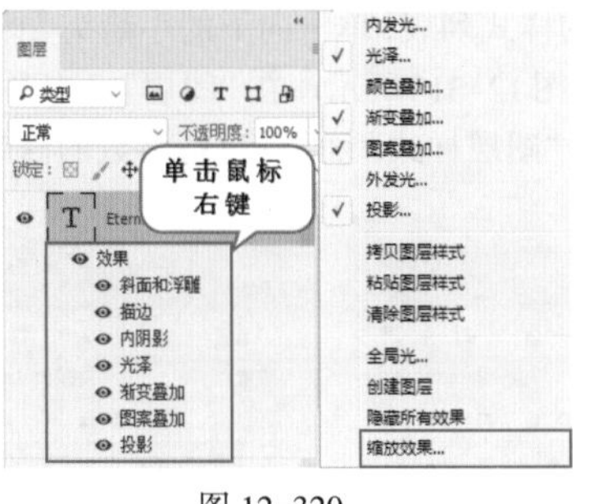

图 12-320

图 12-321

图 12-322

5. 隐藏图层效果

展开图层样式列表，在每个图层样式前都有一个可用于切换显示或隐藏的图标，如图 12-323 所示。单击“效果”前的该图标可以隐藏该图层的全部样式，如图 12-324 所示。单击单个样式前的该图标，则可以只隐藏部分样式，如图 12-325 所示。

图 12-323

图 12-324

图 12-325

提示：隐藏文档中的全部样式

如果要隐藏整个文档中的图层的图层样式，可以执行“图层 > 图层样式 > 隐藏所有效果”菜单命令。

6. 去除图层样式

想要去除图层的样式，可以在该图层上单击鼠标右键，执行快捷菜单中“清除图层样式”命令，如图 12-326 所示。如果只想去除众多样式中的一种，可以展开样式列表，将某一样式拖曳到“删除图层”按钮上，就可以删除该图层样式，如图12-327所示。

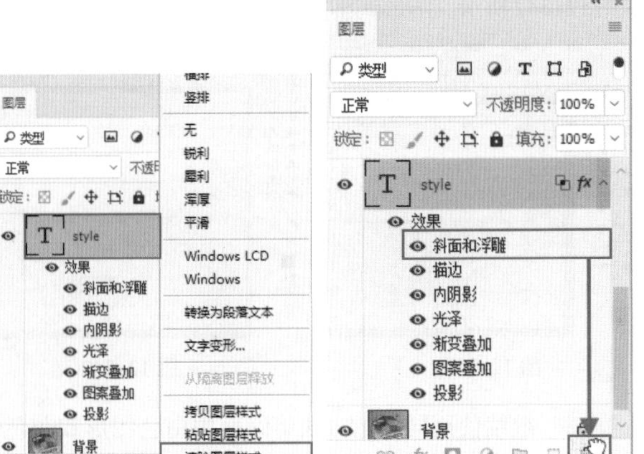

图 12-326　　图 12-327

7. 栅格化图层样式

与栅格化文字、栅格化智能对象、栅格化矢量图层相同，“栅格化图层样式”可以将“图层样式”变为普通图层的一个部分，使图层样式部分可以像普通图层中的其他部分一样进行编辑处理。在该图层上单击鼠标右键，执行快捷菜单中“栅格化图层样式”命令，如图12-328所示。此时该图层的图层样式也出现在图层的本身内容中了，如图12-329所示。

图 12-328　　图 12-329

重点 12.2.2　斜面和浮雕

使用“斜面和浮雕”样式可以为图层模拟从表面凸起的立体感。在“斜面和浮雕”样式中包含多种凸起效果，如“外斜面”“内斜面”“浮雕效果”“枕状浮雕”“描边浮雕”。“斜面和浮雕”样式主要通过为图层添加高光与阴影，使图像产生立体感，常用于制作立体感的文字或者带有厚度感的对象效果。选中图层，如图12-330所示。执行“图层>图层样式>斜面浮雕”命令，打开“斜面和浮雕”参数设置窗口，如图12-331所示。所选图层会产生凸起效果，如图12-332所示。

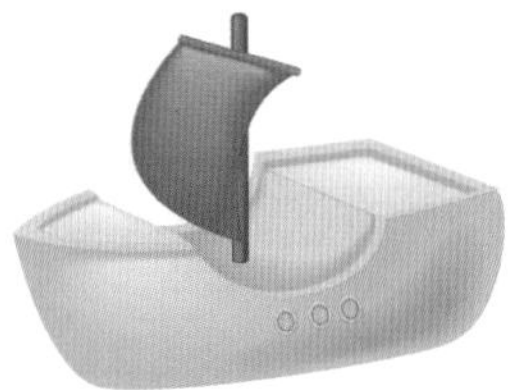

图 12-330

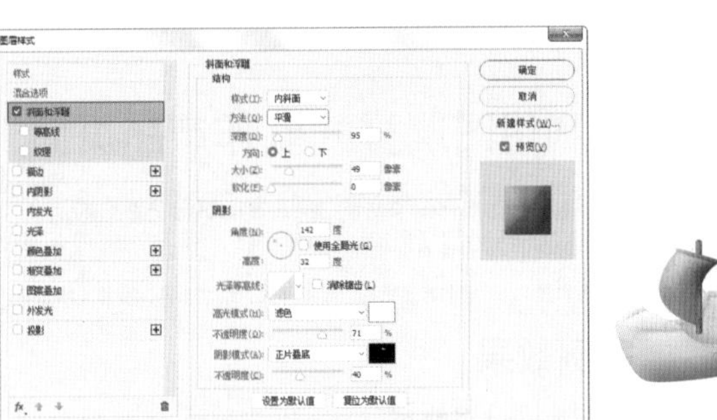

图 12-331　　图 12-332

在样式列表中“斜面浮雕”样式下方还有另外两个样式：“等高线”和“纹理”。单击“斜面和浮雕”样式下面的“等高线”选项，切换到“等高线”选项窗口，如图12-333所示。使用“等高线”可以在浮雕中创建凹凸起伏的效果。“纹理”样式可以为图层表面模拟凹凸效果，如图12-334所示。

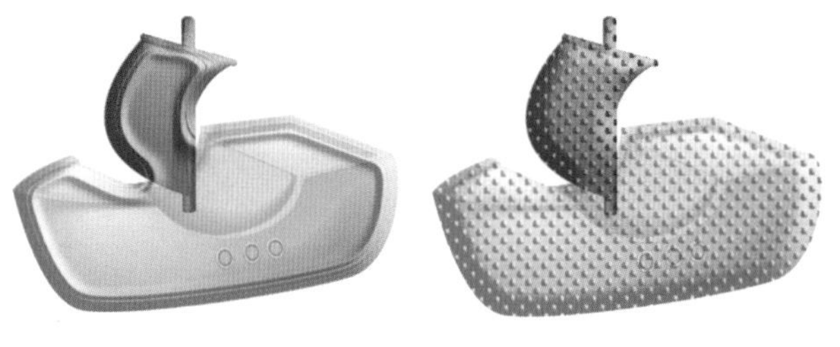

图 12-333　　图 12-334

重点 12.2.3　描边

“描边”样式能够在图层的边缘处添加纯色、渐变色以及图案的边缘。通过参数设置可以使描边处于图层边缘以内的部分、图层边缘以外的部分，或者使描边出现在图层边缘内外。选中图层，如图12-335所示。执行“图层>图层样式>描边”命令，在描边窗口中可以对描边大小、位置、混合模式、不透明度、填充类型以及填充内容进行设置，如图12-336所示。图12-337所示为颜色描边、渐变描边、图案描边效果。

图 12-335

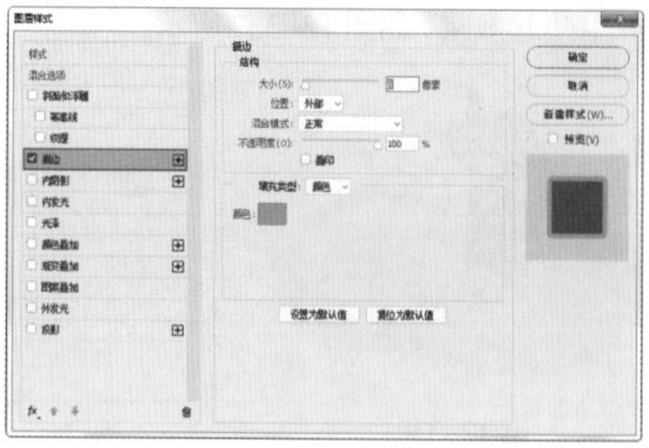

图 12-336 　　图 12-337

练习实例：利用图层样式制作产品页面

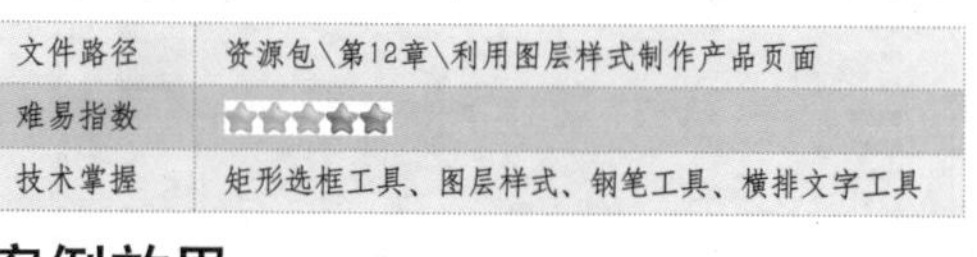

文件路径	资源包\第12章\利用图层样式制作产品页面
难易指数	★★★★★
技术掌握	矩形选框工具、图层样式、钢笔工具、横排文字工具

扫一扫，看视频

案例效果

本例效果如图12-338所示。

图 12-338

操作步骤

步骤 01 执行“文件>新建”命令，新建一个空白文档，如图12-339所示。

步骤 02 单击工具箱中的“矩形工具”按钮，在选项栏中设置“绘制模式”为“形状”，“填充”为青色，“描边”为无。设置完成后在画面中间位置按住鼠标左键拖动，绘制出一个矩形，如图12-340所示。

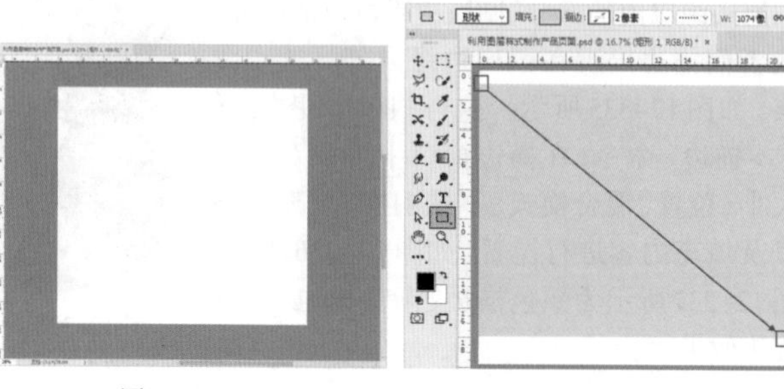

图 12-339　　图 12-340

步骤 03 使用同样的方法绘制上方白色矩形，如图12-341所示。选中白色矩形，执行“编辑>变换>透视”命令调出定界框，将光标定位在右侧控制点上按住鼠标左键向左拖动，如图12-342所示。图形调整完毕之后按Enter键结束变换。

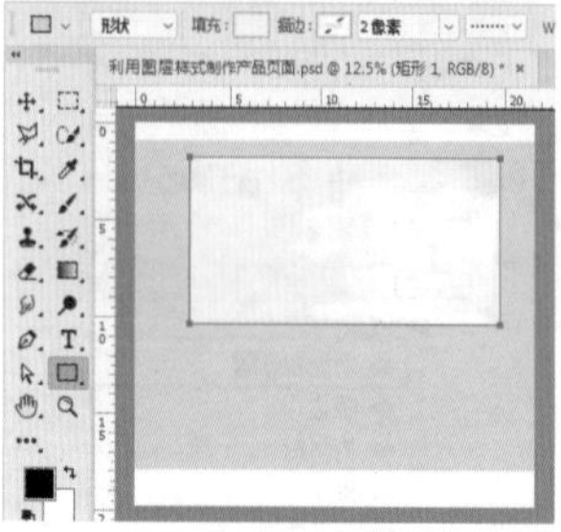

图 12-341 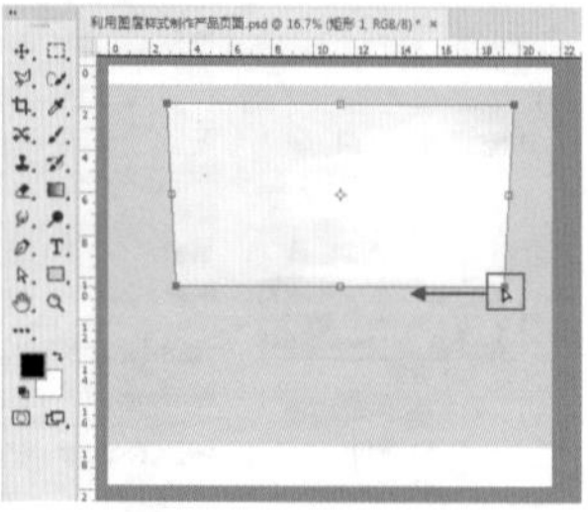　　图 12-342

步骤 04 继续使用同样的方法将画面中白色图形和灰色矩形绘制出来，如图12-343所示。

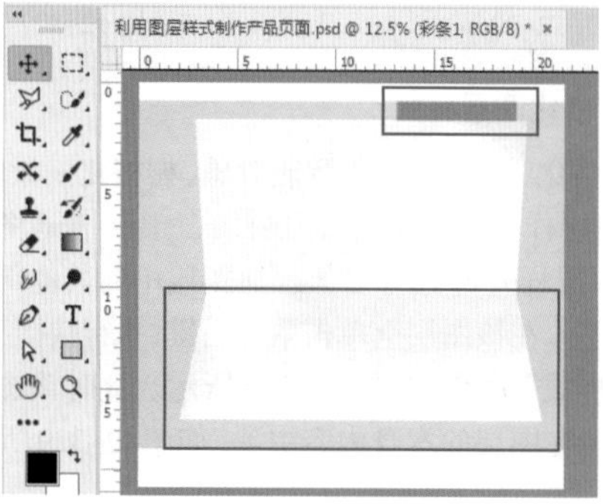

图 12-343

步骤 05 制作两侧飘带。单击工具箱中的“钢笔工具”按钮，在选项栏中设置“绘制模式”为“形状”，“填充”为无，“描边”为无，设置完成后在画面左侧绘制出一个飘带形状，如图12-344所示。单击选项栏中的“描边”，在下拉面板中单击“渐变”按钮，然后编辑一个从白色到紫色的渐变颜色，设置“渐变类型”为“线性渐变”，设置“渐变角度”为0，如图12-345所示。

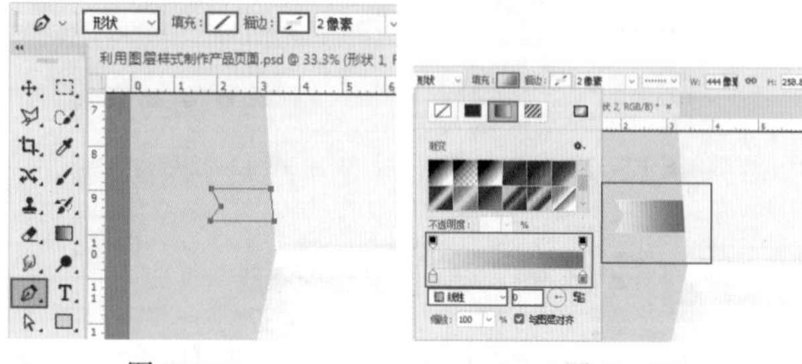

图 12-344　　图 12-345

步骤 06 制作飘带的阴影。在“图层”面板中选中飘带图层，按快捷键Ctrl+J复制出一个相同的图层，然后选中下方的飘带图层，适当地向下移动，按快捷键Ctrl+T调出定界框，接着按住Ctrl键向下拖动控制点进行变形，如图12-346所示。变形完成后按Enter键确定变换操作。接着将图像的颜色设置

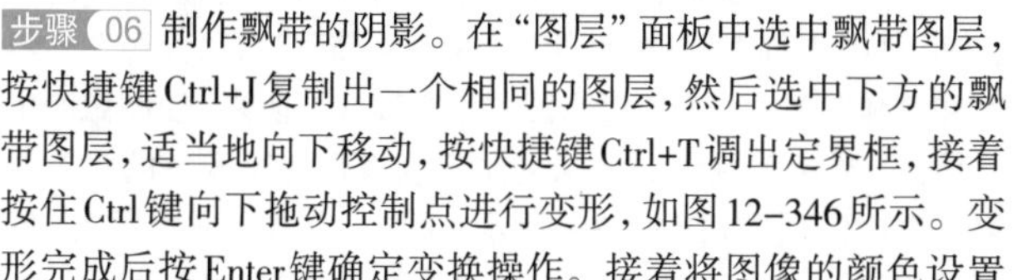

蓝灰色系的渐变，如图12-347所示。

图 12-346　　图 12-347

步骤 07 在“图层”面板中加选飘带和投影图层，按快捷键Ctrl+J进行复制，如图12-348所示。然后将飘带和投影移动到画面的右侧，如图12-349所示。

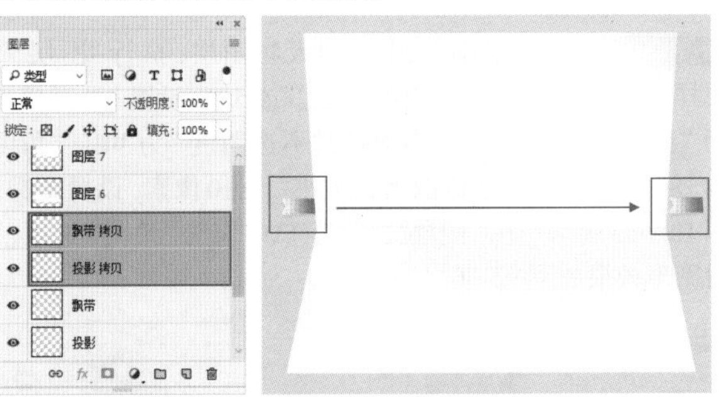

图 12-348　　图 12-349

步骤 08 执行“编辑>变换>水平翻转”命令，将飘带适当地调整位置，如图12-350所示。

步骤 09 执行“文件>置入嵌入对象”命令，将手表素材1.png置入画面中，调整其大小及位置后按Enter键完成置入操作。在“图层”面板中右键单击该图层，在弹出的快捷菜单中执行“栅格化图层”命令，如图12-351所示。在“图层”面板中选中手表图层，按快捷键Ctrl+J复制出一个相同的图层，然后按住Shift键的同时按住鼠标左键将其向下拖动，进行垂直移动操作，如图12-352所示。接着执行“编辑>变换>垂直翻转”命令，画面效果如图12-353所示。

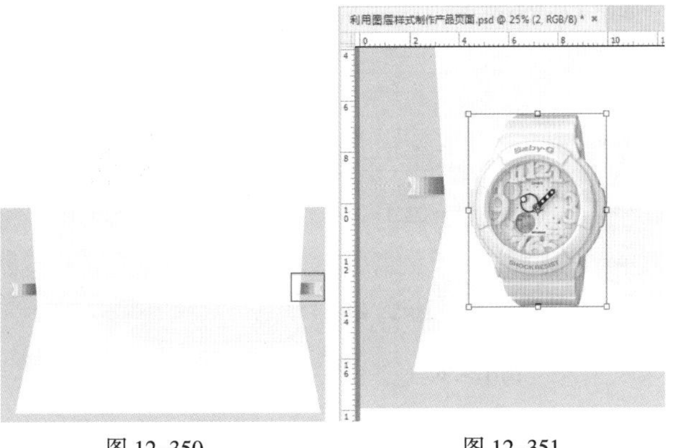

图 12-350　　图 12-351

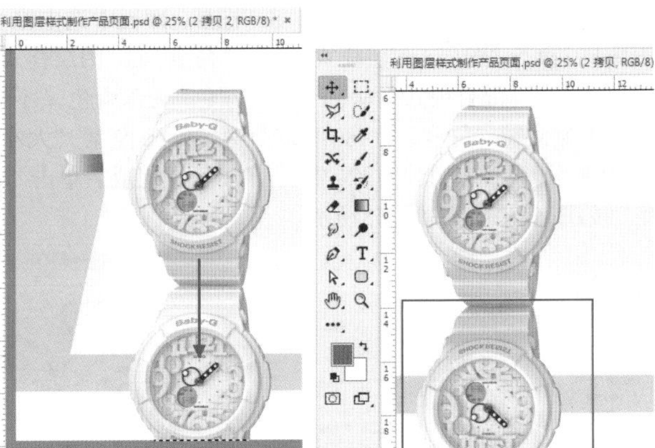

图 12-352　　图 12-353

步骤 10 单击工具箱中的“渐变工具”按钮，单击选项栏中的渐变色条，在弹出的“渐变编辑器”中编辑一个黑白色的渐变，颜色编辑完成后单击“确定”按钮，接着在选项栏中单击“线性渐变”按钮，如图12-354所示。在“图层”面板中选中手表图层，单击面板下方的“添加图层蒙版”按钮，回到画面中按住鼠标左键从下至上拖动，如图12-355所示。

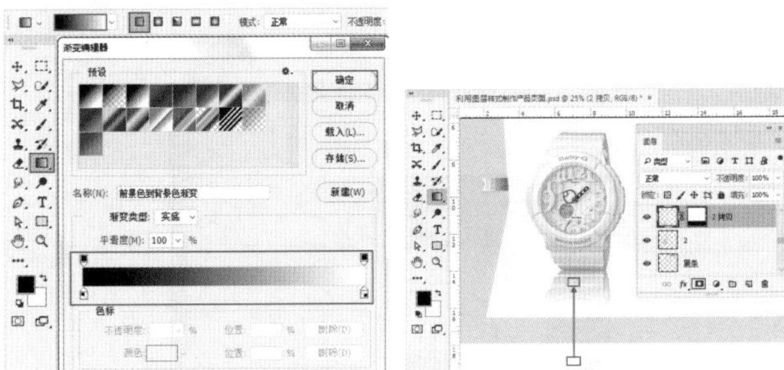

图 12-354　　图 12-355

步骤 11 在“图层”面板选中手表图层，设置“不透明度”为70%，如图12-356所示。

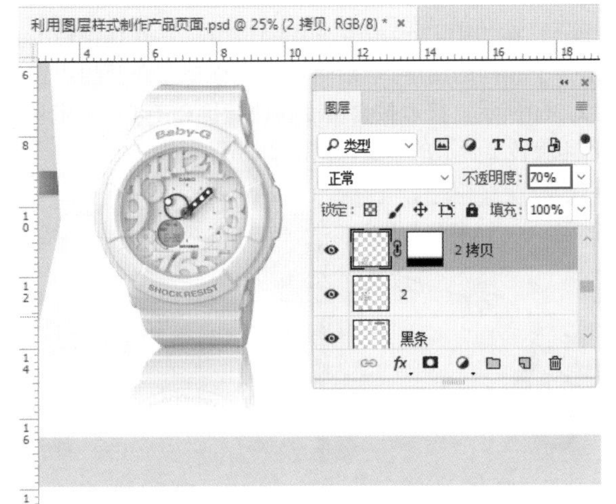

图 12-356

步骤 12 为手表制作右侧投影。在“图层”面板中选中原手表图层，执行“图层>图层样式>投影”命令，在“图层样式”窗口中设置“混合模式”为“正常”，“颜色”为深青色，“不透明度”为55%，“角度”为180度，“距离”为55像素，“大小”为10像素，设置参数如图12-357所示。设置完成后单击“确定”按钮，效果如图12-358所示。

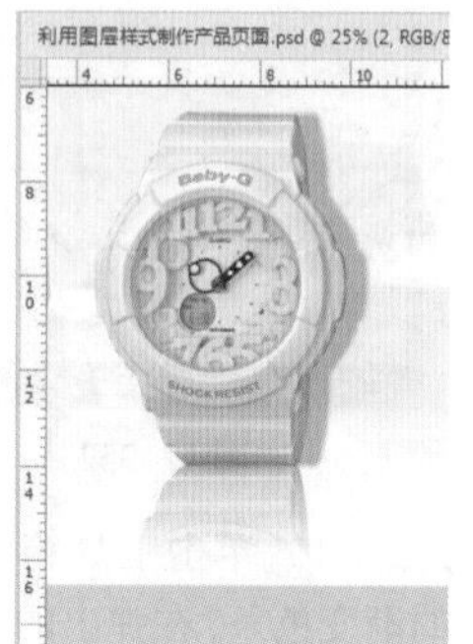

图 12-357　　图 12-358

步骤 13 向画面右上方“置入”唇印素材并调整大小，同时将其旋转至合适的角度。调整完毕按Enter键并将其栅格化，如图12-359所示。

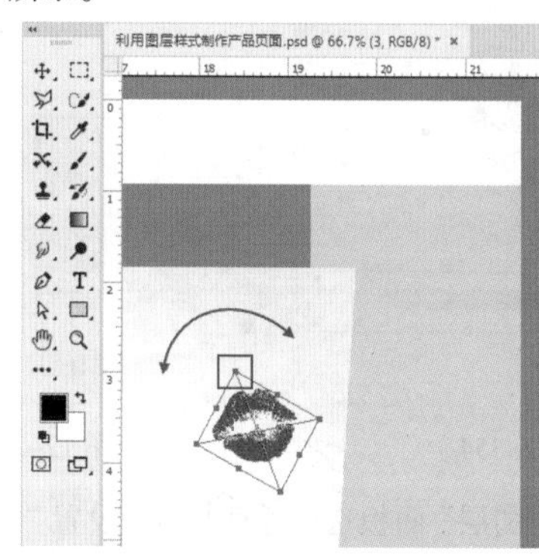

图 12-359

步骤 14 在“图层”面板中选中唇印图层，按快捷键Ctrl+J复制出一个相同的图层，然后将其向左移动至合适的位置，如图12-360所示。接着按自由变换快捷键Ctrl+T调出定界框，将唇印旋转至合适的角度，如图12-361所示。

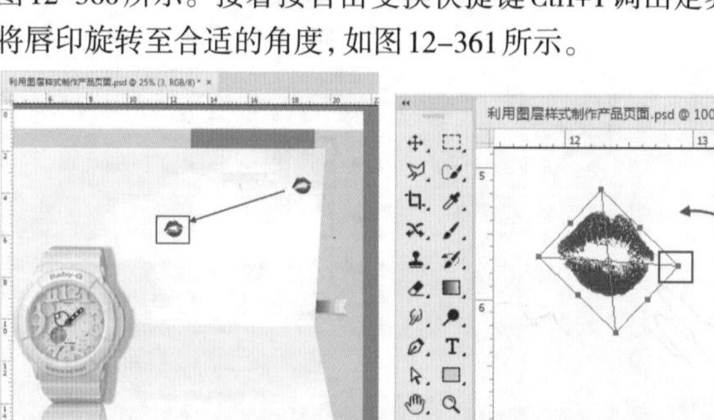

图 12-360　　图 12-361

步骤 15 继续向画面中合适的位置“置入”人物素材，调整大小并将其栅格化，如图12-362所示。

图 12-362

步骤 16 在“图层”面板中选中人物图层，执行“图层>图层样式>投影”命令，在“图层样式”窗口中设置“混合模式”为“正片叠底”，“颜色”为黑色，“不透明度”为30%，“角度”为180度，“距离”为40像素，“大小”为10像素，设置参数如图12-363所示。在“图层样式”窗口中勾选“预览”选项，此时图形效果如图12-364所示。

图 12-363　　图 12-364

步骤 17 在左侧图层样式列表中单击“描边”样式，设置“大小”为13像素，“位置”为“外部”，“混合模式”为“正常”，“不透明度”为100%，“填充类型”为“颜色”，“颜色”为白色，参数设置如图12-365所示。设置完成后单击“确定”按钮，效果如图12-366所示。

图 12-365　　图 12-366

步骤 18 单击工具箱中的“矩形工具”按钮，在选项栏中设置“绘制模式”为“形状”，“填充”为白色，“描边”为无。设置完成后在人物下方按住鼠标左键拖动，绘制出一个矩形，

如图12-367所示。接着执行“编辑>变换>透视”命令调出定界框，将光标定位在右下角的控制点上，按住鼠标左键将其向左拖动，如图12-368所示。图形调整完毕之后按Enter键结束变换。

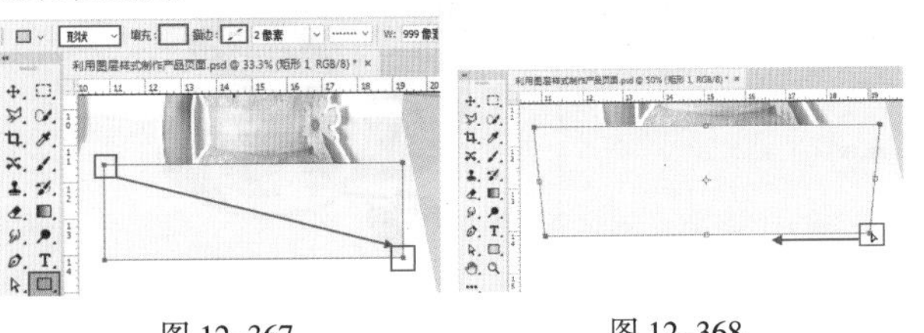

图 12-367　　图 12-368

步骤 19 在“图层”面板中选中刚变形的四边形，执行“图层>图层样式>投影”命令，在“图层样式”窗口中设置“混合模式”为“正片叠底”，“颜色”为黑色，“不透明度”为41%，“角度”为180度，“距离”为5像素，“扩展”为1%，“大小”为32像素，设置参数如图12-369所示。设置完成后单击“确定”按钮，效果如图12-370所示。

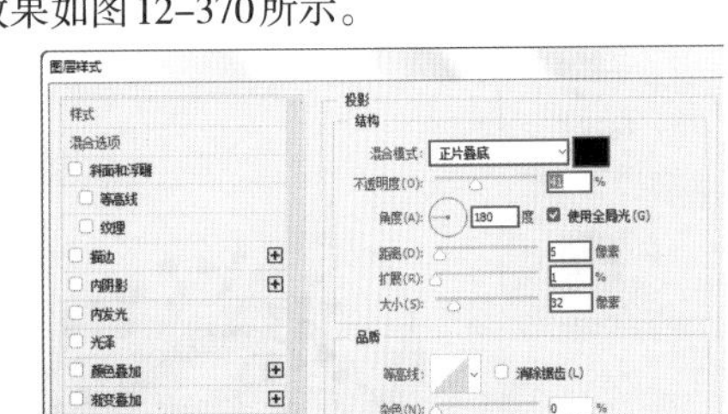

图 12-369

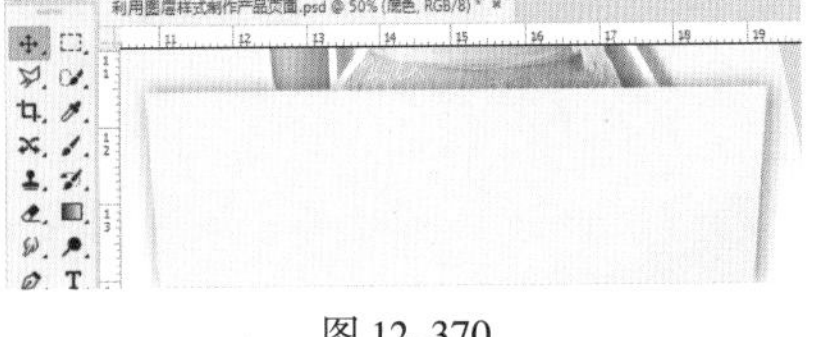

图 12-370

步骤 20 单击工具箱中的“横排文字工具”按钮，在选项栏中设置合适的字体、字号，文字颜色设置为亮青色，设置完成后在画面的左上角单击鼠标建立文字输入的起始点，接着输入文字，输入完后按快捷键Ctrl+Enter，如图12-371所示。

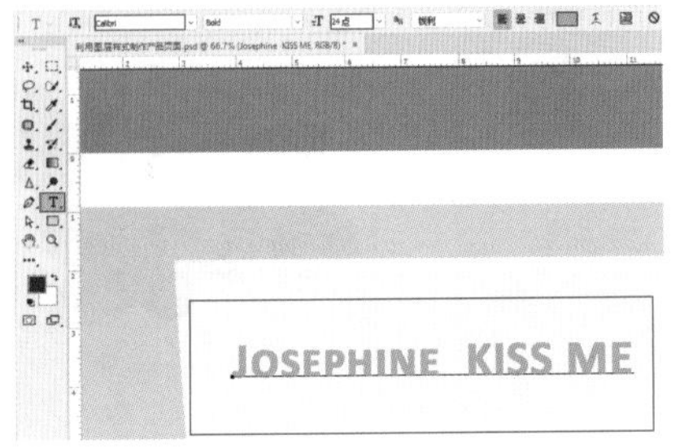

图 12-371

步骤 21 为文字制作内阴影。在“图层”面板中选中文字图层，执行“图层>图层样式>内阴影”命令，在“图层样式”窗口中设置“混合模式”为“正片叠底”，“颜色”为黑色，“不透明度”为35%，“角度”为180度，“距离”为3像素，设置参数如图12-372所示。设置完成后单击“确定”按钮，效果如图12-373所示。

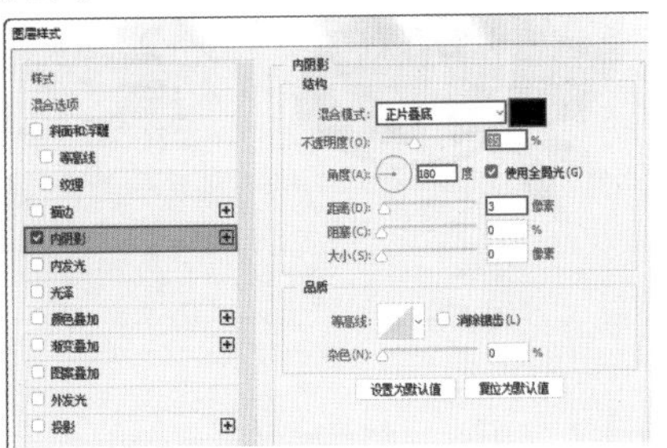

图 12-372

图 12-373

步骤 22 继续使用同样的方法输入画面中其他文字并放置在合适的位置上，完成效果如图12-374所示。

图 12-374

重点 12.2.4 内阴影

“内阴影”样式可以为图层添加从边缘向内产生的阴影样式，这种效果会使图层内容产生凹陷效果。选中图层，如图12-375所示。执行“图层>图层样式>内阴影”命令，在“内阴影”参数面板中可以对“内阴影”的结构以及品质进行设置，如图12-376所示。图12-377所示为添加了“内阴影”样式后的效果。

图 12-375

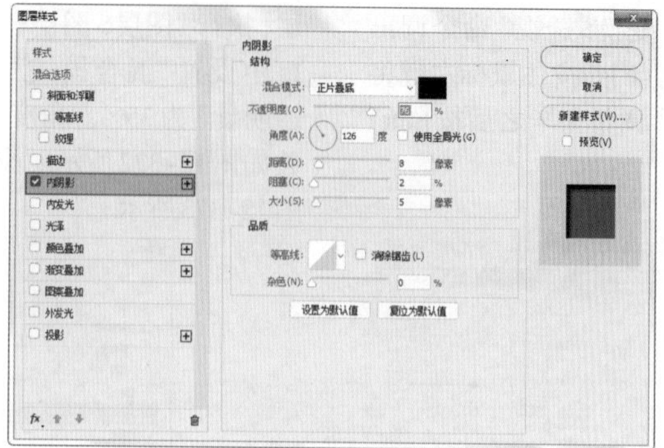

图 12-376

图 12-377

重点 12.2.5 内发光

“内发光”样式主要用于产生从图层边缘向内发散的光亮效果。选中图层，如图12-378所示。执行“图层>图层样式>内发光”命令，如图12-379所示。在“内发光”参数面板中可以对“内发光”的结构、图素以及品质进行设置，效果如图12-380所示。

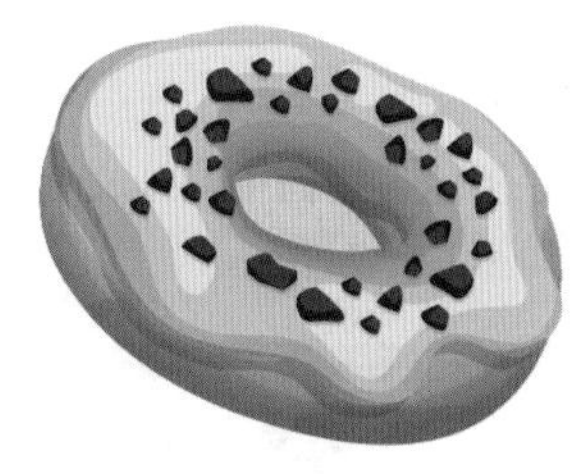

图 12-378

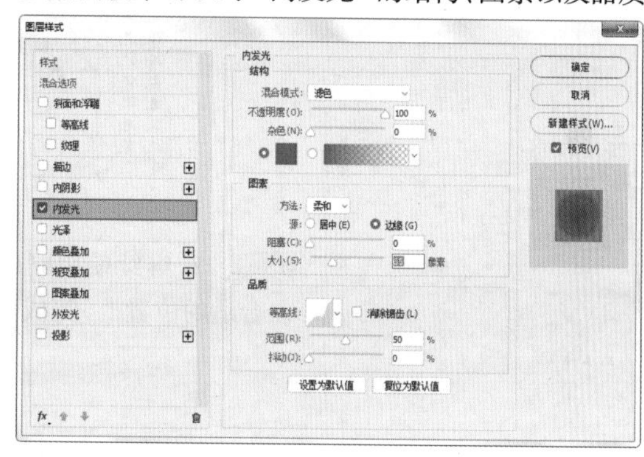

图 12-379

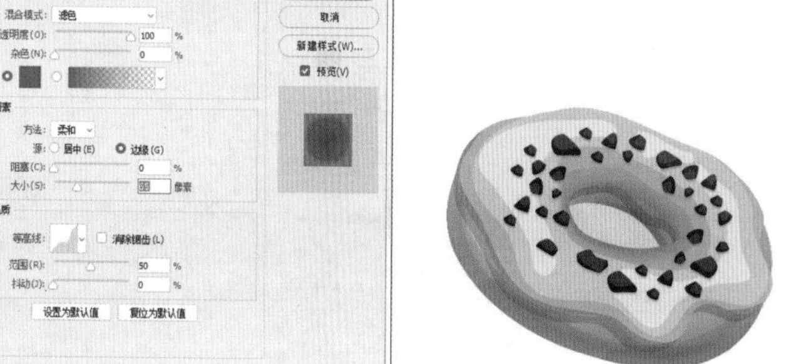

图 12-380

12.2.6 光泽

“光泽”样式可以为图层添加收到光线照射后，表面产生的映射效果。“光泽”通常用来制作具有光泽质感的按钮和金属。选中图层，如图12-381所示。执行“图层>图层样式>光泽”命令，如图12-382所示。在“光泽”参数面板中可以对“光泽”的颜色、混合模式、不透明度、角度、距离、大小、等高线进行设置，效果如图12-383所示。

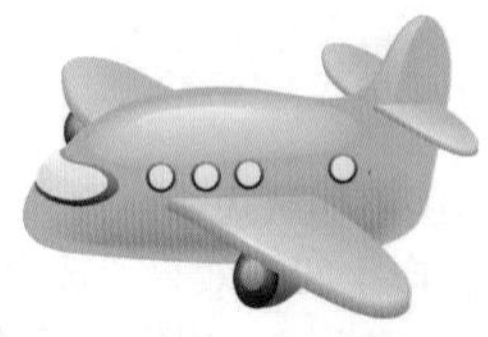

图 12-381

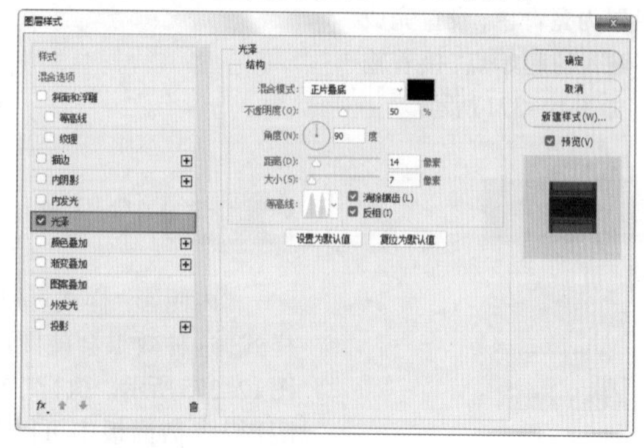

图 12-382

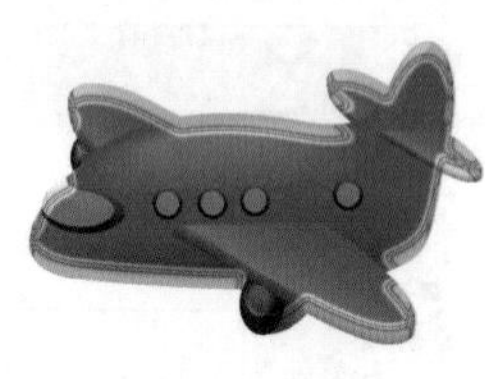

图 12-383

12.2.7　颜色叠加

“颜色叠加”样式可以为图层整体赋予某种颜色。选中图层，如图12-384所示。执行“图层>图层样式>颜色叠加”命令，如图12-385所示。在选项窗口中可以通过调整颜色的混合模式与透明度来调整该图层的效果，效果如图12-386所示。

图 12-384

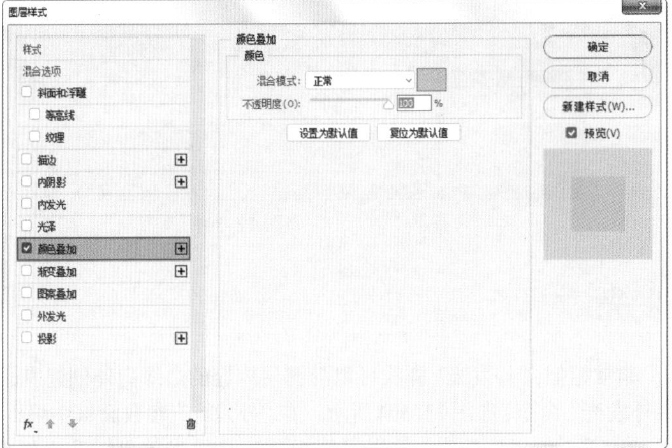

图 12-385

图 12-386

12.2.8　渐变叠加

“渐变叠加”样式与“颜色叠加”样式非常接近，都是以特定的混合模式与不透明度使某种色彩混合于所选图层，但是“渐变叠加”样式是以渐变颜色对图层进行覆盖，所以该样式主要用于使图层产生某种渐变色的效果。选中图层，如图12-387所示。执行“图层>图层样式>渐变叠加”命令，如图12-388所示。“渐变叠加”不仅仅能够制作带有多种颜色的对象，更能够通过巧妙的渐变颜色设置制作出突起、凹陷等三维效果以及带有反光的质感效果。在“渐变叠加”参数面板中可以对“渐变叠加”的渐变颜色、混合模式、角度、缩放等参数进行设置，效果如图12-389所示。

图 12-387

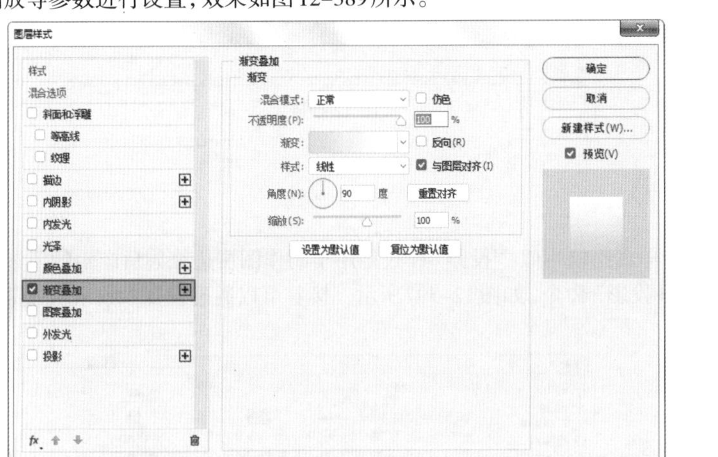

图 12-388

图 12-389

12.2.9　图案叠加

“图案叠加”样式与前两种“叠加”样式的原理相似，“图案叠加”样式可以在图层上叠加图案。选中图层，如图12-390所示。执行“图层>图层样式>图案叠加”命令，如图12-391所示。在“图案叠加”参数面板中可以对“图案叠加”的图案、混合模式、不透明度等参数进行设置，效果如图12-392所示。

图 12-390

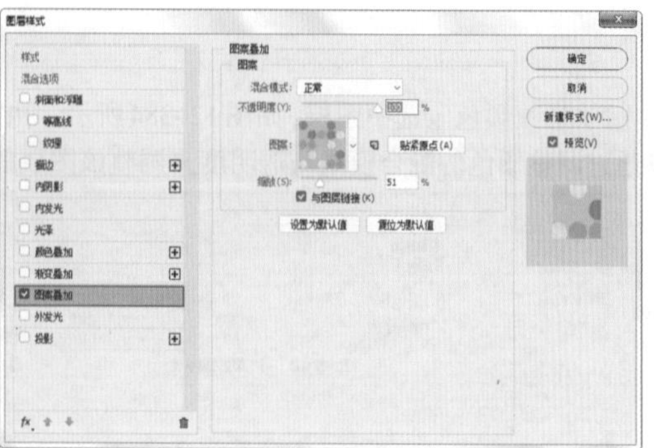

图 12-391

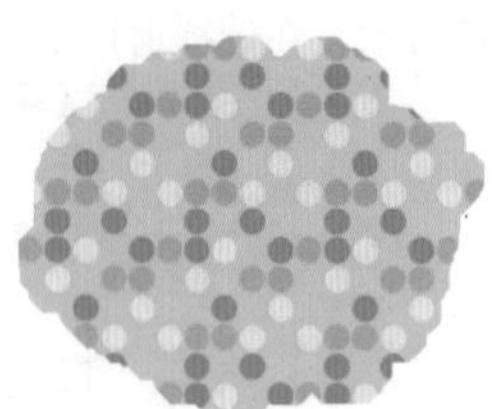
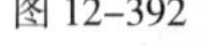

图 12-392

重点 12.2.10 外发光

“外发光”样式与“内发光”非常相似，“外发光”样式可以沿图层内容的边缘向外创建发光效果。选中图层，如图12-393所示。执行“图层>图层样式>外发光”命令，如图12-394所示。在“外发光”参数面板中可以对“外发光”的结构、图素以及品质进行设置，效果如图12-395所示。“外发光”效果可用于制作自发光效果以及人像或者其他对象的梦幻般的光晕效果。

图 12-393

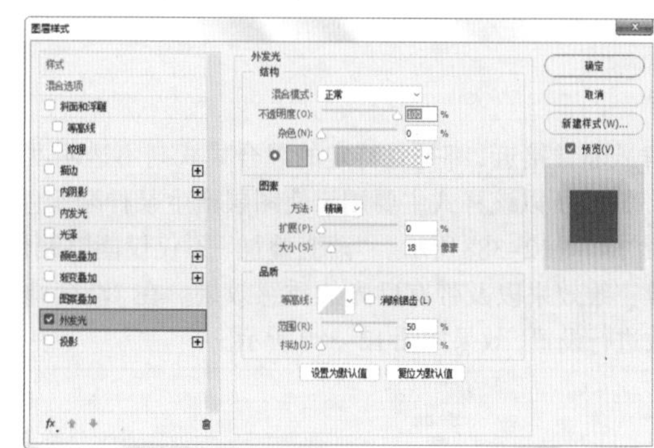

图 12-394

图 12-395

重点 12.2.11 投影

“投影”样式与“内阴影”样式比较相似，“投影”样式是用于制作图层边缘向后产生的阴影效果。选中图层，如图12-396所示。执行“图层>图层样式>投影”命令，如图12-397所示。接着可以通过设置参数来增强某部分层次感以及立体感，效果如图12-398所示。

图 12-396

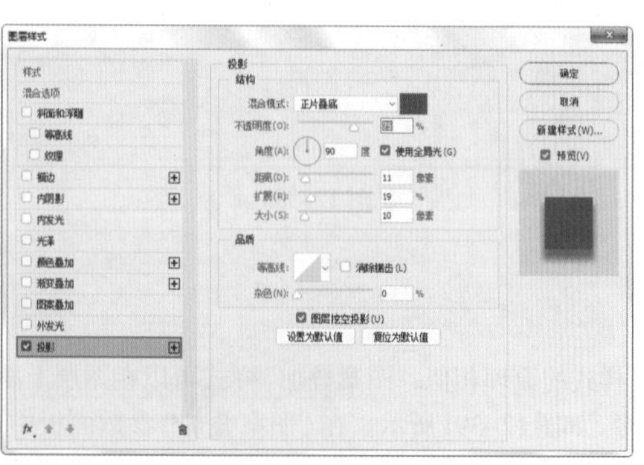

图 12-397

图 12-398

练习实例：清新风格服装主图

文件路径	资源包\第12章\清新风格服装主图
难易指数	★★★★★
技术掌握	横排文字工具、图层样式

扫一扫，看视频

案例效果

本例效果如图12-399所示。

图 12-399

操作步骤

步骤 01 执行“文件>新建”命令，新建一个空白文档，如图12-400所示。

图 12-400

步骤 02 单击工具箱中的“渐变工具”按钮，单击选项栏中的渐变色条，在弹出的“渐变编辑器”中编辑一个粉色系的渐变，颜色编辑完成后单击“确定”按钮，接着在选项栏中单击“径向渐变”按钮，如图12-401所示。在“图层”面板中选中背景图层，回到画面中按住鼠标左键拖动，释放鼠标后完成渐变填充操作，如图12-402所示。

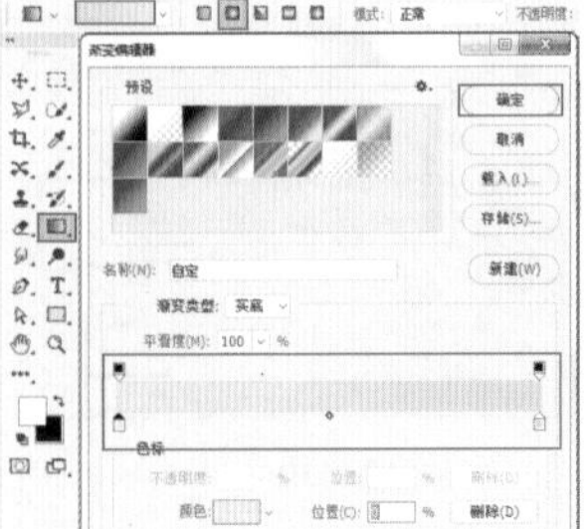

图 12-401

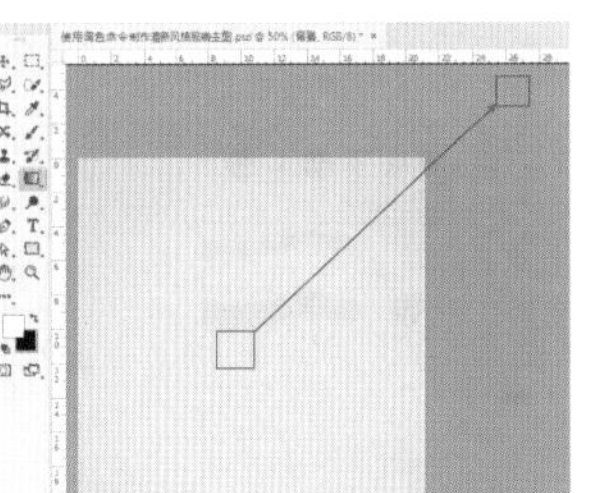

图 12-402

步骤 03 单击工具箱中的“横排文字工具”按钮，在选项栏中设置合适的字体、字号，文字颜色设置为白色，设置完成后在画面左上角位置单击鼠标建立文字输入的起始点，接着输入文字，输入完后按快捷键Ctrl+Enter，如图12-403所示。

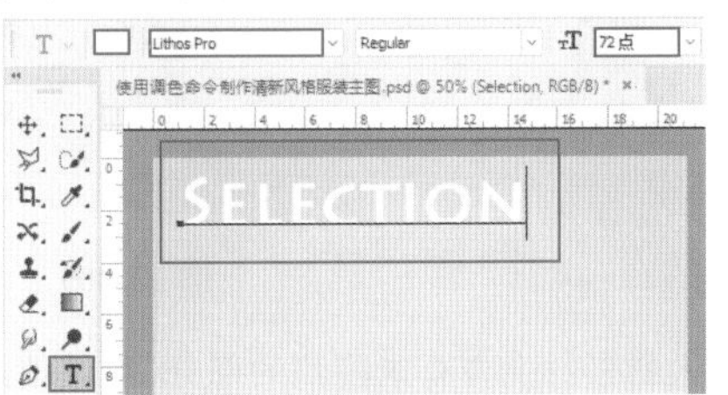

图 12-403

步骤 04 选中文字，执行“图层>图层样式>投影”命令，在“图层样式”窗口中设置“混合模式”为“正常”，“颜色”为粉色，“不透明度”为75%，“角度”为120度，“距离”为7像素，“大小”为10像素，设置参数如图12-404所示。设置完成后单击“确定”按钮，效果如图12-405所示。

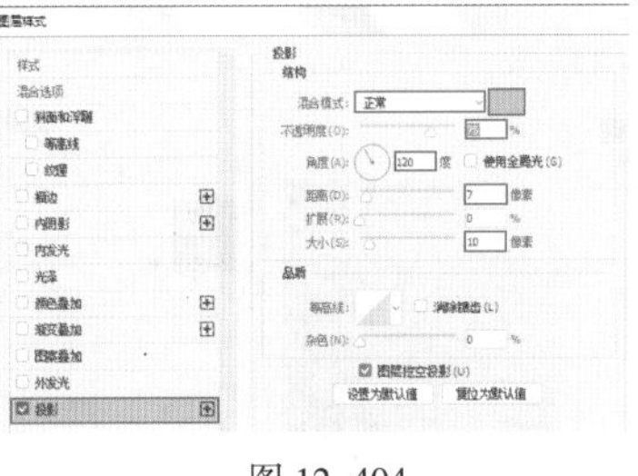

图 12-404

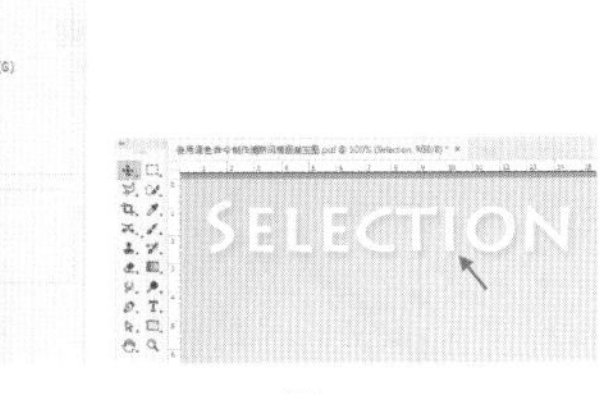

图 12-405

步骤 05 执行“文件>置入嵌入对象”命令，将花朵素材1.png置入画面中，调整其大小及位置，如图12-406所示。然后按Enter键完成置入操作。在“图层”面板中右键单击该图层，在弹出的快捷菜单中执行“栅格化图层”命令。继续使用同样的方法将人物素材置入画面中合适的位置，如图12-407所示。

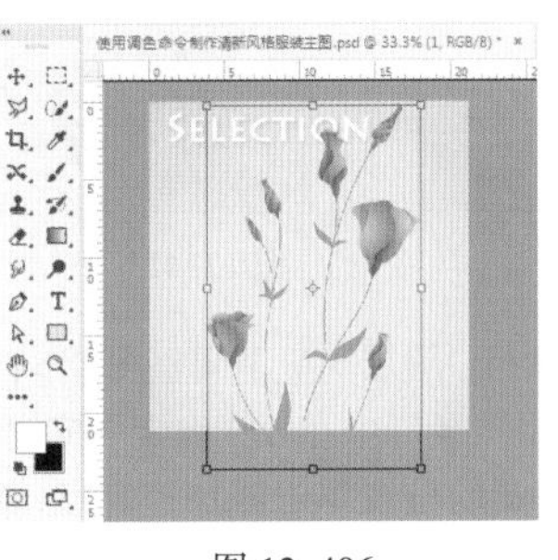

图 12-406

图 12-407

步骤 06 单击工具箱中的“钢笔工具”按钮，在选项栏中设置“绘制模式”为“路径”，沿人物外轮廓绘制路径，完成后按快捷键Ctrl+Enter快速将路径转换为选区，如图12-408所示。在“图层”面板中选中人物素材，单击面板下方的“添加图层蒙版”按钮，此时选区以外的部分被隐藏，如图12-409所示。

图 12-408　　图 12-409

步骤 07 人物素材上方有未隐藏的部分，继续使用“钢笔工具”在手指下方绘制闭合路径，然后按快捷键Ctrl+Enter快速将路径转换为选区，如图12-410所示。单击工具箱底部的“前景色”按钮，在弹出的“拾色器”窗口中设置颜色为黑色，然后单击“确定”按钮，如图12-411所示。在“图层”面板中选中人物素材的图层蒙版，按前景色填充快捷键Alt+Delete，如图12-412所示。按快捷键Ctrl+D取消选区。

步骤 08 继续使用同样的方法将人物素材上方其他需要隐藏的地方隐藏，如图12-413所示。

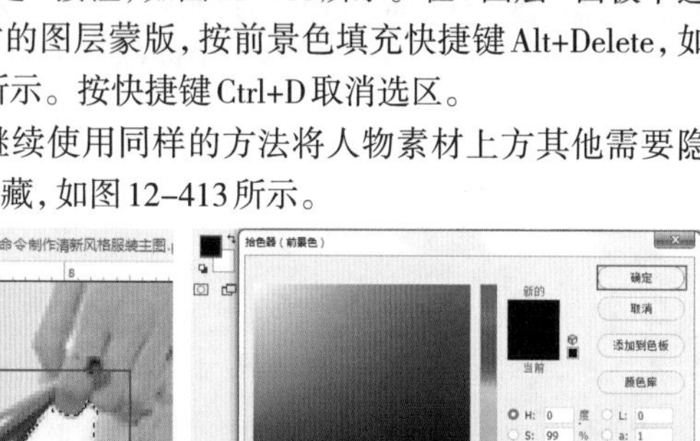
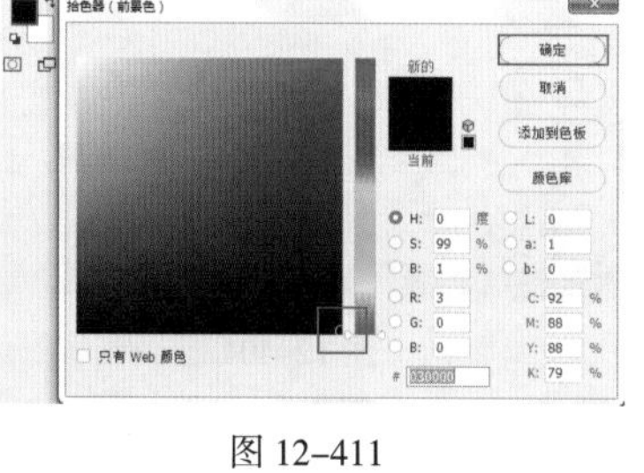

图 12-410　　图 12-411

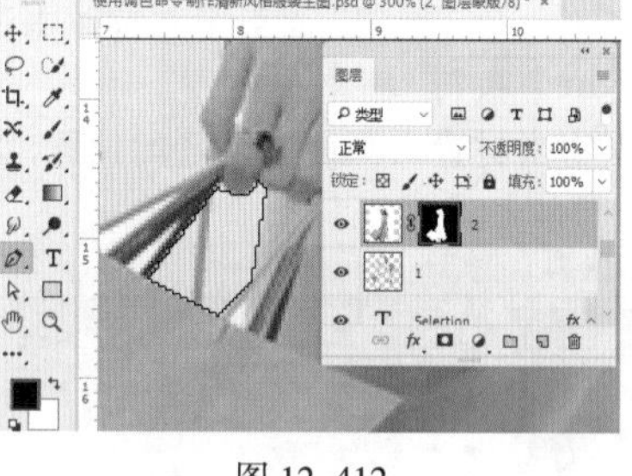

图 12-412　　图 12-413

步骤 09 为人物素材调色。执行“图层>新建调整图层>曲线”命令，在弹出的“新建图层”窗口中单击“确定”按钮。在“属性”面板中，在曲线中间调的位置单击添加控制点，然后将其向左上方拖动提高画面的亮度，接着在阴影的位置单击添加一个控制点并将其向下拖动。单击 按钮使调色效果只针对下方图层，如图12-414所示。此时画面的颜色对比效果被加强了，画面效果如图12-415所示。

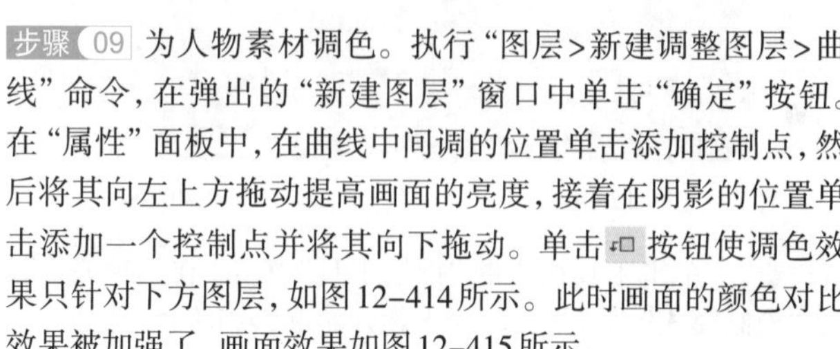
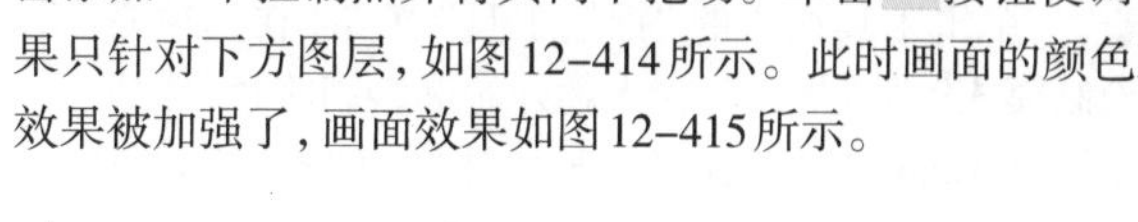

图 12-414　　图 12-415

步骤 10 执行“图层>新建调整图层>可选颜色”命令，在弹出的“新建图层”窗口中单击“确定”按钮。在“属性”面板中设置“颜色”为红色，“青色”为-100%，“洋红”为+50%，“黄色”为-30%，选中“相对”单选按钮，然后单击 按钮，如图12-416所示。画面效果如图12-417所示。

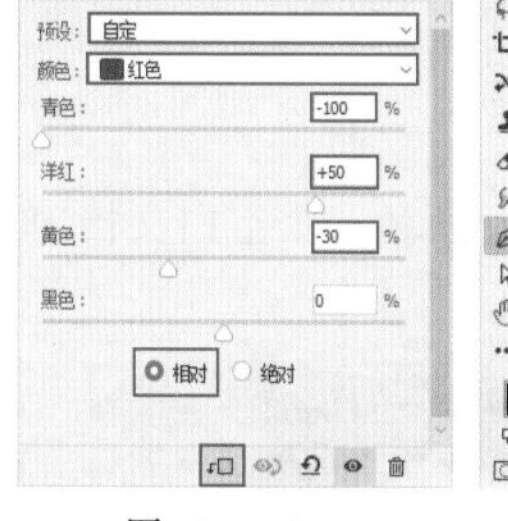

图 12-416　　图 12-417

步骤 11 隐藏人物皮肤位置的调色效果。选择工具箱中的“画笔工具”，在选项栏中单击打开“画笔预设”选取器，在下拉面板中选择一个“柔边圆”画笔，设置画笔“大小”为60像素，设置“硬度”为0%，如图12-418所示。设置“前景色”为黑色，选择“可选颜色”的图层蒙版，在画面中小腿的位置单击鼠标左键拖动，如图12-419所示。继续使用同样的方法将人物皮肤位置的调色效果隐藏，如图12-420所示。

步骤 12 执行“图层>新建调整图层>自然饱和度”命令，在弹出的“新建图层”窗口中单击“确定”按钮。在“属性”面板中设置“自然饱和度”为+100，然后单击 按钮，如图12-421所示。画面效果如图12-422所示。继续使用同样的方法隐藏人物素材部分“自然饱和度”效果，画面效果如图12-423所示。

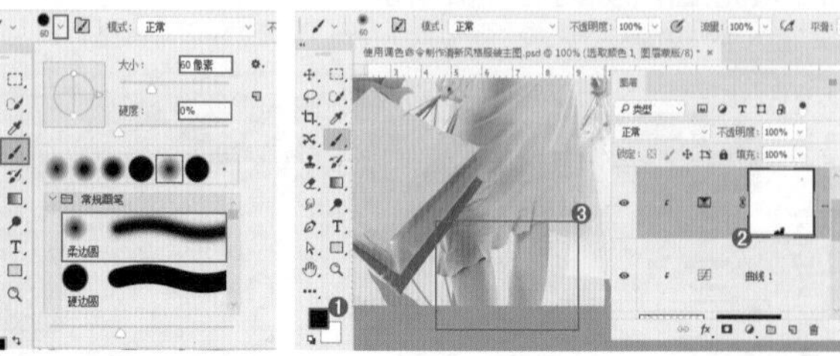
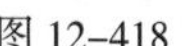

图 12-418　　图 12-419

图 12-420　　图 12-421

图 12-422

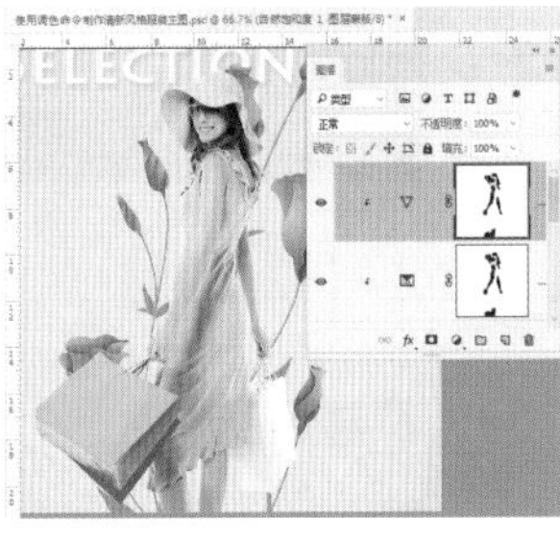

图 12-423

步骤 13 单击工具箱中的“矩形工具”按钮，在选项栏中设置“绘制模式”为“形状”，“填充”为粉色，“描边”为无。设置完成后在画面右下角按住鼠标左键拖动绘制出一个矩形，如图12-424所示。

步骤 14 单击工具箱中的“横排文字工具”按钮，在选项栏中设置合适的字体、字号，文字颜色设置为白色，设置完成后在粉色矩形上方单击鼠标建立文字输入的起始点，接着输入文字，输入完后按快捷键Ctrl+Enter，如图12-425所示。

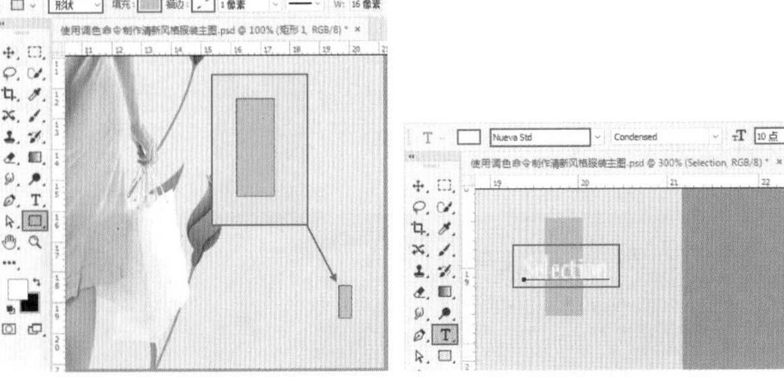

图 12-424　　图 12-425

步骤 15 选中文字图层，按自由变换快捷键Ctrl+T调出定界框，按住Shift键的同时将其旋转至合适的角度，如图12-426所示。调整完毕之后按Enter键结束变换。继续在画面中添加其他的文字，完成效果如图12-427所示。

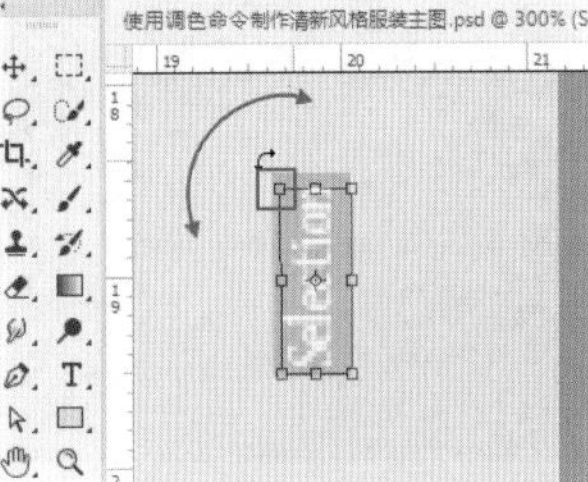

图 12-426

图 12-427

练习实例：动感缤纷艺术字

文件路径	资源包\第12章\动感缤纷艺术字
难易指数	★★★★★
技术掌握	横排文字工具、图层样式、渐变、钢笔工具

案例效果

本例最终效果如图12-428所示。

图 12-428

扫一扫，看视频

操作步骤

步骤 01 执行“文件>打开”菜单命令，或按快捷键Ctrl+O，在弹出的“打开”窗口中选择素材1.jpg，单击“打开”按钮，如图12-429所示。接着制作渐变背景，新建图层，单击工具箱中的“渐变工具”按钮，在选项栏中单击渐变色条，在弹出的“渐变编辑器”中编辑一个黑色到紫色渐变，设置“渐变类型”为“线性渐变”，将光标定位在画面左上角，按住鼠标左键向右下角拖动填充渐变，如图12-430所示。

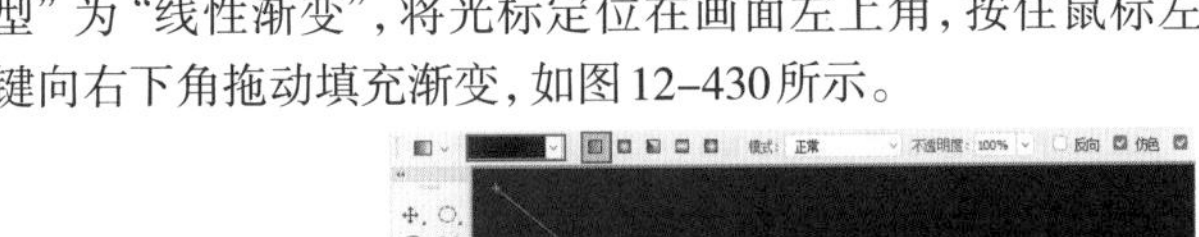

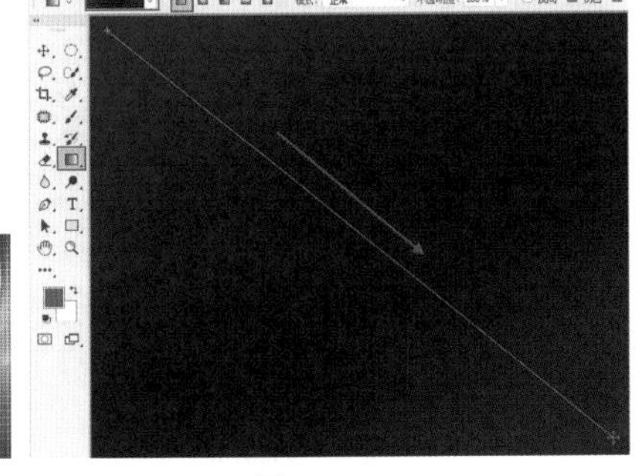

图 12-429　　图 12-430

步骤 02 在“图层”面板上设置“不透明度”为90%，如图12-431所示。效果如图12-432所示。

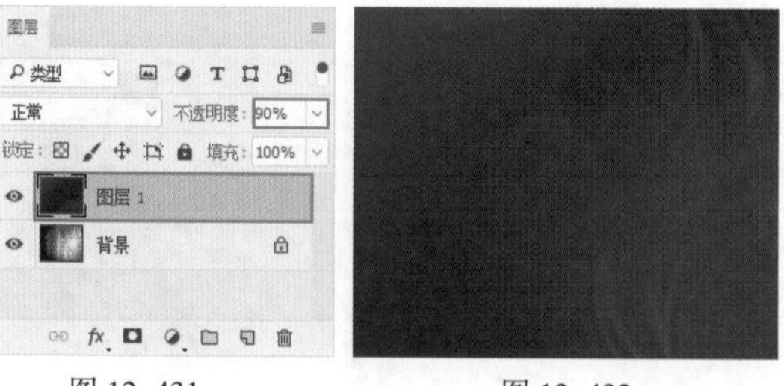

图 12-431　　图 12-432

步骤 03 在画面中绘制一个云朵形状。单击工具箱中的“钢笔工具”按钮，在选项栏中设置“绘制模式”为“路径”。在画面中绘制路径，如图12-433所示。按快捷键Ctrl+Enter将路径转化为选区，设置“前景色”为白色，新建图层，按快捷键Alt+Delete填充选区，按快捷键Ctrl+D取消选区，如图12-434所示。

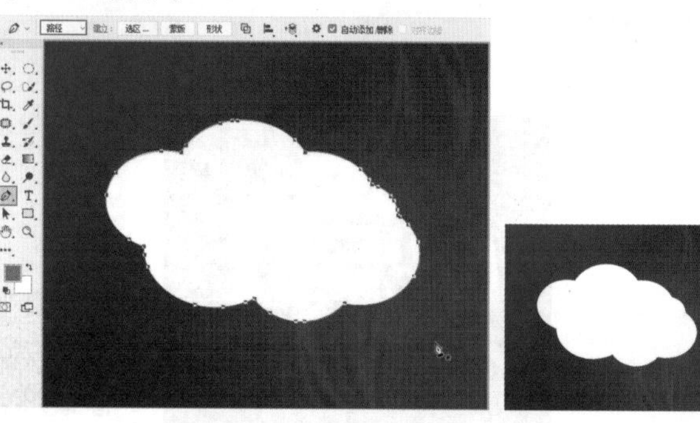

图 12-433　　图 12-434

步骤 04 为云朵添加立体效果。执行“图层>图层样式>斜面和浮雕”命令，在“图层样式”窗口中设置“样式”为“内斜面”，“方法”为“平滑”，“深度”为258%，“方向”为“上”，“大小”为16像素，“软化”为0像素，“角度”为148度，“高度”为30度，“高光模式”为“滤色”，“高光”颜色为白色，“不透明度”为75%，“阴影模式”为“正片叠底”，“阴影颜色”为黑色，“不透明度”为75%，单击“确定”按钮完成设置，如图12-435所示。效果如图12-436所示。

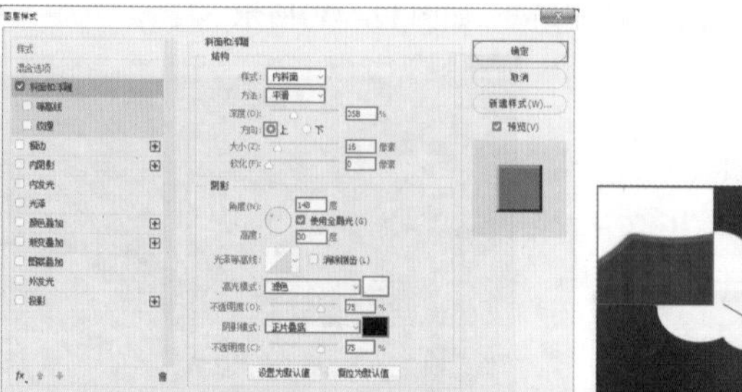

图 12-435　　图 12-436

步骤 05 单击工具箱中的“画笔工具”按钮，在选项栏中设置“大小”为500像素，“硬度”为0像素，设置前景色为蓝色。新建图层，在画面中云朵的中间位置按住鼠标左键拖动绘制，如图12-437所示。单击工具箱中的“椭圆选框工具”按钮，在画面上部按住Shift键并按鼠标左键拖动绘制正圆选区。单击工具箱中的“渐变工具”按钮，在“选项栏”中单击“渐变色条”，在弹出的“渐变编辑器”中编辑一个白色到黄色渐变，单击“确定”按钮完成编辑，如图12-438所示。将光标移动到画面中圆形选区的上部，按住鼠标左键向下拖动为选区填充渐变，如图12-439所示。

图 12-437

图 12-438　　图 12-439

步骤 06 单击工具箱中的“画笔工具”按钮，在选项栏中设置“大小”为500像素，“硬度”为0%，设置“前景色”为橘黄色。新建图层，在画面中黄色圆形的位置单击绘制出圆形的暗部，如图12-440所示。

图 12-440

步骤 07 在圆形中间制作立体投影文字。单击工具箱中的“横排文字工具”按钮，在选项栏中设置合适字体、字号，文字颜色为白色，在画面中单击并输入文字，如图12-441所示。按自由变换快捷键Ctrl+T调出界定框，适当旋转，按Enter键完成变换，如图12-442所示。

图 12-441　　图 12-442

步骤 08 选择文字，执行“图层>图层样式>描边”命令，在“图层样式”窗口中设置“大小”为3像素，“位置”为“居中”，“混合模式”为“正常”，“不透明度”为100%，“填充类型”为“颜色”，“颜色”为黄色，如图12-443所示。勾选“投影”，设置“混合模式”为“正片叠底”，“阴影颜色”为橘黄色，“不透明度”为75%，“角度”为148度，“距离”为26像素，“扩展”为13%，“大小”为21像素，单击“确定”按钮完成设置，如图12-444所示。效果如图12-445所示。

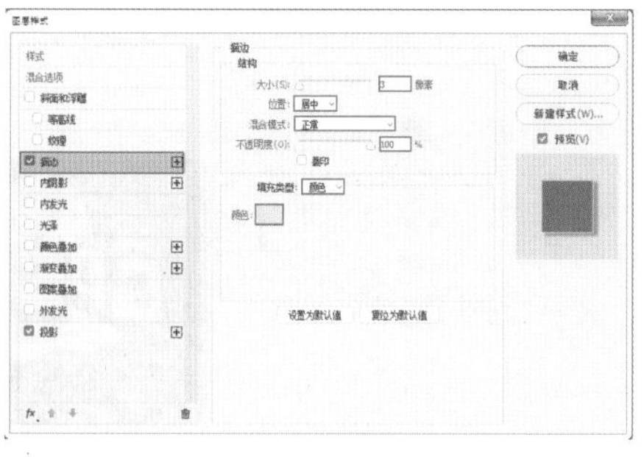

图 12-443

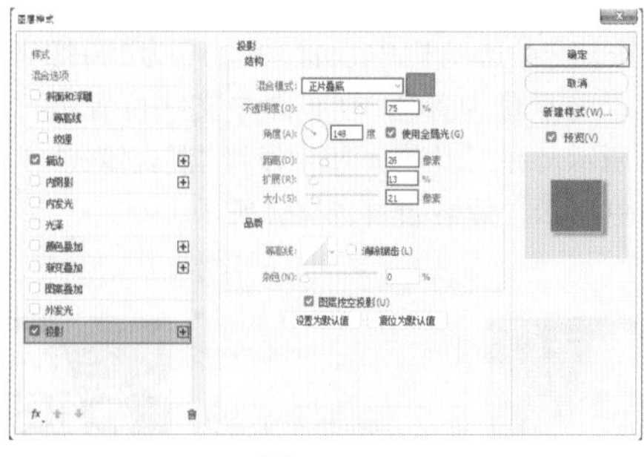

图 12-444

步骤 09 单击工具箱中的“横排文字工具”按钮，在选项栏中设置合适的字体、字号，并填充颜色，在画面中单击输入文字，当输入到“S”更改填充颜色，继续输入，效果如图12-446所示。

图 12-445　　图 12-446

步骤 10 下面制作文字的底色。单击工具箱中的“多边形套索工具”按钮，沿着文字形状绘制选区，如图12-447所示。新建图层，设置“前景色”为深蓝色，按快捷键Alt+ Delete填充颜色，效果如图12-448所示。

图 12-447　　图 12-448

步骤 11 继续使用“多边形套索工具”在文字底色图层中绘制多边形选区，如图12-449所示。单击工具箱中的“渐变工具”按钮，在选项栏中单击“渐变色条”，在弹出的“渐变编辑器”中编辑一个蓝色系渐变，设置“渐变类型”为“线性渐变”，将光标移动到选区上按住鼠标左键向下拖动填充渐变，如图12-450所示。使用同样的方法制作其他渐变多边形，如图12-451所示。

图 12-449

图 12-450　　图 12-451

步骤 12 为文字底色制作立体效果。执行“图层>图层样式>斜面和浮雕”命令，在“图层样式”窗口中设置“样式”为“内斜面”，“方法”为“平滑”，“深度”为100%，“方向”为“上”，“大小”为16像素，“软化”为0像素，“角度”为145度，“高度”为30度，“高光模式”为“滤色”，“高光颜色”为“白色”，“不透明度”为75%，“阴影模式”为“正片叠底”，“阴影颜色”为“黑色”，“不透明度”为75%，如图12-452所示。勾选等高线，“范围”为5%，

单击“确定”按钮，如图12–453所示。效果如图12–454所示。

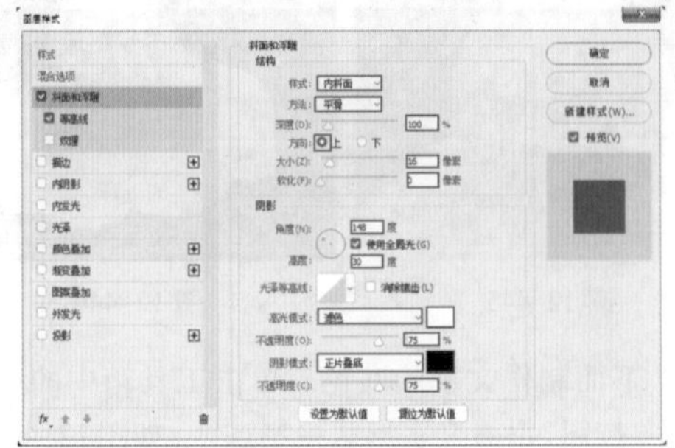

图 12–452

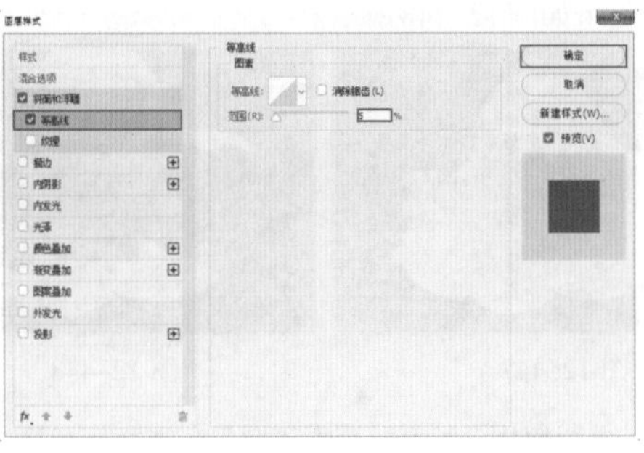

图 12–453

步骤 13 执行“文件>置入嵌入对象”命令，在打开的窗口中单击选择素材2.png，单击“置入”按钮，按Enter键完成置入操作。执行“图层>栅格化>智能对象”命令，将该图层栅格化，如图12–455所示。

图 12–454

图 12–455

步骤 14 为文字添加立体渐变效果，如图12–456所示。选中主体文字图层，将其移动到文字底色图层的上方。执行“图层>图层样式>斜面和浮雕”命令，设置“样式”为“内斜面”，“方法”为“雕刻清晰”，“深度”为83%，“方向”为上，“大小”为29像素，“软化”为1像素，如图12–457所示。勾选“等高线”，设置“范围”为57%，如图12–458所示。

图 12–456

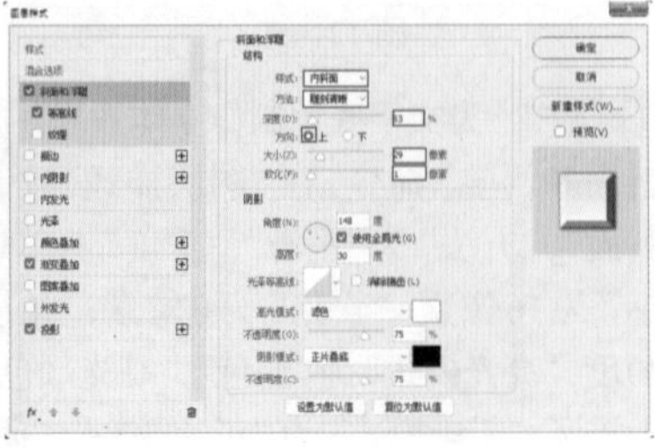

图 12–457

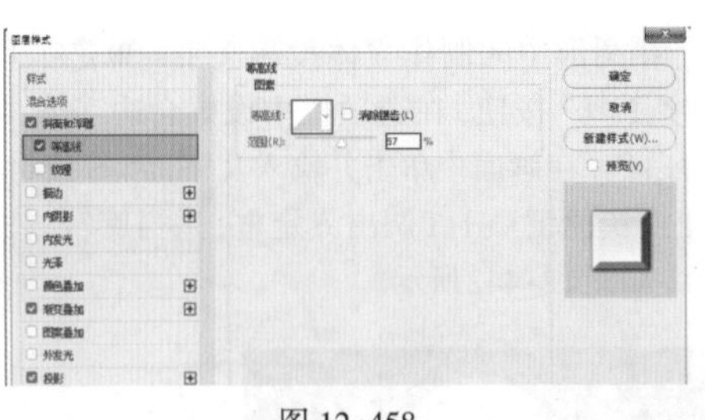

图 12–458

步骤 15 继续在图层样式列表中勾选“渐变叠加”，设置“混合模式”为“正常”，“不透明度”为100%，“渐变”为青色系渐变，“样式”为“线性”，“角度”为–79度，“缩放”为100%，如图12–459所示。勾选“投影”，设置“混合模式”为“正片叠底”，“投影颜色”为黑色，“不透明度”为75%，“角度”为148度，“距离”为7像素，“扩展”为28%，“大小”为35像素，单击“确定”按钮完成设置，如图12–460所示。效果如图12–461所示。

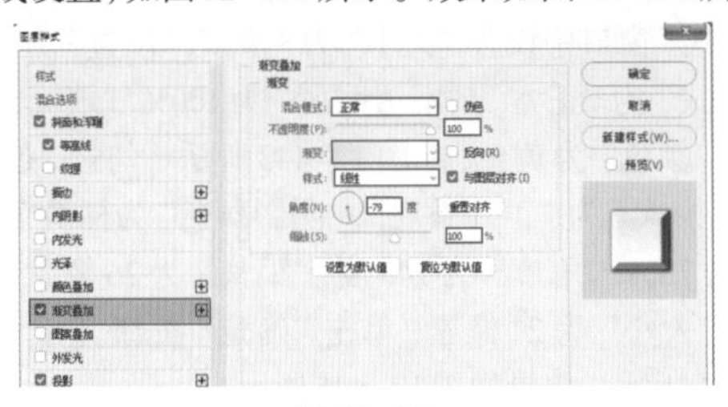

图 12–459

图 12–460　　图 12–461

步骤 16 为文字添加彩色光感效果。单击工具箱中的“画笔工具”按钮，在选项栏中设置“大小”为100像素，“硬度”为0%，设置前景色为青色，在画面中文字位置进行绘制，如图12–462所示。在“图层”面板中设置“混合模式”为“叠加”，如图12–463所示。效果如图12–464所示。

图 12–462　　图 12–463　　图 12–464

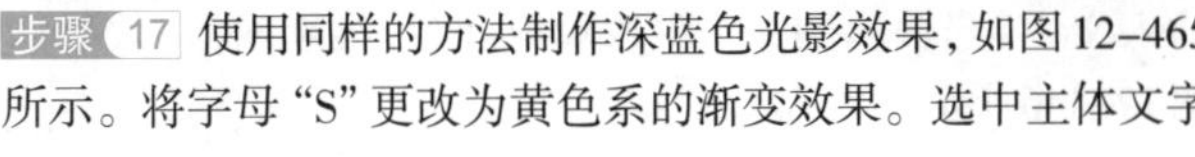

步骤 17 使用同样的方法制作深蓝色光影效果，如图12–465所示。将字母“S”更改为黄色系的渐变效果。选中主体文字

中的字母“S”，将其复制为独立图层，如图12-466所示。

图 12-465

图 12-466

步骤 18 执行“图层>图层样式>斜面/浮雕”命令，设置“样式”为“内斜面”，“方法”为“雕刻清晰”，“深度”为83%，“方向”为“上”，“大小”为32像素，“软化”为1像素，如图12-467所示。勾选“渐变叠加”，设置“混合模式”为“正常”，“不透明度”为100%，“渐变”为黄色系渐变，“样式”为“线性”，“角度”为-69度，“缩放”为100%，单击“确定”按钮完成设置，如图12-468所示。效果如图12-469所示。

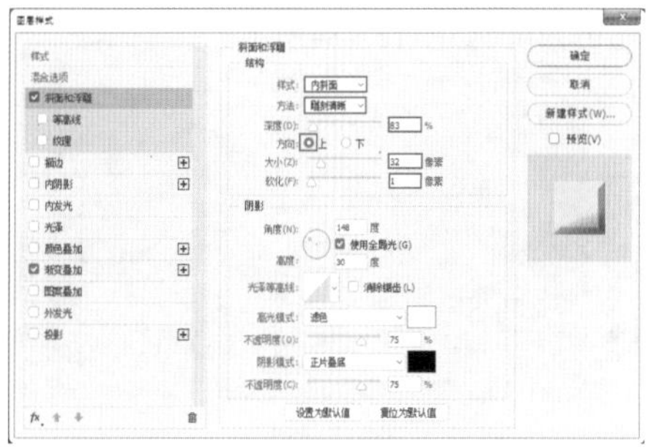

图 12-467

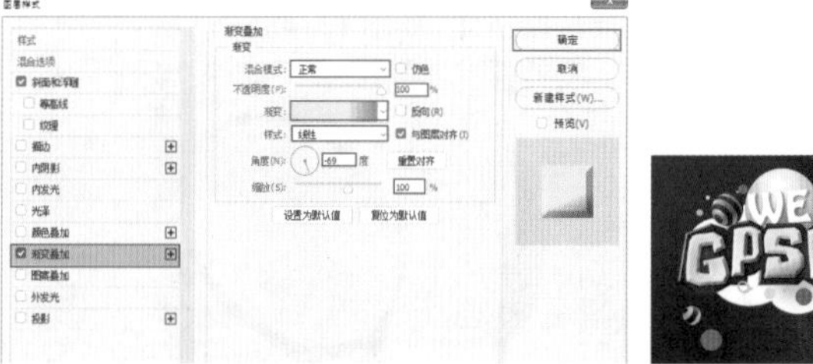

图 12-468

图 12-469

步骤 19 单击工具箱中的“横排文字工具”按钮，在选项栏中设置合适的字体、字号，“填充颜色”为紫色，在画面下部单击输入文字，如图12-470所示。用同样的方法输入其他文字，如图12-471所示。

图 12-470

图 12-471

综合实例：运动风通栏广告

文件路径	资源包\第12章\运动风通栏广告
难易指数	★★★★★
技术掌握	直排文字工具、调整图层、通道抠图、滤镜

案例效果

本例效果如图12-472所示。

图 12-472

扫一扫，看视频

操作步骤

步骤 01 执行“文件>新建”命令，新建一个空白文档，如图12-473所示。

图 12-473

步骤 02 单击工具箱中的“渐变工具”按钮，单击选项栏中的渐变色条，在弹出的“渐变编辑器”中编辑一个蓝色系的渐变，颜色编辑完成后单击“确定”按钮。接着在选项栏中单击“径向渐变”按钮，如图12-474所示。在“图层”面板中选中背景图层，回到画面中按住鼠标左键从中间至右上角拖动填充渐变，释放鼠标后完成渐变填充操作，如图12-475所示。

图 12-474

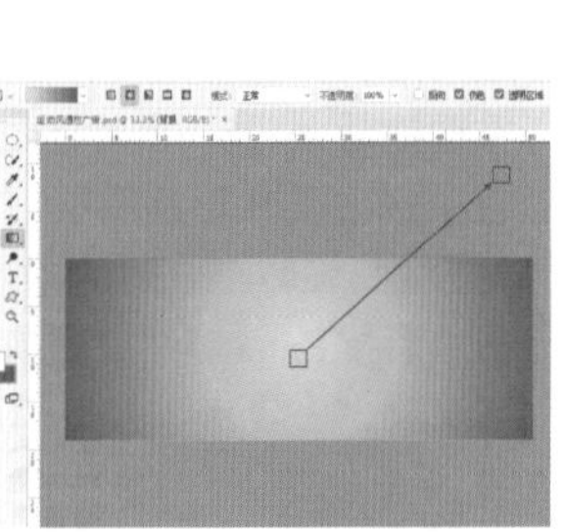

图 12-475

步骤 03 执行“文件>置入嵌入对象”命令，将装饰素材1.png置入画面中，调整其大小及位置后按Enter键完成置入操作。在“图层”面板中右键单击该图层，在弹出的快捷菜单中执行“栅格化图层”命令，如图12-476所示。

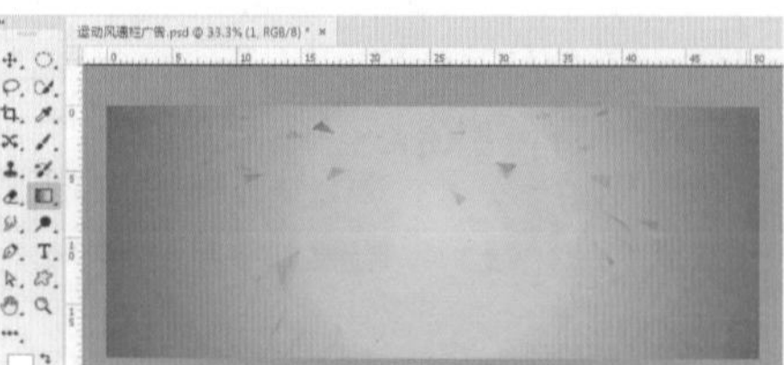

图 12-476

步骤 04 制作背景文字。单击工具箱中的“横排文字工具”按钮，在选项栏中设置合适的字体、字号，文字颜色设置为白色，设置完成后在画面中合适的位置单击鼠标建立文字输入的起始点，接着输入文字，输入完后按快捷键Ctrl+Enter，如图12-477所示。在“图层”面板选中文字图层，按自由变换快捷键Ctrl+T调出定界框，将其旋转至合适的角度，如图12-478所示。图形调整完毕之后按Enter键结束变换。

图 12-477

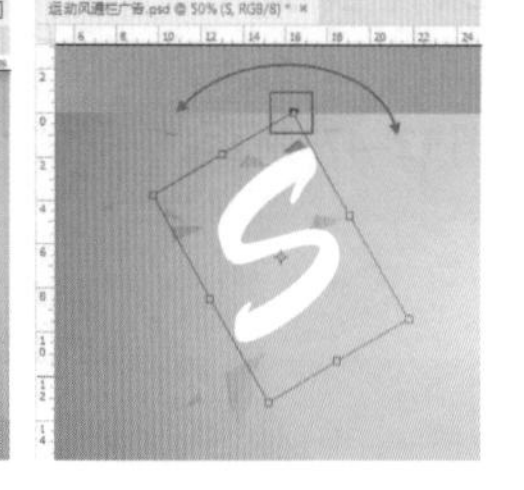

图 12-478

步骤 05 继续使用同样的方法将画面中其他背景文字输入画面中合适的位置并旋转至合适的角度，如图12-479所示。

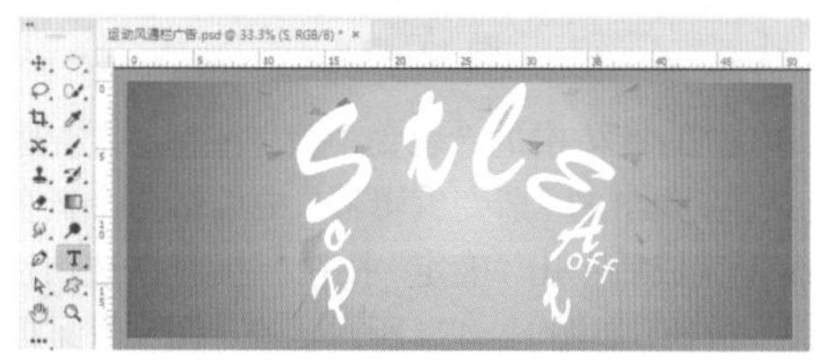

图 12-479

步骤 06 在工具箱中选择“自定形状工具”，在选项栏中设置“绘制模式”为“形状”，“填充”为橘色，“描边”为无，选择合适的形状。设置完成后在画面中按住Shift键的同时按住鼠标左键拖动，绘制一个奖杯图形，如图12-480所示。在“图层”面板中选中奖杯形状图层，按自由变换快捷键Ctrl+T调出定界框，将其旋转至合适的角度，如图12-481所示。图形调整完毕之后按Enter键结束变换。

图 12-480

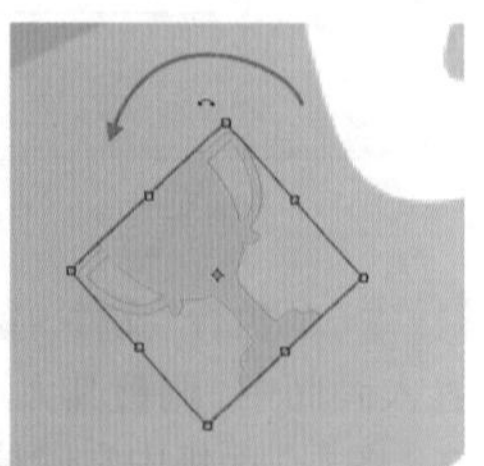

图 12-481

步骤 07 在“图层”面板中选中奖杯形状图层，执行“图层>图层样式>投影”命令，在“图层样式”窗口中设置“混合模式”为“正片叠底”，“颜色”为蓝色，“不透明度”为37%，“角度”为90度，“距离”为18像素，“大小”为9像素，设置参数如图12-482所示。设置完成后单击“确定”按钮，效果如图12-483所示。

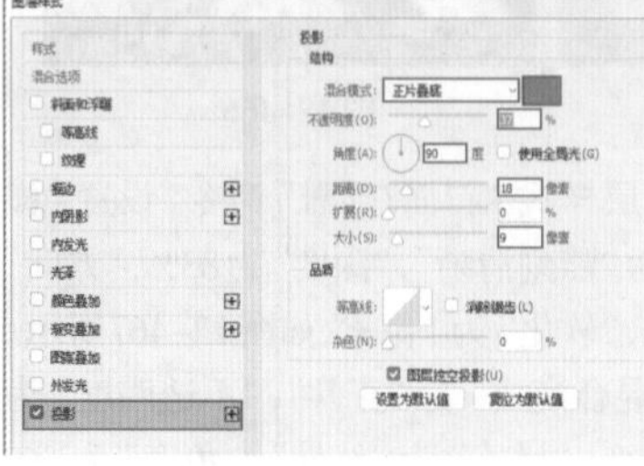

图 12-482

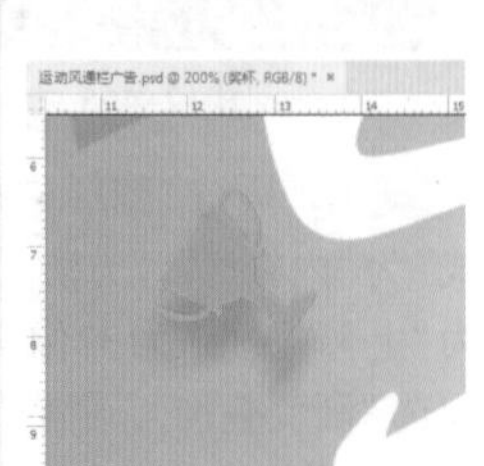

图 12-483

步骤 08 继续使用同样的方法将右侧灯泡图形绘制出来并旋转至合适的角度，如图12-484所示。

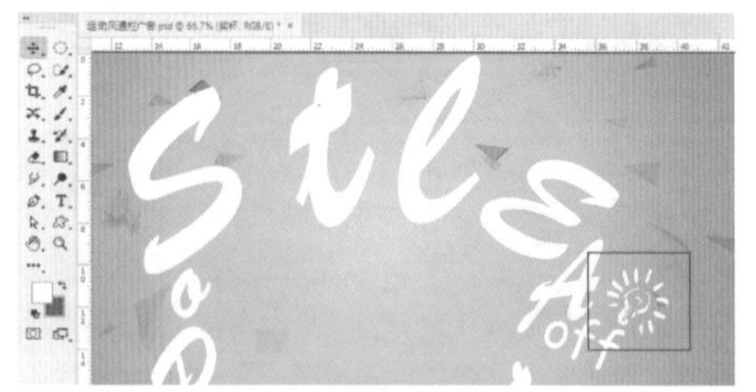

图 12-484

步骤 09 向画面中置入人物素材，调整其大小及位置后按Enter键完成置入并将其栅格化，如图12-485所示。

图 12-485

步骤 10 提高画面整体亮度。执行“图层>新建调整图层>曲线”命令，在弹出的“新建图层”窗口中单击“确定”按钮。在“属性”面板中，在曲线中间调的位置单击添加控制点，然后将其向左上方拖动，提高画面的亮度。在曲线阴影位置单击添加控制点，然后将其向下拖动，如图12-486所示。画面效果如图12-487所示。

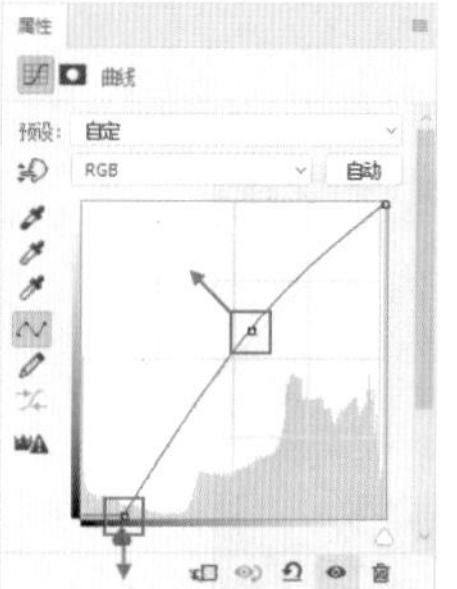

图 12-486

图 12-487

步骤 11 单击工具箱中的“横排文字工具”按钮，在选项栏中设置合适的字体、字号，文字颜色设置为深蓝色，设置完成后在画面中合适的位置单击鼠标建立文字输入的起始点，接着输入文字，输入完后按快捷键Ctrl+Enter，如图12-488所示。继续使用同样的方法输入下方文字，如图12-489所示。

图 12-488

图 12-489

步骤 12 单击工具箱中的“矩形工具”按钮，在选项栏中设置“绘制模式”为“形状”，“填充”为土黄色，“描边”为无。设置完成后在文字下方按住鼠标左键拖动，绘制出一个矩形，如图12-490所示。在“图层”面板中按住Ctrl键依次单击加选刚制作的文字和矩形图层，然后按编组快捷键Ctrl+G将加选图层编组并命名为“组1”，如图12-491所示。

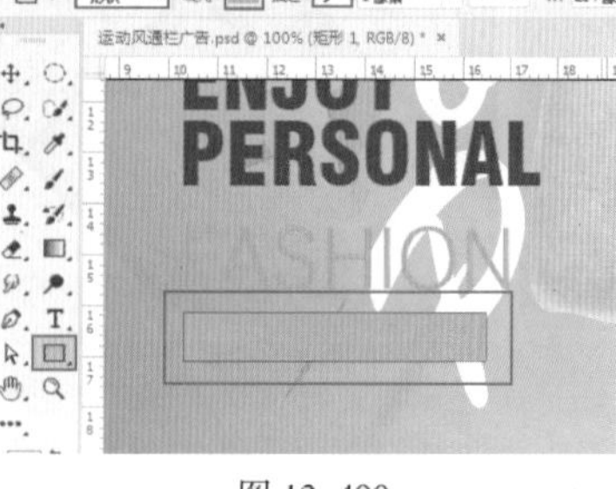

图 12-490

图 12-491

步骤 13 在“图层”面板中选中“组1”图层组，执行“图层>图层样式>投影”命令，在“图层样式”窗口中设置“混合模式”为“正常”，“颜色”为蓝色，“不透明度”为75%，“角度”为90度，“距离”为5像素，“大小”为18像素，设置参数如图12-492所示。设置完成后单击“确定”按钮。效果如图12-493所示。

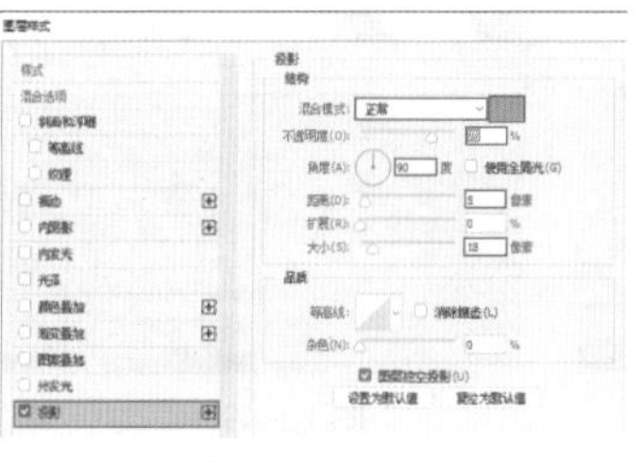

图 12-492

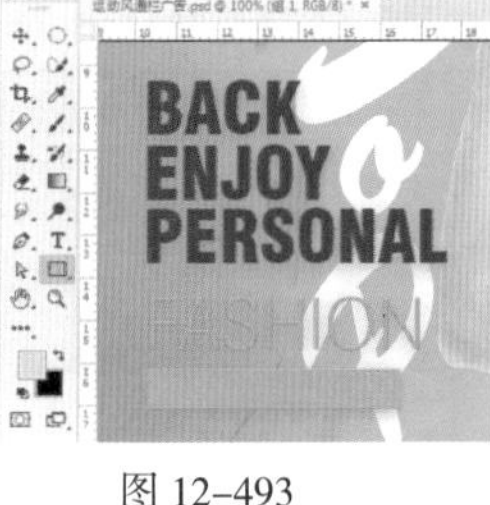

图 12-493

步骤 14 使用制作文字的方法输入土黄色矩形上方文字，如图12-494所示。

图 12-494

步骤 15 制作装饰虚线。单击工具箱中的“钢笔工具”按钮，在选项栏中设置“绘制模式”为“形状”，“填充”为无，“描边”为白色，“描边粗细”为1.5点，设置合适的虚线。设置完成后在画面中合适的位置按住Shift键的同时按住鼠标左键拖动，如图12-495所示。在“图层”面板中选中虚线图层，按快捷键Ctrl+J复制出一个相同的图层，然后按住Shift键的同时按住鼠标左键将其向下拖动，进行垂直移动的操作，如图12-496所示。继续使用同样的方法将其再复制一份并摆放在虚线下方，如图12-497所示。

图 12-495

图 12-496　　图 12-497

步骤 16 制作右上方标志。单击工具箱中的“圆角矩形工具”按钮，在选项栏中设置“绘制模式”为“形状”，“填充”为橘色，“描边”为无，“半径”为10.5像素，设置完成后在画面中合适的位置按住鼠标左键拖动，绘制一个圆角矩形，如图12-498所示。继续使用制作文字的方法输入橘色圆角矩形上方文字，如图12-499所示。

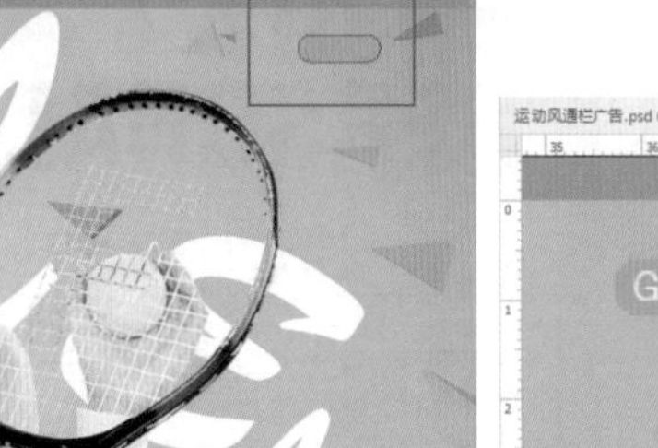

图 12-498　　图 12-499

步骤 17 单击工具箱中的“直排文字工具”按钮，在选项栏中设置合适的字体、字号，文字颜色设置为白色，设置完成后在画面右侧单击鼠标建立文字输入的起始点，接着输入文字，输入完后按快捷键Ctrl+Enter，如图12-500所示。继续使用制作直排文字的方法输入右侧文字，完成效果如图12-501所示。

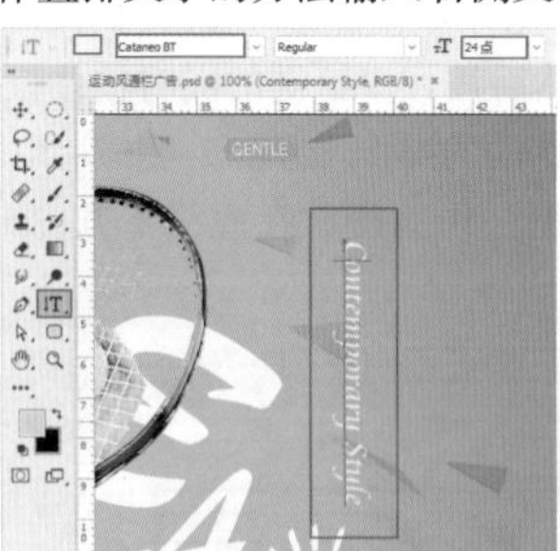

图 12-500　　图 12-501

综合实例：活动宣传页面广告

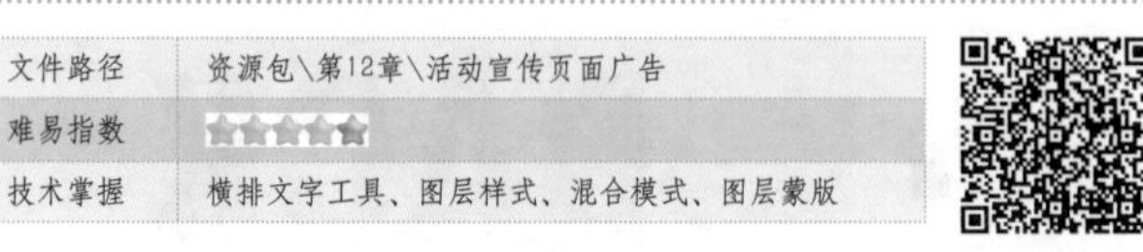

文件路径	资源包\第12章\活动宣传页面广告
难易指数	★★★★★
技术掌握	横排文字工具、图层样式、混合模式、图层蒙版

扫一扫，看视频

案例效果

本例最终效果如图12-502所示。

图 12-502

操作步骤

步骤 01 执行“文件>新建”命令，在弹出的“新建”窗口中设置“宽度”为1650像素，“高度”为1020像素，“分辨率”为72像素，“颜色模式”为RGB模式，“背景内容”为透明，单击“确定”按钮得到一个空文件。单击工具箱中的“渐变工具”按钮，在选项栏中单击“渐变色条”，在弹出的“渐变编辑器”中编辑一种紫色系的渐变，设置“渐变类型”为“径向渐变”，在画面中间位置按住鼠标左键并向外拖动，进行填充，如图12-503所示。

步骤 02 执行“文件>置入嵌入对象”命令，在弹出的“置入嵌入对象”窗口中选择素材1.png，单击“置入”按钮，并放到适当位置，按Enter键完成置入操作。执行“图层>栅格化>智能对象”命令，将该图层栅格化为普通图层，如图12-504所示。在“图层”面板中设置“混合模式”为“叠加”，如图12-505所示。效果如图12-506所示。

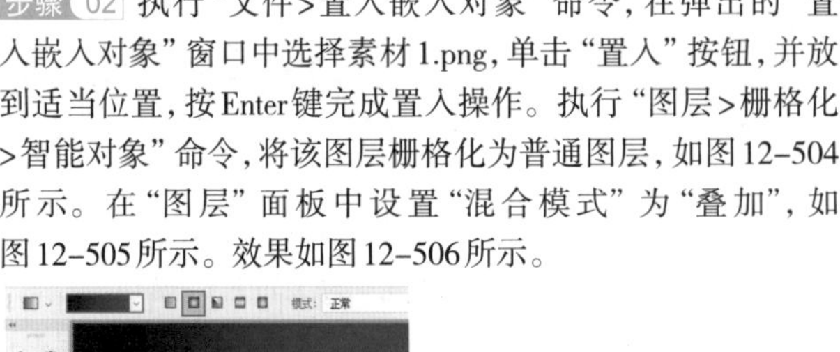

图 12-503　　图 12-504

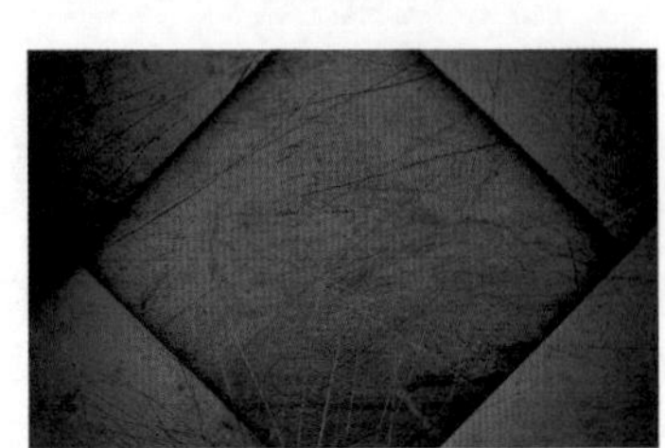

图 12-505　　图 12-506

步骤 03 执行“文件>置入嵌入对象”命令，在弹出的“置入嵌入对象”窗口中选择素材2.png，单击“置入”按钮，并放到适当位置，按Enter键完成置入操作。执行“图层>栅格化>智能对象”命令，将该图层栅格化为普通图层，如图12-507所示。在“图层”面板中设置“混合模式”为“颜色减淡”，效果如图12-508所示。

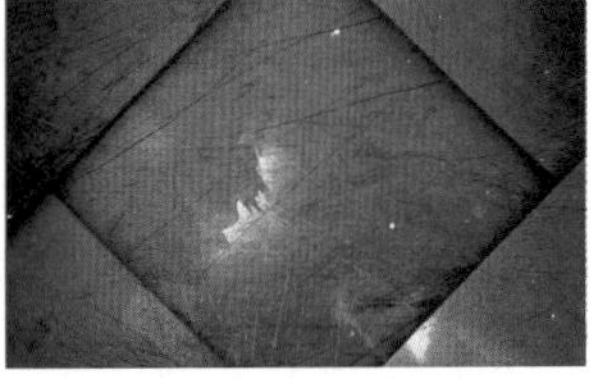

图 12-507　　图 12-508

步骤 04 执行“文件>置入嵌入对象”命令，在弹出的“置入嵌入对象”窗口中选择素材3.jpg，单击“置入”按钮，同时将素材缩放并旋转到适当位置。执行“图层>栅格化>智能对象”命令，将该图层栅格化为普通图层，如图12-509所示。在“图层”面板中设置“混合模式”为“变亮”，如图12-510所示。效果如图12-511所示。

图 12-509

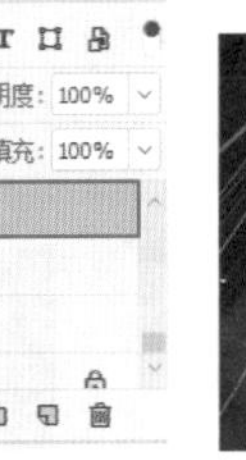

图 12-510　　图 12-511

步骤 05 单击图层面板底部的“添加图层蒙版”按钮，单击工具箱中的“画笔工具”按钮，在选项栏中设置“大小”为150像素，“硬度”为0%，设置前景色为黑色，在图层蒙版中光线边缘处进行涂抹，如图12-512所示。图层蒙版缩览如图12-513所示。

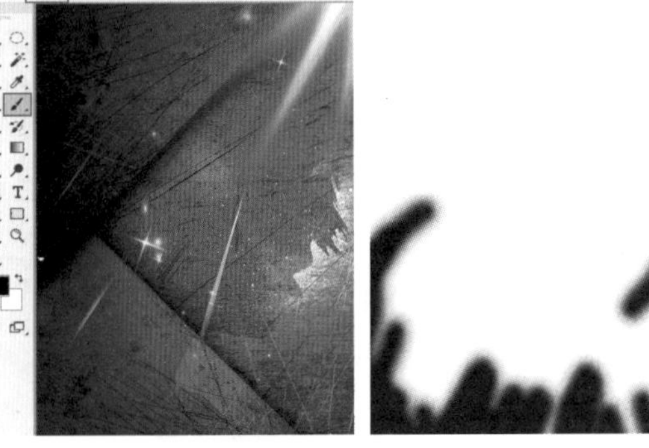

图 12-512　　图 12-513

步骤 06 在“图层”面板中选择该图层，单击右键在弹出的快捷菜单中执行“复制图层”命令。选择该拷贝图层并按自由变换快捷键Ctrl+T调出界定框，将光标定位在控制点处，按住鼠标左键对其旋转并移动到适当位置，如图12-514所示。

步骤 07 下面制作主体X图形。在制作之前单击图层面板底部的“创建新组”命令，并命名该组为“X形状”，将下面制作的X形状图层创建在该组内。单击工具箱中的“钢笔工具”按钮，在选项栏中设置“绘制模式”为“形状”，“填充”为“深紫色”，绘制X图形，如图12-515所示。

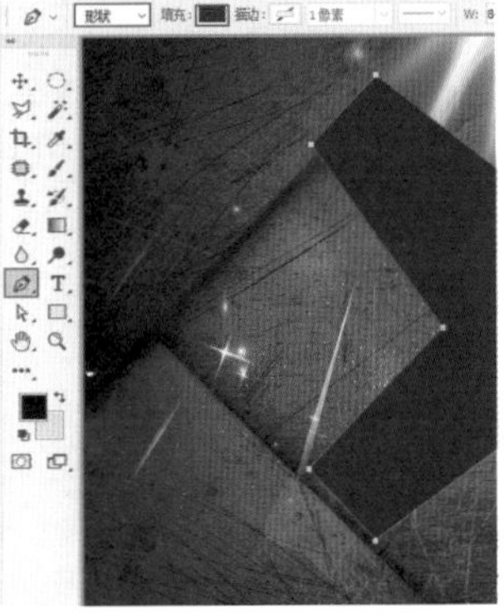

图 12-514　　图 12-515

步骤 08 单击工具箱中的“矩形工具”按钮，设置“绘制模式”为“形状”，“填充”为黄色，在画面中间按住鼠标左键拖动绘制矩形，如图12-516所示。按自由变换快捷键Ctrl+T调出定界框，将光标定位在控制点处将其旋转，如图12-517所示。

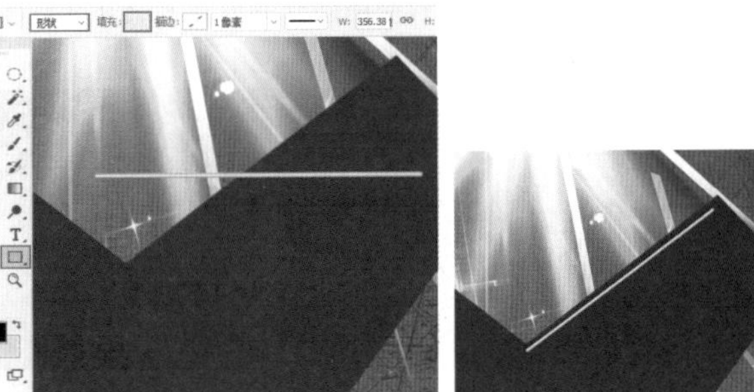

图 12-516　　图 12-517

步骤 09 为矩形添加发光效果。执行“图层>图层样式>内发光”命令，在弹出的图层样式面板中设置“混合模式”为“滤色”，“不透明度”为75%，“杂色”为0%，“发光颜色”为白色，“方法”为“柔和”，“源”为“边缘”，“阻塞”为0%，“大小”为2像素，如图12-518所示。勾选“外发光”，设置“混合模式”为“滤色”，“不透明度”为90%，“杂色”为0%，“发光颜色”为棕色，“方法”为“柔和”，“扩展”为10%，“大小”为13像素，单击“确定”按钮完成设置，如图12-519所示。效果如图12-520所示。

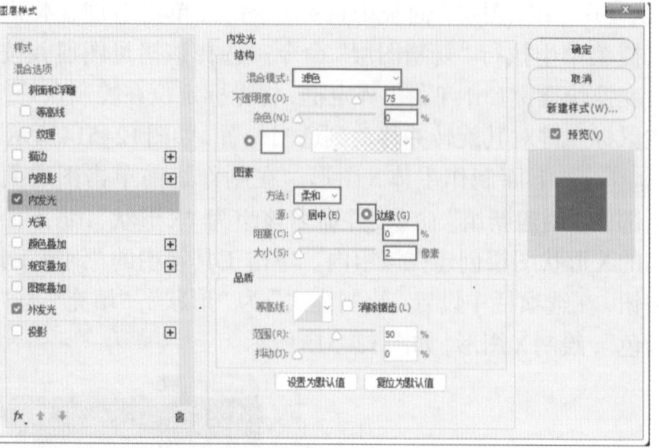

图 12-518

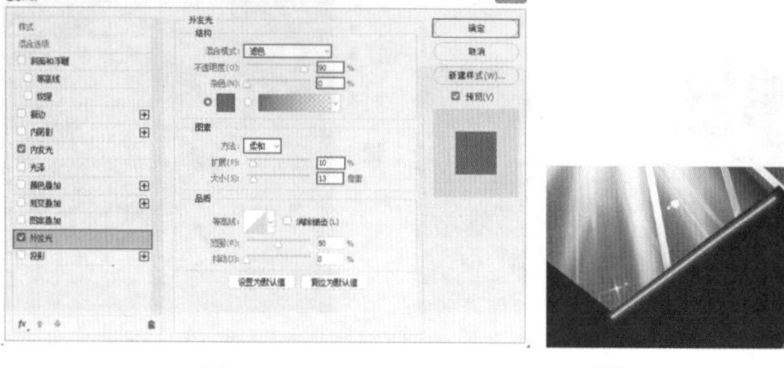

图 12-519　　图 12-520

步骤 10 在“图层”面板中选择该图层，单击右键，在弹出的快捷菜单中执行“复制图层”命令，按自由变换快捷键Ctrl+T调出定界框，将光标定位在控制点对其旋转并移动到适当位置，如图12-521所示。接着使用同样的方法复制并旋转移动到适当位置，如图12-522所示。

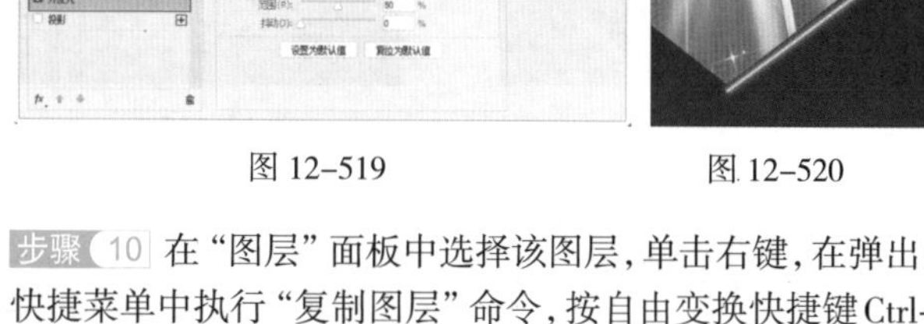

图 12-521　　图 12-522

步骤 11 使用同样的方法制作短的矩形发光对象，如图12-523所示。

步骤 12 为X图形中添加质感纹理，执行“文件>置入嵌入对象”命令，在弹出的“置入嵌入对象”窗口中选择素材4.jpg，单击“置入”按钮，并放到适当位置，按Enter键完成置入操作。执行“图层>栅格化>智能对象”命令，将该图层栅格化为普通图层，如图12-524所示。单击工具箱中的“多边形套索工具”按钮，在选项栏中单击“从选区减去”按钮，在画面中依次绘制外围的X图形以及X图形选区中的三角形选区，使之从选区中减去，如图12-525所示。选中该纹理图层，在图层面板中单击“图层蒙版缩览图”按钮，为选区创建图层蒙版，如图12-526所示。

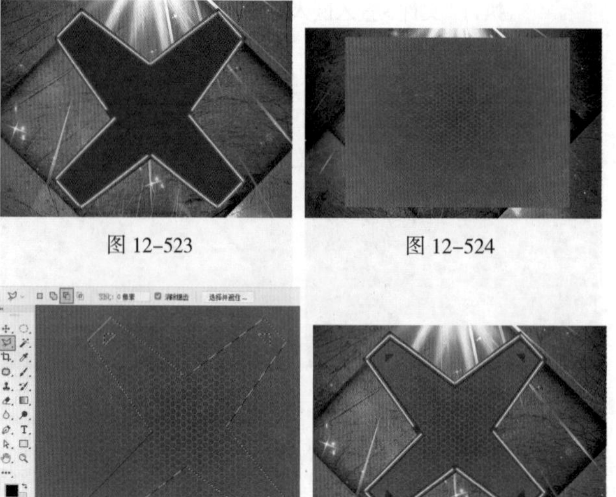

图 12-523　　图 12-524

图 12-525

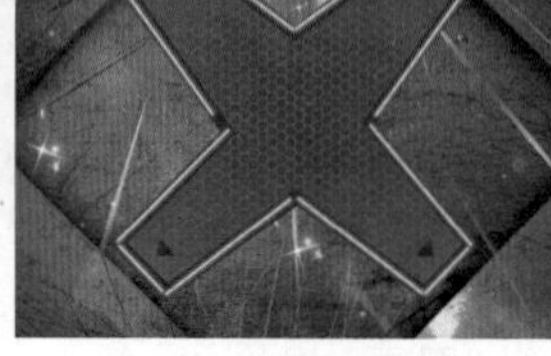

图 12-526

步骤 13 执行“图层>图层样式>内发光”命令，在弹出的图层样式面板中设置“混合模式”为“滤色”，“不透明度”为75%，“杂色”为0%，“发光颜色”为紫色，“方法”为“柔和”，“源”为“边缘”，“阻塞”为6%，“大小”为9像素，单击“确定”按钮完成设置，如图12-527所示。效果如图12-528所示。

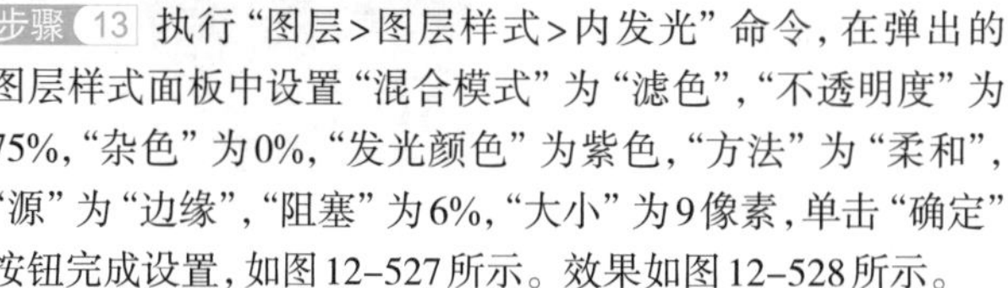

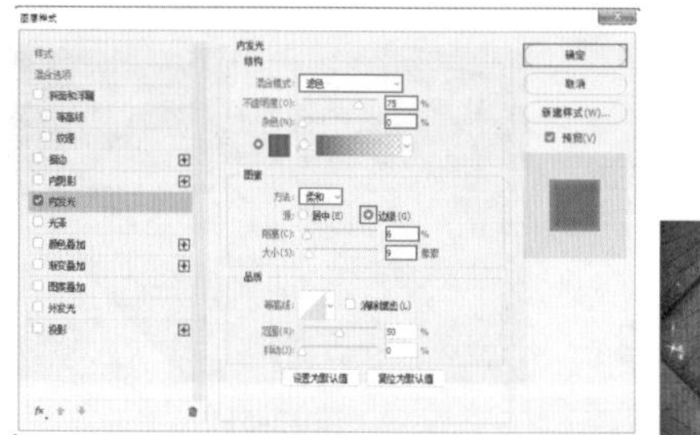

图 12-527　　图 12-528

步骤 14 制作X图形中的小装饰，单击工具箱中的“钢笔工具”按钮，绘制模式为“形状”，“填充”为青色。在画面中间三角形空位置单击绘制三角形形状，如图12-529所示。选择该图层，执行“图层>图层样式>内发光”命令，在弹出的图层样式面板中设置“混合模式”为“滤色”，“不透明度”为75%，“杂色”为0%，“发光颜色”为青色，“方法”为“柔和”，“源”为“边缘”，“阻塞”为4%，“大小”为5像素，单击“确定”按钮完成设置，如图12-530所示。效果如图12-531所示。

图 12-529

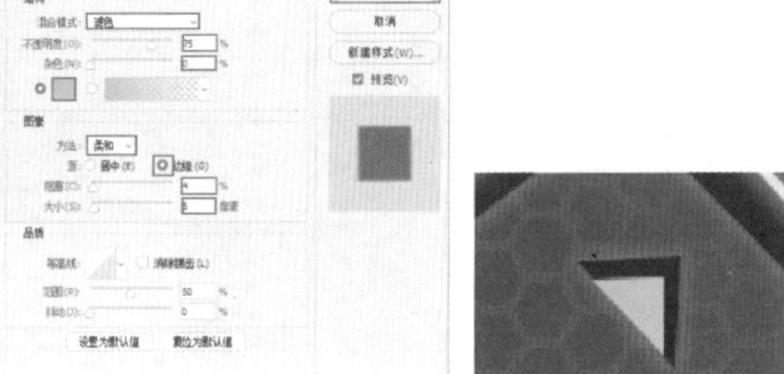

图 12-530　　图 12-531

步骤 15 在图层面板中选择该图层，单击右键在弹出的快捷菜单中执行“复制图层”命令，按自由变换快捷键Ctrl+T调出定界框，将三角形旋转并放置在适当位置，如图12-532所示。使用同样的方法制作另外两个三角形，如图12-533所示。

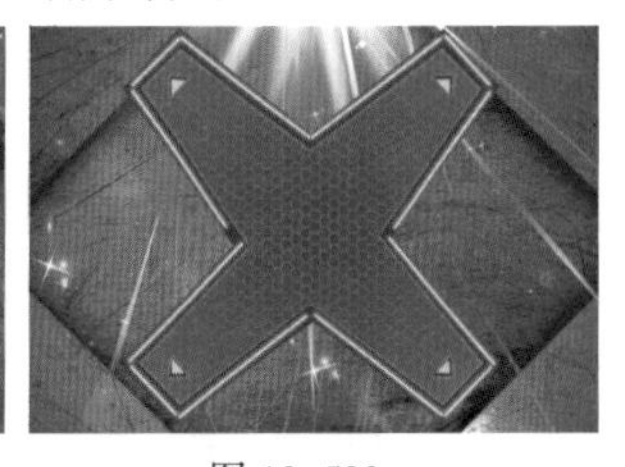

图 12-532　　图 12-533

步骤 16 在画面中X图形转角处添加装饰形状。单击工具箱中的“椭圆工具”按钮，设置绘制模式为“形状”，“填充”为黑色，在画面中间按Shift键并按住鼠标左键拖动绘制正圆形，如图12-534所示。使用同样的方法制作其他正圆，如图12-535所示。

图 12-534

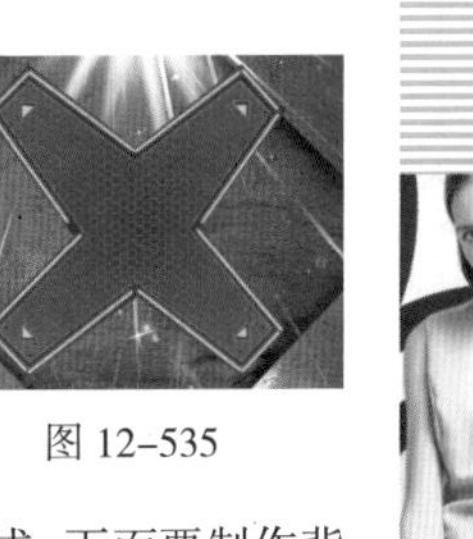

图 12-535

步骤 17 在画面中可以看到X图形制作完成，下面要制作背景中的旋转的X图形效果。在图层面板中选择该组，单击右键执行快捷菜单中“复制组”命令，选择拷贝组执行“合并组”命令。关闭X图形的原图层，选择合并的图层，按自由变换快捷键Ctrl+T，将其放大并放置在适当位置，如图12-536所示。执行“滤镜>模糊画廊>旋转模糊”命令，在弹出的模糊工具面板中设置“模糊角度”为18，单击“确定”按钮完成设置，如图12-537所示。

图 12-536

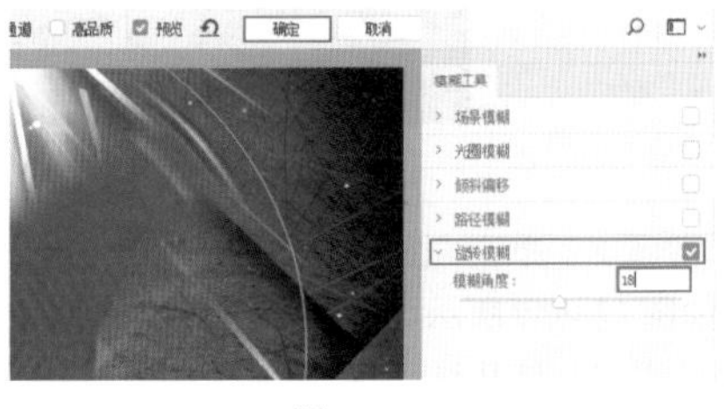

图 12-537

步骤 18 继续使用同样的方法复制原图层，并放大，如图12-538所示。对该图进行调色，执行“图层>新建调整图层>曲线”命令，在弹出的“新建图层”窗口中单击“确定”按钮。在“属性”面板中单击曲线添加控制点并向上拖动，单击“此调整剪切到此图层”按钮，如图12-539所示。效果如图12-580所示。

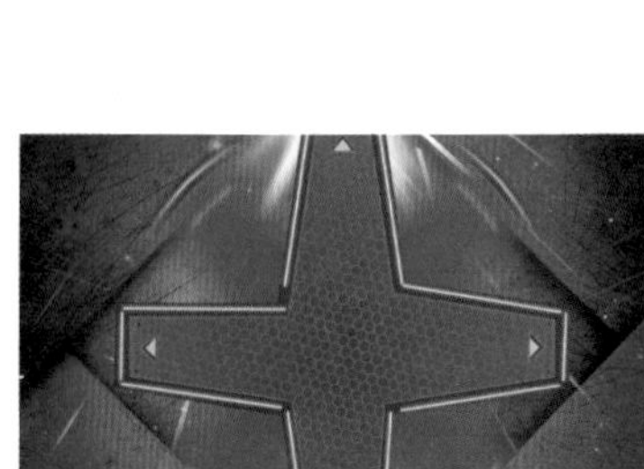

图 12-538

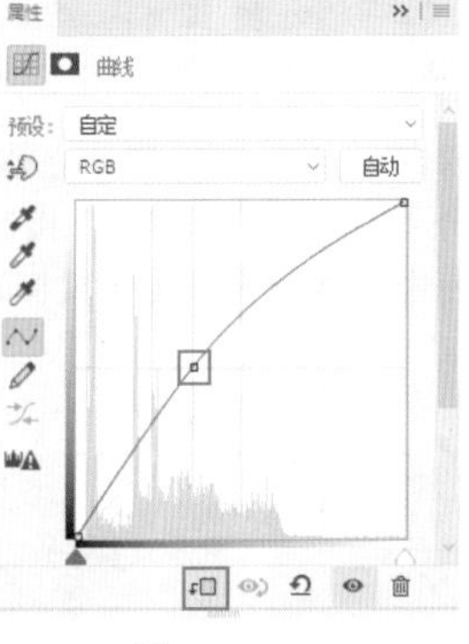

图 12-539

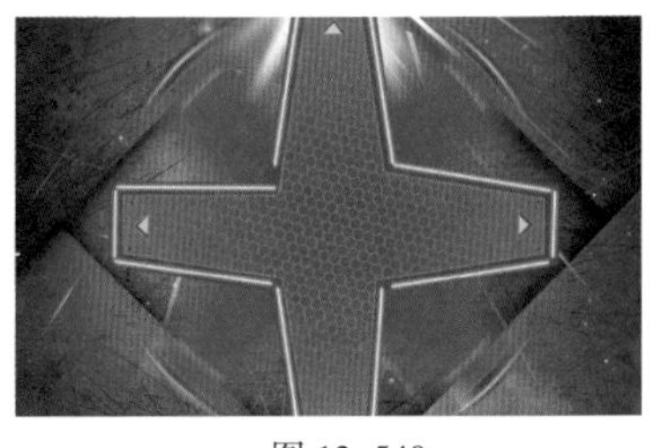

图 12-540

步骤 19 执行“图层>新建调整图层>色相/饱和度”命令，在弹出的“新建图层”窗口中单击“确定”按钮。在“属性”面板中设置“色相”为12，“饱和度”为73，单击“此调整剪切到此图层”按钮，如图12-541所示。效果如图12-542所示。在图层面板中选择背景的纹理图层进行复制，并移动到该粉色X图形图层上，单击右键在弹出快捷菜单中执行“创建剪贴蒙版”命令，使该图层上也出现纹理，如图12-543所示。

图 12-541

图 12-542

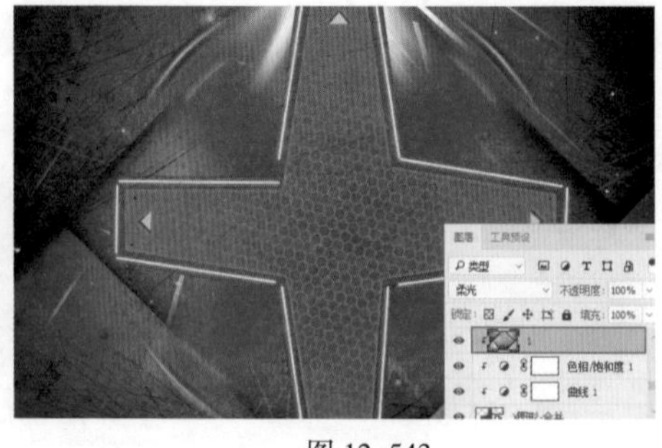

图 12-543

步骤 20 执行“文件>置入嵌入对象”命令，在弹出的“置入嵌入对象”窗口中选择素材5.jpg，单击“置入”按钮，同时将素材缩放并旋转到适当位置。执行“图层>栅格化>智能对象”命令，将该图层栅格化为普通图层，如图12-544所示。在图层面板中设置“混合模式”为“滤色”，如图12-545所示。效果如图12-546所示。

图 12-544

图 12-545

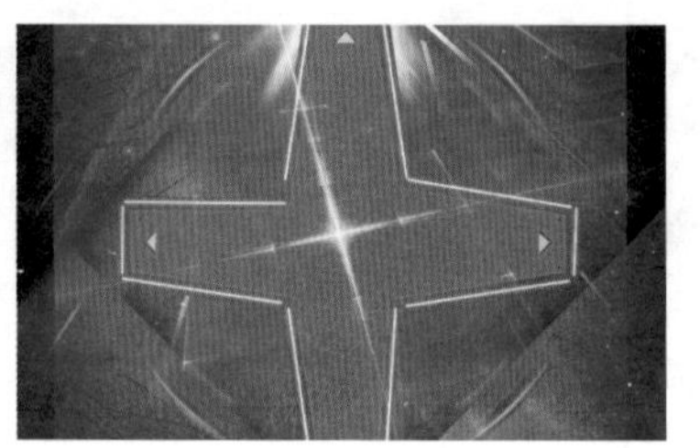

图 12-546

步骤 21 单击“图层”面板底部的“创建图层蒙版”按钮，为该图层创建图层蒙版。使用黑色画笔工具在图层蒙版四周涂抹，如图12-547所示。效果如图12-548所示。

步骤 22 打开显示原X图形组，如图12-549所示。用同样的方法为该组叠加纹理，如图12-550所示。

图 12-547

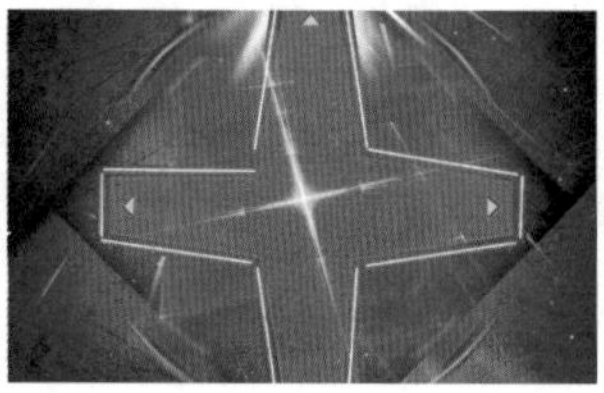

图 12-548

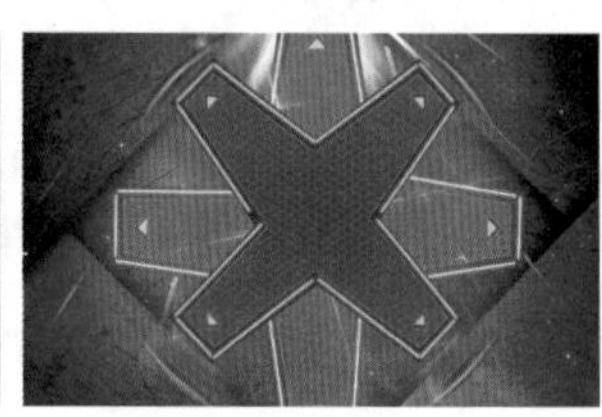

图 12-549

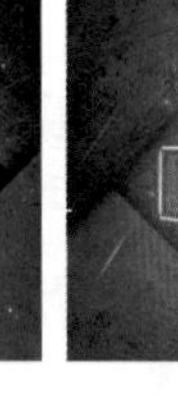

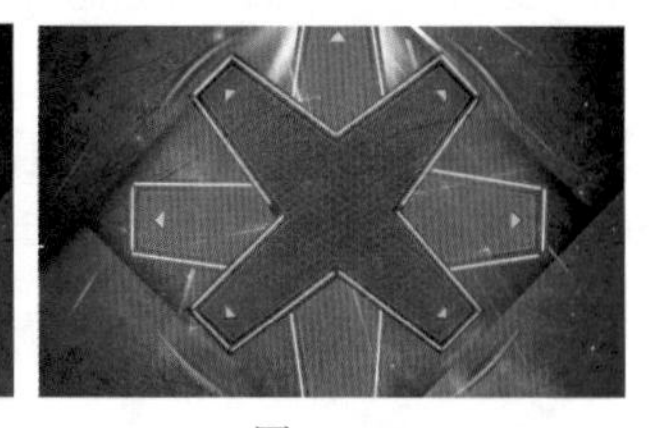

图 12-550

步骤 23 在画面中可以看到背景和主体部分基本制作完成了，下面制作立体炫彩文字。单击工具箱中的“圆角矩形工具”按钮，在选项栏中设置绘制模式为“形状”，单击“填充”下拉面板中的“渐变”按钮，在“渐变色条”中编辑一个粉色到白色渐变，“渐变类型”为“线性渐变”，“渐变角度”为30。在画面中X图形下部按住鼠标左键拖动绘制形状，如图12-551所示。使用同样的方法绘制紫色圆角矩形，如图12-552所示。

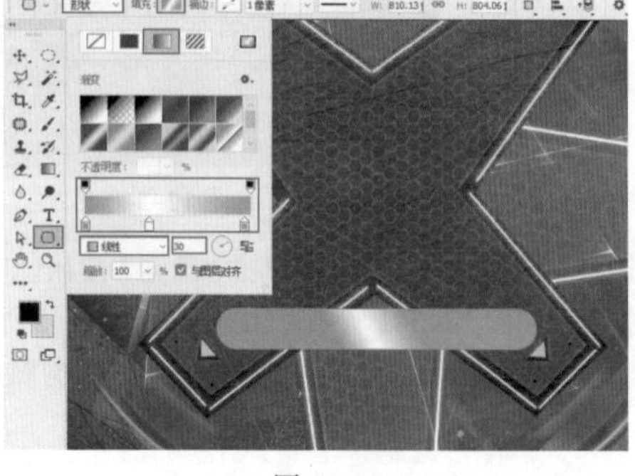

图 12-551

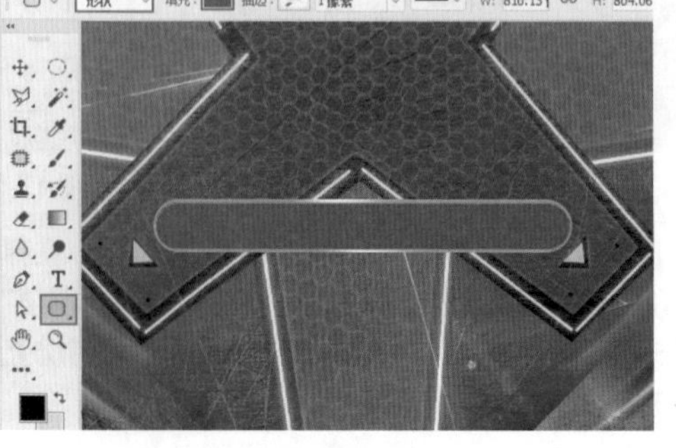

图 12-552

步骤 24 单击工具箱中的“圆角矩形工具”按钮，在选项栏中设置绘制模式为“形状”，“填充”为无，“描边”为黄色，“描边宽度”为6点，“描边类型”为“虚线”，在之前绘制的矩形上按住鼠标左键拖动绘制，如图12-553所示。

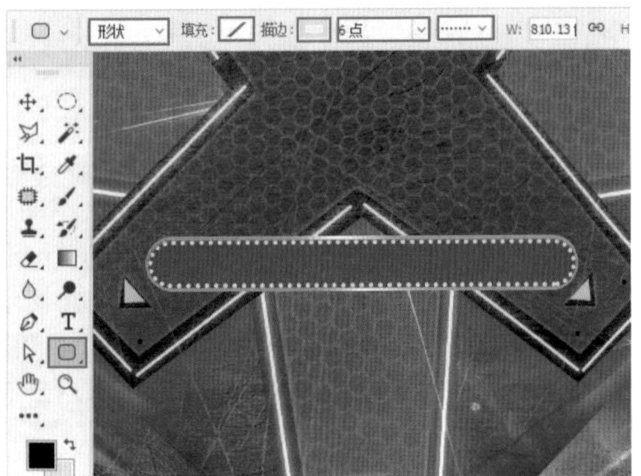

图 12-553

步骤 25 为虚线框添加发光效果。执行“图层>图层样式>内发光”命令，在“图层样式”窗口中设置“混合模式”为“滤色”，“不透明度”为75%，“杂色”为0%，“发光颜色”为白色，“方法”为“柔和”，“源”为“边缘”，“阻塞”为0%，“大小”为2像素，如图12-554所示。勾选“外发光”样式，设置“混合模式”为“滤色”，“不透明度”为75%，“杂色”为0%，“发光颜色”为白色，“方法”为“柔和”，“扩展”为0%，“大小”为4像素，单击“确定”按钮完成设置，如图12-555所示。效果如图12-556所示。

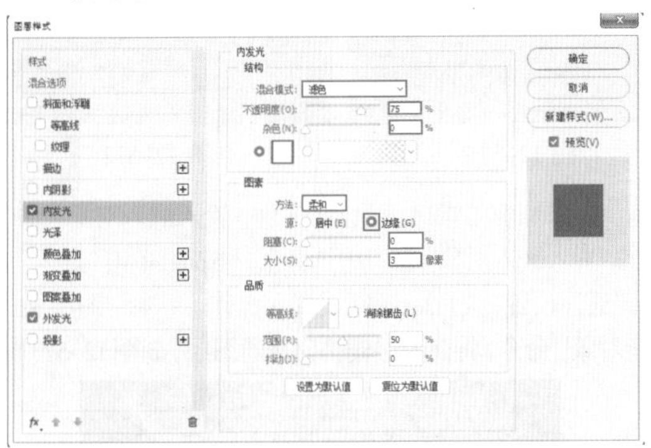

图 12-554

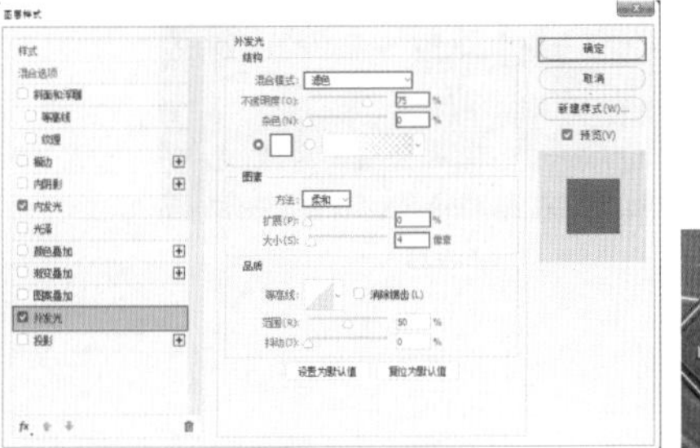

图 12-555 图 12-556

步骤 26 制作圆角矩形框上的文字。单击工具箱中的“横排文字工具”按钮，在选项栏中设置合适的字体、字号，“填充”为黄色，在画面中输入文字，并移动到圆角矩形中，如图12-557所示。接下来为文字添加投影效果，执行“图层>图层样式>投影”命令，在“图层样式”窗口中设置“混合模式”为“正片叠底”，“不透明度”为75%，“角度”为90度，“距离”为1像素，“扩展”为0%，“大小”为2像素，单击“确定”按钮完成设置，如图12-558所示。效果如图12-559所示。

图 12-557

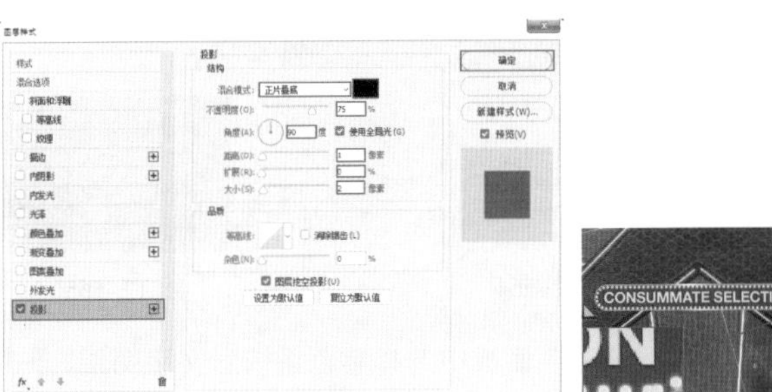

图 12-558 图 12-559

步骤 27 使用同样的方法制作另两组文字，如图12-560所示。

步骤 28 制作主题的炫彩文字。单击工具箱中的“横排文字工具”按钮，在选项栏中设置合适的字体、字号，“填充”为白色，在画面中分别输入3个字母，并分别旋转移动，如图12-561所示。调整完成后将这3个字母合并为一个图层。

图 12-560 图 12-561

步骤 29 执行“图层>图层样式>渐变叠加”命令，在“图层样式”窗口中设置“混合模式”为“正常”，“不透明度”为100%，“渐变”为紫色黑色蓝色渐变，“样式”为“线性”，“角度”为90度，单击“确定”按钮完成设置，如图12-562所示。效果如图12-563所示。

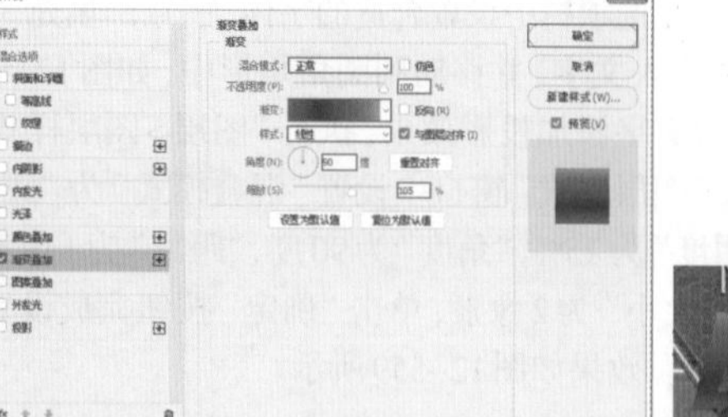

图 12-562　　图 12-563

步骤 30 在“图层”面板中选择该图层，单击右键在弹出的快捷菜单中执行“复制图层”命令，按自由变换快捷键Ctrl+T调出定界框，将其缩放并放置在适当位置。双击该图层已有的“渐变叠加”样式，在弹出的图层样式窗口中更改“渐变”为黄色到粉色的渐变。单击“确定”按钮完成更改，如图12-564所示。效果如图12-565所示。

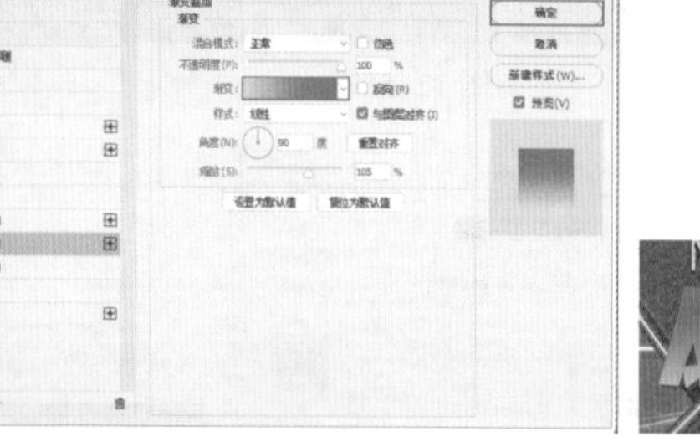

图 12-564　　图 12-565

步骤 31 在“图层”面板中选择紫色系炫彩文字图层，单击右键在弹出的快捷菜单中执行“复制图层”命令。按自由变换快捷键Ctrl+T调出定界框，将其缩放并放置在适当位置，如图12-566所示。使用同样的方法复制图层并缩放到适当位置，且在图层面板中更改“渐变叠加”为蓝色白色渐变，如图12-567所示。继续复制文字并更改颜色，此时文字呈现出多层次的效果，如图12-568所示。

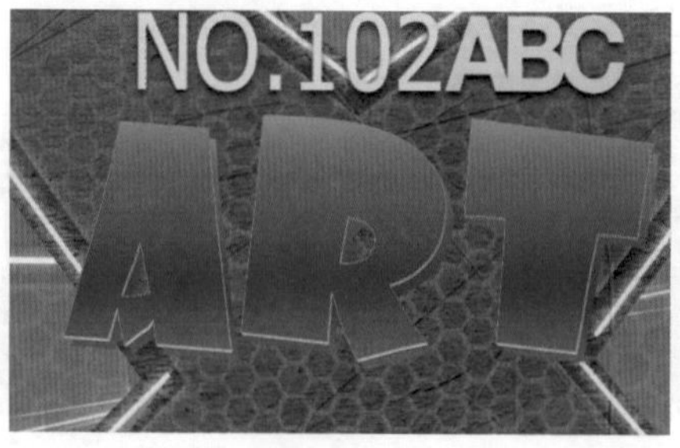

图 12-566

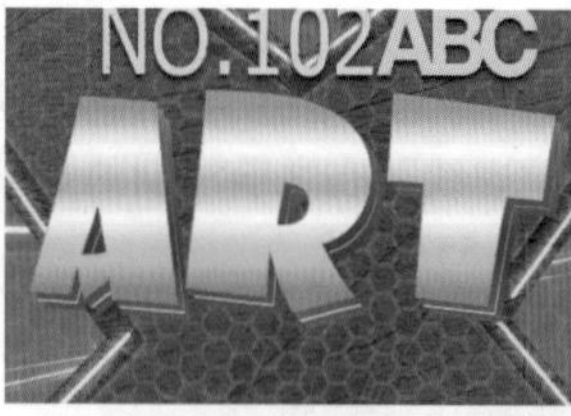

图 12-567　　图 12-568

步骤 32 将主体文字的图层放在一个图层组中。在图层面板中选择背景的纹理图层进行复制，并移动到文字图层组上方，在该图层上单击右键在弹出的快捷菜单中执行“创建剪贴蒙版”命令，如图12-569所示。效果如图12-570所示。

图 12-569　　图 12-570

步骤 33 使用同样的方法制作另外两组立体炫彩文字，如图12-571和图12-572所示。

图 12-571　　图 12-572

步骤 34 添加前景素材。执行“文件>置入嵌入对象”命令，在弹出的“置入嵌入对象”窗口中选择素材6.png，单击“置入”按钮，并放到适当位置，按Enter键完成置入操作。执行“图层>栅格化>智能对象”命令，将该图层栅格为普通图层，如图12-573所示。

图 12-573

Chapter 13

第13章

扫一扫，看视频

网页切片与输出

本章内容简介：

网店美工设计是近年来比较热门的设计类型，与其他平面设计不同，当我们打开一个网页时，电脑会自动从服务器上下载网站页面上的图像内容。图像内容的大小在很大程度上能够影响网页的浏览速度，完整的一整张大图的加载速度要远远慢于大量小图片的加载速度，所以在网页设计完成后往往需要将页面进行“切分”处理，这就应用到了切片功能。

重点知识掌握：

- 切片的划分
- 将网页导出为合适的格式

通过本章学习，我能做什么？

通过本章的学习，我们能够完成网店页面设计的后几个步骤：切片的划分与网页内容的输出。这些步骤虽然看起来与设计过程无关，但是网页切片输出的恰当与否也在很大程度上决定了网站的浏览速度。

13.1 为制作好的网店页面切片

在网店页面设计工作中，页面的美化是至关重要的一个步骤。页面设计师在Photoshop中完成版面内容的编排后，是不能直接将整张网页图片上传到网络上，而是需要将网页进行“切片”。这是因为电脑加载一整张大图的时间较慢，而将一张大图切分为大量的小图，加载这些小图片则要节省很多时间。为了提升用户的浏览速度以及浏览体验，都需要对页面进行“切片”处理。

重点 13.1.1 什么是“切片”

“网页切片”可以简单理解成将网页图片切分为一些小碎片的过程。为了网页浏览的流畅，在网页制作中往往不会直接使用整张大尺寸的图像。通常情况下会将整张图像“分割”为多个部分，这就需要使用到“切片技术”。“切片技术”就是将一整张图切割成若干小块，并以表格的形式加以定位和保存，图13-1所示为一个完整的网页设计的图片，图13-2所示为将网页切片导出后的效果。

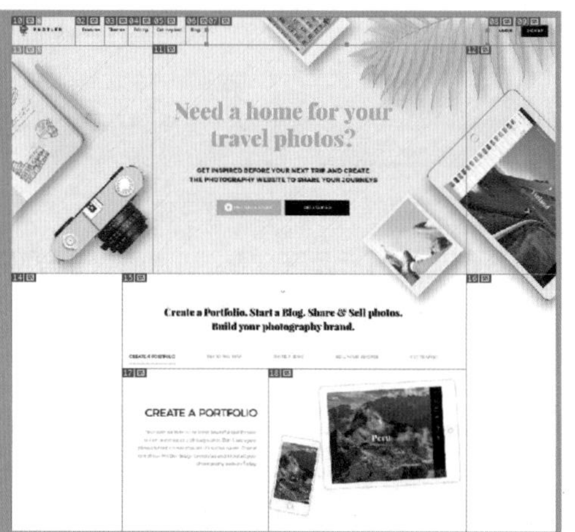

图 13-1

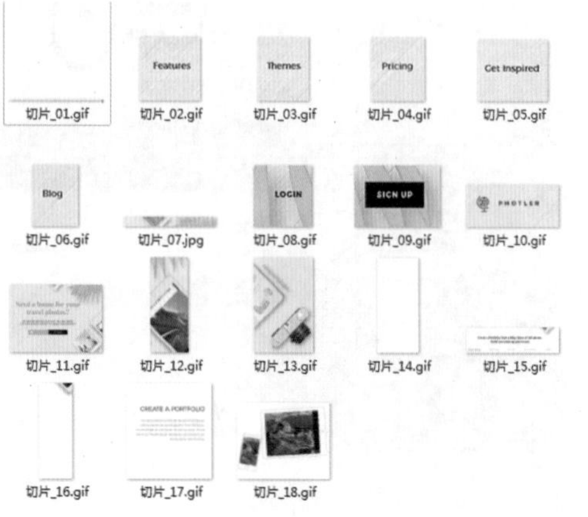

图 13-2

切片的方式非常简单，与绘制选区的方式很接近。绘制出的范围会成为“用户切片”，而范围以外也会被自动切分，成为“自动切片”。每一次添加或编辑切片时，都会重新生成自动切片。除此之外，还可以基于图层的范围创建切片，称为“基于图层的切片”。用户切片和基于图层切片由实线定义，而自动切片则由虚线定义，如图13-3所示。

图 13-3

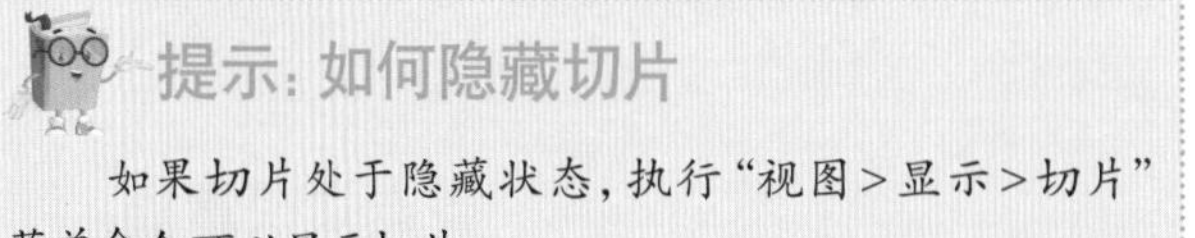

提示：如何隐藏切片

如果切片处于隐藏状态，执行“视图 > 显示 > 切片”菜单命令可以显示切片。

重点 13.1.2 认识“切片工具”

切片工具“隐藏”在裁剪工具组中，右键单击工具组按钮，在弹出的列表中可以看到两种切片工具：“切片工具”和“切片选择工具”，如图13-4所示。

单击工具组中的“切片工具”，在选项栏中的样式列表内可以设置绘制切片的方式。选择“正常”可以通过在画面中按住并拖动鼠标来确定切片的大小；选择“固定长宽比”可以在后面“宽度”和“高度”输入框中设置切片的宽高比；选择“固定大小”可以在后面“宽度”和“高度”输入框中设置切片的固定大小，如图13-5所示。如果当前文档包含参考线，单击“基于参考线的切片”按钮可以从参考线创建切片。

图 13-4

样式：正常　宽度：　高度：　基于参考线的切片
样式：固定长宽比　宽度：1　高度：1　基于参考线的切片
样式：固定大小　宽度：64 像素　高度：64 像素　基于参考线的切片

图 13-5

工具组中的“切片选择工具”是用于对已有的切片进行选择、调整堆叠顺序、对齐与分布等操作，在工具箱中单击“切片选择工具”按钮，其选项栏如图13-6所示。

图 13-6

- 调整切片堆叠顺序：选中切片后，单击“置为顶层”按钮、“前移一层”按钮、“后移一层”按钮和“置为底层”按钮，可以调整切片的堆叠顺序。
- 提升：提升功能是用于将自动切片或图层切片提升为用户切片，选中切片并单击该按钮即可。
- 划分：划分功能可将所选切片均匀划分为多个切片，或划分为特定尺寸的切片。选中一个切片，单击该按钮，可以打开“划分切片”对话框。
- 对齐与分布切片：该功能可以将所选切片均匀排列。选择多个切片后，单击相应的按钮即可。
- 隐藏自动切片：单击该按钮，可以隐藏自动切片。
- 为当前切片设置选项：选中切片，接着单击该按钮，可在弹出的窗口中设置所选切片的名称、类型、URL地址等。

重点 13.1.3 动手练：使用“切片工具”划分切片

1. 创建切片

右键单击工具组，在其中单击“切片工具”，然后在选项栏中设置“样式”为“正常”。在图像中按住鼠标左键并拖动鼠标，绘制出一个矩形框，如图13–7所示。释放鼠标左键以后就可以创建一个用户切片，而用户切片以外的部分将生成自动切片，如图13–8所示。

扫一扫，看视频

图 13-7

图 13-8

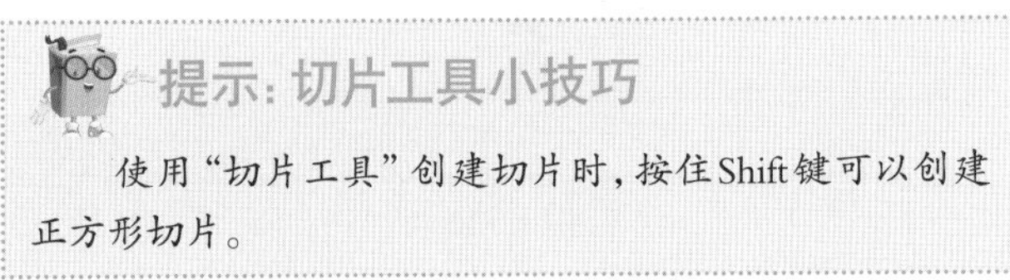

提示：切片工具小技巧

使用“切片工具”创建切片时，按住Shift键可以创建正方形切片。

2. 切片的选择

右键单击工具组，在其中单击“切片选择工具”，在图像中单击即可选中切片，如图13–9所示。如果想同时选中多个切片，可以按住Shift键的同时单击其他切片，如图13–10所示。

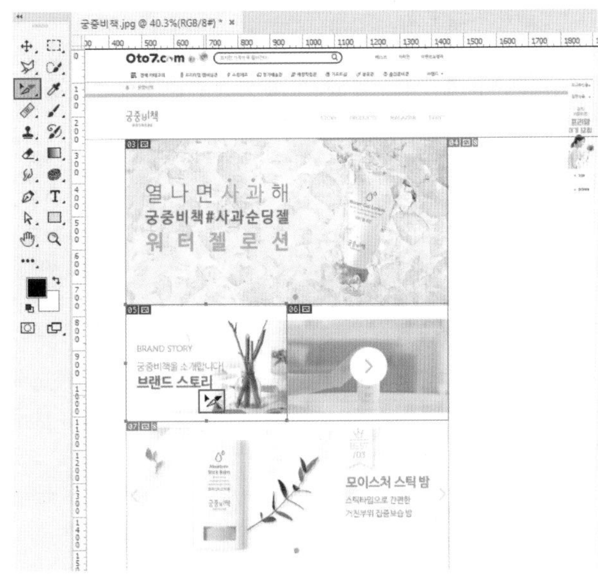

图 13-9

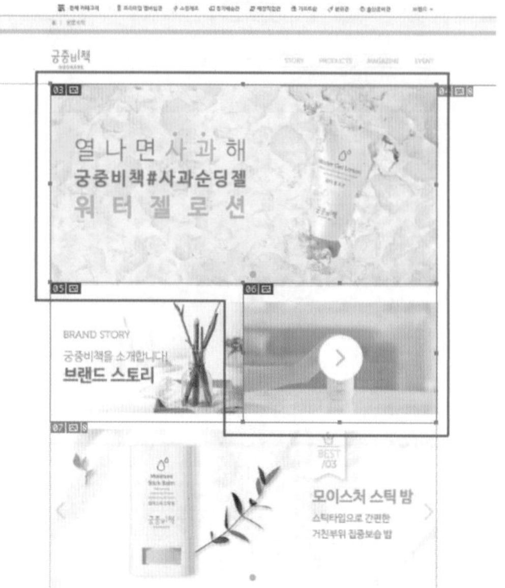

图 13-10

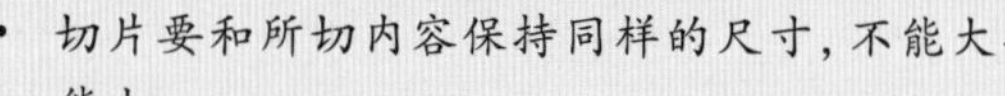

提示：在对效果图进行切片时的注意以下事项

- 切片要和所切内容保持同样的尺寸，不能大也不能小。
- 切片不能重复。
- 单色区域不需要进行切片，因为可以写代码生成同样的效果。也就是说，凡事写代码能生成效果的地方都不需要切片。
- 重复性的图像只需要切一张即可。
- 多个素材重叠的时候，需要先后进行切片。例如背景图像上有按钮，就需要先切片按钮，然后把按钮隐藏，再切片背景图像。

3. 移动切片位置

如果要移动切片，可以使用“切片选择工具”选择切片，然后按住鼠标左键并拖动鼠标即可，如图13-11和图13-12所示。

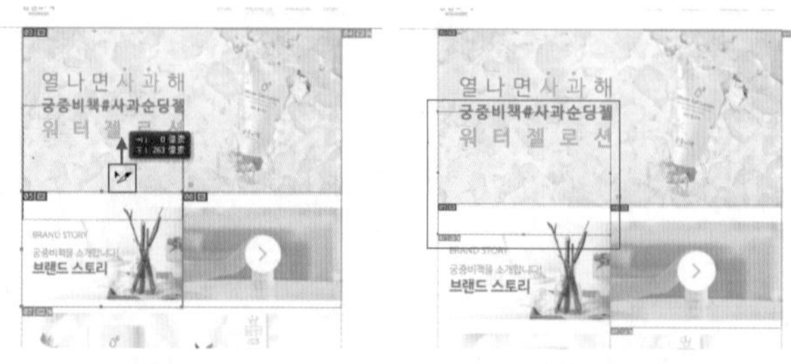

图 13-11　　图 13-12

4. 调整切片大小

如果要调整切片的大小，可以按住鼠标左键并拖动切片边框进行调整，如图13-13和图13-14所示。在移动切片时按住Shift键，可以在水平、垂直或45° 方向进行移动。

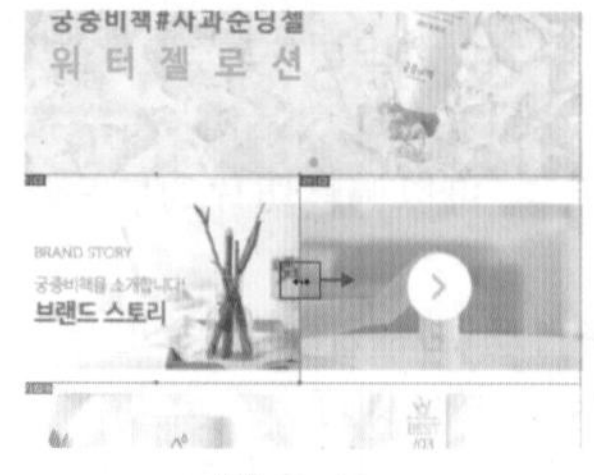

图 13-13

图 13-14

5. 删除切片

使用“切片选择工具”选择切片以后，单击鼠标右键，在弹出的菜单中选择“删除切片”命令，如图13-15所示。可以删除切片，如图13-16所示。也可以按Delete键或Backspace键来完成删除。

图 13-15

图 13-16

6. 清除全部切片

执行“视图>清除切片”命令，可以删除所有的用户切片和基于图层的切片。

7. 锁定切片

执行“视图>锁定切片”菜单命令，可以锁定所有的用户切片和基于图层的切片。锁定切片以后，将无法对切片进行移动、缩放或其他更改。再次执行“视图>锁定切片”即可取消锁定，如图13-17所示。

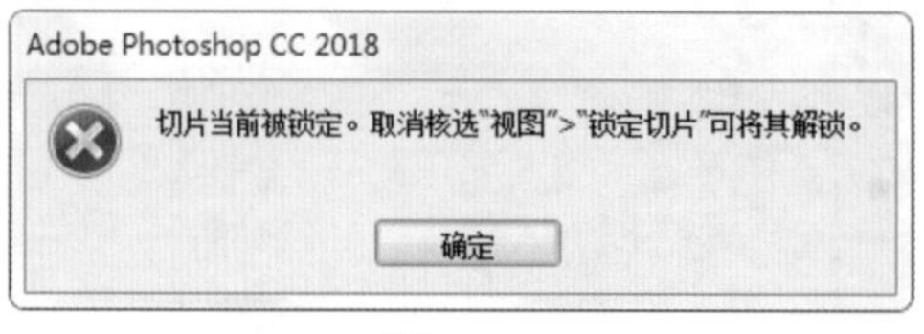

图 13-17

13.1.4　动手练：基于参考线创建切片

在店铺首页制作完成后，都会存储一份JPEG格式的图片，然后通过这个图片进行切片操作。参考线创建切片是最常用的切片方式。

(1) 首先需要创建参考线，在建立参考线时要注意图片的位置。参考线建立完成后单击工具箱中的“切片工具” 按钮，然后在选项栏中单击“基于参考线的切片”按钮，如图13-18所示。即可基于参考线的划分方式创建出切片，如图13-19所示。

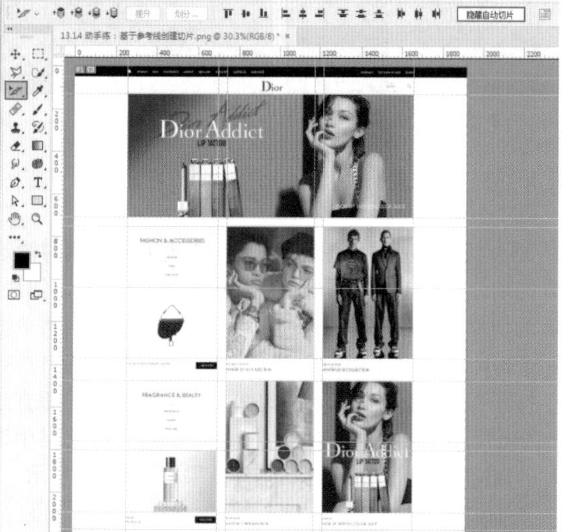

图 13-18

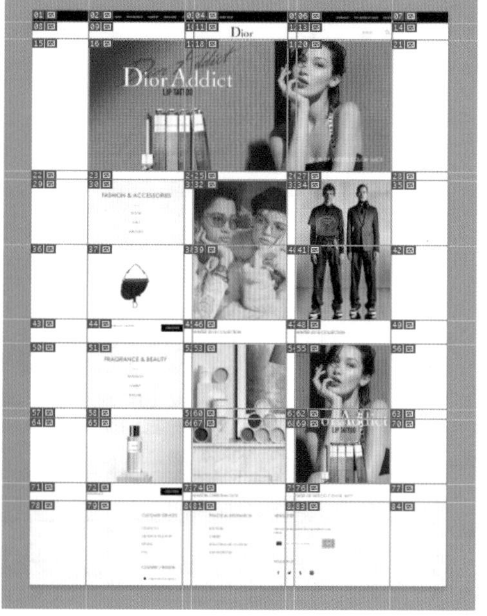

图 13-19

(2) 此时创建的切片非常零碎，一幅完整的广告图被切为多张图，这时就可以通过组合切片将相邻的切片进行组合。首先选择“切片选择工具”，然后按住Shift键单击加选切片，如图13-20所示。接着单击鼠标右键在弹出的快捷菜单中执行“组合切片”命令，如图13-21所示。

图 13-20

图 13-21

(3) 此时切片效果如图13-22所示。继续进行切片的组合操作，如图13-23所示。

图 13-22

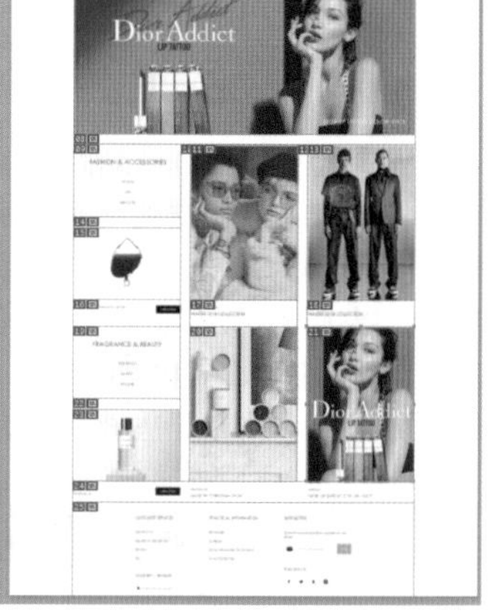

图 13-23

(4) 在通过参考线建立切片的过程中难免会有遗落的区域，例如按钮、搜索框都是需要单独进行切片的。这时可以通过切片工具绘制切片，或者通过划分切片的方法重新将现有切片进行划分。例如网页标志和搜索框需要单独进行切片，那么就使用“切片选择工具”在切片上单击进行选择，然后单

击鼠标右键，在弹出的快捷菜单中执行“划分切片”命令，如图13-24所示。在弹出的“切片划分”窗口中进行设置，因为标志和搜索框各占一个切片，所以设置“垂直划分”为4，设置完成后单击“确定”按钮，如图13-25所示。

图 13-24

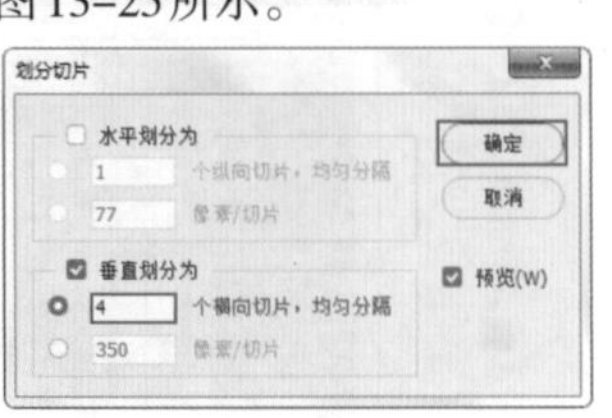

图 13-25

(5)切片划分完成后，可以继续使用“切片选择工具”调整每个切片的大小，需要注意的是切片不能有重合的区域，如图13-26所示。继续进行切片的添加与编辑，效果如图13-27所示。

图 13-26

图 13-27

13.1.5 动手练：基于图层创建切片

选择需要以其创建切片的图层，如图13-28所示。执行“图层>新建基于图层的切片”命令，就可以创建包含该图层所有像素的切片，如图13-29所示。基于图层创建切片以后，当对图层进行移动、缩放、变形等操作时，切片会跟随该图层进行自动调整，如图13-30所示。删除图层后，基于该图层创建的切片会被删除(无法删除自动切片)。

图 13-28

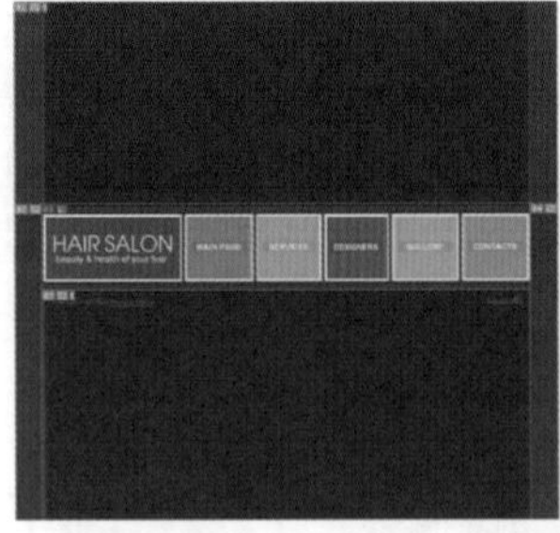

图 13-29

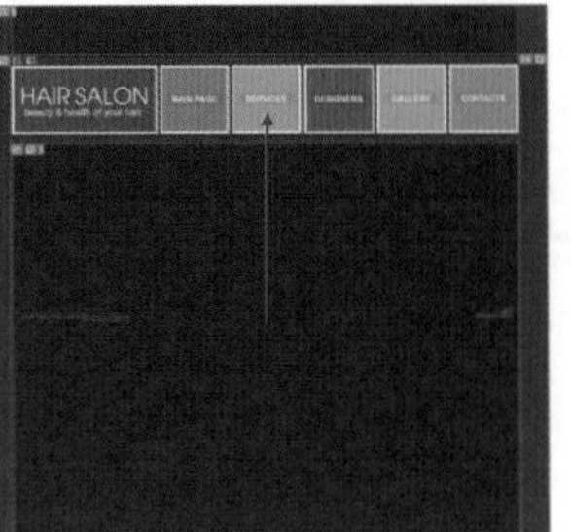

图 13-30

13.1.6 动手练：自动划分切片

划分切片命令可以沿水平方向、垂直方向或同时沿这两个方向划分切片。不论原始切片是用户切片还是自动切片，划分后的切片总是用户切片。使用“切片选择工具”单击选择一个切片，然后单击选项栏中的“划分”按钮，如图13-31所示。打开“划分切片”对话框，勾选“水平划分为”/“垂直划分为”选项后，可以在水平/垂直方向上划分切片，可在其中设置切片的数值，如图13-32所示。切片效果如图13-33所示。

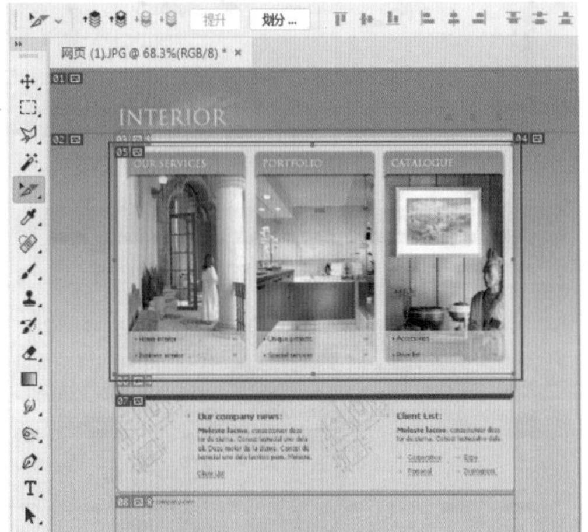

图 13-31

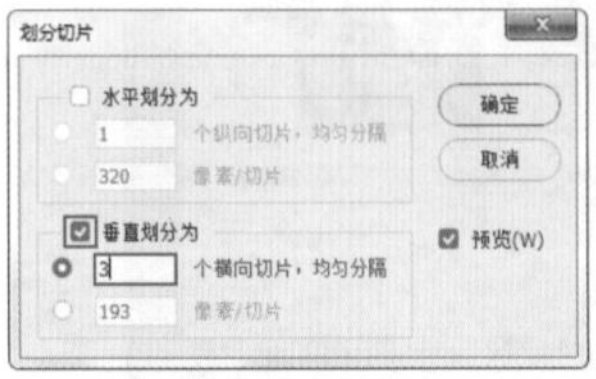

图 13-32

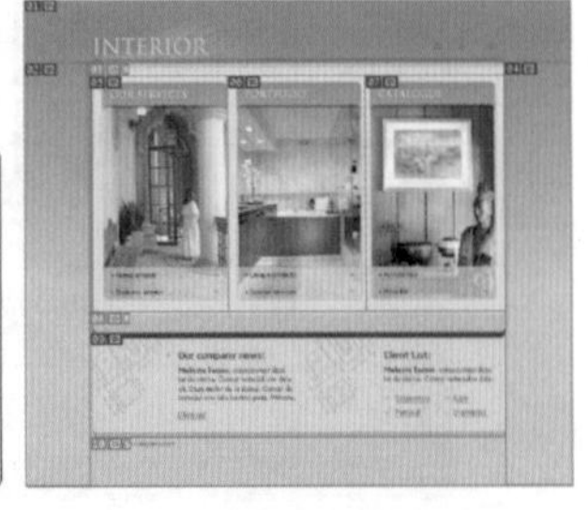

图 13-33

13.1.7 提升：自动切片转换为用户切片

“自动切片”无法进行优化设置，只有“用户切片”才能够进行不同的优化设置。所以需要将“自动切片”转换为“用户切片”。首先选择“切片选择工具”，然后在“自动切片”上单击，接着单击选项栏中的“提升”按钮，如图13-34所示。随即“自动切片”可以转换为“用户切片”，如图13-35所示。

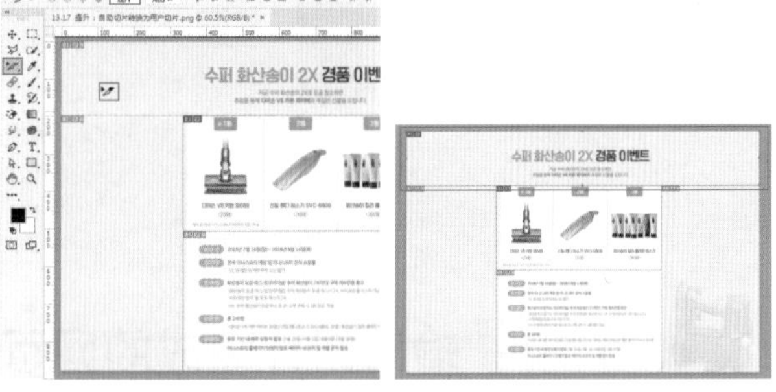

图 13-34　　　　图 13-35

重点 13.1.8　设置切片选项

划分完成的切片，需要上传到网页上。那么在上传之前需要对切片的选项进行一定的设置。使用“切片选择工具”选择某一切片，并在选项栏中单击“为当前切片设置选项”按钮，可以打开“切片选项”对话框，在这里可以设置切片名称、尺寸、URL、目标等属性的设置，如图13-36所示。

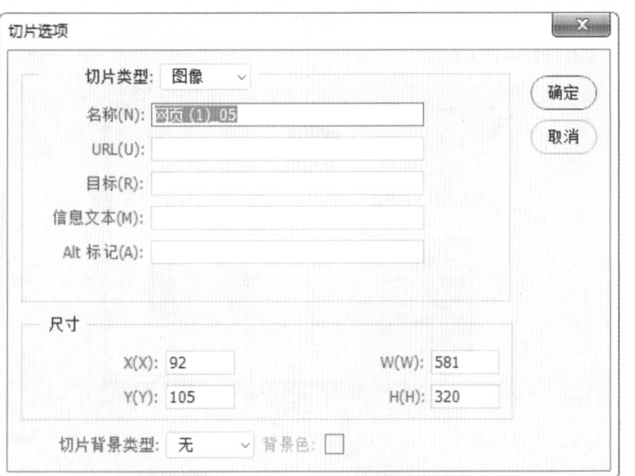

图 13-36

- 切片类型：在下拉列表中可以设置切片的类型。选择“图像”选项时，切片包含图像数据；选择“无图像”选项时，可以在切片中输入HTML文本，但无法导出图像，也无法在Web中浏览；选择“表”选项时，切片导出时将作为嵌套表写入HTML文件中。
- 名称：输入文字以设置切片的名称。
- URL：设置该切片链接的Web地址，只有“图像”切片可以设置URL。
- 目标：设置目标框架的名称。
- 信息文本：设置出现在浏览器中的信息。
- Alt标记：设置选定切片的Alt标记。
- 尺寸：在X、Y后方输入数值可以设置切片的位置，在W、H后方输入数值可以设置切片的宽度和高度。
- 切片背景类型：在列表中选择填充切片中透明区域的背景类型。

练习实例：基于参考线划分网页切片

文件路径	资源包\第13章\基于参考线划分网页切片
难易指数	★★★★★
技术掌握	基于参考线创建切片、组合切片

扫一扫，看视频

案例效果

本例效果如图13-37所示。

图 13-37

操作步骤

步骤 01 执行“文件>打开”命令，打开素材1.jpg。执行“视图>标尺”命令调出标尺。移动光标到至标尺上按住鼠标左键向图片中拖动建立参考线，如图13-38所示。用同样的方式建立其他的参考线，如图13-39所示。

图 13-38　　　　图 13-39

步骤 02 选择工具箱中的“切片工具”，在选项栏上单击“基于参考线切片”按钮，此时将自动生成切片，如图13-40所示。

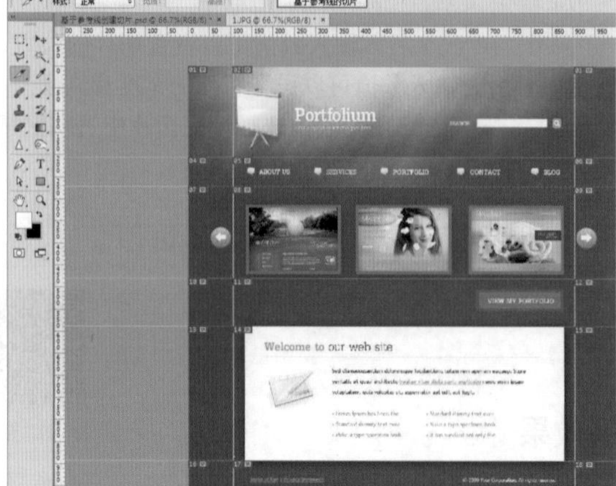

图 13–40

步骤 03 选择工具箱中的“切片选择工具”，按住Shift键在画面中加选画面左侧的切片，单击鼠标右键，在弹出的快捷菜单中执行“组合切片”命令，如图13–41所示。用同样的方法组合右侧的切片，如图13–42所示。

图 13–41

图 13–42

步骤 04 执行“文件>导出>存储为Web所用格式(旧版)”命令，在弹出的窗口中设置“优化格式”为GIF，单击“存储”按钮完成设置，如图13–43所示。选择合适的存储位置和类型，单击“保存”按钮完成设置。存储完成的切片效果如图13–44所示。

图 13–43

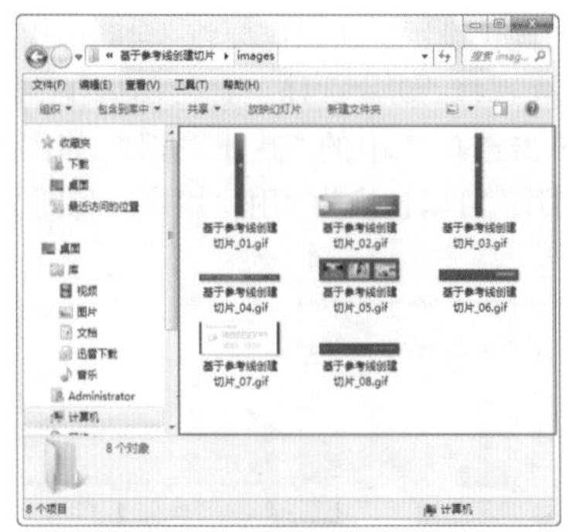

图 13–44

重点 13.2 输出切片完成的网页

对于网页设计师而言，在Photoshop中完成网站页面制图工作后，需要对网页进行切片，如图13–45所示。创建切片后对图像进行优化可以减小图像的大小，而较小的图像可以使Web服务器更加高效地存储、传输和下载图像。然后需要对切分为碎片的网站页面进行导出。执行“文件>导出>存储为Web所用格式(旧版)”菜单命令，打开“存储为Web所用格式”窗口，在该窗口中可以对图像格式以及压缩比率进行设置，如图13–46所示。设置完成后单击“存储”按钮，选择存储的位置，即可在设置的存储位置看到导出为切片的图片文件，如图13–47所示。

图 13–45

图 13–46

图 13-47

- 显示方式：单击“原稿”选项卡，窗口只显示没有优化的图像；单击“优化”选项卡，窗口只显示优化的图像；单击“双联”选项卡，窗口会显示优化前和优化后的图像；单击“四联”选项卡，窗口会显示图像的4个版本，除了原稿以外的3个图像可以进行不同的优化。
- 抓手工具/缩放工具：使用“抓手工具”可以移动查看图像；使用“缩放工具”可以放大图像窗口，按住Alt键单击窗口则会缩小显示比例。
- 切片选择工具：当一张图像上包含多个切片时，可以使用该工具选择相应的切片，以进行优化。
- 吸管工具/吸管颜色：使用“吸管工具”在图像上单击，可以拾取单击处的颜色，并显示在“显示颜色”图标中。
- 切换切片可见性：启用该按钮，在窗口中才能显示出切片。
- 优化菜单：在该菜单中可以存储优化设置、设置优化文件大小等。
- 颜色表：将图像优化为GIF、PNG-8、WBMP格式时，可以在“颜色表”中对图像的颜色进行优化设置。
- 颜色表菜单：该菜单下包含与颜色表相关的一些命令，可以删除颜色、新建颜色、锁定颜色或对颜色进行排序等。
- 图像大小：将图像大小设置为指定的像素尺寸或原稿大小的百分比。
- 状态栏：这里显示光标所在位置的图像的颜色值等信息。
- 在浏览器中预览优化图像：单击按钮，可以在Web浏览器中预览优化后的图像。

提示：旧版本中如何使用“存储为Web和设备所用格式”命令

在旧版本的Photoshop中，想要使用“存储为Web和设备所用格式”命令，需要执行“文件>存储为Web和设备所用格式”。

13.2.1 使用预设输出网页

对已经切片完成的网页执行“文件>导出>存储为Web所用格式(旧版)”菜单命令，打开“存储为Web所用格式”窗口，在窗口右侧顶部单击“预设”下拉列表，在其中可以选择内置的输出预设，单击某一项预设方式，然后单击底部的“存储”按钮，如图13-48所示。接着选择存储的位置，如图13-49所示。

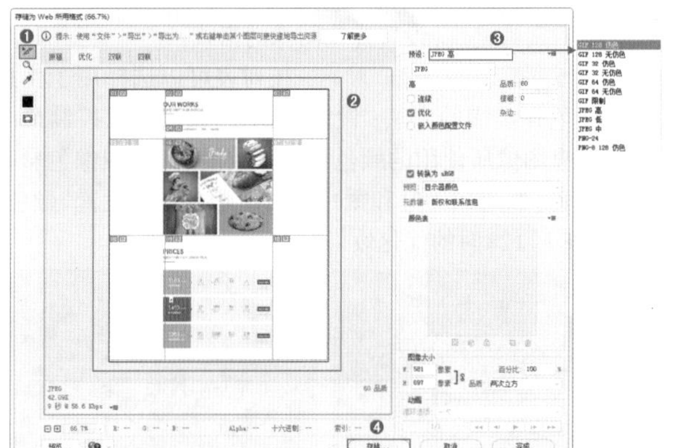

图 13-48

图 13-49

13.2.2 设置不同的存储格式

不同格式的图像文件其质量与大小也不同，合理选择优化格式，可以有效地控制图形的质量。可供选择的Web图形的优化格式包括GIF格式、JPEG格式、PNG-8格式、PNG-24和WBMP格式。下面我们来了解一下各种格式的输出设置。

1. 优化为GIF格式

GIF格式是输出图像到网页最常用的格式。GIF格式采用LZW压缩，它支持透明背景和动画，被广泛应用在网络中。GIF文件支持8位颜色，因此它可以显示多达256种颜色，如图13-50所示是GIF格式的设置选项。

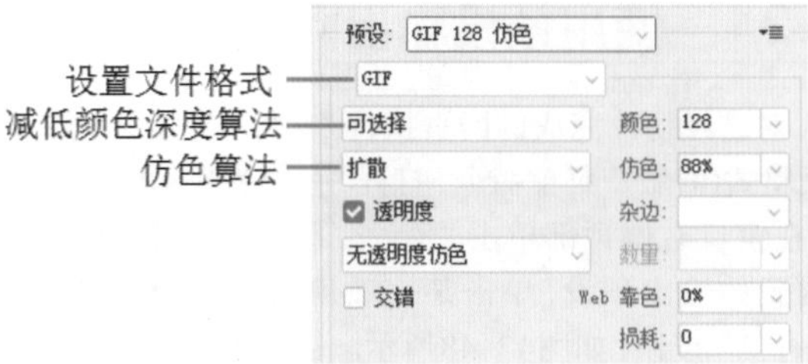

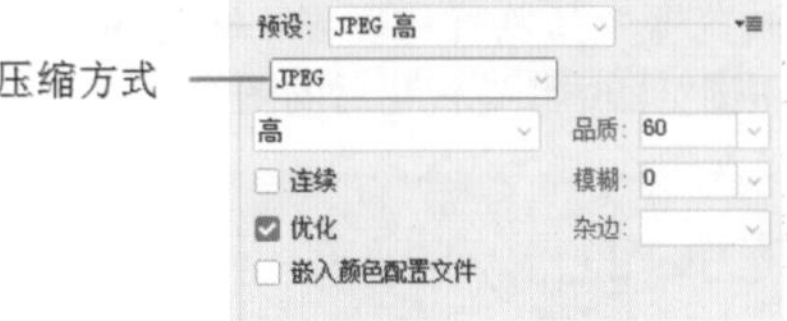

图 13-50

- 设置文件格式：设置优化图像的格式。
- 减低颜色深度算法/颜色：在列表可以选择用于生成颜色查找表的方法；设置“颜色”数值可以控制最终生成图像所使用的颜色数量。数值越大，图像色彩越真实。如图13－51和图13－52所示分别是设置“颜色”为8和128时的优化效果。

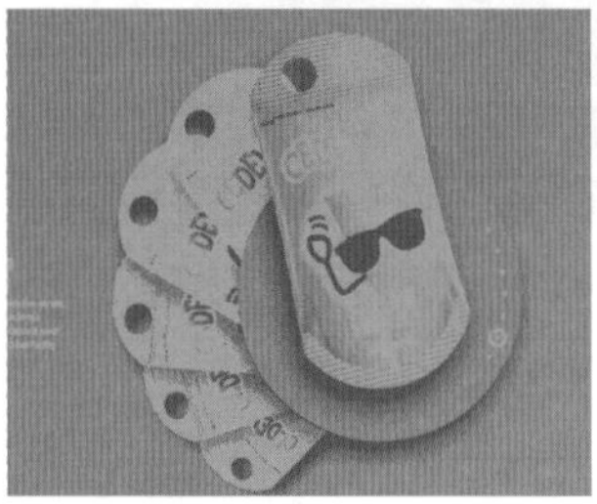

图 13-51

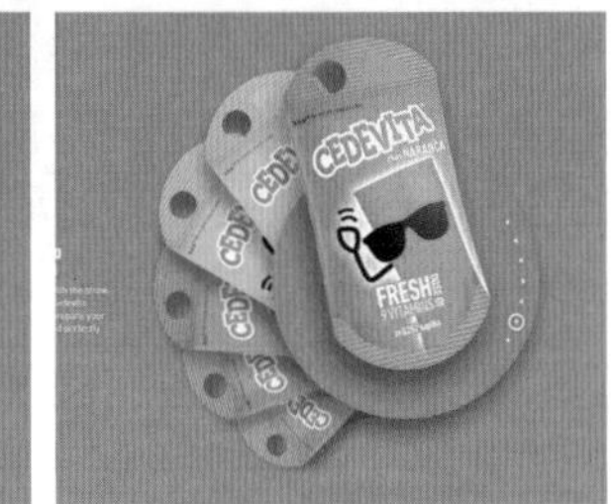
图 13-52

- 仿色算法/仿色：“仿色”是指通过模拟计算机的颜色来显示提供的颜色的方法。数值越大图像画质越好，但是文件也会增大。
- 透明度/杂边：在列表中选择图像中的透明像素的优化方式。如图13－53、图13－54、图13－55所示分别为不同方式的效果。

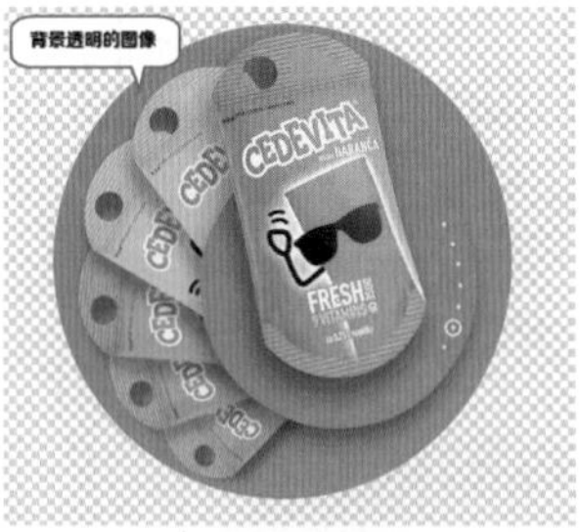

图 13-53

图 13-54

图 13-55

- 交错：当正在下载图像文件时，在浏览器中显示图像的低分辨率版本。
- Web靠色：设置将颜色转换为最接近Web面板等效颜色的容差级别。数值越高，转换的颜色越多，图13-56和图13-57所示是设置“Web靠色”为80%和20%时的图像效果。

图 13-56

图 13-57

- 损耗：当网页图像大小过大时，可以选择“丢弃”部分数据来减小文件的大小，保证网页浏览速度。设置5～10的“损耗”值不会对图像产生太大的影响。如果设置的“损耗”值大于10，文件虽然会变小，但是图像的质量会下降。图13-58和图13-59所示是设置“损耗”值为50时与100时的图像效果。

图 13-58

图 13-59

2. 优化为JPEG格式

JPEG图像存储格式是一个比较成熟的图像有损压缩格式，也是当今最为常见的图像格式之一。虽然一个图片经过压缩转化为JPEG图像后会丢失部分数据，但人眼几乎无法分出差别。所以，JPEG图像存储格式既保证了图像质量，又能够实现图像大小的压缩。图13-60所示是JPEG格式的参数选项。

图 13-60

- 压缩方式/品质：选择压缩图像的方式。后面的“品质”数值越高，图像的细节越丰富，但文件也越大。
- 连续：在Web浏览器中以渐进的方式显示图像。

- 优化：创建更小但兼容性更低的文件。
- 嵌入颜色配置文件：在优化文件中存储颜色配置文件。
- 模糊：创建类似于“高斯模糊”滤镜的图像效果。数值越大，模糊效果越明显，但会减小图像的大小，在实际工作中，“模糊”值最好不要超过0.5。
- 杂边：为原始图像的透明像素设置一个填充颜色。

3. 优化为 PNG-8 格式

PNG是一种是专门为Web开发的，用于将图像压缩到Web上的文件格式。与GIF格式不同的是，PNG格式支持244位图像并产生无锯齿状的透明背景。图13-61所示是PNG-8格式的参数选项。

4. 优化为 PNG-24 格式

PNG-24格式可以在图像中保留多达256个透明度级别，适合于压缩连续色调图像，但它所生成的文件比JPEG格式生成的文件要大得多，如图13-62所示。

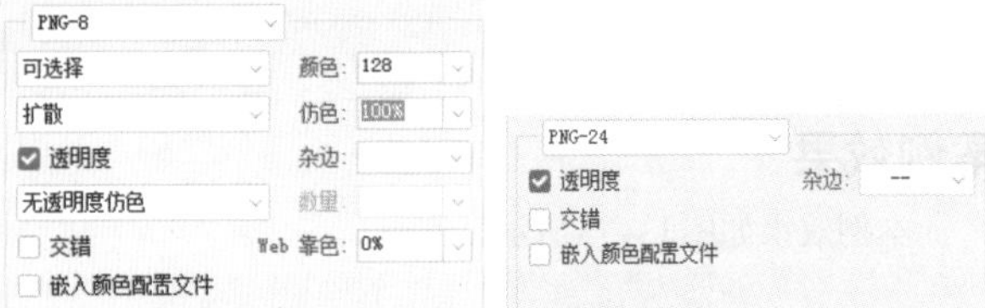

图 13-61　　图 13-62

5. 优化为 WBMP 格式

WBMP格式是一款用于优化移动设备图像的标准格式，WBMP格式只支持1位颜色，所以WBMP图像只包含黑色和白色像素。其中包括多种仿色设置，单击下拉列表即可选中。其参数选项如图13-63所示。对比效果图13-64～图13-66和图13-67所示。

图 13-63

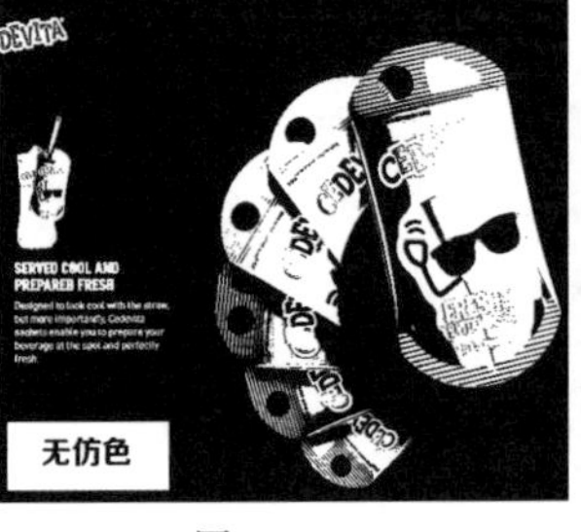

图 13-64

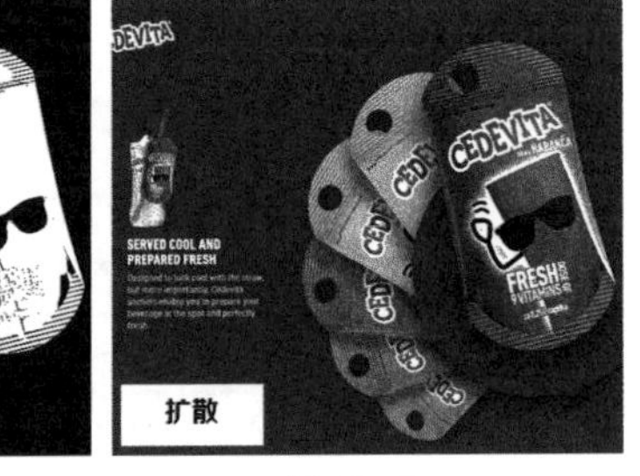

图 13-65

图 13-66

图 13-67

13.3 将切片上传到网络图片空间

切片操作完成后就可以将切分后的各部分图片上传到淘宝图片空间，然后从淘宝图片空间中链接到淘宝店铺中进行展示。

(1) 首先登录到卖家中心，然后单击“店铺管理>图片空间”，如图13-68所示。在打开的新页面中单击右上角的“新建文件夹”按钮，创建一个新的文件夹，如图13-69所示。

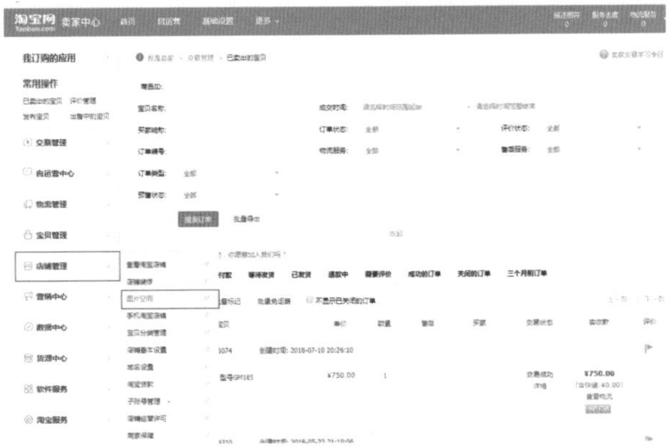

图 13-68

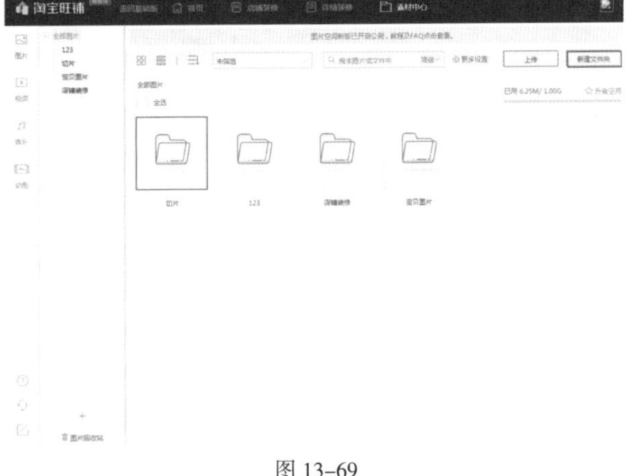

图 13-69

(2) 双击打开文件夹，单击右上角的“上传”按钮，如图13-70所示。接着会弹出“上传图片”窗口，然后单击窗口中心位置，如图13-71所示。

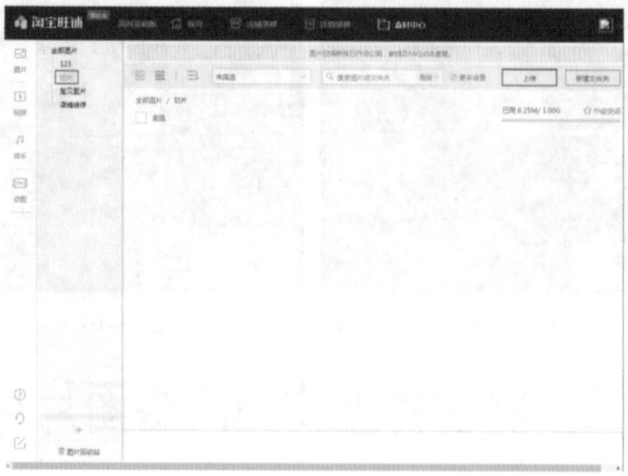

图13-70

图13-71

(3)在弹出的“打开”窗口中找到输出切片的文件夹，按快捷键Ctrl+A进行全选，接着单击“打开”按钮，如图13-72所示。在弹出的“上传结果”窗口中等待上传结果，全部上传成功后单击“确定”按钮，如图13-73所示。

图13-72

图13-73

(4)上传成功后，就可以进行下一步的店铺装修操作了，如图13-74所示。

图13-74

综合实例：使用切片工具进行网页切片

文件路径	资源包\第13章\使用切片工具进行网页切片
难易指数	★★★★★
技术掌握	切片工具、存储为Web所用格式

案例效果

本例效果如图13-75所示。

扫一扫，看视频

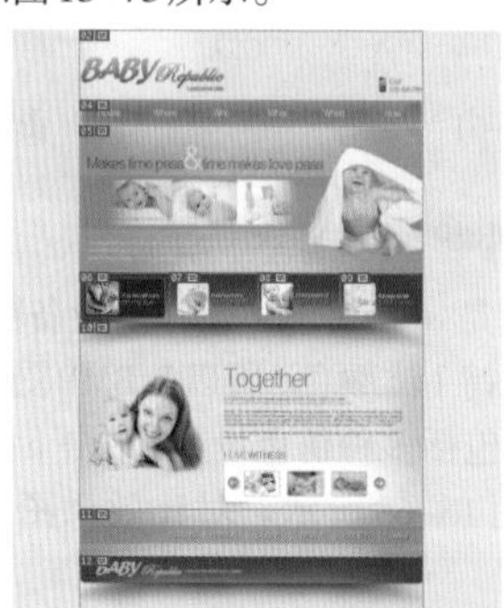

图13-75

操作步骤

步骤 01 执行“文件>打开”命令，打开素材1.jpg，如13-76所示。

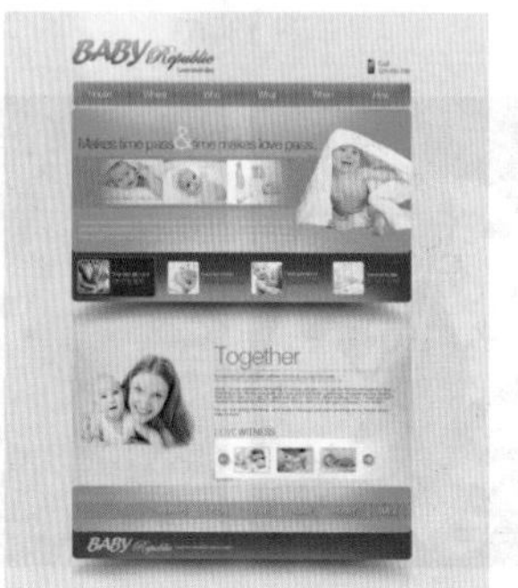

图13-76

步骤 02 选择工具箱中的“切片工具”，首先绘制标题栏部

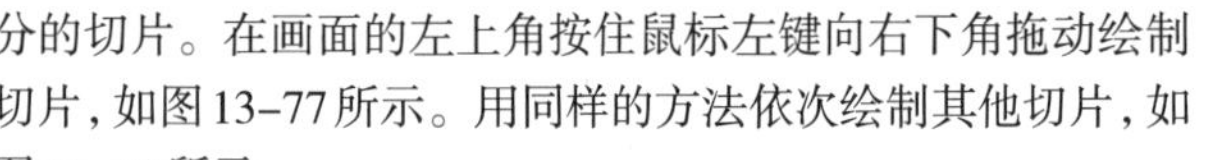

分的切片。在画面的左上角按住鼠标左键向右下角拖动绘制切片，如图13-77所示。用同样的方法依次绘制其他切片，如图13-78所示。

图 13-77

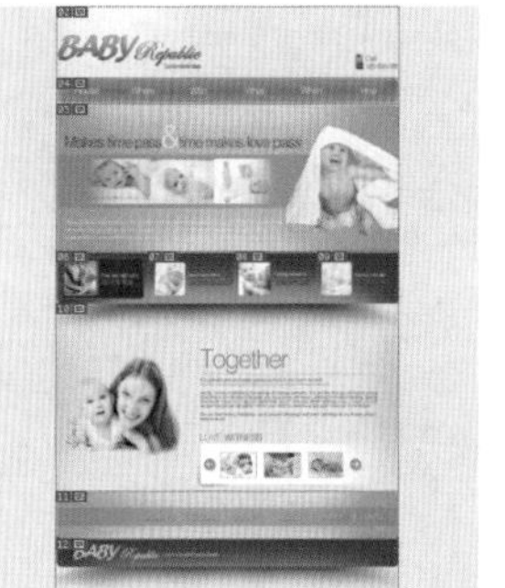

图 13-78

步骤 03 执行“文件>导出>存储为Web所用格式(旧版)”命令，在弹出的窗口中设置“优化格式”为GIF，单击“存储”按钮完成设置，如图13-79所示。选择合适的存储位置和类型，单击“保存”按钮完成设置，如图13-80所示。存储后的切片效果如图13-81所示。

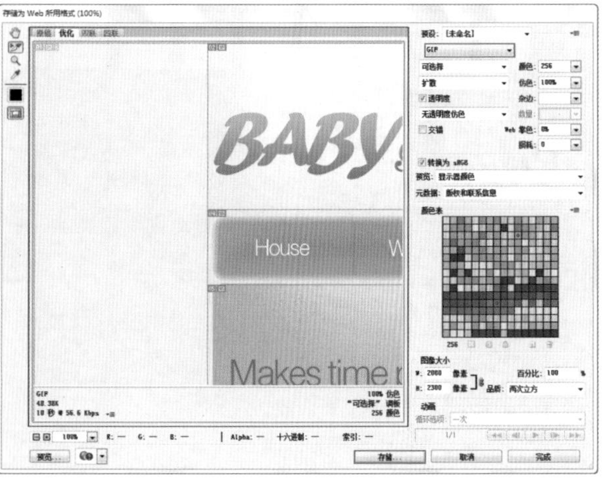

图 13-79

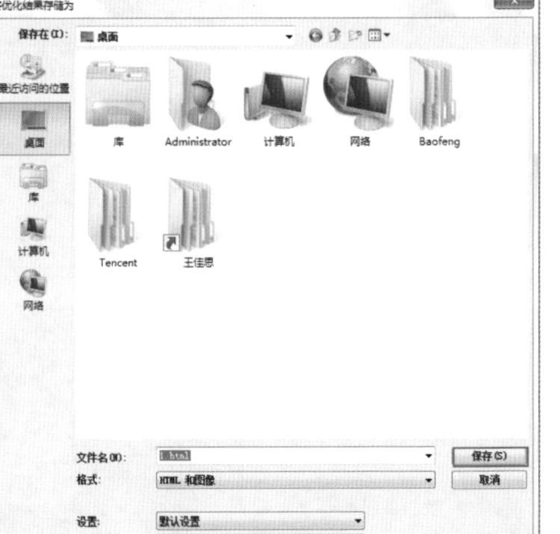

图 13-80

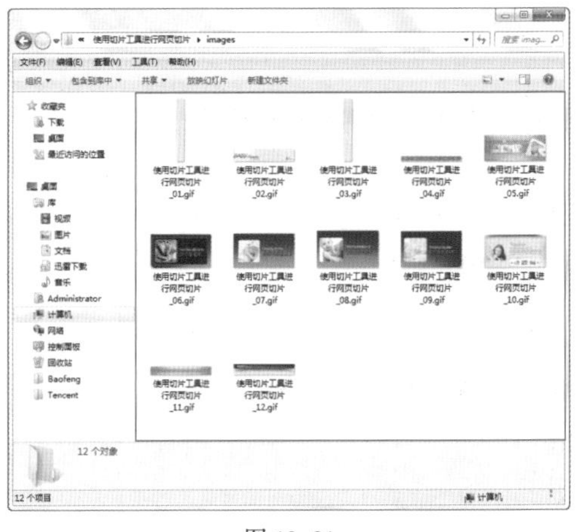

图 13-81

读书笔记

第4部分 综合实战篇

扫一扫，看视频

第14章 网店设计综合实战

本章内容简介：

经过了前面章节的学习，我们已经掌握了淘宝美工设计中需要应用到的Photoshop核心功能。本章为综合性案例练习章节，其中包括网店标志设计、店铺广告设计、商品图像精修以及完整的店铺首页设计等多方面案例，需要综合应用到各个章节所学习到的知识完成相关案例的制作，以此熟悉和适应网店美工设计制图的基本流程。

14.1 童装网店标志设计

文件路径	资源包\第14章\童装网店标志设计
难易指数	★★★★★
技术要点	形状工具、图层样式、横排文字工具、钢笔工具

案例效果

本例效果如图14-1所示。

图 14-1

操作步骤

Part 1　制作标志背景

扫一扫，看视频

步骤 01 执行"文件>新建"命令，新建出一个空白文档，如图14-2所示。

图 14-2

步骤 02 单击工具箱中的"渐变工具"按钮，在选项栏中单击 ，弹出"渐变编辑器"对话框。设置第一个色标为灰色，设置第二个色标为白色，如图14-3所示。单击"确定"按钮，在画面中按住鼠标左键拖动，填充渐变色，效果如图14-4所示。

图 14-3　　图 14-4

Part 2　制作标志图形

扫一扫，看视频

步骤 01 单击工具箱中"椭圆工具"按钮，在选项栏中设置"绘制模式"为形状，"填充"为浅黄色，"描边"设置为无色，在画面中按住Shift键同时按住鼠标左键拖动绘制出一个正圆，如图14-5所示。

图 14-5

步骤 02 执行"文件>置入嵌入对象"命令，选择素材1.png将其置入，如图14-6所示。将素材图片摆放在合适位置，按Enter键确定置入图片，如图14-7所示。

图 14-6　　图 14-7

步骤 03 打开"图层"面板，选择刚置入的素材图层，在图层上单击鼠标右键，在弹出的快捷菜单中执行"栅格化图层"命令，如图14-8所示。此图层变为普通图层，如图14-9所示。

图 14-8　　图 14-9

步骤 04 为卡通素材添加描边。执行"图层>图层样式>描边"命令，设置"大小"为30像素，"位置"为居中，设置"填

充类型”为颜色，设置“颜色”为紫色，如图14-10所示。单击“确定”按钮，效果如图14-11所示。

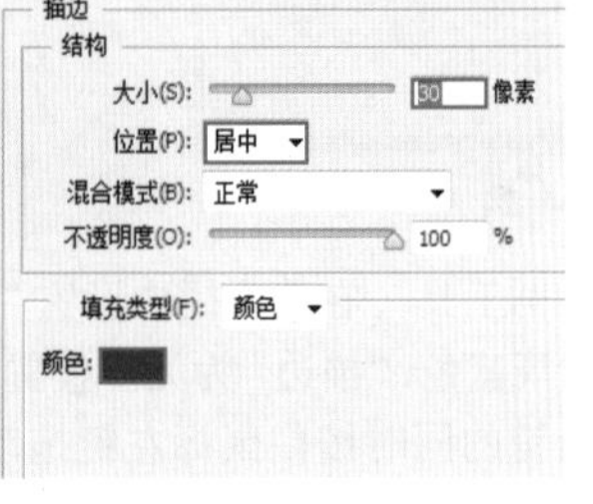

图 14-10

图 14-11

Part 3　制作标志上的文字

步骤 01 单击工具箱中“横排文字工具”按钮，在选项栏中设置合适的“字体样式”“字体大小”，设置“字体颜色”为白色，在画面中单击并输入文字，按Ctrl+Enter键完成操作，如图14-12所示。使用同样方法输入其他文字，如图14-13所示。

扫一扫，看视频

图 14-12　图 14-13

步骤 02 单击工具箱中“自定形状工具”按钮，在选项栏中设置“绘制模式”为形状，“填充”设置为白色，“描边”设置为无色。设置自定义形状，单击下拉按钮，在下拉菜单中选择一种合适的形状，然后在画面中按住鼠标左键拖动绘制形状，如图14-14所示。

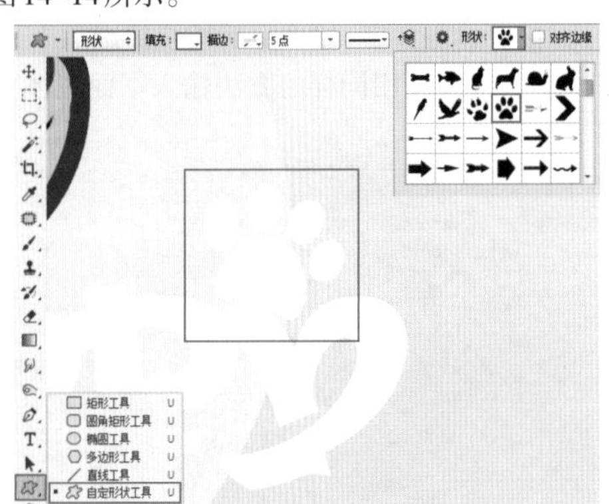

图 14-14

步骤 03 单击工具箱中“钢笔工具”按钮，在选项栏中设置绘制模式为“路径”，在文字周围绘制轮廓路径，如图14-15所示。按转换为选区快捷键Ctrl+Enter，将绘制的路径转换为选区，如图14-16所示。

图 14-15　图 14-16

步骤 04 在这个文字图层的下方新建一个图层，命名为“阴影”，如图14-17所示。将“前景色”设置为与卡通形象描边相同的颜色，按填充前景色快捷键Alt+Delete，将选区内填充颜色，完成后按取消选区快捷键Ctrl+D，取消选区，效果如图14-18所示。

图 14-17　图 14-18

步骤 05 继续为下方小文字以及上方的卡通爪子添加紫色的阴影，将各自的阴影图层均摆放在各自图层下方即可，如图14-19和图14-20所示。

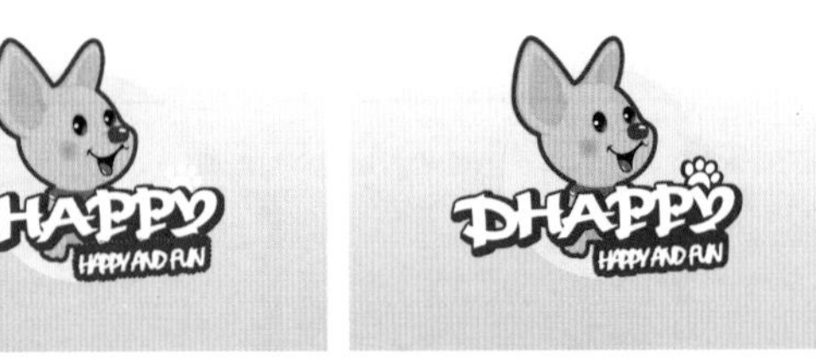

图 14-19　图 14-20

14.2 清新风格女装通栏广告

文件路径	资源包\第14章\清新风格女装通栏广告
难易指数	★★★★★
技术掌握	图层样式、剪贴蒙版、亮度/对比度、曲线

案例效果

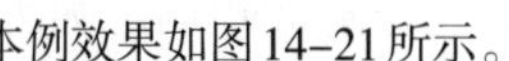

本例效果如图14-21所示。

图 14-21

操作步骤

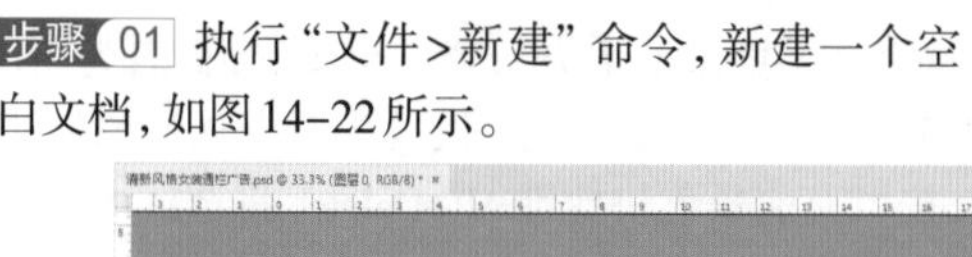

Part 1　制作背景部分

扫一扫，看视频

步骤 01 执行“文件>新建”命令，新建一个空白文档，如图14-22所示。

图 14-22

步骤 02 为背景填充颜色。单击工具箱底部的“前景色”按钮，在弹出的“拾色器”窗口中设置颜色为浅蓝色，然后单击“确定”按钮，如图14-23所示。在“图层”面板中选择背景图层，按前景色填充快捷键Alt+Delete进行填充，效果如图14-24所示。

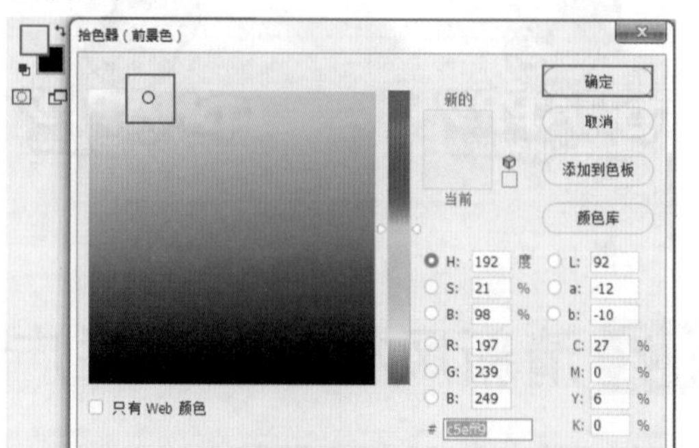

图 14-23

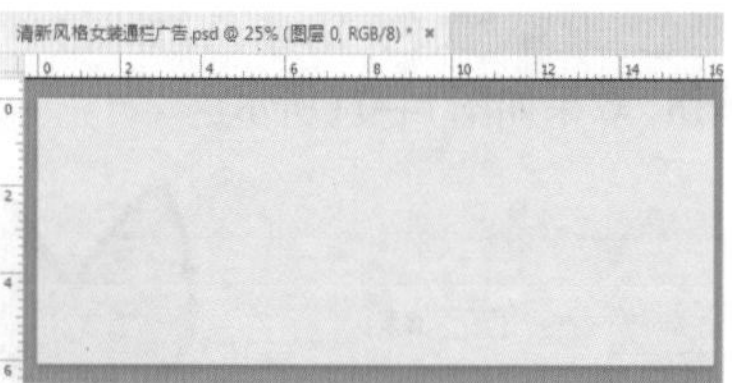

图 14-24

步骤 03 使用工具箱中的“椭圆工具”，在选项栏中设置“绘制模式”为“形状”，“填充”为淡蓝色，“描边”为无。设置完成后在画面右侧按住Shift+Alt键的同时按住鼠标左键拖动，绘制一个正圆形，如图14-25所示。继续使用同样的方法将左侧小正圆绘制出来，如图14-26所示。

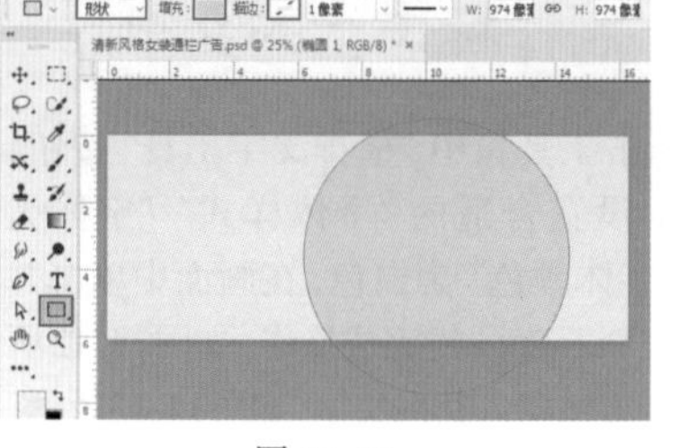

图 14-25

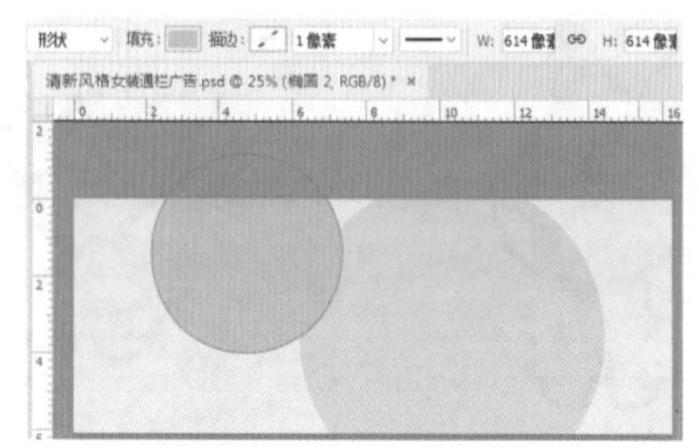

图 14-26

Part 2　制作广告文字

扫一扫，看视频

步骤 01 制作主体文字。单击工具箱中的“横排文字工具”按钮，在选项栏中设置合适的字体、字号，文字颜色设置为白色，设置完成后在画面中合适的位置单击鼠标建立文字输入的起始点，接着输入文字，输入完后按快捷键Ctrl+Enter，如图14-27所示。继续使用同样的方法输入下面主体文字，如图14-28所示。

图 14-27　　图 14-28

步骤 02 在“图层”面板中按住Ctrl键依次单击加选刚绘制的两个文字，然后按编组快捷键Ctrl+G将加选图层编组并命名为“主体文字”，如图14–29所示。

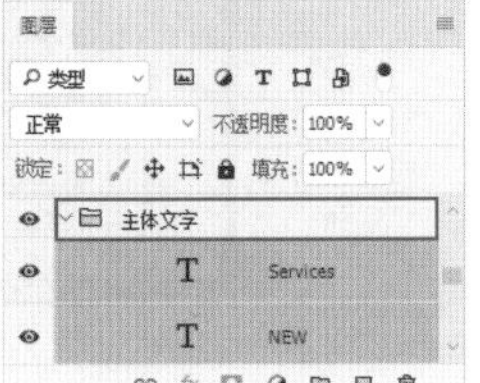

图 14–29

步骤 03 为主体文字添加不同颜色的底纹。单击工具箱中的“矩形工具”按钮，在选项栏中设置“绘制模式”为“形状”，“填充”为淡黄色，“描边”为无。设置完成后在文字上方按住鼠标左键拖动，绘制出一个矩形，如图14–30所示。接着按自由变换快捷键Ctrl+T，将其旋转至合适的角度，如图14–31所示。变换完成后按Enter键确定变换操作。

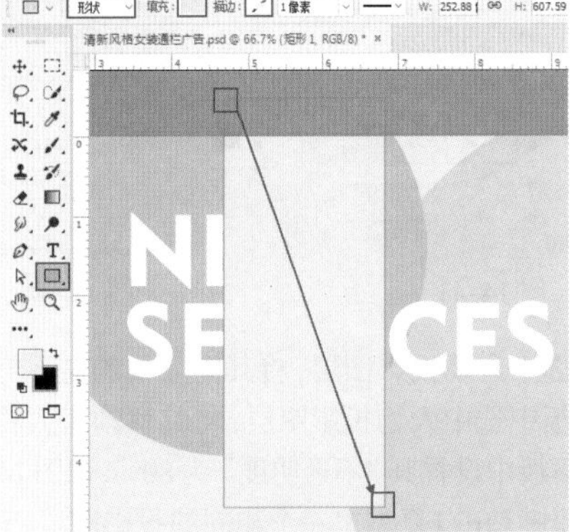

图 14–30

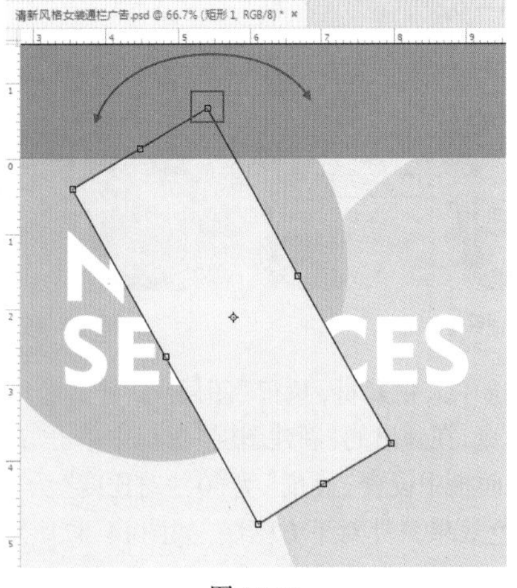

图 14–31

步骤 04 在“图层”面板中选中淡黄色矩形图层，按快捷键Ctrl+J复制出一个相同的图层，然后将其向左下方拖动，如图14–32所示。

步骤 05 选中复制出的矩形，在选项栏中设置“填充”为黄色，如图14–33所示。

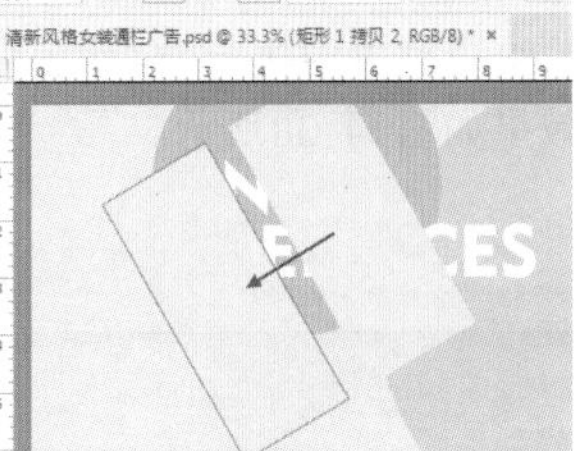

图 14–32

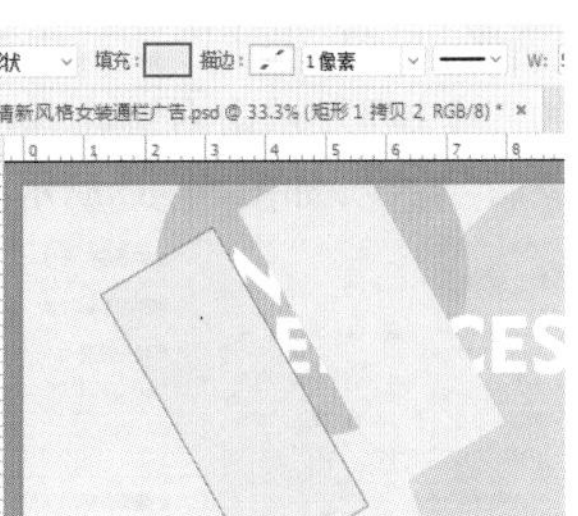

图 14–33

步骤 06 在“图层”面板中选中复制出的黄色矩形图层，执行“图层>图层样式>图案叠加”命令，在“图层样式”窗口中设置“混合模式”为“正常”，不透明度”为23%，设置合适的图案，“缩放”为100%，设置参数如图14–34所示。设置完成后单击“确定”按钮，效果如图14–35所示。

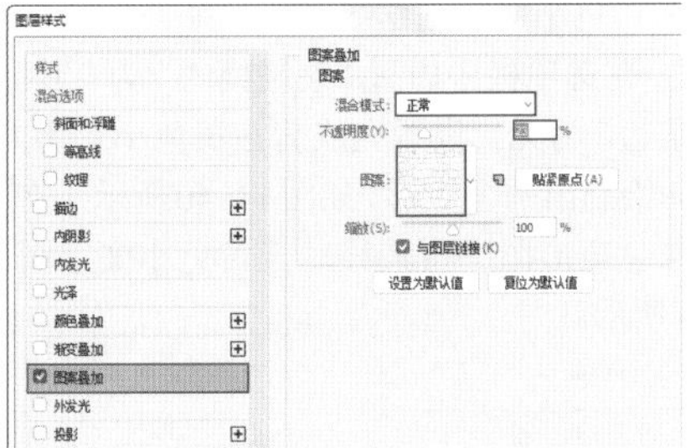

图 14–34

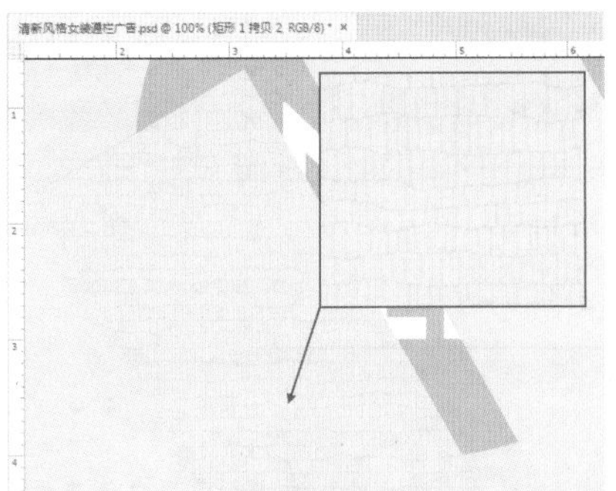

图 14–35

步骤 07 继续使用同样的方法制作出右侧青色矩形，并为其添加“图案叠加”的样式，如图14–36所示。

图 14–36

步骤 08 在“图层”面板中按住Ctrl键依次单击加选刚绘制的三个矩形，单击右键在弹出的快捷菜单中执行“创建剪贴蒙版”命令，如图14-37所示。效果如图14-38所示。

图14-37　　图14-38

步骤 09 使用之前制作主体文字的方法输入下方其他文字，如图14-39所示。

步骤 10 为黄色小文字制作绿底色。单击工具箱中的“矩形工具”按钮，在选项栏中设置“绘制模式”为“形状”，“填充”为绿色，“描边”为无。设置完成后在黄色小文字上方按住鼠标左键拖动绘制出一个矩形，如图14-40所示。在“图层”面板中选中绿色矩形图层将其移动至黄色小文字图层的下方，如图14-41所示。

图14-39　　图14-40

图14-41

Part 3　添加人物

步骤 01 执行“文件>置入嵌入对象”命令，将人物素材1.png置入画面中，调整其大小及位置后按Enter键完成置入。在“图层”面板中右键单击该图层，在弹出的快捷菜单中执行“栅格化图层”命令，效果如图14-42所示。

扫一扫，看视频

图14-42

步骤 02 为人物制作投影。按住Ctrl键单击“图层”面板中人物素材图层缩览图载入人物选区，如图14-43所示。设置“前景色”为蓝色，按快捷键Alt+Delete为选区添加颜色，如图14-44所示。接着按快捷键Ctrl+D取消选区。

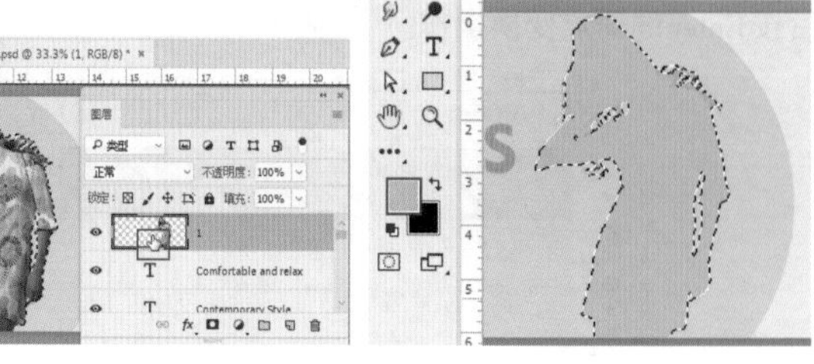

图14-43　　图14-44

步骤 03 选中人物投影图层，将其向人物的左下方移动。在“图层”面板中选中人物投影图层，将其移动至人物素材图层下方并在面板中设置其“不透明度”为80%，如图14-45所示。接着按快捷键Ctrl+J复制出一个相同的投影图层，设置“不透明度”为70%，然后将复制出的投影图层移动至人物的右上方，如图14-46所示。

图14-45　　图14-46

步骤 04 选中人物素材，执行“图层>新建调整图层>亮度/对比度”命令，在弹出的“新建图层”窗口中单击“确定”按钮。在“属性”面板中设置“亮度”为50，“对比度”为20，单击按钮使调色效果只针对下方图层，如图14-47所示。画面效果如图14-48所示。

图14-47　　图14-48

步骤 05 提高腿部和胳膊的亮度。执行“图层>新建调整图层>曲线”命令，在弹出的“新建图层”窗口中单击“确定”按钮。在“属性”面板中，在曲线中间调的位置单击添加控制点，然后将其向左上方拖动提高画面的亮度，单击按钮使调色效果只针对下方图层，如图14-49所示。画面效果如图14-50所示。

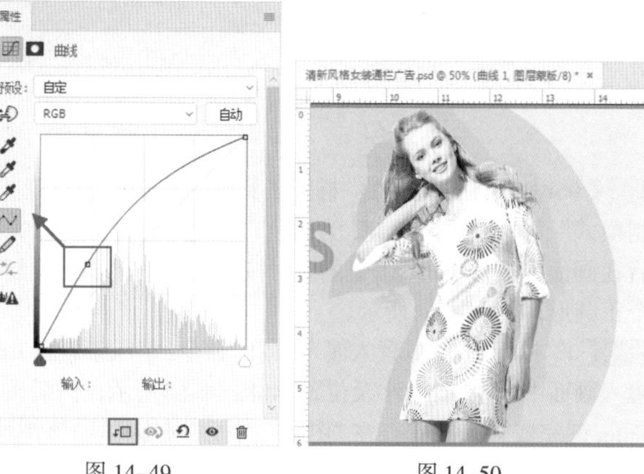

图 14-49　　图 14-50

步骤 06 隐藏人物“曲线”提亮效果。设置“前景色”为黑色，在“图层”面板中选中“曲线”图层的图层蒙版，按前景色填充快捷键Alt+Delete进行填充，人物提亮的效果被隐藏，如图14-51所示。

图 14-51

步骤 07 选择工具箱中的“画笔工具”，在选项栏中单击打开“画笔预设”选取器，在下拉面板中选择一个“柔边圆”画笔，设置画笔“大小”为90像素，设置“硬度”为0%，如图14-52所示。设置“前景色”为白色，在“图层”面板中选中“曲线”图层的图层蒙版，在手臂和腿部位置按住鼠标左键拖动，如图14-53所示。

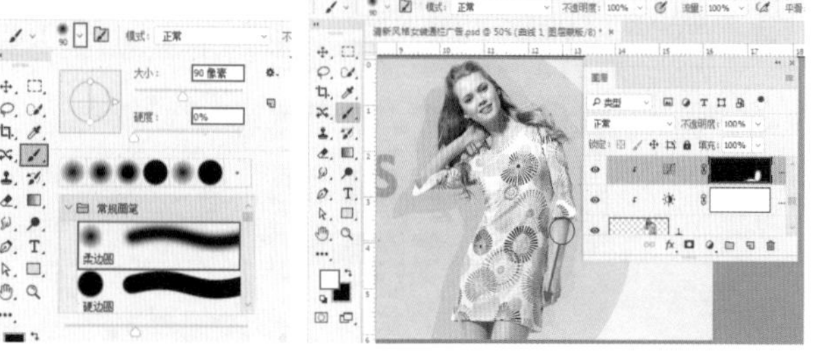

图 14-52　　图 14-53

步骤 08 制作画面中的装饰图形。在工具箱中选择“自定形状工具”，在选项栏中设置“绘制模式”为“形状”，“填充”为白色，“描边”为无，选择合适的形状。设置完成后在画面中按住Shift键的同时按住鼠标左键拖动，绘制一个波浪线图形，如图14-54所示。

图 14-54

步骤 09 继续使用同样的方法将画面中其他波浪线制作出来并摆放在合适的位置。完成效果如图14-55所示。

图 14-55

14.3 中式风格产品广告

文件路径	资源包\第14章\中式风格产品广告
难易指数	★★★★★
技术掌握	画笔工具、调整图层、钢笔工具、图层蒙版

案例效果

本例效果如图14-56所示。

图 14-56

操作步骤

Part 1　制作广告背景

步骤 01 执行“文件>新建”命令，新建一个空白文档，如图14-57所示。

扫一扫，看视频

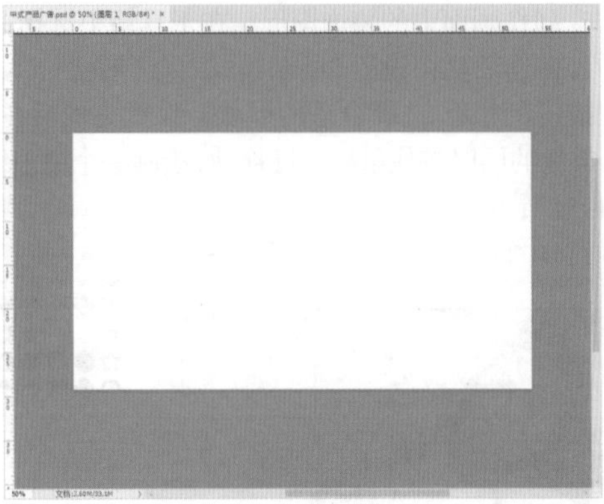

图 14-57

步骤 02 为背景填充颜色。单击工具箱底部的“前景色”按钮，在弹出的“拾色器”窗口中设置颜色为浅灰色，然后单击“确定”按钮，如图14-58所示。在“图层”面板中选择背景图层，按前景色填充快捷键Alt+Delete进行填充，效果如图14-59所示。

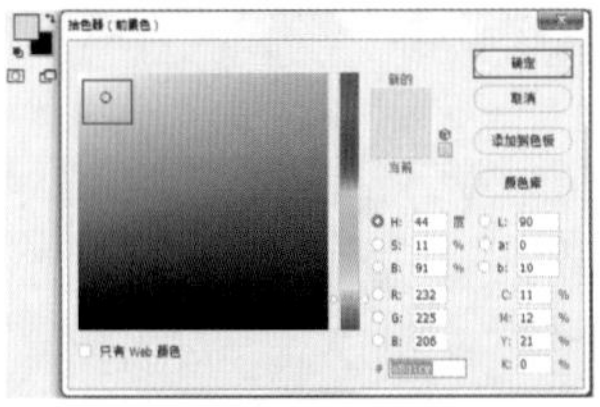

图 14-58 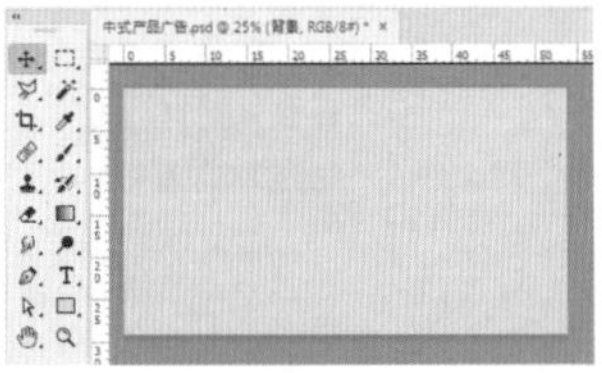　　图 14-59

步骤 03 在“图层”面板中按住Alt键双击浅灰矩形图层，将背景图层变为普通图层。执行“图层>图层样式>图案叠加”命令，在“图层样式”窗口中设置“混合模式”为“正常”，“不透明度”为8%，选择合适的图案，设置“缩放”为55%，设置参数如图14-60所示。设置完成后单击“确定”按钮，效果如图14-61所示。

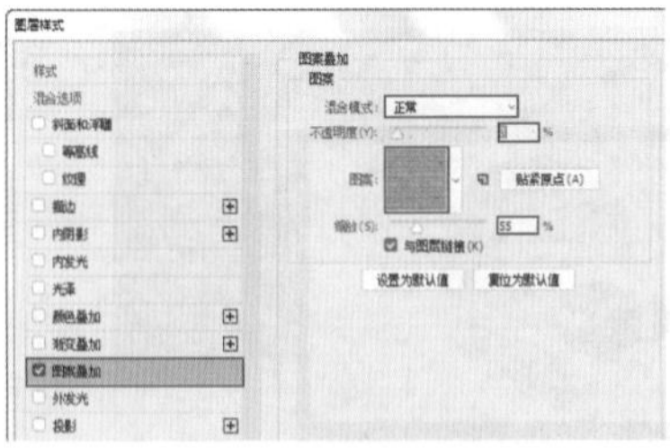

图 14-60　　图 14-61

步骤 04 在“图层”面板中选中灰色矩形图层，接着执行“滤镜>滤镜库”命令，打开“滤镜库”窗口，单击打开“艺术效果”滤镜组，选择“胶片颗粒”滤镜，在窗口右侧设置“颗粒”为1，“强度”为1，设置完成单击“确定”按钮，如图14-62所示。效果如图14-63所示。

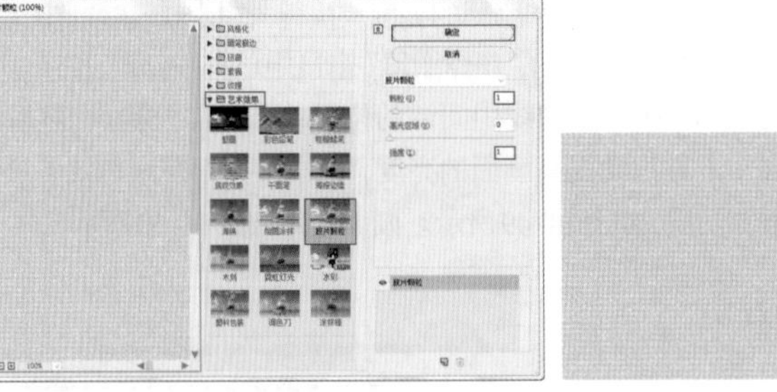

图 14-62　　图 14-63

步骤 05 使用工具箱中的“椭圆工具”，在选项栏中设置“绘制模式”为“形状”，“填充”为橘色，“描边”为无。设置完成后在画面中按住Shift+Alt键的同时按住鼠标左键拖动绘制一个正圆形，如图14-64所示。

步骤 06 执行“文件>置入嵌入对象”命令，将风景素材1.jpg置入画面中，调整其大小及位置，如图14-65所示。然后按下Enter键完成置入操作。在“图层”面板中右键单击该图层，在弹出的快捷菜单中执行“栅格化图层”命令。

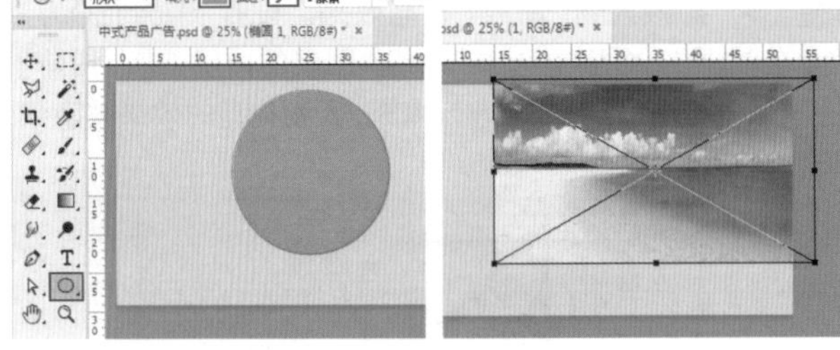

图 14-64　　图 14-65

步骤 07 选中风景素材图层，执行“滤镜>滤镜库”命令，打开“滤镜库”窗口，单击打开“艺术效果”滤镜组，选择“胶片颗粒”滤镜，在窗口右侧设置“描边大小”为25，“描边细节”为3，设置完成单击“确定”按钮，如图14-66所示。效果如图14-67所示。

步骤 08 选中风景素材图层，执行“图层>创建剪贴蒙版”命令，画面效果如图14-68所示。

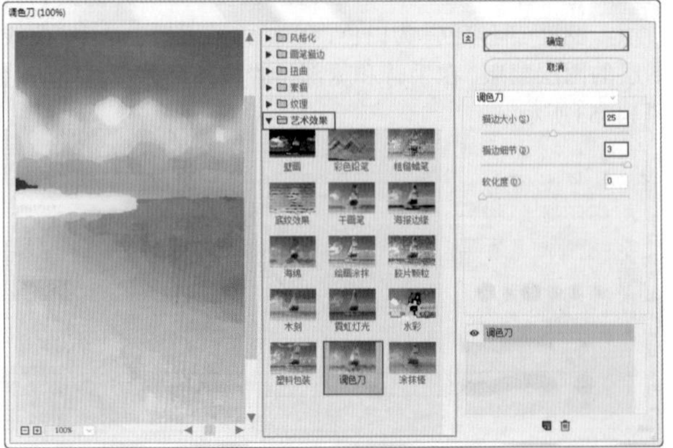

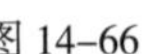

图 14-66

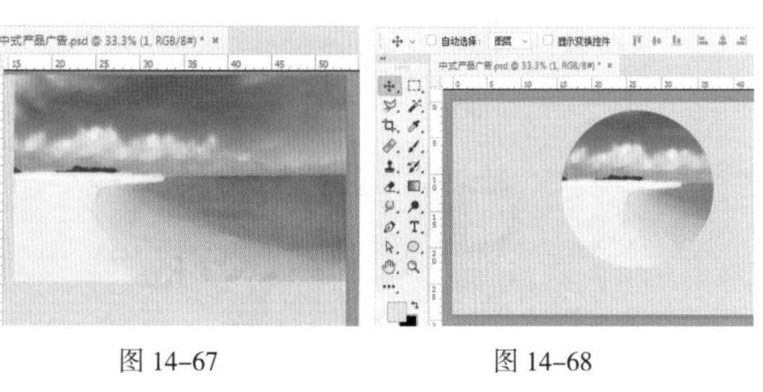

图 14-67　　图 14-68

步骤 09 为风景素材调色。执行“图层>新建调整图层>色相/饱和度”命令，在弹出的“新建图层”窗口中单击“确定”按钮。在“属性”面板中勾选“着色”，设置“色相”为44，“饱和度”为14，“明度”为-45，单击 按钮，如图14-69所示。画面效果如图14-70所示。

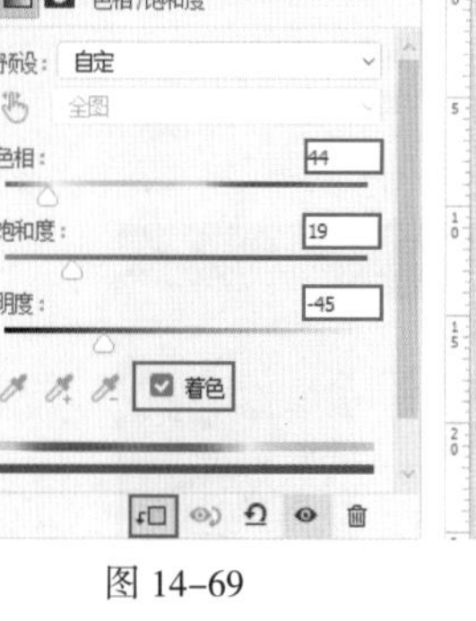

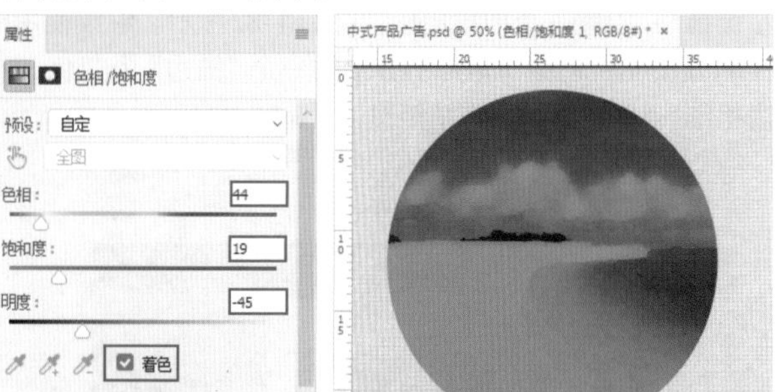

图 14-69　　图 14-70

步骤 10 执行“图层>新建调整图层>亮度/对比度”命令，在弹出的“新建图层”窗口中单击“确定”按钮。在“属性”面板中设置“亮度”为66，“对比度”为-47，单击 按钮，如图14-71所示。画面效果如图14-72所示。

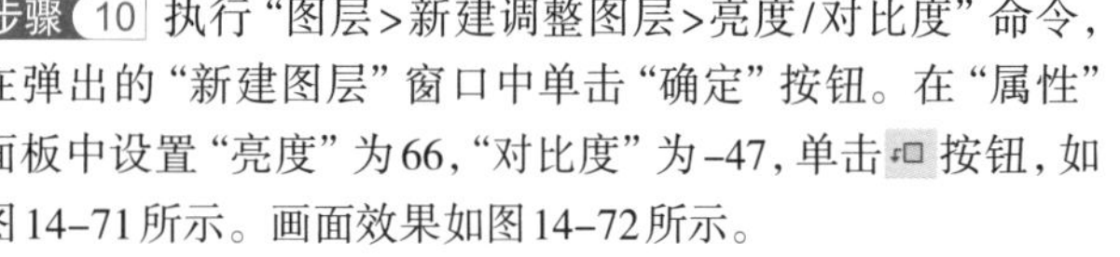

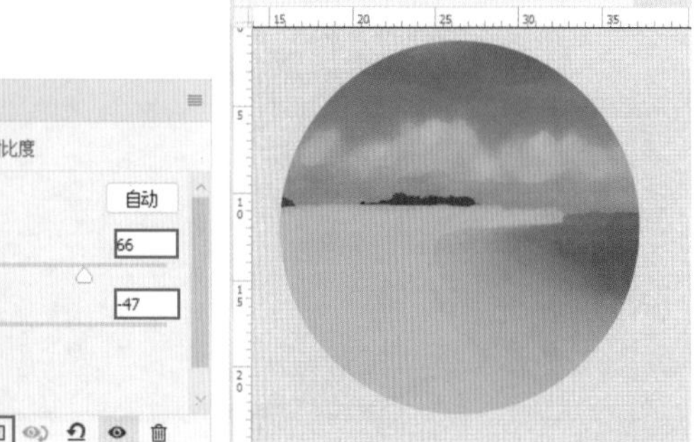

图 14-71　　图 14-72

步骤 11 单击工具箱中的“横排文字工具”按钮，在选项栏中设置合适的字体、字号，文字颜色设置为深灰色，设置完成后在正圆左上方单击鼠标建立文字输入的起始点，接着输入文字，输入完后按快捷键Ctrl+Enter，如图14-73所示。接着在“图层”面板中设置“不透明度”为52%，如图14-74所示。

图 14-73

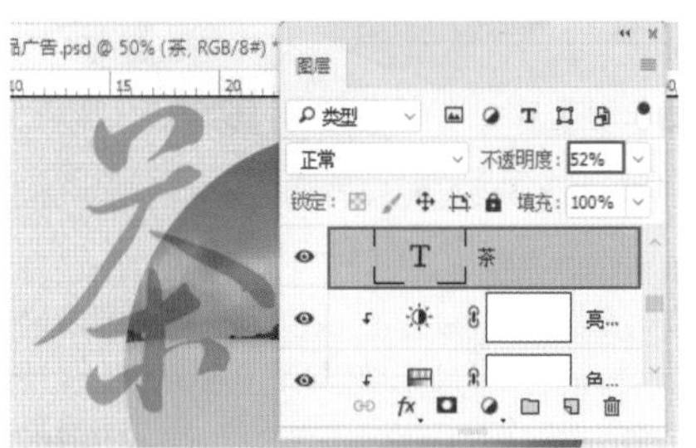

图 14-74

步骤 12 继续使用同样的方法输入右侧两个字，然后设置“香”的“不透明度”为13%，“味”的“不透明度”为15%，效果如图14-75所示。

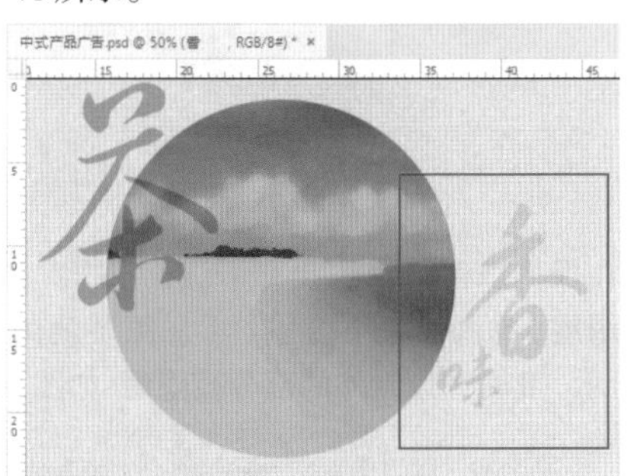

图 14-75

Part 2　制作主体图像及文字

步骤 01 置入茶水素材，放置在合适的位置并调整其大小，如图14-76所示。然后按Enter键并将其栅格化。

图 14-76

扫一扫，看视频

步骤 02 单击工具箱中的“钢笔工具”按钮，在选项栏中设置“绘制模式”为“路径”，沿着茶壶及茶杯的外轮廓绘制路径，如图14–77所示。绘制完成后按快捷键Ctrl+Enter，快速将路径转换为选区，如图14–78所示。

图 14–77

图 14–78

步骤 03 在保持选区不变的状态下，在“图层”面板中选中茶水素材图层，单击面板下方的“添加图层蒙版”按钮，如图14–79所示。此时选区以外的部分被隐藏，如图14–80所示。

图 14–79

图 14–80

步骤 04 茶壶及茶杯的投影边缘过于清晰，此时需要显示模糊边缘。在工具箱中选中“画笔工具”，然后在选项栏中设置一个合适大小的柔边圆画笔。设置“前景色”为白色，在“图层”面板中选中茶水素材图层的图层蒙版，回到画面中在茶壶及茶杯投影边缘处以单击的方式将投影边缘位置显示出来，如图14–81所示。

图 14–81

步骤 05 单击工具箱中的“圆角矩形工具”按钮，在选项栏中设置“绘制模式”为“形状”，“填充”为白色，“描边”为无，“半径”为5像素，设置完成后在画面中合适的位置按住鼠标左键拖动，绘制一个圆角矩形，如图14–82所示。继续使用同样的方法在白色圆角矩形上方绘制一个“描边”为灰色，“描边粗细”为1点的稍小圆角矩形，如图14–83所示。

图 14–82

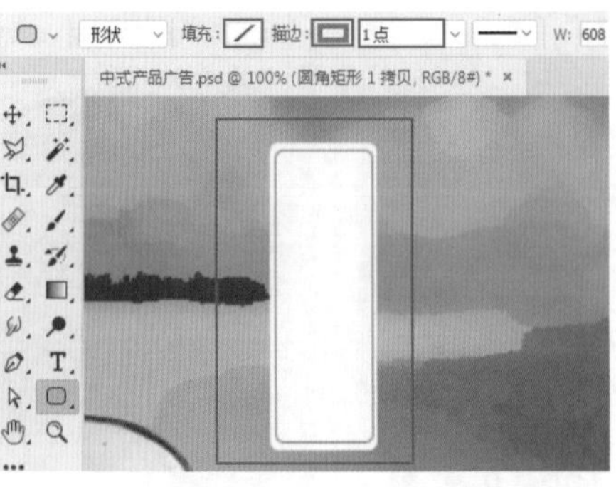

图 14–83

步骤 06 在工具箱中选择“自定形状工具”，在选项栏中设置“绘制模式”为“形状”，“填充”为红色，“描边”为无，选择合适的形状。设置完成后，在圆角矩形上方按住Shift键的同时按住鼠标左键拖动，绘制一个图形，如图14–84所示。

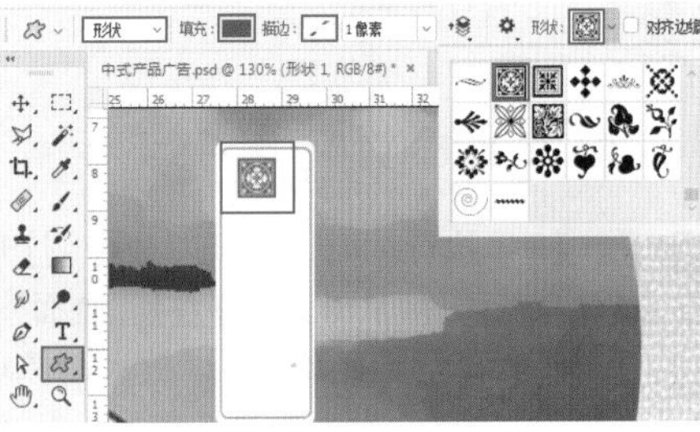

图 14-84

步骤 07 单击工具箱中的“直排文字工具”按钮，在选项栏中设置合适的字体、字号，文字颜色设置为黑色，设置完成后在圆角矩形内单击鼠标建立文字输入的起始点，接着输入文字，输入完后按快捷键Ctrl+Enter，如图14-85所示。继续使用同样的方法输入右侧小字，如图14-86所示。

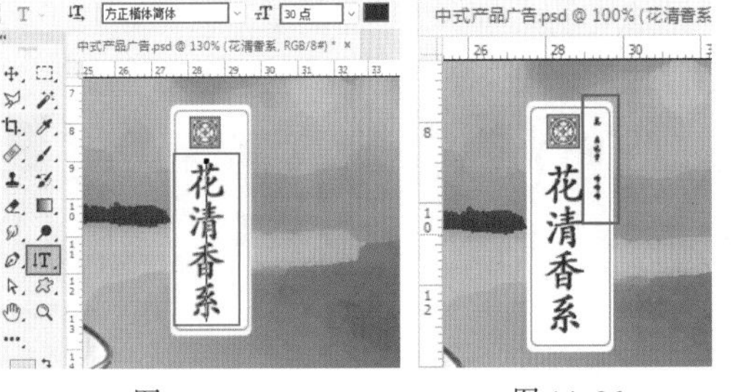

图 14-85　　图 14-86

步骤 08 单击工具箱中的“横排文字工具”按钮，在选项栏中设置合适的字体、字号，文字颜色设置为黑色，设置完成后在画面右下角位置单击鼠标建立文字输入的起始点，接着输入文字，输入完后按快捷键Ctrl+Enter，如图14-87所示。继续使用同样的方法输入下方红色文字，如图14-88所示。

图 14-87

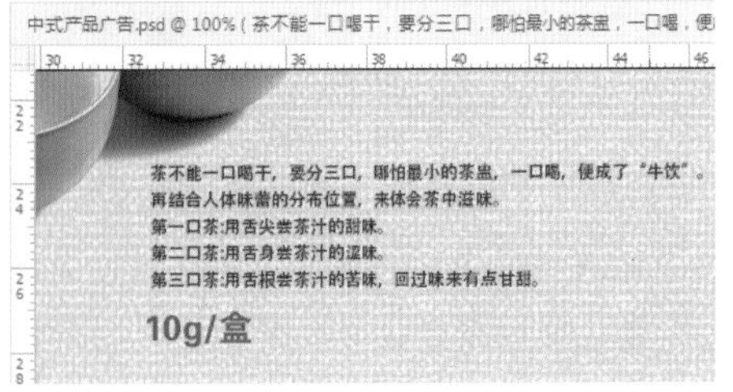

图 14-88

步骤 09 制作价签。单击工具箱中的“圆角矩形工具”按钮，在选项栏中设置“绘制模式”为“形状”，“填充”为咖色，“描边”为无，“半径”为5像素，设置完成后在红色文字右侧按住鼠标左键拖动绘制一个圆角矩形，如图14-89所示。使用“横排文字工具”输入咖色圆角矩形上方文字，如图14-90所示。

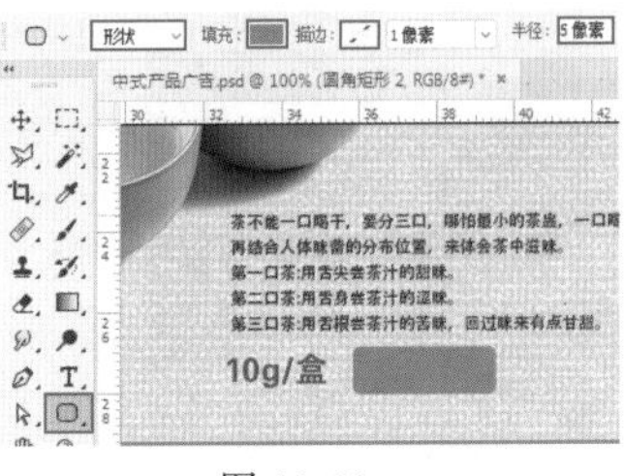

图 14-89

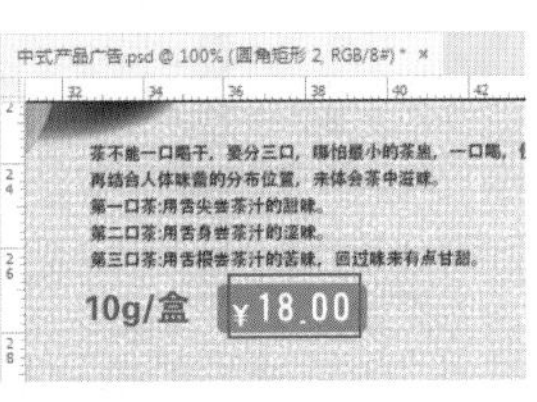

图 14-90

Part 3　制作广告展示效果

扫一扫，看视频

步骤 01 执行“文件>置入嵌入对象”命令，将电脑素材3.jpg置入画面中，调整其大小及位置，如图14-91所示。然后按Enter键完成置入操作。在“图层”面板中右键单击该图层，在弹出的快捷菜单中执行“栅格化图层”命令，将图层栅格化。

步骤 02 在“图层”面板中按住Ctrl键依次单击加选除了电脑素材之外所有图层，然后按复制图层快捷键Ctrl+J，复制出相同的图层。在选中复制出的图层状态下按合并快捷键Ctrl+E，将选中的所有文字合并到一个图层上，并将此图层移动至“图层”面板的顶端，如图14-92所示。

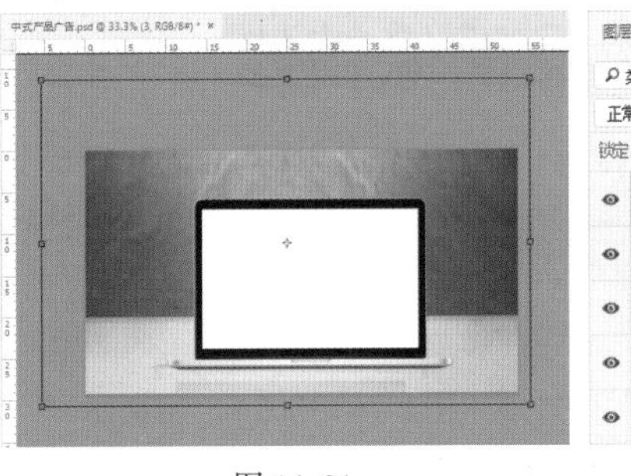

图 14-91

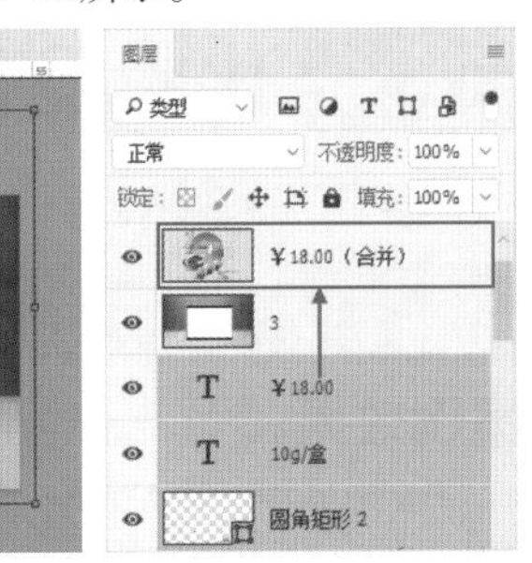

图 14-92

步骤 03 在“图层”面板选中刚复制出的合并图层，按自由变换快捷键Ctrl+T调出定界框，按住Shift键的同时鼠标左键按住角点并拖动将其缩小，如图14-93所示。调整完毕之后按Enter键结束变换。

图 14-93

步骤 04 单击工具箱中的“矩形选框工具”按钮，在电脑屏幕上方绘制一个与屏幕等大的矩形选区，如图14–94所示。

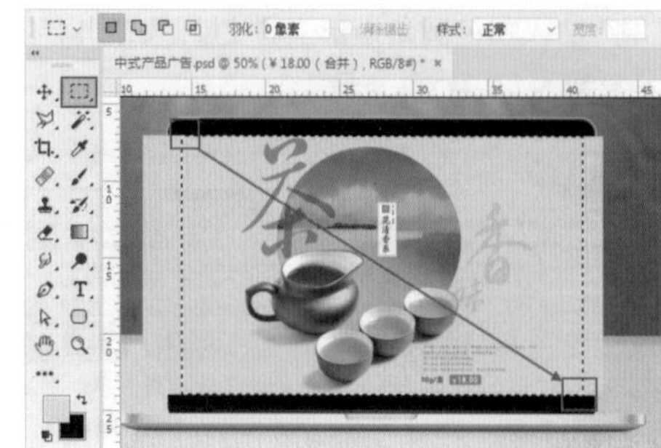

图 14–94

步骤 05 在“图层”面板中选中刚复制出的合并图层，单击“添加图层蒙版”按钮，如图14–95所示。完成效果如图14–96所示。

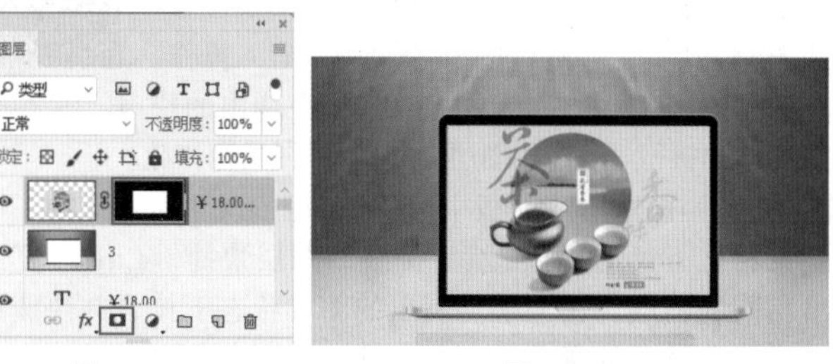

图 14–95　　图 14–96

14.4 化妆品图像精修

文件路径	资源包\第14章\化妆品图像精修
难易指数	★★★★★
技术掌握	修复画笔、仿制图章、画笔工具、渐变工具、调整图层

案例效果

本例处理前后对比效果如图14–97和图14–98所示。

图 14–97　　图 14–98

操作步骤

Part 1 抠图并制作背景

扫一扫，看视频

步骤 01 执行“文件>打开”命令，打开拍摄好的化妆品照片，从图上能够看到，画面整体偏暗，产品所处的环境比较脏乱。放大图像观察细节还能够看到产品瓶盖上有一些手印和脏污，瓶身高光暗部颜色不均匀，底部文字变形严重。这些问题都将在后面的操作中一一处理。首先需要将化妆品进行抠图。单击工具箱中的“钢笔工具”按钮，在选项栏中设置“绘制模式”为“路径”，沿瓶身绘制路径，如图14–99所示。绘制完成后按快捷键Ctrl+Enter将路径转换为选区，如图14–100所示。得到选区后按复制图层快捷键Ctrl+J，将选区中的内容复制为单独的图层，如图14–101所示。

图 14–99　　图 14–100　　图 14–101

步骤 02 下面进行新背景的制作。首先新建一个图层，单击工具箱中的“渐变工具”按钮，编辑一种淡蓝色的渐变，在选项栏中设置渐变类型为“径向渐变”，然后在画面中从中心向四周按住鼠标左键进行拖动填充，如图14–102所示。接着执行“文件>置入嵌入对象”命令，置入素材2.jpg，并将该图层栅格化，如图14–103所示。

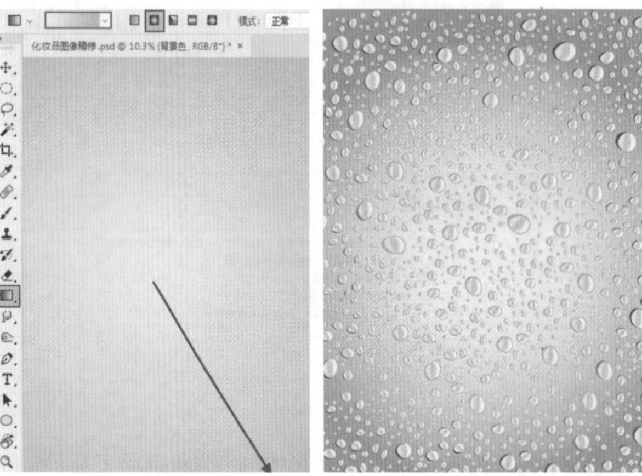

图 14–102　　图 14–103

步骤 03 在图层面板中选中该图层，设置“混合模式”为“叠加”，“不透明度”为60%，如图14-104所示。此时效果如图14-105所示。

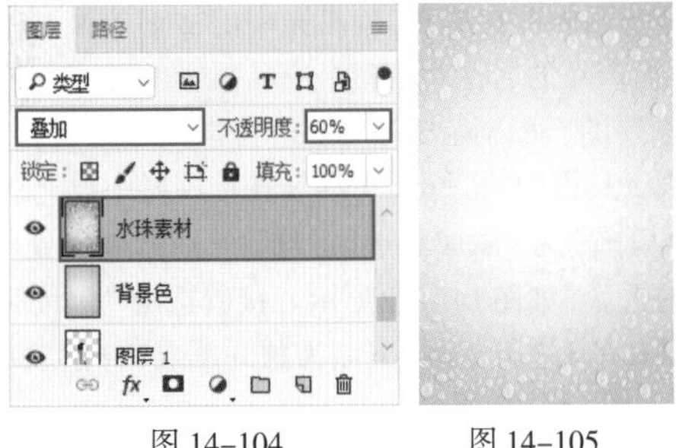

图 14-104　　图 14-105

步骤 04 置入素材3.png，并将其栅格化。将冰块元素摆放在画面中间偏下的位置，如图14-106所示。为该图层添加图层蒙版，使用黑色画笔在蒙版中涂抹，如图14-107所示，隐藏左侧的两个冰块，如图14-108所示。

图 14-106　　图 14-107　　图 14-108

步骤 05 选中冰块图层，按快捷键Ctrl+J复制该图层，并执行“编辑>变换>水平翻转”命令，移动到第一个冰块左侧，如图14-109所示。将之前抠好的化妆品图层放在最上层，如图14-110所示。

图 14-109　　图 14-110

Part 2　瓶盖修饰

步骤 01 现在开始进行产品细节的修饰，首先放大画面(多次按Ctrl键和+键)。观察瓶盖部分，可以看到瓶盖暗部区域瑕疵比较明显，有很多的指纹和脏污(这些问题本应该在前期拍摄时快速处理干净，而一旦遗留到后期，则需要通过Photoshop进行细致的修饰，比较费时)，如图14-111所示。

扫一扫，看视频

图 14-111

步骤 02 瓶盖部分的暗部主要为左、中、右3个部分。首先处理右侧的暗部，在右侧暗部区域绘制路径，如图14-112所示。按快捷键Ctrl+Enter，将路径转换为选区，如图14-113所示(为了能够看清路径和选区，这里将化妆品图层调为半透明，实际操作时无须调整透明度)。

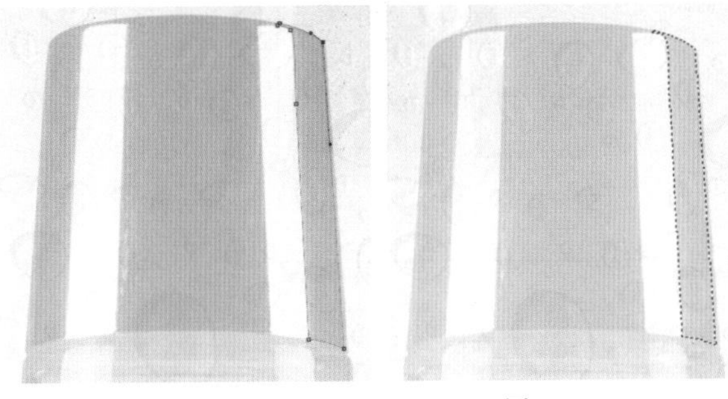

图 14-112　　图 14-113

步骤 03 单击工具箱中的“渐变工具”按钮，在“渐变编辑器”中编辑一种黑色到深灰色的渐变，如图14-114所示。新建图层，在选项栏里设置“渐变类型”为“线性渐变”，然后在新建的图层中水平拖动填充，如图14-115所示。

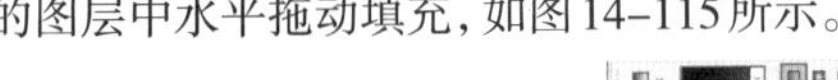

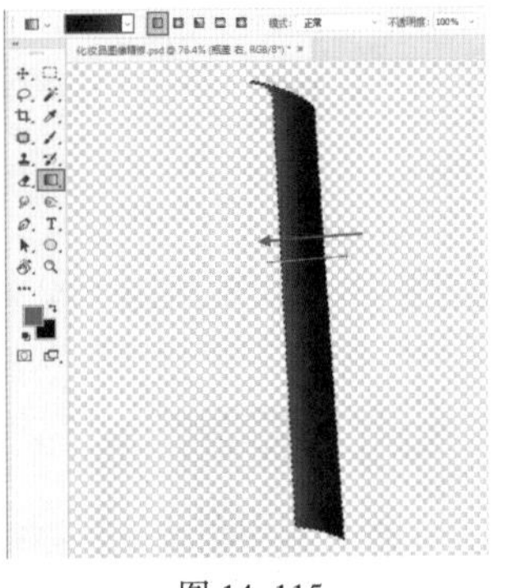

图 14-114　　图 14-115

步骤 04 显示出其他图层，可以看到右侧暗部区域“干净”了很多，如图14-116所示。用同样的方法制作左侧暗部区域，如图14-117所示。

图 14-116　　图 14-117

步骤 05 使用“钢笔工具”绘制中间部分的路径，如图14-118所示。按快捷键Ctrl+Enter将其转换为选区。同样使用“渐变工具”，编辑一种两端深灰、中间黑色的渐变，如图14-119所示。新建图层并填充，如图14-120所示。

图 14-118

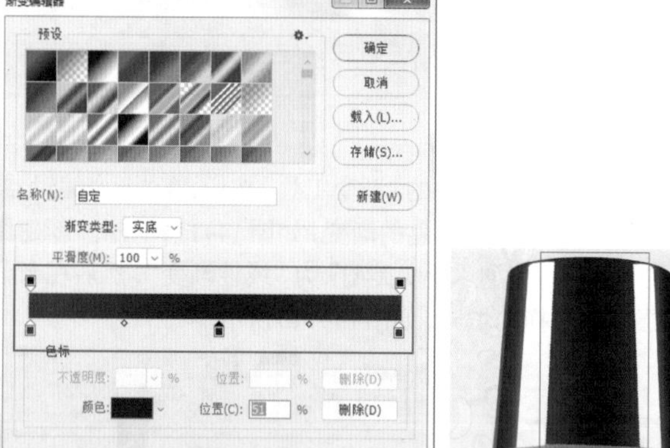

图 14-119　　图 14-120

步骤 06 到这里，瓶盖部分就处理完成了，观察一下处理前后对比效果，如图14-121所示。

图 14-121

Part 3　文字部分修饰

步骤 01 处理瓶身的文字部分。从图中可以看到由于瓶身两侧存在高光，使高光中的文字效果不清晰，而产品的名称对于整个产品摄影的画面是非常重要的，所以需要对文字进行强化处理。首先使用工具箱中的“套索工具”，在选项栏中设置“绘制模式”为“添加到选区”，然后绘制出处于高光中的文字的选区，如图14-122所示。接着选中“化妆品”图层，按快捷键Ctrl+J进行复制，复制为独立图层，并摆放在图层面板上方，如图14-123所示。

扫一扫，看视频

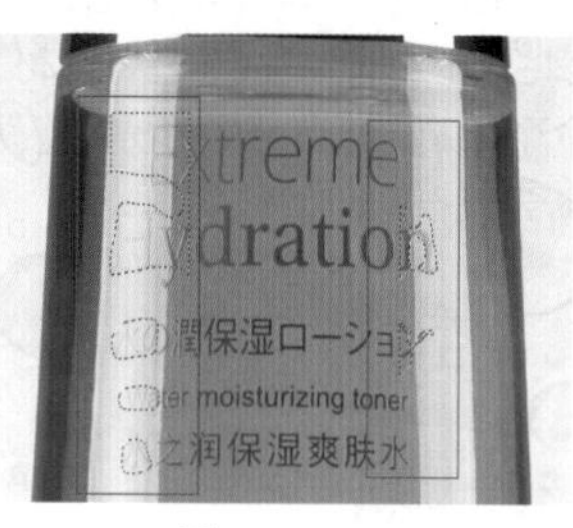

图 14-122　　图 14-123

步骤 02 由于文字偏亮，所以需要对文字部分进行压暗处理。执行“图层>新建调整图层>曲线”命令，在曲线窗口中调整曲线形态，单击“此调整剪贴到此图层”按钮，如图14-124所示，将文字部分压暗，如图14-125所示。

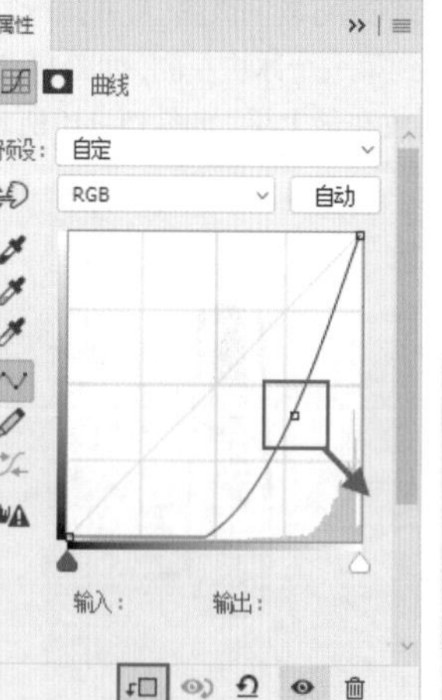

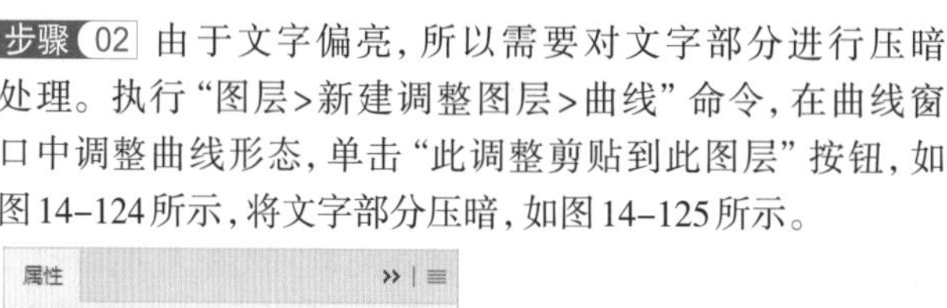

图 14-124　　图 14-125

步骤 03 由于文字图层中还带有一些非文字的部分，所以在压暗该图层的同时，有些多余的部分也被压暗了。单击曲线调整图层的蒙版，我们需要在蒙版中使用黑色的较小的画笔涂抹多余的区域，如图14-126所示。使文字以外的部分还原回之前的颜色，如图14-127所示。

图 14-126

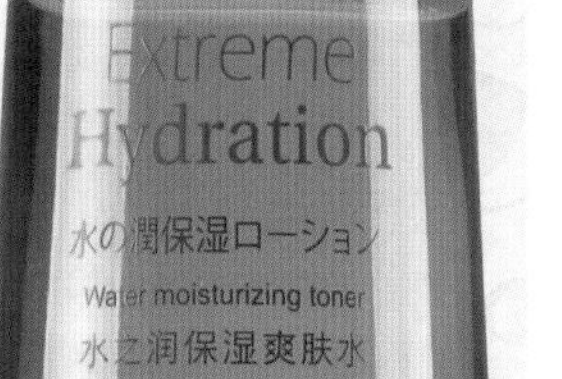

图 14-127

Part 4 瓶身修饰

步骤 01 处理瓶身上的细节。由于化妆品瓶子为蓝色透明玻璃瓶，所以瓶身表面会有一些多余的反光，还有由于透明和折射产生的或深或浅的多余细节。对于这部分细节需要将画面放大并仔细观察。以瓶底部分为例，瓶底左侧、右侧均有一些稍浅色的地面部分的反光，需要去除；中间部分有一些颜色不均匀的区域；瓶底的两侧由于玻璃厚度不均匀，也呈现出不流畅的线条，这些都需要一一进行处理，如图 14-128 所示。为了避免破坏原图层，框选瓶底部分，并复制为独立图层进行操作，如图 14-129 所示。

扫一扫，看视频

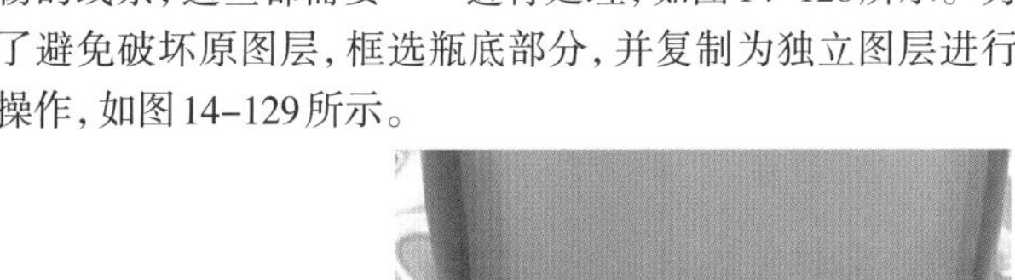

图 14-128

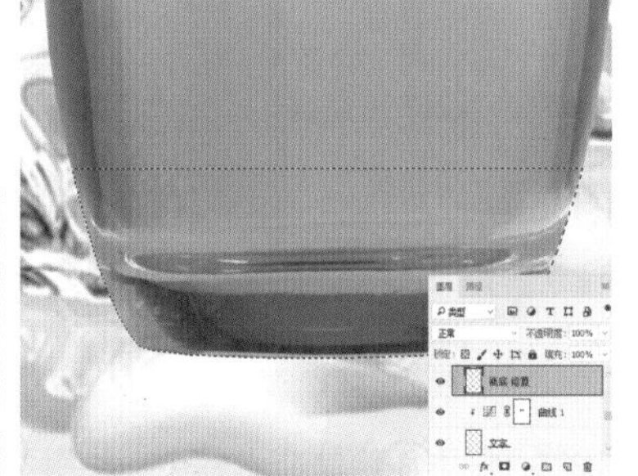

图 14-129

步骤 02 对于这些小瑕疵的去除，可以使用的工具比较多，例如“仿制图章工具”“修复画笔工具”“修补工具”等均可，更小一些的瑕疵也可以使用“污点修复画笔工具”。除此之外，由于瓶身是单一颜色的，甚至也可以使用半透明的画笔对细节进行处理。这里我们使用“修复画笔工具”，单击工具箱中的“修复画笔工具”按钮，在选项栏中设置合适的画笔大小(画笔大小刚好覆盖要修饰的区域即可)，然后在要修复的区域附近的相似内容处，按住 Alt 键单击进行取样，接着将光标移动到要修复的部分进行涂抹，如图 14-130 所示。涂抹过的部分中，多余的内容会被去除，如图 14-131 所示。

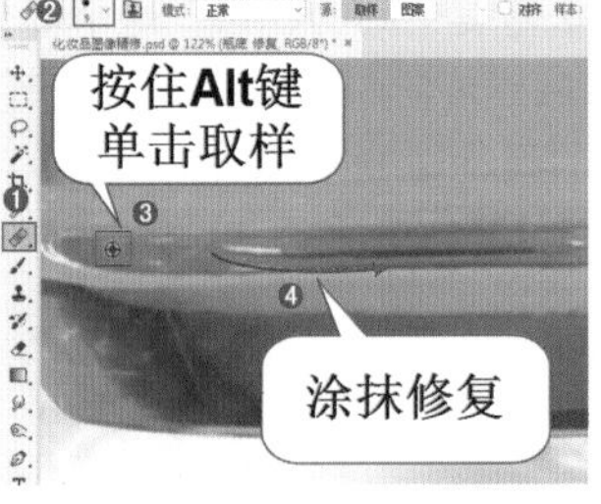

图 14-130

图 14-131

提示：修复细节时需要注意的事项

在使用“仿制图章”“修复画笔”“修补工具”等工具修复画面细节处的瑕疵时，经常会出现这样的情况：虽然原有的瑕疵去掉了，却出现了新的瑕疵。遇到这种情况不要怕，如果新出现的瑕疵较小，可以对这个部分进行单独修补。如果新瑕疵过大，那么撤销上一步操作，重新制作即可。在重新修复的时候需要注意取样点的位置是否合适。而且在修复的时候也可以进行多次取样，以避免出现多余的瑕疵。

步骤 03 继续对瓶底上部的“湖蓝色”的横条区域上的瑕疵进行去除。去除不同部分的瑕疵时需要设置合适的画笔大小，并重新取样，如图 14-132 所示。

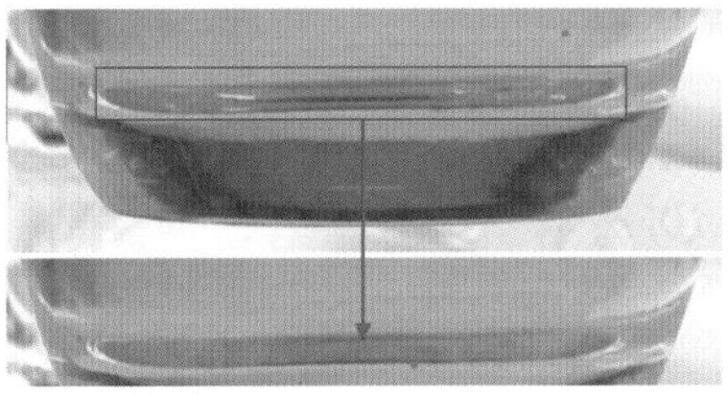

图 14-132

步骤 04 继续处理瓶底右侧的部分，这个部分由于玻璃厚度不均匀，产生了一些不平滑的效果，修复时可以在相对较为平滑的部分进行取样。此处使用“仿制图章工具”，在选项栏中设置合适的大小，然后在上部较为平滑的部分按住 Alt 键单击取样，如图 14-133 所示，接着在稍下方的部分按住鼠标左键进行细致的涂抹，效果如图 14-134 所示(修复后的结果是经过很多次涂抹修复得到的，并不是一笔就修复完成，千万不要急于求成)。

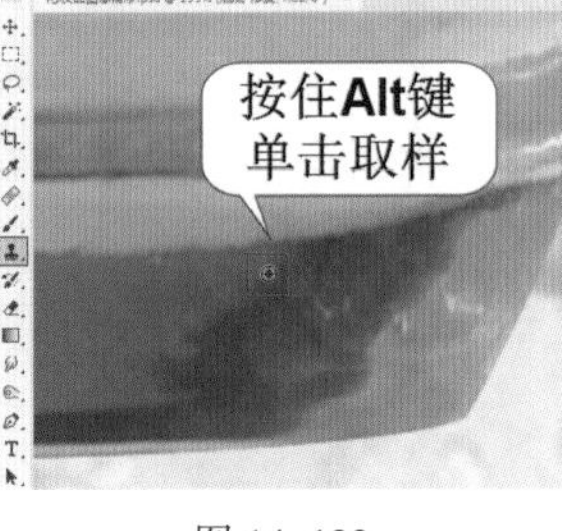

图 14-133

图 14-134

步骤 05 继续使用同样的方法修复中间的线条。这个部分跟上个区域的问题是相同的，同样按住Alt键单击进行取样，然后按住鼠标左键进行涂抹修复，如图14-135所示。继续涂抹，减少这部分的细节，如图14-136所示。

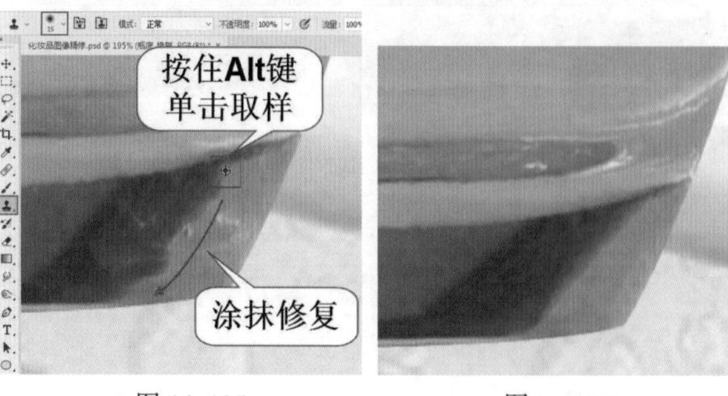

图 14-135　　图 14-136

步骤 06 瓶底左侧部分的修饰方式也是一样的，这里不做重复讲解。只需要放大图像，细心观察，找到瑕疵，并在合适的位置取样，然后涂抹修复即可。具体使用哪一种工具不是固定的，选择适合自己的即可。对比效果如图14-137所示。

步骤 07 对瓶身中间的反光以及底部的扭曲文字进行去除。仔细观察需要修复的这两个区域，所处的位置基本为单一的颜色，所以可以直接使用画笔进行“覆盖”，如图14-138所示。

图 14-137　　图 14-138

步骤 08 单击工具箱中的“吸管工具”按钮，在瓶身处单击，拾取前景色，如图14-139所示。单击工具箱中的“画笔工具”按钮，设置合适的画笔大小，“硬度”设置为0%，“不透明度”设置为50%，在瓶身下方需要去除的部分按住鼠标左键拖动绘制，如图14-140所示。

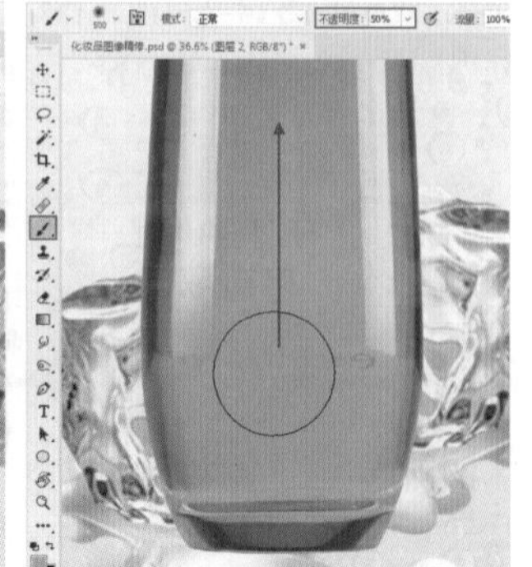

图 14-139　　图 14-140

步骤 09 其他需要颜色均匀的区域也可以用这种方法进行处理。绘制时重新选取合适的颜色即可，如图14-141所示。此时瓶身效果如图14-142所示。

图 14-141　　图 14-142

步骤 10 下面对瓶身下半部分的边缘处缺失的暗部进行处理。暗部区域大致分为两个部分，稍深一些的蓝和稍浅一些的蓝。首先绘制一个浅蓝的选区，并填充颜色(此处的颜色应从上方正常的区域进行拾取)。接着绘制外边缘深蓝色区域的选区，并填充与上方相同的颜色，如图14-143所示。放大图像观看，可以看到外圈的深蓝色暗部其实并不是一种颜色，而是由多种明暗不同的蓝构成的。为了使细节更加丰富，可以绘制大小不同的区域，并填充深浅不同的蓝色，如图14-144所示。

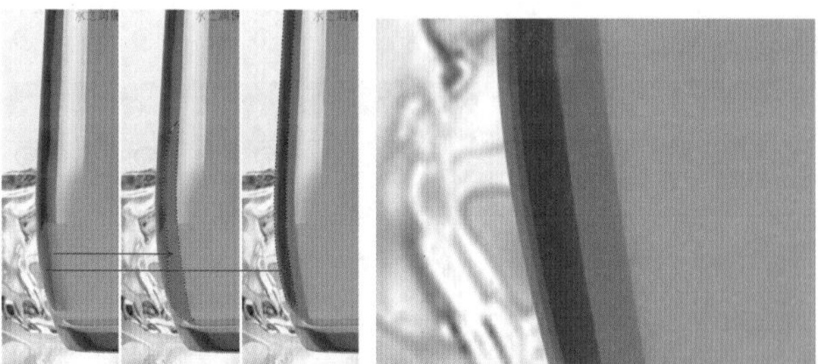

图 14-143　　图 14-144

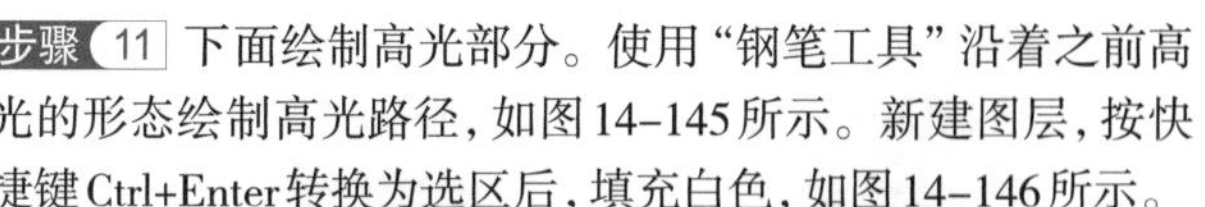

步骤 11 下面绘制高光部分。使用“钢笔工具”沿着之前高光的形态绘制高光路径，如图14-145所示。新建图层，按快捷键Ctrl+Enter转换为选区后，填充白色，如图14-146所示。

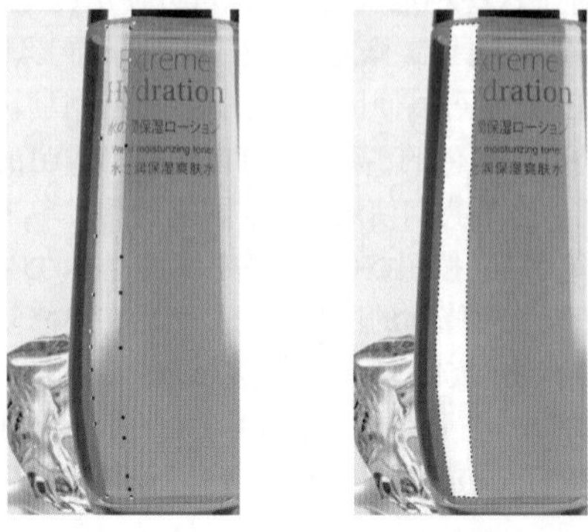

图 14-145　　图 14-146

步骤 12 为这一图层添加图层蒙版，如图14-147所示。在蒙版中使用半透明的黑色柔角画笔涂抹底部区域，使高光柔和地

渐隐。使用细小的画笔涂抹遮挡住文字的部分，如图14–148所示。效果如图14–149所示。

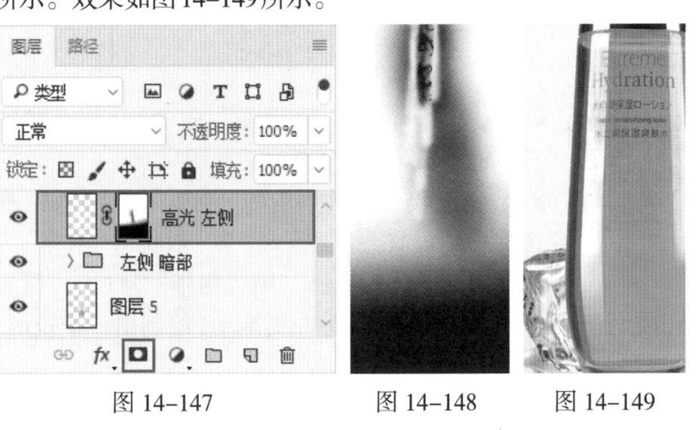

图 14–147　　图 14–148　　图 14–149

步骤 13 到这里瓶子部分的细节修饰完成了，如图14–150所示。可以将关于瓶子细节修饰的图层全部放在一个图层组中，如图14–151所示。

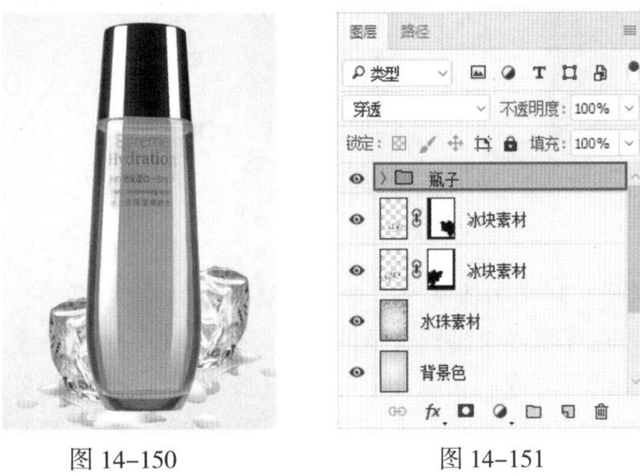

图 14–150　　图 14–151

Part 5　整体调色

步骤 01 下面对画面整体进行调色。首先执行“图层>新建调整图层>曲线”命令，调整曲线形态，将画面压暗。单击“此调整剪贴到此图层”按钮，使该调整图层只对“瓶子”图层组起作用，如图14–152所示。然后在该调整图层的蒙版中使用黑色画笔涂抹瓶盖处，如图14–153所示，使瓶盖还原之前的颜色，如图14–154所示。

扫一扫，看视频

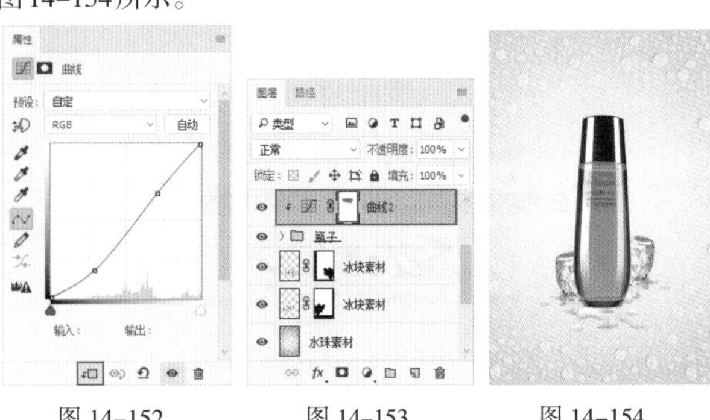

图 14–152　　图 14–153　　图 14–154

步骤 02 创建曲线调整图层，提亮曲线，并单击“此调整剪贴到此图层”按钮，如图14–155所示。此时画面效果如图14–156所示。

图 14–155　　图 14–156

步骤 03 单击“椭圆选框工具”按钮，在选项栏中设置“羽化”为200像素，在瓶身的下半部分绘制选区，如图14–157所示。以当前选区创建“曲线调整图层”，提亮曲线，并单击“此调整剪贴到此图层”按钮，如图14–158所示。使瓶身下半部分产生一种“通透感”，如图14–159所示。

步骤 04 置入冰块素材3.png，使用“套索工具”绘制中间冰块的选区，如图14–160所示。按Delete键删除这部分，如图14–161所示。

图 14–157　　图 14–158

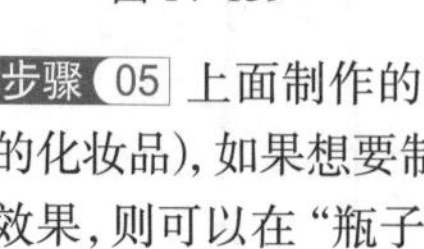

图 14-159 　　图 14-160 　　图 14-161

步骤 05 上面制作的瓶子效果是不透明的(如乳液等不透明的化妆品),如果想要制作出透明的化妆品(如爽肤水、香水等)效果,则可以在"瓶子"图层组上添加图层蒙版,如图14-162所示。使用黑色半透明柔角画笔,在瓶身玻璃部分的中间区域轻轻涂抹,使之透出部分背景元素,如图14-163所示。

图 14-162

图 14-163

14.5 摩登拼贴感店铺首页

文件路径	资源包\第14章\摩登拼贴感店铺首页
难易指数	★★★★★
技术掌握	自由变换、调整图层、魔棒工具

案例效果

本例效果如图14-164所示。

图 14-164

操作步骤

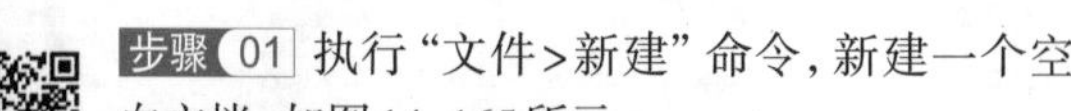

Part 1　制作店招及导航栏

扫一扫,看视频

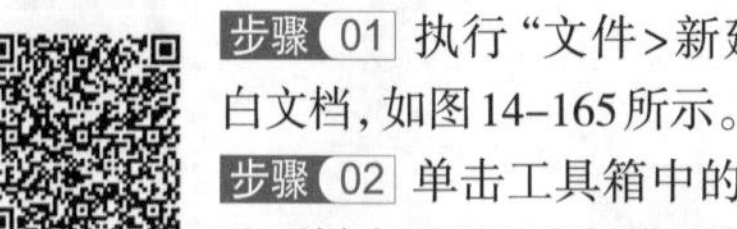

步骤 01 执行"文件>新建"命令,新建一个空白文档,如图14-165所示。

步骤 02 单击工具箱中的"矩形工具"按钮,在选项栏中设置"绘制模式"为"形状","填充"为白色,"描边"为灰色,"描边粗细"为1点。设置完成后在画面中间位置按住鼠标左键拖动,绘制出一个矩形,如图14-166所示。

图 14-165 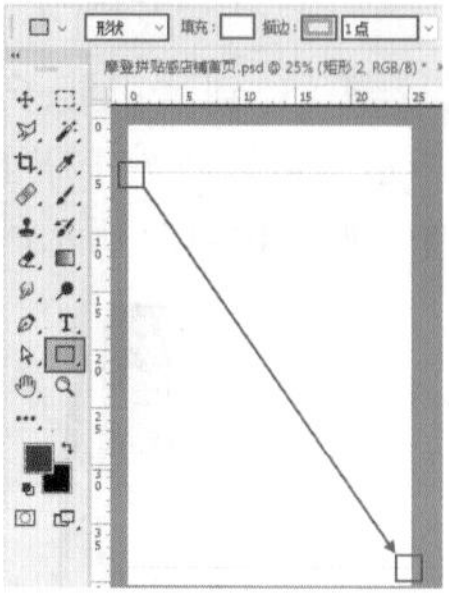　　图 14-166

步骤 03 制作主体文字。单击工具箱中的"横排文字工具"按钮,在选项栏中设置合适的字体、字号,文字颜色设置为深蓝色,设置完成后在画面上方中间位置单击鼠标建立文字输入的起始点,接着输入文字,输入完后按快捷键Ctrl+Enter,如图14-167所示。继续使用同样的方法输入主体文字下方文字,如图14-168所示。

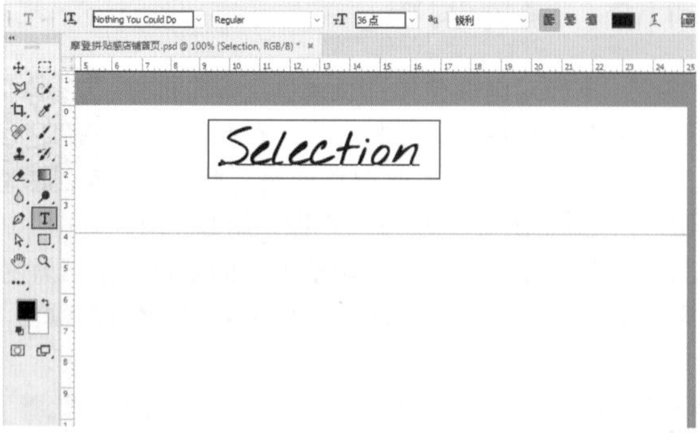

图 14-167

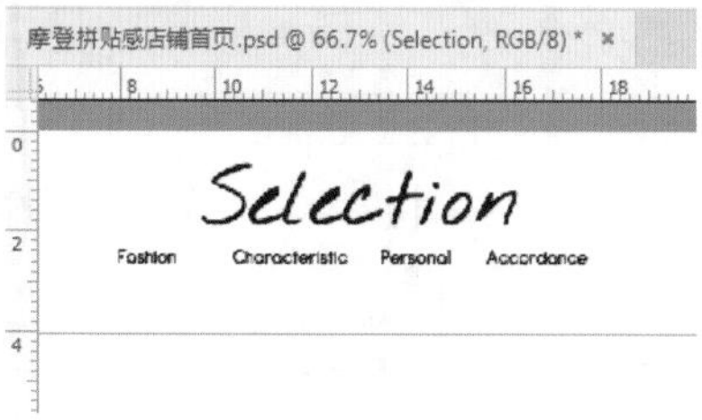

图 14-168

步骤 04 使用制作矩形的方法在文字下方制作一个长条矩形，如图14-169所示。

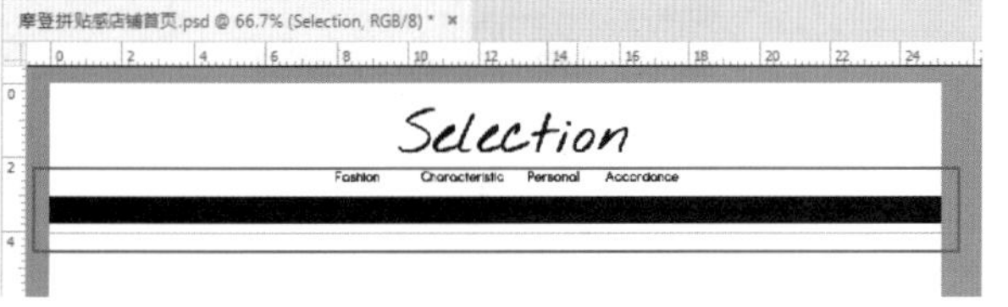

图 14-169

步骤 05 在长条矩形上方使用“横排文字工具”输入文字，如图14-170所示。选中刚制作的文字，执行“窗口>字符”命令，在弹出的“字符”面板中设置“字距调整”为740，单击“仿粗体”按钮，如图14-171所示。

图 14-170　　图 14-171

Part 2　制作产品图片及文字信息

步骤 01 制作标题文字。单击工具箱中的“横排文字工具”按钮，在选项栏中设置合适的字体、字号，文字颜色设置为深蓝色，设置完成后在画面中合适的位置单击鼠标建立文字输入的起始点，接着输入文字，输入完后按快捷键Ctrl+Enter，如图14-172所示。

扫一扫，看视频

图 14-172

步骤 02 使用“横排文字工具”在标题文字下方输入小文字，如图14-173所示。选中刚制作的文字，执行“窗口>字符”命令，在弹出的“字符”面板中设置较大的“字距调整”，如图14-174所示。

图 14-173　　图 14-174

步骤 03 单击工具箱中的“矩形工具”按钮，在选项栏中设置“绘制模式”为“形状”，“填充”为深蓝色，“描边”为无。设置完成后在文字下方按住鼠标左键拖动，绘制出一个矩形，如图14-175所示。输入矩形上方的白色文字，如图14-176所示。

图 14-175　　图 14-176

步骤 04 在“图层”面板中按住Ctrl键，依次单击加选标题文字及下方文字和图形图层，然后按编组快捷键Ctrl+G将加选图层编组并命名为“中间文字”，如图14-177所示。在“图层”面板中选中“中间文字”图层组，按自由变换快捷键Ctrl+T调出定界框，在选项栏中设置“角度”为15度，如图14-178所示。调整完毕之后按Enter键结束变换。

图 14-177　　图 14-178

步骤 05 制作商品展示区。执行“文件>置入嵌入对象”命令，将女包素材1.jpg置入画面中，调整其大小及位置，如图14-179所示。然后按Enter键完成置入操作。在“图层”面板中右键单击该图层，在弹出的快捷菜单中执行“栅格化图

层”命令。在工具箱中选中“魔棒工具”，单击选项栏中的“添加到选区”，设置“容差”为25，勾选“消除锯齿”和“连续”，然后在女包素材上方单击白色区域得到选区，如图14-180所示。在“图层”面板中选中女包图层，按快捷键Ctrl+Shift+I将选区反选，然后在面板的下方单击“添加图层蒙版”按钮，如图14-181所示。

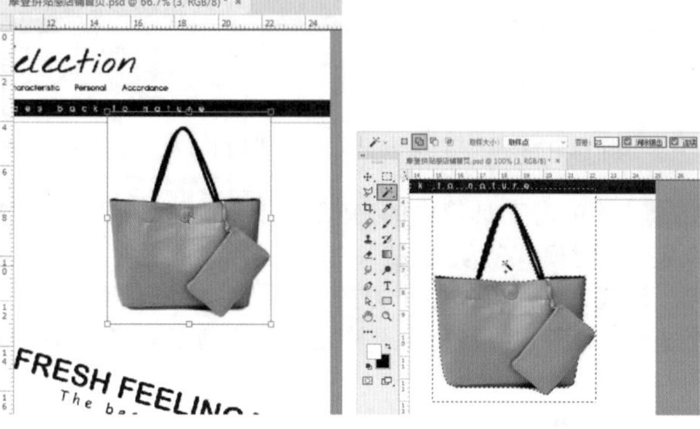

图 14-179　　图 14-180

图 14-181

步骤 06 提亮女包。执行“图层>新建调整图层>曲线”命令，在弹出的“新建图层”窗口中单击“确定”按钮。在“属性”面板中，在曲线中间调的位置单击添加控制点，然后将其向左上方拖动提高画面的亮度，在阴影位置单击添加控制点将其向下拖动，单击按钮使调色效果只针对下方图层，如图14-182所示。画面效果如图14-183所示。

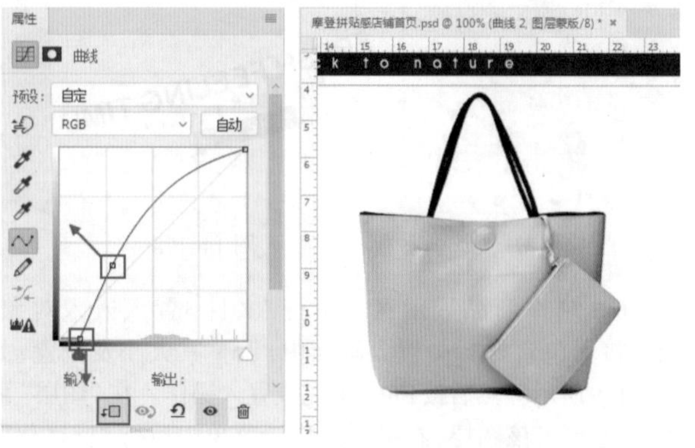

图 14-182　　图 14-183

步骤 07 使用“横排文字工具”输入女包右下方文字，如图14-184所示。

图 14-184

步骤 08 在“图层”面板中按住Ctrl键依次单击，加选女包图层及刚制作的文字图层，按编组快捷键Ctrl+G将加选图层编组并命名为“3”，如图14-185所示。在“图层”面板中选中“3”图层组，按自由变换快捷键Ctrl+T调出定界框，在选项栏中设置“角度”为15度，如图14-186所示。调整完毕之后按Enter键结束变换。

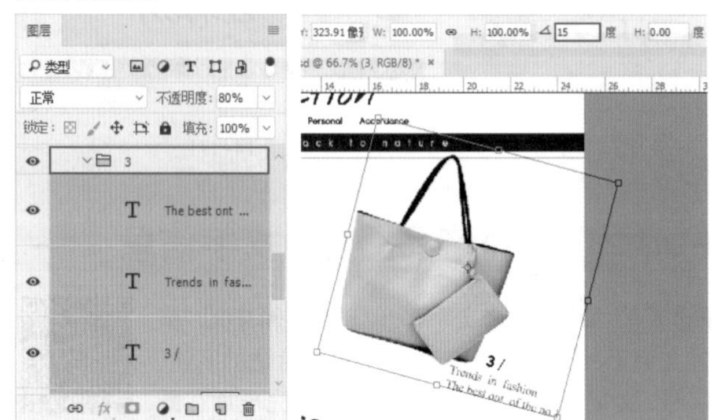

图 14-185　　图 14-186

步骤 09 继续使用同样的方法将下方其他商品展示区制作出来，如图14-187所示。

图 14-187

Part 3 制作网页底栏

步骤 01 单击工具箱中的“矩形工具”按钮，在选项栏中设置“绘制模式”为“形状”，“填充”为深蓝色，“描边”为无。设置完成后在画面下方合适的位置按住鼠标左键拖动，绘制出一个矩形，如图14-188所示。在“图层”面板中选中深蓝色矩形图层，按快捷键Ctrl+J复制出一个相同的图层，然后按住Shift键的同时按住鼠标左键将其向右拖动，进行水平移动的操作，如图14-189所示。

扫一扫，看视频

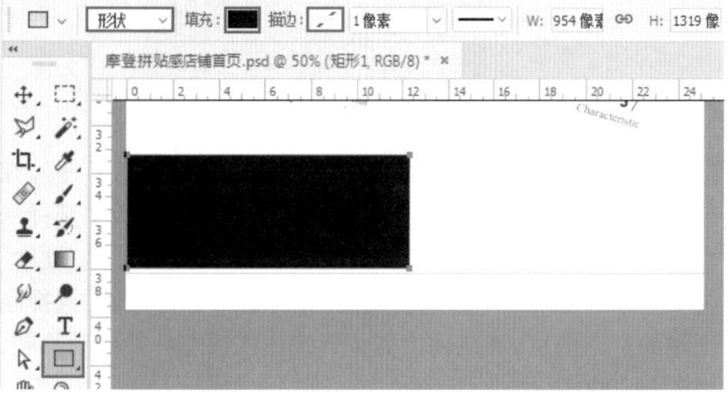

图 14-188

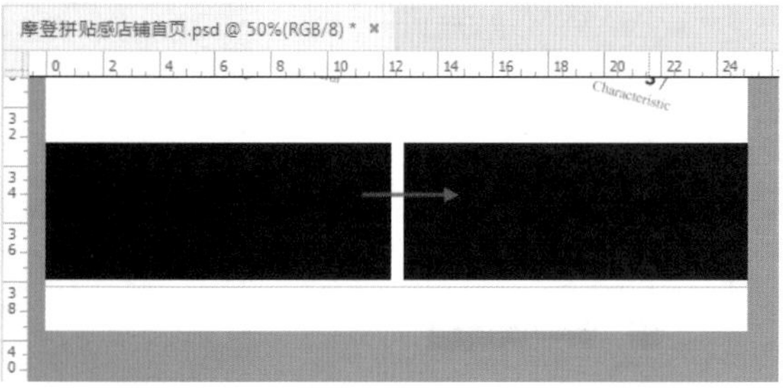

图 14-189

步骤 02 单击工具箱中的“横排文字工具”按钮，在选项栏中设置合适的字体、字号，文字颜色设置为白色，设置完成后在画面中合适的位置单击鼠标建立文字输入的起始点，接着输入文字，输入完后按快捷键Ctrl+Enter，如图14-190所示。继续使用同样的方法输入两个蓝色矩形上方的文字，如图14-191所示。

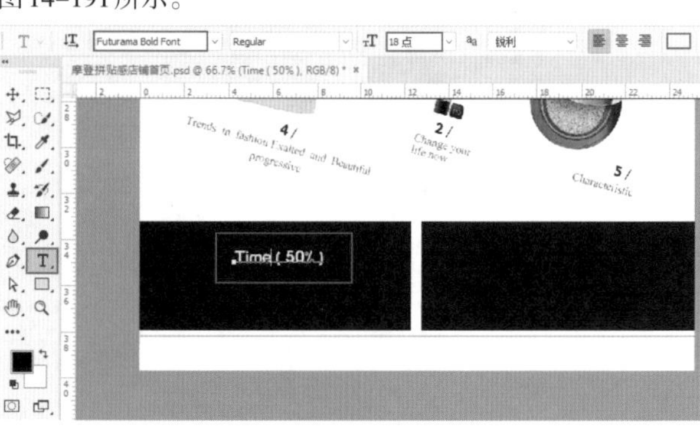

图 14-190

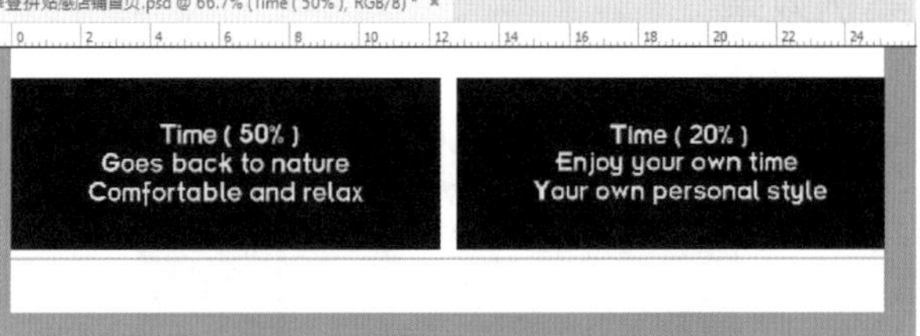

图 14-191

步骤 03 在工具箱中选择“自定形状工具”，在选项栏中设置“绘制模式”为“形状”，“填充”为深蓝色，“描边”为无，选择合适的形状。设置完成后在画面下方按住Shift键的同时按住鼠标左键拖动，绘制一个箭头图形，如图14-192所示。继续使用同样的方法将下方其他图形绘制出来，如图14-193所示。

步骤 04 完成效果如图14-194所示。

图 14-192

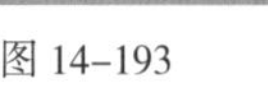

图 14-193　　图 14-194

14.6 青春感网店首页设计

文件路径	资源包\第14章\青春感网店首页设计
难易指数	★★★★★
技术掌握	混合模式、图层样式、不透明度、自由变换、钢笔工具、剪贴蒙版

案例效果

本例效果如图14-195所示。

图 14-195

操作步骤

Part 1　制作网店页面背景

扫一扫，看视频

步骤 01 执行“文件>新建”命令，新建一个空白文档，如图14-196所示。

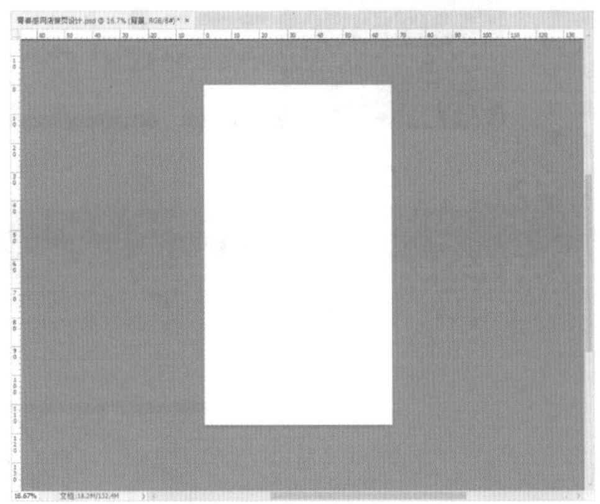

图 14-196

步骤 02 为背景填充颜色。单击工具箱底部的“前景色”按钮，在弹出的“拾色器”窗口中设置颜色为青色，然后单击“确定”按钮，如图14-197所示。在“图层”面板中选择背景图层，按前景色填充快捷键Alt+Delete进行填充，如图14-198所示。在“图层”面板中按住Alt键双击背景图层将其转变为普通图层。

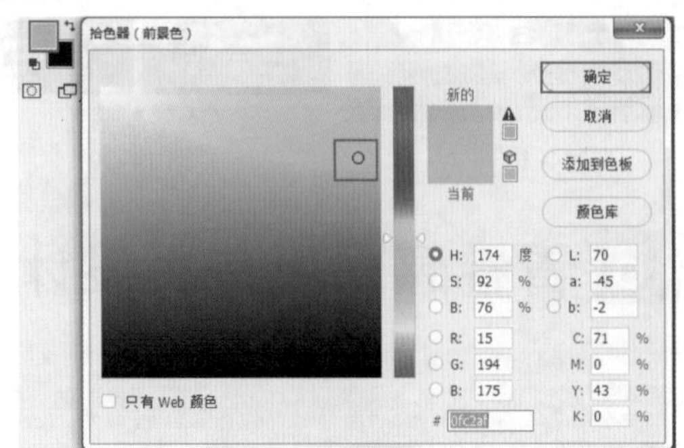

图 14-197

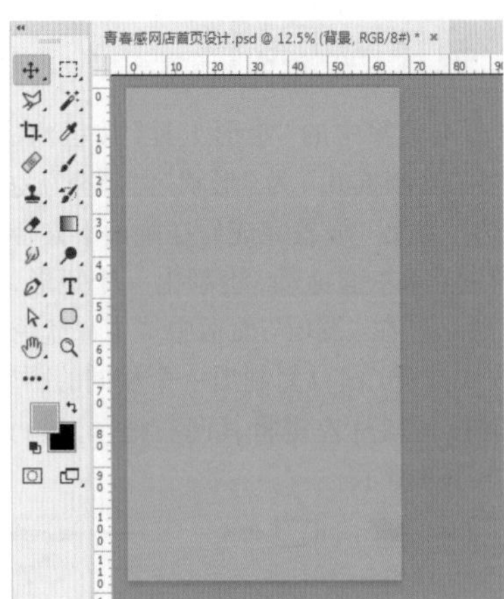

图 14-198

步骤 03 创建一个新图层，选择工具箱中的“画笔工具”，在选项栏中单击打开“画笔预设”选取器，在下拉面板中选择一个“柔边圆”画笔，设置画笔“大小”为1500像素，设置“硬度”为49%，如图14-199所示。设置“前景色”为亮青色，选择刚创建的空白图层，在画面上方位置按住鼠标左键并拖动绘制，如图14-200所示。

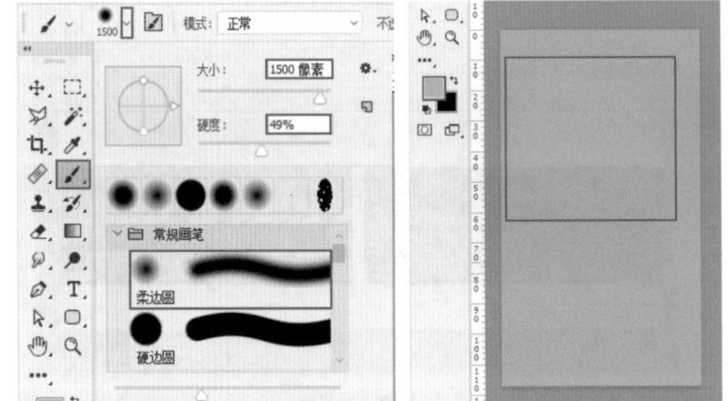

图 14-199　　图 14-200

步骤 04 调整画笔大小，继续使用同样的方法在画面的下方位置进行绘制，如图14-201所示。

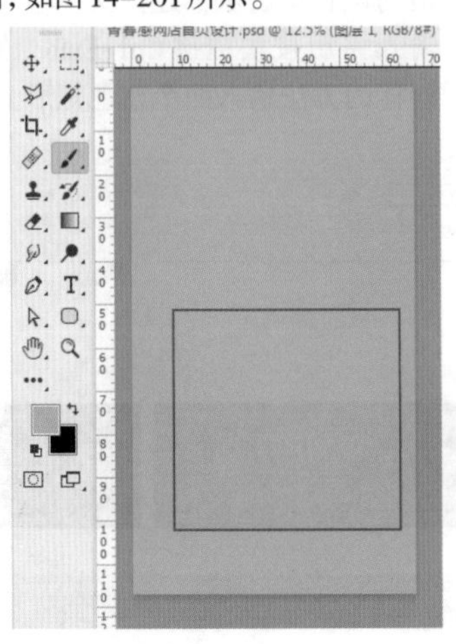

图 14-201

Part 2　制作店招

扫一扫，看视频

步骤 01 单击工具箱中的“矩形工具”按钮，在选项栏中设置“绘制模式”为“形状”，“填充”为黄色，“描边”为无。设置完成后在画面上方位置按住鼠标左键拖动，绘制出一个矩形，如图14-202所示。继续使用同样的方法绘制黄色矩形上方的浅蓝色矩形，如图14-203所示。

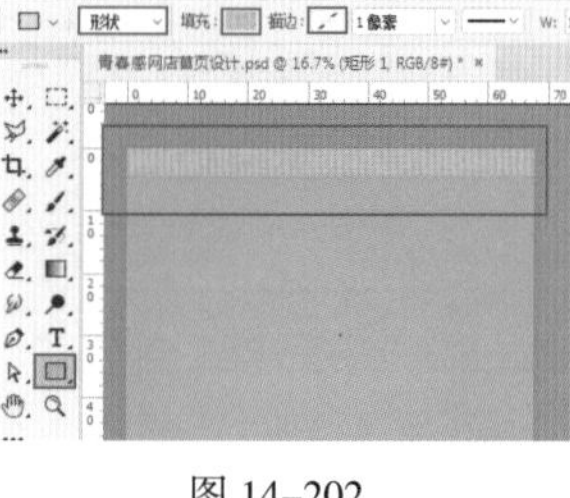

图 14-202

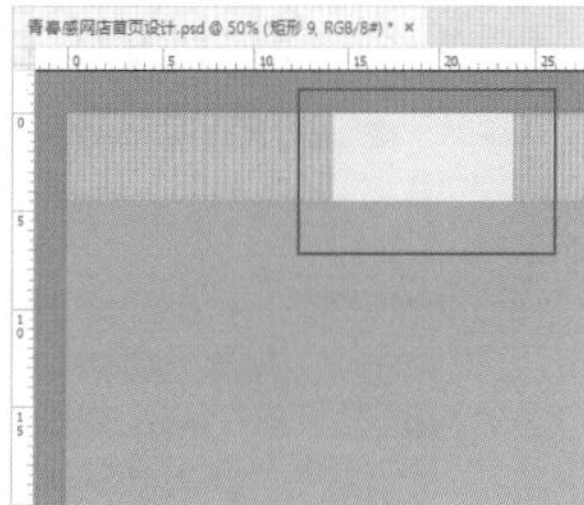

图 14-203

步骤 02 选中蓝色矩形，执行“编辑>变换>斜切”命令，调出定界框，将光标定位在上方控制点上，按住鼠标将其向右拖动，如图14-204所示。图形调整完毕之后按Enter键结束变换。

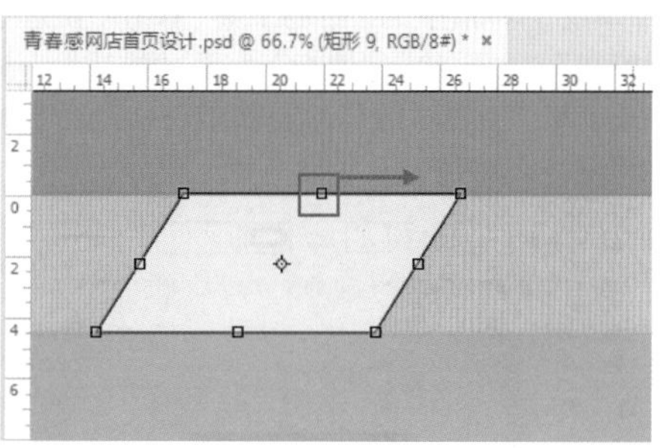

图 14-204

步骤 03 单击工具箱中的“横排文字工具”按钮，在选项栏中设置合适的字体、字号，文字颜色设置为青色，设置完成后在画面中合适的位置单击鼠标，建立文字输入的起始点，接着输入文字，输入完后按快捷键Ctrl+Enter，如图14-205所示。

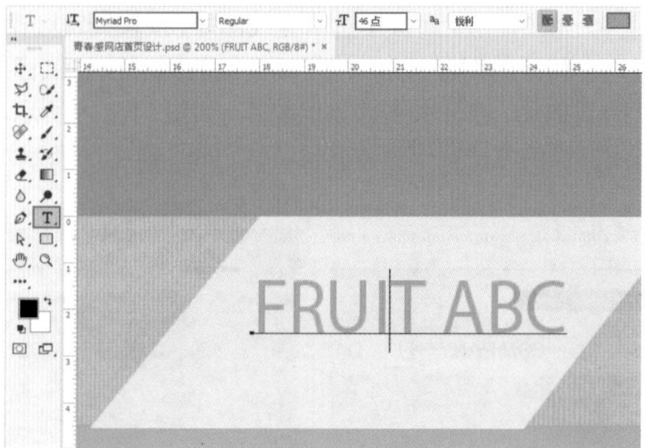

图 14-205

步骤 04 在文字上方制作一个粉色四边形，如图14-206所示。在“图层”面板中选中粉色四边形图层，按快捷键Ctrl+J复制出一个相同的图层，然后将其向右拖动，如图14-207所示。选中复制出的四边形，单击工具箱中的“任意形状工具”按钮，在选项栏中设置“填充”为黄色，如图14-208所示。

步骤 05 继续使用同样的方法制作出绿色四边形，将其摆放在合适的位置，如图14-209所示。

图 14-206

图 14-207

图 14-208

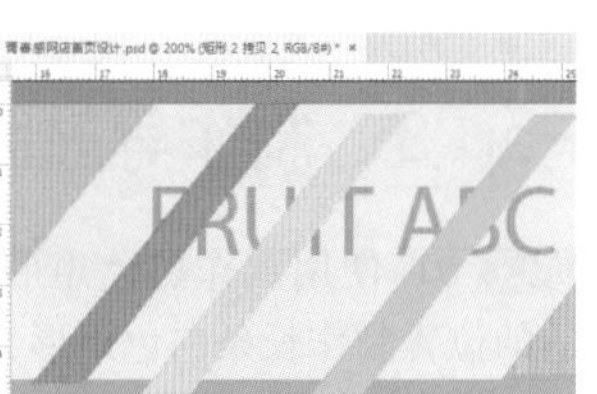

图 14-209

步骤 06 在“图层”面板中按住Ctrl键依次单击加选刚制作的三个四边形图层，单击右键，在弹出的快捷菜单中执行“创建剪贴蒙版”命令，如图14-210所示。画面效果如图14-211所示。

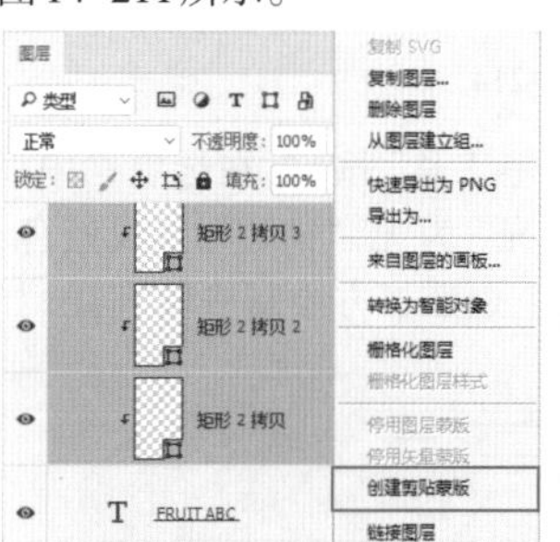

图 14-210

图 14-211

步骤 07 单击工具箱中的“矩形工具”按钮，在选项栏中设置“绘制模式”为“形状”，“填充”为黑色，“描边”为无。设置完成后在文字下方按住鼠标左键拖动，绘制出一个矩形，如图14-212所示。使用“横排文字工具”输入黑色矩形上方文字，如图14-213所示。

图 14-212

图 14-213

Part 3　制作导航栏

扫一扫，看视频

步骤 01 使用制作黑色矩形的方法在画面中合适的位置制作长条白色矩形，如图14-214所示。

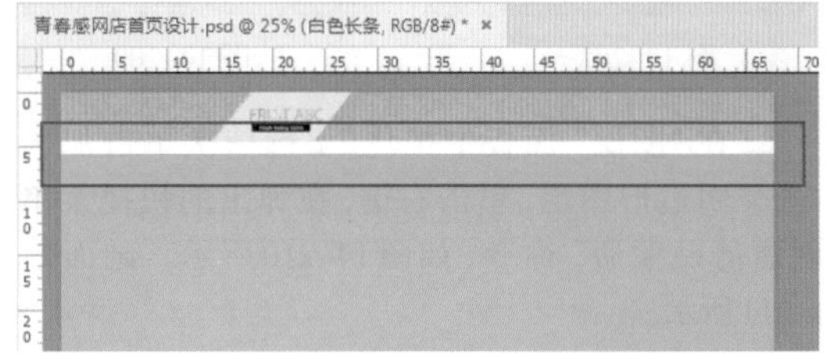

图 14-214

步骤 02 单击工具箱中的“钢笔工具”按钮，在选项栏中设置“绘制模式”为“形状”，“填充”为无，“描边”为浅蓝色，“描边粗细”为4点，接着在白色矩形下方绘制一段直线，如图14-215所示。

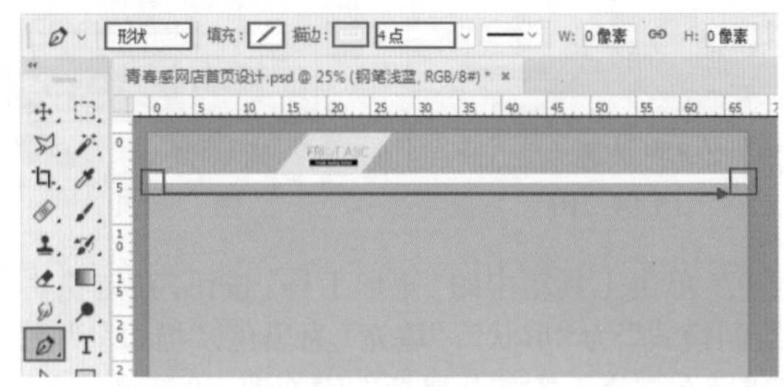

图 14-215

步骤 03 单击工具箱中的“横排文字工具”按钮，在选项栏中设置合适的字体、字号，文字颜色设置为黑色，设置完成后在白色矩形上方单击鼠标建立文字输入的起始点，接着输入文字，输入完后按快捷键Ctrl+Enter，如图14-216所示。继续使用同样的方法输入后方文字，如图14-217所示。

图 14-216

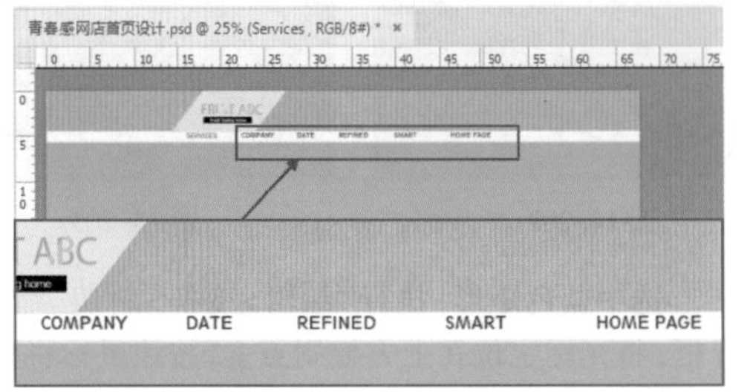

图 14-217

步骤 04 单击工具箱中的“钢笔工具”按钮，在选项栏中设置“绘制模式”为“形状”，“填充”为无，“描边”为黑色，“描边粗细”为1点。设置完成后在画面中合适的位置绘制一段直线，如图14-218所示。

图 14-218

步骤 05 在“图层”面板中选中竖线图层，按快捷键Ctrl+J复制出一个相同的图层，然后按住Shift键的同时按住鼠标左键将其向右拖动，进行水平移动的操作，如图14-219所示。继续使用同样的方法制作后方其他竖线，如图14-220所示。

图 14-219

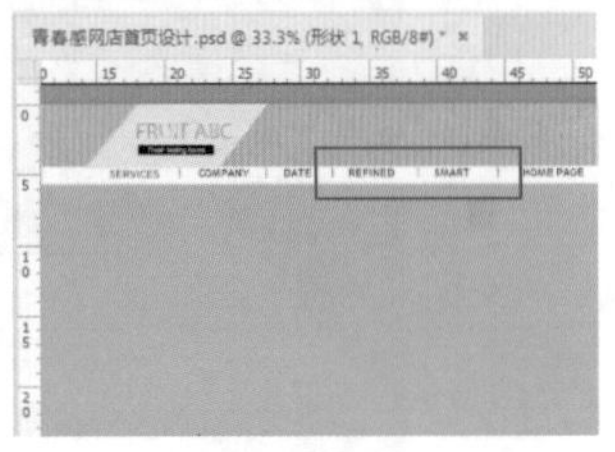

图 14-220

Part 4 制作首页广告

步骤 01 执行“文件>置入嵌入对象”命令，将水花素材1.png置入画面中，调整其大小及位置，如图14-221所示。按Enter键完成置入操作。在“图层”面板中右键单击该图层，在弹出的快捷菜单中执行“栅格化图层”命令。在“图层”面板中选中水花素材，设置“混合模式”为“划分”，如图14-222所示。

扫一扫，看视频

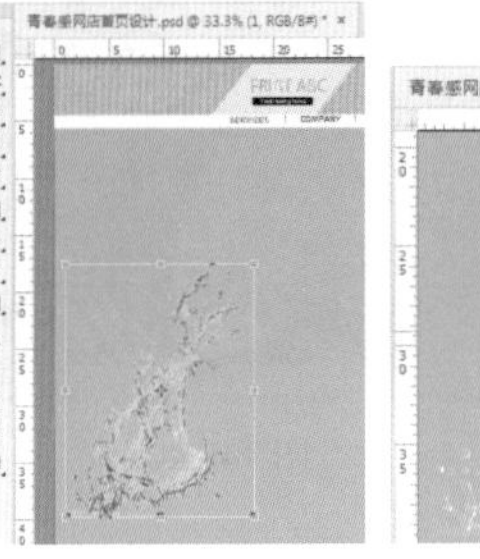

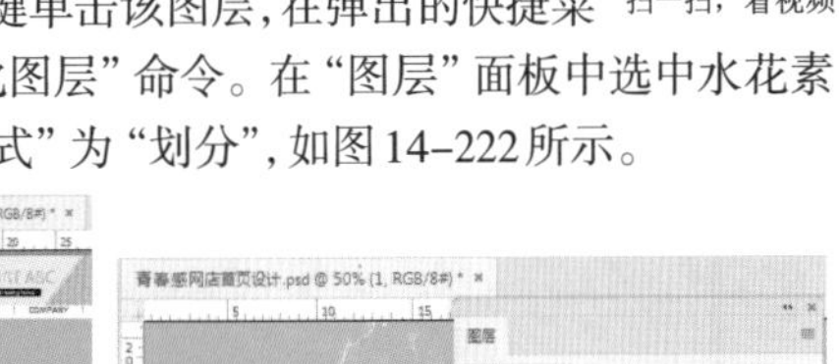

图14-221　　图14-222

步骤 02 在“图层”面板中选中水花素材图层，按快捷键Ctrl+J复制出一个相同的图层，然后将其向右移动，如图14-223所示。接着执行“编辑>变换>水平翻转”命令，将复制出的水花素材翻转，效果如图14-224所示。

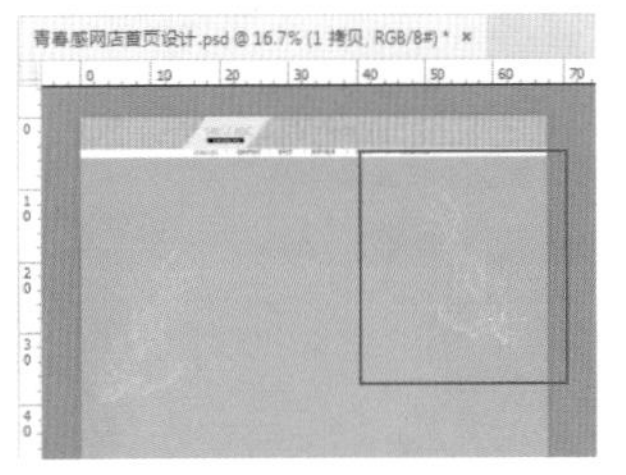

图14-223　　图14-224

步骤 03 向水花中间位置置入水泡素材，调整其大小并将其栅格化，如图14-225所示。在“图层”面板中选中水泡素材，设置“混合模式”为“滤色”，如图14-226所示。

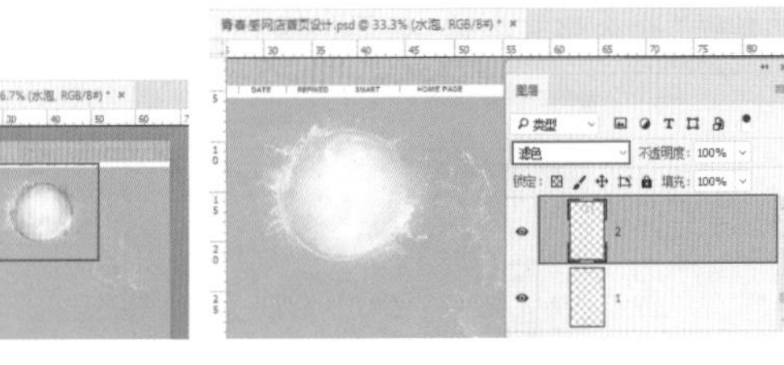

图14-225　　图14-226

步骤 04 继续向画面中合适的位置置入棕榈叶素材，调整其大小并将其栅格化，如图14-227所示。

步骤 05 在“图层”面板中选中棕榈叶素材，按快捷键Ctrl+J复制出一个相同的图层，然后将其向左下方移动，如图14-228所示。选中复制出的棕榈叶素材，执行“编辑>变换>水平翻转”命令将其翻转，效果如图14-229所示。接着按自由变换快捷键Ctrl+T调出定界框，将其放大一些，如图14-230所示。调整完毕之后按Enter键结束变换。

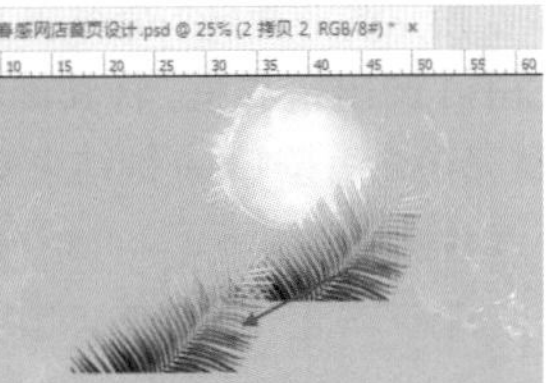

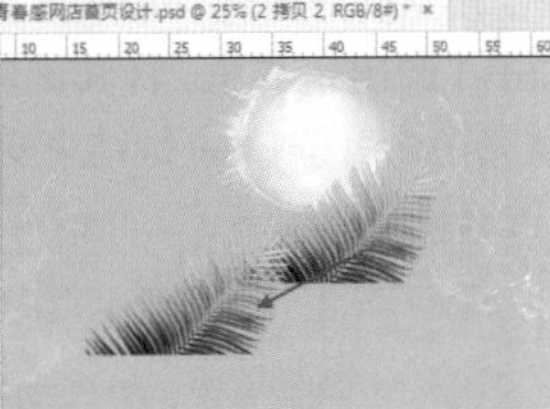

图14-227　　图14-228

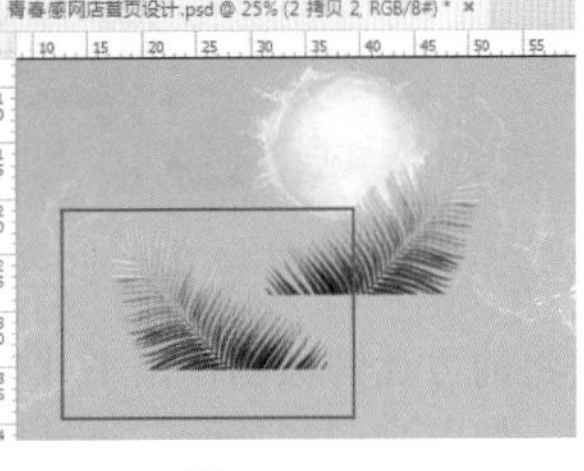

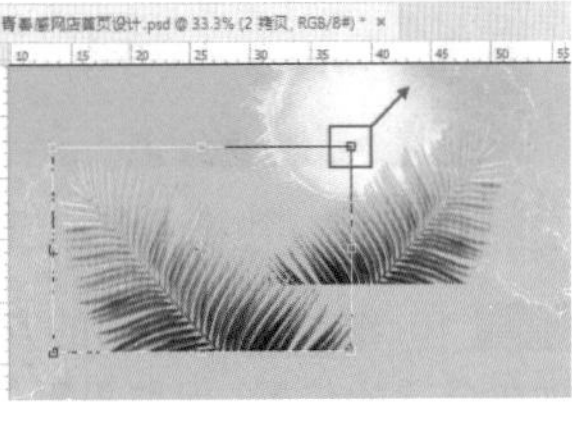

图14-229　　图14-230

步骤 06 继续使用同样的方法将第三个棕榈叶制作出来，摆放在合适的位置，如图14-231所示。

步骤 07 向棕榈叶上方置入黄辣椒素材，调整其大小并将其栅格化，如图14-232所示。

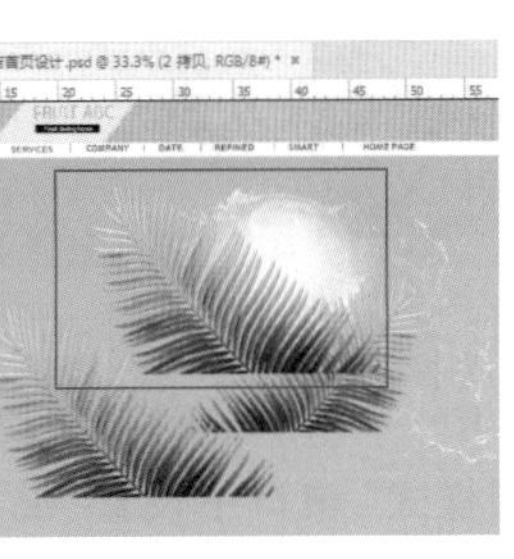

图14-231　　图14-232

步骤 08 在“图层”面板中选中黄辣椒图层，执行“图层>图层样式>投影”命令，在“图层样式”窗口中设置“混合模式”为“正片叠底”，“颜色”为黑色，“不透明度”为72%，“角度”为152度，“距离”为5像素，“大小”为38像素，设置参数如图14-233所示。设置完成后单击“确定”按钮，效果如图14-234所示。

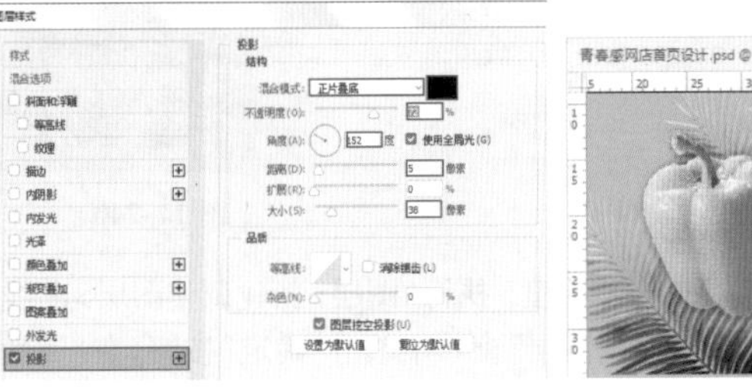

图14-233　　图14-234

步骤 09 在"图层"面板中选中黄辣椒图层，按快捷键Ctrl+J复制出一个相同的图层，然后将其移动到右侧，执行"编辑>变换>水平翻转"命令将其翻转。接着按自由变换快捷键Ctrl+T调出定界框，将其旋转和缩放，如图14-235所示。调整完毕之后按Enter键结束变换，效果如图14-236所示。

图 14-235

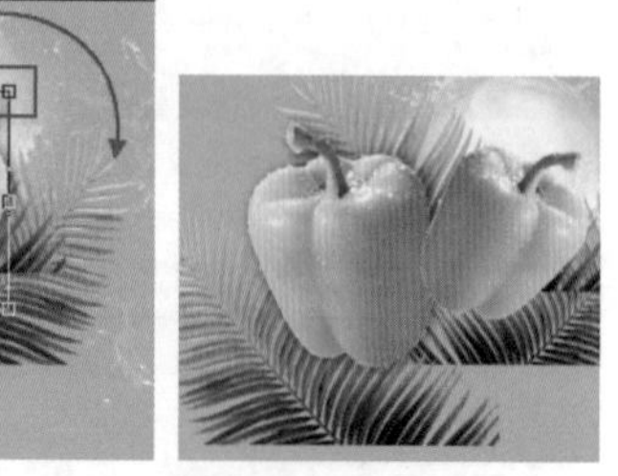

图 14-236

步骤 10 继续使用同样的方法将前方黄辣椒制作出来并摆放在合适的位置，保留投影效果，如图14-237所示。继续向画面中合适的位置置入叶子及花朵素材，调整其大小并栅格化，如图14-238所示。

图 14-237

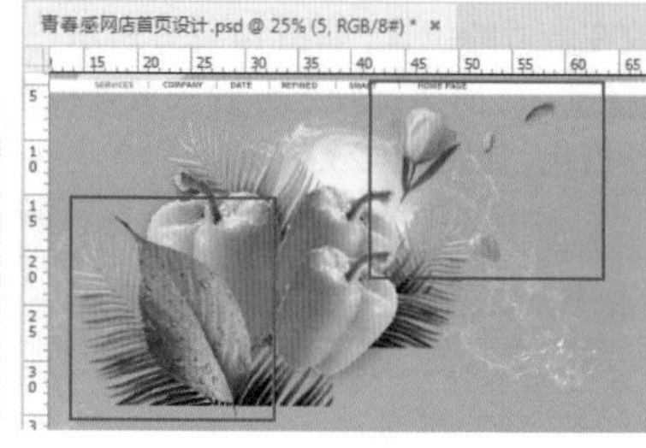

图 14-238

步骤 11 在"图层"面板中选中叶子图层，执行"图层>图层样式>投影"命令，在"图层样式"窗口中设置"混合模式"为"正片叠底"，"颜色"为黑色，"不透明度"为42%，"角度"为152度，"距离"为28像素，"大小"为54像素，设置参数如图14-239所示。设置完成后单击"确定"按钮，效果如图14-240所示。

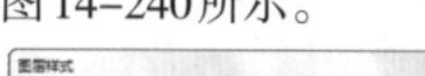

图 14-239

图 14-240

步骤 12 提亮叶子的亮度。执行"图层>新建调整图层>曲线"命令，在弹出的"新建图层"窗口中单击"确定"按钮。在"属性"面板中，在曲线中间调的位置单击添加控制点，然后将其向左上方拖动提高画面的亮度，单击按钮使调色效果只针对下方图层，如图14-241所示。画面效果如图14-242所示。

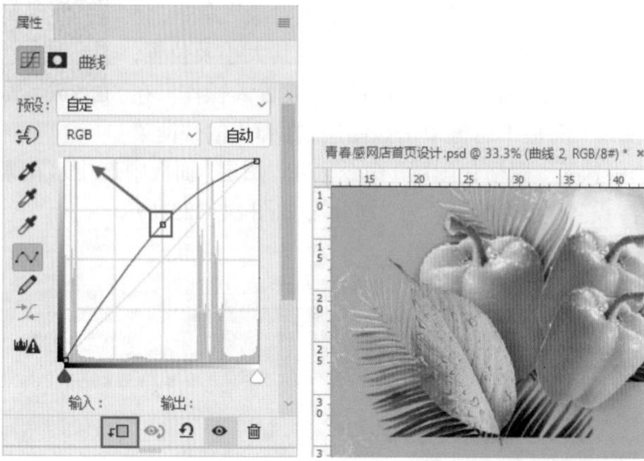

图 14-241　　图 14-242

步骤 13 在"图层"面板中选中叶子图层，按快捷键Ctrl+J，复制出一个相同的图层，如图14-243所示。选择无"曲线"效果的叶子图层将其移动至黄辣椒图层的下方，然后回到画面中将其移动到右侧，按自由变换快捷键Ctrl+T调出定界框，将其旋转至合适的角度，如图14-244所示。调整完毕之后按Enter键结束变换。

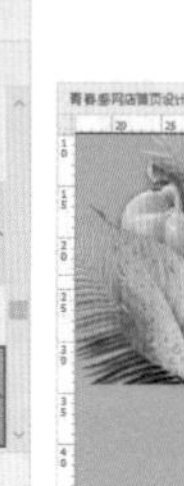

图 14-243　　图 14-244

步骤 14 在选中右侧叶子的状态下，执行"编辑>变换>水平翻转"命令将其翻转，效果如图14-245所示。

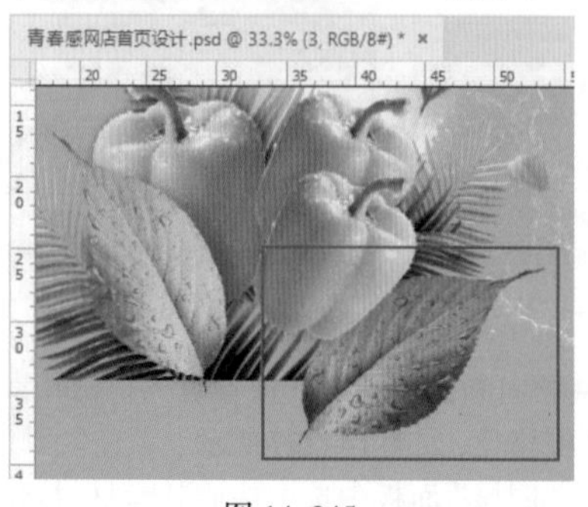

图 14-245

步骤 15 向画面中合适的位置置入花瓣素材，调整其大小并栅格化，如图14-246所示。将花瓣素材复制两份并移动到下方合适的位置，如图14–247所示。

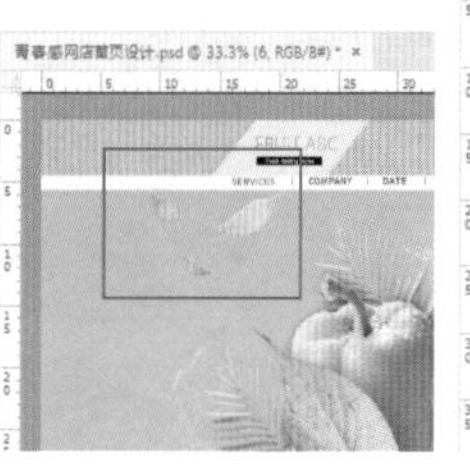

图 14–246

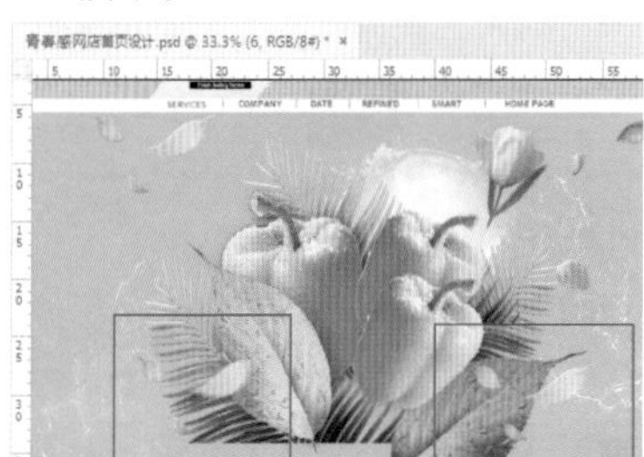

图 14–247

步骤 16 向画面中合适的位置置入橙子素材，调整其大小并栅格化，如图14–248所示。在“图层”面板中选中橙子图层，按快捷键Ctrl+J复制出一个相同的图层，然后将其移动到左下方，效果如图14–249所示。

图 14–248

图 14–249

步骤 17 向画面中合适的位置置入人物素材并调整其大小，如图14–250所示。接着执行“图层>新建调整图层>曲线”命令，在弹出的“新建图层”窗口中单击“确定”按钮。在“属性”面板中，在曲线中间调的位置单击添加控制点，然后将其向左上方拖动提高画面的亮度，在曲线阴影的位置单击添加控制点，然后将其向左上方拖动一点，单击按钮使调色效果只针对下方图层，如图14–251所示。画面效果如图14–252所示。

图 14–250

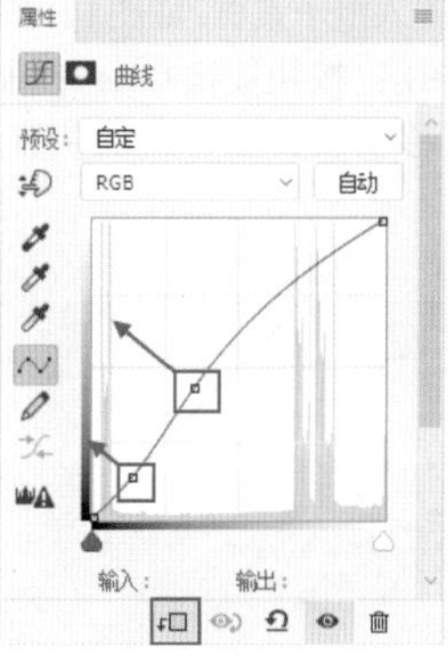
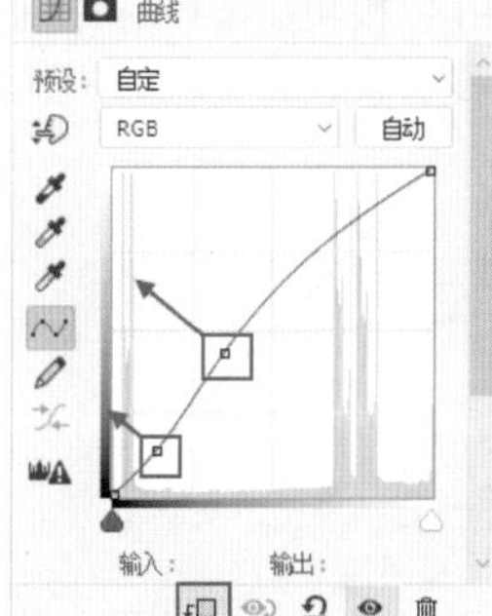

图 14–251

图 14–252

步骤 18 制作飘带。单击工具箱中的“钢笔工具”按钮，在选项栏中设置“绘制模式”为“形状”，“填充”为黄色，“描边”为无，设置完成后在画面中合适的位置单击鼠标绘制四边形，如图14–253所示。

步骤 19 选中四边形，执行“编辑>变换>变形”命令调出定界框，按住控制杆向下拖动调整四边形形状，如图14–254所示。调整完毕之后按Enter键结束变换。

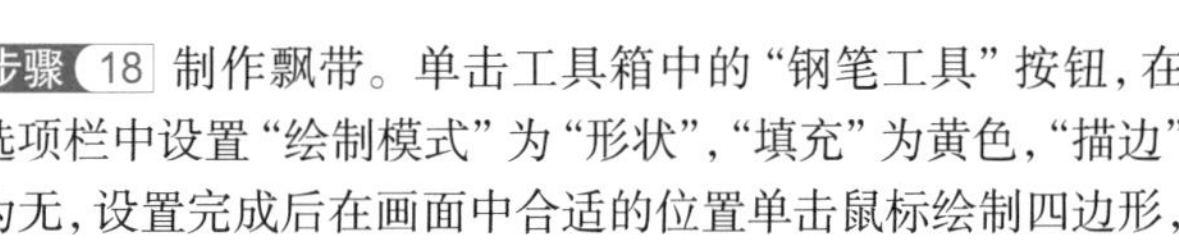

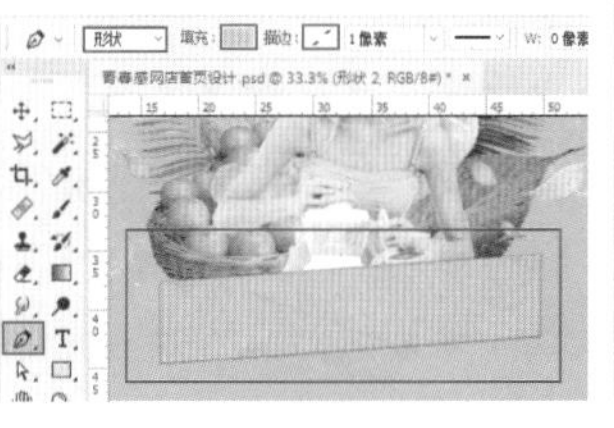

图 14–253

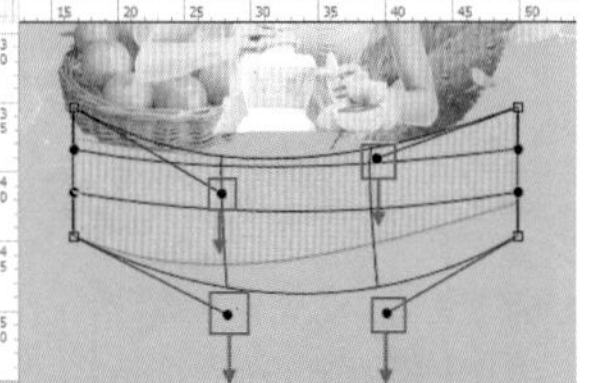

图 14–254

步骤 20 继续使用同样的方法将左侧暗黄色四边形绘制出来，如图14–255所示。在“图层”面板中将暗黄色四边形图层移动至黄色变形四边形图层下方，如图14–256所示。

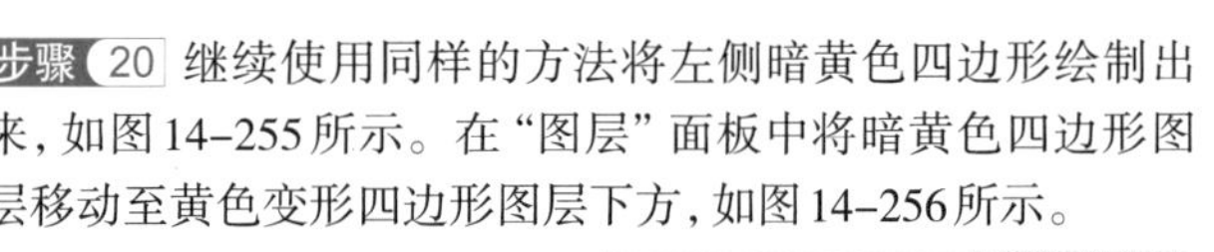

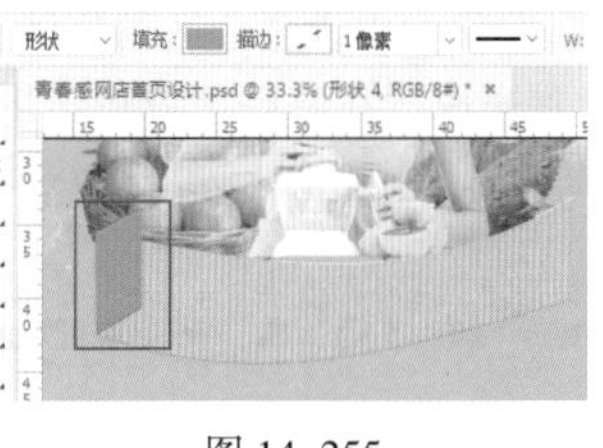

图 14–255

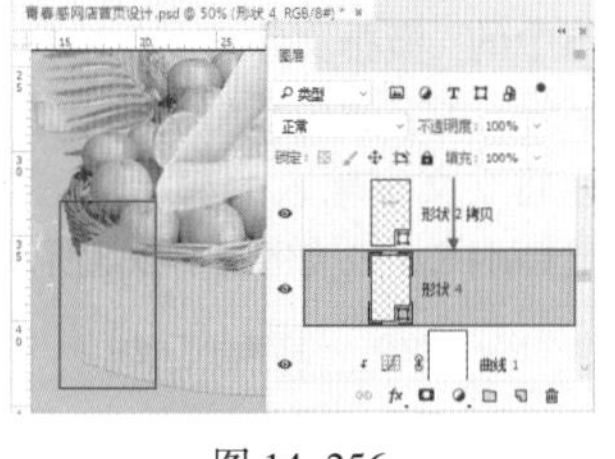

图 14–256

步骤 21 继续使用同样的方法将飘带的其他部分制作完成，如图14–257所示。

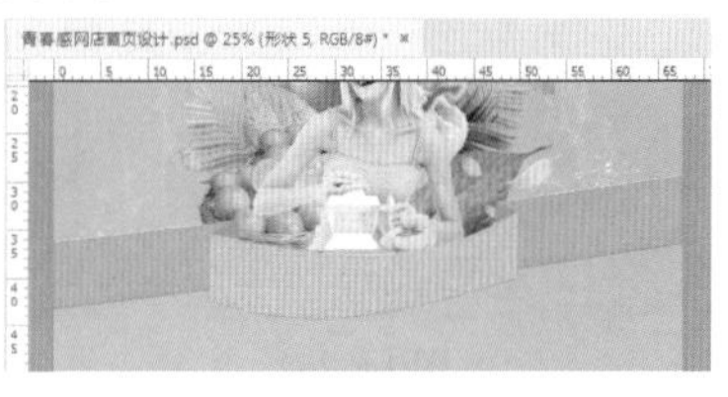

图 14–257

步骤 22 再次向画面中合适的位置置入橙子素材，如图14-258所示。在“图层”面板中选中橙子图层，按快捷键Ctrl+J复制出一个相同的图层，然后将其向右移动放置在合适的位置，如图14-259所示。

图 14-258

图 14-259

步骤 23 向画面中合适的位置依次置入柚子素材、柠檬素材及草莓素材，依次调整大小并栅格化，如图14-260所示。在“图层”面板中选中柠檬素材图层，按快捷键Ctrl+J复制出一个相同的图层，然后将其移动到左侧合适的位置并将其缩小一些，如图14-261所示。

图 14-260

图 14-261

步骤 24 制作路径文字。单击工具箱中的“钢笔工具”按钮，在选项栏中设置“绘制模式”为“路径”，在黄色变形四边形上方沿着其边缘绘制一段路径，如图14-262所示。单击工具箱中的“横排文字工具”按钮，在选项栏中设置合适的字体、字号，文字颜色设置为白色，设置完成后在路径上方单击鼠标建立文字输入的起始点，接着输入文字，输入完后按快捷键Ctrl+Enter，如图14-263所示。

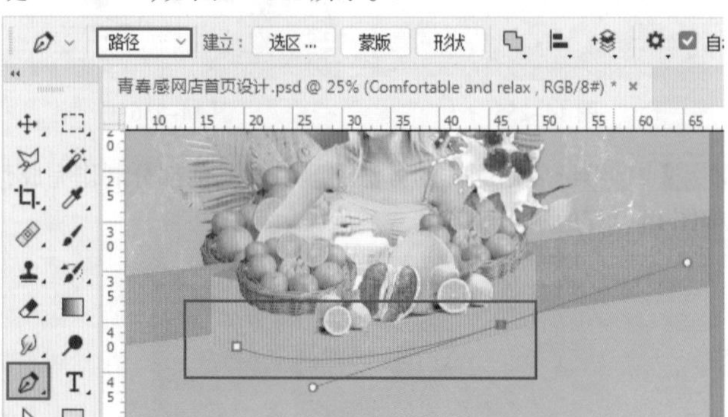

图 14-262

图 14-263

步骤 25 制作标题文字。使用工具箱中的“横排文字工具”在画面中添加文字，如图14-264所示。在“图层”面板中选中刚制作的文字图层，按自由变换快捷键Ctrl+T调出定界框将其旋转至合适的大小，如图14-265所示。调整完毕之后按Enter键结束变换。

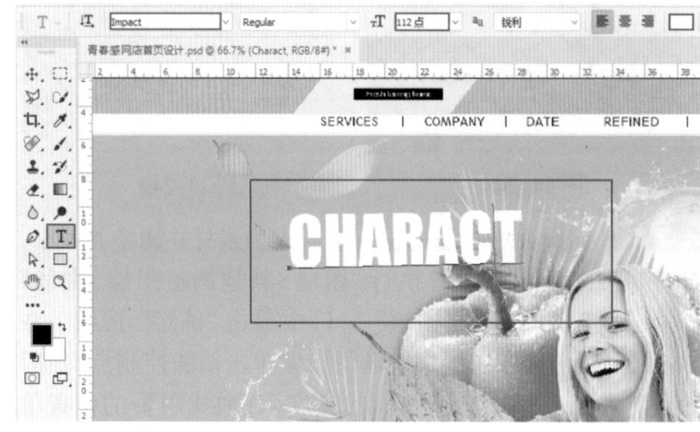

图 14-264

图 14-265

步骤 26 继续使用同样的方法输入下方小文字并将其旋转至合适的角度，如图14-266所示。

图 14-266

Part 5　制作产品模块

扫一扫，看视频

步骤 01 制作虚线装饰。单击工具箱中的“钢笔工具”按钮，在选项栏中设置“绘制模式”为“形状”，“填充”为无，“描边”为白色，“描边粗细”为4点，单击“描边类型”在下拉面板中选择合适的虚线，单击“更多选项”按钮，在弹出的“描边”窗口中设置“虚线”为7，“间隙”为7，设置完成后单击“确定”按钮，然后在画面中合适的位置绘制一段虚线，如图14-267所示。

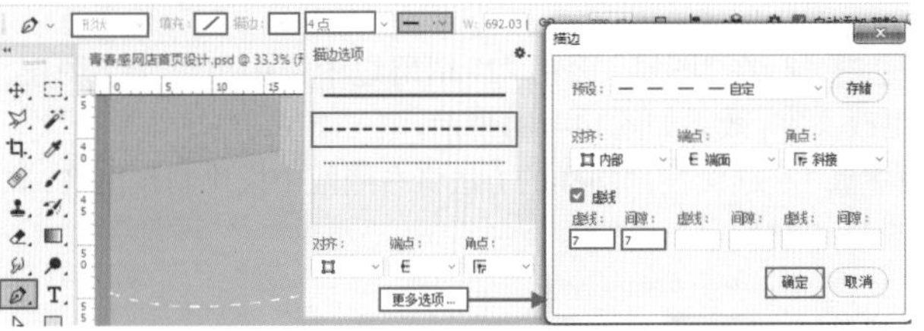

图 14-267

步骤 02 在“图层”面板中选中虚线图层，按快捷键Ctrl+J复制出一个相同的图层，然后将其向上移动，如图14-268所示。继续使用同样的方法将画面中其他虚线绘制出来，放置在合适的位置，如图14-269所示。

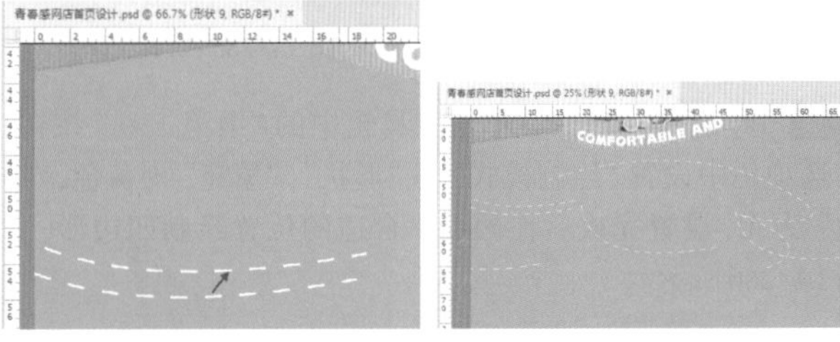

图 14-268　　图 14-269

步骤 03 绘制箭头。单击工具箱中的“钢笔工具”按钮，在选项栏中设置“绘制模式”为“形状”，“填充”为无，“描边”为白色，“描边粗细”为5点，“描边类型”为直线。设置完成后在画面中合适的位置单击鼠标绘制折线作为箭头，如图14-270所示。

步骤 04 单击工具箱中的“矩形工具”按钮，在选项栏中设置“绘制模式”为“形状”，“填充”为白色，“描边”为无。设置完成后在画面中合适的位置按住鼠标左键拖动绘制出一个矩形，如图14-271所示。

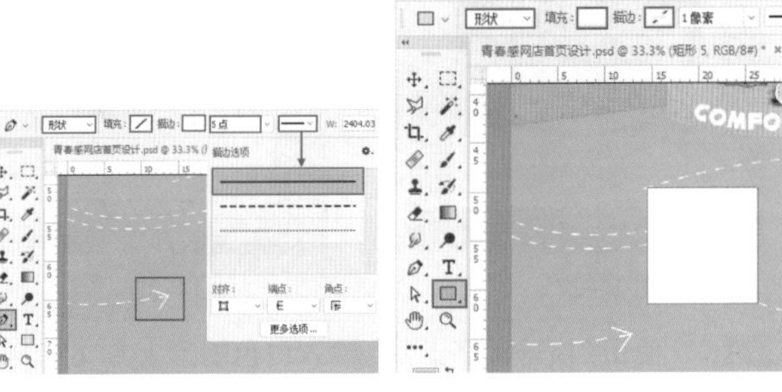

图 14-270　　图 14-271

步骤 05 在“图层”面板中选中白色矩形图层，执行“图层>图层样式>投影”命令，在“图层样式”窗口中设置“混合模式”为“正片叠底”，“颜色”为黑色，“不透明度”为75%，“角度”为152度，“距离”为5像素，“大小”为16像素，设置参数如图14-272所示。设置完成后单击“确定”按钮，效果如图14-273所示。

步骤 06 继续使用同样的方法绘制白色矩形上方的矩形，如图14-274所示。

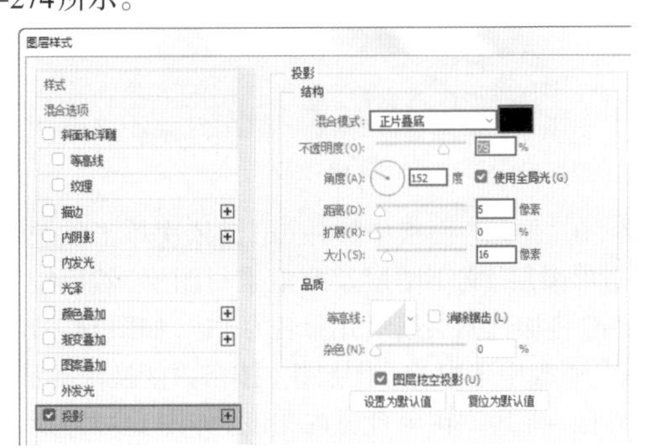

图 14-272

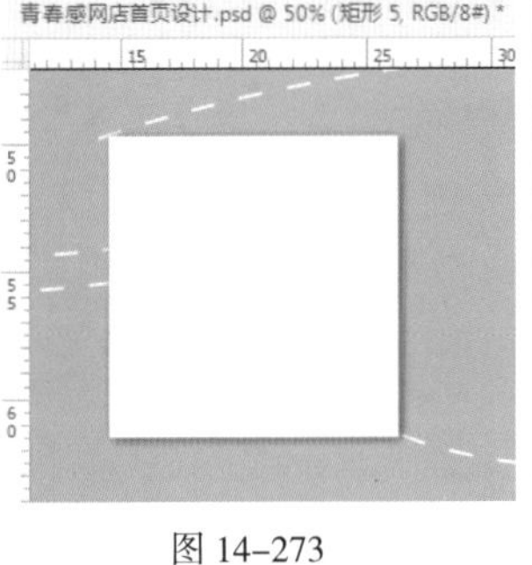

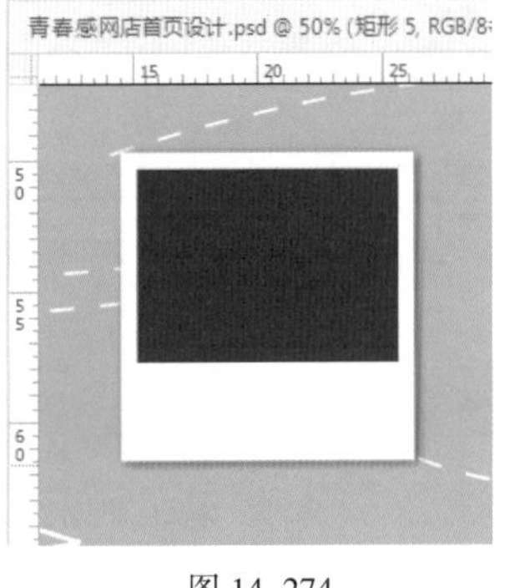

图 14-273　　图 14-274

步骤 07 向矩形上方置入西瓜素材，如图14-275所示。接着执行“图层>创建剪贴蒙版”命令，画面效果如图14-276所示。

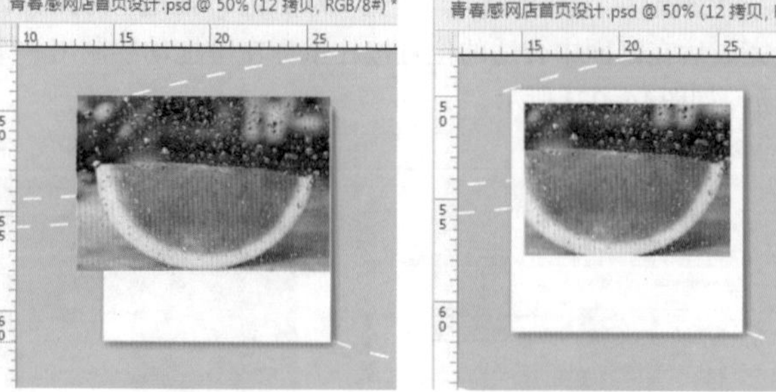

图 14-275　　　　图 14-276

步骤 08 使用“横排文字工具”输入白色矩形上方文字，如图14-277所示。

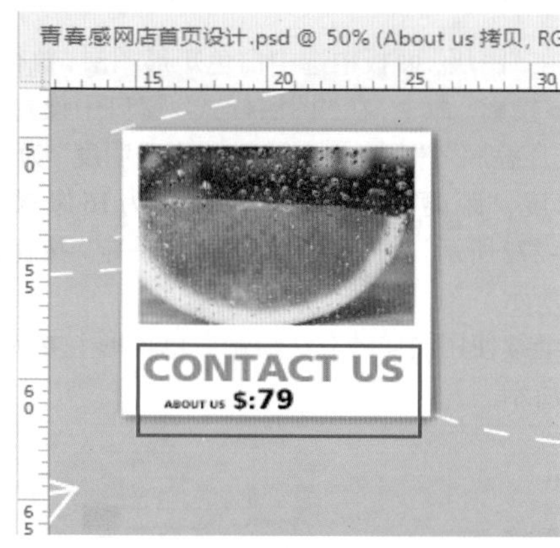

图 14-277

步骤 09 在“图层”面板中按住Ctrl键依次单击加选刚制作的两个矩形图层、文字图层及西瓜素材图层，然后按编组快捷键Ctrl+G将加选图层编组并命名为“1”，如图14-278所示。在“图层”面板中选中“1”图层组，按自由变换快捷键Ctrl+T调出定界框，将其旋转至合适的角度，如图14-279所示。调整完毕之后按Enter键结束变换。

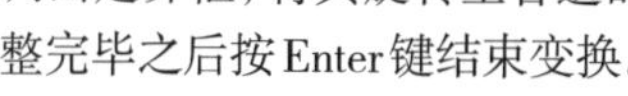

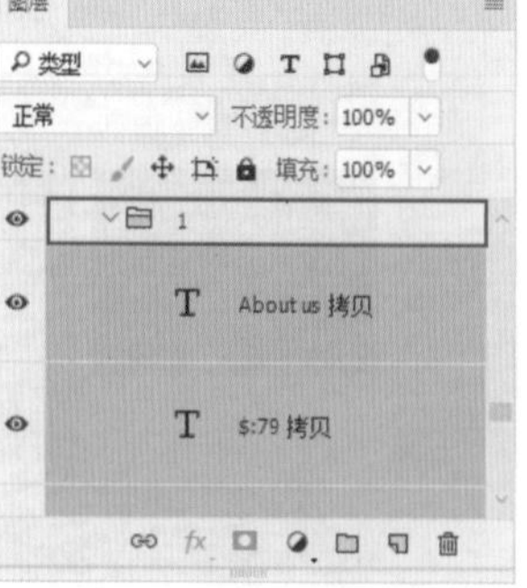

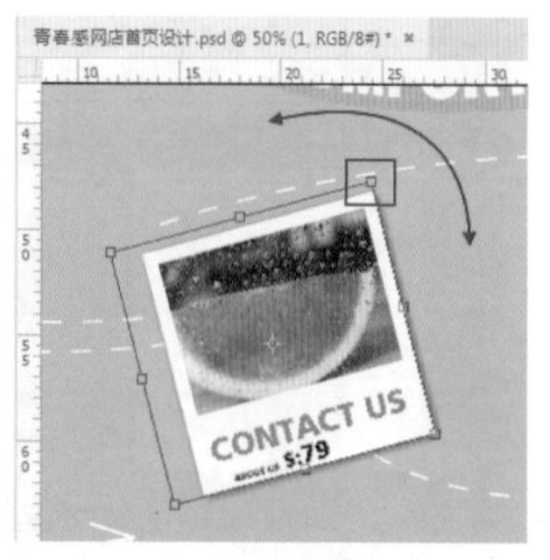

图 14-278　　　　图 14-279

步骤 10 在“图层”面板中选中“1”图层组，将其复制一份，将复制出的图层组命名为“2”，回到画面中将其向右下方移动，如图14-280所示。接着按自由变换快捷键Ctrl+T调出定界框，将其旋转至合适的角度，如图14-281所示。调整完毕之后按Enter键结束变换。

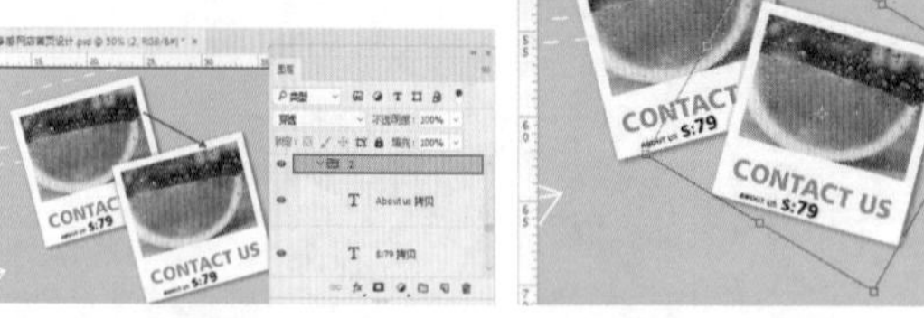

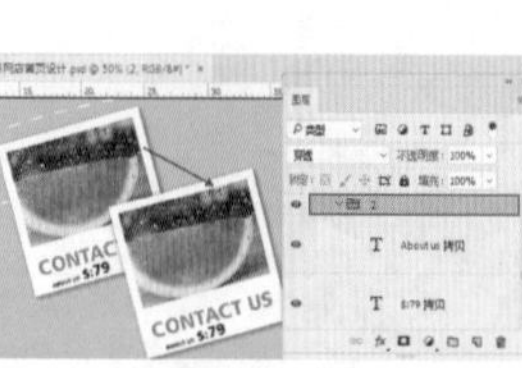

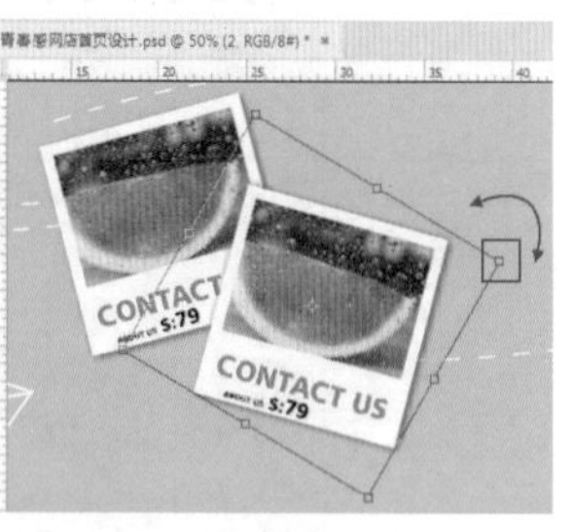

图 14-280　　　　图 14-281

步骤 11 在“图层”面板“2”图层组中选中西瓜图层，按Delete键将此图层删除，然后置入橙子素材并旋转至合适的角度，如图14-282所示。调整完毕之后按Enter键结束变换。接着执行“图层>创建剪贴蒙版”命令，如图14-283所示。

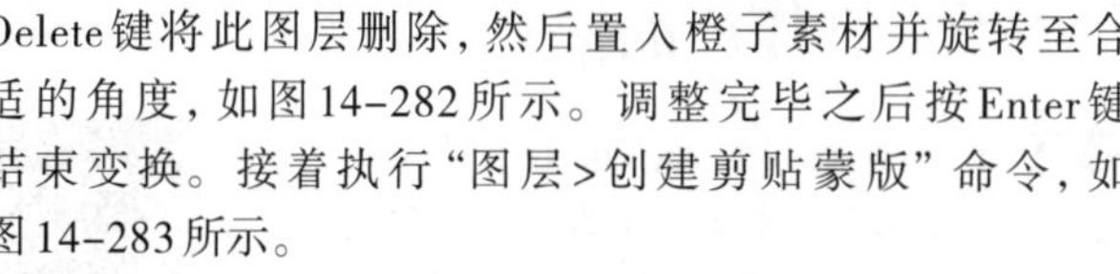

图 14-282　　　　图 14-283

步骤 12 在“图层”面板“2”图层组中选中黑色文字图层，更改文字，效果如图14-284所示。

步骤 13 继续使用同样的方法将右侧两个模块制作出来，如图14-285所示。

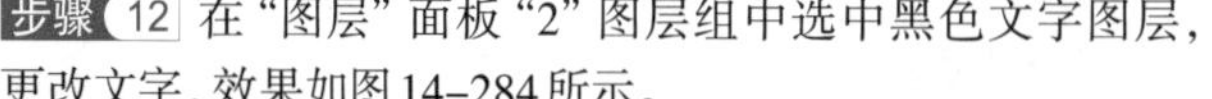

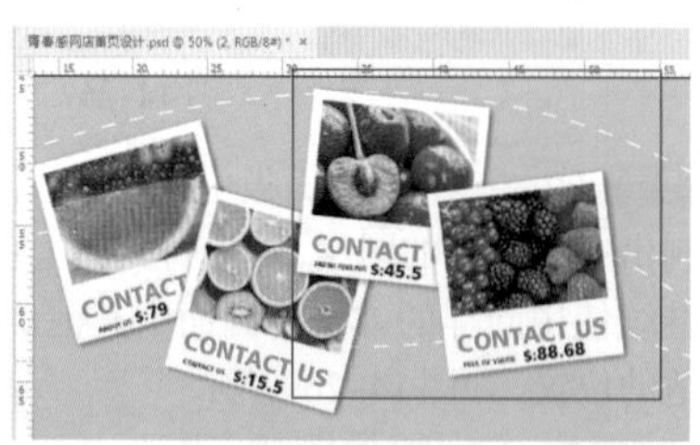

图 14-284　　　　图 14-285

步骤 14 制作标题栏。单击工具箱中的“钢笔工具”按钮，在选项栏中设置“绘制模式”为“形状”，“填充”为黄色，“描边”为无，设置完成后在画面中合适的位置绘制四边形，如图14-286所示。

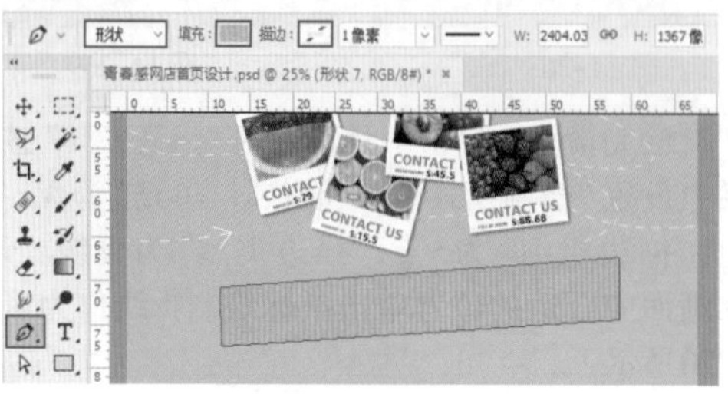

图 14-286

步骤 15 单击工具箱中的“横排文字工具”按钮，在选项栏中设置合适的字体、字号，文字颜色设置为白色，设置完成后在黄色四边形上方单击鼠标建立文字输入的起始点，接着输入文字，输入完后按快捷键Ctrl+Enter，如图14-287所示。接着执行“编辑>变换>斜切”命令调出定界框，将光标定位在右上方控制点上按住鼠标左键将其向上拖动，如图14-288所示。调整完毕之后按Enter键结束变换。

图 14-287 　　图 14-288

步骤 16 继续使用同样的方法将白色文字下方小文字制作出来，如图14-289所示。

步骤 17 制作下方产品模块。单击工具箱中的“矩形工具”按钮，在选项栏中设置“绘制模式”为“形状”，“填充”为白色，“描边”为无。设置完成后在画面中合适的位置按住鼠标左键拖动绘制出一个矩形，如图14-290所示。

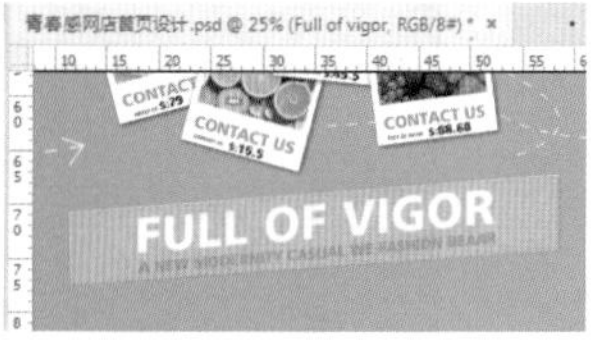

图 14-289 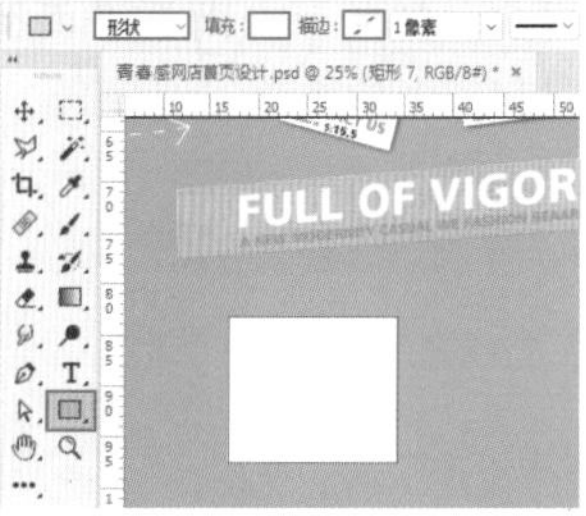　　图 14-290

步骤 18 在白色矩形上方置入红色橙子素材，如图14-291所示。接着执行“图层>创建剪贴蒙版”命令，画面效果如图14-292所示。

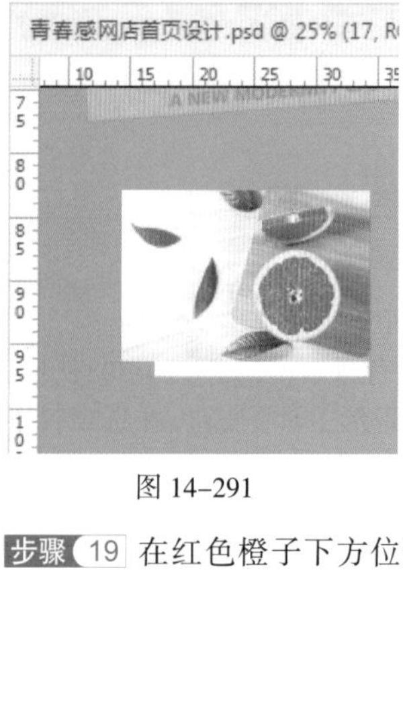

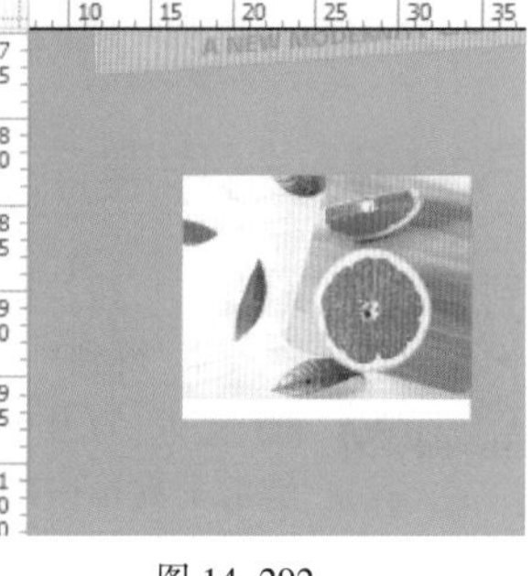

图 14-291　　图 14-292

步骤 19 在红色橙子下方位置制作黄色矩形，如图14-293所示。在“图层”面板中按住Ctrl键依次单击加选两个刚制作的矩形图层和红色橙子图层，将加选图层复制一份并按住Shift键向右移动，画面效果如图14-294所示。

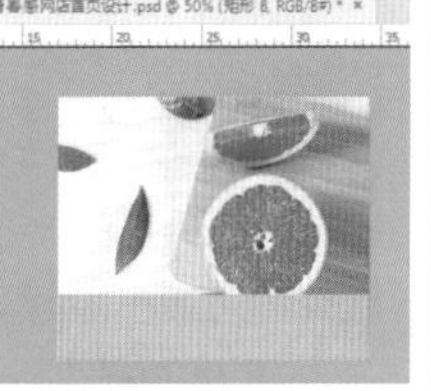
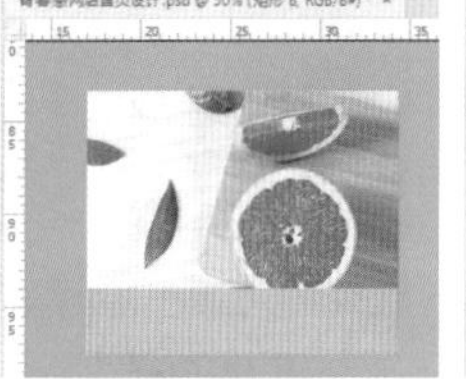
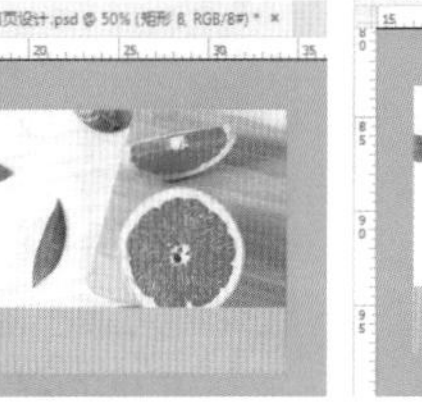
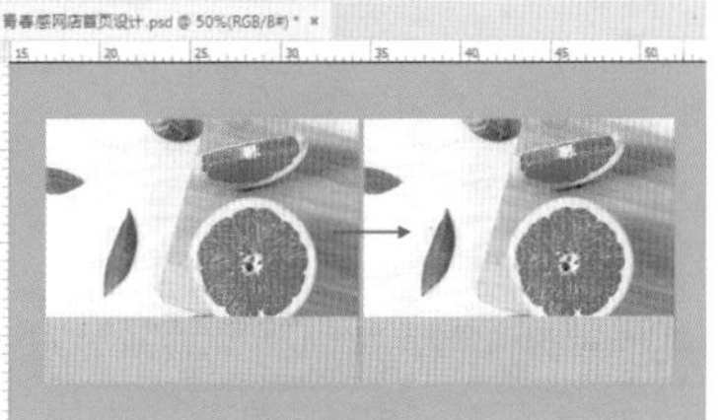
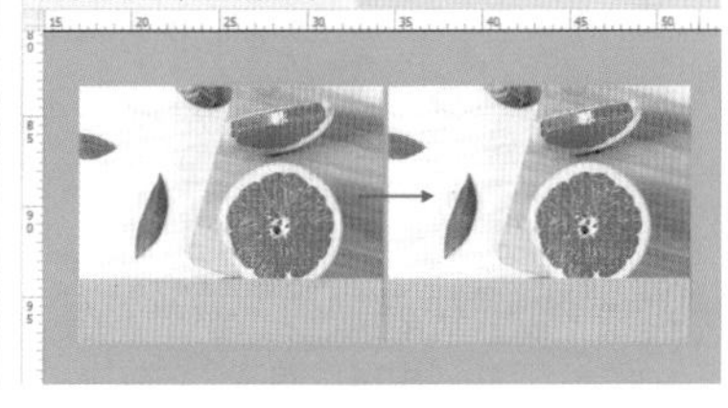
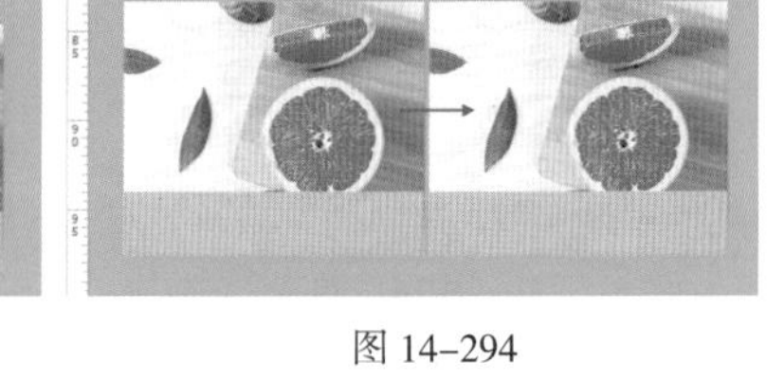

图 14-293　　图 14-294

步骤 20 删除右侧红色橙子素材，然后向画面中合适的位置置入蓝莓素材并调整其大小。在“图层”面板中将蓝莓素材放置在右侧白色矩形图层的上方，接着执行“图层>创建剪贴蒙版”命令，如图14-295所示。

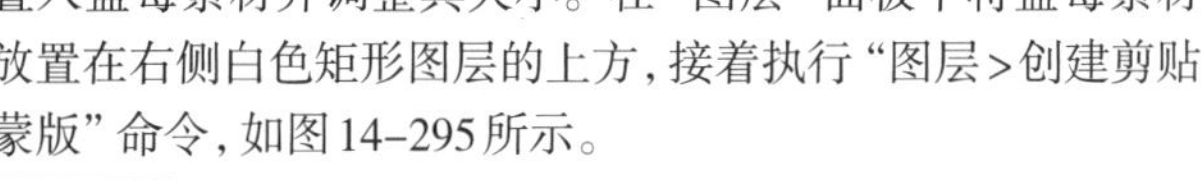
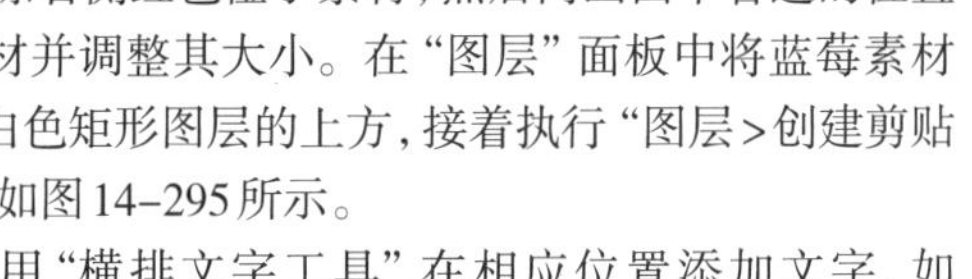

步骤 21 使用“横排文字工具”在相应位置添加文字，如图14-296所示。

图 14-295　　图 14-296

步骤 22 在选中“横排文字工具”的状态下，选中文字中的数字，在选项栏中设置文字颜色为黄色，如图14-297所示。

步骤 23 再次向画面中合适的位置置入棕榈叶素材，摆放在左侧，如图14-298所示。

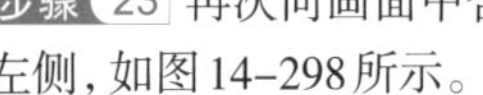

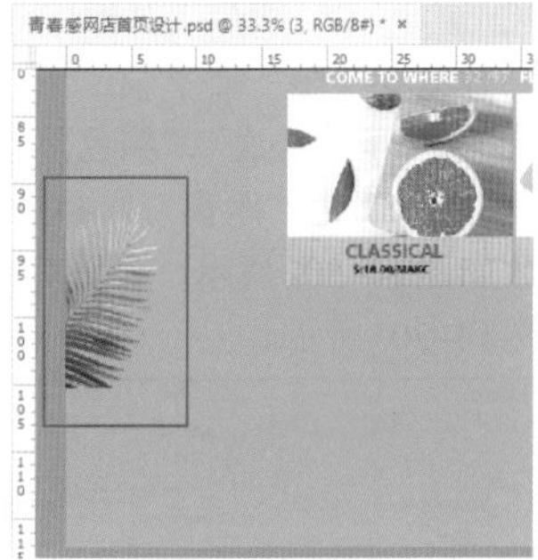

图 14-297　　图 14-298

步骤 24 在“图层”面板中选中棕榈叶图层，执行“图层>图层样式>投影”命令，在“图层样式”窗口中设置“混合模式”为“正片叠底”，“颜色”为黑色，“不透明度”为24%，“角度”为152度，“距离”为87像素，“大小”为5像素，设置参数如图14-299所示。设置完成后单击“确定”按钮，效果如图14-300所示。

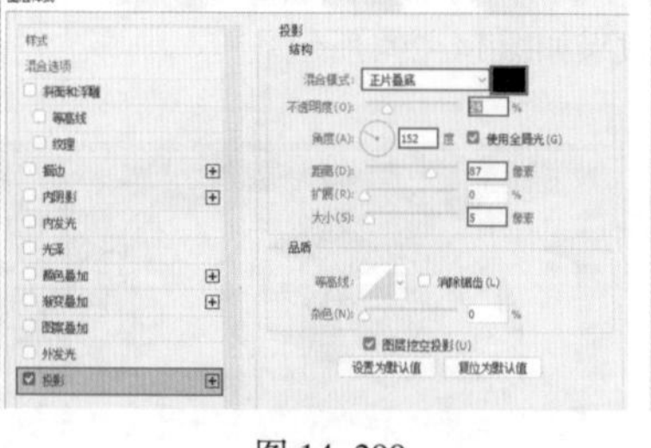

图 14-299

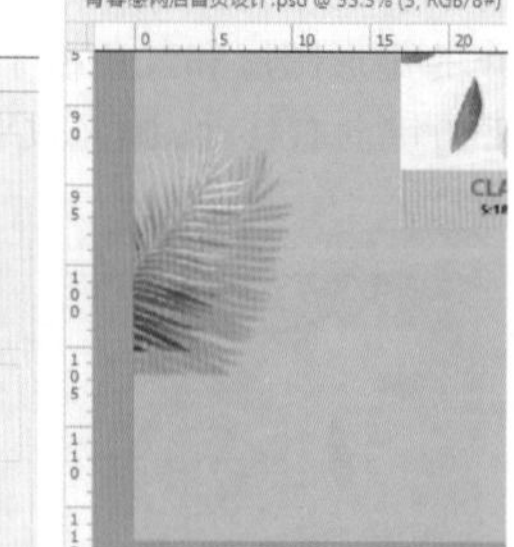

图 14-300

步骤 25 向画面右侧合适的位置置入冷饮素材并将其旋转至合适的角度，如图 14-301 所示。调整完毕之后按下 Enter 键结束变换。

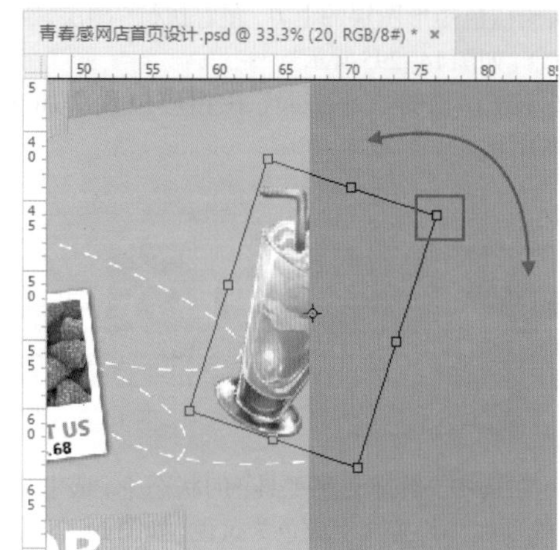

图 14-301

步骤 26 在“图层”面板中选中冷饮图层，执行“图层>图层样式>投影”命令，在“图层样式”窗口中设置“混合模式”为“正片叠底”，“颜色”为黑色，“不透明度”为10%，“角度”为152度，“距离”为44像素，“大小”为13像素，设置参数如图 14-302 所示。设置完成后单击“确定”按钮，效果如图 14-303 所示。

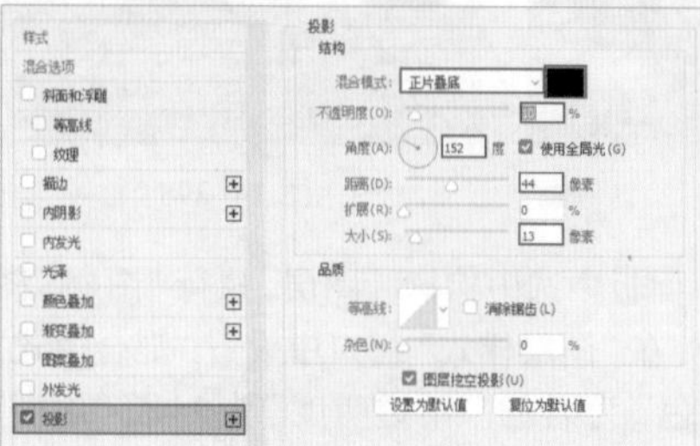

图 14-302

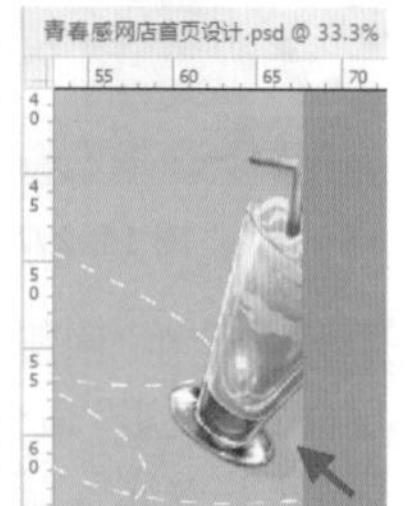

图 14-303

步骤 27 继续使用同样的方法将画面中其他素材置入进来，调整大小并放置在合适的位置，如图 14-304 所示。

图 14-304

步骤 28 使用“横排文字工具”输入下方白色文字，如图 14-305 所示。网页平面图制作完成，此时画面效果如图 14-306 所示。

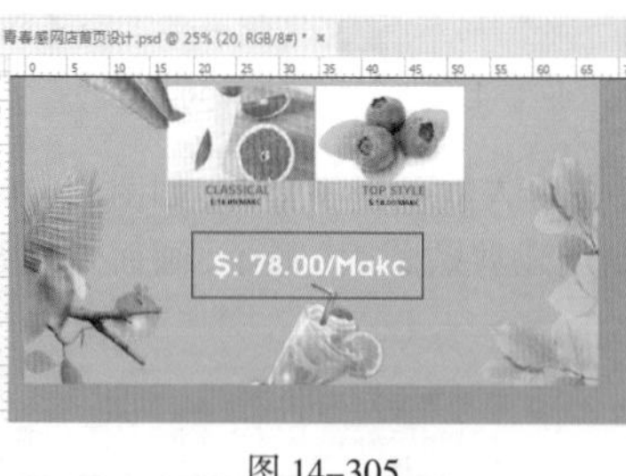

图 14-305

图 14-306

Part 6 制作展示效果

扫一扫，看视频

步骤 01 按快捷键 Ctrl+Alt+Shift+E，盖印当前画面效果，得到一个图层，如图 14-307 所示。

步骤 02 打开电脑背景素材，如图 14-308 所示。单击工具箱中的“矩形工具”按钮，在选项栏中设置“绘制模式”为“形状”，“填充”为任意色，“描边”为无。设置完成后在电脑屏幕上方按住鼠标左键拖动绘制出一个与屏幕等大的矩形，如图 14-309 所示。

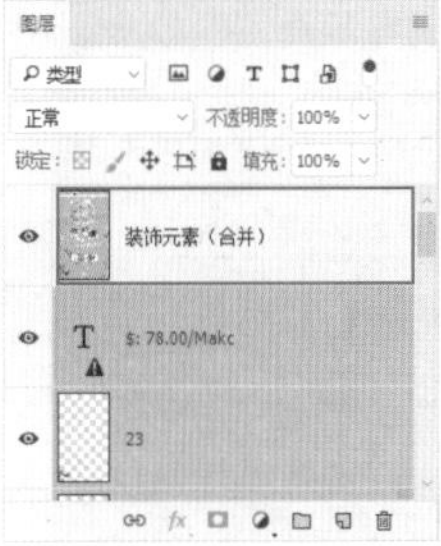

图 14-307

图 14-308

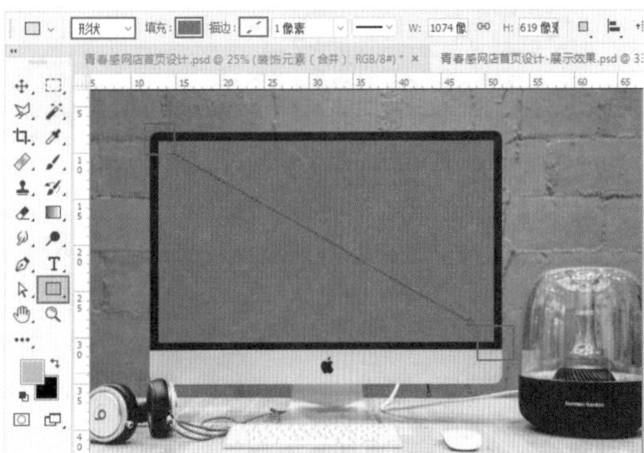
图 14-309

步骤 03 回到之前制作的网页文档中，在“图层”面板中选中合并的图层，按快捷键Ctrl+C复制图层，打开电脑背景素材文件，按快捷键Ctrl+V将此图层复制到电脑背景素材文档中，接着按自由变换快捷键Ctrl+T调出定界框，按住Shift键的同时鼠标左键按住角点并拖动将其缩小，如图14-310所示。调整完毕之后按Enter键结束变换。接着执行“图层>创建剪贴蒙版”命令，完成效果如图14-311所示。

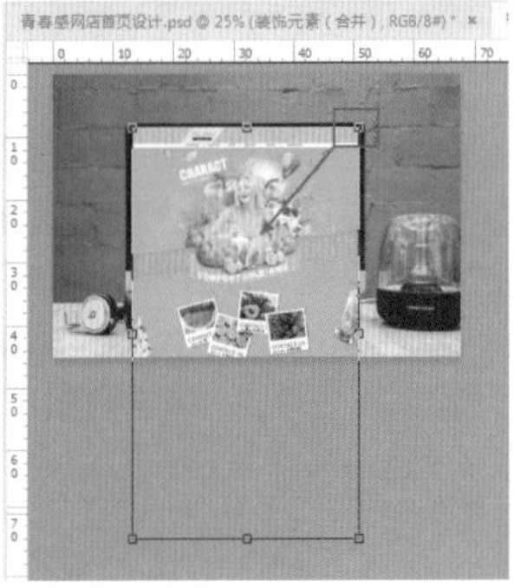

图 14-310

图 14-311

14.7 自然风网店首页设计

文件路径	资源包\第14章\自然风网店首页设计
难易指数	★★★★★
技术掌握	橡皮擦工具、图层样式、调整图层、魔棒工具、画笔工具

案例效果

本例效果如图14-312所示。

图 14-312

操作步骤

Part 1 制作网店页面背景

扫一扫，看视频

步骤 01 执行“文件>新建”命令，新建一个空白文档，如图14-313所示。

步骤 02 执行“文件>置入嵌入对象”命令，将木板素材1.jpg置入画面中，调整其大小及位置后按Enter键完成置入操作。在“图层”面板中右键单击该图层，在弹出的快捷菜单中执行“栅格化图层”命令，如图14-314所示。

图 14-313

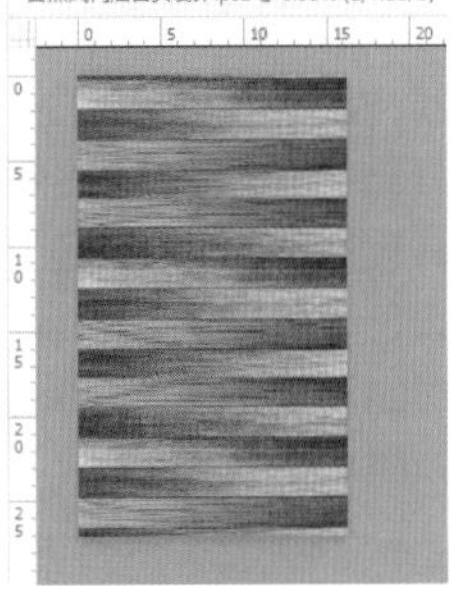
图 14-314

步骤 03 调整木板的亮度。执行“图层>新建调整图层>曲线”命令，在弹出的“新建图层”窗口中单击“确定”按钮。在“属性”面板中，分别在曲线阴影和高光的位置单击添加控制点，然后将两点向右下方拖动降低画面的亮度，如图14-315所示。画面效果如图14-316所示。

图 14-315

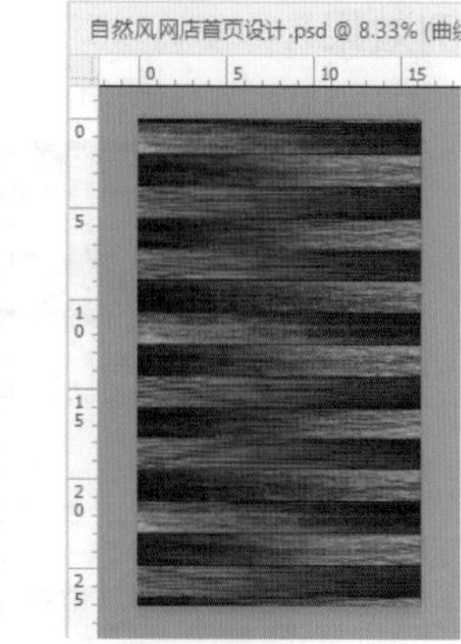

图 14-316

步骤 04 执行“图层>新建调整图层>色相/饱和度”命令，在弹出的“新建图层”窗口中单击“确定”按钮。在“属性”面板中设置“色相”为-10，“饱和度”为-40，“明度”10，如图14-317所示。画面效果如图14-318所示。

图 14-317

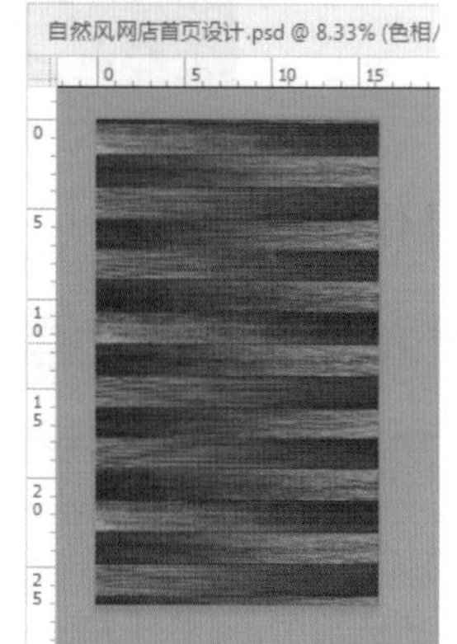

图 14-318

步骤 05 压暗画面周围的亮度。创建一个新图层，选择工具箱中的“画笔工具”，在选项栏中单击打开“画笔预设”选取器，在下拉面板中选择一个“柔边圆”画笔，设置画笔“大小”为1500像素，设置“硬度”为0%，如图14-319所示。单击工具箱底部的“前景色”按钮，在弹出的“拾色器”窗口中设置颜色为深褐色，然后单击“确定”按钮，如图14-320所示。选择刚创建的空白图层，在画面两侧按住鼠标左键进行涂抹，如图14-321所示。

图 14-319

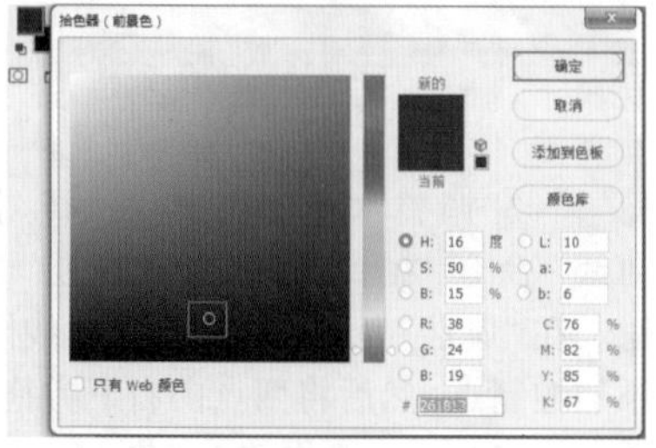

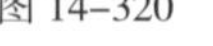

图 14-320

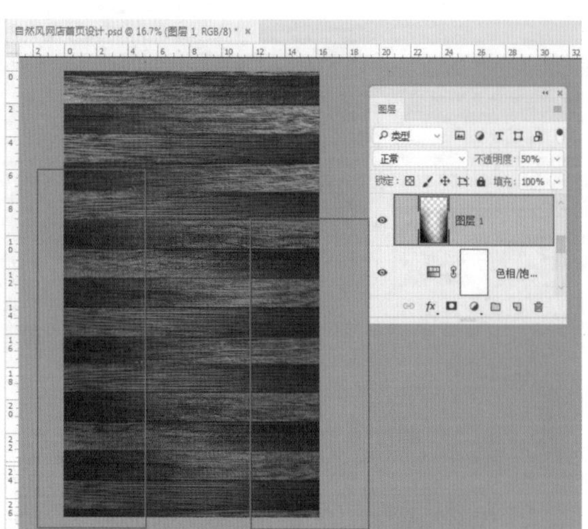

图 14-321

Part 2 制作店招

扫一扫，看视频

步骤 01 制作店招。单击工具箱中的“矩形工具”按钮，在选项栏中设置“绘制模式”为“形状”，“填充”为灰色，“描边”为无。设置完成后在画面顶部位置按住鼠标左键拖动绘制出一个矩形，如图14-322所示。

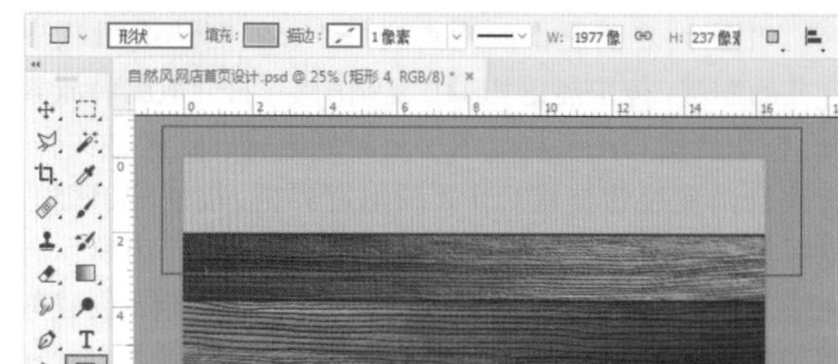

图 14-322

步骤 02 在“图层”面板中选中灰色矩形，执行“图层>图层样式>投影”命令，在“图层样式”窗口中设置“混合模式”为“正片叠底”，“颜色”为灰蓝色，“不透明度”为21%，“角度”为132度，“距离”为10像素，“扩展”为10%，“大小”为10像素，设置参数如图14-323所示。设置完成后单击“确定”按钮，效果如图14-324所示。

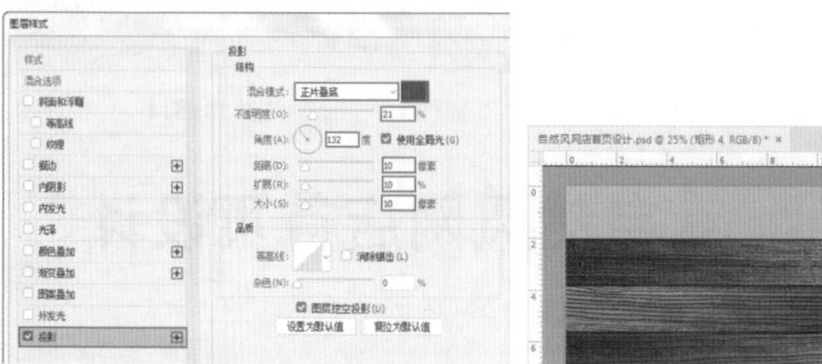

图 14-323　　图 14-324

步骤 03 在“图层”面板中选中灰色矩形，设置“混合模式”为“正片叠底”，画面效果如图14-325所示。

步骤 04 执行“文件>置入嵌入对象”命令，将黄花素材2.png置入画面中，调整其大小及位置后按Enter键完成置入。在“图层”面板中右键单击该图层，在弹出的快捷菜单中执行“栅格化图层”命令，如图14-326所示。

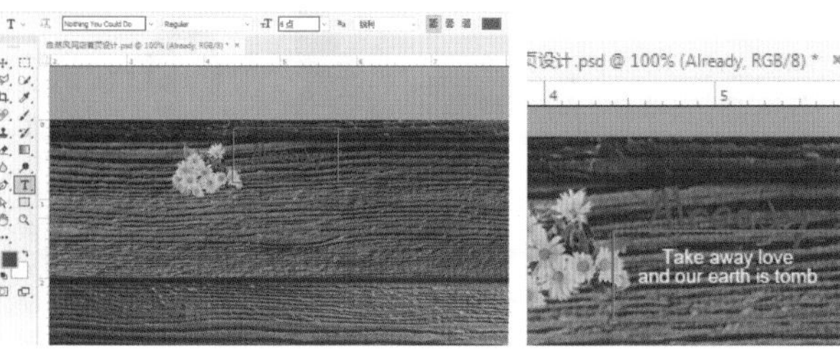

图 14-325　　图 14-326

步骤 05 单击工具箱中的“横排文字工具”按钮，在选项栏中设置合适的字体、字号，文字颜色设置为红色，设置完成后在文字右侧单击鼠标建立文字输入的起始点，接着输入文字，输入完后按快捷键Ctrl+Enter，如图14-327所示。继续使用同样的方法输入下方白色文字，如图14-328所示。

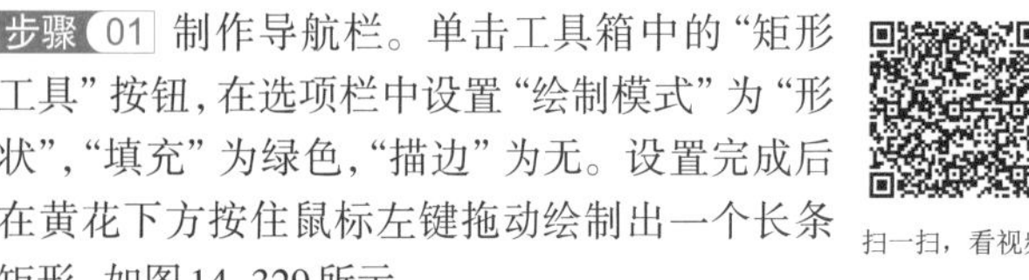

图 14-327　　图 14-328

Part 3　制作导航栏

步骤 01 制作导航栏。单击工具箱中的“矩形工具”按钮，在选项栏中设置“绘制模式”为“形状”，“填充”为绿色，“描边”为无。设置完成后在黄花下方按住鼠标左键拖动绘制出一个长条矩形，如图14-329所示。

扫一扫，看视频

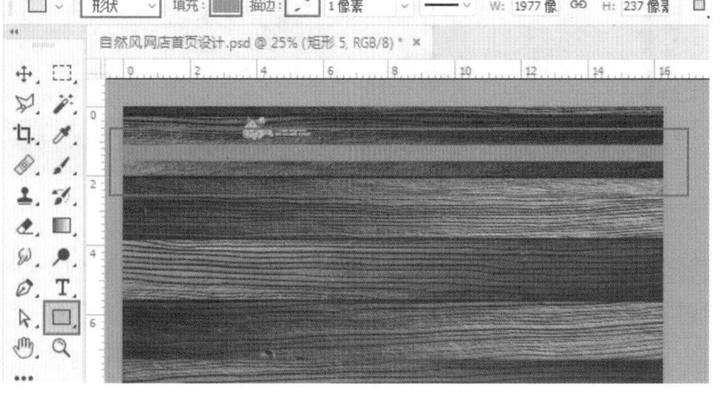

图 14-329

步骤 02 单击工具箱中的“横排文字工具”按钮，在选项栏中设置合适的字体、字号，文字颜色设置为白色，设置完成后在绿色长条矩形上方单击鼠标建立文字输入的起始点，接着输入文字，如图14-330所示。继续使用同样的方法输入后方其他文字，输入完后按快捷键Ctrl+Enter，如图14-331所示。

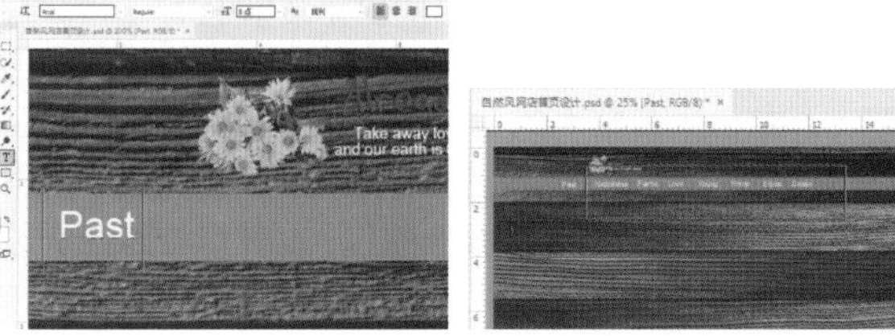

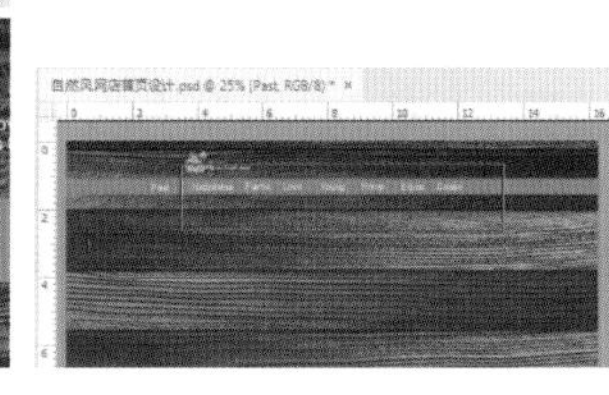

图 14-330　　图 14-331

步骤 03 单击工具箱中的“钢笔工具”按钮，在选项栏中设置“绘制模式”为“形状”，“填充”为无，“描边”为白色，“描边粗细”为0.5点。设置完成后在画面中合适的位置按住Shift键单击鼠标，绘制一条竖线，如图14-332所示。

步骤 04 制作店铺搜索区。单击工具箱中的“圆角矩形工具”按钮，在选项栏中设置“绘制模式”为“形状”，“填充”为浅蓝色，“描边”为无，“半径”为19像素，设置完成后在绿色长条矩形右侧按住鼠标左键拖动绘制一个圆角矩形，效果如图14-333所示。

图 14-332　　图 14-333

步骤 05 在工具箱中选择“自定形状工具”，在选项栏中设置“绘制模式”为“形状”，“填充”为浅灰色，“描边”为无，选择合适的形状。设置完成后在圆角矩形右侧按住Shift键的同时按住鼠标左键拖动，绘制一个图形，如图14-334所示。在“图层”面板中按住Ctrl键依次单击加选除背景图层及两个调整图层以外的其他图层，然后按编组快捷键Ctrl+G将加选图层编组并命名为“店招”，如图14-335所示。

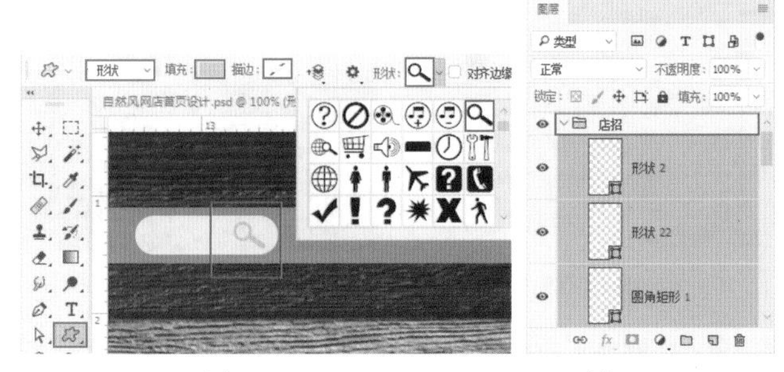

图 14-334　　图 14-335

Part 4　制作通栏广告

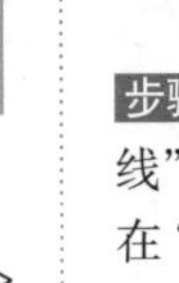

扫一扫，看视频

步骤 01　制作广告。执行“文件>置入嵌入对象”命令，将天空素材3.png置入画面中，调整其大小及位置后按Enter键完成置入操作。在“图层”面板中右键单击该图层，在弹出的快捷菜单中执行“栅格化图层”命令，如图14-336所示。

步骤 02　单击工具箱中的“钢笔工具”按钮，在选项栏中设置“绘制模式”为“路径”，绘制闭合路径，绘制完成后按快捷键Ctrl+Enter，快速将路径转换为选区，如图14-337所示。在“图层”面板中选中天空素材，单击面板下方的“添加图层蒙版”按钮，此时选区以外的部分被隐藏，如图14-338所示。

图 14-336　　图 14-337

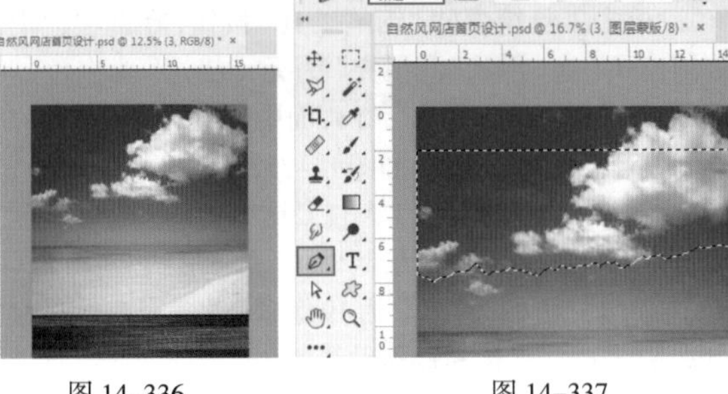

图 14-338

步骤 03　在“图层”面板中选中天空素材图层，执行“图层>图层样式>投影”命令，在“图层样式”窗口中设置“混合模式”为“正片叠底”，“颜色”为黑色，“不透明度”为75%，“角度”为132度，“距离”为21像素，“大小”为21像素，设置参数如图14-339所示。设置完成后单击“确定”按钮，效果如图14-340所示。

图 14-339　　图 14-340

步骤 04　调整天空素材颜色。执行“图层>新建调整图层>色相/饱和度”命令，在弹出的“新建图层”窗口中单击“确定”按钮。在“属性”面板中设置“色相”为-35，“饱和度”为-35，“明度”+45，单击  按钮使调色效果只针对下方图层，如图14-341所示。画面效果如图14-342所示。

图 14-341　　图 14-342

步骤 05　向天空素材上方置入房屋素材，调整大小及位置后将其栅格化，如图14-343所示。继续使用同样的方法将人物素材置入画面中并将其栅格化，如图14-344所示。

图 14-343　　图 14-344

步骤 06　在工具箱中选中“魔棒工具”，单击选项栏中的“添加到选区”，设置“容差”为0，勾选“消除锯齿”和“连续”，然后在人物素材上方单击白色区域载入选区，如图14-345所示。在“图层”面板中选中人物图层，按快捷键Ctrl+Shift+I将选区反选，然后在面板的下方单击“添加图层蒙版”按钮，如图14-346所示。

图 14-345　　图 14-346

步骤 07　提亮人物的亮度。执行“图层>新建调整图层>曲线”命令，在弹出的“新建图层”窗口中单击“确定”按钮。在“属性”面板中，在曲线中间调的位置单击添加控制点，然后将其向左上方拖动提高画面的亮度，在曲线阴影位置单击添加控制点，然后将其向右下方拖动增加画面的对比度，单击↲□按钮使调色效果只针对下方图层，如图14-347所示。画面效果如图14-348所示。

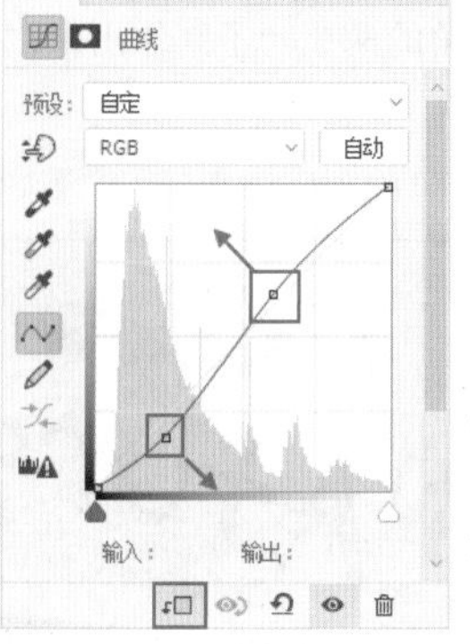

图 14-347

图 14-348

步骤 08 制作标志。创建一个新图层，选择工具箱中的“画笔工具”，在选项栏中单击☑按钮，在弹出的“画笔设置”面板中选择“粉笔2”画笔，设置“大小”为300像素，“间距”为1%，设置参数如图14-349所示。在工具箱底部设置“前景色”为浅卡其色，选择刚创建的空白图层，在人物下方按住鼠标左键拖动进行绘制，如图14-350所示。

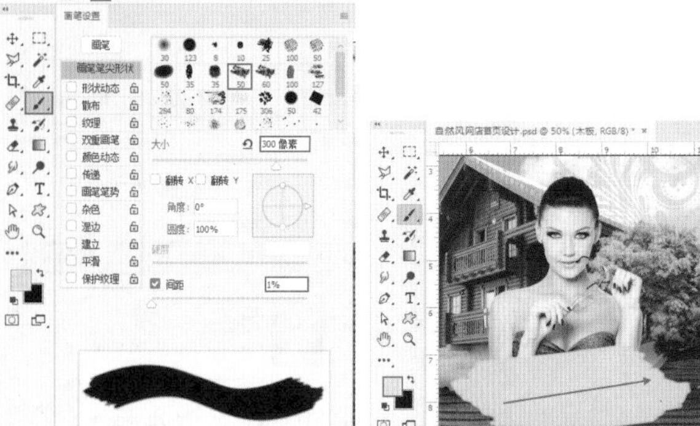

图 14-349　　图 14-350

步骤 09 在“图层”面板中选中浅卡其色图层，执行“图层>图层样式>图案叠加”命令，在“图层样式”窗口中设置“混合模式”为“正片叠底”，“不透明度”为100%，选择合适的图案，“缩放”为100%，如图14-351所示。在“图层样式”窗口中勾选“预览”选项，此时效果如图14-352所示。

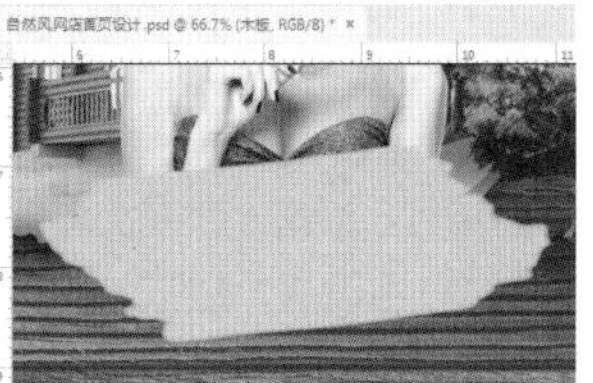

图 14-351　　图 14-352

步骤 10 在左侧图层样式列表中勾选“投影”样式，设置“混合模式”为“正片叠底”，“颜色”为黑色，“不透明度”为81%，“角度”为132度，“距离”为14像素，“大小”为7像素，设置参数如图14-353所示。设置完成后单击“确定”按钮，效果如图14-354所示。

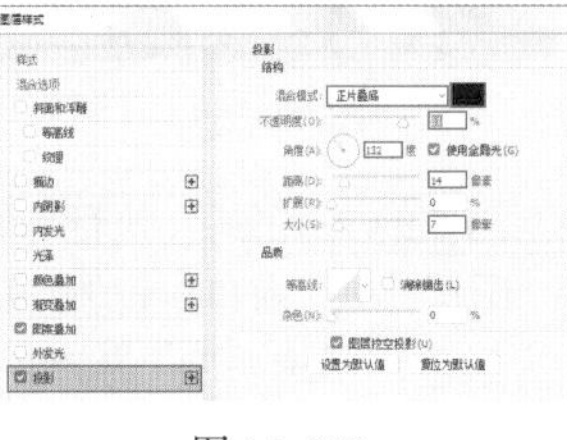

图 14-353

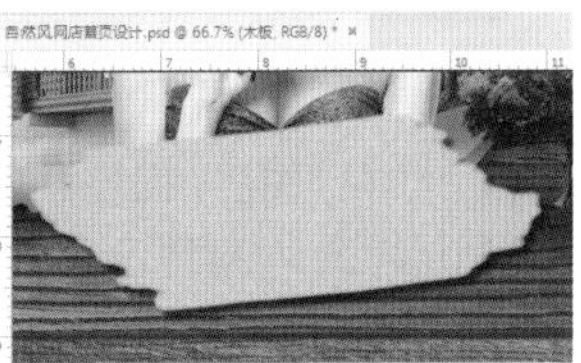

图 14-354

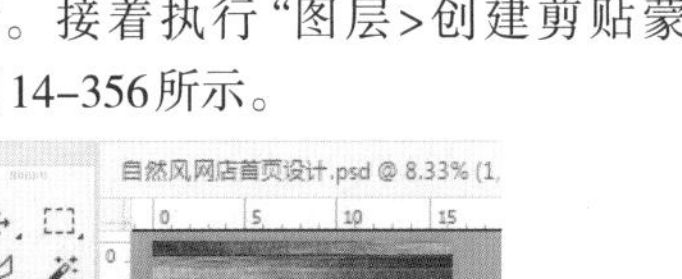

步骤 11 再次将“木板”素材置入文档内，如图14-355所示。接着执行“图层>创建剪贴蒙版”命令，画面效果如图14-356所示。

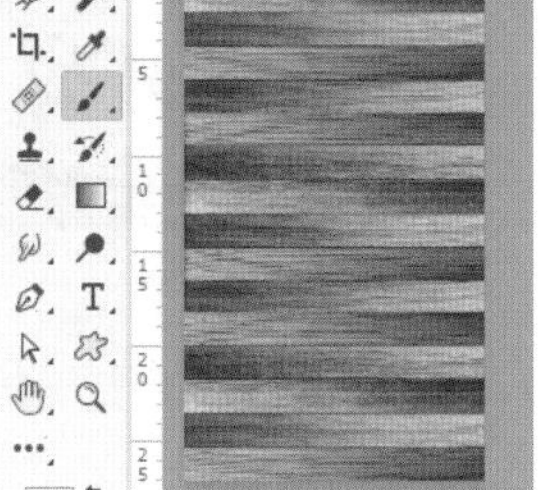

图 14-355

图 14-356

步骤 12 在“图层”面板中选中木板素材，设置“混合模式”为“柔光”，如图14-357所示。

图 14-357

步骤 13 单击工具箱中的“横排文字工具”按钮，在选项栏中设置合适的字体、字号，文字颜色设置为棕色，设置完成后在木板上方单击鼠标建立文字输入的起始点，接着输入文字，输入完后按快捷键Ctrl+Enter，如图14-358所示。接着按自由变换快捷键Ctrl+T调出定界框，将文字旋转至合适的角度，如图14-359所示。调整完毕之后按Enter键结束变换。

图 14-358 　　图 14-359

步骤 14 在"图层"面板中选中刚制作的文字图层，执行"图层>图层样式>内阴影"命令，在"图层样式"窗口中设置"混合模式"为"正片叠底"，"颜色"为黑色，"不透明度"为75%，"角度"为132度，"距离"为8像素，"阻塞"为1%，"大小"为6像素，如图14-360所示。设置完成后单击"确定"按钮，效果如图14-361所示。

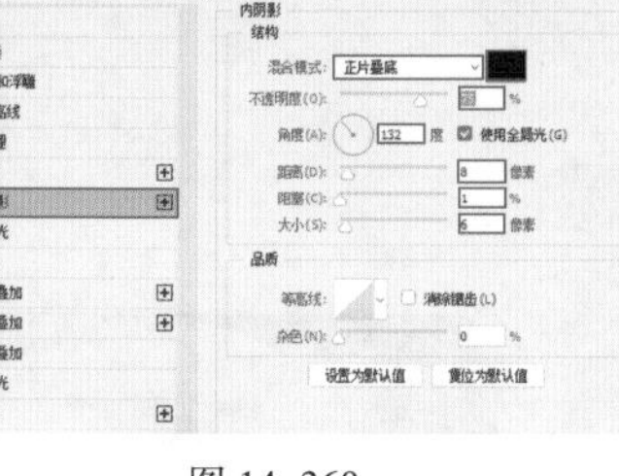

图 14-360　　图 14-361

步骤 15 继续使用同样的方法输入下方小文字并将其旋转至合适的角度，如图14-362所示。

图 14-362

步骤 16 向画面中置入叶子素材并调整其大小及位置，然后将其栅格化，如图14-363所示。接着执行"编辑>变换>水平翻转"命令将叶子翻转，画面效果如图14-364所示。

图 14-363　　图 14-364

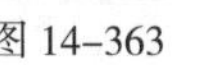
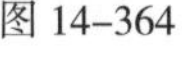

步骤 17 在"图层"面板中选中叶子图层，按快捷键Ctrl+J复制出一个相同的图层，按自由变换快捷键Ctrl+T，将复制出的叶子素材旋转至合适的角度并缩小一些，将其摆放在合适的位置，如图14-365所示。调整完毕之后按Enter键结束变换。使用同样的方法将木板左下角的两个叶子制作出来，如图14-366所示。

图 14-365　　图 14-366

步骤 18 在"图层"面板中按住Ctrl键依次单击加选刚制作的广告区域中的所有图层，然后按编组快捷键Ctrl+G将加选图层编组并命名为"Banner"，如图14-367所示。选中"Banner"图层组将其移动至"店招"图层组的下方，如图14-368所示。

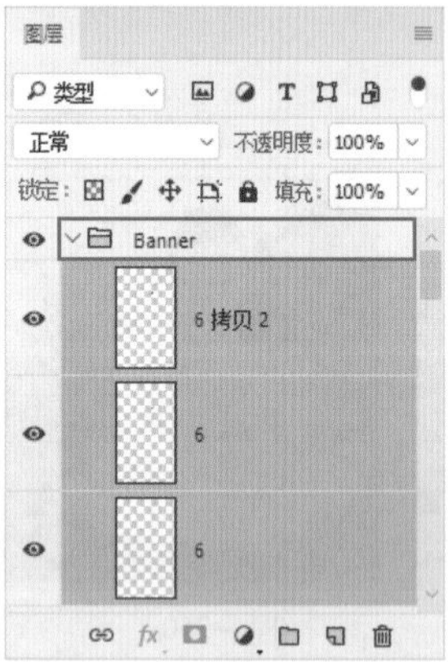

图 14-367 　　图 14-368

Part 5　制作产品模块

步骤 01 制作虚线装饰。单击工具箱中的"钢笔工具"按钮，在选项栏中设置"绘制模式"为"形状"，"填充"为无，"描边"为白色，"描边粗细"为2点，单击"描边类型"在下拉面板中选择合适的虚线，单击"更多选项"按钮，在弹出的"描边"窗口中设置"虚线"为5，"间隙"为5，设置完成后单击"确定"按钮，在画面中合适的位置绘制一段虚线，如图14-369所示。

扫一扫，看视频

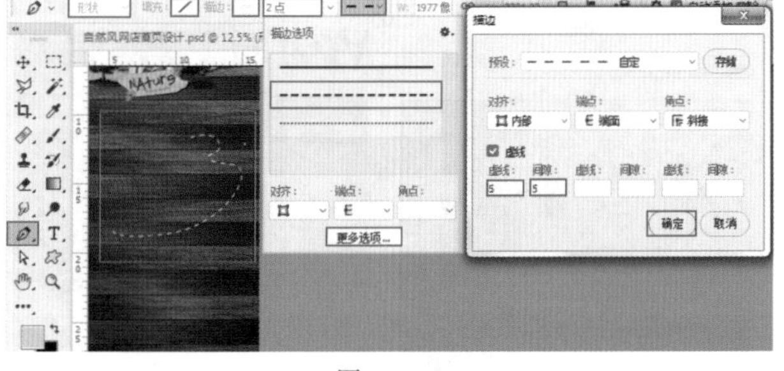

图 14-369

步骤 02 在“图层”面板中选中虚线图层，按快捷键Ctrl+J复制出一个相同的图层，然后将其向右下方移动，如图14-370所示。继续使用同样的方法将画面中其他虚线绘制出来并摆放在合适的位置，如图14-371所示。

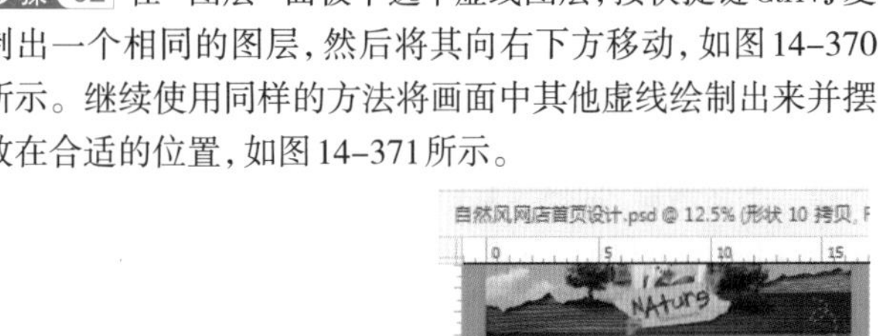

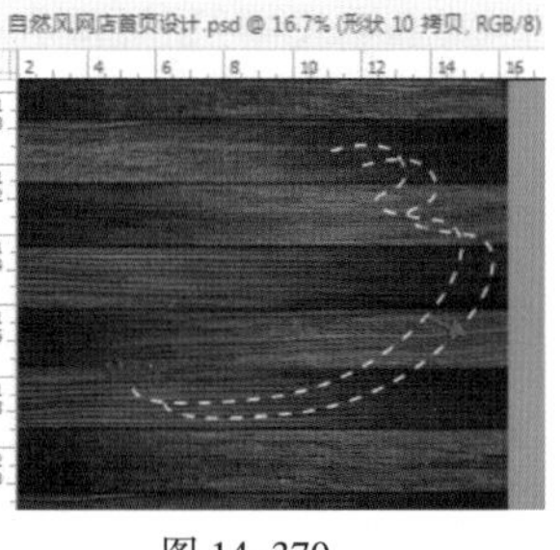

图 14-370

图 14-371

步骤 03 制作产品模块。向画面木板的下方置入旧纸张素材，调整其大小并将其栅格化，如图14-372所示。

步骤 04 单击工具箱中的“钢笔工具”按钮，在选项栏中设置“绘制模式”为“路径”，在画面中合适的位置绘制不规则的闭合路径。绘制完成后按快捷键Ctrl+Enter快速将路径转换为选区，如图14-373所示。在“图层”面板中选中旧纸张素材图层，在面板的下方单击“添加图层蒙版”按钮，如图14-374所示。

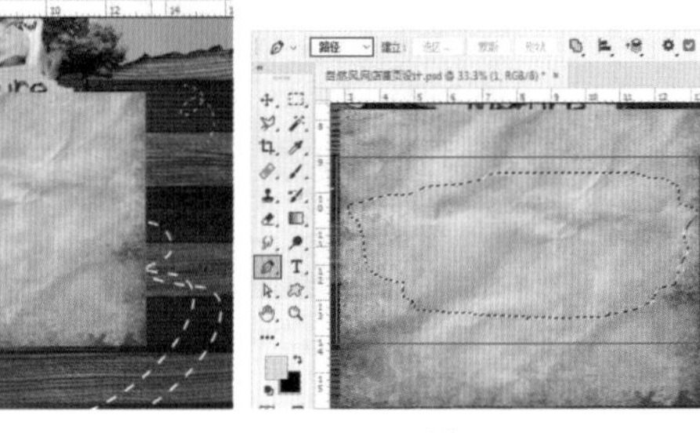

图 14-372　　图 14-373

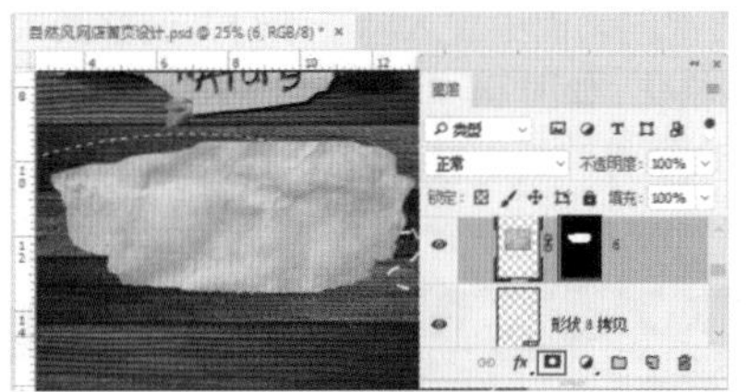

图 14-374

步骤 05 在“图层”面板中选中旧纸张素材图层，执行“图层>图层样式>投影”命令，在“图层样式”窗口中设置“混合模式”为“正片叠底”，“颜色”为黑色，“不透明度”为75%，“角度”为132度，“距离”为20像素，“大小”为20像素，设置参数如图14-375所示。设置完成后单击“确定”按钮，效果如图14-376所示。

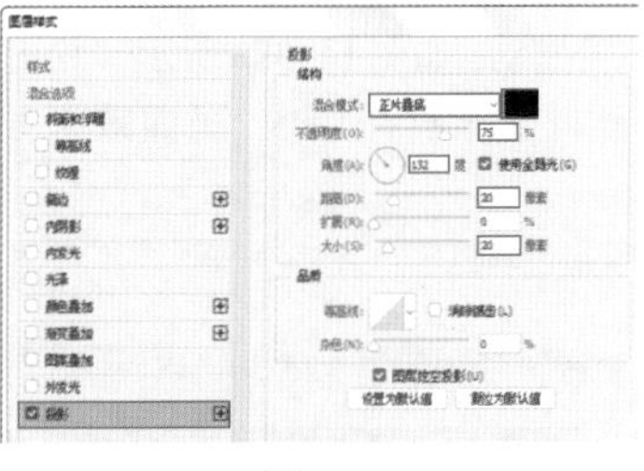

图 14-375

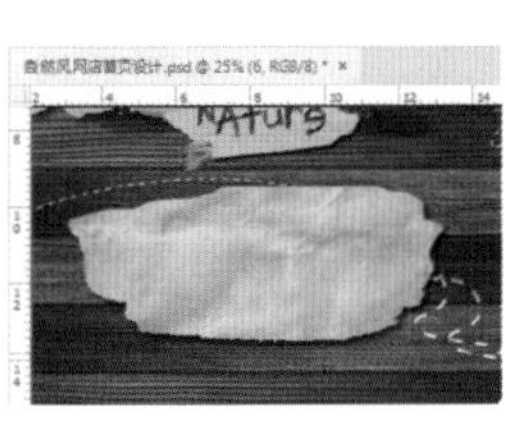

图 14-376

步骤 06 向旧纸张素材上方置入棕榈叶素材调整其大小并将其栅格化，如图14-377所示。按自由变换快捷键Ctrl+T调出定界框，将其旋转至合适的角度，如图14-378所示。调整完毕之后按Enter键结束变换。

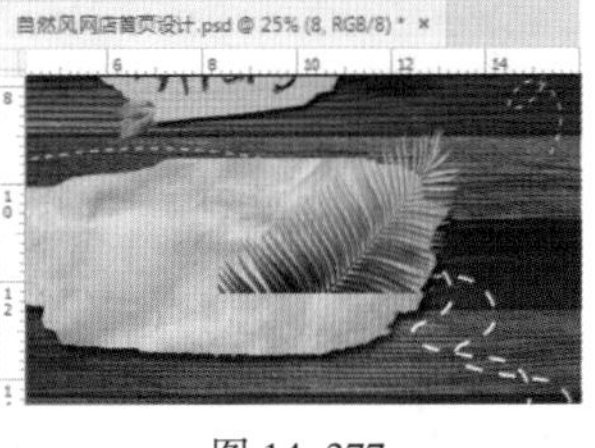

图 14-377

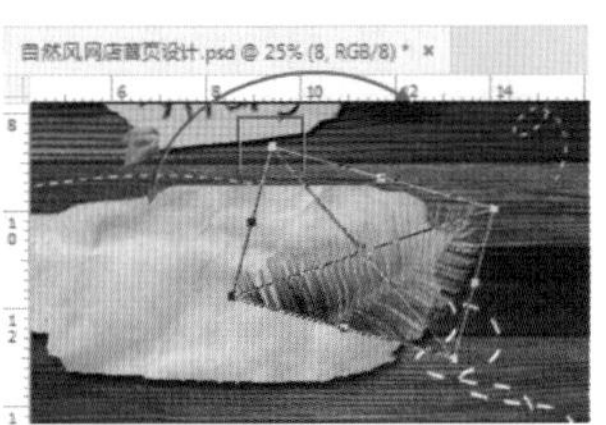

图 14-378

步骤 07 在“图层”面板中选中棕榈叶素材图层，执行“图层>图层样式>投影”命令，在“图层样式”窗口中设置“混合模式”为“正片叠底”，“颜色”为黑色，“不透明度”为50%，“角度”为120度，“距离”为25像素，“大小”为40像素，设置参数如图14-379所示。设置完成后单击“确定”按钮，效果如图14-380所示。

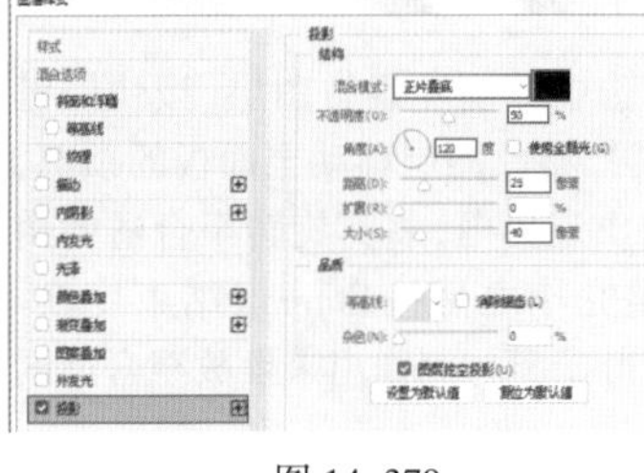

图 14-379

图 14-380

步骤 08 再次向画面中置入叶子素材并调整其大小及位置，然后将其栅格化，如图14-381所示。接着执行“编辑>变换>水平翻转”命令将叶子素材翻转，如图14-382所示。

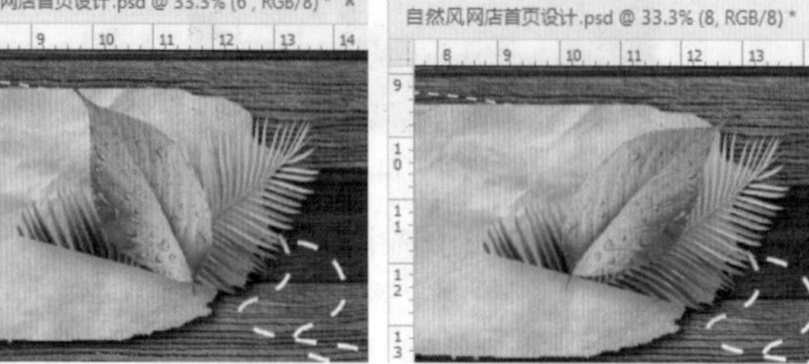

图 14-381　　图 14-382

步骤 09 在“图层”面板中选中棕榈叶素材图层，按住Alt键的同时鼠标左键按住棕榈叶素材图层下方的“投影”效果向刚置入的叶子素材图层拖动，如图14-383所示。松开鼠标，“投影”效果被复制到叶子素材图层中，画面效果如图14-384所示。

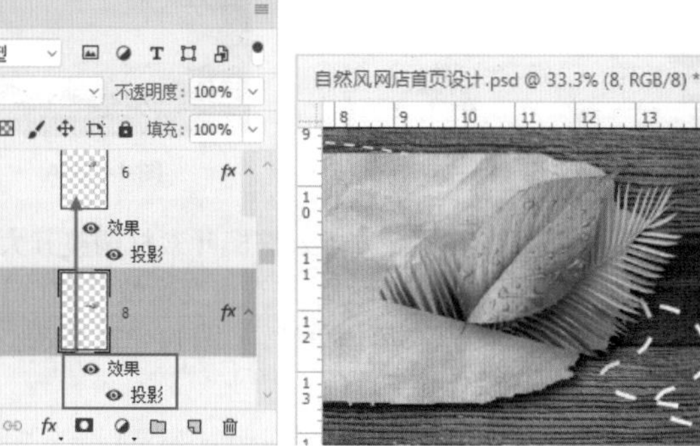

图 14-383　　图 14-384

步骤 10 向叶子素材左侧置入芦荟素材，调整其大小并将其栅格化，如图14-385所示。

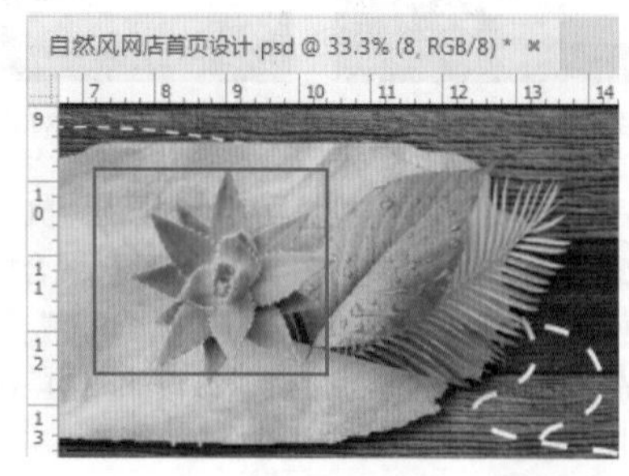

图 14-385

步骤 11 在“图层”面板中选中棕榈叶素材图层，按快捷键Ctrl+J复制出一个相同的图层，将此图层移动至面板的顶部，按自由变换快捷键Ctrl+T调出定界框，将其旋转至合适的角度，如图14-386所示。调整完毕之后按Enter键结束变换。继续使用同样的方法将上方叶子素材制作出来摆放至合适的位置，如图14-387所示。

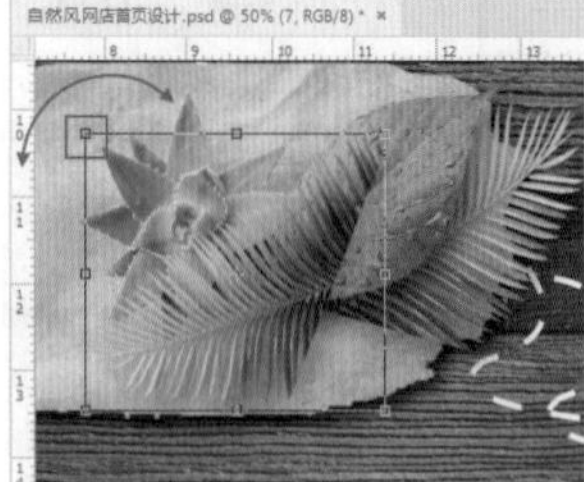
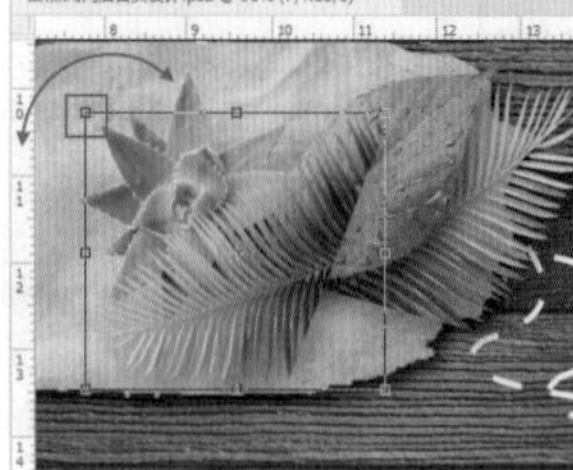

图 14-386

图 14-387

步骤 12 向叶子素材上方置入粉饼素材调整其大小并将其栅格化，如图14-388所示。

步骤 13 为粉饼制作投影。在“图层”面板中粉饼图层下方创建一个新图层，选择工具箱中的“画笔工具”，在选项栏中单击打开“画笔预设”选取器，在下拉面板中选择一个“柔边圆”画笔，设置画笔“大小”为400像素，设置“硬度”为0%，如图14-389所示。设置“前景色”为黑色，选择刚创建的空白图层，在粉饼下方按住鼠标左键拖动进行绘制，如图14-390所示。

图 14-388

图 14-389

图 14-390

步骤 14 单击工具箱中的“横排文字工具”按钮，在选项栏中设置合适的字体、字号，文字颜色设置为橘色，设置完成后在粉饼素材左侧单击鼠标建立文字输入的起始点，接着输入文字，输入完后按快捷键Ctrl+Enter，如图14-391所示。继续使用同样的方法输入下方文字，如图14-392所示。

图 14-391

图 14-392

步骤 15 单击工具箱中的“钢笔工具”按钮，在选项栏中设置“绘制模式”为“形状”，“填充”为无，“描边”为白色，“描边粗细”为1点。设置完成后在数字上方按住Shift键单击鼠标绘制一条直线，如图14-393所示。

步骤 16 制作按钮。单击工具箱中的“圆角矩形工具”按钮，在选项栏中设置“绘制模式”为“形状”，“填充”为橘色，“描边”为无，“半径”为5像素，设置完成后在数字下方按住鼠标左键拖动绘制一个圆角矩形，效果如图14-394所示。

图 14-393　　图 14-394

步骤 17 在“图层”面板中选中圆角矩形，执行“图层>图层样式>投影”命令，在“图层样式”窗口中设置“混合模式”为“正片叠底”，“颜色”为深褐色，“不透明度”为31%，“角度”为132度，“距离”为5像素，“大小”为5像素，设置参数如图14-395所示。设置完成后单击“确定”按钮，效果如图14-396所示。

步骤 18 继续使用“横排文字工具”输入橘色圆角矩形上方的文字，如图14-397所示。

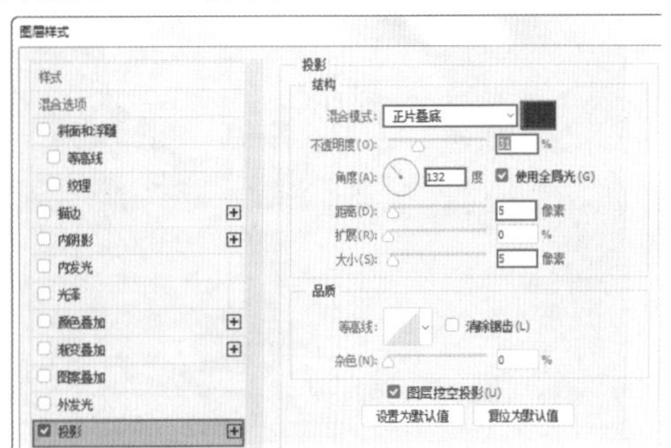

图 14-395

图 14-396

图 14-397

步骤 19 制作箭头装饰。单击工具箱中的“钢笔工具”按钮，在选项栏中设置“绘制模式”为“形状”，“填充”为无，“描边”为白色，“描边粗细”为1点。设置完成后在“按钮”旁边绘制螺旋线，如图14-398所示。继续使用同样的方法将箭头的另一部分绘制完成，如图14-399所示。

图 14-398

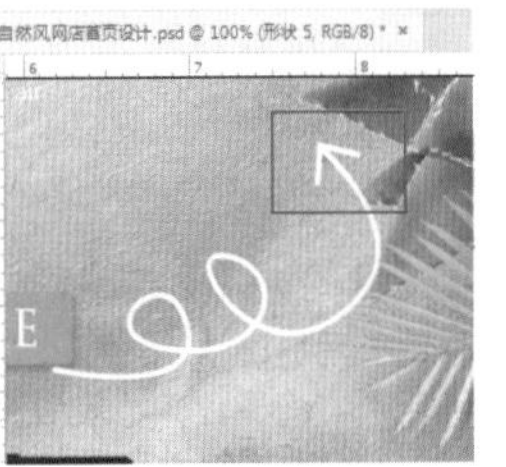

图 14-399

Part 6　制作其他产品模块

步骤 01 在“图层”面板中按住Ctrl键依次单击加选第一个模块中的所有图层，然后按编组快捷键Ctrl+G将加选图层编组并命名为“1”，如图14-400所示。选中“1”图层组，按快捷键Ctrl+J复制一个相同的图层组并命名为“2”，如图14-401所示。

扫一扫，看视频

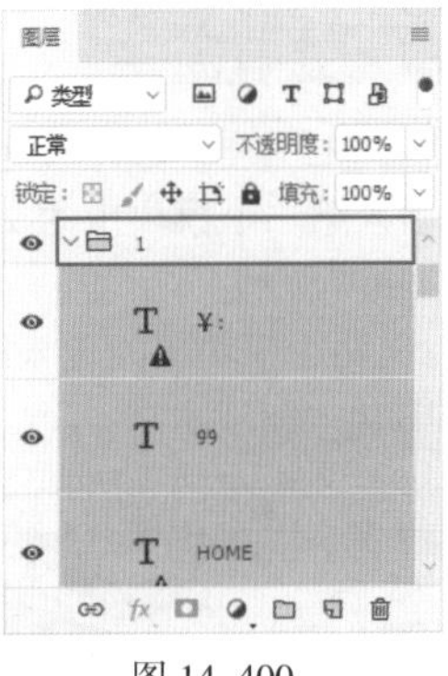

图 14-400

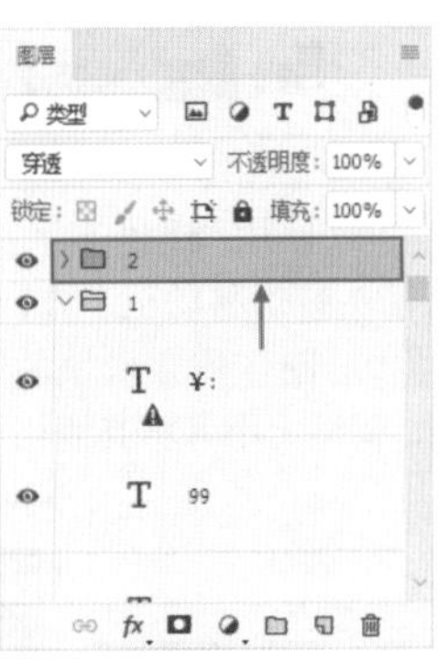

图 14-401

步骤 02 选中“2”图层组，回到画面中按住Shift键将其向下移动，接着执行“编辑>变换>水平翻转”命令将第二个模块整体翻转，如图14-402所示。将第二个模块中不需要的图层依次选中，按Delete键删除，效果如图14-403所示。

图 14-402

图 14-403

步骤 03 在“图层”面板中将“2”图层组中叶子素材、棕榈叶素材及芦荟素材图层顺序作调整，回到画面中调整旧纸张素材上方所有图形及素材的角度和位置，画面效果如图14-404所示。

步骤 04 向第二个模块上方置入面霜素材，调整大小及位置，然后将其栅格化，如图14-405所示。

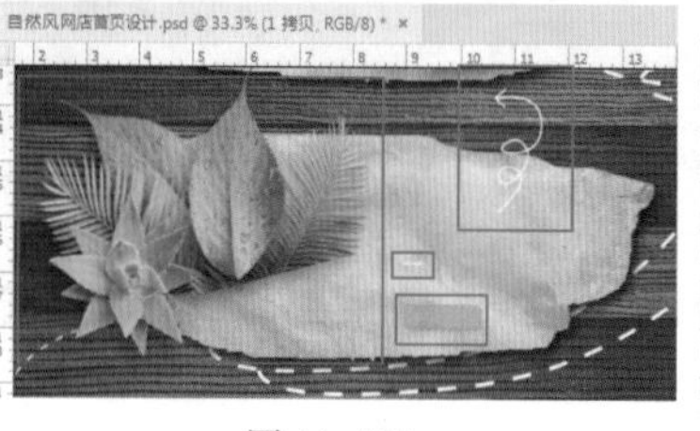

图 14-404

图 14-405

步骤 05 继续使用之前制作粉饼投影的方法为面霜制作投影，如图14-406所示。

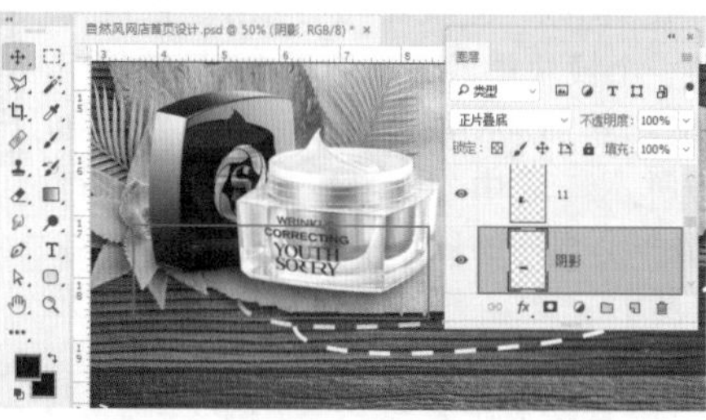

图 14-406

步骤 06 使用“横排文字工具”输入第二个模块中的文字，并将箭头装饰移动至上方，如图14-407所示。

步骤 07 制作连接模块的绳子。向两个模块中间置入绳子素材，调整大小并将其栅格化，如图14-408所示。

图 14-407

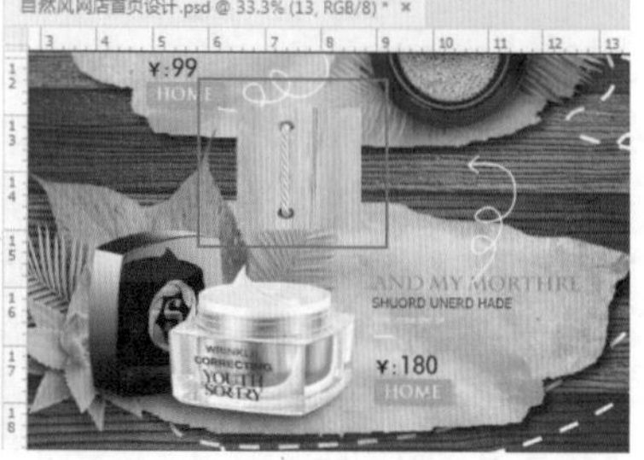

图 14-408

步骤 08 选择工具箱中的“橡皮擦工具”，在选项栏中单击打开“画笔预设”选取器，在下拉面板中选择一个“硬边圆”画笔，设置画笔“大小”为25像素，设置“硬度”为100%，如图14-409所示。在“图层”面板中选中绳子素材图层，在绳子周围按住鼠标左键拖动擦除不需要的像素，如图14-410所示。在“图层”面板中选中绳子素材图层，将其移动至“2”图层组中旧纸张素材图层的上方，画面效果如图14-411所示。

步骤 09 在“图层”面板中选中绳子图层，按快捷键Ctrl+J复制出一个相同的图层，然后按住Shift键的同时按住鼠标左键将其向左拖动，进行水平移动的操作，如图14-412所示。

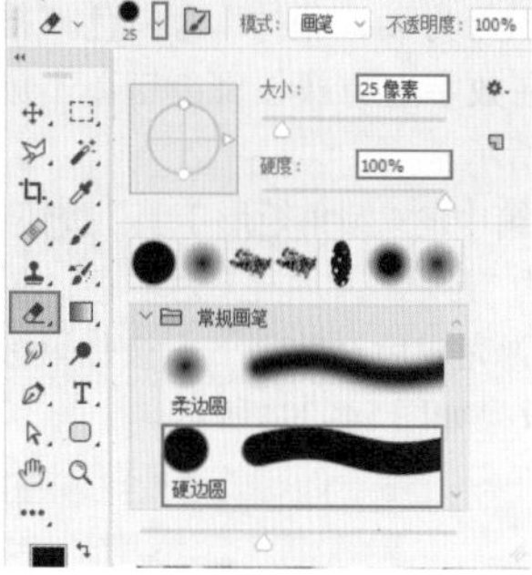

图 14-409

图 14-410

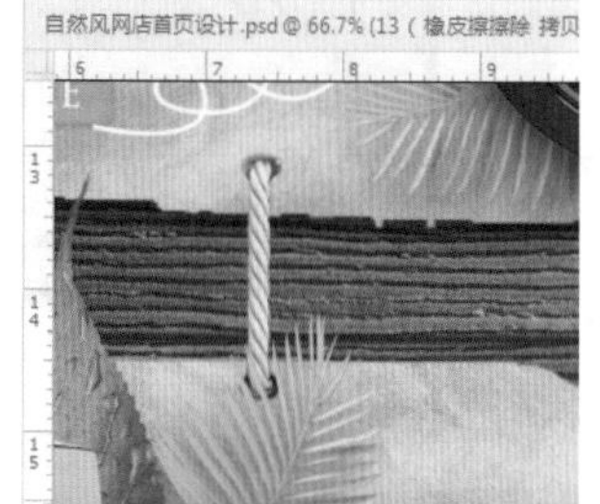

图 14-411

图 14-412

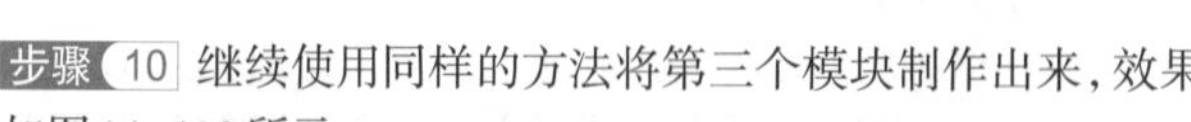

步骤 10 继续使用同样的方法将第三个模块制作出来，效果如图14-413所示。

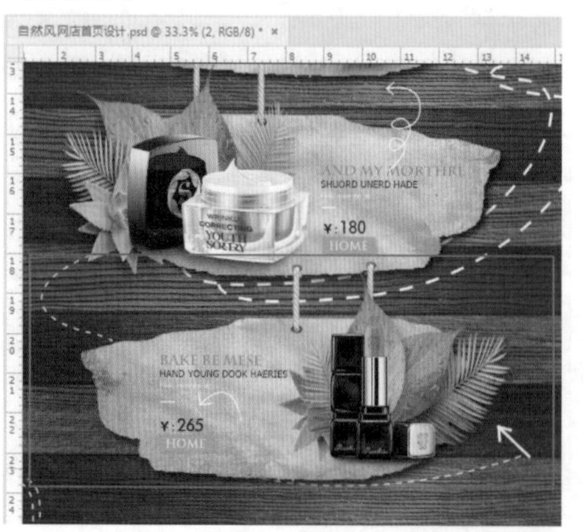

图 14-413

Part 7　制作网页底栏

扫一扫，看视频

步骤 01 制作底栏。单击工具箱中的“矩形工具”按钮，在选项栏中设置“绘制模式”为“形状”，“填充”为褐色，“描边”为无。设置完成后在画面底部位置按住鼠标左键拖动绘制出一个矩形，如图14-414所示。

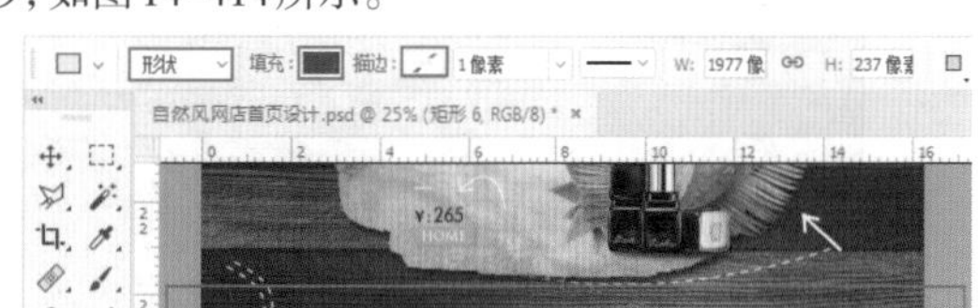

图 14-414

步骤 02 在“图层”面板中选中褐色矩形，设置“混合模式”为“正片叠底”，“不透明度”为80%，如图14-415所示。

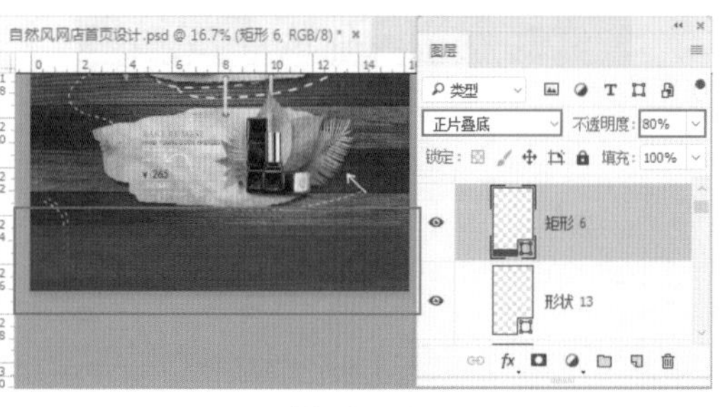

图 14-415

步骤 03 单击工具箱中的“钢笔工具”按钮，在选项栏中设置“绘制模式”为“形状”，“填充”为无，“描边”为白色，“描边粗细”为1点。设置完成后在矩形上方按住Shift键单击鼠标绘制一条直线，如图14-416所示。在“图层”面板中选中直线图层，按快捷键Ctrl+J复制出一个相同的图层，然后按住Shift键的同时按住鼠标左键将其向下拖动，进行垂直移动的操作，如图14-417所示。

步骤 04 继续使用同样的方法制作下方稍短直线，如图14-418所示。

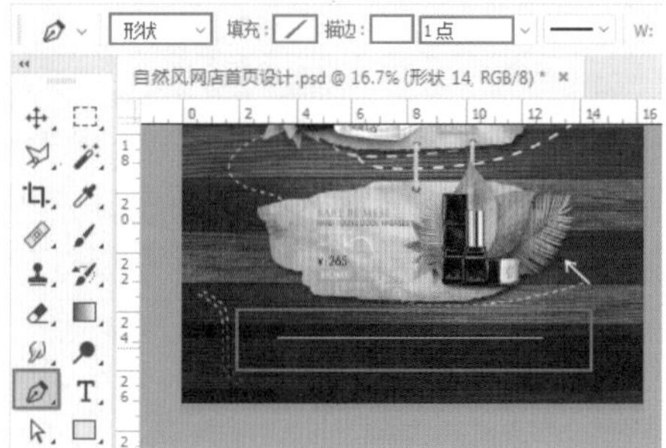

图 14-416

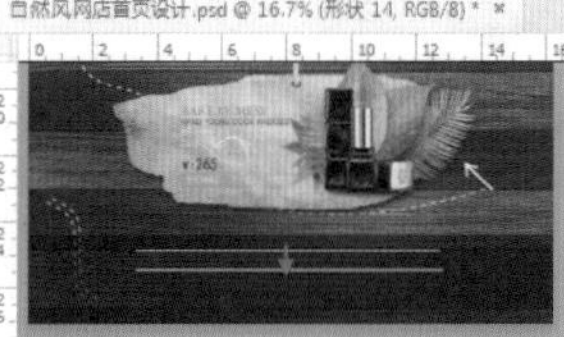

图 14-417

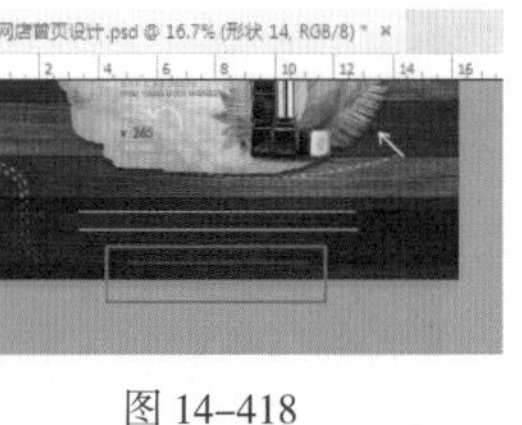

图 14-418

步骤 05 单击工具箱中的“横排文字工具”按钮，在选项栏中设置合适的字体、字号，文字颜色设置为白色，设置完成后在直线中间位置单击鼠标建立文字输入的起始点，接着输入文字，输入完后按快捷键Ctrl+Enter，如图14-419所示。继续使用同样的方法输入后方其他文字，如图14-420所示。

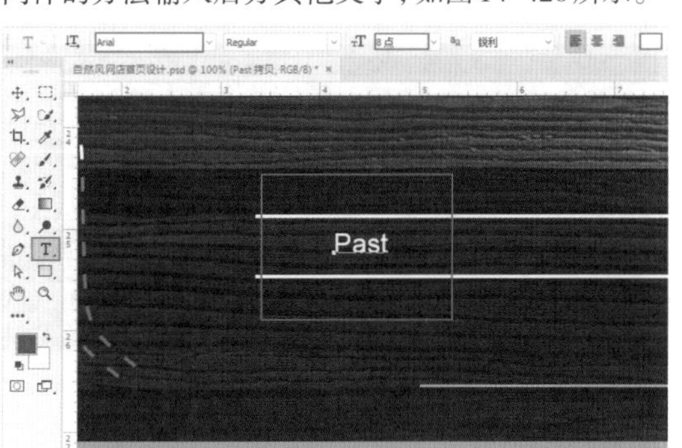

图 14-419

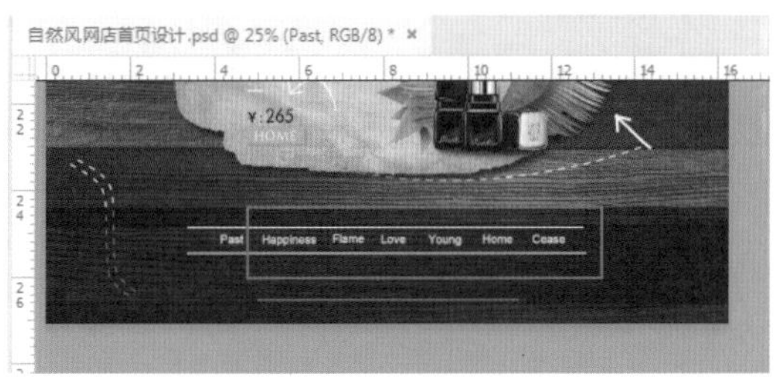

图 14-420

步骤 06 在工具箱中选择“自定形状工具”，在选项栏中设置“绘制模式”为“形状”，“填充”为白色，“描边”为无，选择合适的形状。设置完成后在画面中合适的位置按住Shift键的同时按住鼠标左键拖动绘制一个“®”图形，如图14-421所示。继续使用同样的方法制作后方两个图形，如图14-422所示。

图 14-421

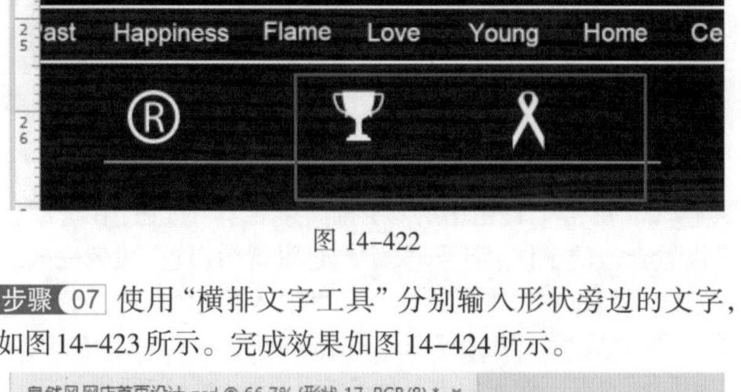

图 14-422

步骤 07 使用“横排文字工具”分别输入形状旁边的文字，如图14-423所示。完成效果如图14-424所示。

图 14-423

图 14-424

读书笔记